完全掌握

AutoCAD

建筑设计超级手册

王伟 等编著

超值多媒体大课堂

机械工业出版社
China Machine Press

本书根据建筑行业 CAD 职业设计师岗位技能要求量身打造。编者根据多年从事建筑 CAD 教学的经验，汇集了近年来计算机辅助设计的最新资料，从集成的角度全面、详细地阐述了 AutoCAD 2012 的基本技术、关键技术和应用技术。全书共分为 21 章，介绍了 AutoCAD 建筑设计方面的基础知识、基本的建筑设计绘图和编辑命令、工程图尺寸标注、图形打印输出等，案例均来自建筑设计行业的典型工程。通过对本书的学习，读者可以掌握建筑行业 CAD 职业设计师岗位的专业技能，并能快速胜任相关岗位的工作。随书光盘包含了书中案例所用的源文件、最终效果图和相关操作的视频，供读者在阅读本书时进行操作练习和参考。

本书结构严谨，条理清晰，重点突出，可作为大中专院校、高职院校以及社会相关培训班的教材，也可作为土木结构、建筑、规划、房地产、工程施工等工程技术人员培训或自学的参考书，还可作为对 AutoCAD 软件感兴趣的读者的学习用书。

图书在版编目（CIP）数据

完全掌握 AutoCAD 2012 建筑设计超级手册 / 王伟等编著.—北京：机械工业出版社，2012.8
ISBN 978-7-111-38214-0

I. ①完… II. ①王… III. ①建筑设计－计算机辅助设计－AutoCAD 软件－技术手册 IV. ①TU201.4-62

中国版本图书馆 CIP 数据核字（2012）第 084990 号

机械工业出版社（北京市西城区百万庄大街22号　邮政编码100037）
责任编辑：夏非彼　迟振春
中国电影出版社印刷厂印刷
2012年8月第1版第1次印刷
203mm×260mm · 33印张
标准书号：ISBN 978-7-111-38214-0
　　　　　ISBN 978-7-89433-430-5（光盘）
定价：69.00元（附1DVD）

凡购本书，如有缺页、倒页、脱页，由本社发行部调换
客服热线：（010）88378991；82728184
购书热线：（010）68326294；88379649；68995259
投稿热线：（010）82728184；88379603
读者信箱：booksaga@126.com

完全掌握 AutoCAD 2012 建筑设计超级手册

多媒体光盘使用说明

34个视频 10小时

408个文件

① 将光盘放入光驱，依次双击“我的电脑”、“光盘驱动器”、“素材文件”，出现如图所示的界面

② 本书多媒体素材文件

③ 本书多媒体视频文件

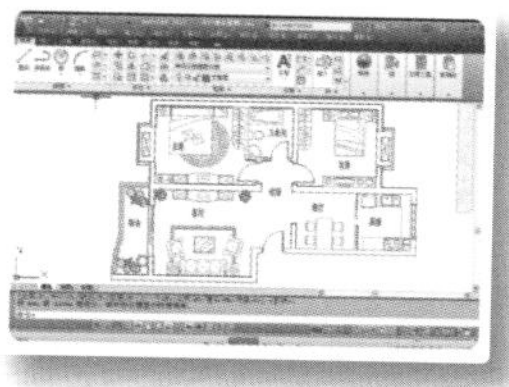

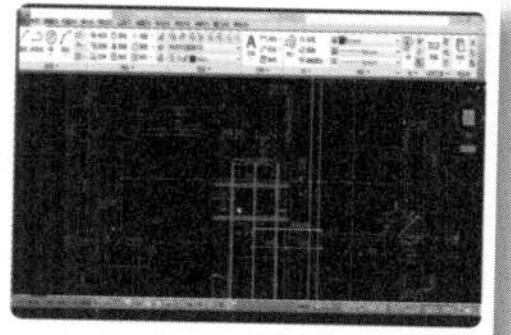

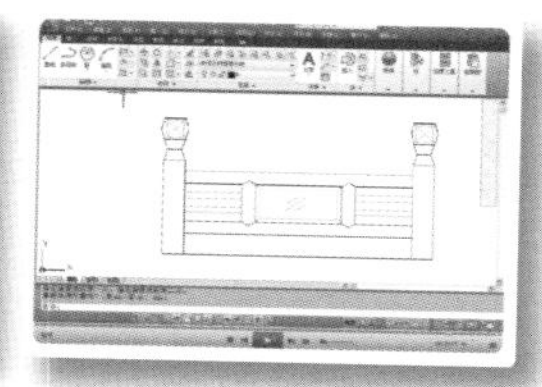

④ 视频动画播放界面

完全掌握 AutoCAD 建筑设计 2012 超级手册

[视频教学文件]

第1章

1.6 实例指导——绘制A4-H图纸边框.avi

第2章

2.5 实例指导——绘制鞋柜立面图.avi

2.8 实例指导——绘制玻璃吊柜.avi

第3章

3.4 实例指导——绘制栏杆立面图.avi

3.7 实例指导——绘制餐桌与餐椅.avi

第4章

4.7 实例指导——绘制组合柜立面图.avi

第5章

5.4 实例指导——绘制小户型家具布置图.avi

5.8 实例指导——标注小别墅立面标高.avi

第6章

6.6 实例指导——为户型图标注房间功能.avi

6.7 实例指导——为户型图标注房间面积.avi

第7章

7.5 实例指导——标注小别墅立面尺寸.avi

第8章

8.5 实例指导——三维辅助功能综合应用.avi

第9章

9.6 实例指导——制作办公桌立体造型.avi

第10章

10.4 实例指导——制作资料柜立体造型.avi

第12章

平面图1.mp4

平面图2.mp4

第14章

立面图1.mp4

第15章

剖面图1.mp4

剖面图2.mp4

剖面图3.mp4

剖面图4.mp4

第16章

详图1.mp4

详图2.mp4

详图3.mp4

详图4.mp4

第17章

17.1.mp4

17.2.mp4

17.3.1.mp4

17.3.2.mp4

17.4 .mp4

第18章

18.1.mp4

第19章

19.1.mp4

19.2.mp4

19.3.mp4

前言 Preface

AutoCAD 2012 是美国 Autodesk 公司推出的通用辅助设计软件，该软件已经成为世界上最优秀、应用最广泛的计算机辅助设计软件之一，更是得到广大建筑设计人员的一致认可，掌握 AutoCAD 的绘图技巧已经成为从事这一行业的一项基本技能。

本书特色

本书由从事多年 CAD 工作和实践的一线从业人员编写，在编写的过程中，不仅注重绘图技巧的介绍，还重点讲解了 CAD 和建筑设计的关系。本书主要有以下几个特色。

内容全面：本书在详细讲解基本的绘图知识外，还介绍了建筑各个行业制图的差异。在案例部分设置了建筑施工图设计、结构施工图设计、别墅整体建筑图设计、中学教学楼建筑图设计等，几乎包含了建筑设计的所有门类，让读者在掌握制图技巧的同时，也对建筑设计行业有一个大致的了解，这也是我们要达到的目标。

结构清晰：本书在对系统性、完整性、实用性方面进行深入考虑的基础上，力求语言生动、比喻形象，以使读者在轻松活泼的气氛中学习。从结构上主要分为基础部分和案例部分，其中又以案例部分为主。基础部分对一些基本绘图命令和编辑命令进行了详细的介绍，并以实例的形式进行演示；案例部分限于篇幅，以讲解绘制过程为主，对具体的绘制命令不再详述。

内容新颖：本书讲解了同种图形的多种绘制方法，读者应当掌握这些绘制方法。

主要内容

全书共分为 21 章。第 1～10 章详细讲述了 AutoCAD 在建筑设计中的常用绘图技能及模型制作技能；第 11～20 章则以工程案例追踪实录的形式，以理论结合实践的写作手法，系统讲述了 AutoCAD 在建筑制图领域内的实际应用技能和图纸的绘制技能，是读者顺利进入职场的必经通道；第 21 章学习了室内图纸的后期输出技能和数据交换技能。

全书内容如下：

第 1 章　概述 AutoCAD 2012 的软件界面及相关的基础操作技能，使没有基础的读者对 AutoCAD 有一个快速的了解和认识，也为后面章节的学习打下基础。

第 2 章　学习点的绘制、输入、捕捉、追踪技能以及视图定位技能。

第 3 章　学习多线、多段线、辅助线和曲线等各类线图元的绘制方法和绘制技能。

第 4 章　学习常用闭合图元的绘制技能和编辑技能，以方便绘制和组合复杂图形。

第 5 章　学习软件的高级制图功能，以方便组织、管理、共享和完善图形。

第 6 章　学习文字与表格的创建技能和图形信息的查询技能。

第 7 章　学习各类常用尺寸的具体标注技能和编辑协调技能。

第 8 章　学习三维观察、三维显示和用户坐标系等三维辅助制图技能。

第 9 章　学习基本几何体、复杂几何体以及组合体的创建技能。

第 10 章　学习三维基本操作、曲面与网格的编辑和实体面边的细化技能。

第 11 章　介绍建筑制图的基础知识和建筑施工图的分类。

第 12 章　介绍建筑平面图的基础知识和建筑平面图的绘制过程。

第 13 章　介绍建筑规划平面图的基础知识、绘图模板的建立及建筑规划平面图的绘制过程。

第 14 章　介绍建筑立面图的基础知识和建筑立面图的绘制过程。

第 15 章　介绍建筑剖面图的基础知识和建筑剖面图的绘制过程。

第 16 章　介绍建筑详图的内容和绘制技巧，以及绘制楼梯平面详图、剖面详图和屋顶构造详图的过程。

第 17 章　介绍结构施工图平面整体设计方法、钢筋混凝土现浇板的绘制过程和绘制方法，以及基础图的绘制过程和绘制方法。

第 18 章　介绍结构详图的绘制过程和绘制方法，以及结构详图的配筋方法。

第 19 章　介绍别墅施工图的绘制过程及方法。

第 20 章　介绍中学教学楼建筑图的绘制过程及方法。

第 21 章　介绍室内图纸的后期输出方法以及与其他软件间的数据转换方法。

本书结构严谨、内容丰富、图文结合、通俗易懂，书中的案例经典、图文并茂，实用性、操作性和代表性极强，专业性、层次性和技巧性等特点也比较突出。

通过本书的学习，能使零基础读者在最短的时间内具备软件的基本操作技能和专业图纸的设计绘制技能，学会运用基本的绘图知识来表达具有个性化的设计效果，以体现设计之精髓。

本书作者

本书主要由王伟编著，另外黄兴星、池建军、冯连东、韩红蕾、李强、李伟、李晓莉、李玉红、林鲲鹏、刘春林、刘亚妮、米生权、李凤兰、司军锋、王丹、刘军等参与了部分章节的编写工作。虽然作者在本书的编写过程中力求叙述准确、完善，但由于水平有限，书中欠妥之处在所难免，希望读者和同仁能够及时指出，共同促进本书质量的提高。

技术支持

读者在学习过程中遇到难以解答的问题，可以到为本书专门提供技术支持的“中国 CAX 联盟”网站求助或直接发送邮件到编者邮箱，编者会尽快给予解答。

编者邮箱：comshu@126.com

技术支持：www.ourcax.com

编　者

2012 年 5 月

目录 Contents

前言

第1章 AutoCAD 2012 轻松入门

第2章 绘制与定位点图元

第3章 绘制与编辑线图元

第4章 绘制与编辑闭合图元

第5章 组合、管理与引用图形

第6章 创建文字、符号与表格

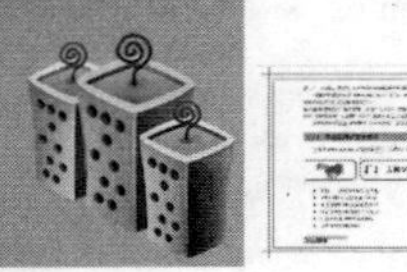

第7章 标注图形尺寸

第8章 三维辅助功能

第9章 三维建模功能

第10章 三维编辑功能

第11章 建筑制图的基础知识

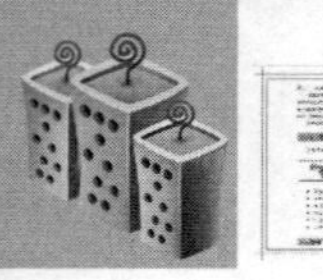

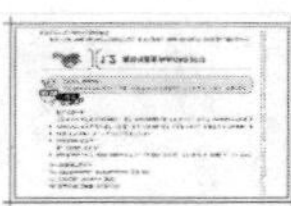

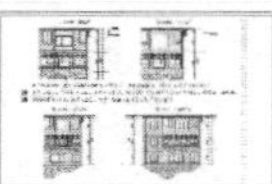

第12章 绘制建筑平面图

第13章 绘制建筑规划平面图

第14章 绘制建筑立面图

第 15 章 绘制建筑剖面图

第 16 章 绘制建筑详图

第 17 章 绘制结构施工图

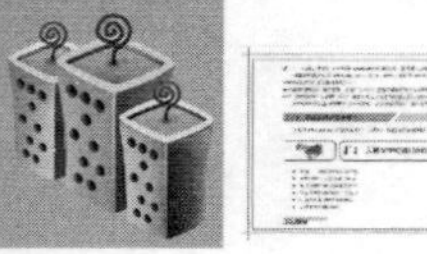

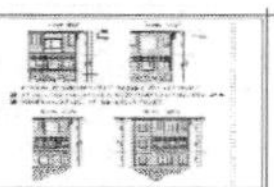

第18章 绘制建筑结构详图

第19章 绘制别墅施工图

第20章 绘制中学教学楼建筑图

第21章 设计图纸的输出与数据交换

第 1 章

AutoCAD 2012 轻松入门

AutoCAD 是一款集二维绘图、三维建模、数据管理以及数据共享等诸多功能于一体的高精度计算机辅助设计软件，此软件可使广大图形设计人员能够轻松高效地进行图形的设计与绘制工作，本章主要介绍 AutoCAD 的基本概念、系统配置、操作界面以及绘图文件的设置等基础知识，使没有基础的初级读者对 AutoCAD 有一个快速的了解和认识。

知识要点

- 了解 AutoCAD 2012
- 启动与退出 AutoCAD 2012
- 认识 AutoCAD 2012 工作界面
- 掌握 AutoCAD 初级操作技能
- 设置与管理 AutoCAD 文件
- 案例——绘制 A4-H 图纸边框

1.1 了解 AutoCAD 2012

在学习 AutoCAD 2012 绘图软件之前，首先简单介绍一下软件的应用范围、基本概念及其系统配置等知识。

1.1.1 应用范围与基本概念

AutoCAD 由美国 Autodesk 公司开发，它具有功能强大、易于掌握、使用方便、系统开发等特点，自 1982 年问世以来，在机械、建筑、服装和电子等诸多领域内得到了广泛的应用，而且在地理、气象、航天、造船等特殊图形的绘制，甚至石油、乐谱、灯光和广告等领域也得到了多方面的应用，目前已成为微机 CAD 系统中应用最为广泛的图形软件之一。

目前最新的版本为 AutoCAD 2012，其中“Auto”是英语 Automation 单词的词头，意思是“自动化”；“CAD”是英语 Computer-Aided-Design 的缩写，意思是“计算机辅助设计”；而“2012”则表示 AutoCAD 软件的版本号，表示 2012 年的意思。

1.1.2 系统配置

AutoCAD 具有广泛的适应性，它可以在各种操作系统支持的微型计算机和工作站上运行，本小节主要介绍 AutoCAD 2012 软件的配置需求。

1. 32 位操作系统的配置需求

AutoCAD 具有广泛的适应性，可以在各种操作系统支持的微型计算机和工作站上运行，针对 32 位的 Windows 操作系统而言，其最低配置需求如下。

- 操作系统：Service Pack 3（SP3）或更高版本以及 Windows 7 Enterprise、Windows 7 Ultimate、Windows 7 Professional、Windows 7 Home Premium 等。
- 浏览器：Internet Explorer 7.0 或更高版本。
- 处理器：对于 Windows XP 系统而言，需要使用 Intel Pentium 4 或 AMD Athlon 双核处理器，1.6 GHz 或更高，采用 SSE2 技术；对于 Windows Vista 或 Windows 7 系统而言，需要使用 Intel Pentium 4 或 AMD Athlon 双核处理器，3.0 GHz 或更高，采用 SSE2 技术。
- 内存：无论是在哪种操作系统下，至少需要 2 GB 内存，建议使用 4 GB 以上内存。
- 显示分辨率：1024×768 真彩色。
- 磁盘空间：1.8GB 的硬盘安装空间。不能在 64 位 Windows 操作系统上安装 32 位的 AutoCAD，反之亦然。
- 定点设备：鼠标、轨迹球或其他设备，MS-Mouse 兼容；DVD/CD-ROM；任意速度（仅用于安装）。
- .NET Framework：.NET Framework 的版本为 4.0。
- 3D 建模的其他要求。
  - Intel Pentium 4 或 AMD Athlon 处理器，3.0 GHz 或更高；或者 Intel 或 AMD 双(2)核处理器，2.0 GHz 或更高。
  - 2 GB RAM 或更大。
  - 2 GB 可用硬盘空间（不包括安装需要的空间）。
  - 1280×1024 真彩色视频显示适配器，具有 128 MB 或更大显存（建议：普通图像为 256 MB，中等图像材质库图像为 512 MB）、采用 Pixel Shader 3.0 或更高版本且支持 Direct3D 功能的工作站级图形卡。

2. 64 位操作系统的配置需求

针对 64 位的操作系统而言，其硬件和软件的最低需求如下。

- 操作系统：Service Pack 3（SP3）或更高版本以及 Windows 7 Enterprise、Windows 7 Ultimate、Windows 7 Professional、Windows 7 Home Premium 等。
- 浏览器：Internet Explorer 7.0 或更高版本。

- 处理器：AMD Athlon 64，采用 SSE2 技术；AMD Opteron，采用 SSE2 技术；Intel Xeon，具有 Intel EM 64T 支持和 SSE2；Intel Pentium 4，具有 Intel EM 64T 支持并采用 SSE2 技术。
- 内存：至少需要 2 GB 内存，建议使用 8 GB。
- 显示分辨率：1024×768 真彩色。
- 磁盘空间：2.0GB 的安装空间。
- 定点设备：MS-Mouse 兼容。
- .NET Framework。.NET Framework 的版本为 4.0。
- 3D 建模的其他要求。
  - Intel Pentium 4 或 AMD Athlon 处理器，3.0 GHz 或更高；或者 Intel 或 AMD 双(2)核处理器，2.0 GHz 或更高。
  - 2 GB RAM 或更大。
  - 2 GB 可用硬盘空间（不包括安装需要的空间）。
  - 1280×1024 真彩色视频显示适配器，具有 128 MB 或更大显存（建议：普通图像为 256 MB，中等图像材质库图像为 512 MB）、采用 Pixel Shader 3.0 或更高版本且支持 Direct3D 功能的工作站级图形卡。

小提示

安装 AutoCAD 2012 的过程中，软件会自动检测 Windows 操作系统是 32 位还是 64 位版本，然后再安装适当版本的 AutoCAD。

1.2 启动与退出 AutoCAD 2012

在简单了解 AutoCAD 2012 绘图软件之后，本节主要学习 AutoCAD 2012 绘图软件的几种启动方式、软件退出工作空间以及空间切换等方式。

1.2.1 启动 AutoCAD

当成功安装 AutoCAD 2012 软件之后，通过双击桌面上的图标，或者单击桌面任务栏中的“开始”→“程序”→“Autodesk”→“AutoCAD 2012”“AutoCAD 2012 - Simplified Chinese”选项，即可启动该软件，进入如图 1-1 所示的“AutoCAD 经典”工作空间。

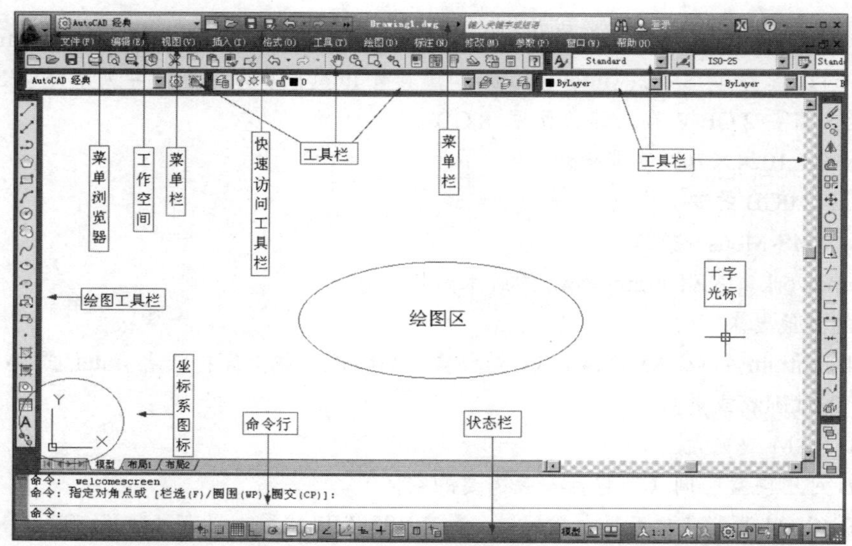

图 1-1 “AutoCAD 经典”工作空间

如果用户为 AutoCAD 初始用户，那么启动 AutoCAD 2012 后，则会进入如图 1-2 所示的“草图与注释”工作空间，此种工作空间是以功能区面板的界面形式面向用户，打破了传统的经典界面形式。

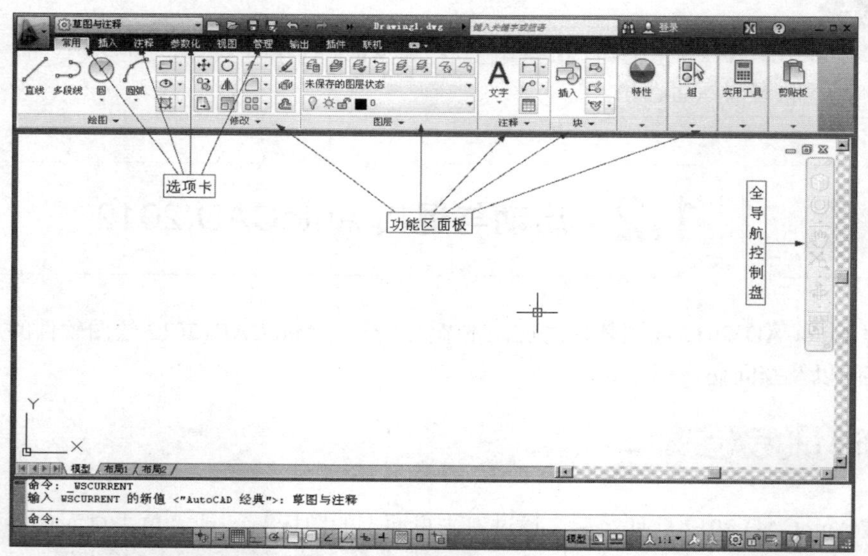

图 1-2 “草图与注释”工作空间

除了“AutoCAD 经典”和“草图与注释”两种工作空间外，AutoCAD 2012 软件还提供了“三维基础”和“三维建模”两种工作空间，其中“三维建模”工作空间如图 1-3 所示，在此工作空间内可以非常方便地访问新的三维功能，而且新窗口中的绘图区可以显示出渐变背景色、工作平面（UCS 的 XY 平面）以及新的矩形栅格，这将增强三维效果和三维模型的构造。

图 1-3　“三维建模”工作空间

1.2.2　切换 AutoCAD 工作空间

由于 AutoCAD 2012 软件为用户提供了多种工作空间，用户可以根据自己的绘图习惯和需要选择相应的工作空间，工作空间的相互切换方式有以下几种：

- 在标题栏上单击 草图与注释 按钮，在展开的下拉菜单中选择相应的工作空间，如图 1-4 所示。
- 选择菜单栏“工具”→“工作空间”命令，弹出的级联菜单如图 1-5 所示。

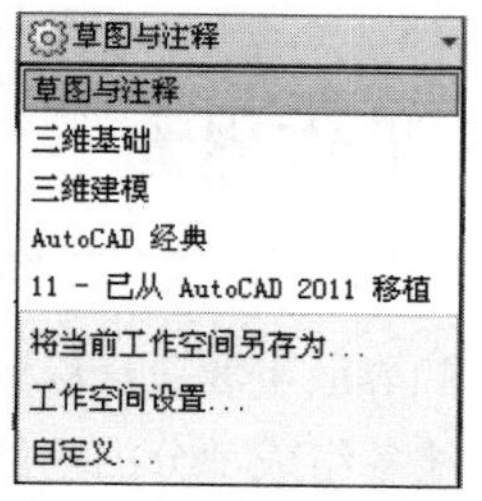

图 1-4　下拉菜单

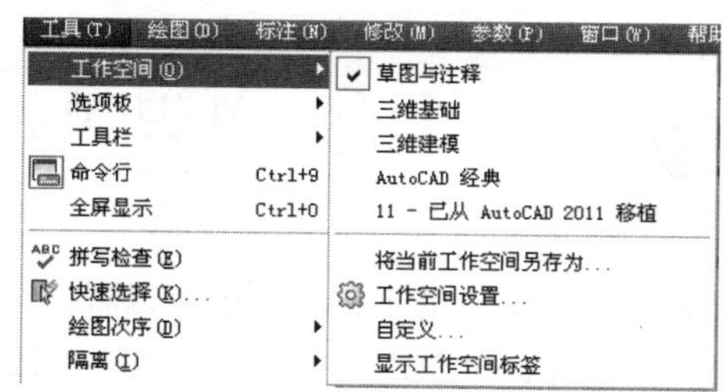

图 1-5　“工作空间”级联菜单

- 展开“工作空间”工具栏上的“工作空间控制”下拉列表，在此可选用工作空间，如图 1-6 所示。
- 单击状态栏上的按钮，从弹出的下拉菜单中选择所需的工作空间，如图 1-7 所示。

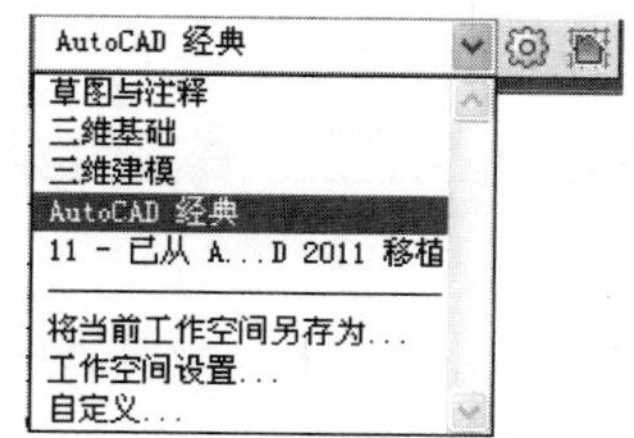

图 1-6　“工作空间控制”列表

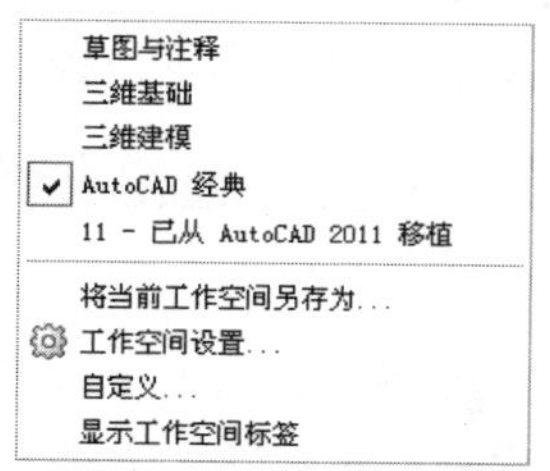

图 1-7　下拉菜单

无论选用何种工作空间，在启动 AutoCAD 2012 之后，系统都会自动打开一个名为“Drawing1.dwg”的默认绘图文件窗口。

1.2.3 退出 AutoCAD

当用户需要退出 AutoCAD 2012 绘图软件时，首先要退出当前的 AutoCAD 文件，如果当前绘图文件已经存盘，那么用户可以使用以下几种方式退出 AutoCAD 绘图软件：

- 单击 AutoCAD 2012 标题栏中的 按钮。
- 按 Alt+F4 组合键。
- 选择菜单栏“文件”→“退出”命令。
- 在命令行中输入“Quit”或“Exit”后按 Enter 键。
- 展开应用程序菜单，单击 退出 AutoCAD 2012 按钮。

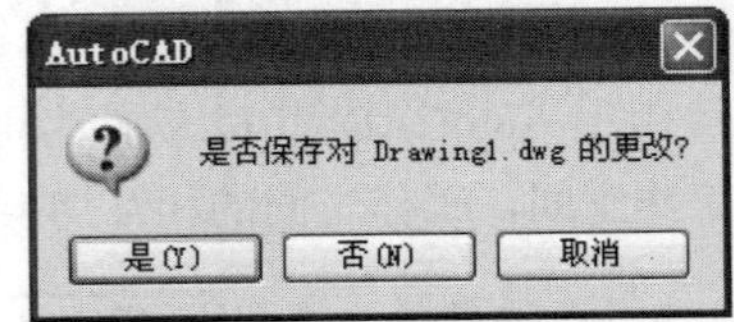

图 1-8 AutoCAD 提示框

在退出 AutoCAD 2012 软件之前，如果没有将当前的 AutoCAD 绘图文件存盘，那么系统将会弹出如图 1-8 所示的提示对话框，单击 是(Y) 按钮，将弹出“图形另存为”对话框，用于对图形进行命名保存；单击 否(N) 按钮，系统将放弃存盘并退出 AutoCAD 2012；单击 取消 按钮，系统将取消执行的退出命令。

1.3 认识 AutoCAD 2012 工作界面

从如图 1-1 和图 1-2 所示的工作界面中可以看出，AutoCAD 2012 的界面主要包括标题栏、菜单栏、工具栏、绘图区、命令行、状态栏、功能区、选项板等，本节将简单讲述各组成部分的功能及其相关的操作。

1.3.1 标题栏

标题栏位于 AutoCAD 2012 工作界面的最顶部，主要包括菜单浏览器、工作空间、快速访问工具栏、程序名称显示区、信息中心和窗口控制按钮等内容，如图 1-9 所示。

图 1-9 标题栏

- 单击左端 按钮，可打开如图 1-10 所示的应用程序菜单，用户可以通过该菜单访问一些常用工具、搜索命令和浏览文档等。

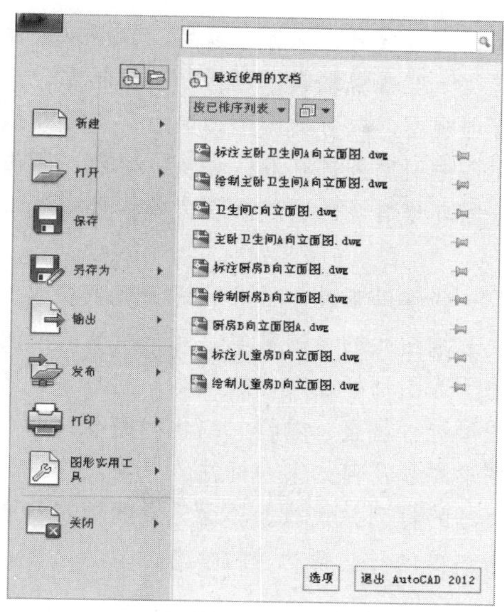

图 1-10　应用程序菜单

- 单击 AutoCAD 经典 按钮，可以在多种工作空间内进行切换。
- 通过“快速访问工具栏”，不但可以快速访问某些命令，还可以添加、删除常用命令按钮到工具栏上、控制菜单栏的显示以及各工具栏的开关状态等。

在“快速访问工具栏”上单击鼠标右键（或单击右端的下三角按钮），从弹出的快捷菜单中就可以实现上述操作。

- “程序名称显示区”用于显示当前正在运行的程序名和当前被激活的图形文件名称。
- “信息中心”可以快速获取所需信息、搜索所需资源等。
- “窗口控制按钮”位于标题栏最右端，主要有“最小化”、“恢复/最大化”、“关闭”，分别用于控制 AutoCAD 窗口的大小和关闭。

1.3.2　菜单栏

菜单栏位于标题栏的下侧，如图 1-11 所示，AutoCAD 的常用制图工具和管理编辑等工具都分门别类的排列在这些主菜单中，用户可以非常方便的启动各主菜单中的相关菜单项，进行必要的图形绘图工作。具体操作就是在主菜单项上单击左键，展开此主菜单，然后将光标移至需要启动的命令选项上，单击左键即可。

文件(F)　编辑(E)　视图(V)　插入(I)　格式(O)　工具(T)　绘图(D)　标注(N)　修改(M)　参数(P)　窗口(W)　帮助(H)

图 1-11　菜单栏

AutoCAD 为用户提供了“文件”、“编辑”、“视图”、“插入”、“格式”、“工具”、“绘图”、“标注”、“修改”、“参数”、“窗口”、“帮助”等主菜单。各菜单主要功能如下：

- "文件"菜单用于对图形文件进行设置、保存、清理、打印以及发布等。
- "编辑"菜单用于对图形进行一些常规编辑，包括复制、粘贴、链接等。
- "视图"菜单用于调整和管理视图，以方便图形的显示、查看和修改。
- "插入"菜单用于在当前文件中引用外部资源，如块、参照、图像等。
- "格式"菜单用于设置与绘图环境有关的参数和样式等，如绘图单位、颜色、线型及文字、尺寸样式等。
- "工具"菜单为用户设置了一些辅助工具和常规的资源组织管理工具。
- "绘图"菜单是一个二维和三维图元的绘制菜单，几乎所有的绘图和建模工具都组织在此菜单内。
- "标注"菜单是一个专门用于为图形标注尺寸的菜单，它包含了所有与尺寸标注相关的工具。
- "修改"菜单主要用于对图形进行修整、编辑、细化和完善。
- "参数"菜单主要用于为图形添加几何约束和标注约束等。
- "窗口"菜单用于控制多文档的排列方式以及界面元素的锁定状态。
- "帮助"菜单主要用于为用户提供一些帮助性的信息。

菜单栏左端的图标就是"菜单浏览器"图标，菜单栏最右边的图标是 AutoCAD 文件的窗口控制按钮，如" 最小化"、" 还原/ 最大化"、" 关闭"，用于控制图形文件窗口的显示。

在默认设置下，"菜单栏"是隐藏的，当变量 MENUBAR 的值为 1 时，显示菜单栏；为 0 时，隐藏菜单栏。

1.3.3 工具栏

工具栏位于绘图窗口的两侧和上侧，将光标移至工具栏按钮上单击左键，即可快速激活该命令。在默认设置下，AutoCAD 2012 共为用户提供了 48 种工具栏，如图 1-12 所示。在任一工具栏上单击鼠标右键，即可打开此菜单；在需要打开的选项上单击左键，即可打开相应的工具栏；将打开的工具栏拖到绘图区的任一侧，松开左键即可将其固定；相反，也可将固定工具栏拖至绘图区，从而灵活控制工具栏的开关状态。

在工具栏上单击鼠标右键，在弹出的快捷菜单中选择"锁定位置"→"固定的工具栏/面板"选项，即可将绘图区四侧的工具栏固定，如图 1-13 所示，工具栏一旦被固定后，是不可以被拖动的。另外，用户也可以单击状态栏上的按钮，从弹出的下拉菜单中控制工具栏和窗口的固定状态，如图 1-14 所示。

小提示

在"工具栏"菜单中，带有勾号的表示当前已经打开的工具栏，不带勾号的表示没有打开的工具栏。为了增大绘图空间，通常只将几种常用的工具栏放在用户界面上，而将其他工具栏隐藏，需要时再调出。

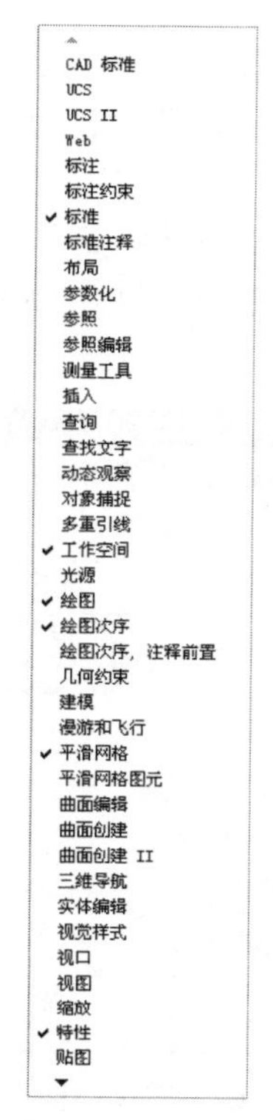

图 1-12　工具栏菜单

图 1-13　固定工具栏

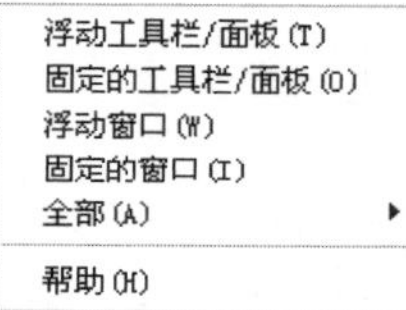

图 1-14　下拉菜单

1.3.4　功能区

“功能区”主要出现在“二维草图与注释”、“三维建模”、“三维基础”等工作空间内，它代替了AutoCAD 众多的工具栏，以面板的形式，将各工具按钮分门别类的集合在选项卡内，如图 1-15 所示。

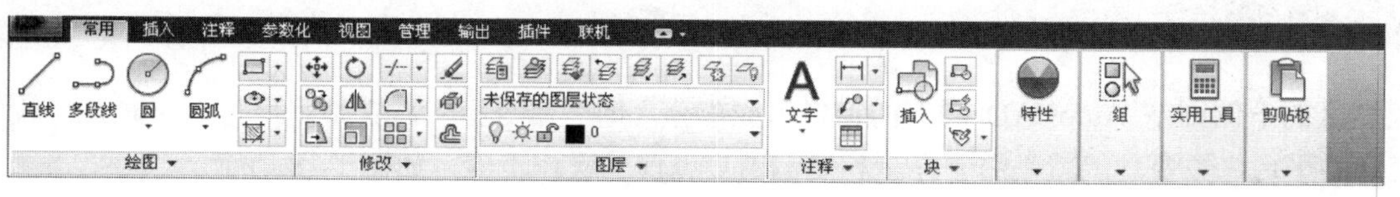

图 1-15　功能区

用户在调用工具时，只须在功能区中展开相应选项卡，然后在所需面板上单击相应按钮即可。由于在使用功能区时，无须再显示 AutoCAD 的工具栏，因此，使得应用程序窗口变得单一、简洁有序。通过这单一简洁的界面，功能区还可以将可用的工作区域最大化。

1.3.5　绘图区

绘图区位于界面的正中央，即被工具栏和命令行所包围的整个区域，此区域是工作区域，图形的设计与修改工作就是在此区域内进行操作的。默认状态下绘图区是一个无限大的电子屏幕，无论尺寸多大或多小的图形，都可以在绘图区中绘制和灵活显示。

当移动鼠标时，绘图区会出现一个随光标移动的十字符号，此符号被称为“十字光标”，它是由“拾取点光标”和“选择光标”叠加而成的，其中“拾取点光标”是点的坐标拾取器，当执行绘图命令时，显示为拾点光标；“选择光标”是对象拾取器，当选择对象时，显示为选择光标；当没有任何命令执行的前提下，显示为十字光标，如图 1-16 所示。

在默认设置下，绘图区背景色的 RGB 值为 254、252、240，用户可以通过选择菜单栏“工具”→“选项”命令，单击“显示”选项卡中的“窗口元素”选项组中的“颜色”按钮，在弹出的如图 1-17 所示的对话框中更改背景色。

十字光标　拾点光标　选择光标

图 1-16　光标的三种状态

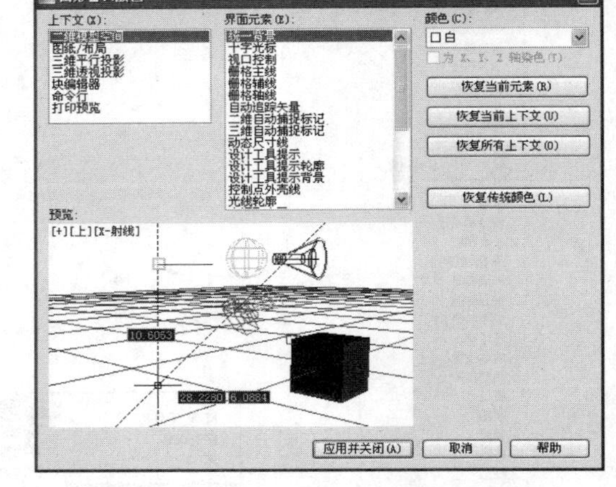

图 1-17　“图形窗口颜色”对话框

在绘图区的左下部有 3 个标签，即模型、布局 1、布局 2，分别代表了两种绘图空间，即模型空间和布局空间。“模型”标签代表了当前绘图区窗口是处于模型空间（通常在模型空间进行绘图）。布局 1 和布局 2 是默认设置下的布局空间，主要用于图形的打印输出。用户可以通过单击标签在这两种操作空间中进行切换。

1.3.6　命令行

绘图区的下侧则是 AutoCAD 独有的窗口组成部分，即“命令行”，它是用户与 AutoCAD 软件进行数据交流的平台，主要功能就是用于提示和显示用户当前的操作步骤，如图 1-18 所示。

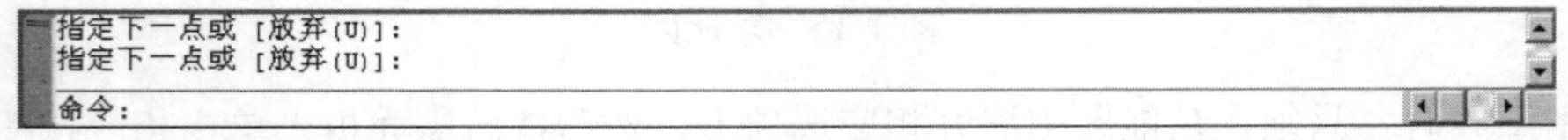

图 1-18　命令行

“命令行”分为“命令输入窗口”和“命令历史窗口”两部分，上面两行则为“命令历史窗口”，用于记录执行过的操作信息；下面一行是“命令输入窗口”，用于提示用户输入命令或命令选项。

AutoCAD 小提示

由于“命令历史窗口”的显示有限，如果需要直观快速地查看更多的历史信息，则可以通过按 F2 功能键，以“文本窗口”的形式显示历史信息，再次按 F2 功能键，即可关闭文本窗口。

1.3.7　状态栏

如图 1-19 所示的状态栏，位于 AutoCAD 操作界面的最底部，它由坐标读数器、辅助功能区、状态栏菜单等三部分组成。

图 1-19　状态栏

状态栏左端为坐标读数器，用于显示十字光标所处位置的坐标值；坐标读数器右端为辅助功能区，辅助功能区左端的按钮主要用于控制点的精确定位和追踪；中间的按钮主要用于快速查看布局、查看图形、定位视点、注释比例等；右端的按钮主要用于对工具栏、窗口等的固定、工作空间的切换以及绘图区的全屏显示等，是一些辅助绘图功能。

单击状态栏右侧的小三角，将打开如图 1-20 所示的状态栏菜单，菜单中的各选项与状态栏上的各按钮功能一致，用户也可以通过各菜单项以及菜单中的各功能键控制各辅助按钮的开关状态。

图 1-20　状态栏菜单

1.3.8　选项板

所谓“选项板”，就是指将块、图案填充和自定义工具等，整理在一个便于使用的窗口中，这个窗口称之为“选项板”，如图 1-21 所示。在此窗口中，包含了多个类别的选项卡，每一个选项卡面板中，又包含多种相应的工具按钮、图块、图案等。用户可以通过将对象从图形拖至工具选项板来创建工具，然后使用新工具创建与拖至工具选项板的对象具有相同特性的对象。

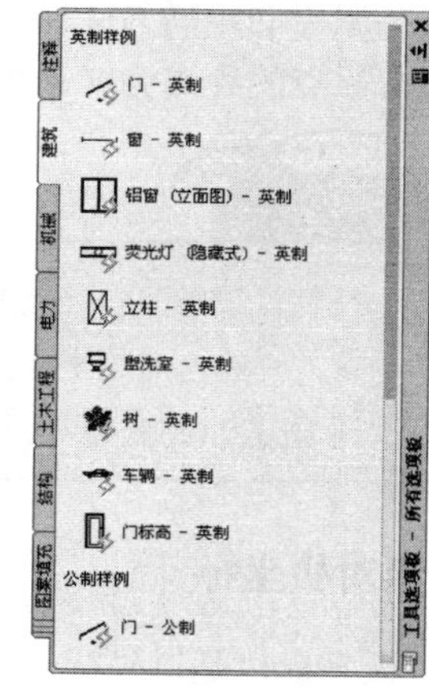

图 1-21　选项板

添加到工具选项板的项目称为“工具”，可以通过将以下任何一项拖至工具选项板来创建工具：

- 几何对象（例如直线、圆和多段线）。
- 标注与块。
- 图案填充。
- 实体填充。
- 渐变填充。
- 光栅图像。
- 外部参照。

1.4 掌握 AutoCAD 初级技能

本节主要学习 AutoCAD 的一些常用的初级操作技能，使读者快速了解和应用 AutoCAD 软件，以绘制一些简单的图形。

1.4.1 输入绝对坐标

AutoCAD 的默认坐标系为世界坐标系，此坐标系是由三个相互垂直并相交的坐标轴 X、Y、Z 组成，X 轴的正方向水平向右，Y 轴的正方向垂直向上，Z 轴的正方向垂直屏幕向外，指向用户。

在具体的绘图过程中，坐标点的精确输入主要包括“绝对坐标输入”和“相对坐标输入”两种，其中“绝对坐标”又包括绝对直角坐标和绝对极坐标两种，下面学习此两种坐标。

1. 绝对直角坐标

绝对直角坐标是以坐标系原点（0,0）作为参考点，进行定位其他点的。其表达式为（x,y,z），用户可以直接输入该点的 x、y、z 绝对坐标值来表示点。在如图 1-22 所示的 A 点，其绝对直角坐标为（4,7），其中 4 表示从 A 点向 X 轴引垂线，垂足与坐标系原点的距离为 4 个单位；7 表示从 A 点向 Y 轴引垂线，垂足与原点的距离为 7 个单位。

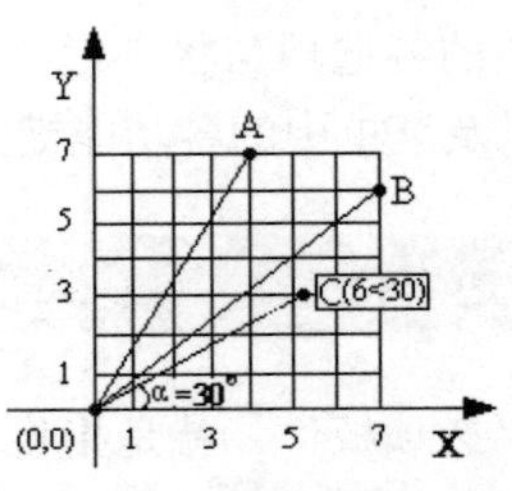

图 1-22 坐标系示例

在默认设置下，当前视图为正交视图，用户在输入坐标点时，只须输入点的 X 坐标和 Y 坐标值即可。在输入点的坐标值时，其数字和逗号应在英文 EN 方式下进行输入，坐标中 X 和 Y 之间必须以逗号分割，且标点必须为英文标点。

2. 绝对极坐标

绝对极坐标也是以坐标系原点作为参考点，通过某点相对于原点的极长和角度来定义点。其表达式为（L<α），L 表示某点和原点之间的极长，即长度；α 表示某点连接原点的边线与 X 轴的夹角。

如图 1-22 所示中的 C（6<30）点就是用绝对极坐标表示的，6 表示 C 点和原点连线的长度，30 表示 C 点和原点连线与 X 轴的正向夹角。

在默认设置下，AutoCAD 是以逆时针来测量角度的。水平向右为 0°方向，90°表示垂直向上，180°表示水平向左，270°表示垂直向下。

1.4.2　选择技能

对象的选择技能是 AutoCAD 的重要基本技能之一，常用于对图形对象进行修改、编辑之前，下面简单介绍几种常用的对象选择技能。

1. 点选

“点选”是最简单的一种对象选择方式，此方式一次仅能选择一个对象。在命令行“选择对象：”的提示下，系统自动进入点选模式，此时光标指针切换为矩形选择框状，将选择框放在对象的边沿上单击左键，即可选择该图形，被选择的图形对象以虚线显示，如图 1-23 所示。

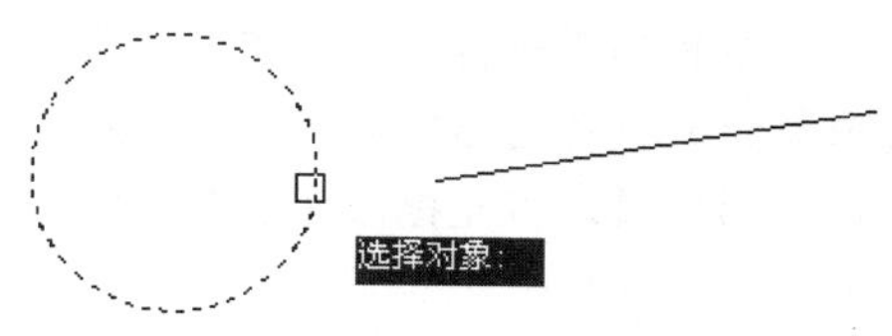

图 1-23　点选示例

2. 窗口选择

“窗口选择”是一种常用的选择方式，使用此方式一次可以选择多个对象。在命令行“选择对象：”的提示下从左向右拉出一矩形选择框，此选择框即为窗口选择框，选择框以实线显示，内部以浅蓝色填充，如图 1-24 所示。当指定窗口选择框的对角点之后，所有完全位于框内的对象都能被选择，如图 1-25 所示。

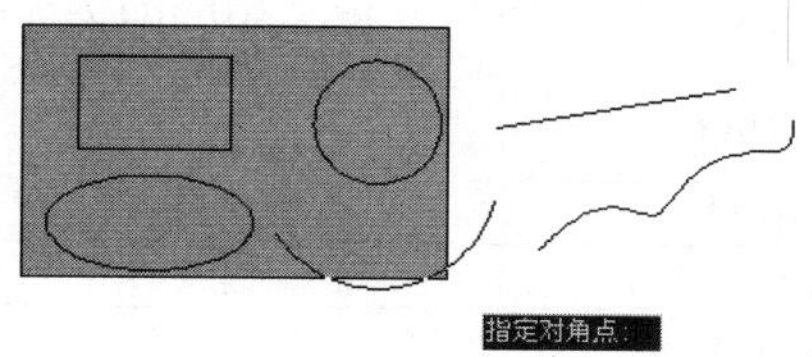

图 1-24　窗口选择框

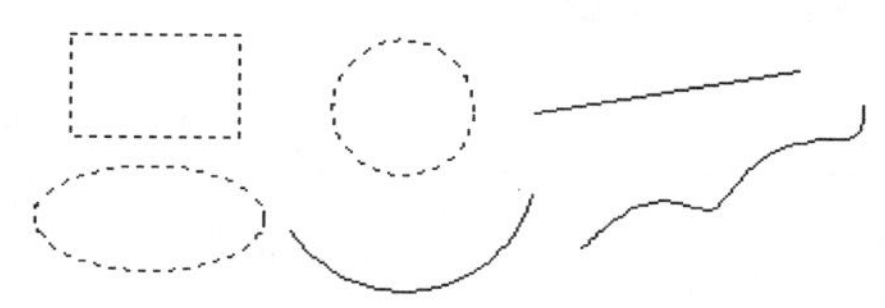

图 1-25　选择结果

3. 窗交选择

“窗交选择”是使用频率非常高的选择方式，使用此方式一次也可以选择多个对象。在命令行“选择对象：”提示下从右向左拉出一矩形选择框，此选择框即为窗交选择框，选择框以虚线显示，内部用绿色填充，如图 1-26 所示。

当指定选择框的对角点之后，所有与选择框相交和完全位于选择框内的对象才能被选择，如图 1-27 所示。

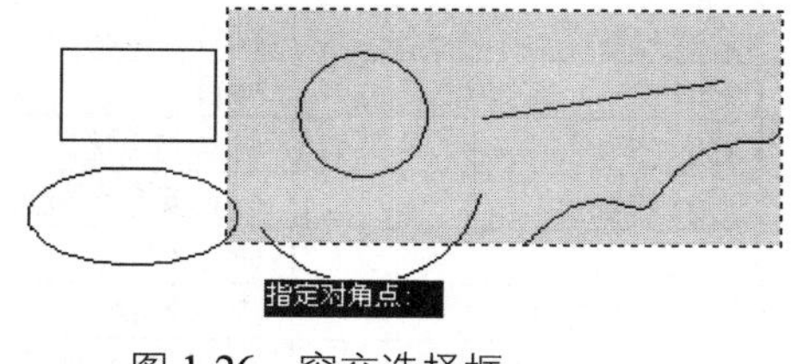

图 1-26　窗交选择框

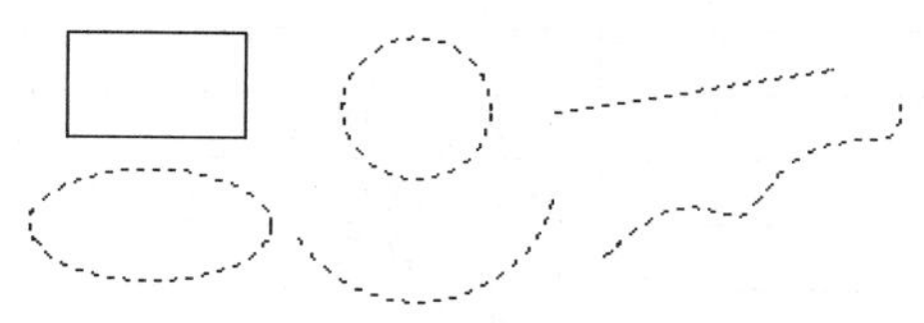

图 1-27　选择结果

1.4.3　执行命令方式

每种软件都有多种命令的执行方式，就 AutoCAD 绘图软件而言，其命令行方式有以下几种。

1. 选择菜单栏命令

单击“菜单”中的命令选项，是一种比较传统、常用的命令启动方式。另外，为了更加方便地启动某些命令或命令选项，AutoCAD 为用户提供了右键菜单，所谓右键菜单，指的就是单击右键弹出的快捷菜单，用户只须选择快捷菜单中的命令或选项，即可快速激活相应的功能。

2. 单击工具栏或功能区按钮

与其他电脑软件一样，单击工具栏或功能区上的命令按钮，也是一种常用、快捷的命令启动方式。通过形象而又直观的图标按钮代替 AutoCAD 的一个个命令，远比那些复杂繁琐的英文命令及菜单更为方便直接，用户只须将光标放在命令按钮上，系统就会自动显示出该按钮所代表的命令，单击按钮即可激活该命令。

3. 在命令行输入命令表达式

“命令表达式”指的就是 AutoCAD 的英文命令，用户只须在命令行的输入窗口中输入命令表达式，然后再按键盘上的 Enter 键，即可执行命令。此种方式是一种最原始的方式，也是一种很重要的方式。

4. 使用功能键及快捷键

“功能键与快捷键”是最快捷的一种命令启动方式。每一种软件都配置了一些命令快捷组合键，如表 1-1 所示则列出了 AutoCAD 自身设定的一些命令快捷键，在执行这些命令时只须按下相应的键即可。

表 1-1　AutoCAD 的常用功能键

功能键	功能	功能键	功能
F1	AutoCAD 帮助	Ctrl+N	新建文件
F2	文本窗口打开	Ctrl+O	打开文件
F3	对象捕捉开关	Ctrl+S	保存文件
F4	三维对象捕捉开关	Ctrl+P	打印文件
F5	等轴测平面转换	Ctrl+Z	撤消上一步操作
F6	动态 UCS	Ctrl+Y	重复撤消的操作
F7	栅格开关	Ctrl+X	剪切
F8	正交开关	Ctrl+C	复制
F9	捕捉开关	Ctrl+V	粘贴
F10	极轴开关	Ctrl+K	超级链接
F11	对象跟踪开关	Ctrl+0	全屏
F12	动态输入	Ctrl+1	特性管理器
Delete	删除	Ctrl+2	设计中心
Ctrl+A	全选	Ctrl+3	特性
Ctrl+4	图纸集管理器	Ctrl+5	信息选项板
Ctrl+6	数据库连接	Ctrl+7	标记集管理器
Ctrl+8	快速计算器	Ctrl+9	命令行
Ctrl+	选择循环	Ctrl+Shift+P	快捷特性
Ctrl+Shift+I	推断约束	Ctrl+Shift+C	带基点复制
Ctrl+Shift+V	粘贴为块	Ctrl+Shift+S	另存为

另外，AutoCAD 还有一种更为方便的“命令快捷键”，即命令表达式的缩写。严格来说它算不上是命令快捷键，但是使用简写命令的确能起到快速执行命令的作用，所以也称之为快捷键。不过使用此类快

捷键时需要配合 Enter 键，如“直线”命令的英文缩写为“L”，用户只须按下 L 键后再按下 Enter 键，就能执行“直线”命令。

1.4.4　设置绘图环境

本节主要学习两个绘图环境的设置工具，即“图形单位”和“图形界限”。

1. 设置图形单位

“单位”命令用于设置长度单位、角度单位、角度方向以及各自的精度等参数。执行“图形单位”命令主要有以下几种方式：

- 选择菜单栏“格式”→“单位”命令。
- 在命令行输入 Units 后按 Enter 键。
- 使用简写命令 UN。

执行“单位”命令后，可打开如图 1-28 所示的“图形单位”对话框，此对话框主要用于设置如下内容。

- 设置长度单位：在“长度”选项组中单击“类型”下拉列表框，设置长度的类型，默认为“小数”。

AutoCAD 提供了“建筑”、“小数”、“工程”、“分数”和“科学”等 5 种长度类型。单击▼按钮可以从中选择需要的长度类型。

- 设置长度精度：展开“精度”下拉列表框，设置单位的精度，默认为“0.0000”，用户可以根据需要设置单位的精度。
- 设置角度单位：在“角度”选项组中单击“类型”下拉列表，设置角度的类型，默认为“十进制度数”。
- 设置角度精度：展开“精度”下拉列表框，设置角度的精度，默认为“0”，用户可以根据需要进行设置。

“顺时针”复选框用于设置角度的方向，如果勾选该选项，那么在绘图过程中就以顺时针为正角度方向，否则以逆时针为正角度方向。

- “插入时的缩放单位”选项组：用于确定拖放内容的单位，默认为“毫米”。
- 设置角度的基准方向：单击对话框底部的[方向(D)...]按钮，打开如图 1-29 所示的“方向控制”对话框，用来设置角度测量的起始位置。

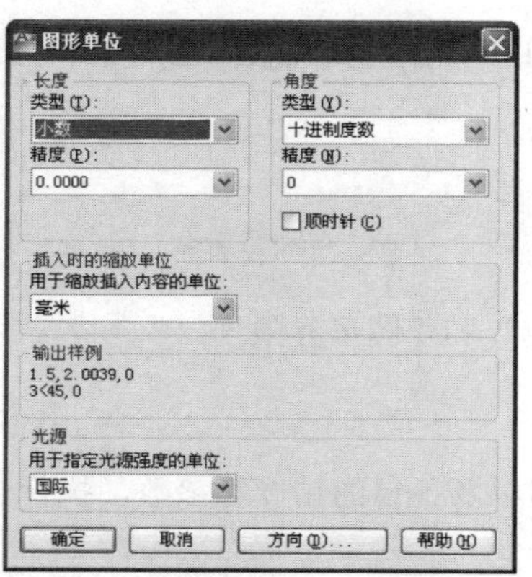

图 1-28 “图形单位”对话框

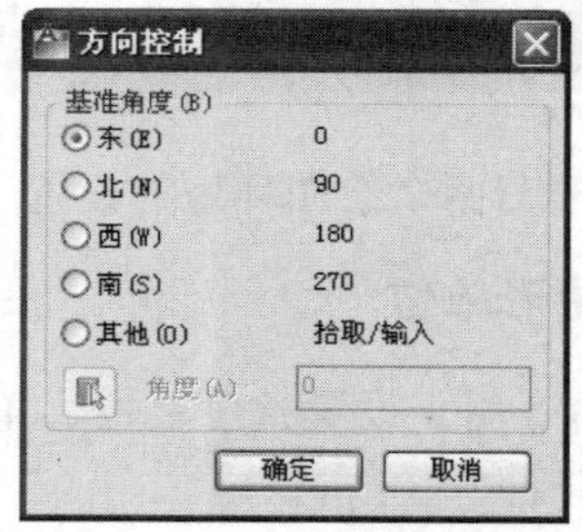

图 1-29 “方向控制”对话框

2. 设置图形界限

“图形界限”就是绘图的区域，相当于手工绘图时，事先准备的图纸。设置“图形界限”就是为了满足不同范围的图形在有限绘图区窗口中的恰当显示，以方便于视窗的调整及用户的观察编辑等。执行“图形界限”命令主要有以下几种方式：

- 选择菜单栏“格式”→“图形界限”命令。
- 在命令行输入 Limits 后按 Enter 键。

下面通过将图形界限设置为 200×100 来学习图形界限的具体设置过程。

01 执行“图形界限”命令，在命令行“指定左下角点或 [开（ON）/关（OFF）] <0.0000,0.0000>：”提示下按 Enter 键，以默认原点作为图形界限的左下角点。

图形界限一般是一个矩形区域，当指定图形界限的左下角点后，只须输入矩形区域的右上角点坐标即可。一般情况下以原点作为图形界限的左下角点。

02 继续在命令行“指定右上角点<420.0000,297.0000>：”提示下，输入“200,100”，并按 Enter 键。

03 单击“视图”选项卡→“二维导航”面板→“全部缩放”按钮，将图形界限最大化显示。

在默认设置下，图形的界限为 3 号横向图纸的尺寸，即长边为 420、短边为 297 个绘图单位。

04 当设置了图形界限之后，可以开启状态栏上的“栅格”功能，通过栅格点，可以将图形界限进行直观显示，如图 1-30 所示。

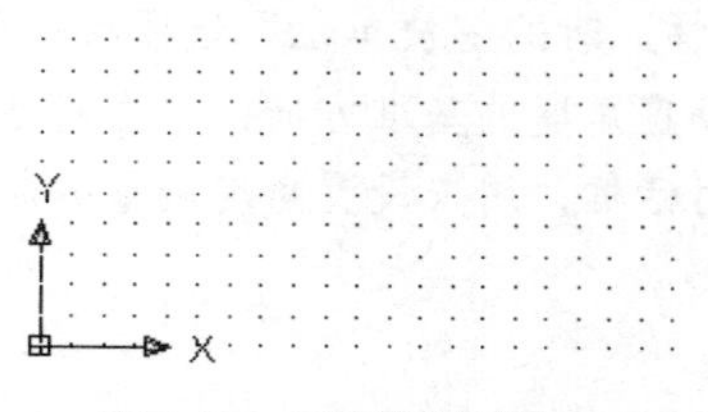

图 1-30 图形界限的显示

当用户设置了图形界限后，如果绘制的图形超出所设置的图形界限，绘图界限的检测功能可以将坐标值限制在设置的绘图区域内，这样就不会使绘制的图形超出边界。

1.4.5　最简单的命令

本节主要学习几个最简单的命令，具体有“直线”、“删除”、“放弃”、“重做”、“平移”、“实时缩放”等。

1. “直线”命令

“直线”命令是一个非常常用的画线工具，使用此命令可以绘制一条或多条直线段，每条直线都被看作是一个独立的对象。执行“直线”命令有以下几种方式：

- 单击“常用”选项卡→“绘图”面板→“直线”按钮。
- 选择菜单栏“绘图”→“直线”命令。
- 单击“绘图”工具栏→“直线”按钮。
- 在命令行输入 Line 后按 Enter 键。
- 使用快捷键 L。

下面通过绘制边长为 100 的正三角形，学习使用“直线”命令和绝对坐标的输入功能。

01 使用“实时平移”功能，将坐标系图标平移至绘图区中央。

02 单击“常用”选项卡→“绘图”面板→“直线”按钮，激活“直线”命令。

03 激活“直线”命令后，根据 AutoCAD 命令行的步骤提示，配合绝对坐标精确画图。

```
命令: _line
    指定第一点:                          //0,0 Enter，以原点作为起点
    指定下一点或 [放弃(U)]:              // 100,0 Enter，定位第二点
    指定下一点或 [放弃(U)]:              //100<120 Enter，定位第三点
    指定下一点或 [闭合(C)/放弃(U)]:      //c Enter，闭合图形，绘制结果如图 1-31 所示。
```

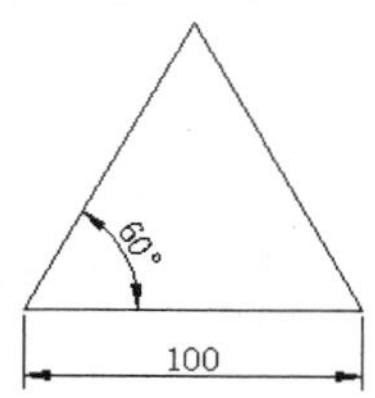

图 1-31　绘制结果

使用“放弃”选项可以取消上一步操作；使用“闭合”选项可以绘制首尾相连的封闭图形。

2. “删除”命令

“删除”命令用于将不需要的图形删除。当激活该命令后，选择需要删除的图形，单击右键或按 Enter 键，即可将图形删除。此工具相当于手工绘图时的橡皮擦，用于擦除无用的图形。执行“删除”命令主要有以下几种方式：

- 单击“常用”选项卡→“修改”面板→“删除”按钮。
- 选择菜单栏“修改”→“删除”命令。
- 单击“修改”工具栏→“删除”按钮。
- 在命令行输入 Erase 后按 Enter 键。
- 使用快捷键 E。

3. “放弃”和“重做”命令

当用户需要放弃已执行过的操作步骤或恢复放弃的步骤时，可以使用“放弃”和“重做”命令。其中“放弃”用于撤消所执行的操作，“重做”命令用于恢复所撤消的操作。AutoCAD 支持用户无限次放弃或重做操作。

单击“标准”工具栏→“放弃”按钮，或选择菜单栏“编辑”→“放弃”命令，或在命令行输入“Undo”或“U”，即可激活“放弃”命令。

单击“标准”工具栏→“重做”按钮，或选择菜单栏“编辑”→“重做”命令，或在命令行输入“Redo”，即可激活“重做”命令，以恢复放弃的操作步骤。

4. “平移”命令

使用视图的平移工具可以对视图进行平移，以方便观察视图内的图形。选择菜单栏“视图”→“平移”级联菜单中的各命令，如图 1-32 所示，即可执行各种平移操作。各菜单项功能如下：

图 1-32 “平移”菜单

- “实时”用于将视图随着光标的移动而平移，也可在“标准”工具栏上单击按钮，以激活“实时平移”工具。
- “点”平移是根据指定的基点和目标点平移视图。定点平移时，需要指定两点，第一点作为基点，第二点作为位移的目标点，平移视图内的图形。
- “左”、“右”、“上”和“下”命令分别用于在 X 轴和 Y 轴方向上移动视图。

小提示

激活“实时平移”命令后光标变为“”形状，此时可以按住鼠标左键向需要的方向平移视图，在任何时候都可以按 Enter 键或 Esc 键来停止平移。

5. “实时缩放”命令

单击“标准”工具栏→“实时缩放”按钮，或选择菜单栏“视图”→“缩放”→“实时”命令，都可激活“实时缩放”功能，此时屏幕上将出现一个放大镜形状的光标，便进入了“实时缩放”状态，按住鼠标左键向下拖动鼠标，则视图缩小显示；按住鼠标左键向上拖动鼠标，则视图放大显示。

1.5 设置与管理 AutoCAD 文件

本节主要学习 AutoCAD 绘图文件的新建、保存、另存为、打开与清理等基本操作功能。

1.5.1 新建文件

当启动 AutoCAD 2012 后，系统会自动打开一个名为“Drawing1.dwg”的绘图文件，如果用户需要重新创建一个绘图文件，则需要使用“新建”命令，执行此命令主要有以下几种方式：

- 单击“快速访问工具栏”→“新建”按钮。
- 选择菜单栏“文件”→“新建”命令。
- 单击“标准”工具栏→“新建”按钮。
- 在命令行输入 New 后按 Enter 键。
- 按组合键 Ctrl+N。

执行“新建”命令后，可打开如图 1-33 所示的“选择样板”对话框。此对话框为用户提供了多种的基本样板文件，其中“acadISO-Named Plot Styles”和“acadiso”都是公制单位的样板文件，两者的区别就在于前者使用的打印样式为“命名打印样式”，后一个样板文件的打印样式为“颜色相关打印样式”，读者可以根据需求进行取舍。

选择“acadISO-Named Plot Styles”或“acadiso”样板文件后单击 打开(O) 按钮，即可创建一张新的空白文件，进入 AutoCAD 默认设置的二维操作界面。

另外，AutoCAD 为用户提供了“无样板”方式创建绘图文件的功能，具体操作就是在“选择样板”对话框中单击 打开(O) 按钮右侧的下三角按钮，打开如图 1-34 所示的下拉菜单，在下拉菜单中选择“无样板打开-公制”选项，即可快速新建一个公制单位的绘图文件。

图 1-33 “选择样板”对话框

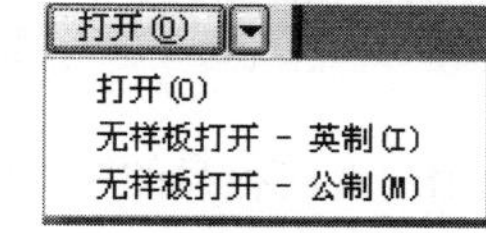

图 1-34 下拉菜单

1.5.2 保存文件

“保存”命令用于将绘制的图形以文件的形式进行存盘，存盘的目的就是为了方便以后查看、使用或

修改编辑等。执行“保存”命令主要有以下几种方式：

- 单击“快速访问工具栏”→“保存”按钮。
- 选择菜单栏“文件”→“保存”命令。
- 单击“标准”工具栏→“保存”按钮。
- 在命令行输入 Save 后按 Enter 键。
- 按组合键 Ctrl+S。

执行“保存”命令后，可打开如图 1-35 所示的“图形另存为”对话框，在此对话框内，可以进行如下操作。

- 设置存盘路径：单击上侧的“保存于”列表，在展开的下拉列表内设置存盘路径。
- 设置文件名：在“文件名”文本框内输入文件的名称，如“我的文档”。
- 设置文件类型：单击对话框底部的“文件类型”下拉列表，在展开的下拉列表框内设置文件的格式类型，如图 1-36 所示。

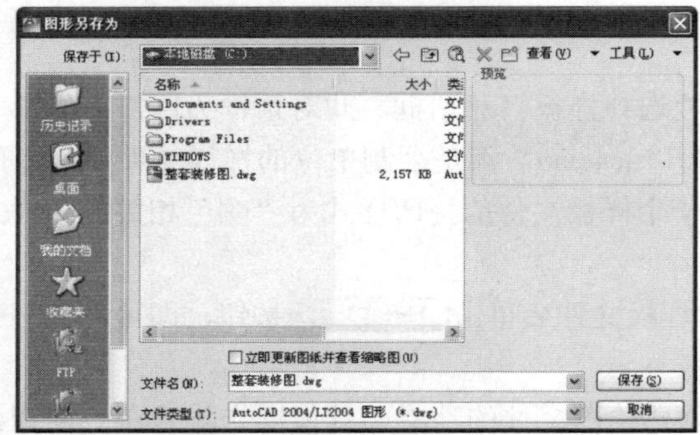

图 1-35 “图形另存为”对话框

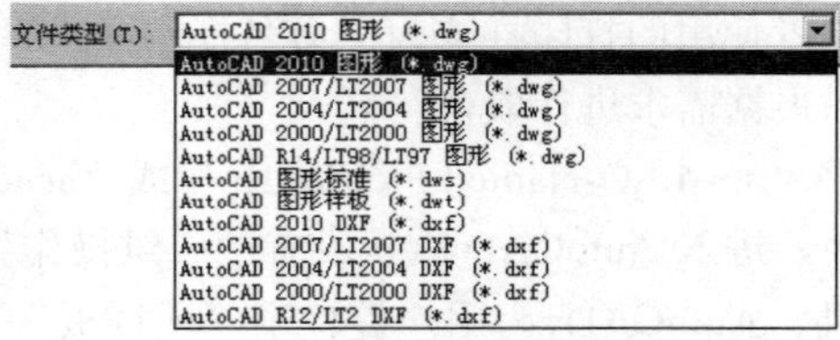

图 1-36 设置文件格式

默认的存储类型为“AutoCAD 2010 图形（*.dwg）”，使用此种格式将文件存盘后，只能被 AutoCAD 2010 及其以后的版本所打开，如果用户需要在 AutoCAD 早期版本中打开此文件，必须使用低版本的文件格式进行存盘。

当设置好路径、文件名以及文件格式后，单击 保存(S) 按钮，即可将当前文件存盘。

1.5.3 另存为文件

当用户在已存盘的图形的基础上进行了其他的修改工作，又不想将原来的图形覆盖，可以使用“另存为”命令，将修改后的图形以不同的路径或不同的文件名进行存盘。执行“另存为”命令主要有以下几种方式：

- 单击“快速访问工具栏”→“另存为”按钮。
- 选择菜单栏“文件”→“另存为”命令
- 在命令行输入 Saveas 后按 Enter 键。
- 按组合键 Crtl+Shift+S。

1.5.4　打开文件

当用户需要查看、使用或编辑已经存盘的图形时，可以使用“打开”命令。执行“打开”命令主要有以下几种方式：

- 单击“快速访问工具栏”→“打开”按钮。
- 选择菜单栏“文件”→“打开”命令。
- 单击“标准”工具栏→“打开”按钮。
- 在命令行输入 Open 后按 Enter 键。
- 按组合键 Ctrl+O。

执行“打开”命令后，系统将打开“选择文件”对话框，在此对话框中选择需要打开的图形文件，如图 1-37 所示。单击 打开(O) 按钮，即可将此文件打开。

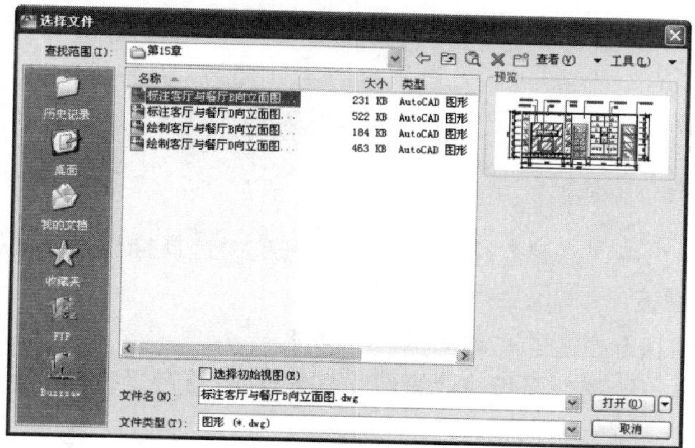

图 1-37　“选择文件”对话框

1.5.5　清理文件

有时为了给图形文件进行“减肥”，以减小文件的存储空间，可以使用“清理”命令，将文件内部的一些无用的垃圾资源（如图层、样式、图块等）进行清理。

执行“清理”命令主要有以下几种方法：

- 选择菜单栏“文件”→“图形实用程序”→“清理”命令。
- 在命令行输入 Purge 后按 Enter 键。
- 使用简写命令 PU。

激活“清理”命令后，系统即可打开如图 1-38 所示的“清理”对话框，在此对话框中，带有“+”号的选项，表示该选项内含有未使用的垃圾项目，单击该选项将其展开，即可选择需要清理的项目，如果用户需要清理文件中的所有未使用的垃圾项目，可以单击对话框底部的 全部清理(A) 按钮。

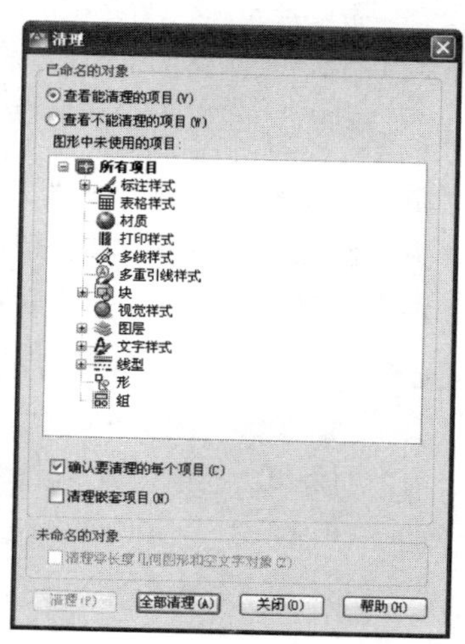

图 1-38　“清理”对话框

1.6 案例——绘制 A4-H 图纸边框

下面以绘制如图 1-39 所示的 4 号图纸内外边框为例，对本章知识进行综合练习和应用，体验一下文件的新建、图形的绘制以及文件的存储等整个操作流程。

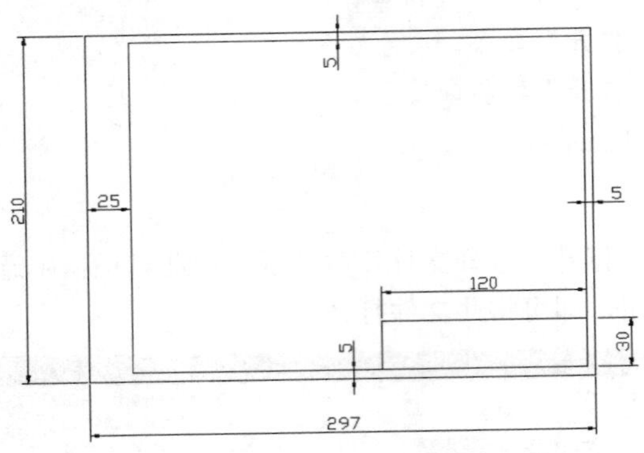

图 1-39　实例效果

操作步骤：

01 单击“快速访问工具栏”→“新建”按钮，在打开的“选择样板”对话框中选择“acadISO-Named Plot Styles”作为基础样板，创建空白文件。

02 按下 F12 功能键，关闭状态栏上的“动态输入”功能。

03 单击“常用”选项卡→“绘图”面板→“直线”按钮，配合“绝对坐标”功能绘制 4 号图纸的外框。命令行操作如下：

```
命令: _line
    指定第一点:                        //0,0 Enter, 以原点作为起点
    指定下一点或 [放弃(U)]:              //297<0 Enter, 输入第二点
    指定下一点或 [放弃(U)]:              //297,210 Enter, 输入第三点
    指定下一点或 [闭合(C)/放弃(U)]:       //210<90 Enter, 输入第四点
    指定下一点或 [闭合(C)/放弃(U)]:       //c Enter, 闭合图形。
```

04 单击“视图”选项卡→“二维导航”面板→“平移”按钮，将绘制的图形从左下角拖至绘图区中央，使之完全显示，平移结果如图 1-40 所示。

05 选择菜单栏“工具”→“新建 UCS”→“原点”命令，更改坐标系的原点。命令行操作如下：

```
命令: _ucs
    当前 UCS 名称: *世界*
    指定 UCS 的原点或 [面(F)/命名(NA)/对象(OB)/上一个(P)/视图(V)/世界(W)/X/Y/Z/Z 轴(ZA)]
    <世界>: _o
    指定新原点 <0,0,0>:       //25,5 Enter, 结束命令, 移动结果如图 1-41 所示。
```

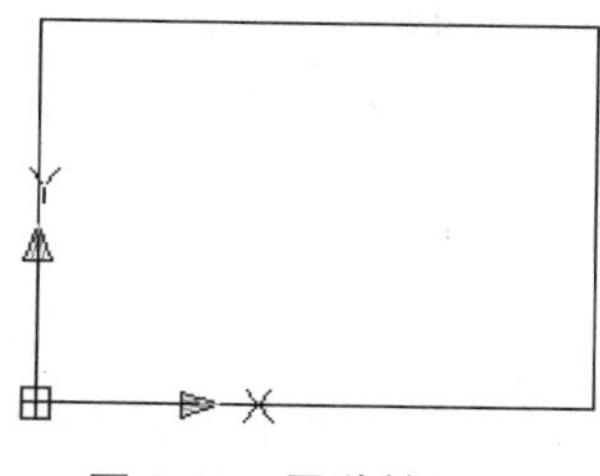
图 1-40　平移结果

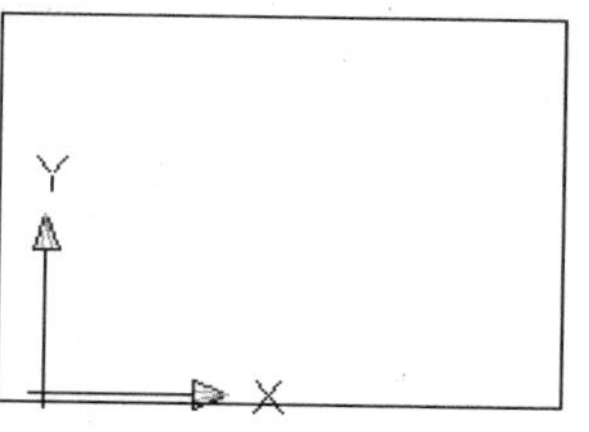
图 1-41　移动坐标点

06 单击“常用”选项卡→“绘图”面板→“直线”按钮，绘制 4 号图纸的内框。命令行操作如下：

```
命令: _line
    指定第一点:                        //0,0 Enter
    指定下一点或 [放弃(U)]:             //267,0 Enter
    指定下一点或 [放弃(U)]:             //267,200 Enter
    指定下一点或 [闭合(C)/放弃(U)]:     //0,200 Enter
    指定下一点或 [闭合(C)/放弃(U)]:     //c Enter，闭合图形，绘制结果如图 1-42 所示。
```

07 选择菜单栏“视图”→“显示”→“UCS 图标”→“开”命令，关闭坐标系，结果如图 1-43 所示。

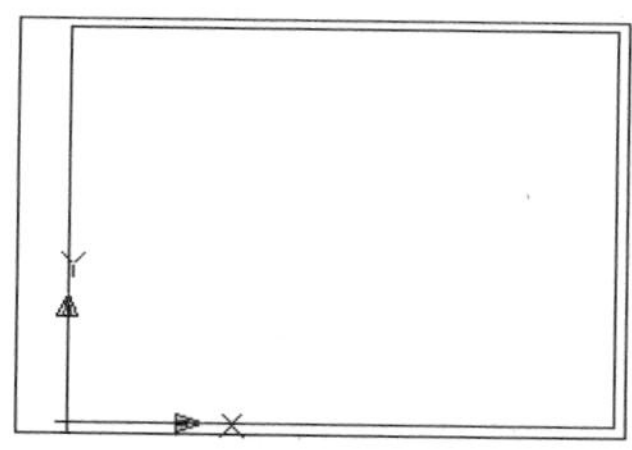
图 1-42　绘制内框

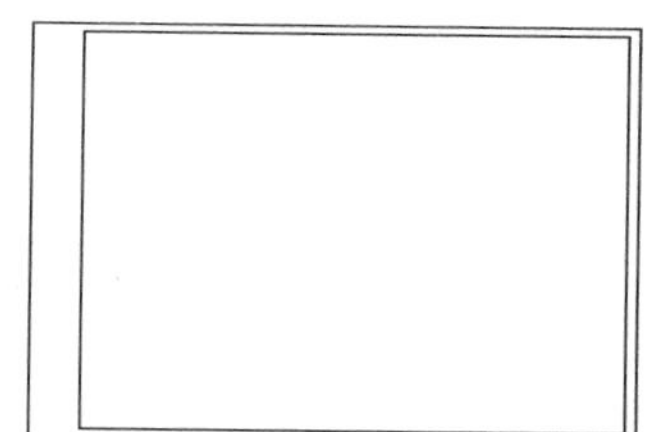
图 1-43　绘制结果

08 使用快捷键 L 激活“直线”命令，绘制图框标题栏。命令行操作如下：

```
命令: _line                                   // Enter
    指定第一点:                    //147,0 Enter
    指定下一点或 [放弃(U)]:             //147,30 Enter
    指定下一点或 [放弃(U)]:             //267,30 Enter
    指定下一点或 [闭合(C)/放弃(U)]:      // Enter，结束命令，结果如图 1-39 所示
```

09 单击“快速访问工具栏”→“保存”按钮，将图形存储为“A4-H 图框.dwg”。

当结束某个命令时，可以按下 Enter 键；当中止某个命令时，可以按下 Esc 键。

1.7 本章小结

本章在概述 AutoCAD 2012 的应用范围、基本概念和系统配置等知识的前提下，主要讲述了 AutoCAD 2012 中文版的用户界面、文件的设置管理、命令调用特点、绝对坐标的输入、对象的选择以及图形界限与单位的设置等基础知识，为后续章节的学习打下基础。通过本章的学习，应掌握以下知识：

- 了解和掌握 AutoCAD 2012 软件的启动退出方式、工作空间的切换、工作界面的组成及组成元素的功能设置等。
- 了解和掌握 AutoCAD 命令的执行特点、两种绝对坐标点的精确输入技能。
- 了解和掌握“直线”、“删除”、“放弃”、“重做”等简单命令的使用方法和相关操作。
- 了解和掌握绘图界限、绘图单位的设置以及视图的实时平移和缩放功能。
- 掌握 AutoCAD 文件的创建与管理操作，包括新建文件、保存文件、打开文件等。

第 2 章

绘制与定位点图元

通过上一章的简单介绍，使读者轻松了解和体验了 AutoCAD 绘图的基本操作过程，但是如果想更加方便、灵活的自由操控 AutoCAD 绘图软件，还必须了解和掌握一些基础的软件操作技能，如点的输入、点的捕捉追踪以及视图的调控等。

知识要点

- 绘制点
- 绘制等分点
- 输入坐标点
- 捕捉特征点
- 案例——绘制鞋柜立面图
- 追踪目标点
- 视图的缩放功能
- 案例——绘制玻璃吊柜

2.1 绘制点

点图元是最基本、最简单的一种几何图元，本节主要学习单点、多点等各类点图元的绘制方法。

2.1.1 绘制单个点

“单点”命令用于绘制单个的点对象，执行一次命令，仅可以绘制一个点，如图 2-1 所示。执行“单点”命令主要有以下几种方式：

- 选择菜单栏“绘图”→“点”→“单点”命令。
- 在命令行输入 Point 后按 Enter 键。
- 使用快捷键 PO。

图 2-1　单点

执行“单点”命令后 AutoCAD 系统提示如下：

```
命令: _point
    当前点模式:  PDMODE=0  PDSIZE=0.0000
    指定点:              //在绘图区拾取点或输入点坐标
```

由于默认模式下的点是以一个小点显示，如果该点处在某图线上，那么将会看不到点，因此 AutoCAD 提供了点的显示样式，用户可以根据需要设置点的显示样式。

01 单击"常用"选项卡→"实用工具"面板→"点样式"按钮，或在命令行输入 Ddptype 并按 Enter 键，打开如图 2-2 所示的"点样式"对话框。

02 设置点的样式。在"点样式"对话框中共 20 种点样式，在所需样式上单击，即可将此样式设置为当前点样式，在此设置"⊠"为当前点样式。

03 设置点的尺寸。在"点大小"文本框内输入点的大小尺寸。其中，"相对于屏幕设置大小"选项表示按照屏幕尺寸的百分比显示点；"按绝对单位设置大小"选项表示按照点的实际尺寸来显示点。

04 单击 确定 按钮，结果绘图区的点被更新，如图 2-3 所示。

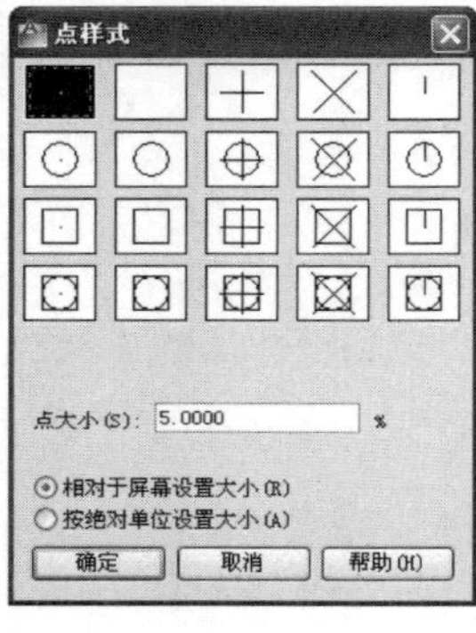

图 2-2 "点样式"对话框

图 2-3 更改点样式

2.1.2 绘制多个点

"多点"命令用于连续的绘制多个点对象，直到按下 Esc 键结束命令为止，如图 2-4 所示。执行"多点"命令主要有以下几种方式：

图 2-4 绘制多点

- 单击"常用"选项卡→"绘图"面板→"多点"按钮。
- 单击"绘图"工具栏→"多点"按钮
- 选择菜单栏"绘图"→"点"→"多点"命令。

执行"多点"命令后 AutoCAD 系统提示如下：

```
命令: Point
    当前点模式:  PDMODE=0  PDSIZE=0.0000  (Current point modes:  PDMODE=0
    PDSIZE=0.0000)
    指定点:             //在绘图区定位点的位置
```

```
指定点:              //在绘图区定位点的位置
…
指定点:              //继续绘制点或按 Esc 键结束命令
```

2.2 绘制等分点

所谓“等分点”，指的就是将图线等分后，在等分位置上所绘制的点。本节主要学习等分点的绘制工具，具体有“定数等分”和“定距等分”两个命令。

2.2.1 定数等分点

“定数等分”命令用于按照指定的等分数目等分对象，执行“定数等分”命令主要有以下几种方式：

- 单击“常用”选项卡→“绘图”面板→“定数等分”按钮。
- 选择菜单栏“绘图”→“点”→“定数等分”命令。
- 在命令行输入 Divide 后按 Enter 键。
- 使用快捷键 DVI。

对象被等分的结果仅仅是在等分点处放置了点的标记符号，而源对象并没有被等分为多个对象。下面通过将某直线等分 5 份来学习使用“定数等分”命令。

01 首先绘制一条长度为 200 的水平直线。

02 选择菜单栏“格式”→“点样式”命令，将当前点的样式设置为“⊠”。

03 单击“常用”选项卡→“绘图”面板→“定数等分”按钮，根据 AutoCAD 命令行提示，将线段 5 等分，命令行操作如下：

```
命令: _divide
    选择要定数等分的对象:          //选择刚绘制的水平线段
    输入线段数目或 [块(B)]:         //5 Enter，设置等分数目
```

04 结果线段被 5 等分，在等分点处放置了 4 个定等分点，如图 2-5 所示。

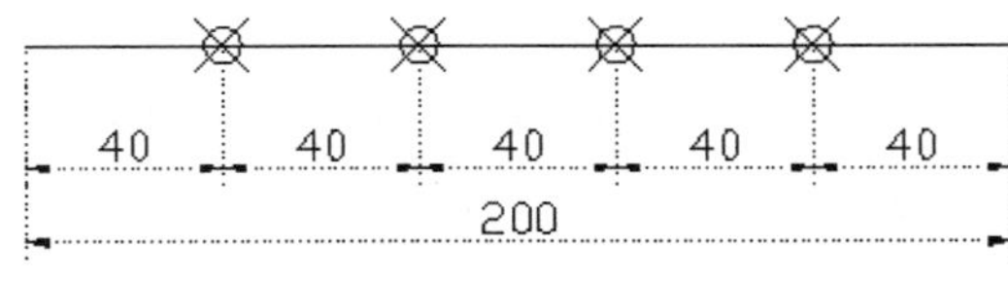

图 2-5　等分结果

AutoCAD 小提示

使用“块（B）”选项可以在等分点处放置内部块，在执行此选项时，必须确保当前文件中存在所需使用的内部图块。如图 2-6 所示的图形，就是使用了点的等分工具，将圆弧进行等分，并在等分点处放置了会议椅内部块。

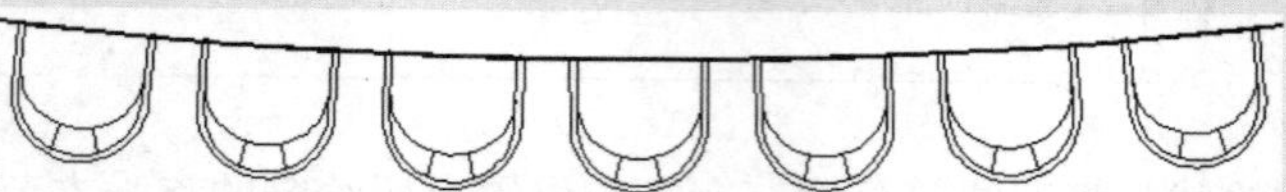

图 2-6　在等分点处放置块

2.2.2　定距等分点

“定距等分”命令用于按照指定的等分距离进行等分对象。等分的结果仅仅是在等分点处放置了点的标记符号，而源对象并没有被等分为多个对象。执行“定距等分”命令主要有以下几种方式：

- 单击“常用”选项卡→“绘图”面板→“定距等分”按钮。
- 选择菜单栏“绘图”→“点”→“定距等分”命令。
- 在命令行输入 Measure 后按 Enter 键。
- 使用快捷键 ME。

下面通过将某直线每隔 45 个单位的距离进行定距等分来学习使用“定距等分”命令。

01 首先绘制长度为 200 的水平线段。

02 执行“点样式”命令，将点的样式设置为“⊠”。

03 单击“常用”选项卡→“绘图”面板→“定距等分”按钮，对线段进行定距等分。命令行操作如下：

```
命令: _measure
    选择要定距等分的对象:            //选择刚绘制的线段
    指定线段长度或 [块(B)]:          //50 Enter，设置等分距离
```

04 定距等分的结果如图 2-7 所示。

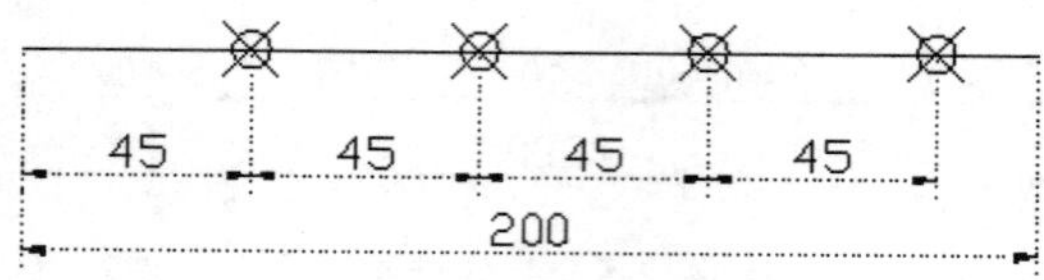

图 2-7　等分结果

2.3 输入坐标点

除上一章学习的绝对坐标外，还有一种比较常用的坐标，即相对坐标，它包括“相对直角坐标”和“相对极坐标”两种，本节将学习相对坐标点的输入技能。

2.3.1 相对直角坐标

相对直角坐标是某一点相对于对照点 X 轴、Y 轴和 Z 轴三个方向上的坐标变化。其表达式为（@x,y,z）。

在实际绘图当中常把上一点看作参照点，后续绘图操作是相对于前一点而进行的。在如图 2-8 所示的坐标系中，如果以 C 点作为参照点，使用相对直角坐标表示 B 点，那么表达式则为（@6-3,4-1）=（@3,3）。

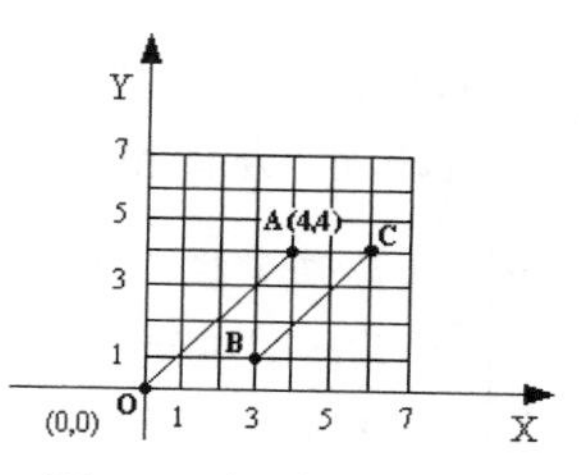

图 2-8　相对坐标系的点

AutoCAD 为用户提供了一种变换相对坐标系的方法，只要在输入的坐标值前加“@”符号，就表示该坐标值是相对于前一点的相对坐标。

2.3.2 相对极坐标

相对极坐标是通过相对于参照点的极长距离和偏移角度来表示的，其表达式为（@L<α），L 表示极长，α 表示角度。

在如图 2-8 所示的坐标系中，如果以 A 点作为参照点，使用相对极坐标表示 C 点，那么表达式则为（@2<0），其中 2 表示 C 点和 A 点的极长距离为 2 个图形单位，偏移角度为 0°。

在默认设置下，AutoCAD 是以 X 轴正方向作为 0° 的起始方向，以逆时针方向计算的，如果在如图 2-8 所示的坐标系中，以 C 点作为参照点，使用相对坐标表示 A 点，则为“@2<180”。

2.3.3 动态输入点

在输入相对坐标点时，可配合状态栏上的“动态输入”功能，当激活该功能后，输入的坐标点被看作是相对坐标点，用户只须输入点的坐标值即可，不需要输入符号“@”，因系统会自动在坐标值前添加此符号。单击状态栏上的按钮，或按下 F12 功能键，都可激活状态栏上的“动态输入”功能。

2.4 捕捉特征点

AutoCAD 还为用户提供了点的精确捕捉功能，如“捕捉”、“对象捕捉”、“临时捕捉”等，使用这些功能可以快速、准确的定位图形上的特征点，以高精度的绘制图形。

2.4.1 捕捉

步长捕捉指的就是强制性的控制十字光标，使其按照事先定义的 X 轴、Y 轴方向的固定距离（即步长）进行跳动，从而精确定位点。执行“捕捉”功能时主要有以下几种方式：

- 选择菜单栏“工具”→“草图设置”命令，在打开的“草图设置”对话框中展开“捕捉和栅格”选项卡，勾选“启用捕捉”复选框，如图 2-9 所示。
- 单击状态栏上的按钮或**捕捉**按钮（或在此按钮上单击右键，在弹出的快捷菜单中选择“启用”命令）。
- 按下功能键 F9。

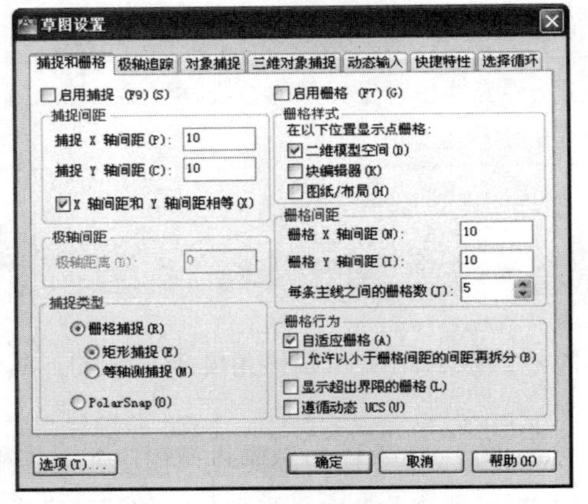

图 2-9 “草图设置”对话框

下面通过将 X 轴方向上的步长设置为 30、Y 方向上的步长设置为 40，学习“捕捉”功能的参数设置和启用操作。

01 在状态栏按钮或**捕捉**按钮上单击右键，在弹出的快捷菜单中选择“设置”命令，打开如图 2-9 所示的“草图设置”对话框。

02 勾选“启用捕捉”复选框，即可打开“捕捉”功能。

03 设置 X 轴步长。在“捕捉 X 轴间距”文本框内输入数值 30，将 X 轴方向上的捕捉间距设置为 30。

04 取消“X 轴间距和 Y 轴间距相等”复选框。

05 设置 Y 轴步长。在“捕捉 Y 轴间距”文本框内输入数值 40，将 Y 轴方向上的捕捉间距设置为 40。

06 最后单击**确定**按钮，完成捕捉参数的设置。

2.4.2　栅格

所谓“栅格显示”，指的是由一些虚拟的栅格点或栅格线组成，以直观的显示出当前文件内的图形界限区域。这些栅格点和栅格线仅起到一种参照显示功能，它不是图形的一部分，也不会被打印输出。执行“栅格”功能主要有以下几种方式：

- 选择菜单栏“工具”→“草图设置”命令，在打开的“草图设置”对话框中展开“捕捉和栅格”选项卡，然后勾选“启用栅格”复选框。
- 单击状态栏上的▦按钮或栅格按钮（或在此按钮上单击右键，在弹出的快捷菜单中选择“启用”命令）。
- 按功能键 F7。
- 按组合键 Ctrl+G。

选项解析

- 在如图 2-9 所示的“草图设置”对话框中，“极轴间距”选项组用于设置极轴追踪的距离，此选项需要在“PolarSnap”捕捉类型下使用。
- “捕捉类型”选项组用于设置捕捉的类型，其中“栅格捕捉”单选按钮用于将光标沿垂直栅格或水平栅格点进行捕捉点；“PolarSnap”单选按钮用于将光标沿当前极轴增量角方向进行追踪点，此选项需要配合“极轴追踪”功能使用。
- “栅格样式”选项组用于设置二维模型空间、块编辑器窗口以及布局空间的栅格显示样式，如果勾选了此选项组中的三个复选框，那么系统将会以栅格点的形式显示图形界限区域，如图 2-10 所示；反之，系统将会以栅格线的形式显示图形界限区域，如图 2-11 所示。

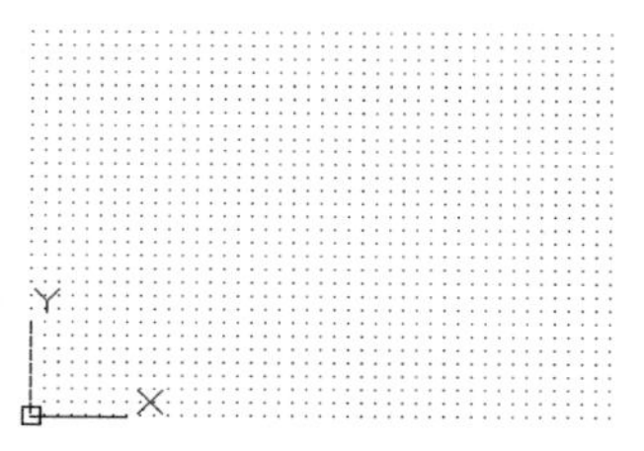

图 2-10　栅格点显示

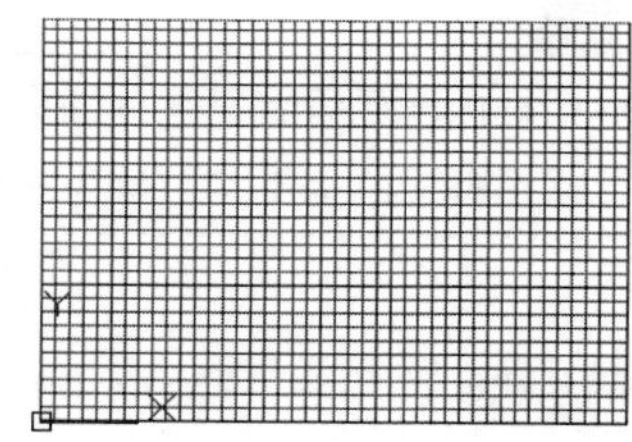

图 2-11　栅格线显示

- “栅格间距”选项组是用于设置 X 轴方向和 Y 轴方向的栅格间距的。两个栅格点之间或两条栅格线之间的默认间距为 10。
- 在“栅格行为”选项组中，“自适应栅格”复选框用于设置栅格点或栅格线的显示密度；“显示超出界限的栅格”复选框用于显示图形界限区域外的栅格点或栅格线；“遵循动态 UCS”复选框用于更改栅格平面，以跟随动态 UCS 的 XY 平面。

2.4.3　对象捕捉

“对象捕捉”功能主要用于捕捉图形对象上的特征点，如直线的端点和中点、圆的圆心与象限点等。执行“对象捕捉”功能有以下几种方式：

- 选择菜单栏“工具”→“草图设置”命令，在打开的对话框中展开“对象捕捉”选项卡，然后勾选“启用对象捕捉”复选框。
- 单击状态栏上的□按钮或对象捕捉按钮（或在此按钮上单击右键，在弹出的快捷菜单中选择“启用”命令。
- 按功能键 F3。

在“草图设置”对话框中展开“对象捕捉”选项卡，在此选项卡内共为用户提供了 13 种对象捕捉功能，如图 2-12 所示，使用这些捕捉功能可以非常方便、精确的将光标定位到图形的特征点上，在所需捕捉模式上单击左键，即可开启该捕捉模式。

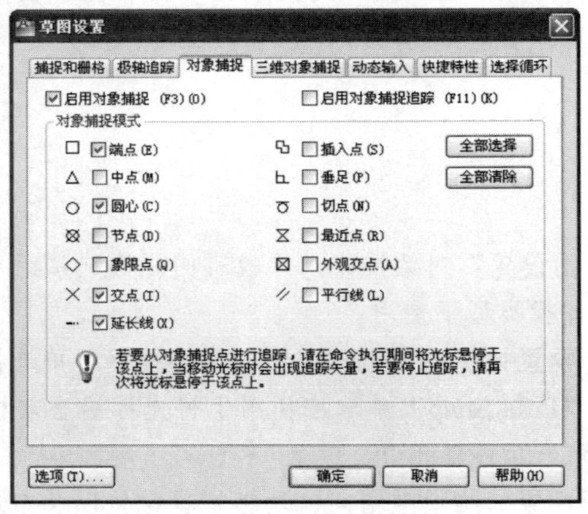

图 2-12　“对象捕捉”选项卡

小提示

在此对话框内一旦设置了某种捕捉模式后，系统将一直保持着这种捕捉模式，直到用户取消为止，因此，此对话框中的捕捉常被称为“自动捕捉”。

2.4.4　临时捕捉

为了方便绘图，AutoCAD 为这 13 种对象捕捉提供了“临时捕捉”功能，所谓“临时捕捉”，指的就是激活一次捕捉功能后，系统仅能捕捉一次；如果需要反复捕捉点，则需要多次激活该功能。这些临时捕捉功能位于如图 2-13 所示的“对象捕捉”工具栏和如图 2-14 所示的临时捕捉菜单上，按住 Shift 或 Ctrl 键，然后单击鼠标右键，即可打开此临时捕捉菜单。

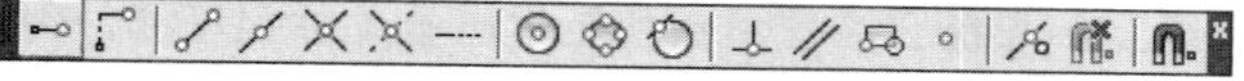

图 2-13　“对象捕捉”工具栏

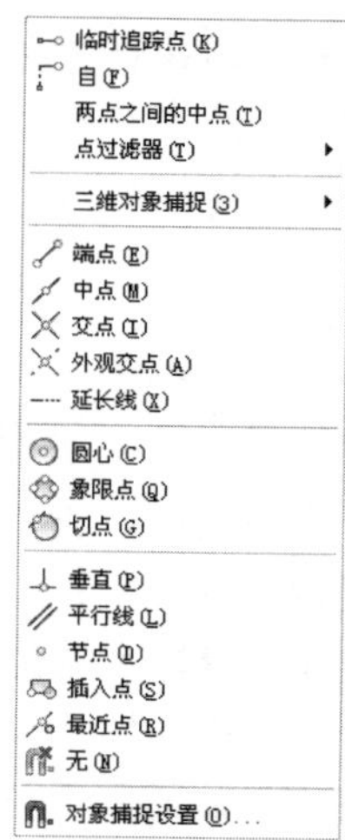

图 2-14　临时捕捉菜单

对 13 种捕捉功能的含义与功能说明如下。

- 端点捕捉。此种捕捉功能用于捕捉图形上的端点，如线段的端点，矩形、多边形的角点等。激活此功能后，在“指定点”提示下将光标放在对象上，系统将在距离光标最近位置处显示出端点标记符号，如图 2-15 所示。此时单击左键即可捕捉到该端点。
- 中点捕捉。此功能用于捕捉线、弧等对象的中点。激活此功能后，在命令行“指定点”的提示下将光标放在对象上，系统在中点处显示出中点标记符号，如图 2-16 所示，此时单击左键即可捕捉到该中点。
- 交点捕捉。此功能用于捕捉对象之间的交点。激活此功能后，在命令行“指定点”的提示下将光标放在对象的交点处，系统显示出交点标记符号，如图 2-17 所示，此时单击左键即可捕捉到该交点。

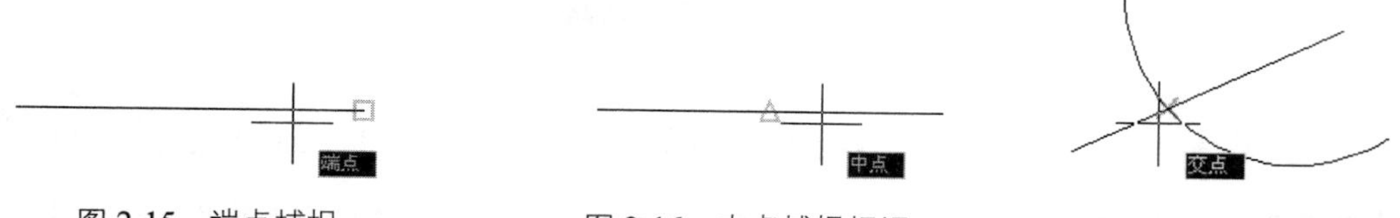

图 2-15　端点捕捉　　图 2-16　中点捕捉标记　　图 2-17　交点捕捉

- 外观交点。此功能主要用于捕捉三维空间内对象在当前坐标系平面内投影的交点。
- 延长线捕捉。此功能用于捕捉对象延长线上的点。激活该功能后，在命令行“指定点”的提示下将光标放在对象的末端稍一停留，然后沿着延长线方向移动光标，系统会在延长线处引出一条追踪虚线，如图 2-18 所示，此时单击左键，或输入一距离值，即可在对象延长线上精确定位点。
- 圆心捕捉。此功能用于捕捉圆、弧或圆环的圆心。激活该功能后，在命令行“指定点”提示下将光标放在圆或弧等的边缘上，也可直接放在圆心位置上，系统在圆心处显示出圆心标记符号，如图 2-19 所示，此时单击左键即可捕捉到圆心。
- 象限点捕捉。此功能用于捕捉圆或弧的象限点。激活该功能后，在命令行“指定点”的提示下将光标放在圆的象限点位置上，系统会显示出象限点捕捉标记，如图 2-20 所示，此时单击左键即

可捕捉到该象限点。

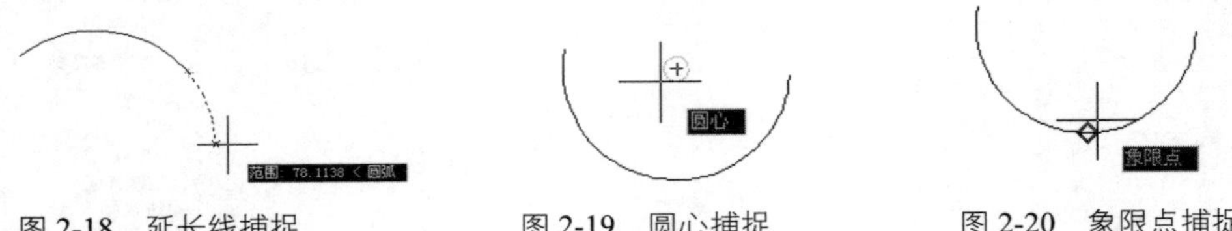

图 2-18　延长线捕捉　　图 2-19　圆心捕捉　　图 2-20　象限点捕捉

- 切点捕捉。此功能用于捕捉圆或弧的切点，绘制切线。激活该功能后，在命令行“指定点”的提示下将光标放在圆或弧的边缘上，系统会在切点处显示出切点标记符号，如图 2-21 所示，此时单击左键即可捕捉到切点，绘制出对象的切线，如图 2-22 所示。
- 垂足捕捉。此功能常用于捕捉对象的垂足点，绘制对象的垂线。激活该功能后，在命令行“指定点”的提示下将光标放在对象边缘上，系统会在垂足点处显示出垂足标记符号，如图 2-23 所示，此时单击左键即可捕捉到垂足点，绘制对象的垂线，如图 2-24 所示。

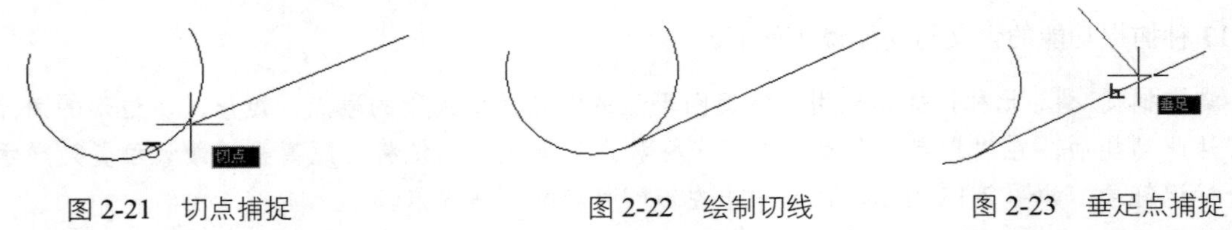

图 2-21　切点捕捉　　图 2-22　绘制切线　　图 2-23　垂足点捕捉

- 平行线捕捉。此功能常用于绘制线段的平行线。激活该功能后，在命令行“指定点”的提示下把光标放在已知线段上，此时会出现一平行的标记符号，如图 2-25 所示，移动光标，系统会在平行位置处出现一条向两方向无限延伸的追踪虚线，如图 2-26 所示，单击左键即可绘制出与拾取对象相互平行的线，如图 2-27 所示。

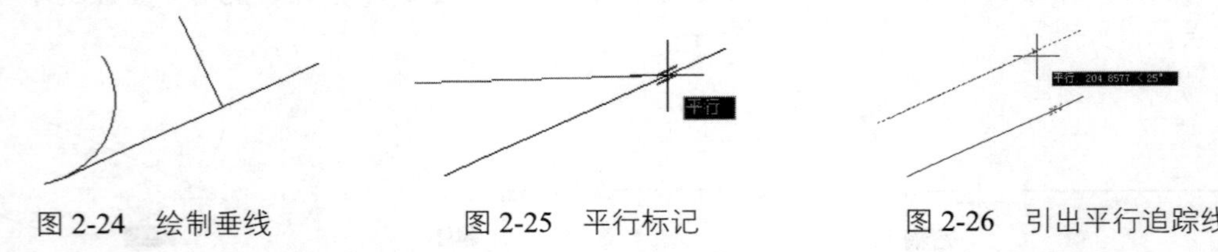

图 2-24　绘制垂线　　图 2-25　平行标记　　图 2-26　引出平行追踪线

- 节点捕捉。此功能用于捕捉使用“点”命令绘制的点对象。使用时需要将拾取框放在节点上，系统会显示出节点的标记符号，如图 2-28 所示，单击左键即可拾取该点。
- 插入点捕捉。此种捕捉方式用来捕捉块、文字、属性或属性定义等的插入点。
- 最近点捕捉。此种捕捉方式用来捕捉光标距离对象最近的点，如图 2-29 所示。

图 2-27　绘制平行线　　图 2-28　节点捕捉　　图 2-29　最近点捕捉

2.5 案例——绘制鞋柜立面图

本例通过绘制如图 2-30 所示的矮柜立面轮廓图，来对点的绘制、点的设置、点的坐输入以及点的捕捉等多种功能进行综合练习和巩固。

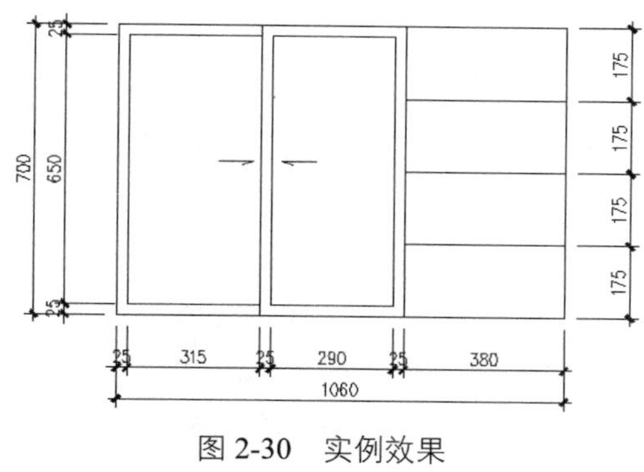

图 2-30　实例效果

操作步骤：

01 单击“快速访问工具栏”→“新建”按钮，新建绘图文件。

02 单击“视图”选项卡→“二维导航”面板→“平移”按钮，将坐标系图标向左上方进行适当的平移。

03 打开状态栏上的“捕捉”和“对象捕捉”功能，并设置捕捉参数如图 2-31 和图 2-32 所示。

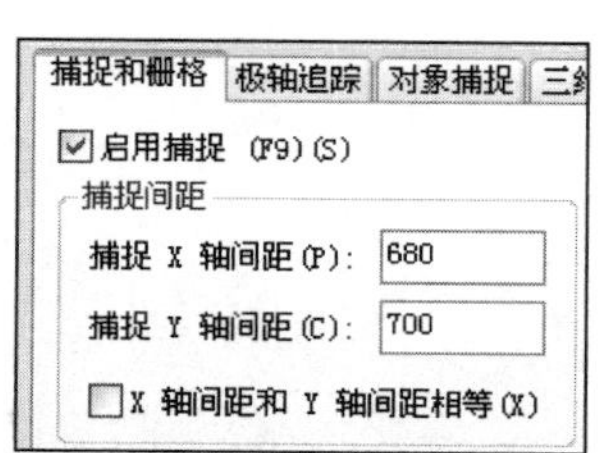

图 2-31　设置捕捉

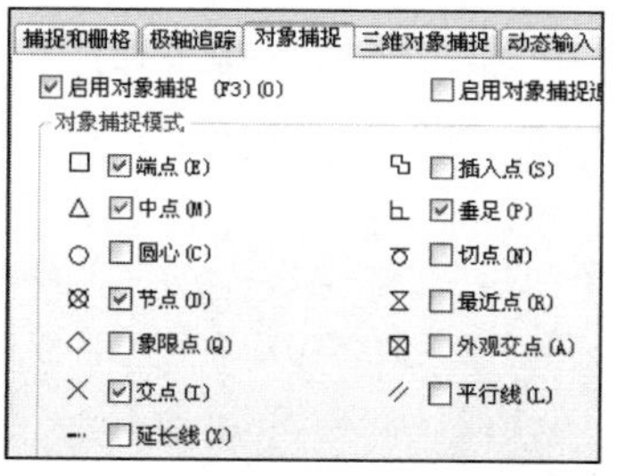

图 2-32　设置对象捕捉

04 单击“常用”选项卡→“绘图”面板→“直线”按钮，配合“捕捉”功能绘制推拉柜的外轮廓线。命令行操作如下：

```
命令: _line
    指定第一点:                    //0,0 Enter，以原点作为第一点
    指定下一点或 [放弃(U)]:         //水平向右跳动一次光标，如图 2-33 所示，单击左键定位第二点
    指定下一点或 [放弃(U)]:        //垂直向上跳动一次光标，单击左键定位第三点

    指定下一点或 [闭合(C)/放弃(U)]: //水平向左跳动一次光标，单击左键定位第四点
    指定下一点或 [闭合(C)/放弃(U)]:  //C Enter，闭合图形，结果如图 2-34 所示。
```

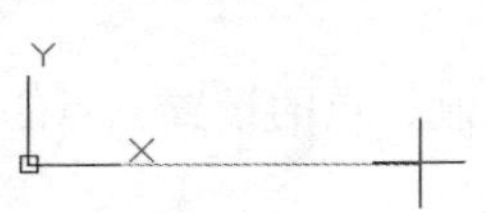
图 2-33　向右跳动一次光标

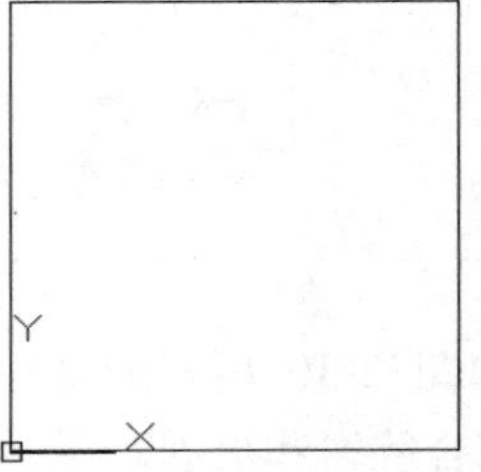
图 2-34　绘制结果

05 按下 F9 功能键，关闭状态栏上的“捕捉”功能。

06 单击“常用”选项卡→“绘图”面板→“直线”按钮，配合“中点捕捉”功能绘制垂直中线。命令行操作如下：

```
命令: _line
    指定第一点:                        //捕捉如图 2-35 所示的中点
    指定下一点或 [放弃(U)]:              //捕捉上侧水平边的中点
    指定下一点或 [放弃(U)]:              // Enter，绘制结果如图 2-36 所示
```

07 单击“常用”选项卡→“绘图”面板→“直线”按钮，配合绝对坐标和相对坐标输入功能绘制内部的线。命令行操作如下：

```
命令: _line
    指定第一点:                        //340,25 Enter
    指定下一点或 [放弃(U)]:              //25,25 Enter
    指定下一点或 [放弃(U)]:              //25,675 Enter
    指定下一点或 [闭合(C)/放弃(U)]:      //捕捉如图 2-37 所示的垂直点
    指定下一点或 [闭合(C)/放弃(U)]:      // Enter
命令: _line
    指定第一点:                        //365,25 Enter
    指定下一点或 [放弃(U)]:              //打开“动态输入”功能，然后输入@290,0 Enter
    指定下一点或 [放弃(U)]:              //@650<90 Enter
    指定下一点或 [闭合(C)/放弃(U)]:      //@290<180 Enter
    指定下一点或 [闭合(C)/放弃(U)]:      //c Enter，绘制结果如图 2-38 所示
```

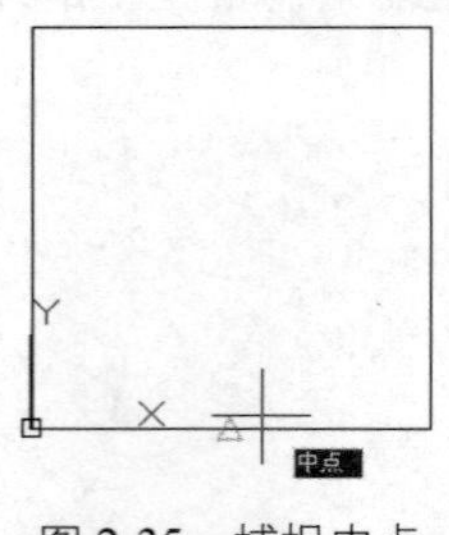

图 2-35　捕捉中点

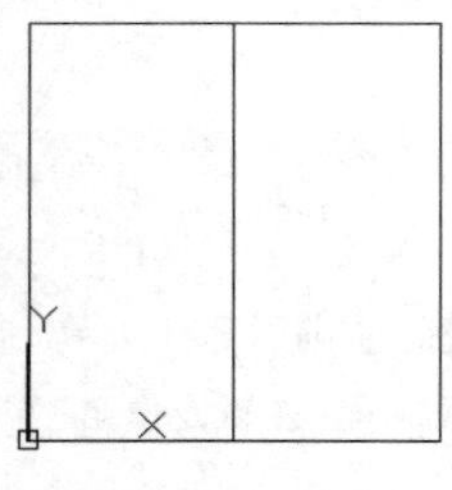
图 2-36　绘制结果

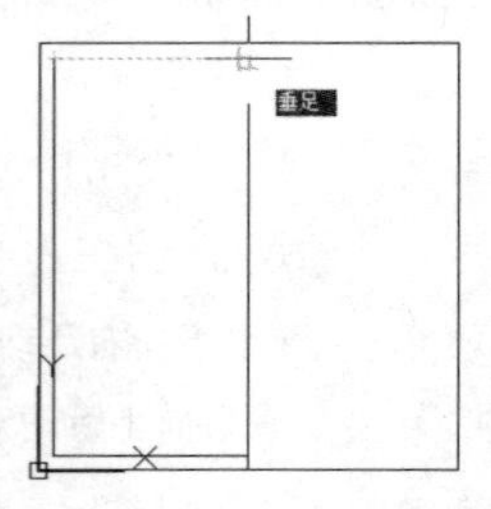

图 2-37　绝对坐标画线

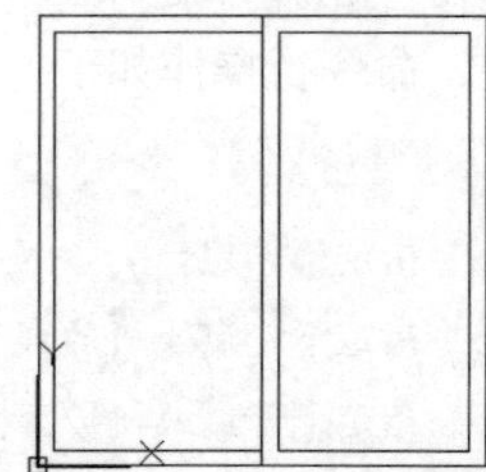
图 2-38　相对坐标画线

08 单击“常用”选项卡→“绘图”面板→“直线”按钮，配合“端点捕捉”、“交点捕捉”和“相对

坐标输入”功能绘制右侧的轮廓线。命令行操作如下：

```
命令: _line
    指定第一点:                              //捕捉外框的右下角点
    指定下一点或 [放弃(U)]:                  //@380,0 Enter
    指定下一点或 [放弃(U)]:                  //@0,700 Enter
    指定下一点或 [闭合(C)/放弃(U)]:          //捕捉如图 2-39 所示的交点
    指定下一点或 [闭合(C)/放弃(U)]:          // Enter，绘制结果如图 2-40 所示
```

09 单击“常用”选项卡→“绘图”面板→“直线”按钮，绘制内部的方向示意线，结果如图 2-41 所示。

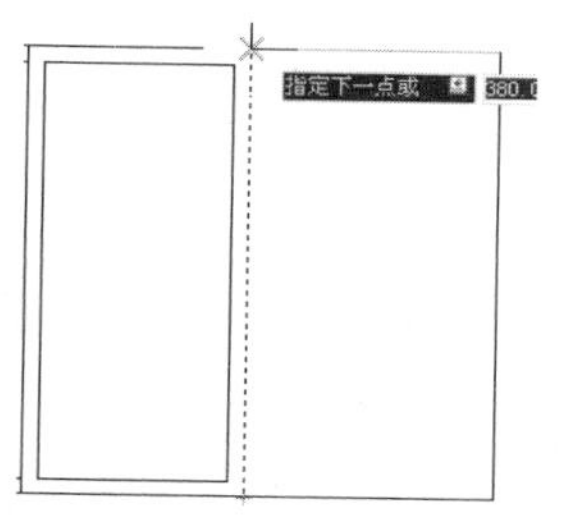

图 2-39　捕捉交点

图 2-40　绘制结果

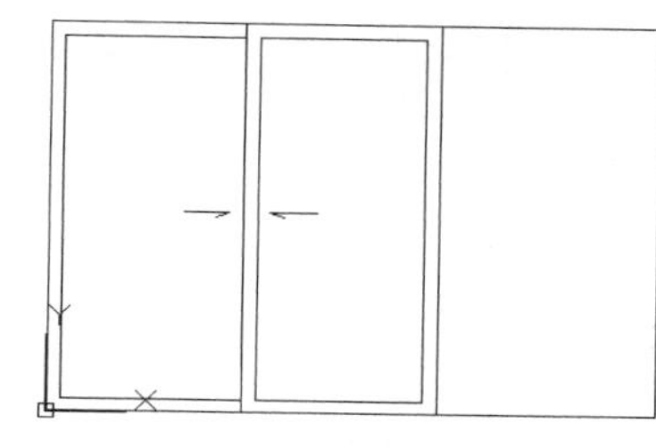
图 2-41　绘制方向示意线

10 选择菜单栏“格式”→“点样式”命令，设置当前点的显示样式为 ⊠ 。

11 单击“常用”选项卡→“绘图”面板→“定数等分”按钮，绘制定数等分点。命令行操作如下：

```
命令: _divide
    选择要定数等分的对象:            //选择如图 2-42 所示的垂直轮廓线
    输入线段数目或 [块(B)]:          //4 Enter，等分结果如图 2-43 所示
命令: _divide                        // Enter
    选择要定数等分的对象:            //选择最右侧的垂直轮廓线
    输入线段数目或 [块(B)]:          //4 Enter，等分结果如图 2-44 所示
```

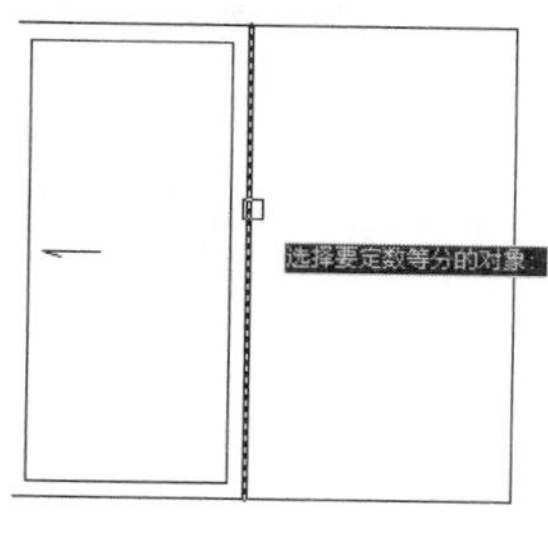

图 2-42　选择等分对象

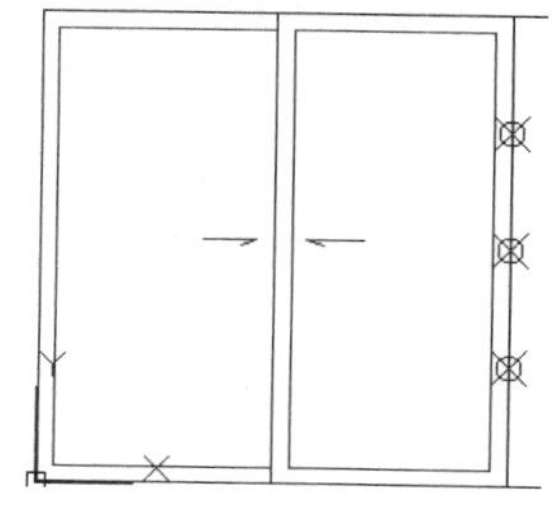
图 2-43　等分结果

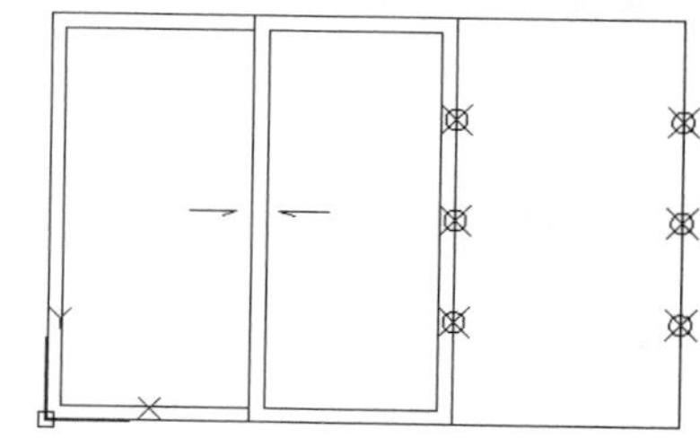
图 2-44　等分右侧垂直轮廓线

12 使用快捷键 L 激活“直线”命令，配合节点捕捉功能绘制内部的三条水平轮廓线，结果如图 2-45 所示。

13 使用快捷键 E 激活“删除”命令，配合窗口选择或窗交选择方式，选择 6 个点标记并将其删除，结果如图 2-46 所示。

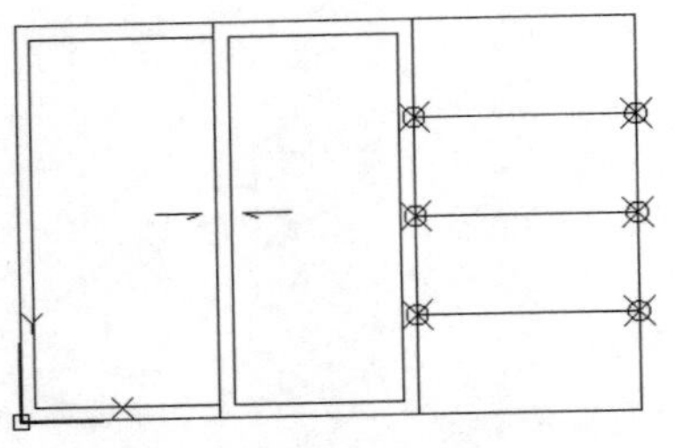
图 2-45　绘制结果

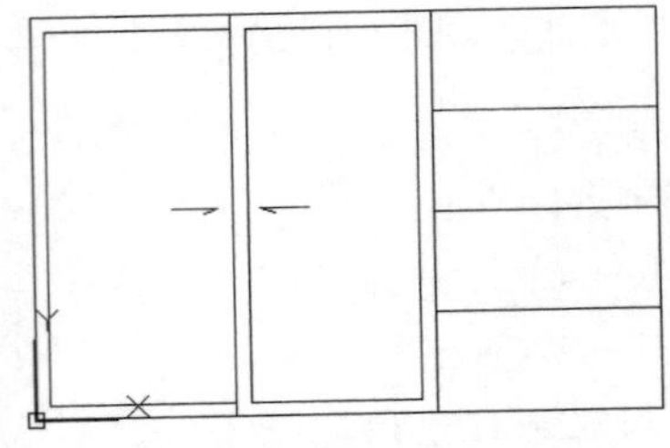
图 2-46　删除点标记

14 最后执行“保存”命令，将图形命名存储为“立面鞋柜.dwg”。

2.6 追踪目标点

使用“对象捕捉”功能只能捕捉对象上的特征点，如果捕捉特征点外的目标点，可以使用 AutoCAD 的追踪功能。常用的追踪功能有“正交模式”、“极轴追踪”、“对象追踪”和“捕捉自”4 种。

2.6.1 正交模式

“正交模式”功能用于将光标强行控制在水平或垂直方向上，以追踪并绘制水平和垂直的线段。执行“正交模式”功能主要有以下几种方式：

- 单击状态栏上的按钮或正交按钮（或在此按钮上单击右键，在弹出的快捷菜单中选择“启用”命令。
- 按功能键 F8。
- 在命令行输入 Ortho 后按 Enter 键。

“正交模式”功能具体可以追踪定位 4 个方向：向右引导光标，系统则定位 0° 方向；向上引导光标，系统则定位 90° 方向；向左引导光标，系统则定位 180° 方向；向下引导光标，系统则定位 270° 方向。

2.6.2 极轴追踪

“极轴追踪”功能用于根据当前设置的追踪角度，引出相应的极轴追踪虚线，进行追踪定位目标点。执行“极轴追踪”功能有以下几种方式：

- 单击状态栏上的按钮或极轴按钮（或在此按钮上单击右键，在弹出的快捷菜单中选择“启用”命令。
- 按功能键 F10。
- 选择菜单栏“工具”→“草图设置”命令，在打开的对话框中展开“极轴追踪”选项卡，然后勾选“启用极轴追踪”复选框，如图 2-47 所示。

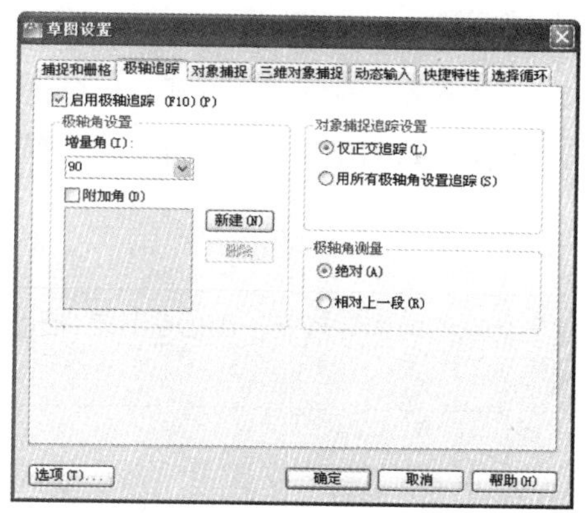

图 2-47　“极轴追踪”选项卡

下面通过绘制长度为 150、角度为 30° 的倾斜线段，学习“极轴追踪”功能的使用方法和技巧。

01 新建文件并打开“极轴追踪”功能。

02 单击“增量角”列表框，在展开的下拉列表中选择 30，如图 2-48 所示，即将当前的追踪角设置为 30°。

AutoCAD 小提示

在“极轴角设置”选项组中的“增量角”下拉列表内，系统提供了多种增量角，如 90°、60°、45°、30°、22.5°、18°、15°、10°、5° 等，用户可以从中选择一个角度值作为增量角。

03 单击 确定 按钮关闭对话框，完成角度跟踪设置。

04 选择菜单栏“绘图”→“直线”命令，配合“极轴追踪”功能绘制长度斜线段。命令行操作如下：

```
命令: _line
    指定第一点:                    //在绘图区拾取一点作为起点
    指定下一点或 [放弃(U)]:         //向右上方移动光标，在 30° 方向上引出如图 2-49 所示的极轴追踪虚线
                                   //然后输入 150 Enter
    指定下一点或 [放弃(U)]:         // Enter，结束命令，绘制结果如图 2-50 所示。
```

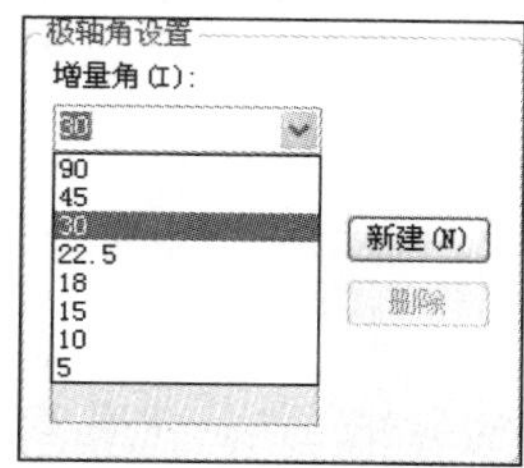

图 2-48　设置追踪角

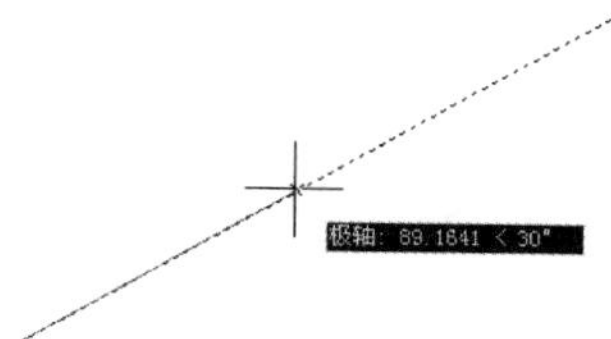

图 2-49　引出 30° 极轴矢量

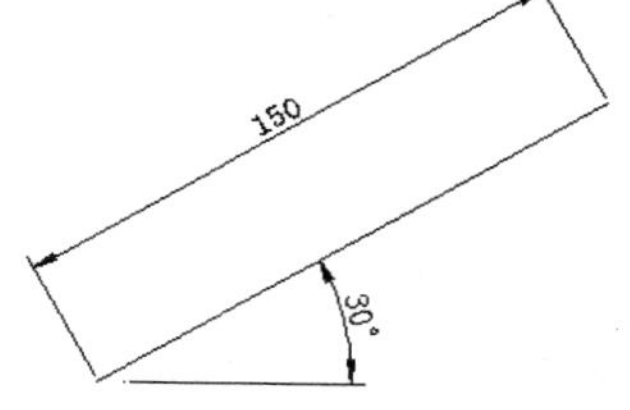

图 2-50　绘制结果

AutoCAD 不但可以在增量角方向上出现极轴追踪虚线，还可以在增量角的倍数方向上出现极轴追踪虚线。

如果要选择预设值以外的角度增量值，则需要事先勾选“附加角”复选框，然后单击 新建(N) 按钮，创建一个附加角，系统就会以所设置的附加角进行追踪。另外，如果要删除一个角度值，在选取该角度值后单击 删除 按钮即可。另外，只能删除用户自定义的附加角，而系统预设的增量角不能被删除。

小提示

“正交追踪”与“极轴追踪”功能不能同时打开，因为前者是使光标限制在水平或垂直轴上，而后者则可以追踪任意方向的矢量。

在默认设置下，系统仅以水平或垂直的方向进行追踪点，如果用户需要按照某一角度进行追踪点，可以在“极轴追踪”选项卡中设置追踪的样式，如图 2-51 所示。

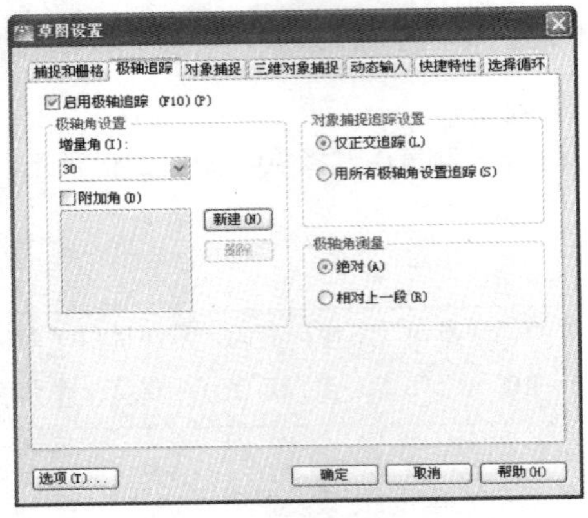

图 2-51　设置对象追踪样式

选项解析

- 在“对象捕捉追踪设置”选项组中，“仅正交追踪”单选按钮与当前极轴角无关，它仅针对水平或垂直的追踪对象，即在水平或垂直方向出现向两方无限延伸的对象追踪虚线。
- “用所有极轴角设置追踪”单选按钮是根据当前所设置的极轴角及极轴角的倍数出现对象追踪虚线，用户可以根据需要进行取舍。
- 在“极轴角测量”选项组中，“绝对”单选按钮用于根据当前坐标系确定极轴追踪角度；而“相对上一段”单选按钮用于根据上一个绘制的线段确定极轴追踪的角度。

2.6.3　捕捉自 

“捕捉自”功能是借助捕捉和相对坐标定义窗口中相对于某一捕捉点的另外一点。使用“捕捉自”功能时需要先捕捉对象特征点作为目标点的偏移基点，然后再输入目标点的坐标值。执行“捕捉自”功能主要有以下几种方式：

- 单击“对象捕捉”工具栏上的 按钮。
- 在命令行输入_from 后按 Enter 键。
- 按住 Ctrl 或 Shift 键单击右键，在弹出的快捷菜单中选择“自”命令。

2.6.4 对象追踪

“对象追踪”功能用于以对象上的某些特征点作为追踪点，引出向两端无限延伸的对象追踪虚线，如图 2-52 所示，在此追踪虚线上拾取点或输入距离值，即可精确定位到目标点。

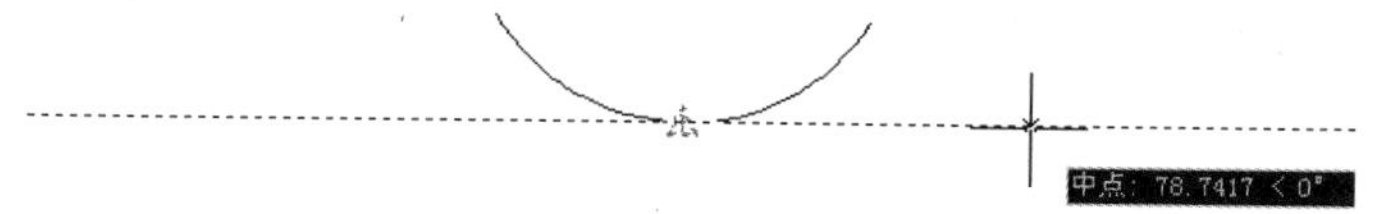

图 2-52　对象追踪虚线

执行“对象追踪”功能主要有以下几种方式：

- 单击状态栏上的∠按钮或对象追踪按钮。
- 按功能键 F11 键。
- 选择菜单栏“工具”→“草图设置”命令，在打开的对话框中展开“对象捕捉”选项卡，然后勾选“启用对象捕捉追踪”复选框。

AutoCAD 小提示

“对象追踪”功能只有在“对象捕捉”和“对象追踪”同时打开的情况下才可使用，而且只能追踪对象捕捉类型里设置的自动对象捕捉点。

“临时追踪点”与“对象追踪”功能类似，不同的是前者需要事先精确定位出临时追踪点，然后才能通过此追踪点，引出向两端无限延伸的临时追踪虚线，以进行追踪定位目标点。执行“临时追踪点”功能主要有以下几种方式：

- 单击临时捕捉菜单中的“临时追踪点”选项。
- 单击“对象捕捉”工具栏上的⊷按钮。
- 使用快捷键_tt。

2.7 视图的缩放功能

AutoCAD 为用户提供了“视图缩放“功能，使用这些功能可以随意调整图形在当前视图中的显示位置，以方便用户观察、编辑视图内的图形细节或图形全貌。执行“视图缩放”功能主要有以下几种方式：

- 单击“视图”选项卡→“二维导航”面板中的相应按钮，如图 2-53 所示。
- 单击“缩放”工具栏中的相应按钮，如图 2-54 所示。
- 选择菜单栏“视图”→“缩放”级联菜单中的相应命令，如图 2-55 所示。
- 使用快捷键 Z。

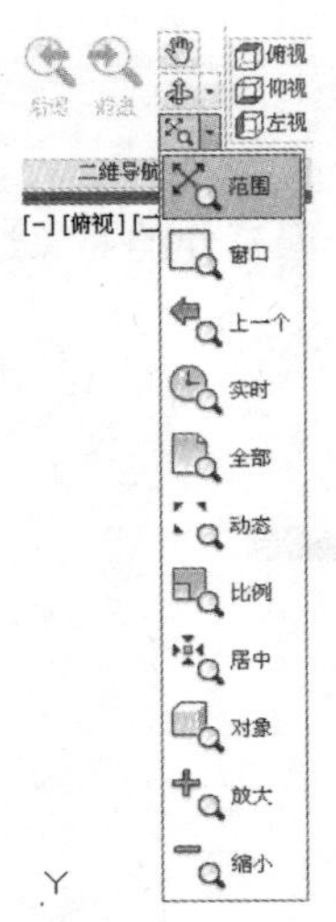

图 2-53 “二维导航”面板

图 2-54 “缩放”工具栏

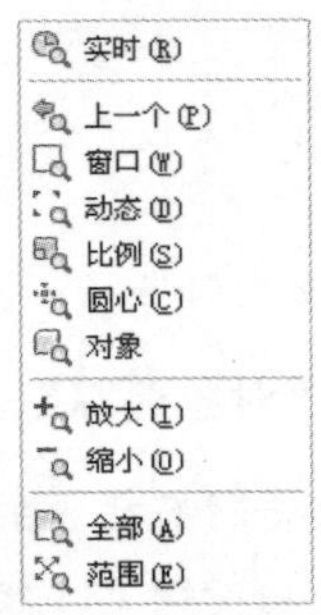

图 2-55 “缩放”级联菜单

1. 窗口缩放

“窗口缩放” 功能用于在需要缩放显示的区域内拉出一个矩形框，如图 2-56 所示，将位于框内的图形放大显示在视图内，如图 2-57 所示。

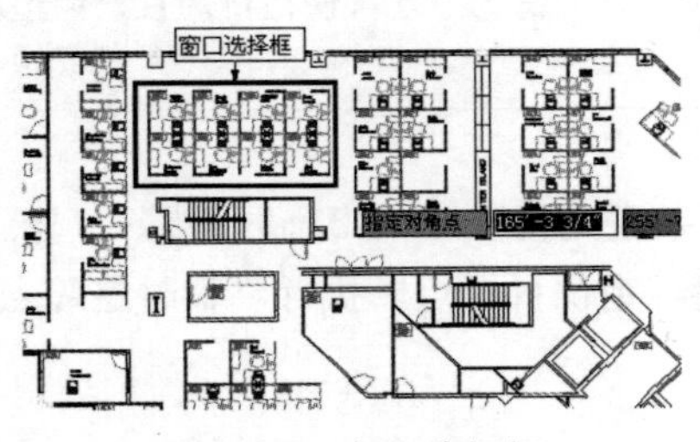

图 2-56 窗口选择框

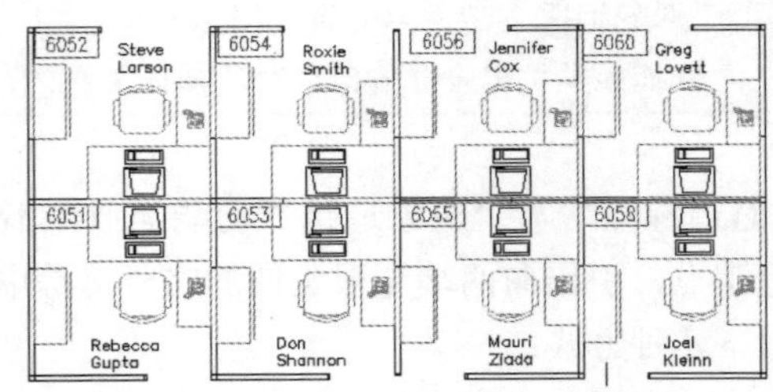

图 2-57 窗口缩放结果

2. 动态缩放

“动态缩放” 功能用于动态地浏览和缩放视图，此功能常用于观察和缩放比例较大的图形。激活该功能后，屏幕将临时切换到虚拟显示屏状态，此时屏幕上显示 3 个视图框，如图 2-58 所示。

- “图形范围视图框”是一个蓝色的虚线方框，该框显示图形界限和图形范围中较大的一个。
- “当前视图框”是一个绿色的线框，该框中的区域就是在使用这一选项之前的视图区域。

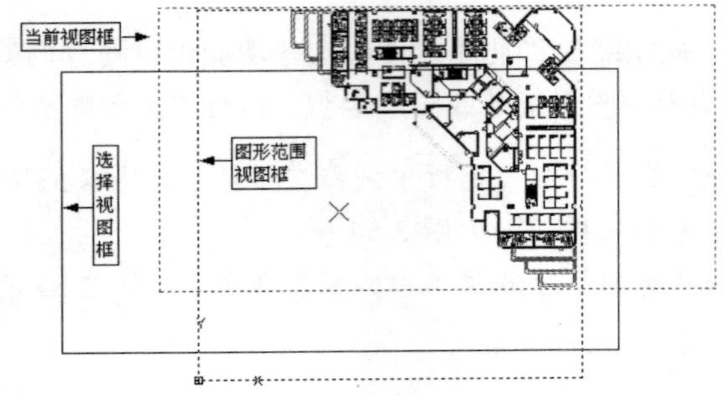

图 2-58 动态缩放工具的应用

- 以实线显示的矩形框为“选择视图框”，该视图框有两种状态，一种是平移视图框，其大小不能改变，只可任意移动；另一种是缩放视图框，它不能平移，但可调节大小。可用鼠标左键在两种视图框之间切换。

如果当前视图与图形界限或视图范围相同，蓝色虚线框便与绿色虚线框重合。平移视图框中有一个“×”号，它表示下一视图的中心点位置。

3. 比例缩放

“比例缩放”功能用于按照输入的比例参数进行调整视图，视图被比例调整后，中心点保持不变。在输入比例参数时，有以下三种情况：

- 直接在命令行内输入数字，表示相对于图形界限的倍数。
- 在输入的数字后加字母 X，表示相对于当前视图的缩放倍数。
- 在输入的数字后加 XP，表示系统将根据图纸空间单位确定缩放比例。

通常情况下，相对于视图的缩放倍数比较直观，较为常用。

4. 中心缩放

“中心缩放”功能用于根据所确定的中心点进行调整视图。当激活该功能后，用户可直接用鼠标在屏幕上选择一个点作为新的视图中心点，确定中心点后，AutoCAD 要求用户输入放大系数或新视图的高度，具体有两种情况：

- 直接在命令行输入一个数值，系统将以此数值作为新视图的高度，进行调整视图。
- 如果在输入的数值后加一个 X，则系统将其看作视图的缩放倍数。

5. 缩放对象

“缩放对象”功能用于最大限度地显示当前视图内选择的图形，使用此功能可以缩放单个对象，也可以缩放多个对象。

6. 放大和缩小

“放大”功能用于将视图放大一倍显示，“缩小”功能用于将视图缩小一倍显示。连续单击按钮，可以成倍的放大或缩小视图。

7. 全部缩放

“全部缩放”功能用于按照图形界限或图形范围，在绘图区域内显示图形。图形界限与图形范围中哪个尺寸大，便由哪个决定图形显示的尺寸，如图 2-59 所示。

8. 范围缩放

“范围缩放”功能用于将所有图形全部显示在屏幕上，并最大限度地充满整个屏幕，如图 2-60 所示。此种选择方式与图形界限无关。

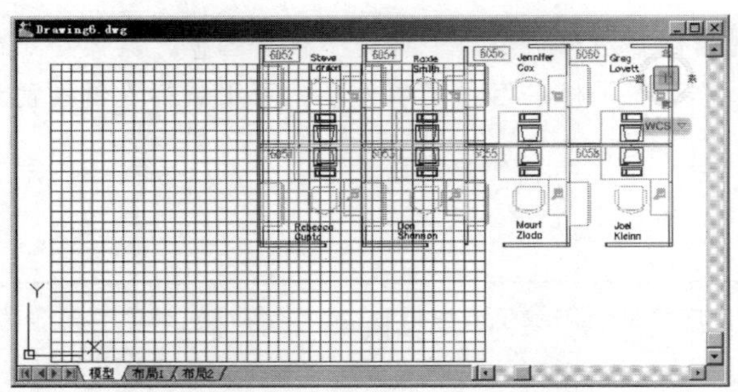

图 2-59 全部缩放

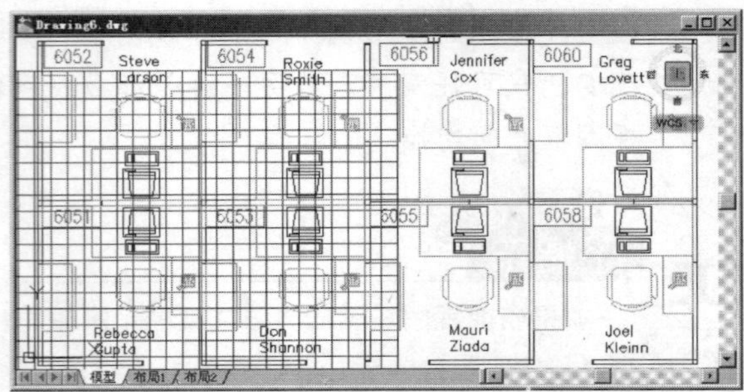

图 2-60 范围缩放

9. 视图的恢复

当视图被缩放或平移后，以前视图的显示状态会被 AutoCAD 自动保存起来，使用软件中的“缩放上一个”功能可以恢复上一个视图的显示状态，如果用户连续单击该工具按钮，系统将连续地恢复视图，直至退回到前 10 个视图。

2.8 案例——绘制玻璃吊柜

本例通过绘制玻璃吊柜立面轮廓图来对本章所讲知识进行综合练习和巩固应用。玻璃吊柜立面轮廓图的最终绘制效果，如图 2-61 所示。

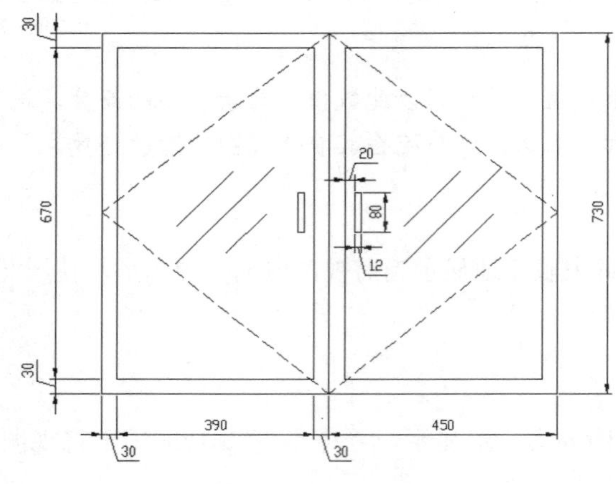

图 2-61 实例效果

操作步骤：

01 单击“快速访问工具栏”→“新建”按钮，新建空白文件。

02 选择菜单栏“工具”→“草图设置”命令，在打开的“草图设置”对话框中启用并设置捕捉和追踪模式，如图 2-62 所示。

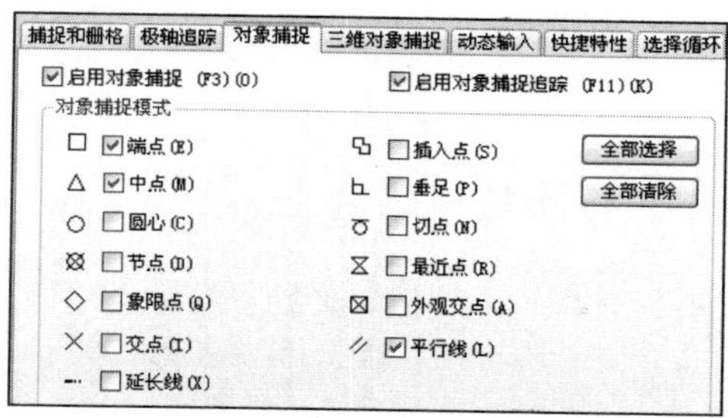

图 2-62　设置捕捉追踪模式

03 在“草图设置”对话框中展开“极轴追踪”选项卡，启用“极轴追踪”功能，并设置极轴角为 90°。

04 选择菜单栏“格式”→“图形界限”命令，设置图形的绘图区域为“1200×1000”。命令行操作如下：

```
命令: _limits
    重新设置模型空间界限:
    指定左下角点或 [开(ON)/关(OFF)] <0.0000,0.0000>:  // Enter
    指定右上角点 <420.0000,297.0000>:              //1200,1000 Enter
```

05 单击“视图”选项卡→“二维导航”面板→“全部”按钮，将图形界限全部显示。

06 单击“常用”选项卡→“绘图”面板→“直线”按钮，配合“极轴追踪”功能绘制外框轮廓线。命令行操作如下：

```
命令: _line
    指定第一点:                        //在左下侧拾取一点作为起点
    指定下一点或 [放弃(U)]:            //水平向右引出如图 2-63 所示的极轴追踪虚线
                                       //然后输入 900 Enter，定位第二点
    指定下一点或 [放弃(U)]: //垂直向上引出 90° 的极轴追踪虚线，输入 730 Enter

    指定下一点或 [闭合(C)/放弃(U)]: //水平向左引出 180° 极轴虚线，输入 900 Enter
    指定下一点或 [闭合(C)/放弃(U)]:  //c Enter，闭合图形，结果如图 2-64 所示。
```

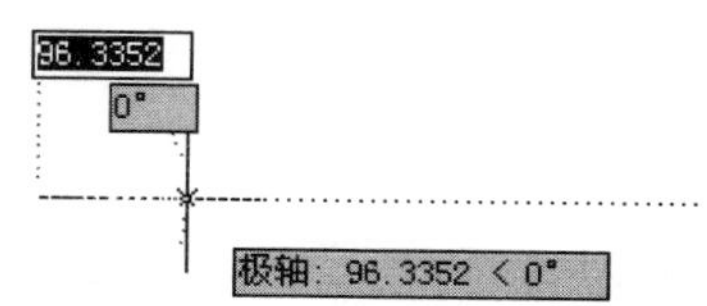

图 2-63　引出 0° 极轴矢量

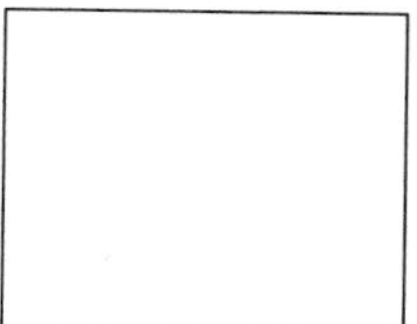

图 2-64　绘制结果

07 按下 F8 功能键，打开“正交追踪”功能。

08 单击“常用”选项卡→“绘图”面板→“直线”按钮，配合“正交追踪”和“对象捕捉”等功能绘制内框轮廓。命令行操作如下：

```
命令: _line
    指定第一点:                    //按住 Shift 键单击右键，选择“自”选项
    _from 基点:                    //捕捉外框的左下角点作为偏移基点
```

```
    <偏移>:                          //@30,30 Enter
    指定下一点或 [放弃(U)]:          //向右引出 0° 的方向矢量，输入 390 Enter
    指定下一点或 [放弃(U)]:          //向上引出 270° 方向矢量，输入 670 Enter
    指定下一点或 [闭合(C)/放弃(U)]:      //向左引出 180°方向矢量，输入 390 Enter
    指定下一点或 [闭合(C)/放弃(U)]:      //c Enter
命令: _LINE                          // Enter，重复执行命令
    指定第一点:                      //激活“捕捉自”功能
    _from 基点:                          //捕捉外框的右下角点
    <偏移>:                            //@-30,30 Enter
    指定下一点或 [放弃(U)]:            //向左引出 180°方向矢量，输入 390 Enter
    指定下一点或 [放弃(U)]:            //向上引出 90°方向矢量，输入 670 Enter
    指定下一点或 [闭合(C)/放弃(U)]:      //向右引出 0°方向矢量，输入 390 Enter
    指定下一点或 [闭合(C)/放弃(U)]:      //c Enter，绘制结果如图 2-65 所示
```

09 单击“常用”选项卡→“绘图”面板→“直线”按钮，配合“中点捕捉”功能绘制对齐线。命令行操作如下：

```
命令:_LINE                               // Enter，重复执行画线命令
    指定第一点:                      //捕捉外框上侧水平边中点
    指定下一点或 [放弃(U)]:              //捕捉外框下侧水平边中点
    指定下一点或 [放弃(U)]:            // Enter，绘制结果如图 2-66 所示。
```

10 单击“常用”选项卡→“绘图”面板→“直线”按钮，配合“中点捕捉”功能绘制如图 2-67 所示的 4 条直线段作为开启方向线。

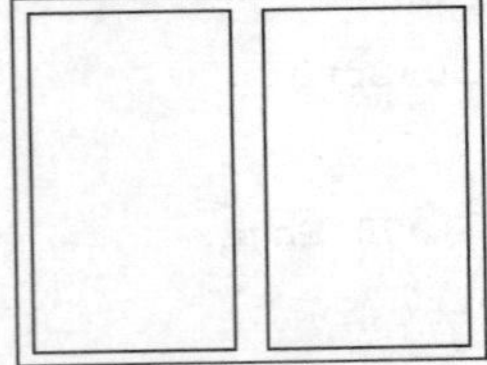
图 2-65　绘制内框

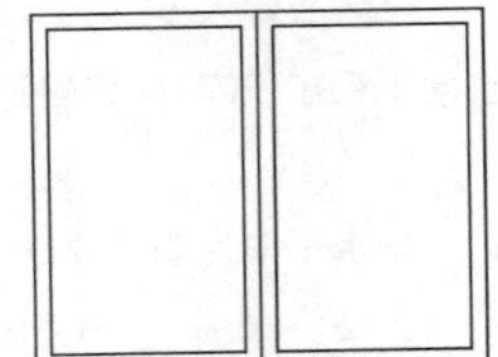
图 2-66　绘制结果

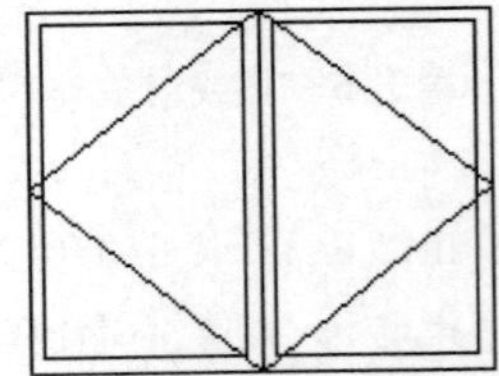
图 2-67　绘制方向线

11 单击“常用”选项卡→“绘图”面板→“直线”按钮，配合“平行线”捕捉功能，绘制三条倾斜且相互平行的直线作为玻璃示意线，结果如图 2-68 所示。

12 单击“常用”选项卡→“特性”面板→“线型”下拉列表，选择“其他...”选项，如图 2-69 所示。

13 此时系统打开“线型管理器”对话框，单击对话框中的加载(L)...按钮，加载“DASHED”线型，并修改线型比例如图 2-70 所示。

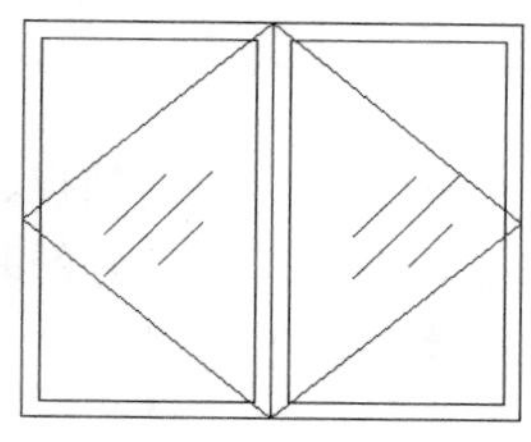

图 2-68　绘制结果

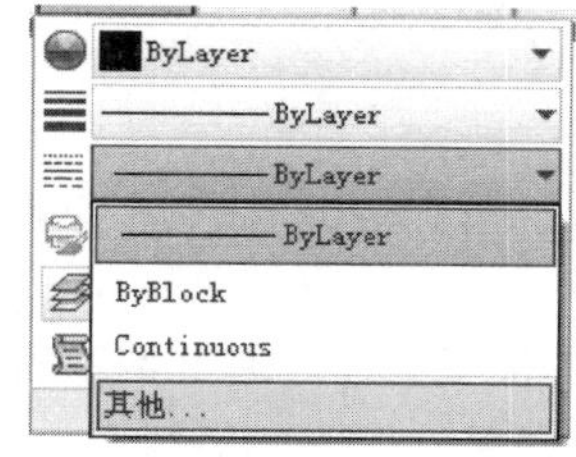

图 2-69　“线型”下拉列表

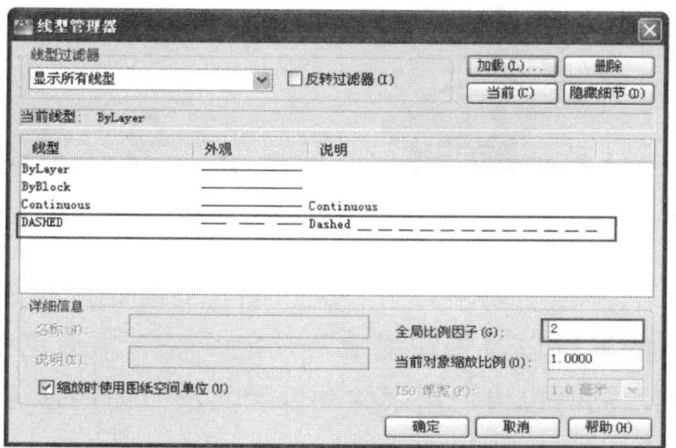

图 2-70　加载线型

14 在无命令执行的前提下选择开启方向线，然后在“常用”选项卡→“特性”面板中修改线的颜色为“红色”，修改其线型为“DASHED”。

15 按下 Esc 键，取消图线的夹点显示，修改后的结果如图 2-71 所示。

16 单击“常用”选项卡→“绘图”面板→“直线”按钮，配合“对象追踪”、“对象捕捉”和“坐标输入”功能绘制左侧把手轮廓线。命令行操作如下：

```
命令: _line
    指定第一点:                          //水平向左引出中点追踪虚线，输入 20 Enter
    指定下一点或 [放弃(U)]:              //@0,40 Enter
    指定下一点或 [放弃(U)]:              //@-12,0 Enter
    指定下一点或 [闭合(C)/放弃(U)]:      //@0,-80 Enter
    指定下一点或 [闭合(C)/放弃(U)]:      //@12,0 Enter
    指定下一点或 [闭合(C)/放弃(U)]:      //c Enter，绘制结果如图 2-72 所示
```

17 重复执行“直线”命令，绘制右侧把手轮廓线，结果如图 2-73 所示。

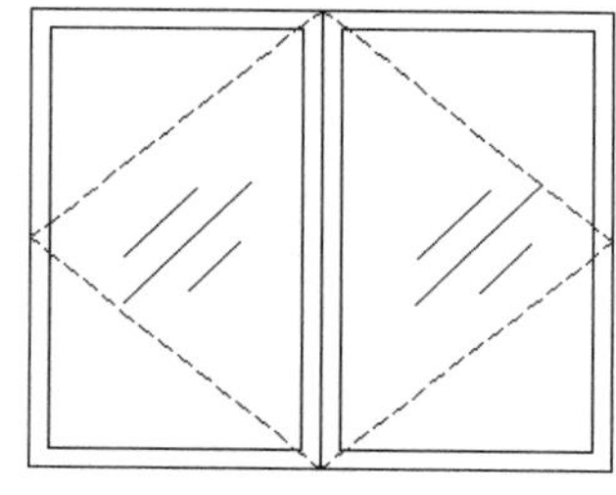

图 2-71　修改结果

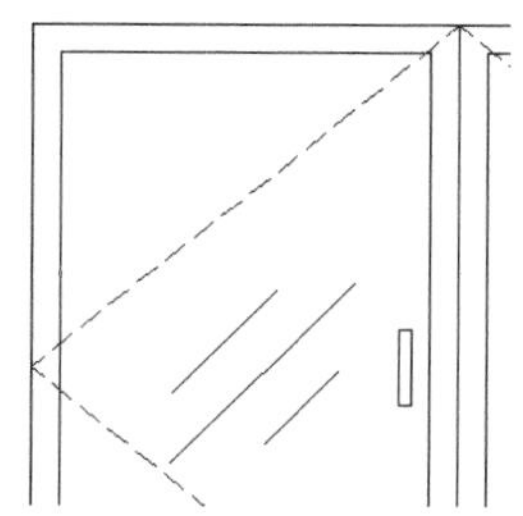

图 2-72　绘制结果

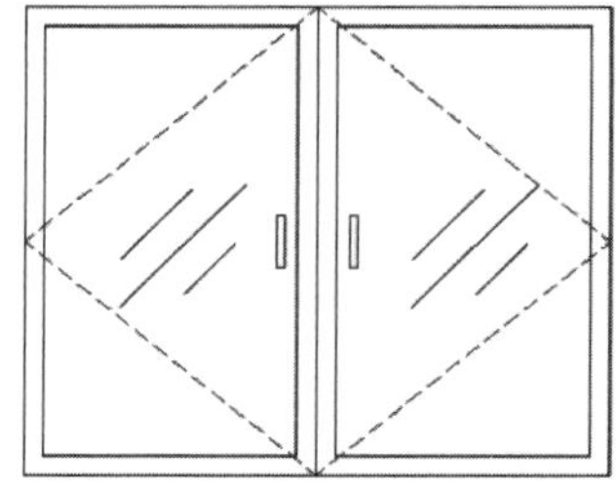

图 2-73　最终结果

18 最后单击“快速访问工具栏”→“保存”按钮，将图形命名存储为“玻璃吊柜.dwg”。

2.9 本章小结

本章主要学习了各类点图元的绘制技能和精确定位技能，具体包括点的绘制、点的输入、点的捕捉、点的追踪以及视图缩放等功能，熟练掌握这些操作技能，不仅能为图形的绘制和编辑操作奠定良好的基础，同时也可为精确绘图以及简洁方便地管理图形提供了条件。通过本章的学习，应掌握以下知识点：

（1）在绘制点时不但要了解点样式的设置，还要掌握点的绘制功能和等分功能。

（2）在输入点时要具体掌握相对直角坐标和相对极坐标两种功能。

（3）在捕捉点时重点掌握“对象捕捉”、“临时捕捉”等功能的具体使用技能。

（4）在追踪点时要掌握“正交模式”、“极轴追踪”、“对象追踪”、“捕捉自”等功能的操作技能。

（5）在调控缩放时要重点掌握“窗口缩放”、“中心缩放”、“比例缩放”、“全部缩放”、“范围缩放”等工具的区别及用法，以实时的对视图进行调控。

第3章

绘制与编辑线图元

一个复杂的图形大都是由点、线、面或一些闭合图元共同拼接组合而成的。因此，要学好 AutoCAD 绘图软件，就必须掌握这些基本图元的绘制方法和操作技能，为后来更加方便灵活的组合复杂图形做好准备。上一章学习了各类点图元的绘制技能，本章则学习各类线图元的绘制技能和修改编辑技能。

知识要点

- 绘制多线
- 绘制多段线
- 绘制辅助线
- 案例——绘制栏杆立面图
- 绘制曲线
- 编辑图线
- 案例——绘制餐桌与餐椅

3.1 绘制多线

所谓“多线”，指的是由两条或两条以上的平行元素构成的复合线对象，如图 3-1 所示，无论多线图元中包含多少条平行线元素，系统都将其看作是一个对象。

图 3-1　多线示例

本节主要学习“多线”、“多线样式”和“多线编辑工具”三个命令，以绘制和编辑多线图元。

3.1.1　“多线”命令

“多线”命令是用于绘制多线图元的工具，在系统默认设置下，所绘制的多线是由两条平行元素构成的。执行“多线”命令主要有以下几种方法：

- 选择菜单栏“绘图”→“多线”命令。
- 在命令行输入 Mline 后按 Enter 键。
- 使用快捷键 ML。

下面通过绘制如图 3-2 所示的立面轮廓图，学习“多线”命令的使用方法和技巧，具体操作步骤如下：

01 新建文件并设置捕捉模式为端点捕捉。

02 选择菜单栏“绘图”→“多线”命令，配合坐标输入功能绘制左侧结构，命令行操作如下：

```
命令: _mline
    当前设置：对正 = 上，比例 = 20.00，样式 = STANDARD
    指定起点或 [对正(J)/比例(S)/样式(ST)]:          //s Enter
    输入多线比例 <20.00>:                          //15 Enter，设置多线比例
    当前设置：对正 = 上，比例 = 15.00，样式 = STANDARD
    指定起点或 [对正(J)/比例(S)/样式(ST)]:          //J Enter
    输入对正类型 [上(T)/无(Z)/下(B)] <上>:          //b Enter，设置对正方式
    当前设置：对正 = 下，比例 = 12.00，样式 = STANDARD
    指定起点或 [对正(J)/比例(S)/样式(ST)]:          //在适当位置拾取一点作为起点
    指定下一点:                                    //@250,0 Enter
    指定下一点或 [放弃(U)]:                        //@0,450 Enter
    指定下一点或 [闭合(C)/放弃(U)]:                //@-250,0 Enter
    指定下一点或 [闭合(C)/放弃(U)]:                //c Enter，闭合图形
```

使用“比例”选项可以绘制任意宽度的多线，默认比例为 20。

03 重复执行“多线”命令，保持多线比例和对正方式不变，绘制右侧结构，命令行操作如下：

```
命令: MLINE
    当前设置：对正 = 下，比例 = 15.00，样式 = STANDARD
    指定起点或 [对正(J)/比例(S)/样式(ST)]:     //捕捉如图 3-3 所示的端点作为起点
    指定下一点:                               //@250,0 Enter
    指定下一点或 [放弃(U)]:                   //@0,450 Enter
    指定下一点或 [闭合(C)/放弃(U)]:           //@250<180 Enter
    指定下一点或 [闭合(C)/放弃(U)]:           //c Enter，闭合图形，绘制结果如图 3-4 所示
```

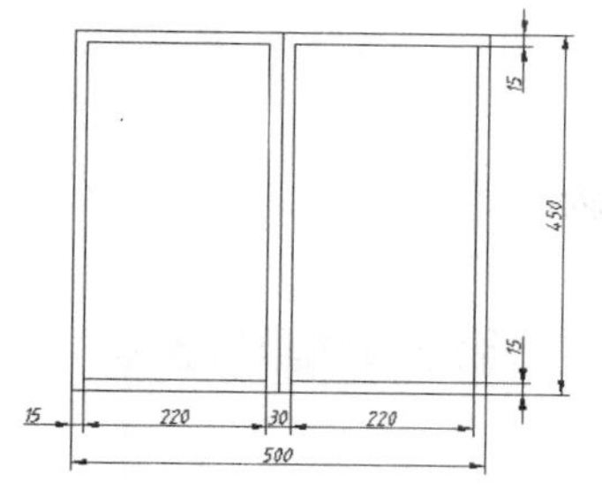

图 3-2　多线示例

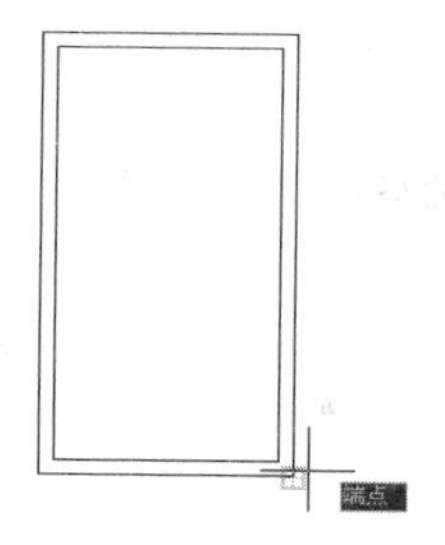

图 3-3　捕捉端点

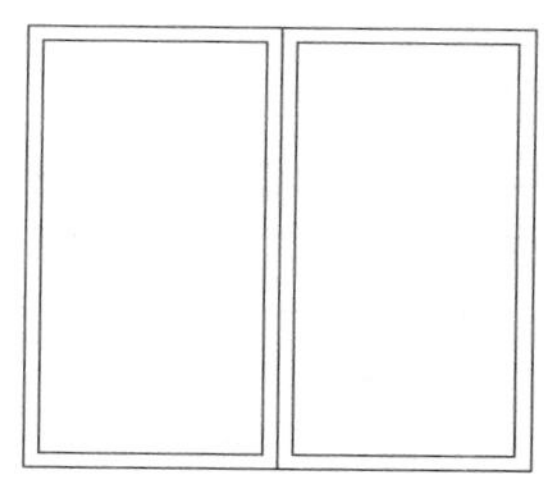

图 3-4　绘制结果

“对正”选项用于设置多线的对正方式，AutoCAD 共提供了三种对正方式，即上对正、下对正和中心对正，如图 3-5 所示，其命令行提示如下：

"输入对正类型 [上（T）/无（Z）/下（B）] <上>："系统提示用户输入多线的对正方式。

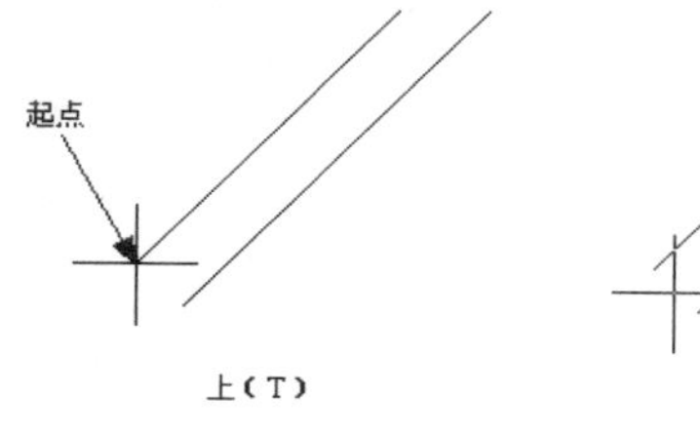

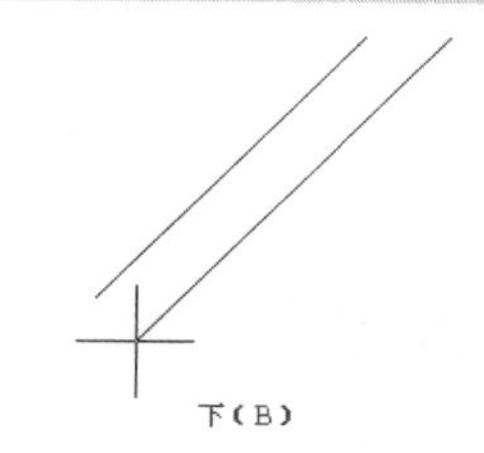

图 3-5　三种对正方式

3.1.2　“多线样式”命令

使用系统默认的多线样式只能绘制由两条平行元素构成的多线，如果用户需要绘制其他样式的多线时，需要使用“多线样式”命令进行设置。具体操作过程如下：

01 选择菜单栏“格式”→“多线样式”命令，或在命令行输入 Mlstyle 并按 Enter 键，打开“多线样式”对话框。

02 在“多线样式”对话框中单击 新建(N)... 按钮，在打开的“创建新的多线样式”对话框中输入新样式的名称，如图 3-6 所示。

03 单击“创建新的多线样式”对话框中的 继续 按钮，打开“新建多线样式”对话框，然后设置多线的封口形式，如图 3-7 所示。

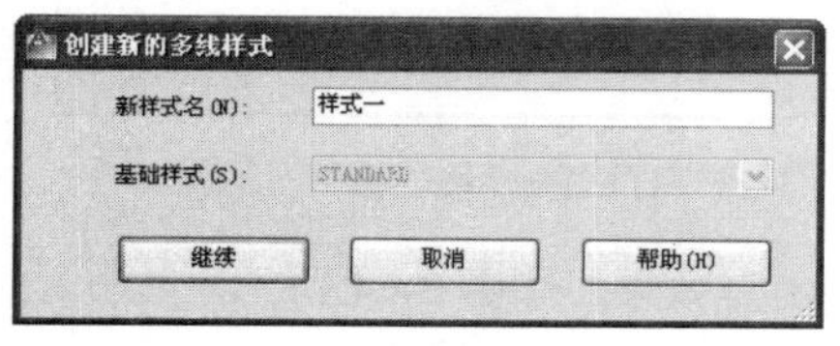

图 3-6　“创建新的多线样式”对话框

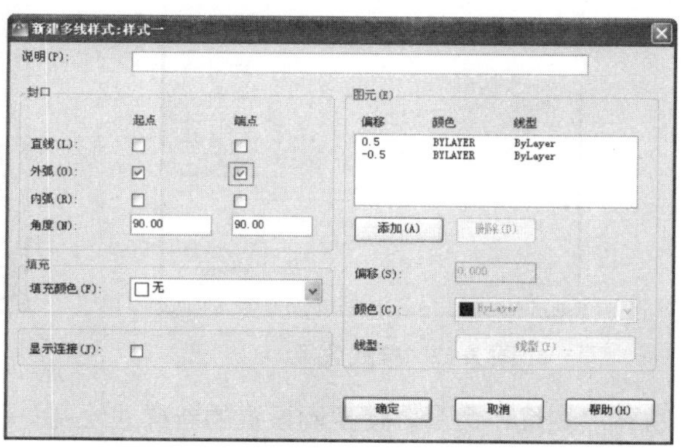

图 3-7　“新建多线样式”对话框

04 在右侧的“图元”选项组内单击 添加(A) 按钮，添加一个 0 号元素，并设置元素颜色，如图 3-8 所示。

05 单击 线型(Y)... 按钮，在打开的“选择线型”对话框中单击 加载(L)... 按钮，打开“加载或重载线型”对话框，如图 3-9 所示。

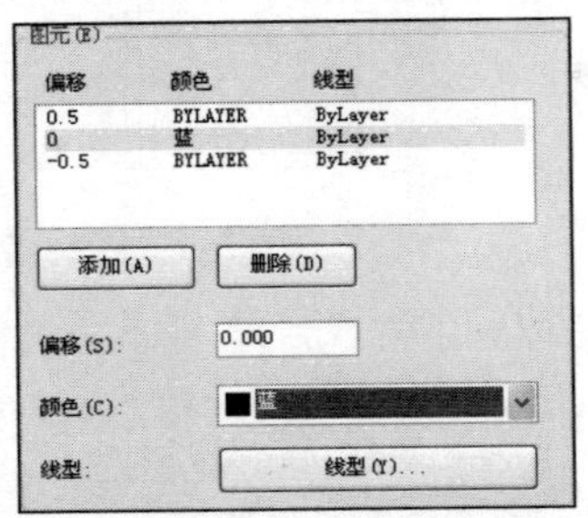
图 3-8　添加多线元素

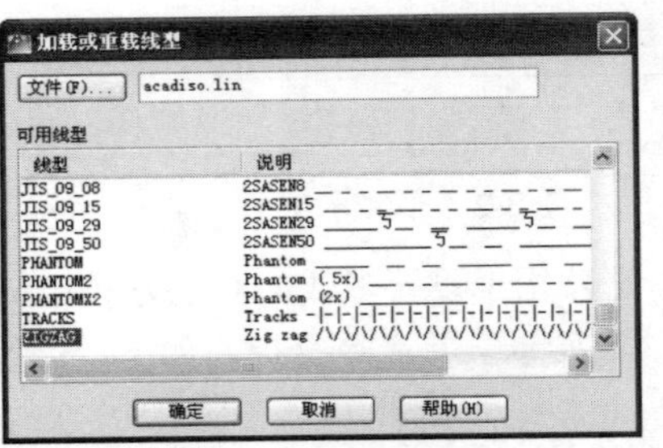
图 3-9　选择线型

06 单击 确定 按钮，结果线型被加载到“选择线型”对话框内，如图 3-10 所示。

07 选择加载的线型，单击 确定 按钮，将此线型赋给刚添加的多线元素，结果如图 3-11 所示。

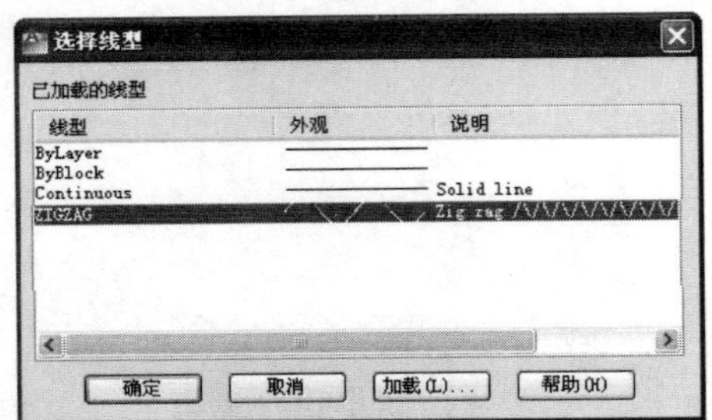
图 3-10　加载线型

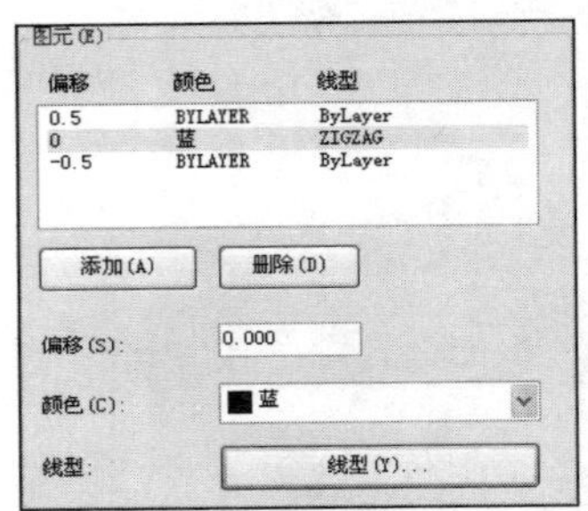
图 3-11　设置元素线型

08 单击 确定 按钮返回到“多线样式”对话框，结果新线样式出现在预览框中，如图 3-12 所示。

09 单击 保存(A)... 按钮，在弹出的“保存多线样式”对话框中设置文件名如图 3-13 所示，将新样式以“*mln”的格式进行保存，以方便在其他文件中进行重复使用。

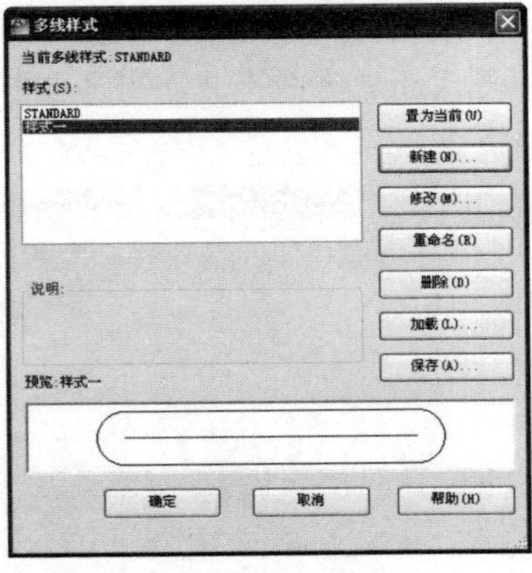
图 3-12　样式效果

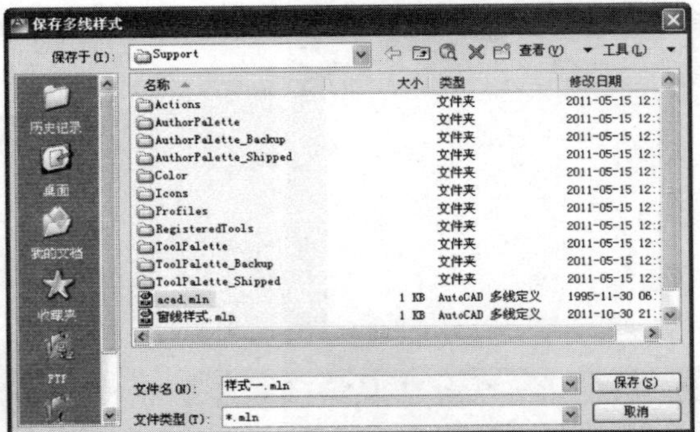
图 3-13　样式的设置效果

10 执行“多线”命令，使用刚设置的新样式绘制一段多线，观看其效果，如图 3-14 所示。

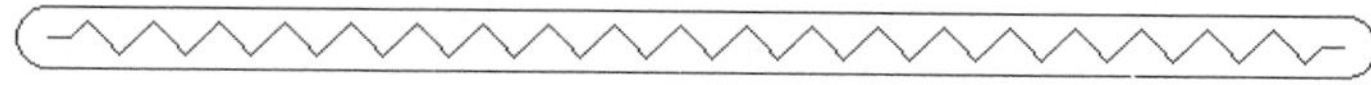

图 3-14　绘制结果

3.1.3　“多线编辑工具”命令

“多线编辑工具”命令用于控制和编辑多线的交叉点、断开多线和增加多线顶点等。选择菜单栏“修改”→“对象”→“多线”命令或在需要编辑的多线上双击左键即可打开如图 3-15 所示的“多线编辑工具”对话框，从此对话框中可以看出，AutoCAD 共提供了 4 类 12 种编辑工具。

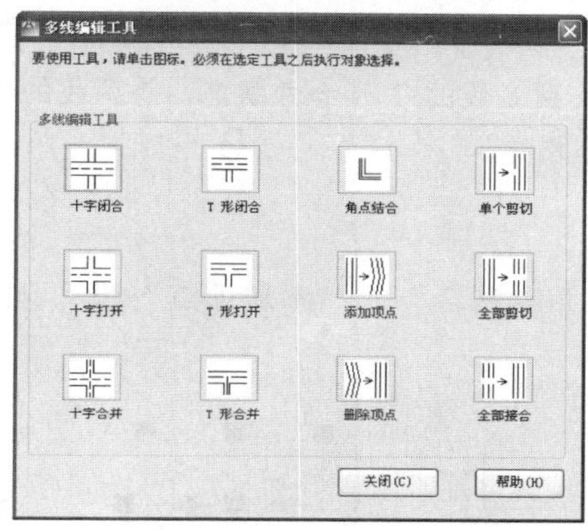

图 3-15　“多线编辑工具”对话框

1. 十字交线

所谓“十字交线”，指的是两条多线呈十字形交叉状态，如图 3-16（左图）所示。此种状态下的编辑功能包括“十字闭合“、”十字打开”和“十字合并”三种，各种编辑效果如图 3-16（右图）所示。

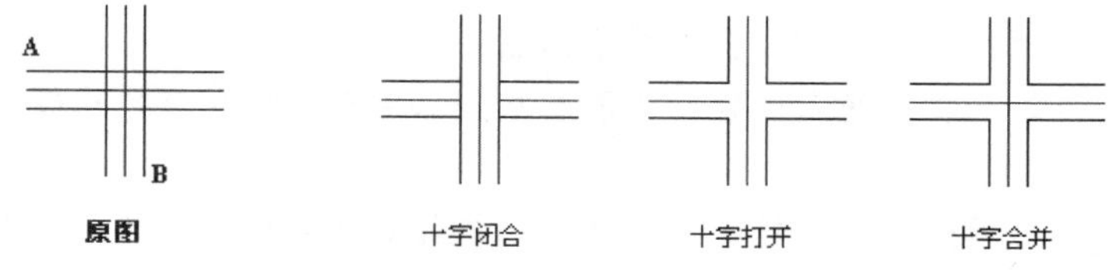

图 3-16　十字编辑

- “十字闭合”表示相交两多线的十字封闭状态，AB 分别代表选择多线的次序，水平多线为 A，垂直多线为 B。
- “十字打开”表示相交两多线的十字开放状态，将两线的相交部分全部断开，第一条多线的轴线在相交部分也要断开。
- “十字合并”表示相交两多线的十字合并状态，将两线的相交部分全部断开，但两条多线的轴线在相交部分相交。

2. T 形交线

所谓“T 形交线”，指的是两条多线呈“T 形”相交状态，如图 3-17（左图）所示。此种状态下的编辑功能包括“T 形闭合”、“T 形打开”和“T 形合并”三种，各种编辑效果如图 3-17（右图）所示。

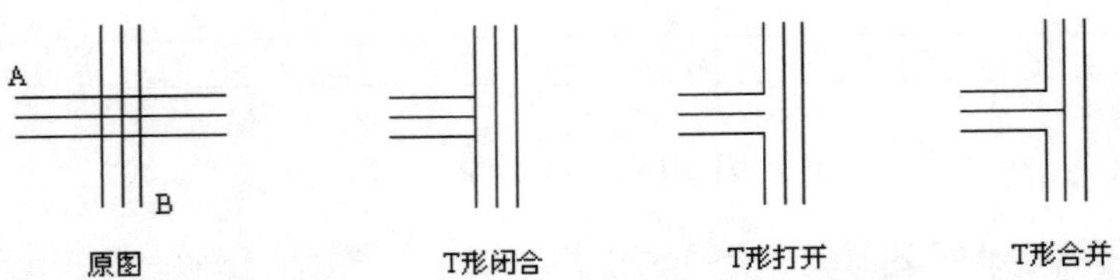

图 3-17　T 形编辑

- “T 形闭合”：表示相交两多线的 T 形封闭状态，将选择的第一条多线与第二条多线相交部分的修剪去掉，而第二条多线保持原样连通。
- “T 形打开”：表示相交两多线的 T 形开放状态，将两线的相交部分全部断开，但第一条多线的轴线在相交部分也断开。
- “T 形合并”：表示相交两多线的 T 形合并状态，将两线的相交部分全部断开，但第一条与第二条多线的轴线在相交部分相交。

3. 角形交线

“角形交线”编辑功能包括“角点结合”、“添加顶点”和“删除顶点”三种，其编辑的效果如图 3-18 所示。

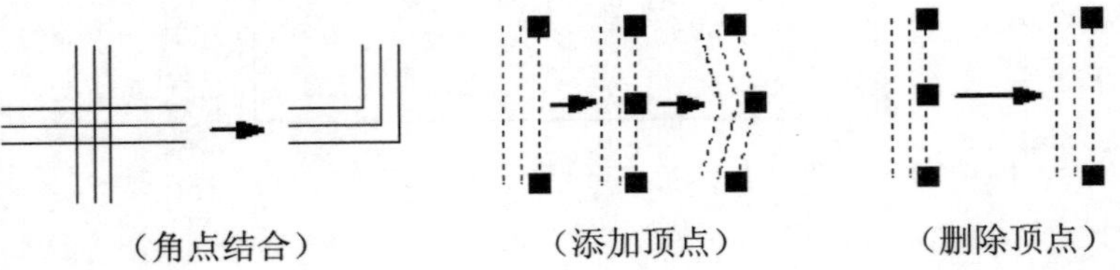

图 3-18　角形编辑

- “角点结合”：表示修剪或延长两条多线直到它们接触形成一相交角，将第一条和第二条多线的拾取部分保留，并将其相交部分全部断开剪去。
- “添加顶点”：表示在多线上产生一个顶点并显示出来，相当于打开显示连接开关并显示交点一样。
- “删除顶点”：表示删除多线转折处的交点，使其变为直线形多线。删除某顶点后，系统会将该顶点两边的另外两顶点连接成一条多线线段。

4. 切断交线

“切断交线”编辑功能包括“单个剪切”、“全部剪切”和“全部接合”三种，其编辑的效果如图 3-19 所示。

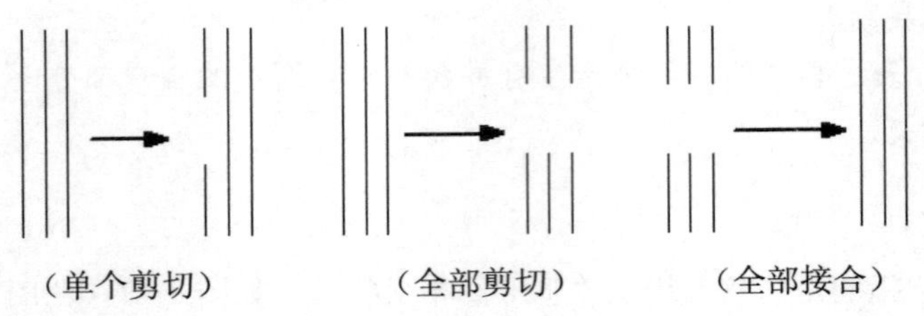

图 3-19　多线的剪切与接合

- “单个剪切”：表示在多线中的某条线上拾取两个点，从而断开此线。
- “全部剪切”：表示在多线上拾取两个点，从而将此多线全部切断一截。
- “全部接合”：表示连接多线中的所有可见间断，但不能用来连接两条单独的多线。

3.2 绘制多段线

多段线是由一系列直线段或弧线段连接而成的一种特殊几何图元，此图元无论包括多少条直线元或弧线元素，系统都将其看作单个对象。本节主要学习多段线的绘制和编辑工具。

3.2.1 “多段线”命令

“多段线”命令用于二维多段线图元，所绘制的多段线可以具有宽度，可以闭合或不闭合，可以为直线段，也可以为弧线段，如图 3-20 所示。执行“多段线”命令主要有以下几种方式：

- 单击“常用”选项卡→“绘图”面板→“多段线”按钮。
- 选择菜单栏“绘图”→“多段线”命令。
- 单击“绘图”工具栏→“多段线”按钮。
- 在命令行输入 Pline 后按 Enter 键。
- 使用快捷键 PL。

图 3-20　多段线示例

下面通过绘制浴盆的平面轮廓图，学习“多段线”命令的使用方法和技巧。命令行操作如下：

```
命令：_pline
    指定起点：                          //在绘图区拾取一点作为起点
    当前线宽为 0.0000
    指定下一个点或 [圆弧(A)/半宽(H)/长度(L)/放弃(U)/宽度(W)]：      //@1300,0 Enter
    指定下一点或 [圆弧(A)/闭合(C)/半宽(H)/长度(L)/放弃(U)/宽度(W)]： //a Enter
    指定圆弧的端点或[角度(A)/圆心(CE)/闭合(CL)/方向(D)/半宽(H)/直线(L)/半径(R)/第二个点(S)/
    放弃(U)/宽度(W)]：    //@800<90 Enter
    指定圆弧的端点或[角度(A)/圆心(CE)/闭合(CL)/方向(D)/半宽(H)/直线(L)/半径(R)/第二个点(S)/
    放弃(U)/宽度(W)]：    //l Enter
    指定下一点或 [圆弧(A)/闭合(C)/半宽(H)/长度(L)/放弃(U)/宽度(W)]：//@1300<180 Enter
    指定下一点或 [圆弧(A)/闭合(C)/半宽(H)/长度(L)/放弃(U)/宽度(W)]：//a Enter
    指定圆弧的端点或[角度(A)/圆心(CE)/闭合(CL)/方向(D)/半宽(H)/直线(L)/半径(R)/第二个点(S)/
    放弃(U)/宽度(W)]：    //@-100,-100 Enter
    指定圆弧的端点或[角度(A)/圆心(CE)/闭合(CL)/方向(D)/半宽(H)/直线(L)/半径(R)/第二个点(S)/
```

```
放弃(U)/宽度(W)]:    //l Enter
指定下一点或 [圆弧(A)/闭合(C)/半宽(H)/长度(L)/放弃(U)/宽度(W)]:  /@0,-600 Enter
指定下一点或 [圆弧(A)/闭合(C)/半宽(H)/长度(L)/放弃(U)/宽度(W)]:  //a Enter
指定圆弧的端点或[角度(A)/圆心(CE)/闭合(CL)/方向(D)/半宽(H)/直线(L)/半径(R)/第二个点(S)/
放弃(U)/宽度(W)]:    //cl Enter，结束命令，结果如图 3-21 所示
```

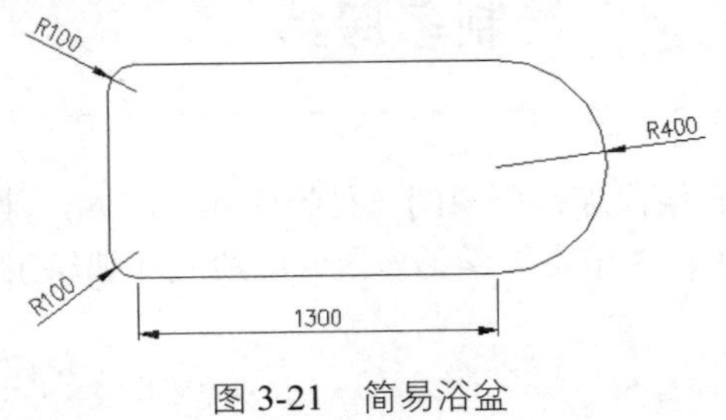

图 3-21　简易浴盆

3.2.2 “多段线”选项

执行“多段线”命令并指定起点后，命令行出现“指定下一个点或 [圆弧(A)/半宽(H)/长度(L)/放弃(U)/宽度(W)]:”提示，提示用户指定下一点或选择一个选项，本小节将学习这些选项的功能。

1. “圆弧”选项

“圆弧”选项用于将当前多段线模式切换为画弧模式，以绘制由弧线组合而成的多段线。在命令行提示下输入“A”，或在绘图区单击右键，在弹出的快捷菜单中选择“圆弧”命令，都可激活此选项，系统自动切换到画弧状态，且命令行提示如下：

```
“指定圆弧的端点或 [角度 (A) /圆心 (CE) /闭合 (CL) /方向 (D) /半宽 (H) /直线 (L) /半径 (R) /第二个点
(S) /放弃 (U) / 宽度 (W) ]: ”
```

各选项的功能如下：

- “角度”选项用于指定要绘制的圆弧的圆心角。
- “圆心”选项用于指定圆弧的圆心。
- “闭合”选项用于用弧线封闭多段线。
- “方向”选项用于取消直线与圆弧的相切关系，改变圆弧的起始方向。
- “半宽”选项用于指定圆弧的半宽值。激活此选项功能后，AutoCAD 将提示用户输入多段线的起点半宽值和终点半宽值。
- “直线”选项用于切换直线模式。
- “半径”选项用于指定圆弧的半径。
- “第二个点”选项用于选择三点画弧方式中的第二个点。
- “宽度”选项用于设置弧线的宽度值。

2. “半宽”选项

“半宽”选项用于设置多段线的半宽。

3. “长度”选项

此选项用于定义下一段多段线的长度，AutoCAD 按照上一线段的方向绘制这一段多段线。若上一段是圆弧，AutoCAD 绘制的直线段与圆弧相切。

4. “宽度”选项

“宽度”选项用于设置多段线的起始宽度值，起始点的宽度值可以相同，也可以不同。

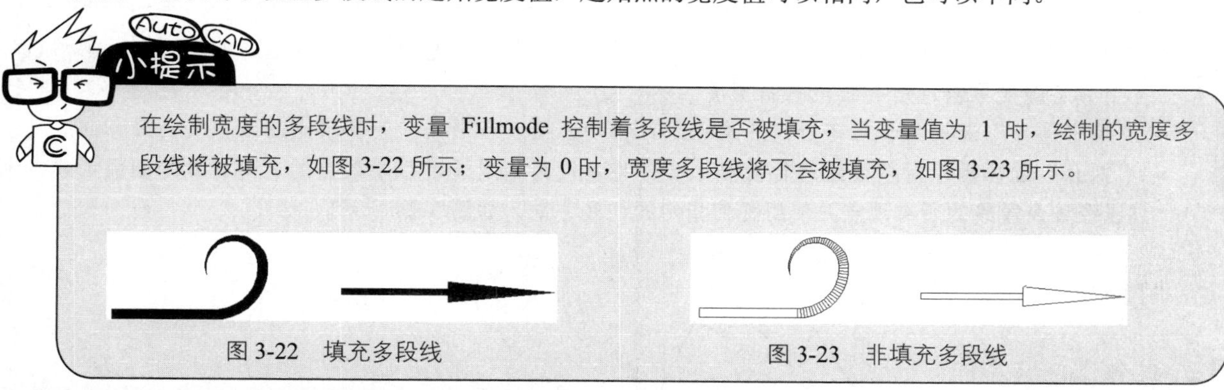

在绘制宽度的多段线时，变量 Fillmode 控制着多段线是否被填充，当变量值为 1 时，绘制的宽度多段线将被填充，如图 3-22 所示；变量为 0 时，宽度多段线将不会被填充，如图 3-23 所示。

图 3-22　填充多段线

图 3-23　非填充多段线

3.2.3　“编辑多段线”命令

“编辑多段线”命令用于编辑多段线或具有多段线性质的图形，如矩形、正多边形等。执行“编辑多段线”命令主要有以下几种方式：

- 单击“常用”选项卡→“修改”面板→“编辑多段线”按钮
- 选择菜单栏“修改”→“对象”→“多段线”命令。
- 单击“修改 II”工具栏→“编辑多段线” 按钮。
- 在命令行输入 Pedit 后按 Enter 键。
- 使用快捷键 PE。

执行“编辑多段线”命令后 AutoCAD 提示如下：

```
命令：Pedit
选择多段线或 [多条（M）]：              //选择需要编辑的多段线。
```

如果用户选择了直线或圆弧，而不是多段线，系统出现如下提示：

```
选定的对象不是多段线。
是否将其转换为多段线？<Y>：           //输入"Y"，将选择的对象即直线或圆弧转换为多段线，再进行编辑
```

如果选择的对象是多段线，系统出现如下提示：

```
输入选项[闭合(C)/合并(J)/宽度(W)/编辑顶点(E)/拟合(F)/样条曲线(S)/非曲线化(D)/线型生成(L)  /反转(R)/放弃(U)]:
```

选项解析

- “闭合”选项用于打开或闭合多段线。如果用户选择的多段线是非闭合的，使用该选项可使之封闭；

如果用户选中的多段线是闭合的，则该选项替换成“打开”，使用该选项可打开闭合的多段线。

- “合并”选项用于将其他的多段线、直线或圆弧连接到正在编辑的多段线上，形成一条新的多段线。

向多段线上连接实体时，与原多段线必须有一个共同的端点，即需要连接的对象必须首尾相连。

- “宽度”选项用于修改多段线的线宽，并将多段线的各段线宽统一变为新输入的线宽值。激活该选项后系统提示输入所有线段的新宽度。
- “编辑顶点”选项用于对多段线的顶点进行移动、插入新顶点、改变顶点的线宽及切线方向等。
- “拟合”选项用于对多段线进行曲线拟合，将多段线变成通过每个顶点的光滑连续的圆弧曲线，曲线经过多段线的所有顶点并使用任何指定的切线方向，如图 3-24 所示。

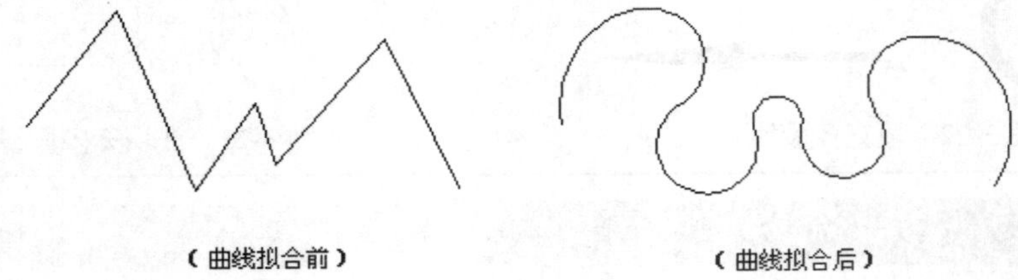

图 3-24　对多段线进行曲线拟合

- “样条曲线”选项将用 B 样条曲线拟合多段线，生成由多段线顶点控制的样条曲线。
- “非曲线化”选项用于还原已被编辑的多段线。取消拟合、样条曲线以及“多段线”命令中“弧”选项所创建的圆弧段，将多段线中各段拉直，同时保留多段线顶点的所有切线信息。
- “线型生成”选项用于控制多段线为非实线状态时的显示方式。

3.3 绘制辅助线

AutoCAD 为用户提供了用于绘制制图辅助线的工具，即“构造线”和“射线”，本节主要学习这两种命令的使用方法和技巧。

3.3.1 绘制构造线

“构造线”命令用于绘制向两端无限延伸的制图辅助线，如图 3-25 所示。执行“构造线”命令有以下几种方式：

- 单击“常用”选项卡→“绘图”面板→“构造线”按钮。
- 选择菜单栏“绘图”→“构造线”命令。
- 单击“绘图”工具栏→“构造线”按钮。
- 在命令行输入 Xline 后按 Enter 键。

- 使用快捷键 XL。

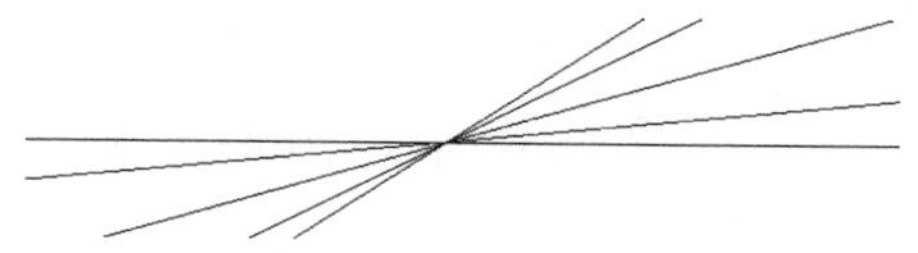

图 3-25　构造线示例

执行“构造线”命令后，其命令行操作如下：

```
命令: _xline
    指定点或 [水平(H)/垂直(V)/角度(A)/二等分(B)/偏移(O)]:
    //定位构造线上的一点
    指定通过点:                      //定位构造线上的通过点
    指定通过点:                      //定位构造线上的通过点
    …….
    指定通过点:                      // Enter，结束命令
```

选项解析

- “水平”选项可以绘制向两端无限延伸的水平构造线。
- “垂直”选项可以绘制向两端无限延伸的垂直构造线。
- “偏移”选项，可以绘制与参照线平行的构造线，如图 3-26 所示。
- “构造线”命令中的“二等分”选项可以绘制任意角度的角平分线。
- “角度”选项可以绘制具有任意角度的制图辅助线。其命令行操作如下：

```
命令: _xline
    指定点或 [水平(H)/垂直(V)/角度(A)/二等分(B)/偏移(O)]:
    //A Enter，激活“角度”选项
    输入构造线的角度 (0) 或 [参照(R)]:         //22.5 Enter
    指定通过点:                          //拾取通过点
    指定通过点:                          // Enter，结果如图 3-27 所示
```

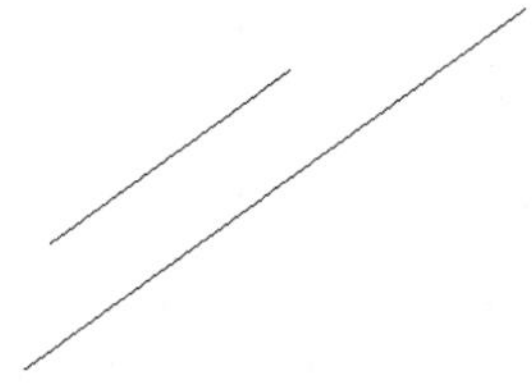

图 3-26　“偏移”选项示例

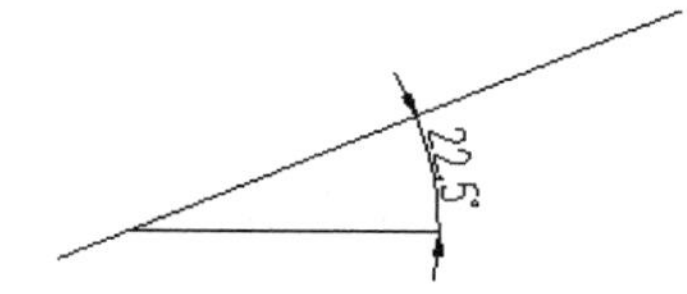

图 3-27　绘制倾斜构造线

构造线通常用于绘图时的辅助线或参照线，不能作为图形轮廓线的一部分，但是可以通过修改工具将其编辑为图形轮廓线。

3.3.2 绘制射线

"射线"命令用于绘制向一端无限延伸的制图辅助线，如图 3-28 所示。执行"射线"命令主要有以下几种方式：

- 单击"常用"选项卡→"绘图"面板→"射线"按钮。
- 选择菜单栏"绘图"→"射线"命令。
- 在命令行输入 Ray 后按 Enter 键。

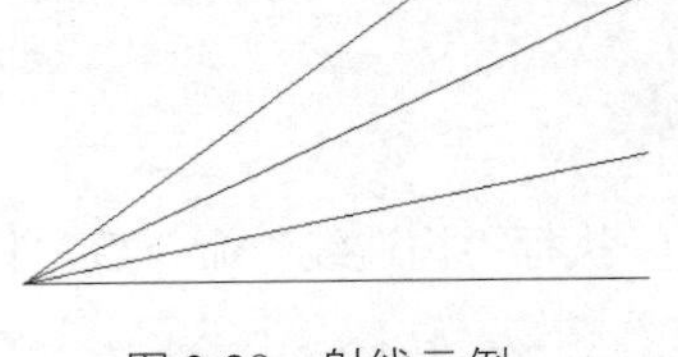

图 3-28 射线示例

激活"射线"命令后，可以连续绘制无数条射线，只到结束命令为止。

"射线"命令的命令行操作提示如下：

```
命令： _ray
指定起点：        //指定射线的起点
指定通过点：      //指定射线的通过点
指定通过点：      //指定射线的通过点
......
指定通过点：      //结束命令
```

3.4 案例——绘制栏杆立面图

本例通过绘制栏杆立面图来对本章所学知识进行综合练习和巩固应用。栏杆立面图的最终绘制效果，如图 3-29 所示。

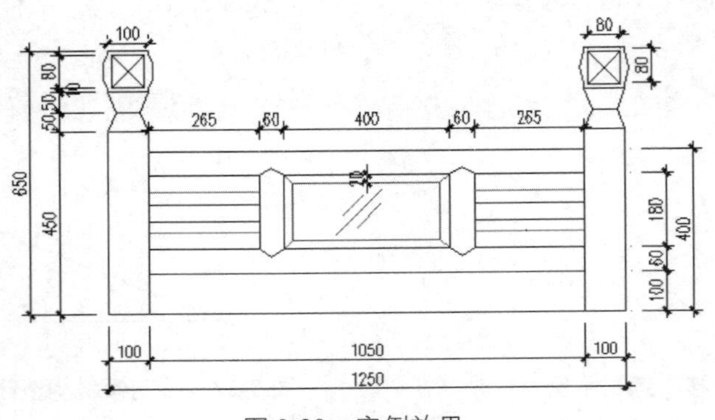

图 3-29 实例效果

操作步骤：

01 首先新建空白文件并打开"对象捕捉"和"对象追踪"功能。

02 选择菜单栏"视图"→"缩放"→"圆心"命令，将视图高度调整为 8000 个单位。命令行操作如下：

```
命令: _zoom
    指定窗口的角点，输入比例因子 (nX 或 nXP)，或者[全部(A)/中心(C)/动态(D)/范围(E)/上一个(P)/
    比例(S)/窗口(W)/对象(O)] <实时>: _c
    指定中心点:              //在绘图区拾取一点
    输入比例或高度 <404>:  //2000 Enter
```

03 单击“常用”选项卡→“绘图”面板→“多段线”按钮，配合“坐标输入”功能绘制栏杆柱的外轮廓线。命令行操作如下：

```
命令: _pline
    指定起点:              //在绘图区拾取一点
    当前线宽为 0.0
    指定下一个点或 [圆弧(A)/半宽(H)/长度(L)/放弃(U)/宽度(W)]:   //@0,450 Enter
    指定下一点或 [圆弧(A)/闭合(C)/半宽(H)/长度(L)/放弃(U)/宽度(W)]: //@20,50 Enter
    指定下一点或 [圆弧(A)/闭合(C)/半宽(H)/长度(L)/放弃(U)/宽度(W)]: //@-20,50 Enter
    指定下一点或 [圆弧(A)/闭合(C)/半宽(H)/长度(L)/放弃(U)/宽度(W)]: //@0,10 Enter
    指定下一点或 [圆弧(A)/闭合(C)/半宽(H)/长度(L)/放弃(U)/宽度(W)]: //a Enter
    指定圆弧的端点或[角度(A)/圆心(CE)/闭合(CL)/方向(D)/半宽(H)/直线(L)/半径(R)/第二个点(S)/
    放弃(U)/宽度(W)]:    //s Enter
    指定圆弧上的第二个点:  //@-10,40 Enter
    指定圆弧的端点:        //@10,40 Enter
    指定圆弧的端点或[角度(A)/圆心(CE)/闭合(CL)/方向(D)/半宽(H)/直线(L)/半径(R)/第二个点(S)/
    放弃(U)/宽度(W)]:    //l Enter
    指定下一点或 [圆弧(A)/闭合(C)/半宽(H)/长度(L)/放弃(U)/宽度(W)]:  //@0,10 Enter
    指定下一点或 [圆弧(A)/闭合(C)/半宽(H)/长度(L)/放弃(U)/宽度(W)]:  //@100,0 Enter
    指定下一点或 [圆弧(A)/闭合(C)/半宽(H)/长度(L)/放弃(U)/宽度(W)]:  //@0,-10 Enter
    指定下一点或 [圆弧(A)/闭合(C)/半宽(H)/长度(L)/放弃(U)/宽度(W)]:  //a Enter
    指定圆弧的端点或[角度(A)/圆心(CE)/闭合(CL)/方向(D)/半宽(H)/直线(L)/半径(R)/第二个点(S)/
    放弃(U)/宽度(W)]:    //s Enter
    指定圆弧上的第二个点:  //@10,-40 Enter
    指定圆弧的端点:        //@-10,-40 Enter
    指定圆弧的端点或[角度(A)/圆心(CE)/闭合(CL)/方向(D)/半宽(H)/直线(L)/半径(R)/第二个点(S)/
    放弃(U)/宽度(W)]:    //l Enter
    指定下一点或 [圆弧(A)/闭合(C)/半宽(H)/长度(L)/放弃(U)/宽度(W)]:  //@0,-10 Enter
    指定下一点或 [圆弧(A)/闭合(C)/半宽(H)/长度(L)/放弃(U)/宽度(W)]:  //@-20,-50 Enter
    指定下一点或 [圆弧(A)/闭合(C)/半宽(H)/长度(L)/放弃(U)/宽度(W)]:  //@20,-50 Enter
    指定下一点或 [圆弧(A)/闭合(C)/半宽(H)/长度(L)/放弃(U)/宽度(W)]:  //@0,-450 Enter
    指定下一点或 [圆弧(A)/闭合(C)/半宽(H)/长度(L)/放弃(U)/宽度(W)]:
    //c Enter，结束命令，绘制结果如图 3-30 所示
```

04 重复执行“多段线”命令，配合“捕捉自”和“端点捕捉”功能继续绘制内部的轮廓线，结果如图

3-31 所示。

05 参照操作步骤 03～04，综合使用“多段线”、“直线”命令绘制右侧的栏杆柱，结果如图 3-32 所示。

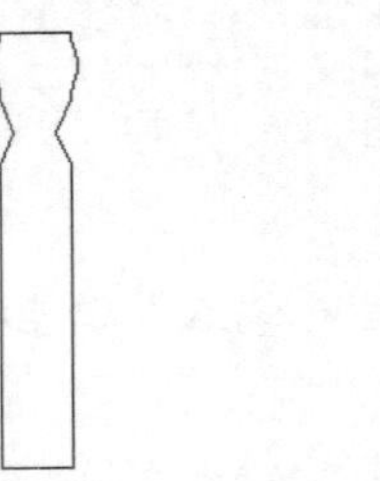
图 3-30　绘制结果

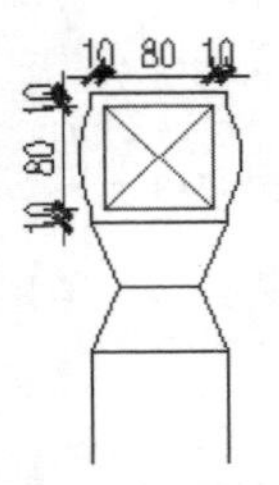

图 3-31　绘制内部结构

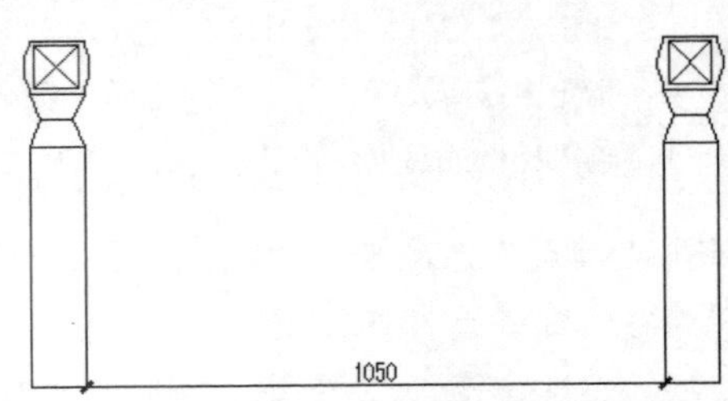

图 3-32　绘制结果

06 选择菜单栏“格式”→“多线样式”命令，设置名为“style01”的新样式，新样式以直线形式封口，然后在原有图元的基础上再添加 4 条图元，如图 3-33 所示。

07 将设置的多线样式设置为当前样式，然后使用快捷键 L 激活“直线”命令，配合“延伸捕捉“或“对象追踪”功能绘制三条水平轮廓线，如图 3-34 所示。

0.28	绿	ByLayer
0.12	140	ByLayer
-0.12	140	ByLayer
-0.28	绿	ByLayer

图 3-33　设置多线样式

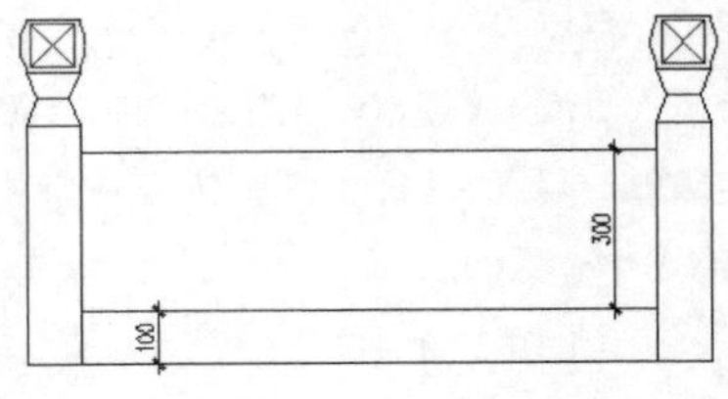

图 3-34　绘制结果

08 使用快捷键 ML 激活“多线”命令，配合“对象追踪”和“坐标输入”功能绘制栏杆的轮廓线。命令行操作如下：

```
命令: ml            //Enter
    当前设置: 对正 = 上, 比例 = 20.00, 样式 = STYLE01
    指定起点或 [对正(J)/比例(S)/样式(ST)]:   //s Enter
    输入多线比例 <20.00>:              //180 Enter
    当前设置: 对正 = 上, 比例 = 180.00, 样式 = STYLE01
    指定起点或 [对正(J)/比例(S)/样式(ST)]:
        //向下引出如图 3-35 所示的对象追踪矢量, 输入 60 Enter
    指定下一点:  //@265,0 Enter
    指定下一点或 [放弃(U)]:  // Enter
命令:  MLINE
    当前设置: 对正 = 上, 比例 = 180.00, 样式 = STYLE01
    指定起点或 [对正(J)/比例(S)/样式(ST)]:
     //向上引出如图 3-36 所示的对象追踪矢量, 然后输入 60 Enter
    指定下一点:  //@-265,0 Enter
    指定下一点或 [放弃(U)]:  // Enter, 绘制结果如图 3-37 所示
```

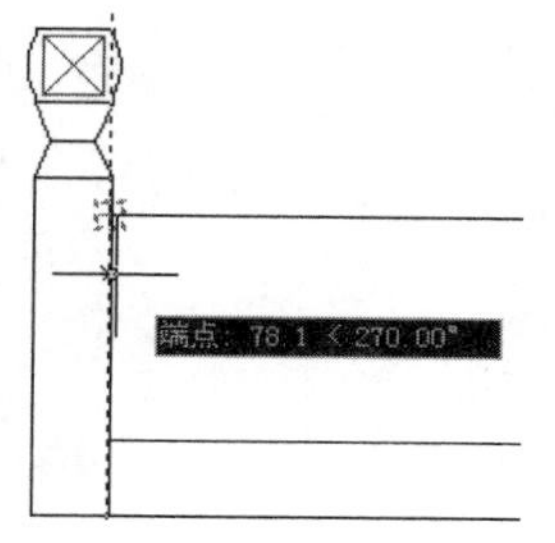

图 3-35 引出对象追踪矢量

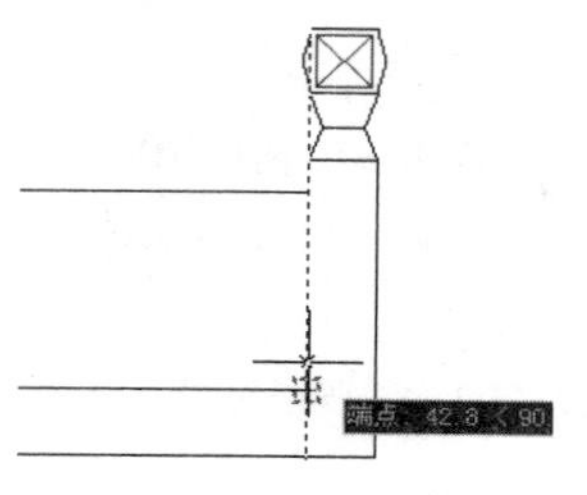

图 3-36 引出对象追踪矢量

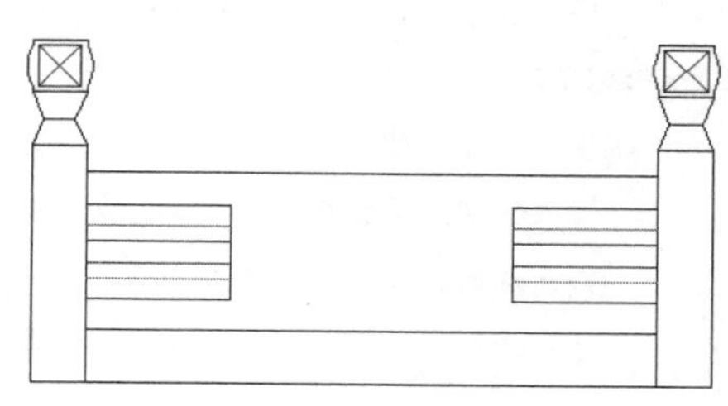
图 3-37 绘制结果

09 选择菜单栏“格式”→“多线样式”命令，设置名为“style02”的新样式，使用“直线”进行封口，并设置“连接”特性，-0.5 号图元的颜色为 40 号色。

10 将设置的多线样式置为当前样式，然后使用快捷键 ML 激活“多线”命令，配合“捕捉自”和“坐标输入”功能继续绘制栏杆轮廓线。命令行操作如下：

```
命令：ml                    // Enter
    当前设置：对正 = 上，比例 = 180.00，样式 = STYLE02
    指定起点或 [对正(J)/比例(S)/样式(ST)]：  //s Enter
    输入多线比例 <180.00>:                 //20 Enter
    当前设置：对正 = 上，比例 = 20.00，样式 = STYLE02
    指定起点或 [对正(J)/比例(S)/样式(ST)]：   //激活“捕捉自”功能
    _from 基点：                  //捕捉如图 3-38 所示的端点
    <偏移>:                       //@60,0 Enter
    指定下一点：                  //@400,0 Enter
    指定下一点或 [放弃(U)]：   //@0,-180 Enter
    指定下一点或 [闭合(C)/放弃(U)]：  //@-400,0
    指定下一点或 [闭合(C)/放弃(U)]：  //c Enter，绘制结果如图 3-39 所示
```

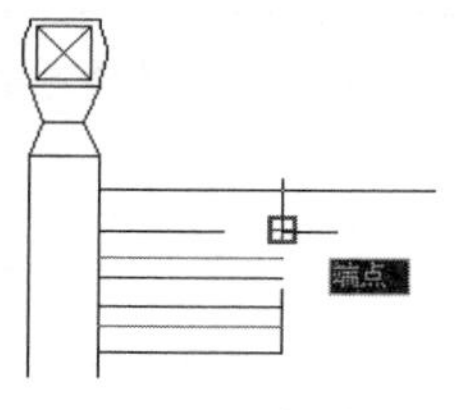

图 3-38 捕捉端点

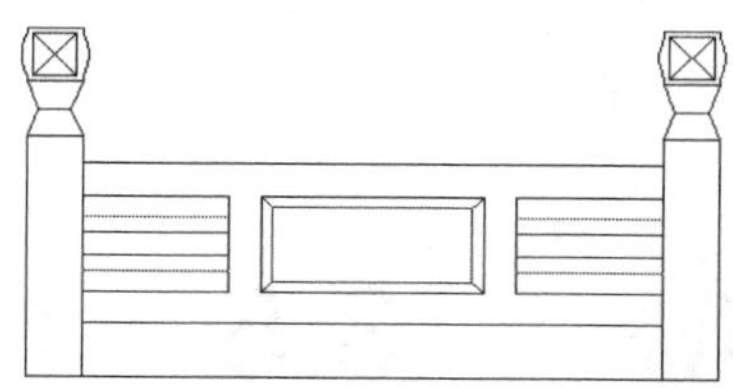
图 3-39 绘制结果

11 使用快捷键 L 激活“直线”命令，配合平行线捕捉功能绘制如图 3-40 所示的三条平行线作为示意线。

12 单击“常用”选项卡→“绘图”面板→“构造线”按钮，绘制两条倾斜构造线作为辅助线。命令行操作如下：

```
命令：_xline
    指定点或 [水平(H)/垂直(V)/角度(A)/二等分(B)/偏移(O)]：  //a Enter
    输入构造线的角度 (0.00) 或 [参照(R)]：  //32.5 Enter
    指定通过点：    //捕捉如图 3-40 所示的端点 1
```

```
    指定通过点：    // Enter
命令：XLINE
    指定点或 [水平(H)/垂直(V)/角度(A)/二等分(B)/偏移(O)]：  //a Enter
    输入构造线的角度 (0.00) 或 [参照(R)]：  //-32.5 Enter
    指定通过点：    //捕捉如图 3-40 所示的端点 2
    指定通过点：    // Enter，绘制结果如图 3-41 所示
```

13 单击“常用”选项卡→“修改”面板→“修剪”按钮 -/--，对构造线进行修剪，将其编辑为图形轮廓线，结果如图 3-42 所示。

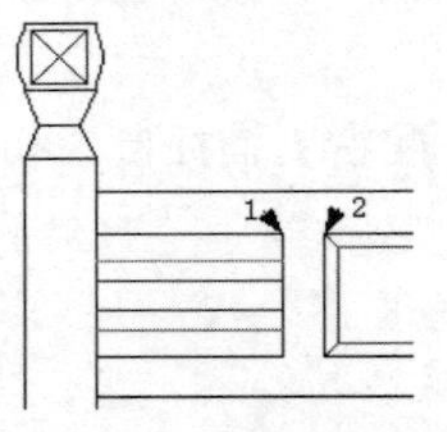

图 3-40　绘制结果

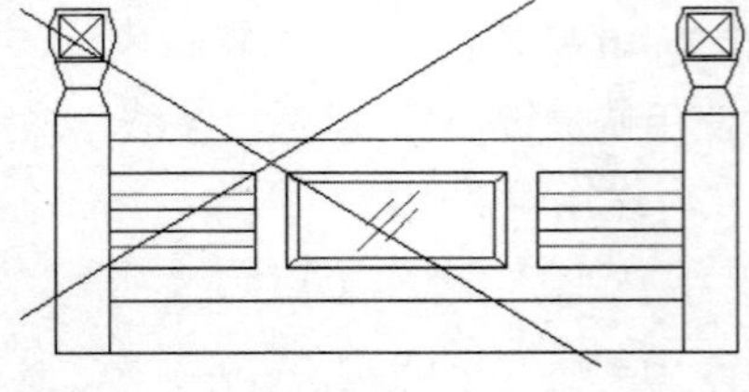
图 3-41　绘制构造线

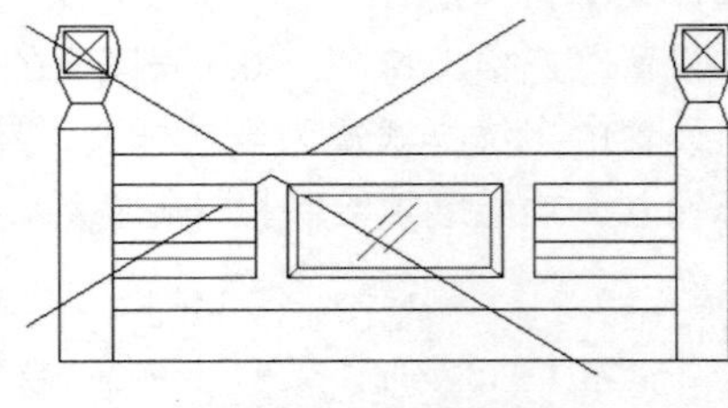
图 3-42　修剪结果

14 使用快捷键 E 激活“删除”命令，删除残余的构造线，结果如图 3-43 所示。

15 参照 12～14 操作步骤，综合使用“构造线”、“修剪”、“删除”等命令，绘制其他位置的轮廓线，结果如图 3-44 所示。

16 最后执行“保存”命令，将图形命名存储为“栏杆立面图.dwg”。

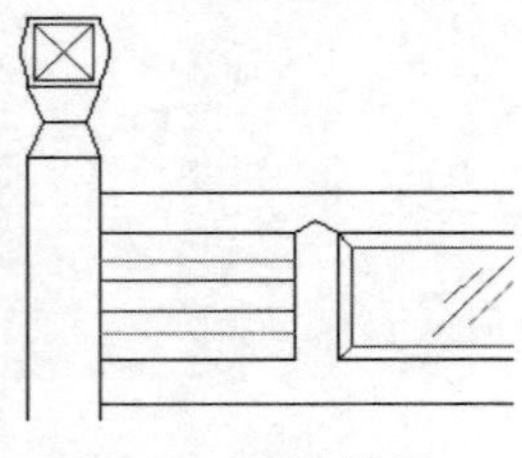
图 3-43　删除结果

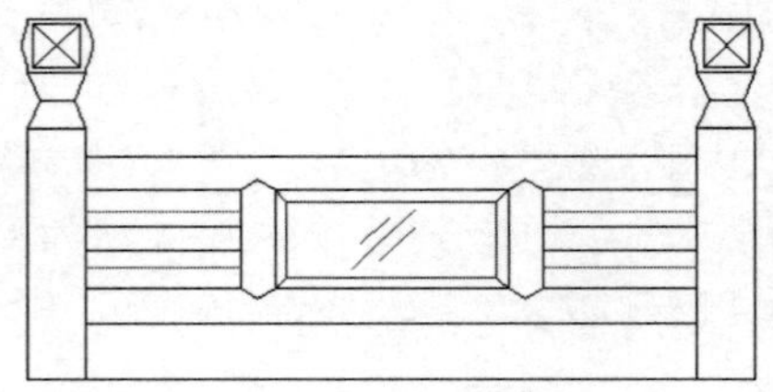
图 3-44　绘制其他轮廓线

3.5 绘制曲线

本节主要学习各类曲线的绘制方法，具体有圆弧、螺旋线、椭圆弧、修订云线和样条曲线等。

3.5.1 绘制圆弧

“圆弧”命令为用户提供了 5 类共 11 种画弧方式，如图 3-45 所示。

执行“圆弧”命令主要有以下几种方式：

- 单击“常用”选项卡→“绘图”面板→“圆弧”按钮。
- 选择菜单栏“绘图”→“圆弧”级联菜单中的相应命令。
- 单击“绘图”工具栏→“圆弧”按钮。
- 在命令行输入 Arc 后按 Enter 键。
- 使用快捷键 A。

三点(P)
起点、圆心、端点(S)
起点、圆心、角度(T)
起点、圆心、长度(A)
起点、端点、角度(N)
起点、端点、方向(D)
起点、端点、半径(R)
圆心、起点、端点(C)
圆心、起点、角度(E)
圆心、起点、长度(L)
继续(O)

图 3-45　子菜单

1. “三点”方式画弧

“三点”画弧指的是直接定位出三个点即可绘制圆弧，其中第一个点和第三个点分别被作为圆弧的起点和端点，如图 3-46 所示。“三点”画弧的命令行操作如下：

```
命令: _arc
    指定圆弧的起点或 [圆心(C)]:                //拾取一点作为圆弧的起点
    指定圆弧的第二个点或 [圆心(C)/端点(E)]:
                                              //在适当位置拾取圆弧上的第二点
    指定圆弧的端点:                            //拾取第三点作为圆弧的端点，结果如图 3-46 所示
```

图 3-46　“三点”画弧示例

2. “起点、圆心”方式画弧

此种画弧方式分为“起点、圆心、端点”、“起点、圆心、角度”和“起点、圆心、长度”三种方式。当用户确定出圆弧的起点和圆心后，只须定位出圆弧的端点或角度、弧长等参数，即可精确画弧。

“起点、圆心、端点”画弧的命令行操作如下：

```
命令: _arc
    指定圆弧的起点或 [圆心(C)]:                //在绘图区拾取一点作为圆弧的起点
    指定圆弧的第二个点或 [圆心(C)/端点(E)]:  //c Enter
    指定圆弧的圆心:                            //在适当位置拾取一点作为圆弧的圆心
    指定圆弧的端点或 [角度(A)/弦长(L)]:      //拾取一点作为圆弧端点，结果如图 3-47 所示
```

另外，当指定了圆弧的起点和圆心后，也可直接输入圆弧的包含角或圆弧的弦长，同样可精确绘制圆弧，如图 3-48 和图 3-49 所示。

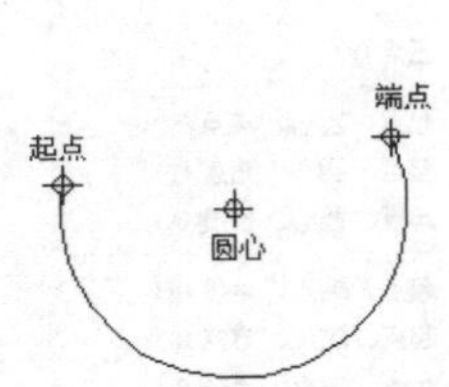

图 3-47 绘制结果

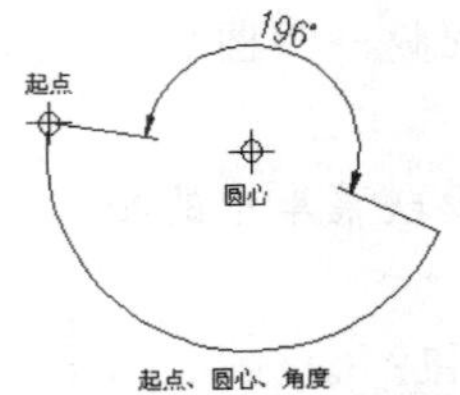

图 3-48 “起点、圆心、角度”画弧

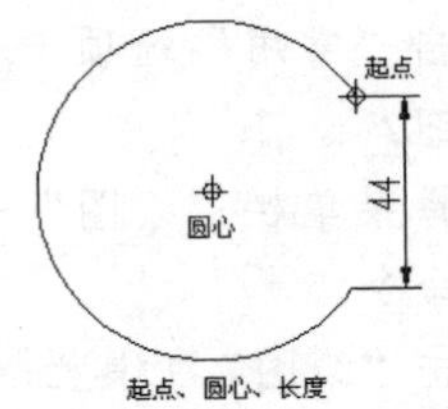

图 3-49 “起点、圆心、长度”画弧

3. “起点、端点”方式画弧

此种画弧方式又可分为“起点、端点、角度”、“起点、端点、方向”和“起点、端点、半径”三种方式。当定位出圆弧的起点和端点后，只须再确定弧的角度、半径或方向，即可精确画弧。“起点、端点、角度”画弧的命令行操作如下：

```
命令: _arc
    指定圆弧的起点或 [圆心(C)]:                          //定位弧的起点
    指定圆弧的第二个点或 [圆心(C)/端点(E)]: _e
    指定圆弧的端点:                                    //定位弧的端点
    指定圆弧的圆心或 [角度(A)/方向(D)/半径(R)]: _a 指定包含角:
                    //输入 190 Enter, 定位弧的角度, 结果如图 3-50 所示
```

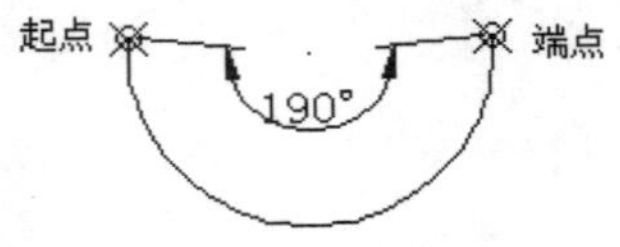

图 3-50 绘制结果

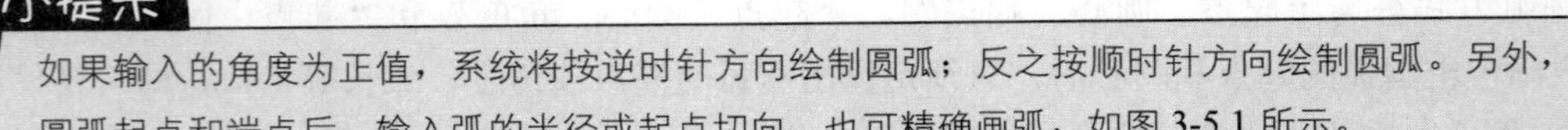

如果输入的角度为正值，系统将按逆时针方向绘制圆弧；反之按顺时针方向绘制圆弧。另外，当指定圆弧起点和端点后，输入弧的半径或起点切向，也可精确画弧，如图 3-5 1 所示。

图 3-51 另外两种画弧方式

4. “圆心、起点”方式画弧

此种方式分为“圆心、起点、端点”、“圆心、起点、角度”和“圆心、起点、长度”三种。当确定了圆弧的圆心和起点后，只须再给出圆弧的端点，或角度、弧长等参数，即可精确绘制圆弧。“圆心、起点、端点”画弧的命令行操作如下：

```
命令: _arc
    指定圆弧的起点或 [圆心(C)]: _c 指定圆弧的圆心:
     //拾取一点作为弧的圆心
    指定圆弧的起点:                          //拾取一点作为弧的起点
    指定圆弧的端点或 [角度(A)/弦长(L)]:  //拾取一点作为弧的端点，结果如图 3-52 所示
```

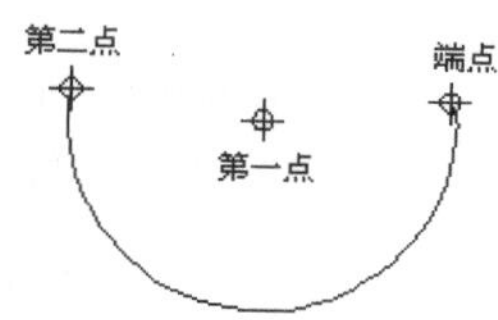

图 3-52　绘制结果

小提示

当给定了圆弧的圆心和起点后，输入圆心角或弦长，也可精确绘制圆弧，如图 3-53 所示。在配合“长度”绘制圆弧时，如果输入的弦长为正值，系统将绘制小于 180° 的劣弧，否则将绘制大于 180° 的优弧。

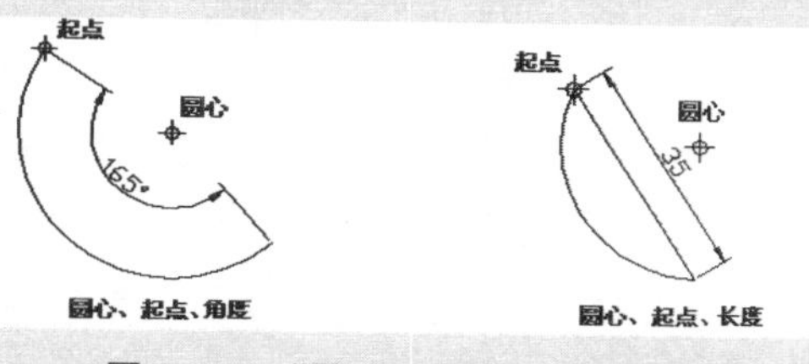

图 3-53　“圆心、起点”方式画弧

5. “继续”方式圆弧

单击“常用”选项卡→“绘图”面板→“继续”按钮，可进入继续画弧状态，所绘制的圆弧与上一个圆弧自动相切。另外在结束画弧命令后，连续两次敲击 Enter 键，也可进入“相切圆弧”绘制模式，所绘制的圆弧与前一个圆弧的终点连接并与之相切，如图 3-54 所示。

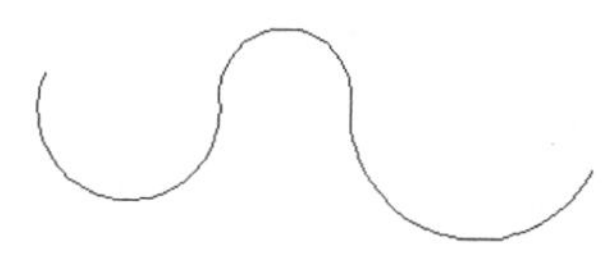

图 3-54　“继续”画弧方式

3.5.2　绘制螺旋线

“螺旋”命令用于绘制二维螺旋线，将螺旋用作 SWEEP 命令的扫掠路径以创建弹簧、螺纹和环形楼梯等。执行“螺旋”命令主要有以下几种方式：

- 单击“常用”选项卡→“绘图”面板→“螺旋”按钮。
- 选择菜单栏“绘图”→“建模”→“螺旋”命令。
- 单击“建模”工具栏→“螺旋”按钮。
- 在命令行输入 Helix 后按 Enter 键。

下面通过绘制高度为 120、圈数为 7 的螺旋线，学习“螺旋”命令的使用方法和技巧。

01 首先新建文件并选择菜单栏“视图”→“三维视图”→“西南等轴测”命令，将当前视图切换为西南视图。

02 单击“常用”选项卡→“绘图”面板→“螺旋”按钮，根据命令行提示创建螺旋线。

```
命令: _Helix
    圈数 = 3.0000      扭曲=CCW
    指定底面的中心点:                          //在绘图区拾取一点
    指定底面半径或 [直径(D)] <27.9686>:       //50 Enter
    指定顶面半径或 [直径(D)] <50.0000>:        // Enter
    指定螺旋高度或 [轴端点(A)/圈数(T)/圈高(H)/扭曲(W)] <923.5423>:  //t Enter
    输入圈数 <3.0000>:                         //7 Enter
    指定螺旋高度或 [轴端点(A)/圈数(T)/圈高(H)/扭曲(W)] <23.5423>:
    //120 Enter，结果如图 3-55 所示
```

小提示

如果指定一个值来同时作为底面半径和顶面半径，将创建圆柱形螺旋；如果指定不同值作为顶面半径和底面半径，将创建圆锥形螺旋；不能指定 0 来同时作为底面半径和顶面半径。

在默认设置下，螺旋的圈数为三。绘制图形时，圈数的默认值始终是先前输入的圈数值，螺旋的圈数不能超过 500。另外，如果螺旋指定的高度值为 0，则将创建扁平的二维螺旋。

3.5.3 绘制椭圆弧

椭圆弧也是一种基本的构图元素，它除了包含中心点、长轴和短轴等几何特征外，还具有角度特征。执行“椭圆弧”命令主要有以下几种方法：

- 单击“常用”选项卡→“绘图”面板→“椭圆弧”按钮。
- 选择菜单栏“绘图”→“椭圆弧”命令。
- 单击“绘图”工具栏→“椭圆弧”按钮。

执行“椭圆弧”命令后，其命令行操作如下：

```
命令: _ellipse
    指定椭圆的轴端点或 [圆弧(A)/中心点(C)]:  //A Enter
    指定椭圆弧的轴端点或 [中心点(C)]:        //拾取一点，定位弧端点
    指定轴的另一个端点:                      //@120,0 Enter，定位长轴
    指定另一条半轴长度或 [旋转(R)]:          //30 Enter，定位短轴
    指定起始角度或 [参数(P)]:                //90 Enter，定位起始角度
    指定终止角度或 [参数(P)/包含角度(I)]:    //180 Enter，结果如图 3-56 所示
```

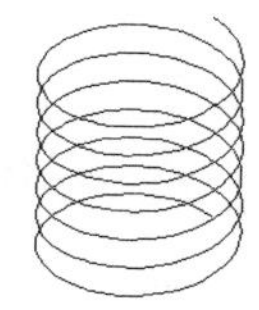

图 3-55　创建结果

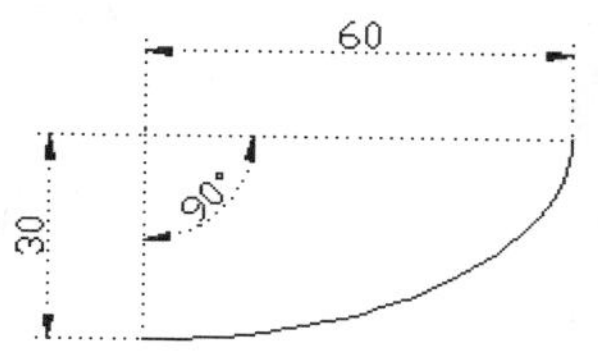

图 3-56　椭圆弧示例

椭圆弧的角度就是终止角和起始角度的差值。另外，用户也可以使用“包含角”选项功能，直接输入椭圆弧的角度。

3.5.4　绘制修订云线

“修订云线”命令用于绘制由连续圆弧构成的图线，所绘制的图线被看作是一条多段线，此种图线可以是闭合的，也可以是断开的。执行“修订云线”命令主要有以下几种方法：

- 单击“常用”选项卡→“绘图”面板→“修订云线”按钮。
- 选择菜单栏“绘图”→“修订云线”命令。
- 单击“绘图”工具栏→“修订云线”按钮。
- 在命令行输入 Revcloud 后按 Enter 键。

执行“修订云线”命令后，其命令行操作如下：

```
命令: _revcloud
    最小弧长: 15    最大弧长: 15    样式: 普通
    指定起点或 [弧长(A)/对象(O)/样式(S)] <对象>:  //a Enter，激活弧长选项
    指定最小弧长 <15>:                        //30 Enter，设置最小弧长
    指定最大弧长 <30>:                        //60 Enter，设置最大弧长
```

在设置弧长时需要注意，最大弧长不能超过最小弧长的三倍。

```
    指定起点或 [弧长(A)/对象(O)/样式(S)] <对象>:  //在绘图区拾取一点
    沿云线路径引导十字光标...        //按住左键不放，沿着所需闭合路径引导光标，即可绘制闭合的云线
   //如图 3-57 所示
    修订云线完成。
```

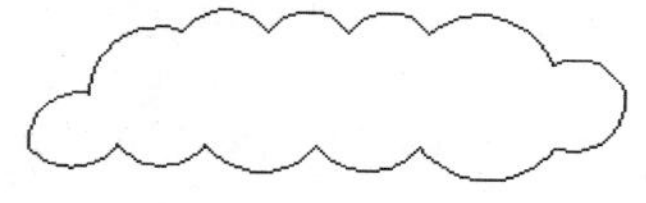

图 3-57　绘制云线

在绘制闭合云线时，需要移动光标，将端点放在起点处，系统会自动闭合云线。

选项解析

- 使用"修订云线"命令中的"对象"选项功能，可以将直线、圆弧、矩形、圆以及正多边形等，转化为云线图形，如图 3-58 所示。
- "样式"选项用于设置修订云线的样式。AutoCAD 为用户提供了"普通"和"手绘"两种样式，默认情况下为"普通"样式。如图 3-59 所示的云线就是在"手绘"样式下绘制的。

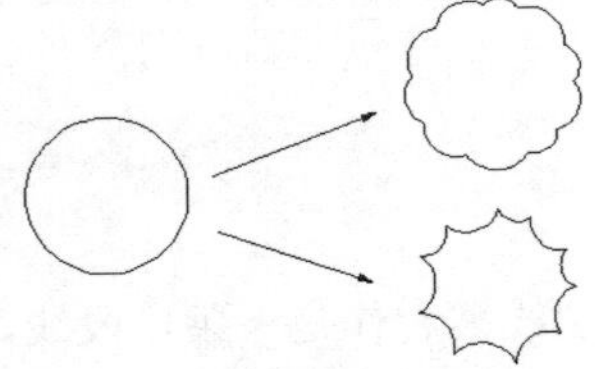

图 3-58　将对象转化为云线

图 3-59　手绘样式

3.5.5　绘制样条曲线

"样条曲线"命令用于绘制由通过某些拟合点（接近控制点）的光滑曲线所绘制的曲线，可以是二维曲线，也可以是三维曲线。执行"样条曲线"命令主要有以下几种方式：

- 单击"常用"选项卡→"绘图"面板→"样条曲线"按钮。
- 选择菜单栏"绘图"→"样条曲线"命令。
- 单击"绘图"工具栏→"样条曲线"按钮。
- 在命令行输入 Spline 后按 Enter 键。
- 使用快捷键 SPL。

在实际工作中，光滑曲线也是较为常见的一种几何图元，如图 3-60 所示的木栈道河底断面示意线，就是使用"样条曲线"命令绘制的。

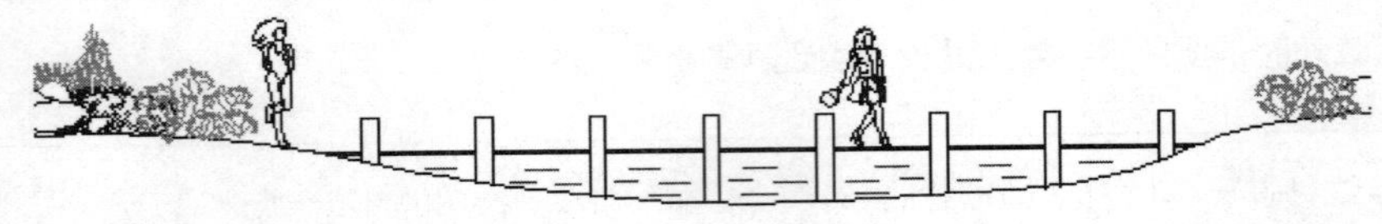

图 3-60　木栈道示意图

其命令行操作过程如下：

```
命令: _spline
    当前设置: 方式=拟合    节点=弦
    指定第一个点或 [方式(M)/节点(K)/对象(O)]:    //0,0 Enter
    输入下一个点或 [起点切向(T)/公差(L)]:        //1726,-88 Enter
```

```
输入下一个点或 [端点相切(T)/公差(L)/放弃(U)]:   //2955,-294 Enter
输入下一个点或 [端点相切(T)/公差(L)/放弃(U)/闭合(C)]:   //4247,-775 Enter
输入下一个点或 [端点相切(T)/公差(L)/放弃(U)/闭合(C)]:   //5054,-957 Enter
输入下一个点或 [端点相切(T)/公差(L)/放弃(U)/闭合(C)]:   //6142,-1028 Enter
输入下一个点或 [端点相切(T)/公差(L)/放弃(U)/闭合(C)]:   //7625,-1105 Enter
输入下一个点或 [端点相切(T)/公差(L)/放弃(U)/闭合(C)]:   //10028,-1124 Enter
输入下一个点或 [端点相切(T)/公差(L)/放弃(U)/闭合(C)]:   //12190,-888 Enter
输入下一个点或 [端点相切(T)/公差(L)/放弃(U)/闭合(C)]:   //13754,-617 Enter
输入下一个点或 [端点相切(T)/公差(L)/放弃(U)/闭合(C)]:   //15067,-340 Enter
输入下一个点或 [端点相切(T)/公差(L)/放弃(U)/闭合(C)]:   //16361,-203 Enter
输入下一个点或 [端点相切(T)/公差(L)/放弃(U)/闭合(C)]:   //18474,-98 Enter
输入下一个点或 [端点相切(T)/公差(L)/放弃(U)/闭合(C)]:  //Enter，效果如图 3-61 所示
```

图 3-61　绘制结果

选项解析

- “方式”选项主要用于设置样条曲线的创建方式，即使用拟合点或使用控制点，两种方式下样条曲线的夹点示例如图 3-62 所示。

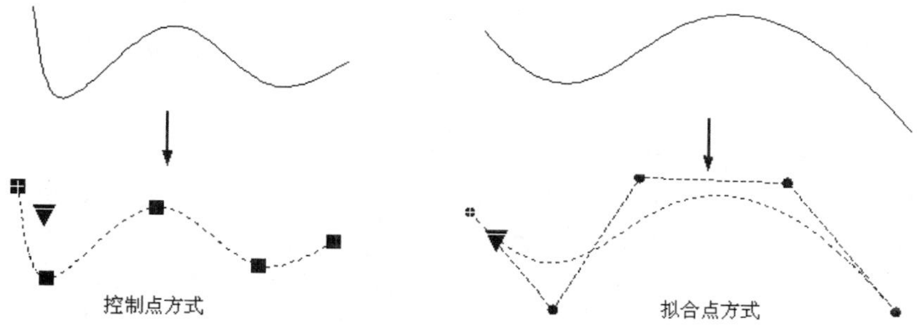

图 3-62　两种方式示例

- “节点”选项用于指定节点的参数变化，它会影响曲线在通过拟合点时的形状。
- “对象”选项用于把样条曲线拟合的多段线转变为样条曲线。激活此选项后，如果用户选择的是没有经过“编辑多段线”拟合的多段线，系统将无法转换选定的对象。
- “闭合”选项用于绘制闭合的样条曲线。激活此选项后，AutoCAD 将使样条曲线的起点和终点重合，并且共享相同的顶点和切向，此时系统只提示一次让用户给定切向点。
- “拟合公差”选项用来控制样条曲线对数据点的接近程度。拟合公差的大小将直接影响到当前图形，公差越小，样条曲线越接近数据点。

3.6 编辑图线

本节主要学习图线的一些常规编辑功能，具体有“偏移”、“镜像”、“修剪”、“延伸”、“倒角”、“圆角”、“移动”、“分解”以及“夹点编辑”等。

3.6.1 偏移图线

“偏移”命令用于将选择的图线按照一定的距离或指定的通过点，进行偏移复制，以创建同尺寸或同形状的复合对象。执行“偏移”命令主要有以下几种方式：

- 单击“常用”选项卡→“修改”面板→“偏移”按钮。
- 选择菜单栏“修改”→“偏移”命令。
- 单击“修改”工具栏→“偏移”按钮。
- 在命令行输入 Offset 后按 Enter 键。
- 使用快捷键 O。

不同结构的对象，其偏移结果也不同。比如圆、椭圆等对象偏移后，对象的尺寸发生了变化，而直线偏移后，尺寸则保持不变。下面通过实例来学习使用“偏移“命令。

01 打开随书光盘中的“\实例源文件\偏移图线.dwg”，如图 3-63 所示。

02 单击“常用”选项卡→“修改”面板→“偏移”按钮，对各图形进行距离偏移。命令行操作如下：

```
命令: _offset
    当前设置: 删除源=否  图层=源  OFFSETGAPTYPE=0
    指定偏移距离或 [通过(T)/删除(E)/图层(L)] <10.0000>:  //20 Enter，设置偏移距离
    选择要偏移的对象，或 [退出(E)/放弃(U)] <退出>:      //单击左侧的圆图形
    指定要偏移的那一侧上的点，或 [退出(E)/多个(M)/放弃(U)] <退出>:
                                            //在圆的内侧拾取一点
    选择要偏移的对象，或 [退出(E)/放弃(U)] <退出>:     //单击圆弧
    指定要偏移的那一侧上的点，或 [退出(E)/多个(M)/放弃(U)] <退出>:
                                           //在圆弧的内侧拾取一点
    选择要偏移的对象，或 [退出(E)/放弃(U)] <退出>:   //单击右侧的圆图形
    指定要偏移的那一侧上的点，或 [退出(E)/多个(M)/放弃(U)] <退出>:
                                          //在圆的外侧拾取一点
    选择要偏移的对象，或 [退出(E)/放弃(U)] <退出>:  // Enter，结果如图 3-64 所示
```

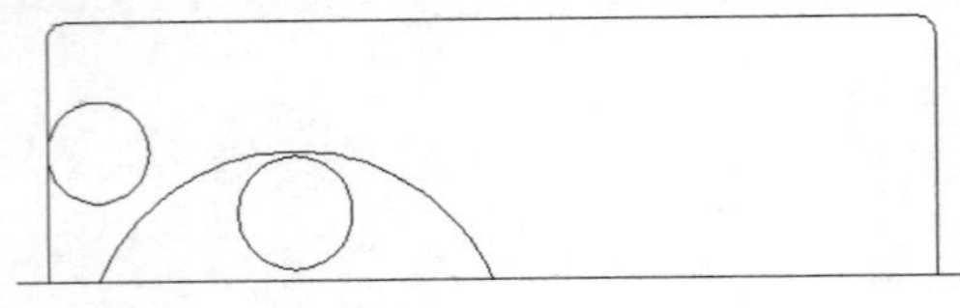

图 3-63 打开结果

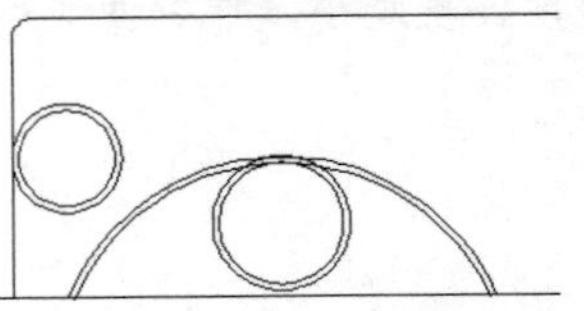

图 3-64 偏移结果

使用“删除”选项可以将源偏移对象删除；“图层”选项用于设置偏移对象所在图层。

03 重复执行“偏移”命令，将选择如图 3-65 所示的轮廓线向外侧偏移 40 个单位，将下侧的水平轮廓线向下侧偏移 40 个单位，结果如图 3-66 所示。

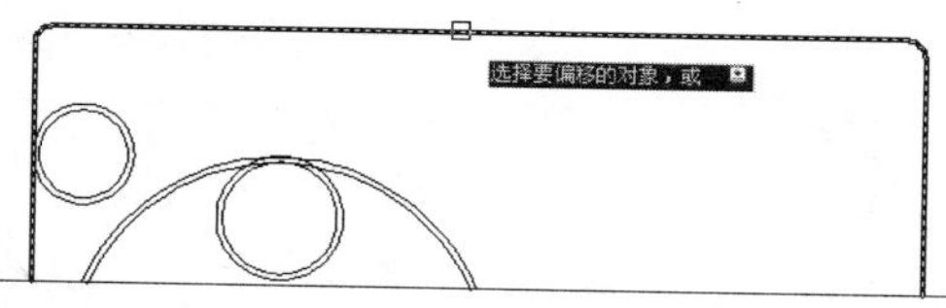
图 3-65　选择偏移对象

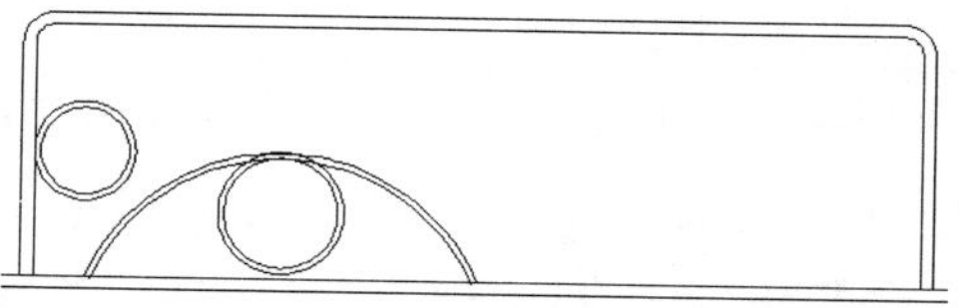
图 3-66　偏移结果

使用“偏移”命令中的“通过”选项可以根据指定的目标点进行偏移对象，使偏移出的对象通过所指定的点。

3.6.2　镜像图线

“镜像”命令用于将选择的对象沿着指定的两点进行对称复制。执行“镜像”命令主要有以下几种方式：

- 单击“常用”选项卡→“修改”面板→“镜像”按钮。
- 选择菜单栏“修改”→“镜像”命令。
- 单击“修改”工具栏→“镜像”按钮。
- 在命令行输入 Mirror 后按 Enter 键。
- 使用快捷键 MI。

“镜像”命令通过常用于创建一些结构对称的图形，下面通过实例来学习使用“镜像”命令。

01 继续上例操作。

02 单击“常用”选项卡→“修改”面板→“镜像”按钮，对图形进行镜像。命令行操作如下：

```
命令: _mirror
    选择对象:                    //拉出如图 3-67 所示的窗交选择框
    选择对象:                    // Enter，结束对象的选择
    指定镜像线的第一点:          //捕捉大圆弧的中点，如图 3-68 所示
    指定镜像线的第二点:              //@1,0 Enter
    要删除源对象吗？[是(Y)/否(N)] <N>:     // Enter
```

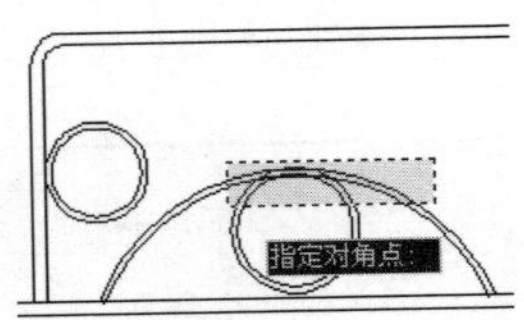

图 3-67 窗交选择

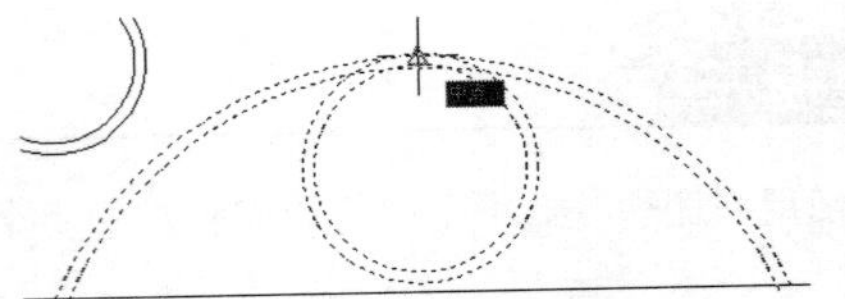

图 3-68 捕捉中点

03 对图线进行修整后，再次执行“镜像”命令，继续对内部的图形进行镜像。命令行操作如下：

```
命令: _mirror
    选择对象:                        //选择如图 3-69 所示的对象
    选择对象:                        // Enter，结束对象的选择
    指定镜像线的第一点:               //捕捉如图 3-69 所示的中点
    指定镜像线的第二点:               // @0,1 Enter
    要删除源对象吗？[是(Y)/否(N)] <N>:      // Enter，镜像结果如图 3-70 所示
```

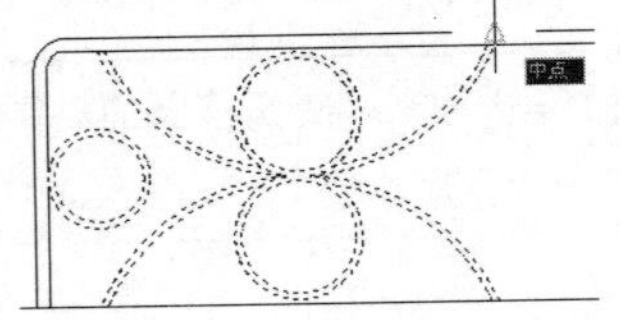

图 3-69 捕捉中点

图 3-70 镜像示例

3.6.3 修剪图线

“修剪”命令用于修剪掉对象上指定的部分，不过在修剪时，需要事先指定一个边界，如图 3-71 所示。执行“修剪”命令主要有以下几种方式：

- 单击“常用”选项卡→“修改”面板→“修剪”按钮 -/-- 。
- 选择菜单栏“修改”→“修剪”命令。
- 单击“修改”工具栏→“修剪”按钮 -/-- 。
- 在命令行输入 Trim 后按 Enter 键。
- 使用快捷键 TR。

执行“修剪”命令，将如图 3-71（左）所示的图线编辑成如图 3-71（右）所示的状态，其命令行操作过程如下：

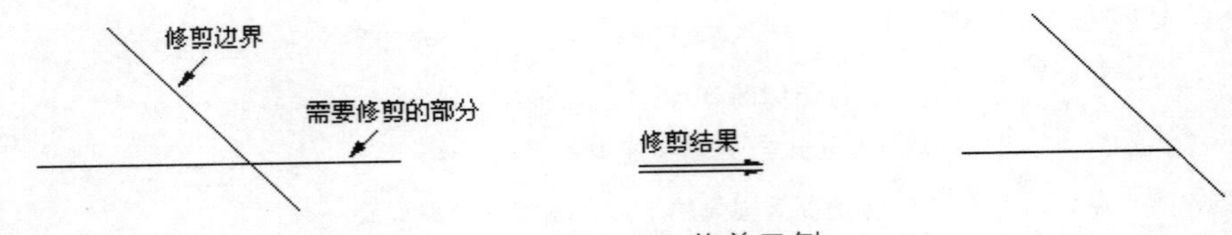

图 3-71 修剪示例

```
命令: _trim
    当前设置:投影=UCS，边=无
    选择剪切边...
    选择对象或 <全部选择>:        //选择如图 3-71（左）所示的倾斜图线
```

```
选择对象:          // Enter
选择要修剪的对象，或按住 Shift 键选择要延伸的对象，或[栏选(F)/窗交(C)/投影(P)/边(E)/删除(R)
/放弃(U)]:         //在水平图线的右端单击左键
选择要修剪的对象，或按住 Shift 键选择要延伸的对象，或[栏选(F)/窗交(C)/投影(P)/边(E)/删除(R)
/放弃(U)]:       // Enter，结束命令，修剪结果如图 3-71（右）所示
```

AutoCAD 小提示

当修剪多个对象时，可以使用“栏选”和“窗交”两种选项功能，而“栏选”方式需要绘制一条或多条栅栏线，所有与栅栏线相交的对象都会被选择，如图 3-72 所示。

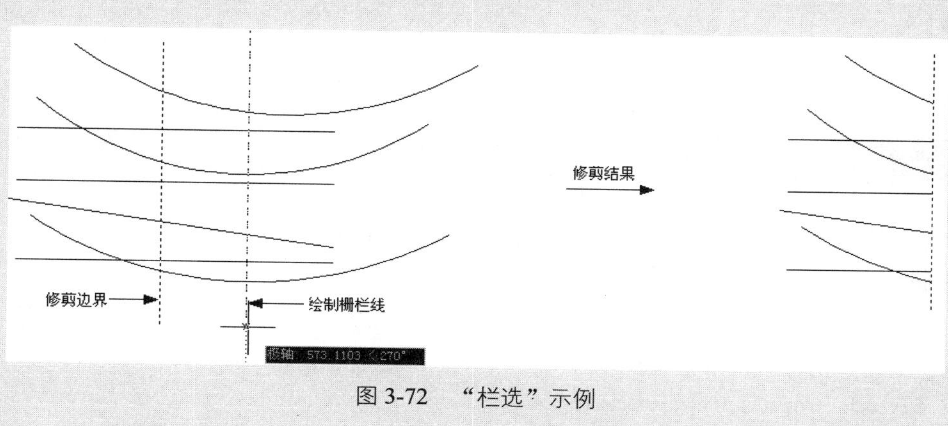

图 3-72 “栏选”示例

所谓“隐含交点”，指的是边界与对象没有实际的交点，而是边界被延长后，与对象存在一个隐含交点。下面学习对“隐含交点”下的图线进行修剪的技能。

01 绘制如图 3-73 所示的两条图线。

02 单击“修改”工具栏上的 -/-- 按钮，对水平图线进行修剪，命令行操作如下：

```
命令: _trim
    当前设置:投影=UCS，边=无
    选择剪切边...
    选择对象或 <全部选择>:              // Enter，选择刚绘制的倾斜图线
    选择对象:
    选择要修剪的对象，或按住 Shift 键选择要延伸的对象，或[栏选(F)/窗交(C)/投影(P)/边(E)/删除(R)
    /放弃(U)]:                  //E Enter，激活“边”选项功能
    输入隐含边延伸模式 [延伸(E)/不延伸(N)] <不延伸>://E Enter，设置修剪模式
    选择要修剪的对象，或按住 Shift 键选择要延伸的对象，或[栏选(F)/窗交(C)/投影(P)/边(E)/删除(R)
    /放弃(U)]:                   //在水平图线的右端单击左键
    选择要修剪的对象，或按住 Shift 键选择要延伸的对象，或[栏选(F)/窗交(C)/投影(P)/边(E)/删除(R)
    /放弃(U)]:                   // Enter，修剪结果如图 3-74 所示
```

小提示

使用"边"选项可以设置修剪边的延伸模式，其中"延伸"选项表示剪切边界可以无限延长，边界与被剪实体不必相交；"不延伸"选项只有在剪切边界与被剪实体相交时才有效。

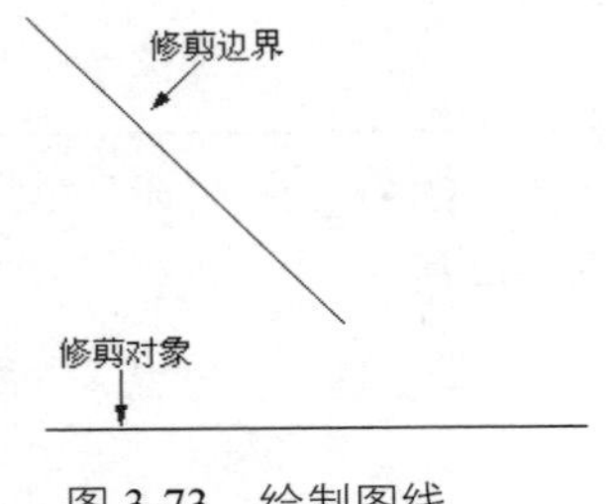

图 3-73　绘制图线

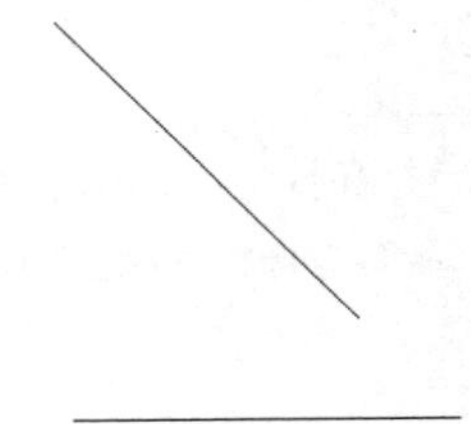

图 3-74　修剪结果

3.6.4　延伸图线

"延伸"命令用于将图线延伸至指定的边界上。用于延伸的对象有直线、圆弧、椭圆弧、非闭合的二维多段线等。执行"延伸"命令主要有以下几种方式：

- 单击"常用"选项卡→"修改"面板→"延伸"按钮--/。
- 选择菜单栏"修改"→"延伸"命令。
- 单击"修改"工具栏→"延伸"按钮--/。
- 在命令行输入 Extend 后按 Enter 键。
- 使用快捷键 EX。

在延伸对象时，也需要为对象指定边界。指定边界时，有两种情况：一种是对象被延长后与边界存在一个实际的交点；另一种就是与边界的延长线相交于一点。为此，AutoCAD 为用户提供了两种模式，即"延伸模式"和"不延伸模式"，系统的默认模式为"不延伸模式"，下面通过具体实例来学习此种模式的修剪过程。

01 使用画线命令绘制如图 3-75（左）所示的两条图线。

02 单击"常用"选项卡→"修改"面板→"延伸"按钮--/，对垂直图线进行延伸，使之与水平图线相交于一点。命令行操作如下：

```
命令: _extend
    当前设置:投影=UCS，边=无
    选择边界的边...
    选择对象或 <全部选择>:          //选择水平图线作为边界
    选择对象:                       // Enter，结束边界的选择
    选择要延伸的对象，或按住 Shift 键选择要修剪的对象，或[栏选(F)/窗交(C)/投影(P)/边(E)/放弃(U)]:
              //在垂直图线的下端单击左键
    选择要延伸的对象，或按住 Shift 键选择要修剪的对象，或[栏选(F)/窗交(C)/投影(P)/边(E)/放弃(U)]:
              // Enter，结束命令
```

03 垂直图线的下端被延伸，如图 3-75（右）所示。

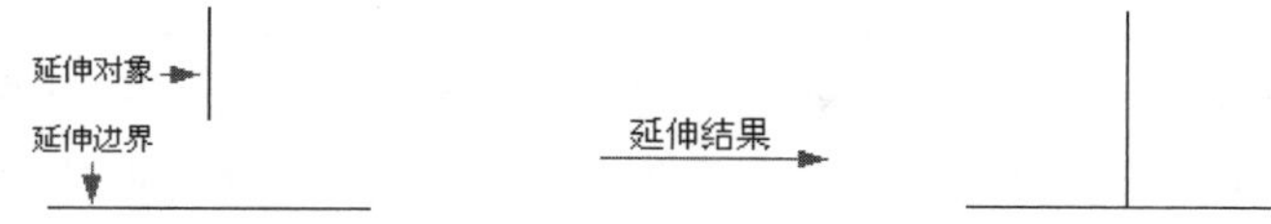

图 3-75　修剪示例

在选择延伸对象时，要在靠近延伸边界的一端选择对象，否则对象将不被延伸。

所谓“隐含交点”，指的是边界与对象延长线没有实际的交点，而是边界被延长后，与对象延长线存在一个隐含交点。对“隐含交点”下的图线进行延伸时，需要更改默认的延伸模式，下面将学习此种模式下的延伸操作。

01 绘制如图 3-76（左）所示的两条图线。

02 单击“常用”选项卡→“修改”面板→“延伸”按钮，将垂直图线的下端延长，使之与水平图线的延长线相交。命令行操作如下：

```
命令: _extend
    当前设置:投影=UCS，边=无
    选择边界的边...
    选择对象:                          //选择水平的图线作为延伸边界
    选择对象:                          // Enter，结束边界的选择
    选择要延伸的对象，或按住 Shift 键选择要修剪的对象，或[栏选(F)/窗交(C)/投影(P)/边(E)/放弃(U)]:
                    //E Enter，激活“边”选项
    输入隐含边延伸模式 [延伸(E)/不延伸(N)] <不延伸>:
    //E Enter，设置模式为延伸模式
    选择要延伸的对象，或按住 Shift 键选择要修剪的对象，或[栏选(F)/窗交(C)/投影(P)/边(E)/放弃(U)]:
              //在垂直图线的下端单击左键
    选择要延伸的对象，或按住 Shift 键选择要修剪的对象，或[栏选(F)/窗交(C)/投影(P)/边(E)/放弃(U)]:
              // Enter，结束命令
```

03 延伸效果如图 3-76（右）所示。

图 3-76　两种隐含模式

小提示

"边"选项用来确定延伸边的方式。"延伸"选项将使用隐含的延伸边界来延伸对象，而实际上边界和延伸对象并没有真正相交，AutoCAD 会假想将延伸边延长，然后再延伸；"不延伸"选项用于确定边界不延伸，而只有边界与延伸对象真正相交后才能完成延伸操作。

3.6.5 倒角图线

"倒角"命令用于对图线进行倒角，倒角的效果是使用一条线段连接两个非平行的图线。执行"倒角"命令主要有以下几种方式：

- 单击"常用"选项卡→"修改"面板→"倒角"按钮。
- 选择菜单栏"修改"→"倒角"命令。
- 单击"修改"工具栏→"倒角"按钮。
- 在命令行输入表达式 Chamfer 后按 Enter 键。
- 使用快捷键 CHA。

1. 距离倒角

所谓"距离倒角"，指的就是直接输入两条图线上的倒角距离，进行倒角图线，下面学习此种倒角功能。

01 首先绘制如图 3-77（左）所示的两条图线。

02 单击"常用"选项卡→"修改"面板→"倒角"按钮，对两条图线进行距离倒角。命令行操作如下：

```
命令: _chamfer
("修剪"模式) 当前倒角距离 1 = 0.0000，距离 2 = 0.0000
选择第一条直线或 [放弃(U)/多段线(P)/距离(D)/角度(A)/修剪(T)/方式(E)/多个(M)]:
                                    // d Enter，激活"距离"选项
指定第一个倒角距离 <0.0000>:          //150 Enter，设置第一倒角长度
指定第二个倒角距离 <25.0000>:         //100 Enter，设置第二倒角长度
选择第一条直线或 [放弃(U)/多段线(P)/距离(D)/角度(A)/修剪(T)/方式(E)/多个(M)]:
                                    //选择水平线段
选择第二条直线，或按住 Shift 键选择要应用角点的直线:   //选择倾斜线段
```

03 距离倒角的结果如图 3-77（右）所示。

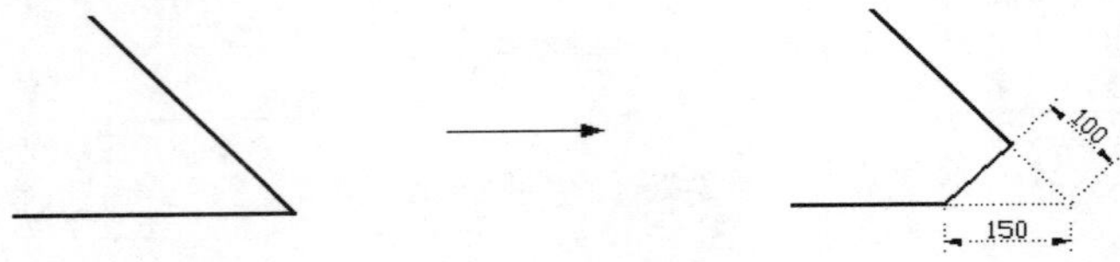

图 3-77　距离倒角

AutoCAD 小提示

用于倒角的两个倒角距离值不能为负值，如果将两个倒角距离设置为零，那么倒角的结果就是两条图线被修剪或延长，直至相交于一点。另外，使用命令中的“多个”选项，可以同时为多条图线进行倒角。

2. 角度倒角

所谓“角度倒角”，指的是通过设置倒角图线的倒角长度和角度为图线倒角，下面学习此种倒角功能。

01 绘制如图 3-78（左）所示的两条垂直图线。

02 单击“修改”工具栏上的按钮，激活“倒角”命令，对两条图形进行角度倒角。命令行操作如下：

```
命令: _chamfer
    ("修剪"模式) 当前倒角距离 1 = 25.0000, 距离 2 = 15.0000
    选择第一条直线或 [放弃(U)/多段线(P)/距离(D)/角度(A)/修剪(T)/方式(E)/
    多个(M)]:                                    //a Enter, 激活"角度"选项
    指定第一条直线的倒角长度 <0.0000>:        //100 Enter, 设置倒角长度
    指定第一条直线的倒角角度 <0>:            //30 Enter, 设置倒角距离
    选择第一条直线或 [放弃(U)/多段线(P)/距离(D)/角度(A)/修剪(T)/方式(E)/多个(M)]:
                        //选择水平的线段
    选择第二条直线，或按住 Shift 键选择要应用角点的直线:
    //选择倾斜线段作为第二倒角对象
```

角度倒角的结果如图 3-78（右）所示。

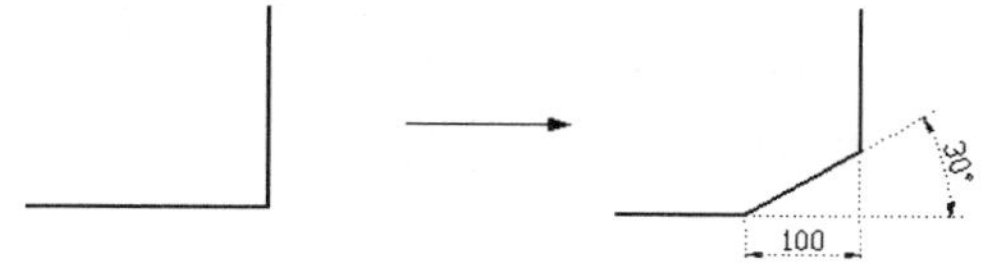

图 3-78　角度倒角

选项解析

- “方式”选项用于设置倒角的方式，要求选择“距离倒角”或“角度倒角”。
- “多段线”选项用于为整条多段线的所有相邻元素边进行同时倒角，如图 3-79 所示。

图 3-79　多段线倒角

- “修剪”选项用于设置倒角的修剪状态。系统提供了两种倒角边的修剪模式，即“修剪”和“不修剪”。当模式为“修剪”时，被倒角的两条直线被修剪到倒角的端点；当模式设置为“不修剪”

时，用于倒角的图线将不被修剪，如图 3-80 所示。

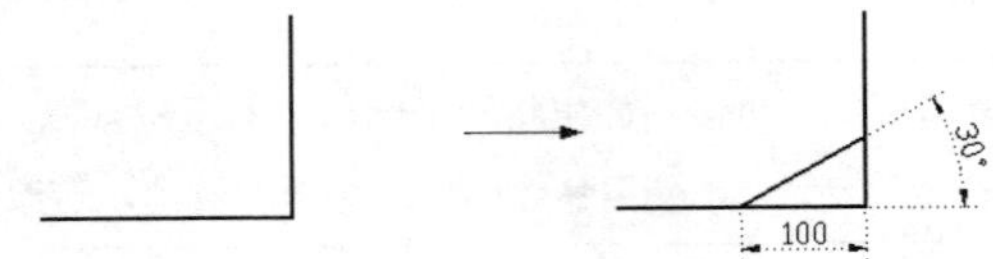

图 3-80 "不修剪"模式下的倒角

3.6.6 圆角图线

"圆角"命令用于为图线添加圆角，圆角的结果是使用一段圆弧光滑连接两条图线，如图 3-81 所示。执行"圆角"命令主要有以下几种方式：

- 单击"常用"选项卡→"修改"面板→"圆角"按钮。
- 选择菜单栏"修改"→"圆角"命令。
- 单击"修改"工具栏→"圆角"按钮。
- 在命令行输入 Fillet 后按 Enter 键。
- 使用快捷键 F。

执行"圆角"命令，将如图 3-81（左）所示的图线编辑成如图 3-81（右）所示的状态，其命令行操作如下：

```
命令: _fillet
    当前设置: 模式 = 修剪, 半径 = 0.0000
    选择第一个对象或 [放弃(U)/多段线(P)/半径(R)/修剪(T)/多个(M)]:
    //r Enter，激活"半径"选项
    指定圆角半径 <0.0000>:        //100 Enter
    选择第一个对象或 [放弃(U)/多段线(P)/半径(R)/修剪(T)/多个(M)]:  //选择垂直线段
    选择第二个对象，或按住 Shift 键选择要应用角点的对象:
        //选择水平线段，圆角结果如图 3-81（右）所示
```

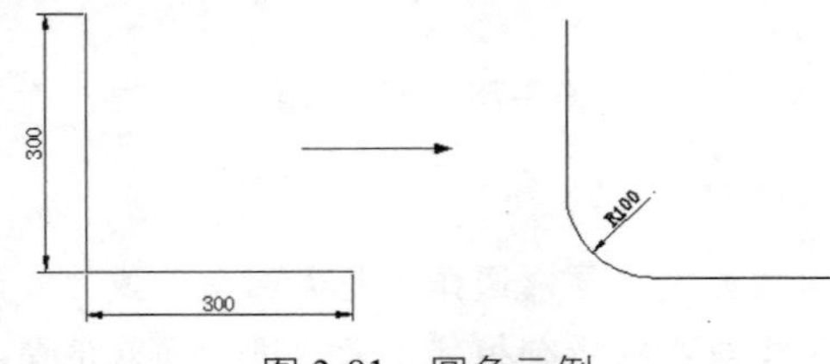

图 3-81 圆角示例

选项解析

- "多个"选项用于为多个对象进行圆角处理，不需要重复执行命令。
- "修剪"选项用于设置圆角模式，以上是在"修剪"模式下进行圆角的，而"不修剪"模式下的圆角效果如图 3-82 所示。
- "多段线"选项用于对多段线的相邻元素进行圆角处理，如图 3-83 所示。

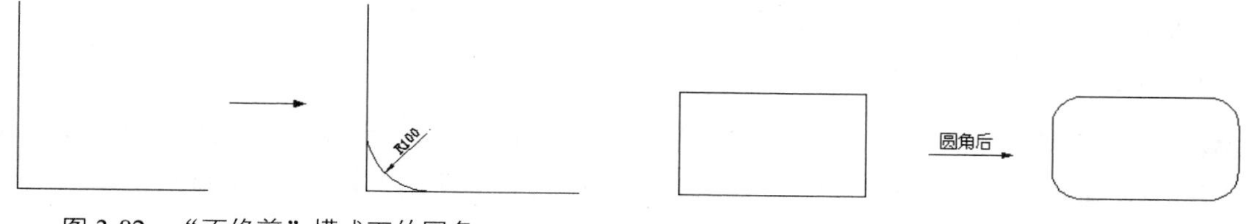

图 3-82　“不修剪”模式下的圆角　　图 3-83　多段线圆角

3.6.7　移动图线 

“移动”命令用于将目标对象从一个位置移动到另一个位置，源对象的尺寸及形状均不发生变化，改变的仅仅是对象的位置。执行“移动”命令主要有以下几种方法：

- 单击“常用”选项卡→“修改”面板→“移动”按钮。
- 选择菜单栏“绘图”→“移动”命令。
- 单击“绘图”工具栏→“移动”按钮。
- 在命令行输入 Move 后按 Enter 键
- 使用快捷键 M。

执行“移动”命令后，将图 3-84 编辑成如图 3-85 所示的状态，其命令行操作过程如下：

```
命令: _move
    选择对象:                                    //单击如图 3-84 所示的矩形
    选择对象:                                    // Enter，结束对象的选择
    指定基点或 [位移(D)] <位移>:                  //0,0 Enter，定位基点
    指定第二个点或 <使用第一个点作为位移>:
      //65<22.5 Enter，定位目标点，移动结果如图 3-85 所示
```

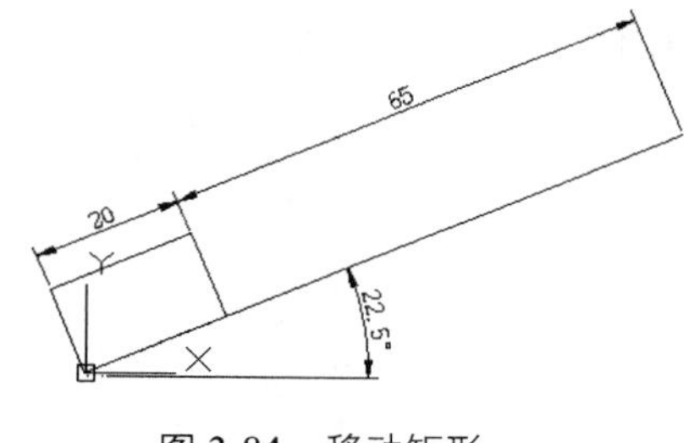

图 3-84　移动矩形

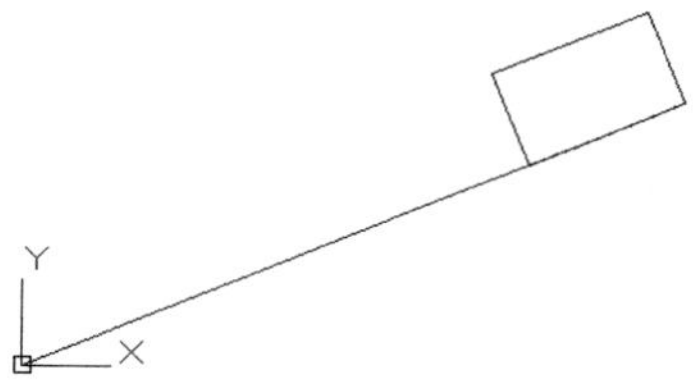

图 3-85　位移结果

3.6.8　分解图线 

“分解”命令用于将复合图形分解成各自独立的对象，以方便对分解后的各对象进行修改编辑。执行“分解”命令主要有以下几种方法：

- 单击“常用”选项卡→“修改”面板→“分解”按钮。
- 选择菜单栏“修改”→“分解”命令。
- 单击“修改”工具栏→“分解”按钮。

- 在命令行输入 Explode 后按 Enter 键。
- 使用命令简写 X。

在激活“分解”命令后，只须选择需要分解的对象后按 Enter 键即可将对象分解。若对具有一定宽度的多段线分解，AutoCAD 将忽略其宽度并沿多段线的中心放置分解多段线，如图 3-86 所示。

图 3-86　分解具有一定宽度的多段线

3.6.9　夹点编辑

在没有命令执行的前提下选择图形，那么图形上会显示出一些蓝色实心的小方框，如图 3-87 所示，这些蓝色小方框即为图形的夹点。

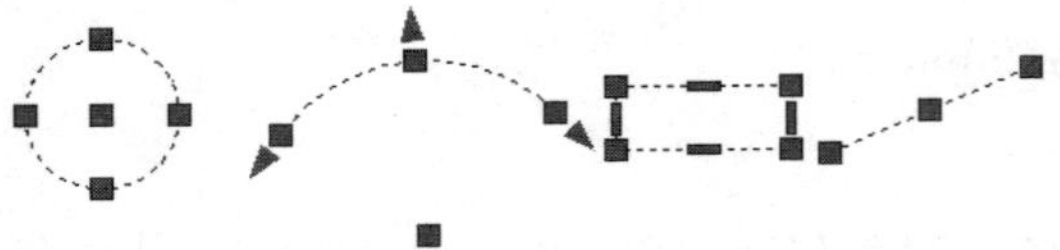

图 3-87　图形的夹点

“夹点编辑”功能就是将多种修改工具组合在一起，通过编辑图形上的这些夹点，来达到快速编辑图形的目的。用户只须单击任何一个夹点，即可进入夹点编辑模式，此时所单击的夹点以“红色”亮显，称之为“热点”或者是“夹基点”，如图 3-88 所示。

1. 夹点编辑菜单

当进入夹点编辑模式后，在绘图区单击右键，即可打开夹点编辑菜单，如图 3-89 所示。用户可以在夹点快捷菜单中选择一种夹点模式或选择在当前模式下可用的任意选项。

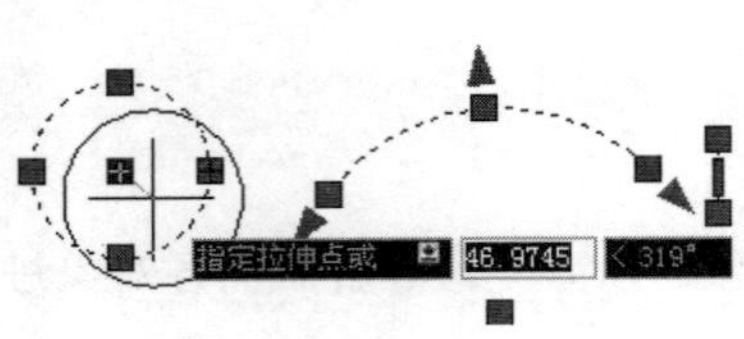

图 3-88　热点

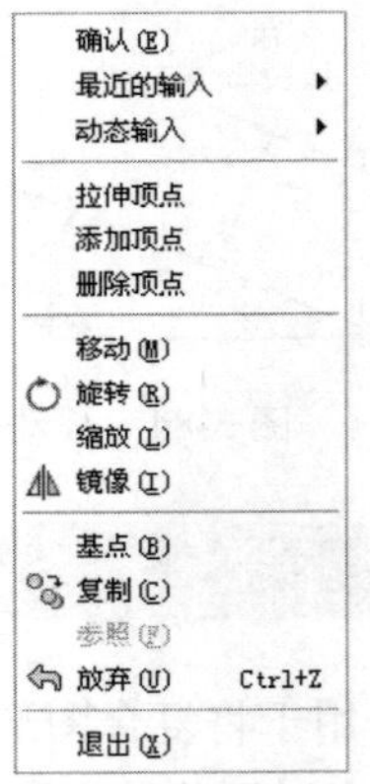

图 3-89　夹点编辑菜单

此夹点菜单中共有两类夹点命令，第一类夹点命令为一级修改菜单，包括“移动”、“旋转”、“比例”、“镜像”、“拉伸”命令，这些命令是平级的，用户可以通过单击菜单中的各修改命令进行编辑。

第二类夹点命令为二级选项菜单，如“基点”、“复制”、“参照”、“放弃”等，不过这些选项菜单在一级修改命令的前提下才能使用。

小提示

如果用户要将多个夹点作为夹基点，并且保持各选定夹点之间的几何图形完好如初，需要在选择夹点时按住 Shift 键再单击各夹点使其变为夹基点；如果要集中删除特定对象也要按住 Shift 键。

另外，当进入夹点编辑模式后，也可在命令行输入各夹点命令及选项，进行夹点编辑图形。如果连续单击 Enter 键，系统则在“移动”、“旋转”、“比例”、“镜像”、“拉伸”这 5 种命令中循环执行，以选择相应的夹点命令。

2. 典型应用

下面以绘制如图 3-90 所示的图形为例，学习夹点编辑工具的操作方法和操作技巧。具体操作如下：

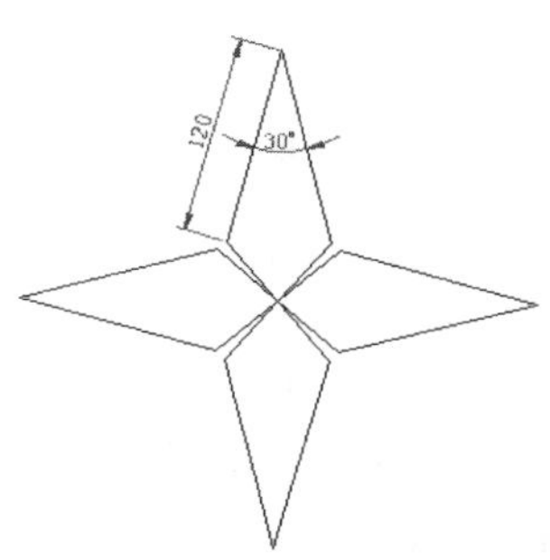

图 3-90　夹点编辑示例

01 绘制一条长度为 120 的垂直线段。

02 在无命令执行的前提下选择刚绘制的线段，使其夹点显示。

03 单击上侧的夹点，进入夹点编辑模式，然后单击右键，在弹出的快捷菜单中选择“旋转”命令。

04 再次单击右键，在弹出的快捷菜单中选择“复制”命令，然后根据命令行的提示进行旋转和复制线段。命令行操作如下：

```
命令:
    ** 拉伸 **
  指定拉伸点或 [基点(B)/复制(C)/放弃(U)/退出(X)]: _rotate
    ** 旋转 **
  指定旋转角度或 [基点(B)/复制(C)/放弃(U)/参照(R)/退出(X)]: _copy
    ** 旋转 (多重) **
  指定旋转角度或 [基点(B)/复制(C)/放弃(U)/参照(R)/退出(X)]:  //20 Enter
    ** 旋转 (多重) **
  指定旋转角度或 [基点(B)/复制(C)/放弃(U)/参照(R)/退出(X)]:  //-20 Enter
    ** 旋转 (多重) **
  指定旋转角度或 [基点(B)/复制(C)/放弃(U)/参照(R)/退出(X)]:
  // Enter，退出夹点编辑模式，编辑结果如图 3-91 所示
```

05 按 Delete 键，删除夹点显示的水平线段，然后选择夹点编辑出的两条线段，使其呈现夹点显示，如图 3-92 所示。

06 按住 Shift 键，依次单击下侧两个夹点，将其转变为夹基点，然后再单击其中的一个夹基点，进入夹点编辑模式，对夹点图线进行镜像复制。命令行操作如下：

```
命令:
    ** 拉伸 **
```

```
指定拉伸点或 [基点(B)/复制(C)/放弃(U)/退出(X)]: _mirror
 ** 镜像 **
指定第二点或 [基点(B)/复制(C)/放弃(U)/退出(X)]: _copy
 ** 镜像 (多重) **
指定第二点或 [基点(B)/复制(C)/放弃(U)/退出(X)]:   //@1,0 Enter
 ** 镜像 (多重) **
指定第二点或 [基点(B)/复制(C)/放弃(U)/退出(X)]:
 // Enter, 退出夹点编辑模式, 编辑结果如图 3-93 所示
```

07 夹点显示下侧的两条图线，以最下侧的夹点作为基点，将图线沿 Y 轴正方向拉伸 80 个单位，如图 3-94 所示。

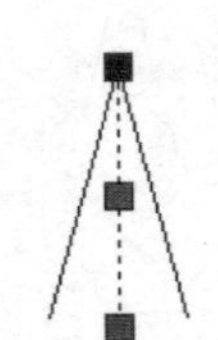

图 3-91 编辑结果

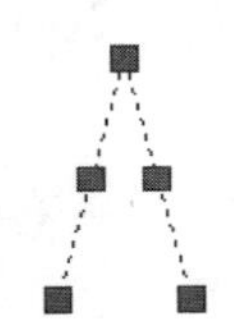

图 3-92 夹点显示

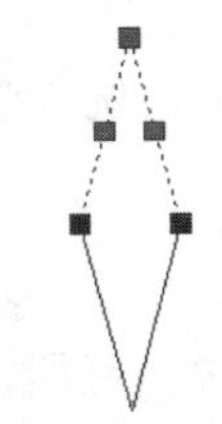

图 3-93 镜像结果

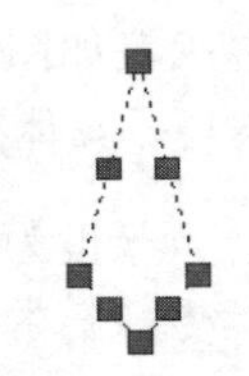

图 3-94 拉伸结果

08 以最下侧的夹点作为基点，对所有图线进行夹点旋转并复制。命令行操作如下：

```
命令:
  ** 拉伸 **
 指定拉伸点或 [基点(B)/复制(C)/放弃(U)/退出(X)]: _rotate
  ** 旋转 **
 指定旋转角度或 [基点(B)/复制(C)/放弃(U)/参照(R)/退出(X)]: _copy
  ** 旋转 (多重) **
 指定旋转角度或 [基点(B)/复制(C)/放弃(U)/参照(R)/退出(X)]:   //90 Enter
  ** 旋转 (多重) **
 指定旋转角度或 [基点(B)/复制(C)/放弃(U)/参照(R)/退出(X)]:  //180 Enter
  ** 旋转 (多重) **
 指定旋转角度或 [基点(B)/复制(C)/放弃(U)/参照(R)/退出(X)]:  //270 Enter
  ** 旋转 (多重) **
 指定旋转角度或 [基点(B)/复制(C)/放弃(U)/参照(R)/退出(X)]:
  // Enter, 取消夹点后的编辑结果如图 3-95 所示
```

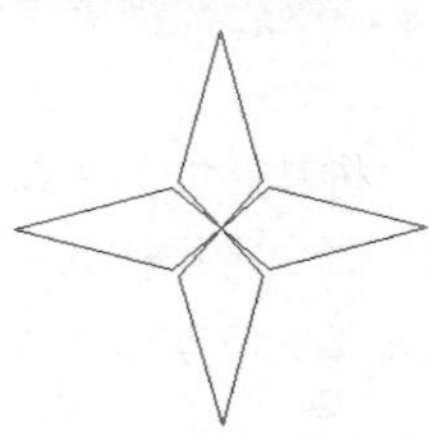

图 3-95 编辑结果

09 按下 Esc 键取消对象的夹点显示。

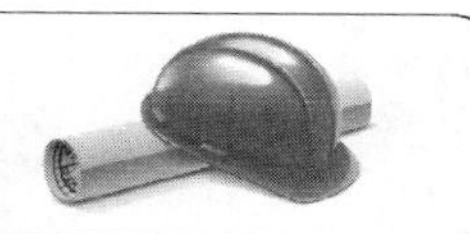

3.7 案例——绘制餐桌与餐椅

本例通过绘制餐桌与餐椅的平面图来对本章所学单线、多线、曲线以及图线的修改编辑等重点知识进行综合练习和巩固应用。餐桌与餐椅平面图的最终绘制效果如图 3-96 所示。

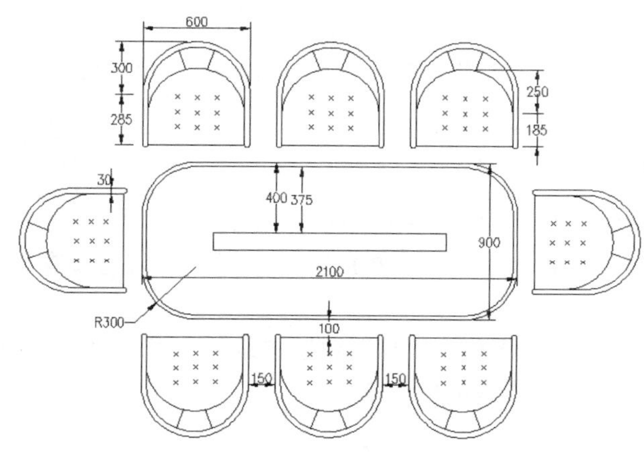

图 3-96　本例效果

操作步骤：

01 新建绘图文件，并设置捕捉模式为端点捕捉、交点捕捉和中点捕捉。

02 单击“视图”选项卡→“二维导航”面板→“居中”按钮，将视图高度调整为 3000 个绘图单位。

03 选择菜单栏“格式”→“多线样式”命令，设置如图 3-97 所示的多线样式。

04 使用快捷键 ML 激活“多线”命令，绘制餐椅的外轮廓线。命令行操作如下：

```
命令: ml                                    // Enter
    当前设置: 对正 = 上，比例 = 20.00，样式 = STANDARD
    指定起点或 [对正(J)/比例(S)/样式(ST)]:   //s Enter
    输入多线比例 <20.00>:                    //600 Enter
    当前设置: 对正 = 上，比例 = 600.00，样式 = STANDARD
    指定起点或 [对正(J)/比例(S)/样式(ST)]:   //j Enter
    输入对正类型 [上(T)/无(Z)/下(B)] <上>:   //Z Enter
    当前设置: 对正 = 无，比例 = 600.00，样式 = STANDARD
    指定起点或 [对正(J)/比例(S)/样式(ST)]:   //在绘图区拾取一点
    指定下一点:                              //@0,-285 Enter
    指定下一点或 [放弃(U)]:                  // Enter
命令: MLINE                                 // Enter
    当前设置: 对正 = 无，比例 = 600.00，样式 = STANDARD
```

```
指定起点或 [对正(J)/比例(S)/样式(ST)]:    //s Enter
输入多线比例 <600.00>:                    //540 Enter
当前设置：对正 = 无，比例 = 540.00，样式 = STANDARD
指定起点或 [对正(J)/比例(S)/样式(ST)]:    //捕捉如图 3-98 所示的圆心
指定下一点:                              //@0,-285 Enter
指定下一点或 [放弃(U)]:                   // Enter，绘制结果如图 3-99 所示
```

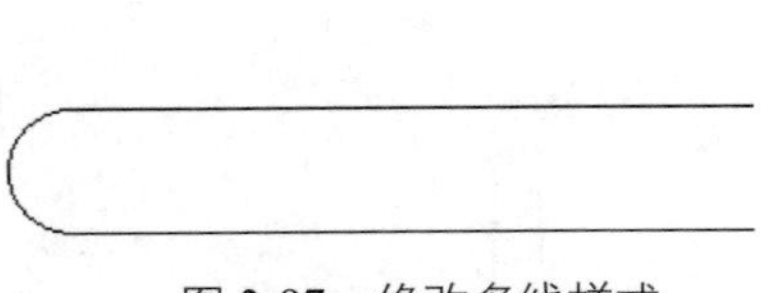

图 3-97　修改多线样式

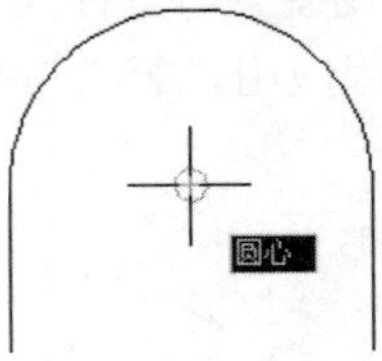

图 3-98　捕捉圆心

05 使用快捷键 X 激活“分解”命令，将两条多线进行分解。

06 单击“常用”选项卡→“修改”面板→“圆角”按钮，对两组垂直平行线进行圆角，结果如图 3-100 所示。

07 单击“常用”选项卡→“绘图”面板→“构造线”按钮，配合“端点捕捉”和“中点捕捉”功能绘制如图 3-101 所示的两条相互垂直的构造线。

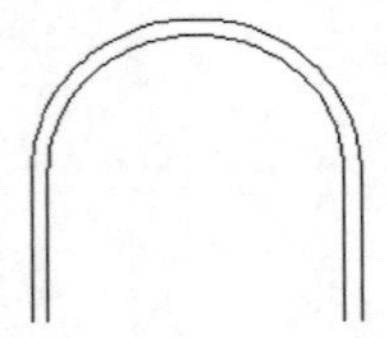

图 3-99　绘制结果

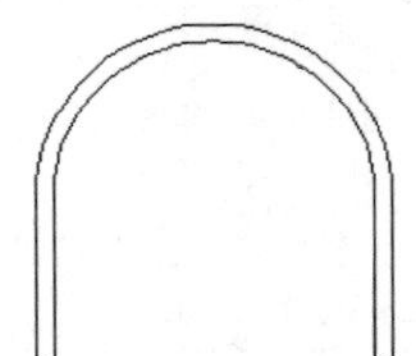

图 3-100　圆角结果

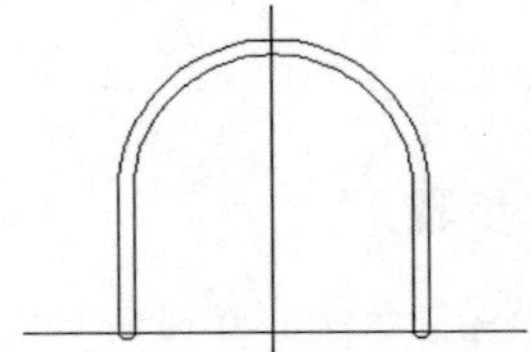

图 3-101　绘制构造线

08 单击“常用”选项卡→“修改”面板→“偏移”按钮，将水平构造线向上偏移 185 和 435 个单位，结果如图 3-102 所示。

09 单击“常用”选项卡→“绘图”面板→“圆弧”按钮，配合“交点捕捉”功能绘制如图 3-103 所示的圆弧轮廓线。

10 执行“偏移”命令，将垂直构造线对称偏移 60 和 100 个单位，结果如图 3-104 所示。

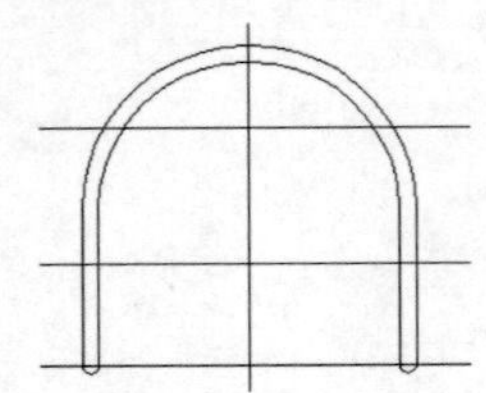

图 3-102　偏移水平构造线

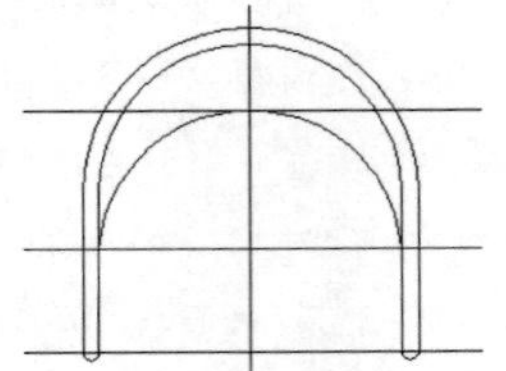

图 3-103　绘制圆弧

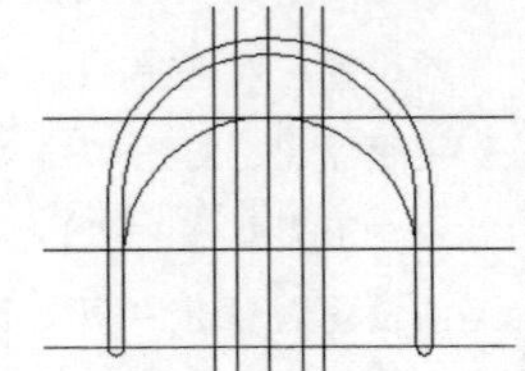

图 3-104　偏移垂直构造线

11 使用快捷键 L 激活“直线”命令，配合“交点捕捉”功能绘制如图 3-105 所示的两条倾斜轮廓线。

12 使用快捷键 E 激活“删除”命令，将多余构造线删除，结果如图 3-106 所示。

13 单击“常用”选项卡→“修改”面板→“修剪”按钮，以内侧的两条垂直图线作为边界，对水平构造线进行修剪，结果如图 3-107 所示。

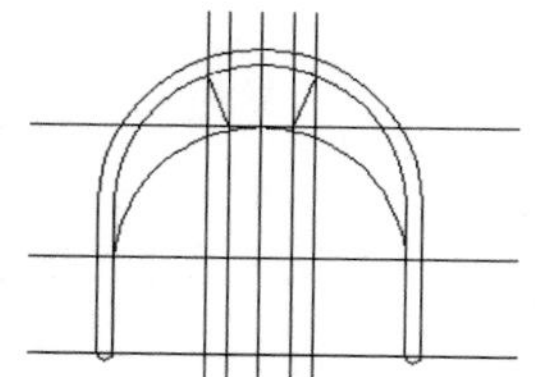
图 3-105　绘制倾斜轮廓线

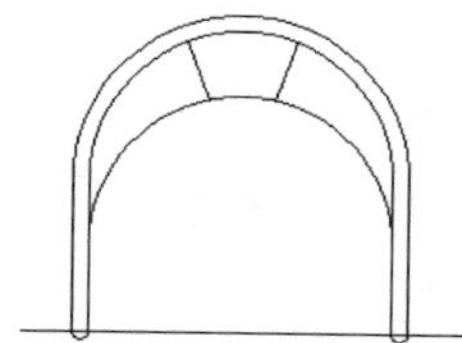
图 3-106　删除结果

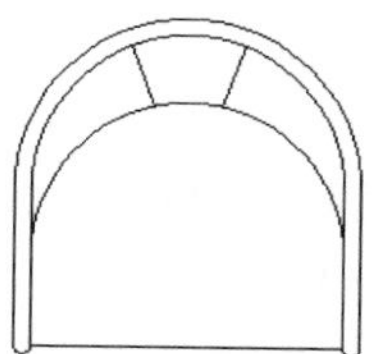
图 3-107　修剪结果

14 选择菜单栏“格式”→“点样式”命令，设置点尺寸为 15 个单位，点样式为×。

15 单击“常用”选项卡→“绘图”面板→“多点”按钮，绘制如图 3-108 所示的点标记作为示意图形。

16 单击“常用”选项卡→“绘图”面板→“多段线”按钮，配合“坐标输入”功能绘制餐桌的外轮廓线，长度为 2100、宽度为 900，结果如图 3-109 所示。

17 单击“常用”选项卡→“修改”面板→“圆角”按钮，对餐桌的外轮廓线进行圆角编辑，圆角半径为 300，结果如图 3-110 所示。

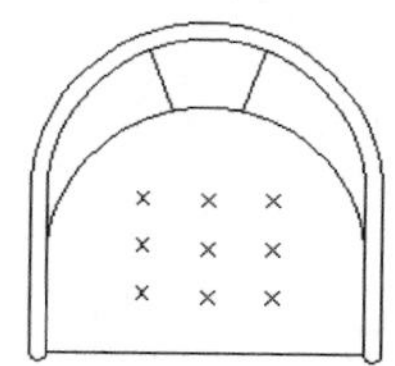
图 3-108　绘制结果

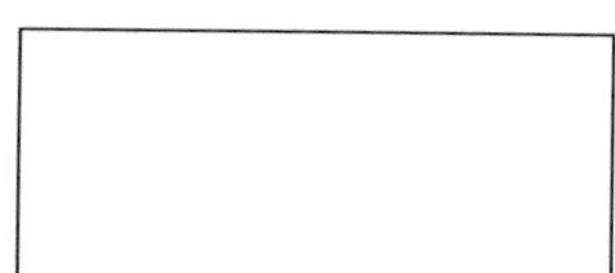
图 3-109　绘制结果

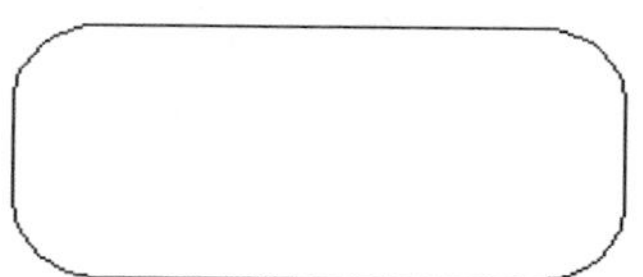
图 3-110　圆角结果

18 使用快捷键 O 激活“偏移”命令，将圆角后的多段线向内偏移 400 和 25 个单位、向外偏移 100 个单位，结果如图 3-111 所示。

19 使用快捷键 M 激活“移动”命令，配合“中点捕捉”和“端点捕捉”功能，将餐椅平面图进行端点捕捉和平移，命令行操作如下：

```
命令: _move
    选择对象:                          //选择餐桌平面图形
    选择对象:                          // Enter
    指定基点或 [位移(D)] <位移>:          //捕捉椅子下侧水平轮廓线的中点
    指定第二个点或 <使用第一个点作为位移>:
    //捕捉如图 3-112 所示的端点，位移结果如图 3-113 所示。
```

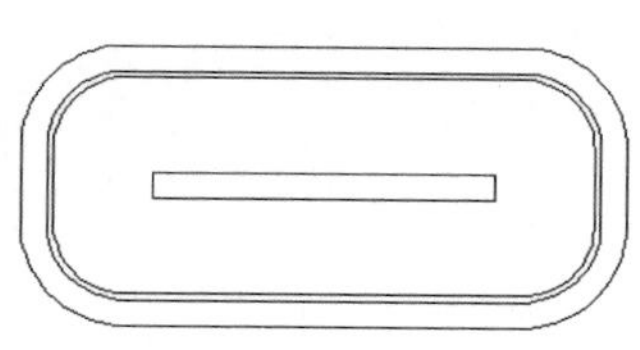
图 3-111　偏移结果

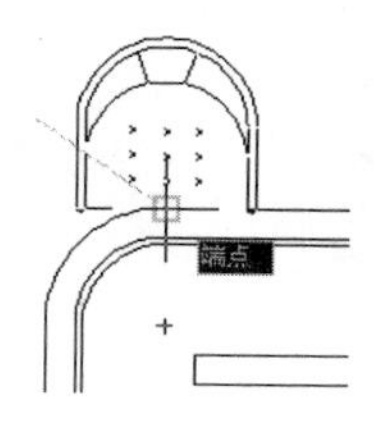

图 3-112　捕捉端点

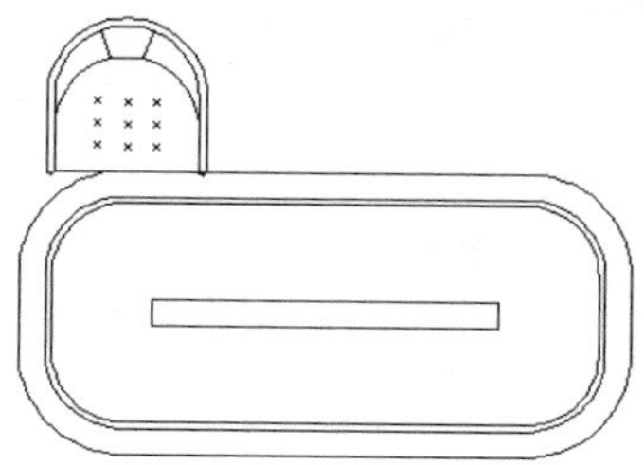
图 3-113　位移结果

20 夹点显示餐椅平面图，然后单击如图 3-114 所示的点作为基点，对其进行夹点移动并复制。命令行操作如下：

```
命令:
    ** 拉伸 **
    指定拉伸点或 [基点(B)/复制(C)/放弃(U)/退出(X)]:   //MO Enter
    ** 移动 **
    指定移动点或 [基点(B)/复制(C)/放弃(U)/退出(X)]:  //C Enter
    ** 移动 (多重) **
    指定移动点或 [基点(B)/复制(C)/放弃(U)/退出(X)]:  //@750,0 Enter
    ** 移动 (多重) **
    指定移动点或 [基点(B)/复制(C)/放弃(U)/退出(X)]:  //@1500,0 Enter
    ** 移动 (多重) **
    指定移动点或 [基点(B)/复制(C)/放弃(U)/退出(X)]:  // Enter，编辑结果如图 3-115 所示
```

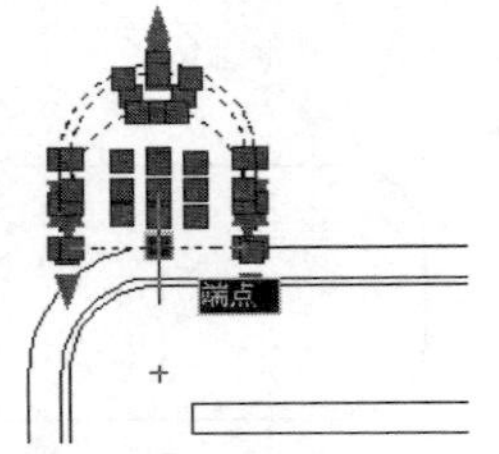

图 3-114　夹点显示餐椅

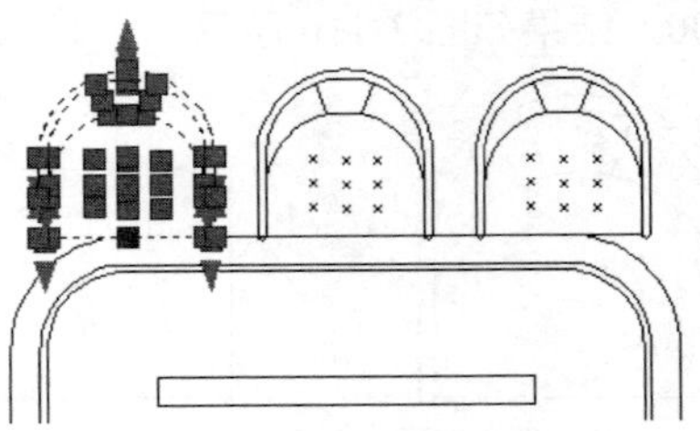
图 3-115　夹点移动并复制

21 配合“对象捕捉”和“对象捕捉追踪”功能，对餐椅平面图进行夹点旋转并复制。命令行操作如下：

```
命令:
    ** 拉伸 **
    指定拉伸点或 [基点(B)/复制(C)/放弃(U)/退出(X)]:            //RO Enter
    ** 旋转 **
    指定旋转角度或 [基点(B)/复制(C)/放弃(U)/参照(R)/退出(X)]:  //C Enter
    ** 旋转 (多重) **
    指定旋转角度或 [基点(B)/复制(C)/放弃(U)/参照(R)/退出(X)]:  //B Enter
    指定基点:                        //捕捉如图 3-116 所示的对象追踪矢量的交点
    ** 旋转 (多重) **
    指定旋转角度或 [基点(B)/复制(C)/放弃(U)/参照(R)/退出(X)]:  //90 Enter
    ** 旋转 (多重) **
    指定旋转角度或 [基点(B)/复制(C)/放弃(U)/参照(R)/退出(X)]:
      // Enter，编辑结果如图 3-117 所示
```

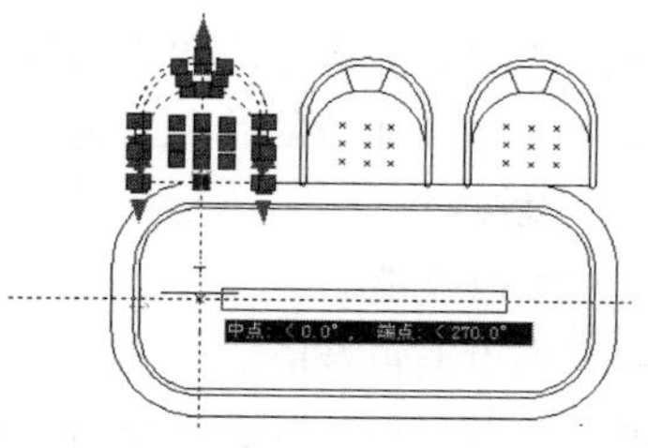

图 3-116　定位基点

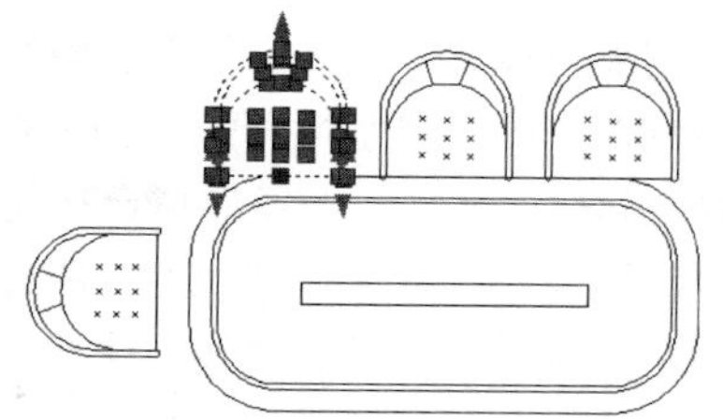
图 3-117　夹点旋转并复制

22 取消对象的夹点显示，然后执行“镜像”命令，选择左侧的餐椅进行镜像，结果如图 3-118 所示。

23 重复执行“镜像”命令，对上侧的三个椅子图形进行镜像，结果如图 3-119 所示。

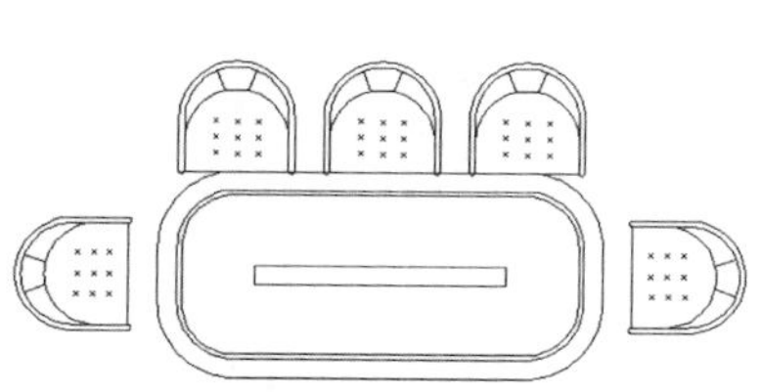
图 3-118　镜像结果

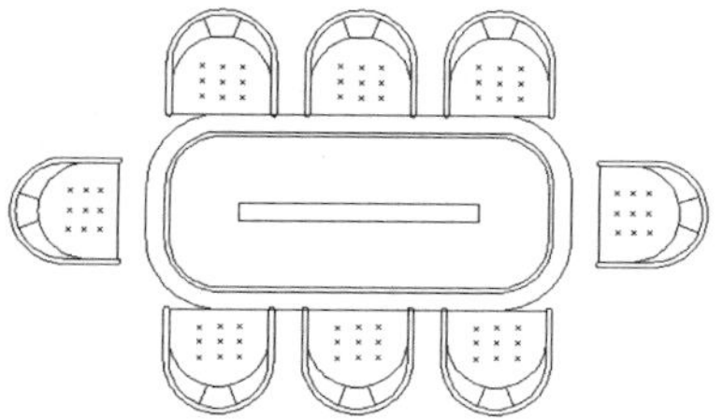
图 3-119　镜像结果

24 执行“移动”命令，配合“中点捕捉”和“端点捕捉”功能，将左右两侧的餐椅平面图向内移动，结果如图 3-120 所示。

25 使用快捷键“E”激活“删除”命令，将外侧轮廓线删除，最终结果如图 3-121 所示。

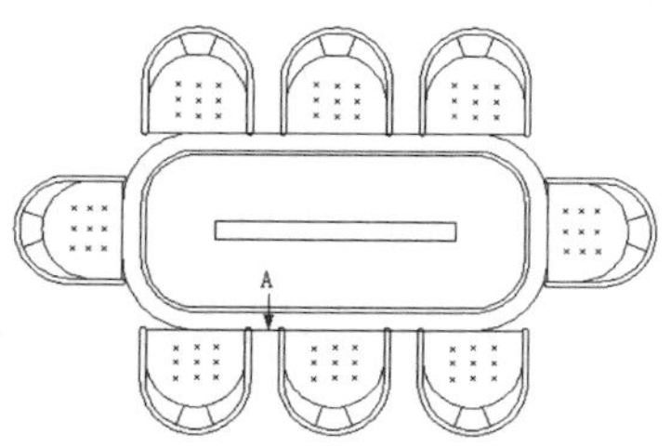

图 3-120　移动结果

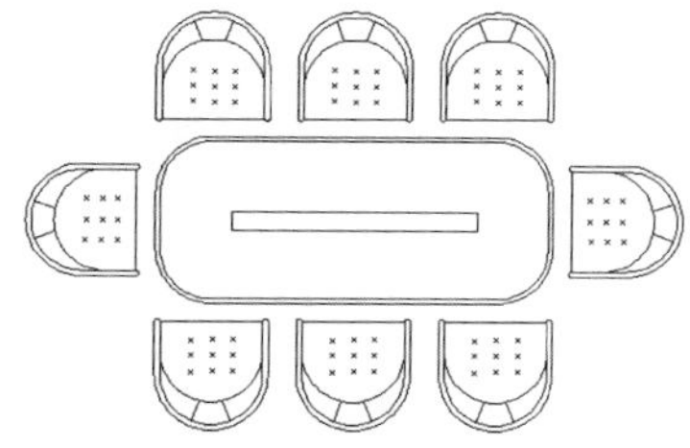
图 3-121　删除结果

26 最后执行“保存”命令，将图形命名存储为“餐桌与餐椅.dwg”。

3.8　本章小结

本章主要学习了多线、多段线、辅助线和曲线等各类几何线图元的绘制方法和绘制技巧，通过本章的学习，应熟练掌握以下内容：

（1）在绘制多线时，不但要掌握多线比例和对正方式的设置技能，还要掌握多线样式的设置及多线编辑功能。

（2）在绘制多段线时，要重点掌握多段线直线序列和弧线序列的相互转换方法和绘制技巧。

（3）在绘制曲线时，要掌握圆弧、椭圆弧、螺旋线、修订云线和样条曲线的绘制技能。另外，要重点掌握相切弧的绘制技能和样条曲线的拟合技能。

（4）在复制图线时，要掌握图线的定距偏移、定点偏移和对称复制技能。

（5）在编辑图线时，要掌握图线的修剪、延伸、移动、分解和夹点编辑技能。

（6）在对图线抹角时，要掌握两种倒角技能和一种圆角技能，除此之外，还需要掌握多段线以及多个对象的同时倒角和圆角技能。

第 4 章 绘制与编辑闭合图元

闭合图元是除点图元和线图元以外的一种非常重要的基本构图图元，常用的闭合图元有矩形、正多边形、圆、椭圆、边界、面域等，本章则主要学习这些闭合图形的基本绘制方法和修改编辑技能，以方便日后组合较为复杂的图形。

知识要点

- 绘制多边形
- 绘制圆和椭圆
- 绘制边界和面域
- 绘制图案填充
- 复制对象
- 编辑对象
- 案例——绘制组合柜立面图

4.1 绘制多边形

本节主要学习矩形和正多边形两种几何元的具体绘制技能。此两种多边形都是由多条线元素组合而成的一种复合图元，这种复合图元被看作是一条闭合的多段线，属于一个独立的对象。

4.1.1 矩形

“矩形”命令用于绘制由 4 条线元素组合而成的闭合对象，执行“矩形”命令主要有以下几种方式：

- 单击“常用”选项卡→“绘图”面板→“矩形”按钮。
- 选择菜单栏“绘图”→“矩形”命令。
- 单击“绘图”工具栏→“矩形”按钮。
- 在命令行输入 Rectang 后按 Enter 键。
- 使用快捷键 REC。

下面通过绘制如图 4-1 所示的图形结构来学习“矩形”命令的使用方法和技巧。

01 新建绘图文件并将视图高度调整为 100 个单位。

02 利用对角点方式绘制矩形。单击“常用”选项卡→“矩形”面板→“矩形”按钮▭，绘制长度为 58、宽度为 14 的矩形。命令行操作如下：

```
命令: _rectang
    指定第一个角点或 [倒角(C)/标高(E)/圆角(F)/厚度(T)/宽度(W)]: //在绘图区拾取一点
    指定另一个角点或 [面积(A)/尺寸(D)/旋转(R)]:   //@58,14 Enter  结果如图 4-2 所示
```

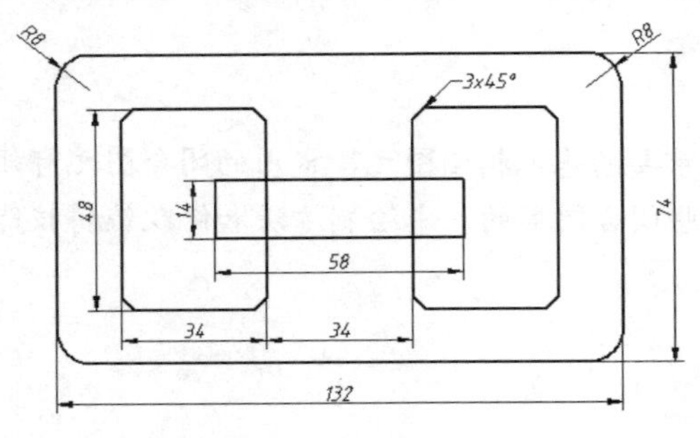

图 4-1 矩形示例

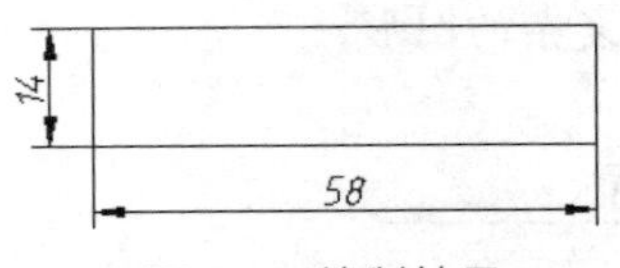

图 4-2 绘制结果

使用“面积”选项可以根据已知的面积和矩形一条边的尺寸，精确绘制矩形；而“旋转”选项则用于绘制具有一定倾斜角度的矩形。

03 绘制倒角矩形。单击“常用”选项卡→“按钮”面板→▭按钮，绘制长为 34、宽为 48 的倒角矩形。命令行操作如下：

```
命令: _rectang
    指定第一个角点或 [倒角(C)/标高(E)/圆角(F)/厚度(T)/宽度(W)]:   //c Enter
    指定矩形的第一个倒角距离 <0.0000>:              //3 Enter，输入第一倒角距离
    指定矩形的第二个倒角距离 <3..0000>:              //3 Enter，输入第二倒角距离
    指定第一个角点或 [倒角(C)/标高(E)/圆角(F)/厚度(T)/宽度(W)]:  //激活“捕捉自”功能
    _from 基点:                       //捕捉刚绘制的矩形的左下角点
    <偏移>:                          //@-22,-17 Enter
    指定另一个角点或 [面积(A)/尺寸(D)/旋转(R)]:  // @34,48 Enter，结果如图 4-3 所示
```

一旦设置倒角长度，系统将一直延续参数设置，直到用户取消为止。

04 重复执行“矩形”命令，配合“捕捉自”功能绘制右侧的倒角矩形。命令行操作如下：

```
命令: _rectang
    当前矩形模式:  倒角=3.0000 x 3.0000
```

```
指定第一个角点或 [倒角(C)/标高(E)/圆角(F)/厚度(T)/宽度(W)]: //激活"捕捉自"功能
_from 基点:                                    //捕捉右侧矩形的右下角点
<偏移>:                                       // @-12,-17 Enter
指定另一个角点或 [面积(A)/尺寸(D)/旋转(R)]:         //D Enter
指定矩形的长度 <10.0000>:                        //34 Enter, 指定矩形的长度
指定矩形的宽度 <10.0000>:                        //48 Enter, 指定矩形的宽度
指定另一个角点或 [面积(A)/尺寸(D)/旋转(R)]:
  //在右上方单击左键, 绘制结果如图 4-4 所示
```

此步操作使用了另外一种绘制矩形的方法，即“尺寸法”。用户在定位矩形一个角点后，只须输入矩形的长度和宽度，即可精确绘制所需矩形。

05 重复执行“矩形”命令，绘制长为 132、宽为 74 的圆角矩形。命令行操作如下：

```
命令: _rectang
    当前矩形模式:  倒角=3.0000 x3.0000
    指定第一个角点或 [倒角(C)/标高(E)/圆角(F)/厚度(T)/宽度(W)]: //F Enter
    指定矩形的圆角半径 <0.0000>:                  // 8 Enter, 输入圆角尺寸
    指定第一个角点或 [倒角(C)/标高(E)/圆角(F)/厚度(T)/宽度(W)]: //激活"捕捉自"功能
    _from 基点:                              //引出内侧矩形的左下角点
    <偏移>:                                     //@-37,-30 Enter
    指定另一个角点或 [面积(A)/尺寸(D)/旋转(R)]: // @132,74 Enter, 结果如图 4-5 所示。
```

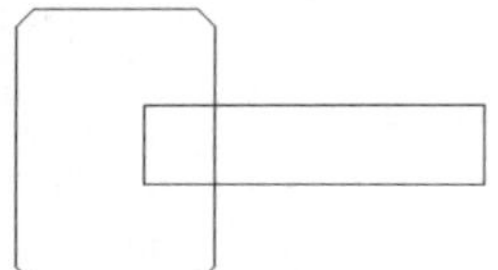

图 4-3　绘制倒角矩形

图 4-4　绘制结果

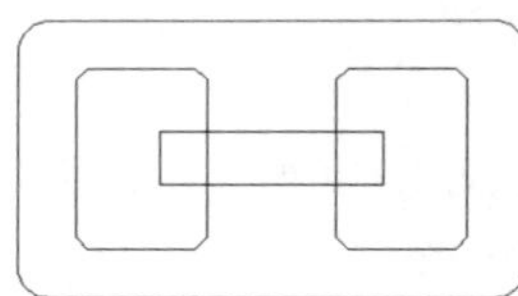

图 4-5　绘制结果

选项解析

- “倒角”选项用于绘制具有一定倒角的特征矩形，此选项是一个比较常用的功能，与“倒角”命令类似。
- “圆角”选项用于绘制具有一定圆角的特征矩形，与“圆角”命令类似。
- “标高”选项用于设置矩形在三维空间内的基面高度，即距离当前坐标系的 XOY 坐标平面的高度。
- “厚度”和“宽度”选项用于设置矩形各边的厚度和宽度，以绘制具有一定厚度和宽度的矩形，如图 4-6 和图 4-7 所示。矩形的厚度指的是 Z 轴方向的高度。矩形的厚度和宽度也可以由“特性”命令进行修改和设置。

图 4-6　宽度矩形

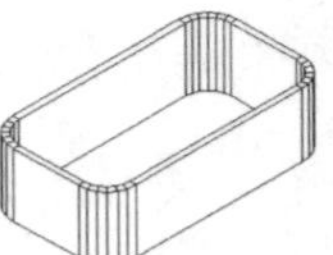

图 4-7　厚度矩形

绘制厚度矩形和标高矩形时，要把当前视图转变为等轴测视图，才能显示出矩形的厚度和标高，否则在俯视图中看不出什么变化来。

4.1.2　正多边形

"正多边形"命令用于绘制由相等的边角组成的闭合图形，执行"正多边形"命令主要有以下几种方式：

- 单击"常用"选项卡→"绘图"面板→"正多边形"按钮⬠。
- 选择菜单栏"绘图"→"正多边形"命令。
- 单击"绘图"工具栏→"正多边形"按钮⬠。
- 在命令行输入 Polygon 后按 Enter 键。
- 使用快捷键 POL。

1. "内接于圆"方式画多边形

此种方式为默认方式，当指定边数和中心点后，直接输入正多边形外接圆的半径，即可精确绘制正多边形，其命令行操作如下：

```
命令: _polygon
    输入边的数目 <4>:                        //5 Enter，设置边数
    指定正多边形的中心点或 [边(E)]:              //在绘图区拾取一点作为中心点
    输入选项 [内接于圆(I)/外切于圆(C)] <I>:      //I Enter，激活"内接于圆"选项
    指定圆的半径:          //200 Enter，输入半径，绘制结果如图 4-8 所示
```

2. "外切于圆"方式画多边形

当确定了正多边形的边数和中心点之后，使用此种方式输入正多边形内切圆的半径，就可精确绘制出正多边形，其命令行操作如下：

```
命令: _polygon
    输入边的数目 <4>:                       //5 Enter
    指定正多边形的中心点或 [边(E)]:            //在绘图区拾取一点
    输入选项 [内接于圆(I)/外切于圆(C)] <C>:    //c Enter，激活"外切于圆"选项
    指定圆的半径:        //120 Enter，输入半径，绘制结果如图 4-9 所示
```

3. “边”方式画多边形

此种方式是通过输入多边形一条边的边长来精确绘制正多边形。在具体定位边长时，需要分别定位出边的两个端点，其命令行操作如下：

```
命令：_polygon
    输入边的数目 <4>:                    //6 Enter，设置边数
    指定正多边形的中心点或 [边(E)]:          //e Enter，激活“边”选项
    指定边的第一个端点:                   //拾取一点作为边的一个端点
    指定边的第二个端点:        //@150,0 Enter ，绘制结果如图 4-10 所示。
```

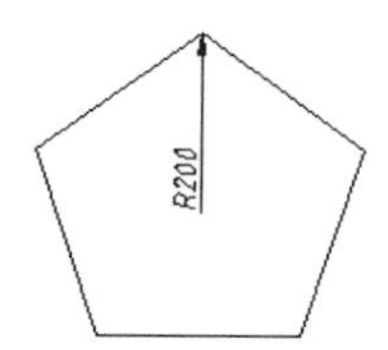

图 4-8　“内接于圆”方式

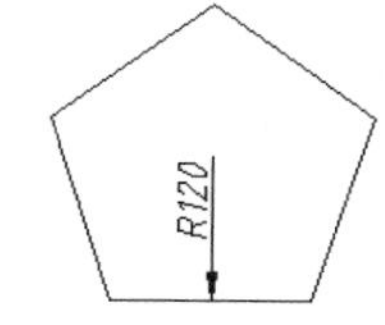

图 4-9　“外切于圆”方式

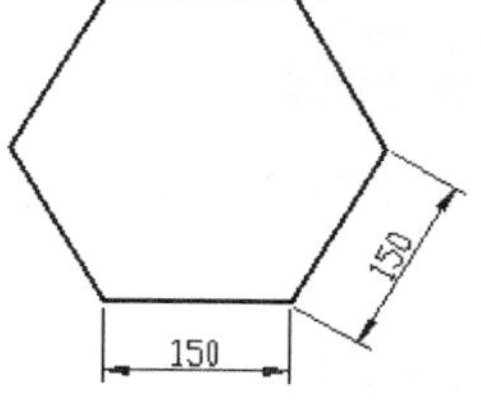

图 4-10　“边”方式

4.2 绘制圆和椭圆

本节主要学习“圆”和“椭圆”两个命令，以绘制圆和椭圆。

4.2.1 圆

AutoCAD 为用户提供了 6 种画圆方式，如图 4-11 所示。执行“圆”命令主要有以下几种方式：

- 单击“常用”选项卡→“绘图”面板→“圆”按钮。
- 选择菜单栏“绘图”→“圆”级联菜单中的各种命令。
- 单击“绘图”工具栏→“圆”按钮。
- 在命令行输入 Circle 后按 Enter 键。
- 使用快捷键 C。

1. 定距画圆

“定距画圆”主要分为“半径画圆”和“直径画圆”两种方式，默认方式为“半径画圆”。当定位出圆心之后，只须输入圆的半径或直径，即可精确画圆。其命令行操作如下：

```
命令：_circle
    指定圆的圆心或 [三点(3P)/两点(2P)/切点、切点、半径(T)]:
                    //在绘图区拾取一点作为圆的圆心
    指定圆的半径或 [直径(D)]:        //100 Enter，输入半径，绘制结果如图 4-12 所示
```

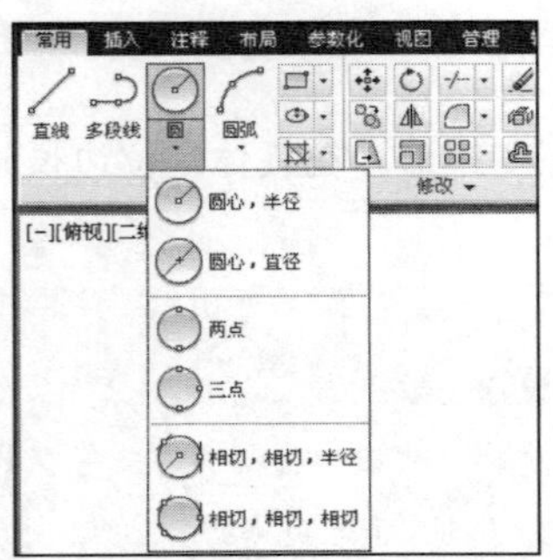

图 4-11　画圆方式子菜单

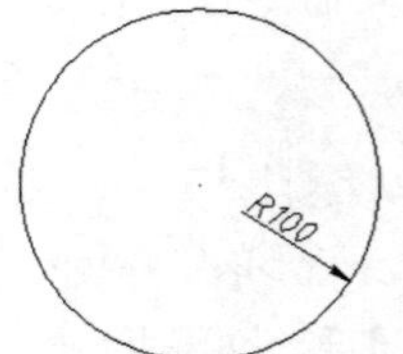

图 4-12　半径画圆

使用“直径”选项时需要输入圆的直径，以直径方式画圆。

2. 定点画圆

“定点画圆”分为“两点画圆”和“三点画圆”两种方式，“两点画圆”需要指定圆直径的两个端点；而“三点画圆”则需要指定圆上的三个点，如图 4-13 和图 4-14 所示。

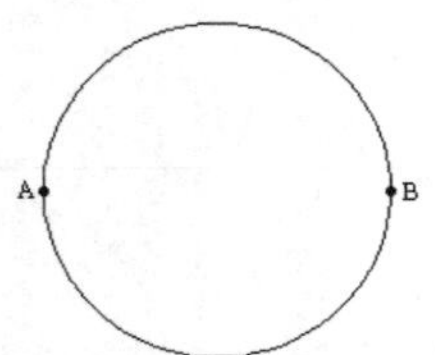

图 4-13　两点画圆

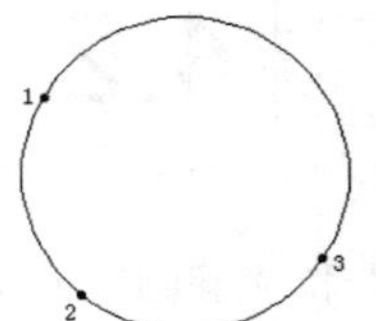

图 4-14　三点画圆

3. 相切圆画圆

相切圆有两种绘制方式，即“相切、相切、半径”和“相切、相切、相切”。前一种方式需要拾取两个相切对象，然后再输入相切圆半径；后一种方式是直接拾取三个相切对象即可。下面学习两种相切圆的绘制过程。

01 首先绘制如图 4-15 所示的圆和直线。

02 单击“常用”选项卡→“绘图”面板→“相切、相切、半径”按钮，根据命令行提示绘制与直线和已知圆都相切的圆。命令行操作如下：

```
命令: _circle
    指定圆的圆心或 [三点(3P)/两点(2P)/切点、切点、半径(T)]: : _ttr
    指定对象与圆的第一个切点:        //在直线下端单击左键，拾取第一个相切对象
    指定对象与圆的第二个切点:        //在圆下侧边缘上单击左键，拾取第二个相切对象
    指定圆的半径 <56.0000>:          //100 Enter，给定相切圆半径，结果如图 4-16 所示
```

03 单击“常用”选项卡→“绘图”面板→“相切、相切、相切”按钮，绘制与三个已知对象都相切的圆。命令行操作如下：

```
命令: _circle
    指定圆的圆心或 [三点(3P)/两点(2P)/切点、切点、半径(T)]: _3p 指定圆上的第一个点: _tan 到
                                            //拾取直线作为第一相切对象
    指定圆上的第二个点: _tan 到      //拾取小圆作为第二相切对象
    指定圆上的第三个点: _tan 到      //拾取大圆作为第三相切对象，结果如图 4-17 所示
```

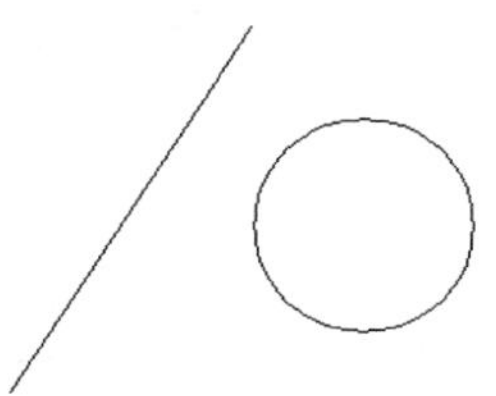

图 4-15　绘制结果

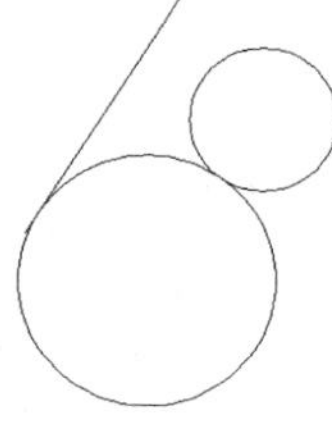

图 4-16　相切、相切、半径

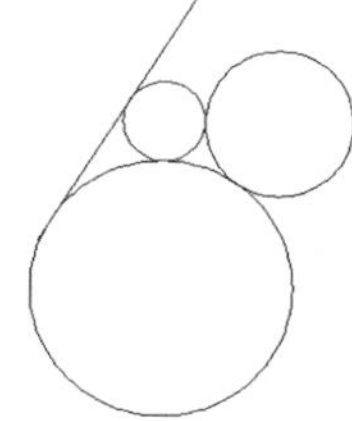

图 4-17　绘制结果

4.2.2　椭圆

“椭圆”是由两条不等的椭圆轴所控制的闭合曲线，包含中心点、长轴和短轴等几何特征。执行“椭圆”命令主要有以下几种方式：

- 单击“常用”选项卡→“绘图”面板→“椭圆”按钮。
- 选择菜单栏“绘图”→“椭圆”级联菜单中的相应命令。
- 单击“绘图”工具栏→“椭圆”按钮。
- 在命令行输入 Ellipse 后按 Enter 键。
- 使用快捷键 EL。

1. 利用“轴端点”方式绘制椭圆

“轴端点”方式是用于指定一条轴的两个端点和另一条轴的半长，即可精确绘制椭圆，其命令行操作如下：

```
命令: _ellipse
    指定椭圆轴的端点或 [圆弧(A)/中心点(C)]:      //拾取一点，定位椭圆轴的一个端点
    指定轴的另一个端点:                        //@200,0 Enter
    指定另一条半轴长度或 [旋转(R)]:             //60 Enter，绘制结果如图 4-18 所示
```

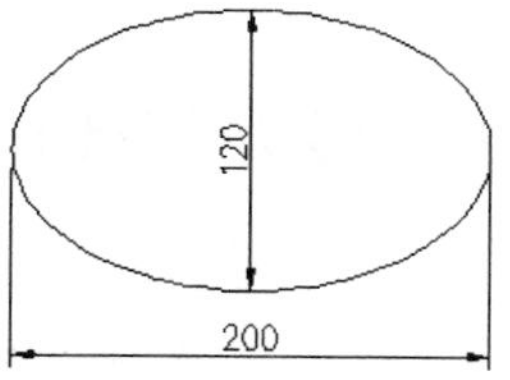

图 4-18　“轴端点”示例

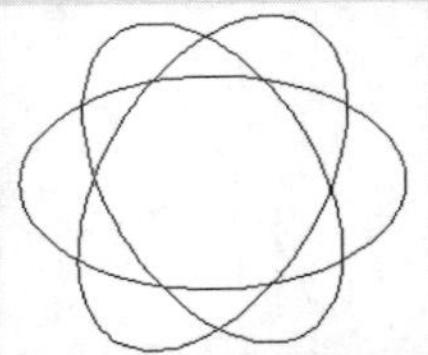

如果在轴测图模式下启动了“椭圆”命令，那么在此操作步骤中将增加“等轴测圆”选项，用于绘制轴测圆，如图 4-19 所示。

图 4-19　等轴测圆示例

2. 利用“中心点”方式绘制椭圆

利用“中心点”方式绘制椭圆首先需要确定出椭圆的中心点，然后再确定椭圆轴的一个端点和椭圆另一半轴的长度，其命令行操作如下：

```
命令：_ellipse
    指定椭圆的轴端点或 [圆弧(A)/中心点(C)]: _c
    指定椭圆的中心点:                    //捕捉如图 4-18 所示的椭圆的中心点
    指定轴的端点:                        //@0,60 Enter
    指定另一条半轴长度或 [旋转(R)]:        //30 Enter，绘制结果如图 4-20 所示。
```

“旋转”选项是以椭圆的短轴和长轴的比值将一个圆绕定义的第一轴旋转成椭圆。

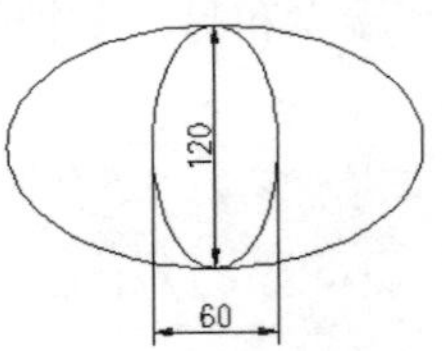

图 4-20　利用“中心点”方式绘制椭圆

4.3 绘制边界和面域

边界和面域是两种比较特殊的几何图元，本节主要学习这两种几何图元的具体绘制方法和技巧。

4.3.1　边界

“边界”其实就是一条闭合的多段线，此种多段线不能直接绘制，需要使用“边界”命令从多个相交对象中进行提取，执行“边界”命令主要有以下几种方式：

- 单击“常用”选项卡→“绘图”面板→“边界”按钮。
- 选择菜单栏“绘图”→“边界”命令。
- 单击“常用”选项卡→“绘图”面板→“边界”按钮。
- 在命令行输入 Boundary 后按 Enter 键。
- 使用快捷键 BO。

下面通过提取如图 4-21（右）所示的三个闭合边界，学习使用“边界”命令。具体操作过程如下：

01 首先使用画线命令绘制如图 4-21（左）所示的五角形图案。

02 单击“常用”选项卡→“绘图”面板→“边界”按钮，打开如图 4-22 所示的“边界创建”对话框。

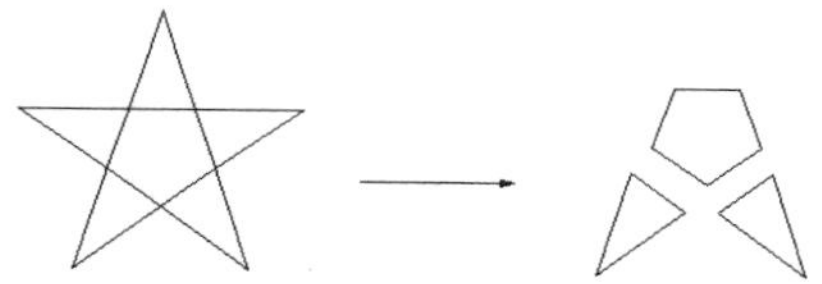

图 4-21　边界示例

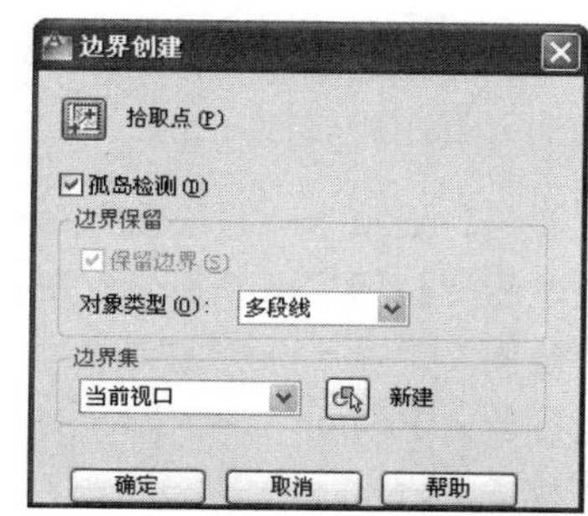

图 4-22　“边界创建”对话框

使用“对象类型”列表框可以设置导出的是边界还是面域，默认为多段线。

03 单击“拾取点”按钮，返回到命令行“拾取内部点:”的提示下，分别在五角星图案的中心区域内单击左键拾取一点，系统自动分析出一个虚线边界，如图 4-23 所示。

04 继续在命令行“拾取内部点:”提示下，在下侧的两个三角区域内单击左键，创建另两个边界，如图 4-24 所示。

图 4-23　创建边界-1

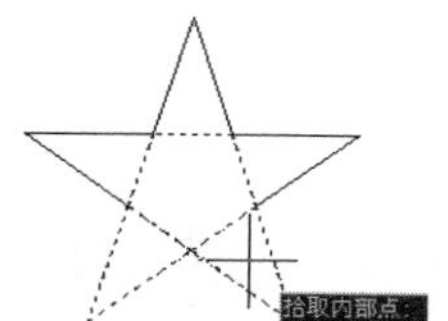

图 4-24　创建边界-2

05 继续在命令行“拾取内部点:”提示下按 Enter 键结束命令，结果创建了三条闭合的多段线边界。

在执行“边界”命令后，创建的闭合边界或面域与原图形对象的轮廓边是重合的。

06 使用快捷键 M 激活“移动”命令，将创建的三个闭合边界从原图形中移出，结果如图 4-21（右）所示。

选项解析

- “边界集”选项组用于定义从指定点定义边界时导出来的对象集合，共有“当前视口”和“现有集合”两种类型，前者用于从当前视口中可见的所有对象中定义边界集，后者是从选择的所有对象中定义边界集。
- 单击“新建”按钮，在绘图区选择对象后，系统返回“边界创建”对话框，在“边界集”选项组中显示“现有集合”类型，用户可以从选择的现有对象集合中定义边界集。

4.3.2 面域

“面域”是一个没有厚度的二维实心区域，它具备实体特性，不但含有边的信息，还有边界内的信息，可以利用这些信息计算工程属性，如面积、重心和惯性矩等。执行“面域”命令主要有以下几种方式：

- 单击“常用”选项卡→“绘图”面板→“面域”按钮。
- 选择菜单栏“绘图”→“面域”命令。
- 单击“绘图”工具栏→按钮。
- 在命令行输入 Region 后按 Enter 键。
- 使用快捷键 REN。

面域不能直接被创建，而是由“面域”命令将闭合图形转化而成。在激活“面域”命令后，只须选择封闭的图形对象，如圆、矩形、正多边形等，即可将其转化为面域。

封闭对象在没有转化为面域之前，仅是一种几何线框，没有什么属性信息；而这些封闭图形一旦被转化为面域，它就转变为一种实体对象，具备实体属性，可以着色渲染等，如图 4-25 所示。

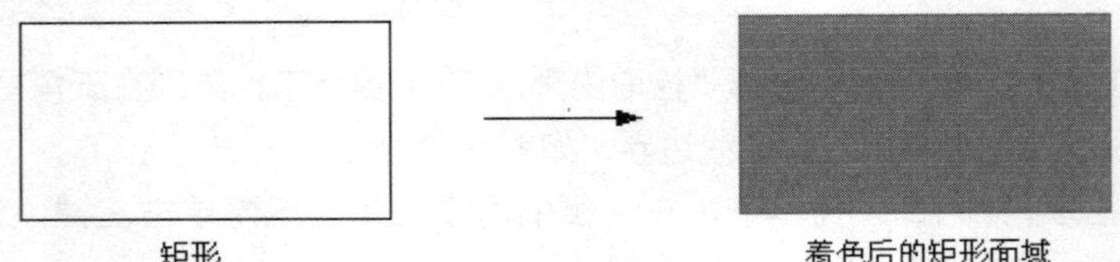

图 4-25　线框与面域

4.4 绘制图案填充

“图案”是由各种图线进行不同的排列组合而构成的一种图形元素，此类图形元素作为一个独立的整体，被填充到各种封闭的区域内，以表达各自的图形信息，如图 4-26 所示。执行“图案填充”命令主要有以下几种方式：

- 单击“常用”选项卡→“绘图”面板→“图案填充”按钮。

- 选择菜单栏“绘图”→“图案填充”命令。
- 单击“绘图”工具栏→“图案填充”按钮。
- 在命令行输入 Bhatch 后按 Enter 键。
- 使用快捷键 H 或 BH。

图 4-26　图案示例

下面通过典型的实例来学习“图案填充”的使用方法和相关的操作步骤。具体操作过程如下：

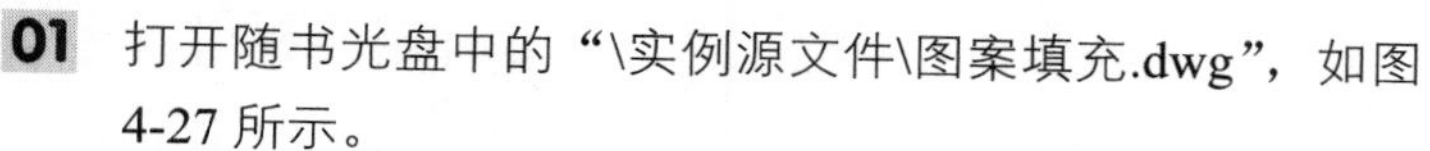

01 打开随书光盘中的“\实例源文件\图案填充.dwg”，如图 4-27 所示。

02 单击“常用”选项卡→“绘图”面板→“图案填充”按扭，在命令行“拾取内部点或 [选择对象(S)/设置(T)]:”提示下，激活“设置”选项，打开“图案填充和渐变色”对话框，如图 4-28 所示。

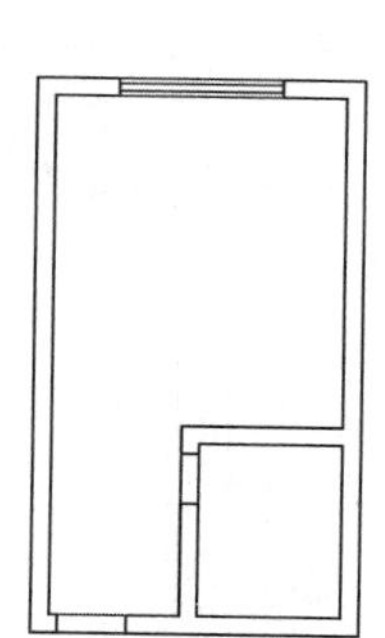

图 4-27　打开结果

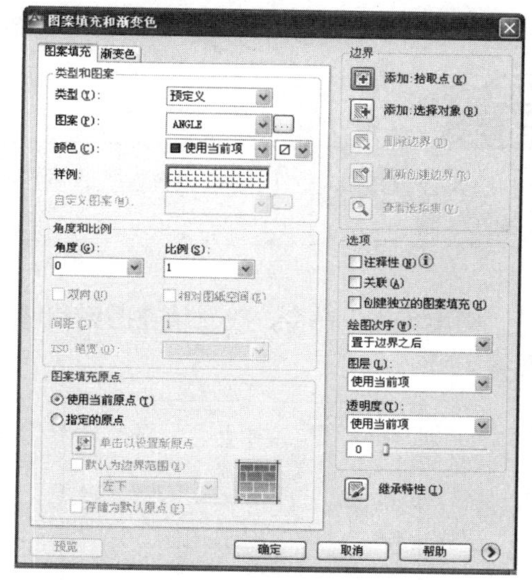

图 4-28　“图案填充和渐变色”对话框

03 单击“样例”文本框中的图案，或单击“图案”列表右端的按钮，打开“填充图案选项板”对话框，选择需要填充的图案，如图 4-29 所示。

用户也可以直接单击“图案填充创建”选项卡→“图案”面板，选择需要填充的图案。

04 返回“图案填充和渐变色”对话框，设置填充角度为 90，填充比例为 25，如图 4-30 所示。

用户也可以直接在“图案填充创建”选项卡→“特性”面板中设置图案的填充参数。

05 在“边界”选项组中单击“添加:选择对象”按钮，返回到绘图区的拾取填充区域，填充如图 4-31

所示的图案。

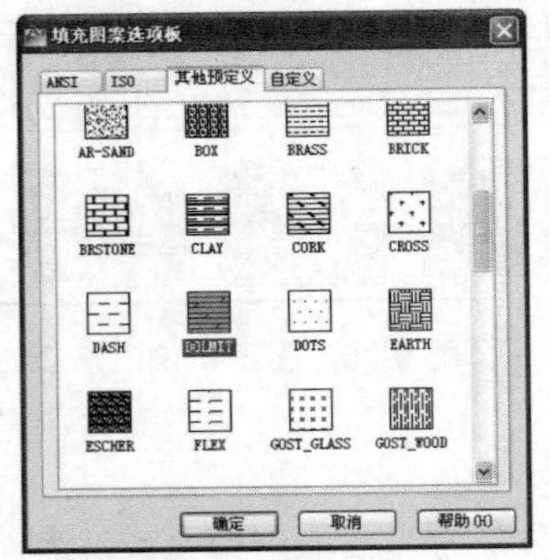

图 4-29　选择图案

图 4-30　设置填充参数

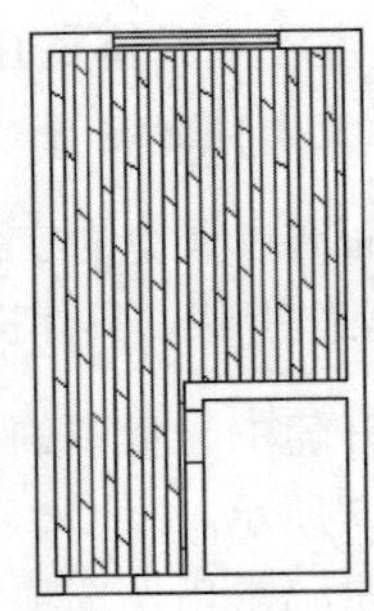

图 4-31　填充结果

06 按 Enter 键返回“图案填充和渐变色”对话框，结束命令。

用户也可以直接单击“图案填充创建”选项卡→“边界”面板→“拾取点”按钮，返回绘图区拾取填充区域。

07 重复执行“图案填充”命令，设置填充图案和填充参数如图 4-32 所示，填充如图 4-33 所示的双向用户定义图案。

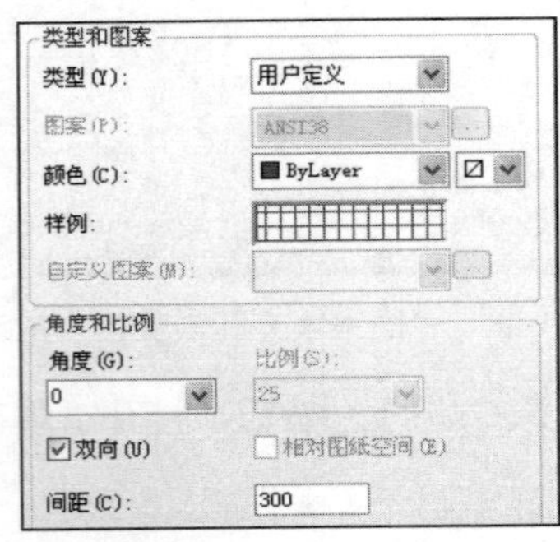

图 4-32　设置填充图案与参数

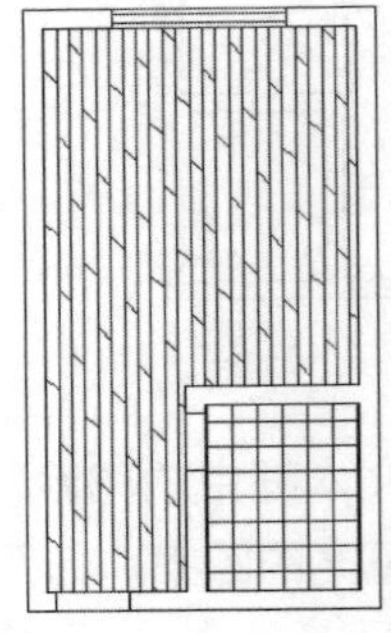

图 4-33　填充结果

用户也可以直接在“图案填充创建”选项卡→“特性”面板中选择用户定义的图案，并设置填充参数。

1. “图案填充”选项卡

“图案填充”选项卡用于设置填充图案的类型、样式、填充角度及填充比例等，对各常用选项的说明如下：

- “类型”列表框内包含“预定义”、“用户定义”、“自定义”三种图样类型，如图 4-34 所示。

图 4-34　“类型”下拉列表框

小提示

“预定义”图样只适用于封闭的填充边界；“用户定义”图样可以使用图形的当前线型创建填充图样；“自定义”图样就是使用自定义的 PAT 文件中的图样进行填充。

- “图案”列表框用于显示预定义类型的填充图案名称。用户可从下拉列表框中选择所需的图案。
- “相对图纸空间”选项仅用于布局选项卡，它是相对图纸空间单位进行图案的填充。运用此选项，可以根据适合于布局的比例显示填充图案。
- “间距”文本框可设置用户定义填充图案的直线间距，只有激活了“用户定义”选项，此选项才可用。
- “双向”复选框仅适用于用户定义图案，勾选该复选框后，将增加一组与原图线垂直的线。
- “ISO 笔宽”选项用于决定运用 ISO 剖面线图案的线与线之间的间隔，它只在选择 ISO 线型图案时才可用。
- “添加:拾取点”按钮用于在填充区域内部拾取任意一点，AutoCAD 将自动搜索到包含该内点的区域边界，并以虚线显示边界。
- “添加:选择对象”按钮用于选择需要填充的单个闭合图形作为边界。
- “删除边界”按钮用于删除位于选定填充区域内但不填充的区域。
- “查看选择集”按钮用于查看所确定的边界。
- “继承特性”按钮用于在当前图形中选择一个已填充的图案，系统将继承该图案类型的一切属性并将其设置为当前图案。
- “注释性”复选框用于为图案添加注释特性。
- “关联”复选框与“创建独立的图案填充”复选框用于确定填充图形与边界的关系。分别用于创建关联和不关联的填充图案。
- “绘图次序”下拉列表用于设置填充图案和填充边界的绘图次序。
- “图层”下拉列表用于设置填充图案的所在层。
- “透明度”列表用于设置填充图案的透明度，拖曳下侧的滑块，可以调整透明度值。

2. “渐变色”选项卡

在“图案填充和渐变色”对话框中展开如图 4-35 所示的“渐变色”选项卡，用于为指定的边界填充渐变色。

单击右下角的“更多选项”扩展按钮，即可展开右侧的“孤岛”选项组。

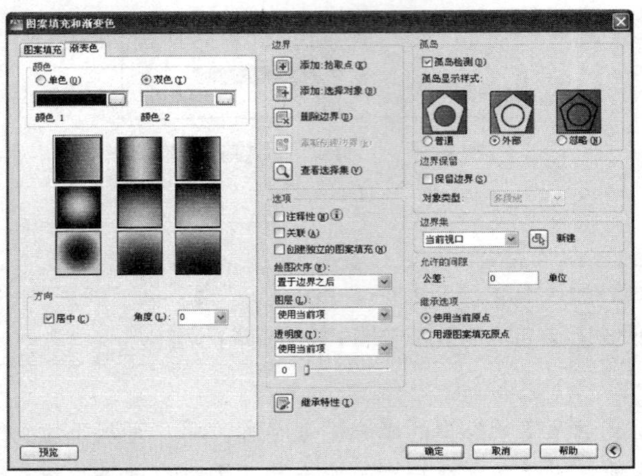

图 4-35 “渐变色”选项卡

- “单色”单选按钮用于以一种渐变色进行填充；▇▇▇▇▇显示框用于显示当前的填充颜色，双击该颜色框或单击其右侧的[...]按钮，可以选择所需的颜色。
- “双色”单选按钮用于以两种颜色的渐变色作为填充色。
- “角度”选项用于设置渐变填充的倾斜角度。
- “保留边界”选项用于设置是否保留填充边界。
- “允许的间隙”选项组用于设置填充边界的允许间隙值，处在间隙值范围内的非封闭区域也可填充图案。
- “继承选项”选项组用于设置图案填充的原点，即使用当前原点还是使用源图案填充的原点。
- “孤岛显示样式”选项组提供了“普通”、“外部”和“忽略”三种方式，如图 4-36 所示，其中“普通”方式是从最外层的外边界向内边界填充，第一层填充，第二层不填充，如此交替进行；“外部”方式只填充从最外边界向内的第一边界之间的区域；“忽略”方式忽略最外层边界以内的其他任何边界，以最外层边界向内填充全部图形。

图 4-36 孤岛填充样式

4.5 复制对象

本节主要学习几种图形的复制功能，具体有“矩形阵列”、“环形阵列”、“路径阵列”和“复制”等命令，以快速创建多重的复杂图形结构。

4.5.1 “矩形阵列”命令

“矩形阵列”命令用于将图形按照指定的行数和列数，以“矩形”的排列方式进行大规模复制，用于创建均匀结构的图形，如图 4-37 所示。执行“矩形阵列”命令主要有以下几种方式：

- 单击“常用”选项卡→“修改”面板→“矩形阵列”按钮。
- 选择菜单栏“修改”→“阵列”→“矩形阵列”命令。
- 单击“修改”工具栏→“矩形阵列”按钮。
- 在命令行输入 Arrayrect 后按 Enter 键。
- 使用快捷键 AR。

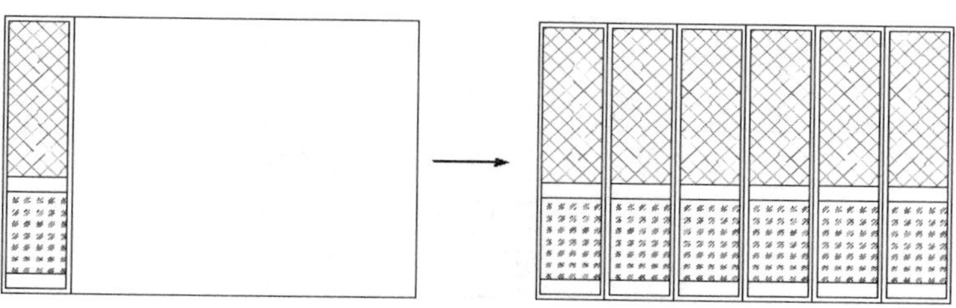

图 4-37　矩形阵列示例

下面通过将如图 4-37（左）所示的图形结构快速编辑成如图 4-37（右）所示的图形结构来学习“矩形阵列”命令的操作方法和操作技巧。

01 打开随书光盘“\实例源文件\矩形阵列.dwg”，如图 4-37（左）所示。

02 单击“常用”选项卡→“修改”面板→“矩形阵列”按钮，配合“窗口选择”功能对图形进行阵列。命令行操作如下：

```
命令: _arrayrect
    选择对象:                     //窗口选择如图 4-38 所示对象
      选择对象:                   // Enter
      类型 = 矩形  关联 = 是
      为项目数指定对角点或 [基点(B)/角度(A)/计数(C)] <计数>:  //c Enter
      输入行数或 [表达式(E)] <4>:  //1 Enter
      输入列数或 [表达式(E)] <4>:  //6Enter
      指定对角点以间隔项目或 [间距(S)] <间距>:  // Enter
      指定列之间的距离或 [表达式(E)] <60>:  //725 Enter
      按 Enter 键接受或 [关联(AS)/基点(B)/行(R)/列(C)/层(L)/退出(X)] <退出>:
                                  // Enter，阵列结果如图 4-37（右）所示
```

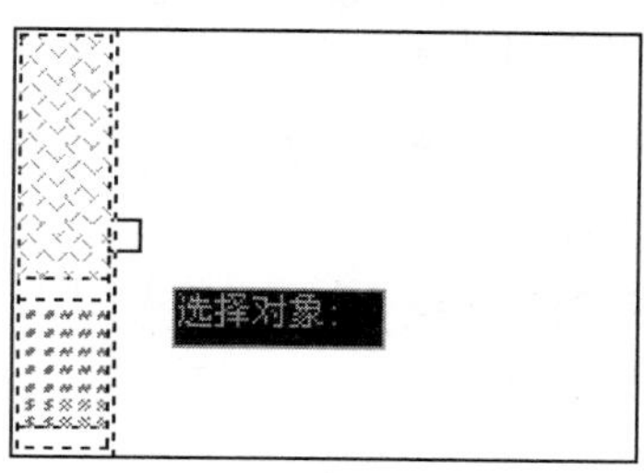

图 4-38　选择阵列对象

在默认设置下，矩形阵列出的图形具有关联性，是一个独立的图形结构，跟图块的性质类似，其夹点效果如图 4-39 所示，用户可以使用“分解”命令取消这种关联特性。

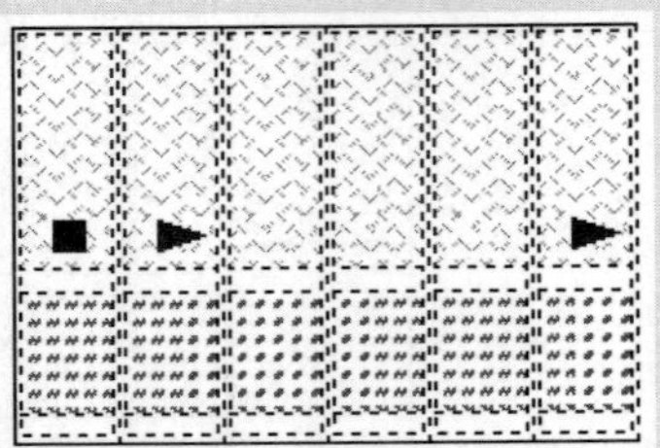

图 4-39　阵列图形的关联性

选项设置

- “基点”选项用于设置阵列的基点。
- “角度”选项用于设置阵列对象的放置角度，使阵列后的图形对象沿着某一角度进行倾斜，如图 4-40 所示，不设置倾斜角度下的阵列效果，如图 4-41 所示。
- “间距”选项用于设置对象的行偏移或阵列偏移距离。

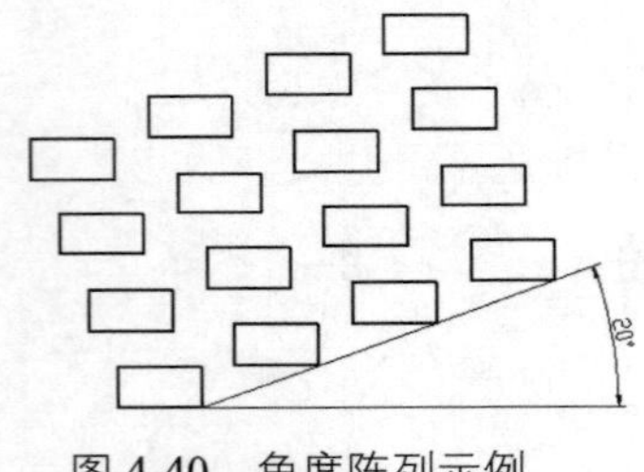

图 4-40　角度阵列示例

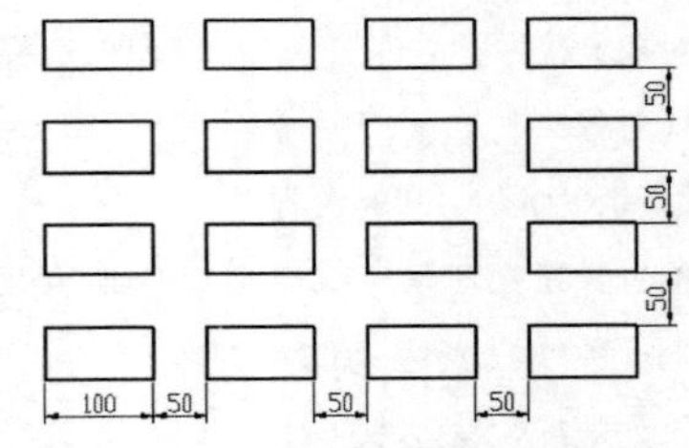

图 4-41　不设置角度下的阵列效果

4.5.2　“环形阵列”命令

“环形阵列”指的是将图形按照阵列中心点和数目，以“圆形”排列，用于快速创建环形结构，如图 4-42 所示。执行“环形阵列”命令主要有以下几种方式：

- 单击“常用”选项卡→“修改”面板→“环形阵列”按钮。
- 选择菜单栏“修改”→“阵列”→“环形阵列”命令。
- 单击“修改”工具栏→“环形阵列”按钮。
- 在命令行输入 Arraypolar 后按 Enter 键。
- 使用快捷键 AR。

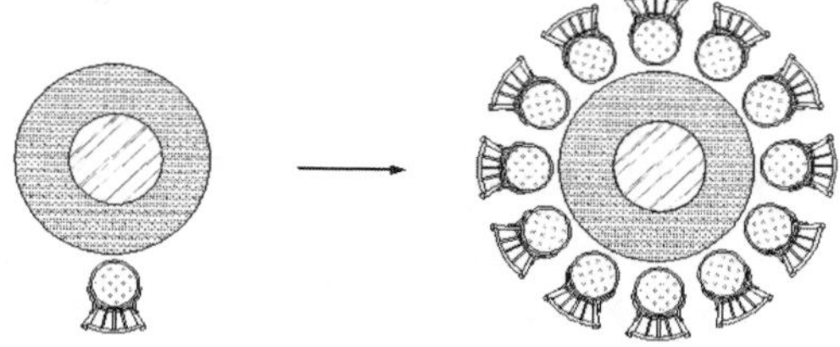

图 4-42　环形阵列

下面通过将如图 4-42（左）所示的图形结构快速编辑成如图 4-42（右）所示的图形结构来学习“环形阵列”命令的操作方法和操作技巧。

01 打开随书光盘“\实例源文件\环形阵列.dwg”，如图 4-42（左）所示。

02 单击“常用”选项卡→“修改”面板→“环形阵列”按钮，配合“窗交选择”功能进行环形阵列。命令行操作如下：

```
命令: _arraypolar
    选择对象:                    //窗交选择如图 4-43 所示的图形
    选择对象:                    // Enter
    类型 = 极轴  关联 = 是
    指定阵列的中心点或 [基点(B)/旋转轴(A)]:      //捕捉同心圆的圆心
    输入项目数或 [项目间角度(A)/表达式(E)] <3>:  // 12 Enter
    指定填充角度(+=逆时针、-=顺时针)或 [表达式(EX)] <360>:
    // Enter
    按 Enter 键接受或 [关联(AS)/基点(B)/项目(I)/项目间角度(A)
    /填充角度(F)/行(ROW)/层(L)/旋转项目(ROT)/退出(X)] <退出>:
    // Enter，阵列结果如图 4-42（右）所示
```

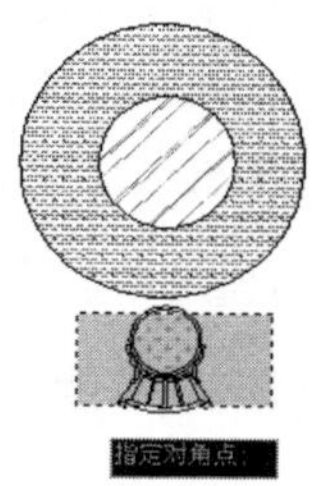

图 4-43　窗交选择

在默认设置下，环形阵列出的图形具有关联性，是一个独立的图形结构，跟图块的性质类似，其夹点效果如图 4-44 所示，用户可以使用“分解”命令取消这种关联特性。

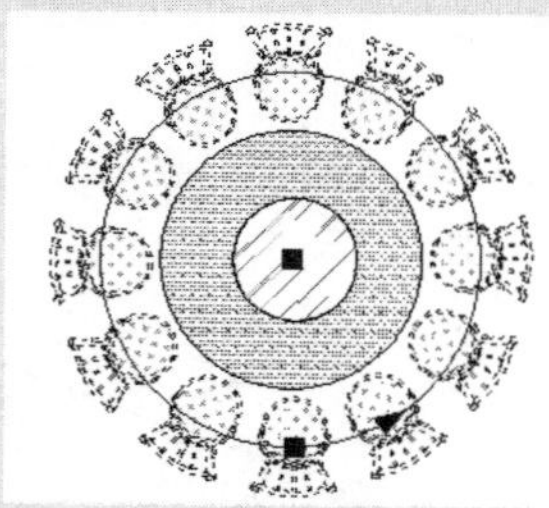

图 4-44　环形阵列的关联性

选项解析

- “基点”选项用于设置阵列对象的基点。
- “旋转轴”选项用于指定阵列对象的旋转轴。
- “总项目数”文本框用于输入环形阵列的数量。
- “填充角度”文本框用于输入环形阵列的角度，正值为逆时针阵列，负值为顺时针阵列。

4.5.3 “路径阵列”命令

“路径阵列”命令用于将对象沿指定的路径或路径的某部分进行等距阵列。执行“路径阵列”命令主要有以下几种方式：

- 单击“常用”选项卡→“修改”面板→“路径阵列”按钮。
- 选择菜单栏“修改”→“阵列”→“路径阵列”命令。
- 单击“修改”工具栏→“路径阵列”按钮。
- 在命令行输入 Arraypath 后按 Enter 键。
- 使用快捷键 AR。

下面通过典型实例学习“路径阵列”命令的使用方法和操作技巧。具体操作步骤如下：

01 打开随书光盘中的“/实例源文件/路径阵列.dwg”，如图 4-45 所示。

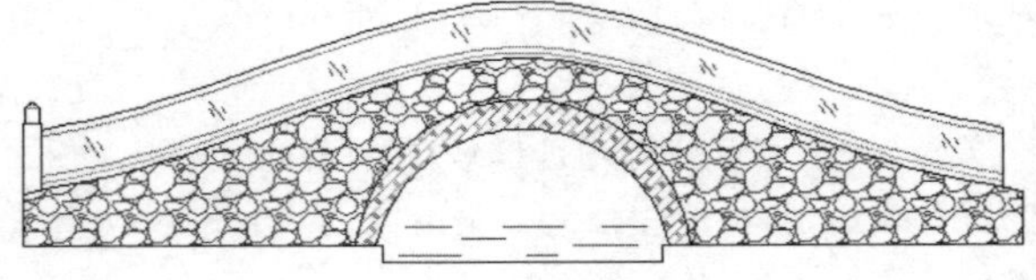

图 4-45 打开文件

02 单击“常用”选项卡→“修改”面板→“路径阵列”按钮，配合“窗口选择”功能对图形进行阵列。命令行操作如下：

```
命令: _arraypath
    选择对象:        //窗口选择如图 4-46 所示的栏杆柱
    选择对象:        // Enter
    类型 = 路径  关联 = 是
    选择路径曲线:    //选择如图 4-47 所示的样条曲线
```

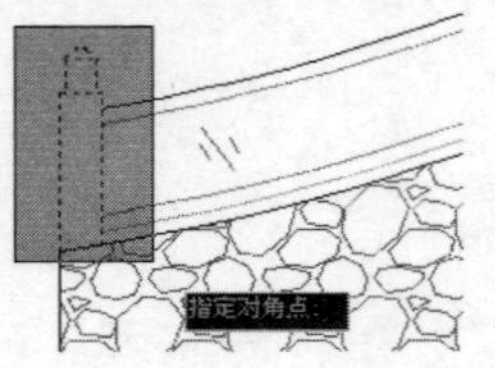

图 4-46 窗口选择

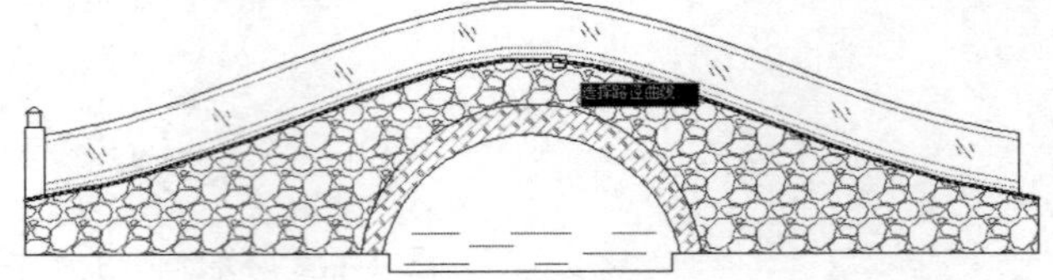

图 4-47 选择路径曲线

```
    输入沿路径的项数或 [方向(O)/表达式(E)] <方向>:    //9 Enter
    指定沿路径的项目之间的距离或 [定数等分(D)/总距离(T)/表达式(E)] <沿路径平均定数等分(D)>:
```

```
        //t Enter
输入起点和端点 项目 之间的总距离 <91>:  //捕捉如图 4-48 所示的端点
按 Enter 键接受或 [关联(AS)/基点(B)/项目(I)/行(R)/层(L)/对齐项目(A)/Z 方向(Z)/退出(X)]
<退出>:          //AS Enter
创建关联阵列 [是(Y)/否(N)] <是>:   //N Enter
按 Enter 键接受或 [关联(AS)/基点(B)/项目(I)/行(R)/层(L)/对齐项目(A)/Z 方向(Z)/退出(X)]
<退出>:           //A Enter
是否将阵列项目与路径对齐? [是(Y)/否(N)] <是>:// N Enter
按 Enter 键接受或 [关联(AS)/基点(B)/项目(I)/行(R)/层(L)/对齐项目(A)/Z 方向(Z)/退出(X)]
<退出>:           // Enter，阵列结果如图 4-49 所示
```

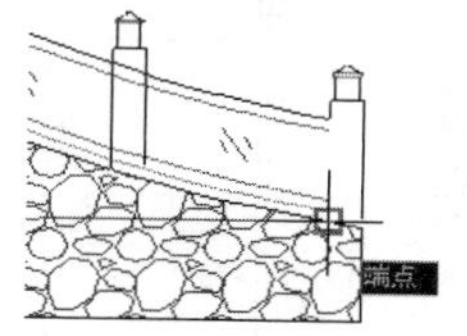

图 4-48　捕捉端点

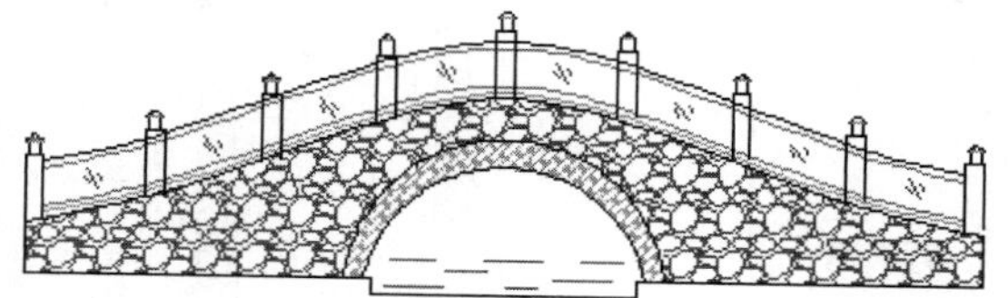

图 4-49　阵列结果

4.5.4　"复制"命令

"复制"命令用于复制图形，通常使用"复制"命令创建结构相同、位置不同的图形。执行"复制"命令主要有以下几种方式：

- 单击"常用"选项卡→"修改"面板→"复制"按钮。
- 选择菜单栏"修改"→"复制"命令。
- 单击"修改"工具栏→"复制"按钮。
- 在命令行输入 Copy 后按 Enter 键 。
- 使用命令简写 CO。

下面通过典型的实例来学习"复制"命令的使用方法和操作技巧，具体操作步骤如下：

01 打开随书光盘中的"/实例源文件/复制对象.dwg"文件，如图 4-50 所示。

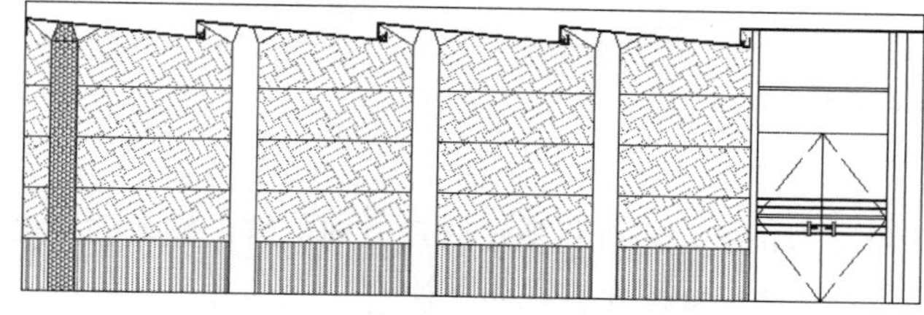

图 4-50　打开文件

02 单击"常用"选项卡→"修改"面板→"复制"按钮，配合"坐标输入功能"快速创建装修柱。命令行操作如下：

```
命令: _copy
```

```
选择对象:                    //拉出如图 4-51 所示的窗口选择框


选择对象:                    // Enter，结束选择
当前设置:  复制模式 = 多个
指定基点或 [位移(D)/模式(O)] <位移>:        //捕捉任一点
指定第二个点或 [阵列(A)]<使用第一个点作为位移>:    //@2080,0 Enter
指定第二个点或 [阵列(A)/退出(E)/放弃(U)] <退出>:    //@4160,0 Enter
指定第二个点或 [阵列(A)/退出(E)/放弃(U)] <退出>:    //@6240,0 Enter
指定第二个点或 [阵列(A)/退出(E)/放弃(U)] <退出>: // Enter，结果如图 4-52 所示
```

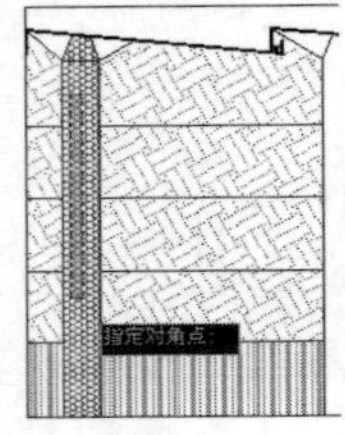

图 4-51　窗交选择

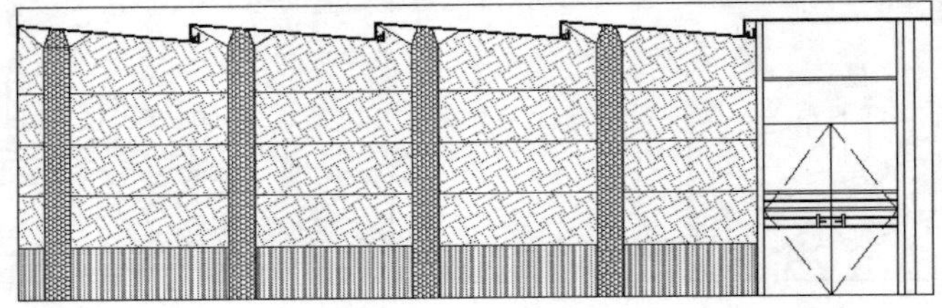

图 4-52　复制结果

4.6 编辑对象

本节主要学习图元的一些常规编辑功能，具体有“旋转”、“缩放”、“打断”、“合并”、“拉伸”和“拉长”等命令。

4.6.1　旋转对象

“旋转”命令用于将图形围绕指定的基点进行角度旋转。执行“旋转”命令主要有以下几种方式：

- 单击“常用”选项卡→“修改”面板→“旋转”按钮。
- 选择菜单栏“修改”→“旋转”命令。
- 单击“修改”工具栏→“旋转”按钮。
- 在命令行输入 Rotate 后按 Enter 键。
- 使用快捷键 RO。

在旋转对象时，输入的角度为正值，系统将按逆时针方向旋转；输入的角度为负值，则系统按顺时针方向旋转。执行“旋转”命令后，命令行操作过程如下：

```
命令: _rotate
    UCS 当前的正角方向:  ANGDIR=逆时针  ANGBASE=0
    选择对象:              //选择如图 4-53 所示的沙发
    选择对象:              // Enter
    指定基点:              //拾取任一点
```

```
指定旋转角度，或 [复制(C)/参照(R)] <0>:   //-90 Enter，旋转结果如图 4-54 所示
```

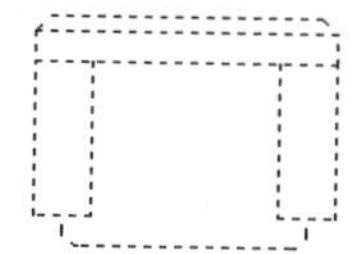

图 4-53　选择沙发

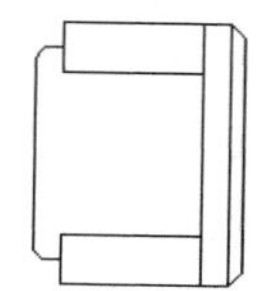

图 4-54　旋转结果

选项解析

- “参照”选项用于将对象进行参照旋转，即指定一个参照角度和新角度，两个角度的差值就是对象的实际旋转角度。
- “复制”选项用于在旋转图形对象的同时将其复制，而源对象保持不变，如图 4-55 所示。

图 4-55　旋转复制示例

4.6.2　缩放对象

“缩放”命令用于将选定的对象进行等比例的放大或缩小，如图 4-56 所示。使用此命令可以创建形状相同、大小不同的图形结构。执行“缩放”命令主要有以下几种方式：

- 单击“常用”选项卡→“修改”面板→“缩放”按钮。
- 选择菜单栏“修改”→“缩放”命令。
- 单击“修改”工具栏→“缩放”按钮。
- 在命令行输入 Scale 后按 Enter 键。
- 使用快捷键 SC。

执行“缩放”命令后，其命令行操作过程如下：

```
命令: _scale
    选择对象:                              //选择如图 4-56（左）所示的图形
    选择对象:                              // Enter，结束选择
    指定基点:                              //捕捉会议桌一侧的中点
    指定比例因子或 [复制(C)/参照(R)] <1.0000>:
      //0.5 Enter，输入缩放比例，结果如图 4-56（右）所示。
```

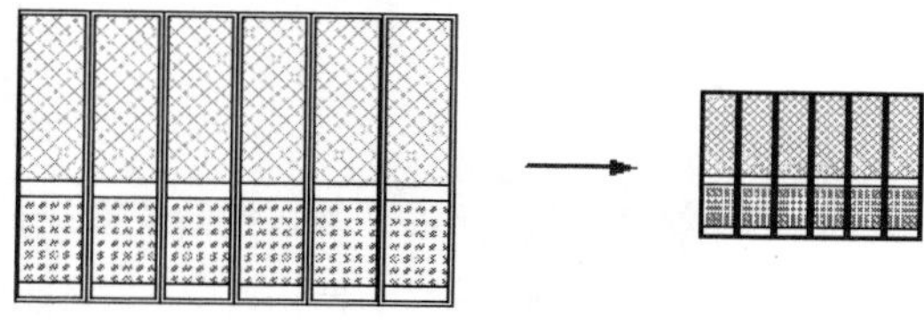

图 4-56　缩放示例

选项解析

- “参照”选项使用参考值作为比例因子缩放操作对象。此选项需要用户分别指定一个参考长度和一个新长度，AutoCAD 将以参考长度和新长度的比值决定缩放的比例因子。
- “复制”选项用于在缩放图形的同时将源图形复制，如图 4-57 所示。

图 4-57 缩放复制示例

4.6.3 打断对象

“打断”命令用于将选择的图线打断为相连的两部分，或打断并删除图线上的一部分。执行“打断”命令主要有以下几种方式：

- 单击“常用”选项卡→“修改”面板→“打断”按钮。
- 选择菜单栏“修改”→“打断”命令。
- 单击“修改”工具栏→“打断”按钮。
- 在命令行输入 Break 后按 Enter 键。
- 使用快捷键 BR。

打断对象与修剪对象都可以删除图形对象上的一部分，但是两者有着本质的区别，修剪对象必须有修剪边界的限制，而打断对象可以删除对象上任意两点之间的部分。“打断”命令的命令行操作过程如下：

```
命令: _break
    选择对象:                          //选择如图 4-58（上）所示的线段
    指定第二个打断点 或 [第一点(F)]:     //f Enter，激活“第一点”选项
```

小提示

“第一点”选项用于重新确定第一断点。由于在选择对象时不可能拾取到准确的第一点，所以需要激活该选项，以重新定位第一断点。

```
    指定第一个打断点:                   //捕捉线段的中点作为第一断点
    指定第二个打断点:    //@40,0 Enter，定位第二断点，打断结果如图 4-58（下）所示
```

小提示

要将一个对象拆分为二，而不删除其中的任何部分，可以在指定第二断点时输入相对坐标符号@，也可以直接单击“常用”选项卡→“修改”面板→“打断于点”按钮。

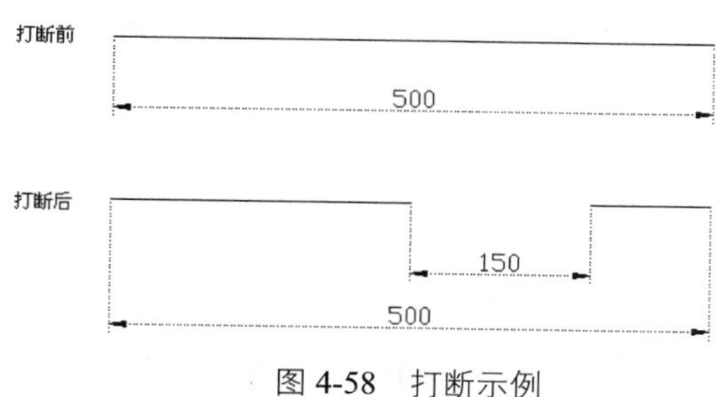

图 4-58　打断示例

4.6.4　合并对象

“合并”命令用于两个或多个相似对象合并成一个完整的对象，还可以将圆弧或椭圆弧合并为一个整圆和椭圆。执行“合并”命令主要有以下几种方式：

- 单击“常用”选项卡→“修改”面板→“合并”按钮。
- 选择菜单栏“修改”→“合并”命令。
- 单击“修改”工具栏→“合并”按钮。
- 在命令行输入 Join 后按 Enter 键。
- 使用快捷键 J。

执行“合并”命令后，命令行操作如下：

```
命令: _join
    选择源对象或要一次合并的多个对象:
     //选择如图 4-59（上）所示的左侧线段作为源对象
    选择要合并的对象:              //选择右侧线段
    选择要合并的对象:              // Enter，合并结果如图 4-59（下）所示
    已将 1 条直线合并到源
    2 条直线已合并为 1 条直线
```

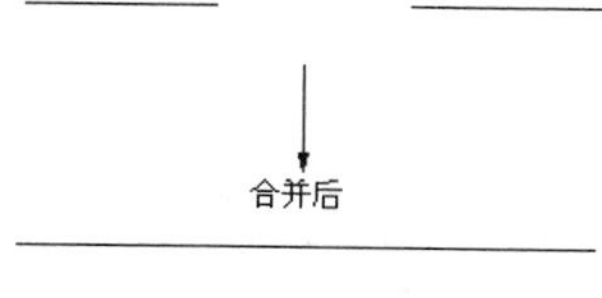

图 4-59　合并线段

4.6.5　拉伸对象

“拉伸”命令用于将图形对象进行不等比缩放，进而改变对象的尺寸或形状。执行“拉伸”命令主要有以下几种方式：

- 单击“常用”选项卡→“修改”面板→“拉伸”按钮。
- 选择菜单栏“修改”→“拉伸”命令。
- 单击“修改”工具栏→“拉伸”按钮。

- 在命令行输入 Stretch 后按 Enter 键。
- 使用快捷键 S。

常用于拉伸的对象有直线、圆弧、椭圆弧、多段线、样条曲线等。“拉伸”命令的命令行操作如下：

```
命令：_stretch
    以交叉窗口或交叉多边形选择要拉伸的对象...
    选择对象：                          //拉出如图 4-60 所示的窗交选择框
    选择对象：                          // Enter
    指定基点或 [位移(D)] <位移>：       //在绘图区拾取一点
    指定第二个点或 <使用第一个点作为位移>：
    //水平向右引出 0°的极轴矢量，输入 1180 Enter，拉伸结果如图 4-61 所示
```

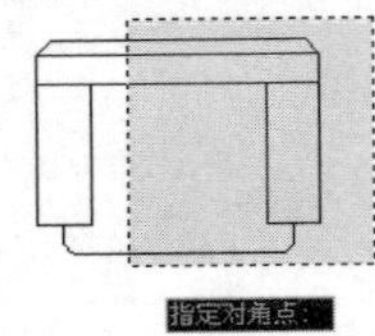

图 4-60　窗交选择

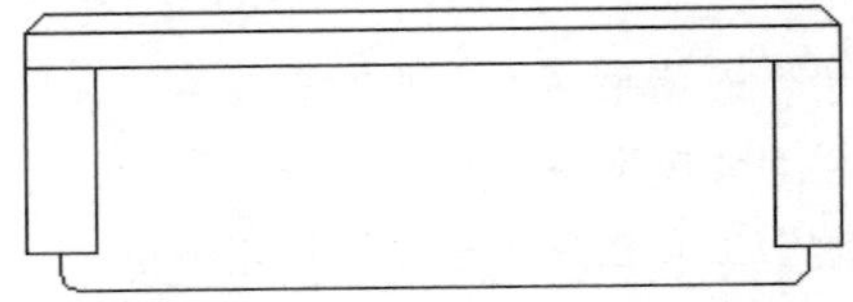

图 4-61　拉伸结果

4.6.6　拉长对象

“拉长”命令用于将图线拉长或缩短，在拉长的过程中不仅可以改变线对象的长度，还可以更改弧的角度，如图 4-62 所示。执行“拉长”命令主要有以下几种方式：

- 单击“常用”选项卡→“修改”面板→“拉长”按钮。
- 选择菜单栏“修改”→“拉长”命令。
- 在命令行输入 Lengthen 后按 Enter 键。

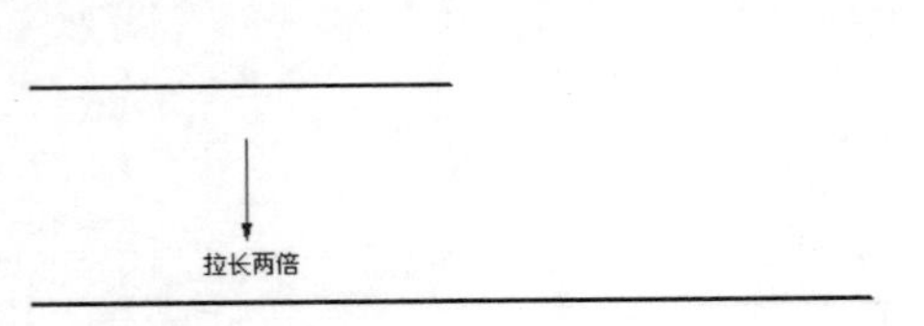

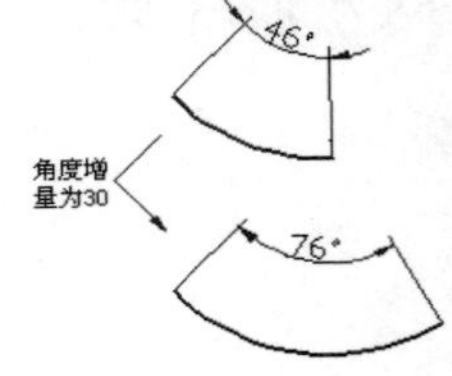

图 4-62　拉长示例

1. “增量”拉长

所谓“增量”拉长，指的是按照事先指定的长度增量或角度增量，进行拉长或缩短对象。命令行操作过程如下：

```
命令：_lengthen
    选择对象或 [增量(DE)/百分数(P)/全部(T)/动态(DY)]：   //DE Enter
    输入长度增量或 [角度(A)] <0.0000>：   //50 Enter，设置长度增量
    选择要修改的对象或 [放弃(U)]：          //在如图 4-63（上）所示直线的右端单击左键
```

```
选择要修改的对象或 [放弃(U)]:            // Enter，拉长结果如图 4-63（下）所示
```

图 4-63　增量拉长

如果把增量值设置为正值，系统将拉长对象；反之则缩短对象。

2. 百分数拉长

所谓“百分数”拉长，指的是以总长的百分比值进行拉长或缩短对象，长度的百分数值必须为正且非零。命令行操作过程如下：

```
命令: _lengthen
    选择对象或 [增量(DE)/百分数(P)/全部(T)/动态(DY)]: //P Enter，激活“百分比”选项
    输入长度百分数 <100.0000>:          //200 Enter，设置拉长的百分比值
    选择要修改的对象或 [放弃(U)]:       //在如图 4-64（上）所示直线的右端单击
    选择要修改的对象或 [放弃(U)]:       // Enter，拉长结果如图 4-64（下）所示
```

拉长前

拉长后

图 4-64　百分比拉长

当长度百分比值小于 100 时，将缩短对象；当百分比值大于 100 时，将拉伸对象。

3. “全部”拉长

所谓“全部”拉长，指的是根据指定一个总长度或者总角度进行拉长或缩短对象。命令行操作过程如下：

```
命令: _lengthen
    选择对象或 [增量(DE)/百分数(P)/全部(T)/动态(DY)]: //T Enter，激活“全部”选项
    指定总长度或 [角度(A)] <1.0000)>:          //500 Enter，设置总长度
    选择要修改的对象或 [放弃(U)]:       //在如图 4-65（上）所示直线的右端单击
    选择要修改的对象或 [放弃(U)]:       // Enter，拉长结果如图 4-65（下）所示
```

图 4-65　全部拉长

如果原对象的总长度或总角度大于所指定的总长度或总角度，则对象将被缩短；反之，将被拉长。

4. “动态”拉长

所谓“动态”拉长，指的是根据图形对象的端点位置动态改变其长度。激活“动态”选项功能之后，AutoCAD 将端点移动到所需的长度或角度，另一端保持固定，如图 4-66 所示。

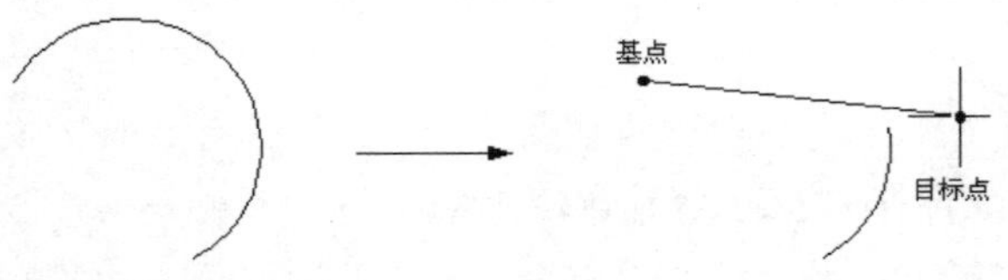

图 4-66　动态拉长

4.7 案例——绘制组合柜立面图

本例通过绘制大型组合柜立面图来对本章所学知识进行综合练习和巩固应用。组合柜立面图的最终绘制效果，如图 4-67 所示。

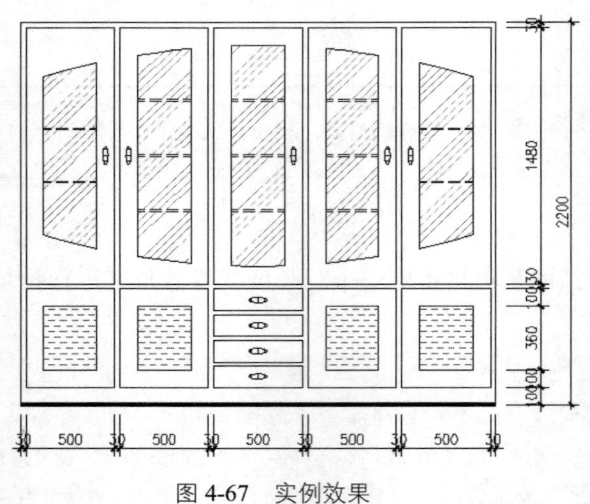

图 4-67　实例效果

操作步骤：

01 单击“快速访问工具栏”→“新建”按钮，新建绘图文件，并打开“对象捕捉”和“对象追踪”功能。

02 单击“常用”选项卡→“绘图”面板→“直线”按钮，绘制长度为 2680、高度为 2200 的边框，如图 4-68 所示。

03 单击“常用”选项卡→“绘图”面板→“矩形”按钮，配合“捕捉自”功能绘制门扇的外边框，命令行操作如下。

```
命令：_rectang
    指定第一个角点或 [倒角(C)/标高(E)/圆角(F)/厚度(T)/宽度(W)]：//激活“捕捉自”功能
    _from 基点：              //捕捉左侧垂直轮廓线的下端点
    <偏移>：                  //@30,100 Enter
    指定另一个角点或 [面积(A)/尺寸(D)/旋转(R)]：  //@500,560 Enter
命令:RECTANG
    指定第一个角点或 [倒角(C)/标高(E)/圆角(F)/厚度(T)/宽度(W)]：//激活“捕捉自”功能
    _from 基点：              //捕捉矩形的左上角点
    <偏移>：                  //@0,30 Enter
    指定另一个角点或 [面积(A)/尺寸(D)/旋转(R)]：//@500,1480 Enter，结果如图 4-69 所示
```

04 单击“常用”选项卡→“修改”面板→“偏移”按钮，将两个矩形向内偏移 100 个单位，结果如图 4-70 所示。

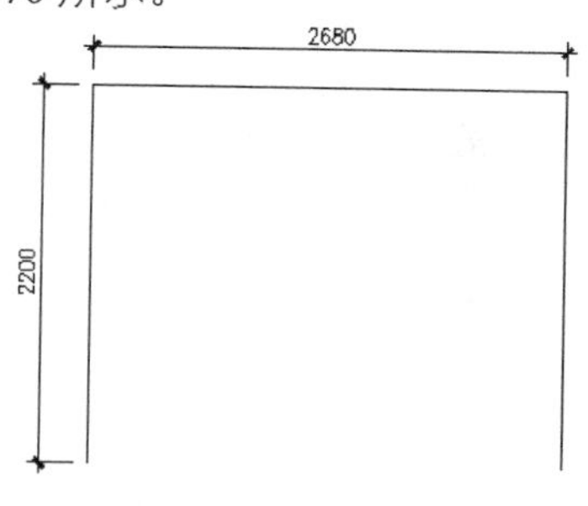

图 4-68　绘制边框

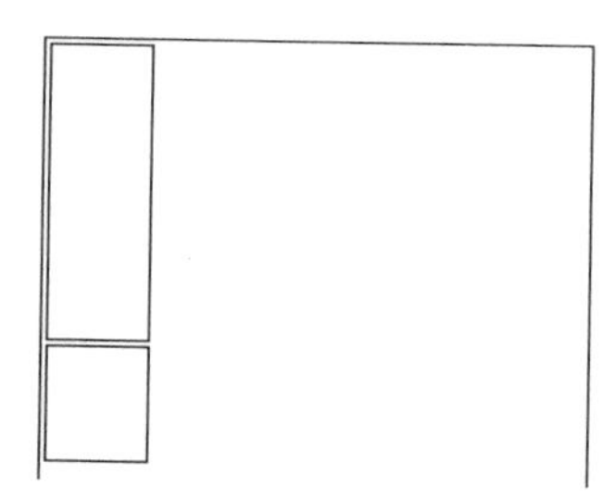

图 4-69　绘制内框

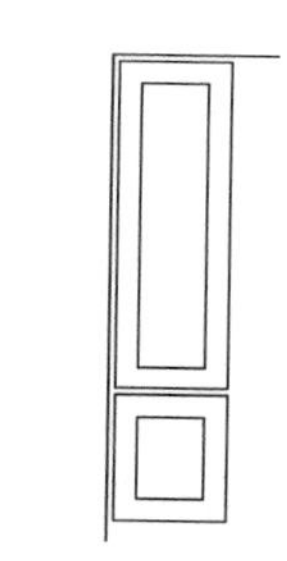

图 4-70　偏移结果

05 单击“常用”选项卡→“修改”面板→“矩形阵列”按钮，配合“窗交选择”功能对门扇边框进行阵列。命令行操作如下：

```
命令：_arrayrect
    选择对象：                //窗交选择门扇边框，即四矩形
    选择对象：                // Enter
    类型 = 矩形  关联 = 否
    为项目数指定对角点或 [基点(B)/角度(A)/计数(C)] <计数>：//c Enter
    输入行数或 [表达式(E)] <4>：//1 Enter
    输入列数或 [表达式(E)] <4>：//5Enter
    指定对角点以间隔项目或 [间距(S)] <间距>：// Enter
```

```
指定列之间的距离或 [表达式(E)] <60>:  //530 Enter
按 Enter 键接受或 [关联(AS)/基点(B)/行(R)/列(C)/层(L)/退出(X)] <退出>:
                    // Enter，阵列结果如图 4-71 所示
```

06 单击“常用”选项卡→“修改”面板→“偏移”按钮，将最上侧水平边向下偏移 310 个单位，并删除中间下部门扇的内边框，结果如图 4-72 所示。

图 4-71　阵列结果

图 4-72　偏移结果

07 单击“常用”选项卡→“绘图”面板→“圆弧”按钮，配合“交点捕捉”和“中点捕捉”功能绘制如图 4-73 所示的圆弧。

08 单击“常用”选项卡→“修改”面板→“镜像”按钮，配合“中点捕捉”功能对圆弧进行镜像，结果如图 4-74 所示。

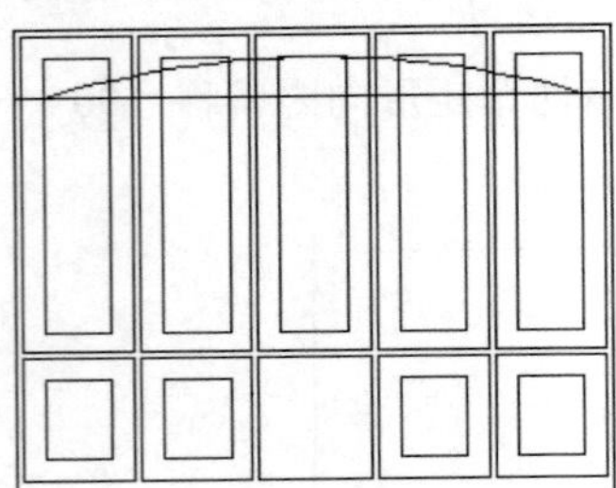

图 4-73　绘制圆弧

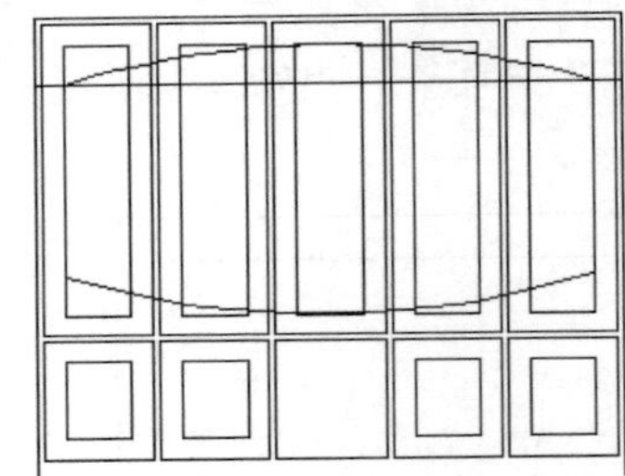

图 4-74　镜像结果

09 综合使用“修剪”和“删除”命令，对内部图线进行编辑，结果如图 4-75 所示。

10 夹点显示如图 4-76 所示的矩形，然后单击上侧中间的夹点，垂直向下引出如图 4-77 所示的矢量，向下拉伸 435 个单位，取消夹点后的拉伸效果如图 4-78 所示。

图 4-75　修剪结果

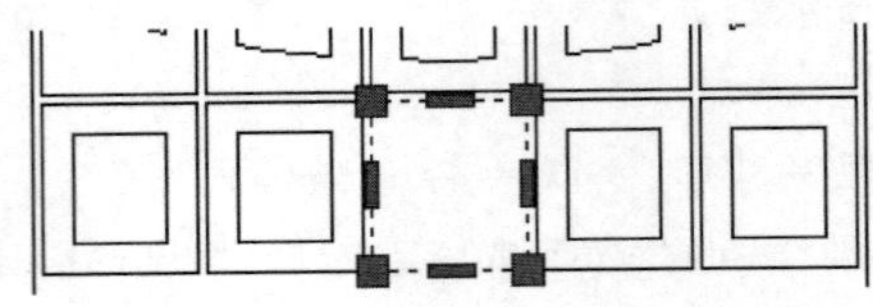

图 4-76　夹点效果

11 选择菜单栏“修改”→“阵列”命令，将编辑后的矩形框向上阵列 4 份，命令行操作如下：

```
命令: _arrayrect
```

```
选择对象:                        //选择夹点编辑后的矩形
选择对象:                        // Enter
类型 = 矩形   关联 = 否
为项目数指定对角点或 [基点(B)/角度(A)/计数(C)] <计数>:  //c Enter
输入行数或 [表达式(E)] <4>:  //4 Enter
输入列数或 [表达式(E)] <4>:  //1Enter
指定对角点以间隔项目或 [间距(S)] <间距>:  // Enter
指定行之间的距离或 [表达式(E)] <60>:  //145 Enter
按 Enter 键接受或 [关联(AS)/基点(B)/行(R)/列(C)/层(L)/退出(X)] <退出>:
                                 // Enter，阵列结果如图 4-79 所示
```

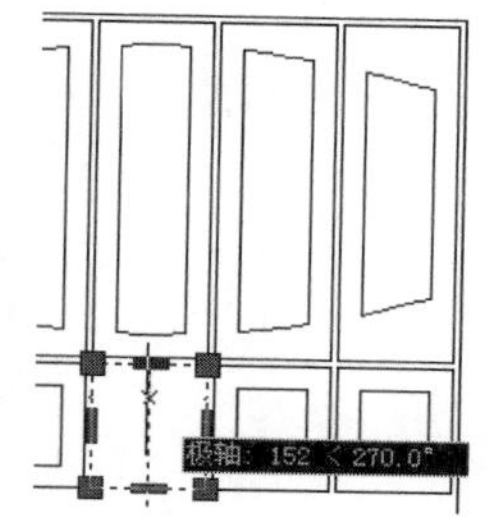

图 4-77　引出方向矢量

图 4-78　拉伸结果

图 4-79　阵列结果

12 使用快捷键 ML 激活“多线”命令，设置正方式为“无”，比例为 10，配合“中点捕捉”功能绘制如图 4-80 所示的横向支撑。

13 使用快捷键 CO 激活“复制”命令，将刚绘制的多线对称复制 320 个单位，结果如图 4-81 所示。

14 使用快捷键 AR 激活“阵列”命令，将三条多线向右阵列 3 份，列偏移为 530，阵列结果如图 4-82 所示。

图 4-80　绘制多线

图 4-81　复制多线

图 4-82　阵列结果

15 将当前点样式设置为⊠，然后执行“定数等分”命令，将两侧的门扇边框等分为三份，如图 4-83 所示。

16 使用快捷键 ML 激活“多线”命令，配合“节点捕捉”功能绘制如图 4-84 所示的横向支撑，多线比例为 10、对正方式为“无”。

图 4-83　定数等分

图 4-84　绘制结果

17 使用快捷键 LT 激活“线型”命令，加载 DASHED2 线型，并设置线型比例为 10。

18 使用快捷键 X 激活“分解”命令，将所有的横向支撑分解，然后修改线型为 DASHED2 线型，结果如图 4-85 所示。

19 删除节点，然后单击“常用”选项卡→“绘图”面板→“椭圆”按钮，绘制门扇的拉手，命令行提示如下。

```
命令：_ellipse
    指定椭圆的轴端点或 [圆弧(A)/中心点(C)]：   //c Enter
    指定椭圆的中心点：        //向右引出如图 4-86 所示的对象追踪虚线，输入 50 Enter
    指定轴的端点：                    //@0,50 Enter
    指定另一条半轴长度或 [旋转(R)]：  //15 Enter，绘制结果如图 4-87 所示
```

图 4-85　修改线型

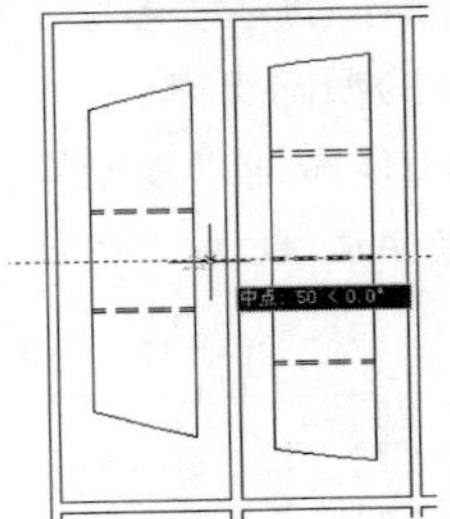
图 4-86　引出对象追踪虚线

20 配合“象限点捕捉”功能绘制椭圆的水平中线，然后将刚绘制的水平直线对称偏移 35 个单位，并对偏移出的直线进行修剪，结果如图 4-88 所示。

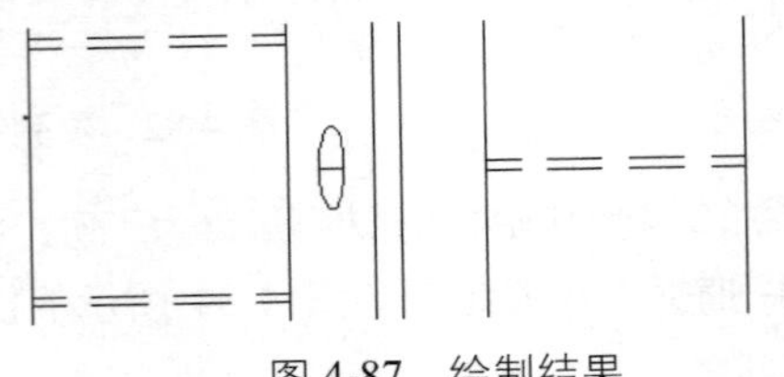
图 4-87　绘制结果

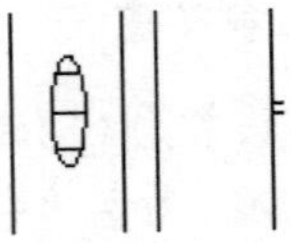

图 4-88　操作结果

21 单击“常用”选项卡→“修改”面板→“复制”按钮，配合“坐标输入功能”对椭圆形把手进行复制。命令行操作如下。

```
命令：_copy
    选择对象：                        //框选刚绘制的椭圆形把手
```

```
选择对象:                                        // Enter
当前设置:  复制模式 = 多个
指定基点或 [位移(D)/模式(O)] <位移>:            //拾取任一点
指定第二个点或 [阵列(A)]<使用第一个点作为位移>:  //@130,0 Enter
指定第二个点或 [阵列(A)/退出(E)/放弃(U)] <退出>:  //@1060,0 Enter
指定第二个点或 [阵列(A)/退出(E)/放弃(U)] <退出>:  //@1590,0 Enter
指定第二个点或 [阵列(A)/退出(E)/放弃(U)] <退出>:  //@1720,0 Enter
指定第二个点或 [阵列(A)/退出(E)/放弃(U)] <退出>:  // Enter，结果如图 4-89 所示
```

图 4-89　复制结果

22 单击“常用”选项卡→“修改”面板→“旋转”按钮，对椭圆形把手进行旋转并复制。命令行操作如下。

```
命令: _rotate
    UCS 当前的正角方向:  ANGDIR=逆时针  ANGBASE=0.0
    选择对象:       //拉出如图 4-90 所示的窗口选择框
    选择对象:       // Enter
    指定基点:       //拾取任一点
    指定旋转角度，或 [复制(C)/参照(R)] <0.0>:  //c Enter 旋转一组选定对象
    指定旋转角度，或 [复制(C)/参照(R)] <0.0>:  //90 Enter，结果如图 4-91 所示
```

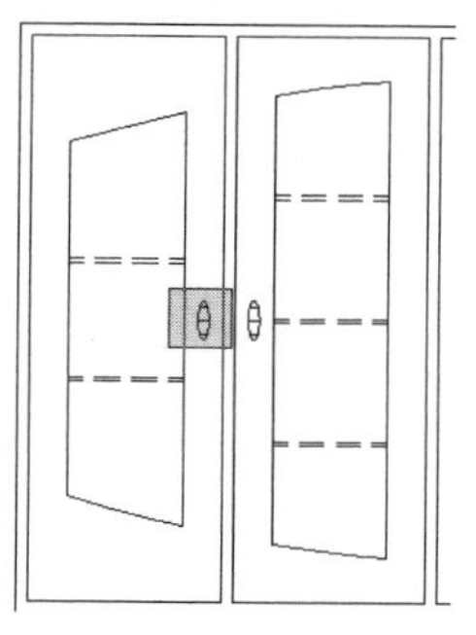

图 4-90　窗口选择

图 4-91　操作结果

23 使用快捷键 M 激活“移动”命令，配合“中点捕捉”和“对象追踪”功能将旋转复制出的把手进行位移，基点为椭圆中心点，目标点为如图 4-92 所示的追踪虚线的交点，位移结果如图 4-93 所示。

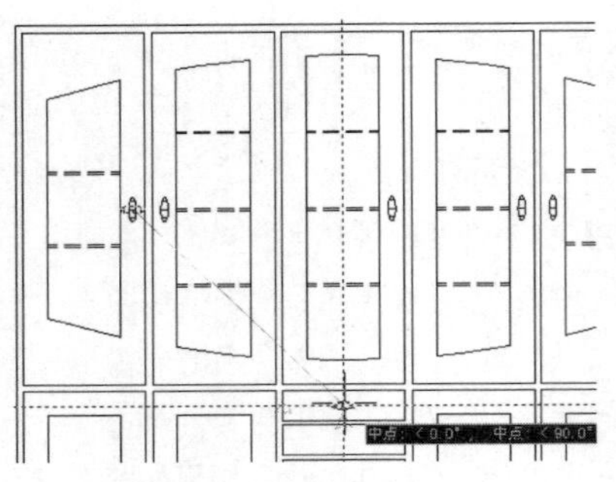

图 4-92　定位目标点

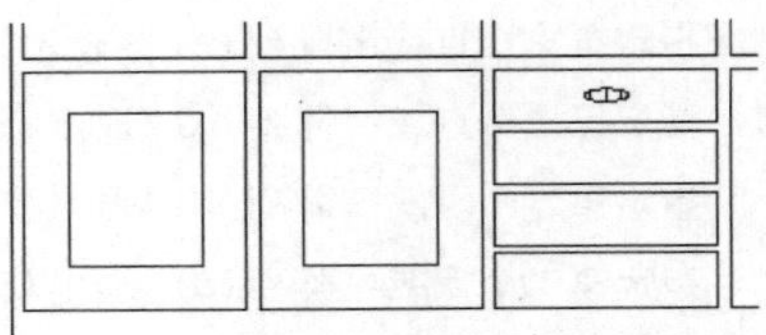

图 4-93　位移结果

24 使用快捷键 AR 激活“阵列”命令，将位移出的把手阵列 4 份，行偏移为-145，阵列结果如图 4-94 所示。

25 使用快捷键 PL 激活“多段线”命令，设置线宽为 15，分别连外边框的左、右侧下部端点，绘制如图 4-95 所示的地坪线。

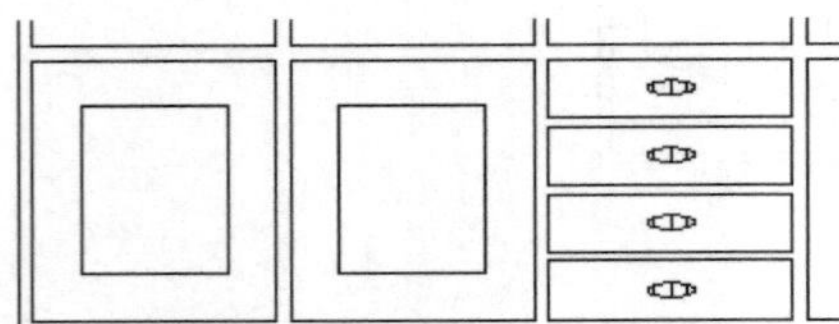

图 4-94　阵列结果

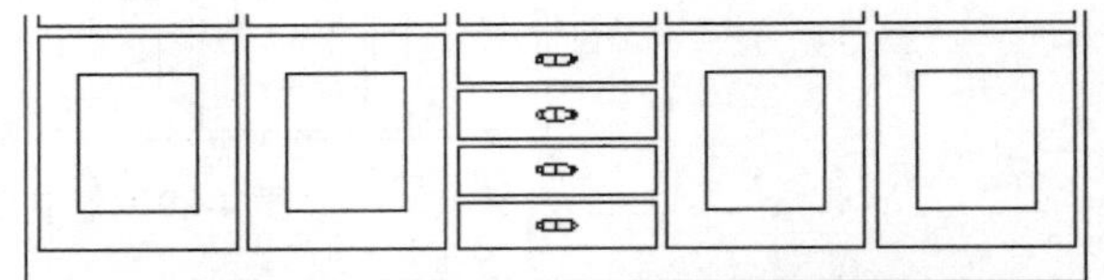

图 4-95　绘制结果

26 使用快捷键 H 激活“图案填充”命令，设置填充图案和填充参数如图 4-96 所示，为立面图填充如图 4-97 所示的图案。

图 4-96　设置填充图案与参数

图 4-97　填充结果

27 重复执行“图案填充”命令，设置填充图案和填充参数如图 4-98 所示，为立面图填充如图 4-99 所示的图案。

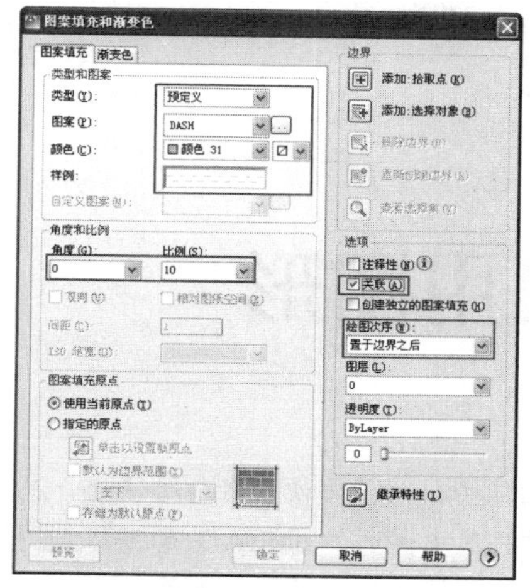

图 4-98　设置填充图案与参数

图 4-99　填充结果

28 最后执行“保存”命令，将图形命名保存为“组合立面柜.dwg”。

4.8 本章小结

本章主要讲解了常用闭合图元的绘制功能和常规编辑功能，掌握这些基本功能可以方便用户绘制和组合较为复杂的图形。通过本章的学习，需要重点掌握以下知识：

（1）在绘制矩形时不但要掌握三种绘制方法，还要掌握具有圆角矩形、倒角矩形、宽度矩形等特征矩形的绘制技能。

（2）在绘制正多边形时具体要掌握内接于圆、外切于圆和边三种绘制方式。

（3）在绘制圆与椭圆时，要掌握定点画圆、定距画圆和相切圆的绘制技巧；还要掌握轴端点和中心点两种绘制椭圆的方法。

（4）在修改图形时，重点要掌握角度旋转、参照旋转、旋转复制、等比缩放、缩放复制、参照缩放技能以及图线的拉伸、拉长、打断和合并技能。

（5）掌握复合图形的创建功能，包括复制、矩形阵列、环形阵列、路径阵列等。

（6）要掌握边界和面域的创建技能、图案的填充方法、填充边界的拾取方式等。

第5章 组合、管理与引用图形

通过前几章的学习，读者基本具备了图样的设计能力和绘图能力，为了方便读者能够快速、高效的绘制设计图样，还需要了解和掌握一些高级制图工具。为此，本章将集中讲述 AutoCAD 的高级制图工具。灵活掌握这些工具，能使读者更加方便地对图形资源进行综合组织、管理、共享和完善等。

知识要点

- 图层与图层特性
- 设计中心
- 工具选项板
- 案例——绘制小户型家具布置图
- 定义与编辑图块
- 定义与编辑属性
- 特性与快速选择
- 案例——标注小别墅立面标高

5.1 图层与图层特性

图层的概念比较抽象，可以将其比作透明的电子纸，在每张透明电子纸中可以绘制不同线型、线宽、颜色等的图形，最后将这些电子纸叠加起来，即可得到完整的图样。使用“图层”命令可以控制每张电子纸的线型、颜色等特性和显示状态，以方便用户对图形资源进行管理、规划和控制等。执行“图层”命令主要有以下几种方式：

- 单击“常用”选项卡→“图层”面板→“图层特性”按钮。
- 选择菜单栏“格式”→“图层”命令。
- 单击“图层”工具栏→“图层”按钮。
- 在命令行输入 Layer 后按 Enter 键。
- 使用快捷键 LA。

5.1.1　创建图层

在默认设置下，系统为用户提供了一个 0 图层，如果需要创建其他图层，可以按如下步骤进行设置：

01 单击“常用”选项卡→“图层”面板→“图层特性”按钮，打开如图 5-1 所示的“图层特性管理器”对话框。

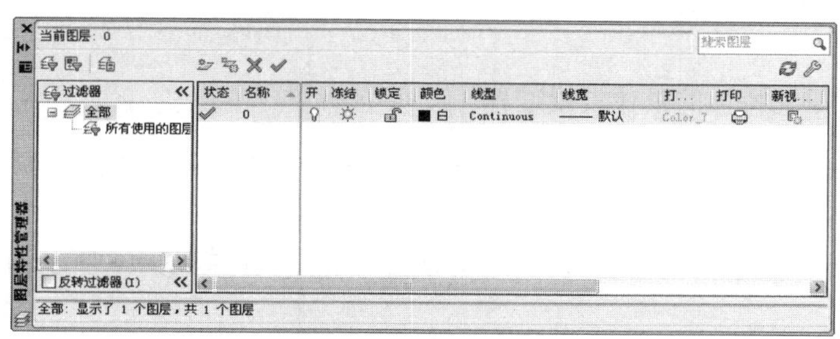

图 5-1　“图层特性管理器”对话框

02 单击“图层特性管理器”对话框中的按钮，新图层将以临时名称“图层 1”显示在列表中，如图 5-2 所示。

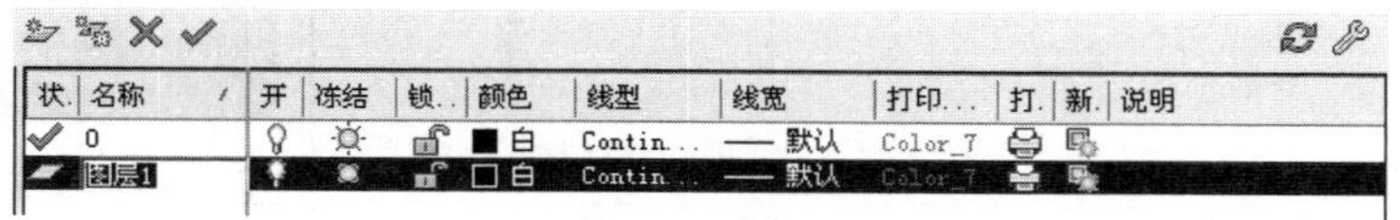

图 5-2　新建图层

03 用户在反白显示的“图层 1”区域输入新图层的名称，如图 5-3 所示，创建第一个新图层。

图 5-3　输入图层名

图层名最长可达 255 个字符，可以是数字、字母或其他字符；图层名中不允许含有大于号（>）、小于号（<）、斜杠（/）、反斜杠（\）以及标点等符号；另外，为图层命名时，必须确保图层名的唯一性。

04 按组合键 Alt+N，或再次单击按钮，创建另外两个图层，结果如图 5-4 所示。

状.	名称	开	冻结	锁..	颜色	线型	线宽	打印...	打.	新.	说明
	0				白	Contin...	默认	Color_7			
	点画线				白	Contin...	默认	Color_7			
	轮廓线				白	Contin...	默认	Color_7			
	细实线				白	Contin...	默认	Color_7			

图 5-4　设置新图层

如果在创建新图层时选择了一个现有图层，或为新建图层指定了图层特性，那么以下创建的新图层将继承先前图层的一切特性（如颜色、线型等）。

5.1.2 设置图层颜色

本小节将学习图层颜色特性的具体设置过程。

01 继续上节操作。在“图层特性管理器”对话框中单击名为“点画线”的图层，使其处于激活状态，如图 5-5 所示。

02 在颜色区域上单击左键，打开“选择颜色”对话框，然后选择如图 5-6 所示的颜色。

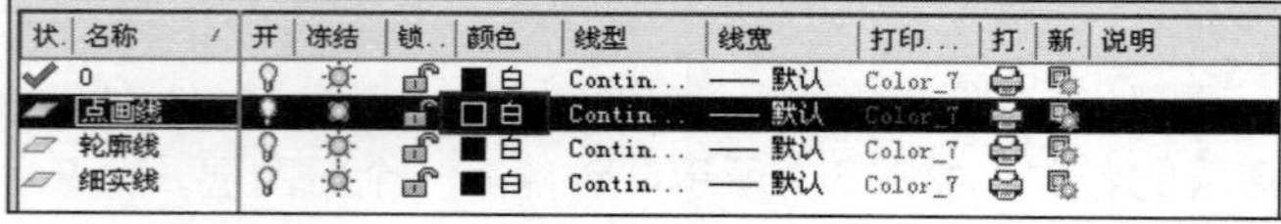

状.	名称	开	冻结	锁..	颜色	线型	线宽	打印...	打.	新.	说明
✔	0				白	Contin...	—— 默认	Color_7			
	点画线				白	Contin...	—— 默认	Color_7			
	轮廓线				白	Contin...	—— 默认	Color_7			
	细实线				白	Contin...	—— 默认	Color_7			

图 5-5　修改图层颜色

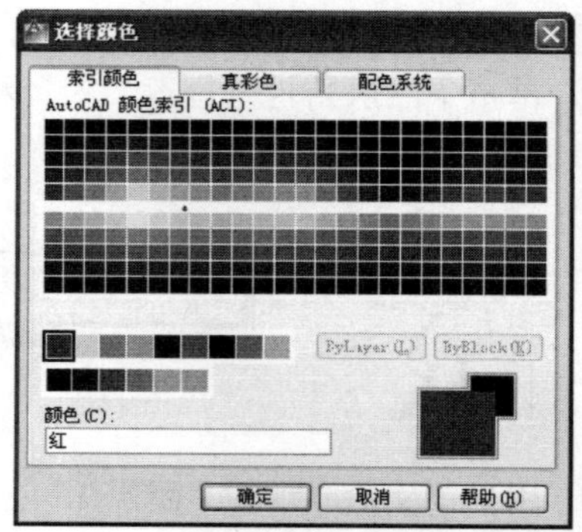

图 5-6　“选择颜色”对话框

03 单击“选择颜色”对话框中的 确定 按钮，即可将图层的颜色设置为红色，结果如图 5-7 所示。

状.	名称	开	冻结	锁..	颜色	线型	线宽	打印...	打.	新.	说明
✔	0				白	Contin...	—— 默认	Color_7			
	点画线				红	Contin...	—— 默认	Color_1			
	轮廓线				白	Contin...	—— 默认	Color_7			
	细实线				白	Contin...	—— 默认	Color_7			

图 5-7　设置颜色后的图层

04 参照上述操作，将“细实线”图层的颜色设置为 102 号色，结果如图 5-8 所示。

状.	名称	开	冻结	锁..	颜色	线型	线宽	打印...	打.	新.	说明
✔	0				白	Contin...	—— 默认	Color_7			
	点画线				红	Contin...	—— 默认	Color_1			
	轮廓线				白	Contin...	—— 默认	Color_7			
	细实线				102	Contin...	—— 默认	Colo...			

图 5-8　设置结果

小提示

用户也可以单击对话框中的“真彩色”和“配色系统”两个选项卡，如图 5-9 和图 5-10 所示，在其中定义自己需要的色彩。

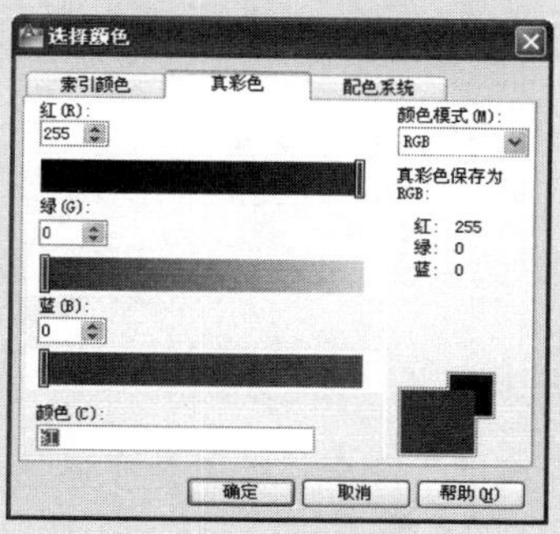

图 5-9　“真彩色”选项卡

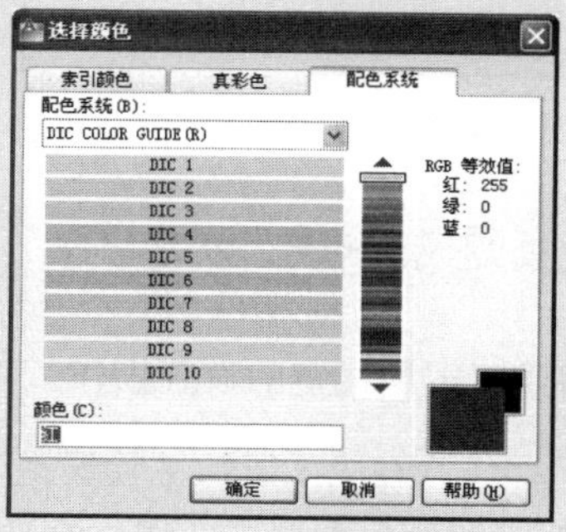

图 5-10　“配色系统”选项卡

5.1.3　设置图层线型

在默认设置时，系统为用户提供一种“Continuous”线型，用户如果需要使用其他的线型，必须进行加载。本小节主要学习图层线型的加载和设置过程。

01 继续上例操作。在“图层特性管理器”对话框中单击“点画线”图层，使其处于激活状态。

02 在如图 5-11 所示的图层位置上单击左键，打开 “选择线型”对话框。

03 在“选择线型”对话框中单击 加载(L)... 按钮，打开“加载或重载线型”对话框，选择“ACAD ISO04W100”线型，如图 5-12 所示。

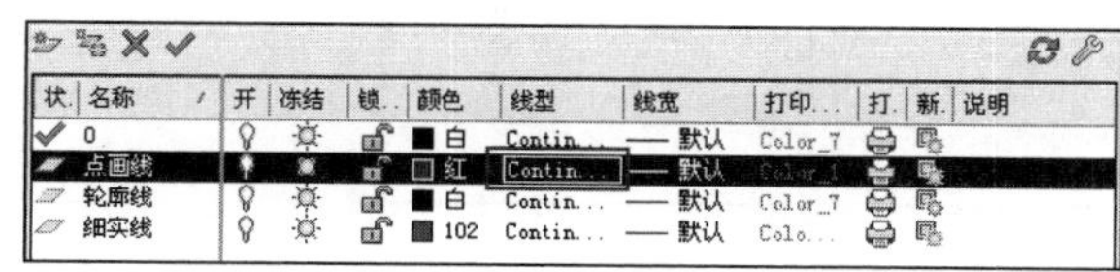

图 5-11　指定单击位置

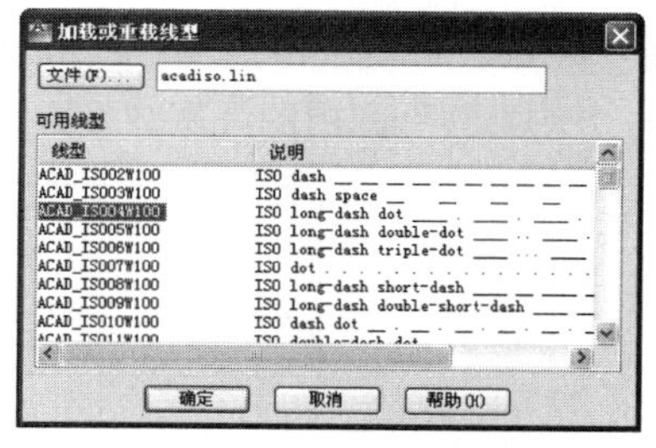

图 5-12　“加载或重载线型”对话框

04 单击 确定 按钮，线型被加载的效果如图 5-13 所示。

05 选择刚加载的线型，单击 确定 按钮，即将此线型附加给当前被选择的图层，结果如图 5-14 所示。

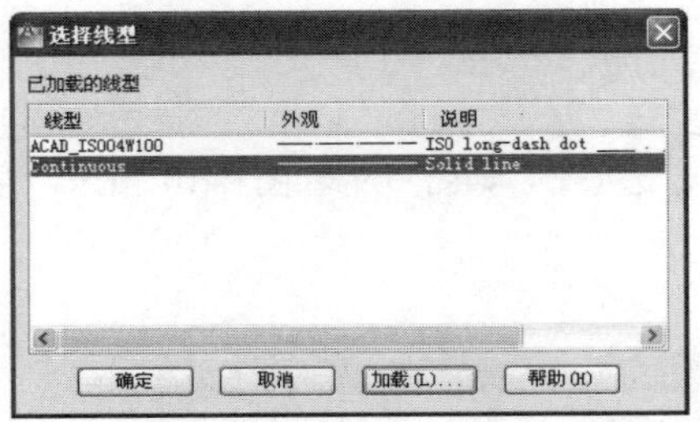

图 5-13　加载线型

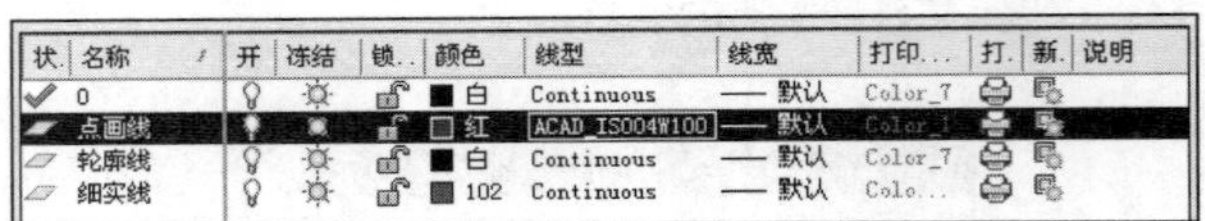

图 5-14　设置线型

5.1.4　设置图层线宽

本小节将学习图层线宽的设置操作。

01 继续上例操作。在“图层特性管理器”对话框中单击“轮廓线”图层，使其处于激活状态。

02 在如图 5-15 所示位置单击左键，打开如图 5-16 所示的“线宽”对话框。

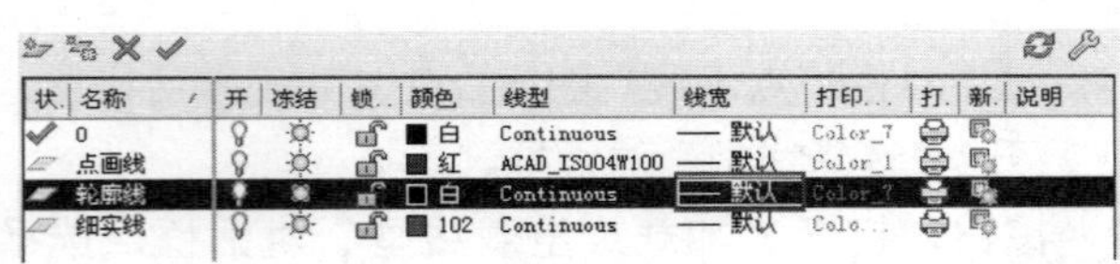

图 5-15　修改层的线宽

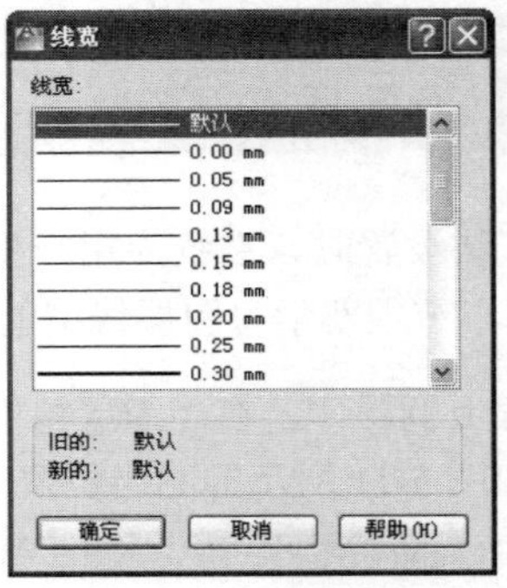

图 5-16　“线宽”对话框

03 在“线宽”对话框中选择“0.30mm”线宽，然后单击 确定 按钮返回“图层特性管理器”对话框，“轮廓线”图层的线宽被设置为“0.30mm”的效果如图 5-17 所示。

状.	名称	开	冻结	锁.	颜色	线型	线宽	打印...	打.	新.	说明
✓	0				白	Continuous	默认	Color_7			
	点画线				红	ACAD_ISO04W100	默认	Color_1			
	轮廓线				白	Continuous	0.30 毫米	Color_7			
	细实线				102	Continuous	默认	Colo...			

图 5-17　设置结果

04 单击 确定 按钮关闭“图层特性管理器”对话框。

5.1.5　匹配图层

“图层匹配”命令用于将选定对象的图层更改为目标图层。执行此命令主要有以下几种方式：

- 单击“常用”选项卡→“图层”面板→“图层匹配”按钮。
- 选择菜单栏“格式”→“图层工具”→“图层匹配”命令。
- 单击“图层 II”工具栏→“图层匹配”按钮。
- 在命令行输入 Laymch 后按 Enter 键。

下面将学习“图层匹配”命令的使用方法和技巧，具体操作步骤如下：

01 继续上节操作。在 0 图层上绘制一个矩形，如图 5-18 所示。

02 单击“常用”选项卡→“图层”面板→“图层匹配”按钮，将矩形所在图层更改为“点画线”。命令行操作如下：

```
命令：_laymch
    选择要更改的对象：                        //选择矩形
    选择对象：                                // Enter，结束选择
    选择目标图层上的对象或 [名称(N)]：          //n Enter，打开如图 5-19 所示的“更改到图层”对话框
                                              //然后双击“点画线”选项
    一个对象已更改到图层“点画线”上
```

03 图层更改后的显示效果如图 5-20 所示。

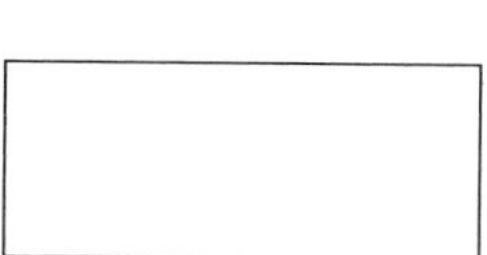

图 5-18　绘制矩形

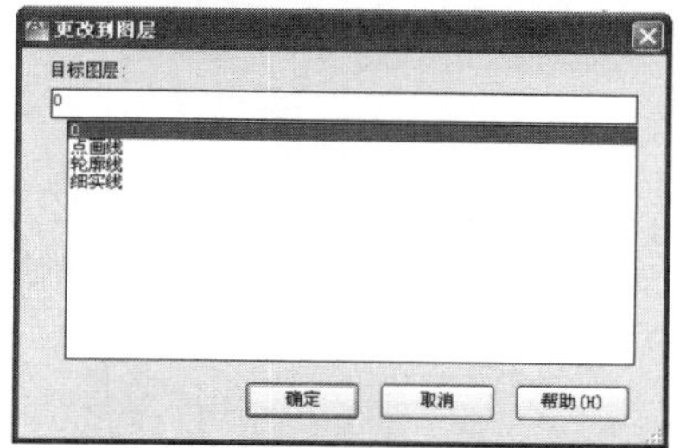

图 5-19　“更改到图层“对话框

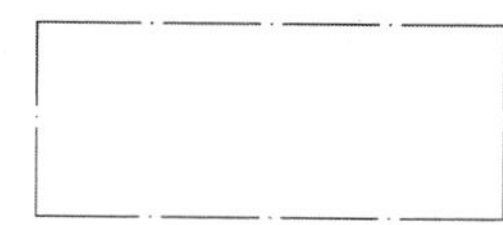

图 5-20　图层更改后的效果

如果单击“更改为当前图层“按钮，可以将选定对象的图层更改为当前图层；如果单击“将对象复制到新图层”按钮，可以将选定的对象复制到其他图层。

5.1.6　隔离图层

“图层隔离”命令用于将选定对象图层之外的所有图层都锁定，以达到隔离图层的目的。执行此命令主要有以下几种方式：

- 单击“常用”选项卡→“图层”面板→“隔离”按钮。
- 选择菜单栏“格式”→“图层工具”→“图层隔离”命令。
- 单击“图层 II”工具栏→“图层隔离”按钮。
- 在命令行输入 Layiso 后按 Enter 键。

激活“图层隔离”命令后，其命令行操作如下：

```
命令：_layiso
    当前设置：锁定图层，Fade=50
    选择要隔离的图层上的对象或 [设置(S)]：//选择所需图形
```

```
选择要隔离的图层上的对象或 [设置(S)]:
        //Enter，除所选图形所在层以外的所有图层均被锁定
```

单击“取消图层隔离”按钮，或在命令行输入 Layuniso，都可以取消图层的隔离，将被锁定的图层解锁。

5.1.7 控制图层

为了方便对图形进行规划和状态控制，AutoCAD 为用户提供了几种状态控制功能，具体有开关、冻结与解冻、在视口中冻结，锁定与解锁等，如图 5-21 所示。

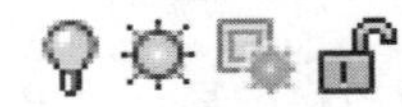
图 5-21 状态控制图标

1. 开关

/按钮用于控制图层的开关状态。默认状态下的图层都为打开的，按钮显示为。当按钮显示为时，位于图层上的对象都是可见的，并且可在该图层上进行绘图和修改操作；在按钮上单击左键，即可关闭该图层，按钮显示为（按钮变暗）。

图层被关闭后，位于图层上的所有图形对象被隐藏，该图层上的图形也不能被打印或由绘图仪输出，但重新生成图形时，图层上的实体仍将重新生成。

2. 冻结与解冻

/按钮用于在所有视图窗口中冻结或解冻图层。默认状态下图层是被解冻的，按钮显示为；在该按钮上单击左键，按钮将显示为，位于该图层上的内容不能在屏幕上显示或由绘图仪输出，也不能进行重生成、消隐、渲染和打印等操作。

关闭与冻结的图层都是不可见和不可以输出的。但被冻结的图层不参加运算处理，可以加快视窗缩放、视窗平移和许多其他操作的处理速度，增强对象选择的性能并减少复杂图形的重生成时间。建议冻结长时间不用看到的图层。

3. 在视口中冻结

按钮用于冻结或解冻当前视口中的图形对象，不过它在模型空间内是不可用的，只能在图纸空间内使用此功能。

4. 锁定与解锁

按钮用于锁定图层或解锁图层。默认状态下图层是解锁的，按钮显示为，在此按钮上单击，图层将被锁定，按钮显示为，此时用户只能观察该图层上的图形，不能对其进行编辑和修改，但该图层上的图形仍可以显示和输出。

状态控制功能的启动，主要有以下两种方式：

- 在“图层”工具栏或面板中展开“图层控制”列表，然后单击各图层左端的状态控制按钮。
- 在“图层特性管理器”对话框中选择图层后，单击相应的控制按钮。

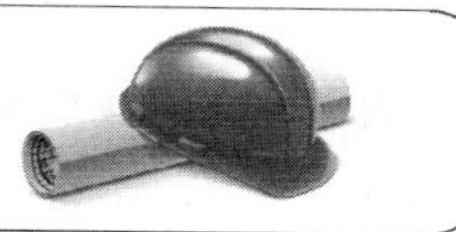

5.2 设计中心

“设计中心”命令与 Windows 的资源管理器界面功能相似，其窗口如图 5-22 所示。此命令主要用于对 AutoCAD 的图形资源进行管理、查看与共享等，是一个直观、高效的制图工具。执行“设计中心”命令主要有以下几种方式：

- 单击“视图”选项卡→“选项板”面板→“设计中心”按钮。
- 选择菜单栏“工具”→“选项板”→“设计中心”命令。
- 单击“标准”工具栏→“设计中心”按钮。
- 在命令行输入 Adcenter 后按 Enter 键。
- 使用快捷键 ADC 键。
- 按组合键 Ctrl+2。

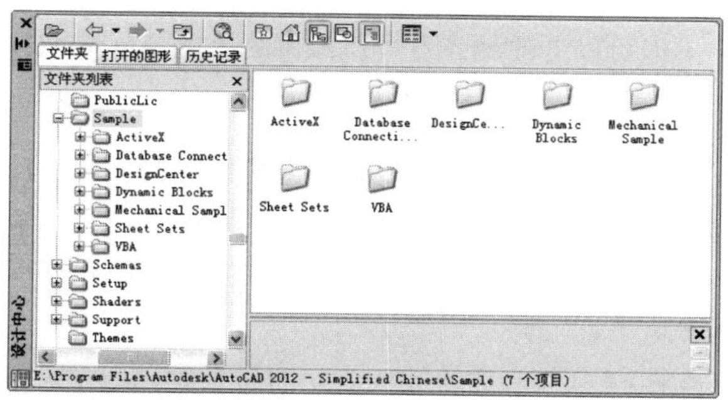

图 5-22　“设计中心”窗口

5.2.1 设计中心概述

如图 5-22 所示的“设计中心”窗口，共包括“文件夹”、“打开的图形”、“历史记录”三个选项卡，分别用于显示计算机和网络驱动器上的文件与文件夹的层次结构、打开图形的列表、自定义内容等，具体说明如下：

- 在“文件夹”选项卡中，左侧为“树状管理视窗”，用于显示计算机或网络驱动器中文件和文件夹的层次关系；右侧为“控制面板”，用于显示在左侧树状视窗中选定文件的内容。

- “打开的图形”选项卡用于显示 AutoCAD 任务中当前所有打开的图形，包括最小化的图形。
- “历史记录”选项卡用于显示最近在设计中心打开的文件列表。它可以显示“浏览 Web”对话框最近连接过的 20 条地址的记录。

选项解析

- 单击“加载”按钮，将打开“加载”对话框，以方便浏览本地和网络驱动器或 Web 上的文件，然后选择内容加载到内容区域。
- 单击“上一级”按钮，将显示活动容器的上一级容器的内容。容器可以是文件夹，也可以是一个图形文件。
- 单击“搜索”按钮，可打开“搜索”对话框，用于指定搜索条件，查找图形、块以及图形中的非图形对象，如线型、图层等，还可以将搜索到的对象添加到当前文件中，为当前图形文件所使用。
- 单击“收藏夹”按钮，将在设计中心的右侧窗口中显示“Autodesk Favorites”文件夹内容。
- 单击“主页”按钮，系统将设计中心返回到默认文件夹。安装时，默认文件夹被设置为 ...\Sample\DesignCenter。
- 单击“树状图切换”按钮，设计中心左侧将显示或隐藏树状管理视窗。如果在绘图区域中需要更多空间，可以单击该按钮隐藏树状管理视窗。
- “预览”按钮用于显示和隐藏图像的预览框。当预览框被打开时，在上部的面板中选择一个项目，则在预览框内将显示出该项目的预览图像。如果选定项目没有保存的预览图像，则该预览框为空。
- “说明”按钮用于显示和隐藏选定项目的文字信息。

5.2.2 查看图形资源

通过“设计中心”窗口，不但可以方便地查看本机或网络上的 AutoCAD 资源，还可以将选择的 CAD 文件单独打开。

- 查看文件夹资源。在左侧树状窗口中定位并展开需要查看的文件夹，那么在右侧窗口中，即可查看该文件夹中的所有图形资源，如图 5-23 所示。
- 查看文件内部资源。在左侧树状窗口中定位需要查看的文件，在右侧窗口中即可显示出文件内部的所有资源，如图 5-24 所示。

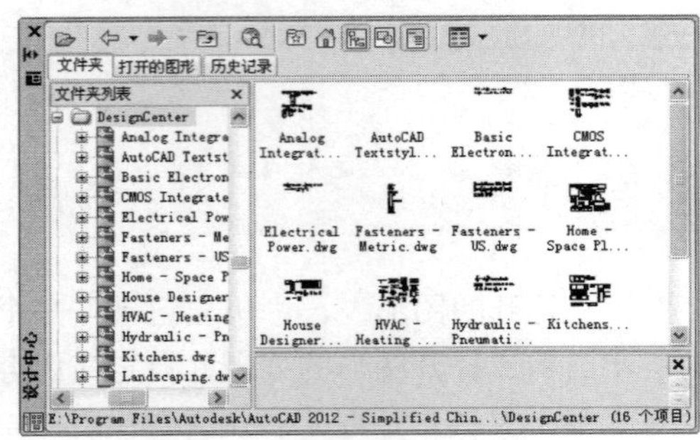

图 5-23　查看文件夹资源

图 5-24　查看文件内部资源

- 如果用户需要进一步查看某一类内部资源，如文件内部的所有图块，可以在右侧窗口中双击图块的图标，即可显示出所有的图块，如图 5-25 所示。
- 打开 CAD 文件。如果用户需要打开某 CAD 文件，可以在该文件图标上单击右键，然后在弹出的快捷菜单中选择“在应用程序窗口中打开”命令，即可打开此文件，如图 5-26 所示。

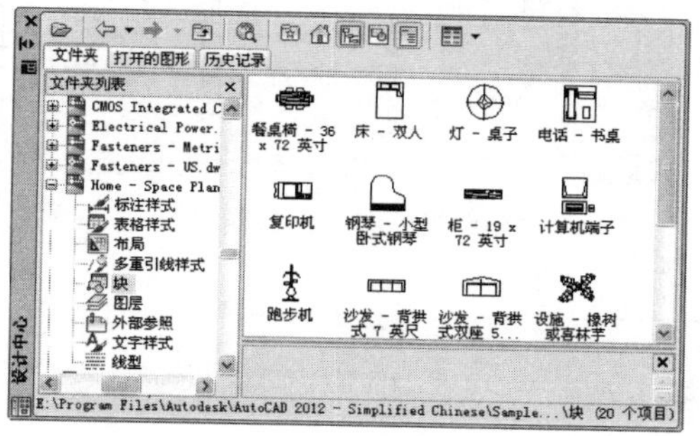

图 5-25　查看图块资源

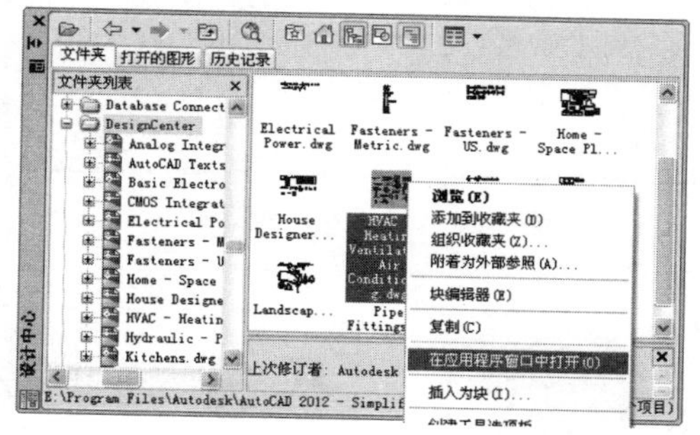

图 5-26　快捷菜单

5.2.3　共享图形资源

用户不但可以随意查看本机上的所有设计资源，还可以将有用的图形资源以及图形的一些内部资源应用到自己的图纸中。

01 继续上节操作。在左侧树状窗口中查找并定位所需文件的上一级文件夹，然后在右侧窗口中定位所需文件。

02 在文件图标上单击右键，在弹出的快捷菜单中选择“插入为块”命令，如图 5-27 所示。

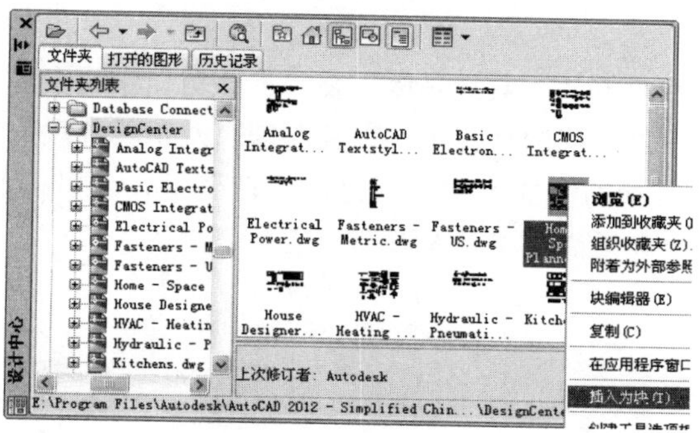

图 5-27　共享文件

03 打开如图 5-28 所示的“插入”对话框，根据实际需要设置参数，然后单击 确定 按钮，即可将选择的图形以块的形式共享到当前文件中。

04 定位并打开所需文件的内部资源，如图 5-29 所示。

05 在设计中心的右侧窗口中选择某一图块，单击右键，从弹出的快捷菜单中选择“插入块”命令，就可以将此图块插入到当前图形文件中。

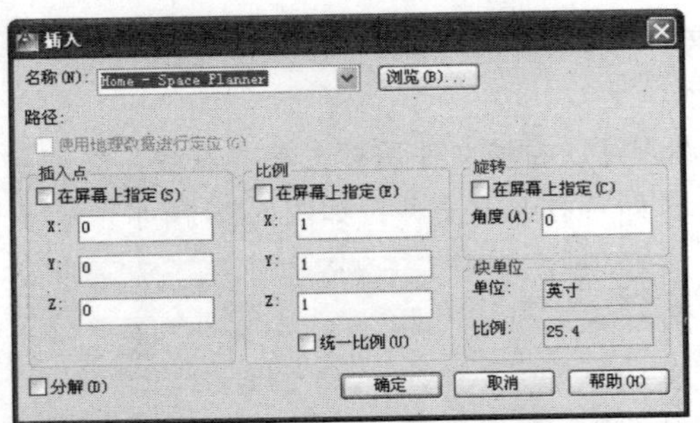

图 5-28 “插入”对话框

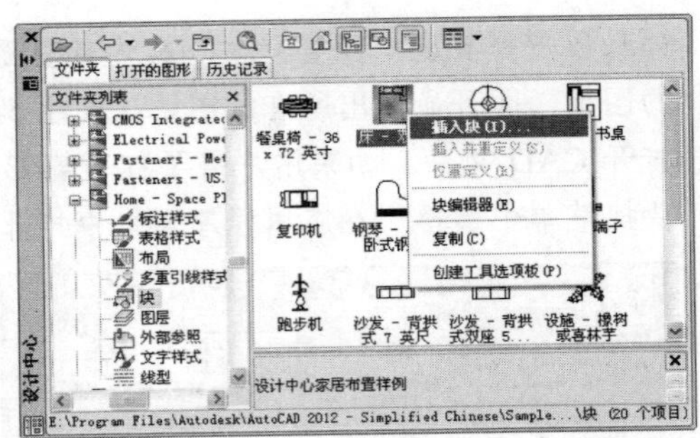

图 5-29 浏览图块资源

5.3 工具选项板

“工具选项板”命令用于组织、共享图形资源和高效执行命令等，其窗口包含一系列选项板，这些选项板以选项卡的形式分布在“工具选项板”窗口中，如图 5-30 所示。

执行“工具选项板”命令主要有以下几种方式：

- 单击“视图”选项卡→“选项板”面板→“工具选项板”按钮。
- 选择菜单栏“工具”→“选项板”→“工具选项板”命令。
- 单击“标准”工具栏→“工具选项板”按钮。
- 在命令行输入 Toolpalettes 后按 Enter 键。
- 按组合键 Ctrl+3。

执行“工具选项板”命令后打开“工具选项板”窗口，该窗口主要由各选项卡和标题栏两部分组成，在窗口标题栏上单击右键，即可打开标题栏菜单，以控制窗口及工具选项卡的显示状态等。在选项板中单击右键，即可打开如图 5-31 所示的快捷菜单，通过此快捷菜单，可以控制工具面板的显示状态、透明度，还可以很方便地创建、删除和重命名工具面板等。

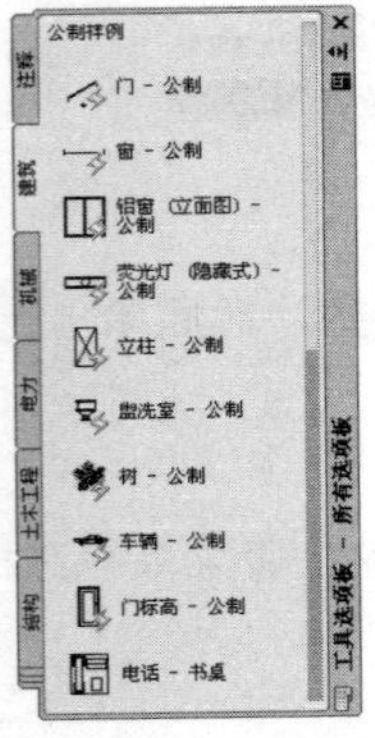

图 5-30 “工具选项板”窗口

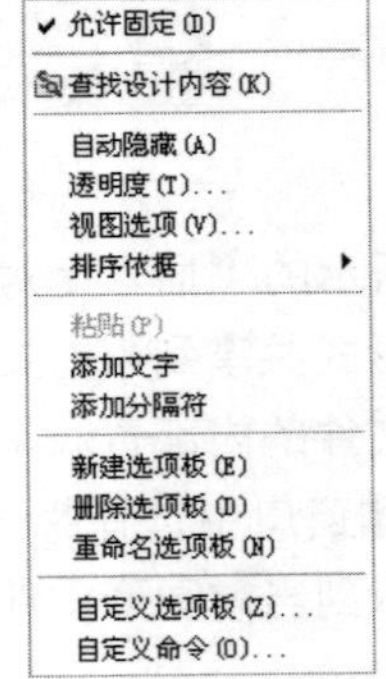

图 5-31 快捷菜单

5.3.1　选项板的定义

用户可以根据需要自定义选项板中的内容以及创建新的工具选项板，下面将通过具体的实例学习此功能。

01 单击“视图”选项卡→“选项板”面板→“工具选项板”按钮，打开“工具选项板”窗口。

02 定义选项板内容。在“设计中心”窗口中定位需要添加到选项板中的图形、图块或图案填充等内容，然后按住左键不放，将选择的内容直接拖到选项板中，即可添加这些项目，如图 5-32 所示，添加结果如图 5-33 所示。

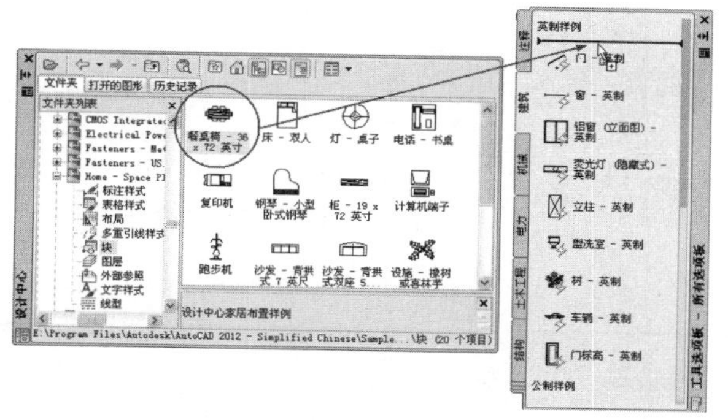

图 5-32　添加选项板内容

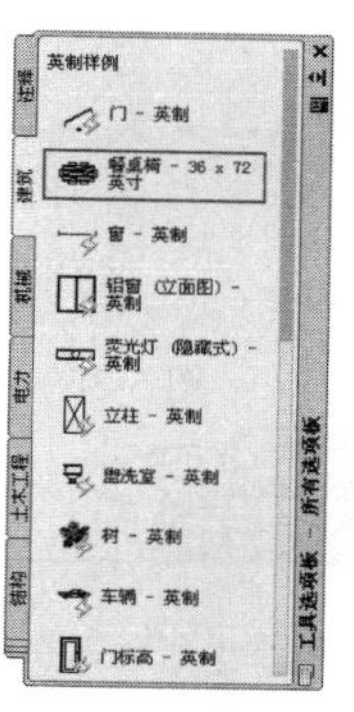

图 5-33　添加结果

03 定义选项板。在“设计中心”左侧窗口中选择文件夹，然后单击右键，在弹出的快捷菜单中选择如图 5-34 所示的“创建块的工具选项板”命令。

04 系统将此文件夹中的所有图形文件创建为新的工具选项板，选项板名称为文件的名称，如图 5-35 所示。

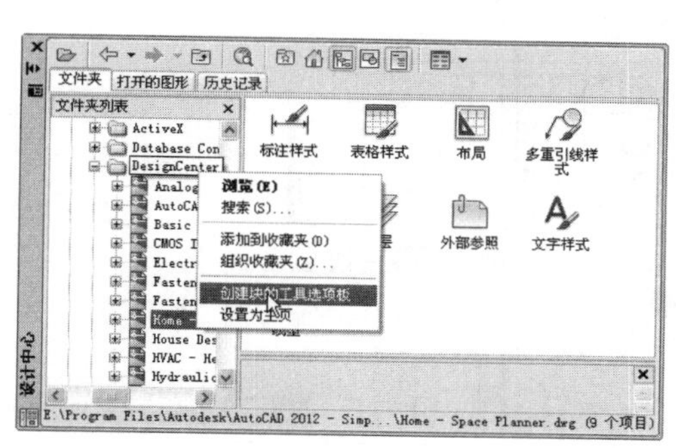

图 5-34　定位文件

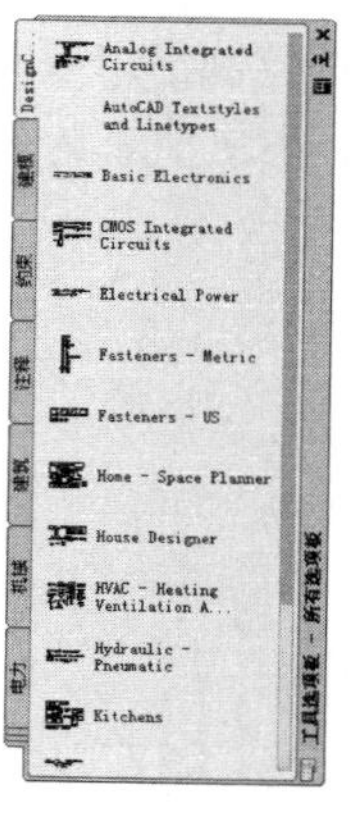

图 5-35　定义选项板

5.3.2　选项板的资源共享

下面将以向图形文件中插入图块及填充图案为例，学习“工具选项板”命令的使用方法和技巧。

01 新建文件。单击“视图”选项卡→“选项板”面板→“工具选项板”按钮，打开“工具选项板”窗口。

02 在“工具选项板”窗口中展开“建筑”选项卡，然后在所需图例上单击左键，如图 5-36 所示。

03 返回绘图区，在命令行“指定插入点或 [基点(B)/比例(S)/X/Y/Z/旋转(R)]：”提示下，在绘图区拾取一点，将图例共享到当前文件内，结果如图 5-37 所示。

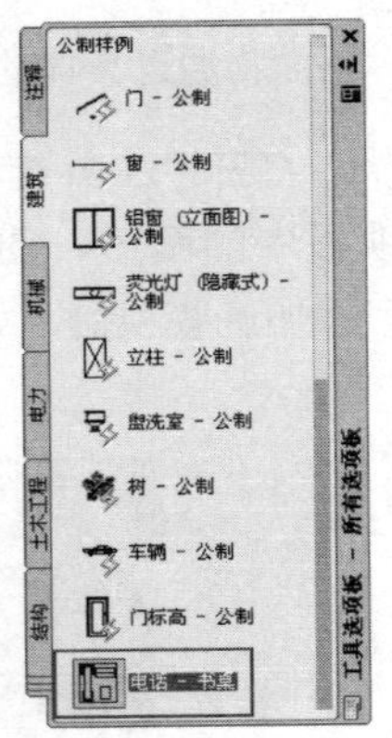

图 5-36　选择共享图块

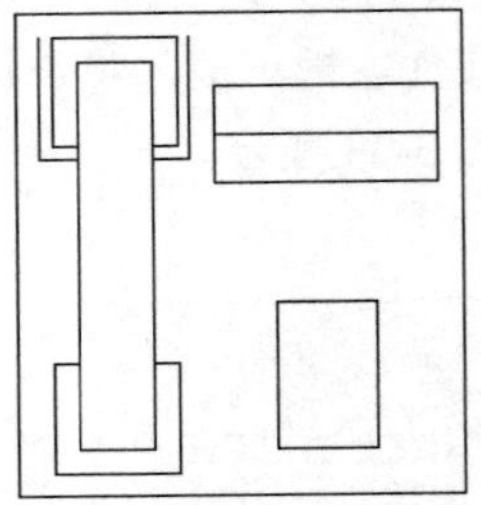

图 5-37　共享结果

另外也可以将光标定位到所需图例上，然后按住左键不放，将其拖入到当前图形中。

5.4 案例——绘制小户型家具布置图

本案例通过绘制小户型家具布置图，对“图层”、“设计中心”和“工具选项板”等命令进行综合练习和巩固应用。小户型家具布置图的最终绘制效果，如图 5-38 所示。

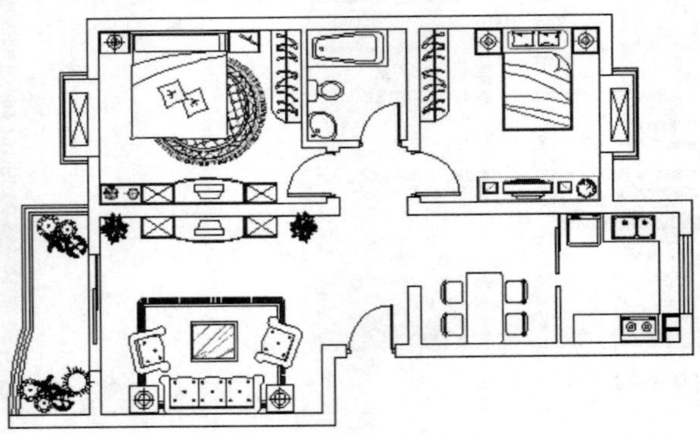

图 5-38　实例效果

操作步骤：

01 打开随书光盘中的“\实例源文件\小户型墙体图.dwg”，如图 5-39 所示。

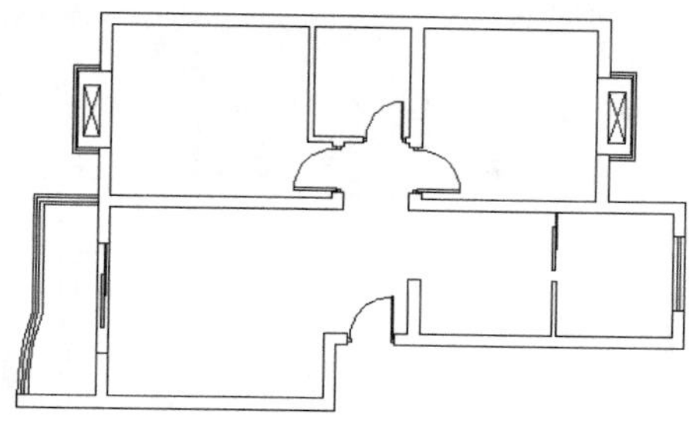

图 5-39　打开结果

02 使用快捷键 LA 激活“图层”命令，在打开的“图层特性管理器”对话框中创建名为“图块层”的新图层，图层颜色为 52 号，并将此图层设置为当前图层，如图 5-40 所示。

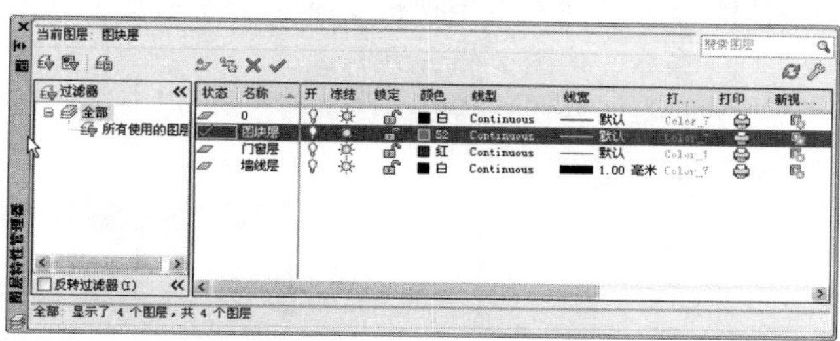

图 5-40　设置新图层

03 单击“视图”选项卡→“选项板”面板→“设计中心”按钮，打开“设计中心”窗口，定位随书光盘“图块文件”文件夹，如图 5-41 所示。

04 在右侧窗口中向下拖动滑块，然后在“沙发组合 03.dwg”文件图标上单击右键，在弹出的快捷菜单中选择“复制”命令，如图 5-42 所示。

图 5-41　定位目标文件夹

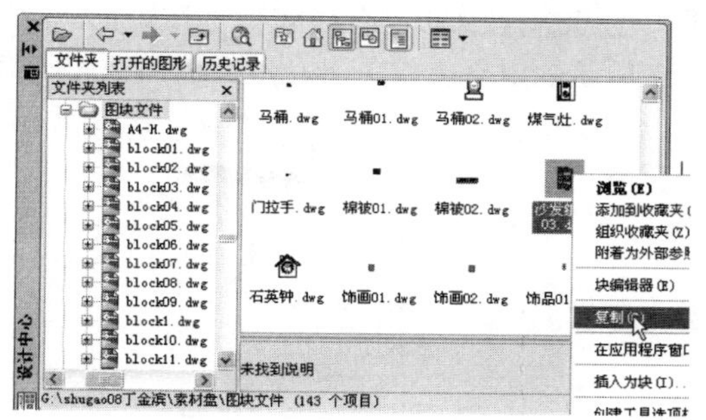

图 5-42　定位目标文件

05 返回绘图区，单击右键，在弹出的快捷菜单中选择“粘贴”命令，将图形共享到当前文件内，命令行操作如下：

```
命令: _INSERT
    输入块名或 [?]: "E:\素材文件\图块文件\沙发组合 03.dwg"
    指定插入点或 [基点(B)/比例(S)/X/Y/Z/旋转(R)]:        //r Enter
    指定旋转角度 <0.00>:                                 //90 Enter
    指定插入点或 [基点(B)/比例(S)/X/Y/Z/旋转(R)]:
        //向右引出如图 5-43 所示的对象追踪矢量，然后输入
```

```
2100 并按 Enter 键，定位插入点
输入 X 比例因子，指定对角点，或 [角点(C)/XYZ(XYZ)] <1>:   // Enter
输入 Y 比例因子或 <使用 X 比例因子>:          // Enter，共享结果如图 5-44 所示
```

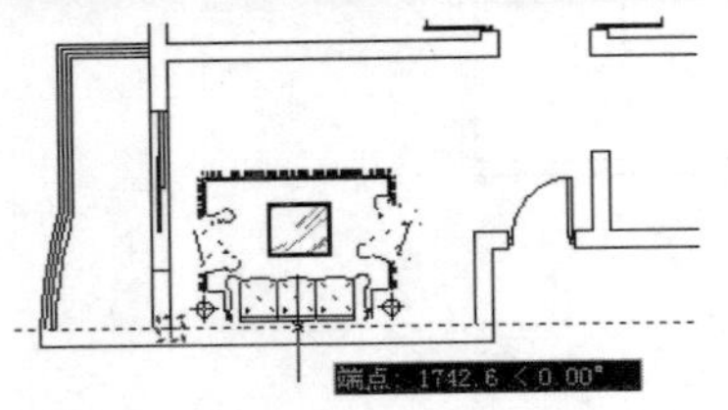

图 5-43　引出对象追踪矢量

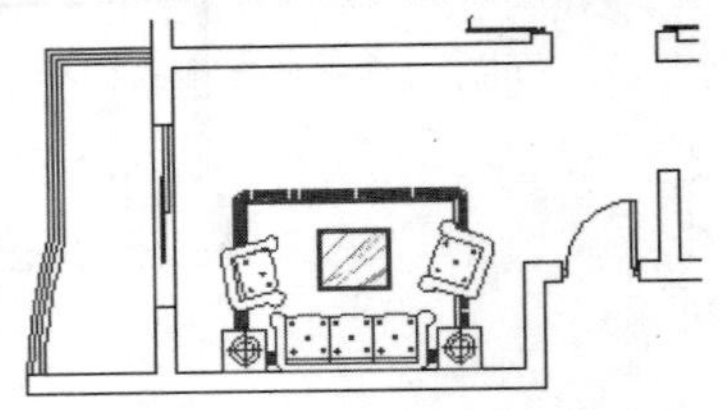
图 5-44　共享结果

06 在“设计中心”右侧的窗口中定位“电视及电视柜.dwg”，然后在此文件图标上单击右键，在弹出的快捷菜单中选择“插入为块”命令，如图 5-45 所示。

07 此时系统自动打开“插入”对话框，在此对话框内设置插入参数，如图 5-46 所示。

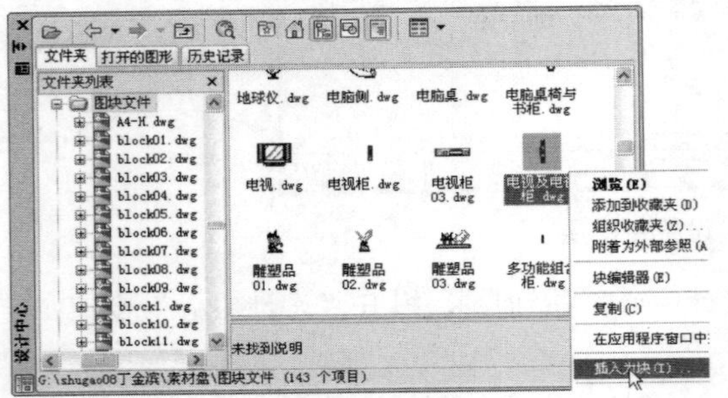

图 5-45　定位共享文件

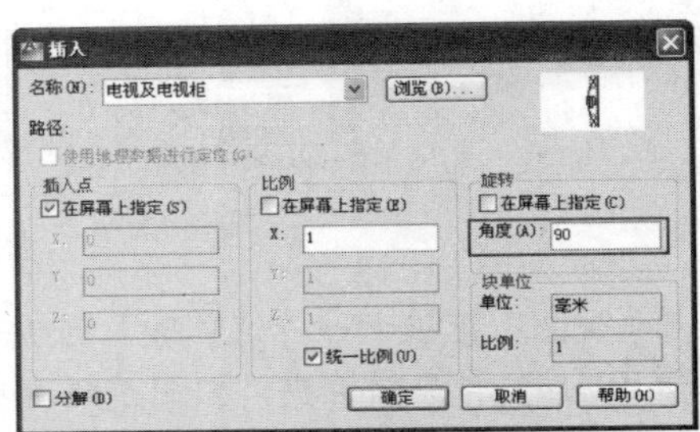

图 5-46　设置参数

08 单击 确定 按钮，在命令行“指定插入点或 [基点(B)/比例(S)/旋转(R)]:”提示下，向右引出如图 5-47 所示的对象追踪矢量，然后输入 2045 并按 Enter 键，共享结果如图 5-48 所示。

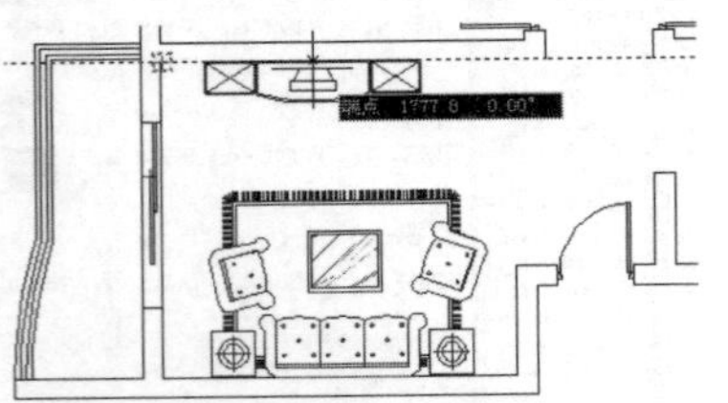
图 5-47　引出对象追踪矢量

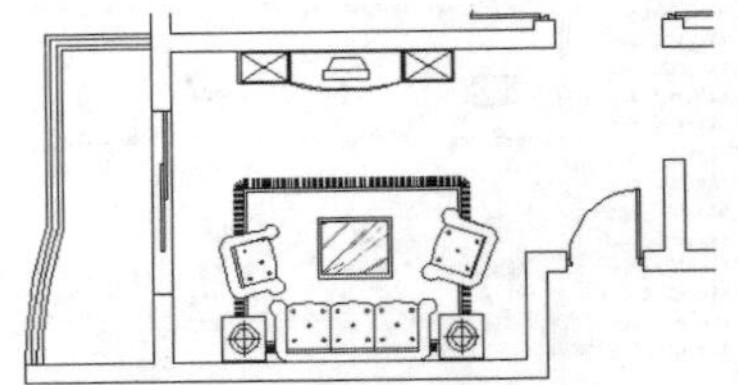
图 5-48　共享结果

09 单击“常用”选项卡→“修改”面板→“镜像”按钮，将“电视及电视柜”图块进行镜像。命令行操作如下：

```
命令: _mirror
    选择对象:                         //选择刚插入的电视及电视柜图块
    选择对象:                         // Enter
    指定镜像线的第一点:               //激活“两点之间的中点”捕捉功能
    _m2p 中点的第一点:                //捕捉如图 5-49 所示的端点
    中点的第二点:                     //捕捉如图 5-50 所示的端点
```

```
指定镜像线的第二点:                  //@1,0 Enter
要删除源对象吗? [是(Y)/否(N)] <N>:    // Enter，镜像结果如图 5-51 所示
```

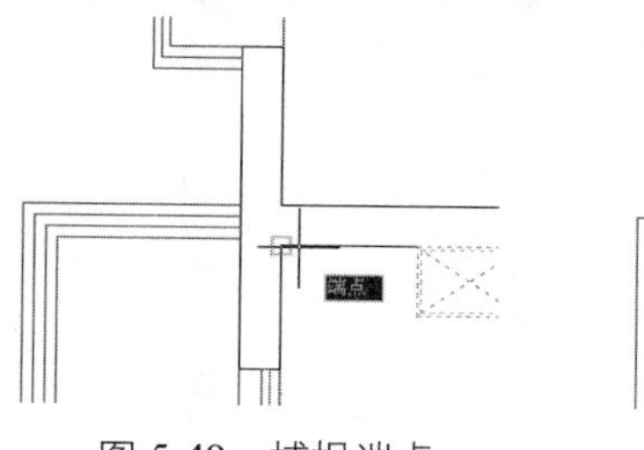

图 5-49　捕捉端点

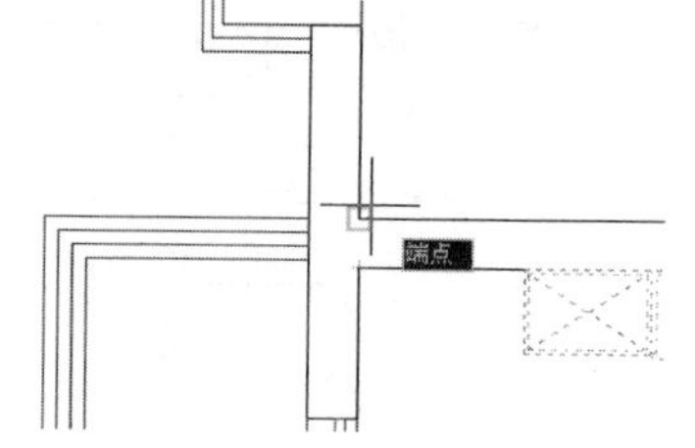

图 5-50　捕捉端点

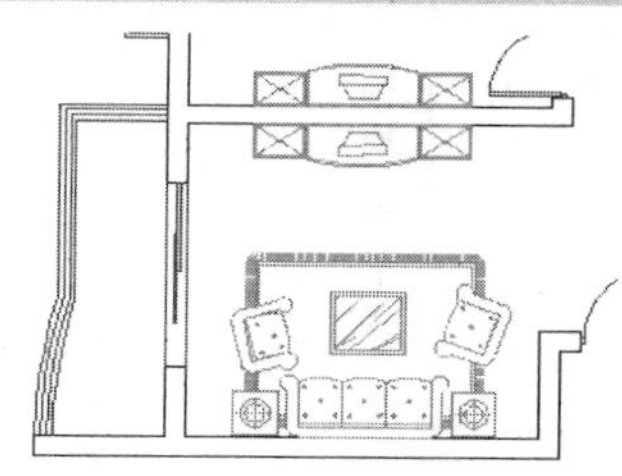

图 5-51　镜像结果

10 在“设计中心”左侧窗口中定位“图块文件”文件夹，然后在此文件夹上单击右键，在弹出的快捷菜单中选择“创建块的工具选项板”命令，如图 5-52 所示。

11 “图块文件”被创建为块的选项板，并自动打开“工具选项板”窗口，如图 5-53 所示。

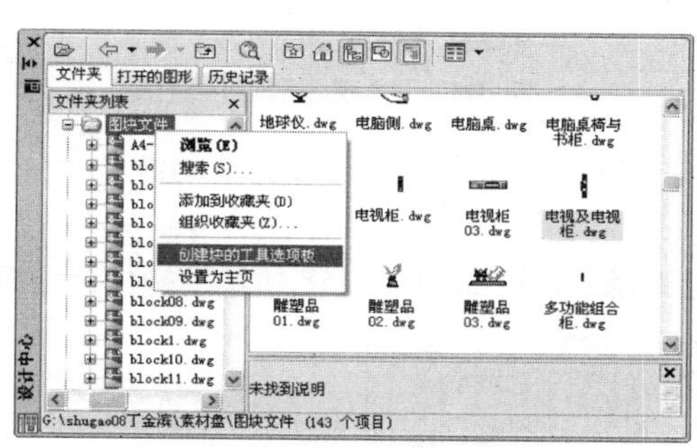

图 5-52　定位文件夹

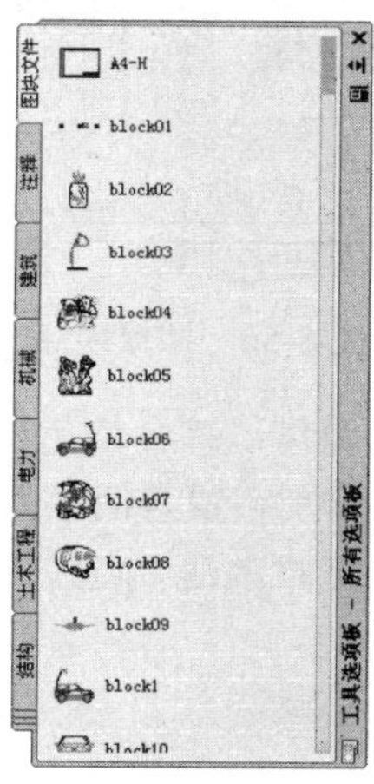

图 5-53　创建块的选项板

12 在“工具选项板”窗口中向下拖动滑块，然后定位“双人床 03.dwg”文件图标，如图 5-54 所示。

13 在“双人床 03.dwg”文件图标上按住鼠标左键不放，将其拖曳至绘图区，以块的形式共享此图形，结果如图 5-55 所示。

14 在“工具选项板”窗口中单击“衣柜 02.dwg”图标，然后将光标移至绘图区，此时被单击的图形将会呈现虚显状态。

15 根据命令行的操作提示，将“衣柜 02.dwg”图形以块的形式共享到当前文件内。命令行操作过程如下：

```
命令: 忽略块 尺寸箭头 的重复定义。
    指定插入点或 [基点(B)/比例(S)/X/Y/Z/旋转(R)]:  //r Enter
    指定旋转角度 <0>:                        //-90 Enter
    指定插入点或 [基点(B)/比例(S)/X/Y/Z/旋转(R)]:
     //捕捉如图 5-56 所示的端点，插入结果如图 5-57 所示
```

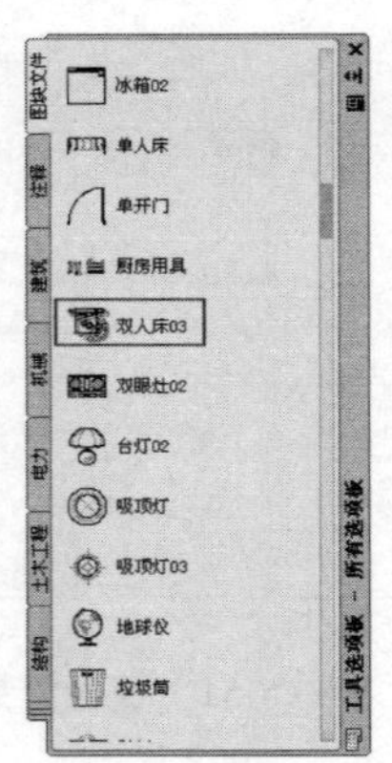

图 5-54　定位文件图标

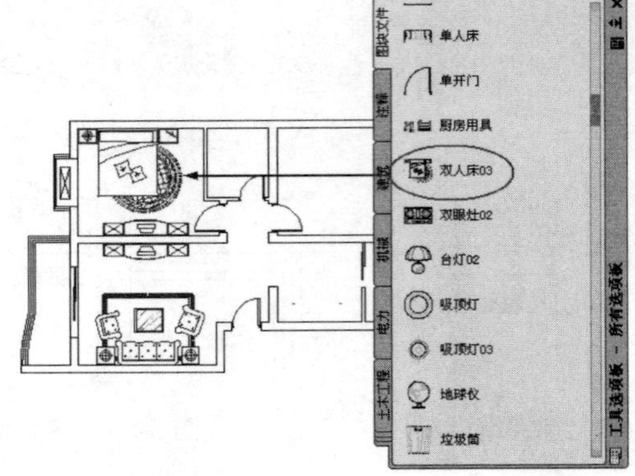

图 5-55　以“拖曳”方式共享

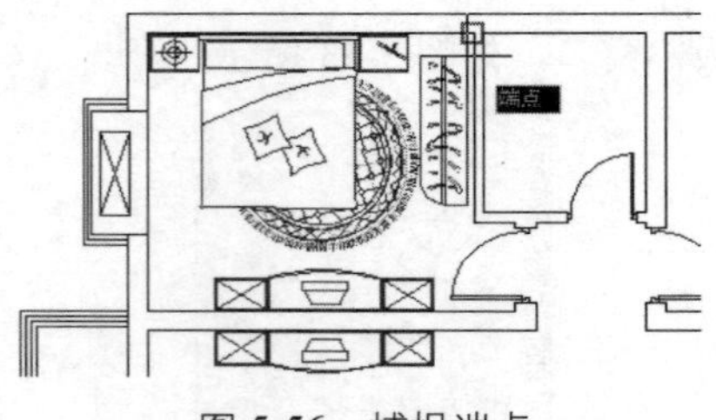

图 5-56　捕捉端点

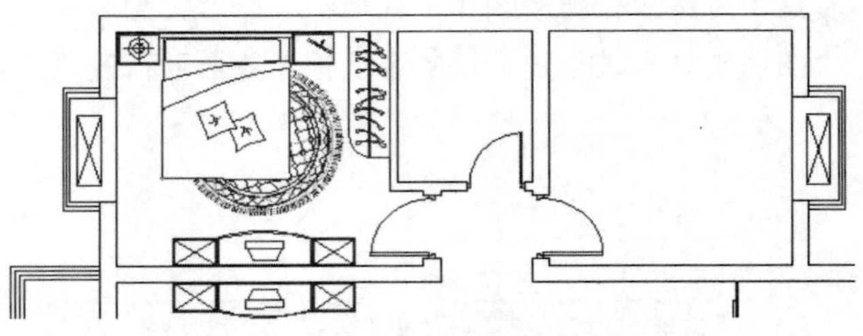

图 5-57　共享图形后的结果

16 参照上述操作，综合使用“设计中心”、“工具选项板”命令中的资源共享功能和“分解”、“删除”等命令，分别布置其他房间内的用具图块。

17 使用快捷键 L 激活“直线”命令，配合捕捉与追踪功能绘制如图 5-58 所示的操作台轮廓线。

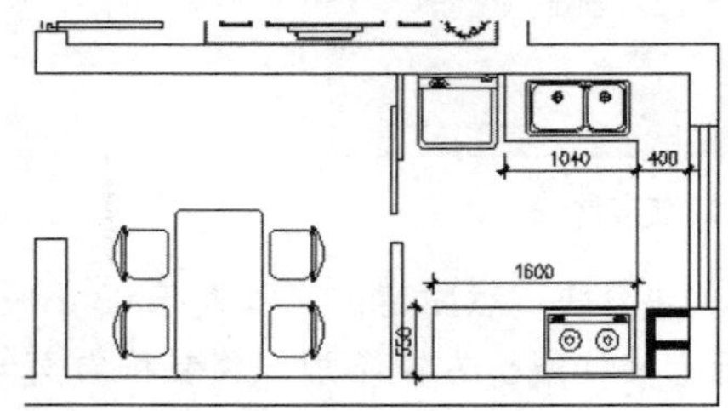

图 5-58　绘制结果

18 调整视图，使平面图全部显示，最终结果如图 5-38 所示。

19 最后执行“另存为”命令，将图形存储为“小户型布置图.dwg”。

5.5 定义与编辑图块

“图块”指的是将多个图形集合起来，形成一个单一的组合图元，以方便用户对其进行选择、应用和编辑等。在文件中引用了图块后，不仅可以在很大程度上提高绘图速度、节省存储空间，还可以使绘制的图形更加标准化和规范化。

5.5.1　定义内部块

“创建块”命令用于将单个或多个图形集合成为一个整体图形单元，保存于当前图形文件内，以供当前文件重复使用。执行“创建块”命令主要有以下几种方法：

- 单击“视图”选项卡→“块”面板→“创建”按钮。
- 选择菜单栏“绘图”→“块”→“创建”命令。
- 单击“绘图”工具栏→“创建块”按钮。
- 在命令行输入 Block 或 Bmake 后按 Enter 键。
- 使用快捷键 B。

下面通过将如图 5-59 所示的“餐桌椅”定义成内部块，来学习“创建块”命令的使用方法和操作技巧。具体操作步骤如下：

01 打开随书光盘“\实例源文件\定义图块.dwg”，如图 5-59 所示。

02 单击“视图”选项卡→“块”面板→“创建”按钮，打开如图 5-60 所示的“块定义”对话框。

图 5-59　打开结果

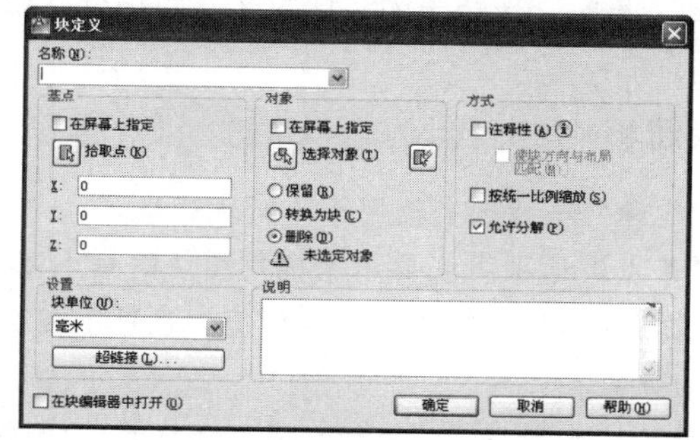

图 5-60　“块定义”对话框

03 定义块名。在“名称”文本框内输入“餐桌与餐椅”作为块的名称，在“对象”选项组中选中“保留”单选按钮，其他参数采用默认设置。

图块名是一个不超过 255 个字符的字符串，可包含字母、数字、“$”、“-”及“_”等符号。

04 定义基点。在“基点”选项组中，单击“拾取点”按钮，返回绘图区捕捉如图 5-61 所示的圆心作为块的基点。

05 单击“选择对象”按钮，返回绘图区框选所有的图形对象。

06 预览效果。按 Enter 键返回到“块定义”对话框，则在此对话框内将出现图块的预览图标，如图 5-62 所示。

图 5-61 捕捉端点

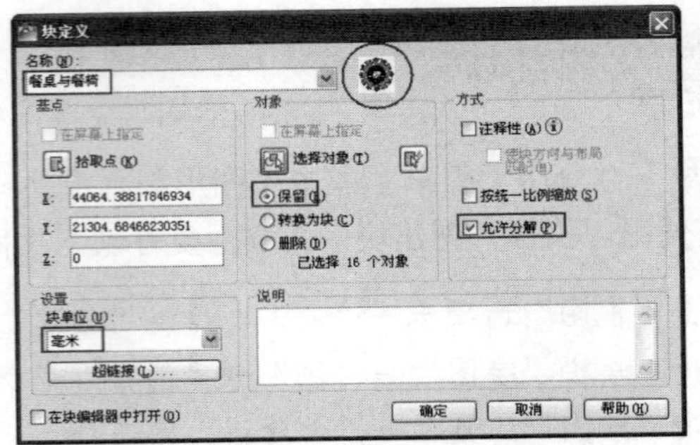

图 5-62 参数设置

如果在定义块时，勾选了“按照统一比例缩放”复选框，那么在插入块时，仅可以对块进行等比缩放。

07 单击 确定 按钮关闭“块定义”对话框，结果所创建的图块保存在当前文件内，此块将会与文件一起存盘。

选项解析

- “名称”下拉列表框用于为新块赋名。
- “基点”选项组主要用于确定图块的插入基点。在定义基点时，用户可以直接在“X”、“Y”、“Z”文本框中键入基点坐标值，也可以在绘图区直接捕捉图形上的特征点。AutoCAD 的默认基点为原点。
- 单击“快速选择”按钮，将打开“快速选择”对话框，用户可以按照一定的条件定义一个选择集。
- “转换为块”单选按钮用于将创建块的源图形转化为图块。
- “删除”单选按钮用于将组成图块的图形对象从当前绘图区中删除。
- “在块编辑器中打开”复选框用于定义完块后自动进入块编辑器窗口，以便对图块进行编辑管理。

小提示

使用“创建块“命令创建的图块被称为“内部块”，此种图块只能在当前文件内引用，不能用于其他文件。

5.5.2 定义外部块

“内部块”仅供当前文件引用，为了弥补内部块的这一缺陷，AutoCAD 为用户提供了“写块”命令，使用此命令可以定义外部块，所定义的外部块不但可以被当前文件所使用，还可以供其他文件进行重复引用，下面学习外部块的具体定义过程。

01 继续上例操作。在命令行中输入 Wblock 或 W 后按 Enter 键，激活“写块”命令，打开“写块”对话框。

02 在“源”选项组内激活“块”选项，然后展开“块”下拉列表框，选择“餐桌与餐椅”内部块，如图 5-63 所示。

03 在“文件名和路径”文本框内，设置外部块的存盘路径、名称和单位，如图 5-64 所示。

04 单击 确定 按钮，即可将“餐桌与餐椅”内部块转化为外部图块，以独立的文件形式存盘。

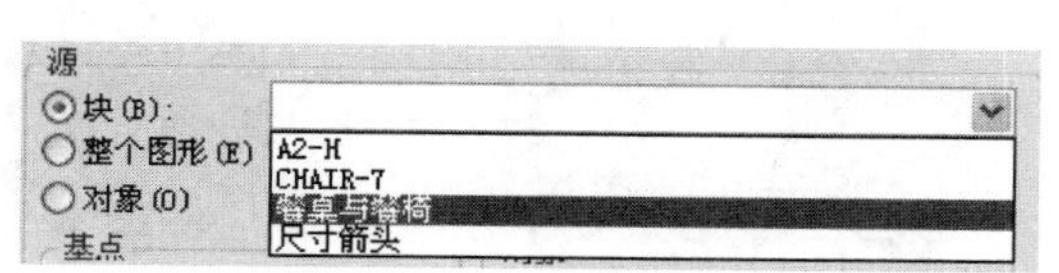

图 5-63　选择块

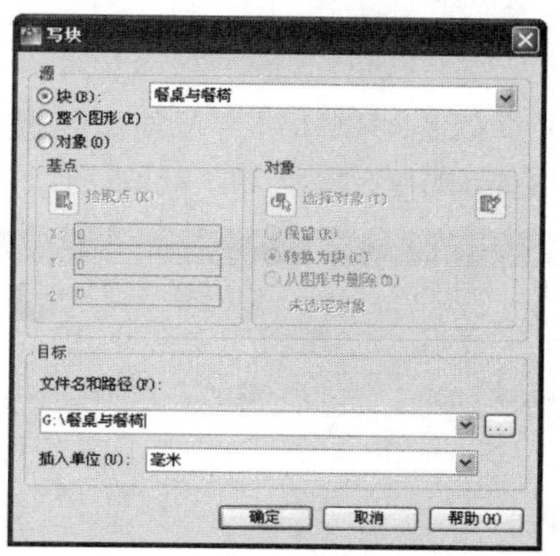

图 5-64　创建外部块

选项解析

- “块”单选按钮用于将当前文件中的内部图块转换为外部块，进行存盘。当激活该选项时，其右侧的下拉框被激活，可从中选择需要被写入块文件的内部图块。
- “整个图形”单选按钮用于将当前文件中的所有图形对象，创建为一个整体图块进行存盘。
- “对象”单选按钮用于将当前文件中的部分图形或全部图形创建为一个独立的外部图块。具体操作与创建内部块相同。

5.5.3　插入图块

“插入块”命令用于将内部块、外部块和以存盘的 DWG 文件，引用到当前图形文件中，以组合更为复杂的图形结构。执行“插入块”命令主要有以下几种方式：

- 单击“视图”选项卡→“块”面板→“插入”按钮。
- 选择菜单栏“插入”→“块”命令。
- 单击“绘图”工具栏→“插入”按钮。
- 在命令行输入 Insert 后按 Enter 键。
- 使用快捷键 I。

下面通过插入刚定义的“餐桌与餐椅”图块来学习“插入块”命令的使用方法和操作技巧。具体操作步骤如下：

01 继续上例操作。

02 单击“视图”选项卡→“块”面板→“插入”按钮，打开“插入”对话框。

03 展开“名称”下拉列表，选择“餐桌与餐椅”图块。

04 在“比例”选项组中勾选下侧的“统一比例”复选框，同时设置图块的缩放比例为 0.6，如图 5-65 所示。

如果勾选了“分解”选项，那么插入的图块则不是一个独立的对象，而是被还原成一个个单独的图形对象。

05 其他参数采用默认设置，单击 确定 按钮返回绘图区，在命令行“指定插入点或 [基点(B)/比例(S)/旋转(R)]:”提示下，拾取一点作为块的插入点，结果如图 5-66 所示。

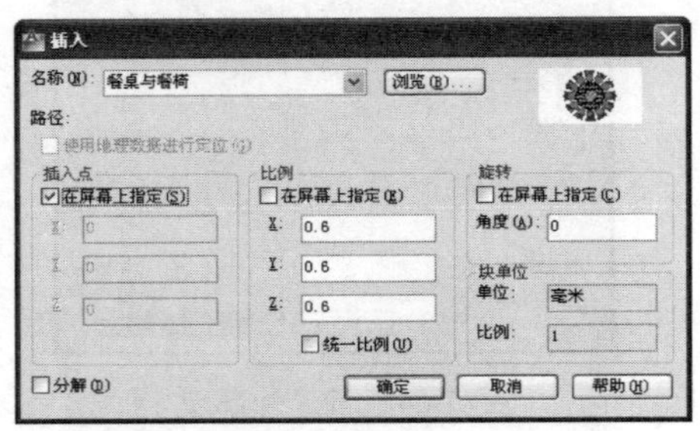

图 5-65 设置插入参数

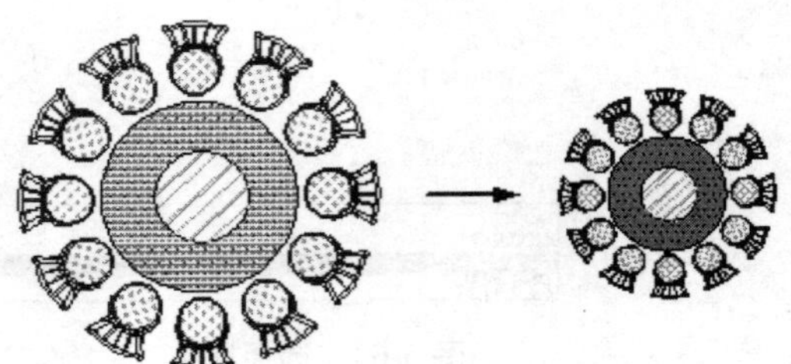

图 5-66 插入结果

选项解析

- “名称”下拉框用于设置需要插入的内部块。如果需要插入外部块或已存盘的图形文件，可以单击 浏览(B)... 按钮，从打开的“选择图形文件”对话框中选择相应的外部块或文件。
- “插入点”选项组用于确定图块插入点的坐标；“比例”选项组是用于确定图块的插入比例。
- “旋转”选项组用于确定图块插入时的旋转角度。

5.5.4 编辑图块

使用“块编辑器”命令，可以对当前文件中的图块进行修改编辑，以更新先前块的定义。执行“块编辑器”命令主要有以下几种方式：

- 单击“视图”选项卡→“块”面板→“块编辑器”按钮。
- 选择菜单栏“工具”→“块编辑器”命令。
- 在命令行输入 Bedit 后按 Enter 键。
- 使用快捷键 BE。

下面通过典型的实例来学习“块编辑器”命令的使用方法和操作技巧。具体操作步骤如下：

01 打开随书光盘“\实例源文件\会议桌与会议椅.dwg”，如图 5-67 所示。

02 单击“视图”选项卡→“块”面板→“块编辑器”按钮，打开如图 5-68 所示的“编辑块定义”对话框。

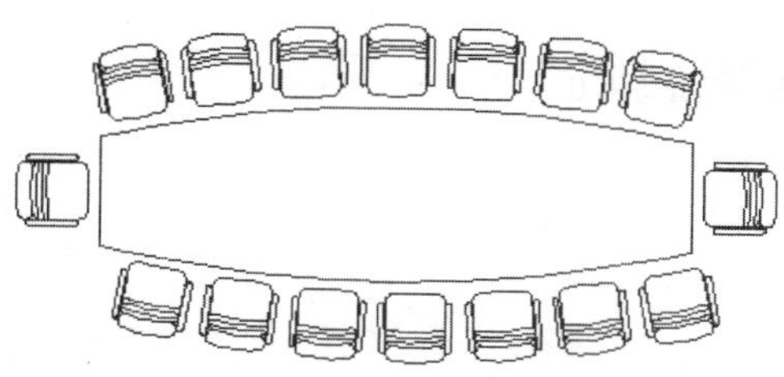

图 5-67　打开结果

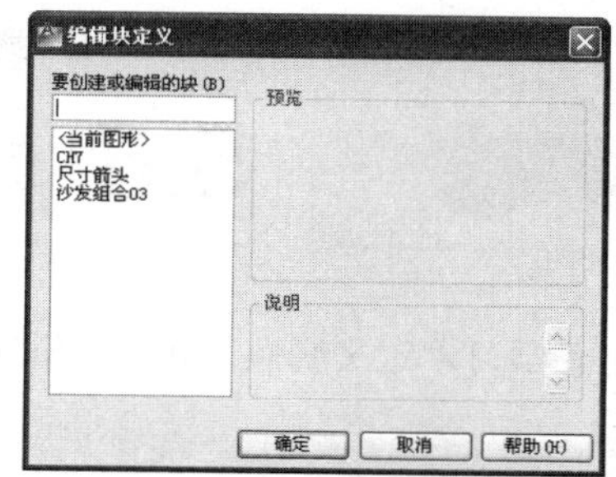

图 5-68　“编辑块定义”对话框

03 在“编辑块定义”对话框中双击“CH7”图块，打开如图 5-69 所示的块编辑窗口。

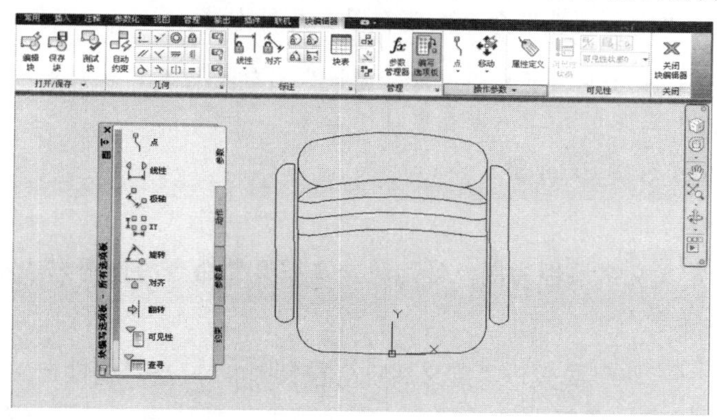

图 5-69　块编辑窗口

04 使用快捷键 H 激活“图案填充”命令，为椅子平面图填充 CROSS 图案，填充比例为 4，填充结果如图 5-70 所示。

在块编辑器窗口中还可以为块添加约束、参数及动作特征，并可以对块进行另存。

05 单击“块编辑器”选项卡→“打开\保存”面板→“保存块定义”按钮，将上述操作进行保存。

06 关闭块编辑器，即可将所有会议椅图块更新，如图 5-71 所示。

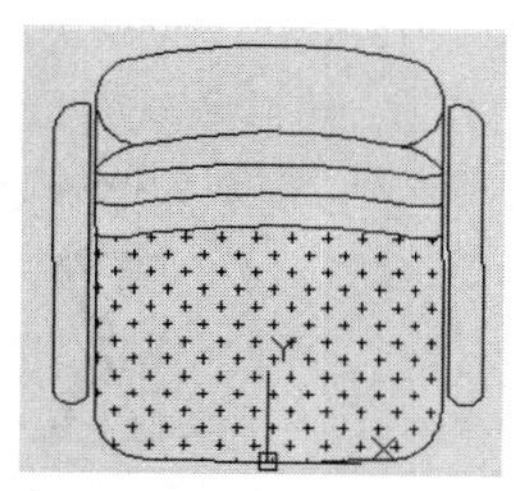

图 5-70　填充结果

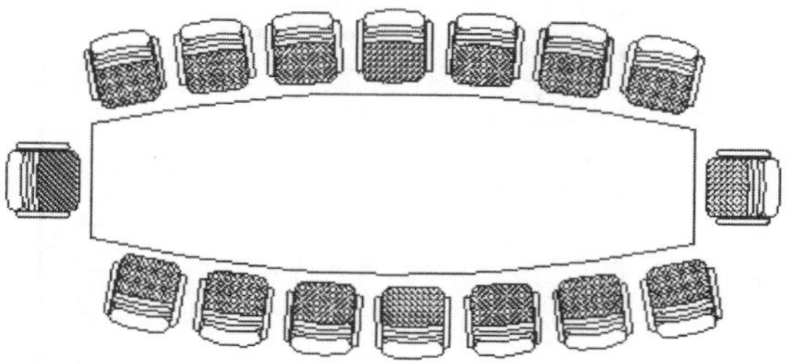

图 5-71　操作结果

5.6 定义与编辑属性

本节主要学习“定义属性”和“编辑属性”两个命令。

5.6.1 定义属性

“属性”实际上是一种“文字信息”，属性不能独立存在，它是附属于图块的一种非图形信息，用于对图块进行文字说明。执行“定义属性”命令主要有以下几种方法：

- 单击“视图”选项卡→“块”面板→“定义属性”按钮。
- 选择菜单栏“绘图”→“块”→“定义属性”命令。
- 在命令行输入 Attdef 后按 Enter 键。
- 使用快捷键 ATT。

下面以为“轴标号”定义文字属性为例，学习“定义属性”命令的使用方法和技巧。

01 首先绘制半径为 4 的圆。

02 单击“视图”选项卡→“块”面板→“定义属性”按钮，打开“属性定义”对话框。

03 在“属性定义”对话框中设置属性的标记名、提示说明、默认值、对正方式以及属性高度等参数，如图 5-72 所示。

04 单击 确定 按钮返回绘图区，在命令行“指定起点：”提示下，捕捉圆心作为属性插入点，结果如图 5-73 所示。

小提示

当用户需要重复定义对象的属性时，可以勾选“在上一个属性定义下对齐”复选框，系统将自动沿用上次设置的各属性的文字样式、对正方式以及高度等参数的设置。

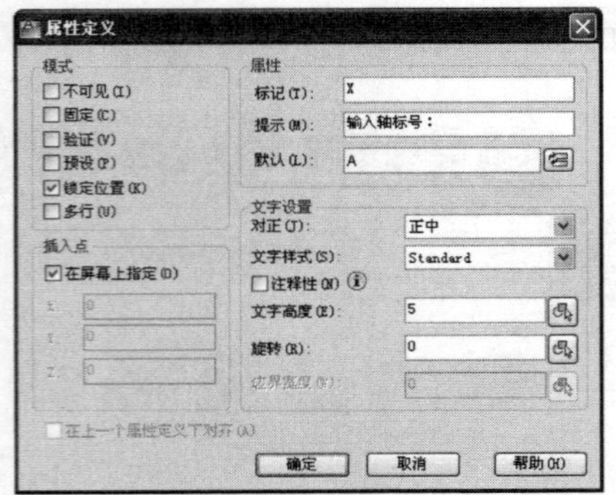

图 5-72 定义属性参数

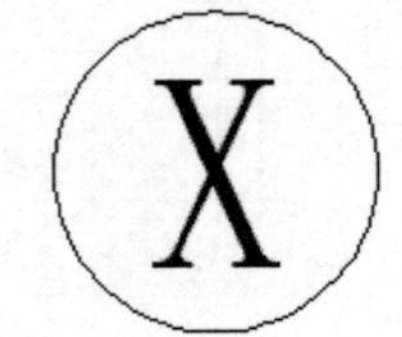

图 5-73 定义属性

对“模式”选项组的说明如下。

- “不可见”复选框用于设置插入属性块后是否显示属性值。
- “固定”复选框用于设置属性是否为固定值。
- “验证”复选框用于设置在插入块时提示确认属性值是否正确。
- “预置”复选框用于将属性值定为默认值。
- “锁定位置”复选框用于将属性位置进行固定。
- “多行”复选框用于设置多行的属性文本。

5.6.2　编辑属性

当为几何图形定义了属性之后，并没有真正起到“属性”的作用，还需要将定义的属性和几何图形一起创建为“属性块”，然后插入“属性块”时，才可体现出“属性”的作用。当插入带有属性的图块后，可以使用“编辑属性”命令，对属性值以及属性的文字特性等进行修改。执行“编辑属性”命令主要有以下几种方法：

- 单击“视图”选项卡→“块”面板→“定义属性”按钮。
- 选择菜单栏“修改”→“对象”→“属性”→“单个”命令。
- 单击“修改 II”工具栏→“定义属性”按钮。
- 在命令行输入 Eattedit 后按 Enter 键。

下面学习属性块的创建、应用以及属性块的修改编辑等操作，具体操作如下：

01 继续上节操作。

02 使用快捷键 B 激活“创建块”命令，将轴标号及其属性一起创建为属性块，块的基点为圆心，参数设置如图 5-74 所示。

03 单击 确定 按钮，打开如图 5-75 所示的“编辑属性”对话框，在此对话框中即可定义正确的文字属性值。

04 在此设置属性值为 C，单击 确定 按钮，即可创建一个属性值为 C 的轴标号，如图 5-76 所示。

05 单击“视图”选项卡→“块”面板→“定义属性”按钮，在命令行“选择块：”提示下，选择属性块，打开如图 5-77 所示的“增强属性编辑器”对话框。

06 在“属性”选项卡中的“值”文本框内，修改属性值为 D，结果属性值被更改，如图 5-78 所示。

图 5-74　设置块参数

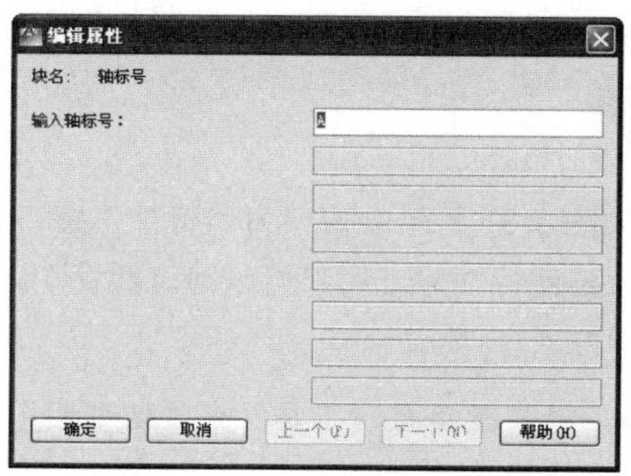

图 5-75　“编辑属性”对话框

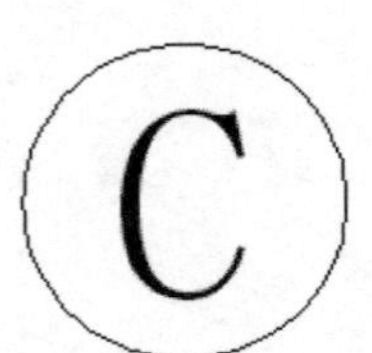

图 5-76　定义属性块

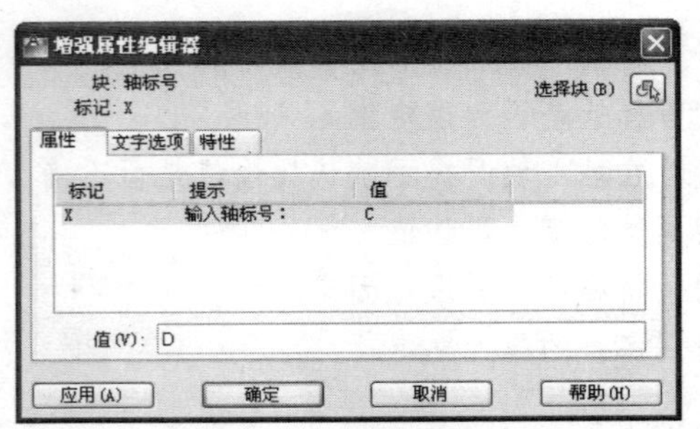

图 5-77　“增强属性编辑器”对话框

图 5-78　修改结果

选项解析

- “属性”选项卡用于显示当前文件中所有属性块的标记、提示和默认值，还可以修改属性值。当选择了需要修改的属性，在“值”文本框内输入新的属性值后单击 应用(A) 按钮，就可以改变原来的属性值。然后再通过单击右上角的“选择块”按钮，对当前图形中的其他属性块进行修改。
- “文字选项”选项卡用于修改属性文字的样式、高度等文字特性，如图 5-79 所示。
- “特性”选项卡用于修改属性的图层、线型、颜色和线宽等特性，如图 5-80 所示。

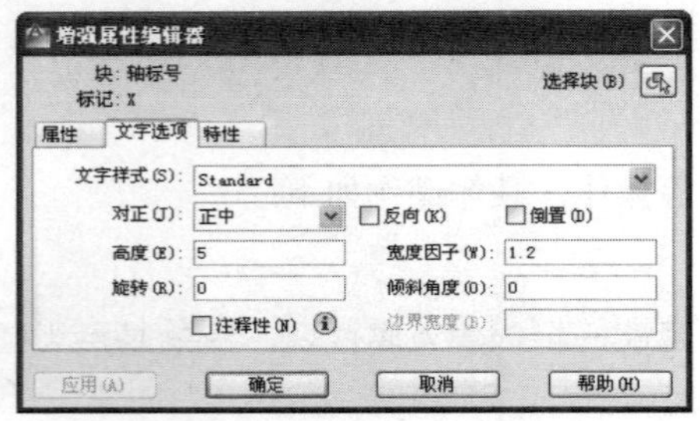

图 5-79　“文字选项”选项卡

图 5-80　“特性”选项卡

5.7　特性与快速选择

本节主要学习“特性”、“特性匹配”和“快速选择”三个命令。

5.7.1　特性

如图 5-81 所示的窗口为“特性”窗口，在此窗口中可以显示出每一种 CAD 图元的基本特性、几何特性以及其他特性等，用户可以通过此窗口，查看和修改图形对象的内部特性。执行“特性”命令主要有以下几种方式：

- 选择菜单栏“工具”→“选项板”→“特性”命令。
- 选择菜单栏“修改”→“特性”命令。
- 单击“标准”工具栏→“特性”按钮。
- 单击“视图”选项卡→“选项板”面板→“特性”按钮。

- 在命令行输入 Properties 后按 Enter 键。
- 使用快捷键 PR。
- 按组合键 Ctrl+1。

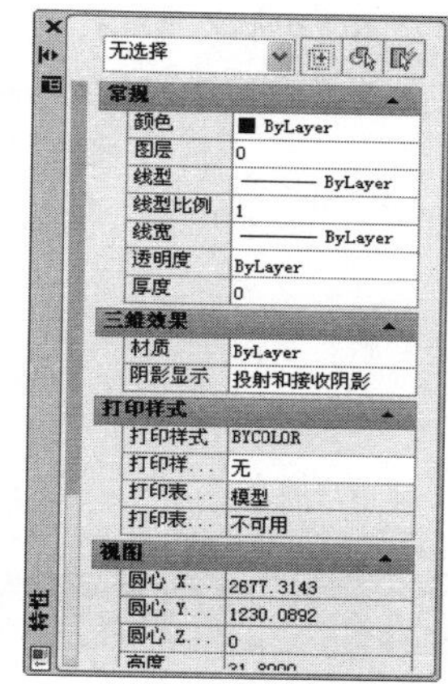

图 5-81　“特性”窗口

对该窗口的说明如下。

- 标题栏。标题栏位于窗口的一侧，其中按钮用于控制“特性”窗口的显示与隐藏状态；单击标题栏底端的按钮，即可打开一个按钮菜单，用于改变特性窗口的尺寸大小、位置以及窗口的显示与否等。
- 工具栏。无选择 为特性窗口工具栏，用于显示被选择的图形名称，以及用于构建新的选择集。无选择 下拉列表框用于显示当前绘图窗口中所有被选择的图形名称；按钮用于切换系统变量 PICKADD 的参数值；“快速选择”按钮用于快速构造选择集。
- 特性窗口。系统默认的特性窗口共包括“常规”、“三维效果”、“打印样式”、“视图”和“其他”5 个组合框，分别用于控制和修改所选对象的各种特性。

对象的特性编辑操作示例如下。

01 首先绘制边长为 200 的正五边形，然后选择菜单栏“视图”→“三维视图”→“西南等轴测”命令，将视图切换为西南视图，如图 5-82 所示。

02 在无命令执行的前提下，夹点显示正五边形，如图 5-83 所示。

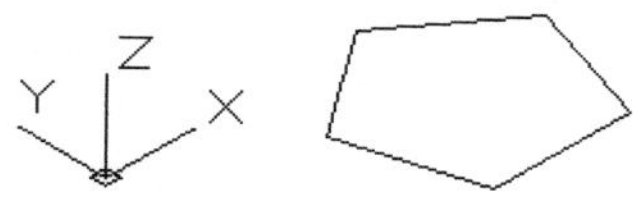

图 5-82　切换视图

图 5-83　夹点效果

03 打开“特性”窗口，然后在“厚度”选项上单击左键，此时该选项以输入框形式显示，然后输入厚度值 150，如图 5-84 所示。

04 按 Enter 键，即可将正五边形的厚度修改为 150，如图 5-85 所示。

05 在“全局宽度”文本框内输入 30，修改边的宽度参数，如图 5-86 所示。

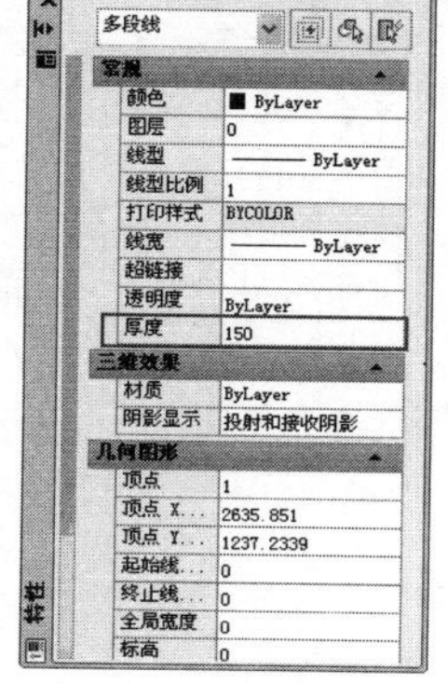

图 5-84　修改厚度特性

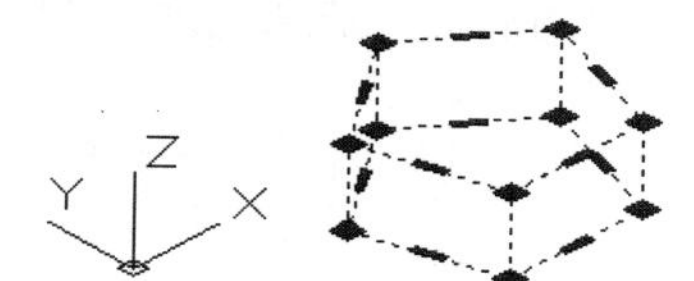

图 5-85　修改后的效果

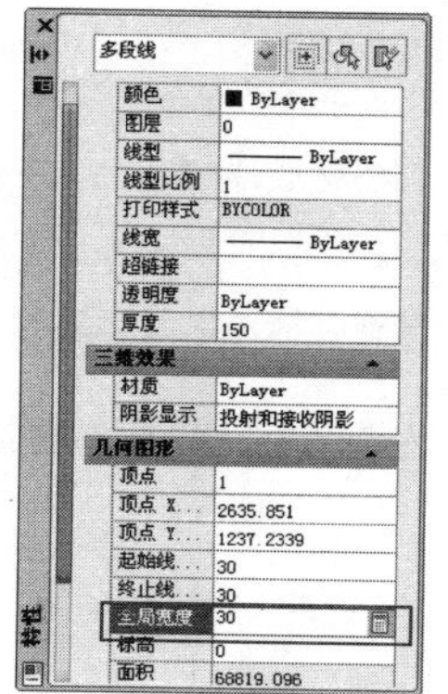

图 5-86　修改宽度特性

06 关闭“特性”窗口，取消图形夹点，修改结果如图 5-87 所示。

07 选择菜单栏“视图”→“消隐”命令，结果如图 5-88 所示。

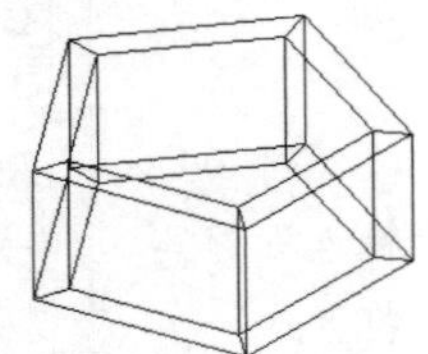

图 5-87　修改效果

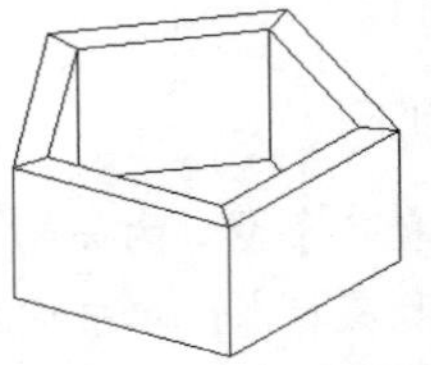

图 5-88　消隐效果

5.7.2　特性匹配

“特性匹配”命令用于将图形的特性复制给另外一个图形，使这些图形拥有相同的特性。执行“特性匹配”命令主要有以下几种方式：

- 选择菜单栏“修改”→“特性匹配”命令。
- 单击“标准”工具栏→“特性匹配”按钮。
- 在命令行输入 Matchprop 后按 Enter 键。
- 使用快捷键 MA。

匹配对象的内部特性的操作示例如下。

01 继续上例操作。

02 使用快捷键 REC 激活“矩形”命令绘制长度为 400、宽度为 240 的矩形，如图 5-89 所示。

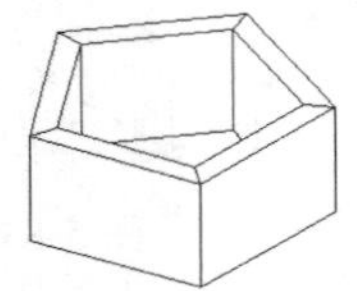
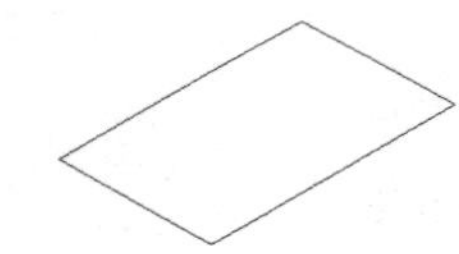

图 5-89　绘制结果

03 单击“标准”工具栏→“特性匹配”按钮，匹配宽度和厚度特性。命令行操作如下：

```
命令: _matchprop
    选择源对象:                          //选择左侧的正五边形
    当前活动设置: 颜色 图层 线型 线型比例 线宽 透明度 厚度 打印样式 标注 文字 图案填充 多段线 视口
    表格材质 阴影显示 多重引线
    选择目标对象或 [设置(S)]:            //选择右侧的矩形
    选择目标对象或 [设置(S)]:            //Enter，正五边形的宽度和厚度特性复制给矩形，如图 5-90 所示
```

04 使用快捷键 HI 激活“消隐”命令，对图形进行消隐，效果如图 5-91 所示。

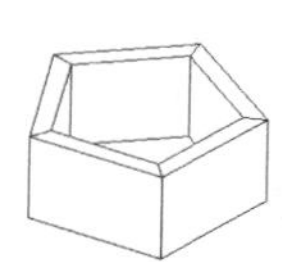
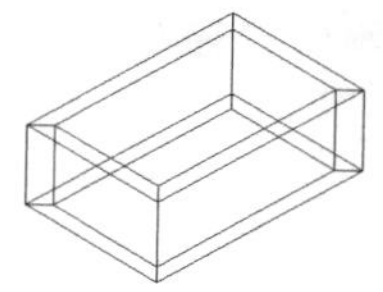

图 5-90　匹配结果

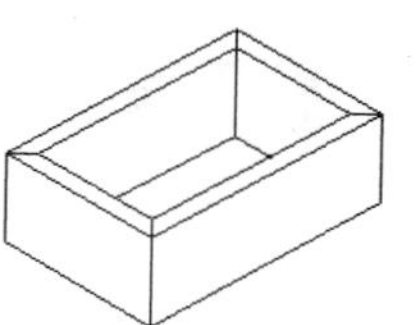

图 5-91　消隐效果

使用“设置”选项可以在“特性设置”对话框内进行设置当前需要匹配的对象特性。

5.7.3　快速选择

“快速选择”命令用于根据图形类型、图层、颜色、线型、线宽等属性设定过滤条件，快速选择具有某些共性的图形对象。执行“快速选择”命令主要有以下几种方式：

- 单击“视图”选项卡→“实用工具”面板→“快速选择”按钮。
- 选择菜单栏“工具”→“快速选择”命令。
- 在命令行输入 Qselect 后按 Enter 键。

下面通过典型的实例学习“快速选择”命令的具体使用方法和技巧。操作步骤如下：

01 打开随书光盘中的“\实例效果文件\第 5 章\多居室地面装修材质图.dwg ”图形，如图 5-92 所示。

02 单击“视图”选项卡→“实用工具”面板→“快速选择”按钮，打开“快速选择”对话框。

03 “特性”文本框属于三级过滤功能，用于按照目标对象的内部特性设定过滤参数，在此选择“图层”。

04 单击“值”下拉列表，在展开的下拉列表中选择“图层”，其他参数使用默认设置，如图 5-93 所示。

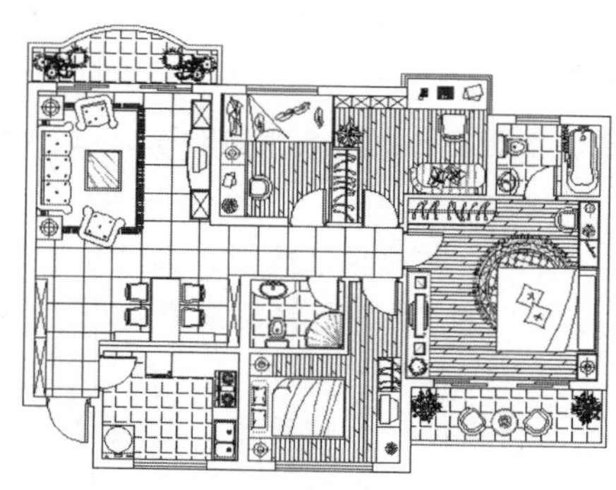

图 5-92　打开文件

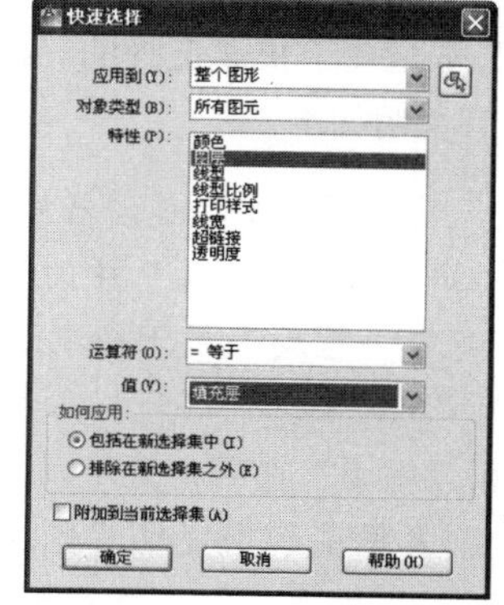

图 5-93　“快速选择”对话框

05 单击 确定 按钮，所有符合过滤条件的图形都将被选择，如图 5-94 所示。

06 按 Delete 键，将选择的对象删除，结果如图 5-95 所示。

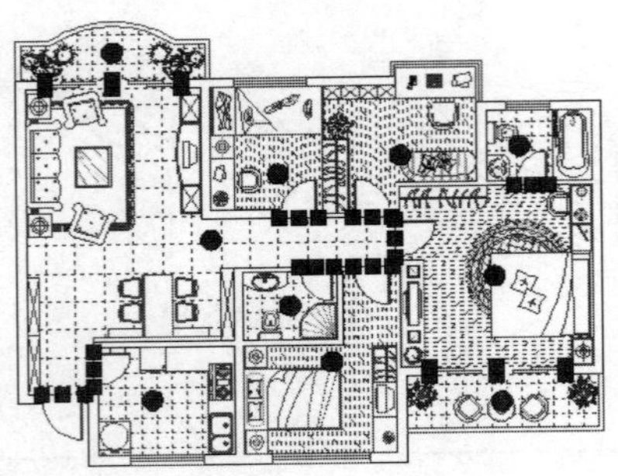
图 5-94　选择结果

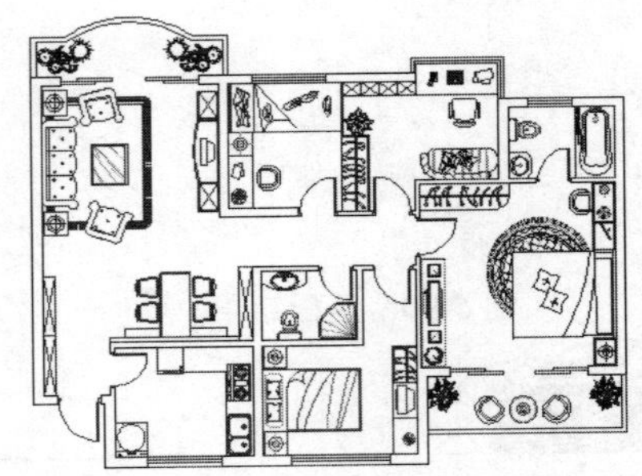
图 5-95　删除结果

1. 一级过滤功能

在“快速选择”对话框中，“应用到”列表框属于一级过滤功能，用于指定是否将过滤条件应用到整个图形或当前选择集。如果已选定对话框下方的“附加到当前选择集”复选框，那么 AutoCAD 将该过滤条件应用到整个图形，并将符合过滤条件的对象添加到当前选择集中。

2. 二级过滤功能

“对象类型”列表框属于快速选择的二级过滤功能，用于指定要包含在过滤条件中的对象类型。如果过滤条件正应用于整个图形，那么“对象类型”列表包含全部的对象类型，包括自定义；否则，该列表只包含选定对象的对象类型。

默认是指整个图形或当前选择集的“所有图元”，用户也可以选择某一特定的对象类型，如“直线”或“圆”等，系统将根据选择的对象类型来确定选择集。

3. 三级过滤功能

“特性”文本框属于快速选择的三级过滤功能，三级过滤功能共包括“特性”、“运算符”和“值”三个选项，对其说明如下。

- “特性”选项用于指定过滤器的对象特性。包括选定对象类型的所有可搜索特性，选定的特性用于确定“运算符”和“值”中的可用选项。
- “运算符”下拉列表用于控制过滤器值的范围。根据选定的对象属性，其过滤的值的范围分别是“=等于”、“<>不等于”、“>大于”、“<小于”和“*通配符匹配”。对于某些特性，“大于”和“小于”选项不可用。
- “值”列表框用于指定过滤器的特性值。如果选定对象的已知值可用，那么“值”将成为一个列表，可以从中选择一个值；如果选定对象的已知值不存在或者没有达到绘图的要求，就可以在“值”文本框中输入一个值。

4. 其他

- “如何应用”选项组用于指定是否将符合过滤条件的对象包括在新选择集内或是排除在新选择集之外。

- “附加到当前选择集”复选框用于指定创建的选择集是替换当前选择集还是附加到当前选择集。

5.8 案例——标注小别墅立面标高

本案例通过为小别墅立面图标注标高尺寸，来对本章所学知识进行综合练习和巩固应用。小别墅立面图标高的最终标注效果如图 5-96 所示。

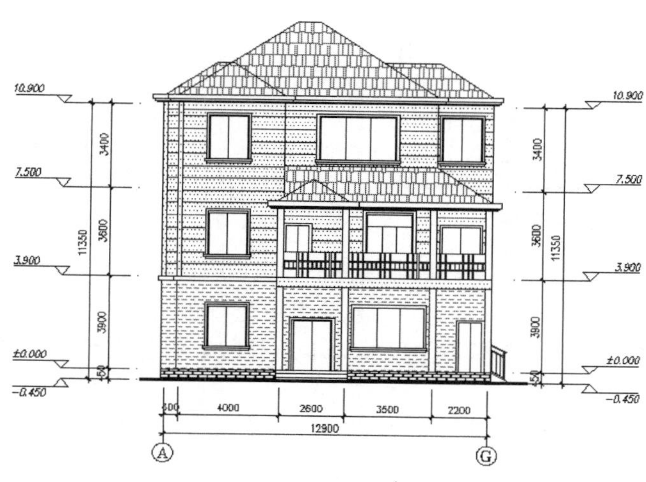

图 5-96　实例效果

操作步骤：

01 打开随书光盘中的“\实例源文件\小别墅立面图.dwg”，如图 5-97 所示。

02 使用快捷键 LA 激活“图层”命令，将“0 图层”设置为当前图层。

03 激活状态栏上的“极轴追踪”功能，并设置极轴角为 45°。

04 使用快捷键 PL 激活“多段线”命令，参照图示尺寸绘制出标高符号，如图 5-98 所示。

图 5-97　打开结果

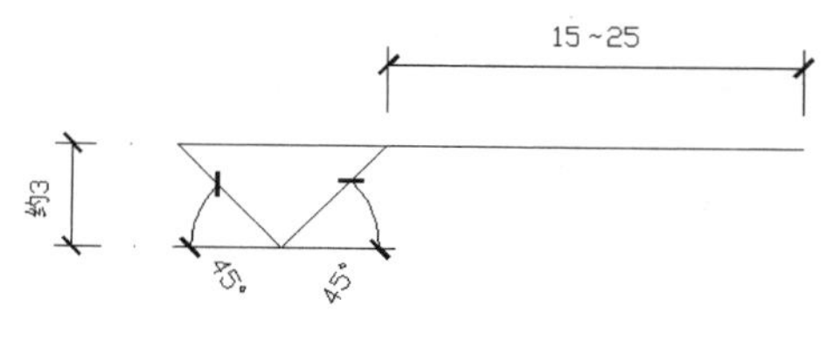

图 5-98　标高符号

05 单击“视图”选项卡→“块”面板→“定义属性”按钮，打开“属性定义”对话框，为标高符号定义文字属性，如图 5-99 所示。

06 单击 确定 按钮，在命令行“指定起点：”提示下捕捉标高符号最右侧的端点，为标高符号定义属性，结果如图 5-100 所示。

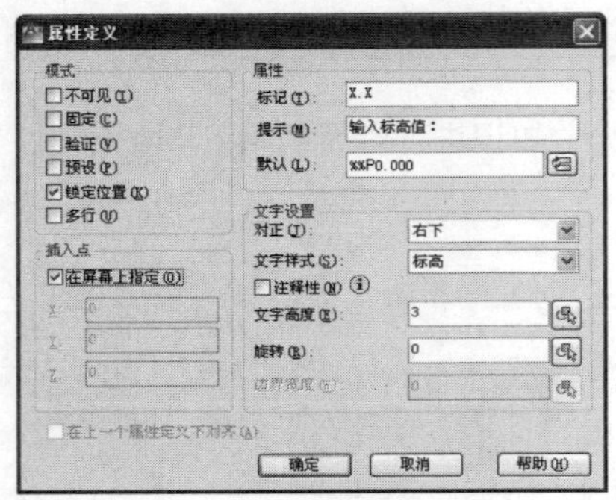

图 5-99 设置属性参数

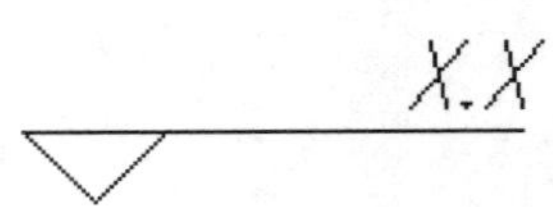

图 5-100 定义属性

07 使用快捷键 B 激活“创建块”命令，将标高符号和属性一起创建为内部块，图块的基点为标高符号的下端点，图块名为“标高符号”，并选中“删除”单选按钮。

08 在无任何命令执行的前提下，选择下侧尺寸文本为 3900 的层高尺寸，使其呈现夹点显示，如图 5-101 所示。

09 按 Ctrl+1 组合键，打开“特性”窗口，在“直线和箭头”选项组中修改尺寸界线超出尺寸线的长度，修改参数如图 5-102 所示。

图 5-101 夹点显示

图 5-102 修改尺寸界线特性

10 关闭“特性”窗口并取消对象的夹点显示，所选择的层高尺寸的尺寸界线将被延长，如图 5-103 所示。

11 单击“标准”工具栏上的按钮，选择被延长的层高尺寸作为源对象，将尺寸界线的特性复制给其他层高尺寸，结果如图 5-104 所示。

图 5-103　修改结果

图 5-104　特性匹配

12 使用快捷键 LA 激活“图层”命令，设置“其他层”作为当前图层。

13 单击“视图”选项卡→“块”面板→“插入”按钮，插入刚定义的“标高符号”属性块，块的缩放比例为 100，插入点为如图 5-105 所示的端点，属性值为默认值，插入结果如图 5-106 所示。

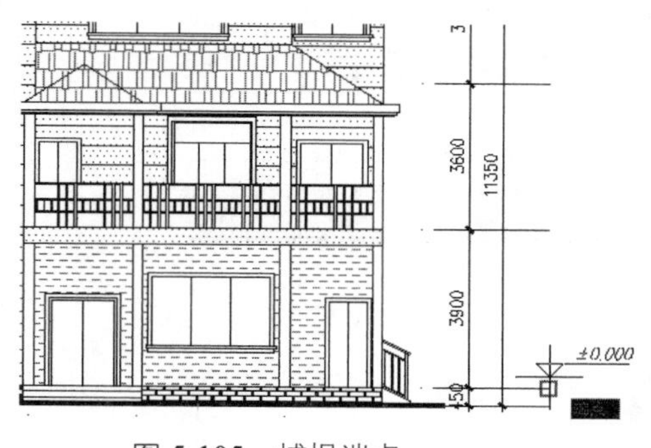

图 5-105　捕捉端点

图 5-106　插入结果

14 使用快捷键 CO 激活“复制”命令，将刚插入的标高分别复制到其他尺寸延伸线的末端，如图 5-107 所示。

图 5-107　复制结果

15 单击“视图”选项卡→“块”面板→“定义属性”按钮，在命令行“选择块:”提示下，选择最下侧的标高符号，然后修改其属性值，如图 5-108 所示。

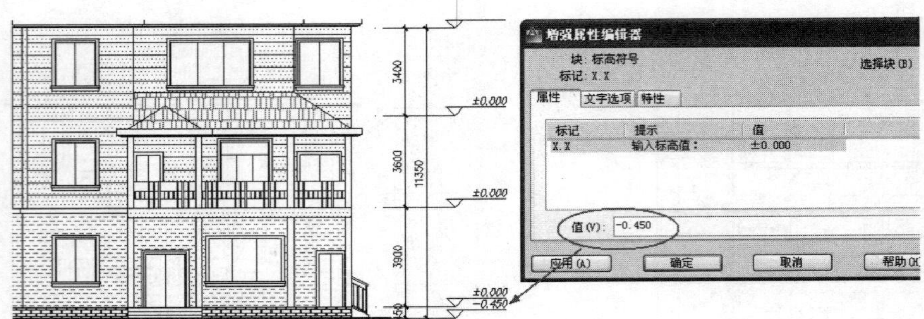

图 5-108　修改属性值

16 在“增强属性编辑器”对话框中单击 应用(A) 按钮，即可修改标高。

17 单击“增强属性编辑器”对话框中的“选择块”按钮，返回绘图区，选择最上侧的标高符号，修改其属性值，如图 5-109 所示。

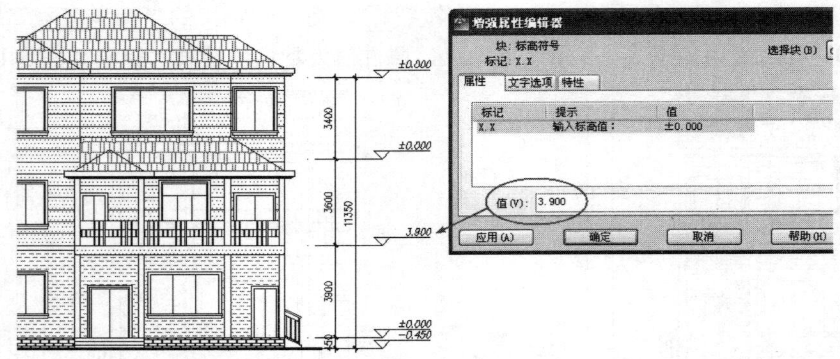

图 5-109　修改属性值

18 重复执行上一步操作，分别修改其他位置的标高属性值，结果如图 5-110 所示。

图 5-110　修改结果

19 单击“常用”选项卡→“修改”面板→“镜像”按钮，对最下侧的标高进行镜像。命令行操作如下：

```
命令: _mirror
    选择对象:                      //选择最下侧的标高
    选择对象:                      //Enter，结束选择
    指定镜像线的第一点：           //捕捉标高指示线的右端点
```

```
指定镜像线的第二点:                  //@1,0Enter
要删除源对象吗? [是(Y)/否(N)] <N>:    //YEnter，镜像结果如图 5-111 所示
```

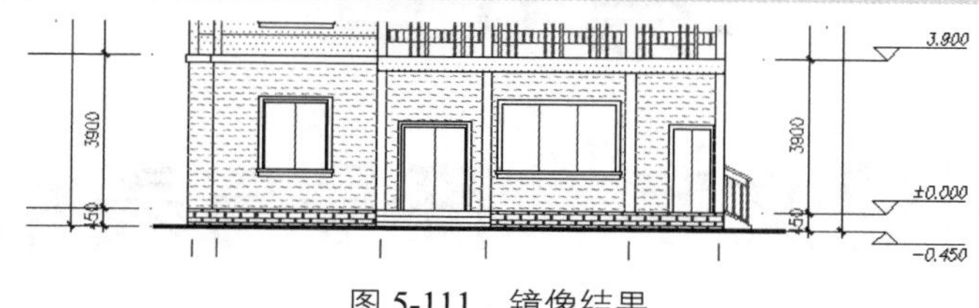

图 5-111　镜像结果

20 重复执行“镜像”命令，配合“中点捕捉”功能对所有的标高进行镜像，结果如图 5-112 所示。

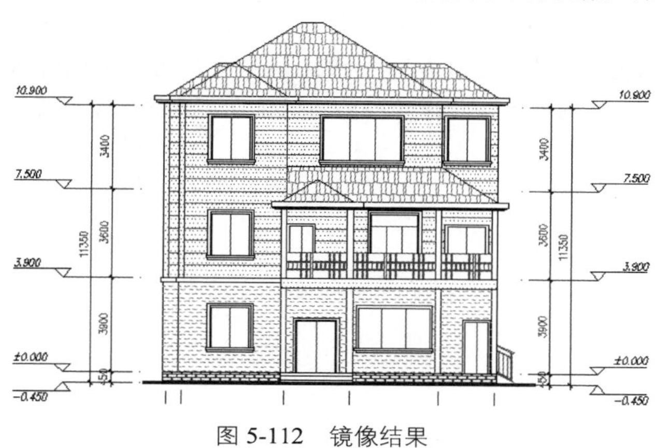

图 5-112　镜像结果

21 最后使用“另存为”命令，将图形存储为“标注小别墅立面标高.dwg”。

5.9 本章小结

为了提高绘图的效率和质量，本章集中讲述了软件的一些高效制图功能，如图块、图层、设计中心和选项板等。通过本章的学习，需要重点掌握以下知识：

（1）图层是规划和组织复杂图形的便捷工具，在理解图层概念及功能的前提下，重点掌握图层的具体设置过程和状态控制功能。

（2）“设计中心”是组织、查看和共享图形资源的高效工具，要重点掌握图形资源的查看和共享功能，以快速方便地组合复杂图形。

（3）工具选项板也是一种便捷的高效制图工具，读者不但要掌握该工具的具体使用方法，还需要掌握工具选项板的定义功能。

（4）在定义图块时要理解和掌握内部块、外部块的区别及具体定义过程。

（5）在插入图块时要注意块的缩放比例、旋转角度等参数的设置。

（6）特性主要用于组织、管理和修改图形的内部特性，以达到修改完善图形的目的，读者需要熟练掌握该工具的具体使用方法。

第 6 章
创建文字、符号与表格

前面几章都是通过各种基本几何图元的相互组合来表达作者的设计思想和设计意图，但是有些图形信息是不能仅仅通过几何图元就能完整表达出来的，为此，本章将讲述 AutoCAD 的文字创建功能和图形信息的查询功能，以详细向读者表达图形无法传递的一些图纸信息，使图纸更直观，更容易交流。

知识要点

- 设置文字样式
- 创建文字注释
- 创建引线注释
- 创建表格与设置表格样式
- 查询图形信息
- 案例——为户型图标注房间功能
- 案例——为户型图标注房间面积

6.1 设置文字样式

“文字样式”命令用于控制文字的外观效果，如字体、字号、倾斜角度、旋转角度以及其他的特殊效果等，相同内容的文字，如果使用不同的文字样式，其外观效果也不相同，如图 6-1 所示。

图 6-1　文字示例

执行“文字样式”命令主要有以下几种方式：

- 单击“常用”选项卡→“注释”面板→“文字样式”按钮。
- 选择菜单栏“格式”→“文字样式”命令。
- 单击“样式”工具栏→“文字样式”按钮。
- 在命令行输入 Style 后按 Enter 键。
- 使用快捷键 ST。

下面通过设置名为“汉字”的文字样式，学习“文字样式”命令的使用方法和技巧。

01 设置新样式。单击“常用”选项卡→“注释”面板→“文字样式”按钮，打开“文字样式”对话框，如图 6-2 所示。

02 单击 新建(N)... 按钮，在打开的“新建文字样式”对话框中为新样式命名，如图 6-3 所示。

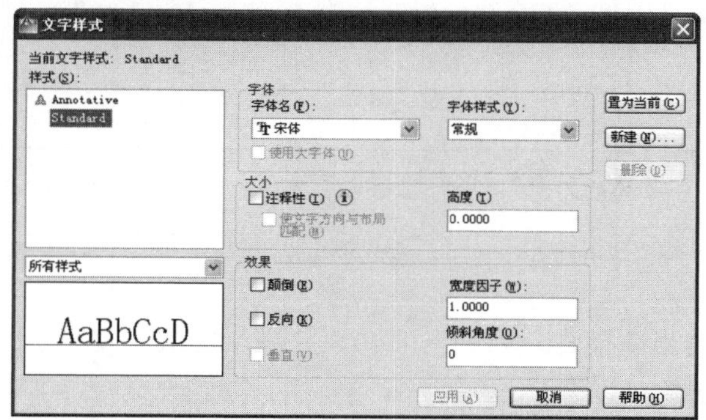

图 6-2　“文字样式”对话框

图 6-3　为样式命名

03 在“字体”选项组中展开“字体名”下拉列表框，选择所需的字体。

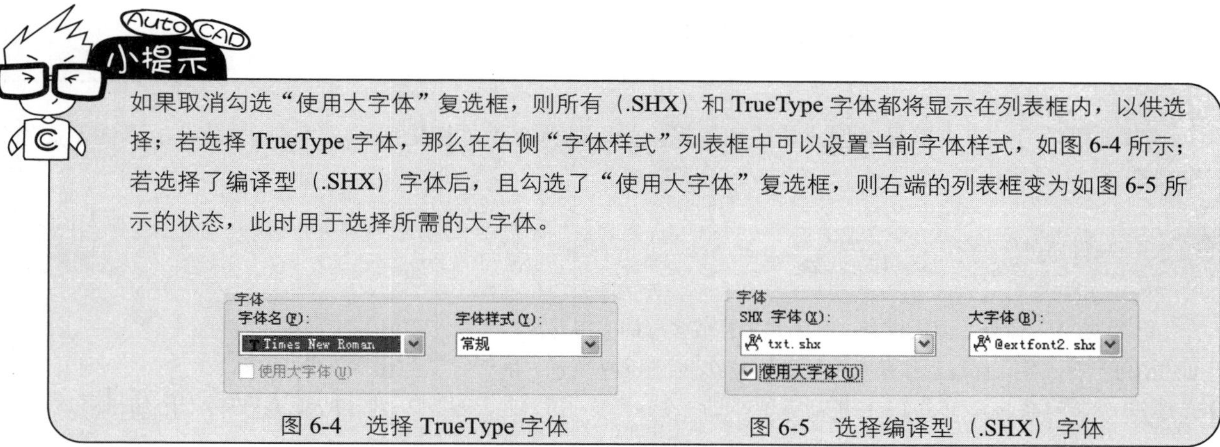

AutoCAD 小提示

如果取消勾选“使用大字体”复选框，则所有（.SHX）和 TrueType 字体都将显示在列表框内，以供选择；若选择 TrueType 字体，那么在右侧“字体样式”列表框中可以设置当前字体样式，如图 6-4 所示；若选择了编译型（.SHX）字体后，且勾选了“使用大字体”复选框，则右端的列表框变为如图 6-5 所示的状态，此时用于选择所需的大字体。

图 6-4　选择 TrueType 字体　　　图 6-5　选择编译型（.SHX）字体

04 设置字体高度。在“高度”文本框中设置文字高度，在此使用默认设置。

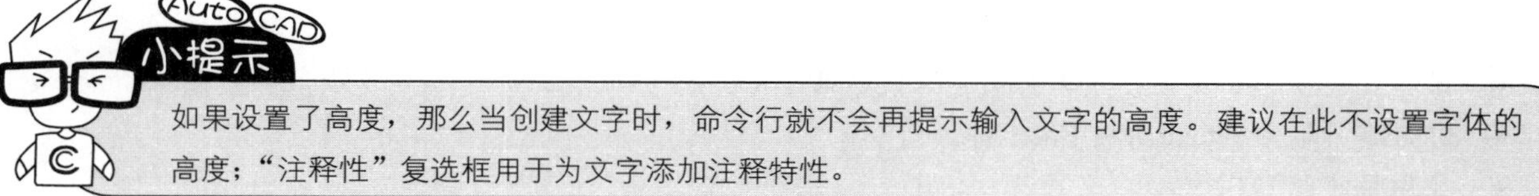

AutoCAD 小提示

如果设置了高度，那么当创建文字时，命令行就不会再提示输入文字的高度。建议在此不设置字体的高度；“注释性”复选框用于为文字添加注释特性。

05 设置文字效果。“颠倒”复选框用于设置文字为倒置状态；“反向”复选框用于设置文字为反向状态；“垂直”复选框用于控制文字呈垂直排列状态；“倾斜角度”文本框用于控制文字的倾斜角度，如图 6-6 所示。

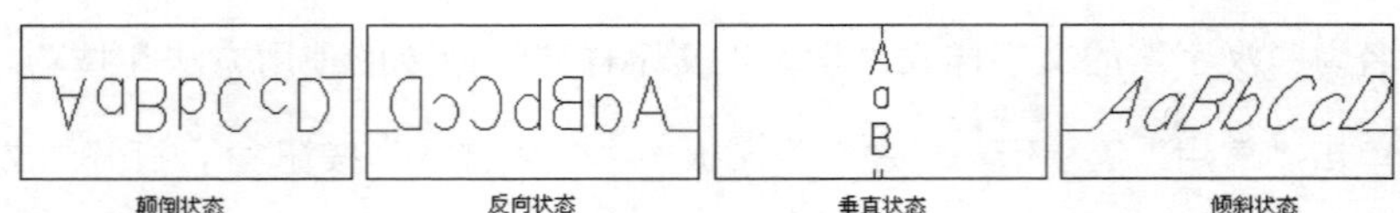

图 6-6　设置字体效果

06 设置宽度比例。在“宽度因子”文本框内设置字体的宽高比，在此设置为 0.7。

国标规定工程图样中的汉字应采用长仿宋体，宽高比为 0.7，当此比值大于 1 时，文字宽度放大，否则将缩小。

07 单击[应用(A)]按钮，设置的文字样式即可作为当前样式。

08 单击[删除(D)]按钮，可以将多余的文字样式删除。

09 单击[关闭(C)]按钮，可关闭“文字样式”对话框。

6.2 创建文字注释

本节主要学习文字、符号的创建功能和编辑功能，具体有“单行文字”、“多行文字”、“编辑文字”三个命令。

6.2.1 创建单行文字

“单行文字”命令主要通过命令行创建单行或多行的文字对象，所创建的每一行文字，都被看作是一个独立的对象，如图 6-7 所示。执行“单行文字”命令主要有以下几种方式：

青 科 苑
AutoCAD培训基地

图 6-7　单行文字示例

- 单击“常用”选项卡→“注释”面板→“单行文字”按钮AI。
- 选择菜单栏“绘图”→“文字”→“单行文字”命令。
- 单击“文字”工具栏→“单行文字”按钮AI。
- 在命令行输入 Dtext 后按 Enter 键。
- 使用快捷键 DT。

下面通过创建如图 6-7 所示的两行单行文字，学习“单行文字”命令的使用方法和技巧。具体操作如下：

01 单击“常用”选项卡→“注释”面板→“单行文字”按钮AI，在命令行“指定文字的起点或 [对正(J)/样式(S)]:”提示下，在绘图区拾取一点作为文字的插入点。

02 在命令行“指定高度 <2.5000>:”提示下输入 10 并按 Enter 键，为文字设置高度。

03 在“指定文字的旋转角度 <0>:”提示下按 Enter 键，采用当前设置。

04 此时绘图区出现如图 6-8 所示的单行文字输入框，然后在命令行输入“青科苑”，如图 6-9 所示。

05 按 Enter 键换行，然后输入“AutoCAD 培训基地”。

06 连续两次按 Enter 键，结束“单行文字”命令，结果如图 6-10 所示。

图 6-8　单行文字输入框

青 科 苑

图 6-9　输入文字

青 科 苑
AutoCAD培训基地

图 6-10　创建文字

“文字的对正”指的是文字的哪一位置与插入点对齐，它是基于如图 6-11 所示的 4 条参考线而言的，这 4 条参考线分别为顶线、中线、基线、底线，其中“中线”是大写字符高度的水平中心线（即顶线至基线的中间），不是小写字符高度的水平中心线。

执行“单行文字”命令后，在命令行“指定文字的起点或 [对正(J)/样式(S)]:”提示下激活“对正”选项，即可打开如图 6-12 所示的选项菜单，同时命令行操作提示如下：

```
“输入选项[对齐(A)/布满(F)/居中(C)/中间(M)/右对齐(R)/左上(TL)/中上(TC)/右上(TR)/左中(ML)/正中(MC)/右中(MR)/左下(BL)/中下(BC)/右下(BR)]:”
```

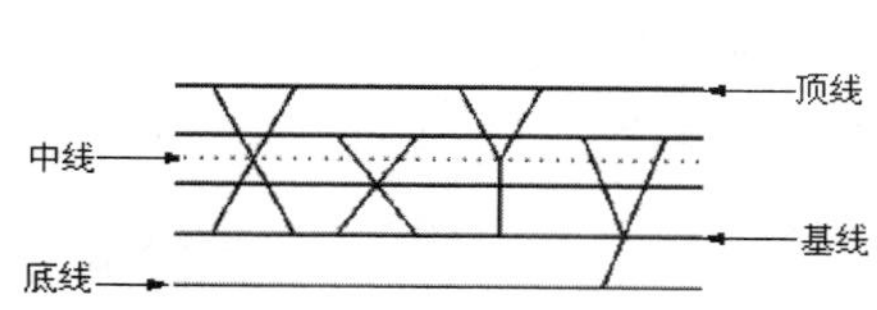

图 6-11　文字对正参考线

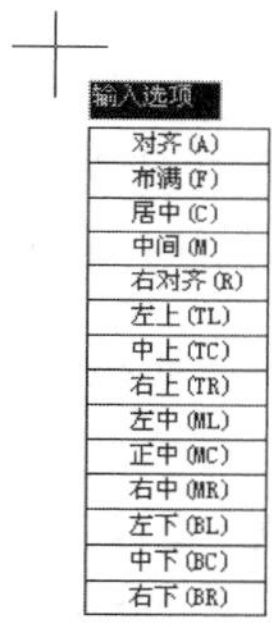

图 6-12　“对正”选项菜单

各种对正方式如下：

- “对齐”选项用于提示拾取文字基线的起点和终点，系统会根据起点和终点的距离自动调整字高。
- “布满”选项用于提示用户拾取文字基线的起点和终点，系统会以拾取的两点之间的距离自动调整宽度系数，但不改变字高。
- “居中”选项用于提示用户拾取文字的中心点，此中心点就是文字串基线的中点，即以基线的中点对齐文字。
- “中间”选项用于提示用户拾取文字的中间点，此中间点就是文字串基线的垂直中线和文字串高度的水平中线的交点。
- “右对齐”选项用于提示用户拾取一点作为文字串基线的右端点，以基线的右端点对齐文字。
- “左上”选项用于提示用户拾取文字串的左上点，此左上点就是文字串顶线的左端点，即以顶线的左端点对齐文字。
- “中上”选项用于提示用户拾取文字串的中上点，此中上点就是文字串顶线的中点，即以顶线的中点对齐文字。

- “右上”选项用于提示用户拾取文字串的右上点，此右上点就是文字串顶线的右端点，即以顶线的右端点对齐文字。
- “左中”选项用于提示用户拾取文字串的左中点，此左中点就是文字串中线的左端点，即以中线的左端点对齐文字。
- “正中”选项用于提示用户拾取文字串的中间点，此中间点就是文字串中线的中点，即以中线的中点对齐文字。
- “右中”选项用于提示用户拾取文字串的右中点，此右中点就是文字串中线的右端点，即以中线的右端点对齐文字。
- “左下”选项用于提示用户拾取文字串的左下点，此左下点就是文字串底线的左端点，即以底线的左端点对齐文字。
- “中下”选项用于提示用户拾取文字串的中下点，此中下点就是文字串底线的中点，即以底线的中点对齐文字。
- “右下”选项用于提示用户拾取文字串的右下点，此右下点就是文字串底线的右端点，即以底线的右端点对齐文字。

6.2.2 创建多行文字

“多行文字”命令也是一种较为常用的文字创建工具，适合于创建较为复杂的文字，比如多行文字以及段落性文字。无论创建的文字包含多少行、多少段，AutoCAD 都将其作为一个独立的对象，当选择该对象后，对象的 4 角会显示出 4 个夹点，如图 6-13 所示。执行“多行文字”命令主要有以下几种方式：

- 单击“常用”选项卡→“注释”面板→“多行文字”按钮 A。
- 选择菜单栏“绘图”→“文字”→“多行文字”命令。
- 单击“绘图”工具栏→“多行文字”按钮 A。
- 在命令行输入 Mtext 后按 Enter 键。
- 使用快捷键 T。

设计要求

1.本建筑物为现浇钢筋混凝土框架结构。

2.室内地面标高：±0.000室内外高差0.15m。

3.在窗台下加砼扁梁，并设4根ϕ12钢筋。

图 6-13 多行文字示例

下面通过创建如图 6-13 所示的段落文字，学习“多行文字”的使用方法和技巧。具体操作步骤如下：

01 单击“常用”选项卡→“注释”面板→“多行文字”按钮 A，在命令行“指定第一角点:”提示下拾取一点。

02 在“指定对角点或 [高度(H)/对正(J)/行距(L)/旋转(R)/样式(S)/宽度(W)/栏(C)]:”提示下拾取对角点，打开如图 6-14 所示的“文字编辑器”选项卡。

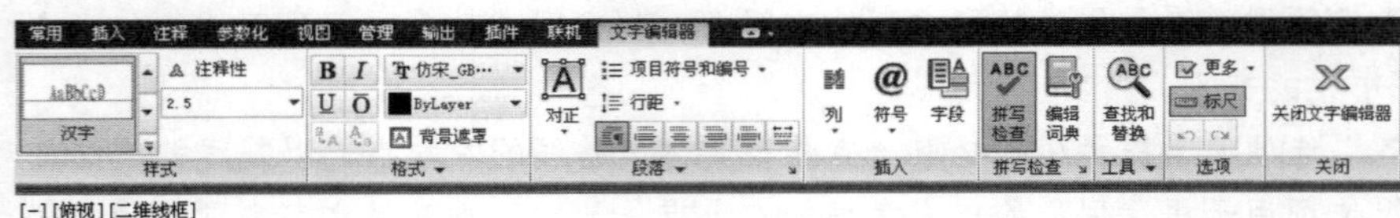

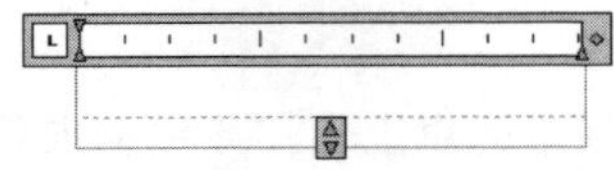

图 6-14 打开“文字编辑器”选项卡

小提示

“注释”面板中可以设置当前文字样式及字体高度；在“格式”面板中可以设置字体以及字体效果；在“段落”面板中可以设置文字对正方式以及段落特性等。

03 在“文字编辑器”选项卡→“注释”面板中设置字体高度为 12。

04 在“文字编辑器”选项卡→“格式”面板中设置字体为宋体。

05 在下侧文字输入框内单击左键，指定文字的输入位置，然后输入如图 6-15 所示的标题文字。

06 向下拖曳输入框下侧的下三角按钮，调整列高。

07 按 Enter 键进行换行，更改文字的高度为 9，然后输入第一行文字，结果如图 6-16 所示。

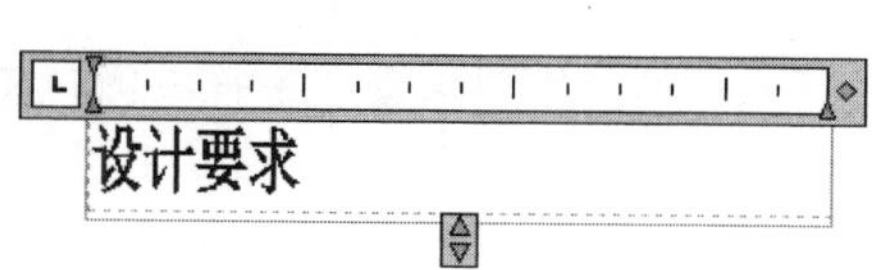

设计要求

图 6-15　输入文字

设计要求
1. 本建筑物为现浇钢筋混凝土框架结构。

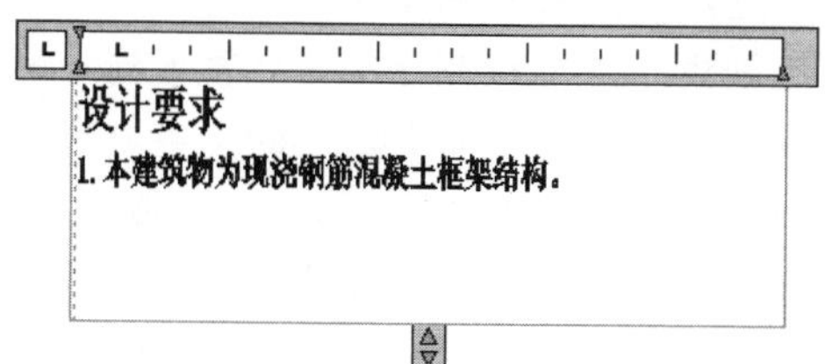

图 6-16　输入第一行文字

08 按 Enter 键，分别输入其他两行文字对象，如图 6-17 所示。

09 将光标移至标题前，然后按 Enter 键添加空格，结果如图 6-18 所示。

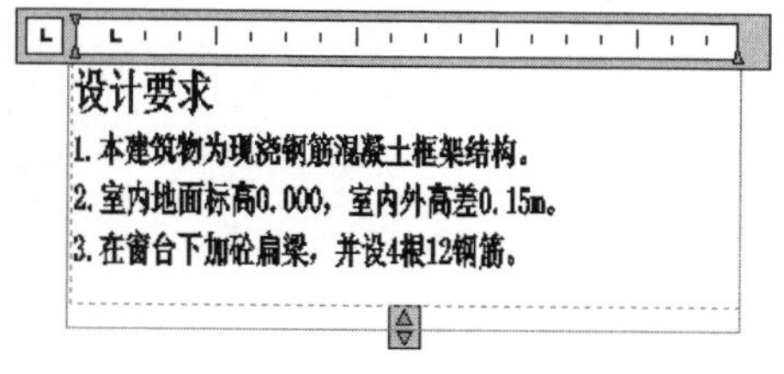

设计要求
1. 本建筑物为现浇钢筋混凝土框架结构。
2. 室内地面标高0.000，室内外高差0.15m。
3. 在窗台下加砼扁梁，并设4根12钢筋。

图 6-17　输入其他行文字

设计要求
1. 本建筑物为现浇钢筋混凝土框架结构。
2. 室内地面标高0.000，室内外高差0.15m。
3. 在窗台下加砼扁梁，并设4根12钢筋。

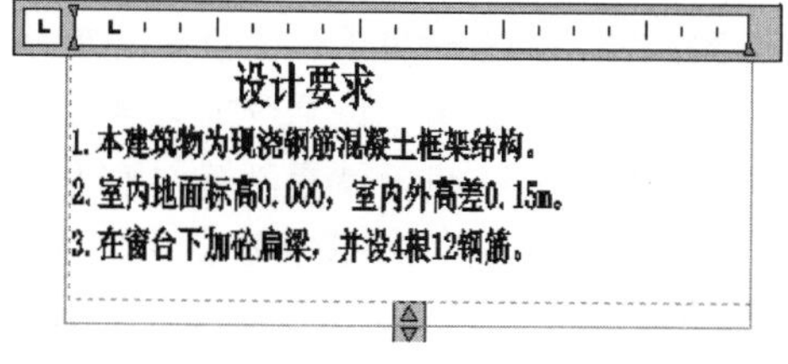

图 6-18　添加空格

10 关闭文字编辑器，文字的创建结果如图 6-19 所示。

如果用户是在“经典模式”空间内执行“多行文字”命令，则会打开如图 6-20 所示的“文字格式”编辑器。

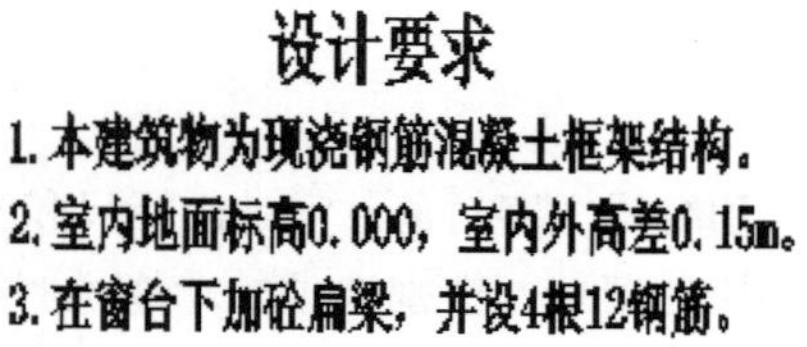

设计要求
1. 本建筑物为现浇钢筋混凝土框架结构。
2. 室内地面标高0.000，室内外高差0.15m。
3. 在窗台下加砼扁梁，并设4根12钢筋。

图 6-19　创建多行文字

文字格式
Standard
宋体
12
ByLayer
确定
0.0000
1.0000
0.7000

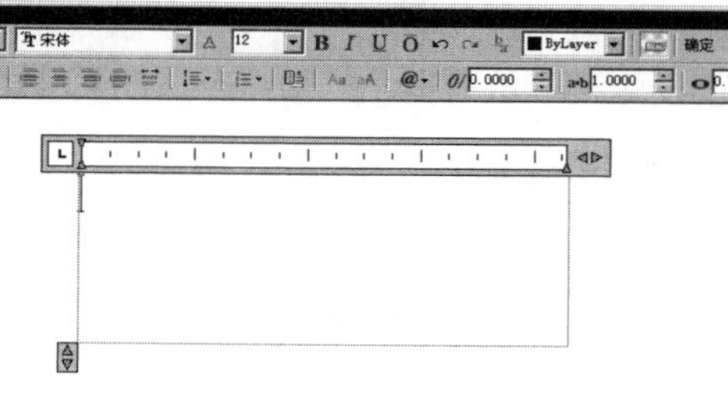

图 6-20　“文字格式”编辑器

在“文字格式”编辑器中，包括工具栏、顶部带标尺的多行文字输入框两部分，各组成部分的重要功能如下。

1. 工具栏

工具栏主要用于控制多行文字对象的文字样式和选定文字的各种字符格式、对正方式、项目编号等，其中：

- Standard 下拉列表用于设置当前的文字样式。
- 宋体 下拉列表用于设置或修改文字的字体。
- 2.5 下拉列表用于设置新字符高度或更改选定文字的高度。
- ByLayer 下拉列表用于为文字指定颜色或修改选定文字的颜色。
- “粗体”按钮 B 用于为输入的文字对象或所选定文字对象设置粗体格式。“斜体”按钮 I 用于为新输入的文字对象或所选定文字对象设置斜体格式。此两个选项仅适用于使用 TrueType 字体的字符。
- “下划线”按钮 U 用于文字或所选定的文字对象设置下划线格式。
- “上划线”按钮 O 用于为文字或所选定的文字对象设置上划线格式。
- “堆叠”按钮用于为输入的文字或选定的文字设置堆叠格式。要使文字堆叠，文字中必须包含插入符（^）、正向斜杠（/） 或磅符号（#），堆叠字符左侧的文字将堆叠在字符右侧的文字之上。
- “标尺”按钮用于控制文字输入框顶端标心的开关状态。
- “栏数”按钮用于为段落文字进行分栏排版。
- “多行文字对正”按钮用于设置文字的对正方式。
- “段落”按钮用于设置段落文字的制表位、缩进量、对齐、间距等。
- “左对齐”按钮用于设置段落文字为左对齐方式。
- “居中”按钮用于设置段落文字为居中对齐方式。
- “右对齐”按钮用于设置段落文字为右对齐方式。
- “对正”按钮用于设置段落文字为对正方式。
- “分布”按钮用于设置段落文字为分布排列方式。
- “行距”按钮用于设置段落文字的行间距。
- “编号”按钮用于为段落文字进行编号。
- “插入字段”按钮用于为段落文字插入一些特殊字段。
- “全部大写”按钮 Aa 用于修改英文字符为大写。
- “全部小写”按钮 aA 用于修改英文字符为小写。
- “符号”按钮 @ 用于添加一些特殊符号。
- “倾斜角度”按钮 0/ 0.0000 用于修改文字的倾斜角度。
- “追踪”微调按钮 a-b 1.0000 用于修改文字间的距离。
- “宽度因子”按钮 1.0000 用于修改文字的宽度比例。

2. 多行文字输入框

如图 6-21 所示的文本输入框，位于工具栏下侧，主要用于输入和编辑文字对象，它是由标尺和文本框两部分组成。在文本输入框内单击右键，即可弹出如图 6-22 所示的快捷菜单，个别选项的功能说明如下：

- “全部选择”选项用于选择多行文字输入框中的所有文字。
- “改变大小写”选项用于改变选定文字对象的大小写。
- “查找和替换”选项用于搜索指定的文字串并使用新的文字将其替换。

- “自动大写”选项用于将新输入的文字或当前选择的文字转换成大写。
- “删除格式”选项用于删除选定文字的粗体、斜体或下划线等格式。
- “合并段落”选项用于将选定的段落合并为一段并用空格替换每段的回车。
- “符号”选项用于在光标所在的位置插入一些特殊符号或不间断空格。
- “输入文字”选项用于向多行文本编辑器中插入 TXT 格式的文本、样板等文件或插入 RTF 格式的文件。

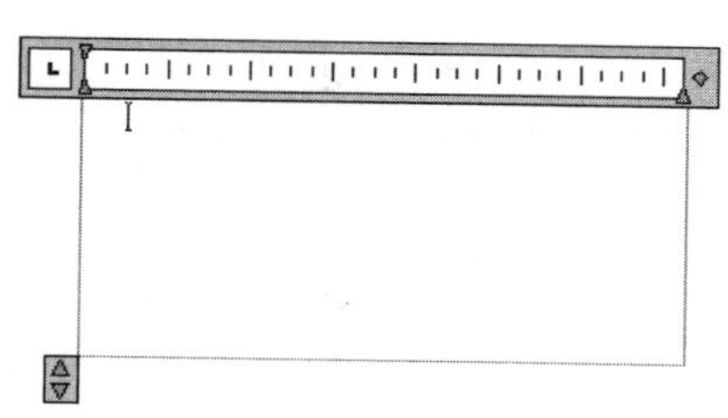

图 6-21　文字输入框

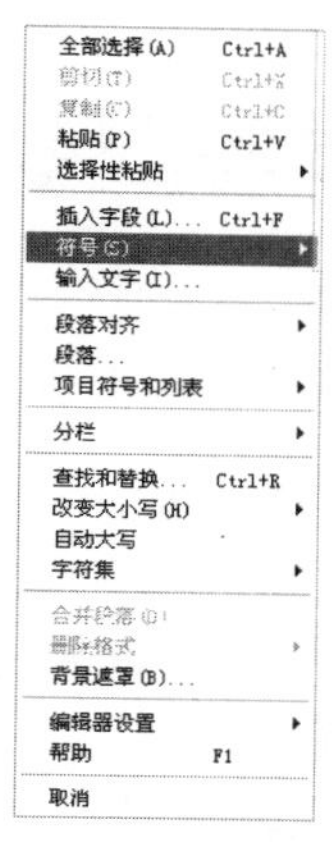

图 6-22　快捷菜单

6.2.3　创建特殊字符

使用“多行文字”命令中的字符功能，可以非常方便的创建一些特殊符号，如度数、直径符号、正负号、平方、立方等。下面将学习特殊字符的创建技巧，具体操作过程如下：

01 继续上节操作。

02 在段落文字对象上双击左键，打开“文字编辑器”选项卡。

03 将光标定位到“0.000”前，单击“文字编辑器”选项卡→“插入”面板→“符号”按钮@，在打开的“符号”菜单中选择“正／负”选项，即可将所选择的正负号的代码自动转化为正负号，如图 6-23 所示。

04 将光标定位到“12”前，然后单击@按钮打开“符号”菜单，选择“直径”选项，添加直径符号，如图 6-24 所示。

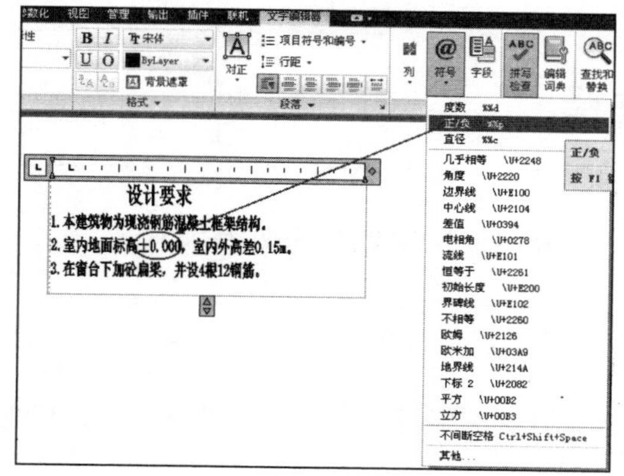

图 6-23　添加正负号

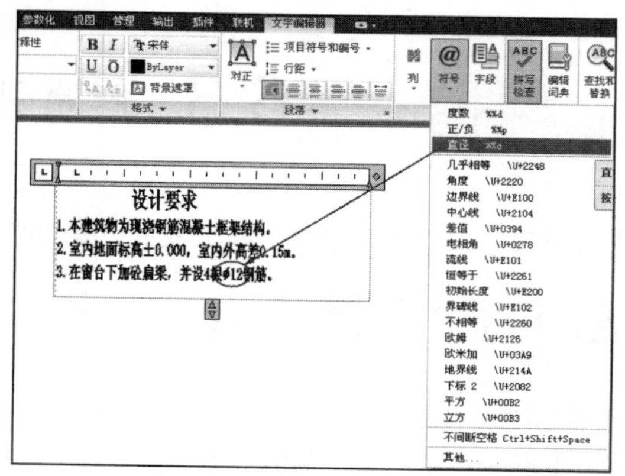

图 6-24　添加直径符号

05 关闭“文字编辑器”选项卡，完成特殊符号的添加过程，结果如图 6-25 所示。

设计要求

1.本建筑物为现浇钢筋混凝土框架结构。

2.室内地面标高±0.000，室内外高差0.15m。

3.在窗台下加砼扁梁，并设4根φ12钢筋。

图 6-25　添加符号

6.2.4　编辑文字注释 

“编辑文字”命令主要用于修改编辑现有的文字对象内容，或者为文字对象添加前缀或后缀等内容。执行“编辑文字”命令主要有以下几种方式：

- 选择菜单栏“修改”→“对象”→“文字”→“编辑”命令。
- 单击“文字”工具栏→“编辑文字”按钮。
- 在命令行输入 Ddedit 后按 Enter 键。
- 使用快捷键 ED。

1. 编辑单行文字

如果需要编辑的文字是使用“单行文字”命令创建的，那么在执行“编辑文字”命令后，命令行会出现“选择注释对象或 [放弃（U）]”的操作提示，此时用户只须单击需要编辑的单行文字，系统即可打开如图 6-26 所示的单行文字编辑框，在此编辑框中输入正确的文字内容即可。

AutoCAD认证培训中心

图 6-26　单行文字编辑框

2. 编辑多行文字

如果编辑的文字是使用“多行文字”命令创建的，那么在执行“编辑文字”命令后，命令行会出现“选择注释对象或 [放弃（U）]”的操作提示，此时用户单击需要编辑的文字对象，将会打开“文字编辑器”选项卡，在此编辑器内不但可以修改文字的内容，而且还可以修改文字的样式、字体、字高以及对正方式等特性。

6.3　创建引线注释

本节主要学习“快速引线”和“多重引线”两个命令，以创建带有引线的文字注释。

6.3.1　快速引线 

“快速引线”命令用于创建一端带有箭头、另一端带有文字注释的引线尺寸，其中，引线可以为直线段，也可以为平滑的样条曲线，如图 6-27 所示。

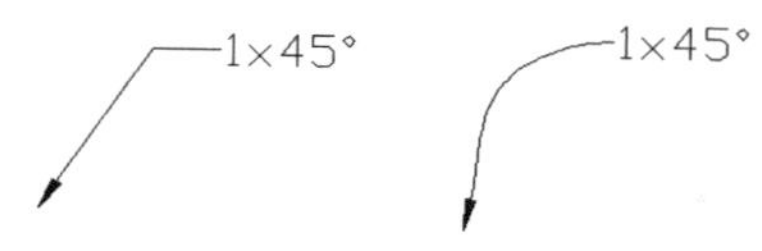

图 6-27 引线标注示例

在命令行输入 Qleader 或 LE 后按 Enter 键，激活“快速引线”命令，其命令行操作如下：

```
命令: _qleader
    指定第一个引线点或 [设置(S)] <设置>:     //在适当位置定位第一个引线点
    指定下一点:                             //在适当位置定位第二个引线点
    指定文字宽度 <0>:                       // Enter
    输入注释文字的第一行 <多行文字(M)>:      // 12 厘清玻 Enter
    输入注释文字的下一行:                    //玻璃层板 Enter
    输入注释文字的下一行:                    // Enter，标注结果如图 6-28 所示
```

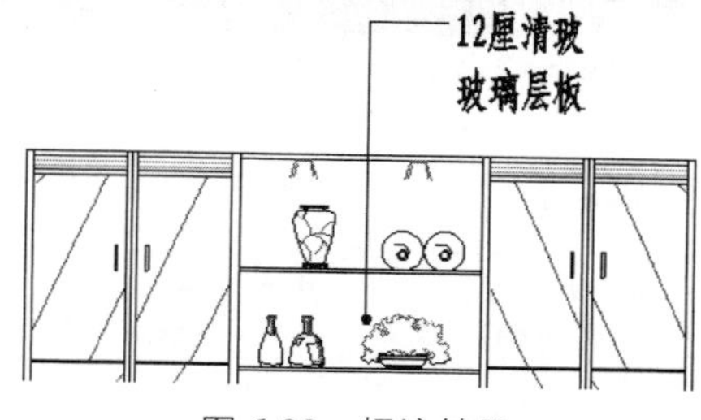

图 6-28 标注结果

1. “注释”选项卡

激活“设置”选项后，可打开如图 6-29 所示的“引线设置”对话框，以设置引线参数。

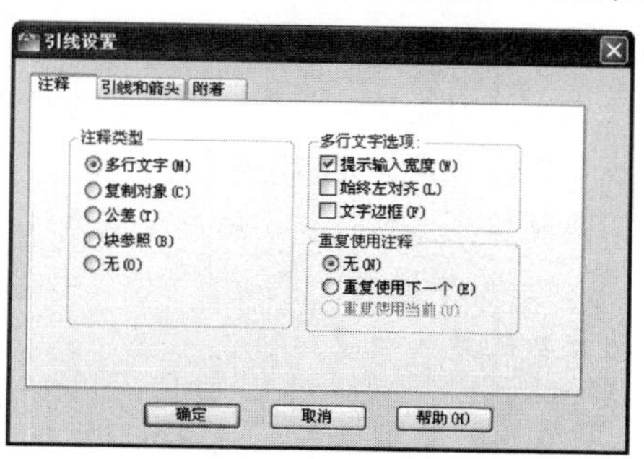

图 6-29 “注释”选项卡

(1) “注释类型”选项组

- “多行文字”选项用于在引线末端创建多行文字注释。
- “复制对象”选项用于复制已有引线注释作为需要创建的引线注释。
- “公差”选项用于在引线末端创建公差注释。
- “块参照”选项用于以内部块作为注释对象。
- “无”选项表示创建无注释的引线。

（2）“多行文字选项”选项组

- “提示输入宽度”复选框用于提示用户，指定多行文字注释的宽度。
- “始终左对齐”复选框用于自动设置多行文字使用左对齐方式。
- “文字边框”复选框主要用于为引线注释添加边框。

（3）“重复使用注释”选项组

- “无”选项表示不对当前所设置的引线注释进行重复使用。
- “重复使用下一个”选项用于重复使用下一个引线注释。
- “重复使用当前”选项用于重复使用当前的引线注释。

2. “引线和箭头”选项卡

如图 6-30 所示的“引线和箭头”选项卡，主要用于设置引线的类型、点数、箭头以及引线段的角度约束等参数。

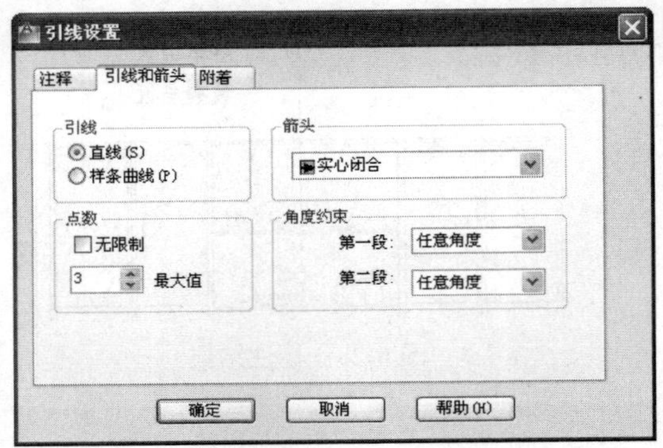

图 6-30 “引线和箭头”选项卡

- “直线”选项用于在指定的引线点之间创建直线段。
- “样条曲线”选项用于在引线点之间创建样条曲线，即引线为样条曲线。
- “箭头”选项组用于设置引线箭头的形式。在[实心闭合]列表框中选择一种箭头形式。
- “无限制”复选框表示系统不限制引线点的数量，用户可以通过按 Enter 键，手动结束引线点的设置过程。
- “最大值”选项用于设置引线点数的最大数量。
- “角度约束”选项组用于设置第一条引线与第二条引线的角度约束。

3. “附着”选项卡

如图 6-31 所示的“附着”选项卡，主要用于设置引线和多行文字注释之间的附着位置，只有在“注释”选项卡内选中了“多行文字”单选按钮时，此选项卡才可用。

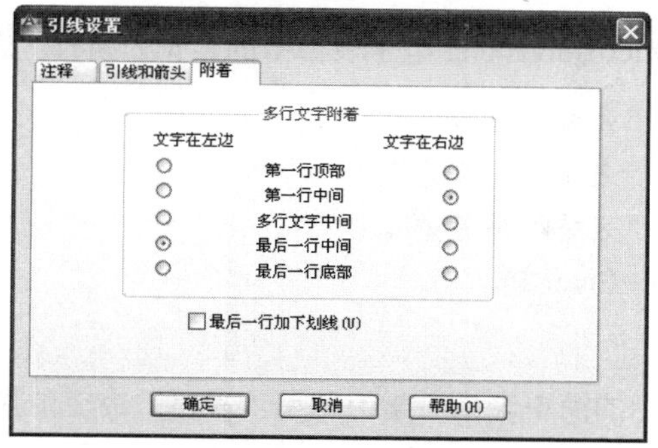

图 6-31　“附着”选项卡

- “第一行顶部”单选按钮用于将引线放置在多行文字第一行的顶部。
- “第一行中间”单选按钮用于将引线放置在多行文字第一行的中间。
- “多行文字中间”单选按钮用于将引线放置在多行文字的中部。
- “最后一行中间”单选按钮用于将引线放置在多行文字最后一行的中间。
- “最后一行底部”单选按钮用于将引线放置在多行文字最后一行的底部。
- “最后一行加下划线”复选框用于为最后一行文字添加下划线。

6.3.2　多重引线

使用“多重引线”命令可以创建具有多个选项的引线对象，只不过，这些选项功能都是通过命令行进行设置的，没有对话框较为直观。执行“多重引线”命令主要有以下几种方式：

- 单击“常用”选项卡→“注释”面板→“重引线”按钮。
- 选择菜单栏“标注”菜单→“多重引线”命令。
- 单击“多重引线”→“重引线”按钮。
- 在命令行输入 Mleader 后按 Enter 键。
- 使用快捷键 MLE。

激活“多重引线”命令后，其命令行操作如下：

```
命令: _mleader
    指定引线基线的位置或 [引线箭头优先(H)/内容优先(C)/选项(O)] <选项>:  //Enter
    输入选项 [引线类型(L)/引线基线(A)/内容类型(C)/最大节点数(M)/第一个角度(F)/第二个角度(S)
    /退出选项(X)] <退出选项>:                                      //输入一个选项
    指定引线基线的位置或 [引线箭头优先(H)/内容优先(C)/选项(O)] <选项>:  //指定基线位置
    指定引线箭头的位置:   //指定箭头位置并输入注释内容
```

6.4　创建表格与设置表格样式

AutoCAD 为用户提供了表格的创建与填充功能，使用“表格”命令，不但可以创建表格，填充表格内

容，而且还可以将表格链接至 Microsoft Excel 电子表格中的数据。执行“表格”命令主要有以下几种方式：

- 单击“常用”选项卡→“注释”面板→“表格”按钮。
- 选择菜单栏“绘图”→“表格”命令。
- 单击“绘图”工具栏→“表格”按钮。
- 在命令行输入 Table 后按 Enter 键。
- 在命令行输入 TB。

下面通过创建如图 6-32 所示的简单表格，学习使用“表格”命令的操作方法和技巧。具体操作如下：

01 单击“常用”选项卡→“注释”面板→“表格”按钮，打开如图 6-33 所示的“插入表格”对话框。

图 6-32　创建表格

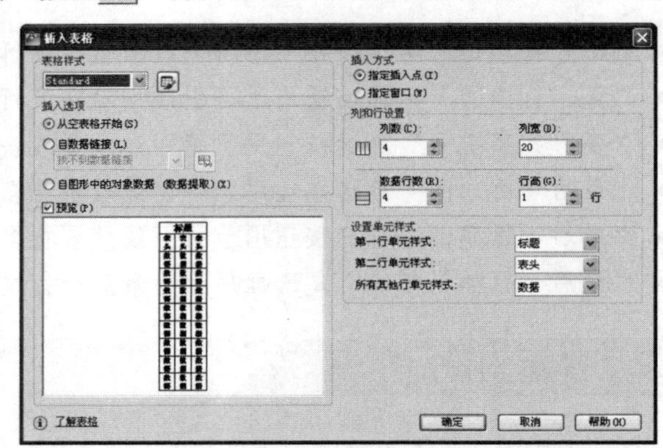

图 6-33　“插入表格”对话框

02 在“列数”文本框中输入 4，设置表格列数为 4；在“列宽”文本框中输入 20，设置列宽为 20。

03 在“数据行数”文本框中输入 4，设置表格行数为 4，其他参数不变，然后单击 确定 按钮返回绘图区，在命令行“指定插入点：”的提示下，拾取一点作为插入点。

04 此时系统将打开“文字编辑器”选项卡，然后在反白显示的表格框内输入“标题”，如图 6-34 所示。

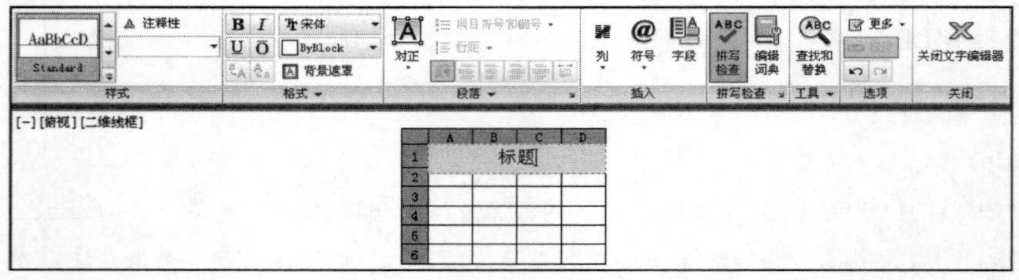

图 6-34　输入标题文字

05 按键盘上的右方向键，或按 Tab 键，此时光标将跳至左下侧的列标题栏中，如图 6-35 所示。

06 此时在反白显示的列标题栏中输入文字，如图 6-36 所示。

07 继续按右方向键，或 Tab 键，分别在其他列标题栏中输入表格文字，如图 6-37 所示，最终效果如图 6-32 所示。

	A	B	C	D
1	标题			
2				
3				
4				
5				
6				

图 6-35 定位光标

	A	B	C	D
1	标题			
2	表头			
3				
4				
5				
6				

图 6-36 输入文字

	A	B	C	D
1	标题			
2	表头	表头	表头	表头
3				
4				
5				
6				

图 6-37 输入其他文字

默认状态下创建的表格，不仅包含有标题行，还包含有表头行、数据行，用户可以根据实际情况进行取舍。

选项解析

- 单击 Standard 列表右侧的按钮，即可打开如图 6-38 所示的“表格样式”对话框，在此对话框内用于设置新的表格样式、修改已有表格样式或设置当前样式等。
- 在“插入表格”对话框中，“表格样式”选项组不仅可以设置、新建或修改当前表格样式，还可以对表格样式进行预览。
- “插入选项”选项组用于设置表格的填充方式，具体有“从空表格开始”、“自数据链接”和“自图形中的对象（数据提取）”三种。

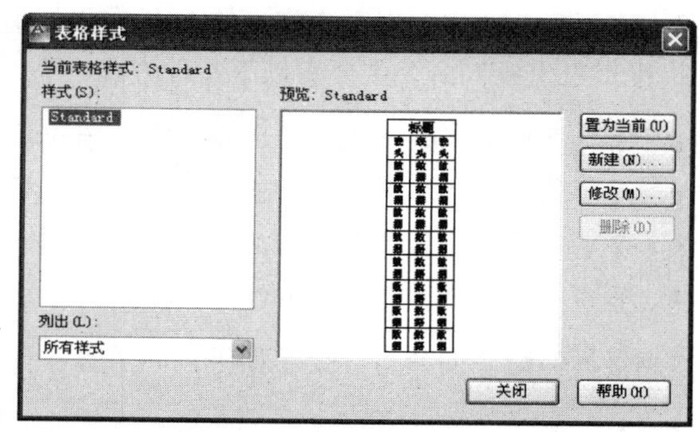

图 6-38 “表格样式“对话框

- “插入方式”选项组用于设置表格的插入方式。即激活此方式后，系统将按照当前的行参数和列参数创建表格。

系统共提供了“指定插入点”和“指定窗口”两种方式，默认方式为“指定插入点”方式，如果使用“指定窗口”方式，系统将表格的行数设为自动，即按照指定的窗口区域自动生成表格的数据行，而表格的其他参数仍使用当前的设置。

- “列和行设置”选项组用于设置表格的列参数、行参数以及列宽和行宽参数。系统默认的列参数为 5、行参数为 1。
- “设置单元样式”选项组用于设置第一行、第二行或其他行的单元样式。

另外，打开“表格样式”对话框，还有以下几种方法：

- 单击“常用”选项卡→“注释”面板→“表格样式”按钮。

- 选择菜单栏“格式”→“表格样式”命令。
- 单击“样式”工具栏→“表格样式”按钮。
- 在命令行输入 Tablestyle 后按 Enter 键。
- 在命令行输入 TS。

6.5 查询图形信息

本节主要学习图形信息的几个查询工具，具体有“点坐标”、“距离”、“面积”和“列表”4 个命令。

6.5.1 点坐标

“点坐标”命令主要用于查询点的 X 轴向坐标值和 Y 轴向坐标值，所查询出的坐标值为点的绝对坐标值。执行“点坐标”命令主要有以下几种方式：

- 单击“常用”选项卡→“实用工具”面板→“点坐标”按钮。
- 选择菜单栏“工具”→“查询”→“点坐标”命令。
- 单击“查询”工具栏→“点坐标”按钮。
- 在命令行输入 Id 后按 Enter 键。

“点坐标”命令的命令行提示如下：

```
命令：'_Id
    指定点：                    //捕捉需要查询的坐标点
    AutoCAD 报告如下信息：
    X = <X 坐标值>     Y =<Y 坐标值>      Z = <Z 坐标值>
```

6.5.2 距离

“距离”用于查询任意两点之间的距离，还可以查询两点的连线与 X 轴或 XY 平面的夹角等参数信息。执行“距离”命令主要有以下几种方式：

- 单击“常用”选项卡→“实用工具”面板→“距离”按钮。
- 选择菜单栏“工具”→“查询”→“距离”命令。
- 单击“查询”工具栏→“距离”按钮。
- 在命令行输入 Dist 或 Measuregeom 后按 Enter 键。
- 使用命令简写 DI。

“距离”命令的应用操作步骤如下：

01 首先绘制长度为 200、角度为 30 的倾斜线段。

02 单击“常用”选项卡→“实用工具”面板→“距离”按钮，查询倾斜线段的长度、角度等几何信息。

命令行操作如下

```
命令: _MEASUREGEOM
    输入选项 [距离(D)/半径(R)/角度(A)/面积(AR)/体积(V)] <距离>: _distance
    指定第一点:                    //捕捉线段的下端点
    指定第二个点或 [多个点(M)]:
    //捕捉线段的上端点，系统自动查询这两点之间的信息，具体如下:
    距离 = 39.0966, XY 平面中的倾角 = 27,   与 XY 平面的夹角 = 0
    X 增量 = 34.7975,   Y 增量 = 17.8236,    Z 增量 = 0.0000
```

03 最后在命令行“输入选项 [距离(D)/半径(R)/角度(A)/面积(AR)/体积(V)/退出(X)] <距离>: ”提示下，输入 x 并按 Enter 键，结束命令。

其中：

- “距离”表示所拾取的两点之间的实际长度。
- “XY 平面中的倾角”表示所拾取的两点连线与 X 轴正方向的夹角。
- “与 XY 平面的夹角”表示拾取的两点连线与坐标系 XY 平面的夹角。
- “X 增量”表示所拾取的两点在 X 轴方向上的坐标差。
- “Y 增量”表示所拾取的两点在 Y 轴方向上的坐标差。

选项解析

- “半径”选项用于查询圆弧或圆的半径、直径等。
- “角度”选项用于圆弧、圆或直线等对象的角度。
- “面积”选项用于查询单个封闭对象或由若干点围成区域的面积及周长等。
- “体积”选项用于查询对象的体积。

6.5.3 面积

“面积”命令主要用于查询单个对象或由多个对象所围成的闭合区域的面积及周长。执行“面积”命令主要有以下几种方式：

- 单击“常用”选项卡→“实用工具”面板→“面积”按钮。
- 选择菜单栏“工具”→“查询”→“面积”命令。
- 单击“查询”工具栏→“面积”按钮。
- 在命令行输入 Measuregeom 或 Area 后按 Enter 键。

下面通过查询正六边形的面积和周长，学习“面积”命令的使用方法和操作技巧。具体操作步骤如下：

01 首先绘制边长为 150 的正六边形。

02 单击“常用”选项卡→“实用工具”面板→“面积”按钮，查询正六边形的面积和周长。操作过程如下：

```
命令: _MEASUREGEOM
    输入选项 [距离(D)/半径(R)/角度(A)/面积(AR)/体积(V)] <距离>: _area
```

```
指定第一个角点或 [对象(O)/增加面积(A)/减少面积(S)/退出(X)] <对象(O)>:
//捕捉正六边形左上角点
指定下一个点或 [圆弧(A)/长度(L)/放弃(U)]:    //捕捉正六边形左角点
指定下一个点或 [圆弧(A)/长度(L)/放弃(U)]:    //捕捉正六边形左下角点
指定下一个点或 [圆弧(A)/长度(L)/放弃(U)/总计(T)] <总计>: //捕捉正六边形右下角点
指定下一个点或 [圆弧(A)/长度(L)/放弃(U)/总计(T)] <总计>: //捕捉正六边形右角点
指定下一个点或 [圆弧(A)/长度(L)/放弃(U)/总计(T)] <总计>: //捕捉正六边形右上角点
指定下一个点或 [圆弧(A)/长度(L)/放弃(U)/总计(T)] <总计>:
// Enter，结束面积的查询过程
查询结果：面积 = 58456.7148，周长 = 900.0000
```

03 最后在命令行“输入选项 [距离(D)/半径(R)/角度(A)/面积(AR)/体积(V)/退出(X)] <面积>:”提示下，输入 x 并按 Enter 键，结束命令。

选项解析

- “对象”选项用于查询单个闭合图形的面积和周长，如圆、椭圆、矩形、多边形、面域等。另外，使用此选项也可以查询由多段线或样条曲线所围成的区域的面积和周长。
- “增加面积”选项主要用于将新选图形实体的面积加入总面积中，此功能属于“面积的加法运算”。另外，如果用户需要执行面积的加法运算，必须先将当前的操作模式转换为加法运算模式。
- “减少面积”选项用于将所选实体的面积从总面积中减去，此功能属于“面积的减法运算”。另外，如果用户需要执行面积的减法运算，必须先将当前的操作模式转换为减法运算模式。

6.5.4 列表

“列表”命令用于查询图形所包含的众多的内部信息，如图层、面积、点坐标以及其他的空间等特性参数。执行“列表”命令主要有以下几种方式：

- 选择菜单栏“工具”→“查询”→“列表”命令。
- 单击“查询”工具栏→“列表”按钮。
- 在命令行输入 List 后按 Enter 键。
- 使用快捷键 LI 或 LS。

当执行“列表”命令后，选择需要查询信息的图形对象，AutoCAD 会自动切换到文本窗口，并滚动显示所有选择对象的有关特性参数。下面学习使用“列表”命令。

01 新建文件并绘制半径为 100 的圆。

02 单击“查询”工具栏中的按钮，激活“列表”命令。

03 在命令行“选择对象:”提示下，选择刚绘制的圆。

04 继续在命令行“选择对象：”提示下，按 Enter 键，系统将以文本窗口的形式直观显示所查询出的信息，如图 6-39 所示。

```
AutoCAD 文本窗口 - 标注户型图房间面积.dwg
编辑(E)
            块参照        图层: 图块层
                          空间: 模型空间
                  句柄 = 95d4
              块名: "沙发组合03"
                于  点,  X=  38866.3   Y=  24181.2   Z=       0.0
          X 比例因子:         1.0
          Y 比例因子:         1.0
            旋转角度:   90.00
          Z 比例因子:         1.0
            插入单位: 毫米
            单位转换:         1.0
        按统一比例缩放: 否
            允许分解: 是
命令:
```

图 6-39　列表查询结果

6.6 案例——为户型图标注房间功能

本例通过为某户型图标注房间的功能性文字注释，来对本章知识进行综合练习和巩固应用。户型图房间功能的最终标注效果，如图 6-40 所示。

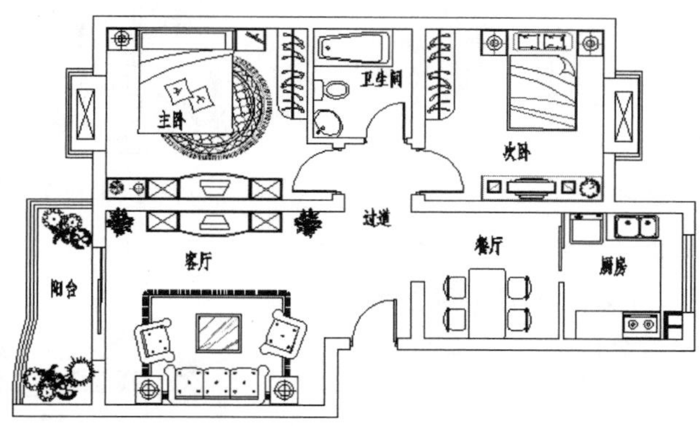

图 6-40　实例效果

操作步骤：

01 打开随书光盘“\实例效果文件\第 6 章\小户型布置图.dwg”。

02 使用快捷键 LA 激活“图层”命令，创建名为“文本层”的新图层，图层颜色为“洋红”，并将其设置为当前图层。

03 单击“常用”选项卡→“注释”面板→“文字样式”按钮，打开“文字样式”对话框，创建一种名为“仿宋体”的文字样式，其中字体为“仿宋体”，宽度比例为 0.7。

04 单击“常用”选项卡→“注释”面板→“单行文字”按钮，在命令行“指定文字的起点或 [对正(J)/样式(S)]：”提示下，在平面图左上侧房间内拾取一点。

05 在“指定高度 <2.500>：”提示下输入 280 后按 Enter 键，设置高度。

06 在“指定文字的旋转角度 <0.000>：”提示下按 Enter 键。

07 此时系统显示出如图 6-41 所示的单行文字输入框，在此输入框内输入如图 6-42 所示的文字注释。

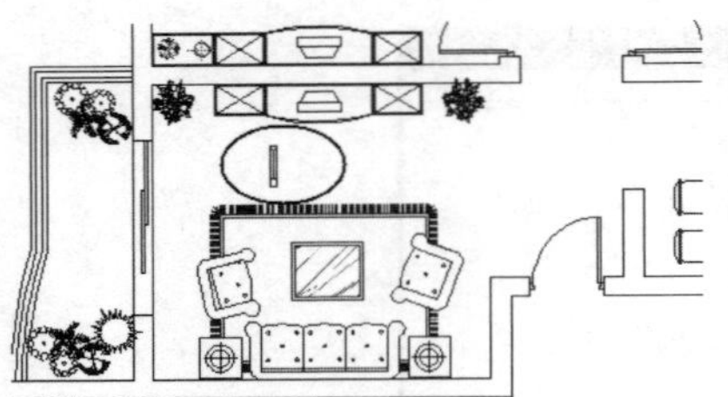

图 6-41　单行文字输入框

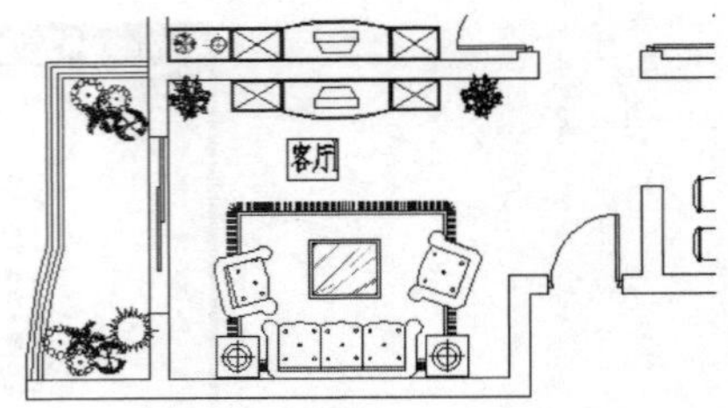

图 6-42　输入文字

08 结束“单行文字”命令，然后使用快捷键 CO 激活“复制”命令，将刚输入的文字分别复制到其他房间内，结果如图 6-43 所示。

09 使用快捷键 ED 激活“编辑文字”命令，在命令行“选择注释对象或 [放弃(U)]：”提示下，选择复制出的文字，被选择的文字反白显示，如图 6-44 所示。

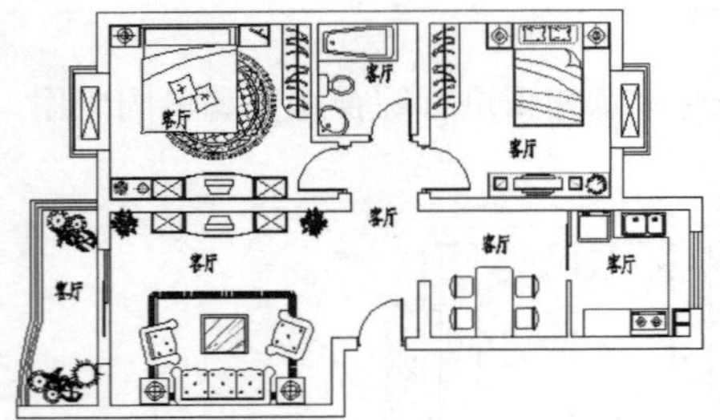

图 6-43　复制结果

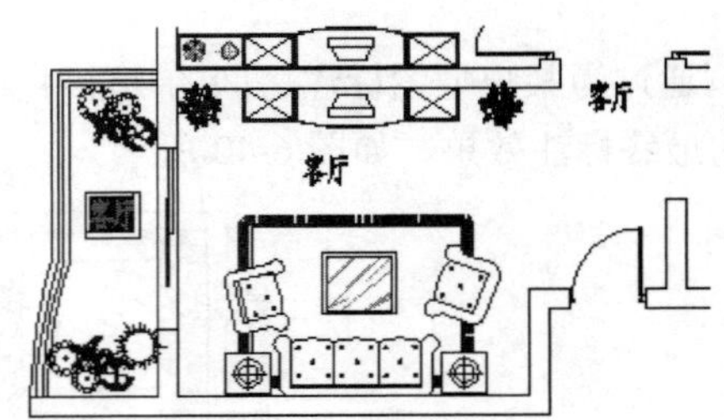

图 6-44　选择文字

10 此时在反白显示的文字输入框内输入正确的文字内容，如图 6-45 所示。

11 按 Enter 键，修改后的文字效果如图 6-46 所示。

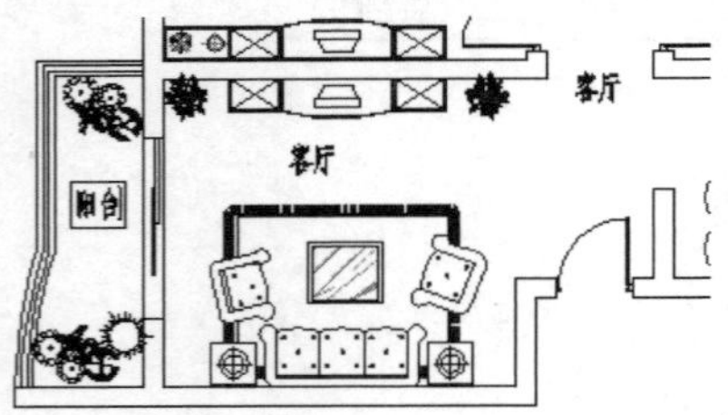

图 6-45　输入文字

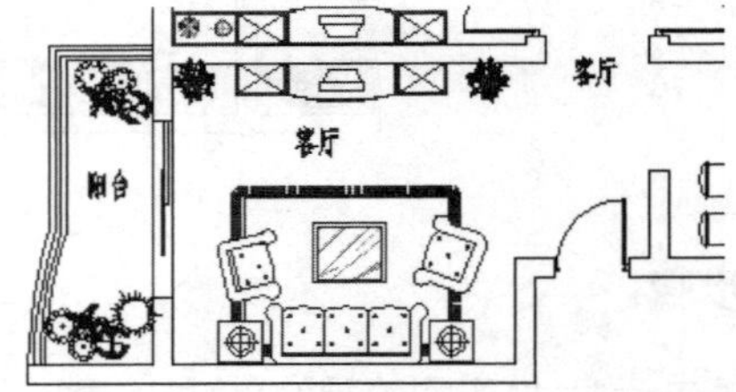

图 6-46　修改结果

12 参照 09~11 操作步骤，根据命令行的提示，分别修改其他房间内的文字注释，结果如图 6-47 所示。

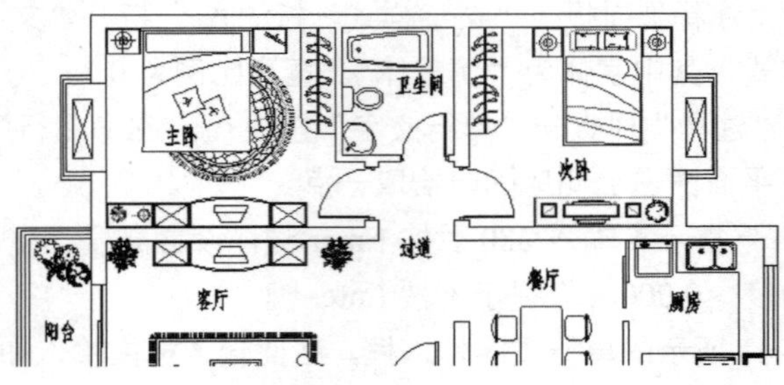

图 6-47　编辑其他文字

13 最后使用“另存为”命令，将图形存储为“标注户型图房间功能.dwg”。

6.7 案例——为户型图标注房间面积

本案例通过为某户型图标注房间使用面积，来对本章知识进行综合练习和巩固应用。为户型图标注房间使用面积的最终标注效果，如图 6-48 所示。

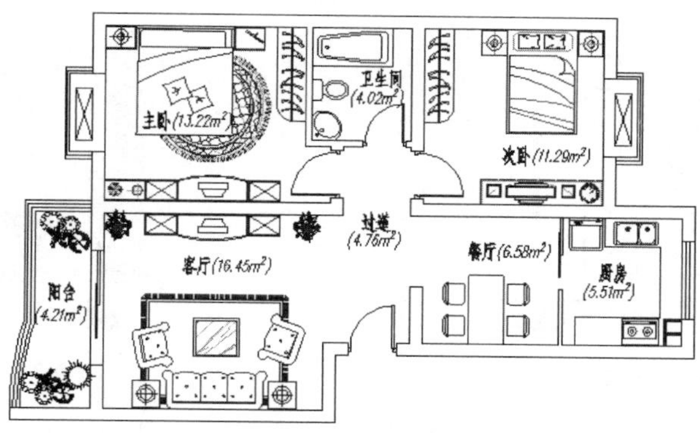

图 6-48　实例效果

操作步骤：

01 打开随书光盘“\实例效果文件\第 6 章\标注户型图房间功能.dwg”。

02 使用快捷键 LA 激活“图层”命令，创建名为“面积层”的新图层，图层颜色为 124 号色，并将其设置为当前图层。

03 单击“常用”选项卡→“注释”面板→“文字样式”按钮，创建一种名为“面积”的文字样式，参数设置如图 6-49 所示。

04 单击“常用”选项卡→“实用工具”面板→“面积”按钮，查询卧室的使用面积。命令行操作如下：

```
命令: _MEASUREGEOM
    输入选项 [距离(D)/半径(R)/角度(A)/面积(AR)/体积(V)] <距离>: _area
    指定第一个角点或 [对象(O)/增加面积(A)/减少面积(S)/退出(X)] <对象(O)>:
                                          //捕捉如图 6-50 所示的端点
    指定下一个点或 [圆弧(A)/长度(L)/放弃(U)]:      //捕捉如图 6-51 所示的端点
    指定下一个点或 [圆弧(A)/长度(L)/放弃(U)]:      //捕捉如图 6-52 所示的端点
    指定下一个点或 [圆弧(A)/长度(L)/放弃(U)/总计(T)] <总计>:
        //捕捉如图 6-53 所示的端点
    指定下一个点或 [圆弧(A)/长度(L)/放弃(U)/总计(T)] <总计>: // Enter
    区域 = 11289600.0，周长 = 13440.0
    输入选项 [距离(D)/半径(R)/角度(A)/面积(AR)/体积(V)/退出(X)] <面积>:
    //X Enter，结束命令
```

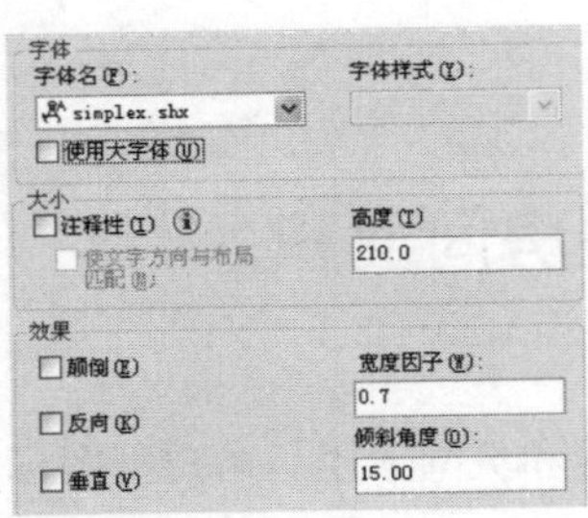

图 6-49 设置文字样式

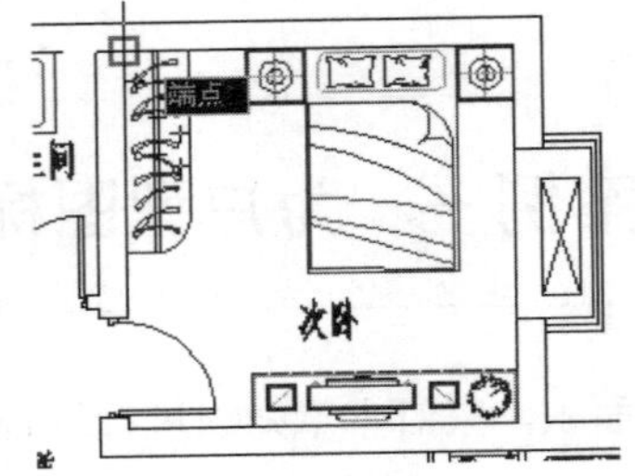

图 6-50 捕捉端点

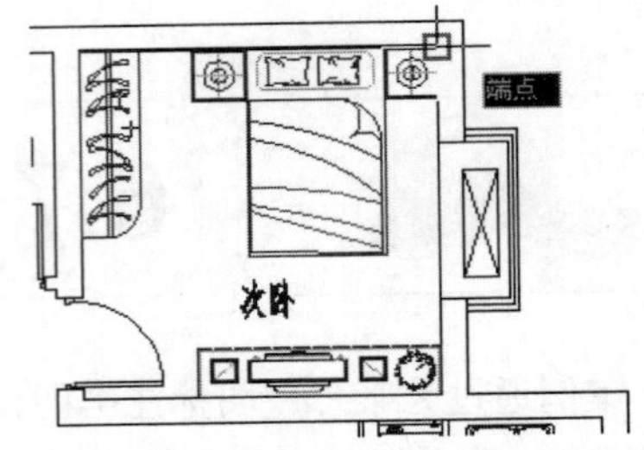

图 6-51 捕捉端点

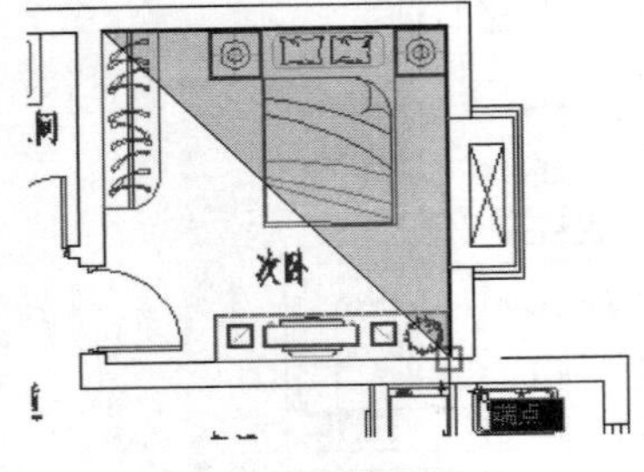

图 6-52 捕捉端点

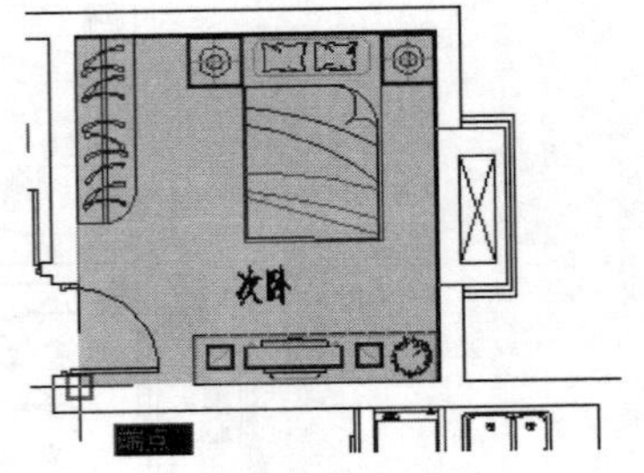

图 6-53 捕捉端点

05 重复执行“面积”命令，配合对象捕捉和追踪功能，分别查询其他房间的使用面积。

06 单击“常用”选项卡→“注释”面板→“多行文字”按钮A，拉出如图 6-54 所示的矩形框，打开“文字编辑器”选项卡。

07 在多行文字输入框内输入如图 6-55 所示的房间面积。

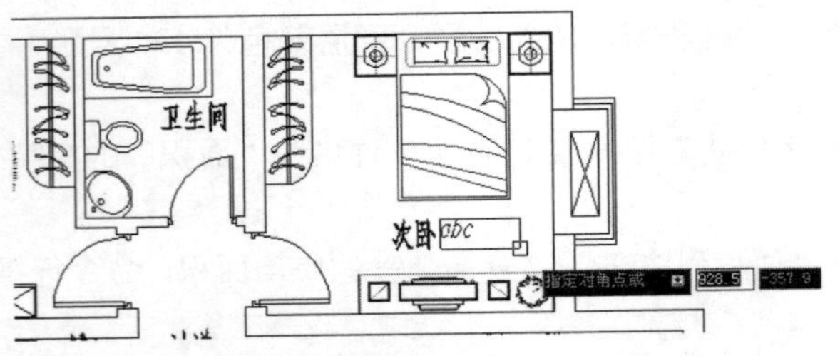

图 6-54 拉出矩形框

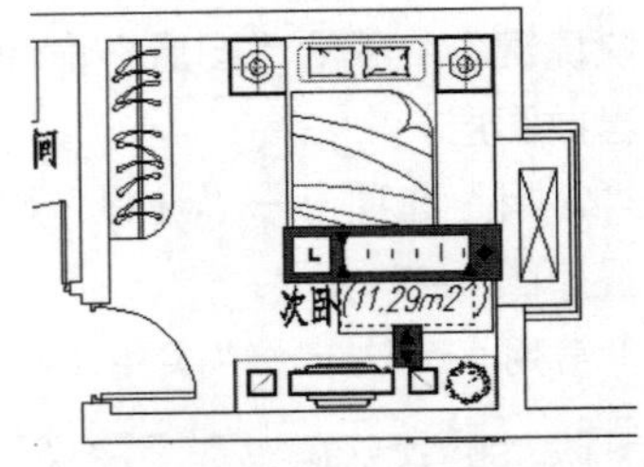

图 6-55 输入文字内容

符号“^”是按键盘上的 Shift+6 组合键输入的。

08 在文字输入框内选择“2^”后，使其反白显示，如图 6-56 所示。

09 单击“文字编辑器”选项卡→“格式”面板→“堆叠”按钮，将文字进行堆叠，结果如图 6-57 所示。

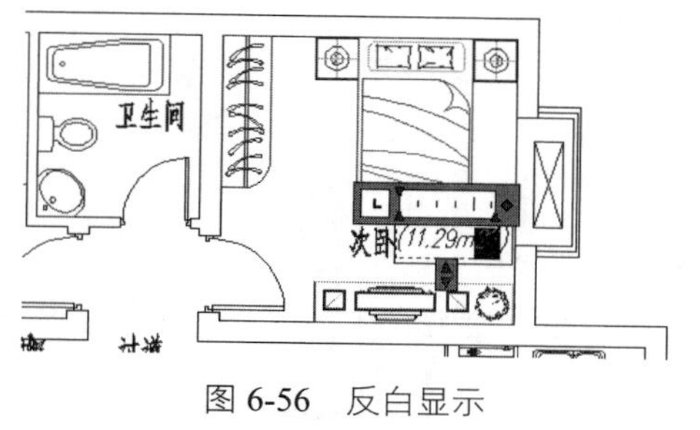

图 6-56　反白显示

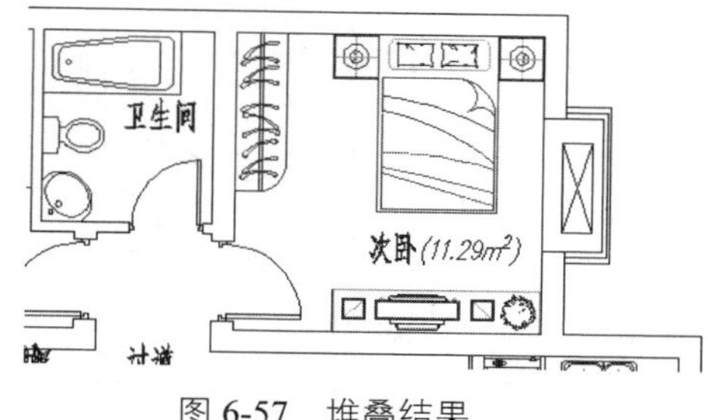

图 6-57　堆叠结果

10 使用快捷键 CO 激活“复制”命令，将标注的面积分别复制到其他房间内，结果如图 6-58 所示。

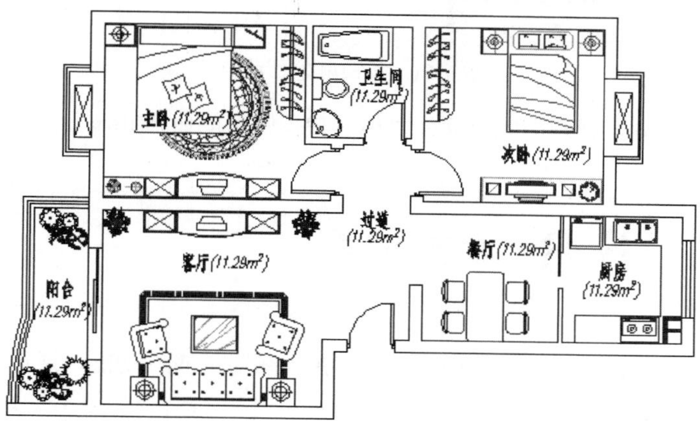

图 6-58　复制结果

11 选择菜单栏“修改”→“对象”→“文字”→“编辑”命令，在命令行“选择注释对象或 [放弃(U)]:”提示下，选择复制出的面积，输入正确的使用面积，如图 6-59 所示，修改结果如图 6-60 所示。

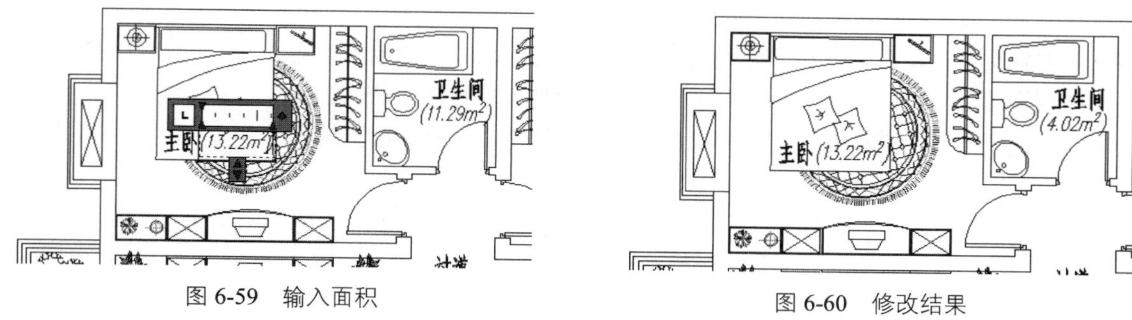

图 6-59　输入面积

图 6-60　修改结果

12 继续在命令行“选择注释对象或 [放弃(U)]:”提示下，分别选择其他位置的面积对象，修改其内容，结果如图 6-61 所示。

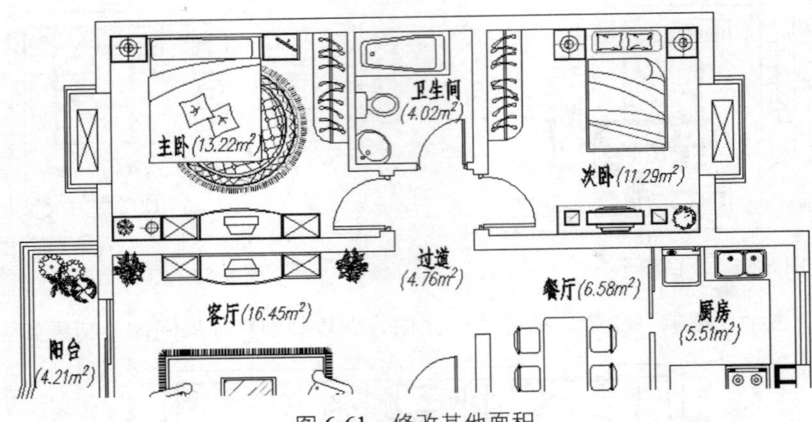

图 6-61　修改其他面积

13 最后使用“另存为”命令，将户型图存储为“标注户型图房间面积.dwg”。

6.8 本章小结

本章集中讲述了文字、表格、字符等的创建功能和图形信息的查询功能，通过本章的学习，具体需要掌握如下知识点：

（1）在创建文字样式时需要掌握文字样式的命名、字体、字高以及字体效果的设置技能。

（2）在创建单行文字时需要理解和掌握单行文字的概念和创建方法；了解和掌握各种文字的对正方式。

（3）在创建多行文字时掌握多行文字的功能以及与单行文字的区别，并重点掌握多行文字的技能、掌握特殊字符的快速输入技巧和段落格式的编排技巧。

（4）在编辑文字时，要了解和掌握两类文字的编辑方式和具体的编辑技巧。

（5）在查询图形信息时要掌握坐标、距离、面积和列表 4 种查询功能。

（6）在创建表格时要掌握表格样式的设置、表格的创建、填充和编辑技巧。

第 7 章

标注图形尺寸

与文字注释一样，尺寸标注也是图纸的重要组成部分，是指导施工员现场施工的重要依据，它能将图形间的相互位置关系以及形状等进行数字化、参数化，以更直观地表达图形的尺寸。本章主要学习 AutoCAD 尺寸的具体标注功能和编辑功能。

知识要点

- 标注基本尺寸
- 标注复合尺寸
- 编辑与更新尺寸
- 标注样式管理器
- 案例——标注小别墅立画图尺寸

7.1 标注基本尺寸

AutoCAD 为用户提供了多种尺寸标注工具，本节主要学习各类基本尺寸的标注功能。

7.1.1 标注线性尺寸

“线性”命令用于标注两点之间的水平尺寸或垂直尺寸，如图 7-1 所示。执行“线性”命令主要有以下几种方式：

- 单击“注释”选项卡→“标注”面板→“线性”按钮 。
- 选择菜单栏“标注”→“线性”命令。
- 单击“标注”工具栏→“线性”按钮 。
- 在命令行输入 Dimlinear 或 Dimlin 后按 Enter 键。

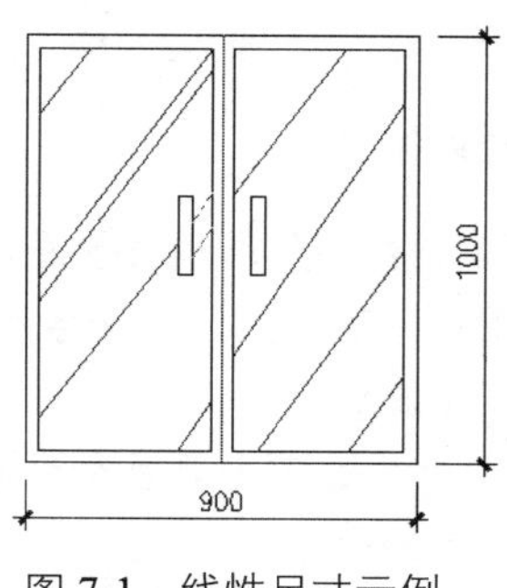

图 7-1　线性尺寸示例

下面通过标注如图 7-1 所示的长度尺寸和垂直尺寸，学习使用“线性”命令的使用方法和技巧。具体操作如下：

01 打开随书光盘中的“\实例源文件\线性标注.dwg”，如图 7-2 所示。

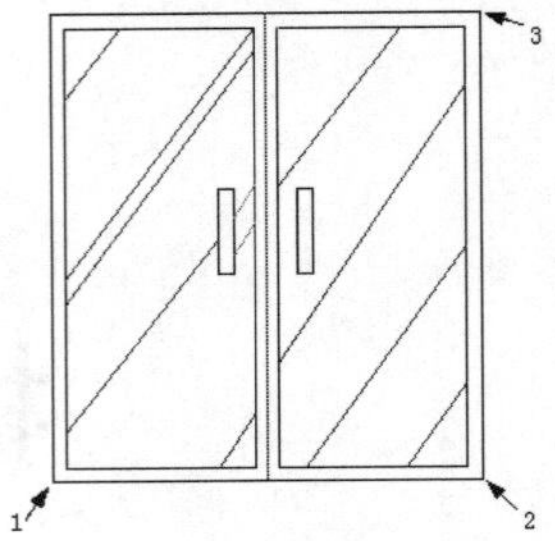

图 7-2　打开结果

02 单击“注释”选项卡→“标注”面板→“线性”按钮，配合“端点捕捉”功能标注下侧的长度尺寸。命令行操作如下：

```
命令: _dimlinear
    指定第一个尺寸界线原点或 <选择对象>:
  //捕捉如图 7-2 所示的端点 1
    指定第二条尺寸界线原点:
  //捕捉如图 7-2 所示的端点 2
    指定尺寸线位置或[多行文字(M)/文字(T)/角度(A)/水平(H)/垂直(V)/旋转(R)]:
            //向下移动光标，在适当位置拾取一点，标注结果如图 7-3 所示
    标注文字 = 900
```

03 重复执行“线性”命令，配合“端点捕捉”功能标注宽度尺寸。命令行操作如下：

```
命令:_dimlinear                              // Enter，重复执行“线性”命令
    指定第一个尺寸界线原点或 <选择对象>:   // Enter
    选择标注对象:                          //单击如图 7-4 所示的垂直边
    指定尺寸线位置或[多行文字(M)/文字(T)/角度(A)/水平(H)/垂直(V)/旋转(R)]:
                //水平向右移动光标，然后在适当位置指定尺寸线位置，标注结果如图 7-1 所示
    标注文字 = 1000
```

图 7-3　标注长度尺寸

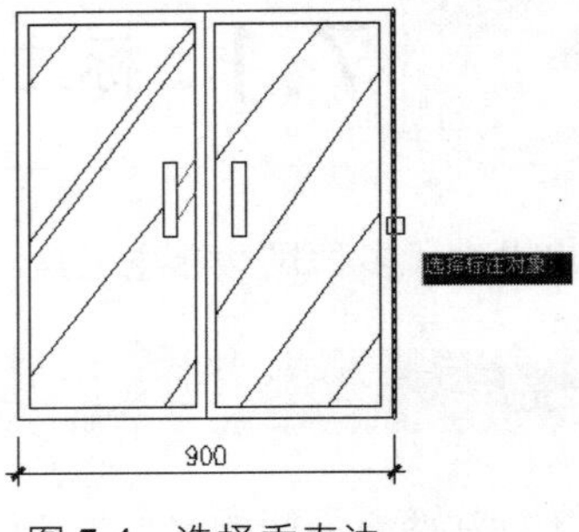

图 7-4　选择垂直边

选项解析

- “多行文字”选项主要是通过“文字编辑器”选项卡手动输入尺寸文字内容，或者为尺寸文字添加前后缀等。
- “文字”选项主要是通过命令行，手动输入尺寸文字的内容。
- “角度”选项用于设置尺寸文字的旋转角度，如图 7-5 所示。
- “水平”选项用于标注两点之间的水平尺寸。

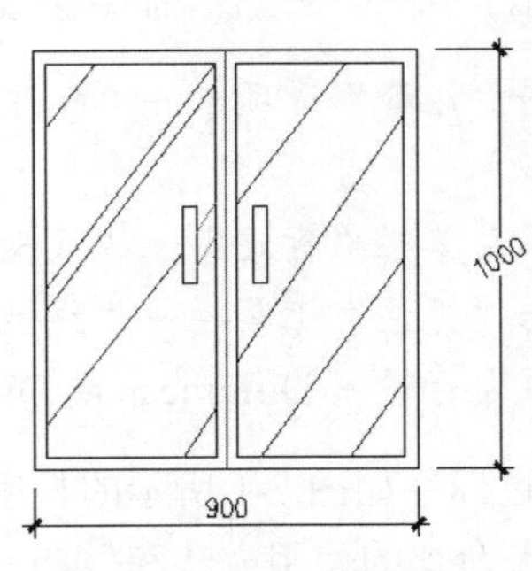

图 7-5　“角度”选项示例

- “垂直”选项用于标注两点之间的垂直尺寸。
- “旋转”选项用于设置尺寸线的旋转角度。

7.1.2　标注对齐尺寸

“对齐”命令用于标注平行于所选对象或平行于两尺寸界线原点连线的直线型尺寸，此命令比较适合于标注倾斜图线的尺寸，如图 7-6 所示。执行“对齐”命令主要有以下几种方式：

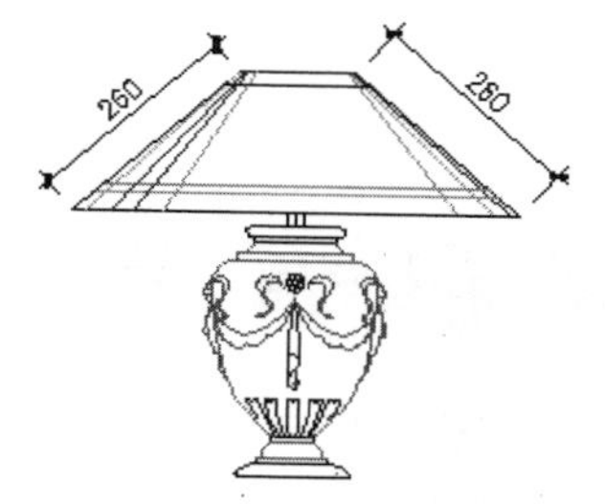

图 7-6　对齐标注示例

- 单击“注释”选项卡→“标注”面板→“对齐”按钮。
- 选择菜单栏“标注”→“对齐”命令。
- 单击“标注”工具栏→“对齐”按钮。
- 在命令行输入 Dimaligned 或 Dimali 后按 Enter 键。

下面通过标注如图 7-6 所示的倾斜尺寸，学习使用“对齐”命令的使用方法和技巧。具体操作如下：

01 打开随书光盘中的“\实例源文件\对齐标注.dwg”，如图 7-7 所示。

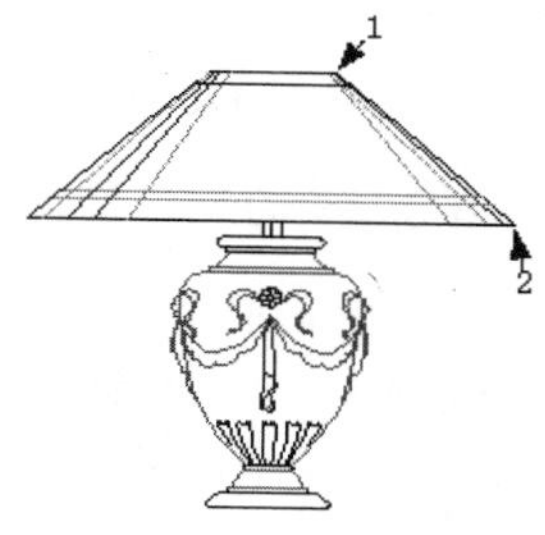

图 7-7　打开结果

02 单击“注释”选项卡→“标注”面板→“对齐”按钮，配合“端点捕捉”功能标注右侧的倾斜尺寸。命令行操作如下：

```
命令: _dimaligned
    指定第一个尺寸界线原点或 <选择对象>:
    //捕捉如图 7-7 所示的端点 1
    指定第二条尺寸界线原点:
    //捕捉如图 7-7 所示的端点 2
    指定尺寸线位置或[多行文字(M)/文字(T)/角度(A)]:
                        //在适当位置指定尺寸线位置，结果如图 7-8 所示
    标注文字 =260
```

03 重复执行“对齐”命令，配合“端点捕捉”功能左侧的倾斜尺寸。命令行操作如下：

```
命令:_dimaligned                                    // Enter
    指定第一个尺寸界线原点或 <选择对象>:   // Enter
    选择标注对象:                         //单击如图 7-9 所示的边
    指定尺寸线位置或[多行文字(M)/文字(T)/角度(A)/水平(H)/垂直(V)/旋转(R)]:
                    //在适当位置指定尺寸线位置，标注结果如图 7-6 所示
    标注文字 = 260
```

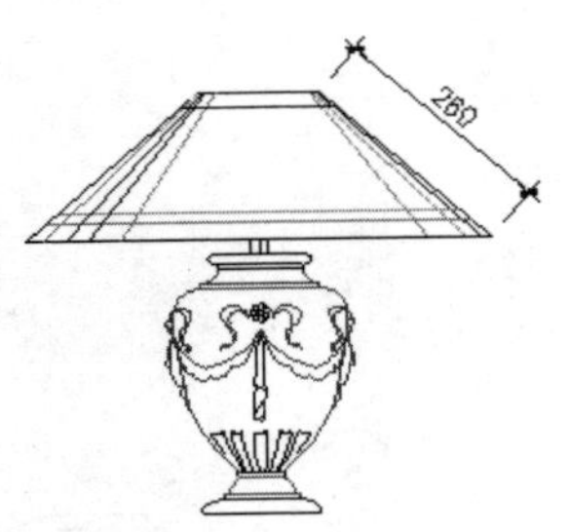

图 7-8　标注结果

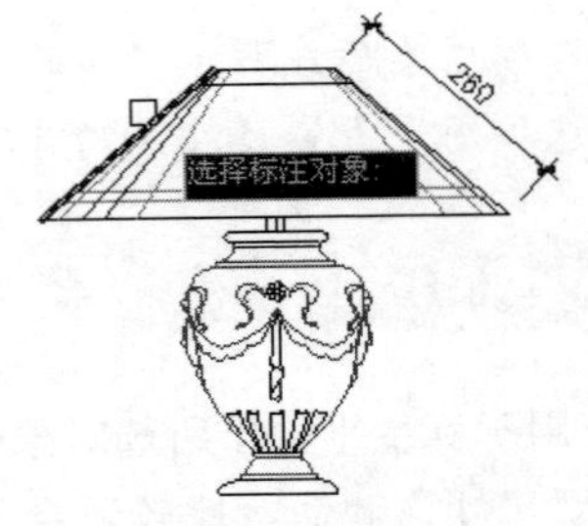

图 7-9　选择对象

7.1.3　标注角度尺寸

“角度”命令用于标注图线间的角度尺寸或者是圆弧的圆心角等，如图 7-10 所示。执行“角度”命令主要有以下几种方式：

- 单击“注释”选项卡→“标注”面板→“角度”按钮。
- 选择菜单栏“标注”→“角度”命令。
- 单击“标注”工具栏→“角度”按钮。
- 在命令行输入 Dimangular 或 Dimang 后按 Enter 键。

执行“角度”命令后，其命令行操作如下：

```
命令: _dimangular
    选择圆弧、圆、直线或 <指定顶点>:        //选择右侧倾斜轮廓边
    选择第二条直线:                        //选择下侧水平边
    指定标注弧线位置或 [多行文字(M)/文字(T)/角度(A) /象限点(Q)]:
                                          //在适当位置拾取一点，定位尺寸线位置
    标注文字 = 33
```

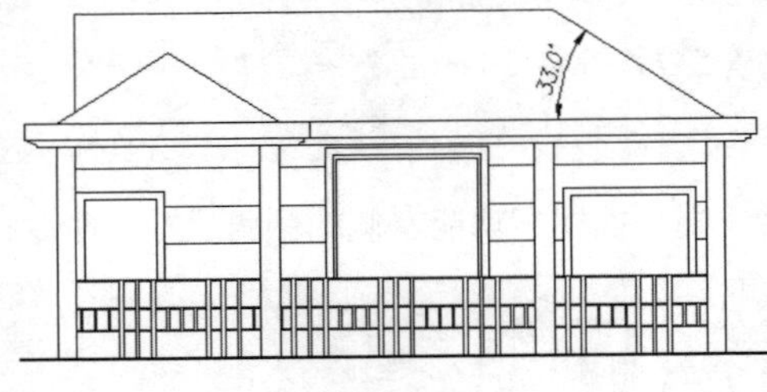

图 7-10　标注结果

AutoCAD 小提示

在标注角度尺寸时，如果选择的是圆弧，系统将自动以圆弧的圆心作为顶点，圆弧端点作为尺寸界线的原点，标注圆弧的角度，如图 7-11 所示。

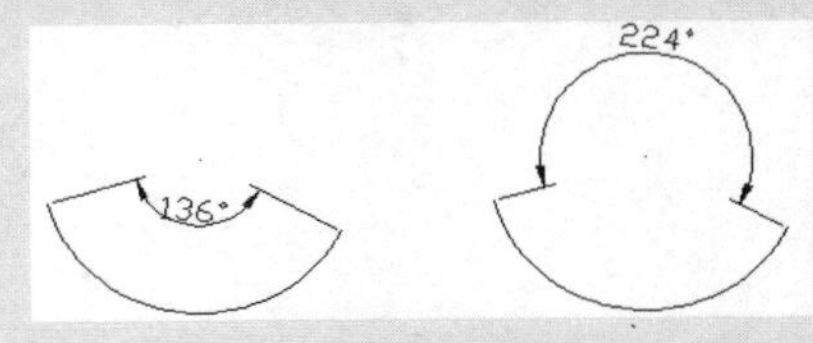

图 7-11　圆弧标注示例

7.1.4　标注点坐标

“坐标”命令用于标注点的 X 坐标值和 Y 坐标值，所标注的坐标为点的绝对坐标，执行“坐标”命令主要有以下几种方式：

- 单击“注释”选项卡→“标注”面板→“坐标”按钮。
- 选择菜单栏“标注”→“坐标”命令。
- 单击“标注”工具栏→“坐标”按钮。
- 在命令行输入 Dimordinate 或 Dimord 后按 Enter 键。

激活“坐标”命令后，命令行出现如下操作提示：

```
命令: _dimordinate
    指定点坐标:                              //捕捉点
    指定引线端点或 [X 基准(X)/Y 基准(Y)/多行文字(M)/文字(T)/角度(A)]: //定位引线端点
```

AutoCAD 小提示

上下移动光标，则可以标注点的 X 坐标值；左右移动光标，则可以标注点的 Y 坐标值。另外，使用“X 基准”选项，可以强制性的标注点的 X 坐标，不受光标引导方向的限制。

7.1.5　标注半径尺寸

“半径”命令用于标注圆、圆弧的半径尺寸，所标注的半径尺寸是由一条指向圆或圆弧的带箭头的半径尺寸线组成，当用户采用系统的实际测量值标注文字时，系统会在测量数值前自动添加“R”，如图 7-12 所示。执行“半径”命令主要有以下几种方式：

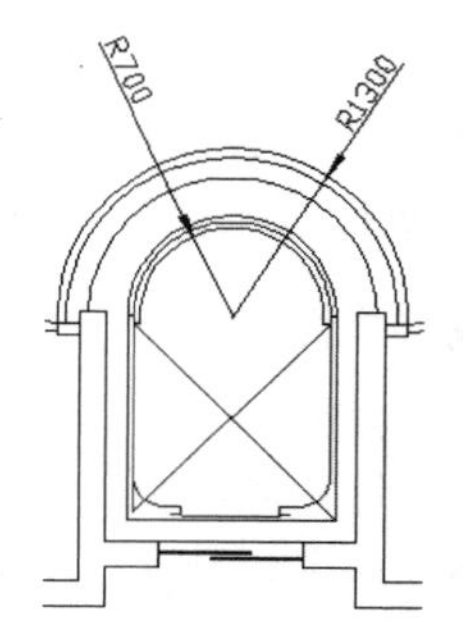

图 7-12　半径尺寸示例

- 单击“注释”选项卡→“标注”面板→“半径”按钮。
- 选择菜单栏“标注”→“半径”命令。
- 单击“标注”工具栏→“半径”按钮。
- 在命令行输入 Dimradius 或 Dimrad 后按 Enter 键。

激活“半径”命令后，AutoCAD 命令行会出现如下操作提示：

```
命令: _dimradius
    选择圆弧或圆:                       //选择需要标注的圆或弧对象
    标注文字 = 700
    指定尺寸线位置或 [多行文字(M)/文字(T)/角度(A)]:  //指定尺寸的位置
```

7.1.6 标注直径尺寸

“直径”命令用于标注圆或圆弧的直径尺寸，如图 7-13 所示。当用户采用系统的实际测量值标注文字时，系统会在测量数值前自动添加“Ø”。执行“直径”命令主要有以下几种方式：

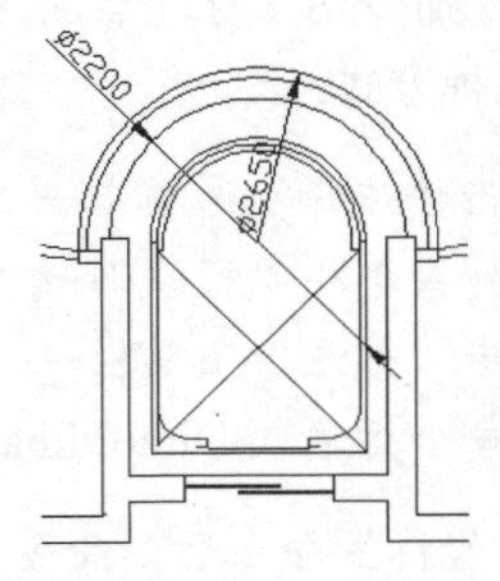

图 7-13 直径尺寸示例

- 单击“注释”选项卡→“标注”面板→“直径”按钮。
- 选择菜单栏“标注”→“直径”命令。
- 单击“标注”工具栏→“直径”按钮。
- 在命令行输入 Dimdiameter 或 Dimdia 后按 Enter 键。

激活“直径”命令后，AutoCAD 命令行会出现如下操作提示：

```
命令: _dimdiameter
    选择圆弧或圆:                                          //选择需要标注的圆或圆弧
    标注文字 = 2200
    指定尺寸线位置或 [多行文字(M)/文字(T)/角度(A)]:        //指定尺寸的位置
```

7.1.7 标注弧长尺寸

“弧长”命令主要用于标注圆弧或多段线弧的长度尺寸，默认设置下，会在尺寸数字的一端添加弧长符号，如图 7-14 所示。执行“弧长”命令主要有以下几种方式：

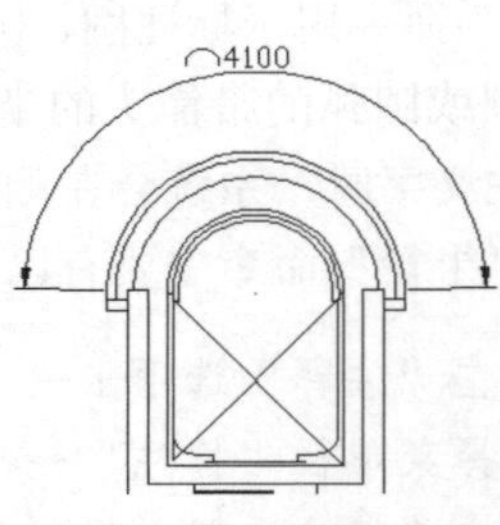

图 7-14 弧长标注示例

- 单击“注释”选项卡→“标注”面板→“弧长”按钮。
- 选择菜单栏“标注”→“弧长”命令。
- 单击“标注”工具栏→“弧长”按钮。
- 在命令行输入 Dimarc 后按 Enter 键。

激活“弧长”命令后，AutoCAD 命令行会出现如下操作提示：

```
命令: _dimarc
    选择弧线段或多段线弧线段:                  //选择需要标注的弧线段
    指定弧长标注位置或 [多行文字(M)/文字(T)/角度(A)/部分(P)/引线(L)]:
                                            //指定弧长尺寸的位置
    标注文字 = 4100
```

使用“部分”选项功能，可以标注圆弧或多段线弧上的部分弧长，如图 7-15 所示；使用“引线”选项用于为圆弧的弧长尺寸添加指示线，如图 7-16 所示。

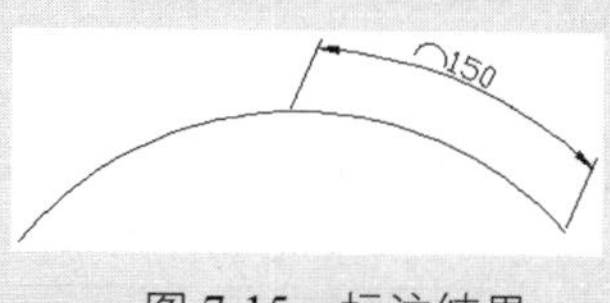

图 7-15　标注结果

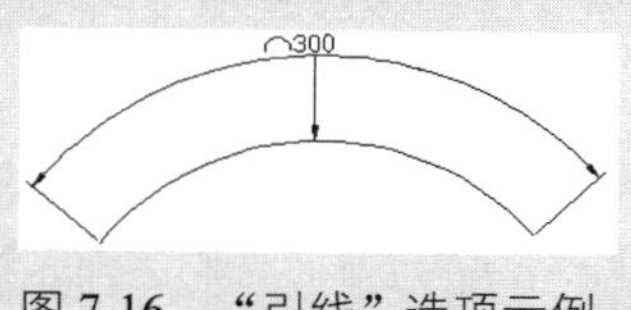

图 7-16　“引线”选项示例

7.1.8　标注折弯尺寸

“折弯”命令用于标注含有折弯的半径尺寸，其中，引线的折弯角度可以根据需要进行设置，如图 7-17 所示。执行“折弯”命令主要有以下几种方式：

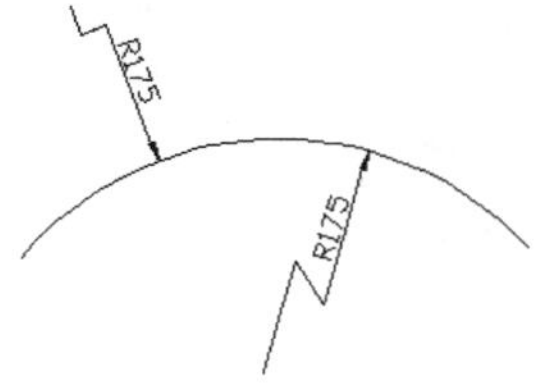

图 7-17　折弯尺寸

- 单击“注释”选项卡→“标注”面板→“弧长”按钮。
- 选择菜单栏“标注”→“弧长”命令。
- 单击“标注”工具栏→“弧长”按钮。
- 在命令行输入 Dimjogged 后按 Enter 键。

激活“折弯”命令后，AutoCAD 命令行有如下操作提示：

```
命令: _dimjogged
    选择圆弧或圆:                                    //选择弧或圆作为标注对象
    指定图示中心位置:                                //指定中心线位置
    标注文字 = 175
    指定尺寸线位置或 [多行文字(M)/文字(T)/角度(A)]:    //指定尺寸线位置
    指定折弯位置:                                    //定位折弯位置
```

7.2 标注复合尺寸

本节将学习几个比较常用的复合标注工具，具体有“快速标注”、“基线”和“连续”等命令。

7.2.1　“快速标注”命令

“快速标注”命令用于一次标注多个对象间的尺寸，如图 7-18 所示，是一种比较常用的复合标注工具。执行“快速标注”命令主要有以下几种方式：

- 单击“注释”选项卡→“标注”面板→“快速标注”按钮。
- 选择菜单栏“标注”→“快速标注”命令。
- 单击“标注”工具栏→“快速标注”按钮。
- 在命令行输入 Qdim 后按 Enter 键。

下面通过标注如图 7-18 所示的长度尺寸和垂直尺寸，学习使用“快速标注”命令的使用方法和技巧。具体操作如下：

01 打开随书光盘中的“\实例源文件\快速标注.dwg”，如图 7-19 所示。

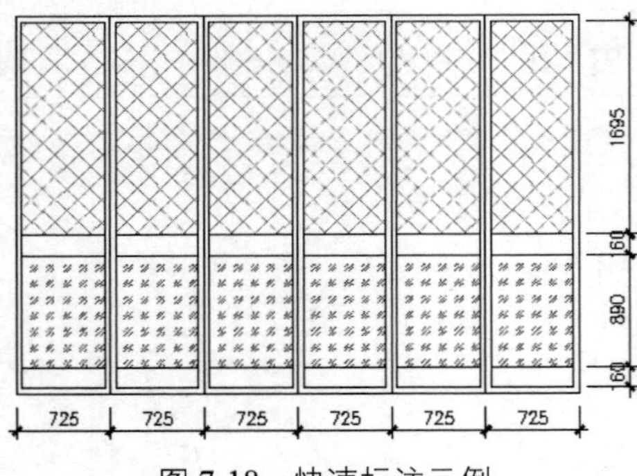

图 7-18 快速标注示例

图 7-19 打开结果

02 单击“注释”选项卡→“标注”面板→“快速标注”按钮，根据命令行的提示快速标注下侧的水平尺寸。命令行操作如下：

```
命令: _qdim
    选择要标注的几何图形:            //拉出如图 7-20 所示的窗交选择框
    选择要标注的几何图形:            //Enter
    指定尺寸线位置或 [连续(C)/并列(S)/基线(B)/坐标(O)/半径(R)/直径(D)/基准点(P)/编辑(E)
    /设置(T)] <连续>:            //向下引导光标指定尺寸线位置，标注结果如图 7-21 所示
```

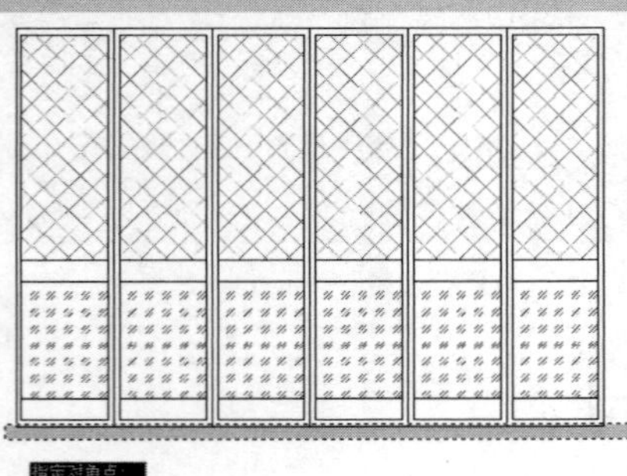

图 7-20 窗交选择框

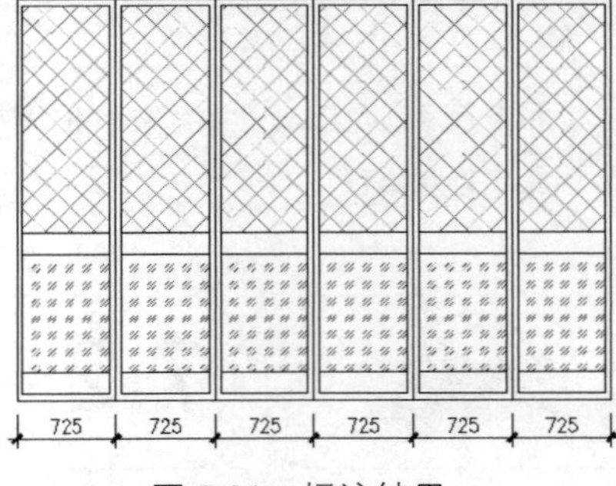

图 7-21 标注结果

03 重复执行“快速标注”命令，标注右侧的垂直尺寸。命令行操作如下：

```
命令: _qdim
    关联标注优先级 = 端点
    选择要标注的几何图形:            //分别选择如图 7-22 所示的图线
    选择要标注的几何图形:            //Enter
```

指定尺寸线位置或 [连续(C)/并列(S)/基线(B)/坐标(O)/半径(R)/直径(D)/基准点(P)/编辑(E)/设置(T)] <连续>:　　　　　　//向右引导光标指定尺寸线位置，标注结果如图 7-23 所示

图 7-22　选择结果

图 7-23　标注结果

选项解析

- “连续”选项用于标注对象间的连续尺寸。
- “并列”选项用于标注并列尺寸，如图 7-24 所示。
- “坐标”选项用于标注对象的绝对坐标。
- “基线”选项用于标注基线尺寸，如图 7-25 所示。

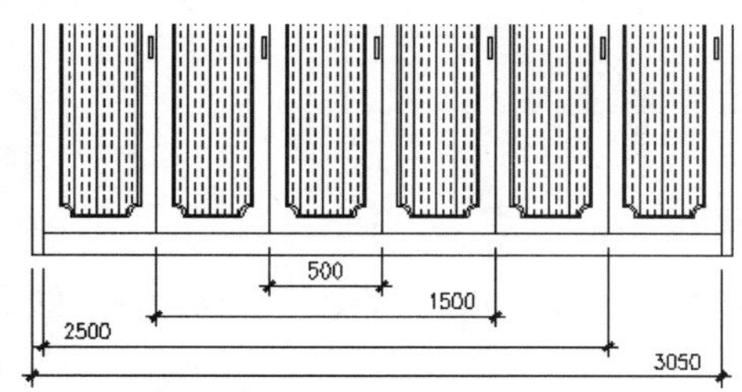

图 7-24　并列尺寸示例

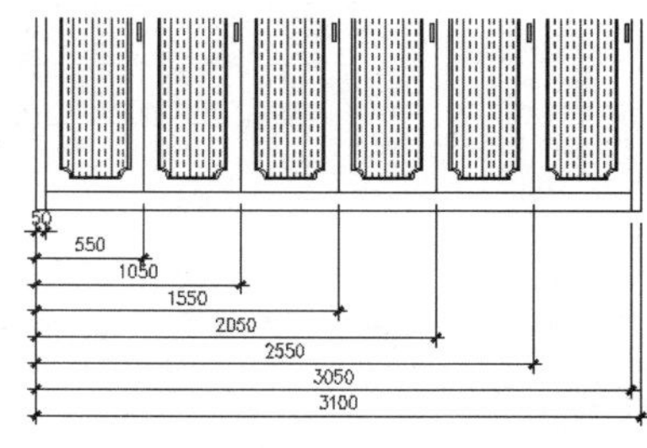

图 7-25　基线尺寸示例

- “基准点”选项用于设置新的标注点。
- “编辑”选项用于添加或删除标注点。
- “半径”选项用于标注圆或弧的半径尺寸。
- “直径”选项用于标注圆或弧的直径尺寸。

7.2.2　“基线”命令

“基线”命令需要在现有尺寸的基础上，以所选择的尺寸界限作为基线尺寸的尺寸界限，创建基线尺寸，如图 7-26 所示。执行“基线”命令主要有以下几种方式：

- 单击“注释”选项卡→“标注”面板→“基线”按钮。
- 选择菜单栏“标注”→“基线”命令。
- 单击“标注”工具栏→“基线”按钮。
- 在命令行输入 Dimbaseline 或 Dimbase 后按 Enter 键。

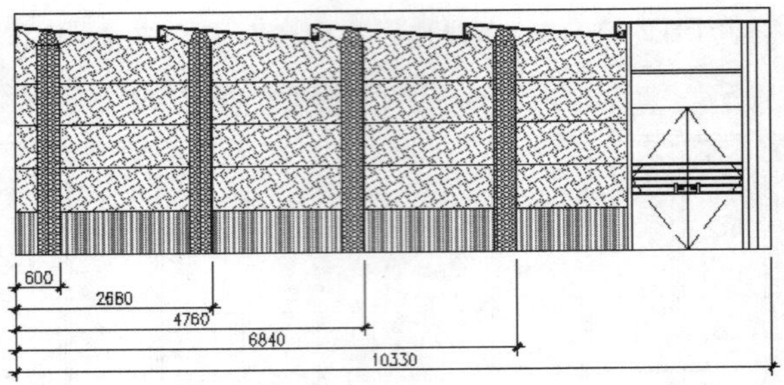

图 7-26　基线标注示例

下面通过标注如图 7-26 所示的基线尺寸，学习“基线”命令的使用方法和技巧。具体操作如下：

01 打开随书光盘“\实例源文件\基线标注.dwg”。

02 单击“注释”选项卡→“标注”面板→“线性”按钮，配合“端点捕捉”或“交点捕捉”功能标注如图 7-27 所示的线性尺寸作为基准尺寸。

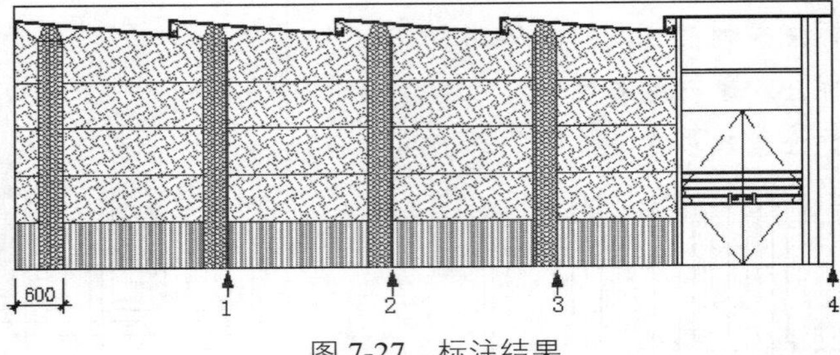

图 7-27　标注结果

03 单击“注释”选项卡→“标注”面板→“基线”按钮，配合“交点捕捉”功能标注基线尺寸。命令行操作如下：

```
命令: _dimbaseline
    指定第二条尺寸界线原点或 [放弃(U)/选择(S)] <选择>:  //捕捉如图 7-27 所示的交点 1
    标注文字 =2680
    指定第二条尺寸界线原点或 [放弃(U)/选择(S)] <选择>:   //捕捉如图 7-27 所示的交点 2
    标注文字 = 4760
    指定第二条尺寸界线原点或 [放弃(U)/选择(S)] <选择>:   //捕捉交点 3
    标注文字 = 6840
    指定第二条尺寸界线原点或 [放弃(U)/选择(S)] <选择>:   //捕捉交点 4
    标注文字 = 10330
    指定第二条尺寸界线原点或 [放弃(U)/选择(S)] <选择>: // Enter，退出基线标注状态
    选择基准标注:                              // Enter，退出命令
```

AutoCAD 小提示

当激活“基线”命令后，AutoCAD 会自动以刚创建的线性尺寸作为基准尺寸，进入基线尺寸的标注状态。

04 标注结果如图 7-28 所示。

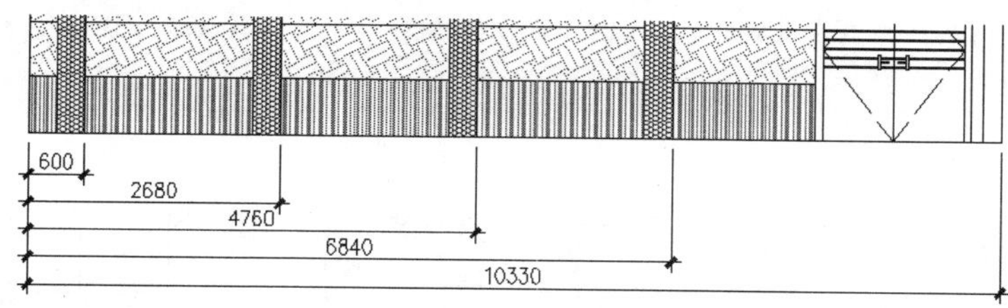

图 7-28　标注结果

7.2.3　“连续”命令

“连续”命令是需要在现有的尺寸基础上创建连续的尺寸对象，所创建的连续尺寸位于同一个方向矢量上，如图 7-29 所示。执行“连续”命令主要有以下几种方式：

- 单击“注释”选项卡→“标注”面板→“连续”按钮。
- 选择菜单栏“标注”→“连续”命令。
- 单击“标注”工具栏→“连续”按钮。
- 在命令行输入 Dimcontinue 或 Dimcont 后按 Enter 键。

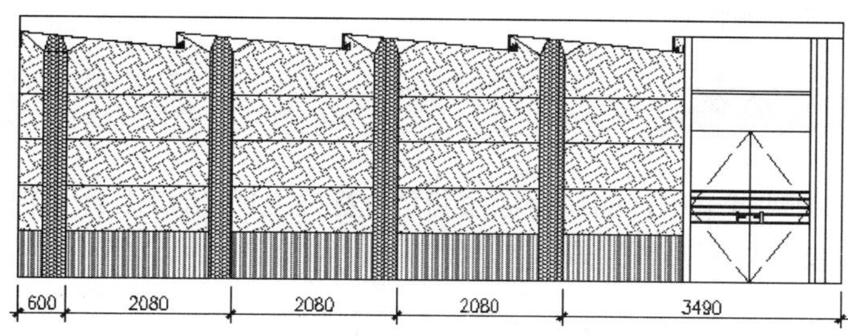

图 7-29　连续标注示例

下面通过标注如图 7-29 所示的连续尺寸来学习“连续”命令的使用方法和操作技巧。具体操作如下：

01 打开随书光盘中的“\实例源文件\连续标注.dwg”。

02 执行“线性”命令，配合“交点捕捉”功能标注如图 7-27 所示的线性尺寸。

03 单击“注释”选项卡→“标注”面板→“连续”按钮，根据命令行的提示标注连续尺寸。命令行操作如下：

```
命令： _dimcontinue
    指定第二条尺寸界线原点或 [放弃(U)/选择(S)] <选择>:  //捕捉如图 7-27 所示的交点 1
    标注文字 = 2080
    指定第二条尺寸界线原点或 [放弃(U)/选择(S)] <选择>:  //捕捉交点 2
    标注文字 = 2080
    指定第二条尺寸界线原点或 [放弃(U)/选择(S)] <选择>:  //捕捉交点 3
    标注文字 = 2080
    指定第二条尺寸界线原点或 [放弃(U)/选择(S)] <选择>:  //捕捉交点 4
```

```
标注文字 = 3490
指定第二条尺寸界线原点或 [放弃(U)/选择(S)] <选择>:  // Enter，退出连续状态
选择连续标注:                              // Enter，退出命令
```

04 标注结果如图 7-30 所示。

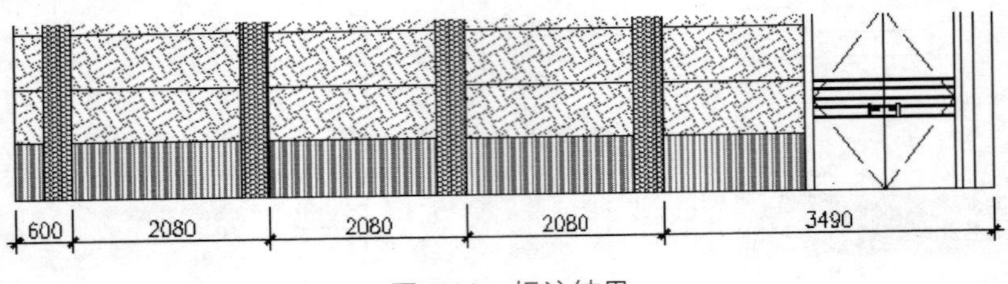

图 7-30　标注结果

7.3 编辑与更新标注

本节主要学习“标注间距”、“倾斜”、“编辑标注文字”、“标注打断”、“折弯线性”和“标注更新”等命令，以对标注进行编辑和更新。

7.3.1 “标注间距”命令

“标注间距”命令用于自动调整平行的线性标注和角度标注之间的间距，或根据指定的间距值进行调整。执行“标注间距”命令主要有以下几种方式：

- 单击“注释”选项卡→“标注”面板→“调整间距”按钮。
- 选择菜单栏“标注”→“标注间距”命令。
- 单击“标注”工具栏→“调整间距”按钮。
- 在命令行输入 Dimspace 后按 Enter 键。

执行“标注间距”命令，其命令行操作如下 ：

```
命令: _DIMSPACE
    选择基准标注:                    //尺寸文字为 16.0 的尺寸对象
    选择要产生间距的标注:            //选择其他三个尺寸对象
    选择要产生间距的标注:            // Enter，结束对象的选择
    输入值或 [自动(A)] <自动>:         // 10 Enter，调整结果如图 7-31 所示
```

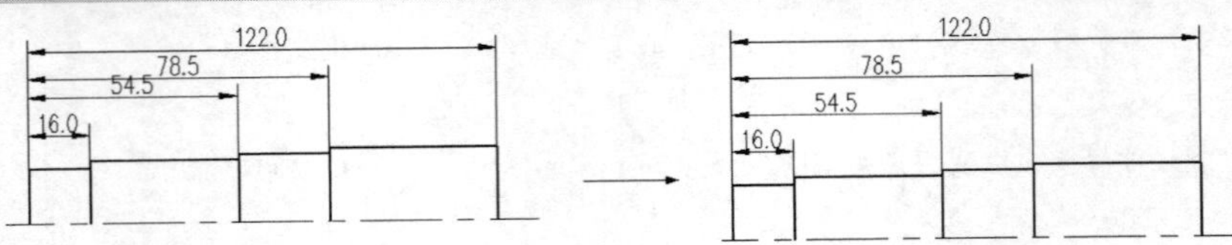

图 7-31　调整结果

"自动"选项用于根据现有尺寸位置，自动调整各尺寸对象的位置，使之间隔相等。

7.3.2　"倾斜"命令

"倾斜"命令用于修改标注文字的内容、旋转角度以及尺寸界线的倾斜角度等。执行"倾斜"命令主要有以下几种方式：

- 单击"注释"选项卡→"标注"面板→"倾斜"按钮。
- 选择菜单栏"标注"→"倾斜"命令。
- 单击"标注"工具栏→"编辑标注"按钮。
- 在命令行输入 Dimedit 后按 Enter 键。

下面通过将如图 7-32（左）所示的尺寸标注为如图 7-32（右）所示的状态，来学习使用"倾斜"命令。具体操作如下：

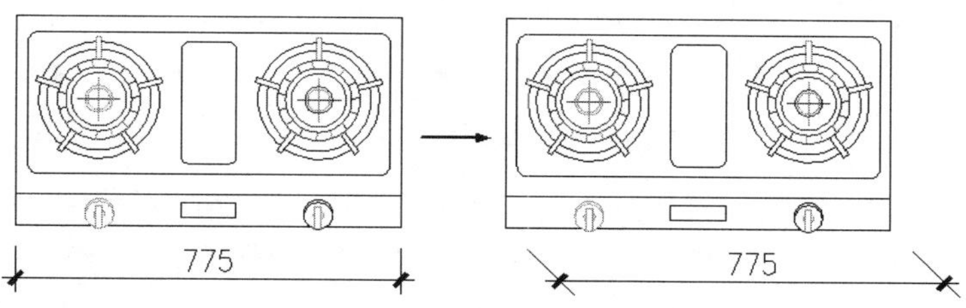

图 7-32　倾斜标注

01 打开随书光盘"\实例源文件\倾斜标注.dwg"，并标注如图 7-32（左）所示的线性尺寸。

02 单击"注释"选项卡→"标注"面板→"倾斜"按钮，根据命令行提示进行编辑标注。命令行操作如下：

```
命令： _dimedit
    输入标注编辑类型 [默认(H)/新建(N)/旋转(R)/倾斜(O)] <默认>: _o
    选择对象：          //选择刚标注的尺寸
    选择对象::           // Enter
    输入倾斜角度 (按 ENTER 表示无)：     //-45 Enter，结果如图 7-32（右）所示
```

选项解析

- 使用"默认"选项可以将倾斜的标注恢复到原有状态。
- 使用"新建"选项可以修改标注文字的内容。
- 使用"旋转"选项可以旋转尺寸线。
- 使用"倾斜"选项可以修改尺寸界线的角度。

7.3.3 “编辑标注文字”命令

“编辑标注文字”命令用于重新调整标注文字的放置位置以及标注文字的旋转角度。执行“编辑标注文字”命令主要有以下几种方式：

- 单击“注释”选项卡→“标注”面板→“文字角度”按钮。
- 选择菜单栏“标注”→“对齐文字”级联菜单中的各种命令。
- 单击“标注”工具栏→“编辑标注文字”按钮。
- 在命令行输入 Dimtedit 后按 Enter 键。

下面通过将如图 7-33（左）所示的尺寸标注为如图 7-33（右）所示的状态，来学习使用“编辑标注文字”命令。具体操作如下：

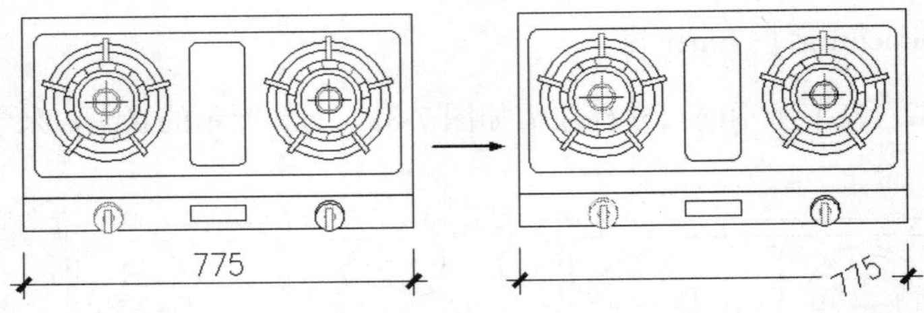

图 7-33　编辑标注文字

01 打开随书光盘“\实例源文件\倾斜标注.dwg”，并标注如图 7-33（左）所示的线性尺寸。

02 单击“注释”选项卡→“标注”面板→“文字角度”按钮，调整尺寸文字的角度。命令行操作如下：

```
命令：_dimtedit
    选择标注：                //选择刚标注的线性尺寸
    为标注文字指定新位置或 [左对齐(L)/右对齐(R)/居中(C)/默认(H)/角度(A)]：_a
    指定标注文字的角度：    //30 Enter，编辑结果如图 7-34 所示
```

03 重复执行“编辑标注文字”命令，调整标注文字的位置。命令行操作如下：

```
命令：_dimtedit
    选择标注：              //选择如图 7-34 所示的尺寸
    为标注文字指定新位置或 [左对齐(L)/右对齐(R)/居中(C)/默认(H)/角度(A)]：
    //r Enter，指定文字位置，结果如图 7-35 所示
```

选项解析

- “左对齐”选项用于沿尺寸线左端放置标注文字。
- “右对齐”选项用于沿尺寸线右端放置标注文字。
- “居中”选项用于把标注文字放在尺寸线的中心。
- “默认”选项用于将标注文字移回默认位置。
- “角度”选项用于旋转标注文字。

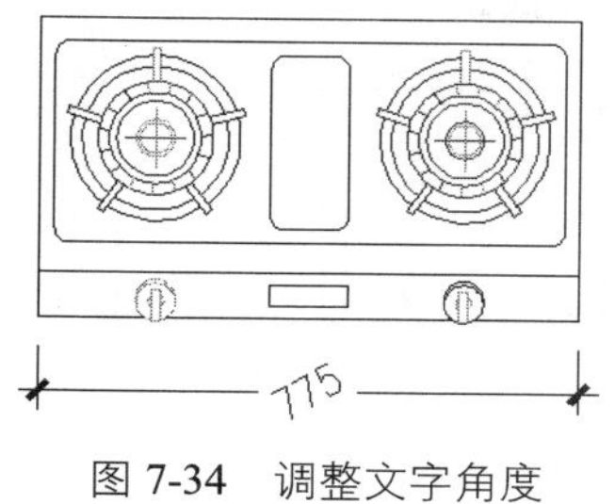

图 7-34　调整文字角度

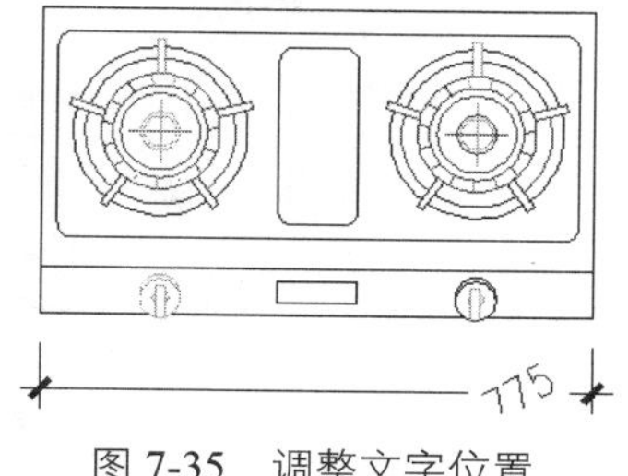

图 7-35　调整文字位置

7.3.4　“标注打断”命令

“标注打断”命令用于在尺寸线、尺寸界线与几何对象或其他标注相交的位置将其打断，如图 7-36 所示。执行“标注打断”命令主要有以下几种方式：

- 单击“注释”选项卡→“标注”面板→“打断”按钮。
- 选择菜单栏“标注”→“标注打断”命令。
- 单击“标注”工具栏→“打断”按钮。
- 在命令行输入 Dimbreak 后按 Enter 键。

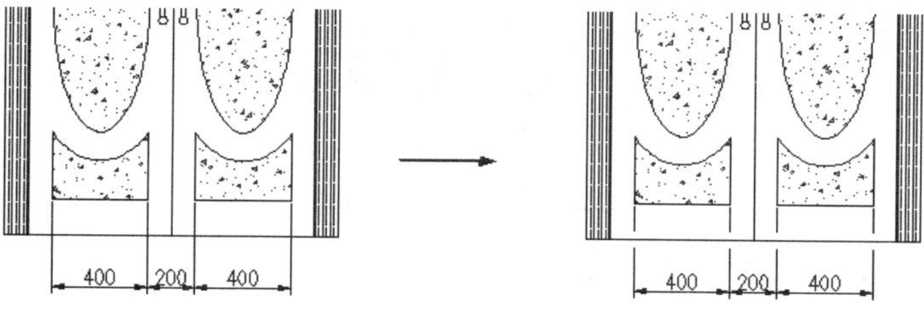

图 7-36　标注打断

执行“标注打断”命令，命令行操作如下：

```
命令：_DIMBREAK
    选择要添加/删除折断的标注或 [多个(M)]:    //选择需要打断的尺寸
    选择要折断标注的对象或 [自动(A)/手动(M)/删除(R)] <自动>:
     //选择要打断标注的对象
    选择要折断标注的对象:                    // Enter，结束命令
```

“手动”选项用于手动定位打断位置；“删除”选项用于恢复被打断的尺寸对象。

7.3.5　“折弯线性”命令

“折弯线性”命令用于在线性标注或对齐标注上添加或删除折弯线，如图 7-37 所示。“折弯线”指的是所标注对象中的折断；标注值代表实际距离，而不是图形中测量的距离。

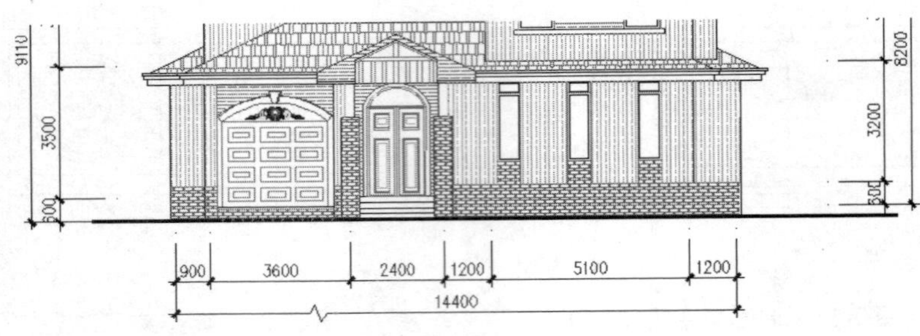

图 7-37　折弯线性

执行“折弯线性”命令主要有以下几种方式：

- 单击“注释”选项卡→“标注”面板→“折弯标注”按钮。
- 执行菜单栏中的“标注”→“折弯线性”命令。
- 单击“标注”工具栏→“折弯标注”按钮。
- 在命令行输入 DIMJOGLINE 按 Enter 键。

执行“折弯线性”命令后，命令行操作如下：

```
命令: _DIMJOGLINE
    选择要添加折弯的标注或 [删除(R)]:   //选择需要添加折弯的标注
    指定折弯位置 (或按 ENTER 键):     //指定折弯线的位置
```

“删除”选项用于删除标注中的折弯线。

7.3.6 “标注更新”命令

“标注更新”命令用于将尺寸对象的样式更新为当前尺寸标注样式，还可以将当前的标注样式保存起来，以供随时调用。执行“更新”命令主要有以下几种方式：

- 单击“注释”选项卡→“标注”面板→“更新”按钮。
- 执行菜单栏中的“标注”→“更新”命令。
- 单击“标注”工具栏→“更新”按钮。
- 在命令行输入-Dimstyle 后按 Enter 键。

激活该命令后，仅选择需要更新的尺寸对象即可，命令行操作如下：

```
命令: _dimstyle
    当前标注样式:NEWSTYLE 注释性: 否
    输入标注样式选项[注释性(AN)/保存(S)/恢复(R)/状态(ST)/变量(V)/应用(A)/?] <恢复>:
    选择对象:                   //选择需要更新的尺寸
    选择对象:                   // Enter，结束命令
```

选项解析

- “状态”选项用于以文本窗口的形式显示当前标注样式的数据。
- “应用”选项将选择的标注对象自动更换为当前标注样式。
- “保存”选项用于将当前标注样式存储为用户定义的样式。
- “恢复”选项用于恢复已定义过的标注样式。

7.4 标注样式管理器

“标注样式”命令用于控制尺寸的外观形式，它是所有尺寸变量的集合，这些变量决定了尺寸标注中各元素的外观，只要用户调整标注样式中某些尺寸变量，就能灵活修改尺寸标注的外观。执行“标注样式”命令主要有以下几种方式：

- 单击“常用”选项卡→“注释”面板→“标注样式”按钮。
- 选择菜单栏“标注”→“标注样式”命令。
- 单击“标注”工具栏→“标注样式”按钮。
- 在命令行输入 Dimstyle 后按 Enter 键。
- 使用快捷键 D。

执行“标注样式”命令后，即可打开如图 7-38 所示的“标注样式管理器”对话框，在此对话框中不仅可以设置标注样式，还可以修改、替代和比较标注样式。

单击 新建(N)... 按钮后可打开如图 7-39 所示的“创建新标注样式”对话框，其中“新样式名”文本框用于为新样式命名；“基础样式”下拉列表框用于设置新样式的基础样式；“注释性”复选框用于为新样式添加注释；“用于”下拉列表框用于设置新样式的适用范围。

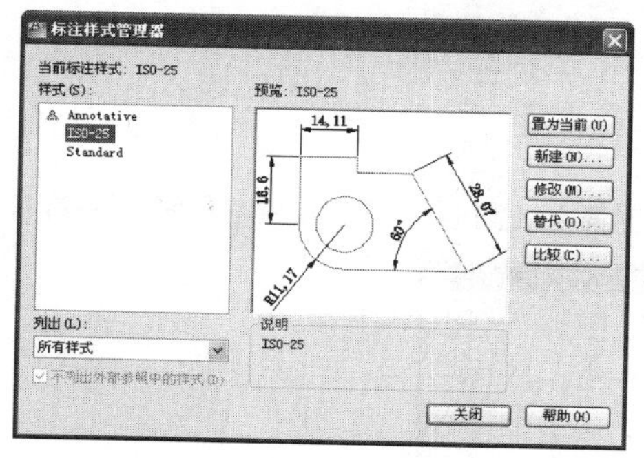

图 7-38 “标注样式管理器”对话框

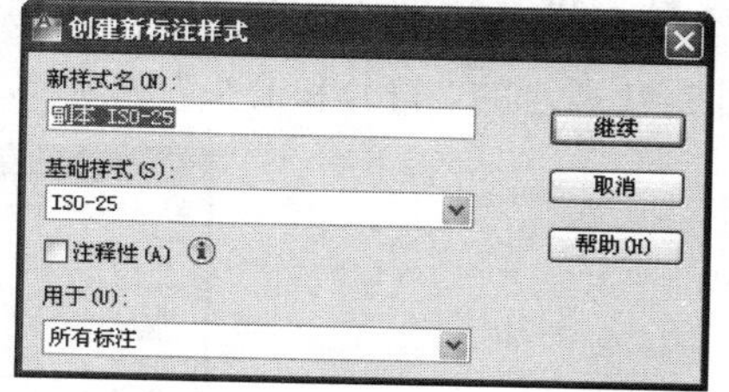

图 7-39 “创建新标注样式”对话框

单击 继续 按钮后打开如图 7-40 所示的“新建标注样式：副本 ISO-25”对话框，此对话框包括“线”、“符号和箭头”、“文字”、“调整”、“主单位”、“换算单位”和“公差”7 个选项卡。

1. 设置“线”选项卡

如图 7-40 所示的“线”选项卡，主要用于设置尺寸线、尺寸界线的格式和特性等变量，具体说明如下。

（1）“尺寸线”选项组

- “颜色”下拉列表框用于设置尺寸线的颜色。
- “线型”下拉列表框用于设置尺寸线的线型。
- “线宽”下拉列表框用于设置尺寸线的线宽。
- “超出标记”微调按钮用于设置尺寸线超出尺寸界线的长度。在默认状态下，该选项处于不可用状态，只有在选择建筑标记箭头时，此微调按钮才处于可用状态。
- “基线间距”微调按钮用于设置在基线标注时两条尺寸线之间的距离。

（2）“尺寸界线”选项组

- “颜色”下拉列表框用于设置尺寸界线的颜色。
- “线宽”下拉列表框用于设置尺寸界线的线宽。
- “尺寸界线 1 的线型”下拉列表框用于设置尺寸界线 1 的线型。
- “尺寸界线 2 的线型”下拉列表框用于设置尺寸界线 2 的线型。
- “超出尺寸线”微调按钮用于设置尺寸界线超出尺寸线的长度。
- “起点偏移量”微调按钮用于设置尺寸界线起点与被标注对象间的距离。

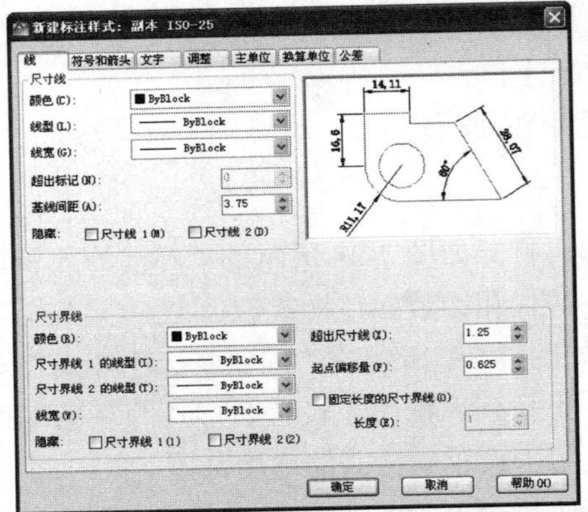

图 7-40 “新建标注样式”对话框

2. 设置“符号和箭头”选项卡

如图 7-41 所示的“符号和箭头”选项卡，主要用于设置箭头、圆心标记、弧长符号和半径标注等参数。

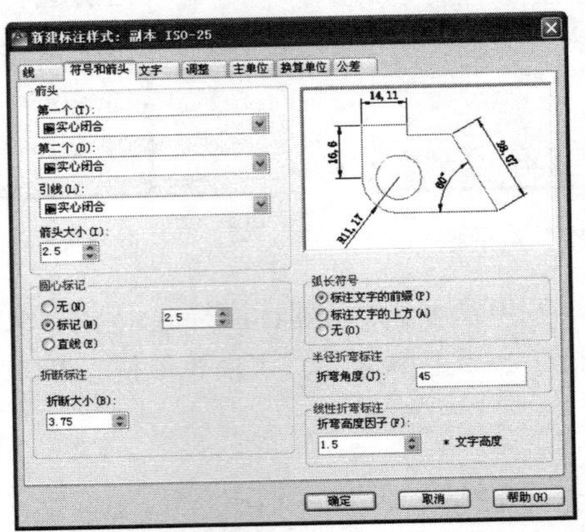

图 7-41 “符号和箭头”选项卡

（1）“箭头”选项组

- “第一个/第二个”下拉列表框用于设置箭头的形状。
- “引线”下拉列表框用于设置引线箭头的形状。
- “箭头大小”微调按钮用于设置箭头的大小。

（2）“圆心标记”选项组

- “无”单选按钮表示不添加圆心标记。
- “标记”单选按钮用于为圆添加十字形标记。
- “直线”单选按钮用于为圆添加直线型标记。
- 2.5 微调按钮用于设置圆心标记的大小。

（3）“折断标注”选项组

用于设置打断标注的大小。

（4）“弧长符号”选项组

- “标注文字的前缀”单选按钮用于为弧长标注添加前缀。
- “标注文字的上方”单选按钮用于设置标注文字的位置。
- “无”单选按钮表示在弧长标注上不出现弧长符号。

（5）“半径折弯标注”选项组

用于设置半径折弯的角度。

（6）“线性折弯标注”选项组

用于设置线性折弯的高度因子。

3. 设置“文字”选项卡

如图 7-42 所示的“文字”选项卡，主要用于设置尺寸文字的样式、颜色、位置及对齐方式等变量。

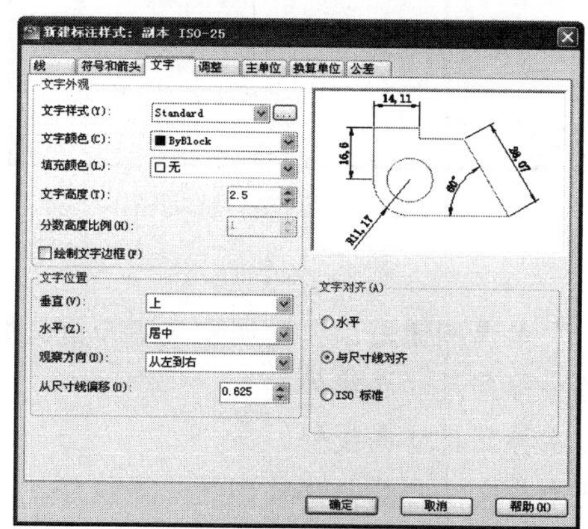

图 7-42　“文字”选项卡

（1）“文字外观”选项组

- “文字样式”下拉列表框用于设置尺寸文字的样式。
- “文字颜色”下拉列表框用于设置标注文字的颜色。
- “填充颜色”下拉列表框用于设置尺寸文本的背景色。

- “文字高度”微调按钮用于设置标注文字的高度。
- “分数高度比例”微调按钮用于设置标注分数的高度比例。只有在选择分数标注单位时，此选项才可用。
- “绘制文字边框”复选框用于设置是否为标注文字加上边框。

（2）“文字位置”选项组

- “垂直”列表框用于设置尺寸文字相对于尺寸线垂直方向的放置位置。
- “水平”列表框用于设置标注文字相对于尺寸线水平方向的放置位置。
- “观察方向”列表框用于设置尺寸文字的观察方向。
- “从尺寸线偏移”微调按钮，用于设置标注文字与尺寸线之间的距离。

（3）“文字对齐”选项组

- “水平”单选按钮用于设置标注文字以水平方向放置。
- “与尺寸线对齐”单选按钮用于设置标注文字与尺寸线平行的方向放置。
- “ISO 标准”单选按钮用于根据 ISO 标准设置标注文字。

4. 设置“调整”选项卡

如图 7-43 所示的“调整”选项卡，主要用于设置尺寸文字与尺寸线、尺寸界线等之间的位置。

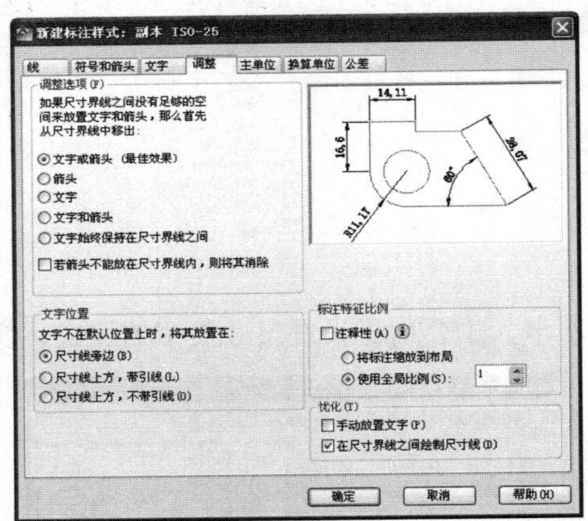

图 7-43 “调整”选项卡

（1）“调整选项”选项组

- “文字或箭头（最佳效果）”单选按钮用于自动调整文字与箭头的位置，使二者达到最佳效果。
- “箭头”单选按钮用于将箭头移到尺寸界线外。
- “文字”单选按钮用于将文字移到尺寸界线外。
- “文字和箭头”单选按钮用于将文字与箭头都移到尺寸界线外。
- “文字始终保持在尺寸界线之间”单选按钮用于将文字放置在尺寸界线之间。

（2）“文字位置”选项组

- “尺寸线旁边”单选按钮用于将文字放置在尺寸线旁边。
- “尺寸线上方，带引线”单选按钮用于将文字放置在尺寸线上方，并加引线。
- “尺寸线上方，不带引线”单选按钮用于将文字放置在尺寸线上方，但不加引线引导。

（3）“标注特征比例”选项组

- “注释性”复选框用于设置标注为注释性标注。
- “使用全局比例”单选按钮用于设置标注的比例因子。
- “将标注缩放到布局”单选按钮用于根据当前模型空间的视口与布局空间的大小来确定比例因子。

（4）“优化”选项组

- “手动放置文字”复选框用于手动放置标注文字。
- “在尺寸界线之间绘制尺寸线”复选框：在标注圆弧或圆时，尺寸线始终在尺寸界线之间。

5. 设置“主单位”选项卡

如图 7-44 所示的选项卡为“主单位”选项卡，主要用于设置线性标注和角度标注的单位格式以及精确度等参数变量。

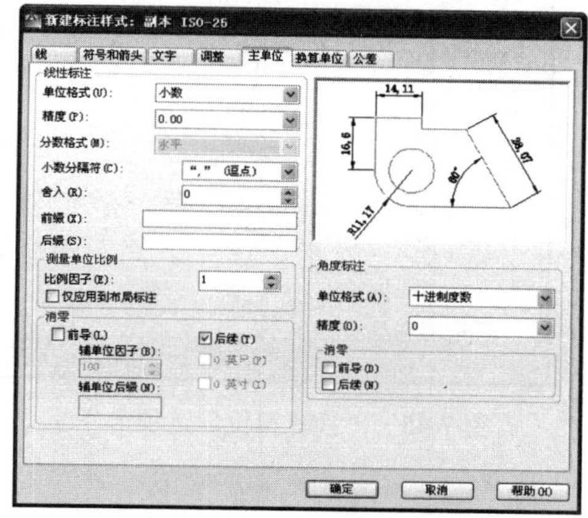

图 7-44　“主单位”选项卡

（1）“线性标注”选项组

- “单位格式”下拉列表框用于设置线性标注的单位格式，默认值为小数。
- “精度”下拉列表框用于设置尺寸的精度。
- “分数格式”下拉列表框用于设置分数的格式。
- “小数分隔符”下拉列表框用于设置小数的分隔符号。
- “舍入”微调按钮用于设置除了角度之外的标注测量值的四舍五入规则。
- “前缀”文本框用于设置尺寸文字的前缀，可以为数字、文字、符号。
- “后缀”文本框用于设置尺寸文字的后缀，可以为数字、文字、符号。
- “比例因子”微调按钮用于设置除了角度之外的标注比例因子。
- “仅应用到布局标注”复选框仅对在布局里创建的标注应用线性比例值。
- “前导”复选框用于消除小数点前面的零。当尺寸文字小于 1 时，如为“0.5”，勾选此复选框后，此“0.5”将变为“.5，前面的零已消除。
- “后续”复选框用于消除小数点后面的零。
- “0 英尺”复选框用于消除零英尺前的零。如：“0′ -1/2″ ”表示为“1/2″ ”。
- “0 英寸”复选框用于消除英寸后的零。如：“2′ -1.400″ ”表示为“2′ -1.4″ ”。

（2）“角度标注”选项组

- “单位格式”下拉列表框用于设置角度标注的单位格式。
- “精度”下拉列表框用于设置角度的小数位数。
- “前导”复选框用于消除角度标注前面的零。
- “后续”复选框用于消除角度标注后面的零。

6. 设置“换算单位”选项卡

如图 7-45 所示的“换算单位”选项卡，主要用于显示和设置尺寸文字的换算单位、精度等变量。只有勾选了“显示换算单位”复选框，才可激活“换算单位”选项卡中所有的选项组。

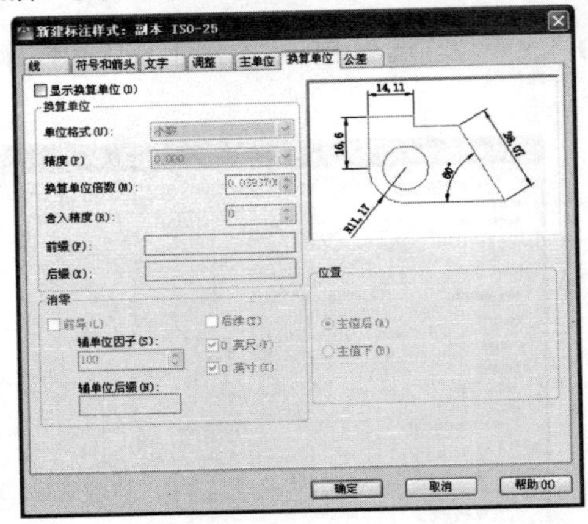

图 7-45 “换算单位”选项卡

（1）“换算单位”选项组

- “单位格式”下拉列表框用于设置换算单位格式。
- “精度”下拉列表框用于设置换算单位的小数位数。
- “换算单位倍数”按钮用于设置主单位与换算单位间的换算因子的倍数。
- “舍入精度”按钮用于设置换算单位的四舍五入规则。
- 通过“前缀”文本框输入的值将显示在换算单位的前面。
- 通过“后缀”文本框输入的值将显示在换算单位的后面。

（2）“消零”选项组

用于消除换算单位的前导和后继零以及英尺、英寸前后的零。

（3）“位置”选项组

- “主值后”单选按钮将换算单位放在主单位之后。
- “主值下”单选按钮将换算单位放在主单位之下。

在“标注样式管理器”对话框中用户不仅可以设置标注样式，还可以修改、替代和比较标注样式，具体如下：

- 置为当前(U) 按钮用于把选定的标注样式设置为当前标注样式。
- 修改(M)... 按钮用于修改当前选择的标注样式。当用户修改了标注样式后，当前图形中的所有标注都会自动更新为当前样式。

- 替代(O)... 按钮用于设置当前使用的标注样式的临时替代值。

当用户创建了替代样式后，当前标注样式将被应用到以后所有的尺寸标注中，直到用户删除替代样式为止，而不会改变替代样式之前的标注样式。

- 比较(C)... 按钮用于比较两种标注样式的特性或浏览一种标注样式的全部特性，并将比较结果输出到 Windows 剪贴板上，然后再粘贴到其他 Windows 应用程序中。
- 新建(N)... 按钮用于设置新的标注样式。

7.5 案例——标注小别墅立面图尺寸

本例通过为别墅立面图标注施工尺寸，来对本章所学知识进行综合练习和巩固应用。别墅立面图施工尺寸的最终标注效果，如图 7-46 所示。

图 7-46　实例效果

操作步骤：

01 执行“打开”命令，打开随书光盘中的“\实例源文件\别墅立面图.dwg”，如图 7-47 所示。

02 在“常用”选项卡的“图层”面板中打开被关闭的“轴线层”，然后将“尺寸层”设置为当前图层，此时立面图的显示效果如图 7-48 所示。

图 7-47　打开结果

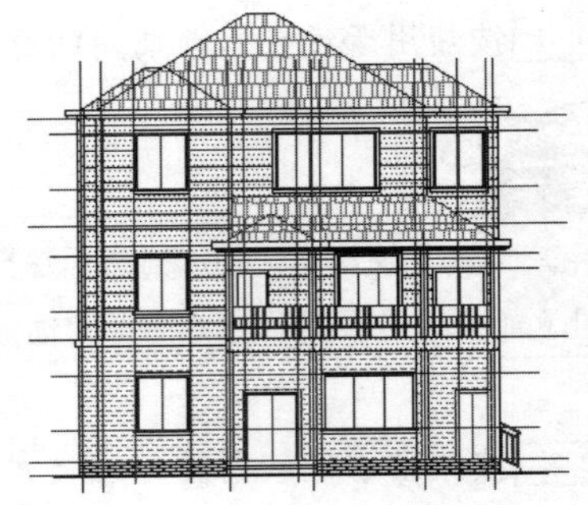

图 7-48　图形的显示效果

03 单击“常用”选项卡→“注释”面板→“标注样式”按钮，在打开的“标注样式管理器”对话框中设置新的标注样式，样式名为“DIMSTYLE01”。

04 展开“线”选项卡，设置新样式的基线间距为 800、超出尺寸线为 250、起点偏移量为 300。

05 展开“符号和箭头”选项卡，设置尺寸箭头为“_DIMX”、大小为 1.2。

06 展开“文字”选项卡，设置标注文字的文字样式为“SIMPLEX”、颜色为红色、文字高度为 280；设置标注文字偏移尺寸线为 100。

07 展开“主单位”选项卡，将线性标注的精度设置为 0，其他参数不变。

08 返回“标注样式管理器”对话框，将新设置的标注样式设置为当前样式。

09 单击“注释”选项卡→“标注”面板→“线性”按钮，配合“端点捕捉”功能标注立面图左侧的细部尺寸。命令行操作如下：

```
命令: _dimlinear
    指定第一个尺寸界线原点或 <选择对象>:  //捕捉如图 7-49 所示的端点
    指定第二条尺寸界线原点:          //捕捉如图 7-50 所示的端点
    指定尺寸线位置或[多行文字(M)/文字(T)/角度(A)/水平(H)/垂直(V)/旋转(R)]:
    //向左引导光标，在适当位置指定尺寸线位置，结果如图 7-51 所示
    标注文字 = 450
```

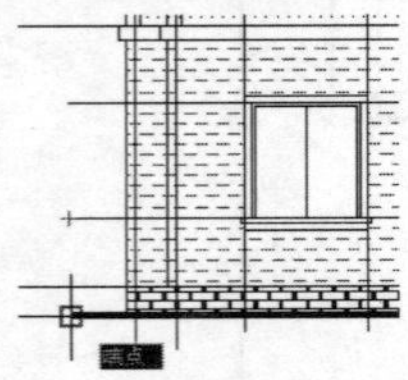

图 7-49　定位第一原点

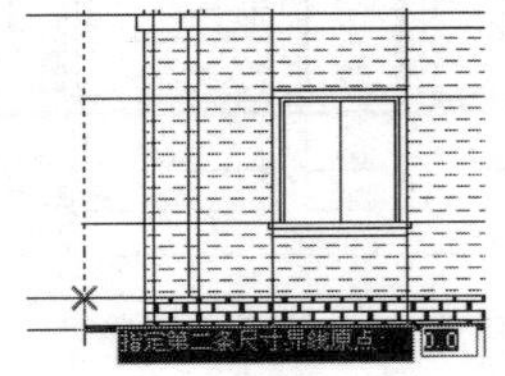

图 7-50　定位第二原点

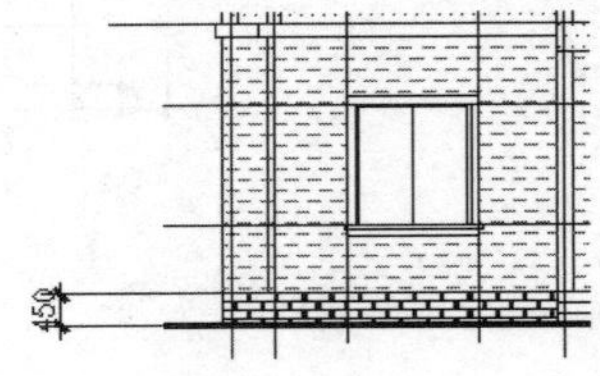

图 7-51　标注结果

10 单击“注释”选项卡→“标注”面板→“连续”按钮，配合捕捉与追踪功能，标注左侧的细部尺寸，命令行操作如下：

```
命令: _dimcontinue
    指定第二条尺寸界线原点或 [放弃(U)/选择(S)] <选择>:  //捕捉如图 7-52 所示的端点
    标注文字 = 1000
    指定第二条尺寸界线原点或 [放弃(U)/选择(S)] <选择>:  //捕捉如图 7-53 所示的端点
    标注文字 = 1750
```

```
指定第二条尺寸界线原点或 [放弃(U)/选择(S)] <选择>:  //捕捉如图 7-54 所示的交点
标注文字 =1150
```

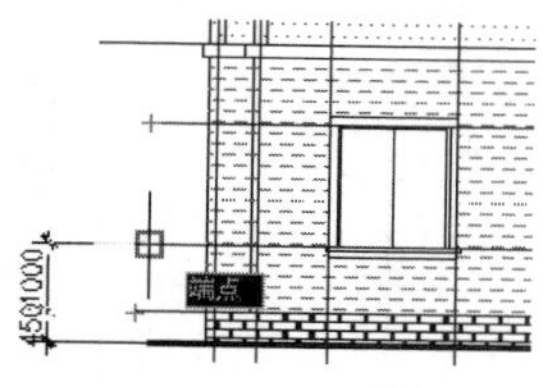

图 7-52　捕捉端点

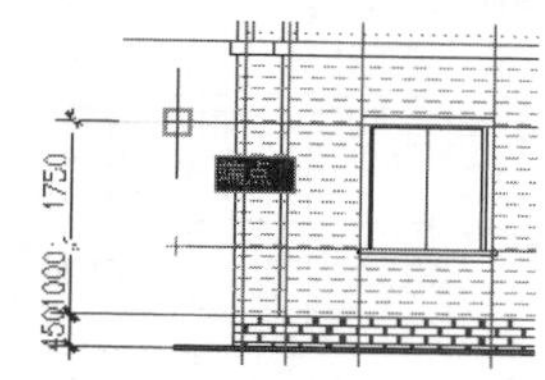

图 7-53　捕捉端点

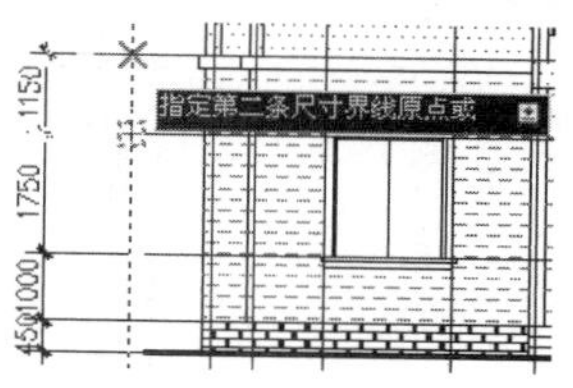

图 7-54　捕捉交点

11 继续在命令行的提示下，配合捕捉或追踪功能分别标注其他细部尺寸，结果如图 7-55 所示。

12 单击“注释”选项卡→“标注”面板→“快速标注”按钮，根据命令行的提示分别选择如图 7-56 所示的 1、2、3、4、5 条水平轴线，标注立面图的层高尺寸，标注结果如图 7-57 所示。

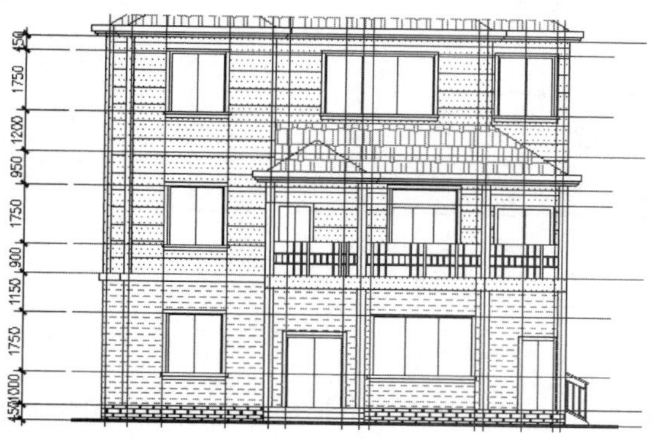

图 7-55　标注细部尺寸

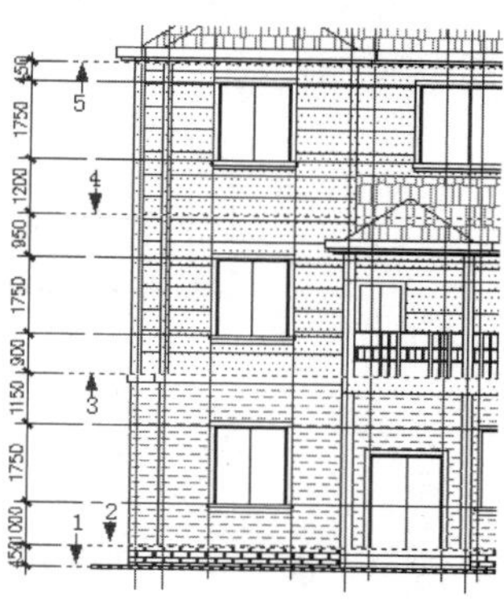

图 7-56　选择轴线

13 单击“注释”选项卡→“标注”面板→“基线”按钮，选择最下侧的层高尺寸作为基准尺寸，配合“端点捕捉”功能标注左侧的总尺寸，标注结果如图 7-58 所示。

图 7-57　标注层高尺寸

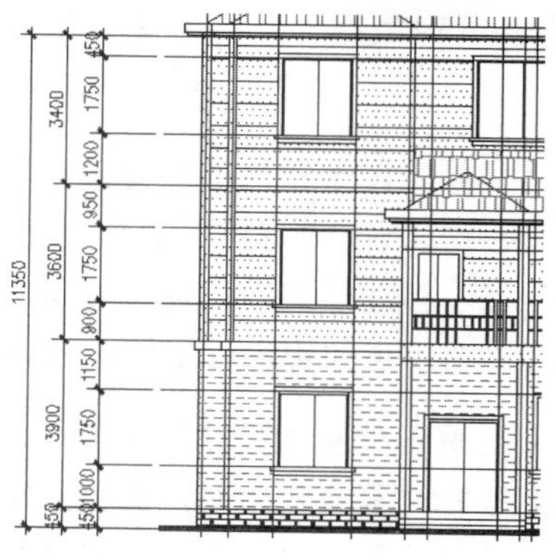

图 7-58　标注总尺寸

14 参照上述操作，综合使用“线性”、“基线”、“快速标注”等命令，标注立面图右侧的尺寸，标注结果如图 7-59 所示。

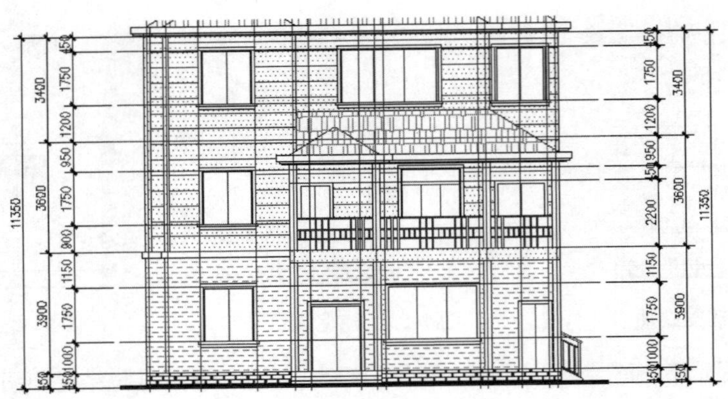

图 7-59　标注右侧尺寸

15 参照上述操作，综合使用“对齐”、“连续”、“快速标注”等命令，标注立面图下侧的尺寸，标注结果如图 7-60 所示。

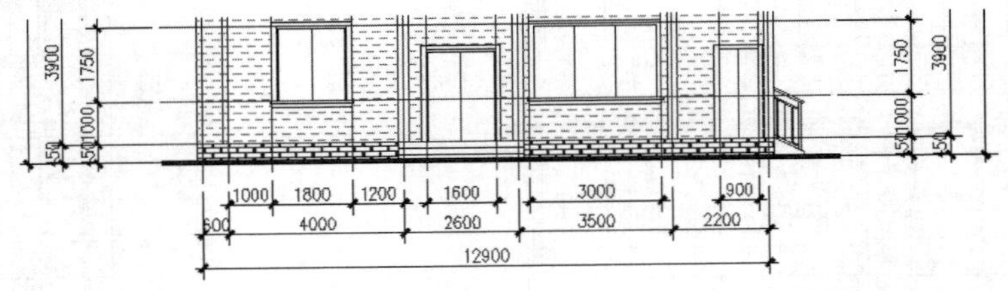

图 7-60　标注下侧尺寸

16 在“常用”选项卡→“图层”面板中，关闭“轴线层”，立面图的最终显示效果如图 7-46 所示。

17 最后执行“另存为”命令，将图形存储为“标注小别墅立面尺寸.dwg”。

7.6 本章小结

尺寸是施工图参数化的最直接表现，是施工人员现场施工的主要依据，也是绘制施工图时一个重要的操作环节。本章集中讲述了直线型尺寸、曲线型尺寸、复合型尺寸等各类常用尺寸的具体标注方法和技巧，同时还学习了标注样式的设置与协调、尺寸标注的修改与完善等工具，最后通过为某别墅立面图标注施工尺寸，对本章重点知识进行了综合巩固和实际应用。通过本章的学习，重点需要掌握如下知识：

（1）了解各种基本尺寸标注工具，重点掌握线性尺寸和对齐尺寸的标注技能。

（2）在标注复合尺寸时，要重点掌握“基线”、“连续”和“快速标注”三个命令的应用技能。

（3）在编辑尺寸时，重点需要掌握“倾斜标注”、“编辑标注文字”、“标注打断”等命令。

（4）最后掌握标注样式各类尺寸变量的设置技能。

第 8 章
三维辅助功能

AutoCAD 为用户提供了比较完善的三维制图功能，使用三维制图功能可以创建出物体的三维模型，此种模型具有较强的真实感效果，包含的信息更多、更完整，也更利于与计算机辅助工程、制造等系统相结合。本章首先讲述 AutoCAD 的三维辅助功能，为后续章节的学习打下基础。

知识要点

- 三维观察功能
- 视图与视口
- 三维显示功能
- 定义与管理 UCS
- 案例——三维辅助功能综合练习

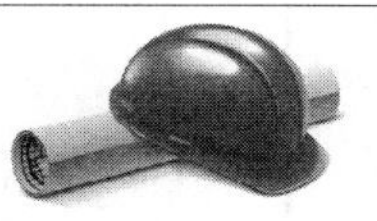

8.1 三维观察功能

本节主要学习三维模型的观察功能，具体有视点的设置、动态观察器、导航立方体和控制盘等。

8.1.1 视点的设置

在 AutoCAD 绘图空间中可以在不同的位置进行观察图形，这些位置就称为视点。视点的设置主要有两种方式。

1. 使用“视点”命令设置视点

“视点”命令用于输入观察点的坐标或角度来确定视点。选择菜单栏“视图”→“三维视图”→“视点”命令或在命令行输入 Vpoint 后按 Enter 键，都可激活“视点”命令，命令行会出现如下提示：

```
命令：Vpoint
当前视图方向：VIEWDIR=0.0000,0.0000,1.0000
指定视点或 [旋转(R)] <显示指南针和三轴架>:
 //直接输入观察点的坐标来确定视点
```

如果用户没有输入视点坐标，而是直接按 Enter 键，那么绘图区会显示如图 8-1 所示的指南针和三轴架，其中三轴架代表 X、Y、Z 轴的方向，当用户相对于指南针移动十字线时，三轴架会自动进行调整，以显示 X、Y、Z 轴对应的方向。

2. 通过“视点预设”设置视点

“视点预设”命令是通过对话框的形式进行设置视点的，如图 8-2 所示。选择菜单栏“视图”→“三维视图”→“视点预设”命令，或在命令行输入 DDVpoint 或 VP 后按 Enter 键，打开“视点预设”对话框，在此对话框中可以进行如下设置：

- 设置视点、原点的连线与 XY 平面的夹角。具体操作就是在右侧半圆图形上选择相应的点，或直接在“XY 平面”文本框内输入角度值。
- 设置视点、原点的连线在 XOY 面上的投影与 X 轴的夹角。具体操作就是在左侧图形上选择相应点，或在“X 轴”文本框内输入角度值。
- 设置观察角度。系统将设置的角度默认为是相对于当前 WCS，如果选择了“相对于 UCS”单选按钮，设置的角度值就是相对于 UCS 的。
- 设置为平面视图。单击 设置为平面视图(V) 按钮，系统将重新设置为平面视图。平面视图的观察方向是与 X 轴的夹角呈 270°，与 XY 平面的夹角呈 90°。

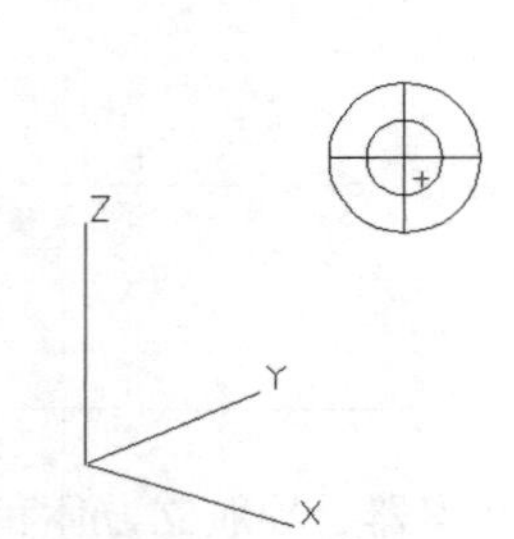

图 8-1 指南针和三轴架

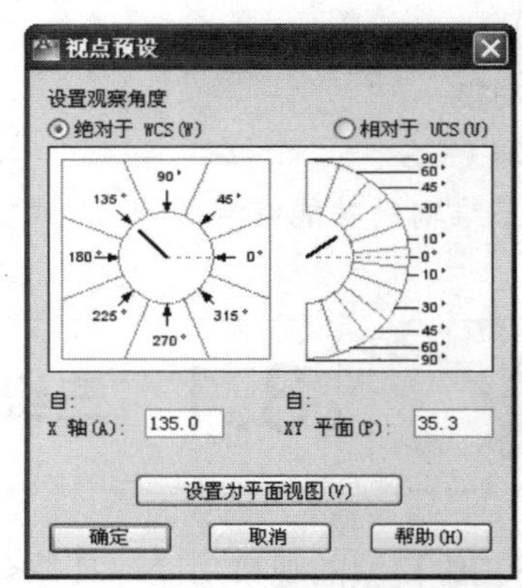

图 8-2 “视点预设”对话框

8.1.2 动态观察器

AutoCAD 为用户提供了三种动态观察功能，使用此功能可以从不同角度观察三维物体的任意部分。

1. 受约束的动态观察

当激活“受约束的动态观察”命令后，绘图区会出现如图 8-3 所示的光标显示状态，此时按住左键不放，可以手动的调整观察点，以观察模型的不同侧面。执行“受约束的动态观察”命令主要有以下几种方式：

- 单击“视图”选项卡→“导航”面板→“动态观察”按钮。

图 8-3 受约束的动态观察

- 选择菜单栏“视图”→“动态观察”→“受约束的动态观察”命令。
- 单击“动态观察”工具栏→“受约束的动态观察”按钮。
- 在命令行输入 3dorbit 后按 Enter 键。

2. 自由动态观察

“自由动态观察”命令用于在三维空间中不受滚动约束的旋转视图，当激活此功能后，绘图区会出现如图 8-4 所示的圆形辅助框架，用户可以从多个方向自由地观察三维物体。执行“自由动态观察”命令主要有以下几种方式：

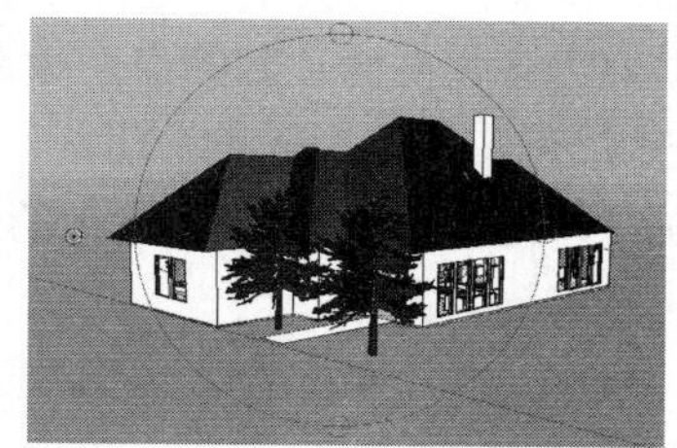

图 8-4　自由动态观察

- 单击“视图”选项卡→“导航”面板→“自由动态观察”按钮。
- 选择菜单栏“视图”→“动态观察”→“自由动态观察”命令。
- 单击“动态观察”工具栏→“自由动态观察”按钮。
- 在命令行输入 3dforbit 后按 Enter 键。

3. 连续动态观察

“连续动态观察”命令用于以连续运动的方式在三维空间中旋转视图，以持续观察三维物体的不同侧面，而不需要进行手动设置视点。当激活此命令后，光标变为如图 8-5 所示的状态，此时按住左键进行拖曳，即可连续的旋转视图。

执行“连续动态观察”命令主要有以下几种方式：

- 单击“视图”选项卡→“导航”面板→“连续动态观察”按钮。
- 选择菜单栏“视图”→“动态观察”→“连续动态观察”命令。
- 单击“动态观察”工具栏→“连续动态观察”按钮。
- 在命令行输入 3dcorbit 后按 Enter 键。

图 8-5　连续动态观察

8.1.3　导航立方体

如图 8-6 所示的 3D 导航立方体（即 ViewCube），不但可以快速帮助用户调整模型的视点，还可以更改模型的视图投影、定义和恢复模型的主视图，以及恢复随模型一起保存的已命名 UCS。

此导航立方体主要由顶部的房子标记、中间的导航立方体、底部的罗盘和最下侧的 UCS 菜单 4 部分组成，当沿着立方体移动鼠标时，分布在导航立方体的棱、边、面等位置上的热点就会亮显。单击一个热点，就可以切换到相关的视图。

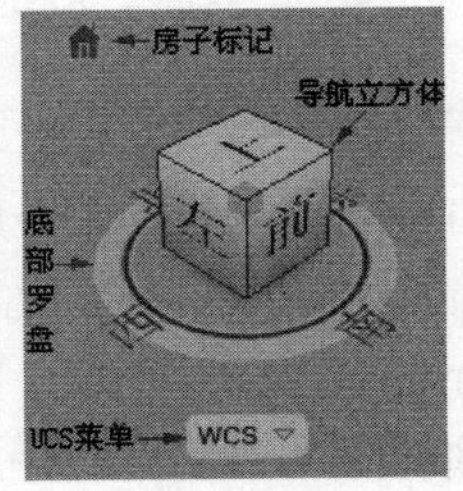

图 8-6　ViewCube 显示图

将当前视觉样式设为 3D 显示样式后，导航立方体显示图才可以显示出来。在命令行输入 Cube 后按 Enter 键，可以控制导航立方体图的显示和关闭状态。

8.1.4　导航控制盘 

如图 8-7 所示的 SteeringWheels 导航控制盘分为若干个按钮，每个按钮包含一个导航工具。可以通过单击按钮或单击并拖动悬停在按钮上的光标来启动各种导航工具。单击导航栏上的按钮或单击“视图”选项卡→“导航”面板→“SteeringWheels”按钮，即可打开此控制盘，在控制盘上单击右键，打开如图 8-8 所示的快捷菜单。

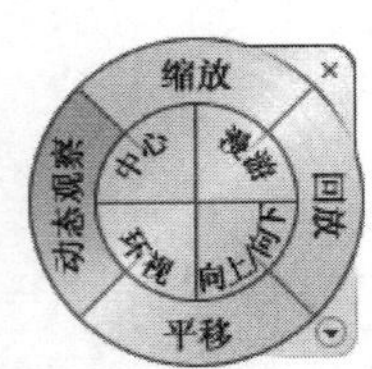

图 8-7　SteeringWheels 导航控制盘

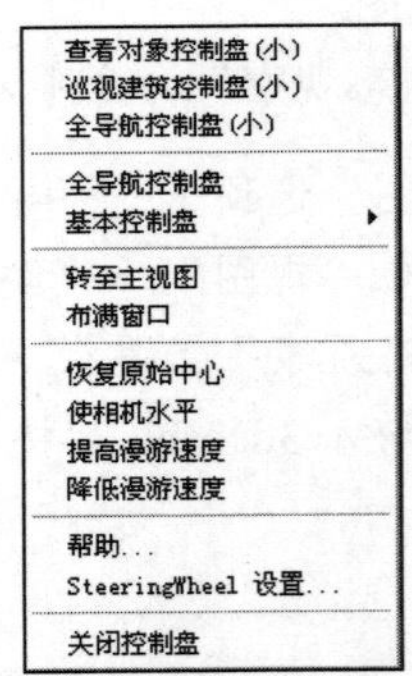

图 8-8　快捷菜单

在 SteeringWheels 导航控制盘中，共有 4 个不同的控制盘可供使用，每个控制盘均拥有其独有的导航方式，具体如下：

- 二维导航控制盘。用于平移和缩放导航模型。
- 查看对象控制盘。将模型置于中心位置，并定义轴心点以使用“动态观察”工具，用于缩放和动态观察模型。
- 巡视建筑控制盘。通过将模型视图移近或移远、环视以及更改模型视图的标高来导航模型。
- 导航控制盘。将模型置于中心位置并定义轴心点，以使用“动态观察”工具漫游和环视、更改视图标高、平移和缩放模型等。

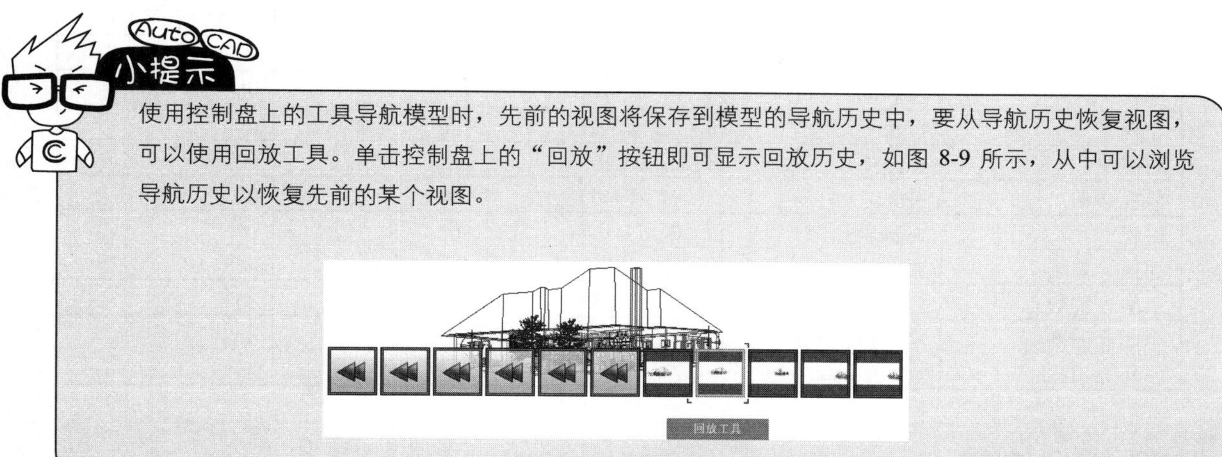

使用控制盘上的工具导航模型时，先前的视图将保存到模型的导航历史中，要从导航历史恢复视图，可以使用回放工具。单击控制盘上的“回放”按钮即可显示回放历史，如图 8-9 所示，从中可以浏览导航历史以恢复先前的某个视图。

图 8-9　回放历史

8.2　视图与视口功能

本节主要学习切换视图、平面视图以及视口的创建等。

8.2.1　切换视图

为了便于观察和编辑三维模型，AutoCAD 为用户提供了一些标准视图，具体有 6 个正交视图和 4 个等轴测图，视图的切换主要有以下几种方式：

- 单击“视图”选项卡→“视图”面板上的按钮，如图 8-10 所示。
- 选择菜单栏“视图”→“三维视图”级联菜单命令，如图 8-11 所示。
- 单击“视图”工具栏上的相应按钮。

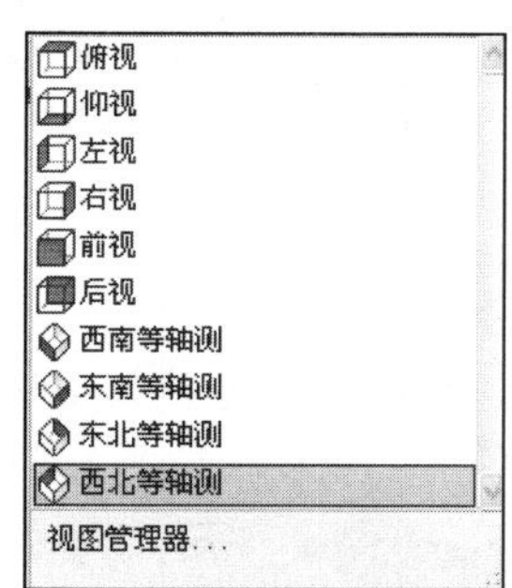

图 8-10　“视图”面板

图 8-11　视图级联菜单

上述 6 个正交视图和 4 个等轴测视图用于显示三维模型的主要特征视图，其中每种视图的视点、与 X 轴夹角和与 XY 平面夹角等内容如表 8-1 所示。

表 8-1 基本视图及其参数设置

视图	菜单选按钮	方向矢量	与 X 轴夹角	与 XY 平面夹角
俯视	Tom	(0，0，1)	270°	90°
仰视	Bottom	(0，0，-1)	270°	90°
左视	Left	(-1，0，0)	180°	0°
右视	Right	(1，0，0)	0°	0°
前视	Front	(0，-1，0)	270°	0°
后视	Back	(0，1，0)	90°	0°
西南等轴测	SW Isometric	(-1，-1，1)	225°	45°
东南等轴测	SE Isometric	(1，-1，1)	315°	45°
东北等轴测	NE Isometric	(1，1，1)	45°	45°
西北等轴测	NW Isometric	(-1，1，1)	135°	45°

8.2.2 平面视图

除了上述 10 个标准视图之外，AutoCAD 还为用户提供了一个“平面视图”工具，使用此命令，可以将当前 UCS、命名保存的 UCS 或 WCS，切换为各坐标系的平面视图，以方便观察和操作，如图 8-12 所示。

选择菜单栏“视图”→“三维视图”→“平面视图”命令，或在命令行输入 Plan 后按 Enter 键，都可激活“平面视图”命令。

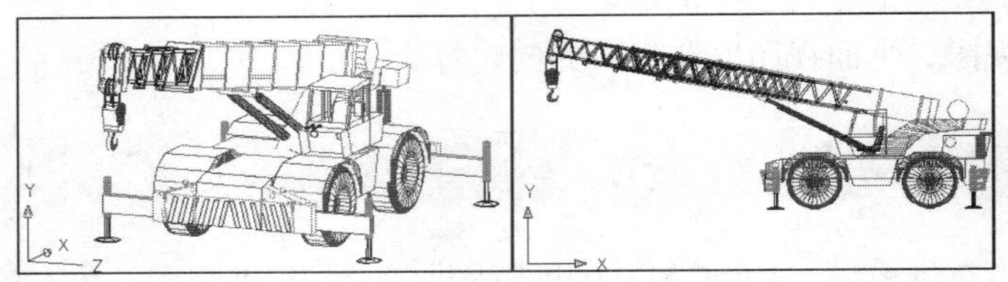

图 8-12 平面视图切换

8.2.3 创建视口

视口是用于绘制图形、显示图形的区域，在默认设置下 AutoCAD 将整个绘图区作为一个视口，在实际建模过程中，有时需要从各个不同视点上观察模型的不同部分，因此 AutoCAD 为用户提供了视口的分割功能，可以将默认的一个视口分割成多个视口，如图 8-13 所示，这样，用户就可以从不同的方向观察三维模型的不同部分。

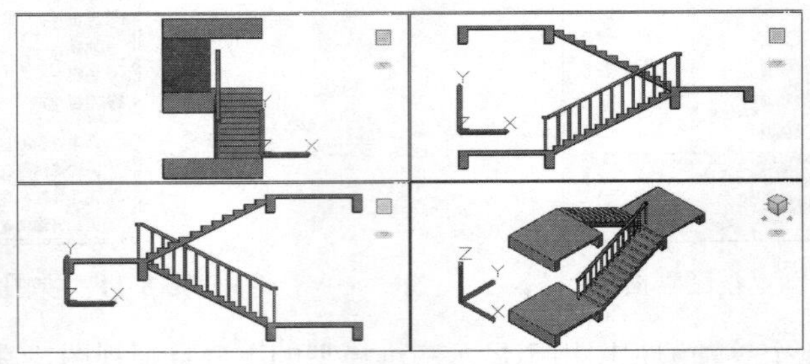

图 8-13 分割视口

视口的分割与合并有以下几种方式：

- 选择菜单栏“视图”→“视口”级联菜单中的相关命令，即可将当前视口分割为两个、三个或多个，如图 8-14 所示。
- 单击“视口”工具栏或面板上的各按钮。
- 选择菜单栏“视图”→“视口”→“新建视口”命令，或在命令行输入 Vports 后按 Enter 键，打开如图 8-15 所示的“视口”对话框，在此对话框中，用户可以对分割视口进行提前预览，使用户能够方便直接地进行分割视口。

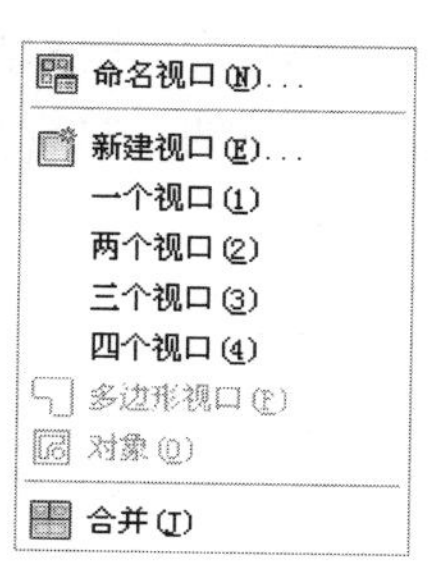

图 8-14　级联菜单

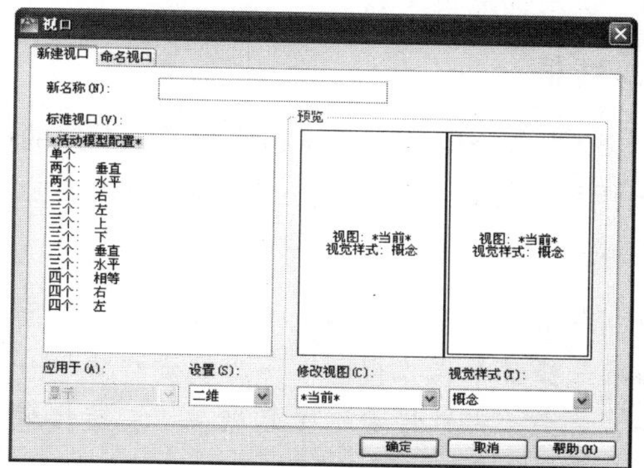

图 8-15　“视口”对话框

8.3　三维显示功能

本节主要学习 AutoCAD 的三维显示功能，具体有视觉样式、管理视觉样式、附着材质和三维渲染等。

8.3.1　视觉样式

AutoCAD 提供了几种控制模型外观显示效果的工具，巧妙运用这些着色功能，能快速显示出三维物体的逼真形态，对三维模型的效果显示有很大帮助。这些着色工具位于如图 8-16 所示的菜单栏和如图 8-17 所示的“视觉样式”面板上。

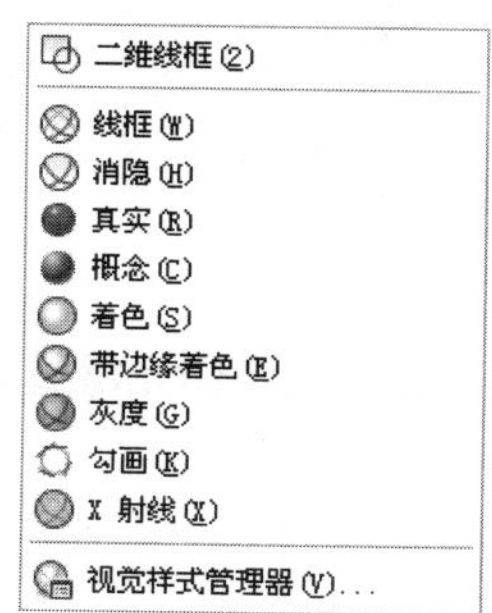

图 8-16　“视觉样式”菜单栏

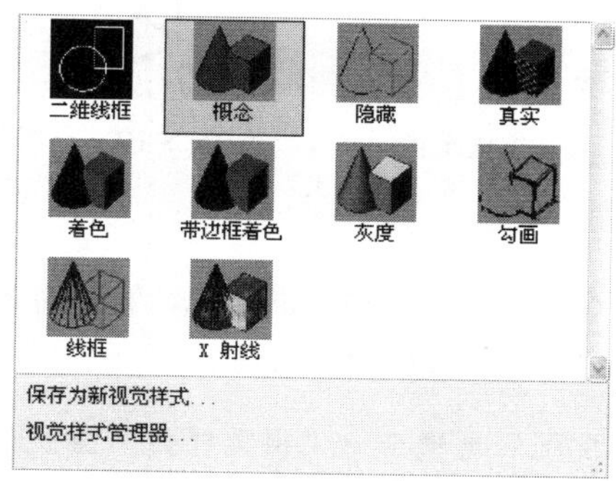

图 8-17　“视觉样式”面板

1. 二维线框

“二维线框”命令是用直线和曲线显示对象的边缘，此对象的线型和线宽都是可见的，如图 8-18 所示。执行此命令主要有以下几种方式：

- 单击“视图”选项卡→“视觉样式”面板→“二维线框”按钮。
- 选择菜单栏“视图”→“视觉样式”→“二维线框”命令。
- 单击“视觉样式”工具栏→“二维线框”按钮。
- 使用快捷键 VS。

2. 线框

“线框”命令也是用直线和曲线显示对象的边缘轮廓，如图 8-19 所示。与二维线框显示方式不同的是，表示坐标系的按钮会显示成三维着色形式，并且对象的线型及线宽都是不可见的。执行该命令主要有以下几种方式：

- 单击“视图”选项卡→“视觉样式”面板→“线框”按钮。
- 选择菜单栏“视图”→“视觉样式”→“三维线框”命令。
- 单击“视觉样式”工具栏→“三维线框”按钮。
- 使用快捷键 VS。

3. 消隐

“消隐”命令用于将三维对象中观察不到的线隐藏起来，而只显示那些位于前面无遮挡的对象，如图 8-20 所示。执行该命令主要有以下几种方式：

- 单击“视图”选项卡→“视觉样式”面板→“消隐”按钮。
- 选择菜单栏“视图”→“视觉样式”→“消隐”命令。
- 单击“视觉样式”工具栏→“消隐”按钮。
- 使用快捷键 VS。

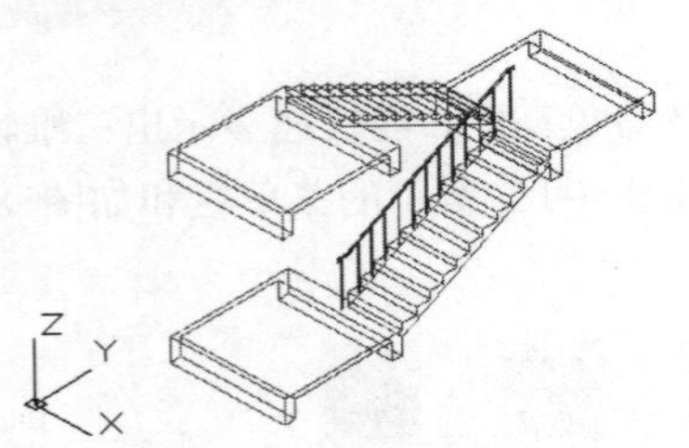

图 8-18　二维线框着色

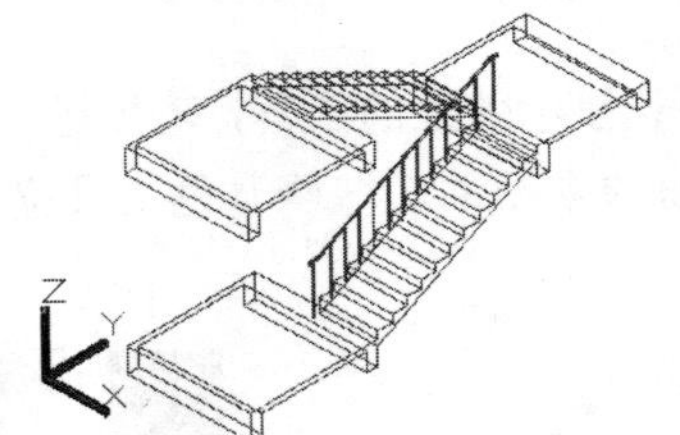

图 8-19　三维线框着色

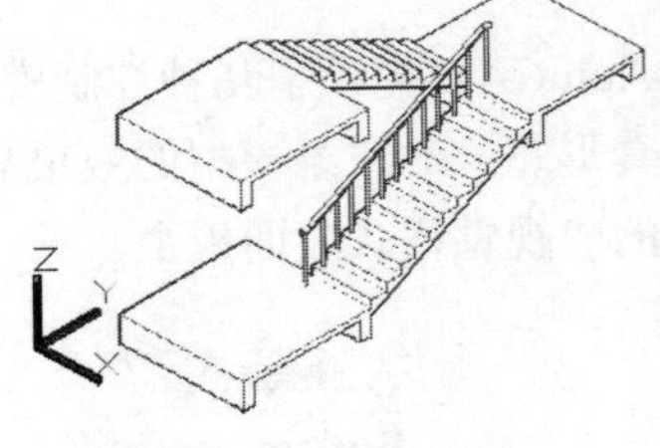

图 8-20　消隐

4. 真实

“真实”命令可使对象实现平面着色，它只对各多边形的面着色，不对面边界作光滑处理，如图 8-21 所示。执行此命令主要有以下几种方式：

- 单击“视图”选项卡→“视觉样式”面板→“真实”按钮。
- 选择菜单栏“视图”→“视觉样式”→“真实”命令。
- 单击“视觉样式”工具栏→“真实”按钮。

- 使用快捷键 VS。

5. 概念

“概念”命令也可使对象实现平面着色，它不仅可以对各多边形的面着色，还可以对面边界作光滑处理，如图 8-22 所示。执行此命令主要有以下几种方式：

- 单击“视图”选项卡→“视觉样式”面板→“概念”按钮。
- 选择菜单栏“视图”→“视觉样式”→“概念”命令。
- 单击“视觉样式”工具栏→“概念”按钮。
- 使用快捷键 VS。

6. 着色

“着色”命令用于将对象进行平滑着色，如图 8-23 所示。单击“视图”选项卡→“视觉样式”面板→“着色”按钮，或选择菜单栏“视图”→“视觉样式”→“着色”命令或使用快捷键 VS，都可激活该命令。

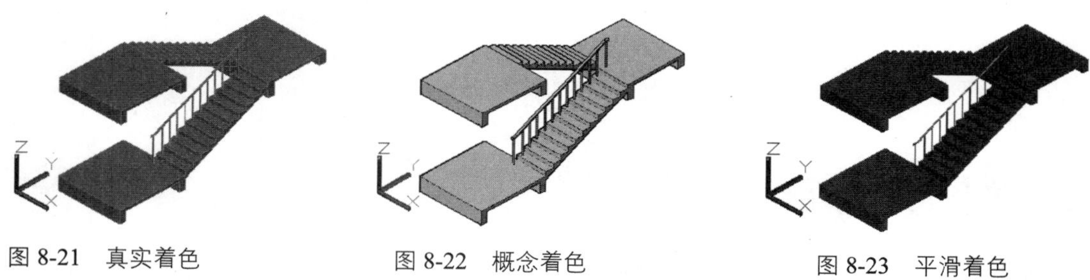

图 8-21　真实着色　　图 8-22　概念着色　　图 8-23　平滑着色

7. 带边缘着色

“带边缘着色”命令用于将对象带有可见边的平滑着色，如图 8-24 所示。单击“视图”选项卡→“视觉样式”面板→“带边缘着色”按钮，或选择菜单栏“视图”→“视觉样式”→“带边缘着色”命令或使用快捷键 VS，都可激活该命令。

8. 灰度

“灰度”命令用于将对象以单色面颜色模式着色，以产生灰色效果，如图 8-25 所示。单击“视图”选项卡→“视觉样式”面板→“灰度”按钮，或选择菜单栏“视图”→“视觉样式”→“灰度”命令或使用快捷键 VS 都可激活命令。

9. 勾画

“勾画”命令用于利用外伸和抖动方式产生手绘效果，如图 8-26 所示。单击“视图”选项卡→“视觉样式”面板→“勾画”按钮，或选择菜单栏“视图”→“视觉样式”→“勾画”命令或使用快捷键 VS，都可激活该命令。

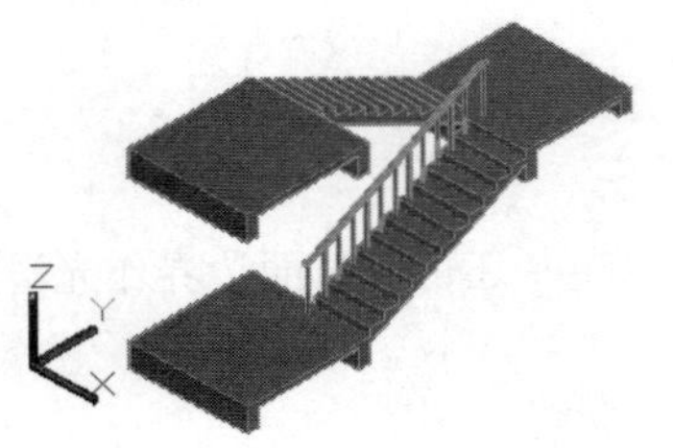

图 8-24 带边缘着色

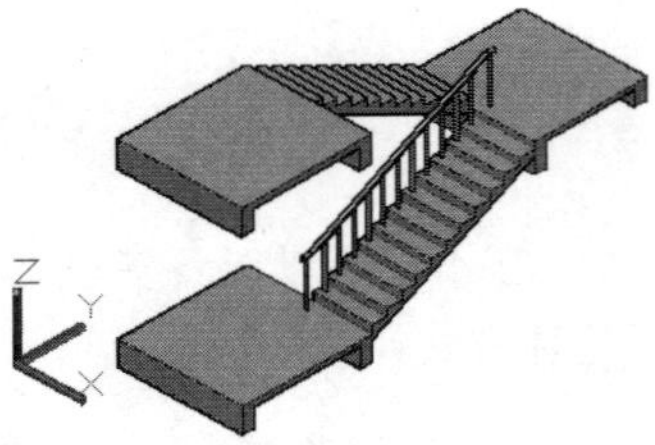

图 8-25 灰度着色

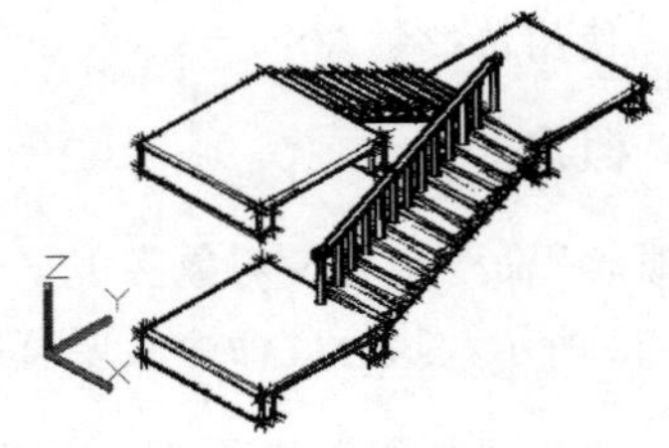

图 8-26 勾画着色

10. X 射线

“X 射线”命令用于更改面的不透明度，以使整个场景变成部分透明，如图 8-27 所示。单击“视图”选项卡→“视觉样式”面板→“X 射线”按钮，或选择菜单栏“视图”→“视觉样式”→“X 射线”命令或使用快捷键 VS，都可激活该命令。

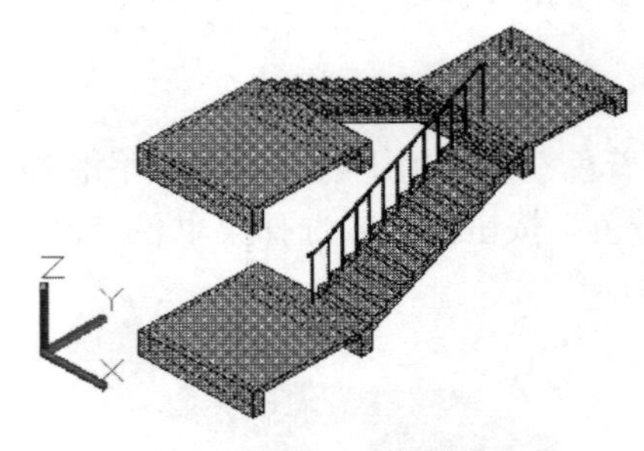

图 8-27 X 射线

8.3.2 管理视觉样式

“管理视觉样式”命令用于控制模型的外观显示效果、创建或更改视觉样式等，其窗口如图 8-28 所示，其中面设置选项用于控制面上颜色和着色的外观，环境设置用于打开和关闭阴影和背景，边设置用于指定显示哪些边以及是否应用边修改器。

执行“管理视觉样式”命令主要有以下几种方式：

- 选择菜单栏“视图”→“视觉样式”→“视觉样式管理器...”命令。
- 单击“视觉样式”工具栏或面板上的按钮。
- 在命令行输入 Visualstyles 后按 Enter 键。

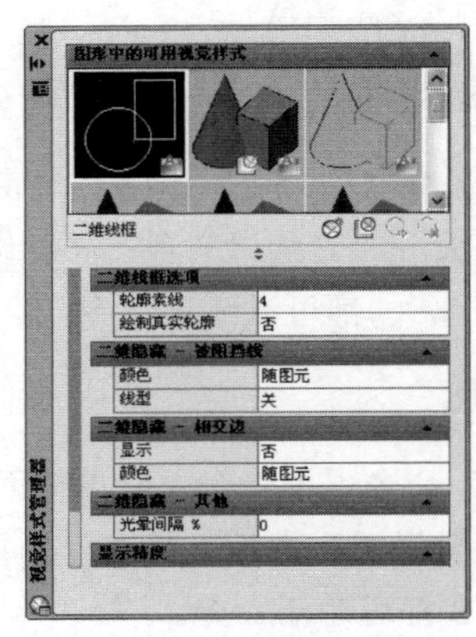

图 8-28 “视觉样式管理器”对话框

8.3.3 附着材质

AutoCAD 为用户提供了“材质浏览器”命令，使用此命令可以直观方便地为模型附着材质，以更加真实的表达实物造型。执行“材质浏览器”命令主要有以下几种方式：

- 单击“渲染”选项卡→“材质”面板→“材质浏览器”按钮。
- 选择菜单栏“视图”→“渲染”→“材质浏览器”命令。
- 单击“渲染”工具栏→“材质浏览器”按钮。

- 在命令行输入 Matbrowseropen 后按 Enter 键。

下面通过简单的小实例学习使用“材质浏览器”命令。具体步骤如下：

01 选择菜单栏“绘图”→“建模”→“长方体”命令，创建长度为 20、宽度为 600、高度为 300 的长方体，如图 8-29 所示。

02 单击“渲染”选项卡→“材质”面板→“材质浏览器”按钮，打开如图 8-30 所示的“材质浏览器”窗口。

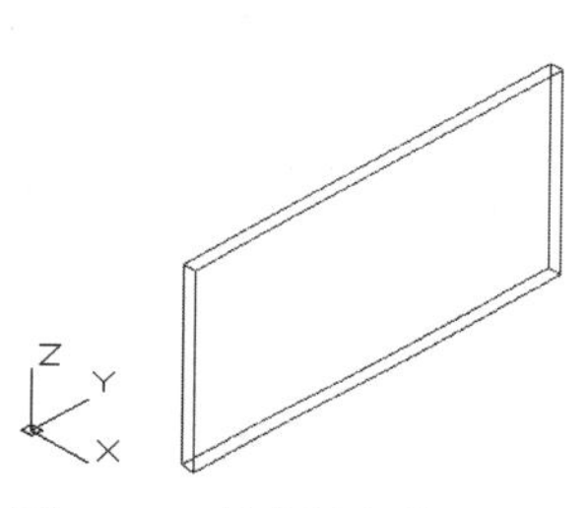

图 8-29　创建长方体

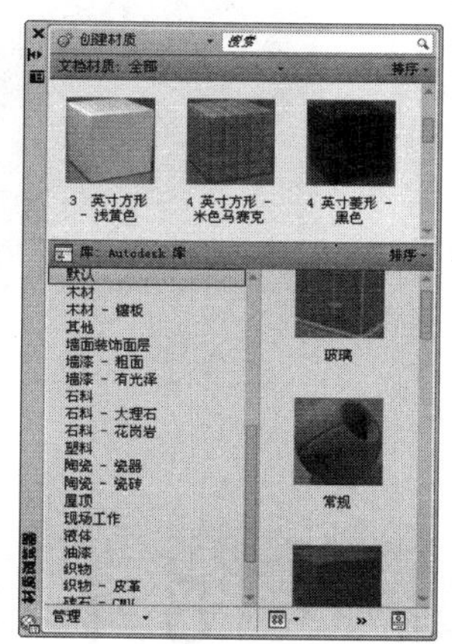

图 8-30　“材质浏览器”窗口

03 在“材质浏览器”窗口中选择所需材质后，按住鼠标左键不放，将选择的材质拖曳至方体上，为方体附着材质，如图 8-31 所示。

04 单击“视图”选项卡→“视觉样式”面板→“真实”按钮，对附着材质后的方体进行真实着色，效果如图 8-32 所示。

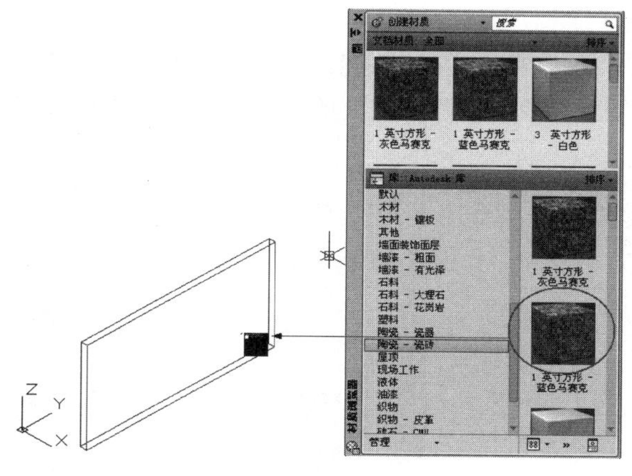

图 8-31　附着材质

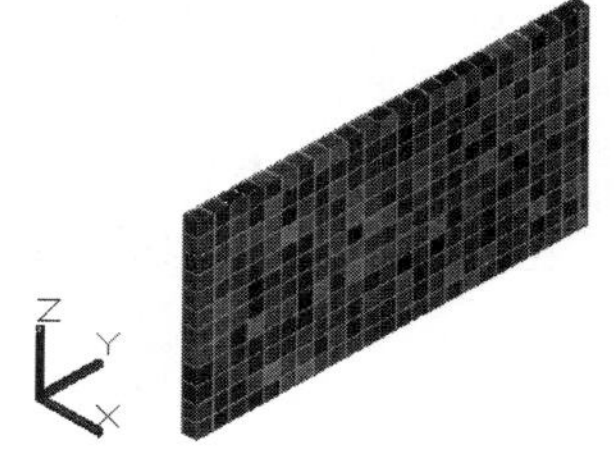

图 8-32　真实着色

8.3.4　三维渲染

AutoCAD 为用户提供了简单的渲染功能，单击“渲染”选项卡→“渲染”面板→“渲染”按钮，或选择菜单栏“视图”→“渲染”→“渲染”命令，或单击“渲染”工具栏→“渲染”按钮，即可激活

此命令，AutoCAD 将按默认设置，对当前视口内的模型，以独立的窗口进行渲染，如图 8-33 所示。

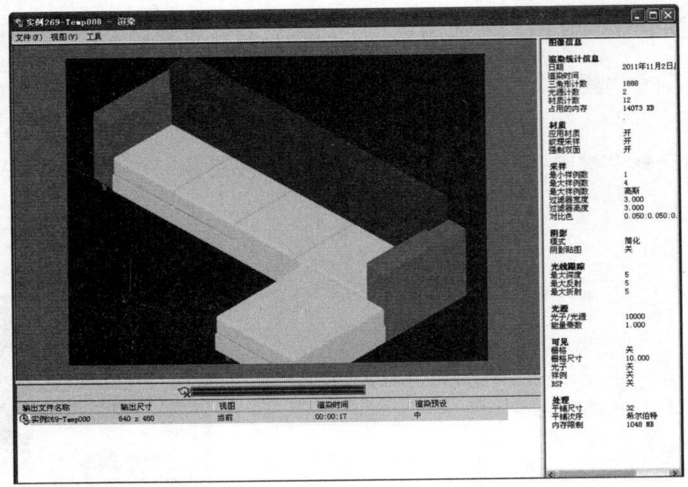

图 8-33　渲染窗口

8.4 定义与管理 UCS

在默认设置下，AtuoCAD 是以世界坐标系的 XY 平面作为绘图平面进行绘制图形的，由于世界坐标系是固定的，其应用范围具有一定的局限性，为此，AutoCAD 为用户提供了用户坐标系，简称 UCS。

8.4.1 定义 UCS

为了更好地辅助绘图，AutoCAD 为用户提供了一种非常灵活的坐标系——用户坐标系（UCS），此坐标系弥补了世界坐标系（WCS）的不足，用户可以随意定制符合作图需要的 UCS，应用范围比较广。执行 UCS 命令主要有以下几种方式：

- 单击“视图”选项卡→“坐标”面板上的各种按钮，如图 8-34 所示。
- 选择菜单栏“工具”→“新建 UCS”级联菜单命令，如图 8-35 所示。
- 单击 UCS 工具栏中的各种按钮。
- 在命令行输入 UCS 后按 Enter 键。

图 8-34　“坐标”面板

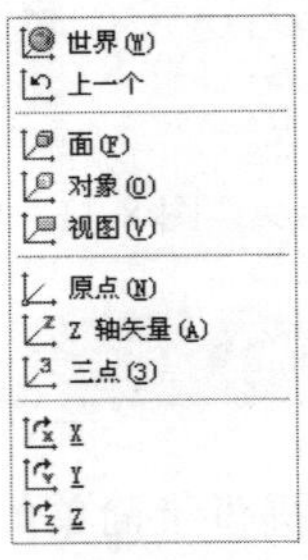

图 8-35　级联菜单

执行 UCS 命令后，命令行出现“指定 UCS 的原点或 [面(F)/命名(NA)/对象(OB)/上一个(P)/视图(V)/世界(W)/X/Y/Z/Z 轴(ZA)] <世界>:”提示，其中：

- “指定 UCS 的原点”选项用于指定三点，以分别定位出新坐标系的原点、X 轴正方向和 Y 轴正方向。
- “面（F）”选项用于选择一个实体的平面作为新坐标系的 XOY 面。用户必须使用点选法选择实体。
- “命名（NA）”选项主要用于恢复其他坐标系为当前坐标系、为当前坐标系命名保存以及删除不需要的坐标系。
- “对象（OB）”选项表示通过选择指定的对象创建 UCS 坐标系。用户只能使用点选法来选择对象，否则无法执行此命令。
- “上一个（P）”选项用于将当前坐标系恢复到前一次所设置的坐标系位置，直到将坐标系恢复为 WCS 坐标系。
- “视图（V）”选项表示将新建的用户坐标系的 X、Y 轴所在的面设置成与屏幕平行，其原点保持不变，Z 轴与 XY 平面正交。
- “世界（W）”选项用于选择世界坐标系作为当前坐标系，用户可以从任何一种 UCS 坐标系下返回到世界坐标系。
- “X”→“Y”→“Z”选项：原坐标系坐标平面分别绕 X、Y、Z 轴旋转而形成新的用户坐标系。
- “Z 轴”选项用于指定 Z 轴方向以确定新的 UCS 坐标系。

8.4.2　管理 UCS

“命名 UCS”命令用于对命名 UCS 以及正交 UCS 进行管理和操作，执行“命名 UCS”命令主要有以下几种方式：

- 选择菜单栏“工具”→“命名 UCS”命令。
- 单击“UCS II”工具栏→“命名 UCS”按钮。
- 在命令行输入 Ucsman 后按 Enter 键。

执行“命名 UCS”后可打开如图 8-36 所示的 UCS 对话框，通过此对话框，可以很方便地对自己定义的坐标系进行存储、删除、应用等操作。

1. “命名 UCS”选项卡

如图 8-36 所示的选项卡即为“命名 UCS”选项卡，用于显示当前文件中的所有坐标系，还可以设置当前坐标系。

- “当前 UCS”：显示当前的 UCS 名称。如果 UCS 设置没有保存和命名，那么当前 UCS 读取“未命名”。在“当前 UCS”下的空白栏中有 UCS 名称的列表，列出当前视图中已定义的坐标系。
- 置为当前(C)按钮用于设置当前坐标系。
- 单击详细信息(T)按钮，可打开如图 8-37 所示的“UCS 详细信息”对话框，用来查看坐标系的详细信息。

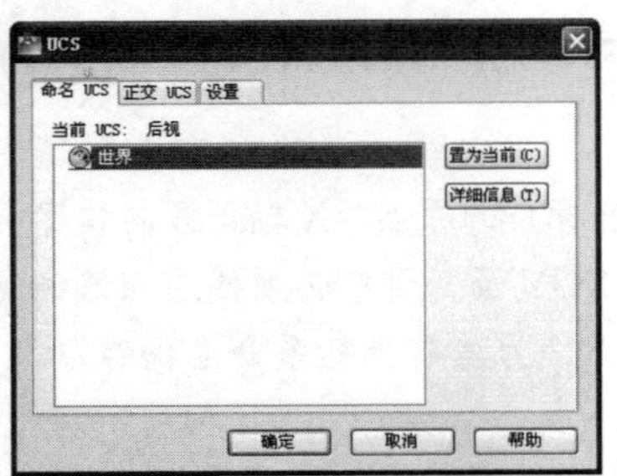

图 8-36　UCS 对话框

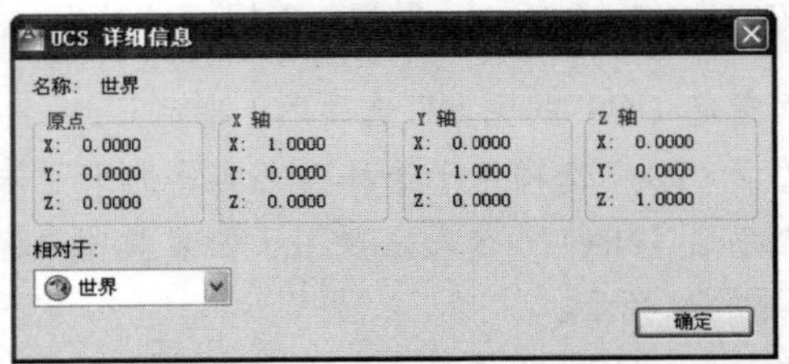

图 8-37　"UCS 详细信息"对话框

2. "正交 UCS"选项卡

在 UCS 对话框中展开如图 8-38 所示的选项卡，此选项卡主要用于显示和设置 AutoCAD 的预设标准坐标系作为当前坐标系。具体内容如下：

- "正交 UCS"列表框中列出当前视图中的 6 个正交坐标系。正交坐标系是相对"相对于"列表框中指定的 UCS 进行定义的。
- 置为当前(C)：用于设置当前的正交坐标系。用户可以在列表中双击某个选项，将其设为当前；也可以选择需要设为当前的选项后单击右键，从弹出的快捷菜单中选择设为非当前的选项。

3. "设置"选项卡

在 UCS 对话框中展开如图 8-39 所示的选项卡，此选项卡主要用于设置 UCS 图标的显示及其他的一些操作设置，具体内容如下。

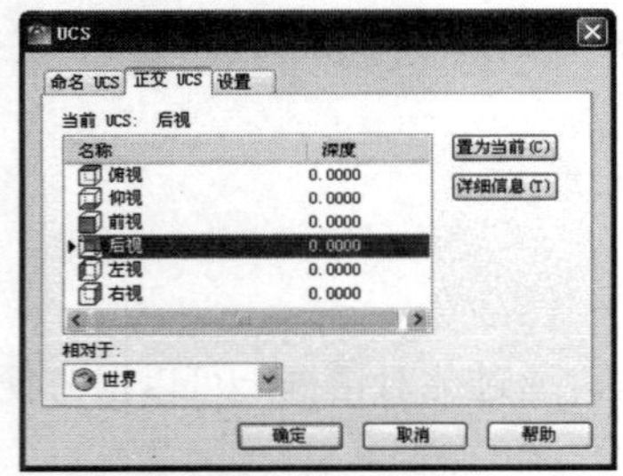

图 8-38　"正交 UCS"选项卡

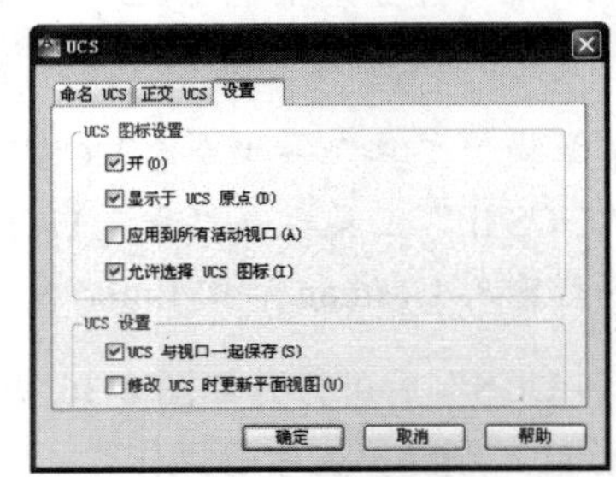

图 8-39　"设置"选项卡

- "开"复选框用于显示当前视口中的 UCS 图标。
- "显示于 UCS 原点"复选框用于在当前视口中当前坐标系的原点显示 UCS 图标。
- "应用到所有活动视口"复选框用于将 UCS 图标设置应用到当前图形中的所有活动视口。
- "UCS 与视口一起保存"复选框用于将坐标系设置与视口一起保存。如果清除此选项，视口将反映当前视口的 UCS。
- "修改 UCS 时更新平面视图"复选框用于修改视口中的坐标系时恢复平面视图。当对话框关闭时，平面视图和选定的 UCS 设置将被恢复。

8.5 案例——三维辅助功能综合应用

本例通过将某小别墅模型分割为 4 个视口，同时以不同显示方式显示模型的不同视图，来对本章所讲述的视图、视口、着色等知识点进行综合练习和巩固。本例效果如图 8-40 所示。

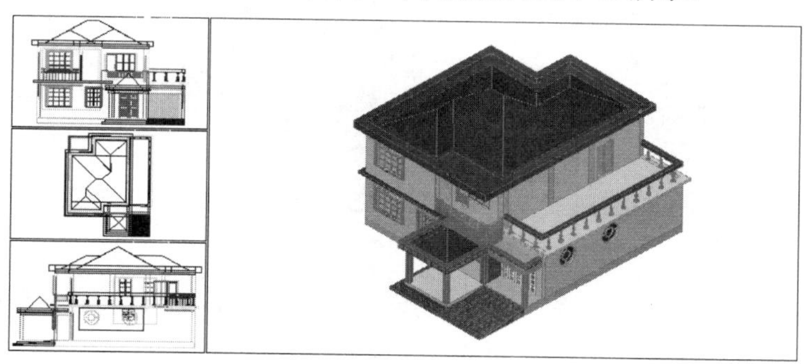

图 8-40　实例效果

操作步骤：

01 打开随书光盘“/实例源文件/别墅立体模型.dwg”，如图 8-41 所示。

02 选择菜单栏“视图”→“视口”→“新建视口”命令，打开“视口”对话框，然后选择如图 8-42 所示的视口模式。

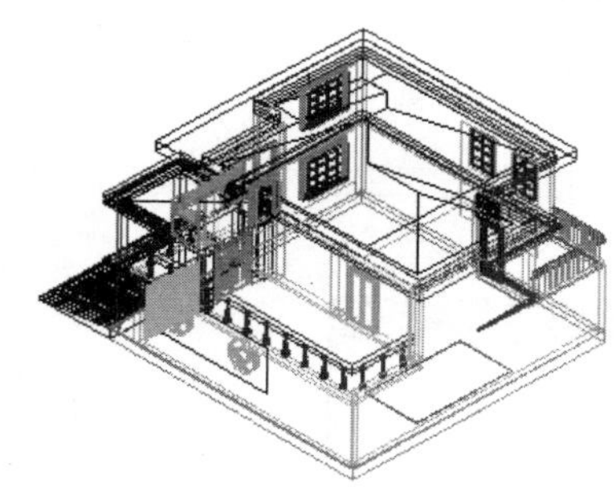

图 8-41　打开结果

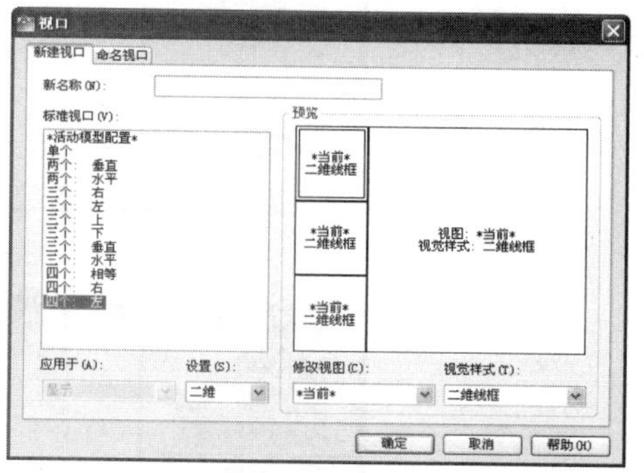

图 8-42　“视口”对话框

03 单击 确定 按钮，结果系统将当前单个视口分割为 4 个等大的视口，如图 8-43 所示。

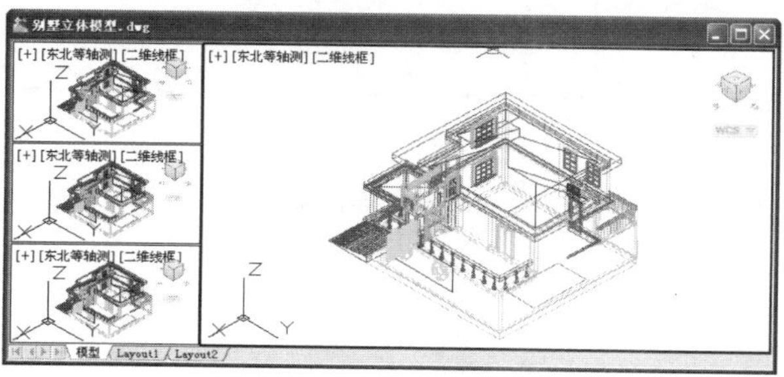

图 8-43　分割视口

04 将光标放在左上侧的视口内单击左键，将此视口激活为当前视口，此时该视口边框变粗。

05 单击“视图”选项卡→“视图”面板→“前视”按钮，将当前视口内的视图切换为前视图，结果如图8-44所示。

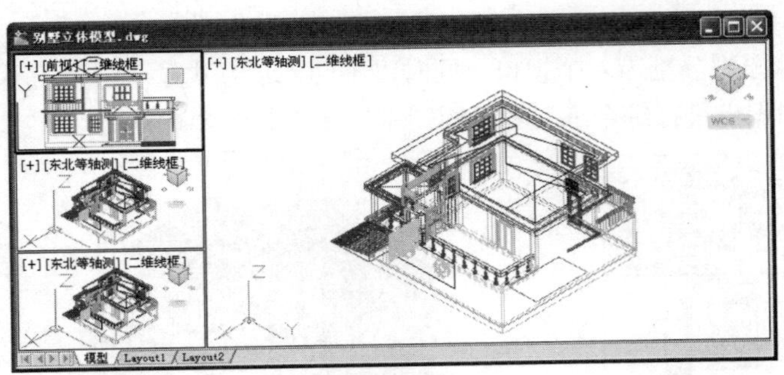

图8-44　切换前视图

06 使用快捷键VS激活“视觉样式”命令，对模型进行真实着色，结果如图8-45所示。

07 将光标放在左下侧的视口内单击左键，将此视口激活为当前视口。

08 单击“视图”选项卡→“视图”面板→“俯视”按钮，将当前视口切换为俯视图，结果如图8-46所示。

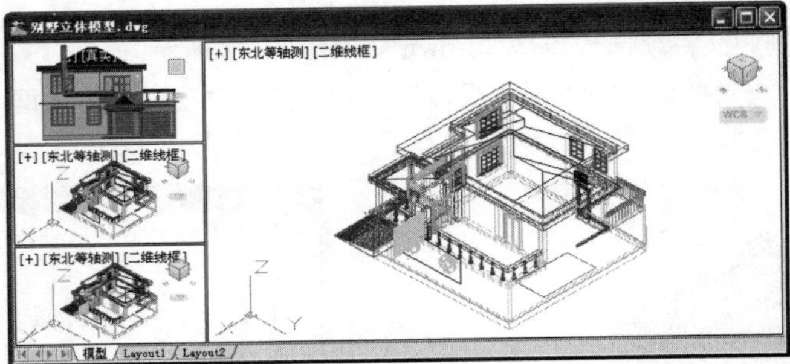

图8-45　真实着色

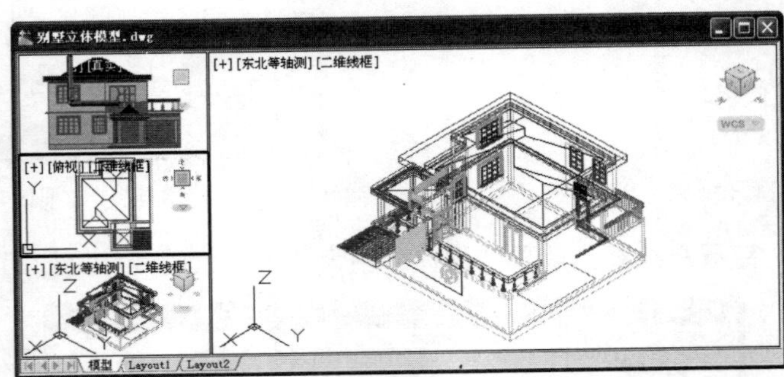

图8-46　切换俯视图

09 使用快捷键VS激活“视觉样式”命令，对模型进行概念着色，结果如图8-47所示。

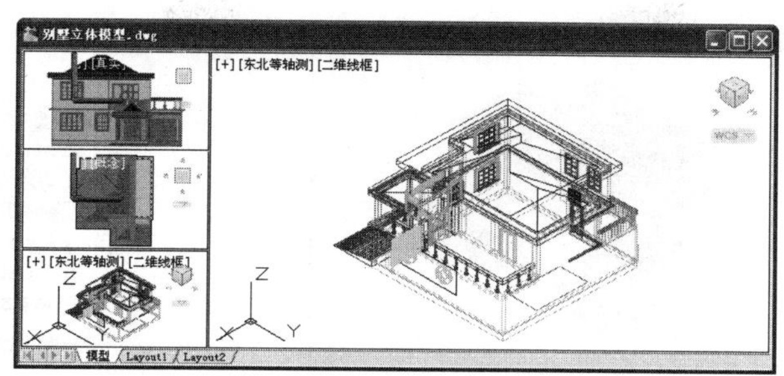

图 8-47　概念着色

10 将光标放在左下角的视口内单击左键，将此视口激活为当前视口。

11 单击“视图”选项卡→“视图”面板→“右视”按钮，将当前视口切换为右视图，结果如图 8-48 所示。

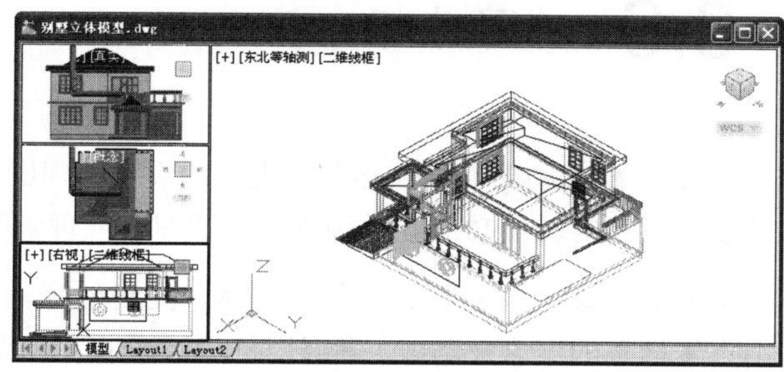

图 8-48　切换右视图

12 使用快捷键 VS 激活“视觉样式”命令，对模型进行带边缘着色，结果如图 8-49 所示。

13 将光标放在右侧的视口内单击左键，将此视口激活为当前视口。

14 使用“实时缩放”和“实时平移”工具调整视图，然后对模型进行真实着色显示，结果如图 8-50 所示。

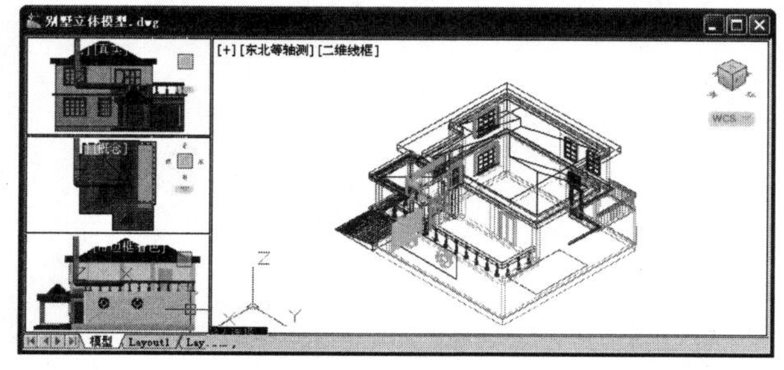

图 8-49　着色显示

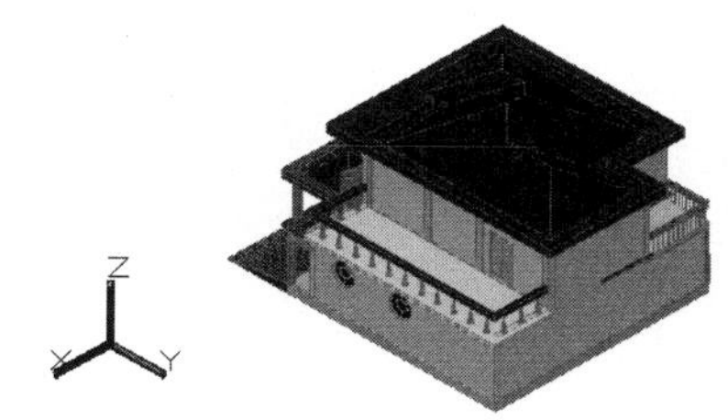

图 8-50　真实着色

15 单击“视图”选项卡→“视图”面板→“东南等轴测”按钮，将当前视图切换到东南视图。

16 使用快捷键 VS 激活“视觉样式”命令，分别将左侧的三个视图内的模型进行三维线框着色，结果如图 8-51 所示。

17 使用快捷键 OP 激活“选项”命令，在打开的“选项”对话框中关闭如图 8-52 所示的几个视口控件，视图及模型最终效果如图 8-40 所示。

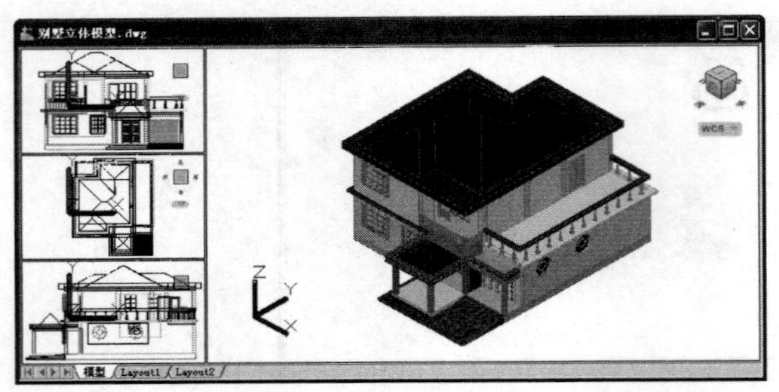
图 8-51　三维线框着色

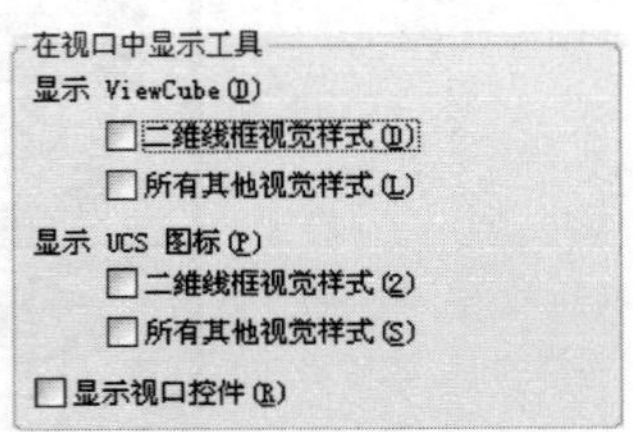

图 8-52　关闭显示控件

18　最后执行“另存为”命令，将图形存储为“实例指导.dwg”。

8.6 本章小结

本章主要讲述了 AutoCAD 的三维辅助功能，具体包括视点的设置、视图的切换、视口的分割、坐标系的设置管理以及三维对象的视觉显示等辅助功能。通过本章的学习，应理解和掌握以下知识：

（1）三维观察功能，具体有视点、动态观察器、导航立方体、控制盘等。

（2）理解世界坐标系和用户坐标系的概念及功能，掌握用户坐标系的各种设置方式以及坐标系的管理、切换和应用等重要操作知识。

（3）三维显示功能，具体有视觉样式、管理视觉样式和渲染。

（4）在视图与视口中，具体包括 6 种正交视图、4 种等轴测视图、平面视图以及视口的创建与合并。

第9章 三维建模功能

随着版本的升级换代，AutoCAD的三维建模功能也日趋完善，这些功能主要体现在实体建模、曲面建模和网格建模三个方面，本章主要学习这三种模型的具体建模方法和相关技能。

知识要点

- 了解三维模型
- 基本几何实体
- 复杂实体和曲面
- 组合实体和曲面
- 创建网格
- 案例——制作办公桌立体造型

9.1 了解三维模型

AutoCAD为用户提供了三种模型，用以表达物体的三维形态，分别是实体模型、曲面模型和网格模型。通过这三类模型，不仅能让非专业人员对物体的外形有一个感性的认识，还能帮助专业人员降低绘制复杂图形的难度，使一些在二维平面图中无法表达的东西清晰而形象地显示在屏幕上。

- 实体模型。实体模型是实实在在的物体，它不仅包含面、边信息，而且还具备实物的一切特性，用户不仅可以对其进行着色和渲染，还可以对其进行打孔、切槽、倒角等布尔运算，可以检测和分析实体内部的质心、体积和惯性矩等。
- 曲面模型。曲面的概念比较抽象，可以将其理解为实体的面，此种面模型不仅能着色渲染等，还可以对其进行修剪、延伸、圆角、偏移等编辑。
- 网格模型。网格模型是由一系列规则的格子线围绕而成的网状表面，再由网状表面的集合来定义三维物体。此种模型仅含有面、边信息，能着色和渲染，但是不能表达出真实实物的属性。

9.2 基本几何实体

本节主要学习各种基本几何实体的创建功能，这些实体建模工具按钮位于“建模”工具栏和“建模”面板上，其菜单位于“绘图”→“建模”子菜单上。

9.2.1 长方体

“长方体”命令用于创建长方体模型或立方体模型，执行“长方体”命令主要有以下几种方式：

- 单击“常用”选项卡→“建模”面板→“长方体”按钮。
- 选择菜单栏“绘图”→“建模”→“长方体”命令。
- 单击“建模”工具栏→“长方体”按钮。
- 在命令行输入 Box 后按 Enter 键。

执行“长方体”命令后，命令行操作如下：

```
命令: _box
    指定第一个角点或 [中心(C)]:              //在绘图区拾取一点
    指定其他角点或 [立方体(C)/长度(L)]:      //@200,150 Enter
    指定高度或 [两点(2P)]:                   //35 Enter，创建结果如图 9-1 所示
```

选项解析

- “立方体”选项用于创建长宽高都相等的正立方体。
- “中心点”选项用于根据长方体的正中心点位置创建长方体，即首先定位长方体的中心点位置。
- “长度”选项用于直接输入长方体的长度、宽度和高度等参数，即可生成相应尺寸的方体模型。

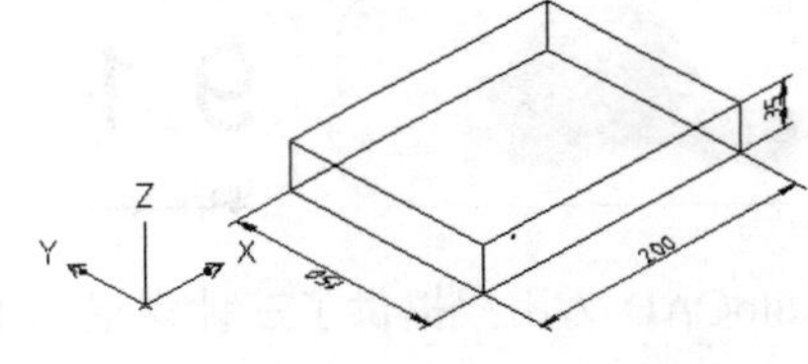

图 9-1　长方体

9.2.2 圆柱体

“圆柱体”命令用于创建圆柱实心体或椭圆柱实心体模型，如图 9-2 所示。执行“圆柱体”命令主要有以下几种方式：

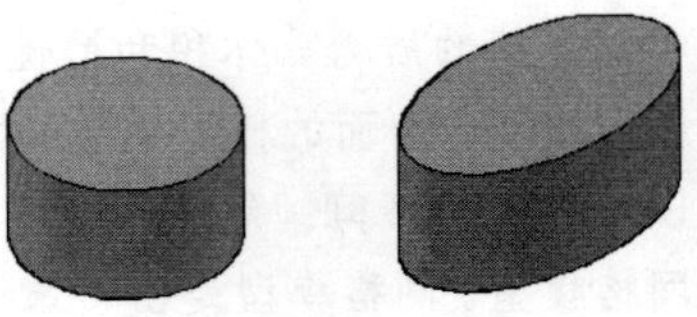

图 9-2　圆柱体和椭圆柱体

- 单击“常用”选项卡→“建模”面板→“圆柱体”按钮。
- 选择菜单栏“绘图”→“建模”→“圆柱体”命令。
- 单击“建模”工具栏→“圆柱体”按钮。
- 在命令行输入 Cylinder 后按 Enter 键。

执行“圆柱体”命令后，其命令行操作如下：

```
命令: _cylinder
    指定底面的中心点或 [三点(3P)/两点(2P)/ 切点、切点、
    半径(T)/椭圆(E)]
     //在绘图区拾取一点
    指定底面半径或 [直径(D)]>:
   //120 Enter，输入底面半径
    指定高度或 [两点(2P)/轴端点(A)] <100.0000>:
   //260 Enter，结果如图 9-3 所示
```

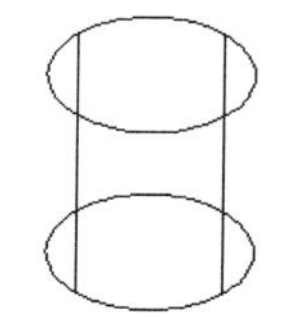

图 9-3　创建结果

使用快捷键 HI 对模型进行消隐，效果如图 9-4 所示。另外，变量 FACETRES 用于设置实体消隐或渲染后表面的光滑度，值越大表面越光滑，如图 9-5 所示；变量 ISOLINES 用于设置实体线框的表面密度，值越大网格线就越密集，如图 9-6 所示。

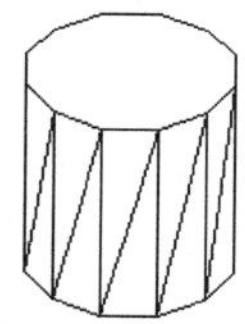

图 9-4　消隐效果图

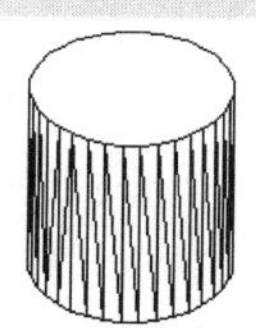

图 9-5　FACETRES＝5

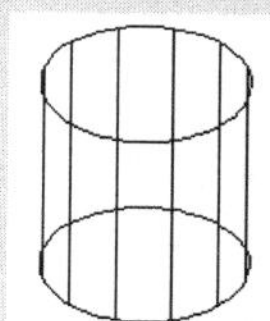

图 9-6　ISOLINES＝12

选项解析

- “三点”选项用于指定圆上的三个点定位圆柱体的底面。
- “两点”选项用于指定圆直径的两个端点定位圆柱体的底面。
- “切点、切点、半径”选项用于绘制与已知两个对象相切的圆柱体。
- “椭圆”选项用于绘制底面为椭圆的椭圆柱体。

9.2.3　圆锥体

“圆锥体”命令用于创建圆锥体或椭圆锥体模型，如图 9-7 所示。执行“圆锥体”命令主要有以下几种方式：

- 单击“常用”选项卡→“建模”面板→“圆锥体”按钮。
- 选择菜单栏“绘图”→“建模”→“圆锥体”命令。
- 单击“建模”工具栏→“圆锥体”按钮。
- 在命令行输入 Cone 后按 Enter 键。

执行“圆锥体”命令后，其命令行操作如下：

```
命令: _cone
    指定底面的中心点或 [三点(3P)/两点(2P)/切点、切点、半径(T)/椭圆(E)]:
                                        //拾取一点作为底面中心点
    指定底面半径或 [直径(D)] <261.0244>:        //75 Enter，输入底面半径
    指定高度或 [两点(2P)/轴端点(A)/顶面半径(T)] <120.0000>:
            //180 Enter，创建结果如图 9-8 所示。
```

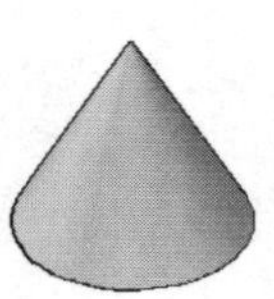
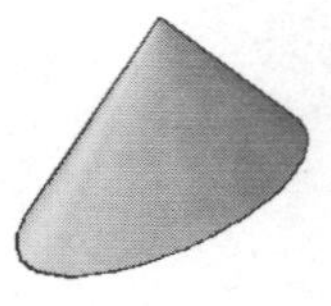

图 9-7 圆锥体与椭圆锥体

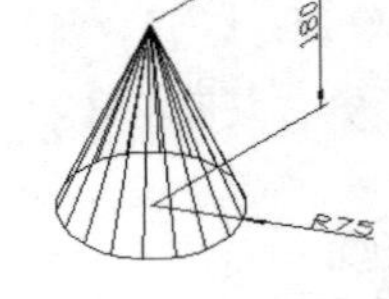

图 9-8 创建圆锥体

9.2.4 多段体

“多段体”命令用于创建具有一定宽度和高度的三维多段体。执行“多段体”命令主要有以下几种方式：

- 单击“常用”选项卡→“建模”面板→“多段体”按钮。
- 选择菜单栏“绘图”→“建模”→“多段体”命令。
- 单击“建模”工具栏→“多段体”按钮。
- 在命令行输入 Polysolid 后按 Enter 键。

执行“多段体”命令后，其命令行操作如下：

```
命令: _Polysolid
    高度 = 80.0000, 宽度 = 5.0000, 对正 = 居中
    指定起点或 [对象(O)/高度(H)/宽度(W)/对正(J)] <对象>:
    指定下一个点或 [圆弧(A)/放弃(U)]:              //@100,0 Enter
    指定下一个点或 [圆弧(A)/放弃(U)]:              //@0,-60 Enter
    指定下一个点或 [圆弧(A)/闭合(C)/放弃(U)]:      //@100,0 Enter
    指定下一个点或 [圆弧(A)/闭合(C)/放弃(U)]:      //a Enter
    指定圆弧的端点或 [闭合(C)/方向(D)/直线(L)/第二个点(S)/放弃(U)]:  //@0,-150 Enter
    指定下一个点或 [圆弧(A)/闭合(C)/放弃(U)]:      //在绘图区拾取一点
    指定圆弧的端点或 [闭合(C)/方向(D)/直线(L)/第二个点(S)/放弃(U)]:
                        // Enter，绘制结果如图 9-9 所示
```

选项解析

- “对象”选项可以将现有的直线、圆弧、圆、矩形以及样条曲线等二维对象，转化为具有一定宽度和高度的三维实心体，如图 9-10 所示。
- “高度”选项用于设置多段体的高度。
- “宽度”选项用于设置多段体的宽度。

- “对正”选项用于设置多段体的对正方式，具体有“左对正”、“居中”和“右对正”三种方式。

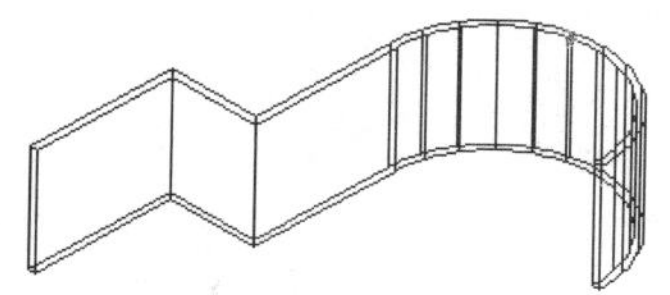

图 9-9 绘制结果

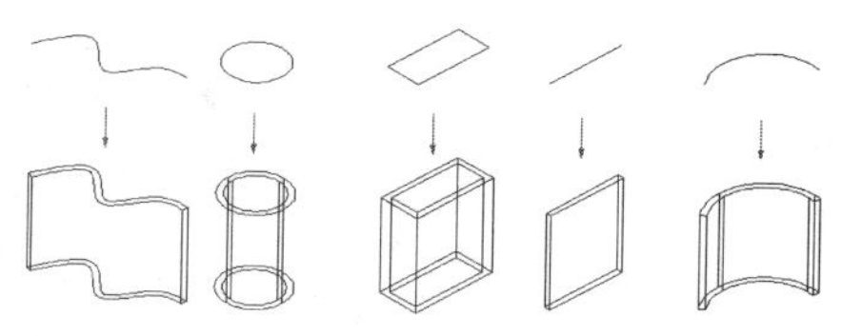

图 9-10 选项示例

9.2.5 棱锥体

“棱锥体”命令用于创建三维实体棱锥，如底面为四边形、五边形、六边形等的多面棱锥，如图 9-11 所示。执行“棱锥体”命令主要有以下几种方式：

- 单击“常用”选项卡→“建模”面板→“棱锥体”按钮。
- 选择菜单栏“绘图”→“建模”→“棱锥体”命令。
- 单击“建模”工具栏→“棱锥体”按钮。
- 在命令行输入 Pyramid 后按 Enter 键。

执行“棱锥体”命令后，其命令行操作如下：

```
命令: _pyramid
    4 个侧面  外切
    指定底面的中心点或 [边(E)/侧面(S)]:     //s Enter，激活“侧面”选项
    输入侧面数 <4>:                        //6 Enter，设置侧面数
    指定底面的中心点或 [边(E)/侧面(S)]:     //在绘图区拾取一点
    指定底面半径或 [内接(I)] <72.0000>:     //120 Enter
    指定高度或 [两点(2P)/轴端点(A)/顶面半径(T)] <10.0000>:
     //500 Enter，创建结果如图 9-11（右）所示
```

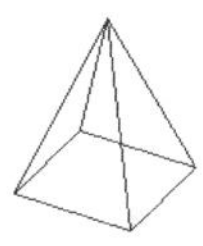

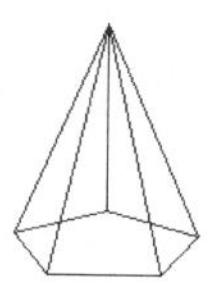

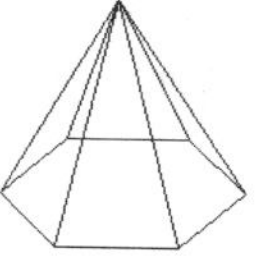

图 9-11 棱锥体

9.2.6 圆环体

“圆环体”命令用于创建圆环实心体模型，如图 9-12 所示。执行“圆环体”命令主要有以下几种方式：

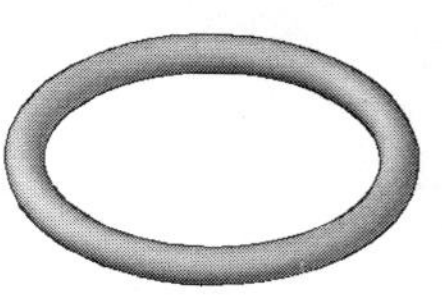

图 9-12 圆环体

- 单击“常用”选项卡→“建模”面板→“圆环体”按钮。
- 选择菜单栏“绘图”→“建模”→“圆环体”命令。
- 单击“建模”工具栏→“圆环体”按钮。
- 在命令行输入 Torus 后按 Enter 键。

执行“圆环体”命令后，其命令行操作如下：

```
命令：_torus
    指定中心点或 [三点(3P)/两点(2P)/切点、切点、半径(T)]:
                                  //拾取一点定位环体的中心点
    指定半径或 [直径(D)] <120.0000>:          //200 Enter，输入圆环体的半径
    指定圆管半径或 [两点(2P)/直径(D)]:
     //20 Enter，结果如图 9-13 所示，消隐效果如图 9-14 所示
```

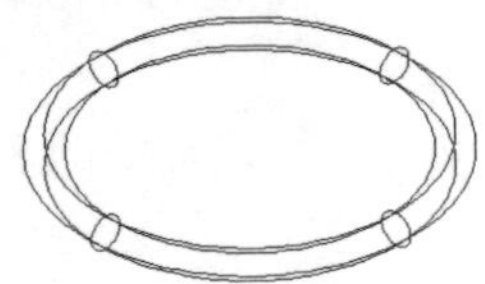

图 9-13　创建圆环体

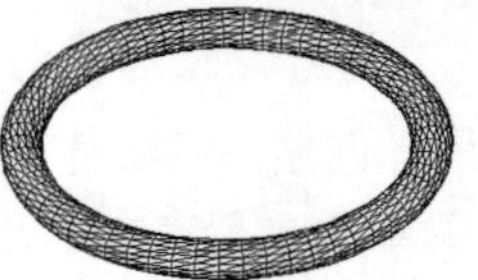

图 9-14　消隐效果

9.2.7　球体

“球体”命令主要用于创建三维球体模型，执行“球体”命令主要有以下几种方式：

- 单击“常用”选项卡→“建模”面板→“球体”按钮。
- 选择菜单栏“绘图”→“实体”→“球体”命令。
- 单击“建模”工具栏→“球体”按钮。
- 在命令行输入 Sphere 后按 Enter 键。

执行“球体”命令后，命令行操作如下：

```
命令：_sphere
    指定中心点或 [三点(3P)/两点(2P)/切点、切点、半径(T)]:
     //在绘图区拾取一点作为球体的中心点
    指定半径或 [直径(D)] <10.3876>:
     //150Enter，创建结果如图 9-15 所示，概念着色效果如图 9-16 所示
```

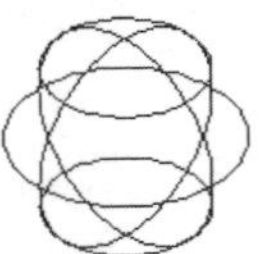

图 9-15　创建球体

图 9-16　概念着色

9.2.8　楔体

“楔体”命令主要用于创建三维楔体模型，如图 9-17 所示。执行“楔体”命令主要有以下几种方式：

- 单击“常用”选项卡→“建模”面板→“楔体”按钮。
- 选择菜单栏“绘图”→“建模”→“楔体”命令。
- 单击“建模”工具栏→“楔体”按钮。

- 在命令行输入 Wedge 后按 Enter 键。

执行“楔体”命令后，其命令行操作如下：

```
命令：_wedge
    指定第一个角点或 [中心(C)]:            //在绘图区拾取一点
    指定其他角点或 [立方体(C)/长度(L)]:     //@120,20 Enter
    指定高度或 [两点(2P)] <10.52>:         //150 Enter，创建结果如图 9-18 所示。
```

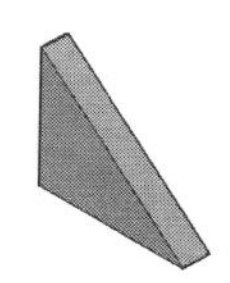

图 9-17　楔体示例

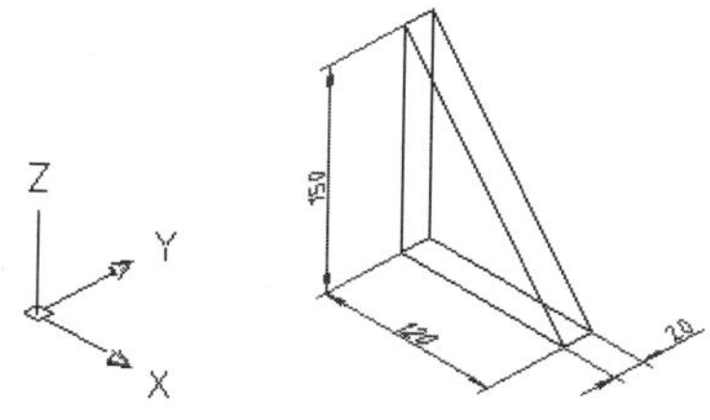

图 9-18　创建楔体

选项解析

- “中心”选项用于定位楔体的中心点，其中心点为斜面正中心点。
- “立方体”选项用于创建长、宽、高都相等的楔体。

9.3 复杂实体和曲面

本节主要学习复杂几何实体和曲面的创建功能，具体有“拉伸”、“旋转”、“剖切”、“干涉”、“扫掠”、“抽壳”等命令。

9.3.1 拉伸

“拉伸”命令用于将闭合的二维图形按照指定的高度拉伸为三维实体或曲面、将非闭合的二维图线拉伸为曲面，如图 9-19 所示。执行“拉伸”命令主要有以下几种方式：

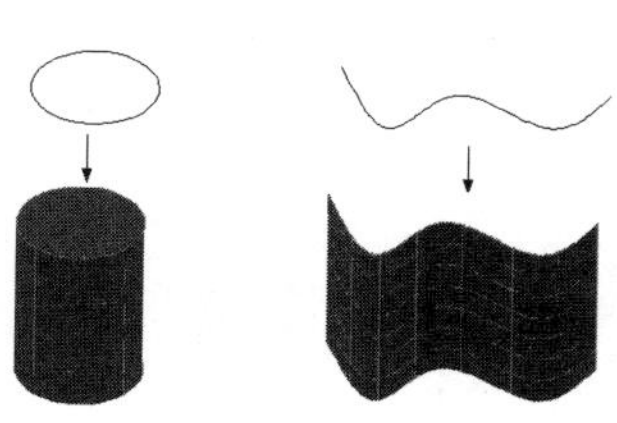

图 9-19　拉伸示例

- 单击“常用”选项卡→“建模”面板→“拉伸”按钮。
- 选择菜单栏“绘图”→“建模”→“拉伸”命令。
- 单击“建模”工具栏→“拉伸”按钮。
- 在命令行输入 Extrude 后按 Enter 键。
- 使用快捷键 EXT。

执行“拉伸”命令，命令行操作如下：

```
命令：_extrude
    当前线框密度：ISOLINES=4，闭合轮廓创建模式 = 实体
```

```
选择要拉伸的对象或 [模式(MO)]: _MO 闭合轮廓创建模式 [实体(SO)/曲面(SU)] <实体>: _SO
选择要拉伸的对象或 [模式(MO)]:            //选择矩形
选择要拉伸的对象或 [模式(MO)]:             //Enter
指定拉伸的高度或 [方向(D)/路径(P)/倾斜角(T)/表达式(E)] <0.0000>:  //t Enter
指定拉伸的倾斜角度或 [表达式(E)] <0>:        //10 Enter
指定拉伸的高度或 [方向(D)/路径(P)/倾斜角(T)/表达式(E)] <26.0613>:
//100 Enter，拉伸结果如图 9-20 所示
```

选项解析

- “模式”选项用于设置拉伸对象是生成实体还是曲面。将圆拉伸为曲面后的效果如图 9-21 所示。
- “倾斜角”选项用于将闭合或非闭合的对象按照一定的角度进行拉伸。
- “方向”选项用于将闭合或非闭合的对象按指照光标指引的方向进行拉伸。
- “表达式”选项用于输入公式或方程式以指定拉伸高度。
- “路径”选项用于将闭合或非闭合对象按照指定的直线或曲线路径进行拉伸，如图 9-22 所示。

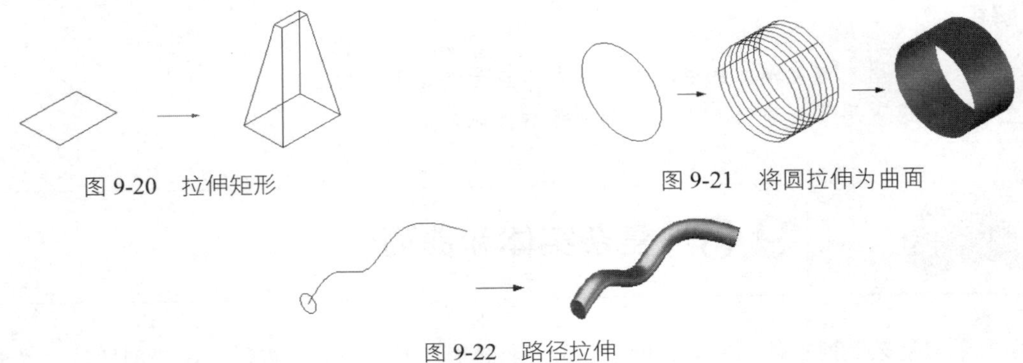

图 9-20　拉伸矩形

图 9-21　将圆拉伸为曲面

图 9-22　路径拉伸

9.3.2 旋转

“旋转”命令用于将闭合二维图形绕坐标轴旋转为三维实心体或曲面，将非闭合图形绕轴旋转为曲面。此命令常用于创建一些回转体结构的模型，如图 9-23 所示。执行“旋转”命令主要有以下几种方式：

图 9-23　回转体示例

- 单击“常用”选项卡→“建模”面板→“旋转”按钮。
- 选择菜单栏“绘图”→“建模”→“旋转”命令。
- 单击“建模”工具栏→“旋转”按钮。
- 在命令行输入 Revolve 后按 Enter 键。

执行“旋转”命令后，其命令行操作如下：

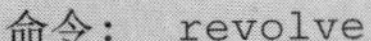

```
命令: _revolve
    当前线框密度: ISOLINES=4，闭合轮廓创建模式 = 实体
    选择要旋转的对象或 [模式(MO)]: _MO 闭合轮廓创建模式 [实体(SO)/曲面(SU)] <实体>: _SO
```

```
选择要旋转的对象或 [模式(MO)]:               //选择如图 9-24 所示的闭合边界
选择要旋转的对象或 [模式(MO)]:               //Enter
指定轴起点或根据以下选项之一定义轴 [对象(O)/X/Y/Z] <对象>:
  //捕捉直线的上端点
指定轴端点:                  //捕捉直线的下端点
指定旋转角度或 [起点角度(ST)/反转(R)/表达式(EX)] <360>:
   // Enter，旋转结果如图 9-25 所示。
```

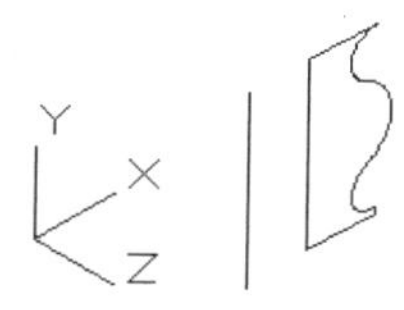

图 9-24　二维图形

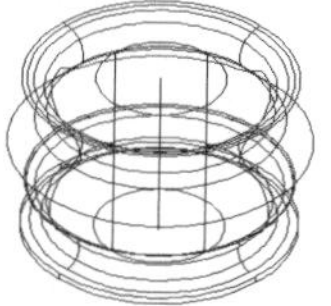
图 9-25　旋转结果

选项解析

- “模式”选项用于设置旋转对象是生成实体还是曲面。
- “对象”选项用于选择现有的直线或多段线等作为旋转轴，轴的正方向是从这条直线上的最近端点指向最远端点。
- “X 轴”选项主要使用当前坐标系的 X 轴正方向作为旋转轴的正方向。
- “Y 轴”选项使用当前坐标系的 Y 轴正方向作为旋转轴的正方向。

9.3.3　剖切

“剖切”命令用于切开现有实体或曲面，然后移去不需要的部分，保留指定的部分。使用此命令也可以将剖切后的两部分都保留。执行“剖切”命令主要有以下几种方式：

- 单击“常用”选项卡→“实体编辑”面板→“剖切”按钮。
- 选择菜单栏“绘图”→“三维操作”→“剖切”命令。
- 在命令行中输入 Slice 后按 Enter 键。
- 使用快捷键 SL。

执行“剖切”命令后，命令行操作如下：

```
命令: _slice
  选择要剖切的对象:                          //选择如图 9-26 所示的实体
  选择要剖切的对象:                          // Enter，结束选择
  指定 切面 的起点或 [平面对象(O)/曲面(S)/Z 轴(Z)/视图(V)/XY(XY)/YZ(YZ)/ZX(ZX)/三点(3)]
  <三点>:          //ZX Enter，激活“ZX 平面”选项
  指定 XY  平面上的点 <0,0,0>:                 //捕捉如图 9-26 所示的端点
  在所需的侧面上指定点或 [保留两个侧面(B)] <保留两个侧面>:
  //捕捉如图 9-27 所示的象限点，剖切结果如图 9-28 所示
```

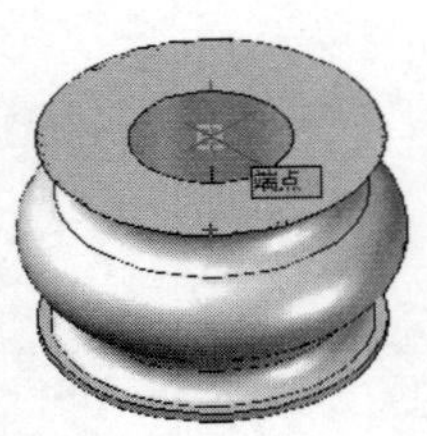

图 9-26　捕捉端点

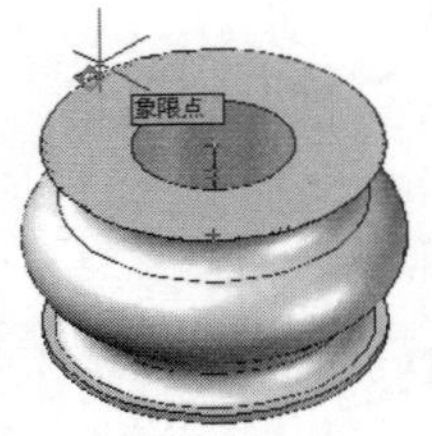

图 9-27　捕捉象限点

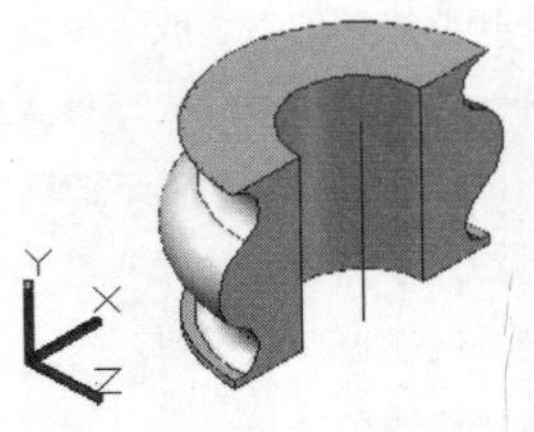
图 9-28　剖切结果

选项解析

- “平面对象”选项用于选择一个目标对象，如以圆、椭圆、圆弧、样条曲线或多段线等，作为实剖切面剖切实体。
- “曲面”选项用于选择现在的曲面进行剖切对象。
- “Z 轴”选项用于通过指定剖切平面的法线方向来确定剖切平面，即 XY 平面中 Z 轴（法线）上指定的点定义剖切面。
- “视图”选项也是一种剖切方式，该选项所确定的剖切面与当前视口的视图平面平行，用户只须指定一点，即可确定剖切平面的位置。
- “XY”/“YZ”/“ZX”选项分别用于将剖切平面与当前用户坐标系的 XY 平面/YZ 平面/ZX 平面对齐，用户只须指定点即可定义剖切面位置。
- “三点”选项是系统默认的一种剖切方式，用于通过指定的三个点确定剖切平面。

9.3.4　干涉

“干涉”命令用于检测各实体之间是否存在干涉现象，如果所选择的实体之间存在干涉（即相交）情况，可以将干涉部分提取出来，创建成新的实体。执行“干涉”命令主要有以下几种方式：

- 单击“常用”选项卡→“实体编辑”面板→“干涉”按钮。
- 选择菜单栏“修改”→“三维操作”→“干涉检查”命令。
- 在命令行输入 Interfere 后按 Enter 键。

执行“干涉”命令后，其命令行操作如下：

```
命令: _interfere
    选择第一组对象或 [嵌套选择(N)/设置(S)]:
   //选择如图 9-29 所示的回转体
    选择第一组对象或 [嵌套选择(N)/设置(S)]:
   // Enter，结束选择
    选择第二组对象或 [嵌套选择(N)/检查第一组(K)] <检查>:
   //选择圆环体
    选择第二组对象或 [嵌套选择(N)/检查第一组(K)] <检查>:
   Enter
```

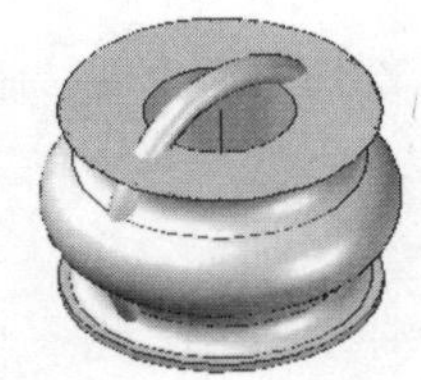
图 9-29　相交实体

此时系统将会亮显干涉出的实体，如图 9-30 所示，同时打开如图 9-31 所示的“干涉检查”对话框。

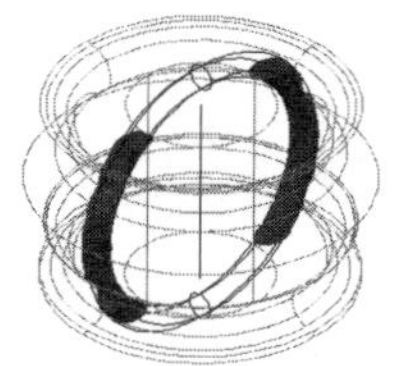

图 9-30　亮显干涉实体

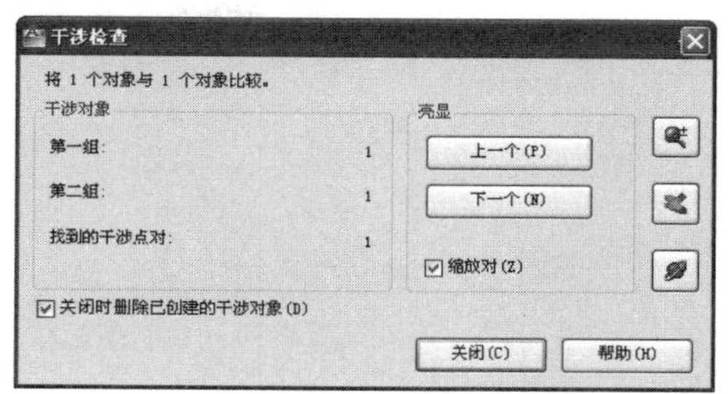

图 9-31　“干涉检查”对话框

在取消“干涉检查”对话框中取消“关闭时删除已创建的干涉对象”复选框，并将创建的干涉实体进行外移，结果如图 9-32 所示。

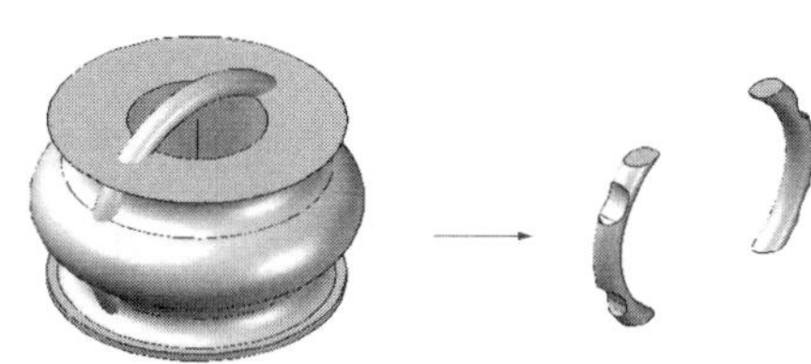

图 9-32　移动干涉体

9.3.5　扫掠

“扫掠”命令用于沿路径扫掠闭合（或非闭合）的二维（或三维）曲线，以创建新的实体（或曲面）。执行“扫掠”命令主要有以下几种方式：

- 单击“常用”选项卡→“建模”面板→“扫掠”按钮。
- 选择菜单栏“绘图”→“建模”→“扫掠”命令。
- 单击“建模”工具栏→“扫掠”按钮。
- 在命令行输入 Sweep 后按 Enter 键。

下面通过小实例学习使用“扫掠”命令。

01 首先绘制圈数为 6、底面半径和顶面半径都为 45、150 高度的螺旋线，如图 9-33 所示。

02 使用快捷键 C 激活“圆”命令，绘制半径为 5 的圆图形。

03 单击“常用”选项卡→“建模”面板→“扫掠”按钮，创建扫掠实体。命令行操作如下：

```
命令: _sweep
    当前线框密度:  ISOLINES=12
    选择要扫掠的对象:                    //选择刚绘制的圆图形
    选择要扫掠的对象:                    // Enter，结束选择
    选择扫掠路径或 [对齐(A)/基点(B)/比例(S)/扭曲(T)]: //选择螺旋作为路径
              //选择螺旋作为路径，扫掠结果如图 9-34 所示
```

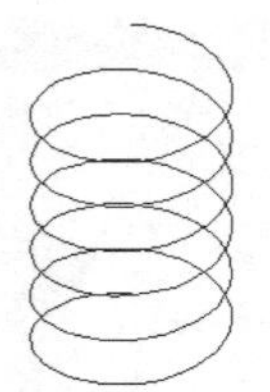

图 9-33　绘制螺旋线

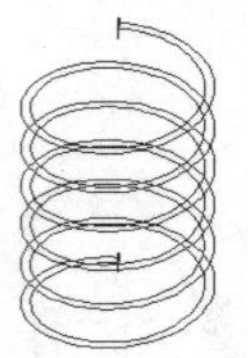

图 9-34　扫掠结果

9.3.6　抽壳

“抽壳”命令用于将三维实心体按照指定的厚度，创建为一个空心的薄壳体，或将实体的某些面删除，以形成薄壳体的开口。执行“抽壳”命令主要有以下几种方法：

- 选择菜单栏“修改”→“实体编辑”→“抽壳”命令。
- 单击“实体编辑”工具栏→“抽壳”按钮。
- 在命令行输入 Solidedit 按 Enter 键。

执行“抽壳”命令后，命令行操作如下：

```
命令: _solidedit
    实体编辑自动检查:  SOLIDCHECK=1
    输入实体编辑选项 [面(F)/边(E)/体(B)/放弃(U)/退出(X)] <退出>: _body
    输入体编辑选项[压印(I)/分割实体(P)/抽壳(S)/清除(L)/检查(C)/放弃(U)/退出(X)] <退出>: _shell
    选择三维实体:                              //选择如图 9-35（左）所示的圆柱体
    删除面或 [放弃(U)/添加(A)/全部(ALL)]:        //单击圆柱体的上表面
    删除面或 [放弃(U)/添加(A)/全部(ALL)]:        // Enter，结束面的选择
    输入抽壳偏移距离:          //25 Enter，设置抽壳距离
    已开始实体校验。
    已完成实体校验。
    输入体编辑选项[压印(I)/分割实体(P)/抽壳(S)/清除(L)/检查(C)/放弃(U)/退出(X)] <退出>:
      // Enter，结束命令，抽壳后的效果如图 9-35（右）所示
```

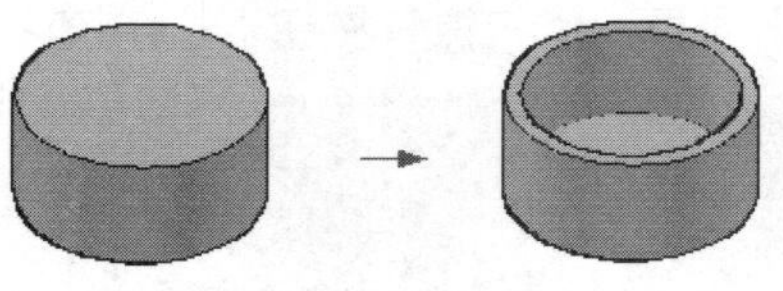

图 9-35　抽壳结果

9.4　组合实体和曲面

本节主要学习组合实体和组合曲面的合建功能，具体有“并集”、“差集”和“交集”三个命令。

9.4.1　并集

“并集”命令用于将多个实体、面域或曲面组合成一个实体、面域或曲面。执行“并集”命令主要有以下几种方式：

- 单击“常用”选项卡→“实体编辑”面板→“并集”按钮。
- 选择菜单栏“修改”→“实体编辑”→“并集”命令。
- 单击“建模”工具栏→“并集”按钮。
- 在命令行输入 Union 后按 Enter 键。
- 使用快捷键 UNI。

执行“并集”命令后，命令行操作如下：

```
命令：_union
    选择对象：          //选择如图 9-36（左）所示的圆锥体
    选择对象：          //选择圆柱体
    选择对象：          // Enter，结果如图 9-36（右）所示
```

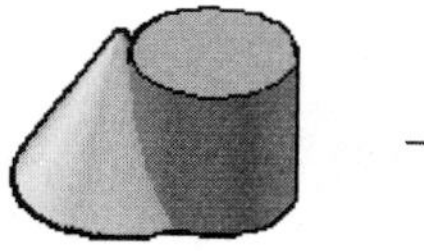
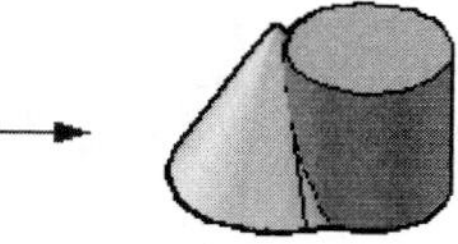

图 9-36　并集示例

9.4.2　差集

“差集”命令用于从一个实体（或面域）中移去与其相交的实体（或面域），从而生成新的实体（或面域、曲面）。执行“差集”命令主要有以下几种方式：

- 单击“常用”选项卡→“实体编辑”面板→“差集”按钮。
- 选择菜单栏“修改”→“实体编辑”→“差集”命令。
- 单击“建模”工具栏→“差集”按钮。
- 在命令行输入 Subtract 后按 Enter 键。
- 使用快捷键 SU。

执行“差集”命令后，命令行操作如下：

```
命令：_subtract
    选择要从中减去的实体、曲面和面域...
    选择对象：                    //选择如图 9-37（左）所示的圆锥体
    选择对象：                    // Enter，结束选择
    选择要减去的实体、曲面和面域...
    选择对象：                    //选择圆柱体
    选择对象：                    // Enter，差集结果如图 9-37（右）所示
```

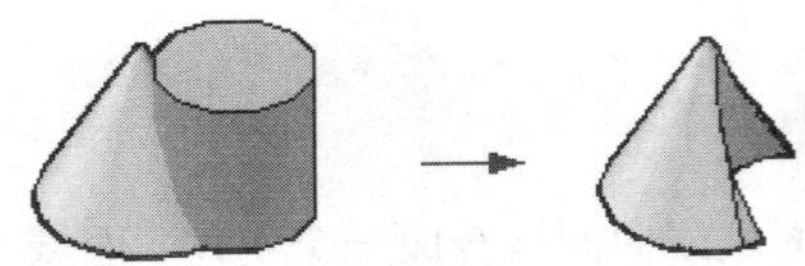

图 9-37　差集示例

9.4.3　交集

“交集”命令用于将多个实体（或面域、曲面）的公有部分，提取出来形成一个新的实体（或面域、曲面），同时删除公共部分以外的部分。执行“交集”命令主要有以下几种方式：

- 单击“常用”选项卡→“实体编辑”面板→“交集”按钮。
- 选择菜单栏“修改”→“实体编辑”→“交集”命令。
- 单击“建模”工具栏→“交集”按钮。
- 在命令行输入 Intersect 后按 Enter 键。
- 使用快捷键 IN。

“执行交集”命令后，命令行操作如下：

```
命令：_intersect
    选择对象：              //选择如图 9-38（左）所示的圆锥体
    选择对象：              //选择圆柱体
    选择对象：              // Enter，交集结果如图 9-38（右）所示
```

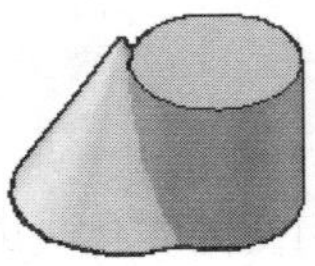

图 9-38　交集示例

9.5　创建网格

本节将学习基本几何体网格和复杂几何体网格的创建技巧，具体有“网格图元”、“平移网格”、“旋转网格”、“直纹网格”和“边界网格”等命令。

9.5.1　网格图元

如图 9-39 所示的基本几何体网格图元，与基本几何实体的结构一样，只不过网格图元是由网状格子线连接而成。网格图元包括网格长方体、网格楔体、网格圆锥体、网格球体、网格圆柱体、网格圆环体、网格棱锥体等基本网格图元。执行“网格图元”命令主

图 9-39　基本网格图元

要有以下几种方式：

- 单击“网格”选项卡→“图元”面板上的相应按钮。
- 选择菜单栏“绘图”→“建模”→“网格”→“图元”级联菜单中的各种命令选项。
- 单击“平滑网格图元”工具栏上的各种按钮。
- 在命令行输入 Mesh 后按 Enter 键。

基本几何体网格的创建方法与创建基本几何实体方法相同，在此不再详述。

9.5.2　平移网格

“平移网格”用于将轨迹线沿着指定方向矢量平移延伸而形成三维网格。执行“平移网格”命令主要有以下几种方式：

- 单击“网格”选项卡→“图元”→“平移曲面”按钮。
- 选择菜单栏“绘图”→“建模”→“网格”→“平移网格”命令。
- 在命令行输入 Tabsurf 后按 Enter 键。

执行“平移网格”命令后，命令行操作如下：

```
命令：_tabsurf
    当前线框密度：SURFTAB1=24
    选择用作轮廓曲线的对象：  //选择如图 9-40 所示的闭合边界
    选择用作方向矢量的对象：  //在直线的左端单击，生成如图 9-41 所示的平移网格
```

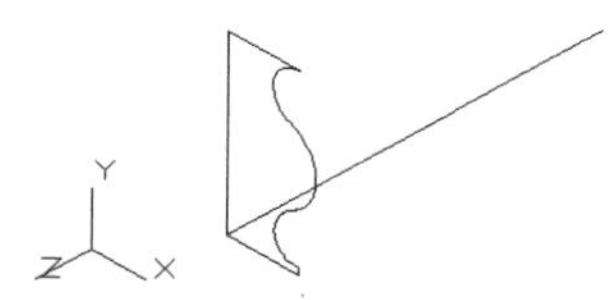

图 9-40　二维图线

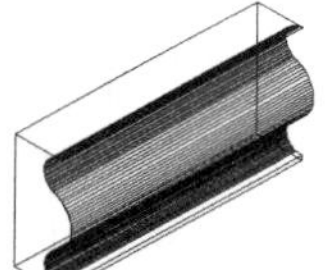

图 9-41　创建平移网格

创建平移网格时，用于拉伸的轨迹线和方向矢量不能位于同一平面内，在指定位伸的方向矢量时，选择点的位置不同，结果也不同。

9.5.3　旋转网格

“旋转网格”是通过一条轨迹线绕一根指定的轴进行空间旋转，从而生成回转体空间网格，如图 9-42 所示。此命令常用于创建具有回转体特征的空间形体，如酒杯、茶壶、花瓶、灯罩等三维模型。执行“旋

转网格”命令主要有以下几种方式：

- 单击“网格”选项卡→“图元”→“旋转网格”按钮。
- 选择菜单栏“绘图”→“建模”→“网格”→“旋转网格”命令。
- 在命令行输入 Revsurf 后按 Enter 键。

执行“旋转网格”命令后，命令行操作如下：

```
命令: _revsurf
    当前线框密度: SURFTAB1=24  SURFTAB2=24
    选择要旋转的对象:                    //选择如图 9-42 所示的闭合边界
    选择定义旋转轴的对象:                //选择垂直直线
    指定起点角度 <0>:                    // Enter，采用当前设置
    指定包含角 (+=逆时针，-=顺时针) <360>:
              // Enter，旋转结果如图 9-43 所示，消隐效果如图 9-44 所示
```

图 9-42　二维图线

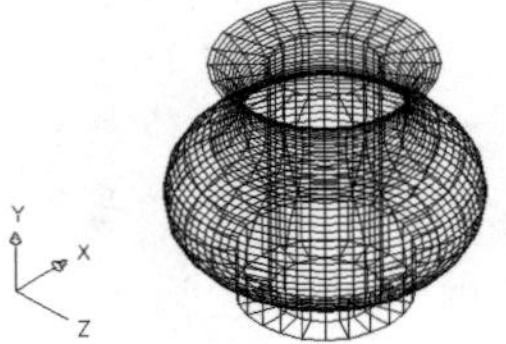

图 9-43　旋转结果

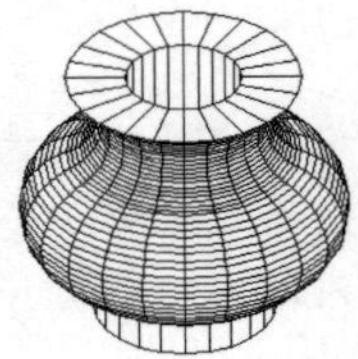

图 9-44　消隐效果

9.5.4　直纹网格

“直纹网格”命令用于在指定的两个对象之间创建直纹网格，所指定的两条边界可以是直线、样条曲线、多段线等。执行“直纹网格”命令主要有以下几种方式：

- 单击“网格”选项卡→“图元”→“直纹曲面”按钮。
- 选择菜单栏“绘图”→“建模”→“网格”→“直纹网格”命令。
- 在命令行输入 Rulesurf 后按 Enter 键。

执行“直纹网格”命令后，命令行操作如下：

```
命令: _rulesurf
    当前线框密度: SURFTAB1=36
    选择第一条定义曲线:          //在左侧样条曲线的下端单击，如图 9-45 所示
    选择第二条定义曲线:
         //在右侧样条曲线的下端单击，结果生成如图 9-46 所示的直纹网格
```

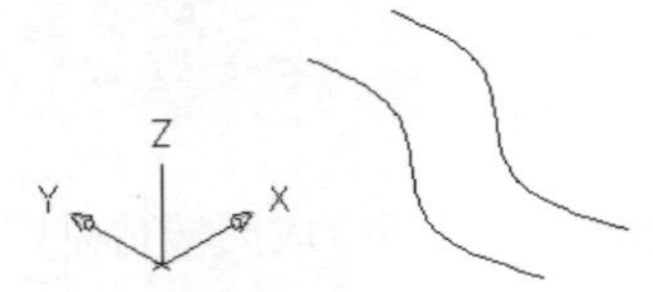

图 9-45　绘制样条曲线

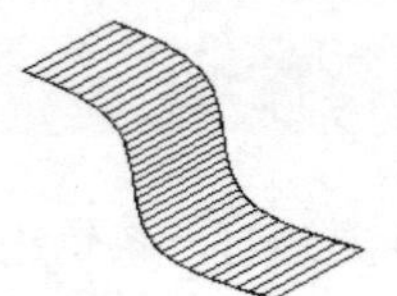

图 9-46　创建直纹网格

在选择对象时，需要选择的对象必须同时闭合或同时打开。如果一个对象为点，那么另一个对象可以是闭合的，也可以是打开的。

9.5.5　边界网格

“边界网格”命令用于将 4 条首尾相连的空间直线或曲线作为边界创建成空间曲面模型，执行“边界网格”命令主要有以下几种方式：

- 单击“网格”选项卡→“图元”→“边界曲面”按钮。
- 选择菜单栏“绘图”→“建模”→“网格”→“边界网格”命令。
- 在命令行输入 Edgesurf 后按 Enter 键。

执行“边界网格”命令后，命令行操作如下：

```
命令: _edgesurf
    当前线框密度: SURFTAB1=12  SURFTAB2=12
    选择用作曲面边界的对象 1:          //单击如图 9-47 所示的轮廓线 1
    选择用作曲面边界的对象 2:          //单击轮廓线 2
    选择用作曲面边界的对象 3:          //单击轮廓线 3
    选择用作曲面边界的对象 4:  //单击轮廓线 4，结果生成如图 9-48 所示的边界网格
```

将创建的边界网格进行后置，然后重复执行“边界网格”命令，选择轮廓线 4、5、6 和 7，创建如图 9-49 所示的边界网格。

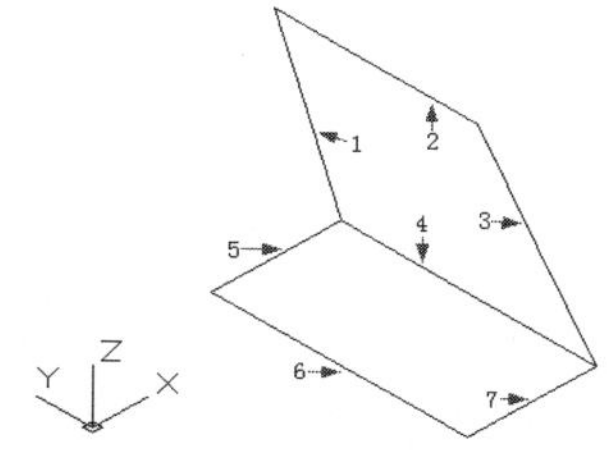

图 9-47　二维图线

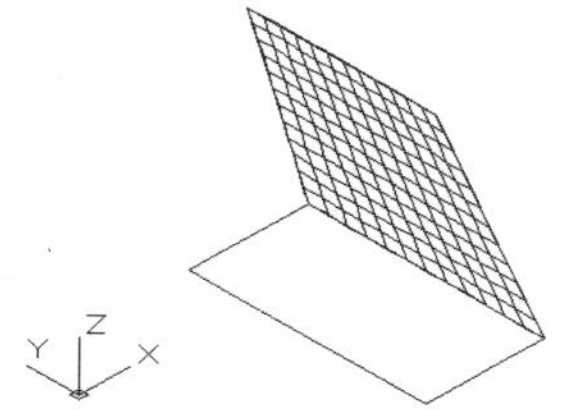

图 9-48　创建结果

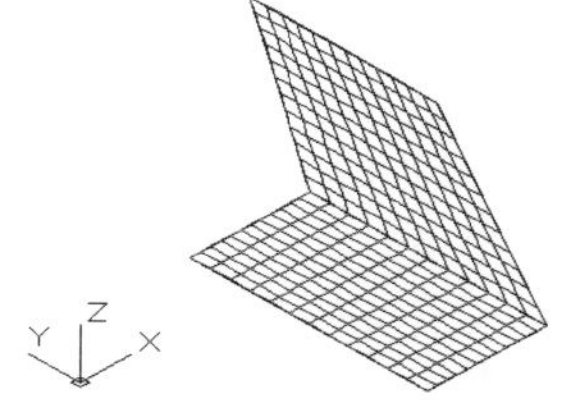

图 9-49　创建边界网格

9.6　案例——制作办公桌立体造型

本例通过制作办公桌立体造型，来对所学知识进行综合练习和巩固应用。办公桌立体造型的最终制作效果如图 9-50 所示。

图 9-50 实例效果

操作步骤：

01 新建空白文件，然后执行“直线”命令绘制桌面板轮廓线，命令行操作如下。

```
命令: _line
    指定第一点:                          //在绘图区拾取一点
    指定下一点或 [放弃(U)]:                 //@1500,0 Enter
    指定下一点或 [放弃(U)]:                 //@0,-700 Enter
    指定下一点或 [闭合(C)/放弃(U)]:          //@-1000,0 Enter
    指定下一点或 [闭合(C)/放弃(U)]:          //@0,-800 Enter
    指定下一点或 [闭合(C)/放弃(U)]:          //@-500,0 Enter
    指定下一点或 [闭合(C)/放弃(U)]:          // c Enter，绘制结果如图 9-51 所示
```

02 使用快捷键 F 激活“圆角”命令，对桌面板轮廓线形进行圆角，圆角半径为 400，结果如图 9-52 所示。

图 9-51 绘制结果　　图 9-52 圆角结果

03 将桌面板定义成面域，然后单击“常用”选项卡→“建模”面板→“拉伸”按钮，创建桌面板立体造型。命令行操作如下：

```
命令: _extrude
    当前线框密度:  ISOLINES=4，闭合轮廓创建模式 = 实体
    选择要拉伸的对象或 [模式(MO)]: _MO
    闭合轮廓创建模式 [实体(SO)/曲面(SU)] <实体>: _SO
    选择要拉伸的对象或 [模式(MO)]:              //选择桌面板面域
    选择要拉伸的对象或 [模式(MO)]:              //Enter
指定拉伸的高度或 [方向(D)/路径(P)/倾斜角(T)/表达式(E)] <0.0>: //@0,0,25 Enter
```

04 将当前视图切换为左视图，然后执行“多段线”命令，配合坐标功能绘制桌脚轮廓线，命令行操

作如下。

```
命令: _pline
    指定起点:                          //在绘图区下侧拾取一点
    指定下一个点或 [圆弧(A)/半宽(H)/长度(L)/放弃(U)/宽度(W)]:      // @0,-10 Enter
    指定下一点或 [圆弧(A)/闭合(C)/半宽(H)/长度(L)/放弃(U)/宽度(W)]:  //@600,0 Enter
    指定下一点或 [圆弧(A)/闭合(C)/半宽(H)/长度(L)/放弃(U)/宽度(W)]:  //@10<81 Enter
    指定下一点或 [圆弧(A)/闭合(C)/半宽(H)/长度(L)/放弃(U)/宽度(W)]:  //@125<171 Enter
    指定下一点或 [圆弧(A)/闭合(C)/半宽(H)/长度(L)/放弃(U)/宽度(W)]:  //@166<175 Enter
    指定下一点或 [圆弧(A)/闭合(C)/半宽(H)/长度(L)/放弃(U)/宽度(W)]:  //@-240,0 Enter
    指定下一点或 [圆弧(A)/闭合(C)/半宽(H)/长度(L)/放弃(U)/宽度(W)]:
    //c Enter，闭合图形，结果如图 9-53 所示
```

05 单击“常用”选项卡→“建模”面板→“拉伸”按钮，将刚绘制的闭合多段线拉伸 60 个单位。

06 将当前视图切换为俯视图，然后绘制半径为 110 的两个圆，圆心距为 170。

07 重复执行“圆”命令，绘制半径为 10 的相切圆，如图 9-54 所示。

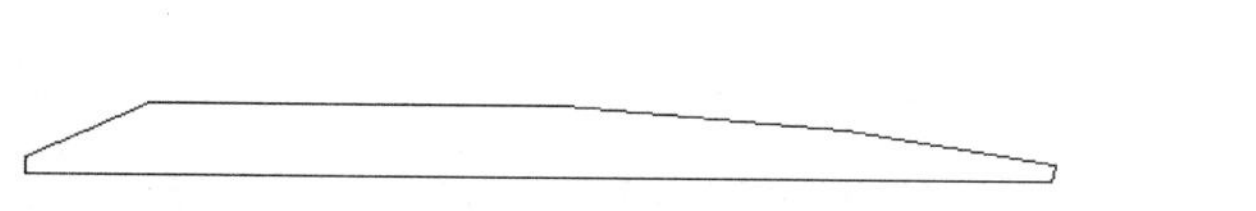

图 9-53　绘制结果

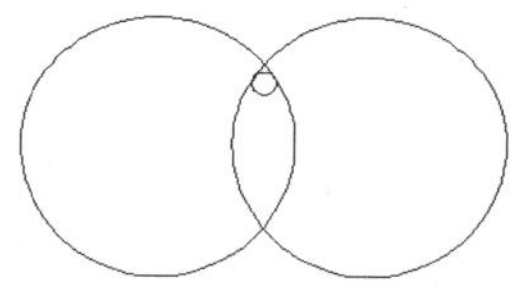

图 9-54　绘制圆

08 使用快捷键 L 激活“直线”命令，配合象限点捕捉功能绘制如图 9-55 所示的直线。

09 将图形编辑成如图 9-56 所示的状态，并将其转化为面域。

10 执行“矩形”命令绘制长度为 50、宽度为 120 的矩形，并对面域进行镜像，结果如图 9-57 所示。

11 单击“常用”选项卡→“建模”面板→“拉伸”按钮，将如图 9-57 所示的三个闭合图形拉伸 700 个单位。

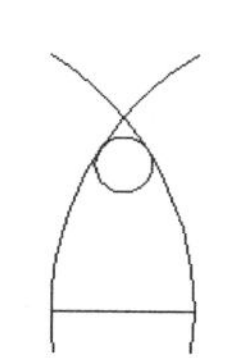

图 9-55　绘制直线

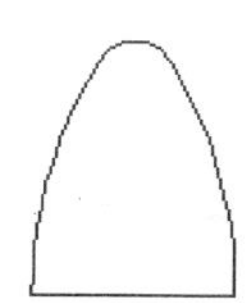

图 9-56　修剪结果

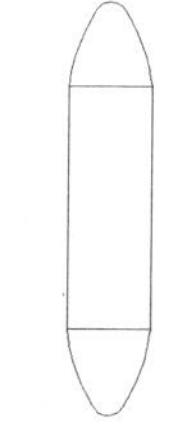

图 9-57　操作结果

12 切换到西南视图，然后使用“移动”命令将桌腿模型进行组合，结果如图 9-58 所示。

13 参照上述操作，制作另一条桌腿模型，也可直接调用光盘中的“\图块文件\桌腿.dwg”，如图 9-59 所示。

14 使用快捷键 M 激活“移动”命令，分别将桌腿与桌面板拼装在一起，结果如图 9-60 所示。

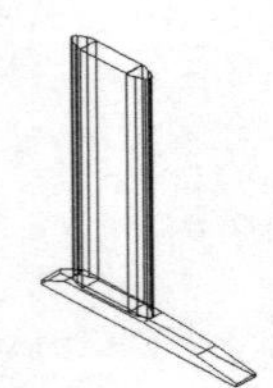

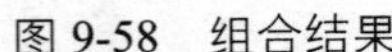
图 9-58　组合结果

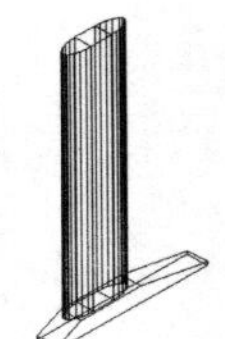
图 9-59　引用另一条桌腿

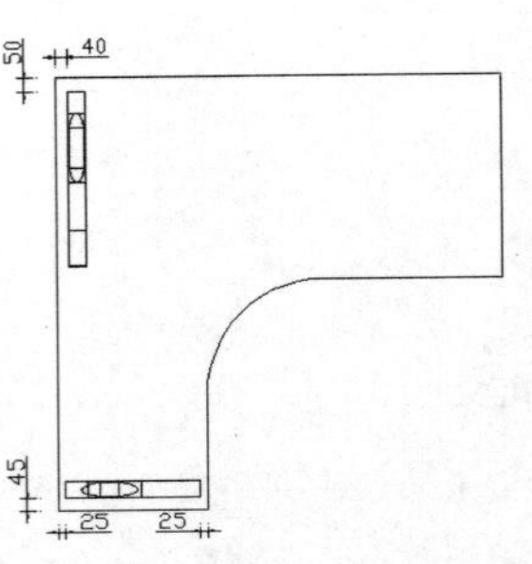

图 9-60　移动结果

15 确保当前视图为俯视图，选择顶部的桌腿模型进行镜像复制，镜像结果如图 9-61 所示。

在具体的拼装过程中，需要配合多个视图，才能将各模型正确组合在一块。

16 将当前视图切换为东南视图，然后选择菜单栏“绘图”→“建模”→“长方体”命令，绘制档板模型，命令行操作如下。

```
命令: _box
    指定第一个角点或 [中心(C)]:              //捕捉如图 9-62 所示的 A 点
    指定其他角点或 [立方体(C)/长度(L)]:    //l Enter，激活“长度”选项
    指定长度:                              //-1310 Enter
    指定宽度:                              //18 Enter
    指定高度或 [两点(2P)]:                   //-500 Enter，创建结果如图 9-63 所示
```

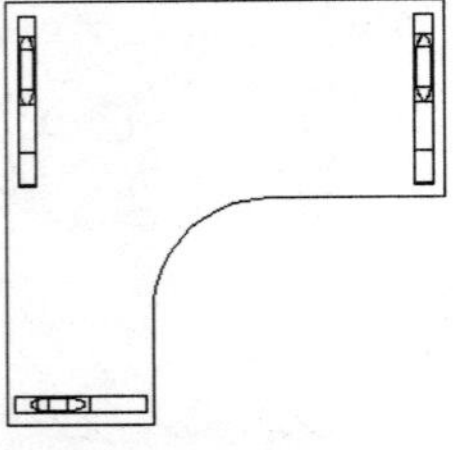
图 9-61　镜像结果

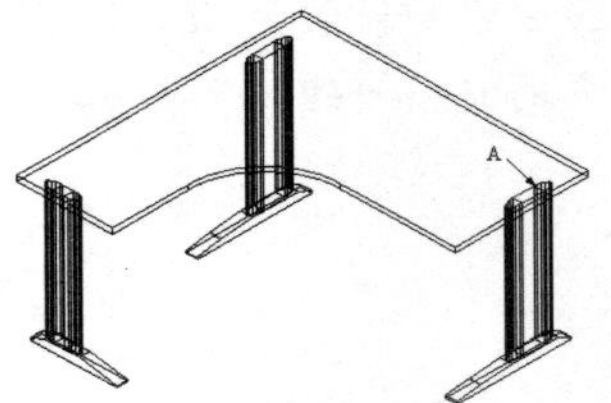

图 9-62　东南视图

17 使用快捷键 C 激活“圆”命令，配合“捕捉自”功能，以 Q 点作为偏移基点，以“@120,170”作为圆心，绘制半径为 40 的圆，如图 9-64 所示。

18 执行“正多边形”命令，以圆的圆心作为中心点，绘制边长为 90 的正方形，如图 9-65 所示。

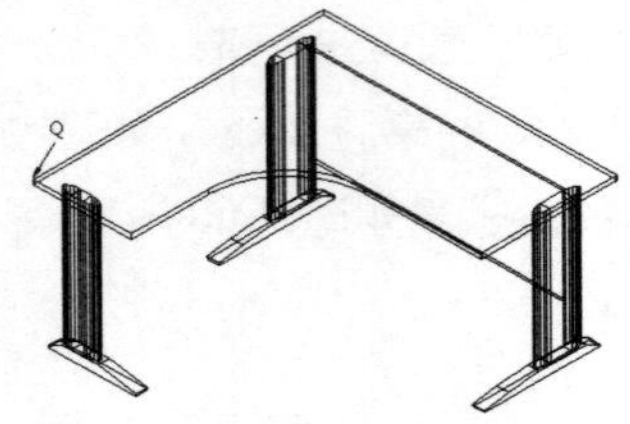

图 9-63　创建前档板

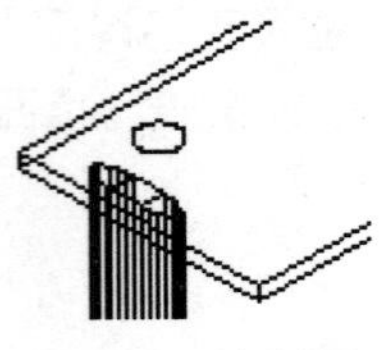
图 9-64　绘制圆

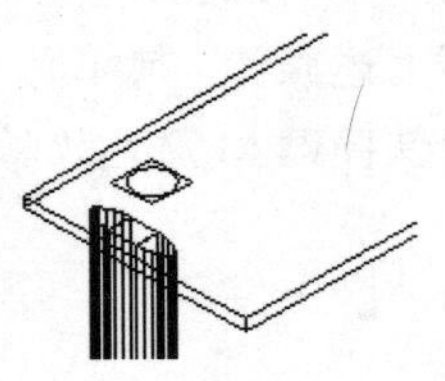
图 9-65　绘制结果

19 使用快捷键 CO 激活“复制”命令，选择刚绘制的走线孔轮廓线进行复制，基点为走线孔的中心点，目标点分别为（@37.5,1180）、（@1210,1180）。

20 使用快捷键 I 激活“插入块”命令，以默认值为参数，插入光盘中的“／图块文件／办公椅.dwg”，插入点为如图 9-66 所示的端点，插入结果如图 9-67 所示。

21 将视图切换到俯视图，然后对所有模型进行镜像，结果如图 9-68 所示。

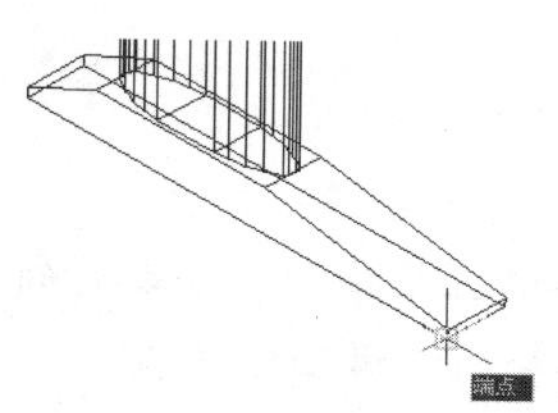

图 9-66 定位插入点

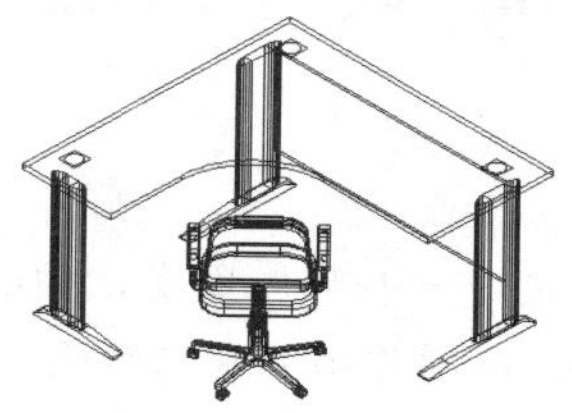

图 9-67 插入结果

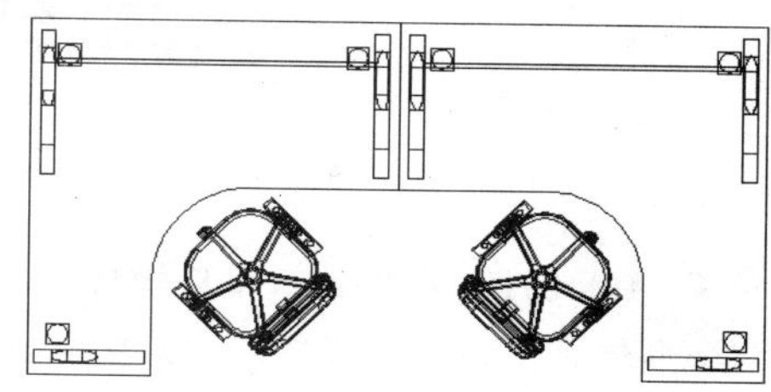

图 9-68 镜像结果

22 将视图切换到西南视图，然后对模型进行消隐显示，最终效果如图 9-50 所示。

23 最后执行“保存”命令，将图形存储为“实例指导.dwg”。

9.7 本章小结

本章主要详细讲述了各种基本几何实体和复杂几何实体的创建方法和编辑技巧，除此之外还讲述了三维面以及网格面的创建方法和技巧。通过本章的学习，应熟练掌握如下知识：

（1）基本几何体。具体包括多段体、长方体、圆柱体、圆锥体、棱锥面、圆环体、球体和楔体。

（2）复杂几何体。具体包括拉伸实体、回转实体。

（3）组合实体。具体包括并集实体、差集实体和交集实体。

（4）三维面。了解和掌握三维面和网格曲面的区别以及创建方法和技巧。

（5）复杂网格。具体包括平移网格、旋转网格、直纹网格和边界网格，掌握各种网格的特点、线框密度的设置及各自的创建方法。

第 10 章

三维编辑功能

使用 AutoCAD 提供的三维建模功能，仅能创建一些形体固定、构造简单的三维模型，如果要创建结构复杂、形体变化的三维模型，还需要配合使用三维操作功能和三维面边网格等的编辑细化功能。

知识要点

- 三维基本操作
- 编辑曲面与网格
- 编辑实体边与面
- 案例——制作资料柜立体造型

10.1 三维基本操作

本节主要学习三维模型的基本操作功能，具体有“三维镜像”、“三维对齐”、“三维旋转”、“三维阵列”和“三维移动”等命令。

10.1.1 三维镜像

“三维镜像”命令用于将选择的三维模型，在三维空间中按照指定的对称面进行镜像复制。执行“三维镜像”命令主要有以下几种方法：

- 选择菜单栏“修改”→“三维操作”→“三维镜像”命令。
- 在命令行输入 Mirror3D 后按 Enter 键。

执行“三维镜像”命令后，命令行操作如下：

```
命令: _mirror3d
    选择对象:                      //选择如图 10-1 所示的柜子门及把手
    选择对象:                                // Enter，结束选择
    指定镜像平面 (三点) 的第一个点或 [对象(O)/最近的(L)/Z 轴(Z)/视图(V)/XY 平面(XY)/YZ 平面
    (YZ)/ZX 平面(ZX)/三点(3)] <三点>:   //YZ Enter，设置镜像平面
```

```
指定 ZX 平面上的点 <0,0,0>:                  //捕捉如图 10-2 所示的端点
是否删除源对象？[是(Y)/否(N)] <否>:            //N Enter，镜像结果如图 10-3 所示
```

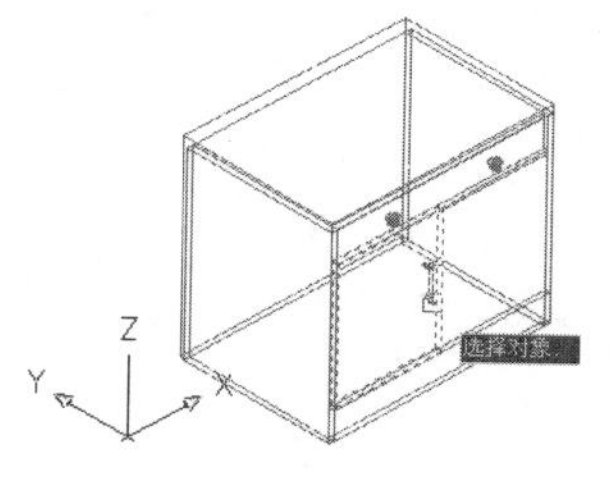

图 10-1　选择对象

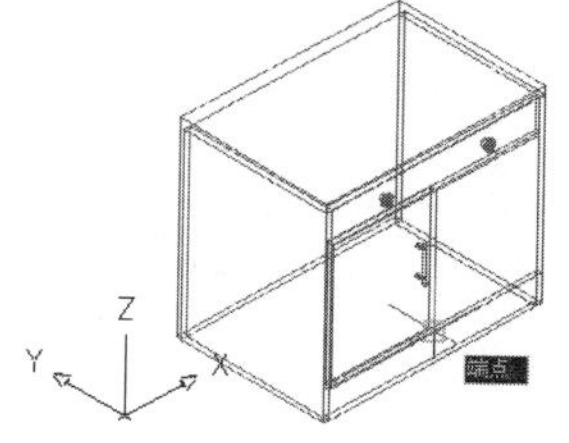

图 10-2　捕捉端点

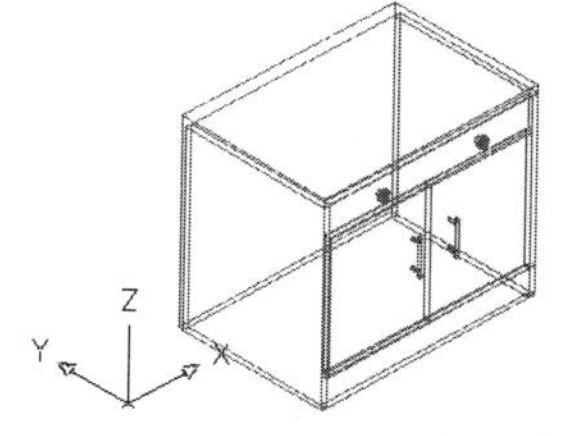

图 10-3　镜像结果

选项解析

- “对象”选项用于选定某一对象所在的平面作为镜像平面。
- “最近的”选项用于以上次镜像使用的镜像平面作为当前镜像平面。
- “Z 轴”选项用于在镜像平面及镜像平面的 Z 轴法线指定位点。
- “视图”选项用于在视图平面上指定点，进行空间镜像。
- “XY 平面”选项用于以当前坐标系的 XY 平面作为镜像平面。
- “YZ 平面”选项用于以当前坐标系的 YZ 平面作为镜像平面。
- “ZX 平面”选项用于以当前坐标系的 ZX 平面作为镜像平面。
- “三点”选项用于指定三个点，以定位镜像平面。

10.1.2　三维对齐

“三维对齐”命令主要以定位源平面和目标平面的形式，将两个三维对象在三维操作空间中进行对齐，如图 10-4 所示。执行“三维对齐”命令主要有以下几种方法：

- 选择菜单栏“修改”→“三维操作”→“三维对齐”命令。
- 单击“建模”工具栏→“三维对齐”按钮。
- 在命令行输入 3dalign 后按 Enter 键。
- 在命令行输入 3AL。

执行“三维对齐”命令，命令行操作如下：

```
命令: _3dalign
    选择对象:                                   //选择上侧的长方体
    选择对象:                                   // Enter，结束选择
    指定源平面和方向 ...
    指定基点或 [复制(C)]:                       //定位第一源点 a
    指定第二个点或 [继续(C)] <C>:               //定位第二源点 b
    指定第三个点或 [继续(C)] <C>:               //定位第三源点 c
    指定目标平面和方向 ...
    指定第一个目标点:                           //定位第一目标点 A
    指定第二个目标点或 [退出(X)] <X>:           //定位第二目标点 B
```

```
指定第三个目标点或 [退出(X)] <X>:
//定位第三目标点 C，结果如图 10-4（右）所示
```

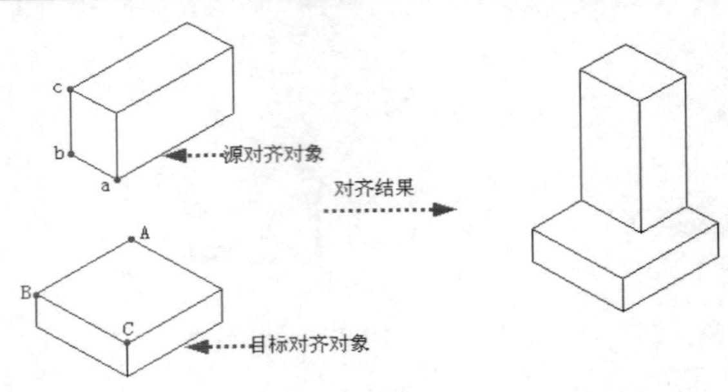

图 10-4　三维对齐

10.1.3　三维旋转

"三维旋转"命令用于在三维视图中显示旋转夹点工具并围绕基点，进行旋转三维对象。执行"三维旋转"命令主要有以下几种方法：

- 选择菜单栏"修改"→"三维操作"→"三维旋转"命令。
- 单击"建模"工具栏→"三维旋转"按钮。
- 在命令行输入 3drotate 后按 Enter 键。

执行"三维旋转"命令，命令行操作如下：

```
命令: _3drotate
    UCS 当前的正角方向:  ANGDIR=逆时针   ANGBASE=0
    选择对象:                    //选择长方体
    选择对象:                    //Enter，结束选择
    指定基点:                    //捕捉如图 10-5 所示的中点
    拾取旋转轴:                  //在如图 10-6 所示的方向上单击左键，定位旋转轴
    指定角的起点或键入角度:      //90 Enter，旋转结果如图 10-7 所示
    正在重生成模型
```

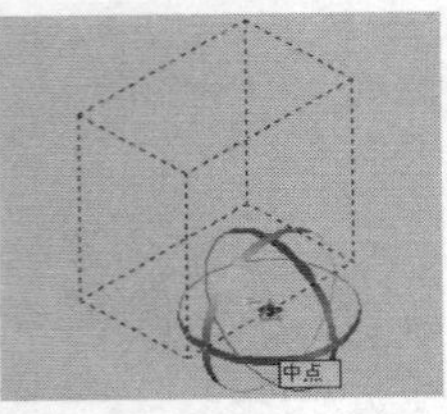

图 10-5　定位基点

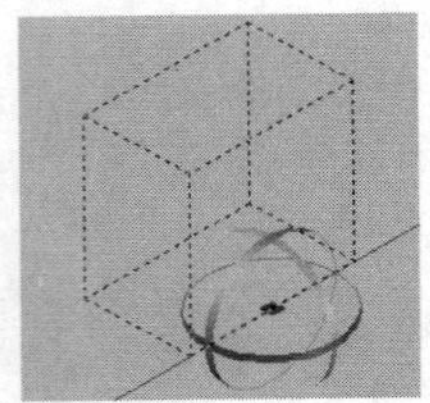

图 10-6　定位旋转轴

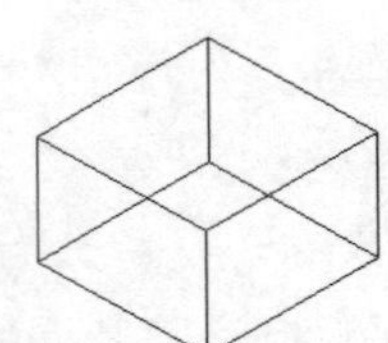

图 10-7　旋转结果

10.1.4　三维阵列

"三维阵列"命令用于将三维物体按照环形或矩形的方式，在三维空间中进行规则的多重复制。执行"三维阵列"命令有以下几种方法：

- 选择菜单栏“修改”→“三维操作”→“三维阵列”命令。
- 单击“建模”工具栏→“三维阵列”按钮。
- 在命令行输入 3Darray 后按 Enter 键。
- 在命令行输入 3A。

1. 三维矩形阵列

下面通过典型的小实例来学习三维操作空间内创建均匀结构造型的方法和技巧。操作步骤如下：

01 打开随书光盘中的“\实例源文件\三维矩形阵列.dwg”。

02 选择菜单栏“修改”→“三维操作”→“三维阵列”命令，对抽屉造型进行阵列。命令行操作如下：

```
命令: _3darray
    选择对象:                                      //选择如图 10-8 所示的抽屉造型
    选择对象:                                      // Enter，结束选择
    输入阵列类型 [矩形(R)/环形(P)] <矩形>:          //R Enter
    输入行数 (---) <1>:                            // Enter
    输入列数 (|||) <1>:                            //2 Enter
    输入层数 (...) <1>:                            //2 Enter
    指定列间距 (|||):                              //387.5 Enter
    指定层间距 (...):                        //295 Enter，阵列结果如图 10-9 所示
```

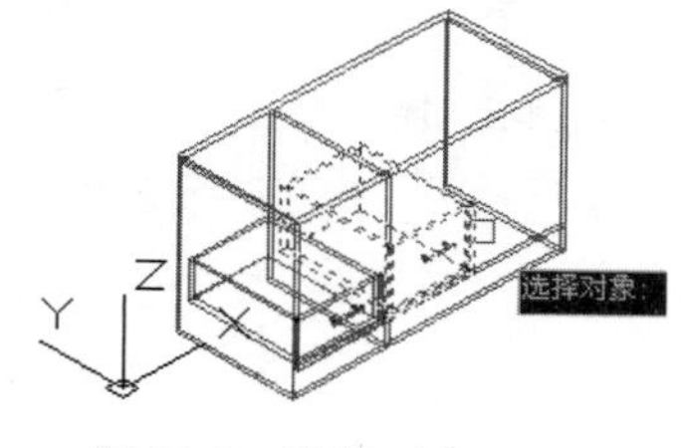

图 10-8 选择对象

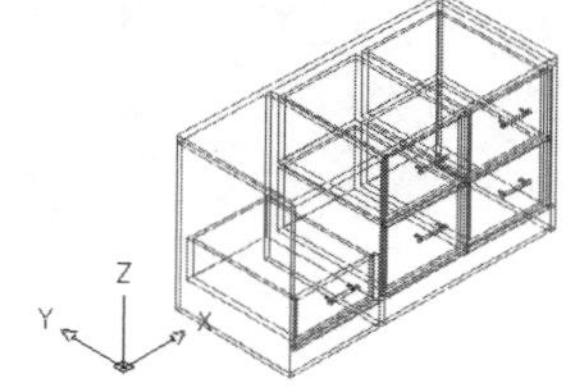

图 10-9 阵列结果

03 对模型进行消隐，然后重复执行“三维阵列”命令，对左侧的抽屉造型进行矩形阵列。命令行操作如下：

```
命令: _3darray
    选择对象:                                      //选择如图 10-10 所示的抽屉造型
    选择对象:                                      // Enter，结束选择
    输入阵列类型 [矩形(R)/环形(P)] <矩形>:          //R Enter
    输入行数 (---) <1>:                            // Enter
    输入列数 (|||) <1>:                             // Enter
    输入层数 (...) <1>:                            //3 Enter
    指定层间距 (...):                              //198Enter，结果如图 10-11 所示
```

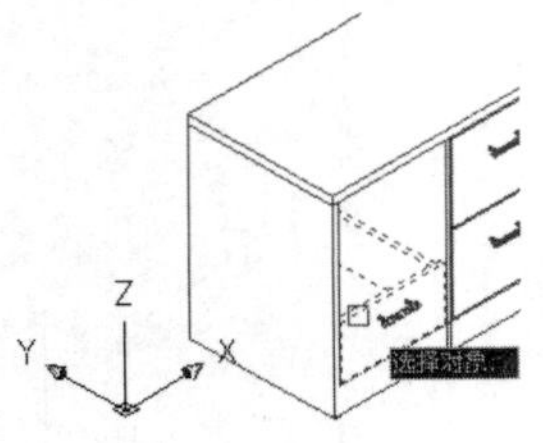

图 10-10　选择结果

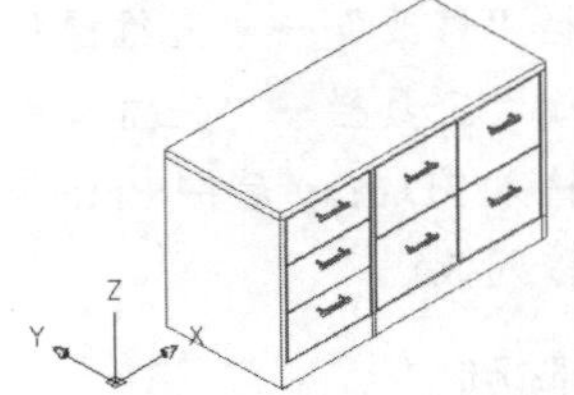

图 10-11　阵列结果

2. 三维环形阵列

下面通过典型的小实例来学习三维操作空间内创建矩形结构造型的方法和技巧。具体操作如下：

01 打开随书光盘中的“\实例源文件\三维环形阵列.dwg”。

02 选择菜单栏“修改”→“三维操作”→“三维阵列”命令，使用命令中的“环形阵列”功能进行环形阵列。命令行操作如下：

```
命令: _3darray
    选择对象:                                        //拉出如图 10-12 所示的对象
    选择对象:                                        // Enter
    输入阵列类型 [矩形(R)/环形(P)] <矩形>:            //P Enter
    输入阵列中的项目数目:                             //4 Enter
    指定要填充的角度 (+=逆时针, -=顺时针) <360>: // Enter
    旋转阵列对象? [是(Y)/否(N)] <Y>:                  //YEnter
    指定阵列的中心点:                                 //捕捉桌面板上侧圆心
    指定旋转轴上的第二点:          //捕捉桌面板下侧圆心，阵列结果如图 10-13 所示
```

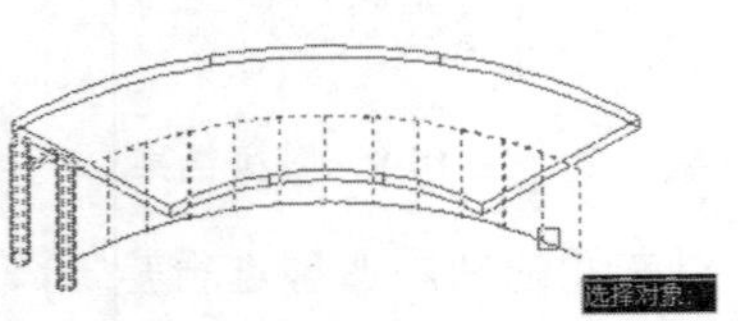

图 10-12　选择结果

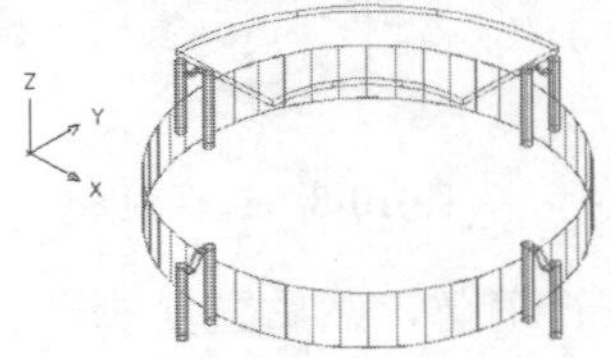

图 10-13　阵列结果

03 对模型进行消隐，然后重复执行“三维阵列”命令，对上侧的桌面板造型进行环形阵列。命令行操作如下：

```
命令: _3darray
    选择对象:                                  //选择如图 10-14 所示的桌面板造型
    选择对象:                                  // Enter
    输入阵列类型 [矩形(R)/环形(P)] <矩形>:       //P Enter
    输入阵列中的项目数目:                        //4 Enter
    指定要填充的角度 (+=逆时针, -=顺时针) <360>: // Enter
    旋转阵列对象? [是(Y)/否(N)] <Y>:             //Y Enter
    指定阵列的中心点:                       //捕捉桌面板上侧圆心
    指定旋转轴上的第二点:        //捕捉桌面板下侧圆心，阵列结果如图 10-15 所示
```

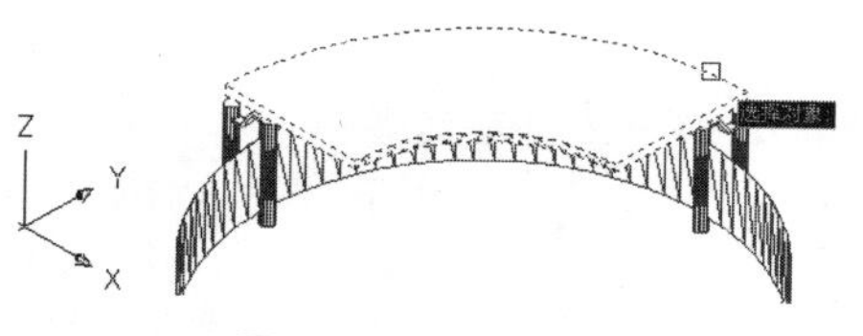

图 10-14　阵列结果

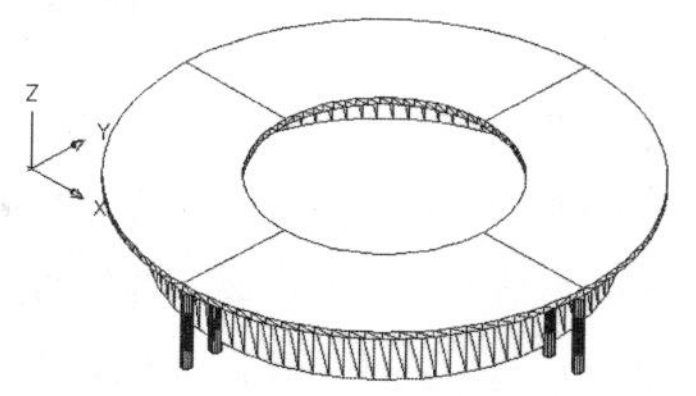

图 10-15　消隐效果

10.1.5　三维移动

“三维移动”命令用于将选择的对象在三维操作空间内进行位移，执行“三维移动”命令主要有以下几种方法：

- 选择菜单栏“修改”→“三维操作”→“三维移动”命令。
- 单击“建模”工具栏→“三维移动”按钮。
- 在命令行输入 3dmove 后按 Enter 键。
- 在命令行输入 3m。

执行“三维移动”命令后，命令行操作过程如下：

```
命令: _3dmove
    选择对象:                                    //选择对象
    选择对象:                                    //结束选择
    指定基点或 [位移(D)] <位移>:                    //定位基点
    指定第二个点或 <使用第一个点作为位移>:           //定位目标点
```

10.2 编辑曲面与网格

本节主要学习曲面与网格的编辑优化功能。

10.2.1　曲面修补

“曲面修补”命令主要用于修补现有的曲面，以创建新的曲面，还可以添加其他曲线以约束和引导修补曲面，如图 10-16 所示。执行“曲面修补”命令主要有以下几种方式：

- 单击“曲面”选项卡→“创建”面板→“修补”按钮。
- 选择菜单栏“绘图”→“建模”→“曲面”→“修补”命令。
- 单击“曲面创建”工具栏→“修补”按钮。
- 在命令行输入 Surfpatch 后按 Enter 键。

执行“曲面修补”命令，命令行操作如下：

```
命令: _SURFPATCH
    连续性 = G0 - 位置，凸度幅值 = 0.5
    选择要修补的曲面边或 <选择曲线>:        //选择如图 10-16（左）所示的曲面边
    选择要修补的曲面边或 <选择曲线>:        // Enter
    按 Enter 键接受修补曲面或 [连续性(CON)/凸度幅值(B)/约束几何图形(CONS)]:
                                    // Enter，修补结果如图 10-16（中）所示
```

小提示

夹点显示修补曲面，然后在下拉菜单中选择“相切”选项，对曲面指定相切特性，结果如图 10-16（右）所示。

图 10-16　曲面修补

10.2.2　曲面圆角

“曲面圆角”命令用于为现有的空间曲面进行圆角，以创建新的圆角曲面，如图 10-17 所示。执行“曲面圆角”命令主要有以下几种方式：

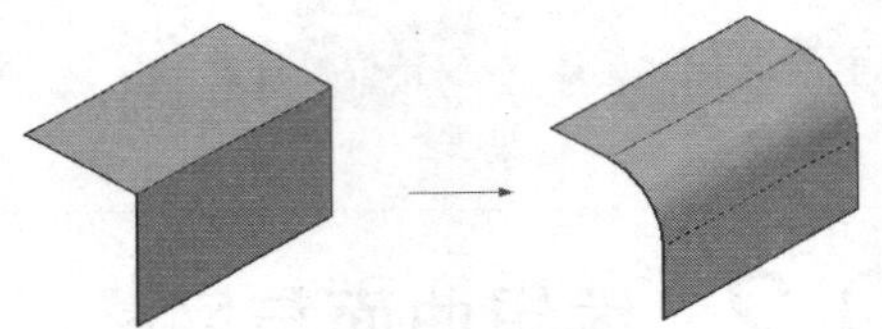

图 10-17　曲面圆角

- 单击“曲面”选项卡→“创建”面板→“圆角”按钮。
- 选择菜单栏“绘图”→“建模”→“曲面”→“圆角”命令。
- 单击“曲面创建”工具栏→“圆角”按钮。
- 在命令行输入 Surffillet 后按 Enter 键。

执行“曲面圆角”命令后，命令行操作如下：

```
命令: _SURFFILLET
    半径 = 25.0，修剪曲面 = 是
    选择要圆角化的第一个曲面或面域或者 [半径(R)/修剪曲面(T)]:  //选择曲面
    选择要圆角化的第二个曲面或面域或者 [半径(R)/修剪曲面(T)]:  //选择曲面
    按 Enter 键接受圆角曲面或 [半径(R)/修剪曲面(T)]:            //结束命令
```

使用“修剪曲面”选项可以设置曲面的修剪模式，非修剪模式下的圆角效果如图 10-18 所示。

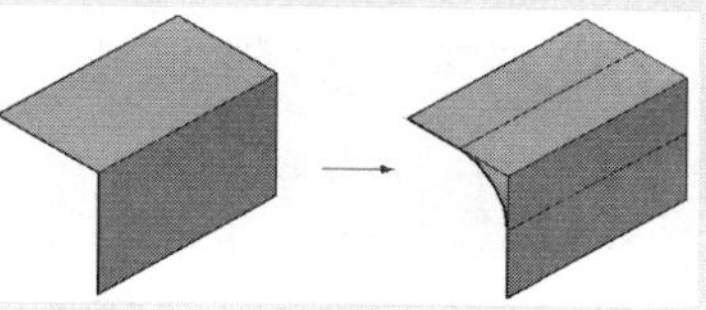

图 10-18　非修剪模式下的圆角

10.2.3　曲面修剪

“曲面修剪”命令用于修剪与其他曲面、面域、曲线等相交的曲面部分，如图 10-19 所示。执行“曲面修剪”命令主要有以下几种方式：

- 单击“曲面”选项卡→“创建”面板→“修剪”按钮。
- 选择菜单栏“修改”→“曲面编辑”→“修剪”命令。
- 单击“曲面编辑”工具栏→“修剪”按钮。
- 在命令行输入 Surftrim 后按 Enter 键。

执行“曲面修剪”命令，命令行操作如下：

```
命令: _SURFTRIM
    延伸曲面 = 是，投影 = 自动
    选择要修剪的曲面或面域或者 [延伸(E)/投影方向(PRO)]:
     //选择如图 10-19（左）所示的水平曲面
    选择要修剪的曲面或面域或者 [延伸(E)/投影方向(PRO)]: // Enter
    选择剪切曲线、曲面或面域:          //选择如图 10-19（左）所示的垂直曲面
    选择剪切曲线、曲面或面域:          // Enter
    选择要修剪的区域 [放弃(U)]:          //在需要修剪掉的曲面上单击左键
    选择要修剪的区域 [放弃(U)]:          // Enter，修剪结果如图 10-19（右）所示
```

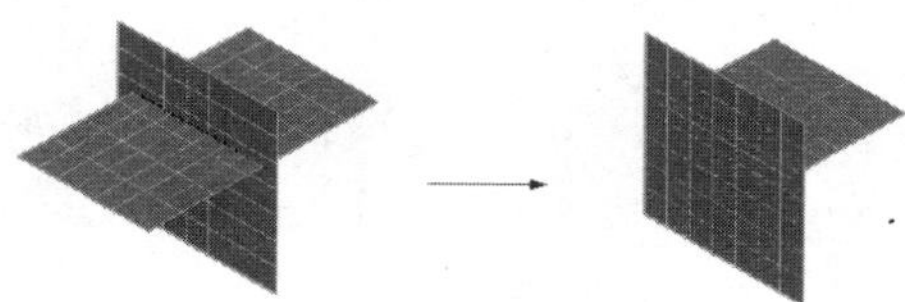

图 10-19　曲面修剪示例

10.2.4　网格优化

“优化网格”命令用于成倍的增加网格模型或网格面中的面数，如图 10-20 所示。选择菜单栏“修改”→“网格编辑”→“优化网格”命令，或单击“平滑网格”工具栏上的按钮，都可激活“优化网格”命令。

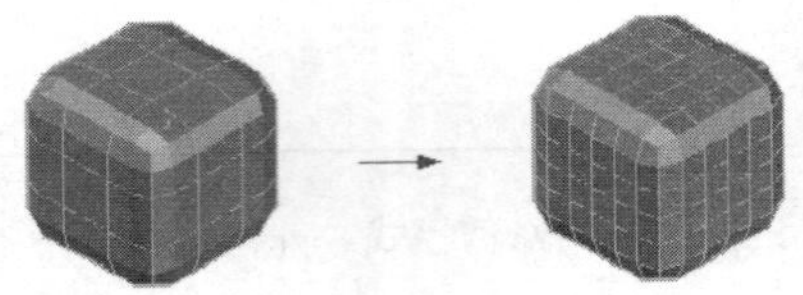

图 10-20　优化网格示例

10.2.5　网格锐化

“锐化网格”命令用于锐化选定的网格面、边或项点，如图 10-21 所示。选择菜单栏“修改”→“网格编辑”→“锐化”命令，或单击“平滑网格”工具栏上的按钮，都可以激活“锐化网格”命令。

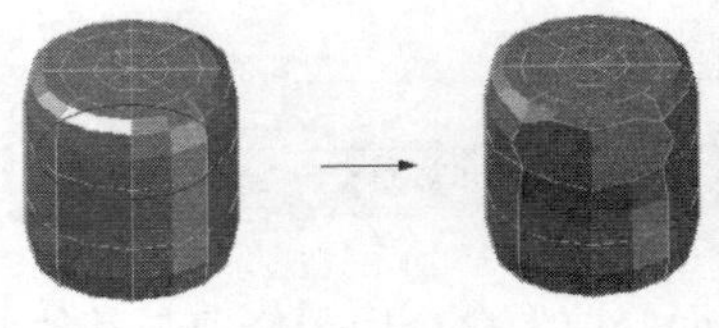

图 10-21　锐化网格

10.2.6　网格拉伸

“拉伸面”命令可以将网格模型上的网格面按照指定的距离或路径进行拉伸，如图 10-22 所示。执行“拉伸面”命令主要有以下几种方式：

- 单击“网格”选项卡→“网格”面板→“拉伸面”按钮。
- 选择菜单栏“修改”→“网格编辑”→“拉伸面”命令。
- 在命令行输入 Meshextrude 后按 Enter 键。

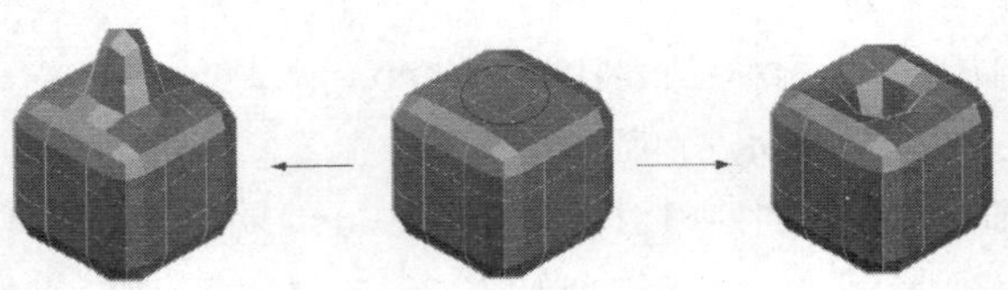

图 10-22　拉伸网格示例

“拉伸面”命令的命令行操作如下：

```
命令: _MESHEXTRUDE
    相邻拉伸面设置为: 合并
    选择要拉伸的网格面或 [设置(S)]:                //选择需要拉伸的网格面
    选择要拉伸的网格面或 [设置(S)]:               // Enter
    指定拉伸的高度或 [方向(D)/路径(P)/倾斜角(T)] <-0.0>:  //指定拉伸高度
```

小提示

“方向”选项用于指定方向的起点和端点，以定位伸的距离和方向；“路径”选项用于按照选择的路径进行拉伸；“倾斜角”选项用于按照指定的角度进行拉伸。

10.3 编辑实体边与面

本节主要学习实体模型的边与面的编辑功能。

10.3.1　倒角边

“倒角边”命令主要用于将实体的棱边按照指定的距离进行倒角编辑，如图 10-23 所示。执行“倒角边”命令主要有以下几种方式：

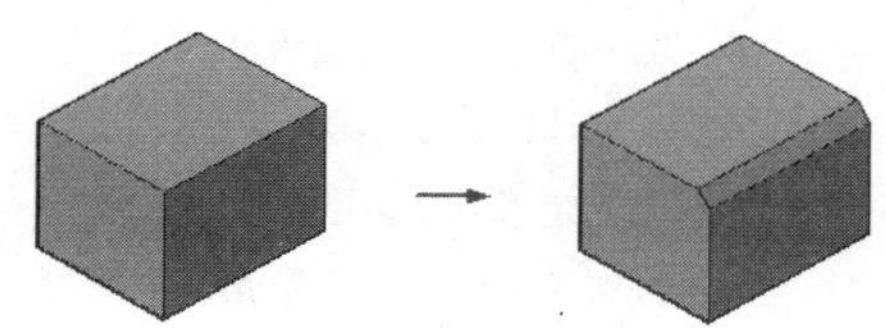

图 10-23　倒角边

- 单击“实体”选项卡→“实体编辑”面板→“倒角边”按钮。
- 选择菜单栏“修改”→“实体编辑”→“倒角边”命令。
- 在命令行输入 Chamferedge 后按 Enter 键。

执行“倒角边”命令后，命令行操作如下：

```
命令：_CHAMFEREDGE
    距离 1 = 1.0000，距离 2 = 1.0000
    选择一条边或 [环(L)/距离(D)]:                  //选择倒角边
    选择属于同一个面的边或 [环(L)/距离(D)]:        //D
    指定距离 1 或 [表达式(E)] <1.0000>:            //输入第一倒角距离
    指定距离 2 或 [表达式(E)] <1.0000>:            //输入第二倒角距离
    选择属于同一个面的边或 [环(L)/距离(D)]:        // Enter
    按 Enter 键接受倒角或 [距离(D)]:               // Enter，结束命令
```

选项解析

- “环”选项用于一次选中倒角基面内的所有棱边。
- “距离”选项用于设置倒角边的倒角距离。
- “表达式”选项用于输入倒角距离的表达式，系统会自动计算倒角距离。

10.3.2　圆角边

“圆角边”命令主要用于将实体的棱边按照指定的半径进行圆角编辑，如图 10-24 所示。执行“圆角边”命令主要有以下几种方式：

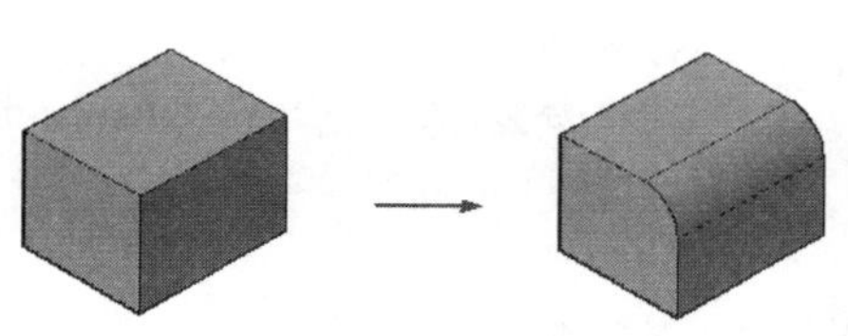

图 10-24　圆角边

- 单击“实体”选项卡→“实体编辑”面板→“圆角边”按钮。
- 选择菜单栏“修改”→“实体编辑”→“圆角边”命令。

- 单击“实体编辑”工具栏→“圆角边”按钮。
- 在命令行输入 Filletedge 后按 Enter 键。

执行“圆角边”命令，命令行操作如下：

```
命令: _FILLETEDGE
    半径 = 1.0000
    选择边或 [链(C)/半径(R)]:                    //选择圆角边
    选择边或 [链(C)/半径(R)]:                    // r Enter
    输入圆角半径或 [表达式(E)] <1.0000>:  //设置圆角半径
    选择边或 [链(C)/半径(R)]:                    // Enter
    已选定 1 个边用于圆角。
    按 Enter 键接受圆角或 [半径(R)]:        // Enter，结束命令
```

选项解析

- “链”选项：如果各棱边是相切的关系，则选择其中的一个边，所有棱边都将被选中，同时进行圆角。
- “半径”选项用于为随后选择的棱边重新设定圆角半径。
- “表达式”选项用于输入圆角半径的表达式，系统会自动计算出圆角半径。

10.3.3 压印边

“压印边”命令用于将圆、圆弧、直线、多段线、样条曲线或实体等对象，压印到三维实体上，使其成为实体的一部分，如图 10-25 所示。执行“压印边”命令主要有以下几种方式：

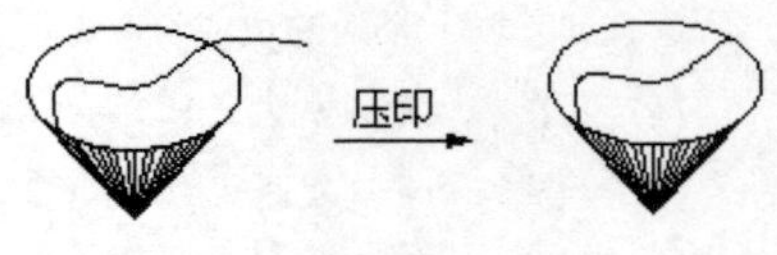

图 10-25　压印边示例

- 单击“实体”选项卡→“实体编辑”面板→“压印”按钮。
- 选择菜单栏“修改”→“实体编辑”→“压印边”命令。
- 单击“实体编辑”工具栏→“压印边”按钮。
- 在命令行输入 Imprint 后按 Enter 键。

执行“压印边”命令后，命令行操作如下：

```
命令: _imprint
    选择三维实体或曲面:                    //选择圆锥体
    选择要压印的对象:                      //选择样条曲线
    是否删除源对象 [是(Y)/否(N)] <N>:  //Y Enter
    选择要压印的对象:                      // Enter，压印结果如图 10-25（右）所示
```

10.3.4 拉伸面

“拉伸面”命令用于对实心体的表面进行编辑，将实体面按照指定的高度或路径进行拉伸，以创建出新

的形体，如图 10-26 所示。执行“拉伸面”命令主要有以下几种方式：

图 10-26　拉伸面

- 单击“实体”选项卡→“实体编辑”面板→“拉伸面”按钮。
- 选择菜单栏“修改”→“实体编辑”→“拉伸面”命令。
- 单击“实体编辑”工具栏→“拉伸面”按钮。
- 在命令行输入 Solidedit 后按 Enter 键。

执行“拉伸面”命令后，命令行操作如下：

```
命令: _solidedit
实体编辑自动检查:  SOLIDCHECK=1
输入实体编辑选项 [面(F)/边(E)/体(B)/放弃(U)/退出(X)] <退出>: _face
输入面编辑选项[拉伸(E)/移动(M)/旋转(R)/偏移(O)/倾斜(T)/删除(D)/复制(C)/颜色(L)/材质(A)/放弃(U)
/退出(X)] <退出>: _extrude
选择面或 [放弃(U)/删除(R)]:            //选择如图 10-26（左）所示的压印表面
选择面或 [放弃(U)/删除(R)/全部(ALL)]:  // Enter，结束选择
指定拉伸高度或 [路径(P)]:               // 5 Enter
指定拉伸的倾斜角度 <0>:                // Enter
已开始实体校验。
输入面编辑选项[拉伸(E)/移动(M)/旋转(R)/偏移(O)/倾斜(T)/删除(D)/复制(C)/颜色(L)/材质(A)/放弃(U)
/退出(X)] <退出>:                  //X Enter
实体编辑自动检查:  SOLIDCHECK=1
输入实体编辑选项 [面(F)/边(E)/体(B)/放弃(U)/退出(X)] <退出>:
 //X Enter，拉伸结果如图 10-26（右）所示
```

10.3.5　倾斜面

“倾斜面”命令主要用于通过倾斜实体的表面，使实体表面产生一定的锥度，如图 10-27 所示。执行“倾斜面”命令主要有以下几种方式：

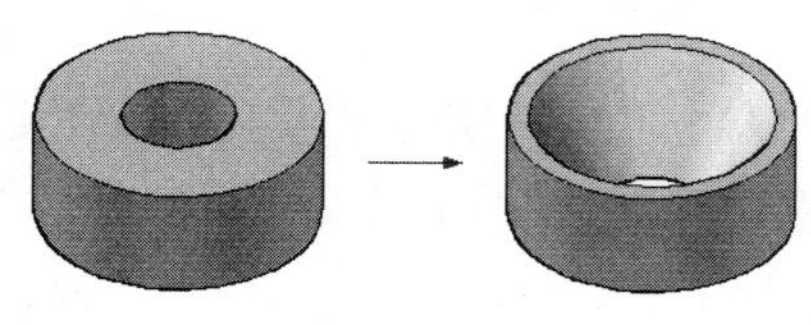

图 10-27　倾斜面

- 单击“实体”选项卡→“实体编辑”面板→“倾斜面”按钮。
- 选择菜单栏“修改”→“实体编辑”→“倾斜面”命令。
- 单击“实体编辑”工具栏→“倾斜面”按钮。
- 在命令行输入 Solidedit 后按 Enter 键。

执行“倾斜面”命令后，命令行操作如下：

```
命令: _solidedit
```

实体编辑自动检查： SOLIDCHECK=1

输入实体编辑选项 [面(F)/边(E)/体(B)/放弃(U)/退出(X)] <退出>: _face

输入面编辑选项[拉伸(E)/移动(M)/旋转(R)/偏移(O)/倾斜(T)/删除(D)/复制(C)/颜色(L)/材质(A)/放弃(U)/退出(X)] <退出>: _taper

选择面或 [放弃(U)/删除(R)]: //选择如图 10-28 所示的柱孔表面

选择面或 [放弃(U)/删除(R)/全部(ALL)]: // Enter，结束选择

指定基点: //捕捉下底面圆心

指定沿倾斜轴的另一个点: //捕捉顶面圆心

指定倾斜角度: //30 Enter

已开始实体校验。

已完成实体校验。

输入面编辑选项[拉伸(E)/移动(M)/旋转(R)/偏移(O)/倾斜(T)/删除(D)/复制(C)/颜色(L)/材质(A)/放弃(U)/退出(X)] <退出>: //X Enter

实体编辑自动检查： SOLIDCHECK=1

输入实体编辑选项 [面(F)/边(E)/体(B)/放弃(U)/退出(X)] <退出>:

//X Enter，退出命令，结果如图 10-29 所示

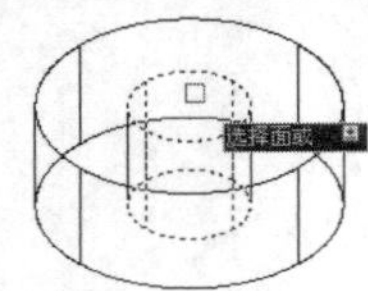

图 10-28 选择面

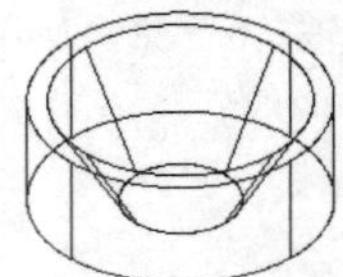

图 10-29 倾斜面

在倾斜面时，倾斜的方向是由锥角的正负号及定义矢量时的基点决定的。如果输入的倾角为正值，则 AutoCAD 将已定义的矢量绕基点向实体内部倾斜，否则向实体外部倾斜。

10.3.6 复制面

"复制面"命令用于将实体的表面复制成新的图形对象，所复制出的新对象是面域或体，如图 10-30 所示。执行"复制面"命令主要有以下几种方式：

- 单击"实体"选项卡→"实体编辑"面板→"复制面"按钮。
- 选择菜单栏"修改"→"实体编辑"→"复制面"命令。
- 单击"实体编辑"工具栏→"复制面"按钮。
- 在命令行输入 Solidedit 后按 Enter 键。

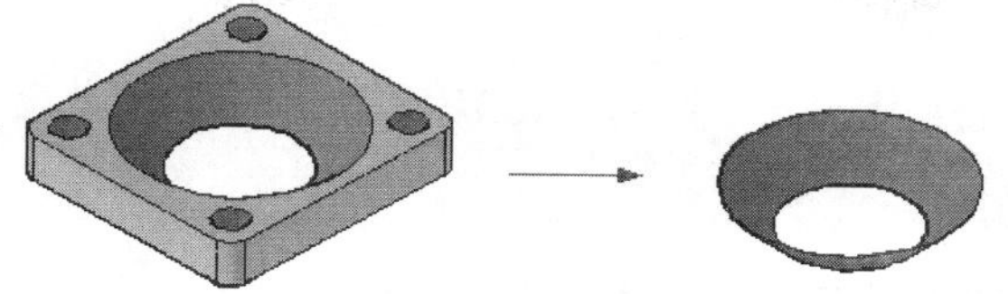

图 10-30　复制面

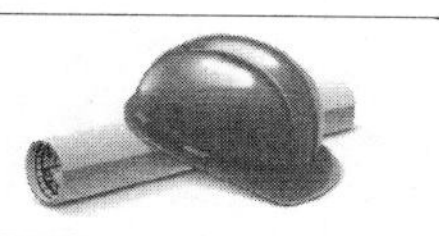

10.4 案例——制作资料柜立体造型

本例通过制作资料柜立体造型来对所学知识进行综合练习和巩固应用。资料柜立体造型的最终制作效果，如图 10-31 所示。

图 10-31　实例效果

操作步骤：

01 新建空白文件，并打开“对象捕捉”和“对象追踪”功能。

02 使用快捷键 REC 激活“矩形”命令，绘制长度为 600、宽度为 400 的矩形。

03 使用快捷键 A 激活“圆弧”命令，配合点的捕捉与追踪功能绘制如图 10-32 所示的圆弧，其中圆弧距水平边为 50 个单位。

04 使用快捷键 O 激活“偏移”命令，将矩形和圆弧向内偏移 10 个单位，并将其编辑成如图 10-33 所示的状态。

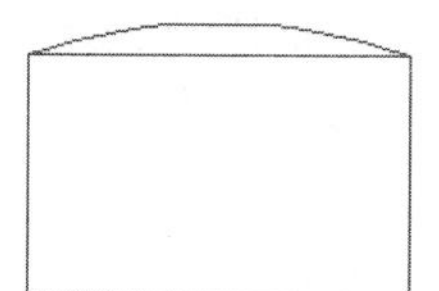

图 10-32　绘制结果

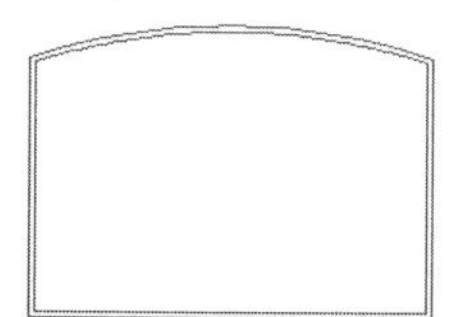

图 10-33　编辑结果

05 将如图 10-33 所示的两个闭合图形转化为两个面域，然后将视图切换为西北等轴测视图。

06 单击“常用”选项卡→“建模”面板→“圆柱体”按钮，配合“捕捉自”功能，绘制高度为 100 的圆柱体。命令行操作如下：

```
命令: _cylinder
    指定底面的中心点或 [三点(3P)/两点(2P)/切点、切点、半径(T)/椭圆(E)]:
    //激活“捕捉自”功能
    _from
    基点:       //捕捉如图 10-34 所示的端点 A
    <偏移>:         //@0,0,-50 Enter
```

```
指定底面半径或 [直径(D)] <125.0586>:  //20 Enter
指定高度或 [两点(2P)/轴端点(A)] <907.7933>:
  //@0,0,100 Enter
```

07 单击“常用”选项卡→“建模”面板→“圆柱体”按钮，以圆柱体下表面中心点为圆心，绘制底面半径为 25、高度为-10 的圆柱体，结果如图 10-35 所示。

08 重复执行“圆柱体”命令，配合“圆心捕捉”功能创建底面半径为 20、高度为-15 的圆柱体，如图 10-36 所示。

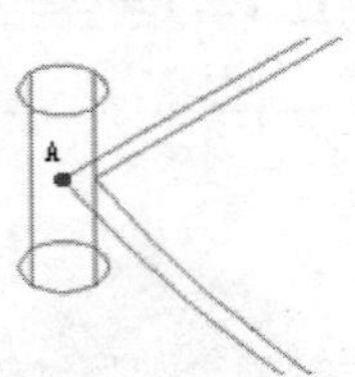

图 10-34　绘制圆柱体

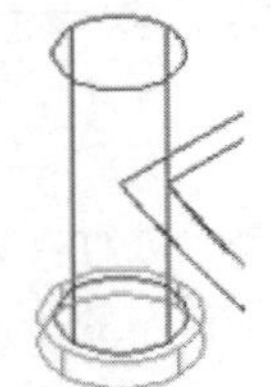

图 10-35　绘制圆柱体

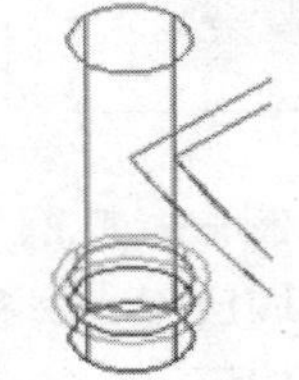

图 10-36　绘制圆柱体

09 选择菜单栏“修改”→“三维操作”→“三维镜像”命令，对下侧的两个圆柱体进行镜像，命令行操作如下：

```
命令: _mirror3d
    选择对象:                          //选择下侧的两个圆柱体
    选择对象:                                  // Enter，结束选择
    指定镜像平面 (三点) 的第一个点或 [对象(O)/最近的(L)/Z 轴(Z)/视图(V)/XY 平面(XY)/YZ 平面
    (YZ)/ZX 平面(ZX)/三点(3)] <三点>:   //XY Enter，设置镜像平面
    指定 ZX 平面上的点 <0,0,0>:                //捕捉如图 10-34 所示的端点 A
    是否删除源对象？[是(Y)/否(N)] <否>:          //N Enter，镜像结果如图 10-37 所示
```

10 在命令行输入 CO 激活“复制”命令，配合“端点捕捉”功能将柱体分别复制到其他位置，结果如图 10-38 所示。

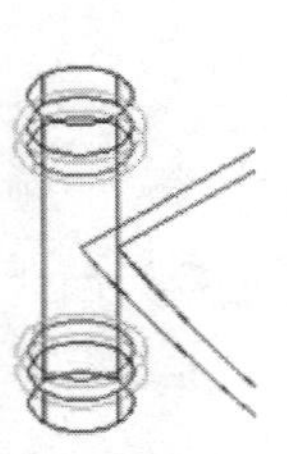

图 10-37　镜像结果

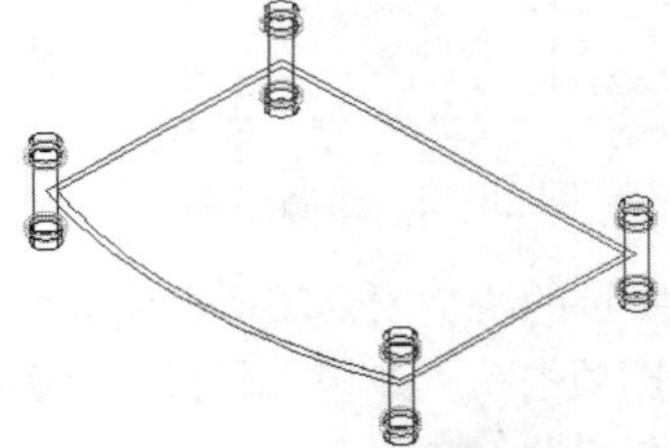

图 10-38　复制结果

11 单击“常用”选项卡→“建模”面板→“拉伸”按钮，将面域进行拉伸，命令行操作如下：

```
命令: _extrude
    当前线框密度:  ISOLINES=4，闭合轮廓创建模式 = 实体
    选择要拉伸的对象或 [模式(MO)]: _MO
    闭合轮廓创建模式 [实体(SO)/曲面(SU)] <实体>: _SO
```

```
    选择要拉伸的对象或 [模式(MO)]:            //选择外侧的面域
    选择要拉伸的对象或 [模式(MO)]:            //Enter
    指定拉伸的高度或 [方向(D)/路径(P)/倾斜角(T)/表达式(E)] <26.0613>: //@0,0,-15 Enter
命令: _extrude
    当前线框密度: ISOLINES=4，闭合轮廓创建模式 = 实体
    选择要拉伸的对象或 [模式(MO)]: _MO
    闭合轮廓创建模式 [实体(SO)/曲面(SU)] <实体>: _SO
    选择要拉伸的对象或 [模式(MO)]:            //选择内侧的面域
    选择要拉伸的对象或 [模式(MO)]:            //Enter
    指定拉伸的高度或 [方向(D)/路径(P)/倾斜角(T)/表达式(E)] <26.0613>:
    //@0,0,10 Enter，拉伸结果如图 10-39 所示
```

12 使用快捷键 3A 激活“三维阵列”命令，选择如图 10-39 所示的模型，垂直向上阵列三份，结果如图 10-40 所示。

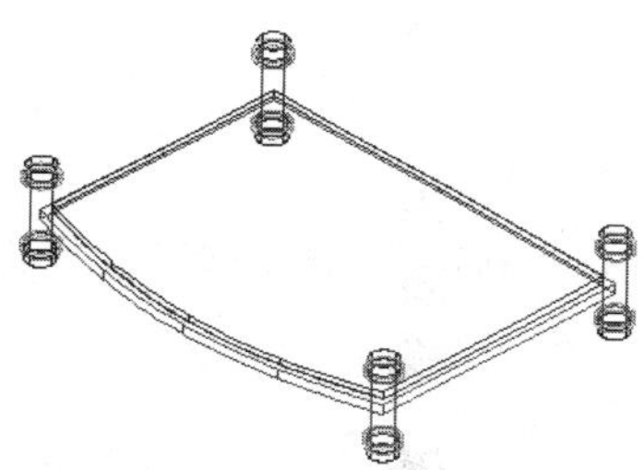

图 10-39　拉伸结果

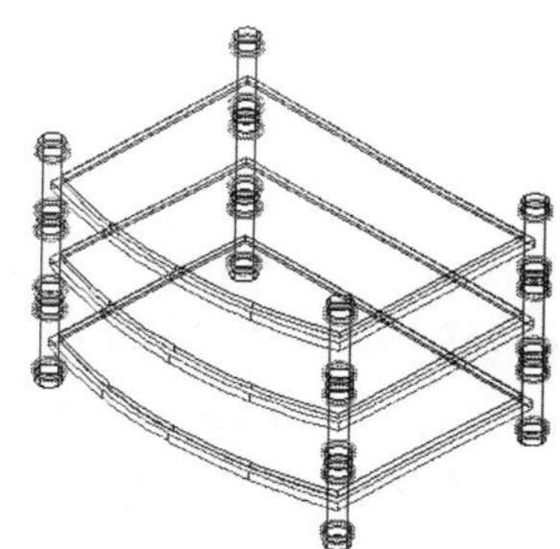

图 10-40　阵列结果

13 单击“常用”选项卡→“建模”面板→“球体”按钮，配合“捕捉自”功能，捕捉左前侧最上面中心点垂直向上 15 个单位的点作为球心，绘制半径为 30 的球体，结果如图 10-41 所示。

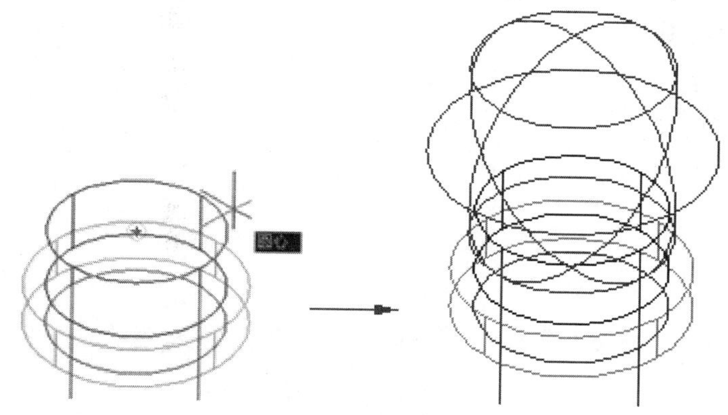

图 10-41　创建球体

14 使用快捷键 C 激活“圆”命令，以最下侧柱体底面中心点为圆心，绘制半径为 30 的圆。

15 单击“常用”选项卡→“建模”面板→“拉伸”按钮，将圆拉伸为三维实体。命令行操作如下：

```
命令: _extrude
```

```
当前线框密度： ISOLINES=4，闭合轮廓创建模式 = 实体
选择要拉伸的对象或 [模式(MO)]: _MO
闭合轮廓创建模式 [实体(SO)/曲面(SU)] <实体>: _SO
选择要拉伸的对象或 [模式(MO)]:            //选择刚绘制的圆
选择要拉伸的对象或 [模式(MO)]:            //Enter
指定拉伸的高度或 [方向(D)/路径(P)/倾斜角(T)/表达式(E)] <0.0000>:  //t Enter
指定拉伸的倾斜角度或 [表达式(E)] <0>:      //-15 Enter
指定拉伸的高度或 [方向(D)/路径(P)/倾斜角(T)/表达式(E)] <26.0613>:
//@0,0,-50 Enter，拉伸结果如图 10-42 所示
```

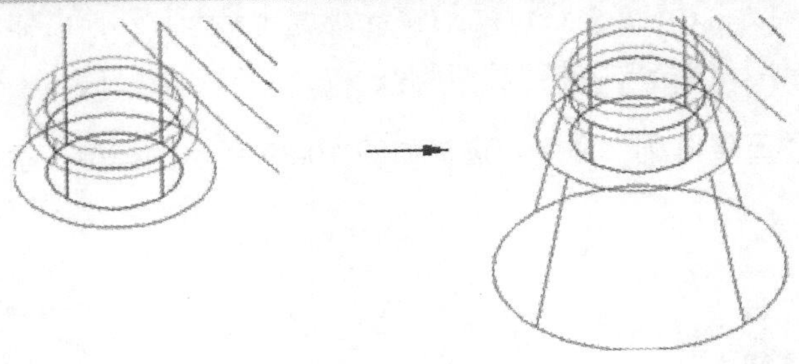

图 10-42　拉伸结果

16 使用快捷键 CO 激活“复制”命令，将拉伸体和球体分别复制到其他柱形支架上，然后参照绘制隔板的方法绘制如图 10-43 所示的桌面板，长边为 700、短边为 480。

17 使用快捷键 REC 激活“矩形”命令，将桌面板转换成面域。

18 使用快捷键 3M 激活“三维移动”命令，以点 B 为基点，配合“捕捉自”功能，捕捉左后侧的球心作为偏移的基点，然后输入“@50,-20,10”作为目标点，对桌面板进行位移，结果如图 10-44 所示。

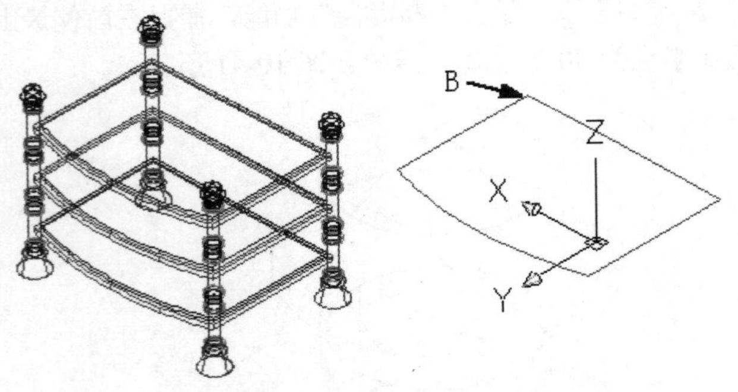

图 10-43　绘制桌面板

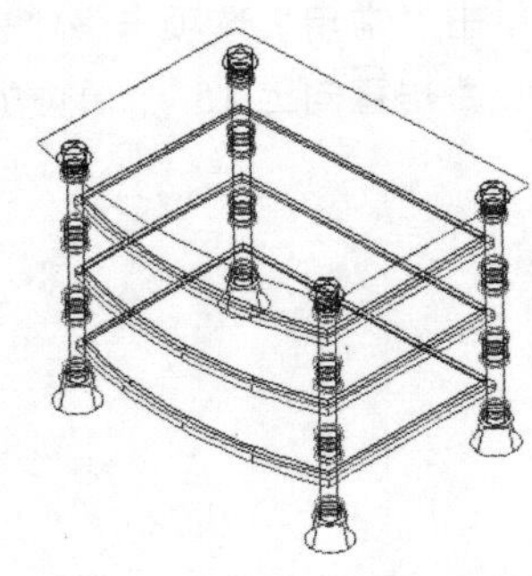

图 10-44　位移结果

19 单击“常用”选项卡→“建模”面板→“拉伸”按钮，将位移后的桌面板拉伸 15 个单位，结果如图 10-45 所示。

20 将视图切换到东北视图，然后使用快捷键 HI 激活“消隐”命令，对模型进行消隐显示，结果如图 10-46 所示。

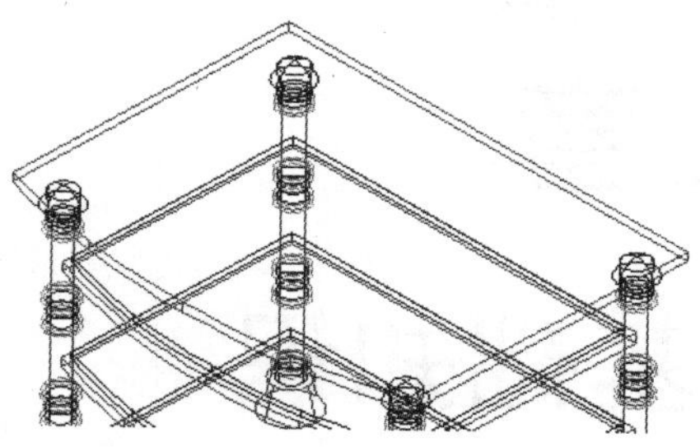

图 10-45　拉伸结果

图 10-46　消隐效果

21 最后执行“保存”命令，将图形存储为“实例指导.dwg”。

10.5 本章小结

本章主要学习了三维模型的基本操作功能、曲面与网格的编辑功能和实体面边的细化功能。通过本章的学习，应了解和掌握如下知识：

（1）了解和掌握模型的空间旋转、镜像、阵列、对齐、移动等重要操作功能。

（2）了解和掌握曲面的修补、圆角、修剪功能。

（3）了解和掌握网格的优化、锐化和拉伸功能。

（4）了解和掌握实体棱边的倒角、圆角和压印功能。

（5）了解和掌握实体面的拉伸、倾斜和复制功能。

第 11 章

建筑制图的基础知识

AutoCAD 在建筑制图中的应用主要是绘制施工图。施工图根据专业的不同一般分为建筑施工图（简称“建施”）、结构施工图（简称“结施”）和设备施工图（简称“设施”）：建筑施工图主要包括总平面图、建筑平面图、建筑立面图、建筑剖面图和建筑详图等；结构施工图主要表示结构的尺寸、类型、配筋等；设备施工图根据专业的不同又可细分为给排水、暖通空调、电气等。

知识要点

- 了解建筑设计的步骤，熟悉施工图的绘制过程。
- 了解建筑施工图的分类。

11.1 建筑工程的制图基础

在建筑工程制图时，应遵循国家标准的制图规范，达到房屋建筑工程图基本统一，保证绘图质量，使图面清晰简明，提高制图效率，满足负荷设计、施工、存档等要求，以适应工程建设的需要。下面通过讲解建筑设计步骤和施工图绘制步骤对建筑制图进行说明。

11.1.1 建筑设计步骤

建筑设计通常分为三步：方案设计、技术设计和施工图绘制。

1. 方案设计

了解设计要求，获得必要的设计数据，绘制出各层主要平面、剖面和立面，必要时甚至要画出效果图来。

标出房屋的主要尺寸、面积、高度、门窗位置和设备位置等，以充分表达出设计意图、结构形式和构造特点。这一阶段和业主、使用该房屋的相关人员接触比较多，如果方案确定，就可以进入下一步的技术设计阶段。

2. 技术设计

对于不太复杂的工程，这一步骤一般可以省略。这一阶段主要是和其他工种互相提供资料，提出要求，协调与各工种（如结构、水电、暖通、电气等）之间的关系，为后续编制施工图打好基础。

在建筑设计上，这一步骤就是要求建筑工种标明与其他技术工种有关的详细尺寸，并编制建筑部分的技术说明。

3. 施工图绘制

这是建筑设计中工作量最大的一步，也是最后一步，主要任务就是绘制满足施工要求的施工图纸，确定全部工程尺寸、用料、造型，在建筑设计上就是要完成建筑施工图的全套图纸。

对于阶段设计来说，先设计哪部分后设计哪部分是没有先后的，只有由粗到细再到更细。平、立面图由方案设计阶段的轮廓成型到技术设计阶段的进一步细致，再到施工图的深化设计，是一个由浅入深的过程。

11.1.2　施工图绘制步骤

施工图的绘制过程如下：

01 确定绘制图样的数量。根据房屋的外形、层数、平面布置和构造内容的复杂程度，以及施工的具体要求，确定图样的数量，做到表达内容既不重复也不遗漏。图样的数量在满足施工要求的条件下越少越好。

02 选择适当的比例。根据需要，如图纸的大小，确定绘制图形的比例。

03 进行合理的图面布置。图面布置要主次分明，排列均匀紧凑，表达清楚，尽可能保持各图之间的投影关系。同类型的、内容关系密切的图样集中在一张或图号连续的几张图纸上，以便对照查阅。

绘制建筑施工图的顺序，一般是按平面图→立面图→剖面图→详图顺序来进行的。先用铅笔画底稿，经检查无误后，按“国标”规定的线型加深图线。

铅笔加深或描图上墨时，一般顺序是：先画上部，后画下部；先画左边，后画右边；先画水平线，后画垂直线或倾斜线；先画曲线，后画直线。

下面以平面图、立面图、剖面图和楼梯详图为例讲解施工图的具体绘制步骤。

1．平面图

建筑平面图的画法步骤如下：

01 绘制定位轴线，然后画出墙、柱轮廓线。

02 定位窗洞的位置，画细部，如楼梯、台阶、卫生间等。

03 经检查无误后，擦去多余的图线，按规定加深线型。

04 标注轴线编号、标高尺寸、内外部尺寸、门窗编号、索引符号以及书写其他文字说明。在底层平面图中，还应绘制剖切符号以及在图外适当的位置画上指北针图例，以表明方位。

05 在平面图下方写出图名及比例等。

2．立面图

建筑立面图一般应画在平面图的上方，侧立面图或剖面图可放在正立面图的一侧。建筑立面图的画法步骤如下：

01 画室外地坪、两端的定位轴线、外墙轮廓线、屋顶线等。

02 根据层高、各种标高和平面图门窗洞口尺寸，画出立面图中门窗洞、檐口、雨棚、雨水管等细部的外形轮廓。

03 画出门扇、墙面分隔线、雨水管等细部，对于相同的构造、做法（如门窗立面和开启形式）可以只详细画出其中的一个，其余的只画外轮廓。

04 检查无误后加深图线，并注写标高、图名、比例及有关文字说明。

3．剖面图

剖面图的画法步骤如下：

01 画定位轴线、室内外地坪线、各层楼面线和屋面线，并画出墙身轮廓线。

02 画出楼板、屋顶的构造厚度，再确定门窗位置及细部（如梁、板、楼梯段与休息平台等）。

03 经检查无误后，擦去多余线条。按施工图要求加深图线，画材料图例，并注写标高、尺寸、图名、比例及有关文字说明。

4．楼梯详图

楼梯通常包括楼梯平面图、楼梯剖面图等。

楼梯平面图的画法步骤如下：

01 首先画出楼梯间的开间、进深轴线和墙厚、门窗洞位置。确定平台宽度、楼梯宽度和长度。

02 采用两平行线间距任意等分的方法划分踏步宽度。

03 画栏杆（或栏板）、上下行箭头等细部，检查无误后加深图线，注写标高、尺寸、剖切符号、图名、比例及文字说明等。

楼梯剖面图的画法步骤如下：

01 画轴线、定室内外地面与楼面线、平台位置及墙身，量取楼梯段的水平长度、竖直高度及起步点的位置。

02 用等分两平行线间距离的方法划分踏步的宽度、步数、高度、级数。

03 画出楼板和平台板厚，再画楼梯段、门窗、平台梁及栏杆、扶手等细部。

04 检查无误后加深图线，在剖切到的轮廓范围内画上材料图例，注写标高和尺寸，最后在图下方写上图名及比例等。

为了提高制图速度，读者可以遵循如下的制图规则。

01 制图步骤：设置图幅→设置单位及精度→建立若干图层→设置对象样式→开始绘图。

02 绘图始终使用 1∶1 比例。为改变图样的大小，可在打印时于图纸空间内设置不同的打印比例。

03 为不同类型的图元对象设置不同的图层、颜色及线宽，而图元对象的颜色、线型及线宽由图层控制（BYLAYER）。

04 精确绘图时，使用栅格捕捉功能，将栅格捕捉间距设为适当的数值。

05 不要将图框和图形绘制在同一幅图中，应在布局（LAYOUT）中将图框按块插入，然后打印出图。

06 对于设置，如视图、图层、图块、线型、文字样式、打印样式等，命名时要简明，而且要遵循一定的规律，以便查找和使用。

07 将一些常用设置，如图层、标注样式、文字样式、栅格捕捉等内容设置在一图形模板文件中（即另存为*.DWF 文件），以后绘制新图时，可在创建新图形向导中单击“使用模板”来打开它，并开始绘图。

11.2 建筑图的分类

建筑施工图包括以下部分：

- 图纸目录。
- 门窗表。
- 建筑设计总说明。
- 建筑规划平面图。
- 平面图。
- 立面图。
- 剖面图。
- 节点大样图及门窗大样图。
- 楼梯大样图（可能有多个楼梯及电梯）。

11.3 绘图模板的新建

在绘制图形前，首先应设置绘图环境。绘图环境指的是图形的界限、图形的单位、标注方式等。这些绘图环境的设置，在绘图的过程中有些是不变的，而有些只是在一定的范围内变化，因而没有必要每次绘制图形前都进行一次设置，可以通过制作绘图模板的方式将设定的绘图环境保存起来，以后在绘制图形时，可以直接调用。

11.3.1 设置通用参数

1. 设置图形界限

在绘制前，设置图形界限可以控制绘制的图形在图幅内，下面以 A2 图纸为例，命令提示如下：

```
命令：limits                    // 重新设置模型空间界限
指定左下角点或[开（ON）/关（OFF）]<0.0000, 0.0000>
指定右上角点<420.0000,297.0000>：5970000,420000
```

执行上述命令后，图形界限的左下角为(0,0)，右上角为(597000,420000)。在上述命令提示中若打开图形开关 ON，则图形的绘制被限制在图幅内，图幅外的绘图操作将无法实现。

2. 设置捕捉样式

在状态栏的精确绘图工具“对象捕捉”上右击，在弹出的快捷菜单中执行“设置”命令，弹出如图

11-1 所示的对话框，切换到“对象捕捉”选项卡。

根据自己的需要复选对象捕捉模式，下面几个捕捉样式是常用的：端点、中点、圆心、节点、交点、垂足、切点。设置完成后，单击“确定”按钮，在绘制图形的过程中可以根据自己的需要重新设置捕捉模式。

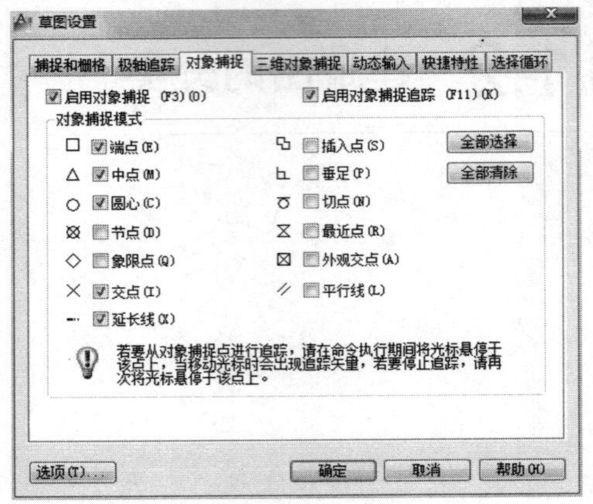

图 11-1　设置捕捉模式

3. 设置图层

执行“常用”选项卡“图层”面板中的“图层特性”命令，弹出如图 11-2 所示的面板。

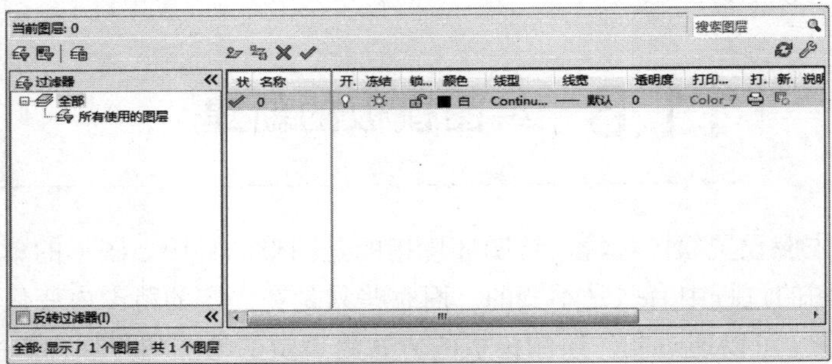

图 11-2　图层特性

单击“新建”按钮，新建图层。用户可以根据需要建立图层，图层建立后如图 11-3 所示。

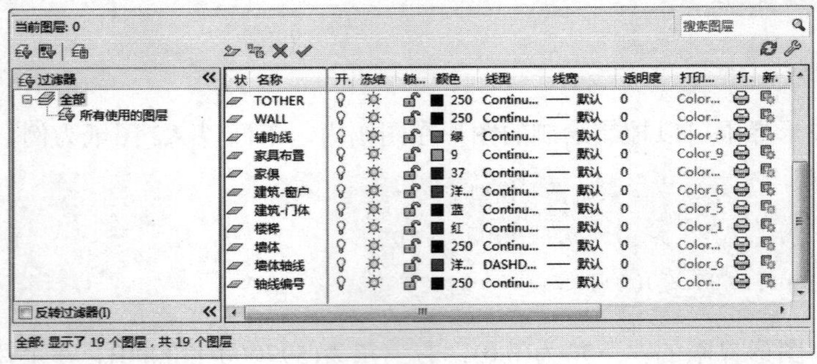

图 11-3　建立新图层

4. 设置标注样式

设置标注样式的步骤如下。

01 执行“注释”选项卡“标注”面板中的“标注样式”命令，弹出如图 11-4 所示的对话框。

02 单击“新建”按钮，弹出如图 11-5 所示的对话框，输入新建标注样式的样式名，如“剖面图”。

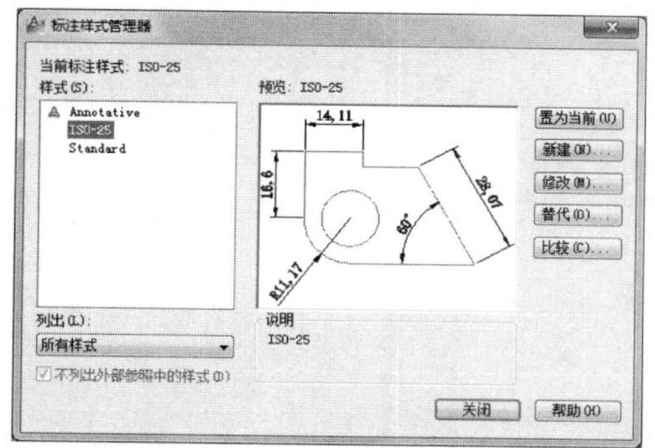

图 11-4 “标注样式管理器”对话框

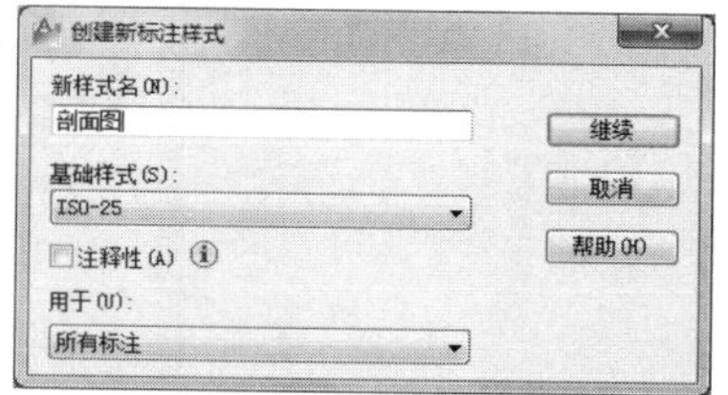

图 11-5 输入新样式名

03 编辑标注样式，如设置“线”、“符号和箭头”、“文字”、“调整”、“主单位”选项卡中的参数，线的颜色一般为绿色，如图 11-6~图 11-10 所示。

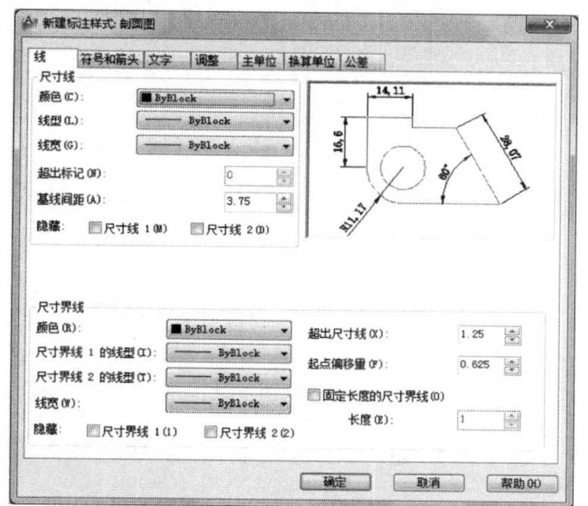

图 11-6 “线”选项卡

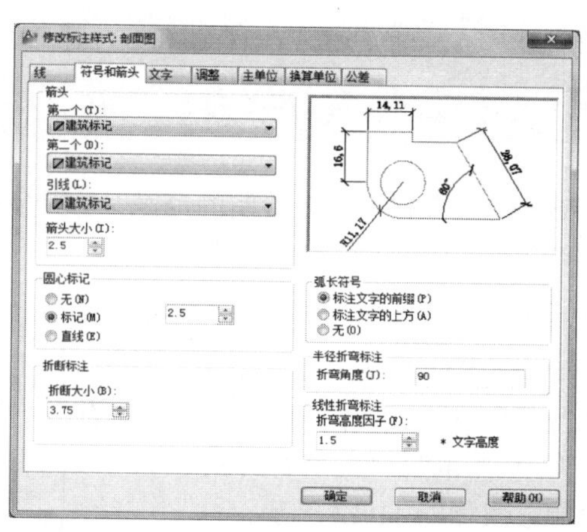

图 11-7 “符号和箭头”选项卡

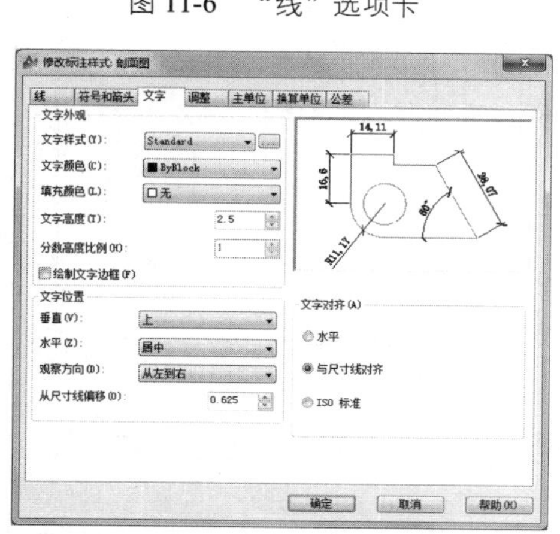

图 11-8 “文字”选项卡

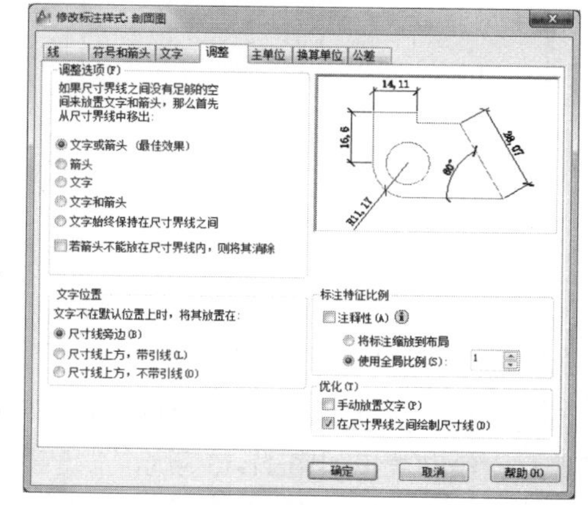

图 11-9 “调整”选项卡

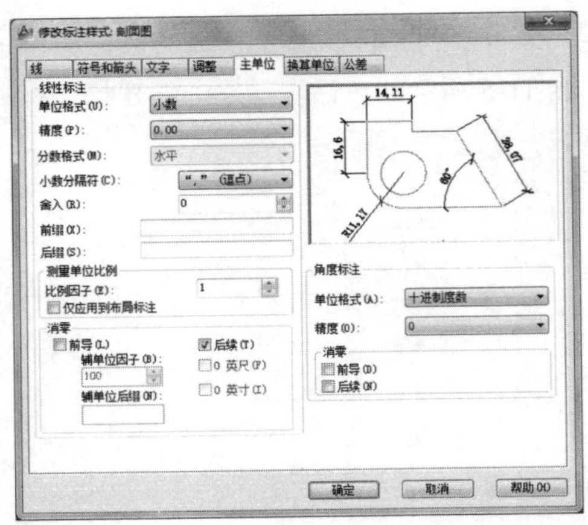

图 11-10 “主单位”选项卡

在绘制过程中，这些设置并不一定严格按照上面的设置，用户可以根据需要进行更改，上面的设置是按照 1:1 的比例来绘制的，但对于不同的图形，可能使用不同的比例，这时只要在“调整”选项卡中修改“使用全局比例”的比值即可，例如绘图比例为 1:100，只须将全局比例的比值改为 100 即可。

11.3.2 绘制边框和标题栏

绘制标题栏有利于确定绘制的范围，方便安排图形，有利于打印出图。在图层中建立 “图框”层，或者直接绘制在 0 层上，绘制过程如下。

01 执行“常用”选项卡“绘图”面板中的“矩形”命令绘制一个矩形，第一角点为(0,0)，第二角点为(597000,420000)，绘制结果如图 11-11 所示。

02 执行“常用”选项卡“修改”面板中的“分解”命令将内部的矩形炸开，执行“常用”选项卡“修改”面板中的“偏移”命令将左侧边线向右偏移 25000mm，将其他各边的边线向内侧偏移 5000mm，绘制效果如图 11-12 所示。

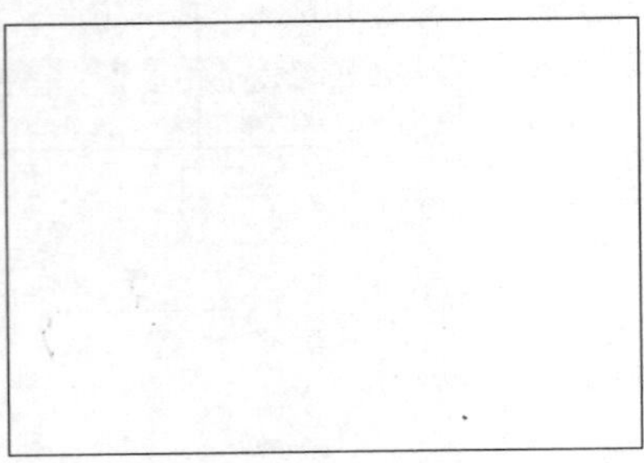

图 11-11 绘制矩形

图 11-12 内侧偏移

03 执行“常用”选项卡“绘图”面板中的“直线”命令和“修改”面板中的“偏移”命令绘制标题栏，绘制效果如图 11-13 所示

04 执行“注释”选项卡“文字”面板中“多行文字”下的“单行文字”命令添加文字，绘制效果如图 11-14 所示。

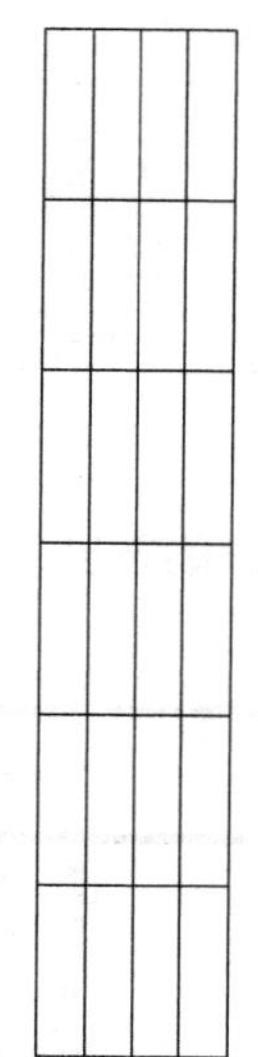

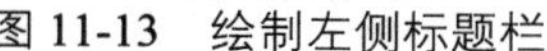

图 11-13　绘制左侧标题栏

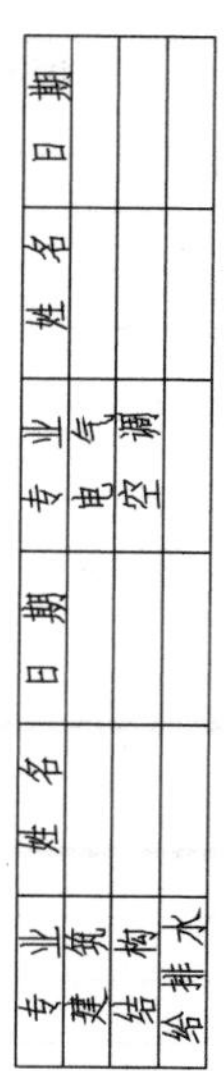

图 11-14　添加文字

05 绘制图框下部的标题栏，执行“常用”选项卡“绘图”面板中的“直线”命令绘制两条水平和竖直的直线，然后将数值线依次向右侧偏移 18000mm、30000mm、18000mm、30000mm、18000mm、30000mm、10000mm、10000mm，然后执行“常用”选项卡“修改”面板中的“阵列”命令将水平直线向上侧阵列 7 次，阵列距离为 6000mm，绘制效果如图 11-15 所示。

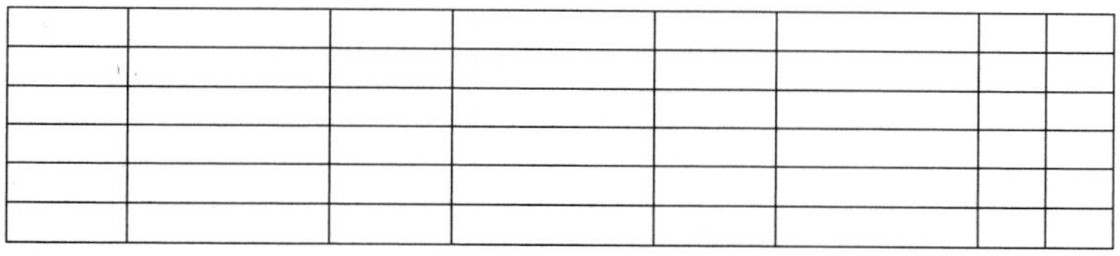

图 11-15　绘制底部标题栏

06 执行“常用”选项卡“修改”面板中的“修剪”命令对图形进行修剪，修剪后的效果如图 11-16 所示。

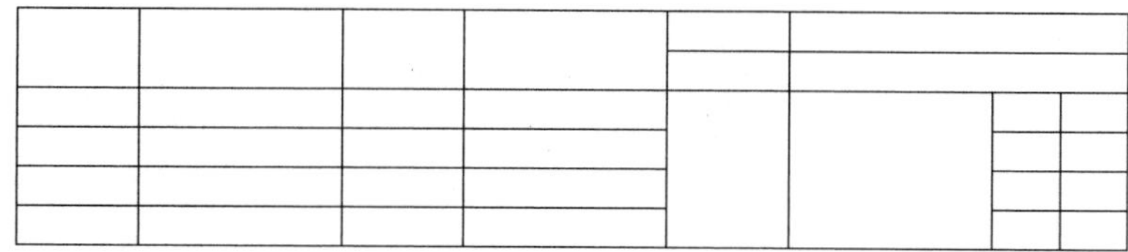

图 11-16　进行剪切

07 执行“注释”选项卡“文字”面板中“多行文字”下的“单行文字”命令添加文字。效果如图 11-17 所示。

				工程名称			
				兴建单位			
审 定		设 计		图 纸 内 容		图 别	
审 核		制 图				图 号	
工种负责人		计 算				日 期	
项目总负责		校 对				设计号	

图 11-17 添加文字

08 执行“常用”选项卡“绘图”面板中的“多段线”命令，设置多段线的宽度为 1000mm，效果如图 11-18 所示。

				工程名称			
				兴建单位			
审 定		设 计		图 纸 内 容		图 别	
审 核		制 图				图 号	
工种负责人		计 算				日 期	
项目总负责		校 对				设计号	

图 11-18 改变线宽

09 执行“常用”选项卡“修改”面板中的“移动”命令将绘制好的标题栏移动到图框的适当位置，绘制效果如图 11-19 所示。

图 11-19 移动标题栏

11.4 本章小结

本章主要介绍了建筑设计的步骤和建筑施工图的主要内容，这些是建筑制图的基本知识，其重要性不言而喻，因为建筑制图的目的是要将建筑师或结构工程师的意图通过图纸的形式反映出来。需要注意的是，制图不能脱离设计，否则绘制的图纸没有一点实用价值。读者应通过平时专业性的练习，加强自己的绘图基本功，在理解设计意图的基础上再进行绘图。

第12章

绘制建筑平面图

建筑平面图即为房屋的水平剖视图，是按照一定比例绘制的住宅建筑的水平剖面图，通俗地讲，就是将一幢住宅窗台以上部分切掉，再将切面以下部分用直线和各种图例、符号直接绘制在纸上，以直观地表示住宅的设计和使用上的基本要求和特点。

住宅的建筑平面图一般比较详细，通常采用较大的比例，如1:100，1:50，并标出实际的详细尺寸。对不同结构的多层建筑应分层绘制平面图。

知识要点

- 熟悉建筑平面图的内容。
- 熟悉建筑平面图的绘制规范和要求，掌握规范对定位轴线和轴线编号的规定。
- 熟悉建筑平面图的绘制步骤。
- 熟悉对平面图添加尺寸标注和文字说明的方法。

为了让大家理解平面图的概念，下面给出某别墅底层平面图，如图12-1所示。

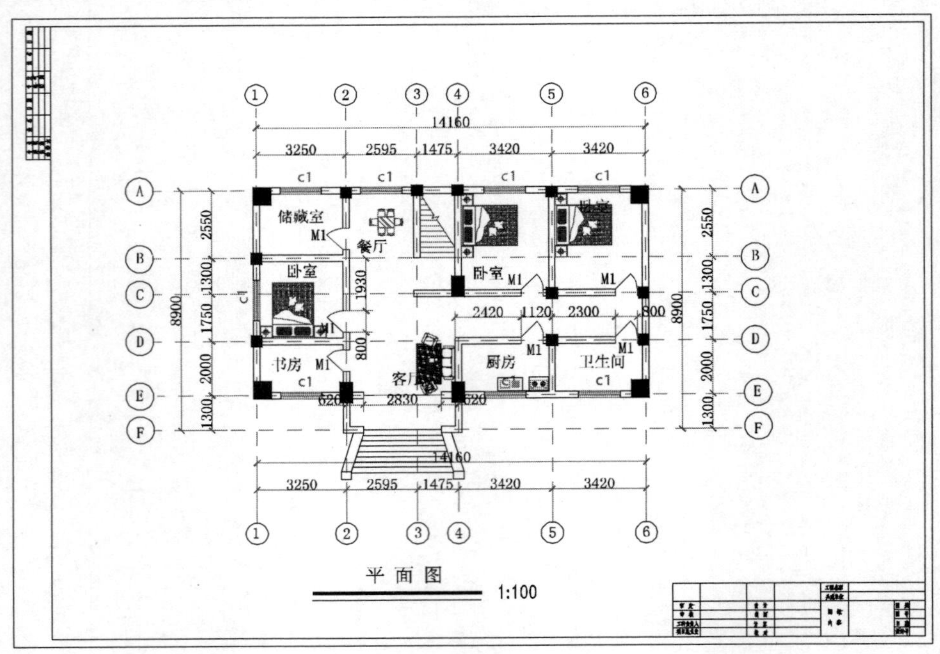

图12-1　某别墅底层平面图

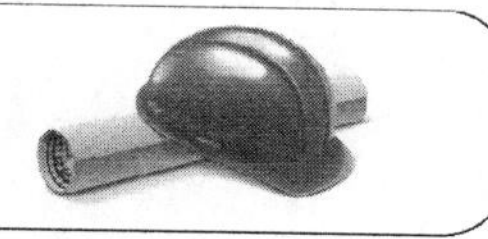

12.1 建筑平面图的基础知识

建筑平面图是建筑施工图的基本样图，它是假想用一水平的剖切面沿门窗洞位置将房屋剖切后，对剖切面以下部分所作的水平投影图。它可反映出房屋的平面形状、大小和布置；墙、柱的位置、尺寸和材料；门窗的类型和位置等。

12.1.1 建筑平面图的内容

对于多层建筑，一般应每层有一个单独的平面图。但一般建筑常常是中间几层平面布置完全相同，这时就可以省掉几个平面图，只用一个平面图表示，这种平面图称为标准层平面图。

建筑施工图中的平面图，一般有：底层平面图（表示第一层房间的布置、建筑入口、门厅及楼梯等）、标准层平面图（表示中间各层的布置）、顶层平面图（房屋最高层的平面布置图）以及屋顶平面图（即屋顶平面的水平投影，其比例尺一般比其他平面图小）。

建筑平面图的主要内容有：

- 建筑物及其组成房间的名称、尺寸、定位轴线和墙壁厚等。
- 走廊、楼梯位置及尺寸。
- 门窗位置、尺寸及编号。门的代号是 M，窗的代号是 C。在代号后面写上编号，同一编号表示同一类型的门窗，如 M-1、C-1。
- 台阶、阳台、雨棚、散水的位置及细部尺寸。
- 室内地面的高度。
- 首层地面上应画出剖面图的剖切位置线，以便与剖面图对照查阅。

12.1.2 建筑平面图的制图规范和要求

1. 图线

建筑图中的图像应粗细有别，层次分明。被剖到的墙、柱的断面的轮廓线用粗实线绘制，没有被剖到的断面轮廓线用中粗线绘制，尺寸线、标高符号、定位轴线等用细实线和点划线绘制。标识剖切位置的剖切线用粗实线绘制。

2. 图例

平面图一般采用 1:100、1:200 和 1:50 的比例来绘制，所以门、窗用规定的图例来绘制，门窗的具体形式和大小可在有关的建筑立面图、剖面图及门窗通用图集中查阅。

门窗表的编制是为了计算出每栋房屋不同类型的门窗数量，以供订货加工使用。中小型房屋的门窗表一般放在建筑施工图中。

3. 尺寸标注

在建筑平面图中，一般应标注三道尺寸线。最内侧的一道尺寸是外墙的门、窗洞的宽度和洞间墙的尺寸；中间的一道是轴线间距的尺寸；最外侧的一道尺寸是房屋亮度外墙面之间的总尺寸。此外，还要标注某些局部图形，如内外墙的厚度、各柱子的断面尺寸、内墙上门、帘洞洞口尺寸等。

12.1.3 定位轴线的画法和轴线编号的规定

建筑施工图中的定位轴线是施工定位、放线的重要依据。凡是承重墙、柱子等主要承重构件应画上轴线来确定位置。对于非承重墙的分隔墙、次要的局部的承重构件等，则由分轴线或者注明其附近的有关尺寸来确定。

定位轴线采用细点画线来表示，并编号。轴线的端部画实线圆圈。平面图上定位轴线，应标注在下方和左侧，横向编号采用阿拉伯数字，从左向右的顺序编写；竖向编号采用大写拉丁字母，自下而上编写。

在两个轴线之间，如需加分轴线，则编号可用分数表示。分母表示前一轴线的编号，分子表示附加轴线的编号（用阿拉伯数字顺序编写）。

12.2 建筑平面图的绘制步骤

建筑施工图中的平面图，通常包括底层平面图（表示第一层房间的布置、建筑入口、门厅及楼梯等）、标准层平面图（表示中间各层的布置）、顶层平面图（房屋最高层的平面布置图）以及屋顶平面图（即屋顶平面的水平投影，其比例尺一般比其他平面图小）。

12.2.1 设置绘图环境

首先建立新图形，运行 AutoCAD 2012 之后，选择（菜单浏览）按钮→“新建”命令，在弹出的“创建新的图形”对话框中单击“图形”按钮，选择 acadiso.dwt 文件为样板，然后单击打开(O)按钮新建图形。

建立新图形后，要对绘图环境进行设置，包括绘图区域的颜色背景、光标大小以及绘图单位、自动保存的时间间隔，以及图层、线型、线宽等。其设置方法是：在界面空白处单击鼠标右键，在弹出的快捷菜单中选择“选项”命令，在打开的“选项”对话框中进行设置，“选项”对话框中可以设置背景颜色、光标大小等属性，在此不一一赘述。

12.2.2 规划图层

国标《房屋建筑 CAD 制图统一规则》（GB/T 18112－2000）规定了 CAD 绘制建筑图形时的图层名称。参考该标准，并结合图形的需要，可建立如表 12-1 所示的几个图层。

表 12-1 建立图层

图层名称	颜色	线型	线宽
墙体轴线	洋红	CENTERX2	0.25mm
建筑－墙体	白色	Continuous	0.5mm
建筑－窗户	洋红	Continuous	0.25mm
建筑－门体	洋红	Continuous	0.25mm

（续表）

图层名称	颜色	线型	线宽
图案填充	白色	Continuous	0.25mm
尺寸标注	蓝色	Continuous	0.25mm
注释文字	白色	Continuous	0.25mm
图框和标题栏	白色	Continuous	0.25mm

以“墙体轴线”为例，具体操作如下：在“图层”面板中单击“图层特征”按钮，打开“图层特性管理器”面板，单击“创建图层”按钮，创建一个新的图层，将其命名为“墙体轴线”，单击该图层的颜色图标，弹出“选择颜色”对话框，选择洋红颜色，单击 确定 按钮，如图 12-2 所示。

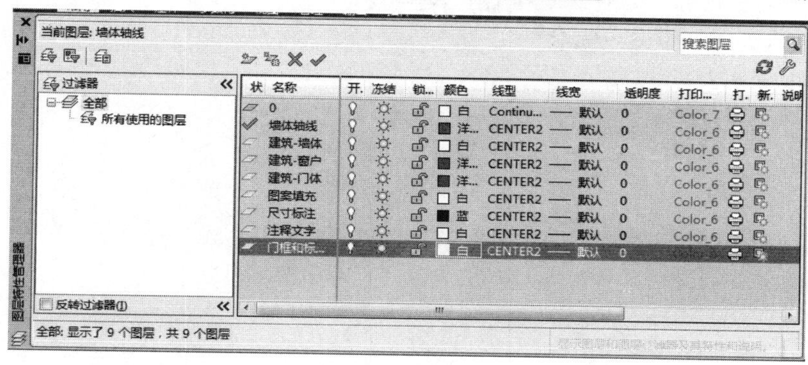

图 12-2　图层设置

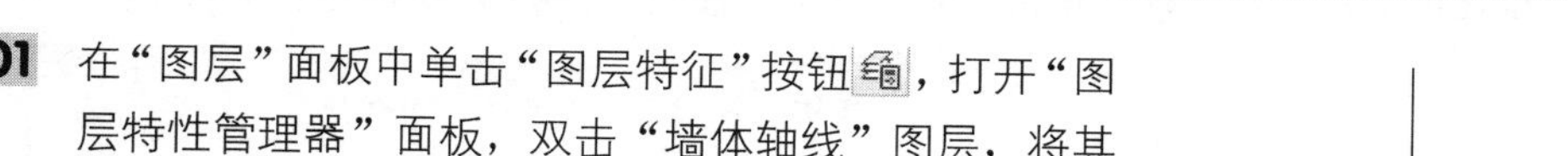

12.2.3　绘制墙体轴线

01 在“图层”面板中单击“图层特征”按钮，打开“图层特性管理器”面板，双击“墙体轴线”图层，将其置于当前图层。

02 执行“常用”选项卡“绘图”面板中的（直线）命令，绘制一条长为 18200 的水平直线，和一条长为 13900 的垂直直线，如图 12-3 所示。

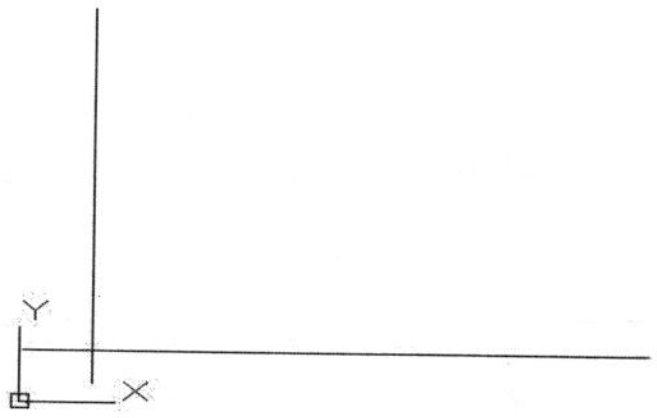

图 12-3　绘制墙体轴线

03 根据设计的尺寸，绘制其他的构造线。执行“常用”选项卡“修改”面板中的“偏移”命令，将水平直线依次向上偏移 1300、3000、1750、1300、2550，进行偏移复制，如图 12-4 所示。

04 执行“常用”选项卡“修改”面板中的“偏移”命令，将垂直直线依次向右偏移 3250、2925、1475、3420、3420，进行偏移复制，如图 12-5 所示。

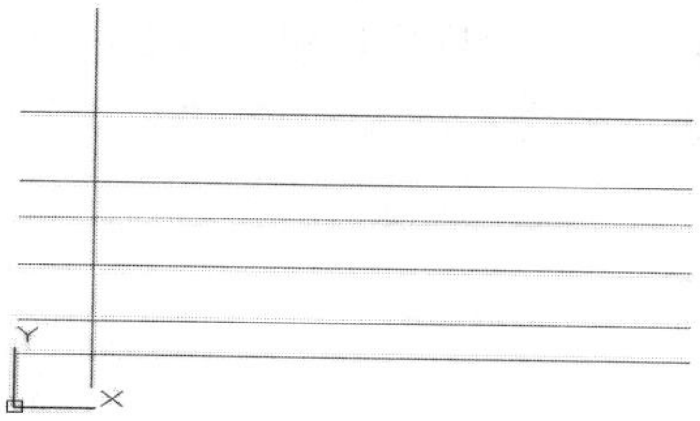

图 12-4　对水平直线偏移

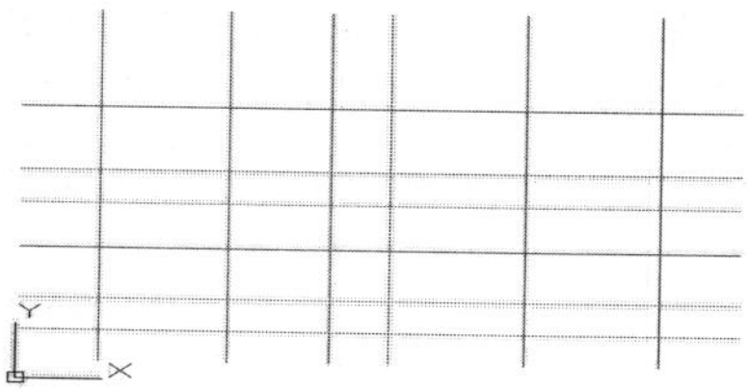

图 12-5　对垂直直线偏移

12.2.4 绘制墙体

墙体一般使用“多线”命令绘制，可在绘制完成后对多线进行编辑，或者使用“直线”和“偏移”命令，即对直线进行偏移绘制，对于局部的、复杂的墙线，使用对直线进行偏移的方法将会更加方便。利用多线绘制墙体，具体步骤如下。

01 执行“常用”选项卡“绘图”面板中的“多线”命令（快捷键 ML），设命令行提示如下。

```
命令：ml
当前设置：对正 = 上，比例 = 240.00，样式 = STANDARD
指定起点或 [对正（J）/比例（S）/样式（ST）]:S
输入多线比例<20.00>:240
当前设置：对正 = 上，比例 = 240.00，样式 = STANDARD
指定起点或 [对正（J）/比例（S）/样式（ST）]:j
输入对正类型[上（T）/无（Z）/下（B）]：Z
当前设置：对正 =无，比例 = 240.00，样式 = STANDARD
指定起点或 [对正（J）/比例（S）/样式（ST）]:S
指定下一点：
指定下一点或[放弃（U）]:
指定下一点或[闭合（C）/放弃（U）]:
```

02 在绘图区中，沿着墙体轴线的交点绘制出墙体部分，如图 12-6 所示。

03 双击多线，弹出“多线编辑工具”对话框，单击“T 形合并”按钮，如图 12-7 所示。

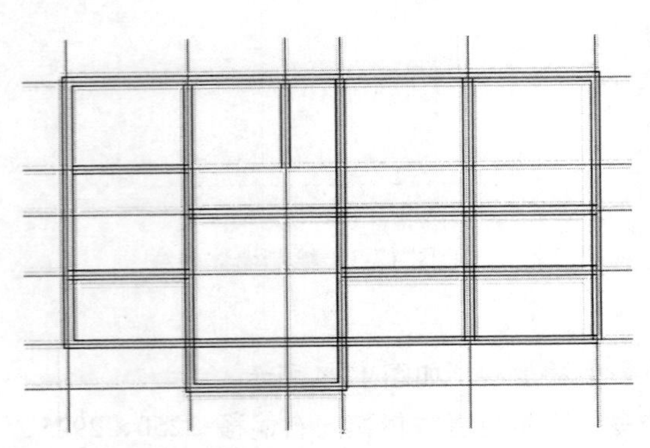
图 12-6　绘制墙体

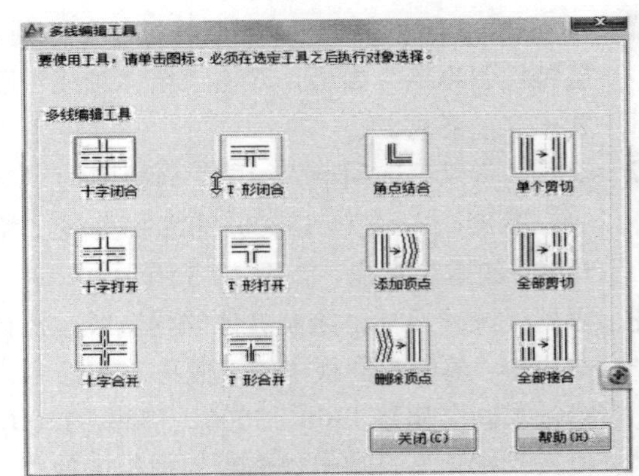

图 12-7　多线编辑工具

04 选择一条多线作为“T 形合并”的第一条多线，如图 12-8 所示；然后与其相交的多线作为“T 形合并”的第二条多线，如图 12-9 所示；这时即可将两条多线 T 形合并，如图 12-10 所示。

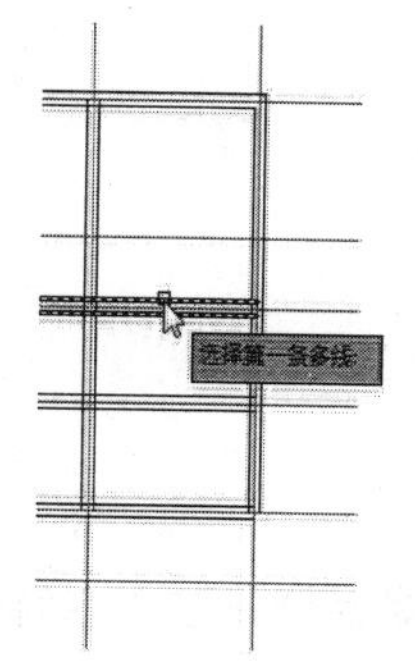

图 12-8　选择第一条多线

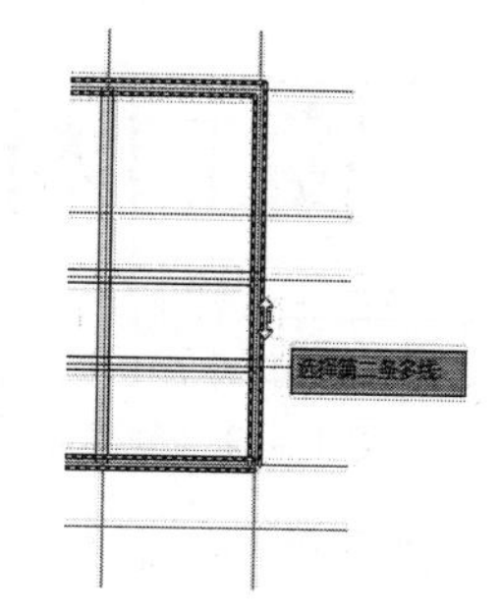

图 12-9　选择第二条多线

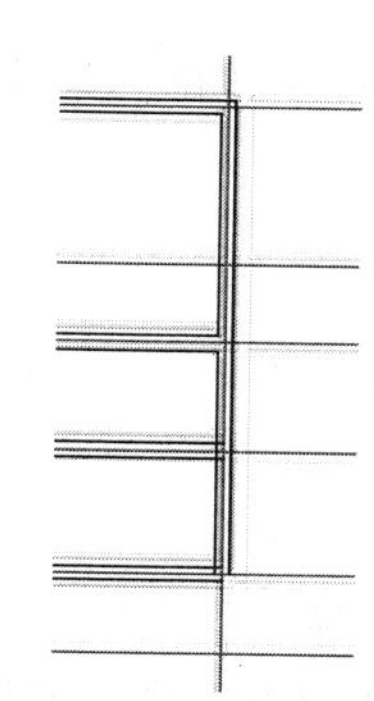

图 12-10　T 型合并

05 通过“T 形合并”和其他多线编辑工具对多线进行编辑，然后执行“常用”选项卡“修改”面板中的“修剪”命令对多线进行剪切，得到墙体轮廓线，如图 12-11 所示。

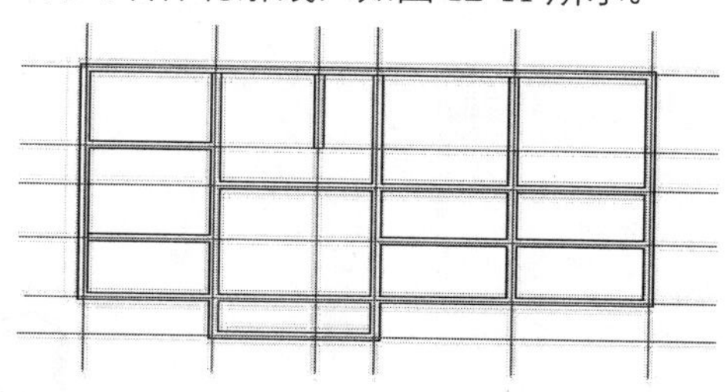

图 12-11　绘制墙体

12.2.5　绘制窗户和门体

1．创建窗和门的块

可先将窗户和门创建为块，然后在需要开窗或门的位置执行“插入”选项卡“块”面板中的“插入”命令插入相应的块即可。可按照以下的步骤创建块。

01 利用“图层”面板的下拉列表框，将当前图层置为“建筑－窗户”。

02 绘制窗户。窗户的宽度为 1200mm，可用平行的 4 条直线表示。执行“常用”选项卡“绘图”面板中的“直线”命令，在绘图区任意位置绘制一条长度为 1200 的直线，并将该直线偏移出 3 条平行直线，每条直线之间的间距为 60（即墙的 1/3），如图 12-12（a）所示。

03 用直线连接两端，如图 12-12（b）所示。最后，选择两端的垂直直线，选择“特性”工具栏的“线宽”下拉列表框将两端的直线的线宽设置为 0.5mm，如图 12-12（c）所示。

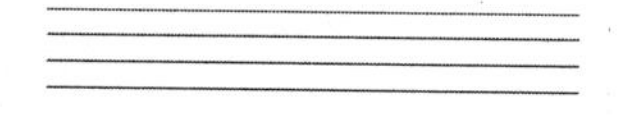

（a）绘制 4 条水平线

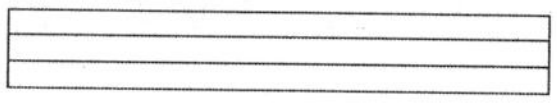

（b）绘制两端的直线

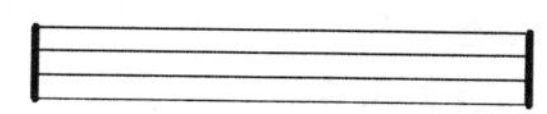

（c）将两端直线的线宽设置为 0.5mm

图 12-12　绘制窗户

04 执行“常用”选项卡“块”面板中的“定义属性”命令，弹出“属性定义”对话框，在“标记”文本框内输入“窗户标号”，在“提示”文本框内输入“请输入该窗户类型的标记”，在“默认”文本框内输入 C1，在“文字高度”文本框内输入 400，单击 确定 按钮，将该属性插入刚刚绘制的

图形上方，如图 12-13 所示。

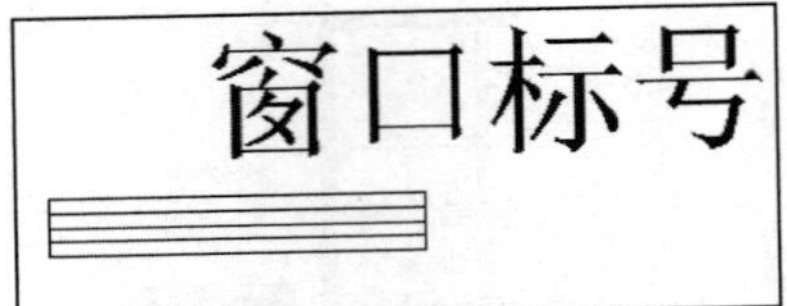

图 12-13　创建属性

05 执行“常用”选项卡“块”面板中的“创建”命令，弹出“块定义”对话框，在“名称”文本框中输入块的名称“窗户”。

06 选择刚刚绘制的图形和创建的属性，选择“在屏幕上指定”复选框，并选择“删除”单选按钮，单击 确定 按钮，如图 12-14（a）所示。命令行提示指定基点，此时指定窗户的最上面一条线的中点为基点。指定基点后，因为选择了“删除”源对象，此时原先在绘图区绘制的窗户对象及属性将消失，如图 12-14（b）所示。

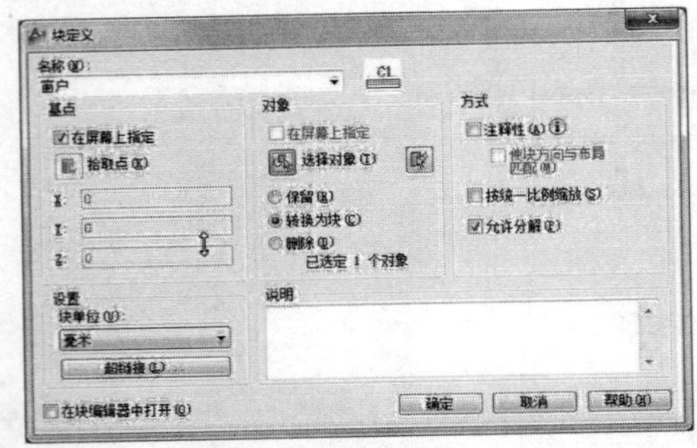

（a）创建窗户的块

（b）窗户对象

图 12-14　块定义

07 将 “建筑－门体”图层置于当前，与窗户绘制过程一致，绘制如图 12-15 所示的图形——门（尺寸标注不用绘制）。

08 执行“常用”选项卡“块”面板中的“定义属性”命令，创建门的属性，在“标记”文本框内输入“门标号”，在“提示”文本框内输入“请输入该门类型的标记”，在“默认”文本框内输入 M1，将“文字高度”文本框设置为 400，然后单击 确定 按钮，如图 12-16 所示。

09 执行“常用”选项卡“块”面板中的“创建”命令，将其创建为块，块的名称为“门”，基点为门的左上角点，如图 12-17 所示。

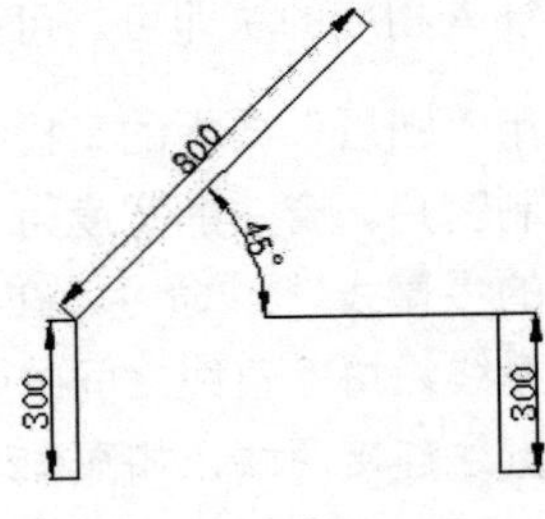

图 12-15　绘制门的图形

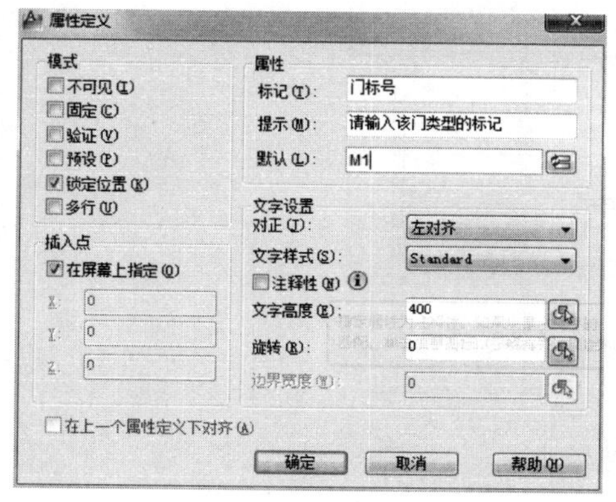

图 12-16　进行属性定义

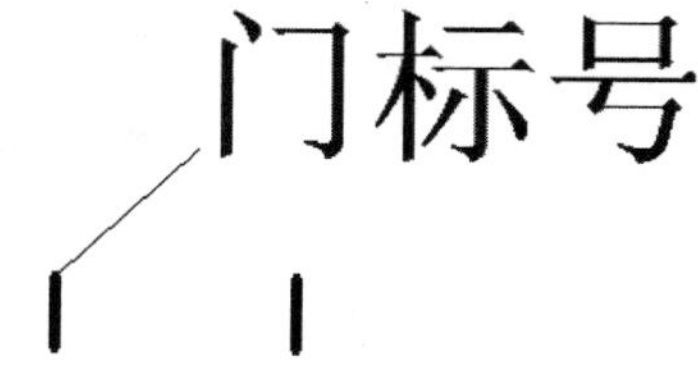

图 12-17　将其创建为块

2．插入窗体

窗户的位置都是在各个屋子外墙的中间位置，因此，此时可以绘制辅助线，然后捕捉辅助线的中点将窗户的块插入。

01 新建“辅助线”图层。打开“图层特性管理器”，新建一个图层为“辅助线”，将其“颜色”设置为“绿色”，其他的保持默认。将新建的“辅助线”图层置为当前。

02 执行“常用”选项卡“绘图”面板中的“直线” 命令，在要插入窗户的屋子的外沿绘制直线，如图 12-18 所示，可依次指定 A、B、C、D、E、F、G、H、I、J、K、I、M 点进行绘制。

03 将“建筑－窗户”图层置为当前。捕捉辅助线的中点，执行“常用”选项卡“块”面板中的“插入” 命令，将“窗户”块插入图形中 L-M 的位置，如图 12-19 所示，注意插入竖向窗户时旋转 90°。

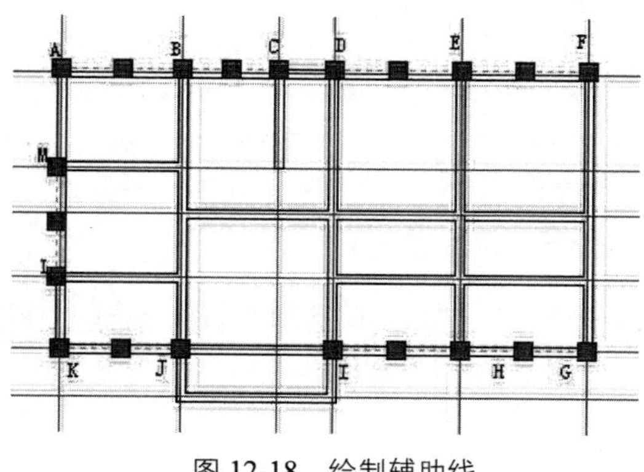

图 12-18　绘制辅助线

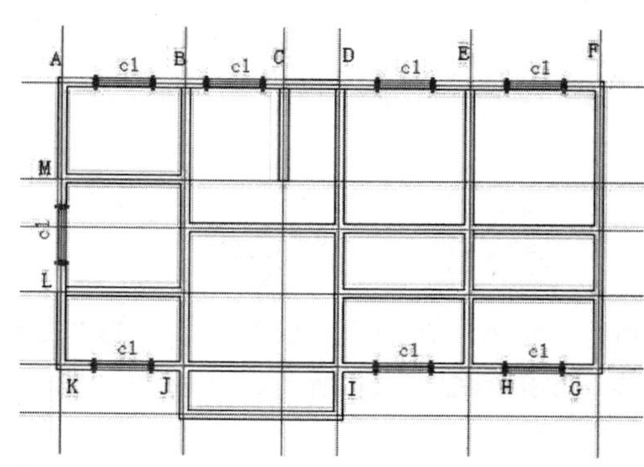

图 12-19　在其他各个位置插入

04 执行“常用”选项卡“修改”面板中的“修剪” 命令，删除辅助线和字母，效果如图 12-20 所示。至此，窗户绘制完成。

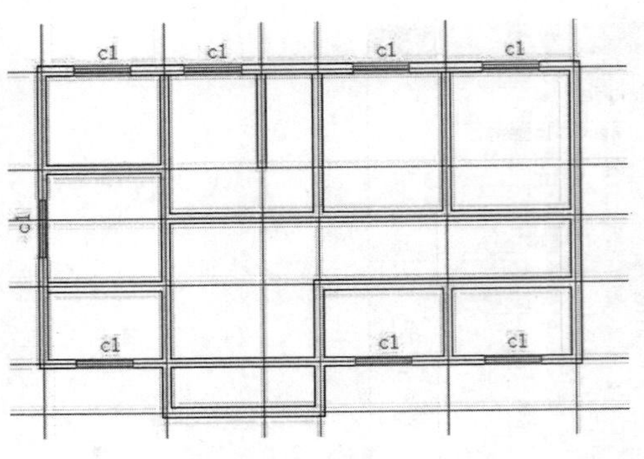

图 12-20　删除辅助线

3. 插入门

插入门的方法与插入窗户的方法一样，其绘制步骤如下。

01 将“建筑－门体”图层置为当前。

02 绘制门体定位轴线，执行“常用”选项卡“绘图”面板中的“直线”命令，绘制水平直线和垂直直线，如图 12-21 所示。

03 复制门体定位轴线，执行“常用”选项卡“修改”面板中的“复制”命令，将门体定位轴线复制到指定的位置，如图 12-22 所示。

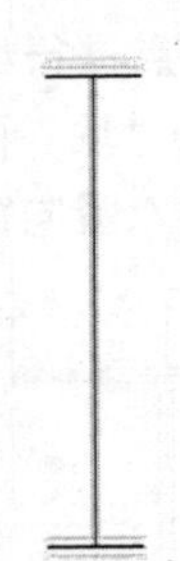
图 12-21　门体定位轴线

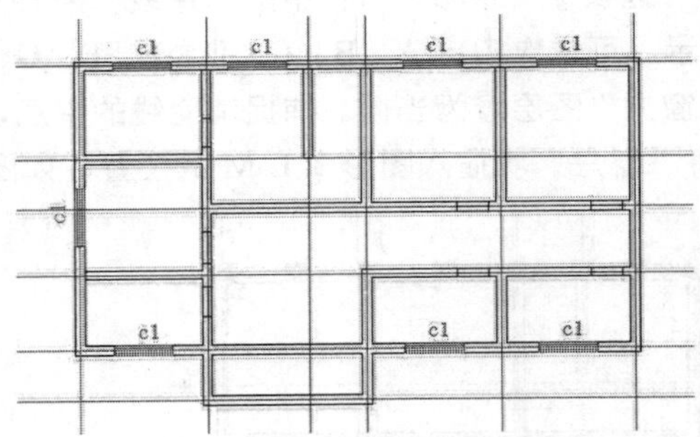

图 12-22　插入定位轴线

04 执行“插入”选项卡“块”面板中的“插入”命令，将名称为“门”的块插入到图形中的门体位置，效果如图 12-23 所示。

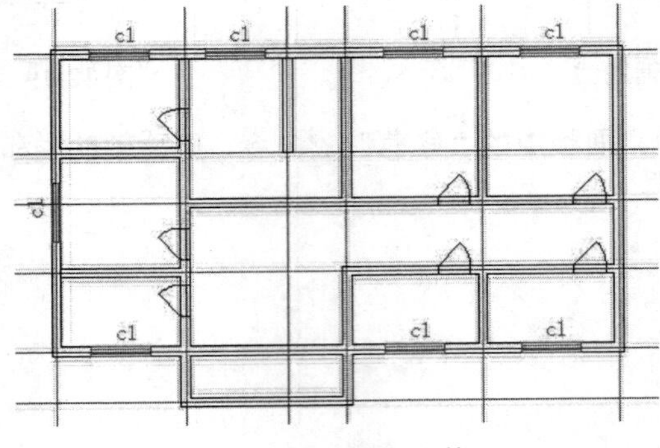

图 12-23　插入门体

12.2.6　编辑墙体

01 关闭“墙体轴线”图层。

02 执行“常用”选项卡“修改”面板中的“修剪” 命令，然后选择窗户两端的直线为修剪边，用窗口选择的方法选择多线为修剪对象，如图 12-24（a）所示，修剪后的效果如图 12-24（b）所示。

（a）选择要修剪的对象　　（b）修剪结果

图 12-24　修剪窗户处的墙体

03 如同上面的方法，执行“常用”选项卡“修改”面板中的“修剪” 命令，修剪其余的窗户和门位置上的墙体。修剪结果如图 12-25 所示。

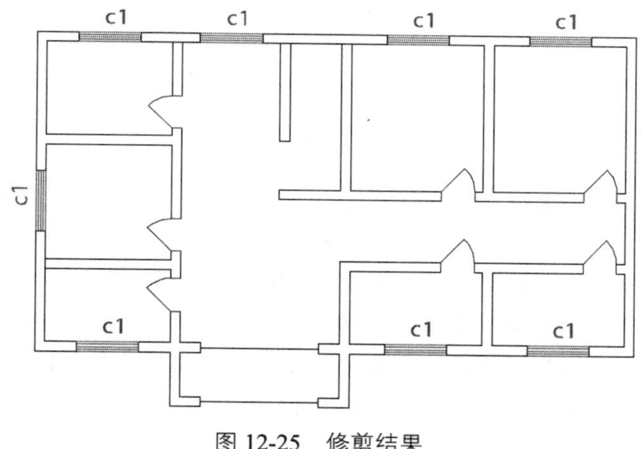

图 12-25　修剪结果

12.2.7　绘制楼梯

01 将“楼梯”图层设置为当前图层，执行“常用”选项卡“绘图”面板中的“直线” 命令，绘制一条长为 1235mm 的水平线。

02 执行“常用”选项卡“修改”面板中的“偏移” 命令绘制台阶部分，效果如图 12-26 所示。

03 执行“常用”选项卡“修改”面板中的“修剪” 命令，对楼梯进行修剪，效果如图 12-27 所示。

04 执行“常用”选项卡“绘图”面板中的“直线” 命令和“修改”面板中的“修剪” 命令添加楼梯标识，效果如图 12-28 所示。

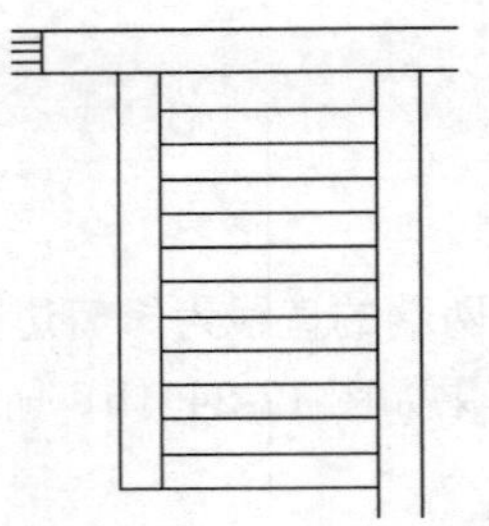

图 12-26　绘制台阶部分

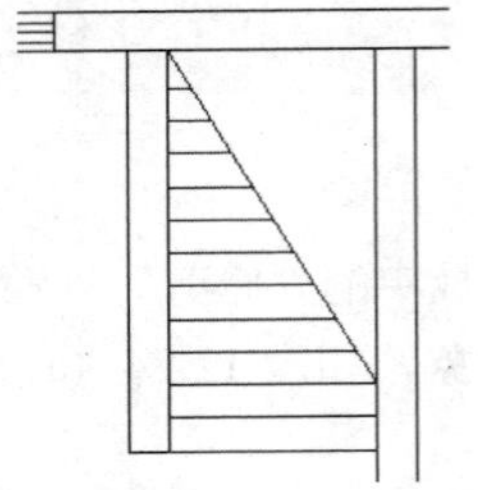

图 12-27　绘制楼梯

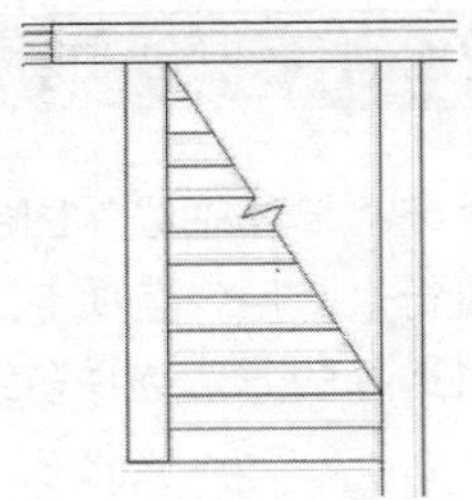

图 12-28　对楼梯进行剪切

05 绘制完成后的效果如图 12-29 所示。

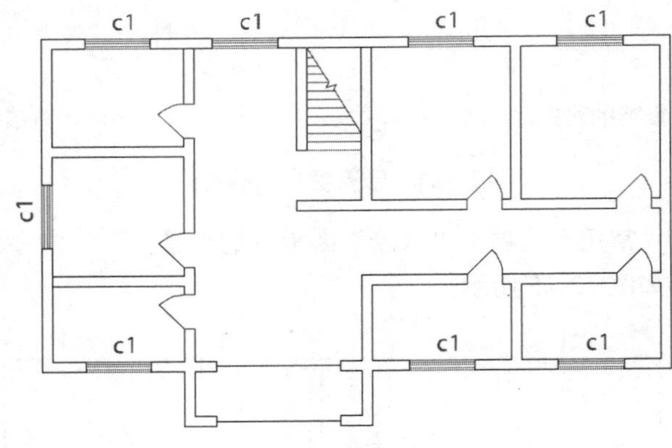

图 12-29　添加楼梯

12.2.8　绘制室外台阶

01 关闭“标注”和“墙体轴线”图层，以方便制图。执行“常用”选项卡“绘图”面板中的“样条曲线”命令，在外门洞左侧绘制一条样条曲线。

02 执行“常用”选项卡“修改”面板中的“偏移”命令将其向左复制偏移 350mm，调整其端点位置，并在其下方端点处绘制一个正四边形，如图 12-30 所示。

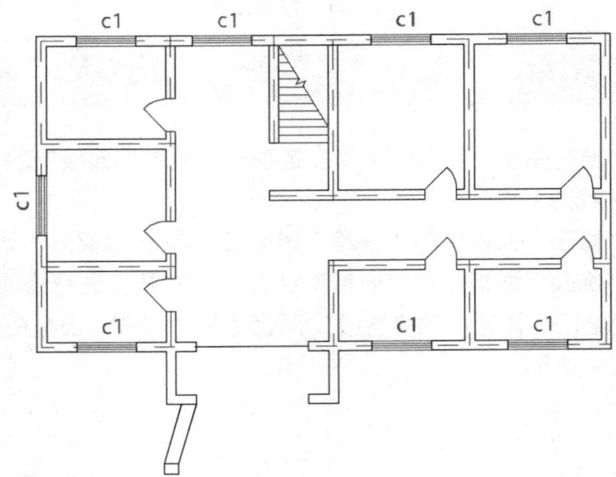

图 12-30　绘制台阶边界

03 执行“常用”选项卡“修改”面板中的“镜像”命令，对上一步绘制的图形进行镜像，绘制结果如图 12-31 所示。

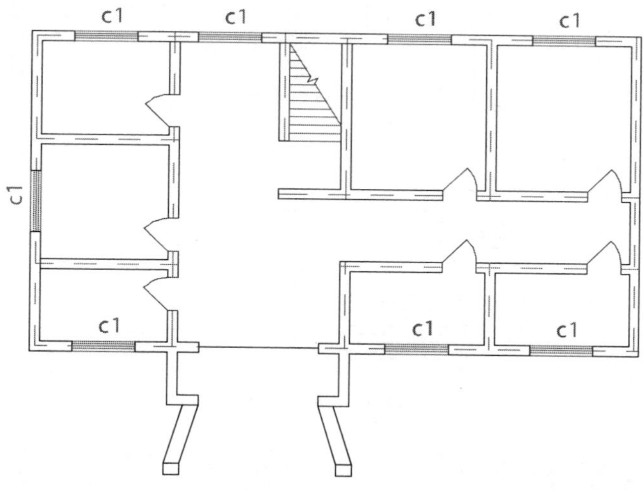

图 12-31　绘制台阶

04 绘制台阶。执行“常用”选项卡“绘图”面板中的“直线”命令和“修改”面板中的“偏移”命令绘制台阶，绘制效果如图 12-32 所示。

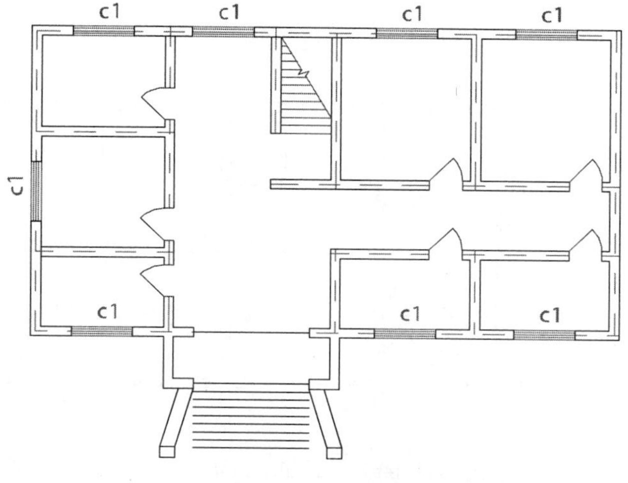

图 12-32　绘制台阶

05 执行“常用”选项卡“修改”面板中的“延伸”命令，将绘制的台阶延伸至两侧界限，效果如图 12-33 所示。

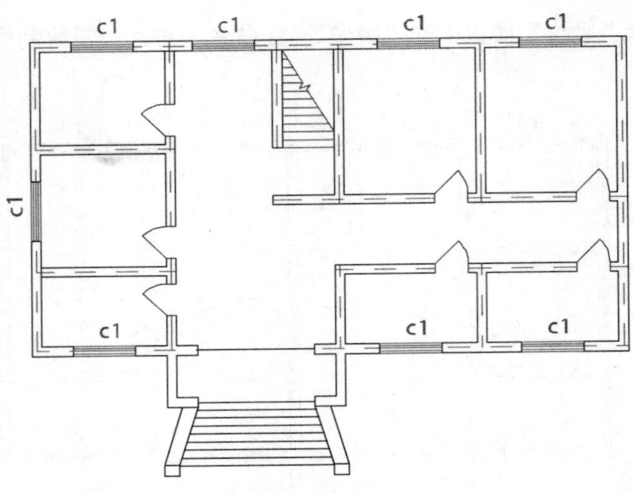

图 12-33　延伸台阶线

12.2.9　标注尺寸

01 执行“注释”选项卡“标注”面板中的“线性”命令标注一个起始尺寸 950，执行“注释”选项卡“标注”面板中的“连续标注”命令，标注其他的连续尺寸，如图 12-34 所示。

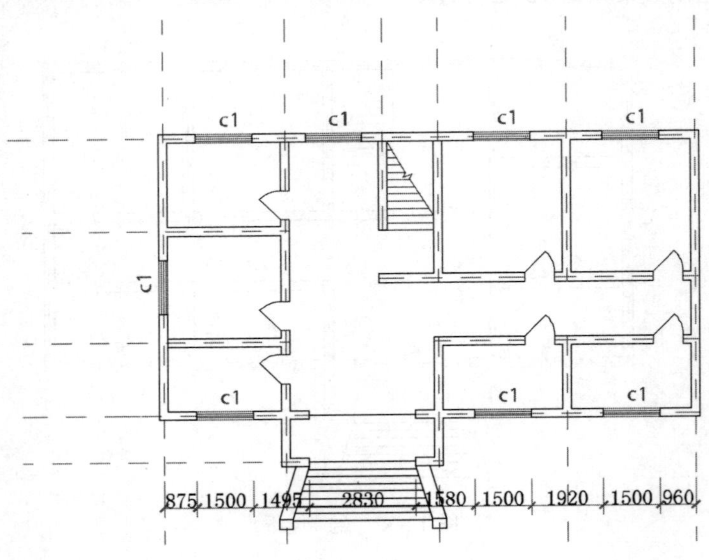

图 12-34　底部标注

02 利用相同的方法标注其他位置的尺寸，效果如图 12-35 所示。

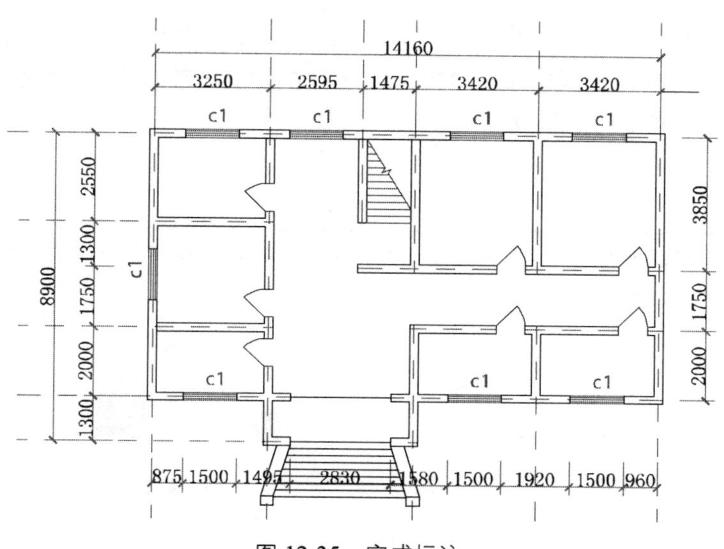

图 12-35　完成标注

小提示

标注完成之后，有的尺寸可能由于在尺寸界线内标注不下而标注在别的位置，要进行适当的调整。一般用先分解再移动的方法调整，并删除多余的线段。有的尺寸界线长短不齐，需要修剪。

03 绘制轴线编号，通过定义属性块的方式进行操作，属性的定义方法在前面章节已有详解，这里不再赘述，执行“插入”选项卡“块”面板中的“插入”命令插入轴线符号，绘制结果如图 12-36 所示。

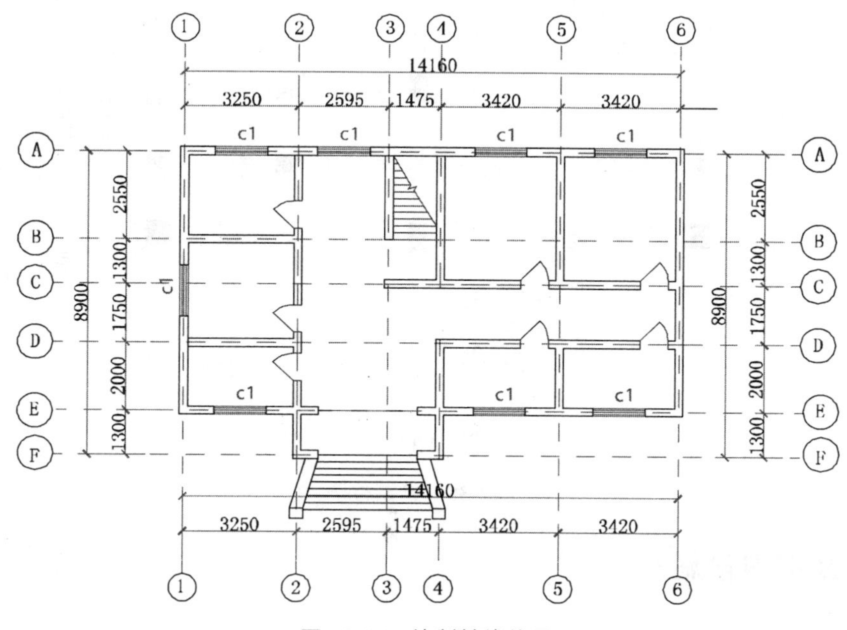

图 12-36　绘制轴线编号

04 绘制柱子。柱子的通用型很强，因此可以作为块通过执行“插入”选项卡“块”面板中的“插入”

命令插入，属性块的定义方法在前面章节中已有详解。本例中有三种尺寸的柱子，分别为 400mm × 400mm、650mm × 650mm、450mm × 750mm。柱子的绘制比较简单，先根据尺寸绘制矩形，然后进行填充即可，如图 12-37 所示。

小提示

柱子绘制时也可以不做成块，而通过执行“常用”选项卡“修改”面板中的“复制” 命令，利用多重复制命令进行复制。

（a）绘制矩形　　（b）填充柱子

图 12-37　绘制柱子

05 将柱子复制到相应的地方，对于在轴线交点处的柱子，直接捕捉交点作为插入点，对于不在轴线上的柱子，应先绘制辅助线进行定位。具体绘制过程不再赘述，绘制结果如图 12-38 所示。

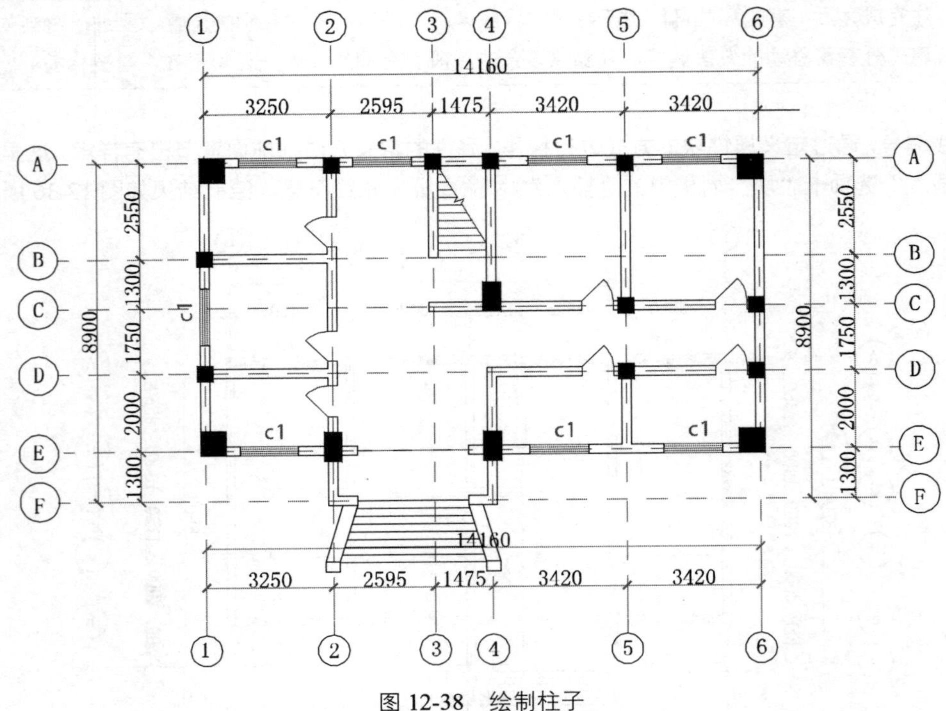

图 12-38　绘制柱子

12.2.10　绘制楼内设施

轴线尺寸标注完成后，开始绘制楼内设施，楼内布局主要是对室内的布局进行示意，包括床、沙发、洗脸池等，下面将介绍如何绘制相应的室内设施。

室内设施图例的绘制比较简单，在平时绘制时，应注意收集各种图例，在使用时作为图块调用即可。

1．绘制卫生间设施

卫生间设施主要包括马桶和浴盆。马桶的绘制步骤如下。

01 执行“常用”选项卡“绘图”面板中的“矩形”命令绘制一个尺寸为 450×200 的矩形，作为冲水桶，执行“常用”选项卡“绘图”面板中的“圆角”命令进行圆角处理，矩形上面的两个角，设置圆角半径为 50，矩形下面的两个角，设置圆角半径为 30，效果如图 12-39 所示。

02 执行“常用”选项卡“绘图”面板中的“圆弧”命令，绘制圆弧，如图 12-40 所示。

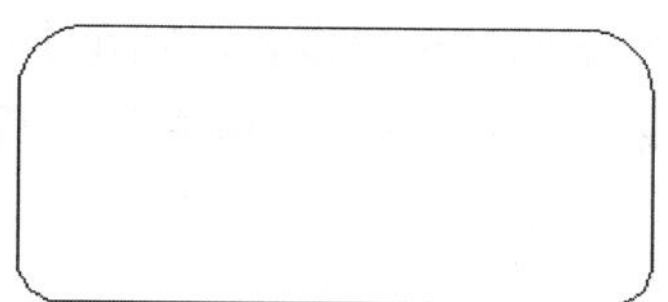

图 12-39　矩形圆角

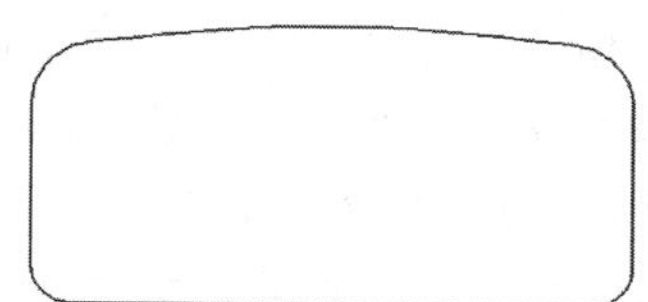

图 12-40　绘制圆弧

03 执行“常用”选项卡“绘图”面板中的“直线”命令，绘制直线，如图 12-41 所示。

04 执行“常用”选项卡“绘图”面板中的“椭圆”按钮，长轴为 225，短轴为 180，如图 12-42 所示。

05 执行“常用”选项卡“绘图”面板中的“直线”命令连接座便器盖的两个端点，执行“常用”选项卡“绘图”面板中的“矩形”命令绘制两个 35×8 的矩形作为马桶的出水按钮，绘制效果如图 12-43 所示。

06 执行“常用”选项卡“绘图”面板中的“圆弧”命令，绘制两条圆弧，效果如图 12-44 所示。

07 执行“插入”选项卡“块定义”面板中的“创建块”命令，将马桶设定为块。

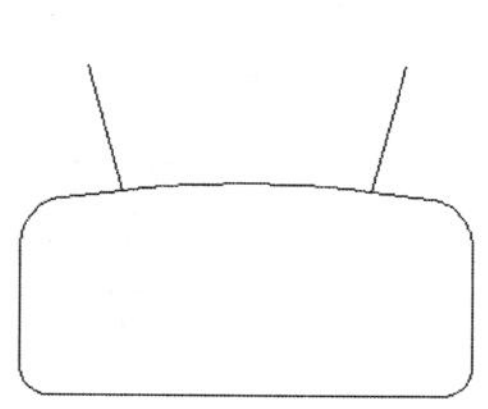

图 12-41　绘制直线

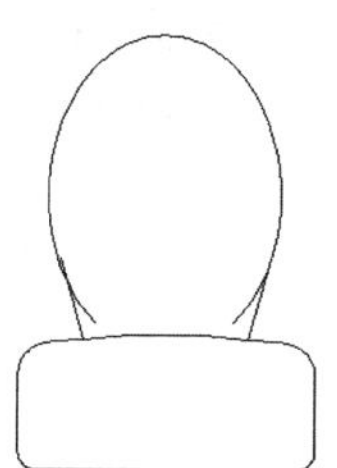

图 12-42　绘制椭圆座便器盖

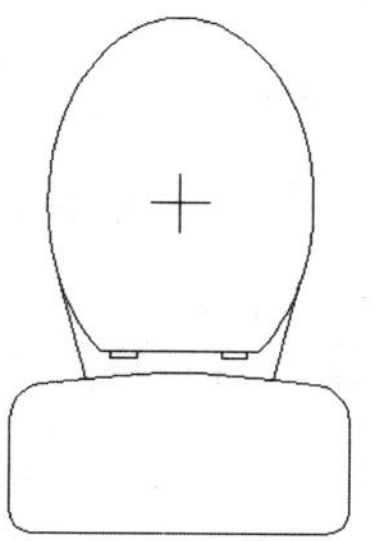

图 12-43　绘制好的座便器盖

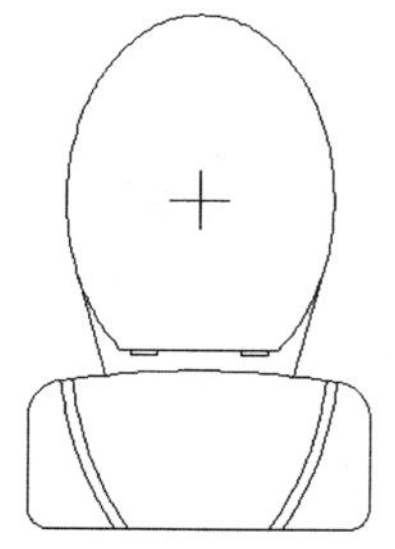

图 12-44　座便器平面图

浴盆的绘制过程如下：

01 执行“常用”选项卡“绘图”面板中的“矩形”命令绘制一个 1800×750 的矩形，执行“常用”选项卡“修改”面板中的“偏移”命令将矩形向内偏移 20mm，绘制效果如图 12-45 所示。

02 执行“常用”选项卡“绘图”面板中的“直线”命令，绘制一个梯形，长边长 600，短边长 560，斜边长 1300，如图 12-46 所示。

图 12-45　浴盆轮廓线

图 12-46　绘制梯形

03 执行“常用”选项卡“绘图”面板中的“圆角”命令对矩形短边进行圆角，圆角半径为 50。执行“常用”选项卡“绘图”面板中的“圆弧”命令，使用“起点、中点、端点”绘制方法，在长边绘制圆弧，如图 12-47 所示。

04 利用同样的方法，绘制浴盆内侧边缘线，如图 12-48 所示。

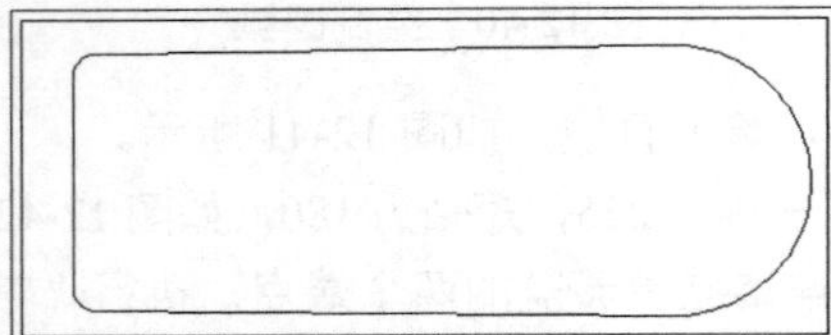

图 12-47　绘制圆弧

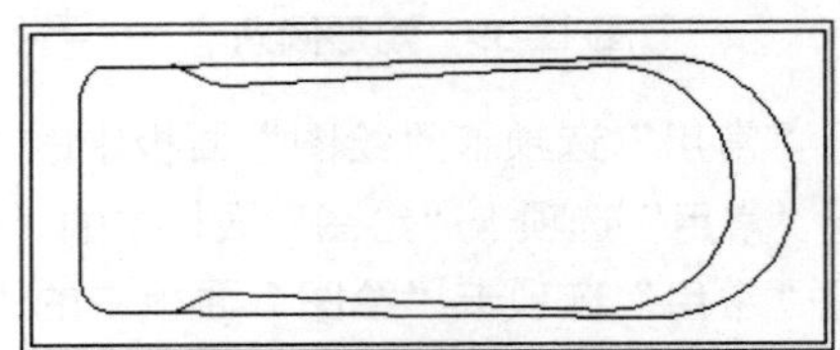

图 12-48　绘制浴盆内侧边缘线

05 绘制浴盆水龙头。执行“常用”选项卡“绘图”面板中的“矩形”命令绘制一个 70×30 的矩形和两个 45×40 的矩形，效果如图 12-49 所示。

06 绘制水龙头开关和水漏。执行“常用”选项卡“绘图”面板中的“圆”命令，分别绘制半径为 26 和 38 的圆，如图 12-50 所示。

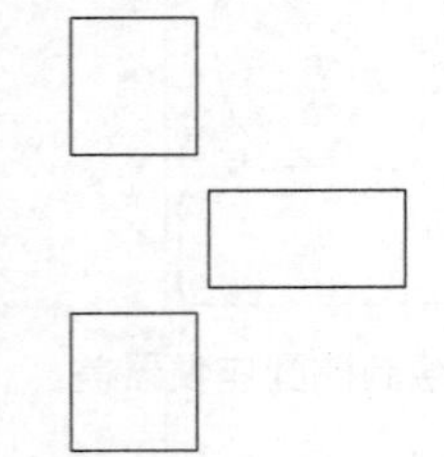

图 12-49　绘制矩形

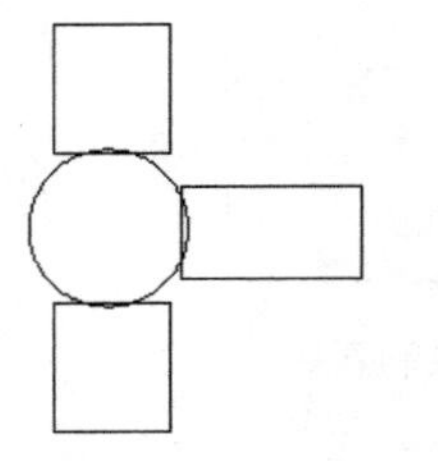

图 12-50　绘制圆

07 执行“常用”选项卡“修改”面板中的“修剪”命令修剪矩形和圆交叉的圆，绘制效果如图 12-51 所示。

08 执行“插入”选项卡“块定义”面板中的“创建块”命令，设定块名称为“浴盆”。

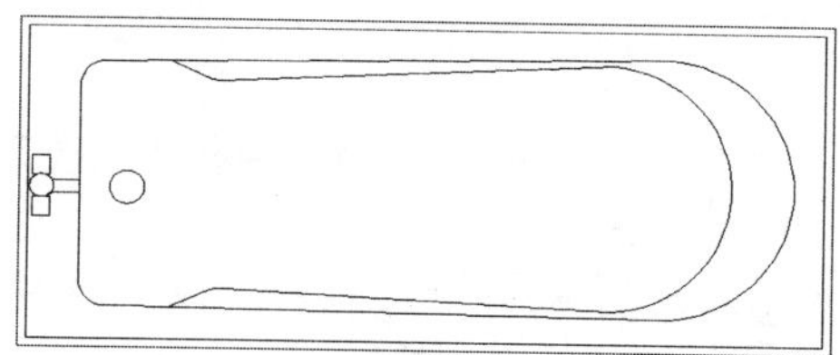

图 12-51　浴盆平面图

2. 绘制餐桌

01 绘制桌面。执行“常用”选项卡“绘图”面板中的“矩形”命令绘制一个尺寸为 1160×760 的矩形，执行“常用”选项卡“绘图”面板中的“圆角”命令，设置圆角半径为 50，对矩形进行圆角，绘制效果如图 12-52 所示。

02 执行“常用”选项卡“修改”面板中的“偏移”命令，将圆角后的矩形向外偏移 20，效果如图 12-53 所示。

03 执行“常用”选项卡“绘图”面板中的“直线”命令，绘制梯形，上边长 460，下边长 520，执行“常用”选项卡“绘图”面板中的“圆角”命令，设置圆角半径为 30，对梯形进行圆角，然后执行“常用”选项卡“修改”面板中的“偏移”命令，绘制效果如图 12-54 所示。

图 12-52　绘制桌面

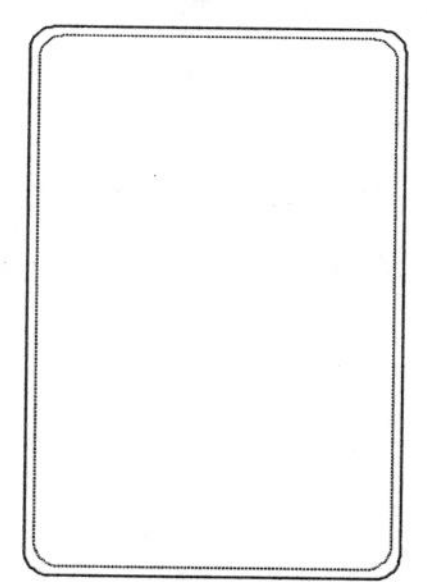

图 12-53　进行偏移

图 12-54　座椅面板

04 执行“常用”选项卡“绘图”面板中的“圆弧”命令，绘制椅背，绘制效果如图 12-55 所示。

05 执行“常用”选项卡“修改”面板中的“复制”命令，复制 6 把椅子。同时执行“常用”选项卡“修改”面板中的“移动”命令，将椅子环绕桌面放置，绘制效果如图 12-56 所示。

06 执行“插入”选项卡“块定义”面板中的“创建块”命令，设定块名称为“餐桌”。

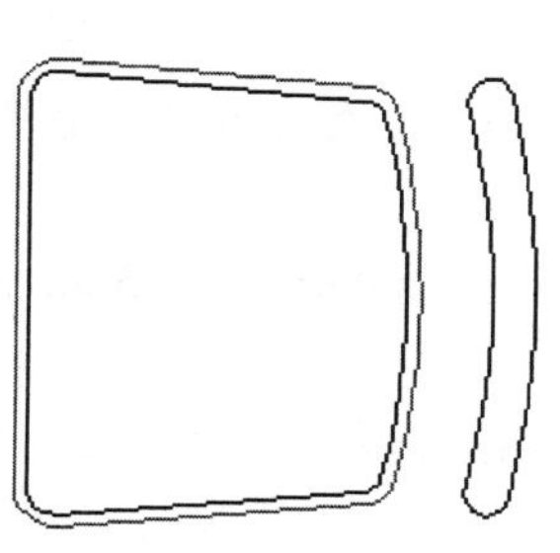

图 12-55　绘制椅背

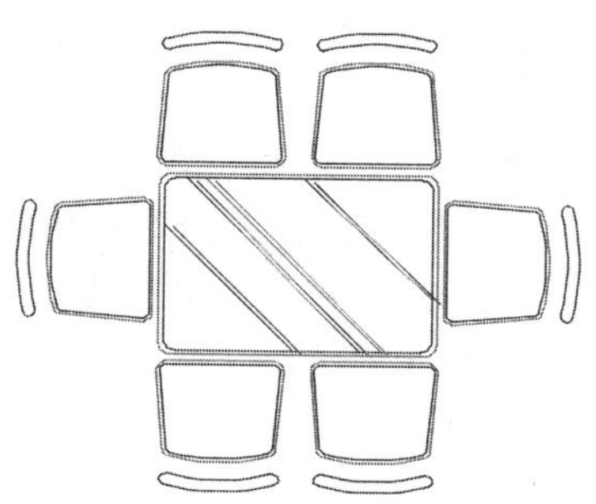

图 12-56　放置椅子

3. 绘制卧室床体

01 执行“常用”选项卡“绘图”面板中的“矩形”命令和“修改”面板中的“偏移”命令绘制床板轮廓线，绘制效果如图 12-57 所示。

02 执行“常用”选项卡“绘图”面板中的“矩形”命令绘制一个尺寸为 270×560 的矩形，然后执行“常用”选项卡“绘图”面板中的“圆角”命令，设置圆角半径为 50，对矩形进行圆角，绘制效果如图 12-58 所示。

03 执行“常用”选项卡“修改”面板中的“偏移”命令将圆角后的矩形向内偏移 20，效果如图 12-59 所示。

04 执行“常用”选项卡“绘图”面板中的“填充”命令，将矩形内部进行填充，效果如图 12-60 所示。

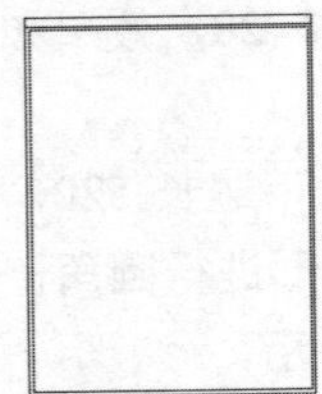

图 12-57　床板

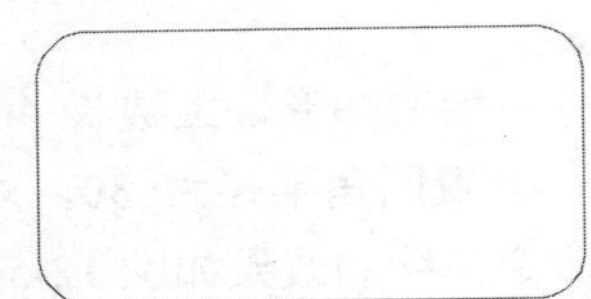

图 12-58　枕头外边缘

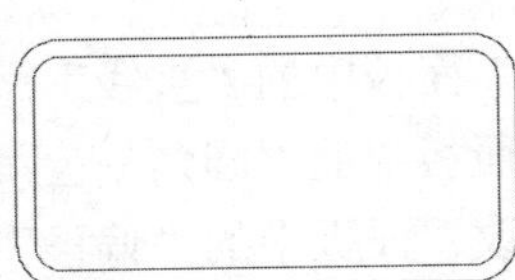

图 12-59　进行偏移

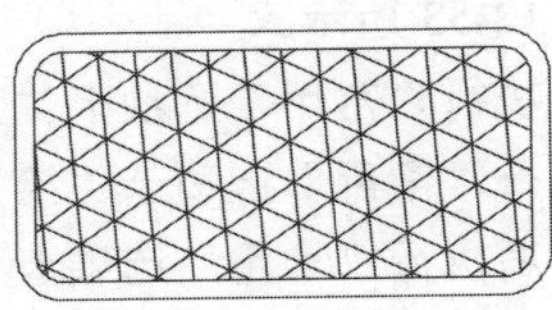

图 12-60　填充好的枕头

05 执行“常用”选项卡“绘图”面板中的“多段线”命令，绘制靠枕和被子，效果如图 12-61 所示。

06 执行“常用”选项卡“绘图”面板中的“填充”命令将被子内部进行填充，效果如图 12-62 所示。

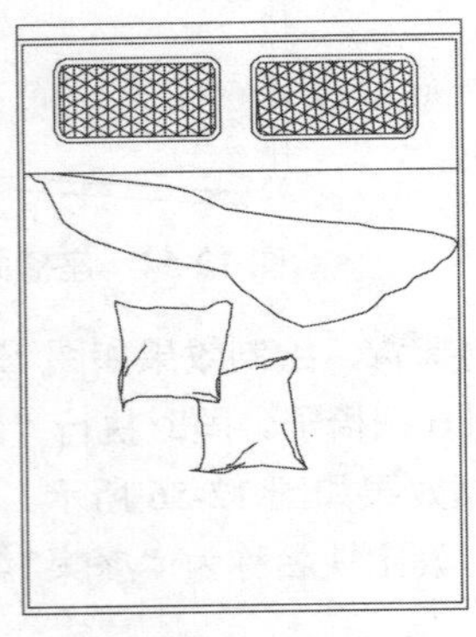

图 12-61　靠垫和被子

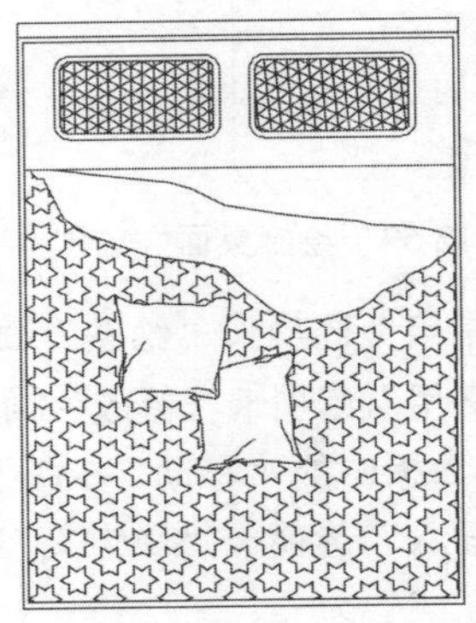

图 12-62　填充被子

07 执行“常用”选项卡“绘图”面板中的“矩形”命令和“修改”面板中的“偏移”命令绘制床头柜轮廓线，绘制效果如图 12-63 所示。

08 执行“常用”选项卡“绘图”面板中的“圆”命令绘制半径为 200mm 和 155mm 的两个同心圆，绘制效果如图 12-64 所示。

09 执行“常用”选项卡“绘图”面板中的“直线”命令绘制两条长为 300 的直线，效果如图 12-65 所示。

10 执行“常用”选项卡“修改”面板中的“移动”命令将圆形移动到矩形中间，效果如图 12-66 所示。

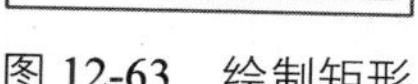
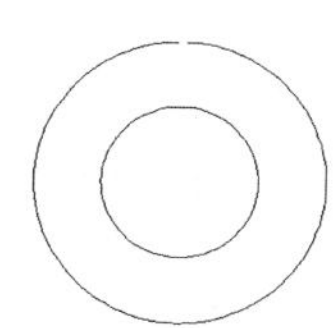

图 12-64　绘制圆

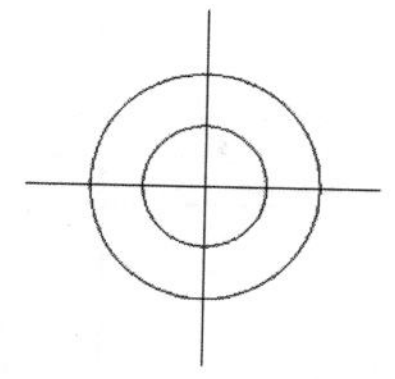

图 12-65　绘制直线

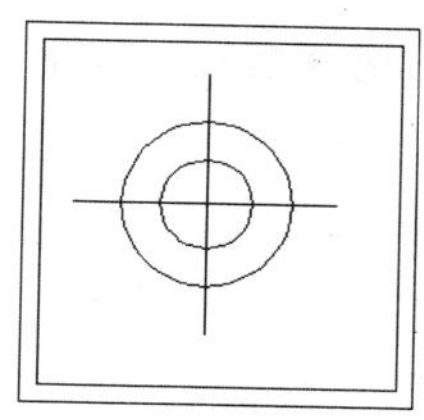

图 12-66　床头灯

11 执行“常用”选项卡“修改”面板中的“移动”命令将床头灯分别移动到床的两侧，完成后的效果如图 12-67 所示。

12 执行“插入”选项卡“块定义”面板中的“创建块”命令，设定块名称为“双人床”。

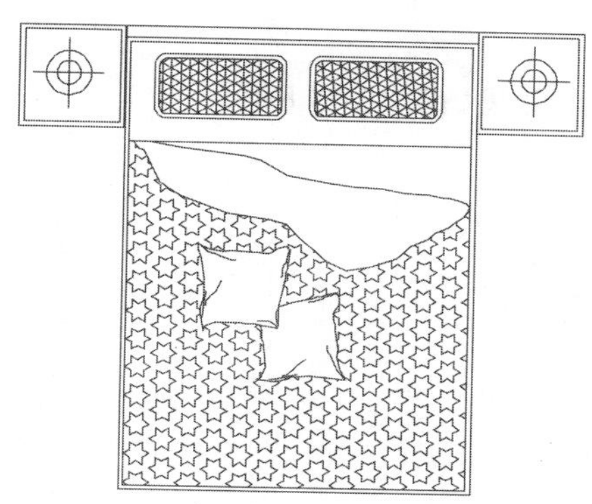

图 12-67　床的平面图

4．绘制客厅沙发

沙发的绘制过程如下。

01 绘制轮廓线。执行“常用”选项卡“绘图”面板中的“直线”命令和“修改”面板中的“偏移”命令绘制轮廓线，绘制效果如图 12-68 所示。

02 绘制沙发。执行“常用”选项卡“修改”面板中的“修剪”命令对轴线进行修剪，绘制效果如图 12-69 所示。

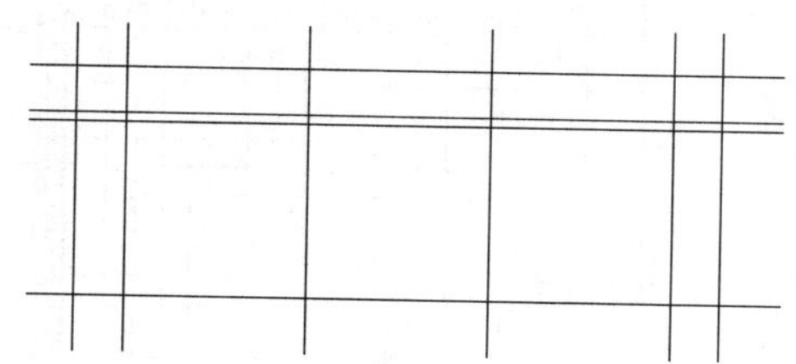

图 12-68　绘制轮廓线

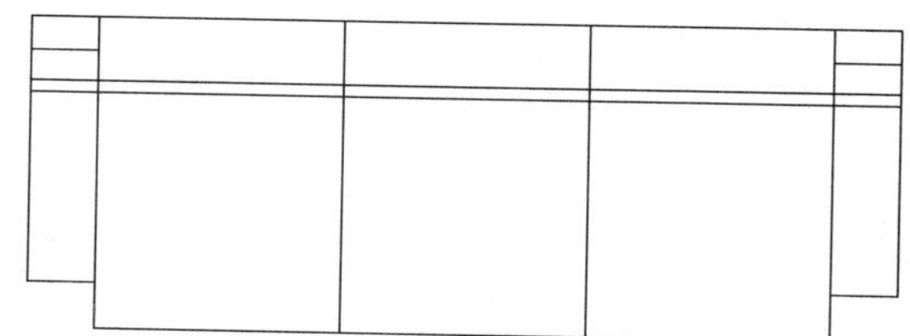

图 12-69　进行剪切

03 执行“常用”选项卡“绘图”面板中的“圆角”命令，设置圆角半径为 50，对矩形进行圆角，绘制效果如图 12-70 所示。

04 执行“常用”选项卡“绘图”面板中的“直线”命令和 “样条曲线”命令绘制沙发褶皱部分，

绘制效果如图 12-71 所示。

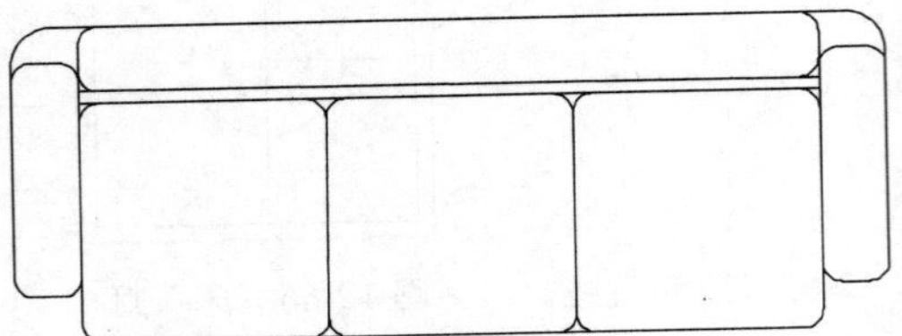
图 12-70 进行圆角

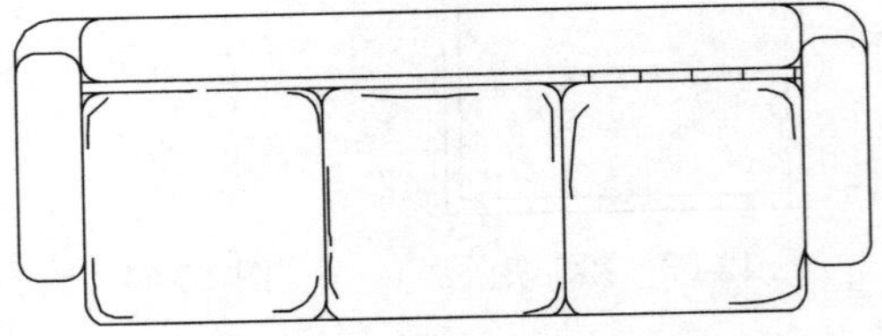
图 12-71 绘制细部

05 绘制单体沙发，绘制过程与绘制长沙发一样，绘制效果如图 12-72 所示。

5. 绘制茶几

茶几的绘制过程较为简单，绘制效果如图 12-73 所示。

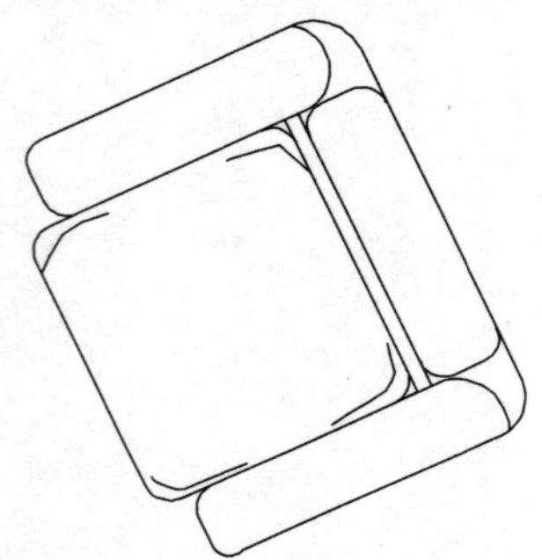
图 12-72 绘制单体沙发

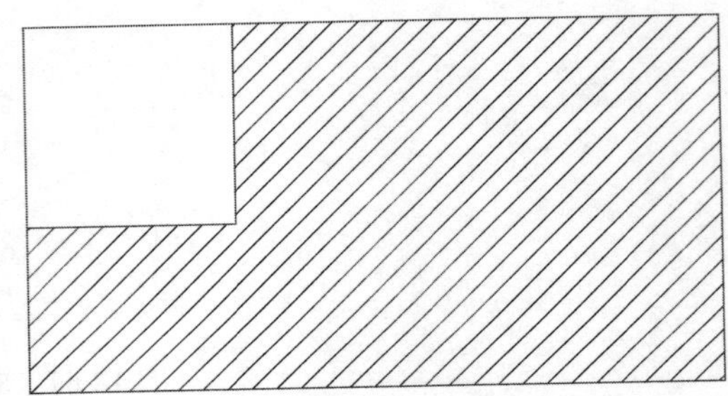
图 12-73 绘制茶几

6. 绘制地毯

01 绘制轮廓线。执行“常用”选项卡“绘图”面板中的“矩形”命令和“修改”面板中的“偏移”命令绘制地毯轮廓线，绘制效果如图 12-74 所示。

02 执行“常用”选项卡“绘图”面板中的“填充”命令对地毯内部和周边花纹进行填充，填充效果如图 12-75 所示。

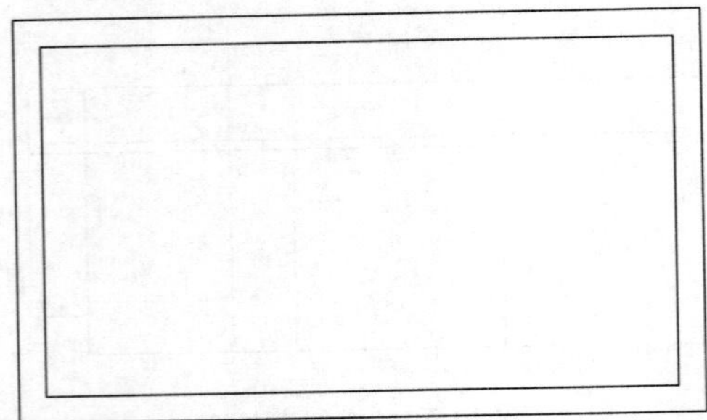
图 12-74 绘制地毯轮廓

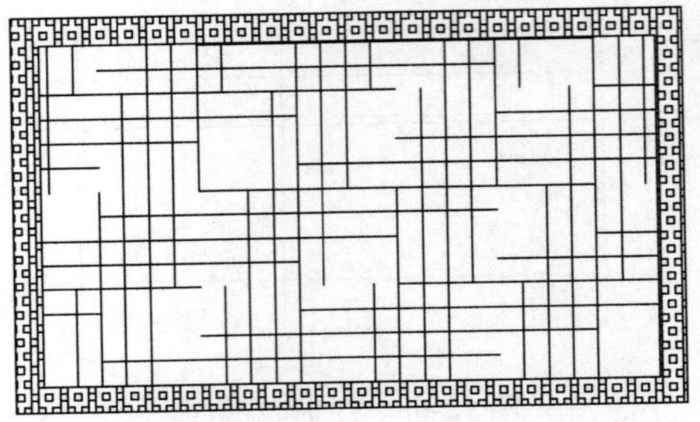
图 12-75 填充花纹

将沙发、茶几围绕地毯放至合适的位置，效果如图 12-76 所示。

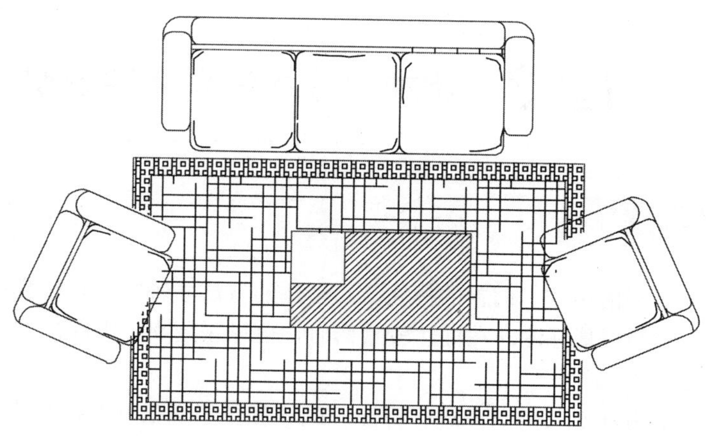

图 12-76　摆放设施

至此客厅设施绘制完成。

执行“插入”选项卡“块定义”面板中的“创建块”命令，将客厅设施设定为块。执行“常用”选项卡“块”面板中的“插入”命令将绘制的室内设施插入到合适的位置，绘制效果如图 12-77 所示。

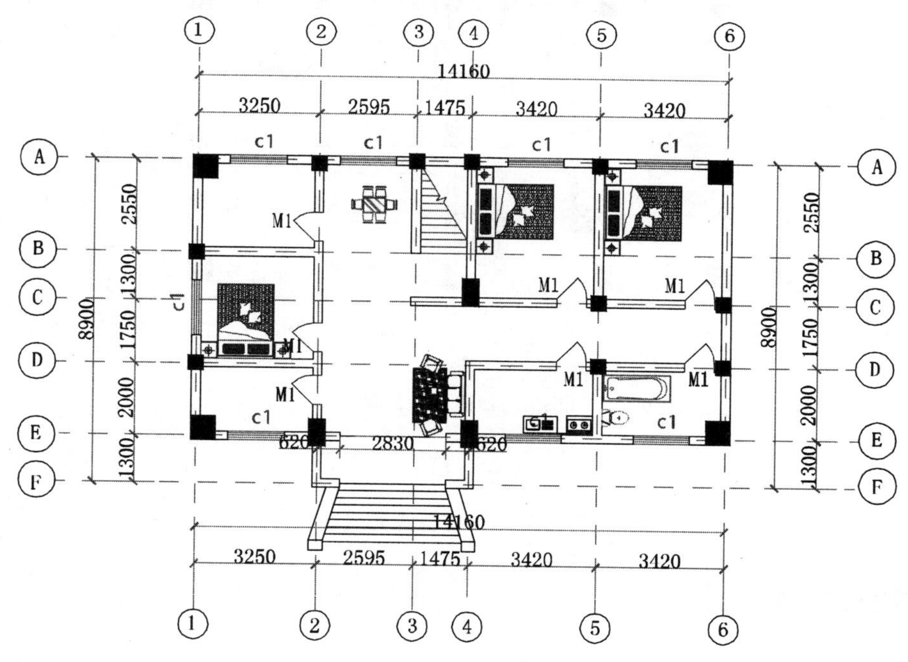

图 12-77　插入楼内布局

12.3 添加尺寸标注和文字说明

12.3.1 添加尺寸标注

细部的标注包括室内布局的标注、门窗的标注等。标注的方法和轴线的标注相同，应注意标注时不要遗漏，也不应该出现不必要的重复标注。在标注较紧密时，可以采用夹点编辑的方法调整标注文字，如采用分上下两排间隔放置等方法。

使用与轴线标注相同的方法对其他对象进行标注，具体操作步骤在此不再赘述，标注效果如图 12-78 所示。

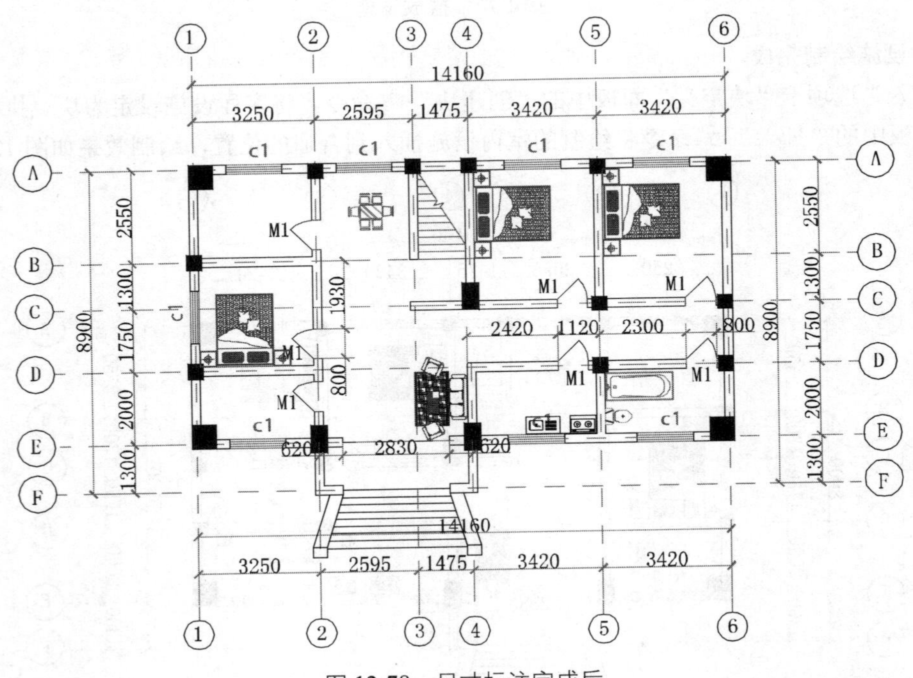

图 12-78　尺寸标注完成后

12.3.2 添加文字说明

添加文字说明用于标注各个房间的用途和门窗的型号等，在文字样式设置好后，直接在需要说明的对象附近添加文字即可。对于门窗，可以将相同型号的变为一个名称，如 C1。

执行“注释”选项卡“文字”面板中“多行文字”下的“单行文字”A命令，添加文字，具体绘制过程较为简单，在此不再详细叙述，绘制结果如图 12-79 所示。

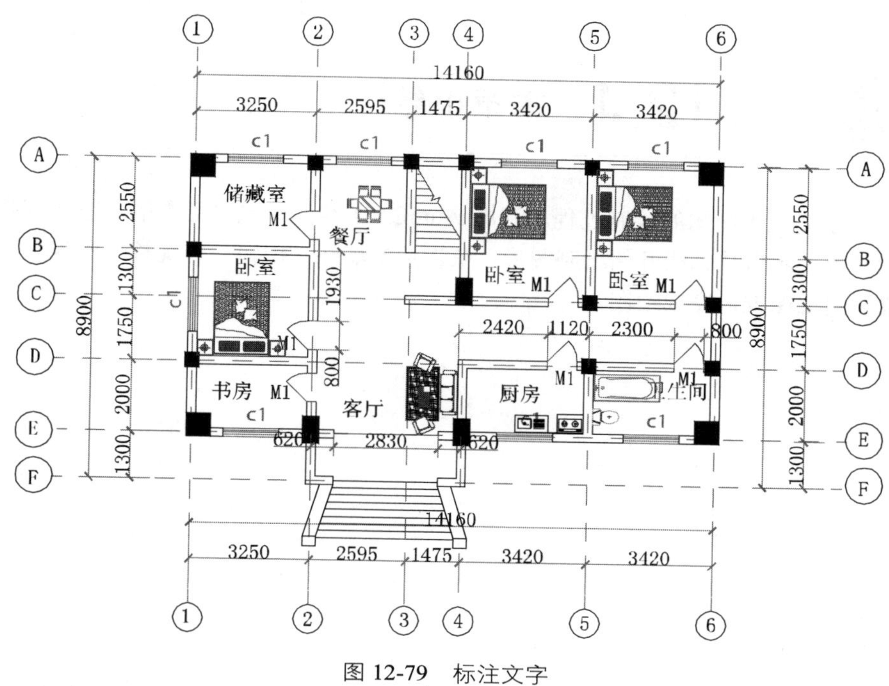

图 12-79　标注文字

将绘制的图形放置在图框中，和总平面图的绘制类似，需要添加图名和绘图比例等，绘制效果如图 12-80 所示。

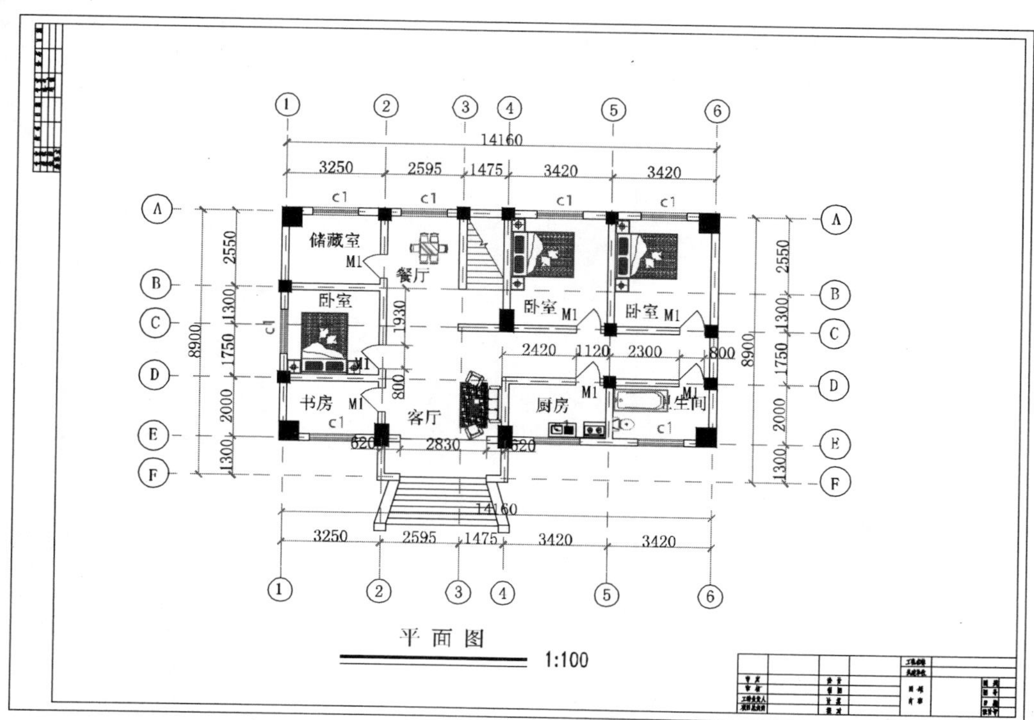

图 12-80　添加图框

12.4 本章小结

本章详细介绍了建筑平面图的绘制过程。利用 AutoCAD 绘制建筑平面图的一般步骤是：首先设置绘图环境或者调入模板；然后从轴线开始绘制图形，依次绘制墙线、门窗、布置柱子和家具；再进行文字和尺寸的标注；最后建立图框，完成绘图。

第 13 章
绘制建筑规划平面图

建筑规划平面图即建筑的总平面图，主要用于表示整个建筑基地的总体布局，是具体表达新建房屋的位置、朝向以及周围环境（原有建筑、交通道路、绿化、地形）基本情况的图样。拟建房屋的施工要求和总体布局，由施工总说明和建筑总平面图表示出来。一般中小型房屋建筑施工图首页（即施工图的第一页）就包含了这些内容。

知识要点

- 了解建筑规划平面图的基础知识。
- 掌握设置通用参数的方法，会建立绘制模板和样板文件。
- 熟悉绘制建筑规划平面图的具体步骤。
- 掌握添加尺寸标注和文字说明的方法。

为了让大家理解总平面图的概念，下面给出某待建建筑的建筑规划平面图，如图 13-1 所示。

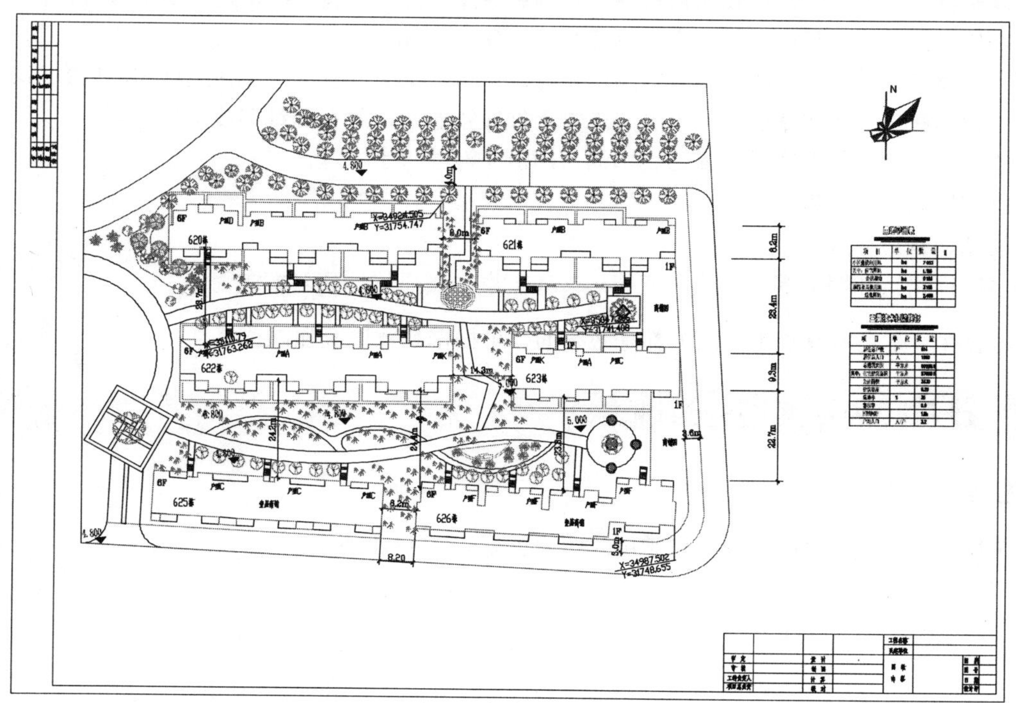

图 13-1　某小区建筑规划平面图

13.1 建筑规划平面图的基础知识

利用水平投影法和相应的图例，在画有等高线或加上坐标方格网的地形图上，画出新建、拟建、原有和要拆除的建筑物、构筑物的图样称为建筑规划平面图。

对整个工程的统一要求（如材料、质量要求）、具体做法及该工程的有关情况都可在建筑规划图中进行具体的文字说明，中小型房屋建筑的施工总说明一般位于建筑施工图中。

建筑总平面图是表明新建房屋基地所在范围内总体布置的图样。它要表达新建房屋的位置和朝向、与原有建筑物的关系、周围道路和绿化布置及地形地貌等内容。建筑规划平面图是新建房屋定位、土方施工及绘制其他专业管线平面图和施工总平面布置图的依据。

13.1.1 建筑规划平面图的内容

建筑规划平面图是表明新建房屋所在地基有关范围内的总体布置，它反映新建房屋、构筑物等的位置和朝向，室外场地、道路、绿化等的布置，地形、地貌、标高等，与原有环境的关系和临界情况。主要包括以下内容。

01 新建筑物：拟建房屋，用粗实线框表示，并在线框内，用数字表示建筑层数。

02 新建建筑物的定位：总平面图的主要任务是确定新建建筑物的位置，通常是利用原有建筑物、道路等来定位的。

03 新建建筑物的室内外标高：我国把青岛市外的黄海海平面作为零点所测定的高度尺寸，称为绝对标高。在总平面图中，用绝对标高表示高度数值，单位为 m。

04 相邻有关建筑、拆除建筑的位置或范围：原有建筑用细实线框表示，并在线框内，用数字表示建筑层数。拟建建筑物用虚线表示。拆除建筑物用细实线表示，并在其细实线上打叉。

05 附近的地形地物，如等高线、道路、水沟、河流、池塘、土坡等。

06 指北针和风向频率玫瑰图。

07 绿化规划、管道布置。

08 道路（或铁路）和明沟等的起点、变坡点、转折点、终点的标高与坡向箭头。

以上内容并不是在所有总平面图上都是必须的，可根据具体情况加以选择。

13.1.2 建筑规划平面图的绘制要求

1. 图线

在建筑规划平面图的绘制过程中，常用的图线类型如表 13-1 所示。

表 13-1　常用的图线类型

线型	用途
粗实线	新建建筑物的可见轮廓线
细实线	原有建筑物、构筑物、道路、围墙等可见轮廓线
中虚线	计划扩建建筑物、构筑物、预留地、道路、围墙、运输设施、管线的轮廓线
单点长画细线	中心线、对称线、定位轴线
折断线	与周边分界

2. 比例及计量单位

总平面图的常用比例为：1:500、1:1000、1:2000。单位：m，并至少取小数点后两位，不足时以“0”补齐。

3. 建筑定位

坐标网格：A×B，用细实线表示。按上北下南方向绘制。根据场地形状或布局，可向左或向右偏转，但不宜超过 45°。施工坐标网：X×Y，用交叉的十字细线表示。南北为 X，东西为 Y。以 100 ×100m 或 50 ×50m 画成坐标网格。

4. 等高线和绝对标高

在总平面图上通常画有多条类似徒手画的波浪线，每条线代表一个等高面，称其为等高线。等高线上的数字代表该区域地势变化的高度。等高线上所注的高度是绝对标高。

5. 指北针及风向频率玫瑰图

指北针用来确定新建房屋的朝向。其符号应按国标规定绘制，细实线圆的直径为 24mm，箭尾宽度为圆直径的 1/8，即 3mm。圆内指针涂黑并指向正北，在指北针的尖端部写上“北”字，或“N”字。

风向玫瑰图是在极坐标图上绘制出基地在一年中各种风向出现的频率。因图形与玫瑰花朵相似，故而得名。

最常见的风向玫瑰图是一个圆，圆上引出 16 条放射线，它们代表 16 个不同的方向，每条直线的长度与这个方向的风的频度成正比。静风的频度放在中间。有些风向玫瑰图上还指示出了各风向的风速范围。

图中线段最长者即为当地主导风向。风向玫瑰图可直观地表示年、季、月等的风向，为城市规划、建筑设计和气候研究所常用。

13.1.3 建筑规划平面图的特点

建筑规划平面图的特点如下：

01 总平面图所要表示的地区范围较大，除新建房物外，还要包括原有房屋和道路、绿化等总体布局，因此，在《建筑制图国家标准》中规定，总平面图的绘图比例应选用 1:500、1:1000、1:2000，在具体工程中，由于国土局及有关单位提供的地形图比例常为 1:500，故总平面图的常用绘图比例是 1:500。

02 由于总平面图绘图比例较小，图中的原有房屋、道路、绿化、桥梁边坡、围墙及新建房屋等均是用图例表示，书中列出了建筑总平面图的常用图例。在较复杂的总平面图中，如用了国标中没有的图例，应在图纸中的适当位置绘出新增加的图例。

03 图中尺寸单位为米，注写到小数点后两位。

13.1.4 建筑规划平面图的布置方法

首先应解决大宗材料进入工地的运输方式，如铁路运输需要将铁轨引入工地；水路运输需要考虑增设码头、仓储和转运问题；公路运输需要考虑运输路线的布置问题等。

1. 场外交通的引入

（1）铁路运输

一般大型工业企业都设有永久性铁路专用线，通常将其提前修建，以便为工程项目施工服务。由于铁路的引入，将严重影响场内施工的运输和安全，因此，一般将铁路先引入到工地两侧，当整个工程进展到一定程度，工程可分为若干个独立施工区域时，才可以把铁路引到工地中心区。此时铁路对每个独立的施工区都不应有干扰，位于各施工区的外侧。

（2）水路运输

当大量物资由水路运输时，就应充分利用原有码头的吞吐能力。当原有码头能力不足时，应考虑增设码头，其码头的数量不应少于两个，且宽度应大于 2.5m，一般用石头或钢筋混凝土结构建造。

一般码头距工程项目施工现场有一定距离，故应考虑码头建仓储库房以及从码头运往工地的运输问题。

（3）公路运输

当大量物资由公路运入现场时，由于公路布置较灵活，一般将仓库、加工厂等生产性临时设施布置在最方便、最经济合理的地方，而后再布置通向场外的公路线。

2. 仓库与材料堆场的布置

仓库和堆场的布置应考虑下列因素。

- 尽量利用永久性仓库，节约成本。
- 仓库和堆场位置距使用地尽量接近，减少二次搬运。
- 当有铁路时，尽量布置在铁路线旁边，并且留够装卸前线，而且应设在靠工地一侧，避免内部运输跨越铁路。
- 根据材料用途设置仓库和堆场：砂、石、水泥等在搅拌站附近； 钢筋、木材、金属结构等在加工厂附近；油库、氧气库等布置在僻静、安全处；设备尤其是笨重设备应尽量在车间附近；砖、瓦和预制构件等直接使用材料应布置在施工现场、吊车半径范围之内。

3. 加工厂的布置

加工厂一般包括：混凝土搅拌站、构件预制厂、钢筋加工厂、木材加工厂、金属结构加工厂等。布置这些加工厂时主要考虑来料加工和成品、半成品运往需要地点的总运输费用最小，且加工厂的生产和工程项目施工互不干扰。

（1）搅拌站的布置

根据工程的具体情况可采用集中、分散或集中与分散相结合三种方式布置。当现浇混凝土量大时，宜在工地设置混凝土搅拌站，当运输条件较好时，宜采用集中搅拌最有利；当运输条件较差时，则宜采用分散搅拌。

（2）预制构件加工厂的布置

一般建在空闲地带，既能安全生产，又不影响现场施工。

（3）钢筋加工厂的布置

根据不同情况，采用集中或分散布置。对于冷加工、对焊、点焊的钢筋网等宜集中布置，设置中心加工厂，其位置应靠近构件加工厂；对于小型加工件，利用简单机具即可加工的钢筋，可在靠近使用地分散设置加工棚。

（4）木材加工厂的布置

根据木材加工的性质、加工的数量、采用集中或分散布置。一般原木加工批量生产的产品等加工量大的应集中布置在铁路、公路附近，简单的小型加工件可分散布置在施工现场，设几个临时加工棚。

（5）金属结构、焊接、机修等车间的布置

应尽量集中布置在一起，因为相互之间会在生产上联系密切。

4. 内部运输道路的布置

根据各加工厂、仓库及各施工对象的相对位置，对货物周转运行图进行反复研究，区分主要道路和次要道路，进行道路的整体规划，以保证运输畅通、车辆行使安全、造价低。在布置内部运输道路时应考虑：

- 尽量利用拟建的永久性道路。将它们提前修建，或先修路基，铺设简易路面，项目完成后再铺路面。
- 保证运输畅通。道路应设两个以上的进出口，避免与铁路交叉，一般厂内主干道应设成环形，且应为双车道，宽度不小于 6m，次要道路为单车道，宽度不小于 3m。
- 合理规划拟建道路与地下管网的施工顺序。在修建拟建永久性道路时，应考虑路下的地下管网，避免将来重复开挖，尽量做到一次性到位，节约投资。

5. 临时性房屋的布置

临时性房屋一般有：办公室、汽车库、职工休息室、开水房、浴室、食堂、商店、俱乐部等。布置时应考虑：

- 全工地性管理用房（办公室、门卫等）应设在工地入口处。
- 工人生活福利设施（商店、俱乐部、浴室等）应设在工人较集中的地方。
- 食堂可布置在工地内部或工地与生活区之间。
- 职工住房应布置在工地以外的生活区，一般距工地 500～1000m 为宜。

6. 临时水电管网的布置

布置临时性水电管网时，应尽量利用可用的水源、电源。一般排水干管和输电线沿主干道布置；水池、水塔等储水设施应设在地势较高处；总变电站应设在高压电入口处；消防站应布置在工地出入口附近，消火栓沿道路布置；过冬的管网要采取保温措施。

综上所述，外部交通、仓库、加工厂、内部道路、临时房屋、水电管网等布置应系统考虑，在多种方案中进行比较，当确定之后采用标准图绘制在总平面图上。

13.2 建筑规划平面图的绘制

建筑规划平面图的绘制可以分为绘制道路、绘制建筑、绘制绿化小径、绘制楼梯台阶、绘制入室花池和花坛、进行绿化等。

值得注意的是，总平面图的绘制不需要特别精确，可以根据需要对一些重要的对象放大显示，如道路等。

13.2.1 绘制道路

道路的数据通过实际测量得到，执行“常用”选项卡“绘图”面板中的“样条曲线”命令绘制道路的轴线，然后执行“常用”选项卡“修改”面板中的“偏移”命令偏移轴线得到，绘制主干道，绘制效果如图 13-2 所示。

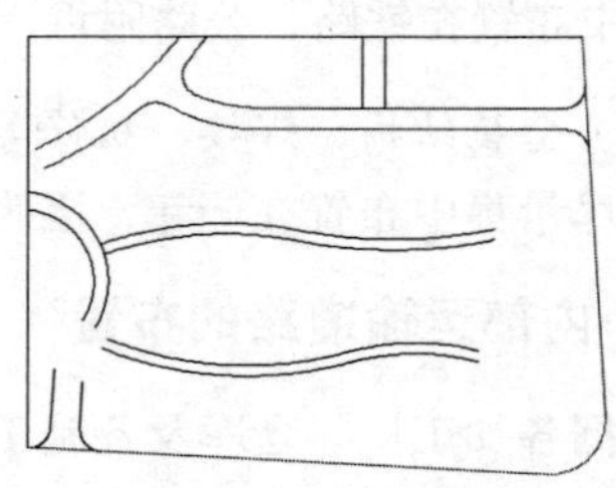

图 13-2 绘制道路

13.2.2 绘制建筑

绘制已有的建筑，本例中的已有建筑是住宅楼，建筑物的绘制只需要轮廓即可，以 620 栋建筑为例进行说明，具体绘制过程如下。

01 执行“常用”选项卡“绘图”面板中的“直线”命令绘制两条正交的定位轴线，绘制效果如图 13-3 所示。

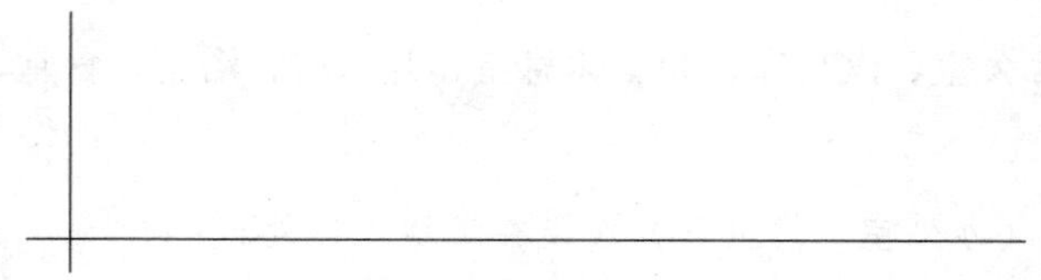

图 13-3 绘制定位轴线

02 执行“常用”选项卡“修改”面板中的“偏移”命令对两条正交定位轴线进行偏移，具体偏移尺寸可参见建筑平面图，偏移效果如图 13-4 所示。

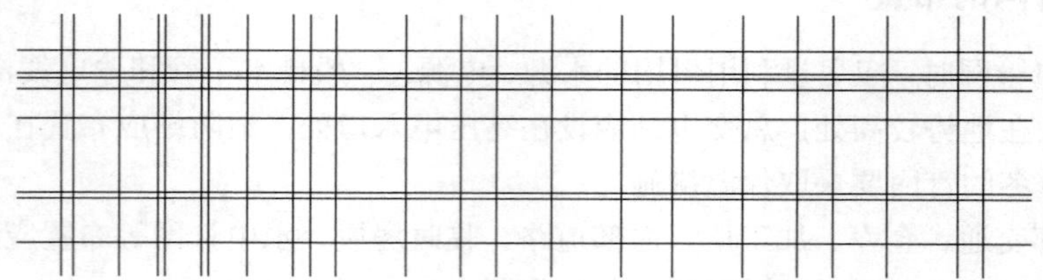

图 13-4 对轴线偏移

03 执行“常用”选项卡“绘图”面板中的“直线”命令将建筑轮廓线连接起来，绘制效果如图 13-5 所示。

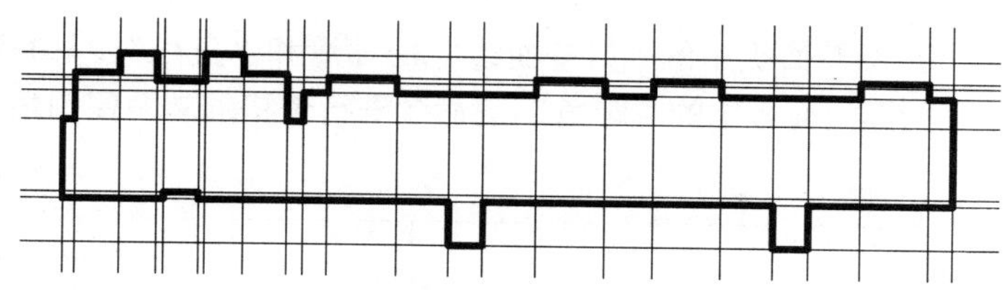

图 13-5　连接轮廓线

04 执行“常用”选项卡“修改”面板中的“删除”命令删除定位直线，删除效果如图 13-6 所示。

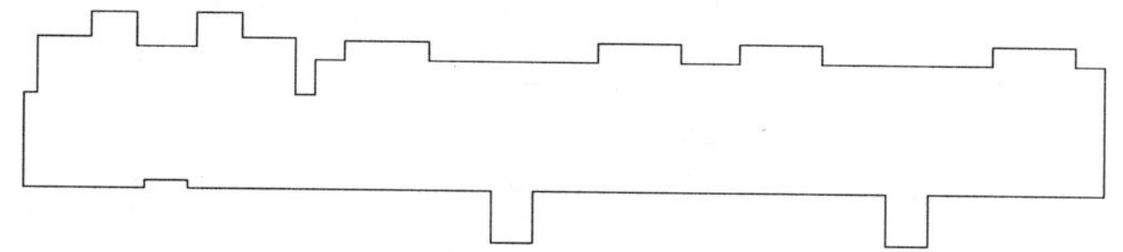

图 13-6　删除定位直线

05 执行“常用”选项卡“绘图”面板中的“直线”命令添加建筑窗户等突出位置，绘制效果如图 13-7 所示。

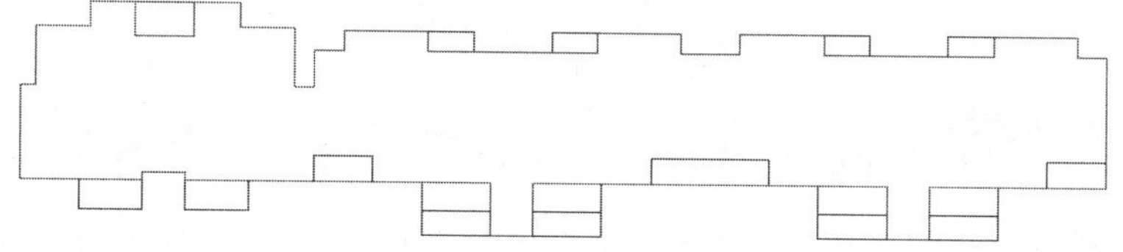

图 13-7　添加窗户

06 绘制其他建筑轮廓图，绘制方法与绘制 620 栋建筑相同，绘制效果如图 13-8 所示。

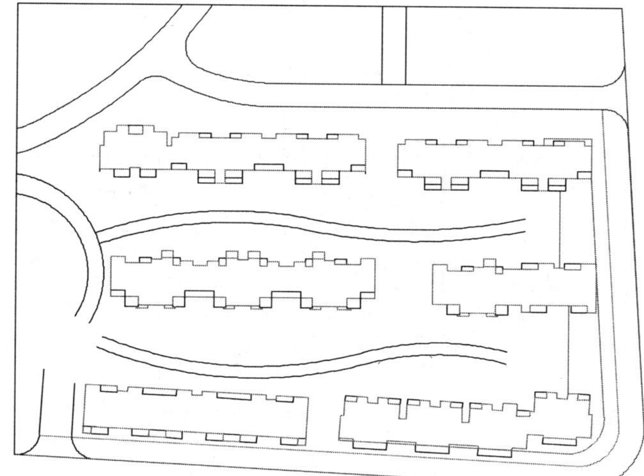

图 13-8　绘制建筑轮廓线

13.2.3 绘制绿地小径

01 执行“常用”选项卡“绘图”面板中的“样条曲线”命令和“直线”命令绘制绿地小径。

02 执行“常用”选项卡“绘图”面板中的“圆角”命令进行道路的转角倒圆角，绘制效果如图 13-9 所示。

图 13-9 绘制绿地小径

13.2.4 绘制楼梯台阶

01 执行“常用”选项卡“绘图”面板中的“直线”命令和“修改”面板中的“偏移”命令绘制楼梯出口轮廓线。

02 执行“常用”选项卡“修改”面板中的“阵列”命令绘制出口楼梯台阶，绘制效果如图 13-10 所示。

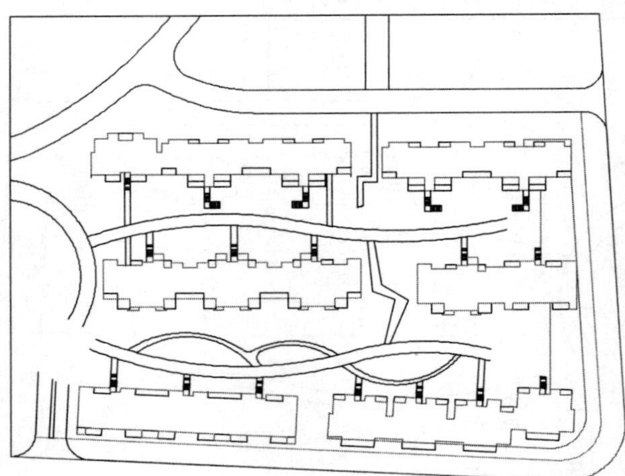

图 13-10 绘制出口楼梯台阶

03 绘制建筑出口小路。执行“常用”选项卡“绘图”面板中的“直线”命令和“修改”面板中的“偏移”命令绘制楼梯出口小路，绘制效果如图 13-11 所示。

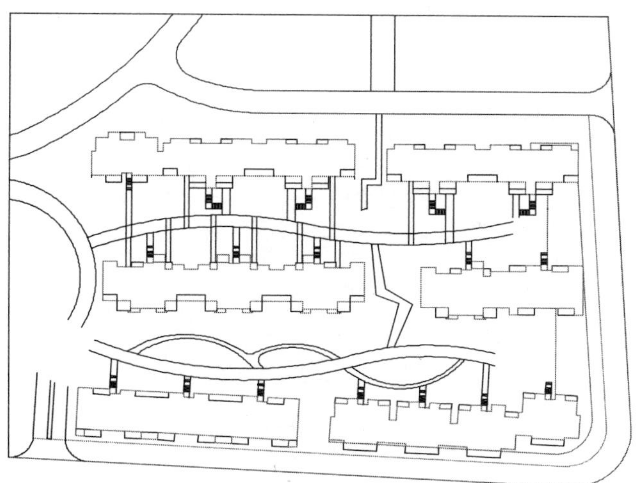

图 13-11　绘制建筑出口小路

04 对与绿地小径交汇的出口小路进行剪切。执行“常用”选项卡“修改”面板中的“修剪”命令对其进行剪切，剪切效果如图 13-12 所示。

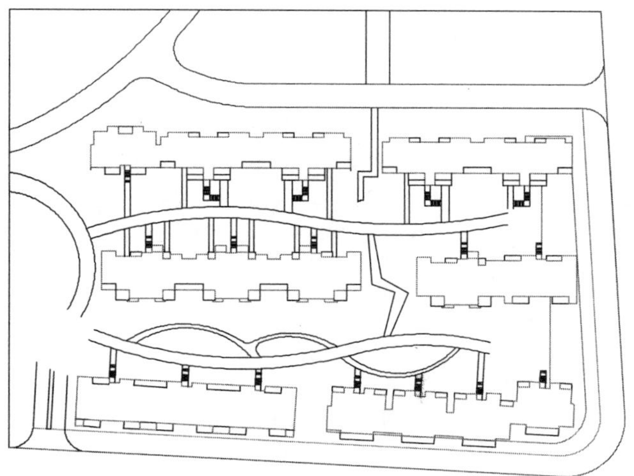

图 13-12　对出口小路进行修剪

13.2.5　绘制入室花池和花坛

01 执行“常用”选项卡“绘图”面板中的“直线”命令和“修改”面板中的“偏移”命令绘制入室花池，入室花池均分布在建筑物的前后，可以以建筑物墙线为基准进行偏移绘制轮廓线。

02 执行“常用”选项卡“修改”面板中的“修剪”命令对其进行修剪，绘制效果如图 13-13 所示。

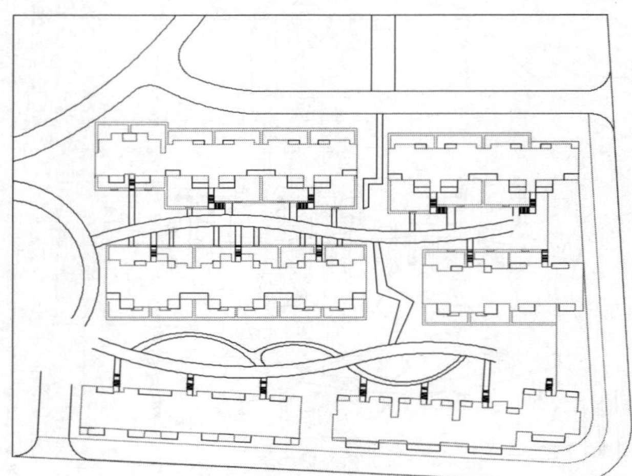

图 13-13　绘制入室花池

03 添加花坛。执行“常用”选项卡“绘图”面板中的“直线”命令和“修改”面板中的“偏移”命令绘制花坛轮廓线，然后执行“常用”选项卡“修改”面板中的“修剪”命令对其进行修剪，绘制效果如图 13-14 所示。

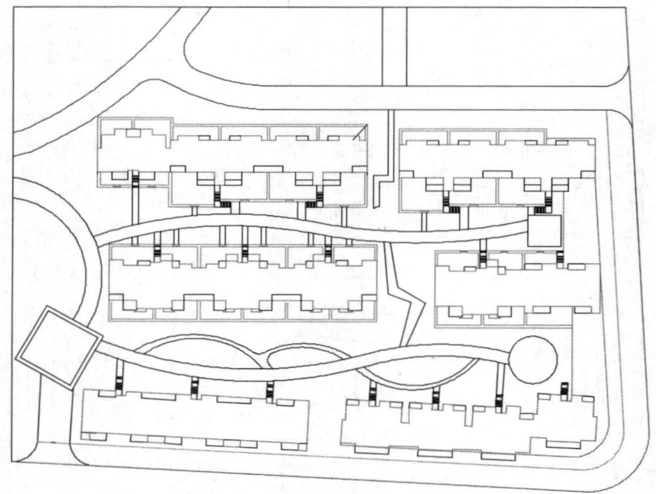

图 13-14　绘制花坛

04 绘制花坛细部。执行“常用”选项卡“绘图”面板中的“直线”命令和 “圆”命令，绘制花坛细部，绘制效果如图 13-15 所示。

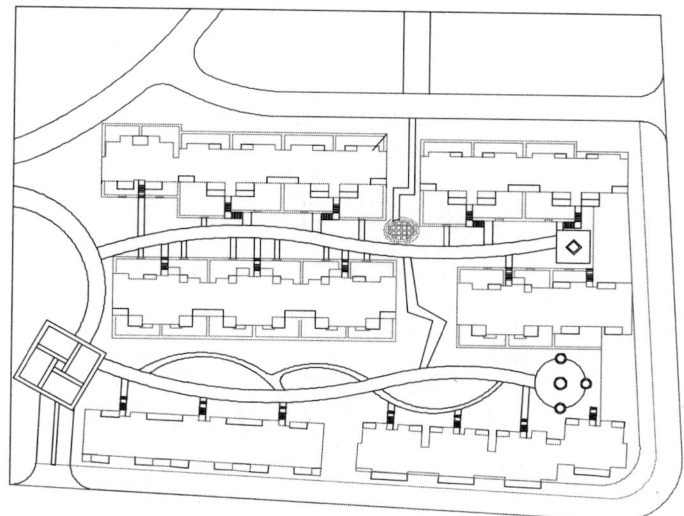

图 13-15　绘制花坛细部

05 添加景观小品。景观小品是景观中的点睛之笔，一般体量较小、色彩单纯，对空间起点缀作用。执行“常用”选项卡“绘图”面板中的“直线”命令和“圆”命令对其进行绘制，绘制效果如图 13-16 所示。

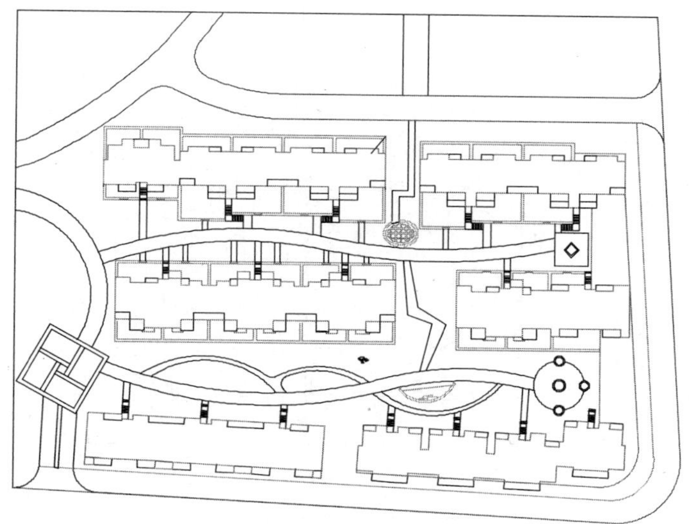

图 13-16　绘制景观小品

13.2.6　进行绿化

01 执行“插入”选项卡“块”面板中的“插入”命令插入植物块，绘制效果如图 13-17 所示。

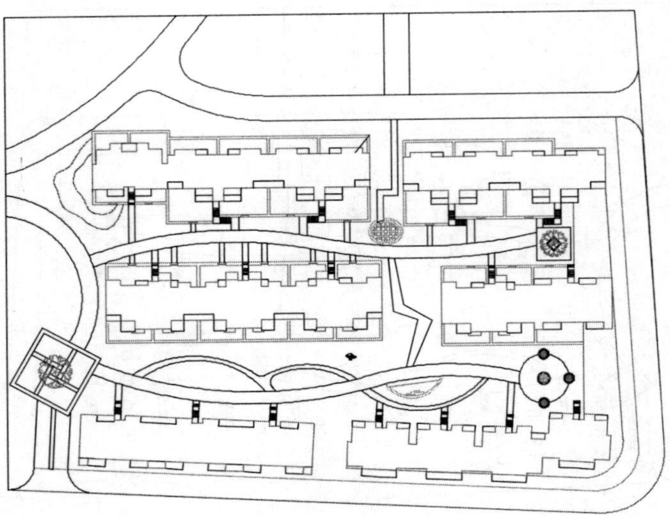

图 13-17　对花坛进行绿化

02 对有坡度的地方绘制等高线。执行“常用”选项卡“绘图”面板中的“样条曲线” 命令绘制样条曲线，绘制效果如图 13-18 所示。

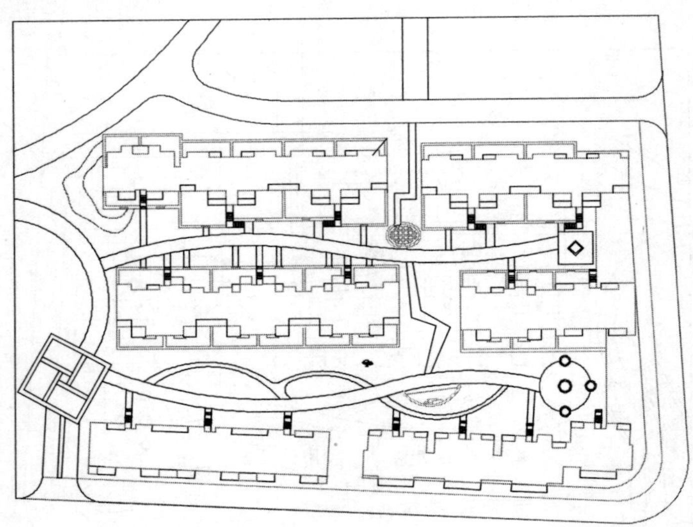

图 13-18　绘制等高线

03 在道路和建筑物边缘放置植物，植物的图例如图 13-19 所示，可以根据需要调整植物的大小。

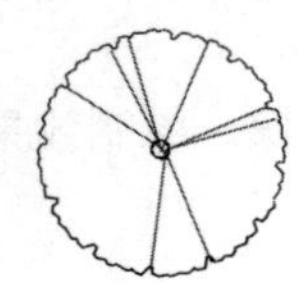
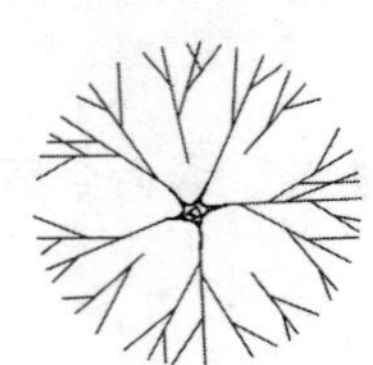

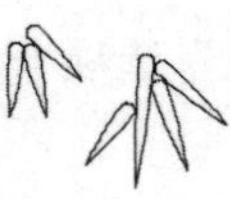

图 13-19　植物图例

04 进行绿化。执行“插入”选项卡“块”面板中的“插入”命令将植物插入图中，或是执行“常用”选项卡“修改”面板中的“复制”命令直接复制植物图例，绘制效果如图 13-20 所示。

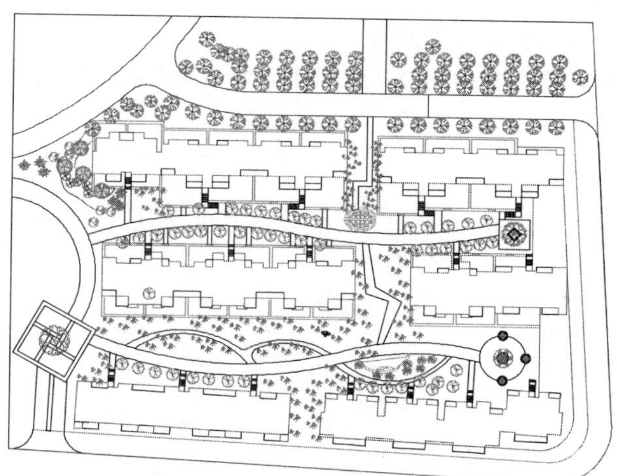

图 13-20　进行绿化

13.3 添加尺寸标注和文字说明

建筑规划平面图的标注主要是坐标的标注和文字的标注，坐标的标注是要对规划平面图进行定位，文字的标注是要对一些建筑物进行说明。

13.3.1 标注文字

文字的标注比较简单，文字设置前面已经详细讲解，现在只要在需要的地方标注文字即可，执行“注释”选项卡“文字”面板中“多行文字”下的“单行文字”命令，进行文字标注，文字标注效果如图 13-21 所示。

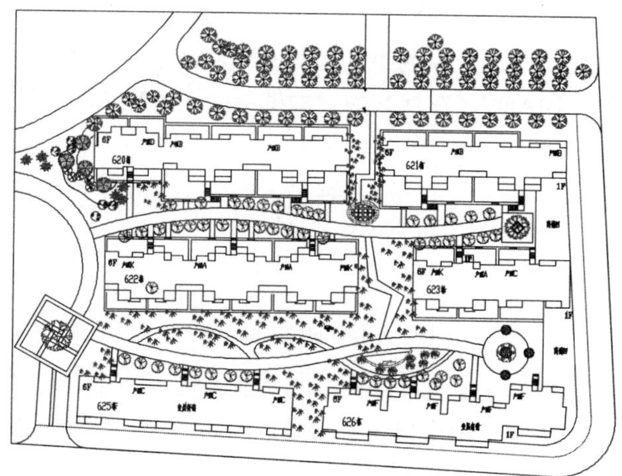

图 13-21　标注文字

13.3.2 标注尺寸

在建筑规划平面图中需要尺寸标注的地方较少。

执行“注释”选项卡“标注”面板中的“连续标注”命令对其进行尺寸标注，标注效果如图 13-22 所示。

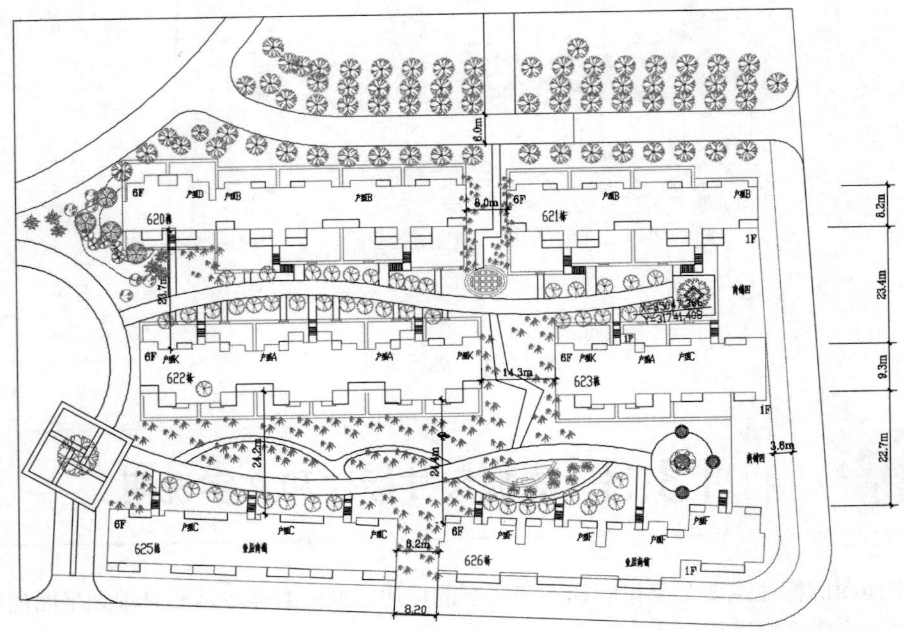

图 13-22 进行尺寸标注

13.3.3 标注坐标

坐标的标注，可采用属性块的形式对其进行标注。

坐标属性块的绘制步骤如下。

01 执行“插入”选项卡“块定义”面板中的“定义属性”命令，打开“属性定义”对话框，在“标记”文本框中输入“XZUOBIAO”，在默认的文本框中输入“X=”，即可得到具有属性块的文字，如图 13-23 所示。

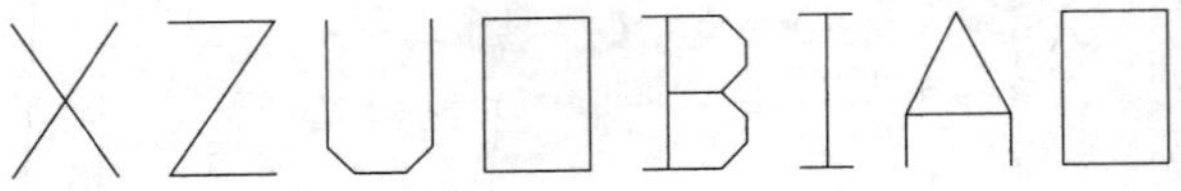

XZUOBIAO

图 13-23 定义属性块

02 定义块。执行“插入”选项卡“块定义”面板中的“创建块”命令，将其设定为块，在块定义完成之后，先在需要制定坐标的焦点处引出一条斜线，然后绘制一条水平直线，如图 13-24 所示。

03 在引线的上方插入刚定义的块，设定“X”值为 63481.567，利用同样的方法进行 Y 坐标值的标注，标注效果如图 13-25 所示。

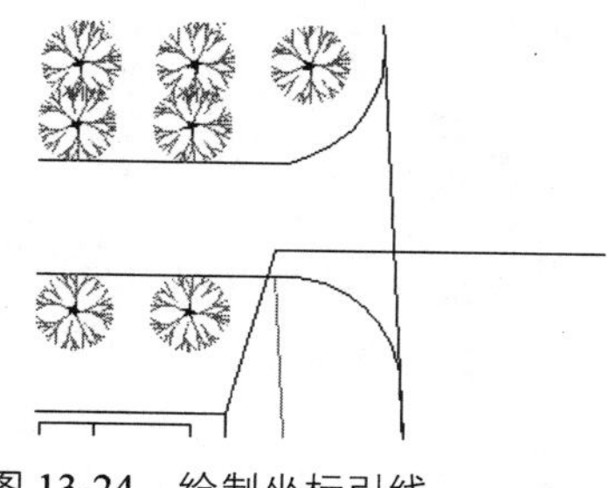

图 13-24　绘制坐标引线

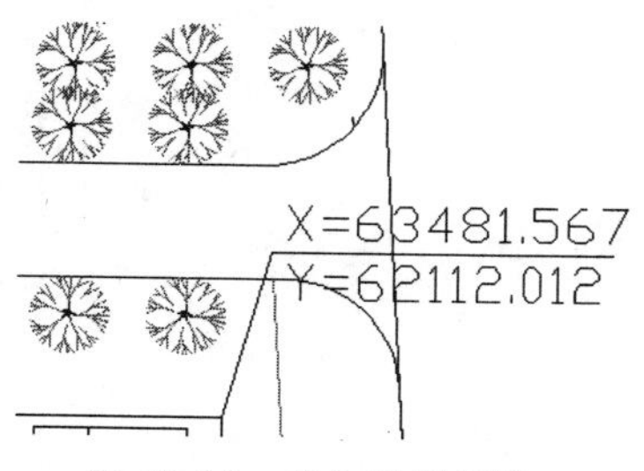

图 13-25　插入坐标标注

04 将绘制的坐标复制到其他需要标注坐标的地方，通过编辑块的属性来修改坐标，最后标注完成后的图形如图 13-26 所示。

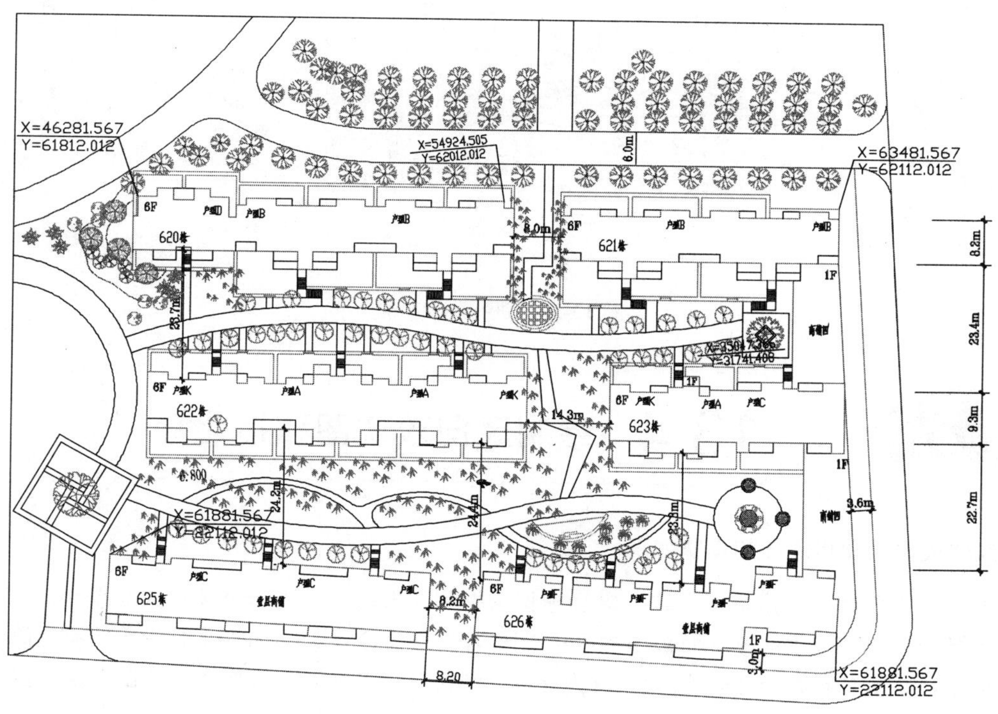

图 13-26　进行坐标标注

13.3.4　标注标高

标高标注与坐标标注的方法一样：首先执行“插入”选项卡“块定义”面板中的“创建块”命令将标高符号设定为块，然后执行“插入”选项卡“块”面板中的“插入”命令将其插入到指定的位置，最后对标高值进行修改即可，标高标注效果如图 13-27 所示。

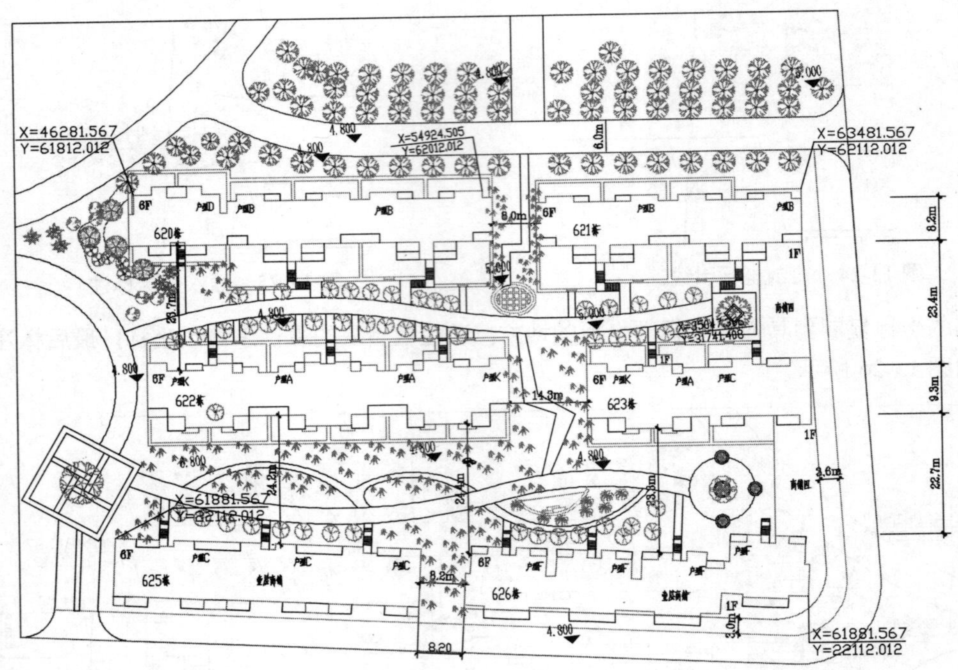

图 13-27 进行标高标注

13.4 绘制风向玫瑰图和指北针

绘制风向玫瑰图和指北针的步骤如下。

01 先绘制一条水平线，长度可以自定，最后根据图框和图形的大小进行整体放大和缩小。

02 执行“常用”选项卡“修改”面板中的“环形阵列”命令对绘制的水平线进行阵列，阵列的参数设置如下：阵列项目数为 16，填充角度为 260，阵列中心在屏幕上捕捉水平线的中点，绘制效果如图 13-28 所示。

03 根据当地的资料确定每个方向的风的频率，然后通过绘制圆确定每个方向线上的值，再用直线连接，注意设定一定的线宽，绘制效果如图 13-29 所示。

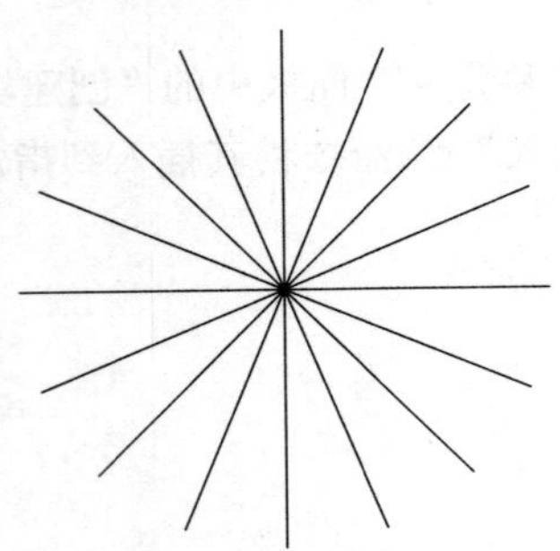

图 13-28 阵列水平线

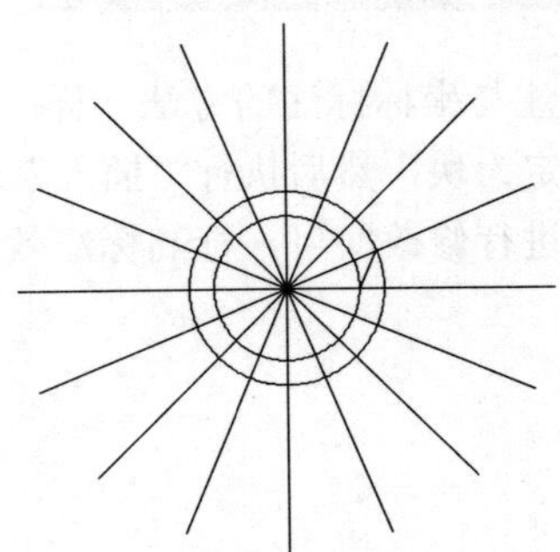

图 13-29 确定方向线的值并用直线连接

04 利用相同的方法绘制其他方向的连线，绘制效果如图 13-30 所示。

05 执行“常用”选项卡“绘图”面板中的“填充”命令对风向玫瑰图进行填充，将每个区格间隔填充，填充效果如图 13-31 所示。

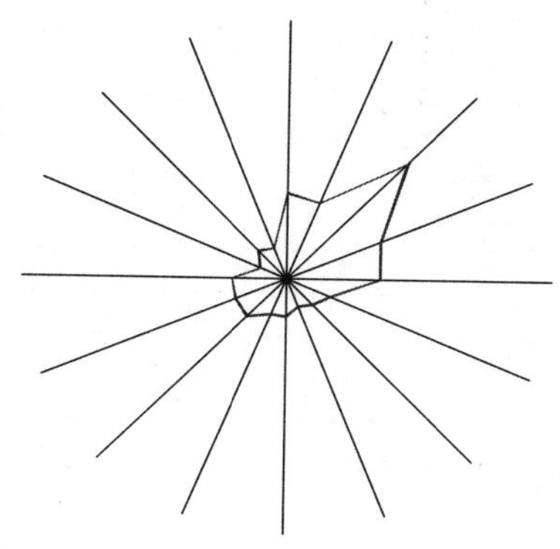

图 13-30　绘制风向线

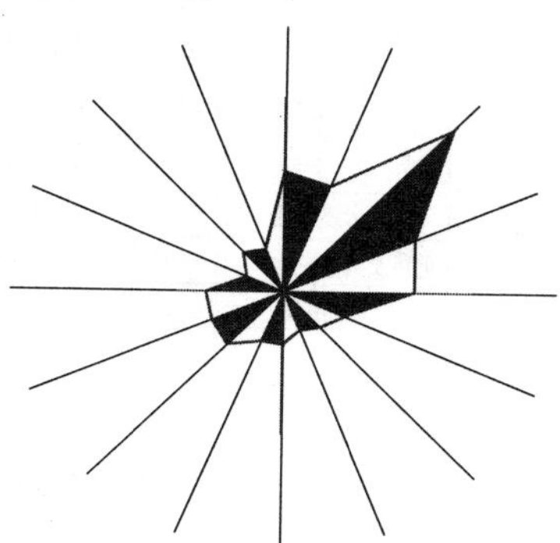

图 13-31　填充风向玫瑰图

06 删除水平线。执行“常用”选项卡“修改”面板中的“删除”命令删除水平线，删除后的效果如图 13-32 所示。

07 绘制十字形指北针。执行“注释”选项卡“文字”面板中“多行文字”下的“单行文字”命令绘制指北符号，绘制效果如图 13-33 所示。

图 13-32　删除水平线

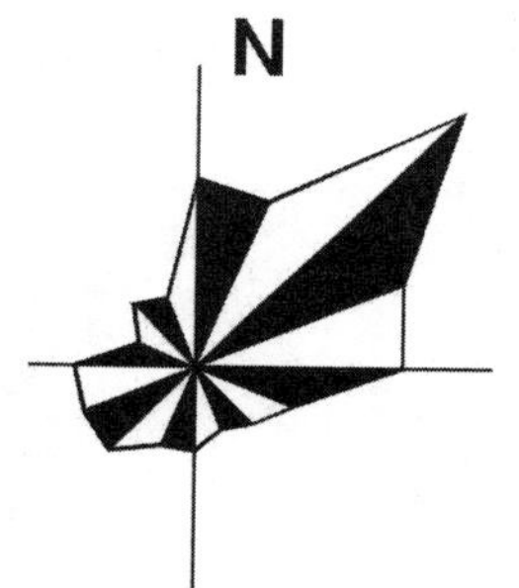

图 13-33　绘制完成

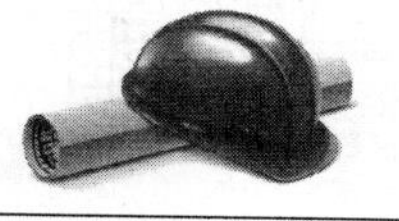

13.5 绘制表格

绘制的表格主要包括用地平衡表和主要技术经济指标表格。绘制过程较为简单，主要执行“注释”选项卡“文字”面板中“多行文字”下的“单行文字”命令，绘制效果如图 13-34 所示。

用地平衡表

项目	单位	数量	%
小区建设总用地	ha	7.053	
其中：住宅用地	ha	1.186	
公建用地	ha	0.183	
道路及其他用地	ha	3.196	
绿化用地	ha	2.468	

主要技术经济指标

项目	单位	数量	
居住总户数	户	614	
居住总人口	人	1965	
总建筑面积	平方米	60999.6	
其中：住宅建筑面积	平方米	57669.6	
公建面积	平方米	3330	
建筑密度		0.20	
绿地率	%	35	
容积率		0.9	
日照间距		1.8h	
户均人口	人/户	3.2	

图 13-34　绘制用地平衡表和技术经济指标表格

13.6 添加图框和标题栏

将绘制完成的建筑规划平面图（包括风向玫瑰图）插入到开始绘制完成的图框里面，调整建筑规划平面图的大小以适应图框的大小，添加图框效果如图 13-35 所示。

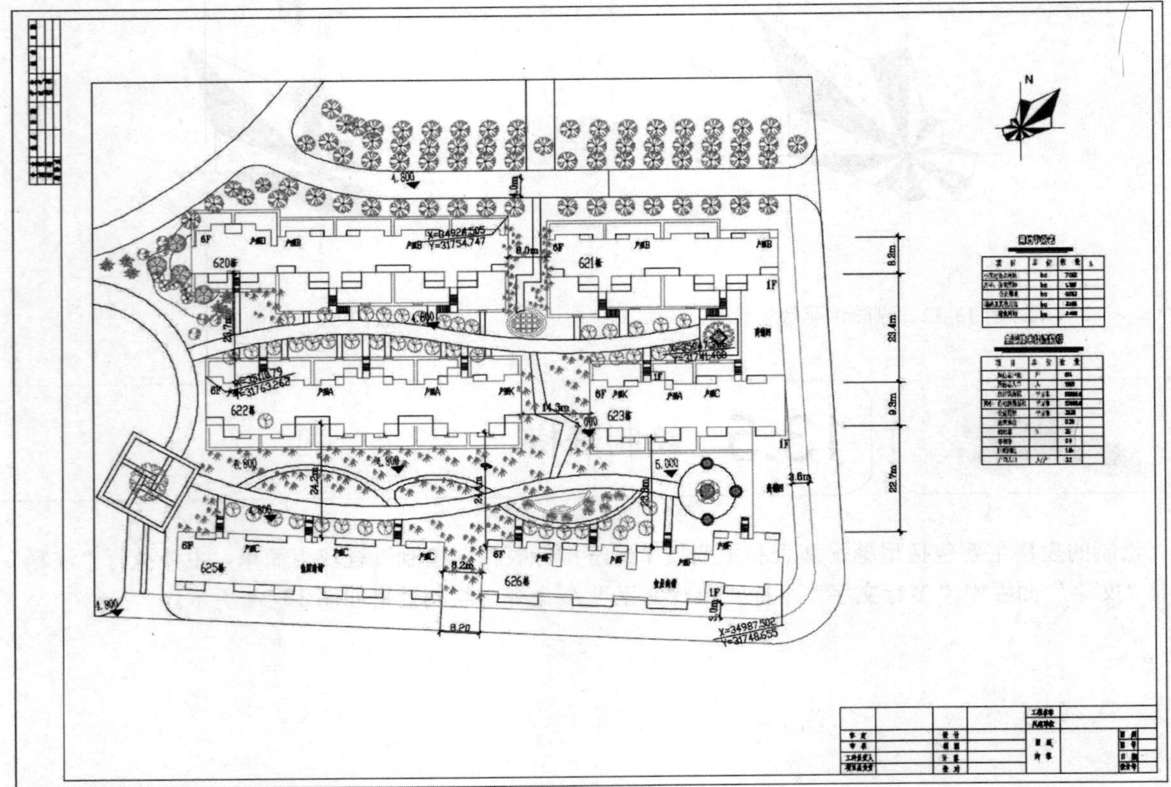

图 13-35　添加图框

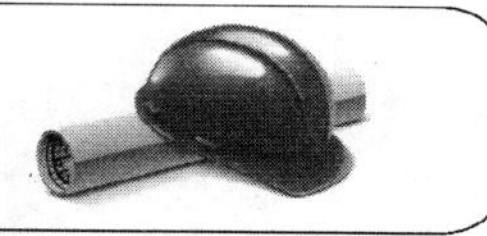

13.7 本章小结

本章主要介绍了建筑规划平面图的绘制过程。绘制建筑规划平面图时，应先绘制主干道来确定建筑的地理位置，这些路线图可以通过勘察设计部门得到，然后绘制建筑物，接着绘制小区道路和绿化带，最后对图纸进行标注。

第14章

绘制建筑立面图

一座建筑物是否美观，在很大程度上决定于它在主要立面上的艺术处理，包括造型与装修是否优美。在设计阶段中，立面图主要是用来研究这种艺术处理的。在施工图中，它主要反映房屋的外貌和立面装修的做法。

知识要点

- 了解建筑立面图的基础知识。
- 熟悉国家规范对建筑立面图的规定。
- 熟悉建筑立面图的绘制过程。
- 熟悉对立面图添加尺寸标注和文字说明的方法。

为了使大家理解立面图的概念，下面给出一个建筑立面图，如图 14-1 所示。

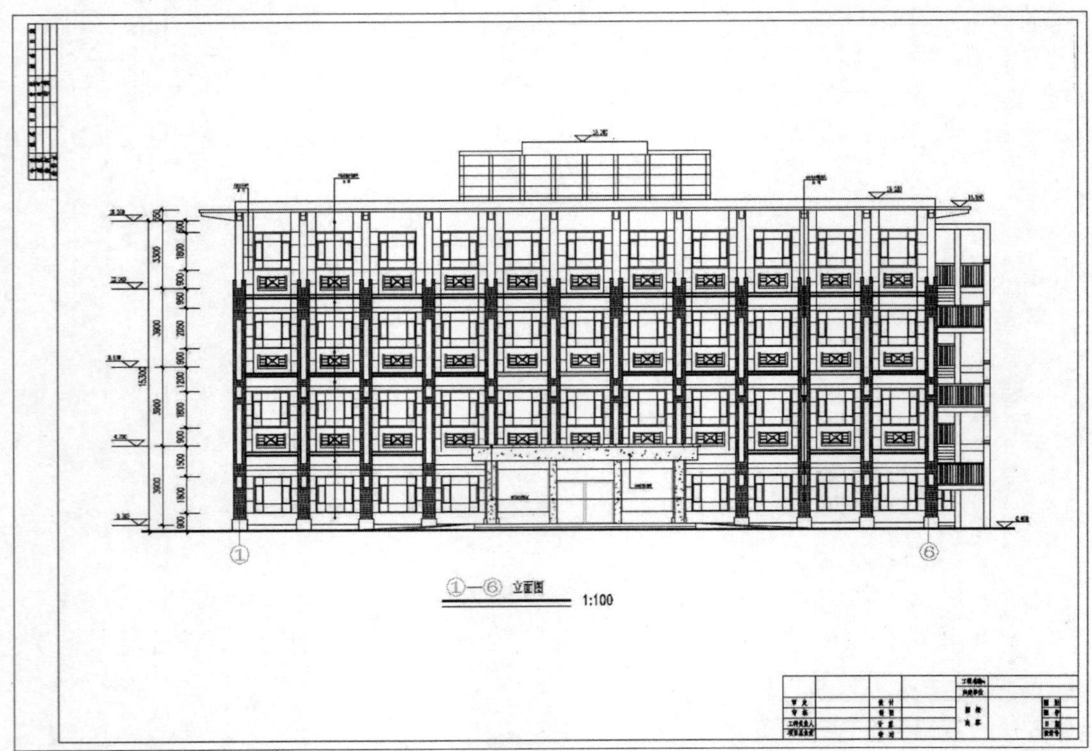

图 14-1　建筑立面图

14.1 建筑立面图的基础知识

在与房屋立面平行的投影面上所作房屋的正投影图，称为建筑立面图，简称立面图。其中反映主要出入口或比较显著地反映出房屋外貌特征的那一面的立面图，称为正立面图，其余的立面图相应地称为背立面图和侧立面图。

14.1.1 建筑立面图的内容

通常也按房屋的朝向来命名，如南立面图、北立面图、东立面图和西立面图等。有时也按轴线编号来命名，如①～⑨立面图或 A～E 立面图等。

按投影原理，立面图上应将立面上所有看得见的细部都表示出来。但由于立面图的比例较小，如门窗扇、檐口构造、阳台栏杆和墙面复杂的装修等细部，往往只用图例表示。它们的构造和做法，都另有详图或文字说明，因此，习惯上往往对这些细部只分别画出一两个作为代表，其他都可简化，只须画出它们的轮廓线。

若房屋左右对称时，正立面图和背立面图也可各画出一半，单独布置或合并成一张图。合并时，应在图的中间画一条铅直的对称符号作为分界线。

房屋立面如果有一部分不平行于投影面，例如成圆弧形、折线形、曲线形等，可将该部分展开到与投影面平行，再用正投影法画出其立面图，但应在图名后注写“展开”两字。对于平面为回字形的房屋，它在院落中的局部立面，可在相关的剖面图上附带表示，如不能表示时，则应单独绘出。

建筑立面图的图示内容：

- 图名、比例。建筑立面图的比例应和平面图相同。根据国家标准《建筑制图标准》规定，立面图常用的有 1:50、1:100 和 1:200。
- 建筑物立面的外轮廓线形状、大小。
- 建筑立面图定位轴线的编号。在建筑立面图中，一般只绘制两端的轴线，且编号应与平面图中相对应，确定立面图的观看方向。定位轴线是平面图与立面图间联系的桥梁。
- 建筑物立面造型。
- 外墙上建筑构配件，如门窗、阳台、雨水管等的位置和尺寸。
- 外墙面的装饰。外墙表面分隔线应表示清楚，用文字说明各部位所用面材及色彩。外墙的色彩和材质决定了建筑立面的效果，因此一定要进行标注。
- 立面标高。在建筑立面图中，高度方向的尺寸主要使用标高的形式进行标注，主要包括建筑物室内外地坪、各楼层地面、窗台、阳台底部、女儿墙等各部位的标高。通常，立面图中的标高尺寸，应注写在立面图的轮廓线以外，分两侧就近注写。注写时要上下对齐，并尽量位于同一铅垂线上。但对于一些位于建筑物中部的结构，为了表达更清楚，在不影响图面清晰的前提下，也可就近标注在轮廓线以内。
- 详图索引符号。

14.1.2 建筑立面图的制图规范和要求

1. 定位轴线

在立面图中一般只画出两端的定位轴线及其编号，以便与平面图对应。

2. 图线

为使立面图外形更清晰，通常用粗实线表示立面图的最外轮廓线，而凸出墙面的雨蓬、阳台、柱子、窗台、窗楣、台阶、花池等投影线用中粗线画出，地坪线用加粗线（粗于标准粗度的 1.4 倍）画出，其余如门、窗及墙面分隔线、落水管以及材料符号引出线、说明引出线等用细实线画出。

3. 图例

立面图中的门窗图例按照规定绘制。立面图只能够用细实线表示窗的开启方向为向外开，细虚线表示向内开。对于窗户型号相同的，只要画出其中的一个或两个窗的开启方向即可。

4. 尺寸标注

立面图中高度尺寸主要由标高的形式来标注。应标注室内外地面、门窗洞口的上下口、女儿墙压顶面、水箱顶面、进口平面台以及雨棚和阳台地面等的标高。

标高标注时，除门窗洞口外，还要注意有建筑标高和结构标高之分。标注构件的上顶面标高时，应标注到包括粉刷层在内的装修完成后的建筑标高；标注构件的下表面标高时，应标注不包括粉刷层的结构地面的结构标高。

在立面图中，凡需绘制详图的部分，都应绘制详图索引符号。

14.2 建筑立面图的绘图步骤

14.2.1 设置绘图环境

与绘制建筑平面图一样，在绘图之前应对绘图环境进行设置，包括绘图区域的颜色背景、光标大小、绘图单位、自动保存的时间间隔以及图层、线型、线宽等。也可以将立面图和平面图绘制在一个工作环境中，这样就不用重复设置绘图环境了。

本章绘图环境的设置和建筑平面图的绘图环境设置基本相同，这里不再赘述，读者可以参考第 11 章绘图环境的设置。另外由于立面图线条较多，很难对图形进行命名，所以在建立图层的时候应通过不同颜色来区分不同的线，如表 14-1 所示。

表 14-1 组织图层

图层名称	颜色	线型	线宽
墙体轴线	洋红	CENTERX2	0.25mm
建筑－墙体	白色	Continuous	0.5mm
建筑－窗户	洋红	Continuous	0.25mm

（续表）

图层名称	颜色	线型	线宽
建筑—门体	洋红	Continuous	0.25mm
图案填充	白色	Continuous	0.25mm
尺寸标注	蓝色	Continuous	0.25mm
注释文字	白色	Continuous	0.25mm
图框和标题栏	白色	Continuous	0.25mm

14.2.2 绘制辅助线

与绘制平面图不同，在立面图中轴线的数目比较少，一般只标识两端的轴线还不能起到定位作用，所以需要通过绘制辅助线来进行定位，辅助线的绘制过程如下：

01 先绘制地面线和轴线。执行“常用”选项卡“绘图”面板中的“多段线”命令，绘制一条水平直线，设置多段线线宽为 200，地面线的绘制长度应比轴线略长，如图 14-2 所示。

02 绘制定位辅助线。执行“常用”选项卡“绘图”面板中的“直线”命令，沿轴线 1 绘制一条辅助线，长度为 12350mm，然后执行“常用”选项卡“修改”面板中的“偏移”命令，将水平直线依次向上偏移 3080mm、3000mm、3000mm、3000mm、3000mm，绘制水平辅助线；竖直辅助线的绘制步骤相同，绘图效果如图 14-3 所示。

图 14-2 绘制地面线和轴线

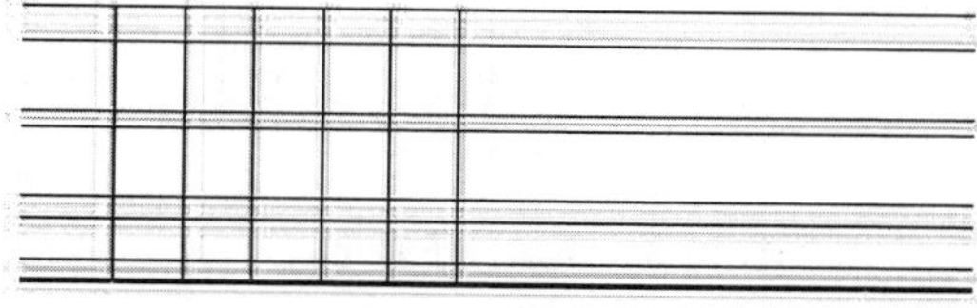

图 14-3 绘制定位辅助线

14.2.3 绘制第一层立面图

先绘制第一层立面图，第一层立面图是整个立面图中最复杂的部分，绘制过程如下：

01 执行“常用”选项卡“修改”面板中的“偏移”命令，将最左侧的定位轴线向左偏移 290mm，然后将得到的偏移线向右偏移 580mm，效果如图 14-4 所示。

02 执行“常用”选项卡“修改”面板中的“修剪”命令，以最上方的辅助线作为剪切线，对步骤 01 的偏移线进行剪切，如图 14-5 所示。

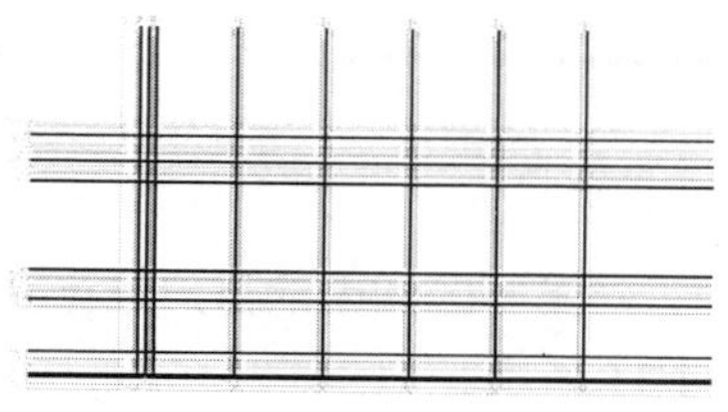

图 14-4 偏移定位辅助线

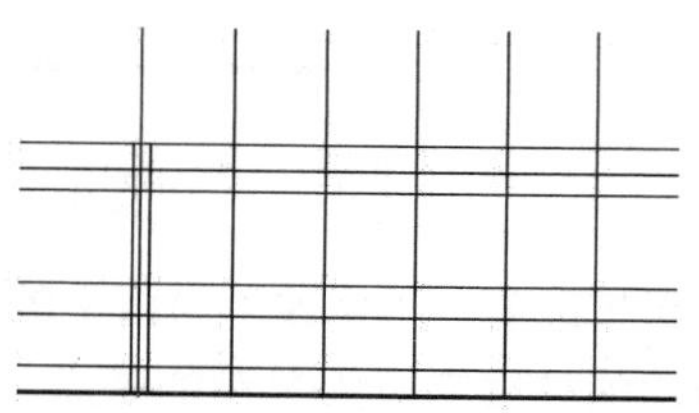

图 14-5 修剪直线

03 执行“常用”选项卡“修改”面板中的“复制”命令，将偏移后的直线以定位辅助的端点为基点进行多重复制，效果如图 14-6 所示。

04 执行“常用”选项卡“修改”面板中的“偏移”命令，将最下方的辅助轴线依次向下偏移 300mm、300mm，绘制效果如图 14-7 所示。

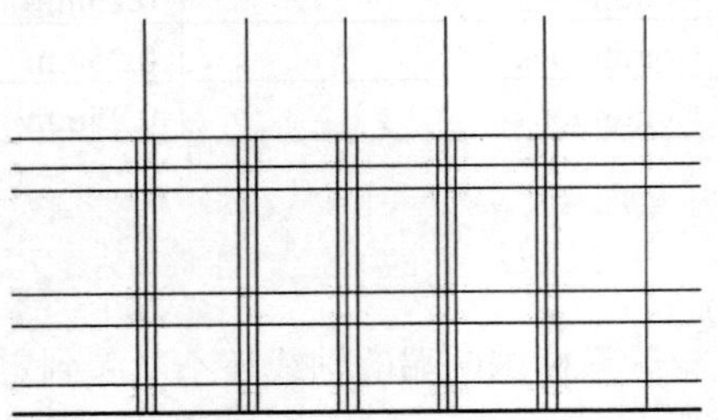

图 14-6　复制对象

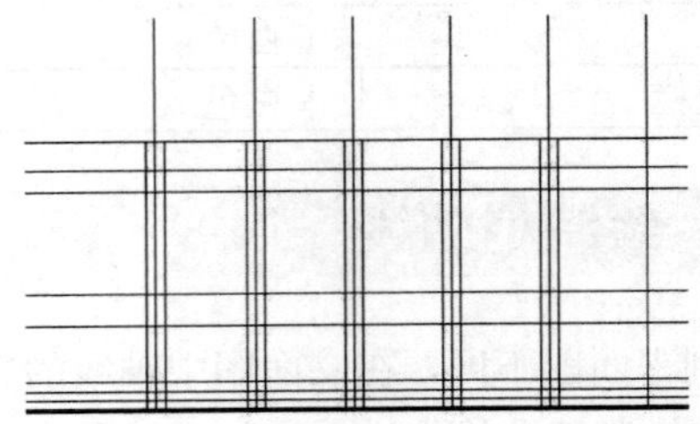

图 14-7　偏移辅助线

05 绘制柱子基础，可以将基础设定为“块”，然后执行“插入”选项卡“块”面板中的“插入”命令插入各个基点，也可以直接执行“常用”选项卡“修改”面板中的“复制”命令将柱子复制至各个基点，如图 14-8 所示。

06 执行“常用”选项卡“修改”面板中的“删除”命令，删除绘制的辅助线，效果如图 14-9 所示。

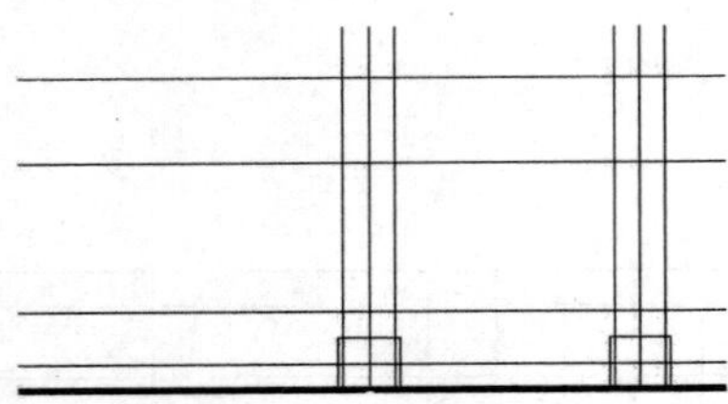

图 14-8　添加柱子基础

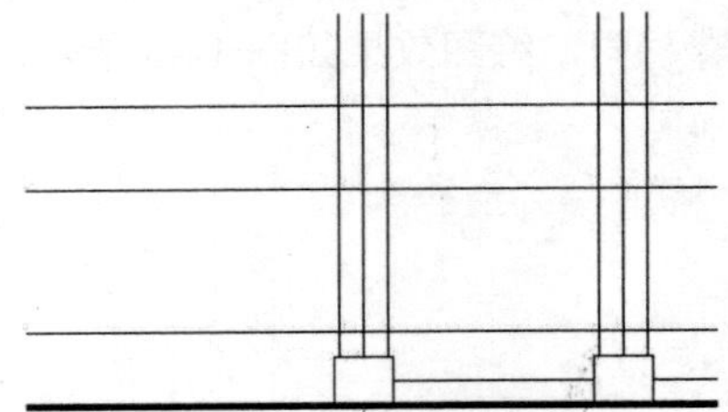

图 14-9　删除辅助线

07 绘制第一区间内的窗户，以线条为主，绘制方法较为简单，在此对绘制过程不再详细叙述，绘制效果如图 14-10 所示。

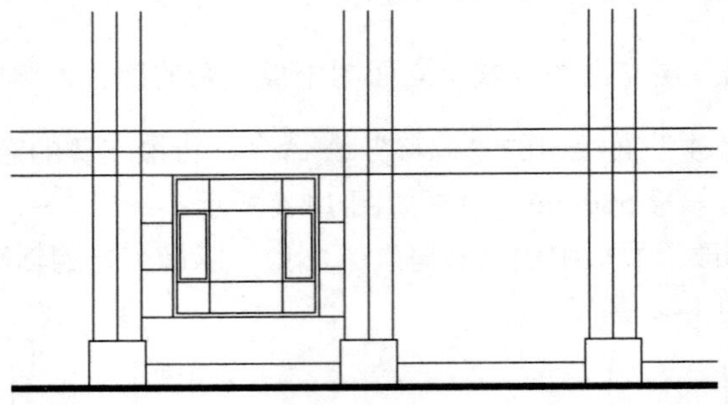

图 14-10　绘制第一区间内的窗户

08 执行“常用”选项卡“修改”面板中的“复制”命令，对第一区间内的窗户进行复制，可以以辅助线与竖向的柱线交点为复制的基点，绘制效果如图 14-11 所示。

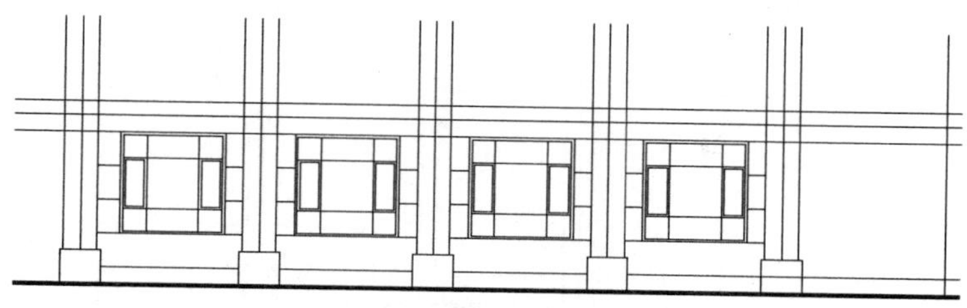

图 14-11　绘制窗体

09 执行“常用”选项卡“修改”面板中的“修剪”命令，对区间内的辅助线进行剪切，修剪效果如图 14-12 所示。

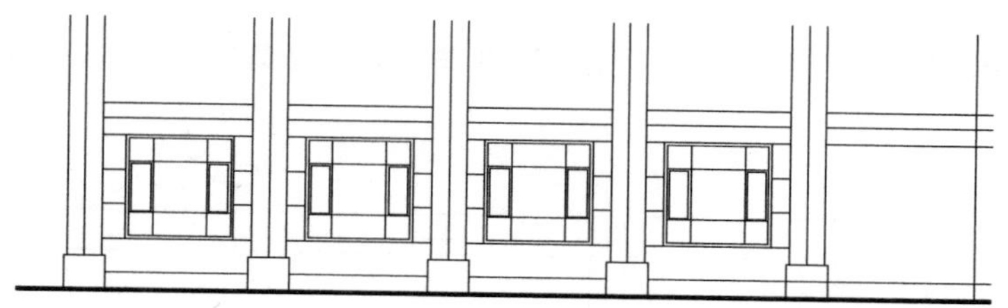

图 14-12　剪切辅助线

10 绘制中部图形，注意本例对称部分的绘制可以使用“镜像”命令。执行“常用”选项卡“修改”面板中的“偏移”命令，对已绘制的线条或者轴线进行偏移，然后执行“常用”选项卡“修改”面板中的“修剪”命令对偏移的直线进行修剪，最终效果如图 14-13 所示。

图 14-13　绘制底层中间的部分

至此，底层图形绘制完毕。

14.2.4　绘制标准层立面图

标准层是指立面基本相同的楼层，由于图形的重复率较高，因此绘制较为方便，绘制步骤如下。

01 执行“常用”选项卡“绘图”面板中的“直线”命令，绘制辅助线，对第一区间内窗户与阳台的具体位置进行定位，如图 14-14 所示。

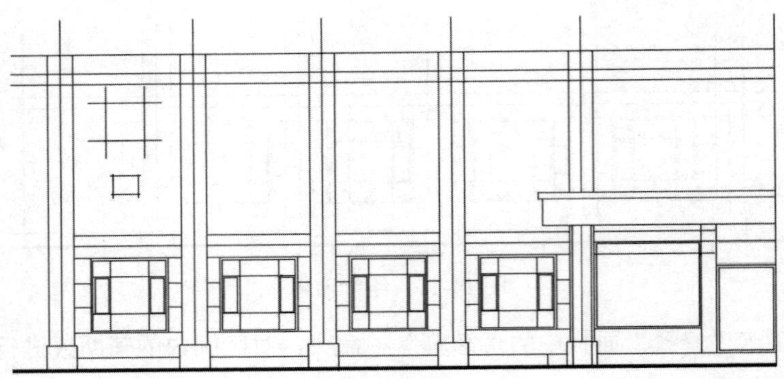

图 14-14　绘制辅助线

02 执行“常用”选项卡“修改”面板中的“偏移”命令和“修剪”命令，绘制窗户和阳台，效果如图 14-15 所示。

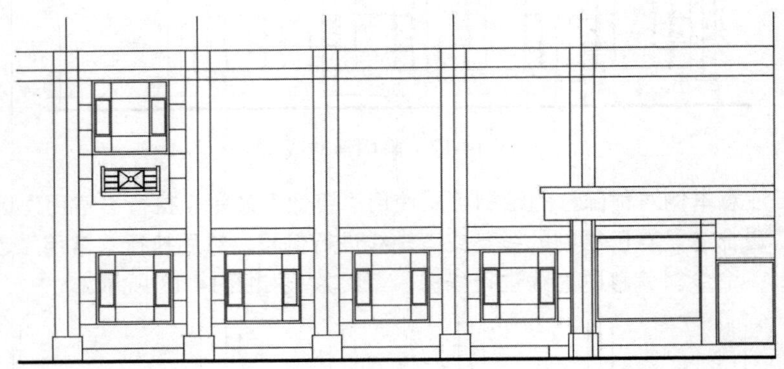

图 14-15　绘制第一区间窗户

03 运用相同的方法绘制第二区间内的窗户与阳台（与第一区间尺寸不同），效果如图 14-16 所示。

图 14-16　绘制第二区间内的窗户

04 与第一区间内的窗户一样，可以执行“常用”选项卡“修改”面板中的“复制”命令，对其进行复制，绘制三层窗户，绘制效果如图 14-17 所示。

05 继续执行“常用”选项卡“修改”面板中的“复制”命令，将整列的图形向右侧复制，效果如图 14-18 所示。

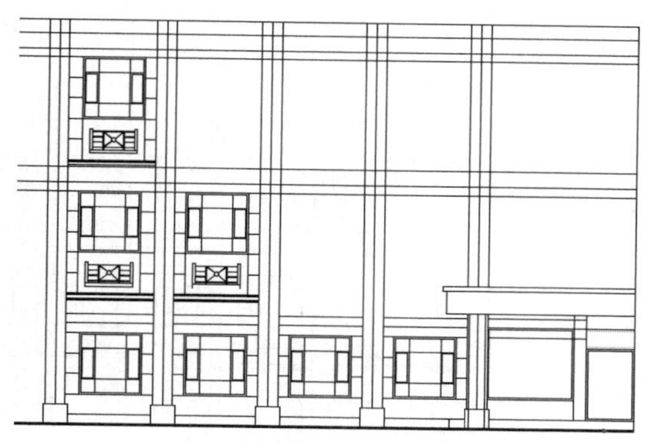
图 14-17　复制图形

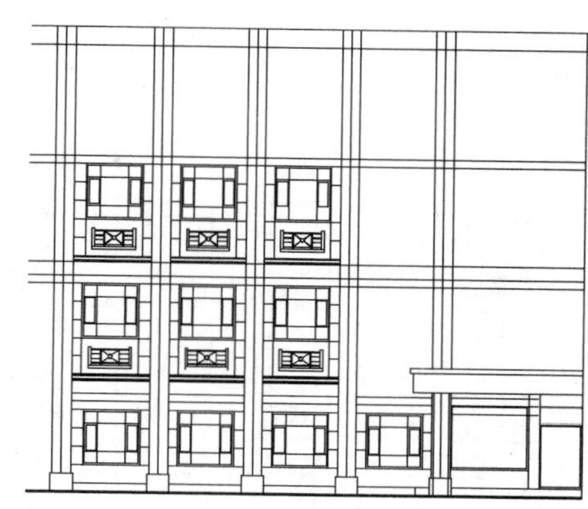
图 14-18　继续复制图形

06 中部的图形差异性较大，应单独绘制，在正门入口处的上方有高 650mm 的干挂石材，在石材上部，其二、三层的装饰基本相同，只是在二层个别区域有不一样的装饰，可以通过执行“常用”选项卡“修改”面板中的“复制”命令绘制相同的部分，然后再绘制第二层的部分条纹，绘制最终结果如图 14-19 所示。

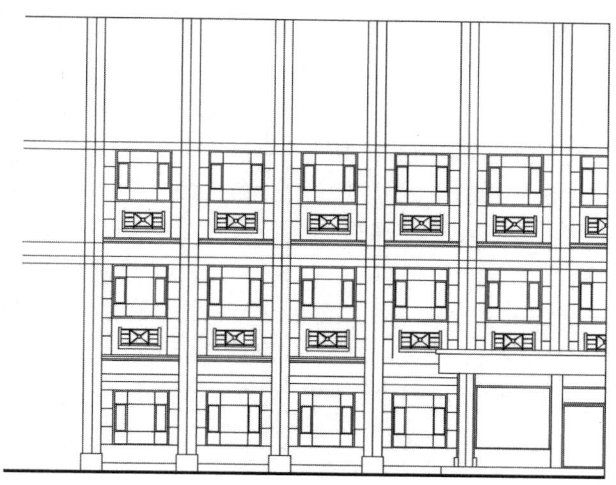
图 14-19　绘制中间部分立面

07 执行“常用”选项卡“修改”面板中的“修剪”命令，对绘制的辅助线进行剪切，绘制效果如图 14-20 所示。

08 执行“常用”选项卡“绘图”面板中的“填充”命令对大门的装饰部分进行填充，填充后的效果如图 14-21 所示。

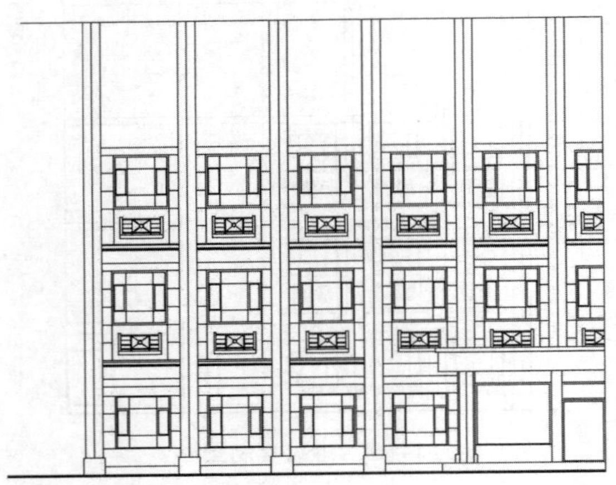
图 14-20 剪切辅助线

图 14-21 填充后效果

14.2.5 绘制高层立面图

高层立面一般与标准层不同，部分区域可以使用“复制”命令绘制，然后对有差异的区域进行局部修改。绘制过程如下。

01 绘制立面柱子中的修饰线条，执行“常用”选项卡“修改”面板中的“修剪”命令对柱子进行剪切，确定柱子的高度，剪切效果如图 14-22 所示。

02 执行“常用”选项卡“绘图”面板中的“直线”命令和“修改”面板中的“偏移”命令绘制左边第一个柱子的装饰线，绘制效果如图 14-23 所示。

03 其他柱子装饰线的绘制方法与第一个相同，可以执行“插入”选项卡“块定义”面板中的“创建块”命令将第一个柱子装饰线设定为块，然后直接插入指定的基点，也可以执行“常用”选项卡“修改”面板中的“复制”命令进行复制，效果如图 14-24 所示。

04 执行“常用”选项卡“修改”面板中的“删除”命令删除多余的引线，效果如图 14-25 所示。

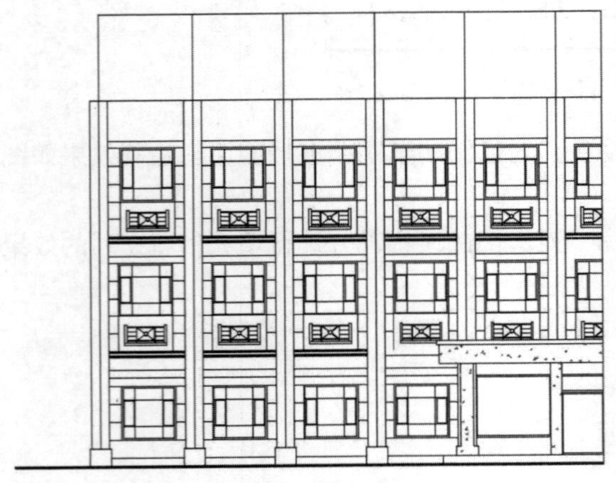
图 14-22 确定柱子高度

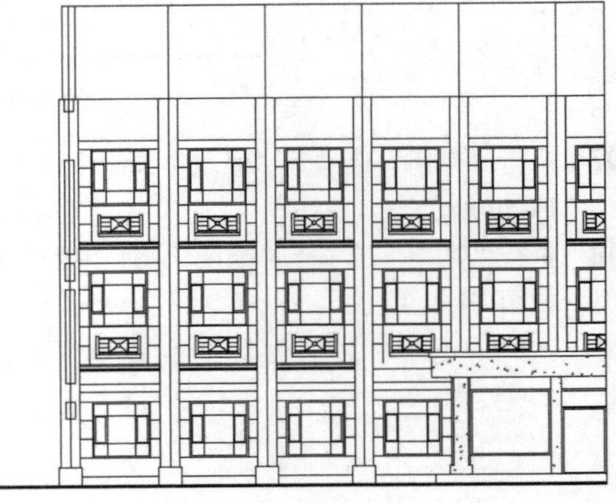
图 14-23 绘制柱子装饰线

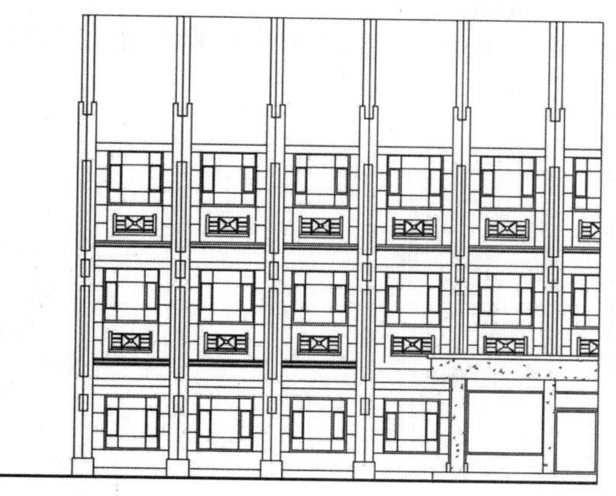

图 14-24　绘制其他装饰线

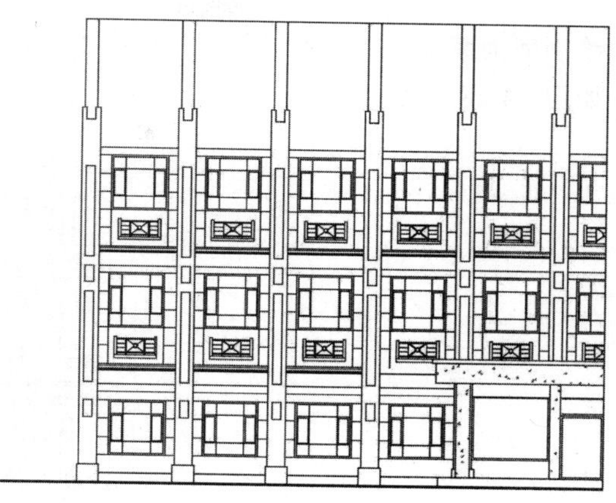

图 14-25　删除引线

05 绘制高层立面。执行“常用”选项卡“修改”面板中的“复制”命令，将每个单元的窗户和阳台插入到指定的基点，效果如图 14-26 所示。

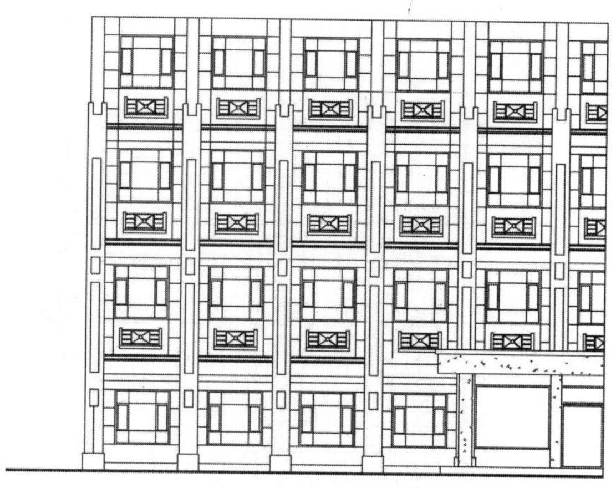

图 14-26　绘制高层立面

06 绘制建筑进门台阶和斜坡。执行“常用”选项卡“绘图”面板中的“直线”命令绘制台阶斜坡，绘制效果如图 14-27 所示。

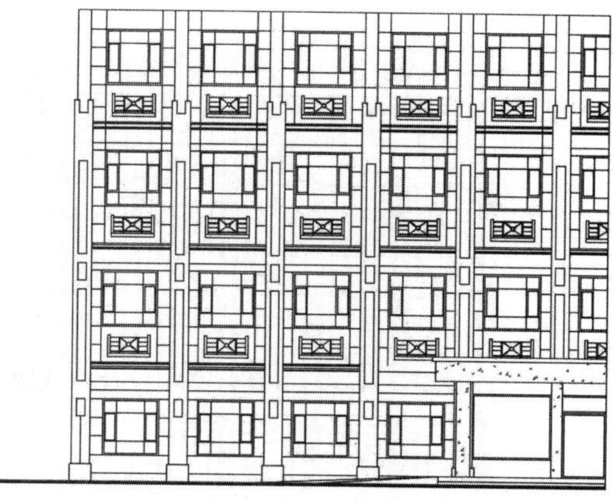

图 14-27　绘制建筑进门台阶

07 绘制房顶装饰线。执行“常用”选项卡“绘图”面板中的“直线”命令绘制辅助直线，绘制效果如图 14-28 所示。

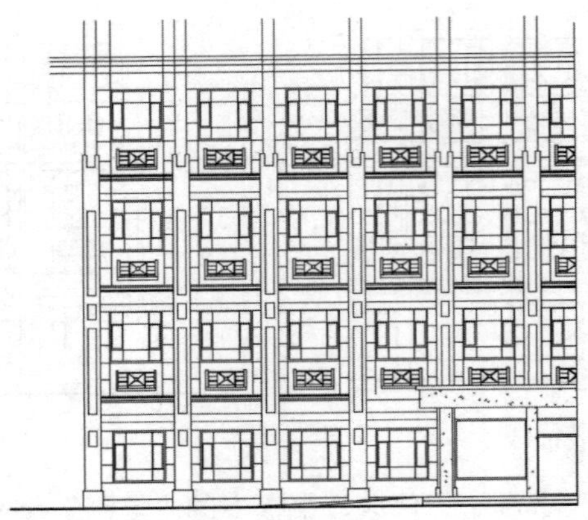

图 14-28 绘制高层窗户与阳台

08 执行“常用”选项卡“修改”面板中的“修剪”命令，对绘制的直线进行剪切，效果如图 14-29 所示。

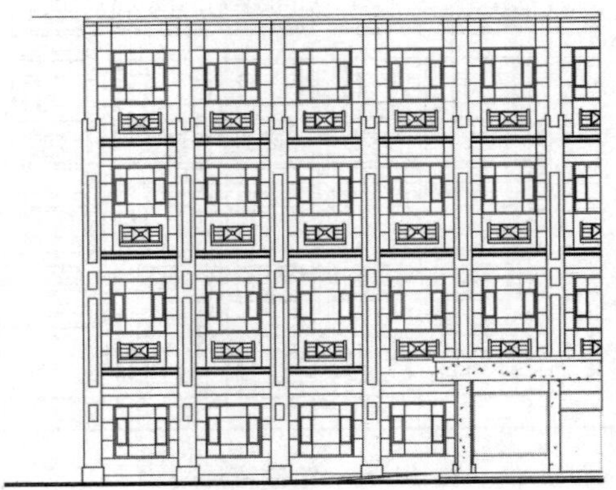

图 11-29 对多余直线进行剪切

09 执行“常用”选项卡“绘图”面板中的“填充”命令，对柱子的装饰部分进行填充，填充后的效果如图 14-30 所示。

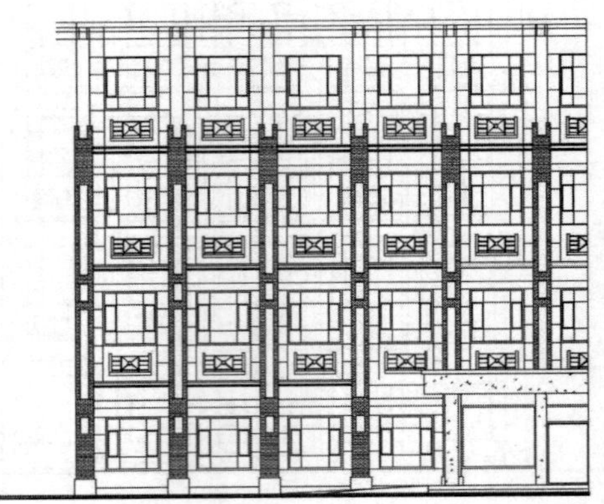

图 14-30 对柱子进行填充

10 执行“常用”选项卡“修改”面板中的“修剪”命令，对绘制的直线进行剪切，绘制顶层柱子装饰，绘制效果如图 14-31 所示。

图 14-31　进行剪切

11 执行“常用”选项卡“修改”面板中的“偏移”命令，将上部引线向上偏移，绘制顶部女儿墙的边缘线，然后执行“常用”选项卡“修改”面板中的“删除”命令，对多余的线条进行删除，效果如图 14-32 所示。

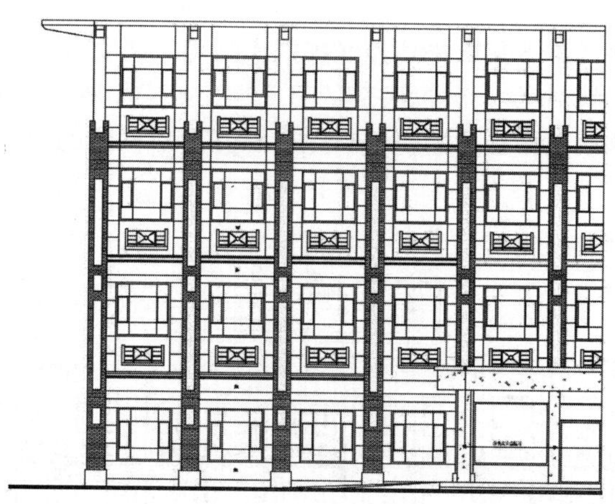

图 14-32　绘制边缘线

14.2.6　绘制顶层立面图

本例顶层的绘制工作量较小，而且规律性强，通过偏移定位轴线绘制图形，绘制方法很简单，具体步骤如下。

01 执行“常用”选项卡“绘图”面板中的“直线”命令和“修改”面板中的“偏移”命令，绘制顶层立面轮廓线，绘制效果如图 14-33 所示。

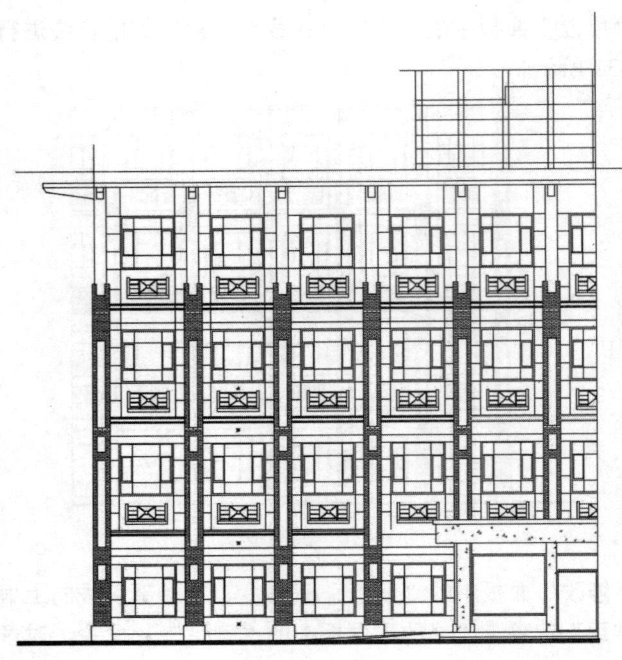

图 14-33　绘制顶层立面图

02 对称部分的绘制已经完毕，接下来单击功能区中的“常用”选项卡→“修改”面板→“镜像”按钮 ，以中间定位轴线为对称轴线，绘制图形的另一半，效果如图 14-34 所示。

03 执行“常用”选项卡“修改”面板中的“修剪” 命令，对多余的引线进行剪切，效果如图 14-35 所示。

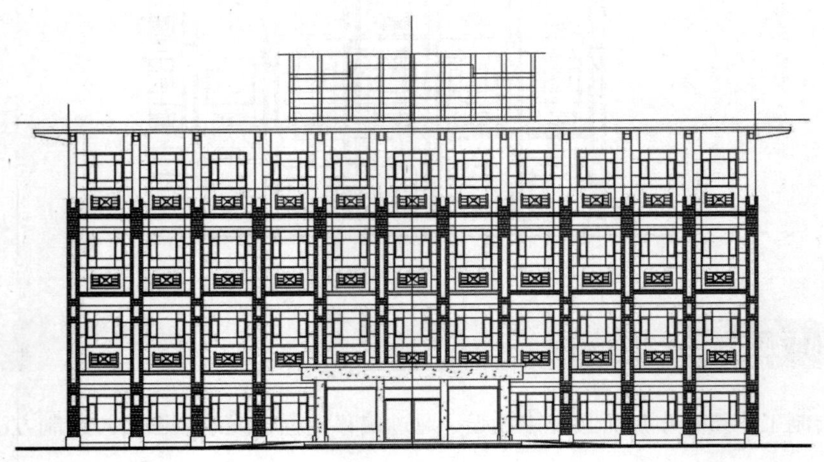

图 14-34　对图形进行镜像

图 14-35　对引线进行修剪

14.2.7　绘制右端部楼梯立面图

在完成立面图的镜像后，立面图的主题部分绘制完毕，但右端部的立面没有绘制。其具体绘制步骤如下。

01 楼梯的立面绘制较为简单，首先以右侧窗户为基准，执行“常用”选项卡“绘图”面板中的“直线”命令和“修改”面板中的“偏移”命令绘制楼梯引线，如图 14-36 所示。

02 开始绘制底层楼梯端部的立面，它主要由直线段组成，通过执行“常用”选项卡“绘图”面板中的“直线”命令和“修改”面板中的“偏移”、“修剪”命令进行绘制，绘制的对象包括花岗岩贴面、入口等，效果如图 14-37 所示。

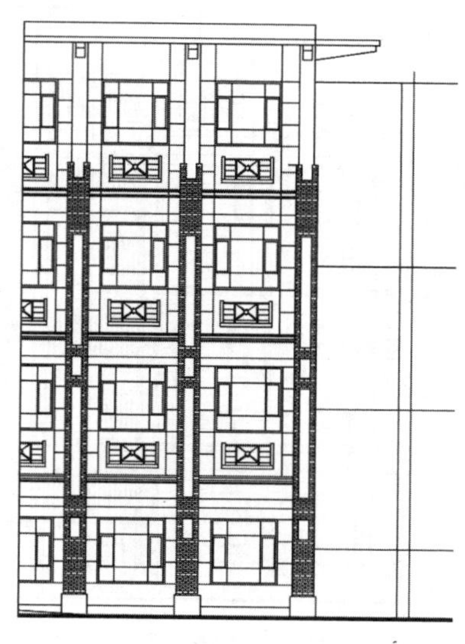

图 14-36　绘制辅助引线

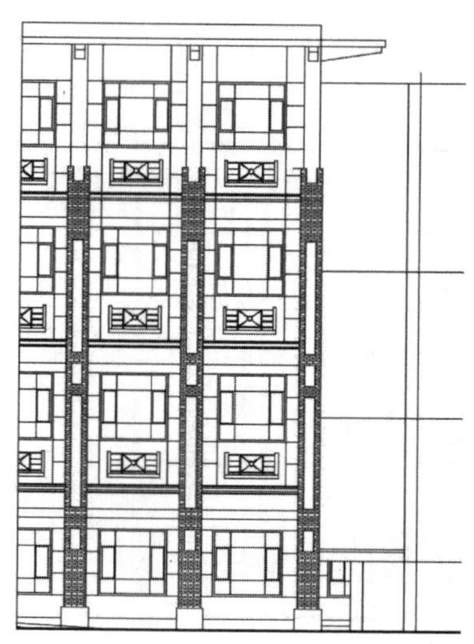

图 14-37　绘制端部一楼立面

03 绘制标准层楼梯，标准层楼梯比较简单，通过执行“常用”选项卡“绘图”面板中的“直线”命令逐一进行绘制，效果如图 14-38 所示。

04 执行“常用”选项卡“修改”面板中的“复制”命令，对相同的图形进行复制，如图 14-39 所示。

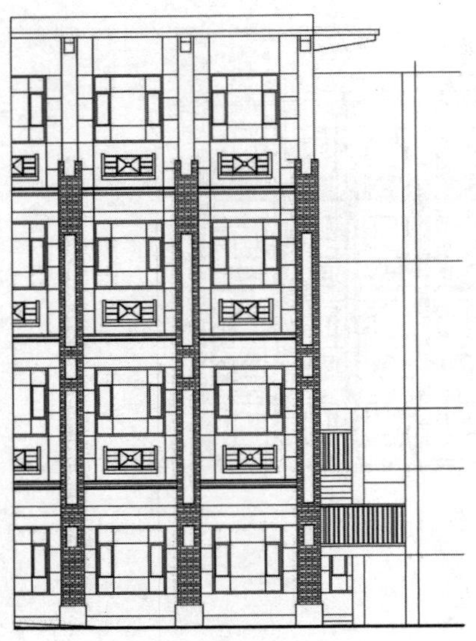
图 14-38　绘制标准层楼梯

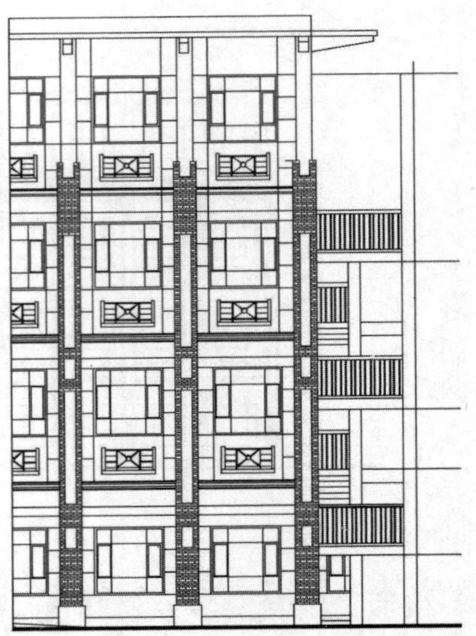
图 14-39　复制楼梯

05 绘制右端楼梯立面顶层楼梯。执行“直线”、“偏移”和“剪切”命令绘制顶层楼梯立面图，具体步骤较简单，不再详述，具体效果如图 14-40 所示。

06 执行“常用”选项卡“绘图”面板中的“直线”命令绘制外侧柱的装饰线。

07 执行“常用”选项卡“修改”面板中的“偏移”命令和“剪切”命令对图形进行修剪，外侧柱的装饰线效果如图 14-41 所示。

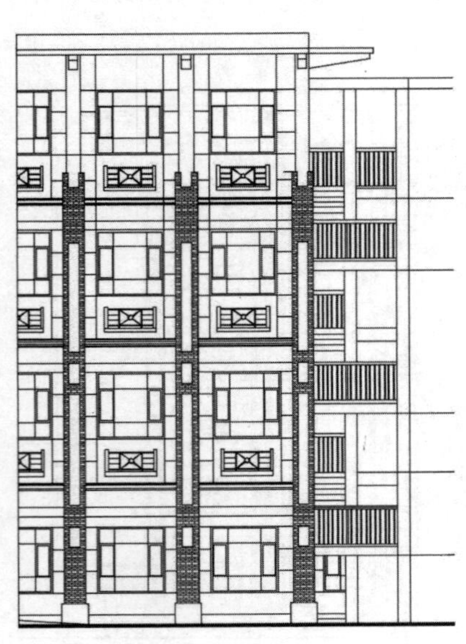
图 14-40　绘制端部顶层立面

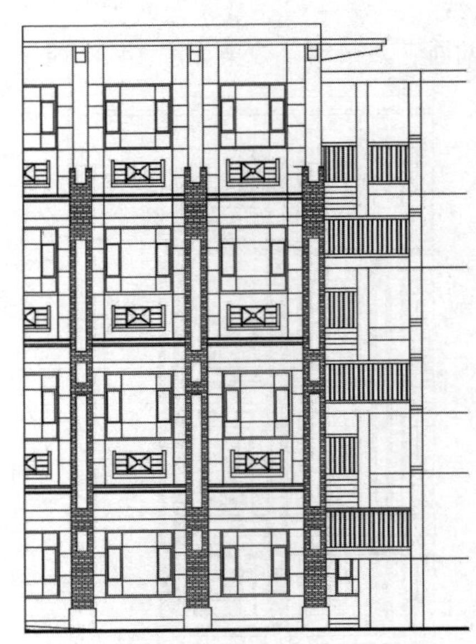
图 14-41　绘制端部柱的装饰线

08 执行“常用”选项卡“修改”面板中的“修剪”命令，对绘制端部楼梯立面图所作辅助线进行剪切，效果如图 11-42 所示。

09 执行“常用”选项卡“块”面板中的“插入”命令插入轴线编号，绘制效果如图 11-43 所示。

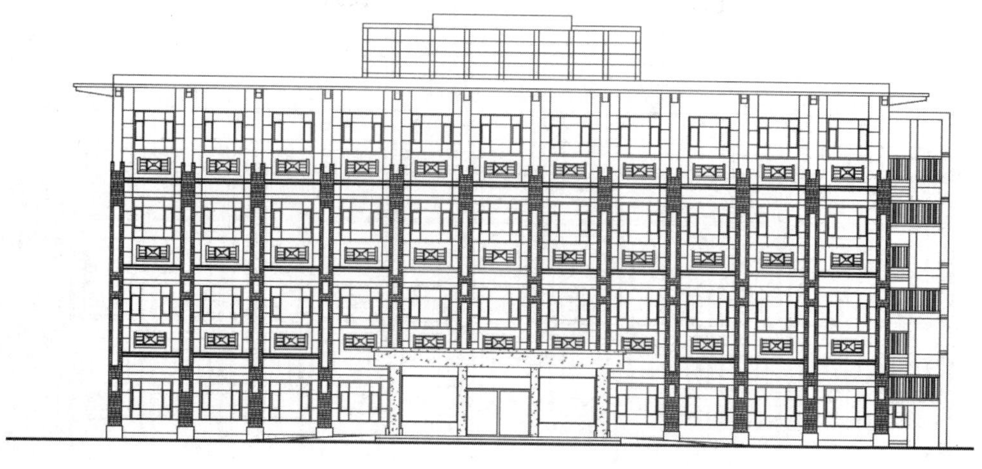

图 14-42　剪切辅助线

图 14-43　添加编号

至此，立面图的图形对象绘制完毕，接下来开始添加尺寸标注和文字说明等。

14.3 添加尺寸标注和文字说明

在立面图中，尺寸标注较少，这和平面图有很大的区别，因为立面图的目的是呈现立面的建筑设计和装饰样式。

14.3.1 添加文字说明

文字说明和标高是立面图中主要的标注内容。标注方法可以采用快速引线标注方法，标注效果如图 14-44 所示。

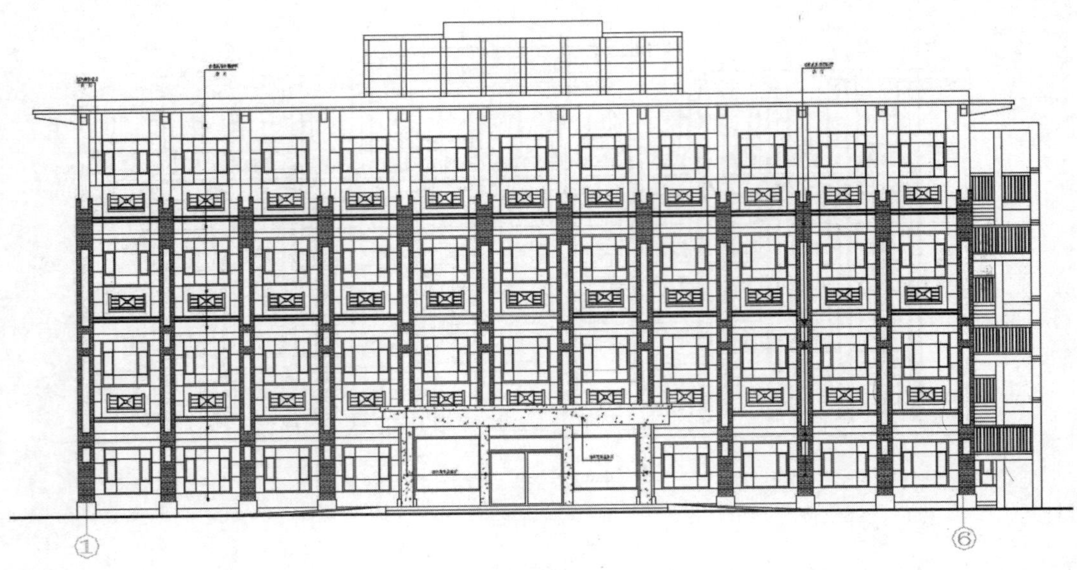

图 14-44　标注文字说明

14.3.2　标注楼层尺寸和高度

01 执行“注释”选项卡“标注”面板中的“线性”和“连续”命令，进行尺寸标注，标注的效果如图 14-45 所示。

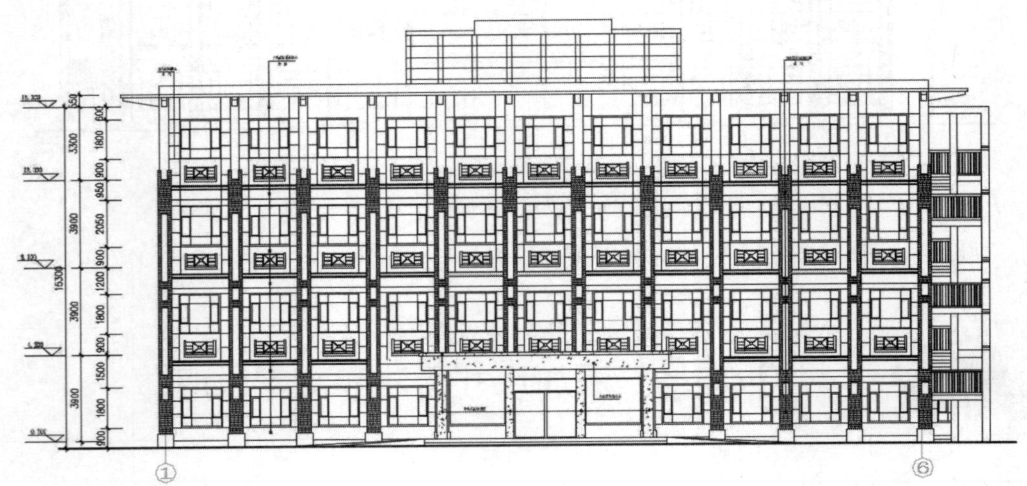

图 14-45　对立面尺寸进行标注

02 标注标高。将高度标注符号创建属性块，然后执行“插入”选项卡“块”面板中的“插入”命令将标高符号直接插入到需要进行标高的位置，插入后双击进行修改，然后输入数值即可，标注效果如图 14-46 所示。

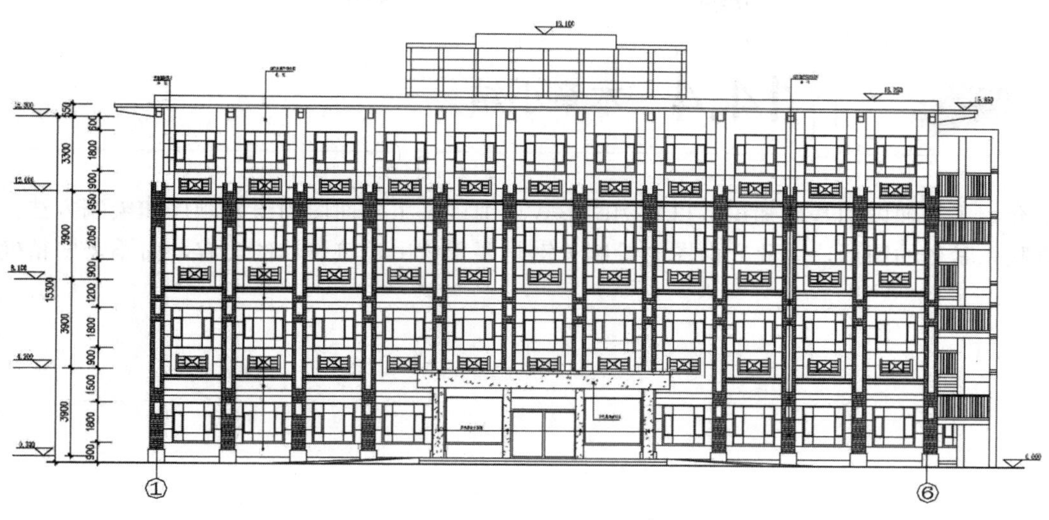

图 14-46　标注标高

至此整个立面图绘制完毕。

14.3.3　添加图框和标题

与平面图一样，在立面图绘制完成后，应该添加图框和标题栏，添加方式和平面图相同，效果如图 14-47 所示。

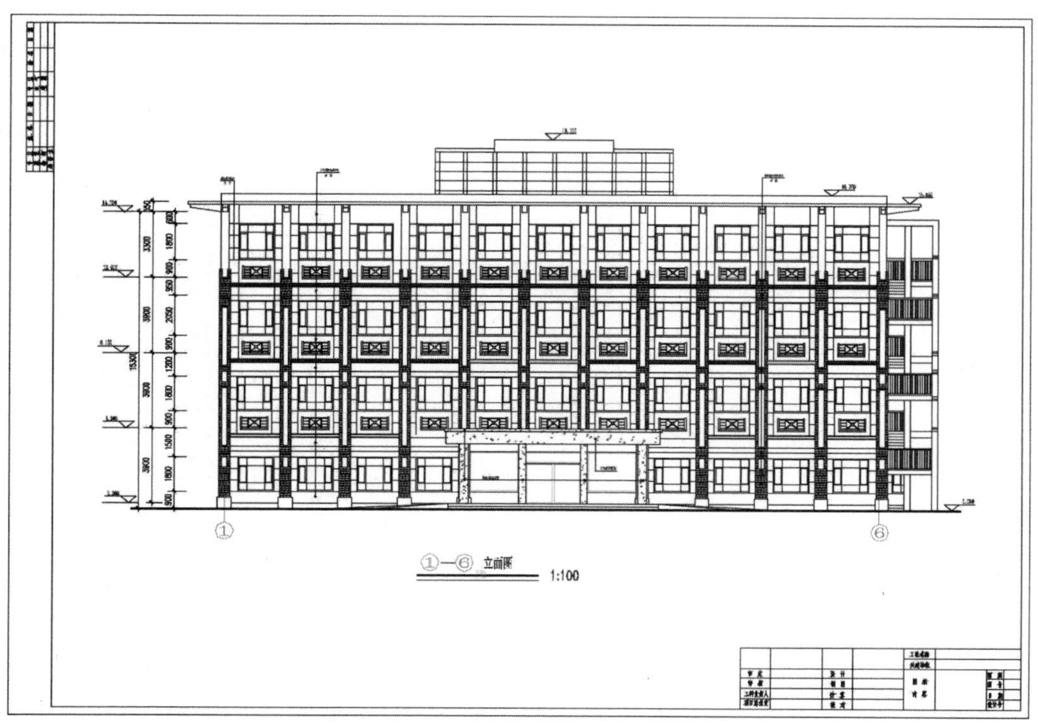

图 14-47　添加图框和图题

14.4 本章小结

本章介绍了立面图的基础知识，以案例的形式详细讲解了立面图的绘制顺序和绘制方法。立面图是和建筑联系紧密的图形，因此立面图的绘制关键是要表达出建筑设计的内容，而不需要精确确定每条线的尺寸。

第15章 绘制建筑剖面图

假设用一个或多个垂直于外墙轴线的铅垂剖切面将房屋剖开，所得的投影图，称为建筑剖面图，简称剖面图。剖面图用以表示房屋内部的结构、构造形式、分层情况、各部位的联系、材料及其高度等，是与平、立面图相互配合的不可缺少的重要图样之一。

知识要点

- 了解建筑剖面图的基础知识。
- 熟悉国家规范对建筑剖面图的规定。
- 熟悉建筑剖面图的绘制过程。
- 熟悉对剖面图添加尺寸标注、标高标注和文字说明的方法。

为了让大家理解剖面图的概念，下面给出一个建筑剖面图，如图15-1所示。

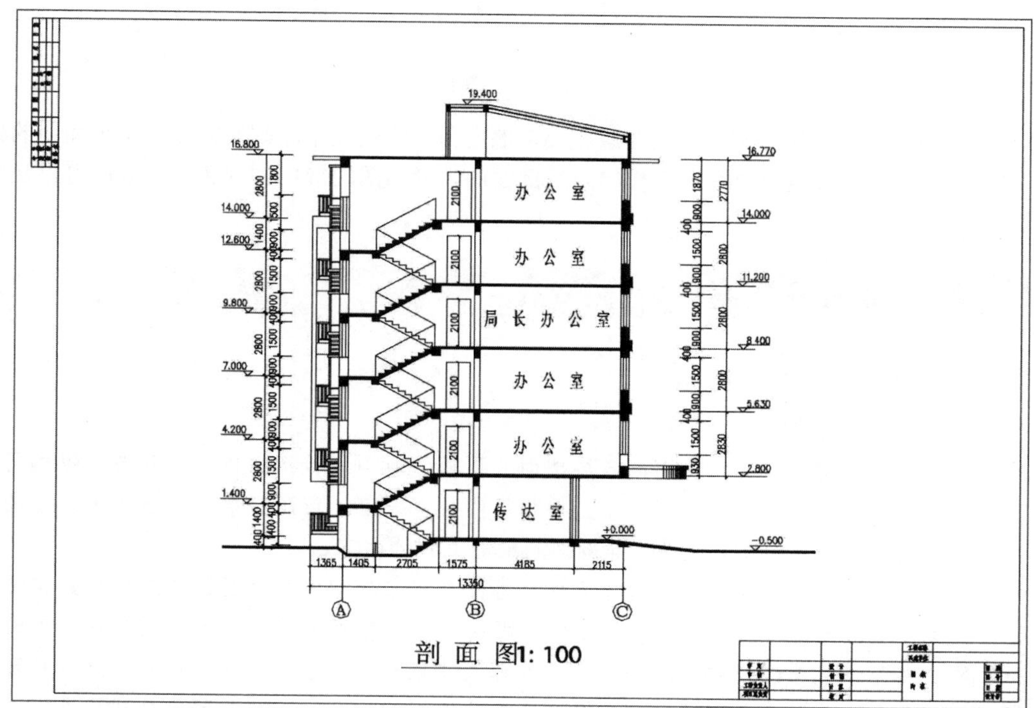

图15-1 剖面图

15.1 建筑剖面图的基础知识

剖面图的数量是根据房屋的具体情况和施工实际需要而决定的。剖切面一般横向，即平行于侧面，必要时也可纵向，即平行于正面。其位置应选择在能反映出房屋内部构造比较复杂与典型的部位，并应通过门窗洞的位置。

若为多层房屋，应选择在楼梯间或层高不同、层数不同的部位。剖面图的图名应与平面图上所标注剖切符号的编号一致，如 1-1 剖面图、2-2 剖面图等，如图 15-2 所示。

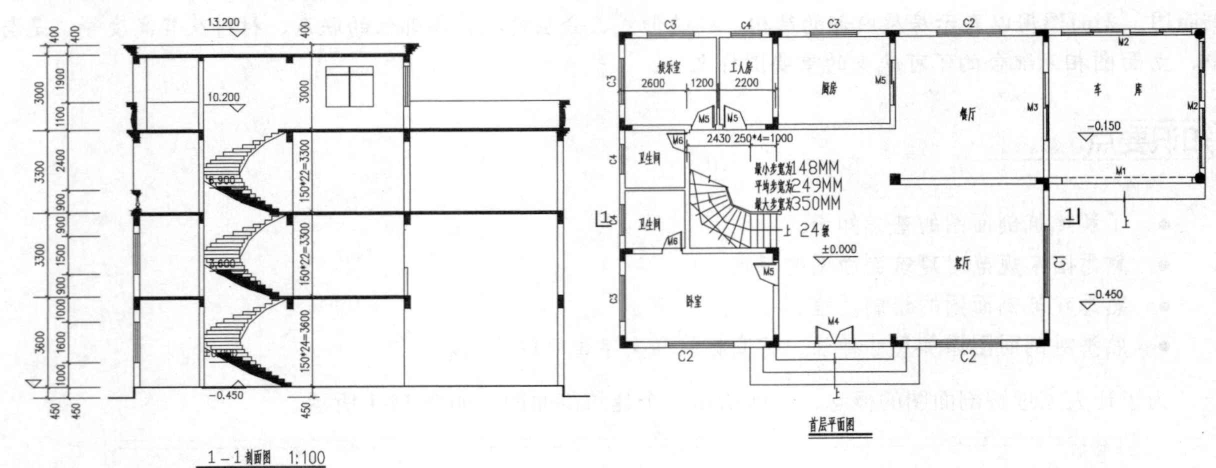

图 15-2 示意图

剖面图中的断面，其材料图例、粉刷面层和楼、地面面层线的表示原则及方法，与平面图的处理方式相同。两层以上的楼房一般至少要有一个楼梯间的剖面图。剖面图的剖切位置和剖视方向可以从底层平面图中找到。

15.1.1 建筑剖面图的内容

建筑剖面图主要包括以下内容：

- 表示墙、柱及其定位轴线。
- 表示室内底层地面、地坑、地沟、各层楼面、顶棚、屋顶（包括檐口、女儿墙、隔热层或保温层、天窗、烟囱、水池等）、门、窗、楼梯、阳台、雨棚、留洞、墙裙、踢脚扳、防潮层、室外地面、散水、排水沟及其他装修等剖切到或能见到的内容。
- 标出各部位完成面的标高和高度方向尺寸。标高内容包括室内外地面、各层楼面与楼梯平台、檐口或女儿墙顶面、高出屋面的水池顶面、烟囱顶面、楼梯间顶面、电梯间顶面等处的标高；高度尺寸内容包括外部尺寸和内部尺寸：外部尺寸包括门、窗洞口（包括洞口上部和窗台）高度、层间高度及总高度（室外地面至檐口或女儿墙顶），有时，后两部分尺寸可不标注；内部尺寸包括地坑深度和隔断、搁板、平台、墙裙及室内门、窗等的高度。 注写标高及尺寸时，注意与立面图和平面图相一致。

- 表示楼、地面各层构造。一般可用引出线进行说明。引出线指向所说明的部位，并按其构造的层次顺序，逐层加以文字说明。若另画有详图，或已有“构造说明一览表”时，在剖面图中可用索引符号引出说明（如果是后者，这时习惯上可不作任何标注）。
- 表示需要画详图之处的索引符号。

15.1.2　建筑剖面图的制图规范和要求

1. 定位轴线

在剖面图中只须绘制两端的轴线及其编号，以便与平面图对照。

2. 图线

室内外地坪线画加粗线。剖切到的房间、走廊、楼梯、平台等的楼地面和屋顶层，在 1:100 的剖面图中可画两条粗实线以表示面层和结构层的总厚度。在 1:50 的剖面图中，则应在两条粗实线中加画两条细实线以表示面层。

板底的粉刷厚度一般均不表示，剖到的墙身轮廓线画粗实线，在 1:100 的剖面图中不包括粉刷厚度，在 1:50 的剖面图中应加绘实线来表示粉刷层的厚度。

在其他可见的轮廓线，如门窗洞、楼梯梯段及栏杆扶手、女儿墙压顶、内外墙轮廓线、踢脚线、勒角线等均以中粗实线绘制，门、窗扇及其分隔线（包括引条线）等画细实线，尺寸线、尺寸界线和标高符号均画实线。

3. 图例

在剖面图中，砖墙和钢筋混凝土中的材料图例绘制方法和平面图中相同。

4. 尺寸注写

建筑剖面图中应标注剖到部分的必要尺寸，即竖直方向剖到部位的尺寸和标高。

外墙的竖向尺寸，一般也标注三道尺寸：第一道尺寸为门、窗洞及洞间墙的高度尺寸（将楼面以上和楼面以下分别标注）；第二道尺寸为层高尺寸；第三道尺寸为室外地面以上的总高尺寸。此外，还需标注某些局部尺寸，如内墙上的门洞高度、窗台的高度等。

建筑剖面图还应注明室内外部分的地面、楼面、楼梯休息平台面、阳台面、屋顶檐口顶面等的建筑标高和某些梁的底面、雨棚的地面以及必须标注的某些楼梯平台梁底面等的标高。

在建筑剖面图上，标高所注的高度位置与立面图一样，分为建筑标高和结构标高，即标注构件的上顶面标高时，应标注到粉刷完成后的顶面（如各层的楼面标高），而标注构件的地面标高时，应标注到不包括粉刷层的结构地面（如各梁底的标高），但门、窗洞的上顶面和下底面均标注到不包括粉刷层的结构面。

在剖面图中，凡需绘制详图的部分，均应画上详图索引符号。

15.2 建筑剖面图的绘图步骤

15.2.1 设置绘图环境

绘制环境的设置和平面图及立面图类似，包括图形单位的设定、标注尺寸和文字样式的设定等，图层主要是建立轴线、墙梁和文字标注层，再建立几个颜色层用于在图形中标注不容易划分图层的对象。图层的设置如表 15-1 所示。

表 15-1 组织图层

图层名称	颜色	线型	线宽
墙体轴线	洋红	CENTERX2	0.25mm
建筑－墙体	白色	Continuous	0.5mm
建筑－窗户	洋红	Continuous	0.25mm
建筑－门体	洋红	Continuous	0.25mm
图案填充	白色	Continuous	0.25mm
尺寸标注	蓝色	Continuous	0.25mm
注释文字	白色	Continuous	0.25mm
图框和标题栏	白色	Continuous	0.25mm

15.2.2 绘制定位辅助线

定位轴线主要包括轴线和不在轴线上的墙梁柱的中心线。其绘制步骤如下：

01 执行“常用”选项卡“绘图”面板中的“直线”命令绘制轴线。先绘制一条长度为 25000 的竖线，然后执行“常用”选项卡“修改”面板中的“偏移”命令对绘制的直线依次偏移 5700、6300，然后标注轴线编号，效果如图 15-3 所示。

02 执行“常用”选项卡“修改”面板中的“偏移”命令将 A 轴线向左侧偏移 1350mm，将 C 轴线向右侧偏移 1670mm，绘制辅助定位轴线，然后在轴线的下部绘制一条水平轴线，作为地面线，效果如图 15-4 所示。

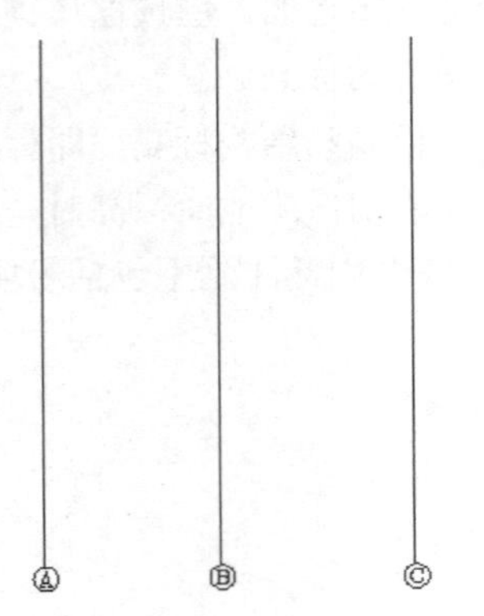

图 15-3 绘制定位轴线

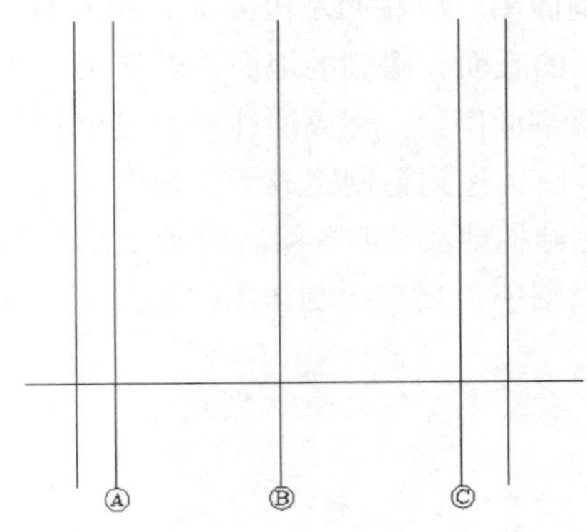

图 15-4 绘制地面线及辅助定位线

在准备工作完成后，可以进行建筑剖面图的绘制，剖面图的绘制一般遵循从下到上、先主要后次要的原则进行。

15.2.3　绘制地坪线

01 执行“常用”选项卡“修改”面板中的“偏移”命令将地坪线向上方偏移 100mm、200mm、100mm、300mm、100mm，偏移后的效果如图 15-5 所示。

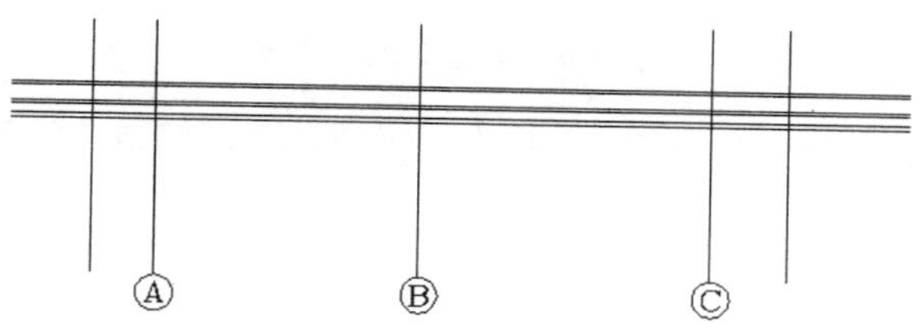

图 15-5　偏移地面线

02 执行“常用”选项卡“修改”面板中的“偏移”命令对 A 轴线向左、右各偏移 185mm，对 B 轴线向左侧依次偏移 1540mm、1080mm，对 C 轴向右侧偏移 3070mm，偏移后的效果如图 15-6 所示。

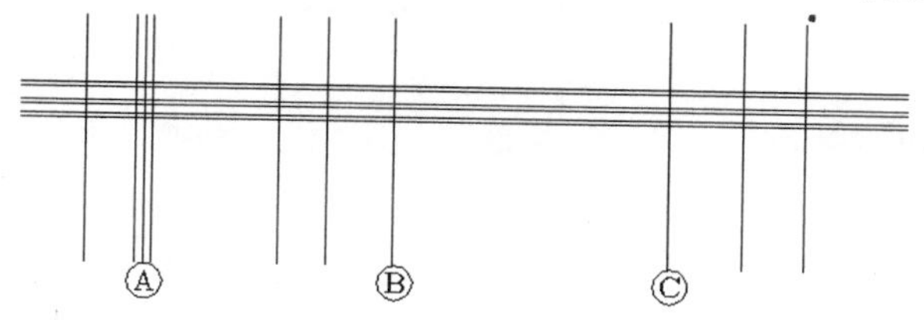

图 15-6　偏移轴线

03 在辅助线绘制完成后，执行“常用”选项卡“绘图”面板中的“多段线”命令，用多段线绘制地面，效果如图 15-7 所示。

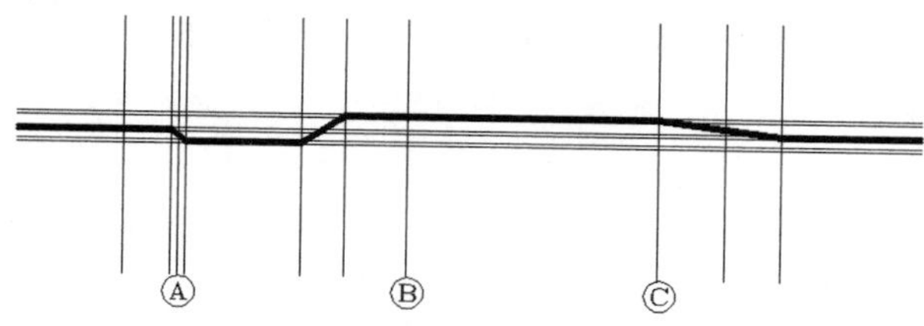

图 15-7　利用多段线绘制地面线

04 执行“常用”选项卡“绘图”面板中的“直线”命令和“修改”面板中的“修剪”命令，对地面线的细部进行修改，效果如图 15-8 所示。

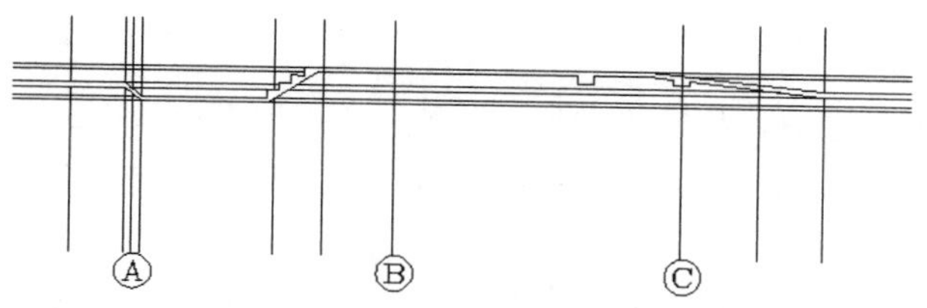

图 15-8　对细部进行修改

05 执行“常用”选项卡“绘图”面板中的“填充”命令，对绘制的地面线进行填充，填充后的效果如图 15-9 所示。

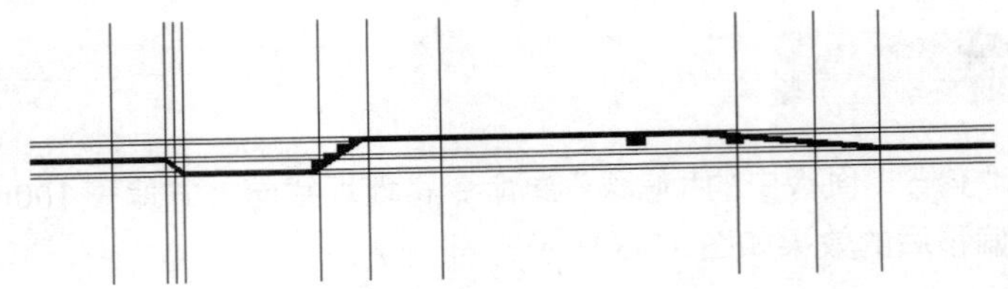

图 15-9　对地面进行填充

06 执行“常用”选项卡“修改”面板中的“修剪”命令，对定位辅助线进行剪切，剪切后的效果如图 15-10 所示。

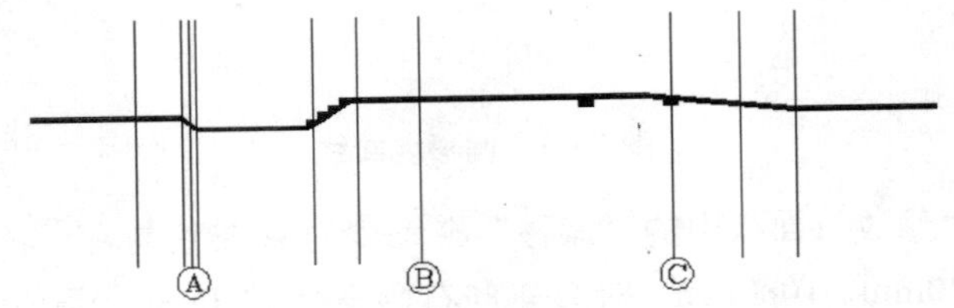

图 15-10　剪切定位辅助线

15.2.4　绘制底层剖面图

底层剖面图的绘制过程如下：

01 执行“常用”选项卡“修改”面板中的“偏移”命令，将室内地坪线向上方移动 2800mm，确定楼地面的位置，将直线分别超出 B、C 轴线 1940mm、185mm，然后将其向下方偏移 100mm，效果如图 15-11 所示。

02 绘制梁的剖面图。执行“常用”选项卡“修改”面板中的“偏移”命令，对如图 15-11 所示的边缘线继续偏移，分别将上边缘线向上偏移 400mm，下边缘线向下依次偏移 300mm、100mm，偏移后的效果如图 15-12 所示。

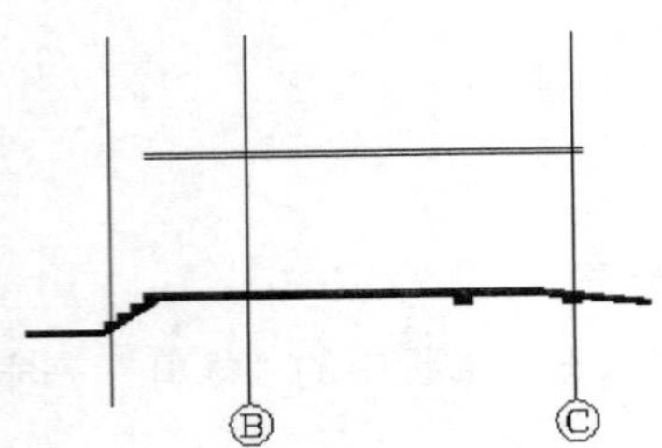

图 15-11　绘制楼板位置

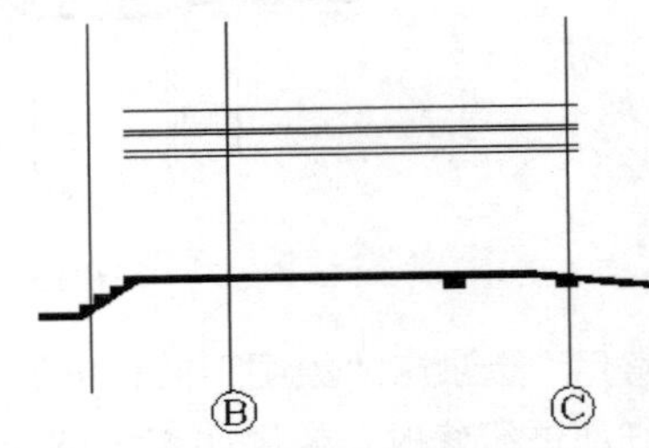

图 15-12　偏移直线

03 绘制辅助线确定梁剖面的位置。执行“常用”选项卡“修改”面板中的“偏移”命令，将 B、C 轴线分别进行偏移，将轴线 B 分别向左偏移 1560mm、120mm，向右偏移 120mm，将轴线 C 向左侧偏移 185mm，效果如图 15-13 所示。

04 执行“常用”选项卡“修改”面板中的“修剪”命令，对偏移得到的直线进行修剪，修剪后的结果如图 15-14 所示。

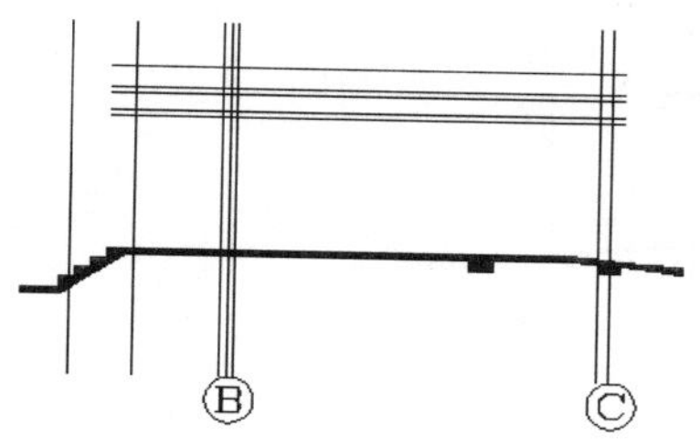

图 15-13　偏移直线

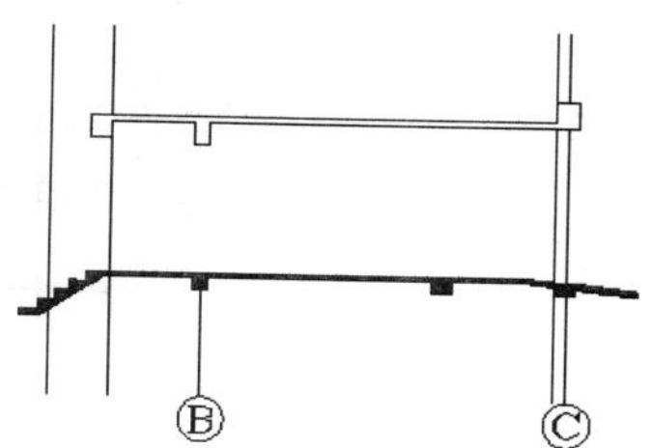

图 15-14　修剪直线

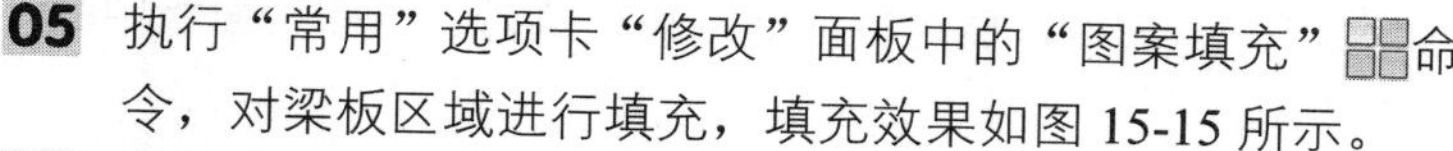

05 执行“常用”选项卡“修改”面板中的“图案填充”命令，对梁板区域进行填充，填充效果如图 15-15 所示。

06 绘制墙线。先绘制一层右侧的墙，执行“常用”选项卡“绘图”面板中的“直线”命令和“修改”面板中的“偏移”命令，效果如图 15-16 所示。

07 执行“常用”选项卡“修改”面板中的“修剪”命令，对多余的墙线进行剪切，效果如图 15-17 所示。

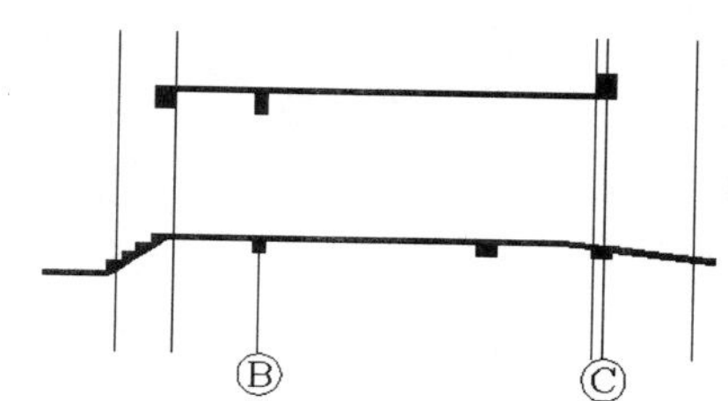

图 15-15　填充梁板

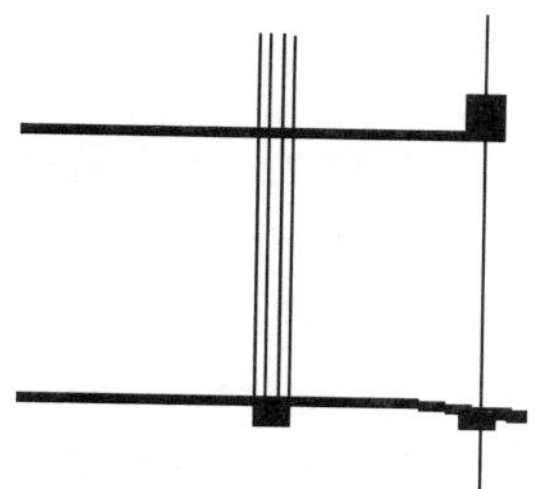

图 15-16　绘制底层墙线

图 15-17　对墙线进行剪切

08 绘制左侧楼梯。以最左端梁板面为基准绘制辅助线，如图 15-18 所示。

09 执行“常用”选项卡“修改”面板中的“偏移”命令，将辅助线依次向左偏移 280mm、280mm、280mm、280mm、280mm、280mm、280mm、280mm、280mm、1020mm、370mm，绘制辅助线，定位楼梯位置，如图 15-19 所示。

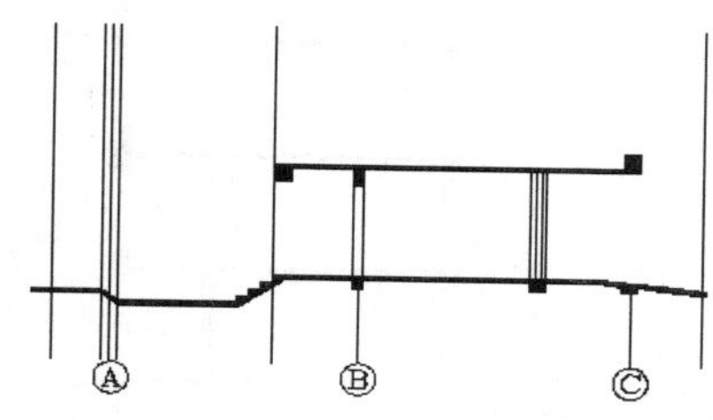

图 15-18　绘制辅助线

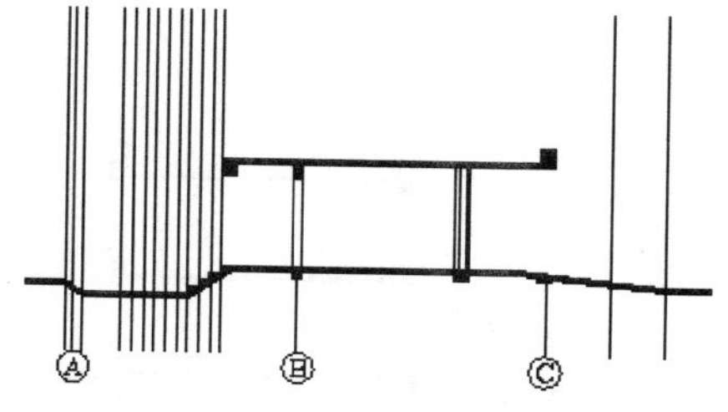

图 15-19　偏移辅助线

10 执行“常用”选项卡“修改”面板中的“偏移”命令，绘制水平辅助线，效果如图 15-20 所示。

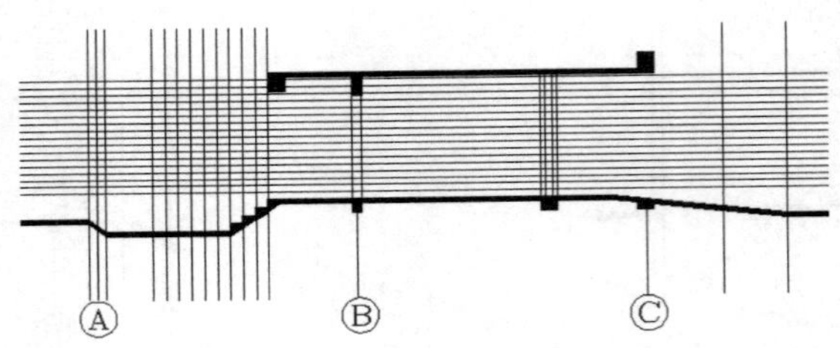

图 15-20 绘制水平辅助线

11 执行“常用”选项卡“修改”面板中的“修剪”命令，删除辅助线，通过执行“绘图”面板中的“直线”命令连接楼梯下边缘，如图 15-21 所示。

12 执行“常用”选项卡“绘图”面板中的“填充”命令对楼梯剖面进行填充，填充效果如图 15-22 所示。

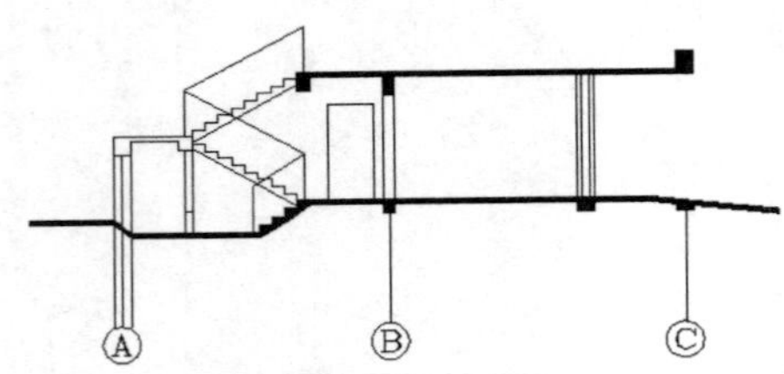

图 15-21 连接楼梯下边缘

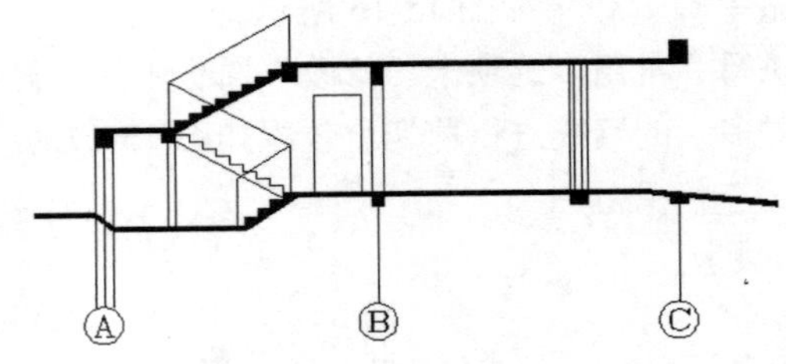

图 15-22 绘制楼梯

15.2.5 绘制标准层剖面图

绘制标准层梁板，绘制方法与绘制底层剖面图的方法一样，绘制完成效果如图 15-23 所示。

01 执行“常用”选项卡“修改”面板中的“阵列”命令，将得到的标准层梁板向上阵列，行数为 4，行偏移为 2800，阵列后的效果如图 15-24 所示。

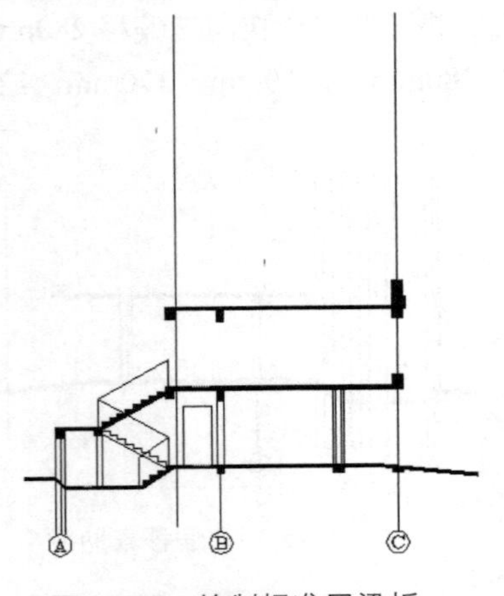

图 15-23 绘制标准层梁板

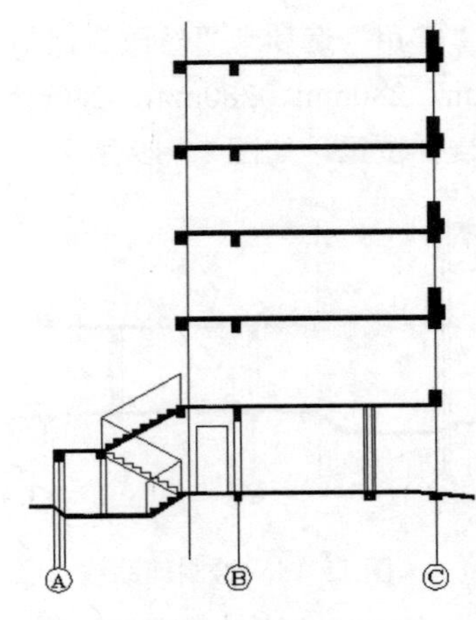

图 15-24 阵列梁板

02 绘制二层窗线，执行“常用”选项卡“绘图”面板中的“直线”命令和“修改”面板中的“偏移”命令，绘制效果如图 15-25 所示。

03 其余楼层的窗线绘制方法与二层右侧墙线的绘制方法一样，在此不再赘述，效果如图 15-26 所示。

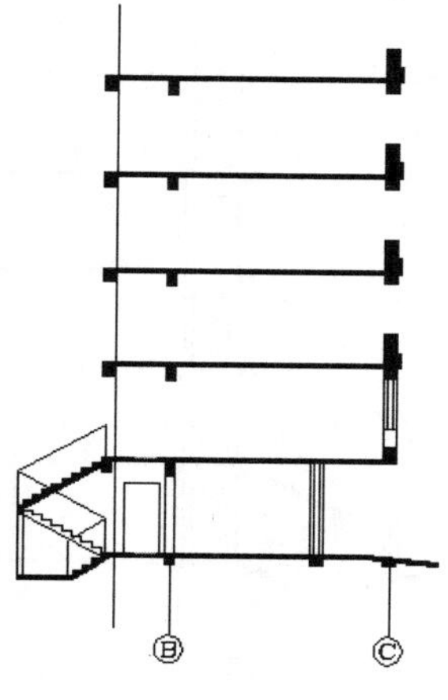

图 15-25　绘制墙线

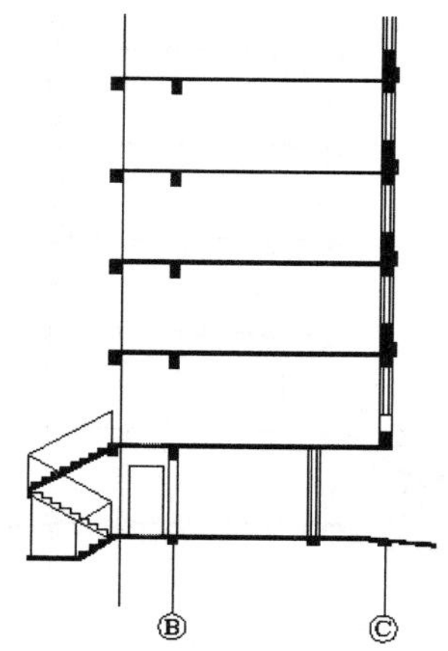

图 15-26　绘制右侧窗线

04 标准层走道门体立面图只须绘制一个，然后执行“常用”选项卡“修改”面板中的“复制”命令进行复制即可，绘制效果如图 15-27 所示。

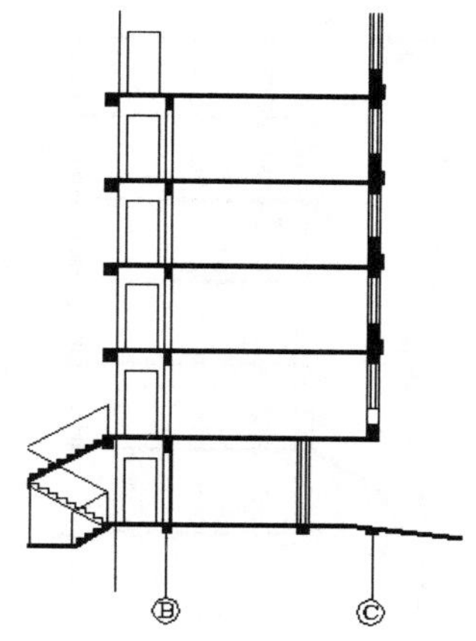

图 15-27　绘制走道门体立面图

15.2.6　绘制高层剖面图

高层剖面图的绘制过程如下：

01 绘制五楼顶板，绘制方法和底层楼相同，执行“常用”选项卡“修改”面板中的“偏移”命令对轴线进行偏移，以确定梁的边线，执行“常用”选项卡“修改”面板中的“修剪”命令对偏移线进行修剪，绘制效果如图 15-28 所示。

02 执行“常用”选项卡“绘图”面板中的“填充”命令对梁板区域进行填充即可，绘制效果如图 15-29 所示。

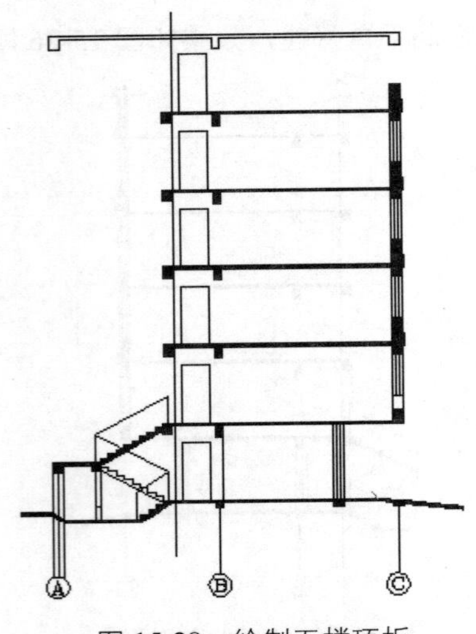

图 15-28　绘制五楼顶板

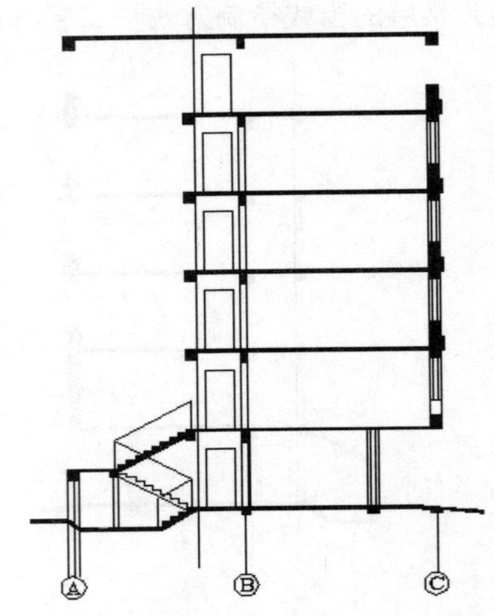

图 15-29　对顶板填充

03 执行“常用”选项卡“绘图”面板中的“直线“命令和“修改”面板中的“偏移”命令，绘制五层墙和窗的立面图，绘制效果如图 15-30 所示。

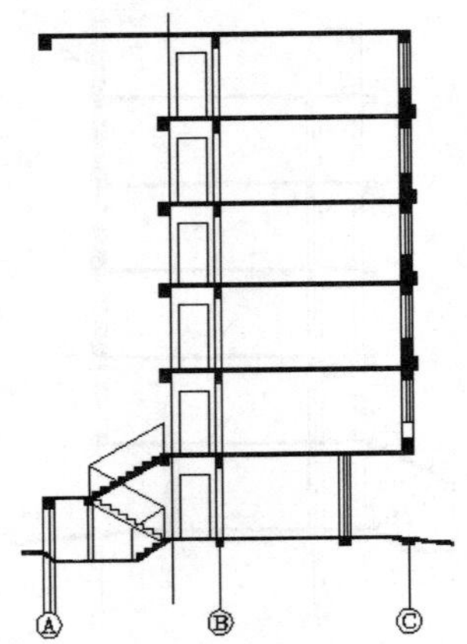

图 15-30　绘制五层墙线和窗线

15.2.7　绘制左侧楼梯及墙体剖面

01 绘制左侧楼梯剖面，由于其余楼层的楼梯剖面与底层楼梯剖面一样，因此只须对底层楼梯进行复制即可，执行“常用”选项卡“修改”面板中的“复制”命令对左侧楼梯进行复制，效果如图 15-31 所示。

02 绘制楼梯扶手。楼梯扶手的绘制较为简单，在此不再赘述，主要执行“常用”选项卡“绘图”面板中的“直线“命令绘制扶手和轮廓，然后执行“修改”面板中“修剪”命令对其进行修剪，效果如图 15-32 所示。

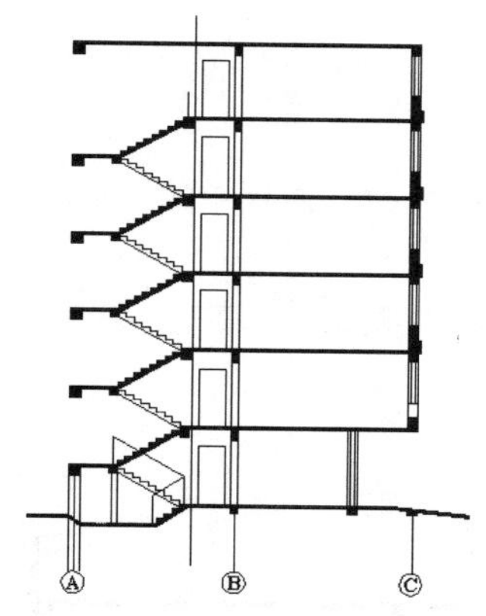

图 15-31　绘制左侧楼梯剖面

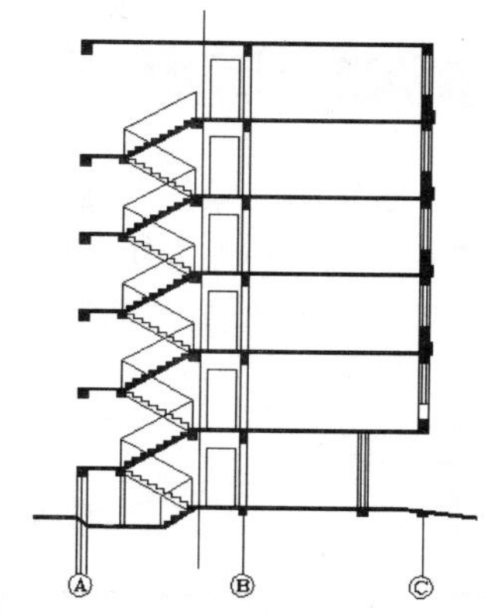

图 15-32　绘制楼梯扶手

03 绘制左侧墙体剖面。执行“常用”选项卡“绘图”面板中的“直线”命令绘制墙体剖面，绘制方法是使用直线连接梁绘制墙体剖面轮廓，如图 15-33 所示。

04 绘制左侧墙体中的窗户剖面。绘制方法是首先执行“常用”选项卡“绘图”面板中的“直线”命令绘制辅助线，以确定窗户位置，如图 15-34 所示。

05 执行“修改”面板中的“修剪”命令对左侧窗户剖面进行修剪，效果如图 15-35 所示。

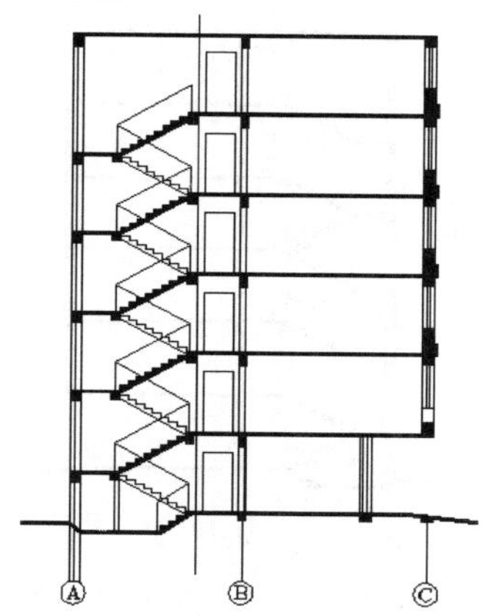

图 15-33　绘制右侧墙体剖面

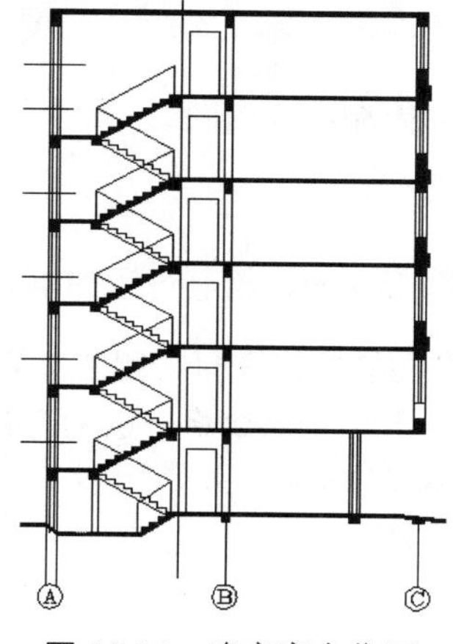

图 15-34　确定窗户位置

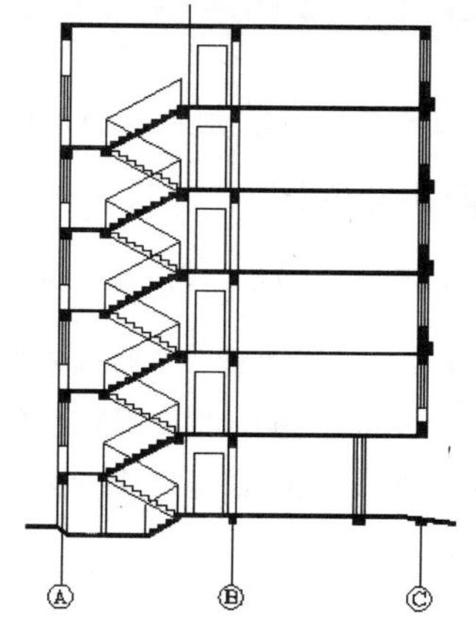

图 15-35　对多余直线进行剪切

15.2.8　绘制屋顶剖面图

01 执行“常用”选项卡“绘图”面板中的“直线”命令和 “修改”面板中的“偏移”命令，绘制屋顶剖切轮廓线，绘制效果如图 15-36 所示。

02 执行“常用”选项卡“绘图”面板中的“填充”命令对剖切部分进行填充，填充效果如图 15-37 所示。

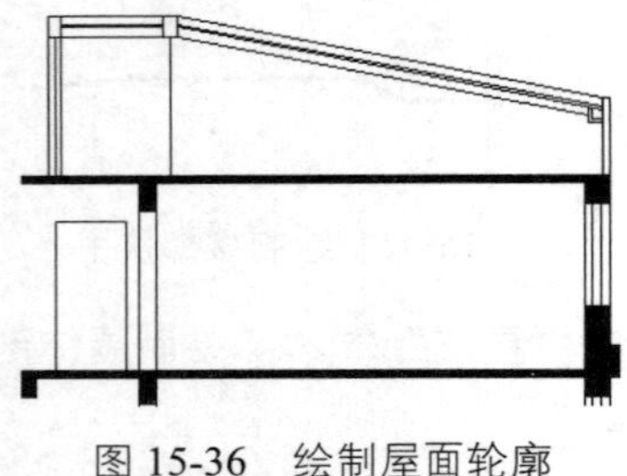

图 15-36　绘制屋面轮廓

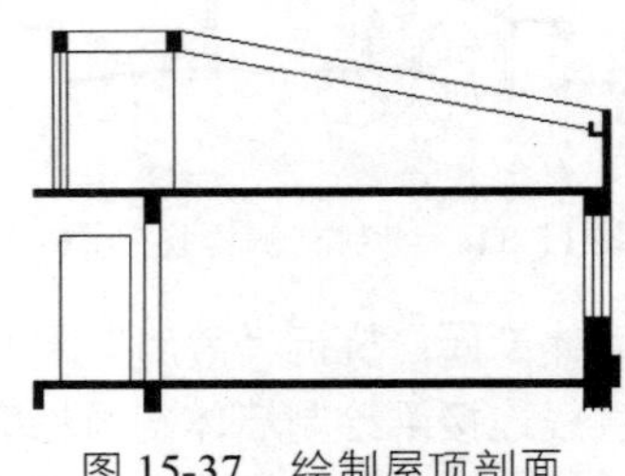

图 15-37　绘制屋顶剖面

03 补充绘制其他剖切线，如柱的立面图、屋檐立面图等，绘制效果如图 15-38 所示。

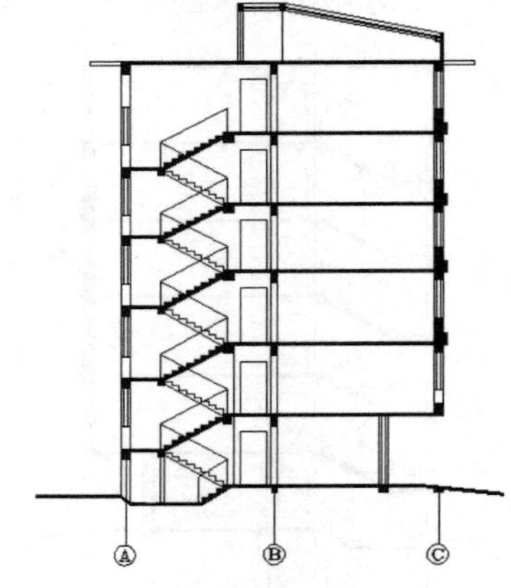

图 15-38　补充绘制其他对象

15.2.9　绘制阳台和雨棚立面图

当剖面图的主干部分绘制完毕后，整个剖面图还应绘制阳台和雨棚的立面图。

1. 绘制雨棚立面图

本例中的雨棚为半圆形，绘制时应通过线条的变化来表现半圆形立面，绘制过程如下。

01 执行“常用”选项卡“修改”面板中的“偏移”命令，将最右侧的柱边线向右侧依次偏移 1500mm、950mm、100mm，执行“常用”选项卡“修改”面板中的“延伸”命令将一层的天花板切线进行延伸，并将其依次向上偏移 400mm、150mm，效果如图 15-39 所示。

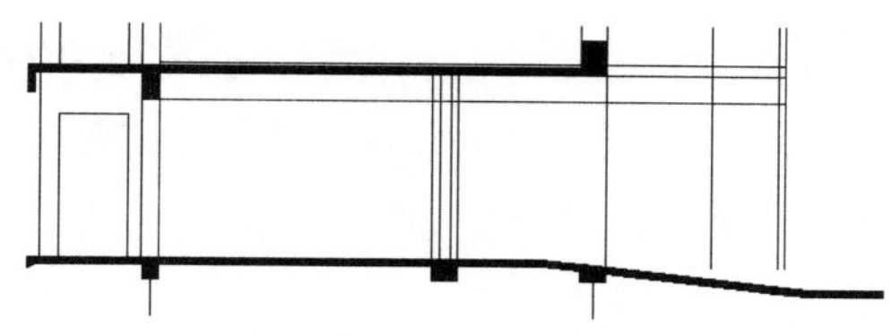

图 15-39　偏移直线确定雨棚轮廓

02 执行“常用”选项卡“修改”面板中的（修剪）命令对得到的偏移线进行修剪，修剪效果如图 15-40 所示。

03 执行“常用”选项卡“绘图”面板中的（直线）命令，在半圆立面中绘制直线，直线的间距由左到右依次减少，还应注意上下直线不应对齐，否则无法表达雨棚上下的差异，绘制效果如图 15-41 所示。

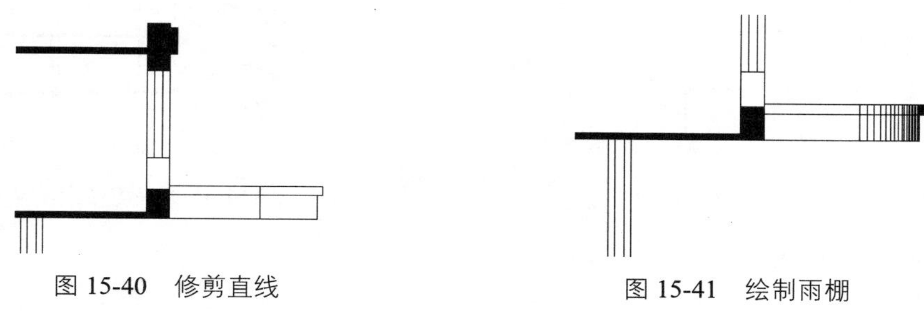

图 15-40　修剪直线　　　　图 15-41　绘制雨棚

2. 绘制阳台立面图

具体步骤如下：

01 执行“常用”选项卡“修改”面板中的“偏移”命令，将最左侧的墙体线向左侧依次偏移 400mm、40mm、560mm、200mm，效果如图 15-42 所示。

02 执行“常用”选项卡“绘图”面板中的“直线”命令绘制阳台里面的轮廓线，绘制方法是使用直线确定阳台的位置，绘制阳台的立面轮廓，效果如图 15-43 所示。

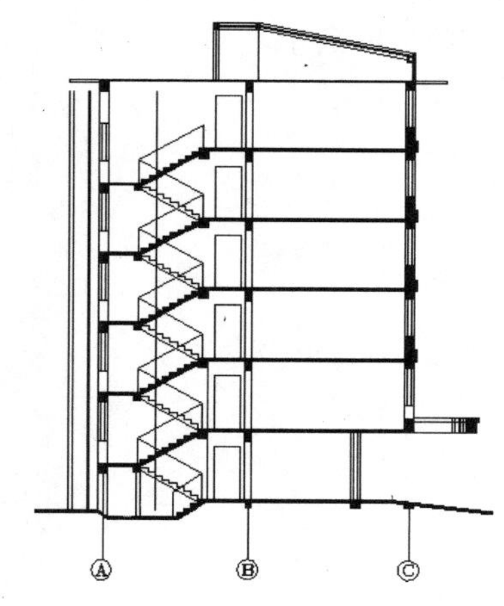

图 15-42　偏移直线确定阳台位置

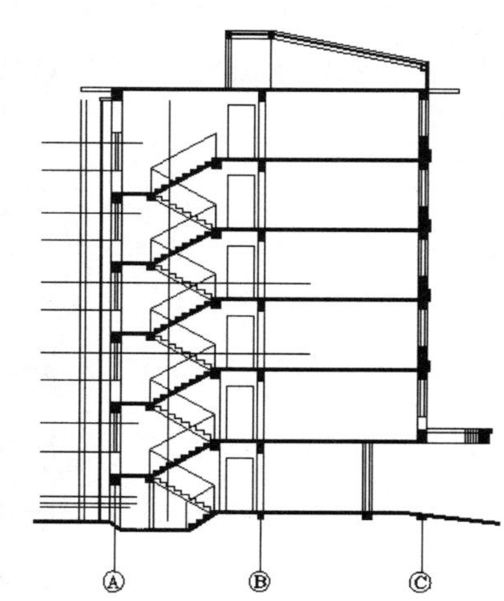

图 15-43　绘制阳台轮廓

03 绘制阳台立面图的细部，绘制方法较为简单，多为执行“常用”选项卡“绘图”面板中的“直线”

命令和 “修改”面板中的“偏移”命令进行绘制，效果如图 15-44 所示。

04 执行“常用”选项卡“修改”面板中的“修剪”命令，对多余的直线进行修剪，修剪效果如图 15-45 所示。

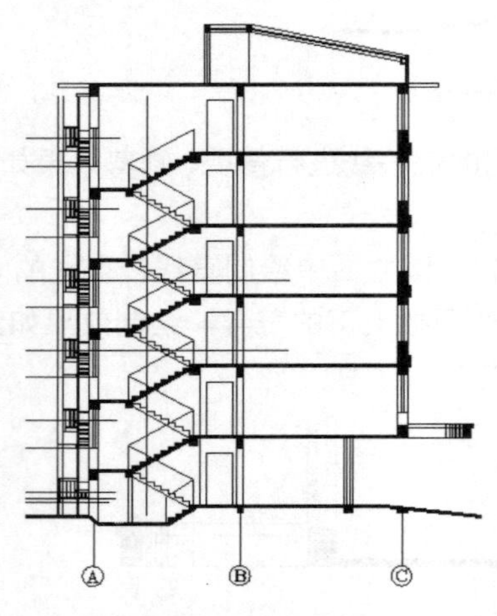

图 15-44　绘制阳台细部

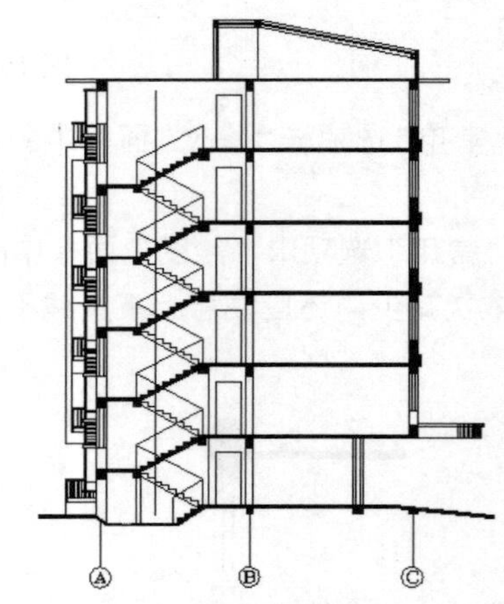

图 15-45　剪切多余的线段

至此整个剖面图绘制完毕。

15.3 添加文字和尺寸标注

下面对剖面图进行标注，剖面图的标注包括文字标注、标高标注和尺寸标注，标注过程如下。

1. 文字标注

执行“注释”选项卡“文字”面板下的“文字样式”命令设置文字样式，具体文字样式的设置和平面图中相同，文字高度为 400mm，文字样式为“HZTXT”，效果如图 15-46 所示。

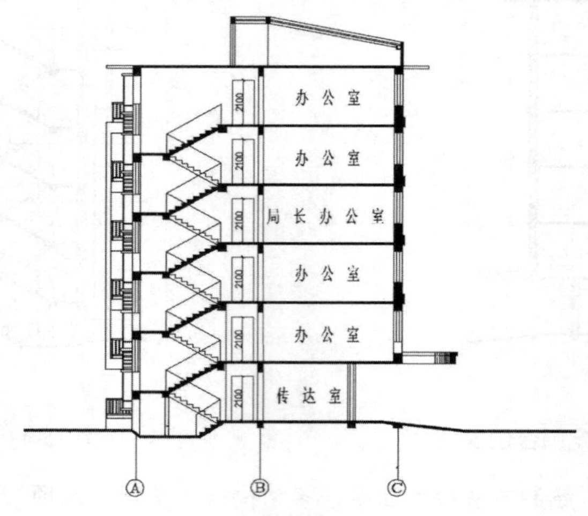

图 15-46　文字标注

2. 尺寸标注

执行“注释”选项卡“标注”面板中的“线性”命令和“连续标注”命令进行尺寸标注，标注方法和平面图中的相同，绘制效果如图 15-47 所示。

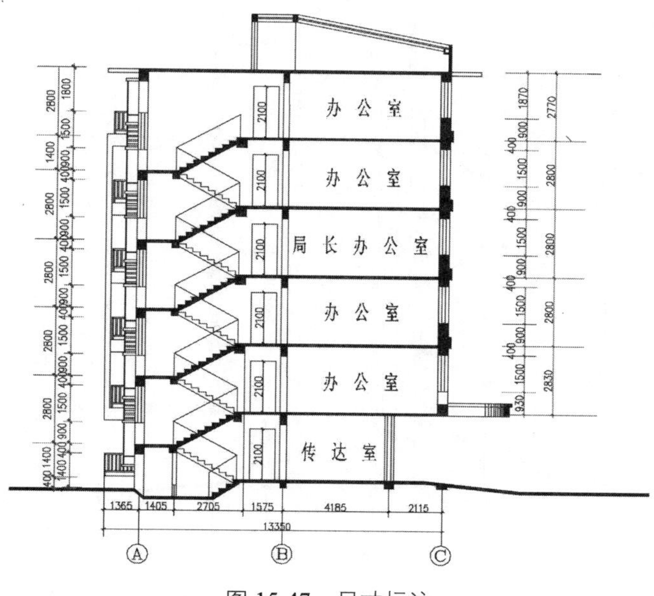

图 15-47　尺寸标注

3. 标高标注

标高标注包括地面和各楼层的高度、顶层的标高等，绘制方式和立面图中相同，标注方法是执行“插入”选项卡“块”面板中的“插入”命令插入标高符号。

执行“注释”选项卡“文字”面板中“多行文字”下的“单行文字”命令输入标高数值，绘制效果如图 15-48 所示。

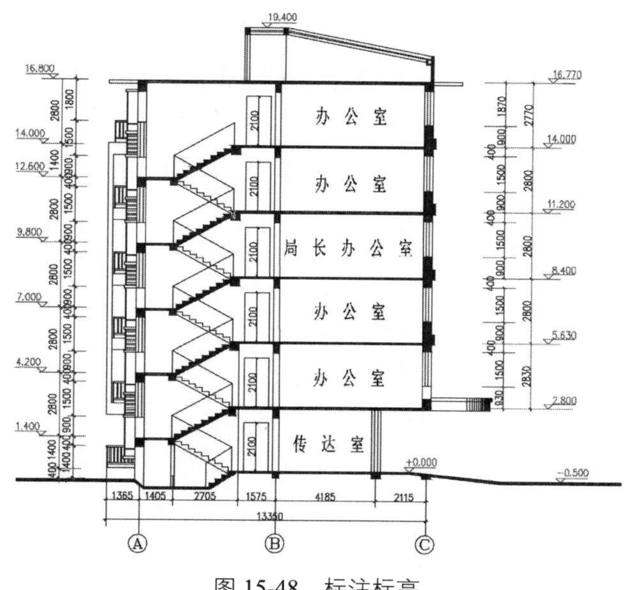

图 15-48　标注标高

在图形绘制完成后，添加图框和标题栏，效果如图 15-49 所示。

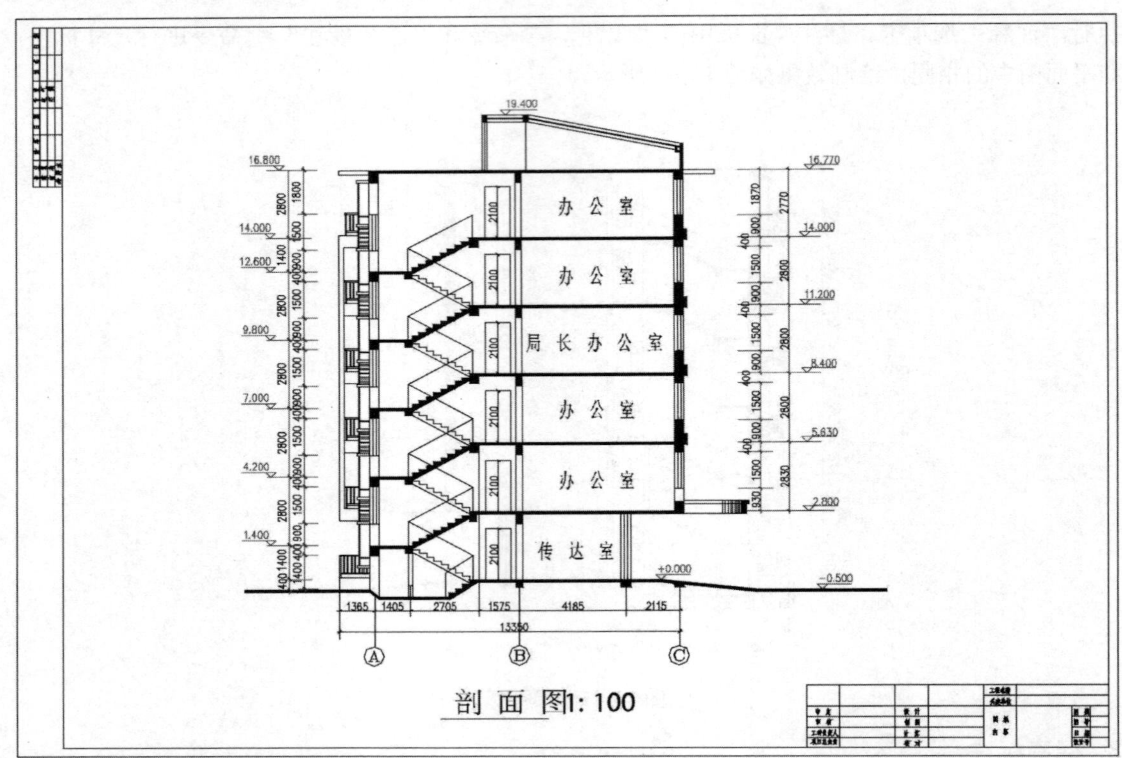

图 15-49　添加图框和标题栏

15.4 本章小结

本章介绍了建筑剖面图的基础知识，并结合案例讲解了剖面图的绘制方式。读者可以根据建筑的特点和绘图习惯选择适合自己的绘制方法和绘制步骤。

第 16 章

绘制建筑详图

建筑详图是建筑细部的施工图，是建筑平面图、立面图、剖面图的补充。因为立面图、平面图、剖面图的比例尺较小，建筑物上的许多细部构造无法表示清楚，根据施工需要，必须另外绘制比例尺较大的图样才能表达清楚。

知识要点

- 了解建筑详图的内容，熟悉建筑详图的绘制技巧。
- 熟悉楼梯平面图的绘制过程。
- 熟悉楼梯剖面图的绘制过程。
- 熟悉屋顶构造详图的绘制过程和方法。

为了让大家理解详图的概念，下面给出某楼梯详图，如图 16-1 所示。

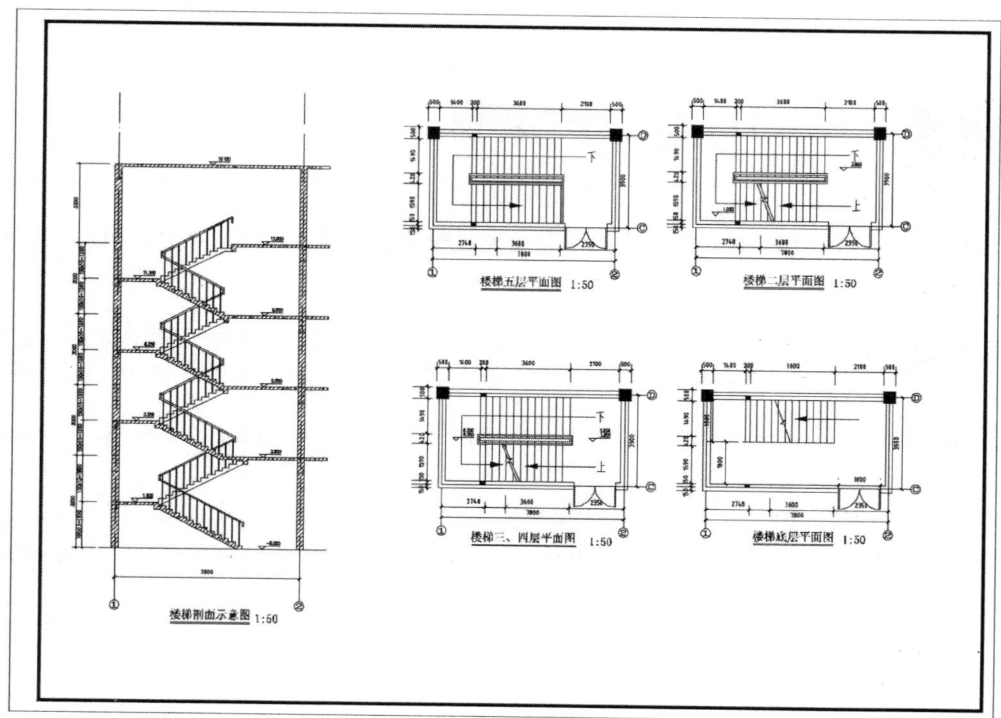

图 16-1　某楼梯详图

16.1 建筑详图的内容及绘制技巧

使用建筑详图可以表达一些在平面图、立面图和剖面图中无法精确绘制的建筑构件（如门窗、楼梯、阳台的各种装饰等）和某些建筑剖面节点（如檐口、窗台、明沟、楼底层和屋顶层等）的详细构造（包括样式、层次的做法、用料和详细尺寸等）。由此可见，建筑详图是建筑细部的施工图，是建筑平面图、立面图和剖面图等基本图纸的补充和深化，是建筑工程的细部施工、建筑构配件的制作及编制预算的依据。

对于套用标准图或通用图的建筑构配件和节点，只要注明所套用图集的名称、型号或页次（索引符号）即可，不必再画详图。

对于建筑构造节点详图，除了要在建筑平面图、立面图和剖面图中的相关部位绘制索引符号外，还应在详图上绘制符号或写明详图名称，以便对照查询。

对于建筑构配件图，一般只要在所画的详图上写明该建筑构配件的名称或型号，就不必在平面图、立面图、剖面图上绘制索引符号了。

建筑详图的主要内容如下：

- 图名（或详图符号）、比例。
- 表达出构配件各部分的构造连接方法及相对的位置关系。
- 表达出各部位、各细部的详细尺寸。
- 详细表达构配件或节点所用的各种材料及其规格。
- 有关施工要求及方法说明等。

16.2 绘制楼梯平面详图

楼梯详图是建筑详图中的重要组成部分，也是绘制过程复杂的部分，对于 AutoCAD 的初学者来说，绘制楼梯是培养绘图技能的一个很好选择。

16.2.1 设置绘图环境

详图中绘图环境的设置与平面图中类似，可以直接和平面图在一个绘图环境中绘制，绘图比例的设置比平面图大，可以设为 1:50。

绘制环境的设置和平面图及立面图类似，包括图形单位的设定、标注尺寸和文字样式的设定等，图层主要是建立轴线、墙梁和文字标注层，再建立几个颜色层用于在图形中标注不容易划分图层的对象。图层的设置如表 16-1 所示。

表 16-1　组织图层

图层名称	颜色	线型	线宽
墙体轴线	洋红	CENTERX2	0.25mm
建筑－墙体	白色	Continuous	0.5mm
建筑－窗户	洋红	Continuous	0.25mm
建筑－门体	洋红	Continuous	0.25mm
图案填充	白色	Continuous	0.25mm
尺寸标注	蓝色	Continuous	0.25mm
注释文字	白色	Continuous	0.25mm
图框和标题栏	白色	Continuous	0.25mm

16.2.2　绘制定位轴线

与绘制其他图形一样，楼梯平面详图的绘制首先从绘制定位轴线开始，绘制步骤如下。

01 执行“常用”选项卡“绘图”面板中的“直线”命令绘制轴线，确定楼梯的位置，本例要绘制的楼梯位于“1”、“2”轴线和 C、D 轴线之间，定位轴线的绘制如图 16-2 所示。

02 执行“常用”选项卡“修改”面板中的“偏移”命令，将“1”轴线向右依次偏移 1800mm、3600mm，偏移后的效果如图 16-3 所示。

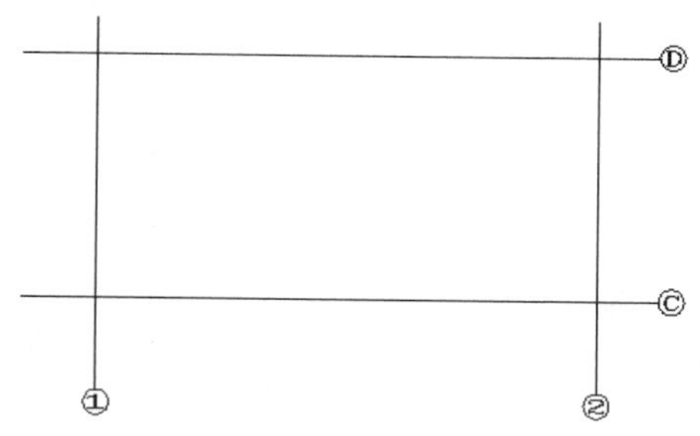

图 16-2　绘制定位轴线

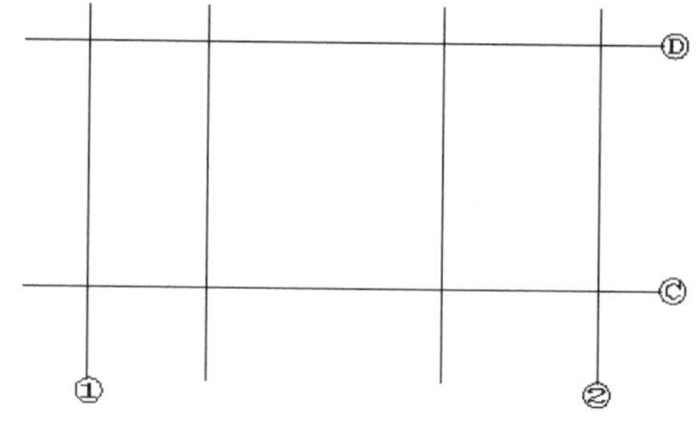

图 16-3　绘制辅助定位轴线

16.2.3　绘制墙线

墙线可以使用“多段线”命令绘制，也可以使用“直线”命令和“偏移”命令绘制。绘制步骤如下。

01 首先绘制墙线，执行“常用”选项卡“绘图”面板中的“多线”命令，设置多段线的宽度为 300mm，对正模式设置为“无”，绘制方法和平面图中的方法相同，绘制效果如图 16-4 所示。

02 执行“常用”选项卡“修改”面板中的“修剪”命令和“延伸”命令对图形进行修改，修改效果如图 16-5 所示。

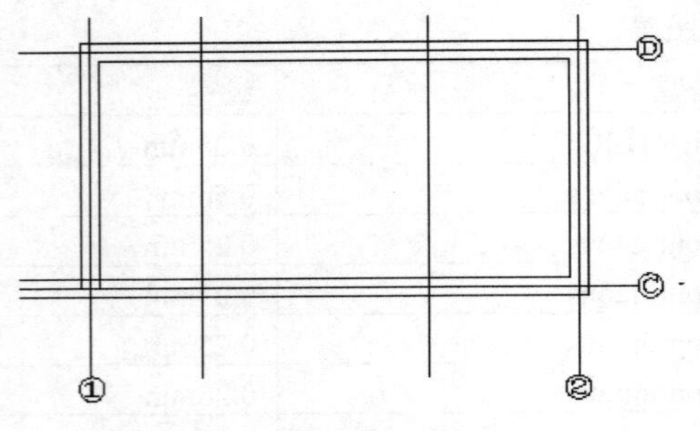

图 16-4　用多段线绘制墙线

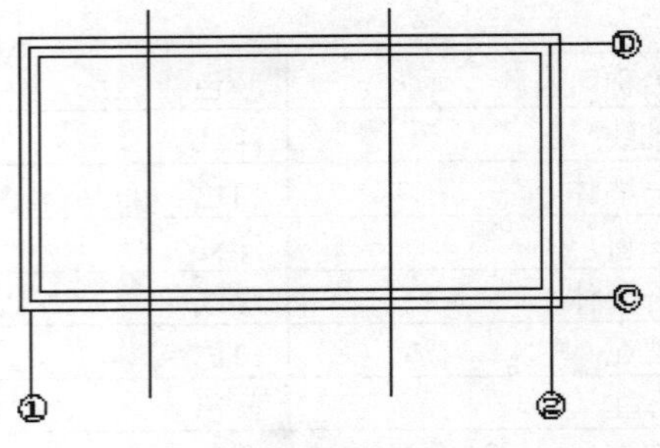

图 16-5　修改墙体线

16.2.4　绘制门体和支柱

门体和支柱在楼梯详图中不是主要的表达对象，不需要精确绘制，下面简要介绍绘制过程。

01 绘制门洞口。执行“常用”选项卡“修改”面板中的“偏移”命令，对轴线进行偏移，以确定门体洞口的位置，然后执行“常用”选项卡“修改”面板中的“修剪”命令对图形墙体进行剪切，并对墙线进行封口，绘制效果如图 16-6 所示。

02 执行“插入”选项卡“块”面板中的“插入”命令插入门体图块，绘制效果如图 16-7 所示。

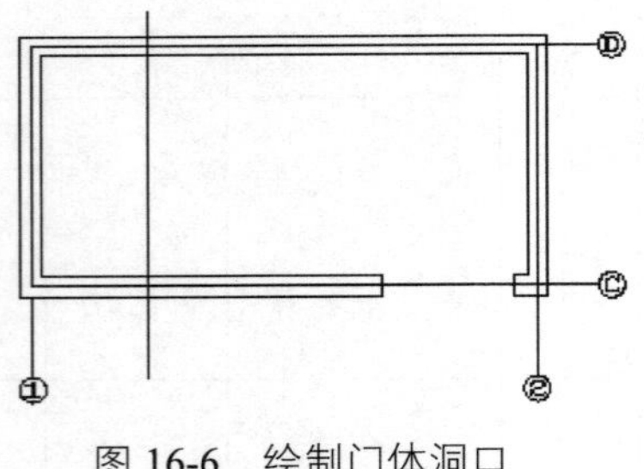

图 16-6　绘制门体洞口

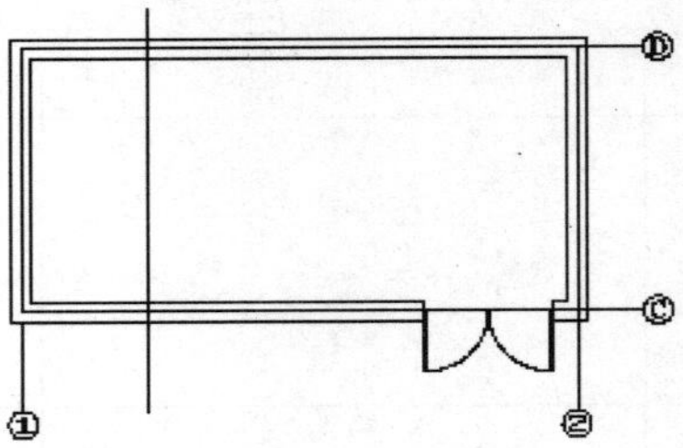

图 16-7　插入门窗

03 绘制柱。执行“常用”选项卡“修改”面板中的“偏移”命令，偏移轴线以确定柱的位置，效果如图 16-8 所示。

04 执行“常用”选项卡“修改”面板中的“修剪”命令，对偏移线进行修剪得到柱的轮廓，效果如图 16-9 所示。

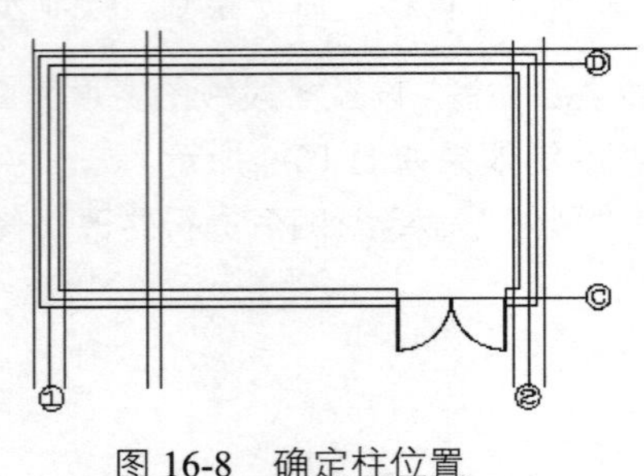

图 16-8　确定柱位置

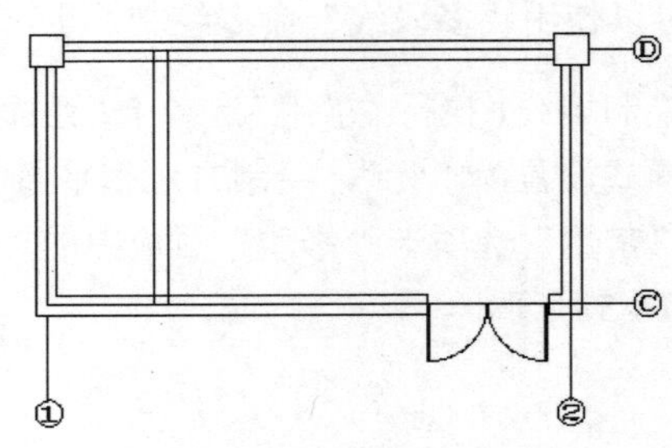

图 16-9　修改图形

05 执行“常用”选项卡“绘图”面板中的“填充”命令对柱进行填充，效果如图 16-10 所示。

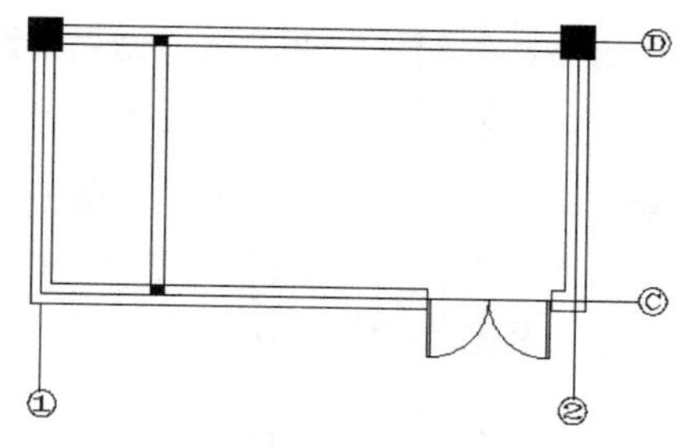

图 16-10　对柱进行填充

16.2.5　绘制楼梯平面图

绘制楼梯是楼梯平面详图中比较复杂的部分，主要是踏步和扶手的绘制比较复杂，下面介绍楼梯平面图的绘制过程。

01 执行“常用”选项卡“修改”面板中的“偏移”命令，楼梯间内柱子右侧墙线向右偏移 300mm，如图 16-11 所示。

02 执行“常用”选项卡“修改”面板中的“矩形阵列”命令，对偏移的直线进行阵列，阵列参数设置如下：行数为 1，列数为 11，列偏移为 300，阵列后的效果如图 16-12 所示。

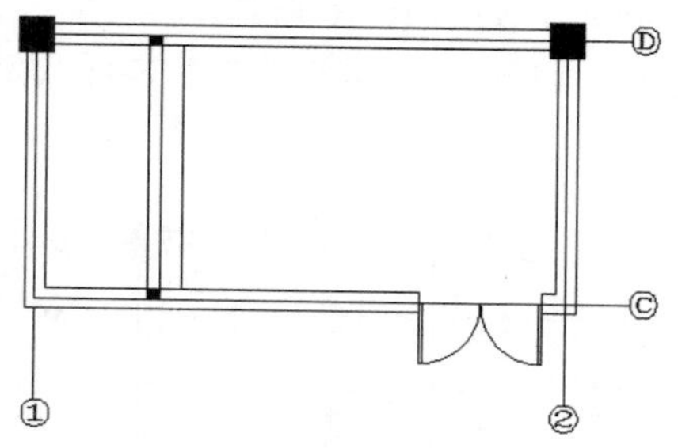

图 16-11　偏移墙线

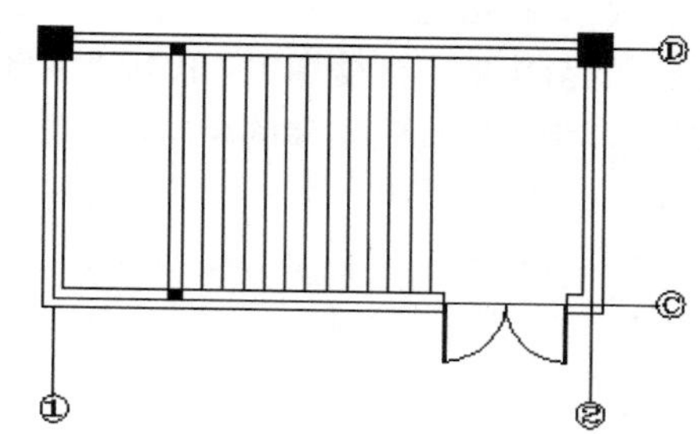

图 16-12　阵列直线

03 执行“常用”选项卡“绘图”面板中的“直线”命令，通过阵列线绘制一条水平线，水平线超过两端的踏步线，距离为 120mm，然后将其向两侧偏移三次，每次偏移的距离为 70mm，偏移后的效果如图 16-13 所示。

04 删除中间的一条水平线，并执行“常用”选项卡“修改”面板中的“修剪”命令，对直线进行剪切，效果如图 16-14 所示。

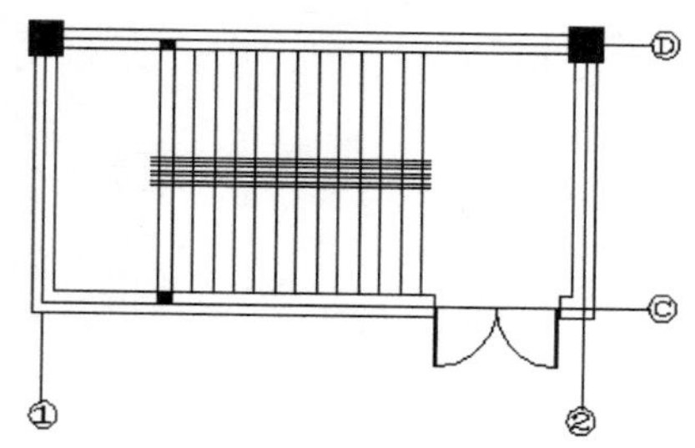

图 16-13　偏移直线

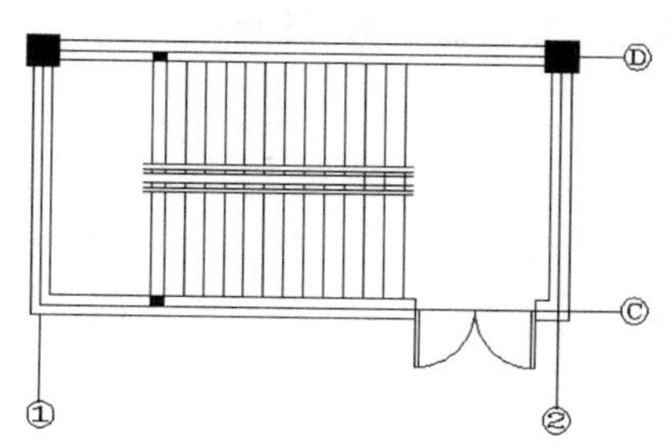

图 16-14　剪切直线

05 执行“常用”选项卡“修改”面板中的“偏移”命令，对两端踏步再向外侧偏移两次，每次的距离为 56mm，并对直线进行修剪，得到如图 16-15 所示的效果。

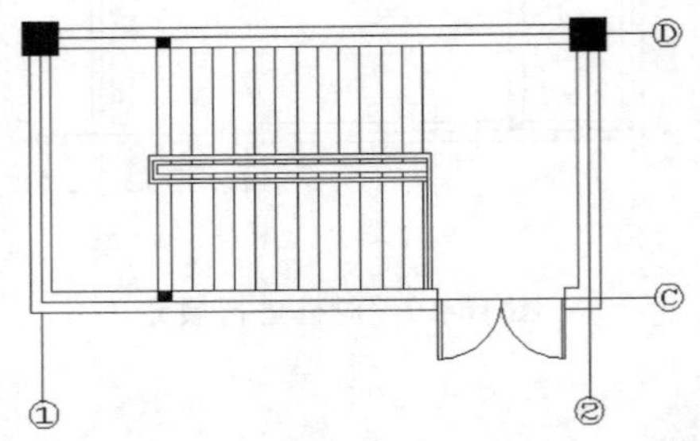

图 16-15　修改图形

至此，楼梯的主要部分绘制完毕。

16.2.6　添加文字和尺寸标注

下面对图形进行标注，标注的过程如下。

01 绘制箭头。先绘制箭头来表示上下楼梯的方向。执行“常用”选项卡“绘图”面板中的“多线”命令，设置起始宽度为 0，端部宽度为 200mm，长为 350mm，如图 16-16 所示。

02 将绘制的箭头应用到楼梯中，执行“注释”选项卡“文字”面板中的“多行文字”下的“单行文字”命令，用文字标注楼梯的走向，如图 16-17 所示。

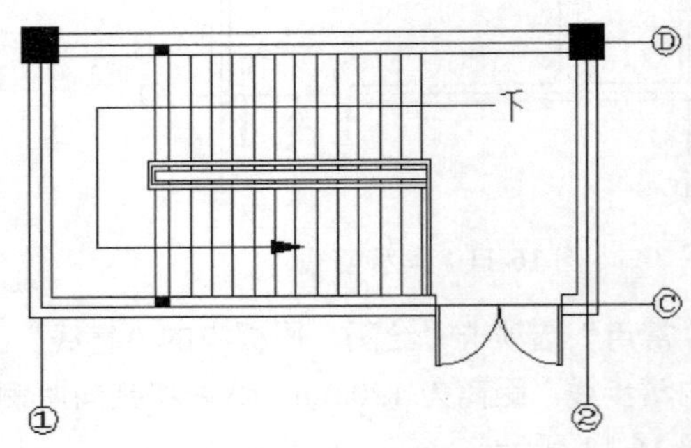

图 16-16　绘制箭头　　图 16-17　插入箭头

03 执行“注释”选项卡“标注”面板中的“线性”和“连续”命令进行尺寸标注，标注过程不再赘述，效果如图 16-18 所示。

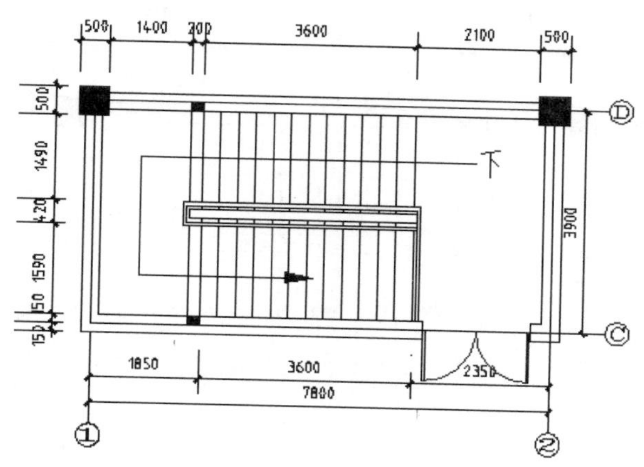

图 16-18　尺寸标注

16.2.7　绘制其他楼层的楼梯详图

其他楼层楼梯平面图的绘制方式和底层相同，在此不再具体绘制，绘制效果如图 16-19 所示。

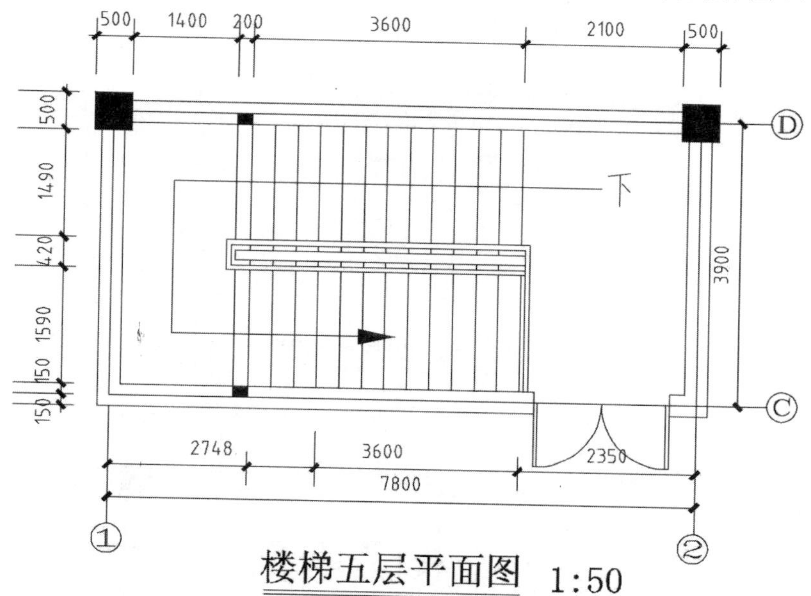

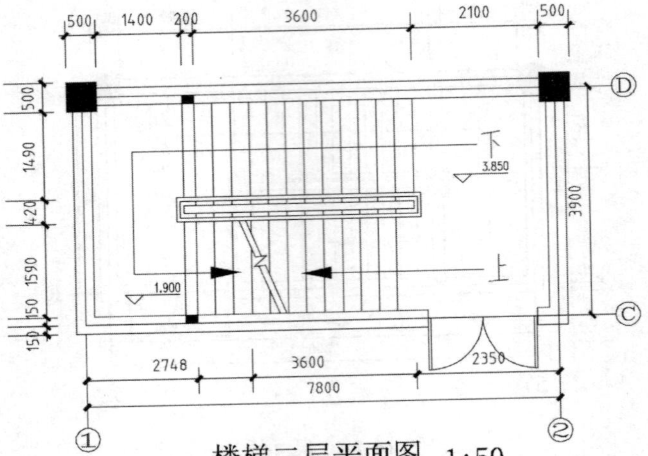

楼梯二层平面图 1:50

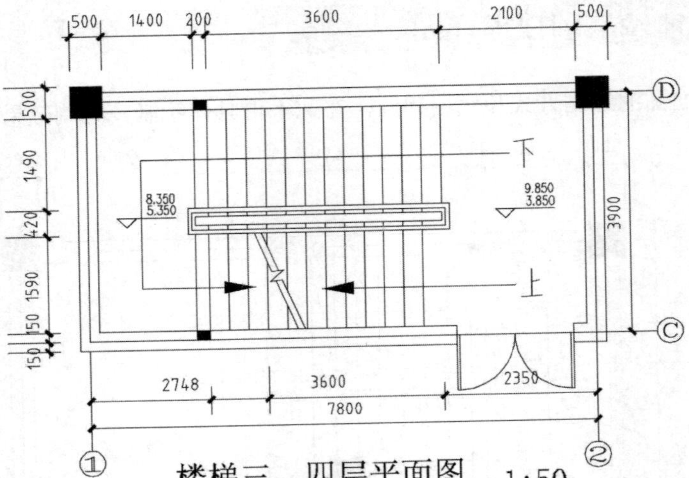

楼梯三、四层平面图 1:50

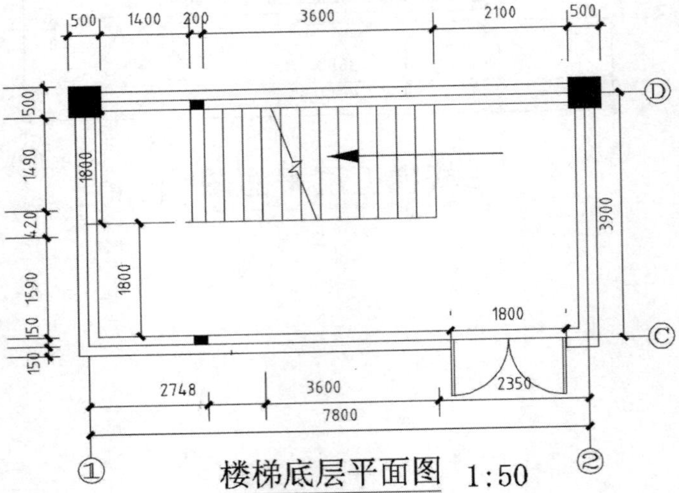

楼梯底层平面图 1:50

图 16-19 绘制其他楼层详图

16.3 绘制楼梯剖面详图

楼梯的剖面详图根据楼梯形式的不同，其绘制的难度差别很大，对于一般的直跑楼梯，掌握了绘制方法后，绘制就比较简单了，但对于旋转楼梯的绘制则技巧性很强。这里介绍一个二跑楼梯剖面图的绘制过程。

16.3.1 绘制定位轴线

剖面图的定位走向比较简单，只须绘制两条轴线即可，绘制过程如下。

01 先执行“常用”选项卡“绘图”面板中的“直线”命令绘制一条定位轴线。

02 然后执行“常用”选项卡“修改”面板中的“偏移”命令对绘制的轴线进行偏移，以绘制另一条轴线。

03 执行“插入”选项卡“块”面板中的“插入”命令插入轴线编号图块，效果如图 16-20 所示。

04 绘制墙体，应为表示的楼梯立面图，对于和楼梯部分无关的顶层可以不绘制。执行“常用”选项卡“绘图”面板中的“直线”命令，绘制一条直线作为地面线。

05 执行“常用”选项卡“修改”面板中的“偏移”命令，将“1”轴线分别向左右偏移 150mm，将地面线向上偏移 3300mm，效果如图 16-21 所示。

图 16-20　绘制定位轴线

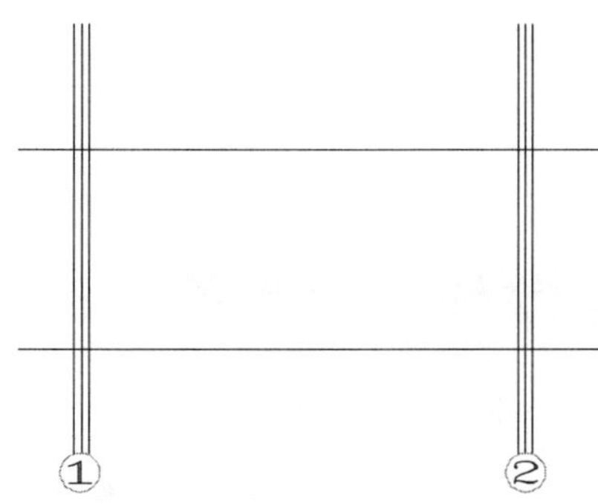

图 16-21　偏移轴线

16.3.2 绘制结构部分

结构部分的绘制过程如下。

01 执行“常用”选项卡“修改”面板中的“偏移”命令，对轴线进行偏移，以确定墙线的位置，执行“常用”选项卡“绘图”面板中的“直线”命令绘制墙线，绘制效果如图 16-22 所示。

图 16-22 绘制墙线

02 绘制平台梁和平台板。执行“常用”选项卡“修改”面板中的“偏移”命令，将地面线分别向上方偏移

1850mm、1950mm、3800mm、3900mm，以确定平台板的位置，效果如图 16-23 所示。

03 执行“常用”选项卡“修改”面板中的“偏移”命令，将轴线“1”向右偏移 1850mm、2050mm，将轴线“2”向左偏移 2250mm、2450mm，效果如图 16-24 所示。

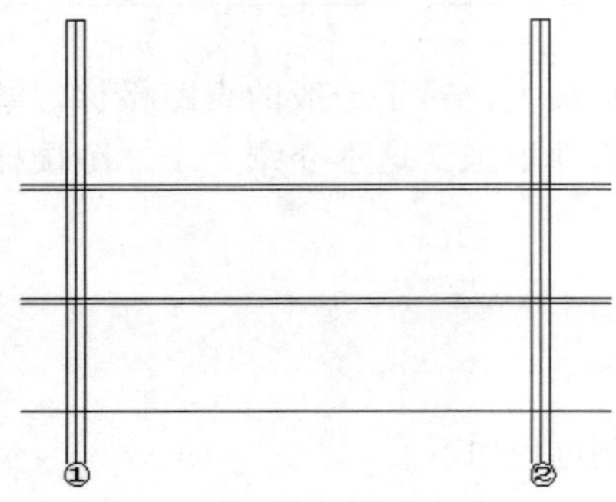

图 16-23 对地面线进行偏移

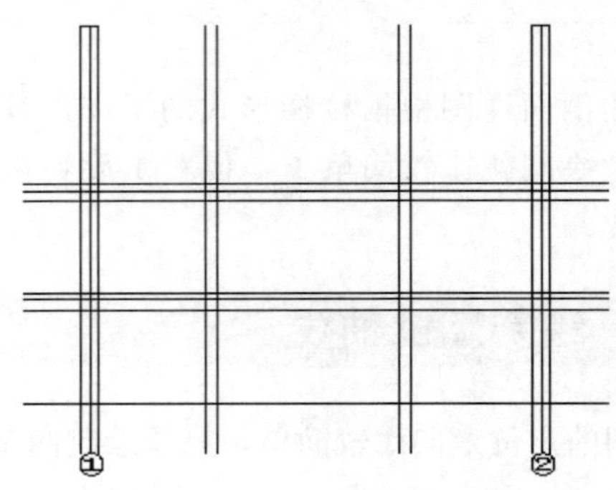

图 16-24 对轴线进行偏移

04 执行“常用”选项卡“修改”面板中的“偏移”命令 和“修剪”命令，对多余的辅助线进行剪切，效果如图 16-25 所示。

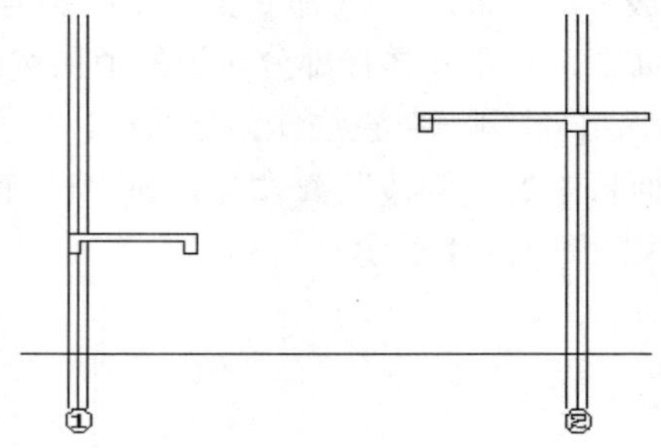

图 16-25 绘制平台板

16.3.3 绘制楼梯部分

楼梯部分的绘制过程如下。

01 执行“常用”选项卡“修改”面板中的“偏移”命令，将左侧墙体内边线向内侧偏移 2100mm。

02 执行“常用”选项卡“修改”面板中的“矩形阵列”命令（阵列设置参数是：列数为 1，行数为 11，行偏移为 150mm）。阵列后的效果如图 16-26 所示。

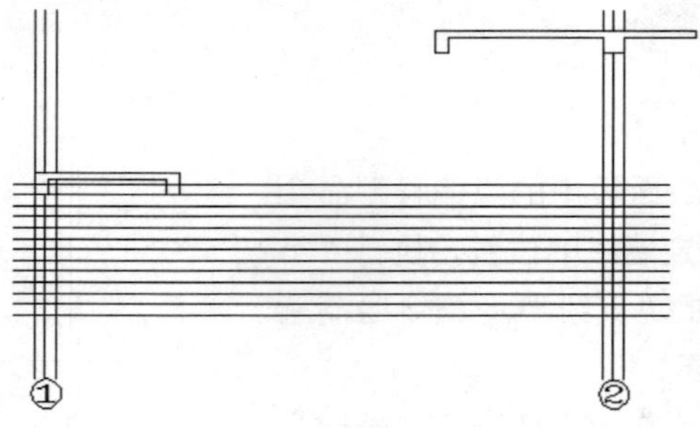

图 16-26 阵列对象

03 执行和上一步骤相同的命令，将偏移后的竖向线进行阵列，参数设置是：行数为 1，列数为 10，列偏移为 300mm。阵列后的效果如图 16-27 所示。

04 执行“常用”选项卡“绘图”面板中的“直线”命令，通过捕捉交点，将网格的对角通过直线进行连接，如图 16-28 所示。

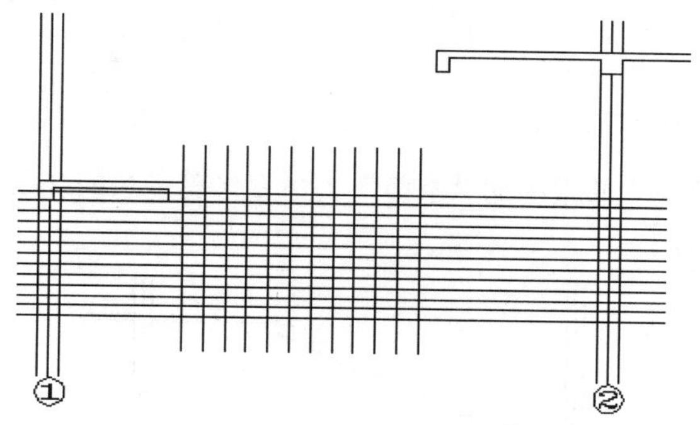

图 16-27　列阵效果

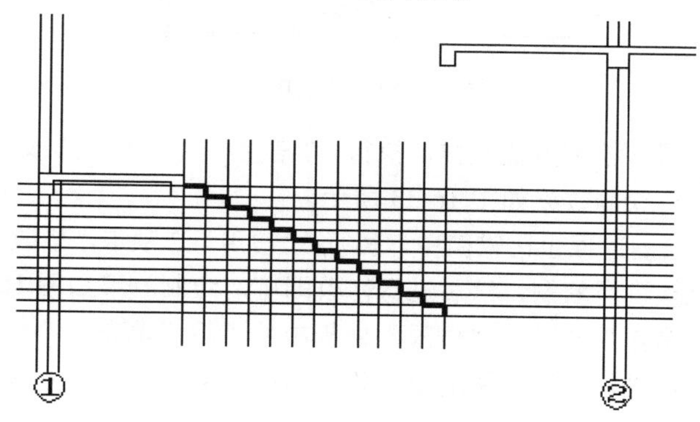

图 16-28　绘制楼梯踏步

05 执行“常用”选项卡“修改”面板中的“删除”命令删除辅助线，通过执行“常用”选项卡“绘图”面板中的“直线”命令连接楼梯下边缘线，如图 16-29 所示。

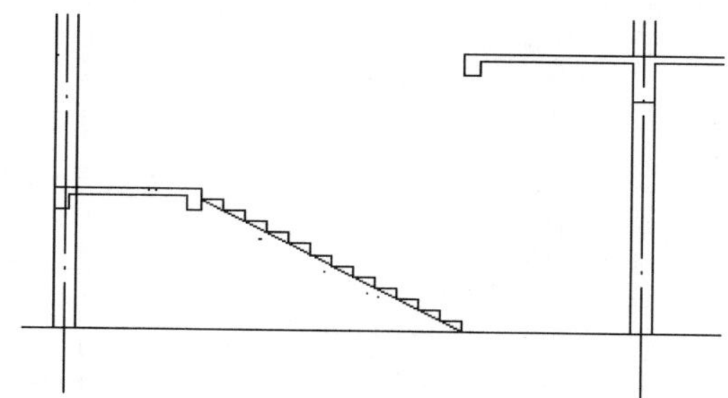

图 16-29　绘制直线

06 执行“常用”选项卡“绘图”面板中的“直线”命令，对直线进行移动，使其通过板台梁的左下角点，并将其超过地面的部分修剪掉，如图 16-30 所示。

07 利用同样的方法绘制一层的上部梯段，效果如图 16-31 所示。

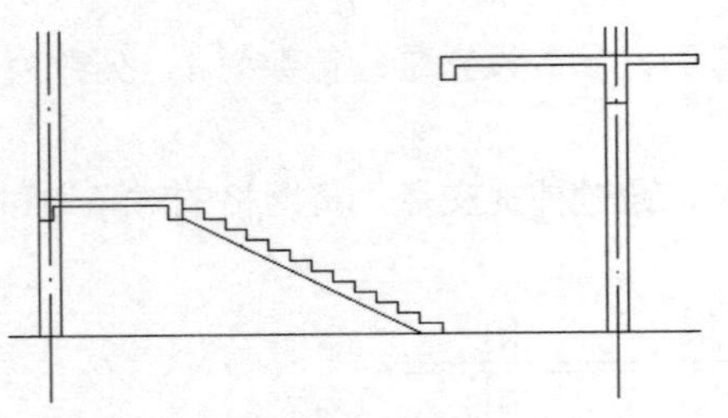
图 16-30　绘制楼梯板下边缘

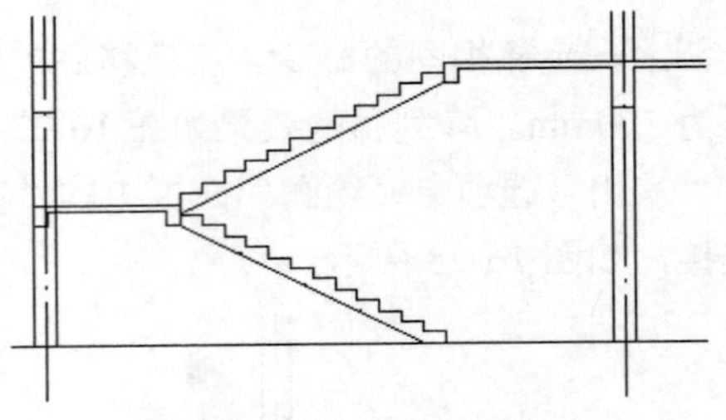
图 16-31　绘制上部梯段

08 执行“常用”选项卡“修改”面板中的“修剪” 命令修剪多余的线条，以方便下面对结构剖面进行填充，如图 16-32 所示。

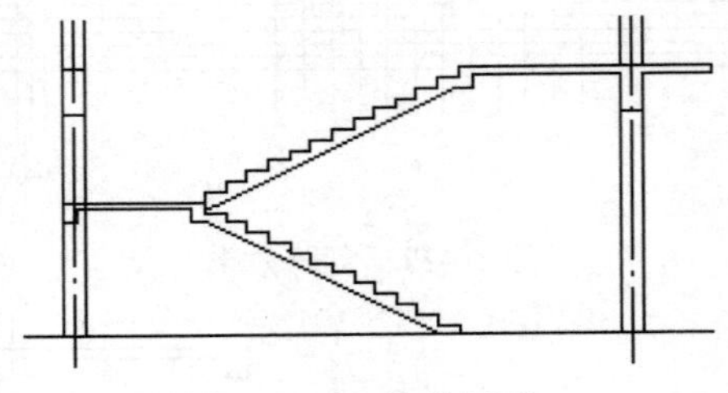
图 16-32　修剪图形

09 标准层楼梯的绘制和底层的绘制方法一样，执行 “常用”选项卡“修改”面板中的“复制” 命令复制图形的相同部分，绘制效果如图 16-33 所示。

10 绘制高层的墙、梁板，绘制过程也比较简单，执行“常用”选项卡“修改”面板中的“复制” 命令，将标准层的墙、梁板进行复制，然后进行修改即可，绘制效果如图 16-34 所示。

11 进行图案填充。执行“常用”选项卡“修改”面板中的“图案填充” 命令，对梁板区域进行填充，首先对墙体填充参数进行设置，墙的填充效果如图 16-35 所示。之后对梁板进行填充，效果如图 16-36 所示。

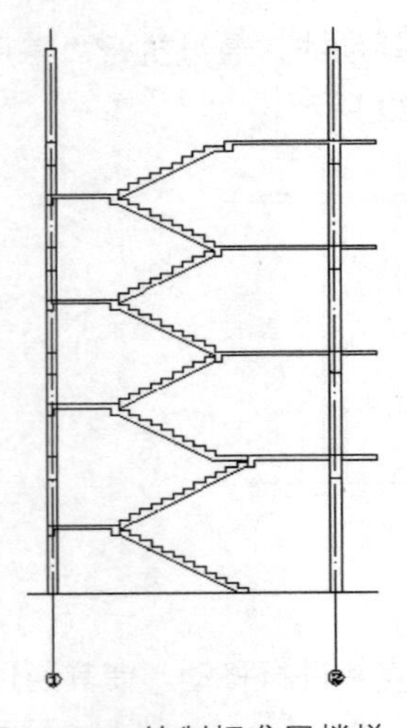
图 16-33　绘制标准层楼梯

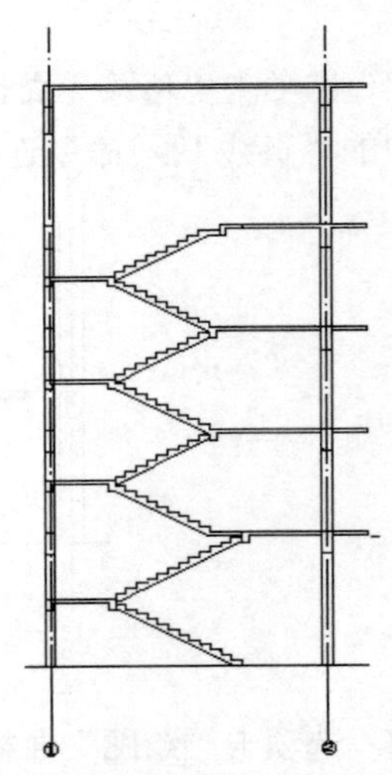
图 16-34　绘制高层墙、梁板

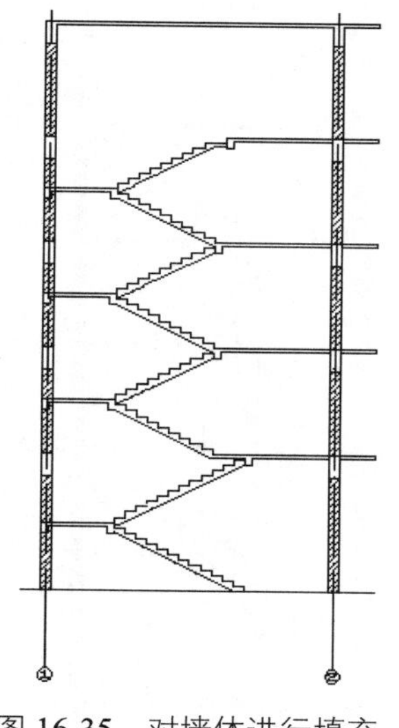
图 16-35　对墙体进行填充

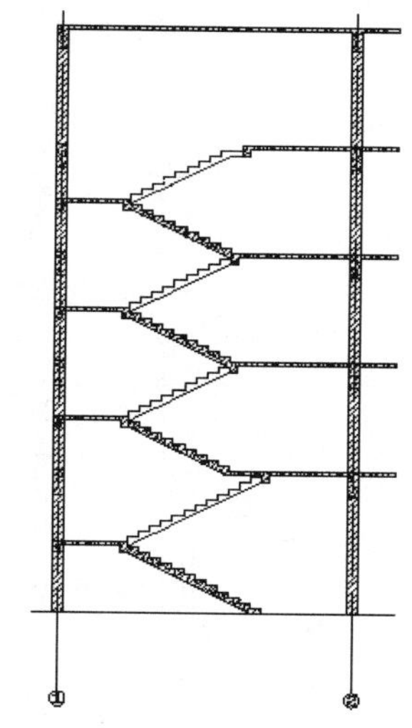
图 16-36　对梁板进行填充

16.3.4　绘制栏杆

下面以一层的栏杆为例介绍栏杆的绘制过程。

01 先绘制两条长为 1000mm、间距为 30mm 的竖向直线，每个踏步放置一个，如图 16-37 所示。

02 执行“常用”选项卡“修改”面板中的“偏移”命令，将楼板的底边缘线向上方依次偏移 1200mm、30mm，如图 16-38 所示。

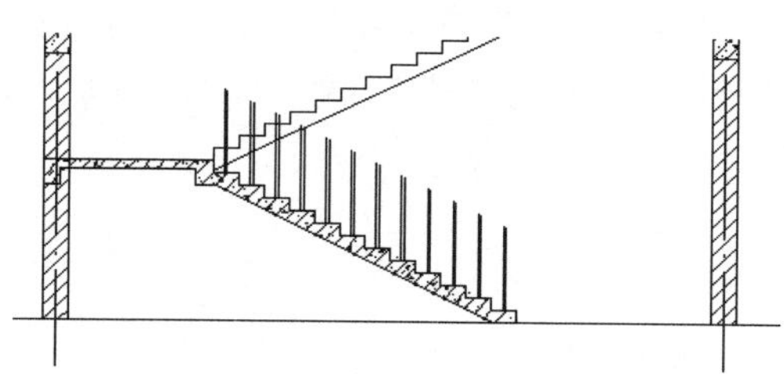
图 16-37　绘制竖向栏杆

03 执行“常用”选项卡“绘图”面板中的“直线”命令，绘制一条竖向线以确定栏杆的范围，然后执行“常用”选项卡“修改”面板中的“修剪”命令对绘制的栏杆线进行修剪，绘制效果如图 16-39 所示。

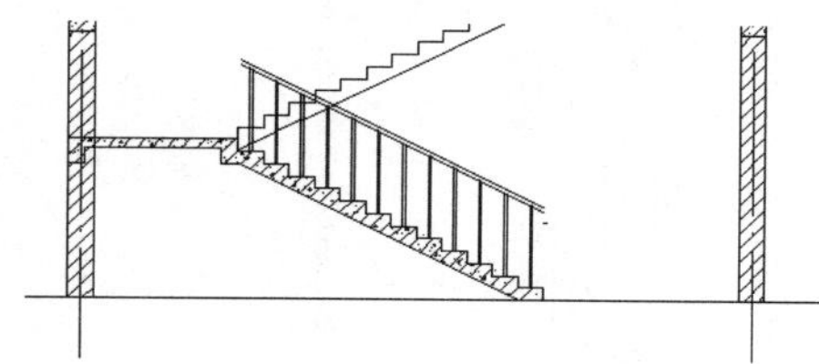
图 16-38　绘制栏杆

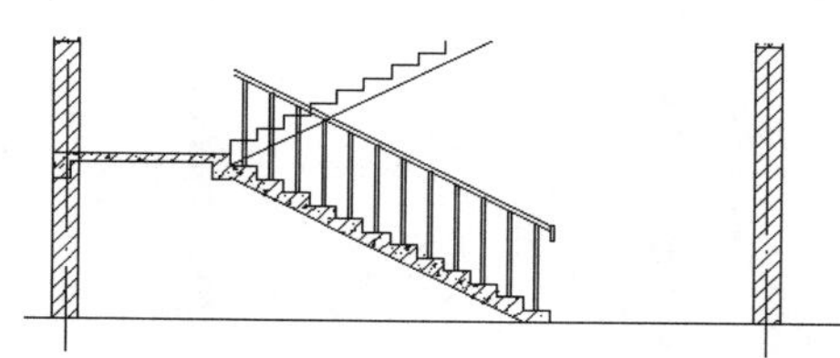
图 16-39　修改栏杆线

04 其他楼层的楼梯栏杆与底层的绘制方法一样，执行“常用”选项卡“修改”面板中的“复制”命令复制栏杆的相同部分，绘制效果如图 16-40 所示。

05 执行“常用”选项卡“修改”面板中的“修剪”命令，对所做的辅助线进行剪切，绘制效果如图

16-41 所示。

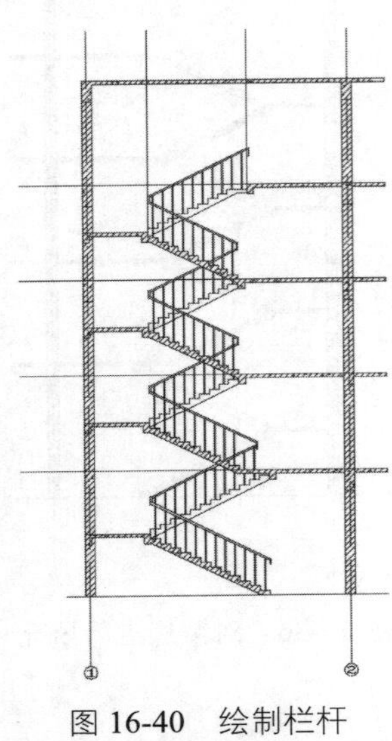

图 16-40　绘制栏杆

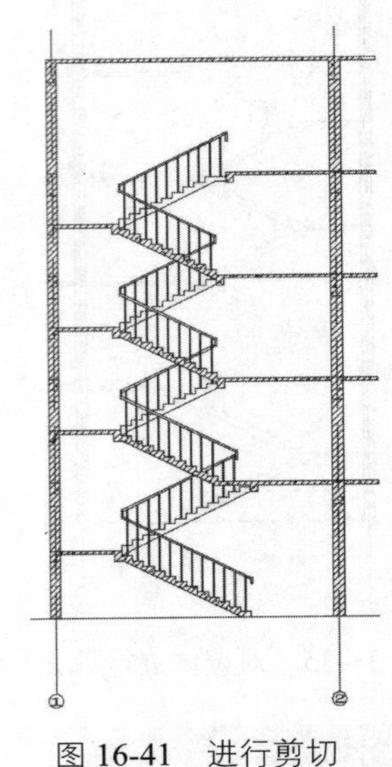

图 16-41　进行剪切

16.3.5　进行尺寸和标高标注

尺寸和标高标注的方式和剖面图中基本相同，步骤如下。

01 执行“插入”选项卡“块”面板中的“插入”命令，插入标高符号，然后执行“注释”选项卡“文字”面板中“多行文字”下的“单行文字”A命令添加数字，绘制效果如图 16-42 所示。

02 执行“注释”选项卡“标注”面板中的“线性”命令和“连续标注”命令进行尺寸标注，绘制效果如图 16-43 所示。

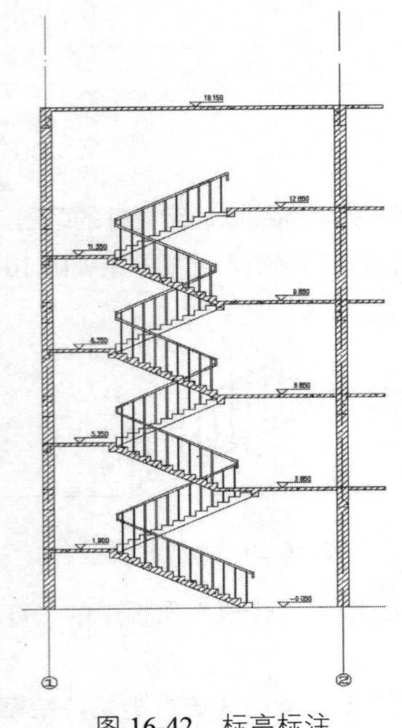

图 16-42　标高标注

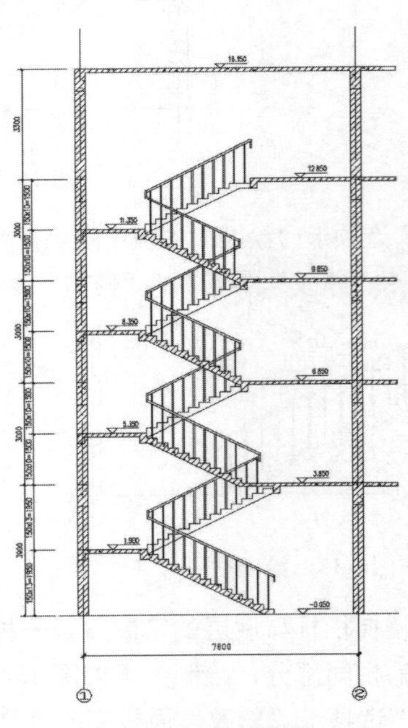

图 16-43　尺寸标注

16.3.6　添加图框和标题栏

添加图框和标题栏的过程不再详述，绘制效果如图 16-44 所示。

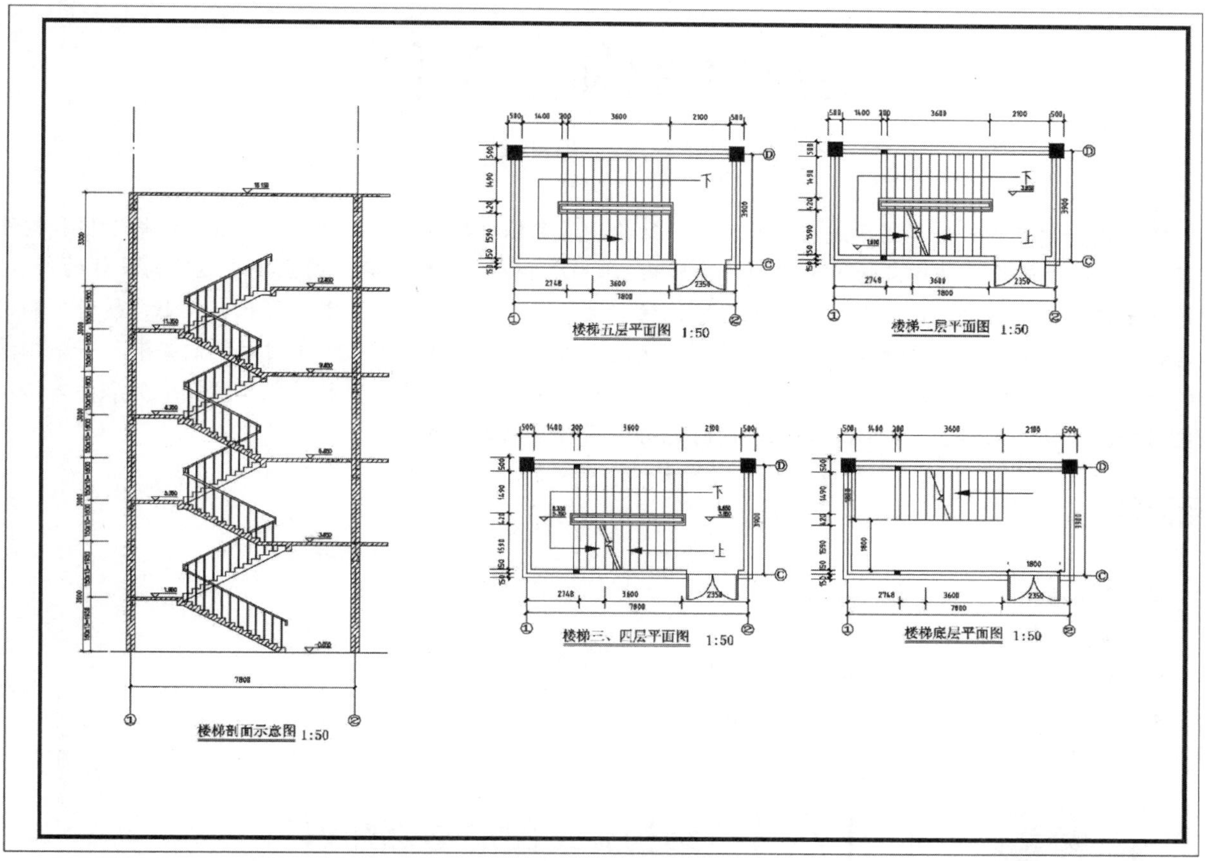

图 16-44　添加图框和标题栏

16.4　本章小结

本章重点介绍了详图的绘制方法，并讲解了楼梯平面、剖面详图的绘制过程。建筑详图是对平面、立面、剖面的补充，详图的绘制一般都比较复杂，读者在学习过程中应充分使用极坐标、捕捉等命令进行精确绘制，同时还应熟悉图案填充的方法和各个填充图案所表示的材料，以便用合适的填充图案填充相关的部位。

第 17 章 绘制结构施工图

除了进行建筑设计外，还要进行结构设计。结构设计是根据建筑各方面的要求，进行结构选型和构件布置，经过结构计算确定建筑物各承重构件的形状、尺寸、材料等。结构施工图主要表达结构设计的内容，它是表示建筑物各承重构件（如基础、承重墙、柱、梁、板和屋架等）的布置、形状、大小、材料、构造及其相互关系的图样，它还要反映其他工种（如建筑、给排水、暖通、电气等）对结构的要求。将结构设计的结果绘制成图称为结构施工图。通过结构施工图的绘制，应掌握各种结构构件工程图表的表示方法，能应用绘图工具手工绘图、修改和矫正，同时能够运用计算机绘图和出图。

知识要点

- 了解结构施工图的作用和组成。
- 掌握结构施工图平面整体设计方法。
- 掌握钢筋混凝土现浇板的绘制过程和绘制方法。
- 掌握基础图的绘制过程和绘制方法。

17.1 结构施工图的基础知识

房屋的建筑施工图表达的是房屋的外部造型、内部布置、建筑构造和室内外装修，而房屋的各承重构件（如基础、梁、板以及其他构件等）的布置、结构构造等内容都没有表达，所以，在施工图设计中还应进行结构设计，即绘制结构施工图。

对结构施工图的基本要求是：图面清楚整洁、标注齐全、构造合理、符合国家制图标准及行业规范，能很好地表达设计意图。

17.1.1 结构施工图的内容

结构施工图主要表达结构设计的内容，是表达基础、梁、板、柱等建筑物的承重构件的布置、形状、大小、材料、构造及其相互关系的图样，主要用来作为施工放线、开挖基槽、支模板、绑扎钢筋、设置预埋件、浇捣混凝土和安装梁、板、柱等构件及编制预算和施工组织计划等的依据。

结构施工图是表达房屋各层承重构件布置的设置情况及相互关系的图样，它是施工时布置或安放各层承重构件、制作圈梁和浇筑现浇板的依据。

原则上每层建筑都需要画出它的结构施工图，但一般因底层地面直接坐在地基上，它的做法、材料等已在建筑详图中标明，因此一般民用建筑主要有楼层结构施工图和屋面结构施工图等，所以施工图一般包括基础图、上部结构的布置图和结构详图。

1. 结构和构件

通常把建筑物中除承受自重以外还要承受其他载荷的部分称为结构或构件。例如基础、承重墙、楼板、楼梯、梁、柱等。

2. 建筑物常用的结构形式

按承重材料可分为以下几种。

- 混合结构：承重部分用各种不同材料构成。一般基础用毛石砌筑，墙体用砖、砌块等砌体材料砌筑，梁、板、屋面等用钢筋混凝土材料浇注。
- 钢筋混凝土结构：所有承重部分都采用钢筋混凝土构成。
- 钢结构：承重部分都由钢材构成。
- 砖木结构：墙用砖砌筑，梁、楼板和屋架都用木料制成。
- 木结构：承重构件全部为木料。

17.1.2　钢筋混凝土结构的基础知识 

在绘制结构图之前，应先对钢筋混凝土的基础知识有所了解，如钢筋的种类和符号、钢筋的表示方法、结构图的内容和画法等。

1. 钢筋的分类和作用

在钢筋混凝土结构中钢筋可以分为以下几类。

- 受力筋：承受拉、压应力的钢筋，是构件中主要的受力钢筋。
- 箍筋：承受一部分斜拉应力，是构件中承受剪力和扭力的钢筋，并用来固定受力筋的位置，多用于梁和柱内。
- 架立筋：用以固定梁内箍筋的位置，构成梁内的钢筋骨架。
- 分布筋：用于屋面板、楼板内，与板的受力筋垂直布置，将承受的重量均匀地传给受力筋，并固定受力筋的位置，以及抵抗热胀冷缩所引起的温度变形。
- 构造筋：因构件构造要求或施工安装需要而配置的钢筋，如腰筋、预埋锚固筋、环等，架力筋和分布筋也属于构造筋。

钢筋混凝土中各种钢筋的分布如图 17-1 所示。

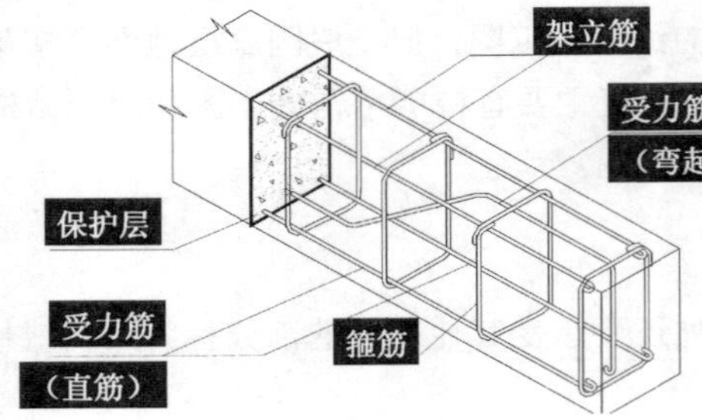

图 17-1　钢筋混凝土梁

钢筋混凝土板钢筋的分布如图 17-2 所示。钢筋混凝土柱钢筋的分布如图 17-3 所示。

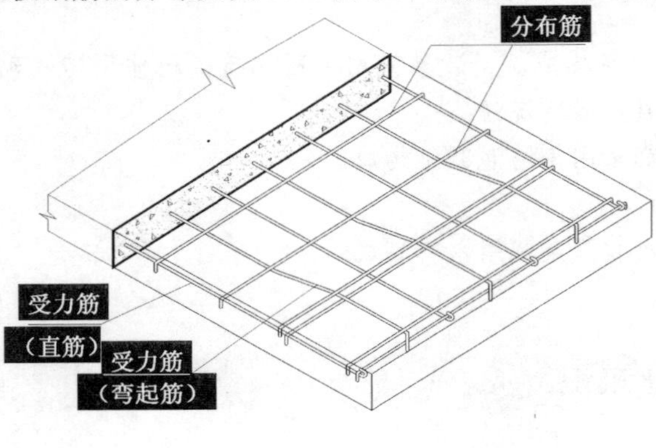

图 17-2　钢筋混凝土板

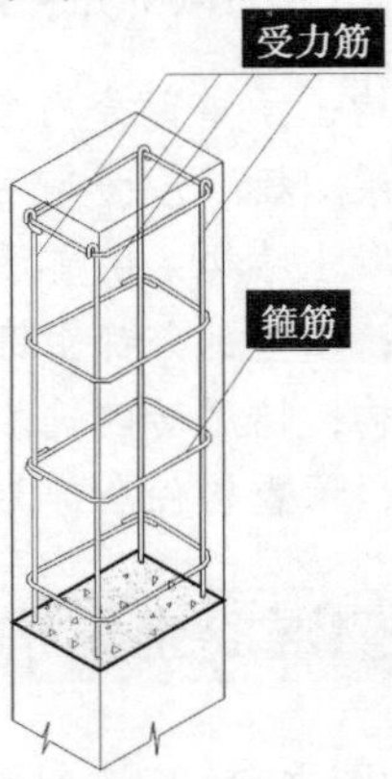

图 17-3　钢筋混凝土柱

2. 钢筋的种类和符号

钢筋从强度上分为 4 个等级，根据加工条件的不同，钢筋也分为冷拉、热轧型钢筋等。钢筋的种类、符号和外观形状如表 17-1 所示。

表 17-1　钢筋的种类、符号和外观形状

<table>
<tr><th>钢筋种类</th><th>符号</th><th>外观形状</th><th colspan="2">钢筋种类</th><th>符号</th><th>外观形状</th></tr>
<tr><td>I 级钢筋（即 3 号钢）</td><td>Φ</td><td>光圆</td><td colspan="2">冷拉 II 级钢筋</td><td>$Φ^l$</td><td>人字纹</td></tr>
<tr><td>II 级钢筋（如 17 锰、17 硅钛、15 硅钒）</td><td>Φ̲</td><td>人字纹</td><td colspan="2">冷拉 III 级钢筋</td><td>$Φ^l$</td><td>人字纹</td></tr>
<tr><td>III 级钢筋（如 25 锰、25 硅钛、20 硅钒）</td><td>Φ̳</td><td>人字纹</td><td colspan="2">冷拉 IV 级钢筋</td><td>$Φ^l$</td><td>光圆或螺纹</td></tr>
<tr><td rowspan="3">IV 级钢筋（如 44 锰、2 硅、45 硅、2 钛）</td><td rowspan="3">Φ̲̅</td><td rowspan="3">光圆或螺纹</td><td rowspan="3">高强钢丝</td><td>冷拔</td><td>$Φ^b$</td><td rowspan="3">光圆</td></tr>
<tr><td>碳素</td><td>$Φ^s$</td></tr>
<tr><td>刻痕</td><td>$Φ^k$</td></tr>
<tr><td>冷拉 I 级钢筋</td><td>$Φ^l$</td><td>光圆</td><td colspan="2">钢绞丝</td><td>$Φ^j$</td><td>钢丝绞捻</td></tr>
</table>

3. 钢筋的表示方法

由于钢筋在构件中的放置方位不同或连接方式不同，钢筋的表示方法也有很大差异。一般钢筋的表示方法如表 17-2 所示。

表 17-2 一般钢筋的表示方法

序号	名称	图	说明
1	钢筋断面图		表示长短钢筋投影重叠时可在短钢筋的端部用 45°短画线表示
2	无弯钩的钢筋端部		
3	带半圆形弯钩的钢筋端部		
4	带直钩的钢筋端部		
5	带丝扣的钢筋端部		
6	弯钩的钢筋搭接		
7	带半圆弯钩的钢筋搭接		
8	带直接的钢筋搭接		

17.1.3 结构施工图的内容和画法

结构平面图的内容包括平面布置图、局部剖面图、截面图、构件统计表及文字说明等。

画图时采用轮廓线表示铺设的板与板下不可见的墙、梁、柱等，如能用单线表示清楚时，也可用单线表示。常用比例采用 1:50 或 1:100，可见的墙、梁、柱的轮廓线用中粗实线表示，不可见的墙、梁、柱用中粗虚线表示，门窗洞口省略不表示。

如若干部分相同时，可只绘制一部分，并用大写拉丁字母（A、B、C……）外加直径 8～10mm 的细实线圆圈表示相同部分的分类符号。在图 17-4 中，表示了楼层板下面的墙、梁、柱及阳台的投影，预制楼板的平面布置如图 17-4 中①～④轴线之间所示，细水平线表示板的布置情况，斜线是结构单元中楼板所铺位置的轮廓线，轮廓线一侧注写的数字依次是楼板的宽度、楼板代号、楼板长度及载荷级别。如“6YKB33-2b”中的 6 表示板宽为 600mm，“KB”表示空心板，“33”表示板长为 3300mm，“2b”表示板的载荷级别。图中其他位置楼板的铺设与①～④轴线之间相同，因此仅标注分类符号。

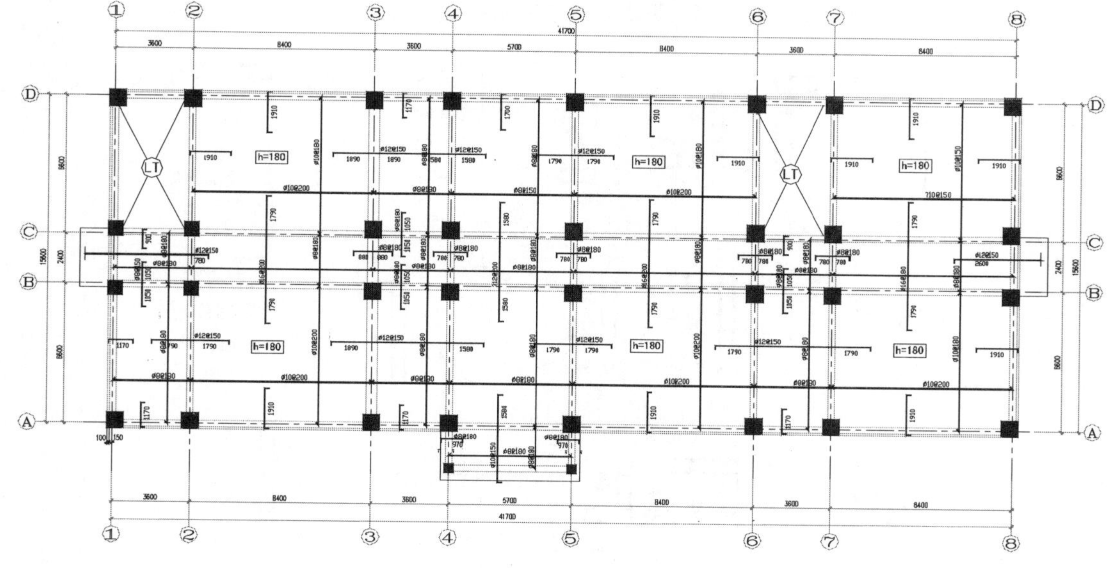

图 17-4 某建筑一层结构布置平面图

17.1.4 结构施工图的尺寸标注

在结构施工图上标注的尺寸与建筑平面图相比，仅标注与建筑平面图相同的轴线编号和轴线间尺寸、总尺寸，以及一些次要构件的定位尺寸和结构标高。

如图 17-5 所示的是某建筑标准层梁的结构施工图，图中表达了结构平面图的形状、尺寸、配筋，如图 17-6 所示的是部分构件详图示意。

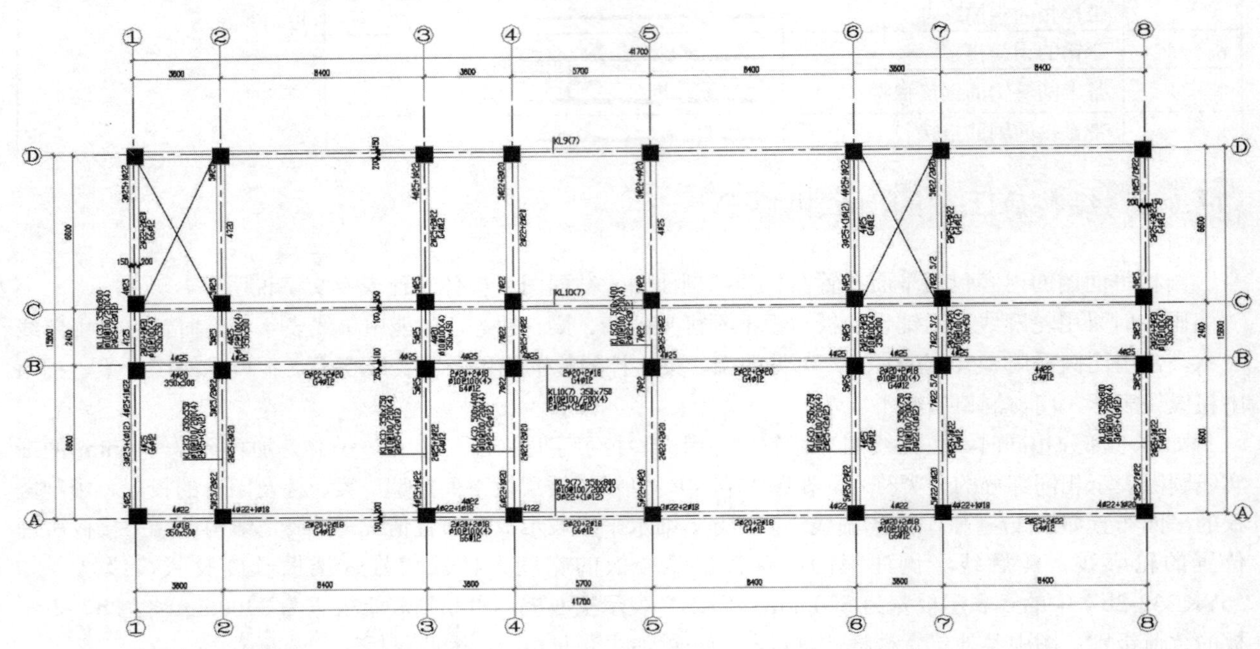

图 17-5　某建筑物标准层梁结构施工图

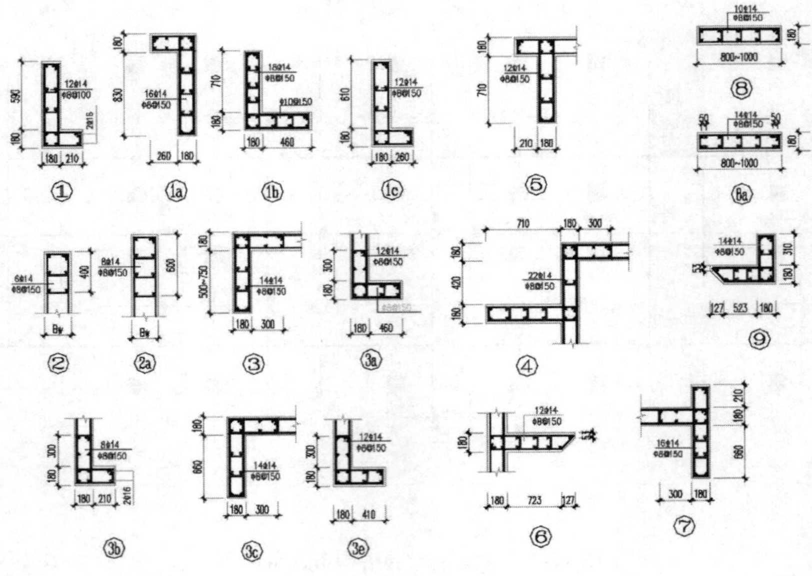

图 17-6　构件详图示意

屋面梁结构施工图是表示屋顶面承重构件平面布置的图样，其内容和图示要求与楼层结构平面图基本相同。但因屋面有排水要求，或设天沟板，或将屋面板按一定坡度设置，另外，有些屋面上还设有人孔及水箱等结构，因此需要单独绘制。

如图 17-7 所示是某小高层屋面梁结构施工图。

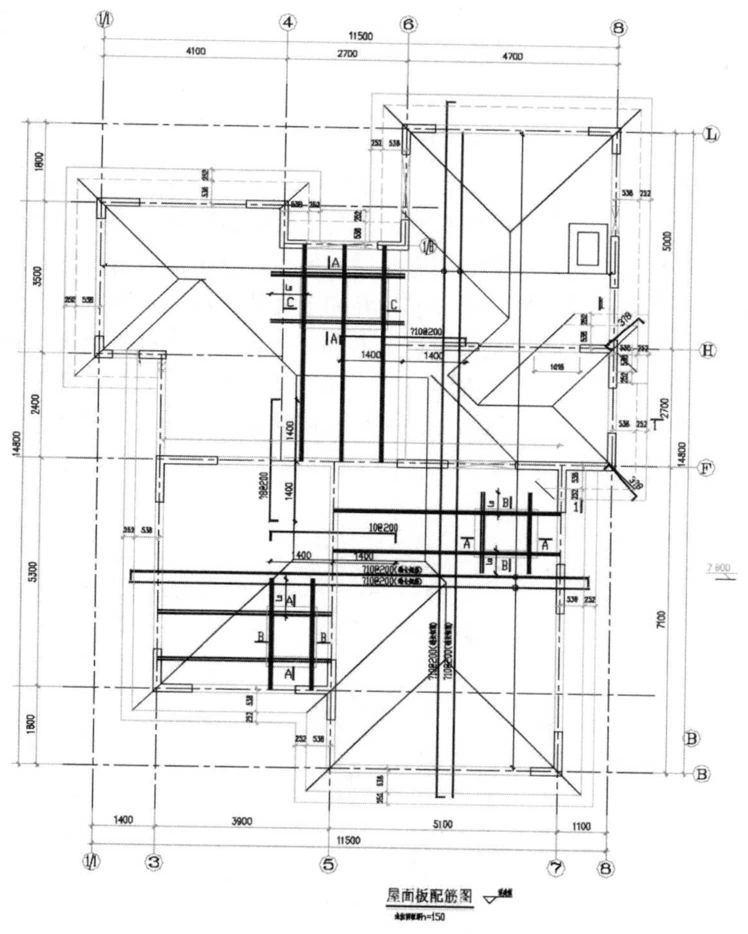

图 17-7　屋面梁结构施工图

在民用建筑中，常见的结构施工图除了楼层、屋面外，还有圈梁施工图等。在单层工业厂房中，另有屋架及支撑结构施工图，柱、吊车梁等构件施工图，它们用于反映这些构件的平面位置，包括连系梁、圈梁、过梁、门板及柱间支撑等构件的布置。这些图样较简单，常以示意的单线绘制，单线应为粗实线，并采用 1:200 或 1:500 的比例。

17.1.5　结构施工图的平面整体表示法

结构施工图的平面整体表示法（简称平法）是近年来我国工程设计人员对传统结构施工图表示法的重大改革。该方法简洁，表达清晰，省时省力，适用于常用的现浇柱、梁、剪力墙的结构施工图，目前已广泛应用于各设计单位和建设单位。

按平法绘制的结构施工图由平法施工图和标准构件详图组成。根据各类构件的平法制图规则，在标准

层平面布置图上直接表示各构件的尺寸、配筋和选用标准构造详图。

平法施工图表示各构件的尺寸和配筋有列表注写、平面注写、截面注写三种方式。本小节将简要介绍柱和梁的平面整体表示法。

1. 柱的平面整体表示法

柱的平面整体表示法是在绘出柱的平面布置图的基础上，采用列表注写方式或截面注写方式来表示柱的截面尺寸和钢筋配置的结构施工图。

（1）列表注写方式

以适当比例绘制出柱的标准层平面布置图，包括框架柱、梁上柱等，标注出柱的轴线编号、轴线间尺寸，并将所有柱进行编号（构件代号、柱的序号），在同一编号的柱中选一根柱的截面，以轴线为界，标注出柱的截面尺寸。再列出柱表，在表中注写相应的柱编号、柱段起止标高、柱的截面尺寸、配筋等。若柱为非对称配筋，需在表中分别表示各边的中部筋，并配上柱的截面形状图及箍筋类型图。

柱段起止标高是指自柱根部往上以变截面位置或截面未变但配筋改变处为界分段注写的标高。柱的截面尺寸必须对应于各段柱进行分别注写，在表中以“b×h”形式来表示矩形柱或方柱的尺寸，若为圆柱，则将“b×h”改为“圆柱直径 D”。柱的箍筋加密区与非加密区的不同间距用“/”分隔（在“箍筋类型号”栏中）。柱的列表注写方式示例如图 17-8 和图 17-9 所示。

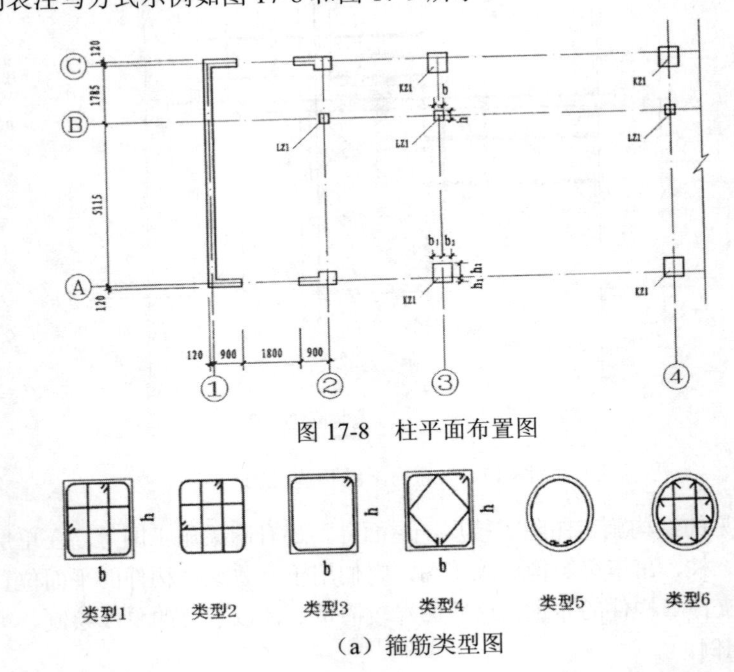

图 17-8　柱平面布置图

（a）箍筋类型图

柱 号	标 高	b×h (圆柱直径D)	b_1	b_2	h_1	h_2	b边一侧中部筋	h边一侧中部筋	箍筋类型号	箍 筋
KZ1	-0.030-18.200	700×700	350	350	120	580	4Φ25	5Φ25	Φ10-100/200	1(5×4)
	18.320-37.200	600×600	300	300	120	480	4Φ25	5Φ25	Φ10-100/200	1(4×4)
	37.200-58.000	550×550	275	275	120	430	4Φ25	5Φ25	Φ8-100/200	1(4×4)

（b）柱表

图 17-9　柱的列表注写方式

（2）截面注写方式

柱的截面注写法是在标准层平面布置图上，在同一编号的柱中选择一个截面，适当放大比例，在图的原位直接注写其截面尺寸和配筋来表示柱的施工图。

在柱截面图上先标注出柱的编号，在编号后面注写其截面尺寸 b×h、角筋或全部纵筋、箍筋，包括钢筋级别、直径与间距，并标注截面与轴线的相对位置。

图 17-10 表示了框架柱、梁上柱的截面尺寸和配筋。图中编号 KZl 的柱所标注的“600×600”表示柱的截面尺寸，“4Φ25”表示角筋为 4，根直径为 25mm 的Ⅱ级钢筋，“Φ10-100/200”则表示箍筋直径为 10mm 的Ⅰ级钢筋，其间距在加密区为 100mm，非加密区为 200mm。

在柱的截面图上方标注的“5Φ25”表示 b 边一侧配置的中部筋，图的左方标注的“4Φ22”表示 h 边一侧配置的中部筋。由于柱截面配筋对称，所以在柱截面图的下方和右方的标注省略。图中编号 LZl 柱的截面尺寸为 300mm×300mm，纵筋为 6 根直径为 17mm 的Ⅱ级钢筋，箍筋为直径为 8mm 的Ⅰ级钢筋，其间距为 200mm。

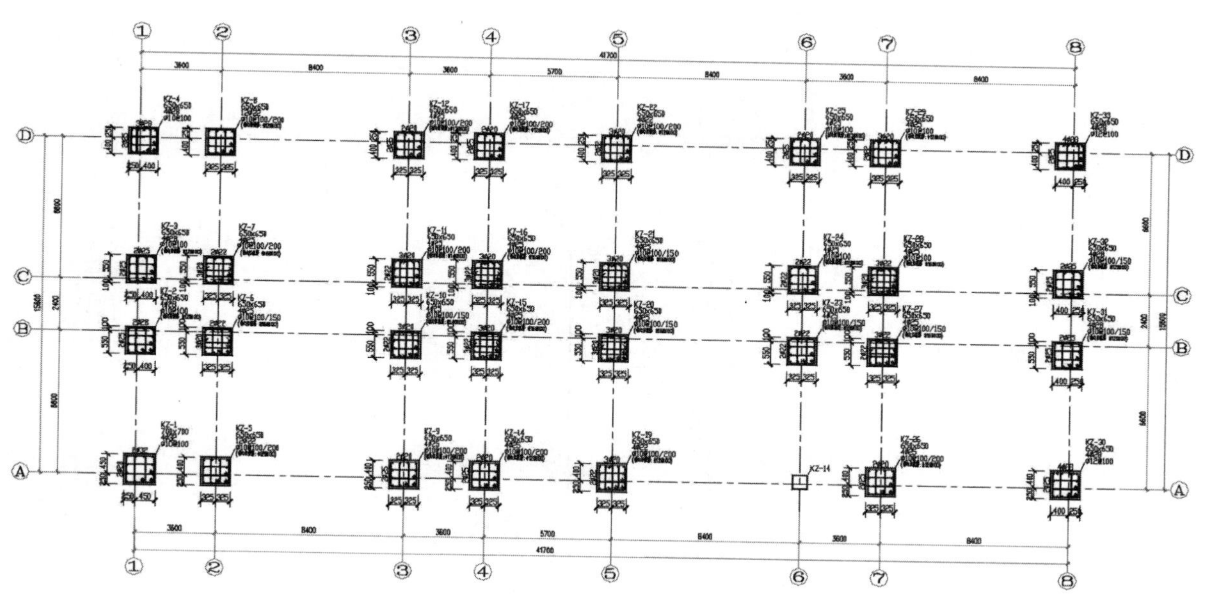

图 17-10　柱的截面注写方式

2. 梁的平面整体表示法

梁的平面整体表示法是在梁整体平面布置图上采用平面注写方式或截面注写方式来表示梁的截面尺寸和钢筋配置的施工图。在梁的平面布置图上需要将各种梁和与其相关的柱、墙、板一同采用适当比例绘出，应用表格或其他方式注明各结构层的顶面标高、结构层高，并分别标注在柱、梁、墙的各类构件平面图中。

梁的平面注写方式与柱相同，同样在梁的平面布置图上对所有梁进行编号（构件代号、序号、跨数等）。从每种不同编号的梁中选择一根，在其上注写截面尺寸大小和配筋数量、钢筋等级及直径等。其注写方式包括集中标注与原位标注，集中标注表达梁的通用数值，原位标注表达梁的特殊数值。集中标注的方法是从某根梁引出一线段，在线段一侧表示出梁的编号、截面尺寸、主筋数量、等级、直径、箍筋间距等，梁的受力筋与架立筋用“+”相连，且架立筋加“（ ）”，如“4 Φ 22+（2 Φ 12）”表示梁配有 4 根受力筋和 2 根架立筋。梁的上部和下部的受力筋用“：”分隔标注，如“2Φ20：3Φ25”，表示梁的上部配置了“2 Φ 20”的钢筋，下部配置了“3 Φ 25”的钢筋。原位标注是在梁的平面布置图上某梁的周围标注出其相应的尺寸与数量等。当钢筋多于一排时，用斜线“ / ”将各排纵筋自上而下分开。

梁的平面注写方式如图 17-11 所示。

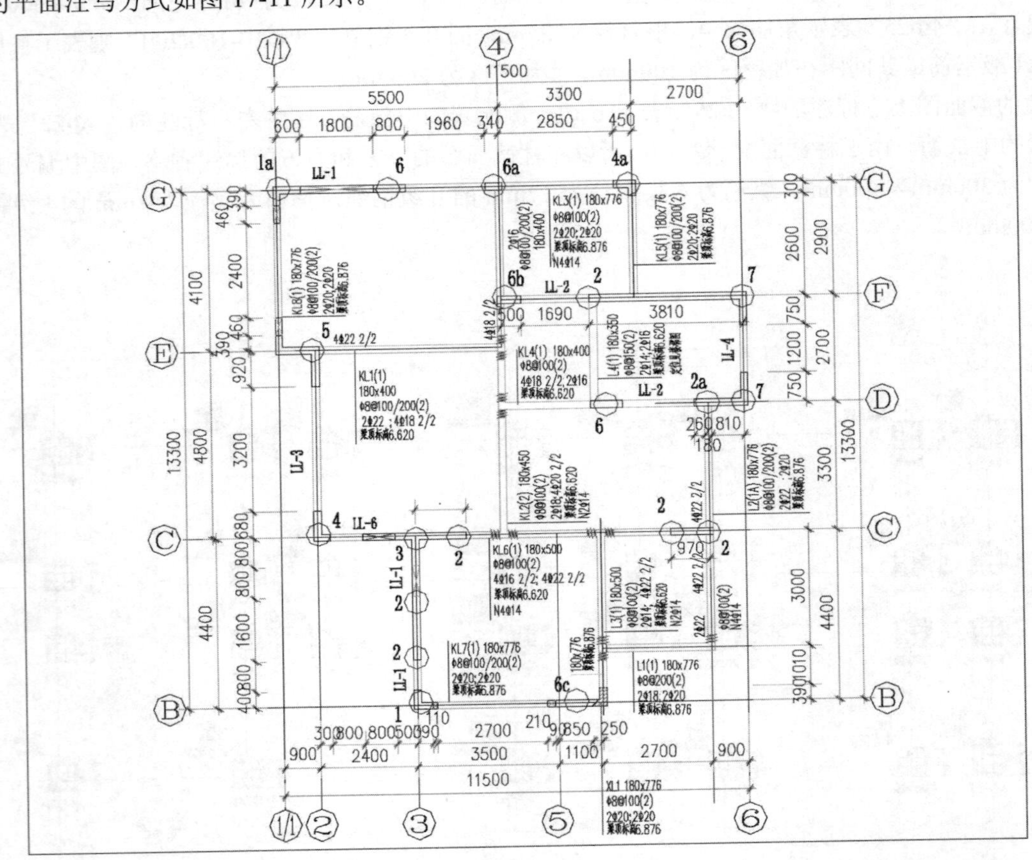

图 17-11　梁的平面表示法

17.1.6　建筑施工图的读图

前面介绍了建筑施工图和结构施工图的内容、表达方法及国标对施工图的具体规定、绘制施工图的方法和步骤等，除此之外，绘图人员还必须掌握看图的方法。读懂每张施工图，明确设计内容，领会设计意图，才便于研究问题、指导施工和实施管理。

读图时有主有次，图文对照，采用由浅入深、由局部到全面的顺序读图。

读图的原则是：先外后内、先大后小、先粗后细；从前到后、从上到下，从左到右；图样与说明对照看，整体与局部对照看，建施与结施对照看。

读图的步骤是先读目录，再读说明，后读图样。

01 读图纸目录：从目录中了解这套图纸有多少张，每张图都有什么内容。

02 读设计总说明：了解该建筑的概况、规模，明确是哪一类建筑，是多层还是高层，是住宅建筑还是公共建筑，总面积是多少，基本技术要求是什么。

03 读总平面图：了解该建筑物的地理位置、周围环境、道路交通、朝向高程等。

04 读建筑施工图：从平面图入手，了解房屋的布局、用途，房间的开间、进深、轴线间的尺寸等，再看立面图和剖面图，了解建筑物的外观及高度方向的结构等，对建筑物先有个总体了解，有个大概印象，想象出它的立体形状。

05 读结构施工图：了解基础的形式、结构构造形式、楼板、屋面板、梁、柱的平面布置、材料、配筋、做法等。

17.2 绘制基础平面图

17.2.1 绘制基础平面布置图

01 执行“常用”选项卡“绘图”面板中的“直线”命令绘制轴线，先绘制两条正交的直线，直线的长度要比绘制的建筑物长，绘制的正交直线如图 17-12 所示。

02 执行“常用”选项卡“修改”面板中的“偏移”命令，对轴线进行偏移，偏移效果如图 17-13 所示。

图 17-12　绘制正交轴线

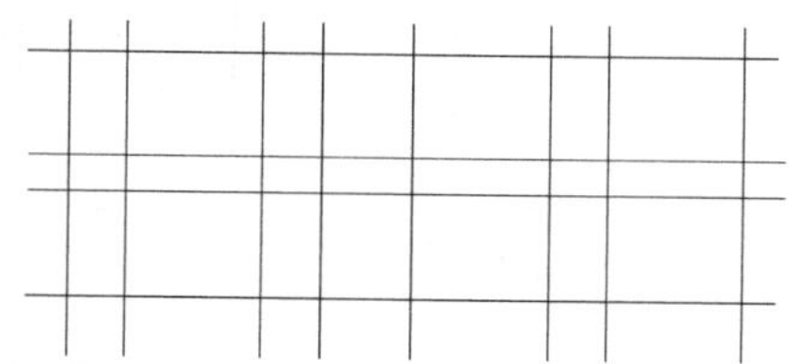

图 17-13　偏移轴线

03 执行“插入”选项卡“块”面板中的“插入”命令插入轴线编号，轴线绘制效果如图 17-14 所示。

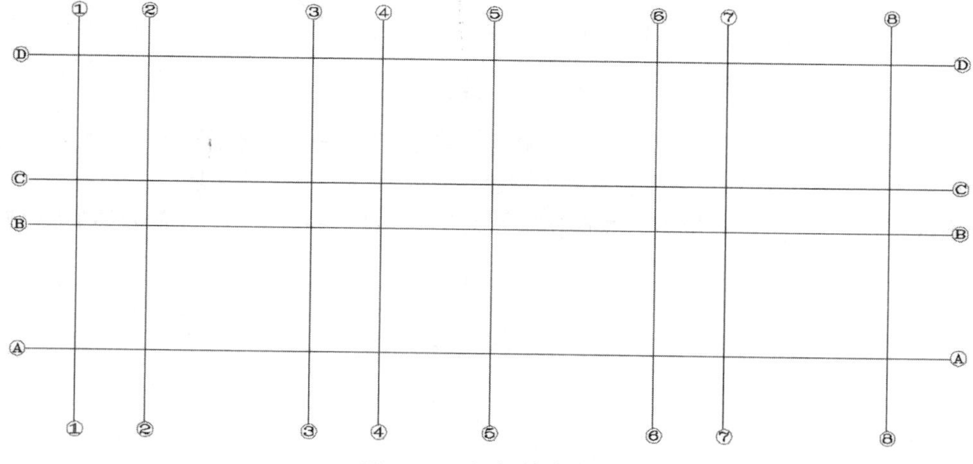

图 17-14　添加轴线编号

04 绘制辅助线，对基础进行定位。执行“常用”选项卡“修改”面板中的“偏移”命令，对轴线进行偏移，偏移效果如图 17-15 所示。

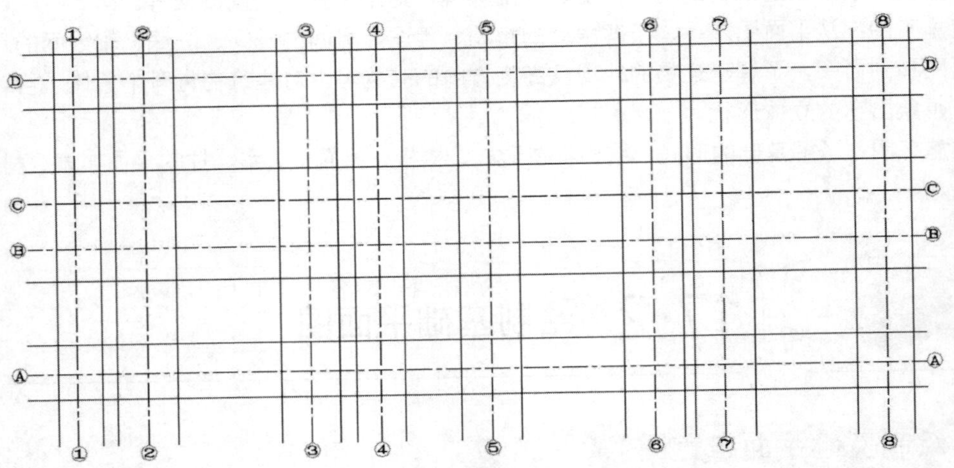

图 17-15 偏移效果

05 执行“常用”选项卡“修改”面板中的“修剪”命令对辅助线进行剪切，绘制基础线，绘制效果如图 17-16 所示。

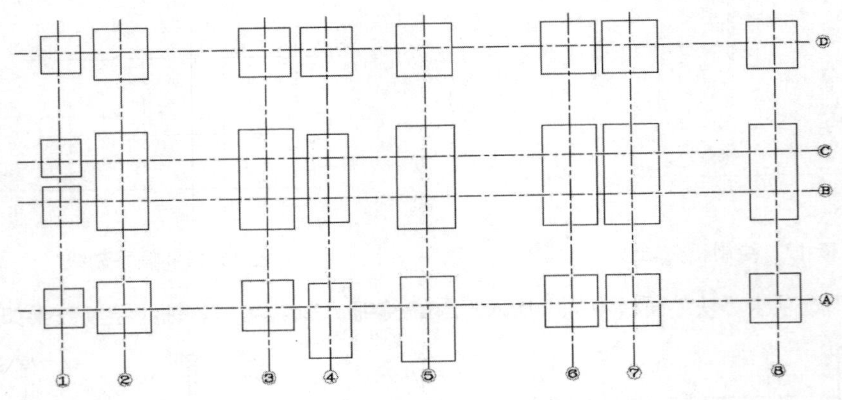

图 17-16 绘制基础

06 添加柱子。执行“常用”选项卡“绘图”面板中的“多段线”命令绘制矩形框，设置线宽为 0.3mm，执行“插入”选项卡“块定义”面板中的“创建块”命令将其设置为块。

07 执行“插入”选项卡“块”面板中的“插入”命令将其插入到基础中，绘制效果如图 17-17 所示。

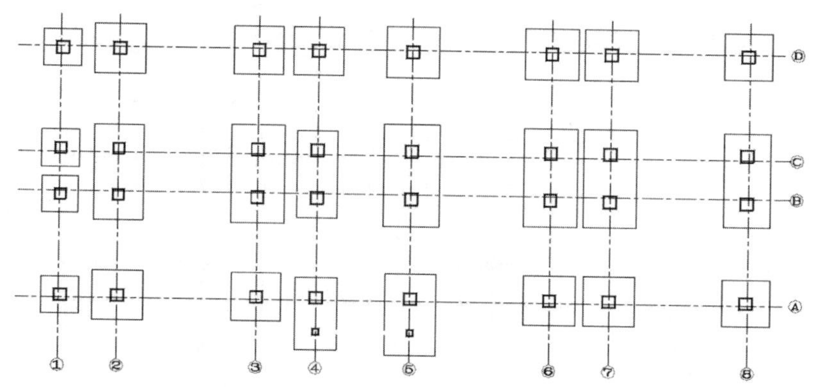

图 17-17　插入柱子

08 绘制基础圈梁。执行“常用”选项卡“绘图”面板中的“多段线”命令，绘制基础圈梁，基础圈梁的宽度和砖墙的厚度相同，同为 240mm，沿基础周围通长布置，绘制效果如图 17-18 所示。

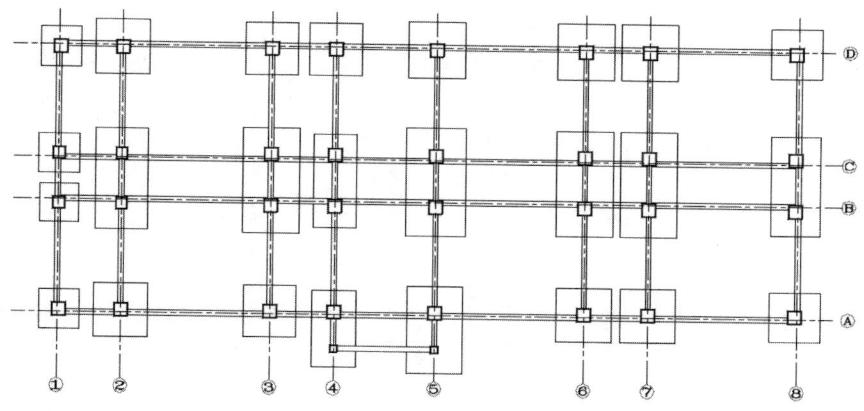

图 17-18　绘制基础圈梁

09 对基础与圈梁交叉的线段进行剪切，执行“常用”选项卡“修改”面板中的“修剪”命令，剪切后的效果如图 17-19 所示。

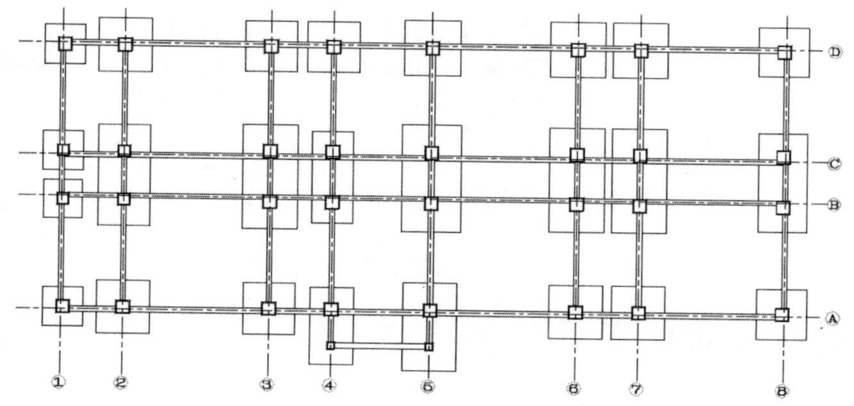

图 17-19　对基础和梁进行剪切

10 对尺寸进行标注。执行“注释”选项卡“标注”面板中的“线性”命令和“连续标注”命令进行尺寸标注，标注效果如图 17-20 所示。

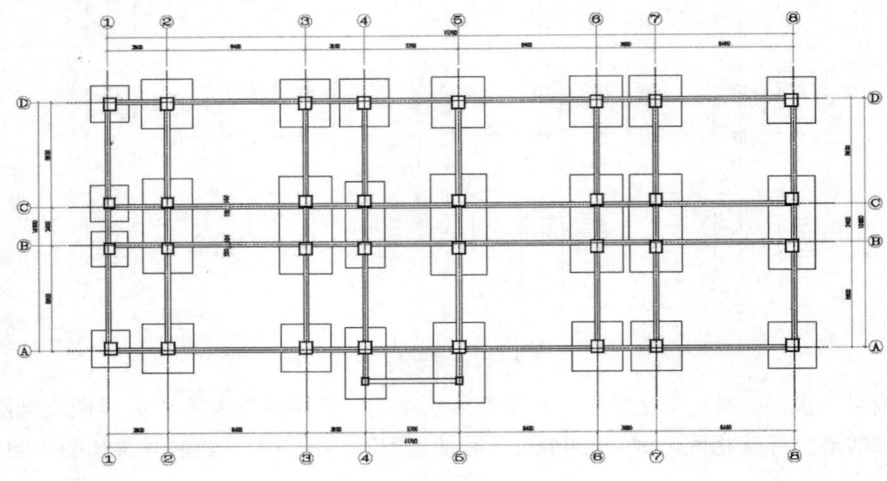

图 17-20　尺寸标注

11 对基础进行文字和尺寸标注。执行“注释”选项卡“标注”面板中的“线性”命令和“连续标注”命令进行尺寸标注，执行“注释”选项卡“文字”面板中“多行文字”下的“单行文字”命令进行文字标注，标注效果如图 17-21 所示。

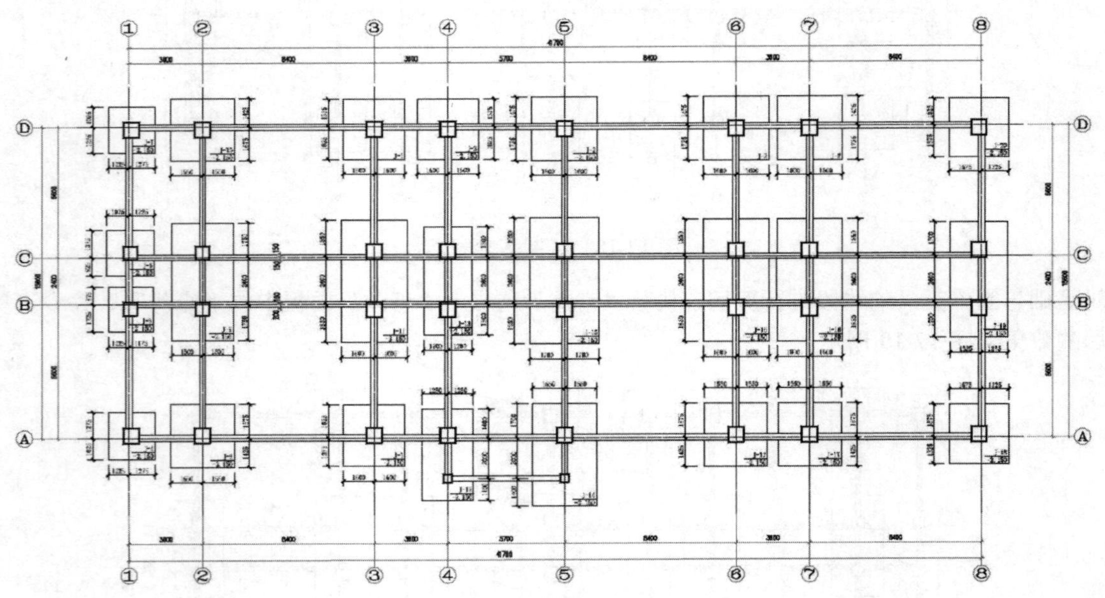

图 17-21　对基础进行标注

17.2.2　绘制基础配筋图

以 J-17 为例介绍基础配筋图的绘制方法，其绘制过程如下。

01 绘制基础轮廓线。执行“常用”选项卡“绘图”面板中的“矩形”命令，绘制三个不同大小的基础，具体尺寸见后标注，绘制效果如图 17-22 所示。

02 绘制柱子。执行“常用”选项卡“绘图”面板中的“矩形”命令，绘制柱子轮廓线，绘制效果如图 17-23 所示。

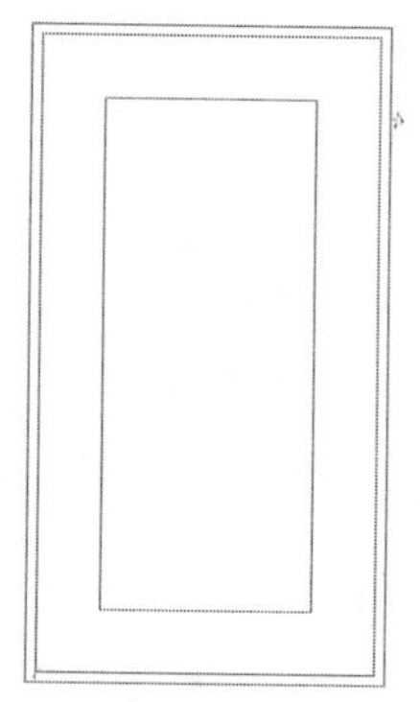

图 17-22　绘制基础轮廓

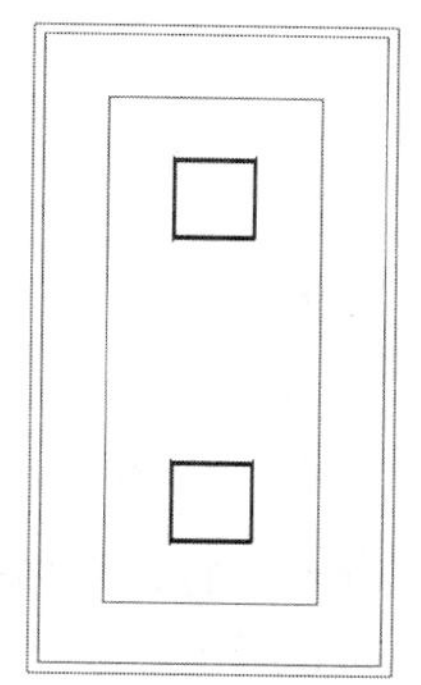

图 17-23　添加柱子

03 绘制配筋区域。执行“常用”选项卡“绘图”面板中的“样条曲线”命令，利用样条曲线绘制如图 17-24 所示的分隔区域。

04 绘制底板配筋。执行“常用”选项卡“绘图”面板中的“多段线”命令，绘制底板钢筋，设置多段线的宽度为 60mm，间距可以不以实际钢筋间距为准，但要使图形协调，绘制效果如图 17-25 所示。

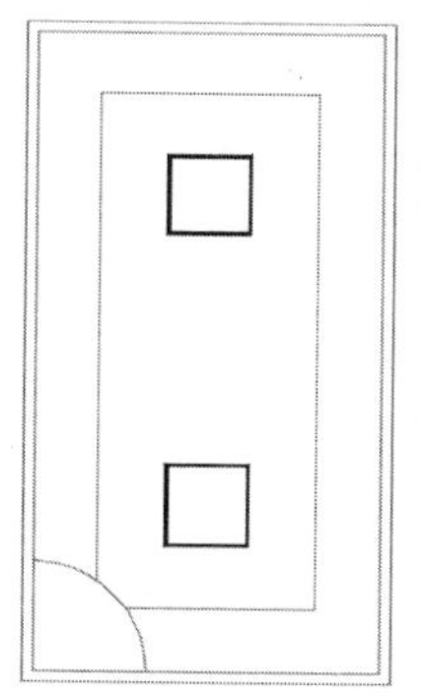

图 17-24　绘制配筋区

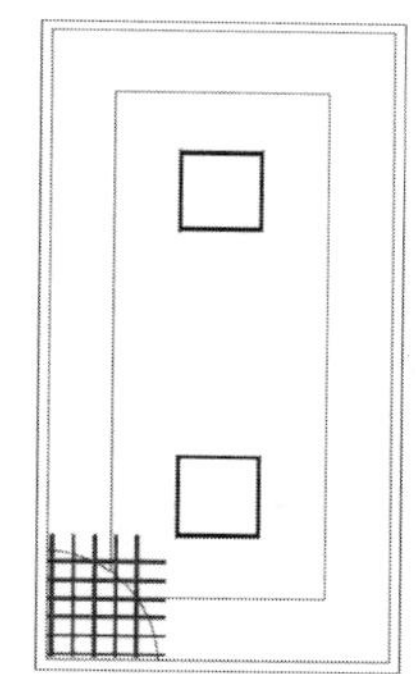

图 17-25　绘制底板钢筋

05 执行“常用”选项卡“修改”面板中的“修剪”命令对钢筋进行修剪，删除超过样条曲线的钢筋，修剪效果如图 17-26 所示。

06 进行文字说明。执行“注释”选项卡“文字”面板中“多行文字”下的“单行文字”A命令对配筋进行文字说明，标注后的效果如图 17-27 所示。

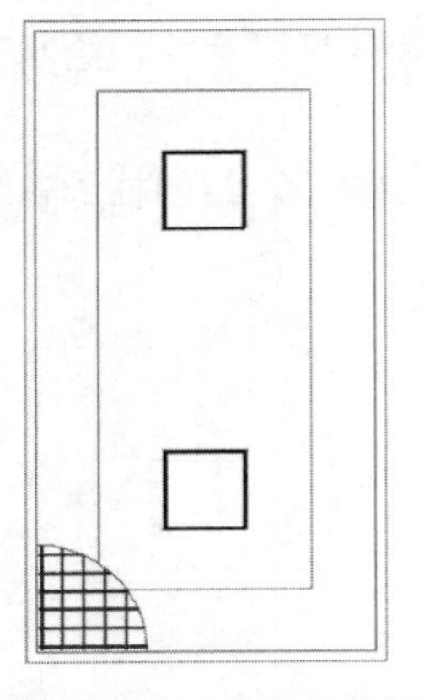

图 17-26　对钢筋进行剪切

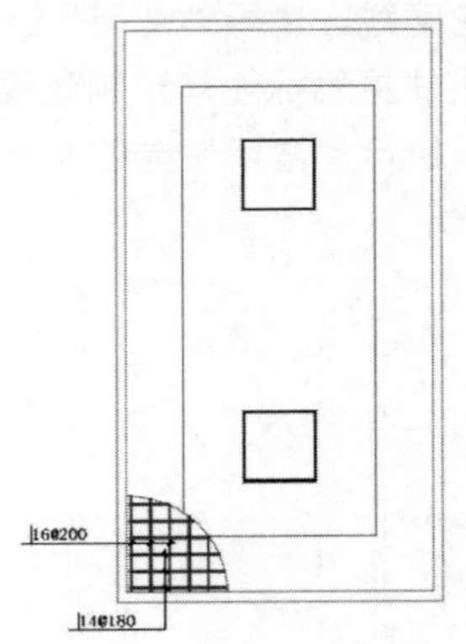

图 17-27　对钢筋进行标注

07 执行"注释"选项卡"标注"面板中的"线性"命令和"连续标注"命令，对基础进行标注，标注效果如图 17-28 所示。

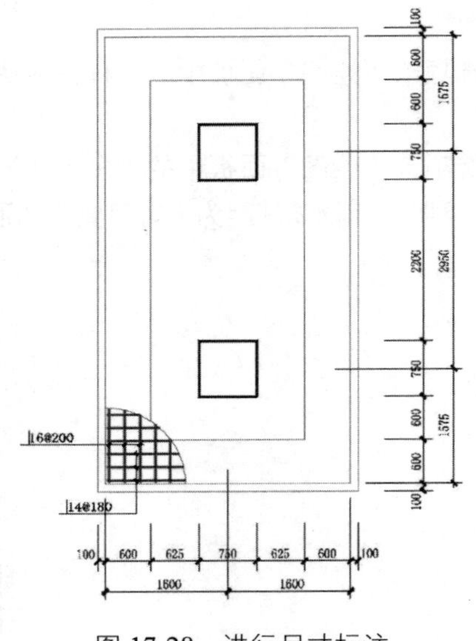

图 17-28　进行尺寸标注

17.2.3　绘制基础垂直断面图

基础详图的绘制除了要绘制平面图外，还应该绘制垂直断面图，现在绘制基础 J-17 的 A~A 剖面。

01 绘制基础轮廓线。执行"常用"选项卡"绘图"面板中的"直线"命令，绘制基础的轮廓，然后执行"常用"选项卡"修改"面板中的"修剪"命令对其进行修剪，具体的尺寸见后面的尺寸标注，绘制效果如图 17-29 所示。

02 进行图案填充。执行"常用"选项卡"绘图"面板中的"填充"命令对垫层和上部的混凝土连接层进行填充，填充后的效果如图 17-30 所示。

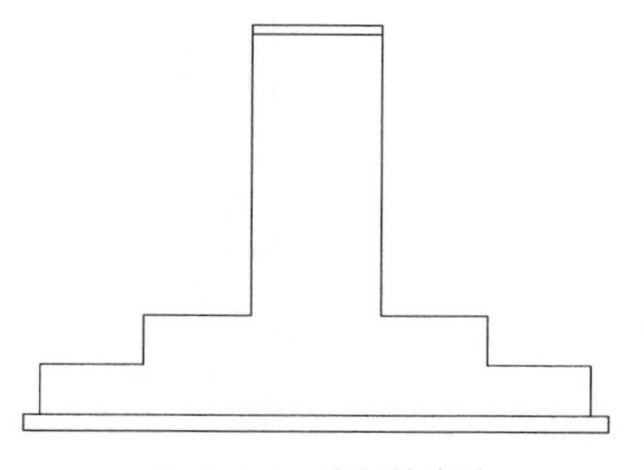

图 17-29　绘制轮廓线

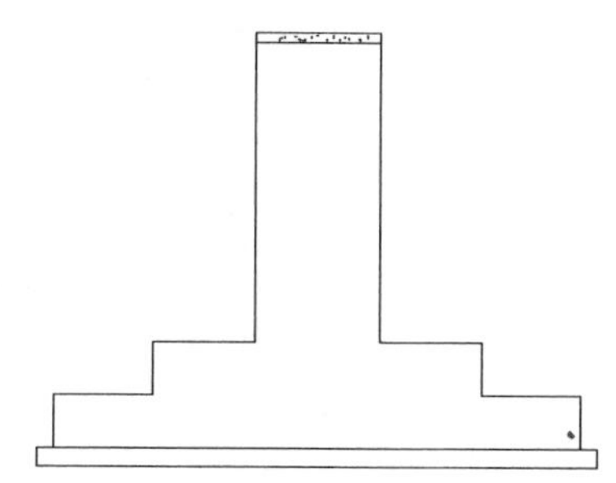

图 17-30　填充图案

03 绘制底板配筋。底板配筋包括受力筋和分布筋，执行“常用”选项卡“绘图”面板中的“多段线”命令绘制受力筋。

04 执行“常用”选项卡“绘图”面板中的“圆”命令，绘制钢筋轮廓。

05 执行“常用”选项卡“绘图”面板中的“填充”命令对钢筋轮廓进行填充，绘制效果如图 17-31 所示。

06 进行文字标注。执行“注释”选项卡“文字”面板中“多行文字”下的“单行文字”命令对配筋进行文字说明，标注效果如图 17-32 所示。

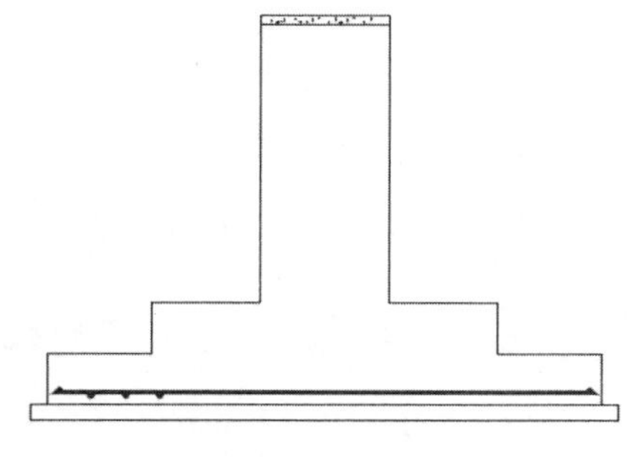

图 17-31　绘制底板配筋

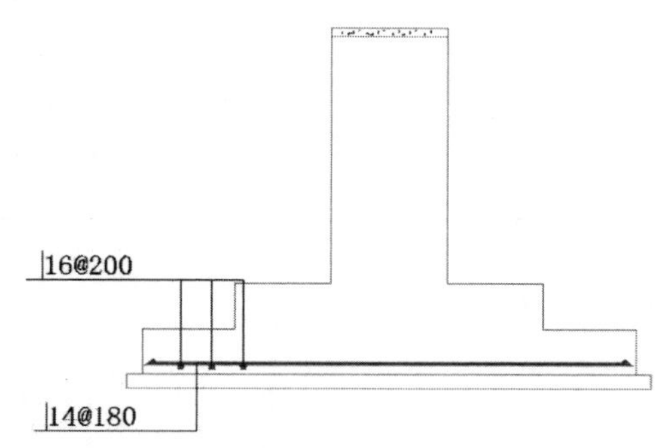

图 17-32　进行文字标注

07 绘制纵向配筋。执行“常用”选项卡“绘图”面板中的“多段线”命令，绘制纵向配筋，纵向钢筋沿基础通长布置，在端部折弯，绘制效果如图 17-33 所示。

08 绘制箍筋。执行“常用”选项卡“绘图”面板中的“多段线”命令，绘制箍筋，箍筋直径为 8mm，钢筋的间距为 100mm，绘制效果如图 17-34 所示。

09 进行尺寸标注。执行“注释”选项卡“标注”面板中的“线性”命令和“连续标注”命令进行尺寸标注，绘制效果如图 17-35 所示。

10 进行标高标注。执行“插入”选项卡“块”面板中的“插入”命令插入标高符号，然后执行“注释”选项卡“文字”面板中“多行文字”下的“单行文字”命令，对标高值进行修改，绘制效果如图 17-36 所示。

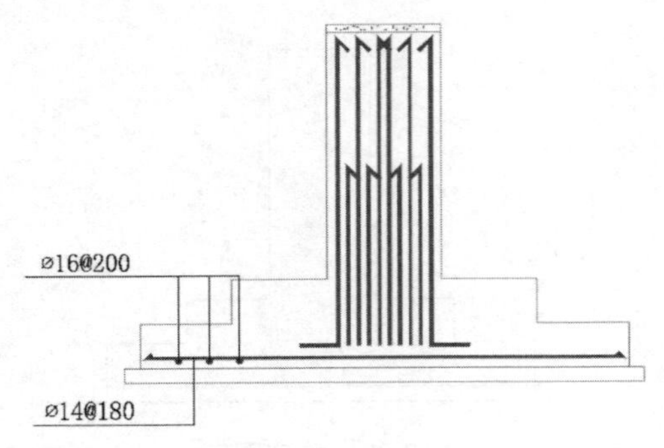

图 17-33　绘制纵向钢筋

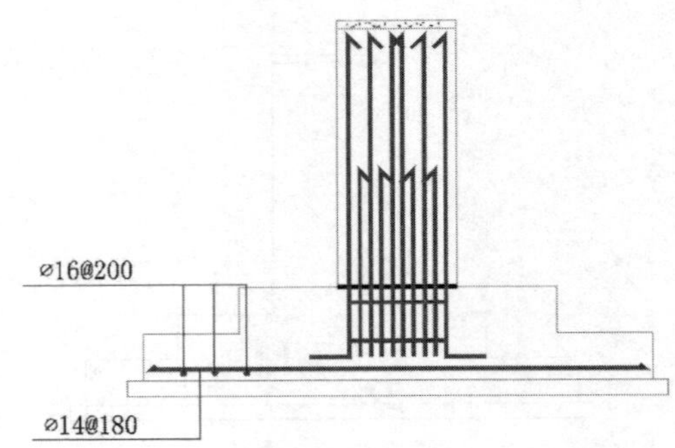

图 17-34　绘制箍筋

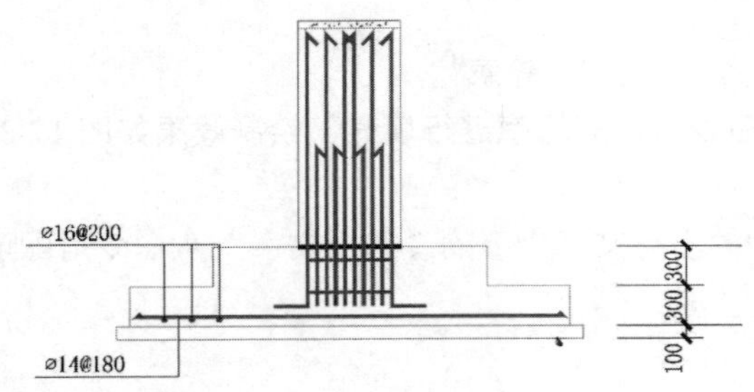

图 17-35　进行尺寸标注

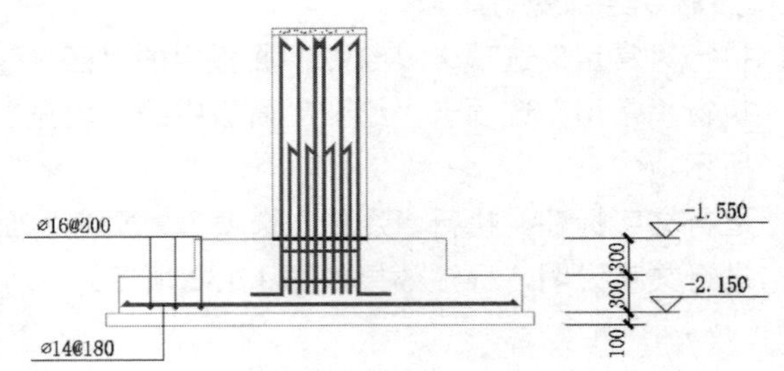

图 17-36　进行标高标注

其余基础配筋图和垂直断面图的绘制方法与 J-17 一致，绘制结果如图 17-37 所示。

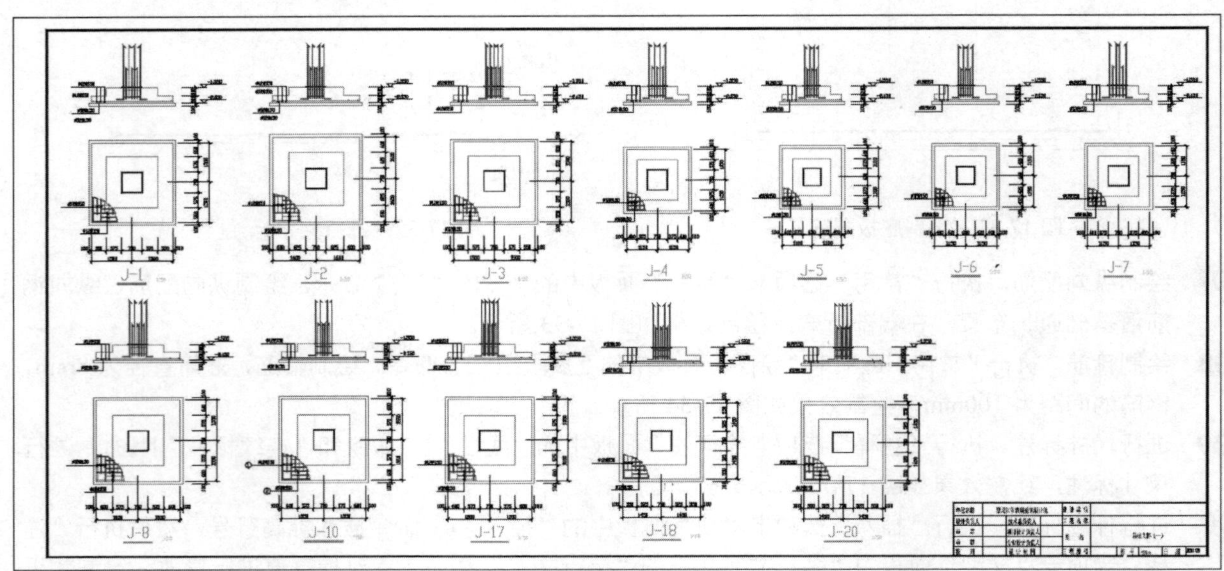

图 17-37　效果图

17.2.4　绘制基础圈梁剖面图

绘制基础圈梁剖面图较为简单，具体绘制过程如下。

01 执行“常用”选项卡“绘图”面板中的“直线”命令，绘制圈梁的轮廓，具体的尺寸见后面的尺寸标注，绘制效果如图 17-38 所示。

02 绘制圈梁受力筋。执行“常用”选项卡“绘图”面板中的“多段线”命令进行绘制，绘制效果如图 17-39 所示。

图 17-38　绘制轮廓线

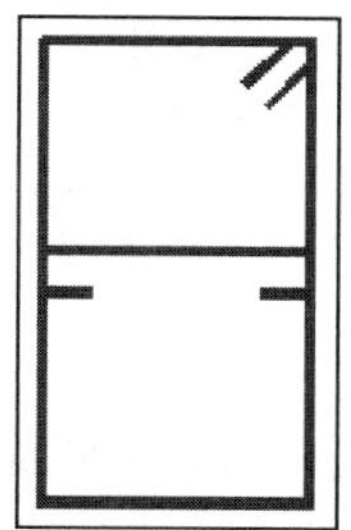

图 17-39　绘制受力筋

03 绘制圈梁分布筋。执行“常用”选项卡“绘图”面板中的“圆”命令绘制钢筋轮廓，执行“常用”选项卡“绘图”面板中的“填充”命令进行钢筋轮廓的实体填充，绘制效果如图 17-40 所示。

04 进行文字标注。执行“注释”选项卡“文字”面板中“多行文字”下的“单行文字”命令，绘制效果如图 17-41 所示。

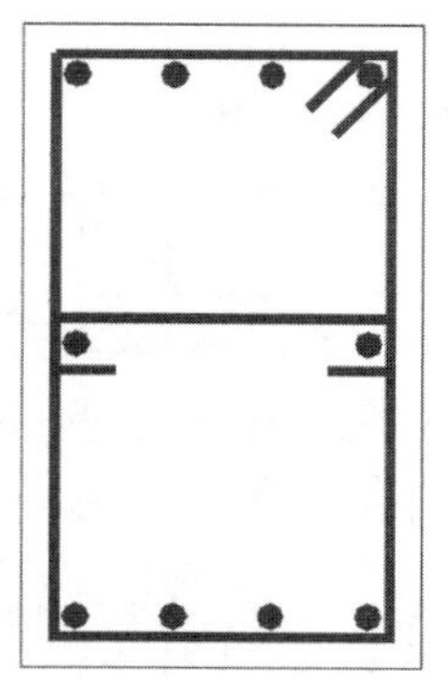

图 17-40　绘制分布筋

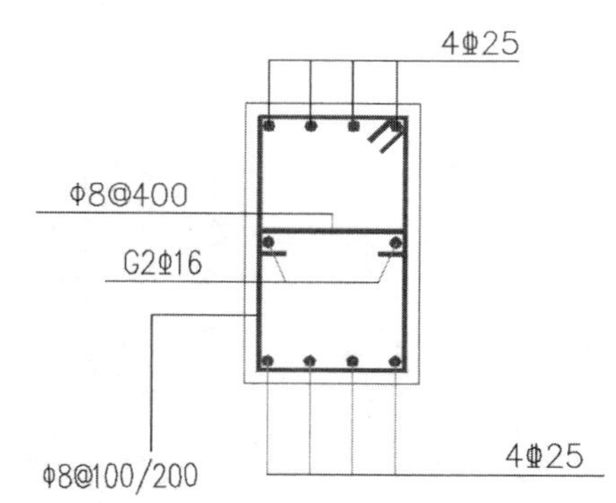

图 17-41　进行尺寸标注

05 进行尺寸和标高标注。执行“注释”选项卡“标注”面板中的“线性”命令和“连续标注”命令进行尺寸标注，绘制效果如图 17-42 所示。执行“插入”选项卡“块”面板中的“插入”命令插入标高符号，然后执行“注释”选项卡“文字”面板中“多行文字”下的“单行文字”命令对标高值进行修改，绘制效果如图 17-43 所示。

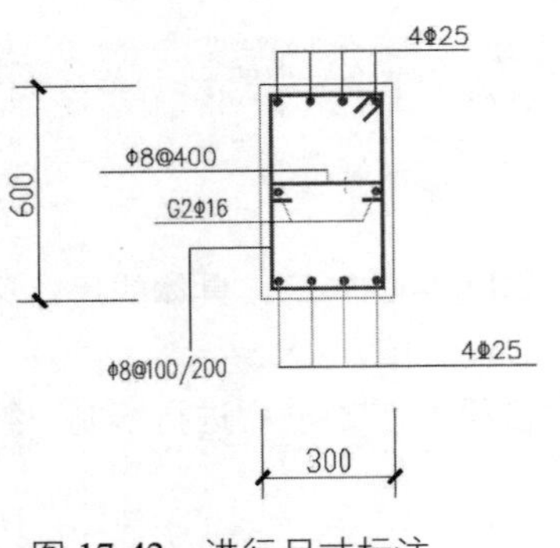

图 17-42　进行尺寸标注

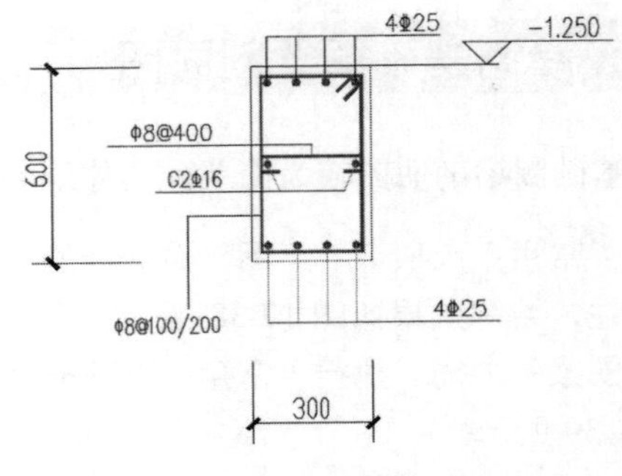

图 17-43　进行标高标注

17.3 绘制一层结构平面图

在钢筋混凝土现浇板的配筋平面图中，钢筋直接绘制在图中，在钢筋均匀分布时，可只绘制一根钢筋，用文字注明分布；如果在图中不能清楚地表示钢筋的布置和形状，应在图外补画钢筋的详图；钢筋的标注可以就近标注或是采用引线标注，将钢筋的标号、代号、直径、尺寸、数量、间距及其位置进行标注。

下面将举例说明钢筋混凝土现浇板配筋图的绘制方法，绘制如图 17-44 所示的一层结构平面图，板厚为 100mm。

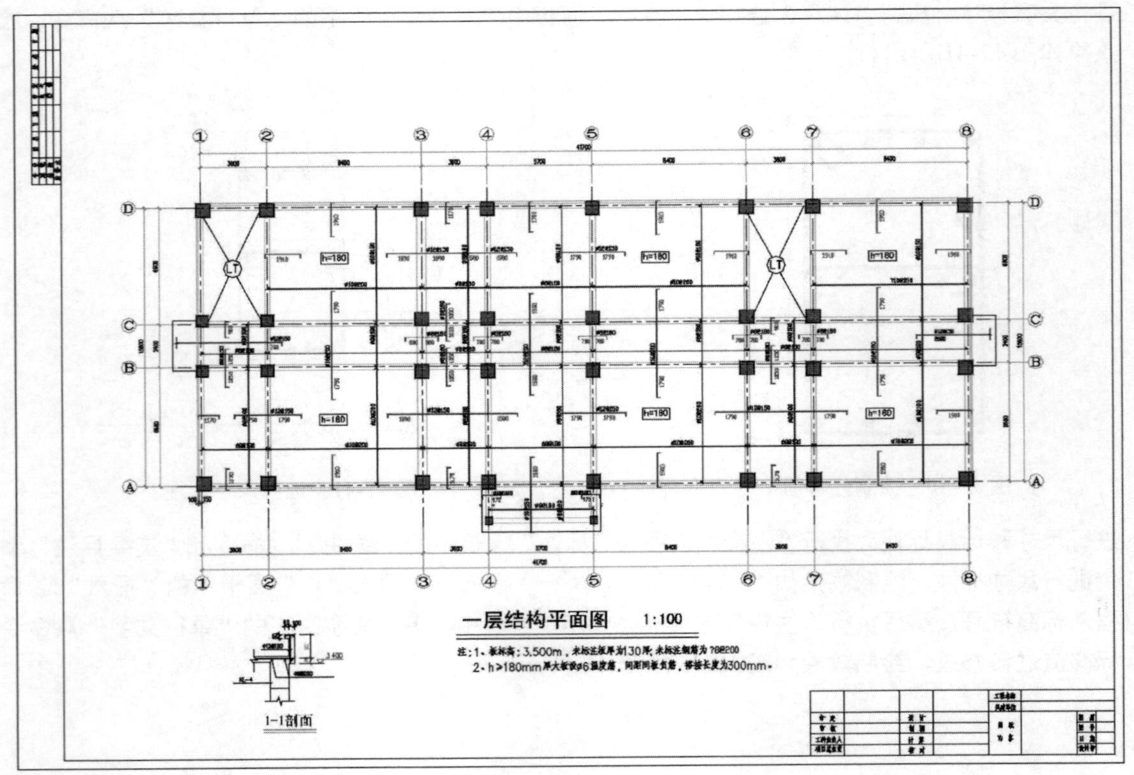

图 17-44　一层结构平面图

01 执行“常用”选项卡“绘图”面板中的“直线”命令和“修改”面板中的“偏移”命令绘制轴线，绘制效果如图 17-45 所示。

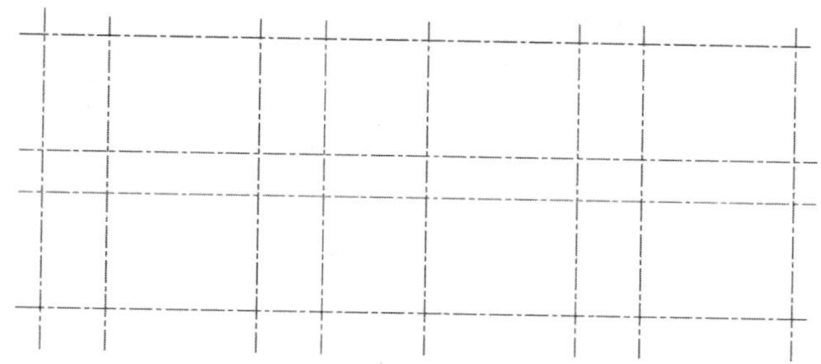

图 17-45　绘制轴线

02 执行“插入”选项卡“块”面板中的“插入”命令插入轴线编号，轴线绘制效果如图 17-46 所示。

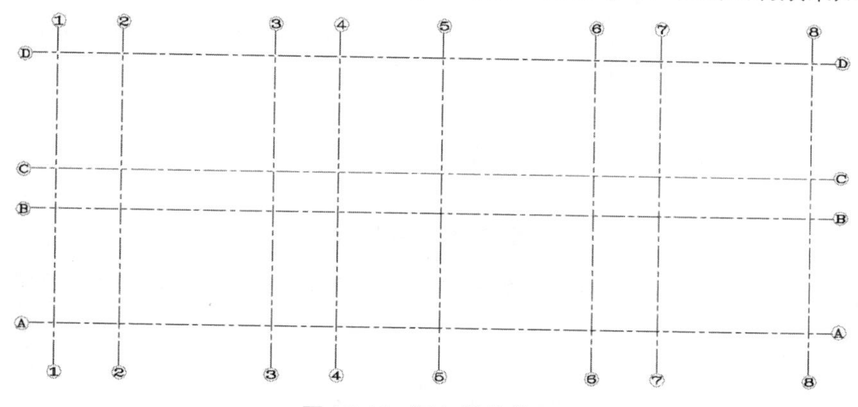

图 17-46　添加轴线编号

03 执行“注释”选项卡“标注”面板中的“线性”命令和“连续标注”命令进行必要的尺寸标注，绘制效果如图 17-47 所示。

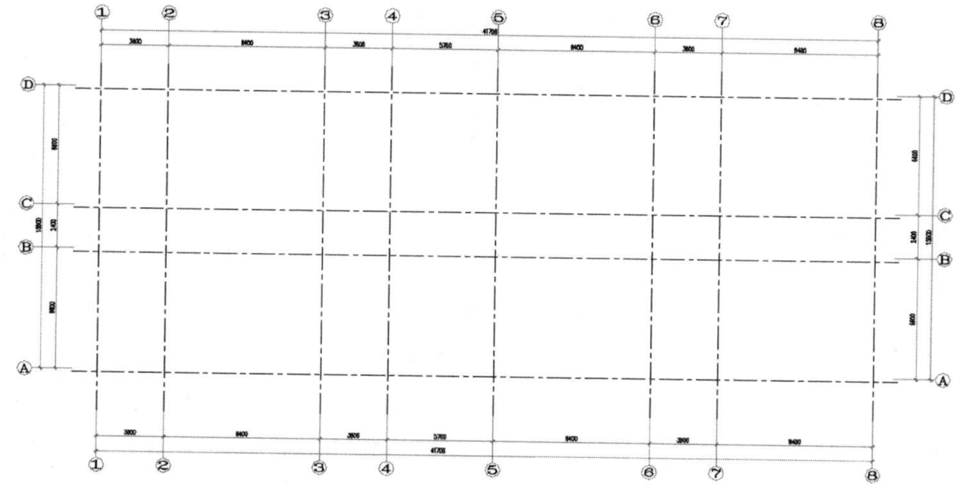

图 17-47　进行尺寸标注

04 在菜单栏中执行“常用”选项卡“绘图”面板中的“多段线”命令绘制墙线，墙线的绘制和建筑图中的绘制方法一致，这里不再赘述，多段线绘制完毕后效果如图 17-48 所示。

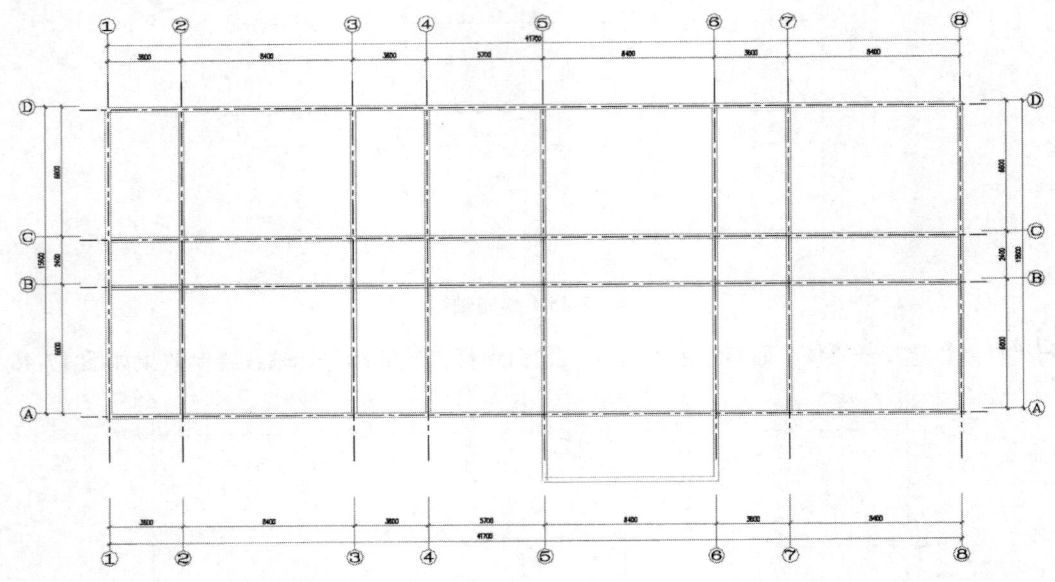

图 17-48　绘制墙体

05 执行“常用”选项卡“修改”面板中的“修剪”命令对绘制的墙线进行剪切，绘制效果如图 17-49 所示。

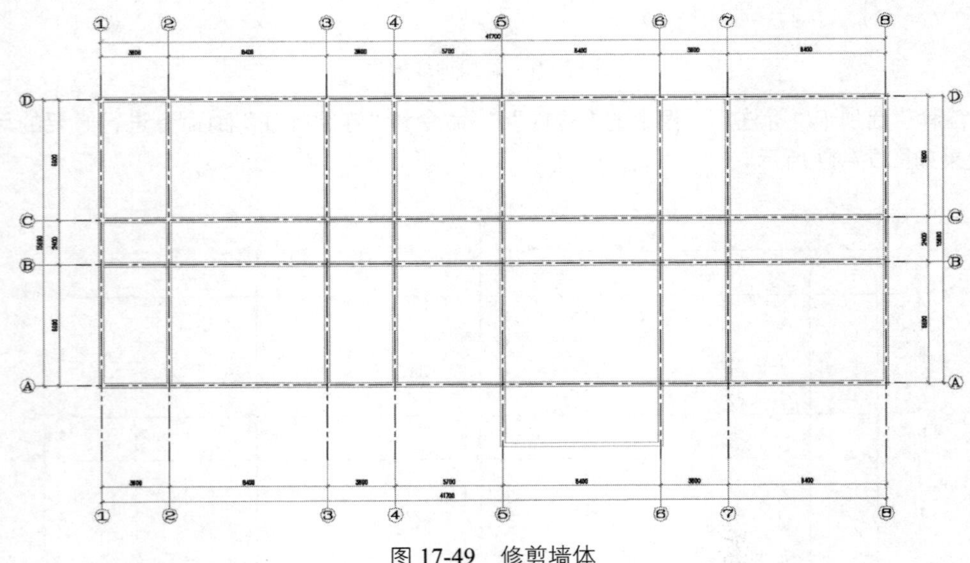

图 17-49　修剪墙体

06 绘制柱，绘制方法是先执行“常用”选项卡“绘图”面板中的“直线”命令，绘制柱的轮廓，然后执行“常用”选项卡“绘图”面板中的“填充”命令对柱进行填充，效果如图 17-50 所示。

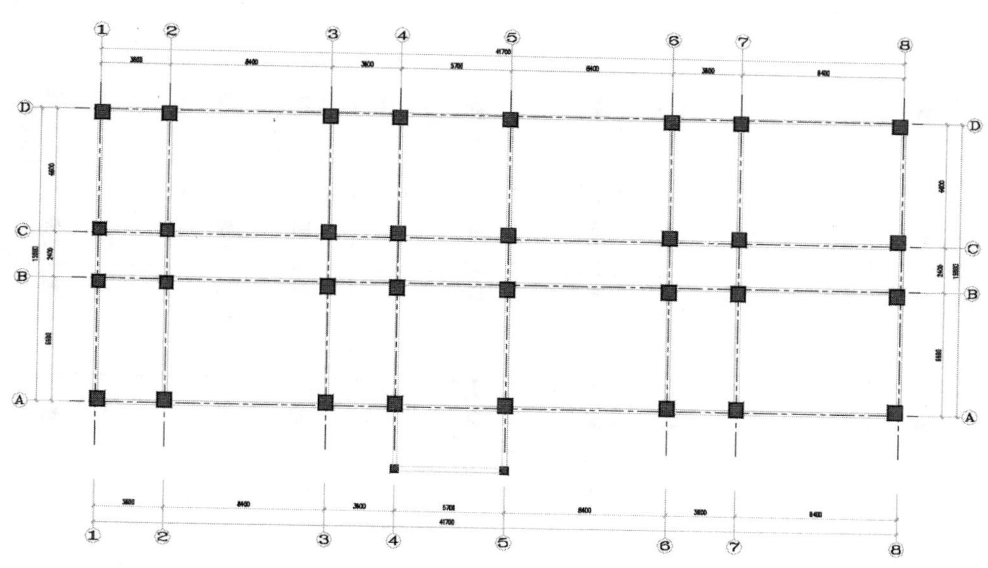

图 17-50　绘制柱子

07 执行“常用”选项卡“绘图”面板中的“直线”命令，并使用“捕捉”等辅助绘图工具，绘制楼梯间、设备间的开洞符号，如图 17-51 所示。

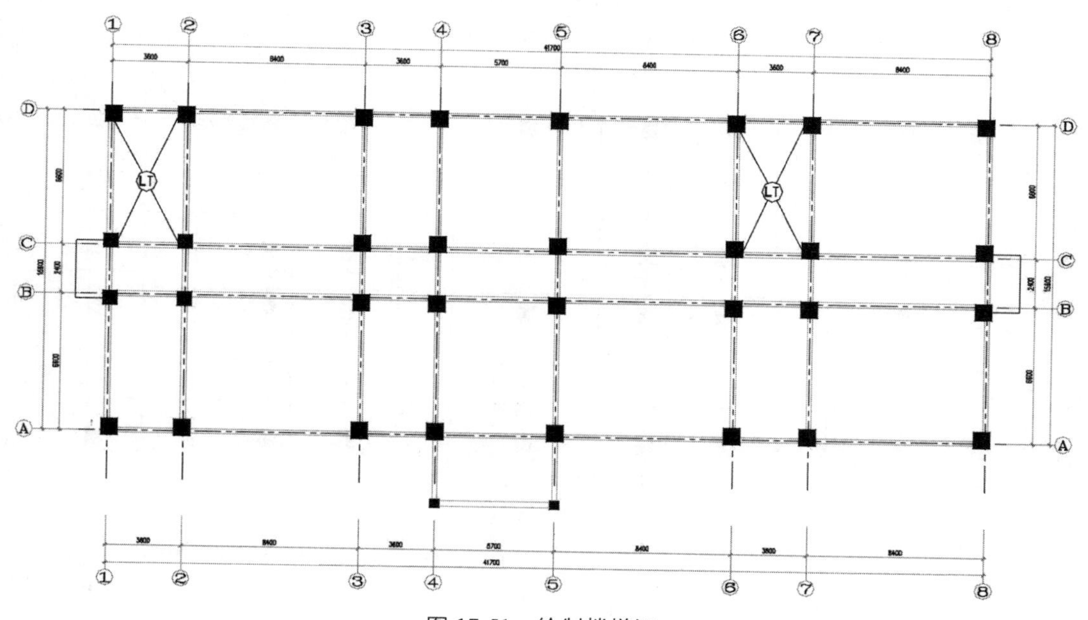

图 17-51　绘制楼梯间

08 开始绘制板钢筋，钢筋用多段线绘制，执行“常用”选项卡“绘图”面板中的“多段线”命令，设置线宽度为 30mm，板中受力筋端部的弯钩为 45°，构造筋的弯钩角度为 90°，先绘制受力筋，受力筋一般长度较长，但绘制的数量少。绘制效果如图 17-52 所示。

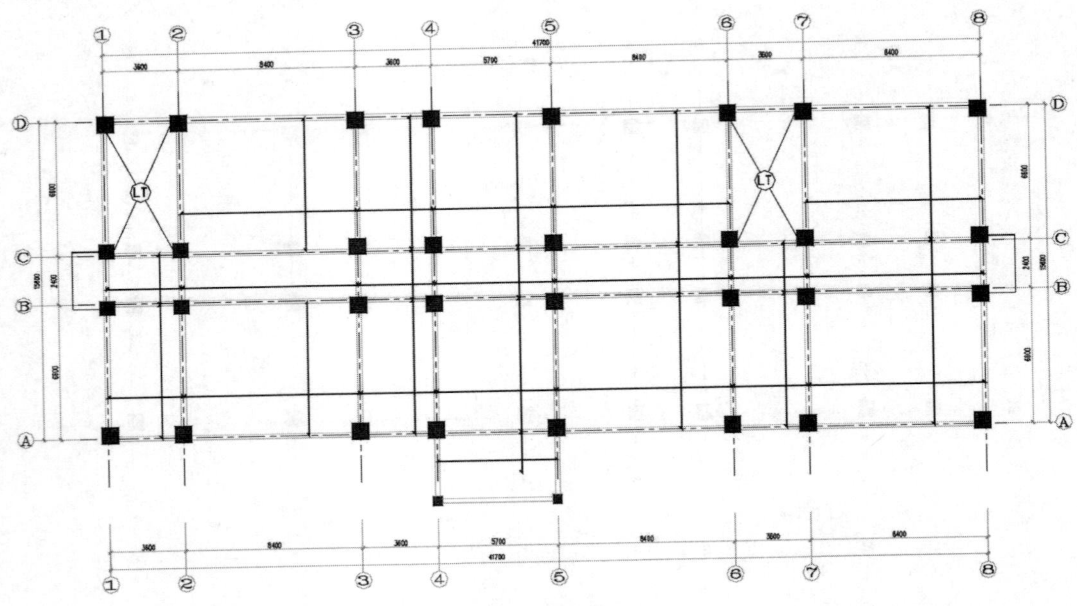

图 17-52　绘制受力筋

09 执行“常用”选项卡“绘图”面板中的“多段线”命令绘制构造筋，板中构造筋分为 4 种：分布钢筋、与主梁垂直的附加负筋、与承重墙垂直的附加负筋、板角附加短钢筋。绘制效果如图 17-53 所示。

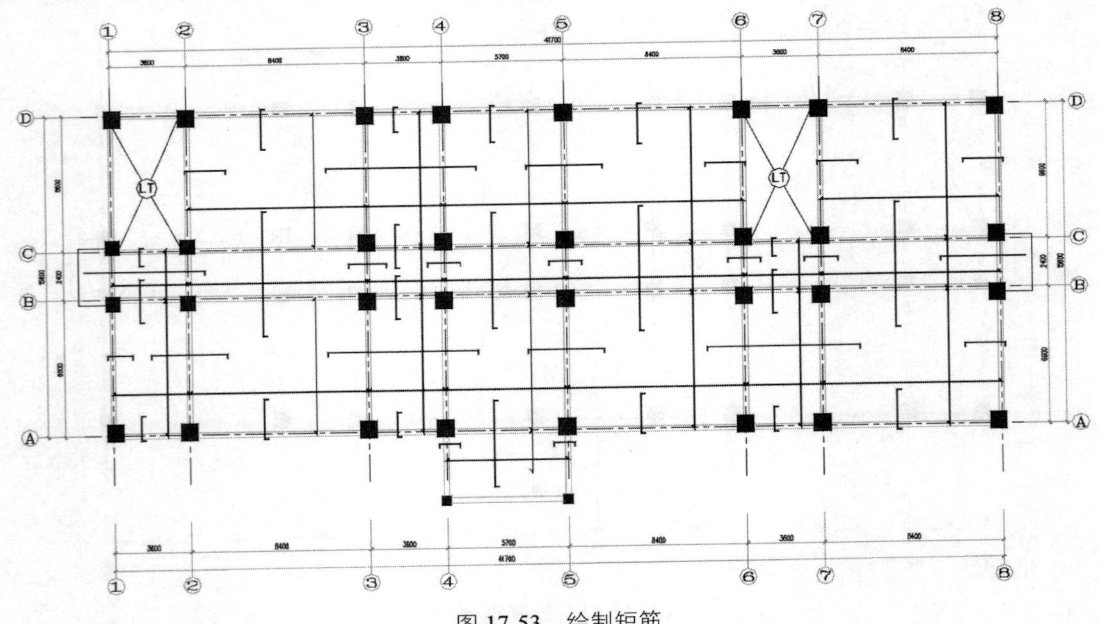

图 17-53　绘制短筋

10 执行“注释”选项卡“文字”面板中“多行文字”下的“单行文字”命令标注钢筋，对于钢筋符号的标注，AutoCAD 中没有字体表示钢筋级别的符号，可以在工作屏幕上直接绘制表示钢筋等级的符号，绘制完成后做成图块进行插入，也可以使用其他插件或自编程序来实现钢筋级别符号的绘制，具体方法不属于本书的讲解范围，所以不再赘述。钢筋标注主要是钢筋的长度、钢筋型号、间距等，首先对楼板正筋进行标注，绘制效果如图 17-54 所示。

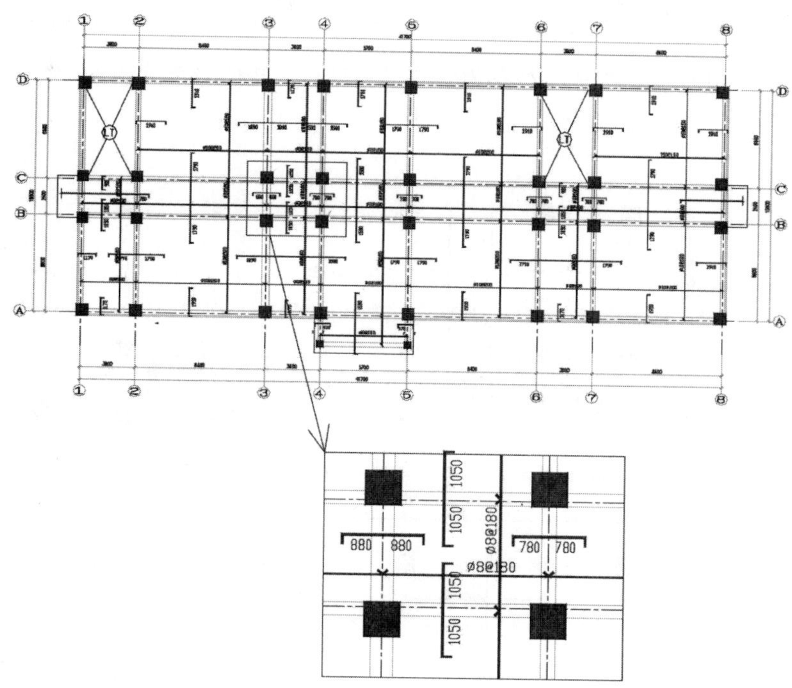

图 17-54　对受力筋进行标注

11 执行“注释”选项卡“文字”面板中“多行文字”下的“单行文字” A 命令，对楼板负筋进行标注，绘制效果如图 17-55 所示。

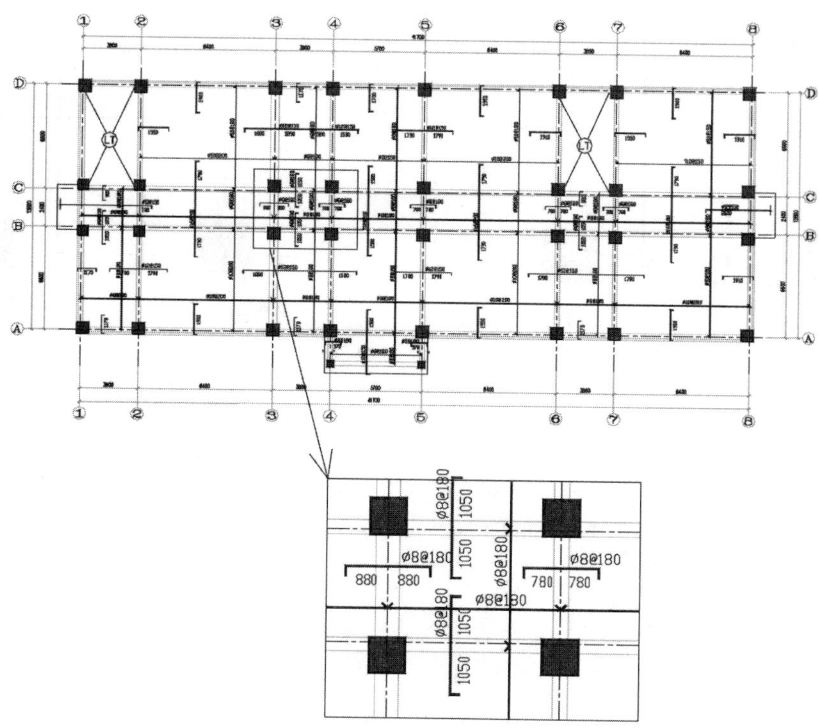

图 17-55　对负筋进行标注

12 执行“常用”选项卡“绘图”面板中的“矩形”命令，然后执行“注释”选项卡“文字”面板中“多行文字”下的“单行文字”命令对楼板厚度进行标注，绘制效果如图 17-56 所示。

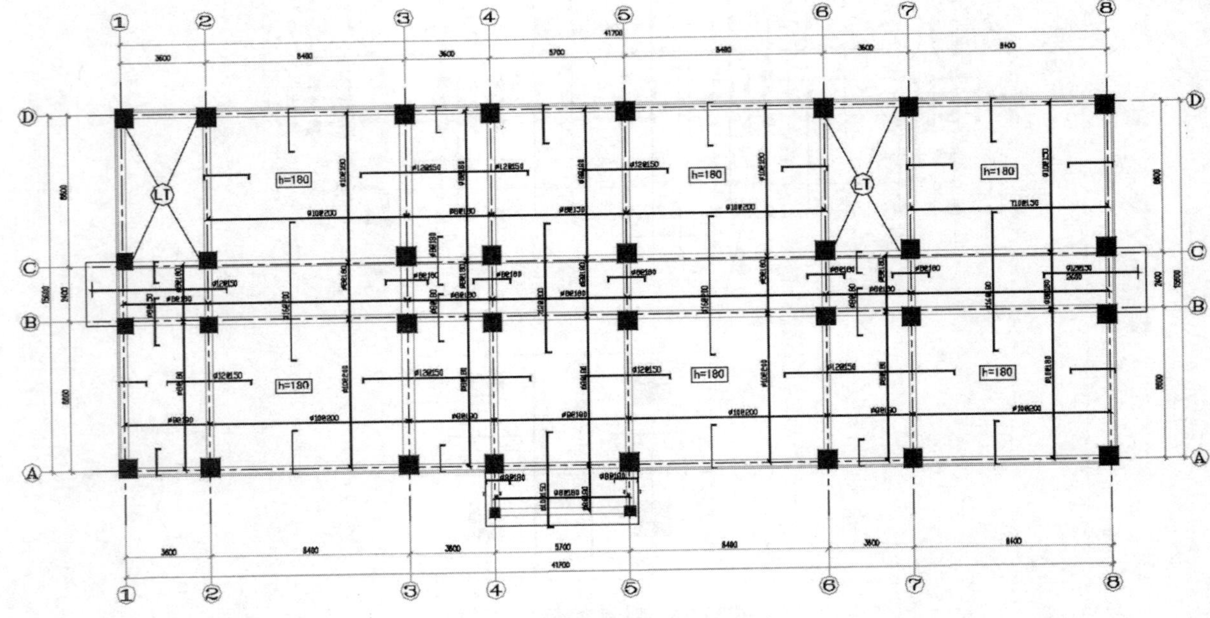

图 17-56　对楼板厚度进行标注

13 执行“注释”选项卡“标注”面板中的“线性”命令和“连续标注”命令进行尺寸标注，执行“注释”选项卡“文字”面板中“多行文字”下的“单行文字”命令进行文字标注，具体的绘制方法和其他图样的标注相同，绘制效果如图 17-57 所示。

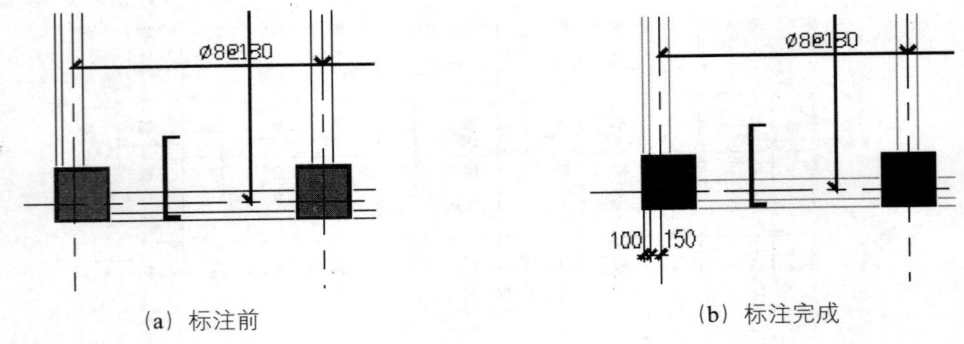

（a）标注前　　（b）标注完成

图 17-57　进行尺寸文字标注

14 执行“注释”选项卡“文字”面板中“多行文字”下的“单行文字”命令，编写文字说明，将一些在图中未说明的构造表达出来，如图 17-58 所示。

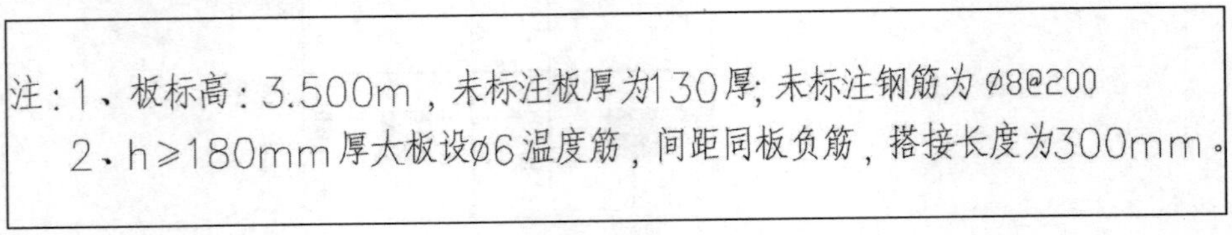

注：1、板标高：3.500m，未标注板厚为130厚；未标注钢筋为 ø8@200

2、h≥180mm 厚大板设ø6 温度筋，间距同板负筋，搭接长度为300mm。

图 17-58　编写文字说明

绘制 1-1 剖面详图，具体步骤如下。

01 绘制基础轮廓。执行“常用”选项卡“绘图”面板中的“直线”命令绘制基础（包括垫层）的轮廓，具体的尺寸见后面的尺寸标注，绘制效果如图 17-59 所示。

02 绘制底板配筋。底板配筋包括受力筋和分布筋，受力筋通过执行“常用”选项卡“绘图”面板中的“多段线”命令进行绘制。

03 分布筋通过实心圆绘制，绘制过程是：先执行“常用”选项卡“绘图”面板中的“圆”命令绘制钢筋轮廓。

04 执行“常用”选项卡“绘图”面板中的“填充”命令进行钢筋轮廓的实体填充。绘制效果如图 17-60 所示。

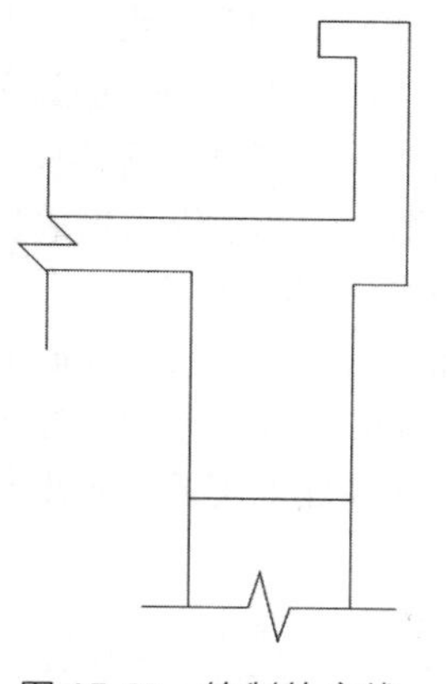

图 17-59　绘制轮廓线

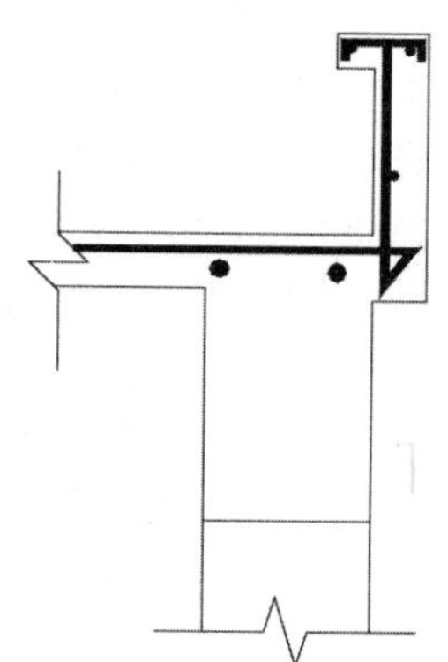

图 17-60　绘制钢筋

05 对钢筋进行标注。执行“注释”选项卡“文字”面板中“多行文字”下的“单行文字”命令对钢筋进行标注，绘制效果如图 17-61 所示。

06 进行尺寸和文字标注。配筋绘制完毕后，执行“注释”选项卡“标注”面板中的“线性”命令和“连续标注”命令进行尺寸标注。

07 执行“注释”选项卡“文字”面板中“多行文字”下的“单行文字”命令进行文字标注，标注效果如图 17-62 所示。

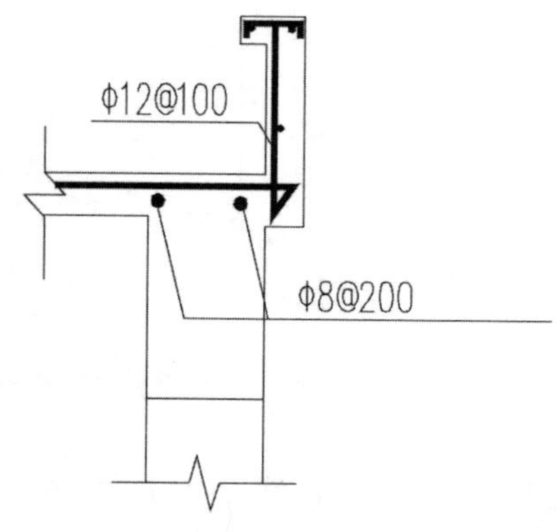

图 17-61　对钢筋进行标注

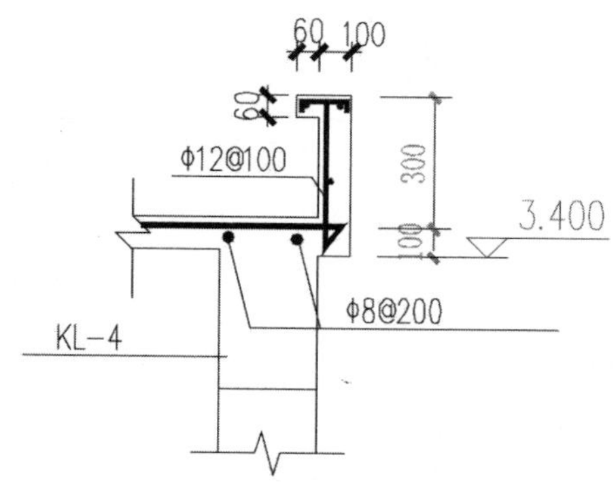

图 17-62　进行尺寸文字标注

17.4 绘制钢筋混凝土梁、柱的结构图

钢筋混凝土梁和柱的结构特点相同，绘制方法也大致相同。下面以钢筋混凝土梁的结构详图为例进行介绍。

绘制钢筋混凝土梁的结构详图一般用立面图和断面图进行表示。该梁的两端搁置在砖墙上，中间与钢筋混凝土柱连接。由于两跨梁上的断面、配筋和支撑情况完全对称，可在中间对称轴线的上下端画上对称符号。这时只须在梁的左端跨内详细绘制钢筋的配置，并注明各种钢筋的尺寸。

梁的跨中下面配置三根钢筋（即两根直径为 18mm 和一根直径为 20mm 的Ⅱ级钢），中间的一根直径为 20 的Ⅱ级钢在近支座附近按 45° 方向弯起，弯起钢筋上部弯平点的位置离墙或柱边缘距离为 50mm。

墙边弯起钢筋伸入到靠近梁的端部，距离端部面为一个保护层厚度；柱边弯起钢筋伸入梁的另一跨内，距下层柱边缘为 1000mm。由于Ⅱ级钢的端部不做弯钩，因此在立面图中当几根纵向钢筋的投影重叠时，就反应不出钢筋的终端位置。先规定用 45° 方向的短粗线作为无弯钩钢筋的终端符号。

梁的上面配置两根通长钢筋，即两个直径为 18 的Ⅱ级钢，箍筋的配置是间距为 150mm，直径为 8mm 的光圆钢筋。按构造要求，靠近墙或柱边缘的第一道箍筋的距离为 50mm，及与弯起钢筋上部弯平点位置一致。在梁的进墙支座内布置两道箍筋。梁的断面形状、大小以及不同断面的配筋，则用断面图表示。除了详细注出梁的定性尺寸和钢筋尺寸外，还应注明梁底的结构标高。

17.4.1 绘制梁配筋图

下面开始绘制如图 17-63 所示的梁配筋图，步骤如下：

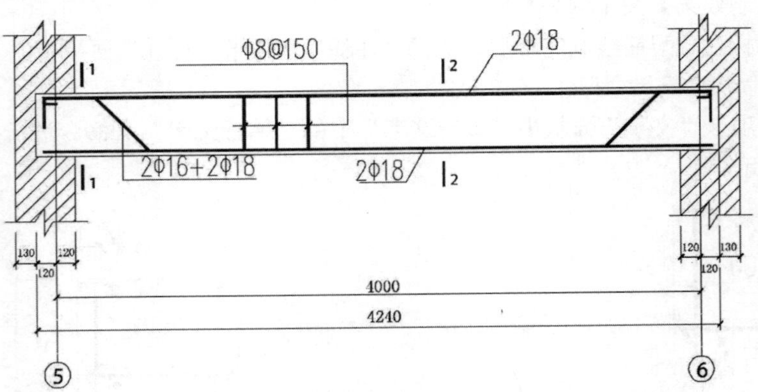

图 17-63 梁配筋图

01 在绘制图形前，先设置绘图环境，设置方法和前面类似。执行“常用”选项卡“绘图”面板中的“直线”命令，绘制直线。

02 执行“常用”选项卡“修改”面板中的“偏移”命令对直线进行偏移，然后执行“插入”选项卡“块”面板中的“插入”命令插入轴线编号，如图 17-64 所示。

03 轴线绘制完毕后，应绘制辅助定位轴线，为绘制梁柱线做准备，执行“常用”选项卡“修改”面板中的“偏移”命令，将“5”、“6”轴线分别向左右两侧偏移 250mm、120mm。

04 执行“常用”选项卡“绘图”面板中的“直线”命令，在适当位置绘制两条距离为 400mm 的水平线，绘制效果如图 17-65 所示。

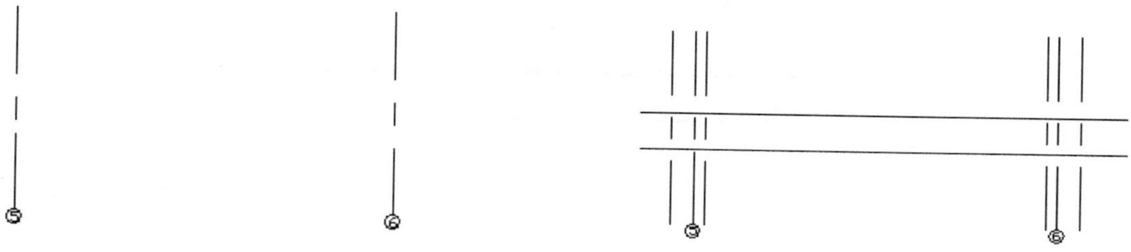

图 17-64 绘制轴线

图 17-65 绘制辅助线

05 绘制梁、柱轮廓线。执行“常用”选项卡“绘图”面板中的“直线”命令，绘制梁、柱墙轮廓，其中柱和梁通过折断线打断，绘制效果如图 17-66 所示。

06 对绘制的图形进行修剪，调整轴线的长度。绘制方法很多，下面介绍其中一种：执行“常用”选项卡“绘图”面板中的“直线”命令，绘制两条和轴线相交的直线。

07 执行“常用”选项卡“修改”面板中的“修剪”命令删除两个剪切线之间的轴线，然后执行“常用”选项卡“修改”面板中的“移动”命令将轴线编号的部分上移，修改后的效果如图 17-67 所示。

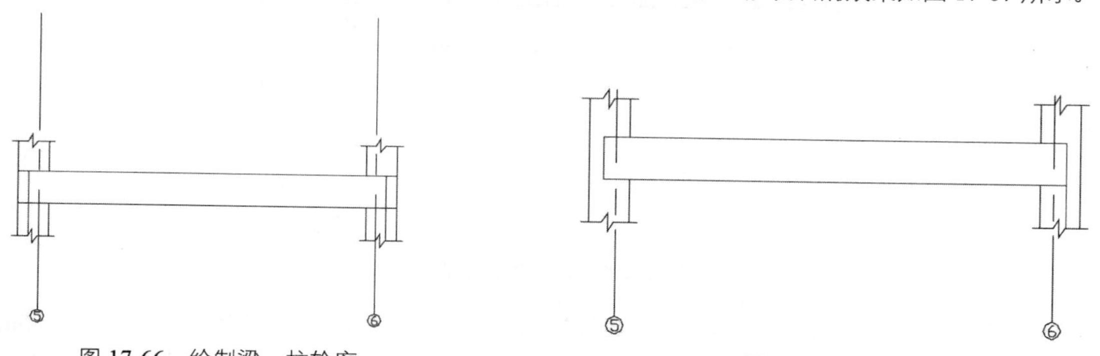

图 17-66 绘制梁、柱轮廓

图 17-67 修剪图形

08 执行“常用”选项卡“绘图”面板中的“填充”命令对墙进行填充，填充效果如图 17-68 所示。

09 执行“常用”选项卡“绘图”面板中的“多段线”命令，绘制两条通长钢筋，分别位于梁的底部和顶部，线宽设为 50mm，绘制效果如图 17-69 所示。

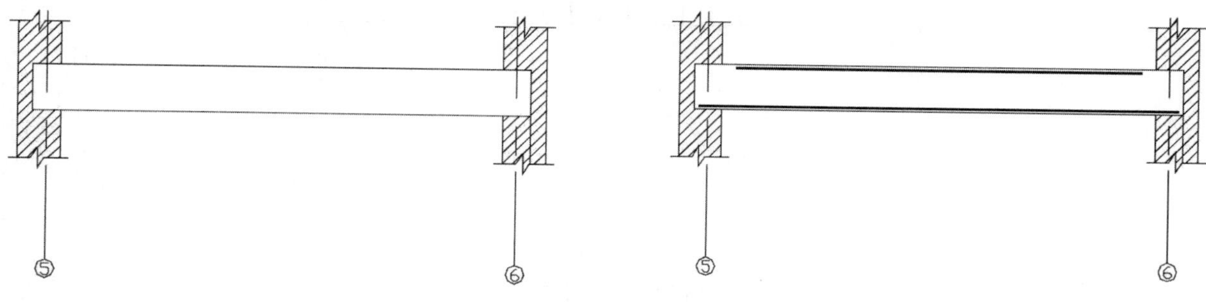

图 17-68 对墙体填充

图 17-69 绘制通长钢筋

10 执行“常用”选项卡“绘图”面板中的“多段线”命令绘制底部弯起钢筋，钢筋的弯起角度为45°，绘制的效果如图 17-70 所示。

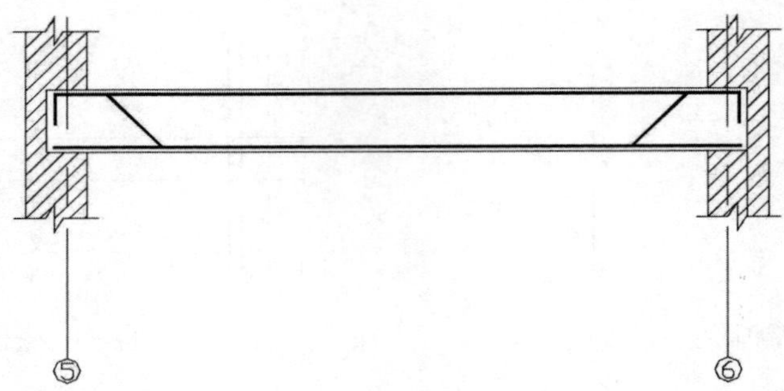

图 17-70 绘制弯起钢筋

11 两跨中并不是布置通长钢筋，而是在每一跨中钢筋是连续的，钢筋延伸到相邻跨中，而后将钢筋折弯，钢筋弯钩的绘制效果如图 17-71 所示。

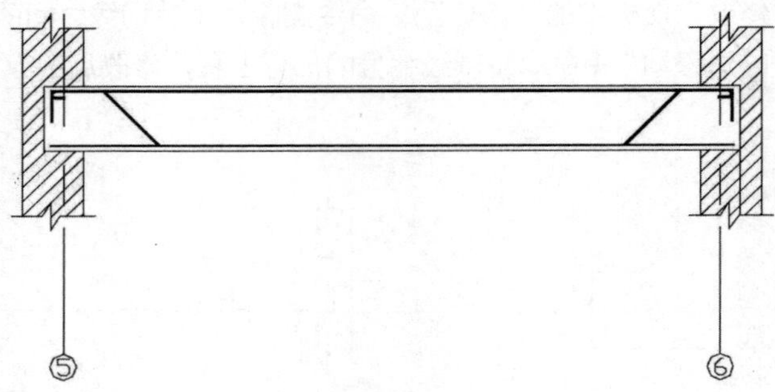

图 17-71 绘制钢筋折弯

12 执行“常用”选项卡“绘图”面板中的“多段线”命令绘制一条箍筋，两端的箍筋间距为 350mm，跨度中部的间距为 150mm，然后执行“常用”选项卡“修改”面板中的“阵列”命令对绘制的箍筋进行阵列，具体过程这里不再赘述，阵列后的效果如图 17-72 所示。

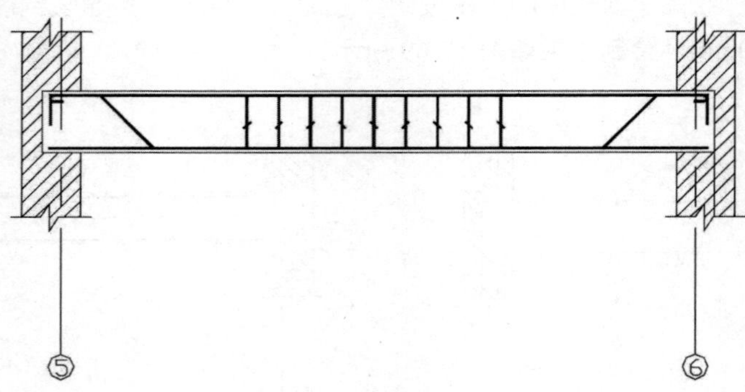

图 17-72 绘制箍筋

13 对钢筋进行标注。执行“注释”选项卡“文字”面板中“多行文字”下的“单行文字”命令标注钢筋，标注效果如图 17-73 所示。

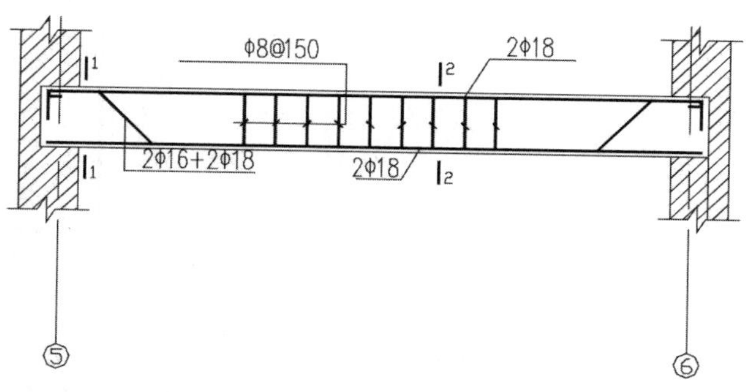

图 17-73　对钢筋进行标注

14 进行文字和尺寸标注。基本图形绘制完毕后，执行“注释”选项卡“文字”面板中“多行文字”下的“单行文字”A命令进行文字标注，主要是标注配筋；执行“注释”选项卡“标注”面板中的“线性”命令进行尺寸标注，注意不要忘记剖切符号的绘制，标注效果如图 17-74 所示。

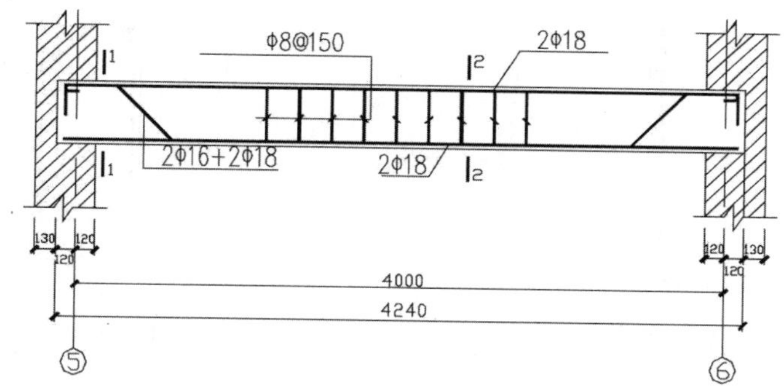

图 17-74　进行尺寸标注

17.4.2　绘制梁截面图

绘制 1-1 剖面，绘制步骤如下。

01 执行“常用”选项卡“绘图”面板中的“矩形”命令，绘制梁截面图，先绘制 1-1 剖面，梁的截面尺寸为 300mm×800mm，截面轮廓如图 17-75 所示。

02 执行“常用”选项卡“绘图”面板中的“多段线”命令，绘制箍筋，箍筋和截面轮廓的距离为保护层的厚度，一般为 30~50mm，箍筋用多段线绘制，线宽设为 10mm，箍筋绘制效果如图 17-76 所示。

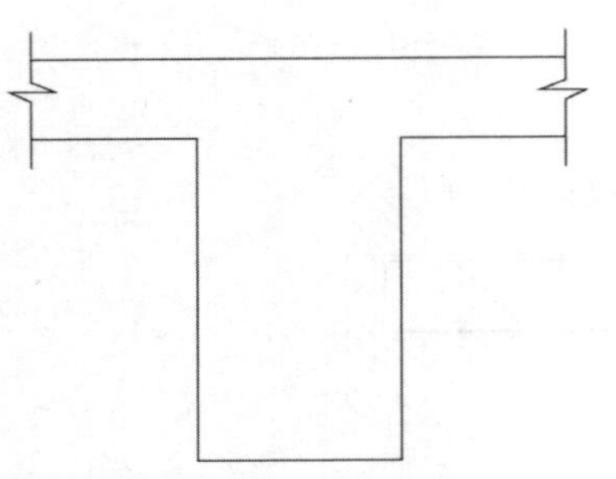

图 17-75　绘制截面轮廓

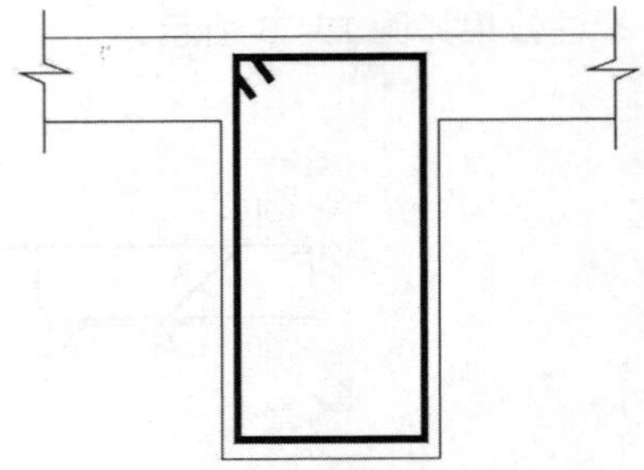

图 17-76　绘制箍筋

03 绘制纵筋，纵筋用填充圆表示。先执行“常用”选项卡“绘图”面板中的“圆”命令绘制钢筋界面轮廓，然后执行“常用”选项卡“绘图”面板中的“填充”命令对圆形轮廓进行填充，效果如图 17-77 所示。

04 执行“注释”选项卡“文字”面板中“多行文字”下的“单行文字”A命令进行文字标注，主要是标注钢筋的编号，绘制效果如图 17-78 所示。

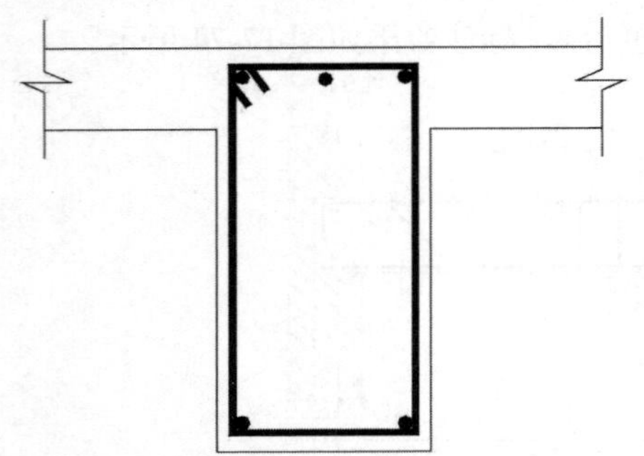

图 17-77　绘制纵向钢筋截面

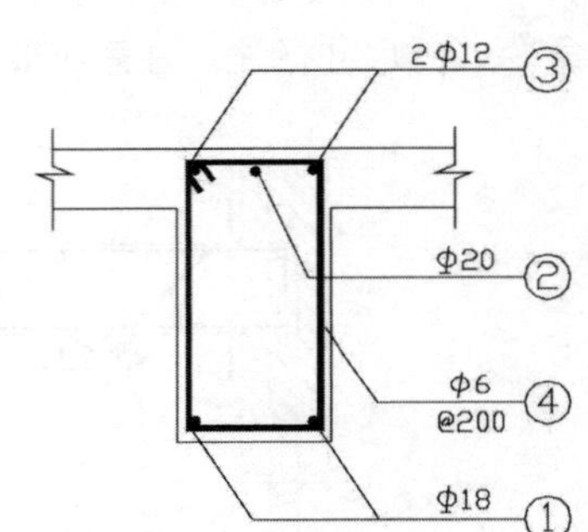

图 17-78　对钢筋进行标注

05 执行“注释”选项卡“标注”面板中的“线性”命令进行尺寸标注，标注效果如图 17-79 所示。

2-2 剖面的绘制过程与 1-1 剖面步骤相同，在此不再赘述，绘制效果如图 17-80 所示。

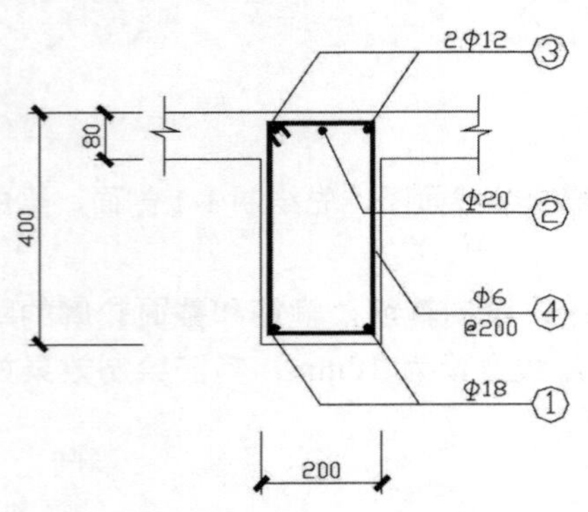

图 17-79　进行尺寸标注

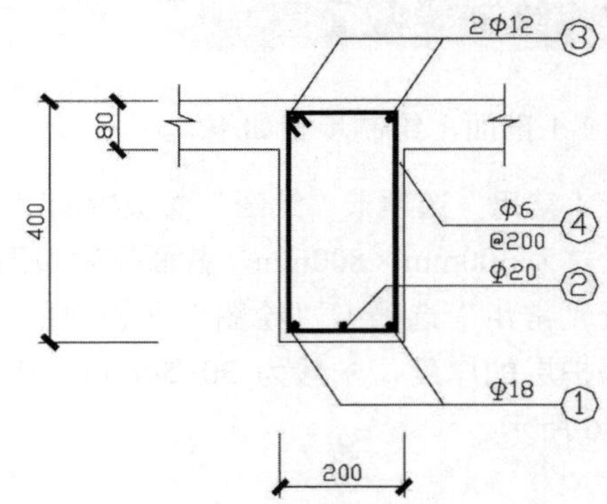

图 17-80　绘制 2-2 剖面

17.5 绘制标准层梁配筋平面图

梁的平面整体表示法是在梁整体平面布置图上采用平面注写方式或截面注写方式来表示梁的截面尺寸和钢筋配置的施工图。在梁的平面布置图上需要将各种梁和与其相关的柱、墙、板一同采用适当比例绘出，应用表格或其他方式注明各结构层的顶面标高、结构层高，并分别标注在柱、梁、墙的各类构件平面图中。

下面将举例说明标准层梁配平面图的绘制方法，绘制如图 17-81 所示的标准层梁配筋图。

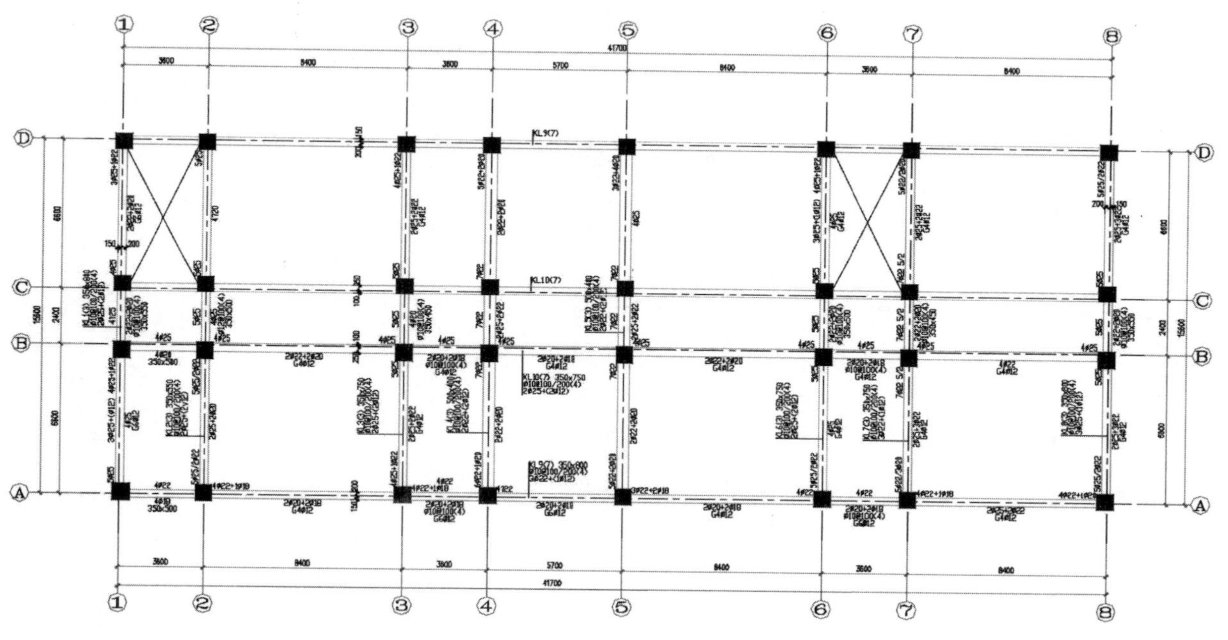

图 17-81　标准层梁配筋平面图

01 执行“常用”选项卡“绘图”面板中的“直线”命令和 “修改”面板中的“偏移”命令绘制轴线。

02 执行“插入”选项卡“块”面板中的“插入”命令插入轴线编号，轴线绘制效果如图 17-82 所示。

03 执行“注释”选项卡“标注”面板中的“线性”命令和“连续标注”命令进行必要的尺寸标注，标注效果如图 17-83 所示。

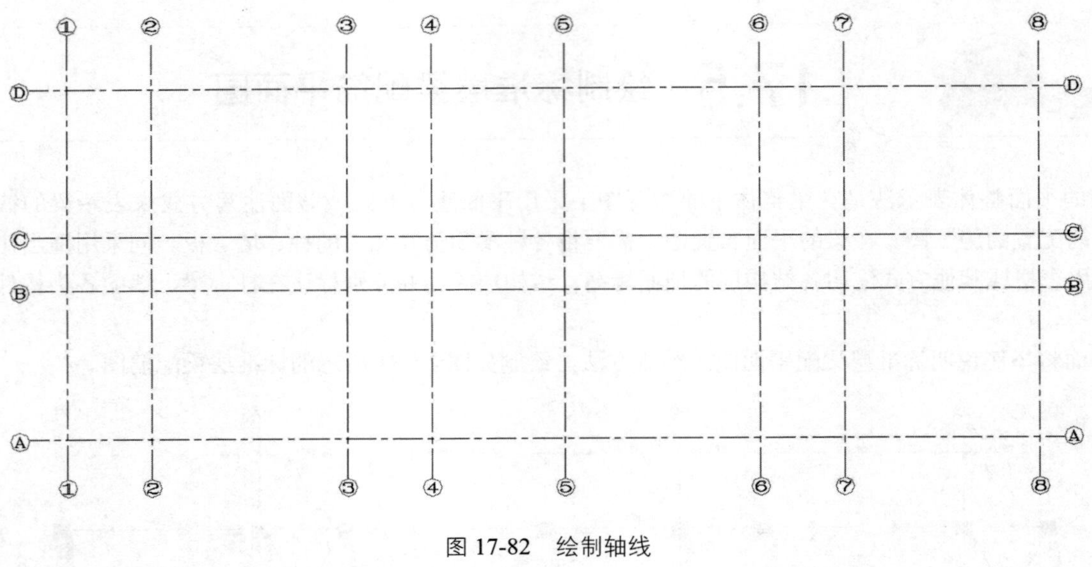

图 17-82　绘制轴线

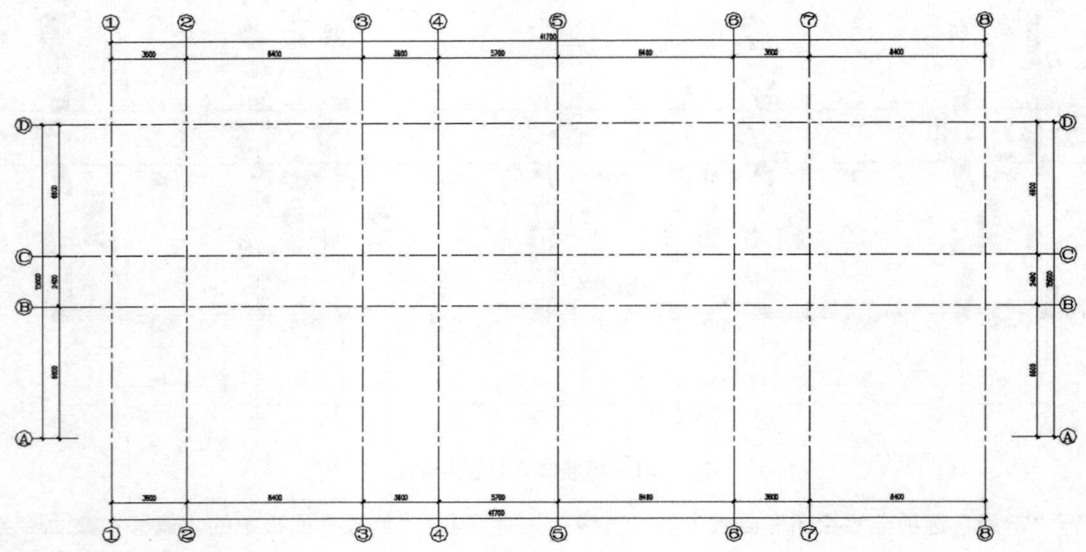

图 17-83　进行尺寸标注

04 执行菜单栏中“常用”选项卡“绘图”面板中的“多段线”命令绘制墙线和梁的轮廓线，绘制方法和建筑图中墙的绘制方法一致，这里不再赘述，多段线绘制完毕后执行“常用”选项卡“修改”面板中的“修剪”命令对其进行编辑，编辑后的效果如图 17-84 所示。

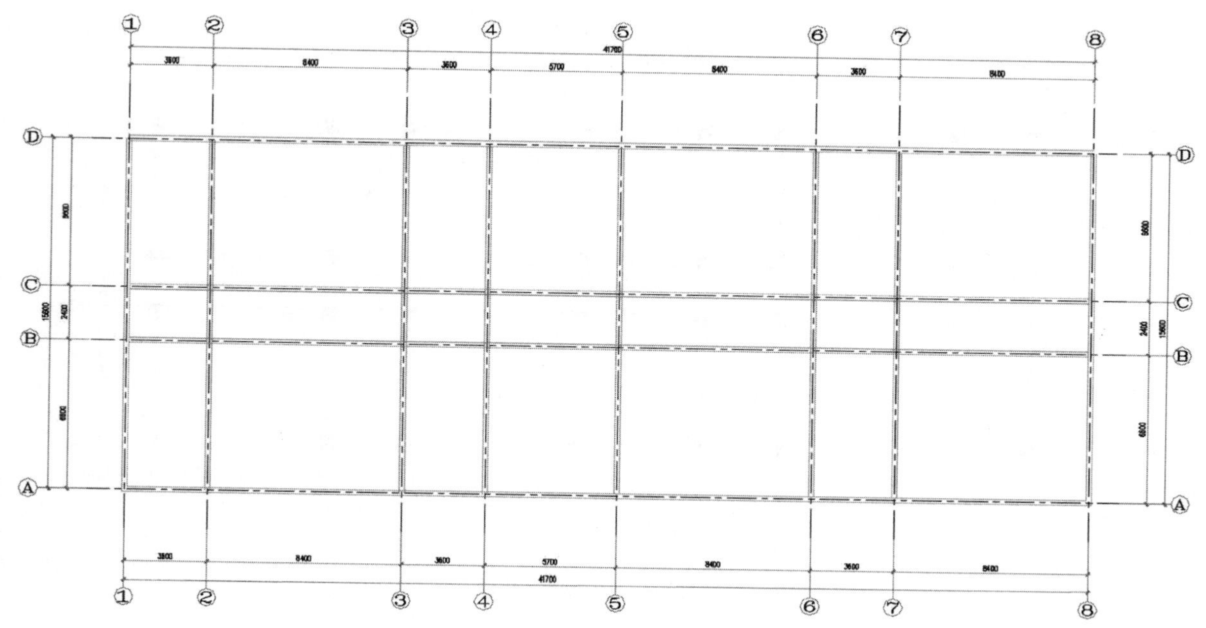

图 17-84　绘制梁轮廓线

05 执行“常用”选项卡“绘图”面板中的“直线”命令绘制柱的轮廓，然后执行“常用”选项卡“绘图”面板中的“填充”命令对柱进行填充，效果如图 17-85 所示。

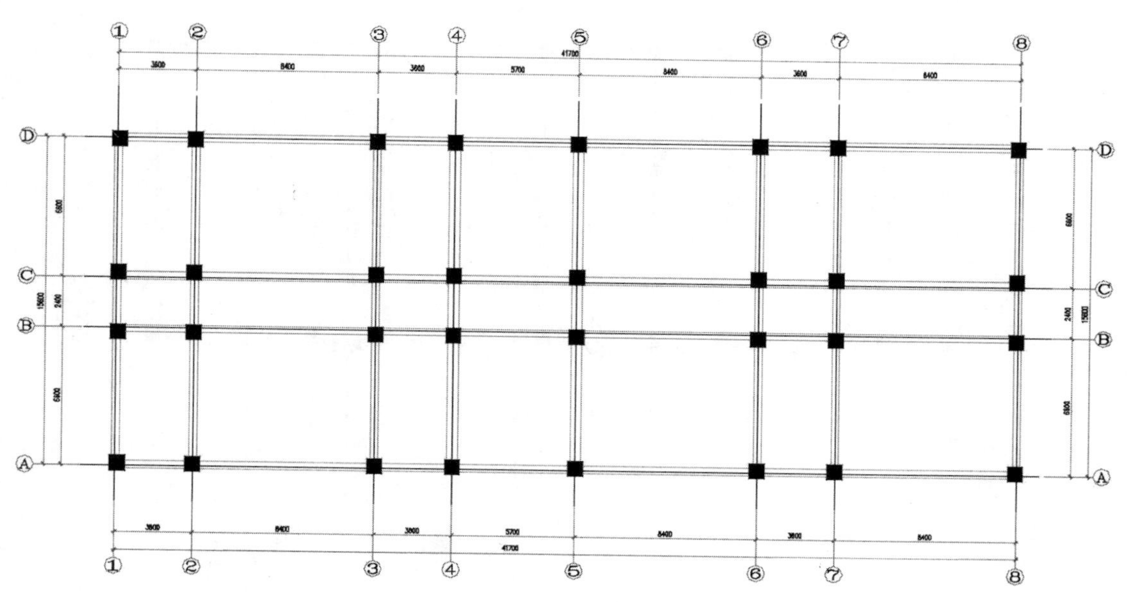

图 17-85　绘制柱

06 执行“常用”选项卡“绘图”面板中的“直线”命令，并使用“捕捉”等辅助绘图工具，绘制楼梯间、设备间的开洞符号，如图 17-86 所示。

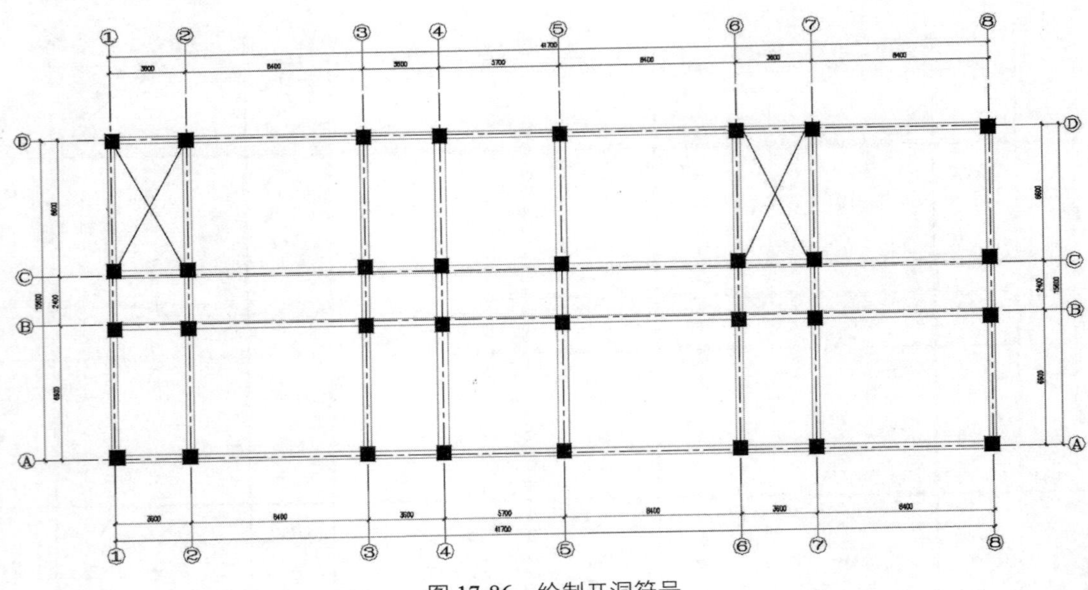

图 17-86　绘制开洞符号

07 执行“注释”选项卡“文字”面板中“多行文字”下的“单行文字”A命令进行梁的原位标注，绘制效果如图 17-87 所示。

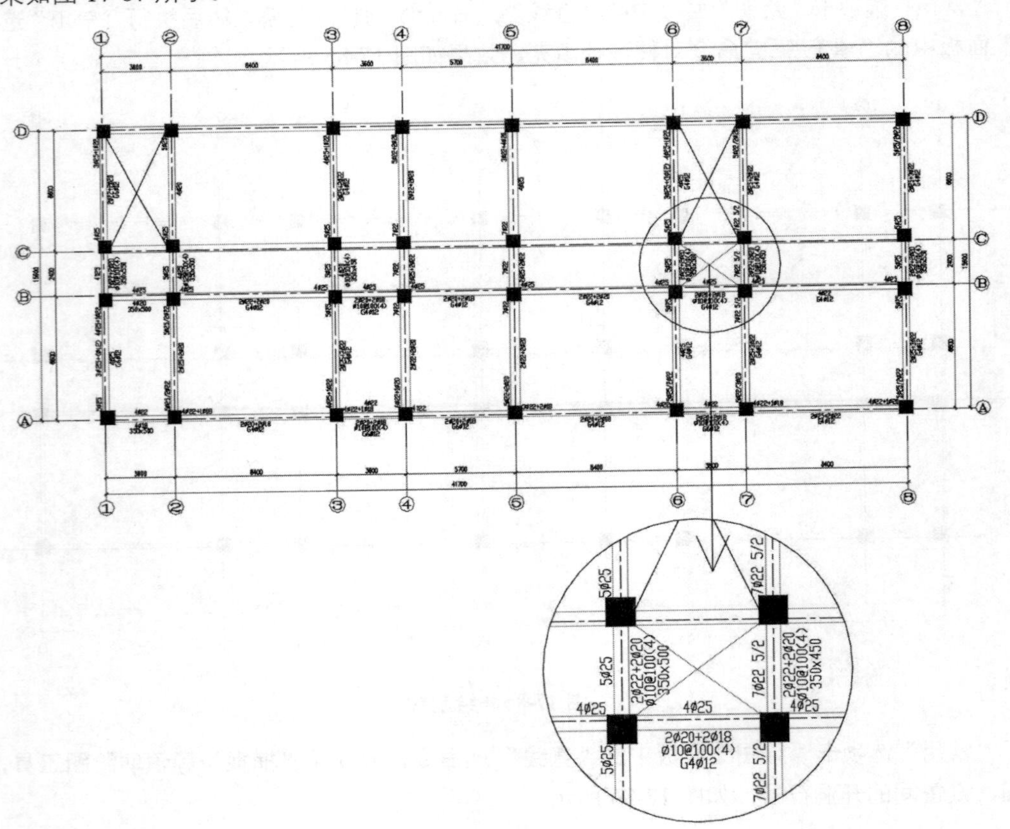

图 17-87　梁的原位标注

08 执行“注释”选项卡“文字”面板中“多行文字”下的“单行文字”A命令进行梁的集中标注，绘制效果如图 17-88 所示。

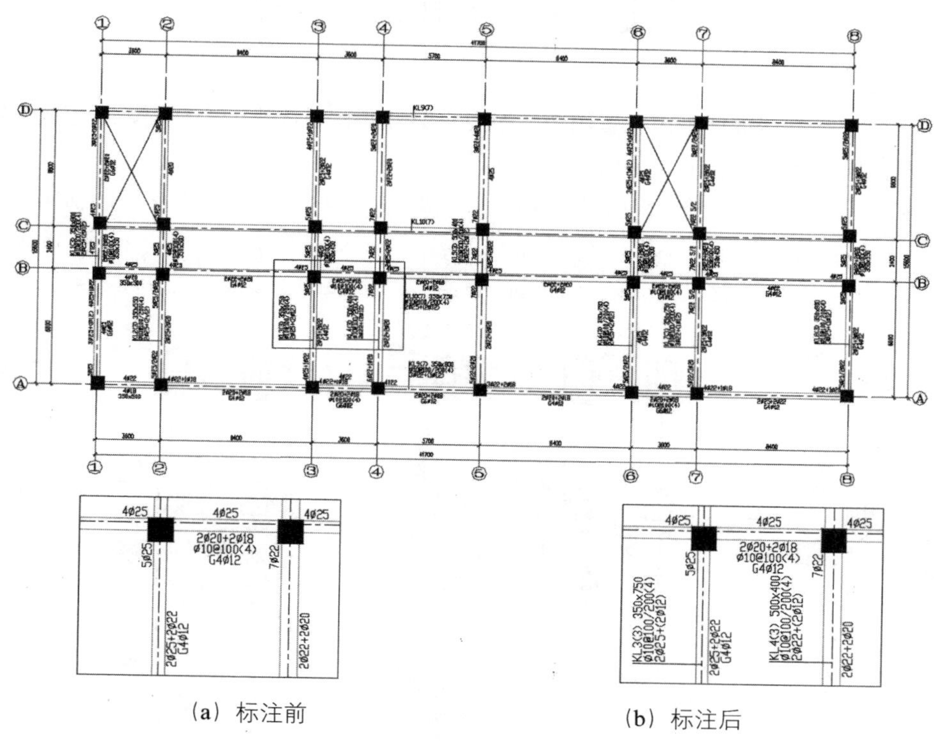

（a）标注前　　（b）标注后

图 17-88　进行集中标注

09 执行“注释”选项卡“标注”面板中的“线性”⊢⊣命令进行补充标注，标注绘制效果如图 17-89 所示。

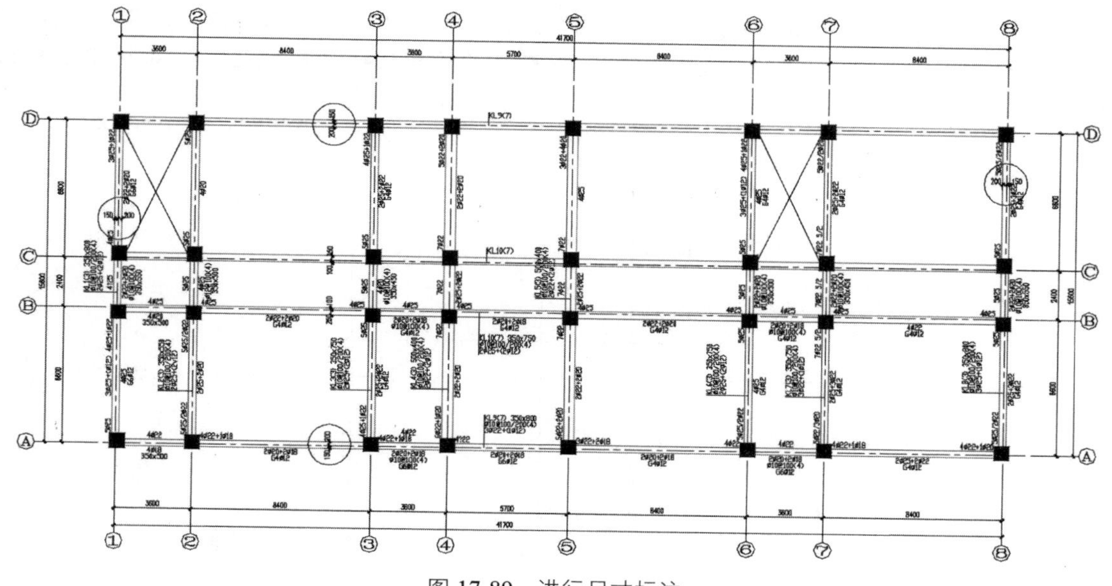

图 17-89　进行尺寸标注

17.6 绘制柱配筋平面图

柱的截面注写法是在标准层平面布置图上，在同一编号的柱中选择一个截面，适当放大比例，在图的原位直接注写其截面尺寸和配筋来表示柱的施工图。

下面将举例说明标柱配筋平面图的绘制方法，绘制如图 17-90 所示的标准层梁配筋图。

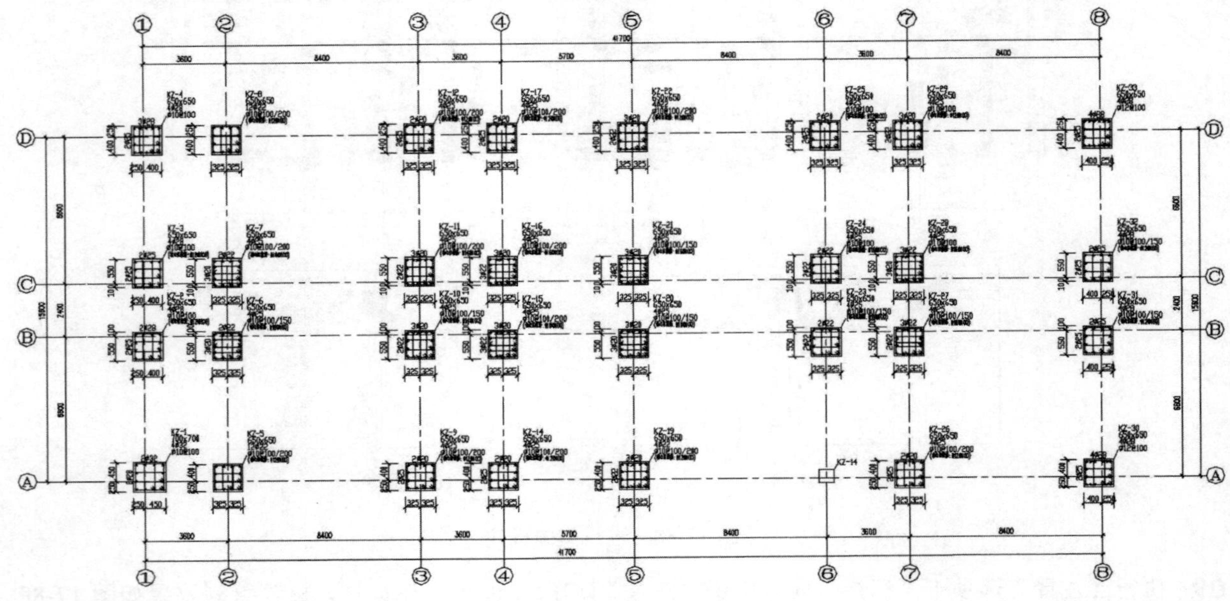

图 17-90　某建筑标准层梁配筋图

01 执行“常用”选项卡“绘图”面板中的“直线”命令和 “修改”面板中的“偏移”命令绘制轴线，执行“插入”选项卡“块”面板中的“插入”命令插入轴线编号，轴线绘制效果如图 17-91 所示。

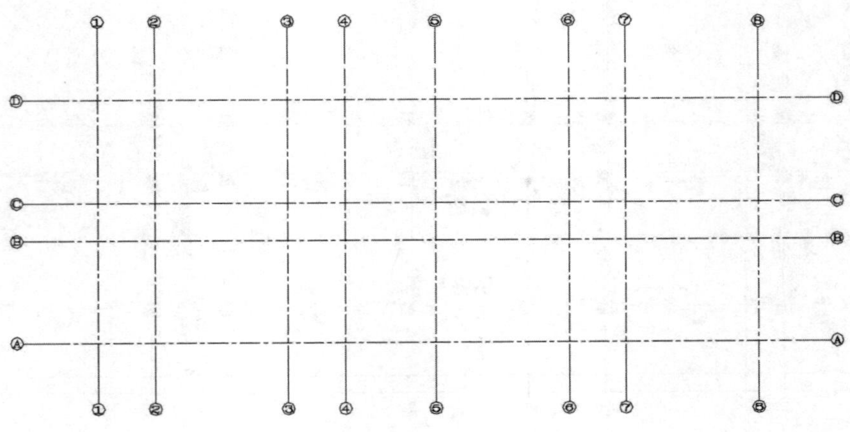

图 17-91　绘制轴线

02 执行“注释”选项卡“标注”面板中的“线性”命令和“连续标注”命令进行必要的尺寸标注，标注效果如图 17-92 所示。

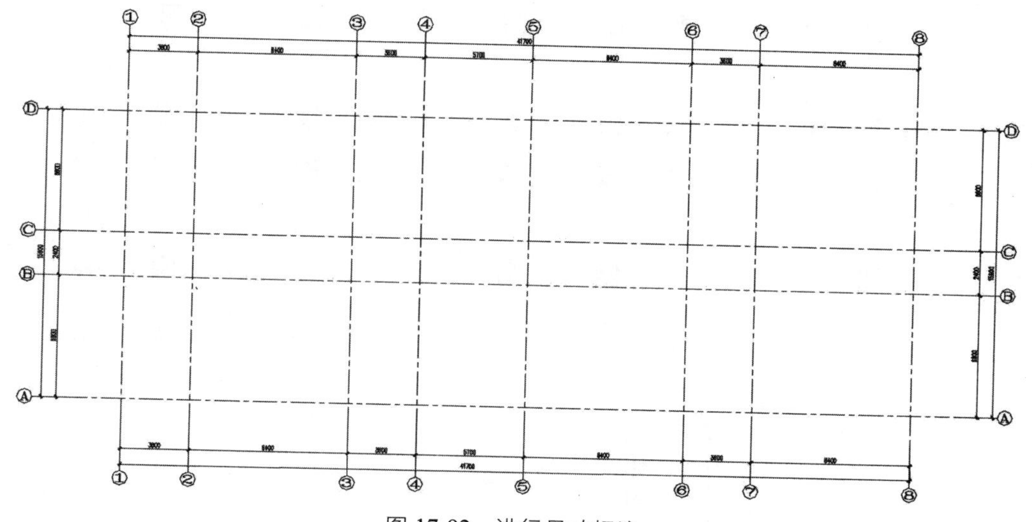

图 17-92　进行尺寸标注

03 执行“常用”选项卡“绘图”面板中的“多段线”命令绘制矩形框，设置线宽为 0.3mm，绘制效果如图 17-93 所示。

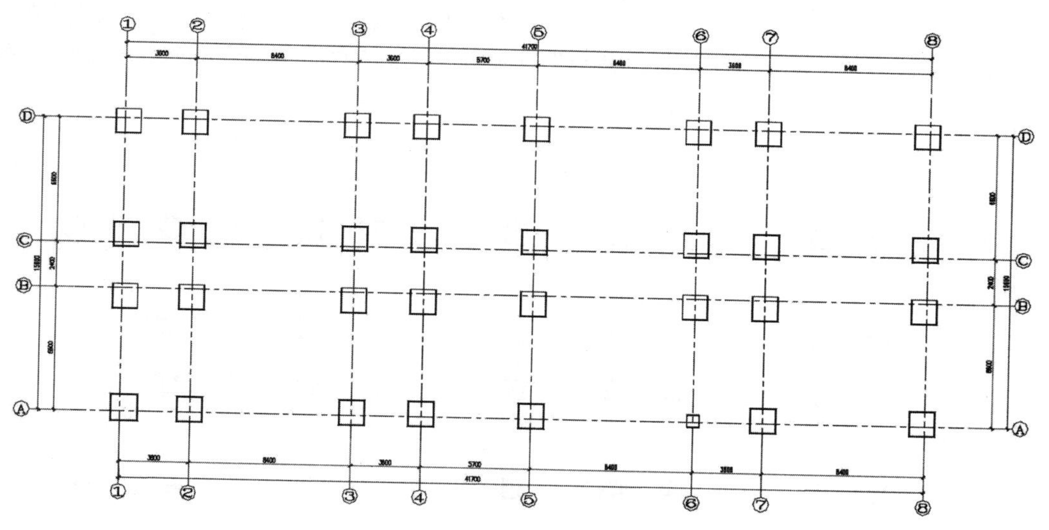

图 17-93　绘制柱子

04 绘制柱子平面箍筋。执行“常用”选项卡“绘图”面板中的“多段线”命令，绘制箍筋，箍筋绘制效果如图 17-94 所示。

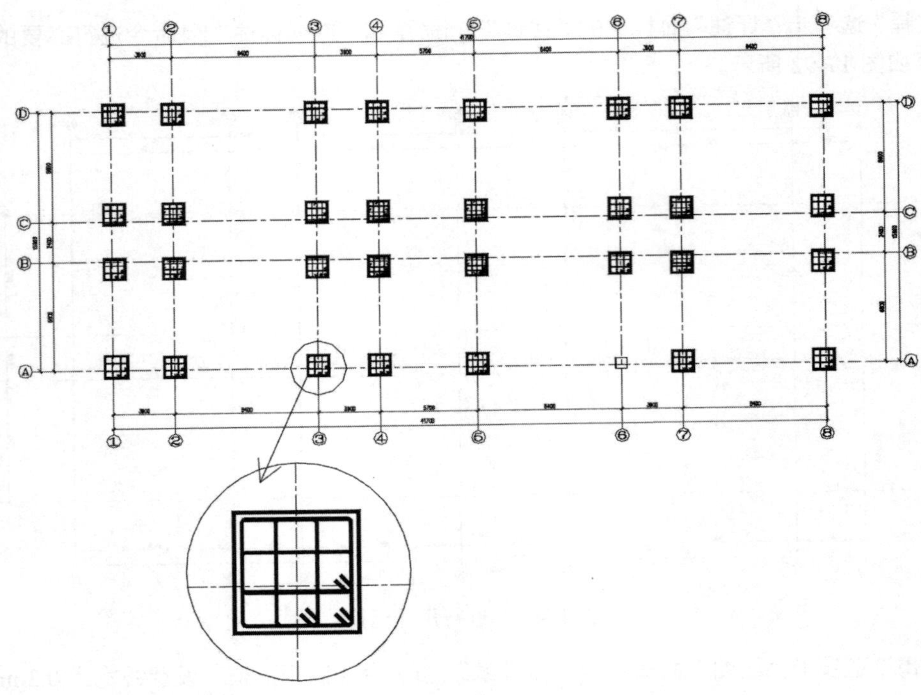

图 17-94　绘制平面箍筋

05 绘制柱平法纵筋。纵筋以实心圆标注，绘制方法是先执行“常用”选项卡“绘图”面板中的“圆”命绘制钢筋截面的轮廓，然后执行“常用”选项卡“绘图”面板中的“填充”命令对截面轮廓进行填充，绘制效果如图 17-95 所示。

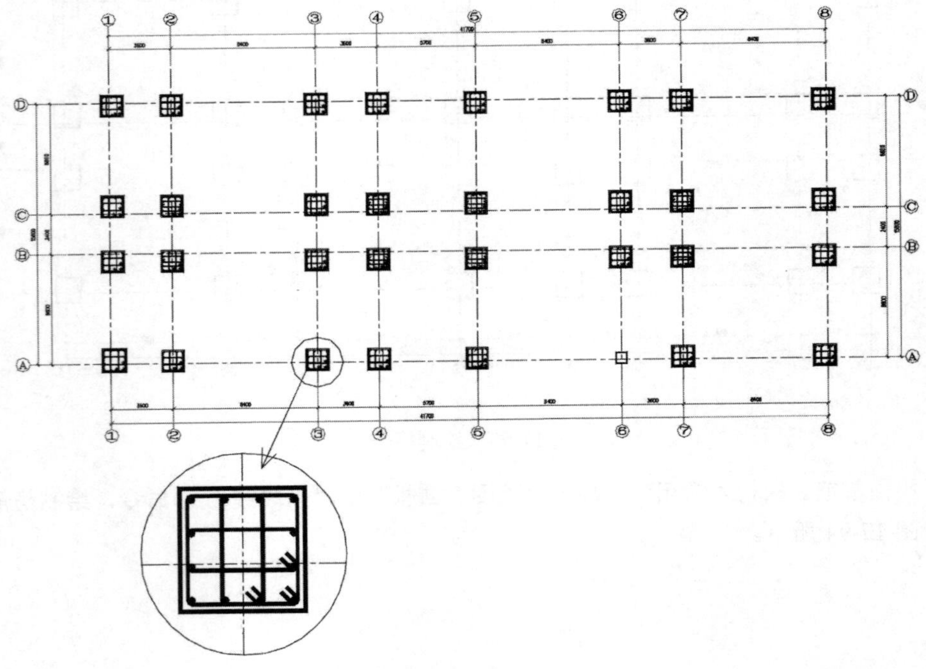

图 17-95　绘制柱平法纵筋

06 进行柱原位标注。执行“注释”选项卡“文字”面板中“多行文字”下的“单行文字”A命令进行梁的原位标注，绘制效果如图 17-96 所示。

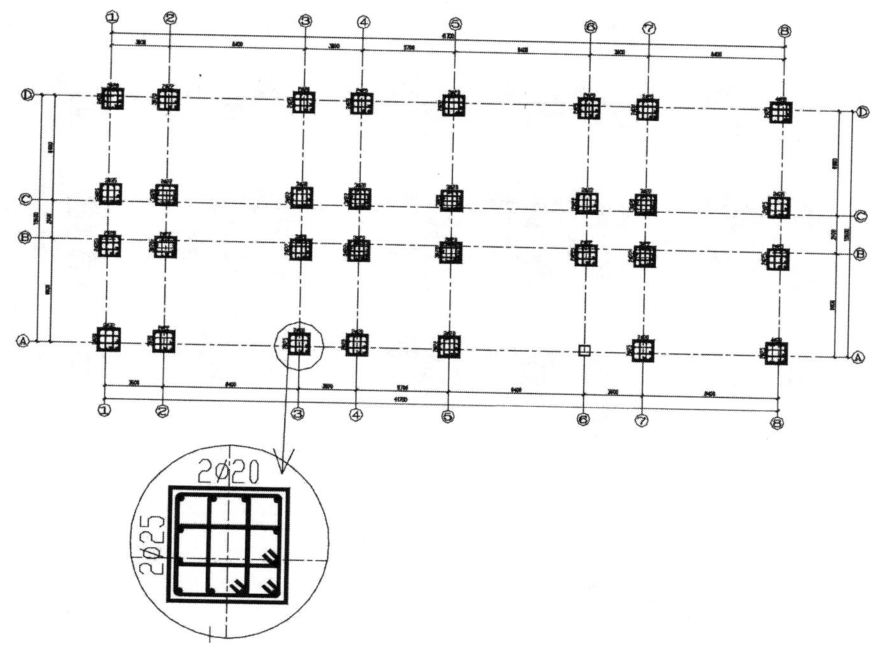

图 17-96　进行柱原位标注

07 进行柱集中标注。执行“注释”选项卡“文字”面板中“多行文字”下的“单行文字”A命令进行集中标注，绘制效果如图 17-97 所示。

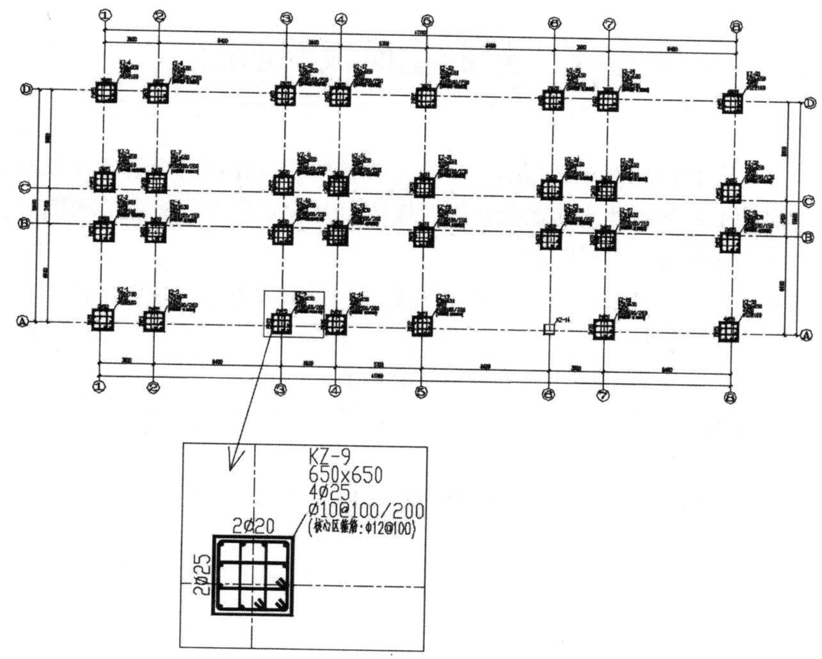

图 17-97　进行柱的集中标注

08 进行尺寸标注。执行“注释”选项卡“标注”面板中的“线性”命令和“连续标注”命令对柱子进行尺寸标注，标注效果如图 17-98 所示。

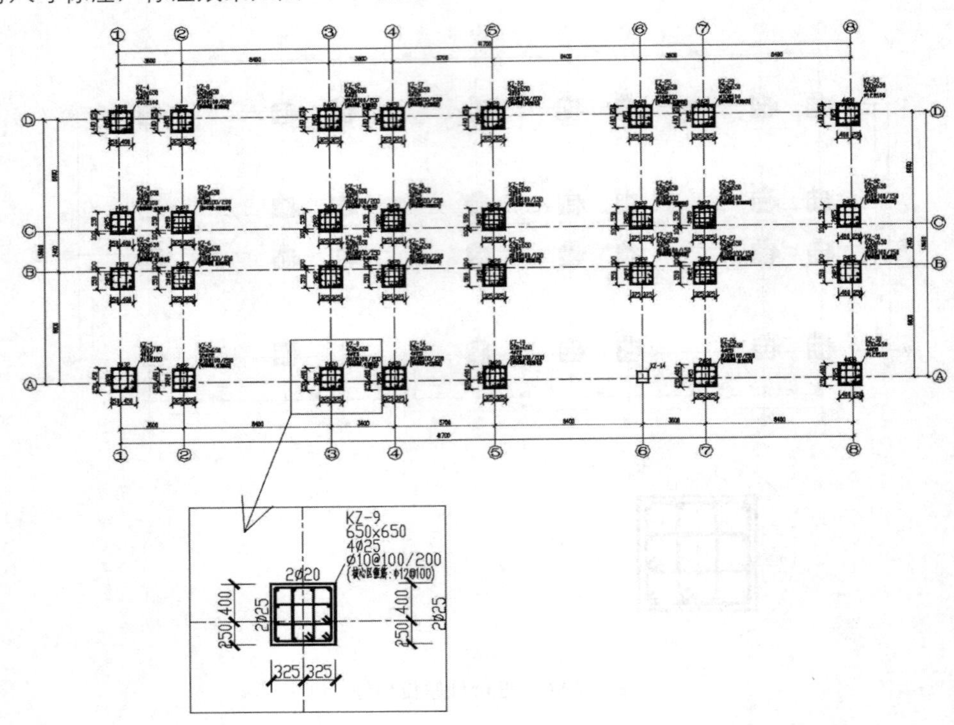

图 17-98　进行尺寸标注

17.7 绘制屋面板配筋图

屋面板是直接承受屋面载荷的板。房屋的屋顶，一般使用铝镁锰或合金等金属制成。

现浇楼盖周边与混凝土墙体整体浇筑的板，应在板边上部设置垂直与板边的构造钢筋，其截面面积宜小于板跨中相应方向纵向钢筋截面面积的 1/3。

该钢筋自梁边或墙边伸入板内的长度，单向板中不宜小于受力方向板计算跨度的 1/5，在双向板中不宜小于板短跨方向计算跨度的 1/4。

在板角处该钢筋应沿两个垂直方向布置或按放射状布置。

当柱角或墙的阳角突出到板内且尺寸较大时，亦应沿柱边或墙体阳角边布置构造钢筋，该构造钢筋伸入板内的长度应从柱边或墙边算起。

以某屋面板配筋图为例进行说明，如图 17-99 所示。屋面板配筋图的绘制过程如下。

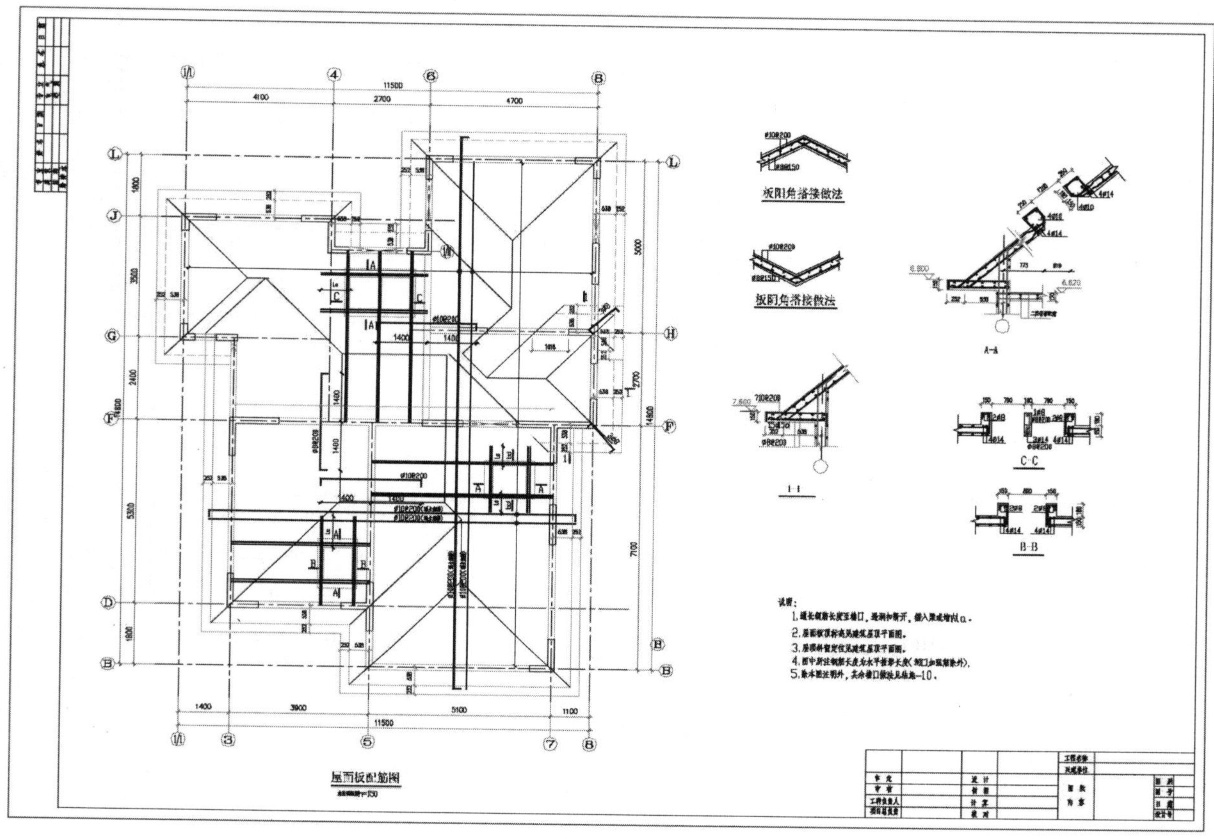

图 17-99　屋面配筋图

01 绘制轴线。执行“常用”选项卡“绘图”面板中的“直线”命令和 “修改”面板中的“偏移”命令绘制轴线，执行“插入”选项卡“块”面板中的“插入”命令插入轴线编号，轴线绘制效果如图 17-100 所示。

02 绘制墙体。执行“常用”选项卡“绘图”面板中的“双线”命令绘制墙线，墙线的绘制和建筑图中的绘制方法一致，这里不再赘述，多段线绘制完毕后执行“常用”选项卡“修改”面板中的“修剪”命令对其进行剪切，剪切后的效果如图 17-101 所示。

03 对墙体进行剪切。执行“常用”选项卡“修改”面板中的“修剪”命令对绘制的墙体进行剪切，然后执行“插入”选项卡“块”面板中的“插入”命令插入窗和门体到指定的位置，绘制效果如图 17-102 所示。

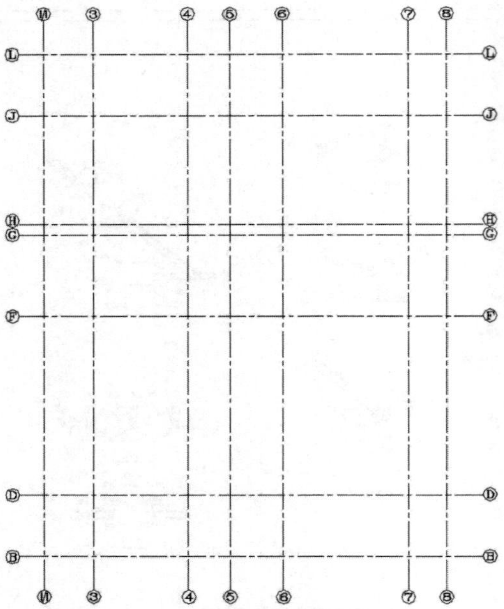

图 17-100　绘制轴线

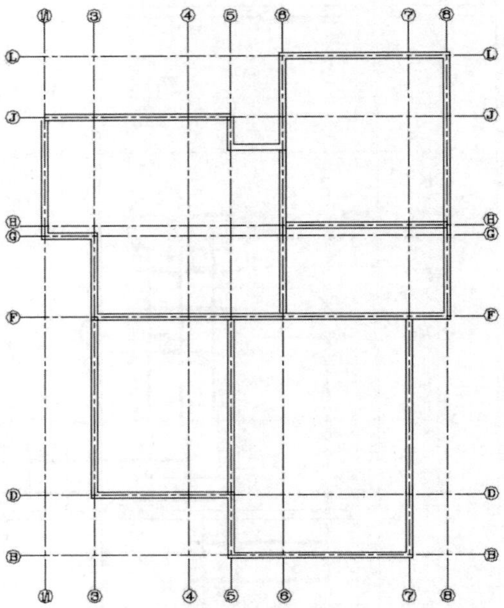

图 17-101　绘制墙体

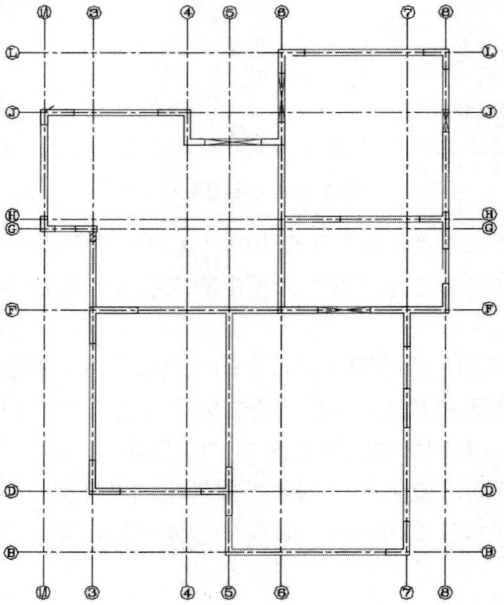

图 17-102　修剪墙体

04 绘制屋顶。执行“常用”选项卡“绘图”面板中的“直线”命令绘制屋顶轮廓线，然后执行“常用”选项卡“修改”面板中的“修剪”命令对其进行剪切，绘制效果如图 17-103 所示。

05 进行轴线尺寸标注。执行“注释”选项卡“标注”面板中的“线性”命令和“连续标注”命令对轴线进行必要的尺寸标注，标注效果如图 17-104 所示。

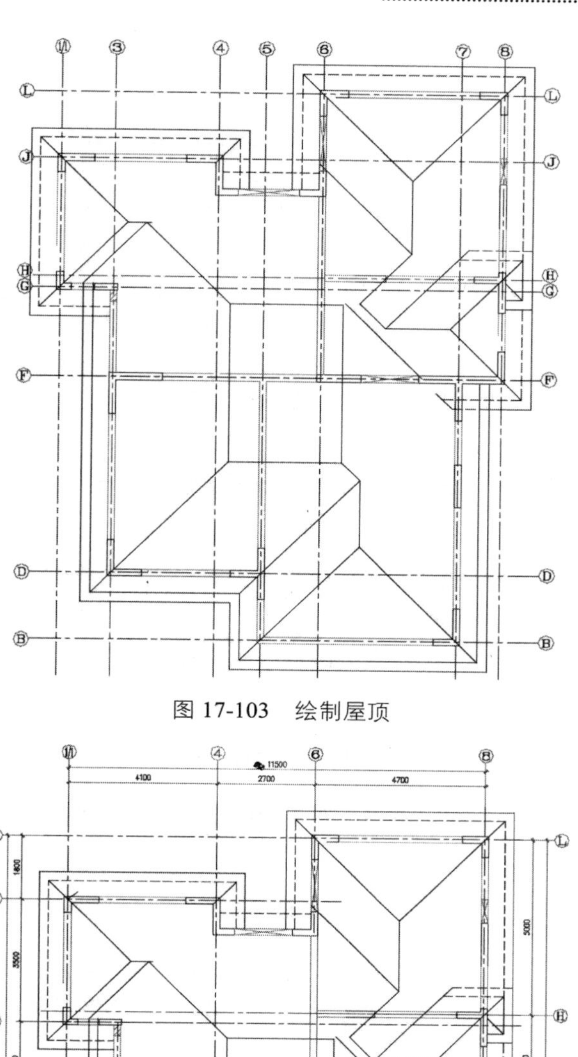

图 17-103　绘制屋顶

图 17-104　对轴线进行标注

06 开始绘制屋面板钢筋，钢筋用多段线绘制，执行“常用”选项卡“绘图”面板中的（多段线）命令，设置线宽为 30mm，先绘制通长钢筋，通长钢筋一般长度较长，但绘制的数量少。绘制效果如图 17-105 所示。

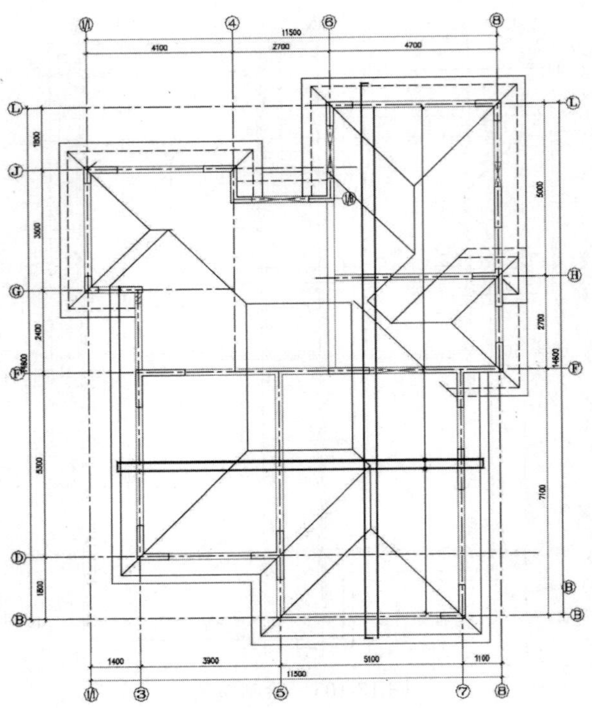

图 17-105　绘制通长钢筋

07 绘制受力筋。执行“常用”选项卡“绘图”面板中的 （多段线）命令绘制受力筋，绘制效果如图 17-106 所示。

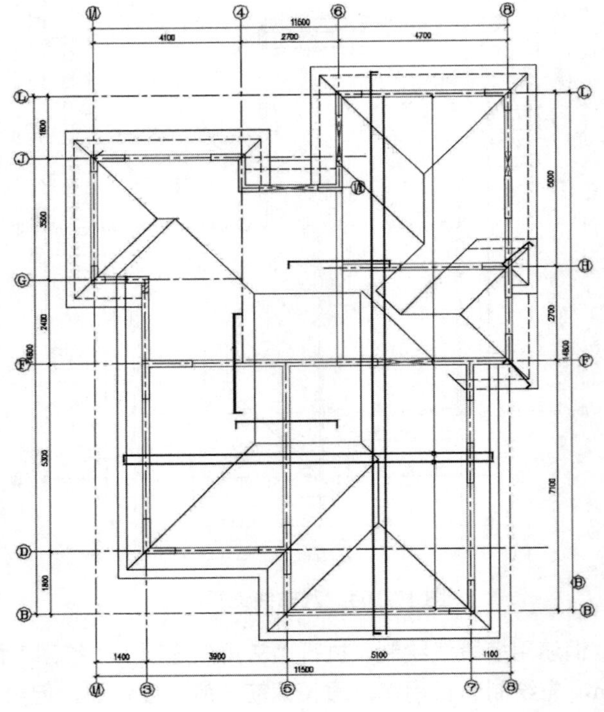

图 17-106　绘制受力筋

08 对屋顶钢筋进行标注。执行“注释”选项卡“文字”面板中“多行文字”下的“单行文字”A命令，对屋顶钢筋进行文字标注，标注效果如图 17-107 所示。

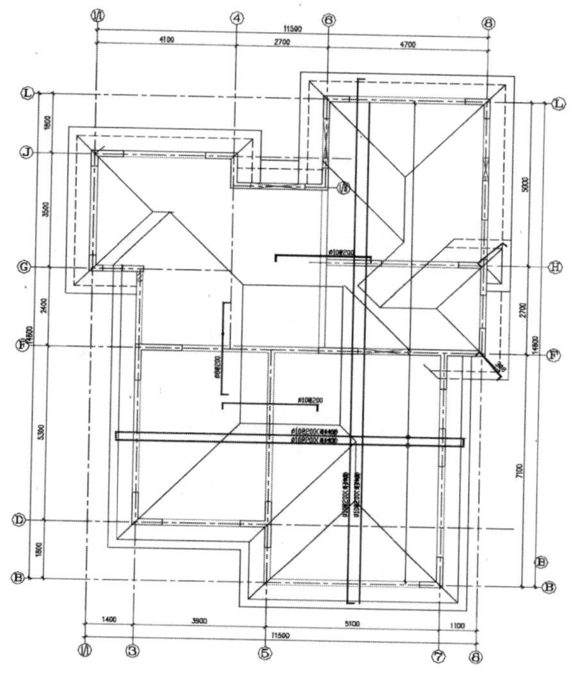

图 17-107　标注配筋

09 执行“常用”选项卡“绘图”面板中的“矩形”命令绘制楼顶烟囱，绘制过程较为简单，绘制效果如图 17-108 所示。

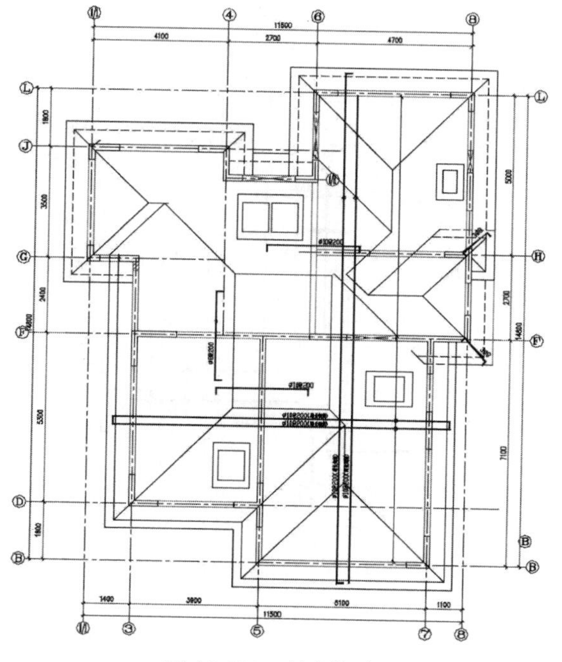

图 17-108　绘制烟囱

10 对钢筋和屋顶进行尺寸标注。执行“注释”选项卡“标注”面板中的“线性”命令和“连续标注”命令，对钢筋和屋顶的尺寸进行标注，标注效果如图 17-109 所示。

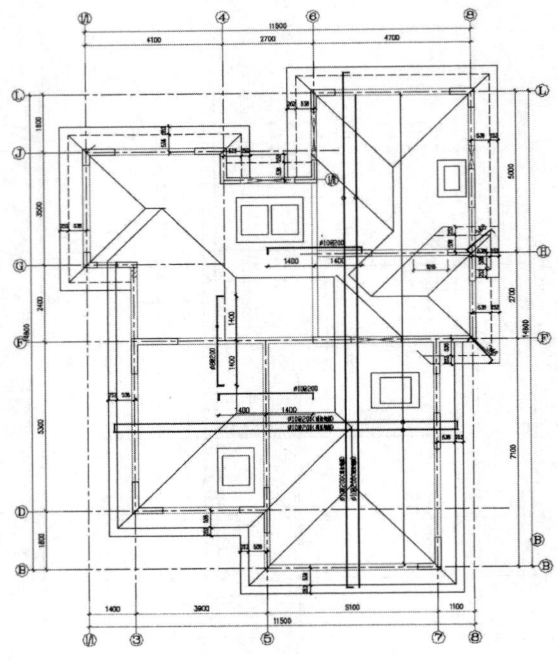

图 17-109　进行尺寸标注

11 绘制屋面钢筋。执行“常用”选项卡“绘图”面板中的“直线”命令，绘制屋顶支撑面和配筋，绘制效果如图 17-110 所示。

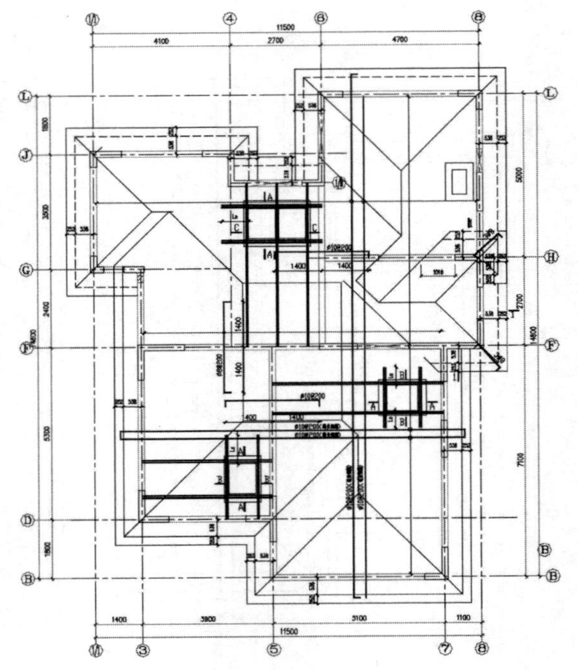

图 17-110　绘制屋顶支撑面和配筋

绘制剖面详图，以 A-A 剖面图为例进行说明。

01 绘制轮廓线。执行“常用”选项卡“绘图”面板中的“直线”命令，绘制 A-A 剖面轮廓线，并执行“常用”选项卡“修改”面板中的“修剪”命令对其进行修剪，绘制效果如图 17-111 所示。

02 绘制配筋。执行“常用”选项卡“绘图”面板中的“多段线”命令绘制受力筋，然后执行“常用”选项卡“绘图”面板中的“圆”命令绘制纵筋轮廓，执行“常用”选项卡“绘图”面板中的“填充”命令进行钢筋轮廓的实体填充，绘制效果如图 17-112 所示。

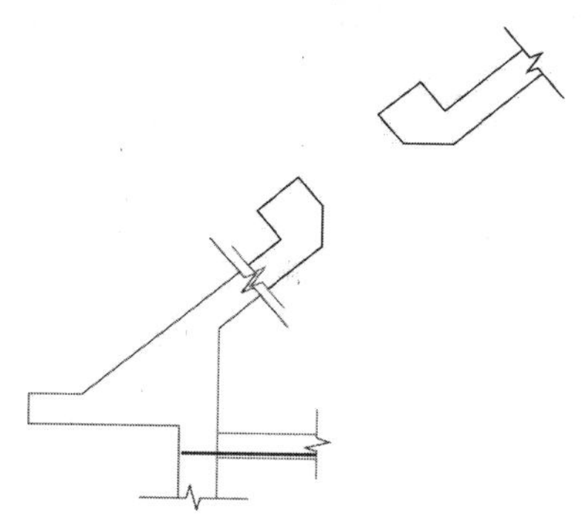

图 17-111　绘制 A-A 剖面轮廓

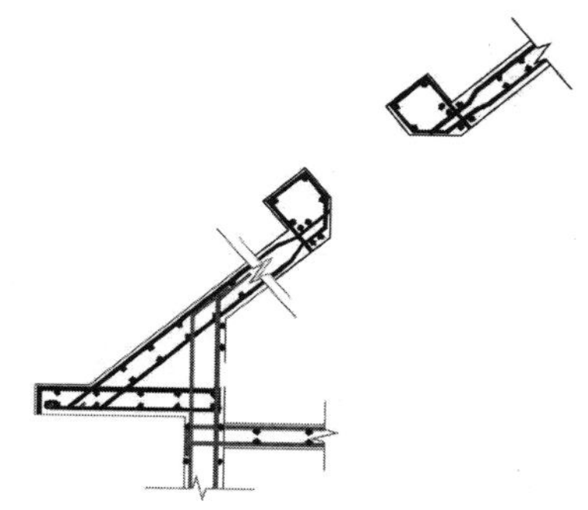

图 17-112　绘制配筋

03 执行“注释”选项卡“文字”面板中“多行文字”下的“单行文字”命令标注钢筋，标注效果如图 17-113 所示。

04 进行尺寸和标高标注。执行“注释”选项卡“标注”面板中的“线性”命令和“连续标注”命令进行尺寸标注，然后执行“插入”选项卡“块”面板中的“插入”命令插入标高符号进行标高标注，标注效果如图 17-114 所示。

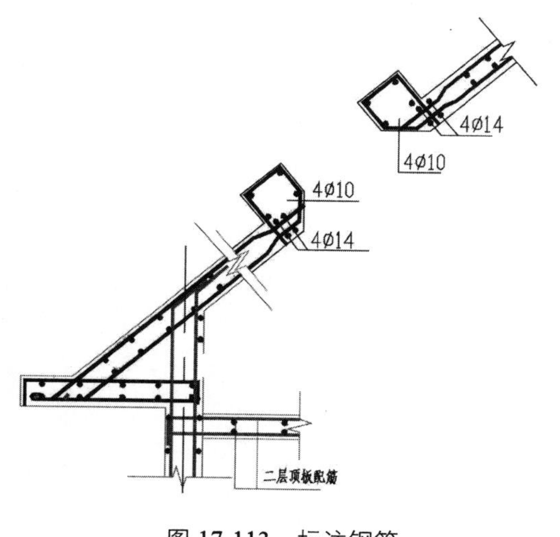

图 17-113　标注钢筋

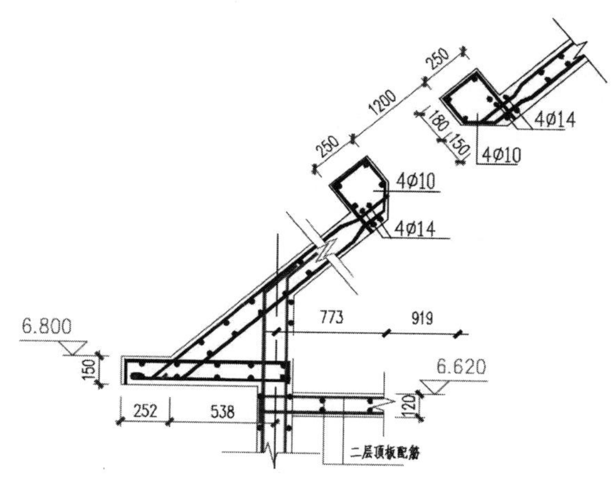

图 17-114　尺寸和标高标注

17.8 本章小结

本章比较系统地介绍了结构施工图的绘制，通过对本章的学习，读者应该掌握钢筋混凝土现浇板、基础结构图、钢筋混凝土梁构件以及梁钢筋表的绘制方法。在绘制结构施工图时，需要明确建筑制图标准对结构施工图的具体要求，掌握规范和制图标准对绘制结构施工图是很有帮助的。

第 18 章

绘制建筑结构详图

结构详图的绘制主要是配筋和构造细节的绘制，是用来表达建筑物结构局部的形状、尺寸、配筋和构造等，这些图的绘制往往比较复杂，需要较高的绘制技巧。

知识要点

- 掌握楼梯剖面结构详图的绘制过程和绘制方法。
- 掌握结构详图的配筋方法。
- 掌握读建筑结构详图的方法。

为了让大家进一步了解建筑结构详图的绘制过程，现以某结构详图为例进行说明，如图 18-1 所示。

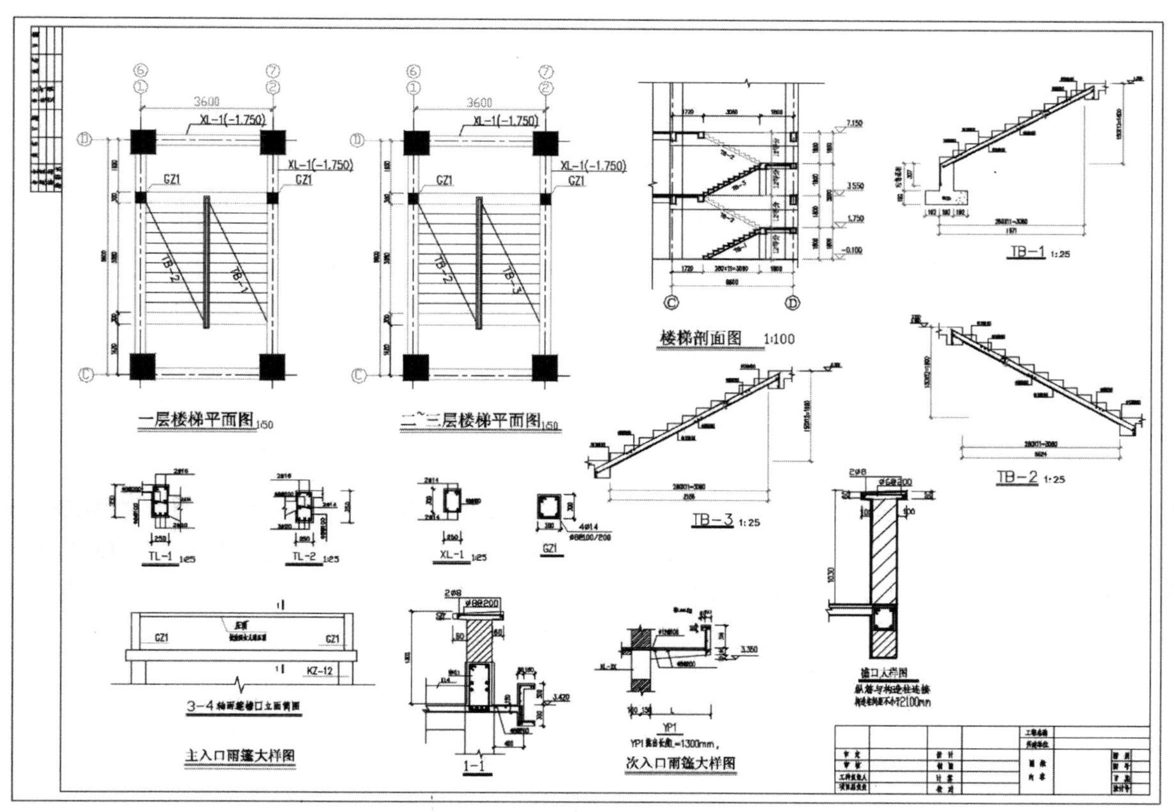

图 18-1　某建筑结构详图

18.1 绘制楼梯结构详图

本例是混合结构，柱采用钢筋混凝土，梁采用钢梁，楼梯详图的绘制过程是：先绘制轴线，然后绘制梁柱，接着绘制楼梯、平台板，再绘制配筋，最后进行标注。下面进行详细讲解。

18.1.1 绘制楼梯平面图

绘制楼梯平面图与绘制其他平面图一样，绘制步骤如下。

01 绘制轴线。执行“常用”选项卡“绘图”面板中的“直线”命令和“修改”面板中的“偏移”命令绘制轴线，执行“插入”选项卡“块”面板中的“插入”命令插入轴线编号，轴线绘制效果如图 18-2 所示。

02 绘制墙线。执行菜单栏中的“绘图”→（多线）命令绘制墙线，墙线的绘制和建筑图中的绘制方法一致，多段线绘制完毕后执行“修改”→“对象”→“多线”命令对其进行编辑，编辑后的效果如图 18-3 所示。

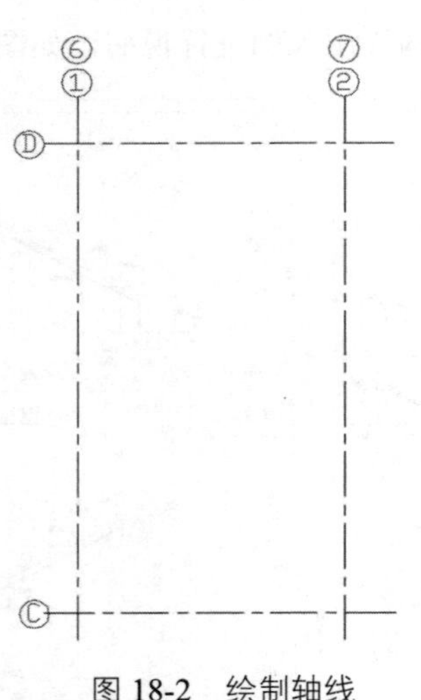

图 18-2　绘制轴线

图 18-3　绘制墙体

03 添加柱子。绘制方法是先执行“常用”选项卡“绘图”面板中的（直线）命令绘制柱的轮廓，然后执行“常用”选项卡“绘图”面板中的（图案填充）命令对柱进行填充，效果如图 18-4 所示。

04 绘制楼梯台阶。执行“常用”选项卡“绘图”面板中的（直线）命令绘制台阶，绘制效果如图 18-5 所示。

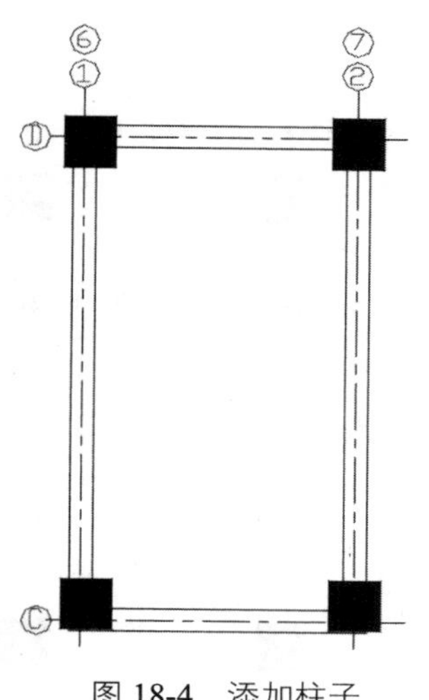

图 18-4　添加柱子

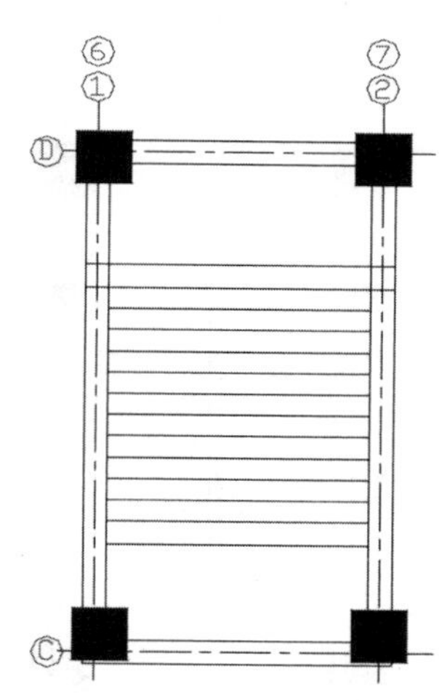

图 18-5　绘制楼梯台阶

05 添加楼梯间的柱子。绘制方法是先执行“常用”选项卡“绘图”面板中的（直线）命令绘制柱子的轮廓，然后执行“常用”选项卡“绘图”面板中的（图案填充）命令对柱子进行填充，绘制效果如图 18-6 所示。

06 添加扶手。执行“常用”选项卡“绘图”面板中的（直线）命令绘制扶手轮廓线，绘制效果如图 18-7 所示。

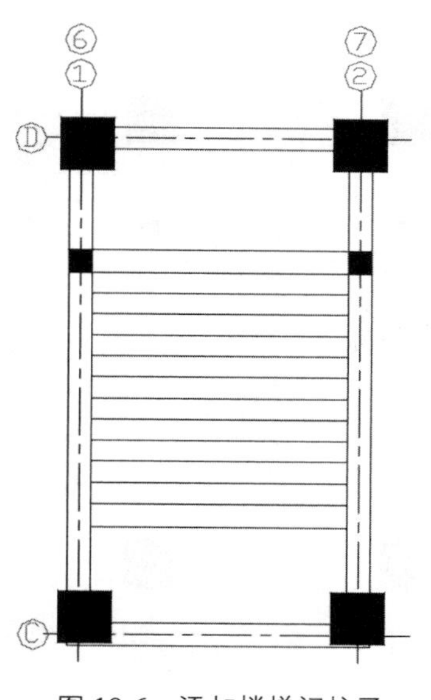

图 18-6　添加楼梯间柱子

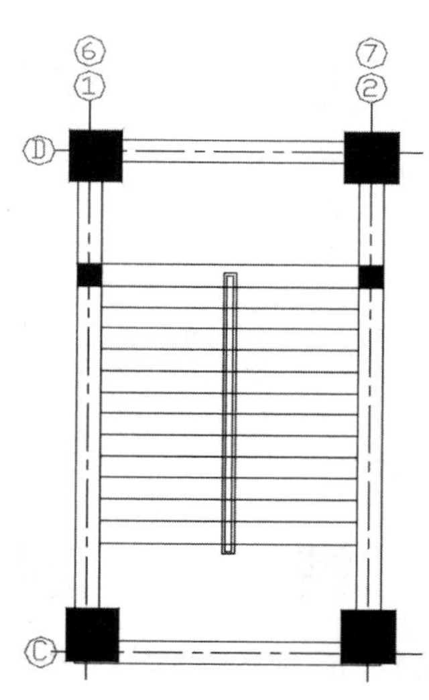

图 18-7　绘制扶手

07 执行“常用”选项卡“修改”面板中的“修剪”命令对扶手进行剪切，绘制效果如图 18-8 所示。

08 进行尺寸标注。执行“注释”选项卡“标注”面板中的“线性”命令和“连续标注”命令对图形进行尺寸标注，标注效果如图 18-9 所示。

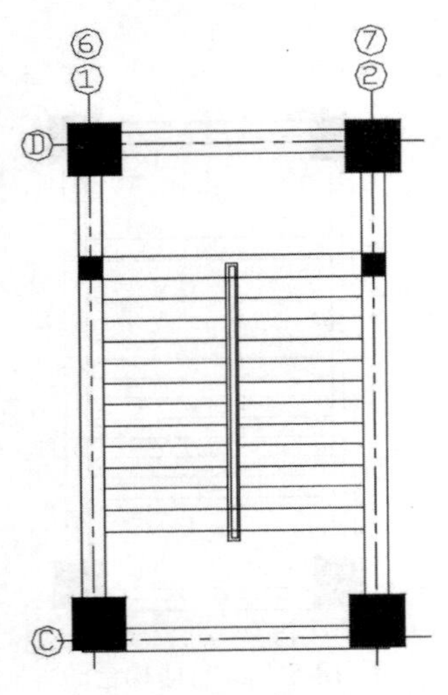

图 18-8　对扶手进行剪切

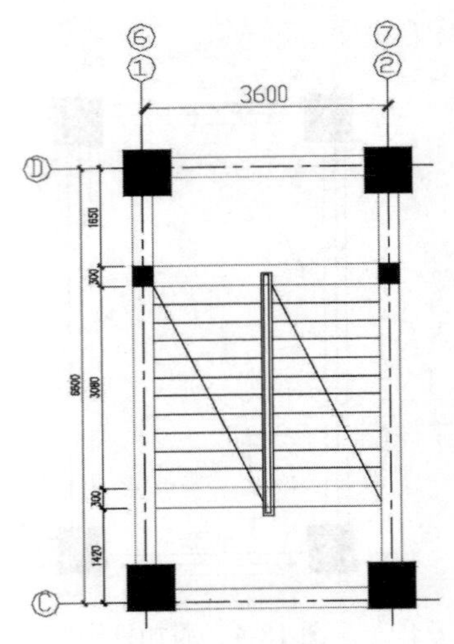

图 18-9　进行尺寸标注

09 对梁和楼梯进行文字标注。执行“注释”选项卡“文字”面板中多行文字下的A（单行文字）命令对梁和楼梯进行标注，标注效果如图 18-10 所示。

10 绘制二三层楼梯平面图的方法与一层楼梯平面图的方法一致。绘制效果如图 18-11 所示。

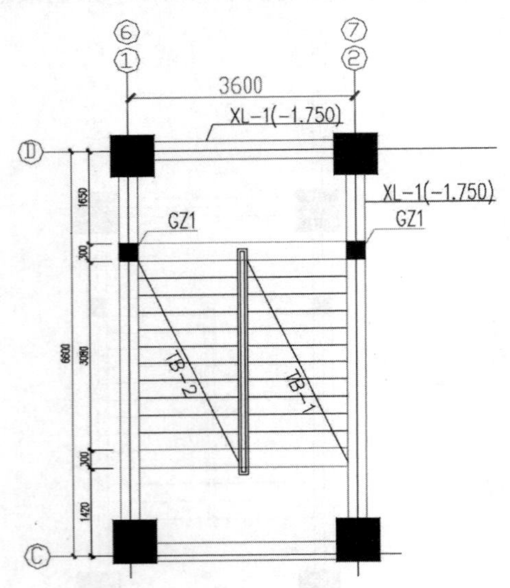

图 18-10　对楼梯及梁进行标注

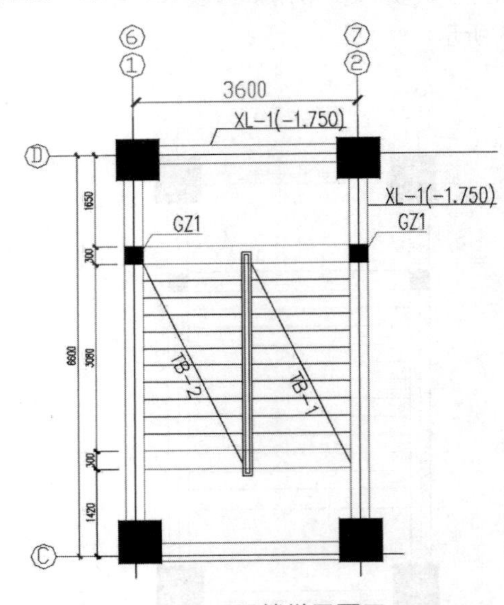

图 18-11　二三层楼梯平面图

18.1.2　绘制楼梯剖面图

01 与其他剖面一样，在图样绘制之前先绘制轴线，通过执行“常用”选项卡“绘图”面板中的“直线”命令进行绘制，轴线的绘制效果如图 18-12 所示，轴线的间距为 6600mm。

02 绘制墙体轮廓线。执行“常用”选项卡“绘图”面板中的和“修改”面板中的“偏移”命令绘制墙线和地面线，绘制效果如图 18-13 所示。

03 绘制平台梁和平台板。执行“常用”选项卡“修改”面板中的“偏移”命令，将地面线分别向上方和横向偏移，确定平台板的位置，效果如图 18-14 所示。

04 执行“常用”选项卡“修改”面板中的“偏移”命令 和“修剪”命令对多余的辅助线进行剪切，效果如图 18-15 所示。

图 18-12　绘制轴线

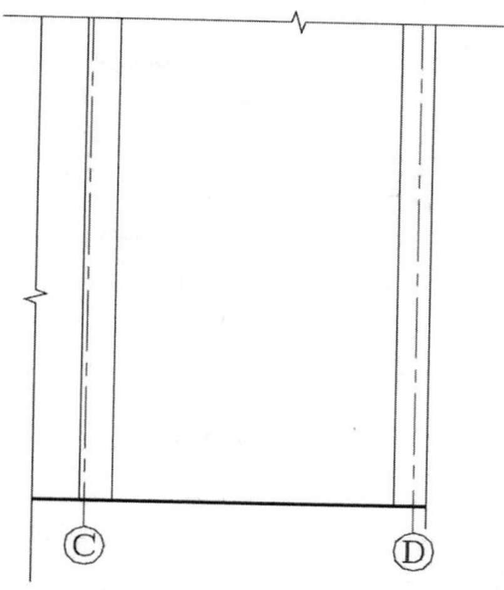

图 18-13　绘制墙体轮廓线

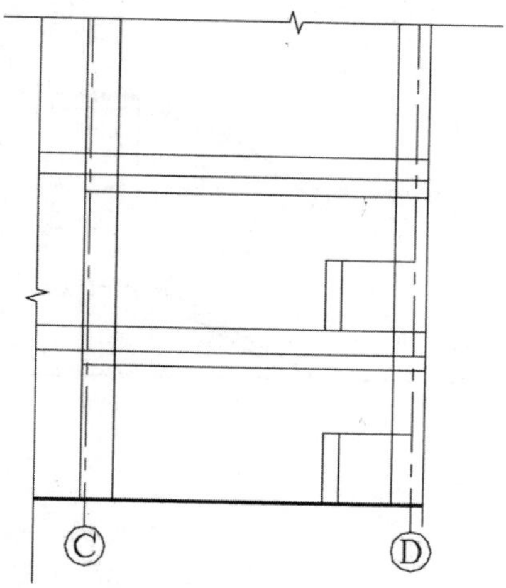

图 18-14　绘制平台板

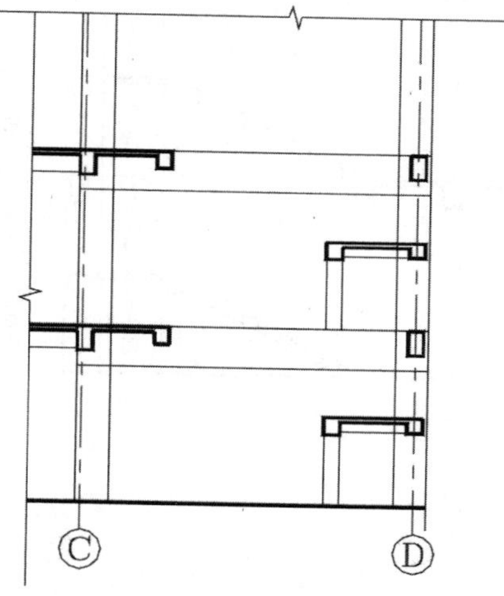

图 18-15　进行剪切

05 使用和绘制剖面图相同的方法绘制楼梯和楼梯板，然后执行“常用”选项卡“修改”面板中的“修剪”命令对墙线进行修剪，绘制效果如图 18-16 所示。

06 绘制上跑楼梯，并对钢梁等线条进行修剪，绘制方法和底层楼梯的绘制方法一致，这里不再赘述，绘制效果如图 18-17 所示。

07 进行尺寸标注。执行“注释”选项卡“标注”面板中的“线性”命令和“连续标注”命令对其进行尺寸标注，标注效果如图 18-18 所示。

08 进行标高标注。执行“插入”选项卡“块”面板中的“插入”命令插入标高符号，然后执行“注释”选项卡“文字”面板中“多行文字”下的“单行文字”命令标注标高数值，标注效果如图 18-19 所示。

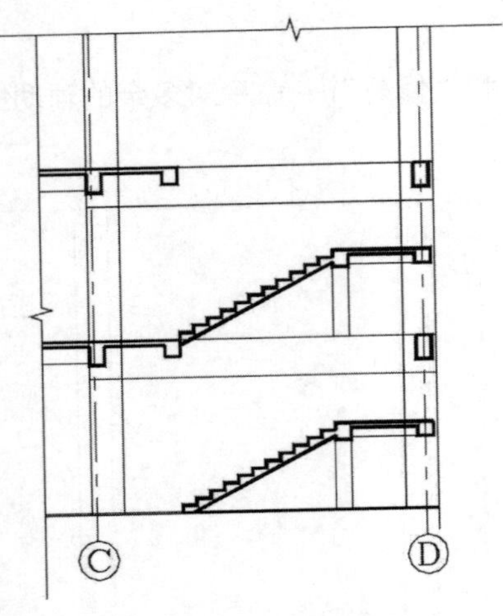

图 18-16　绘制楼梯

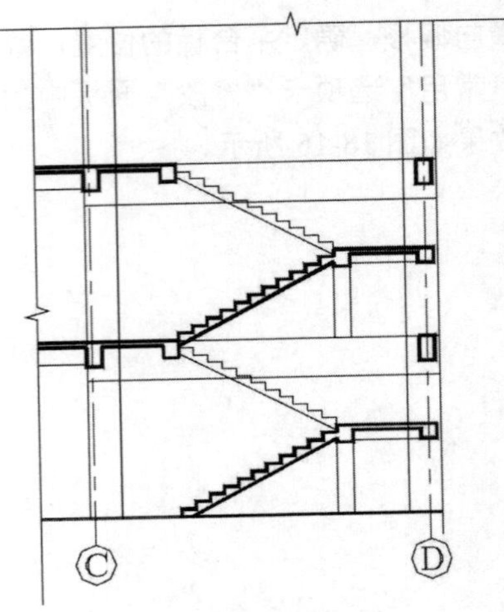

图 18-17　绘制上跑楼梯

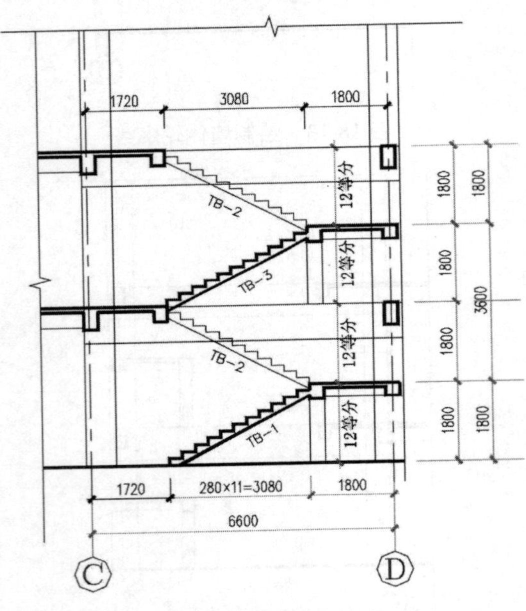

图 18-18　进行尺寸标注

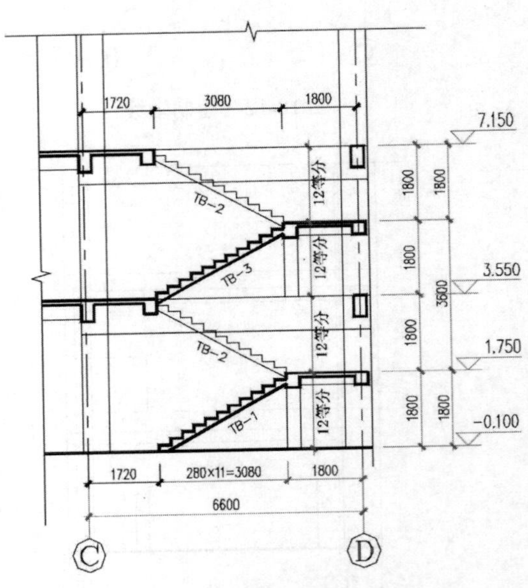

图 18-19　进行标高标注

18.1.3　绘制楼梯配筋图

楼梯配筋图包括 TB-1、TB-2、TB-3，现以 TB-1 为例进行说明。绘制步骤如下。

01 绘制轮廓线。执行“常用”选项卡“绘图”面板中的“矩形”命令，具体尺寸见后标注，绘制效果如图 18-20 所示。

02 绘制受力筋。执行“常用”选项卡“绘图”面板中的“多段线”命令，间距可以不以实际钢筋间距为准，但要使图形协调，绘制效果如图 18-21 所示。

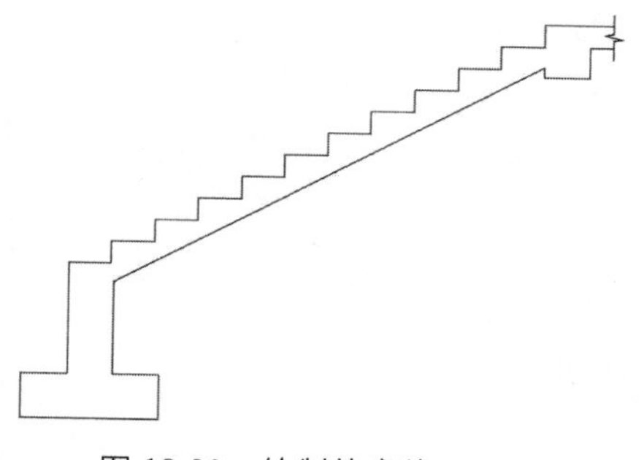

图 18-20　绘制轮廓线

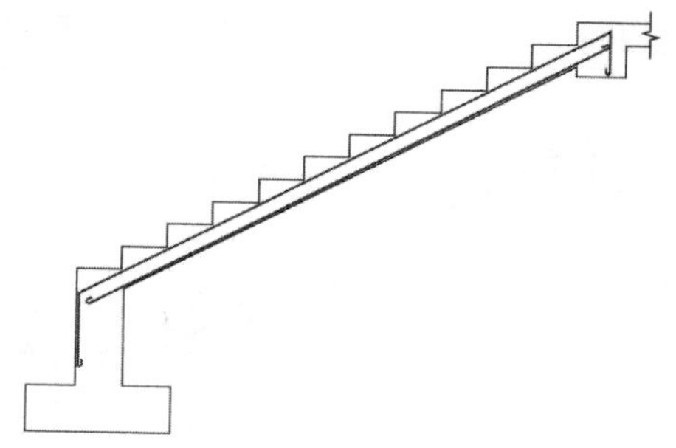

图 18-21　绘制受力筋

03 绘制纵筋。执行“常用”选项卡“绘图”面板中的“圆”命令绘制钢筋轮廓，然后执行“常用”选项卡“绘图”面板中的“填充”命令对钢筋轮廓进行填充，绘制效果如图 18-22 所示。

04 对钢筋进行标注。执行“注释”选项卡“文字”面板中“多行文字”下的“单行文字”A命令对配筋进行文字说明，标注效果如图 18-23 所示。

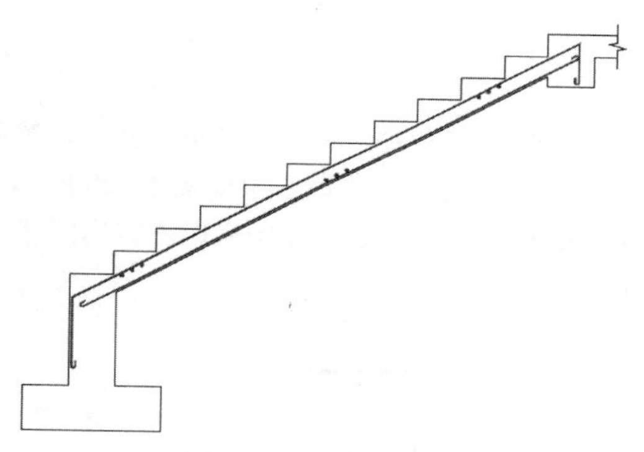

图 18-22　绘制纵筋

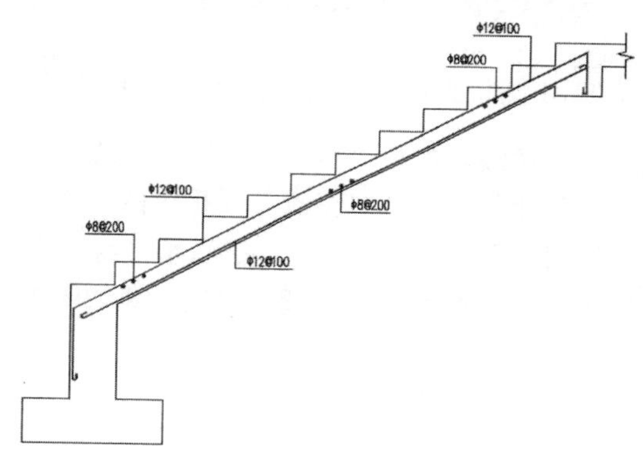

图 18-23　对钢筋进行标注

05 进行尺寸标注。执行“注释”选项卡“标注”面板中的“线性”命令和“连续标注”命令进行尺寸标注，绘制效果如图 18-24 所示。

06 进行文字标注。执行“注释”选项卡“文字”面板中“多行文字”下的“单行文字”A命令进行文字标注，标注效果如图 18-25 所示。

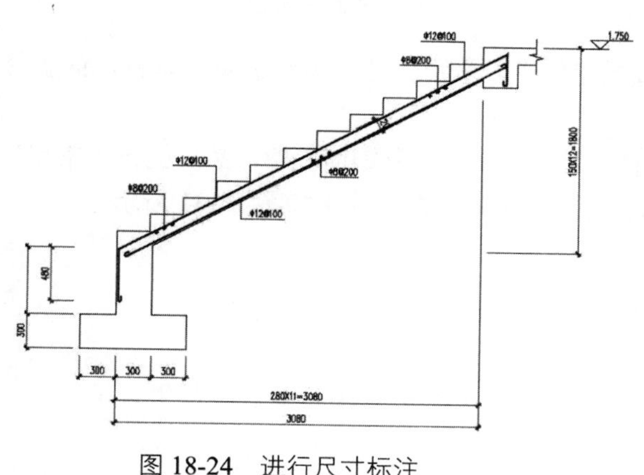

图 18-24　进行尺寸标注

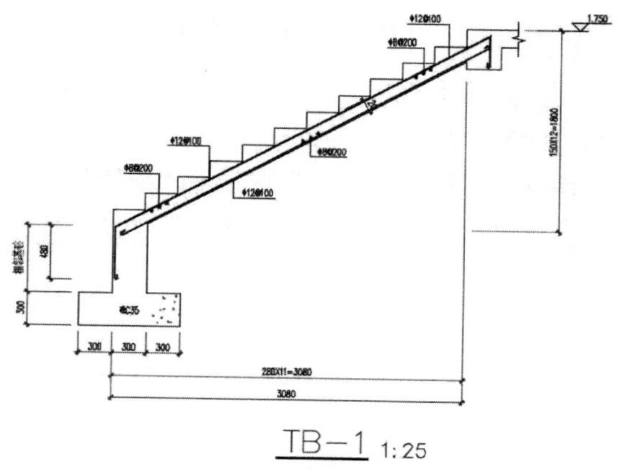

图 18-25　进行文字标注

07 应用相同的方法绘制 TB-2、TB-3，如图 18-26 和图 18-27 所示。

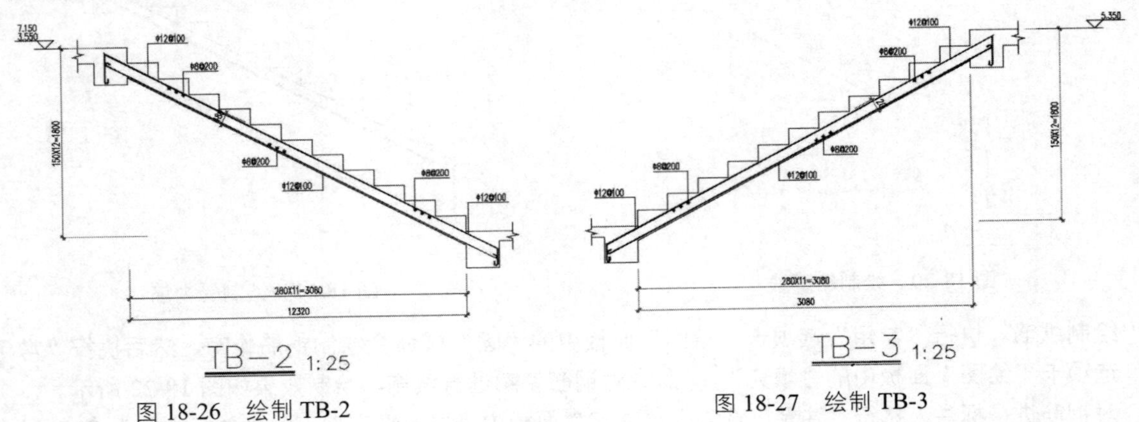

图 18-26　绘制 TB-2

图 18-27　绘制 TB-3

18.1.4　绘制梁和柱剖面图

以 TL-1 为例说明梁和柱剖面图的绘制过程。

01 绘制轮廓线。执行“常用”选项卡“绘图”面板中的“矩形”命令，具体尺寸见后标注，然后执行“常用”选项卡“修改”面板中的“修剪”命令对其进行修剪，绘制效果如图 18-28 所示。

02 绘制受力筋。执行“常用”选项卡“绘图”面板中的“多段线”命令，间距可以不以实际钢筋间距为准，但要使图形协调，绘制效果如图 18-29 所示。

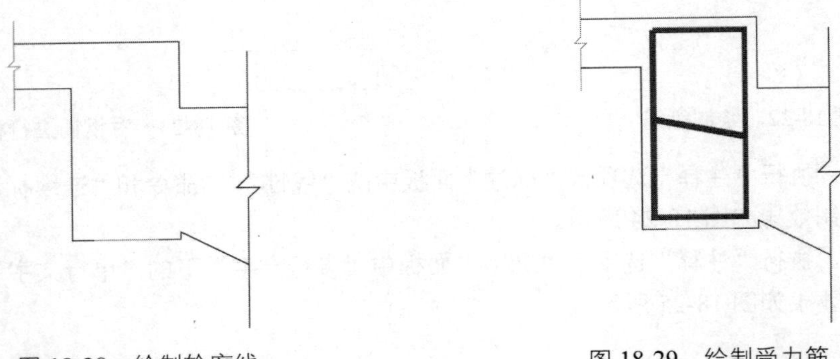

图 18-28　绘制轮廓线

图 18-29　绘制受力筋

03 绘制受力筋折弯。执行“常用”选项卡“绘图”面板中的“多段线”命令绘制钢筋弯钩，钢筋弯钩的绘制效果如图 18-30 所示。

04 绘制纵筋。执行“常用”选项卡“绘图”面板中的“圆”命令绘制钢筋轮廓，然后执行“常用”选项卡“绘图”面板中的“填充”命令对钢筋轮廓进行填充，绘制效果如图 18-31 所示。

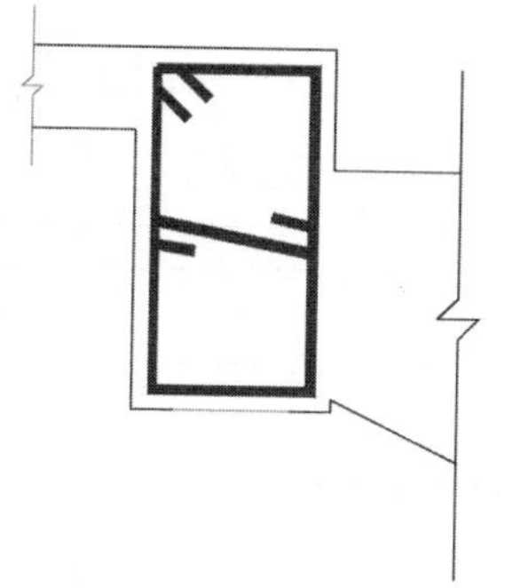

图 18-30　绘制钢筋折弯

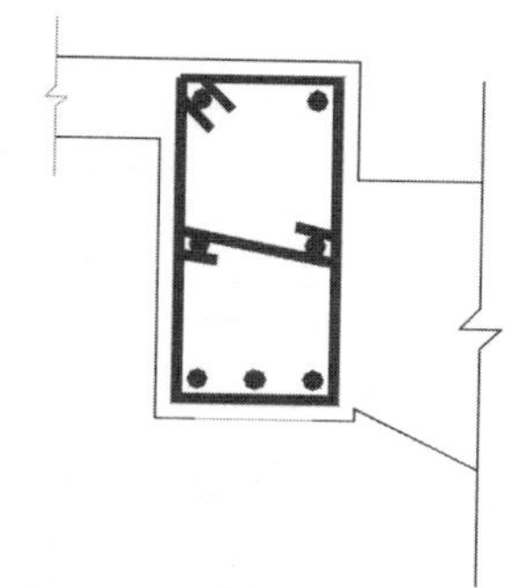

图 18-31　绘制纵筋

05 对钢筋进行标注。执行“注释”选项卡“文字”面板中“多行文字”下的“单行文字”A命令对配筋进行文字说明，标注效果如图 18-32 所示。

06 进行尺寸标注。执行“注释”选项卡“标注”面板中的“线性”命令和“连续标注”命令进行尺寸标注，绘制效果如图 18-33 所示。

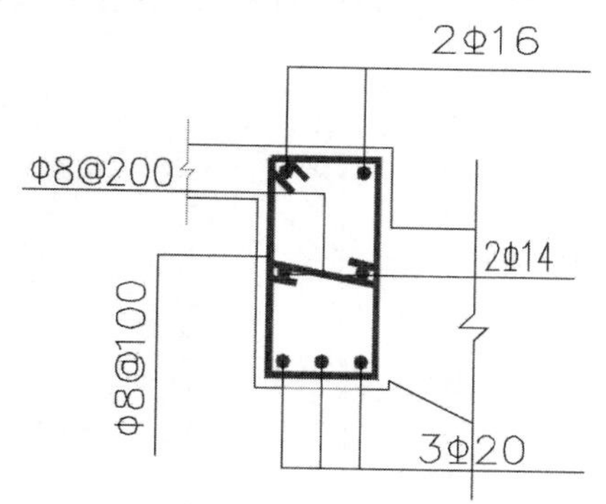

图 18-32　对钢筋进行标注

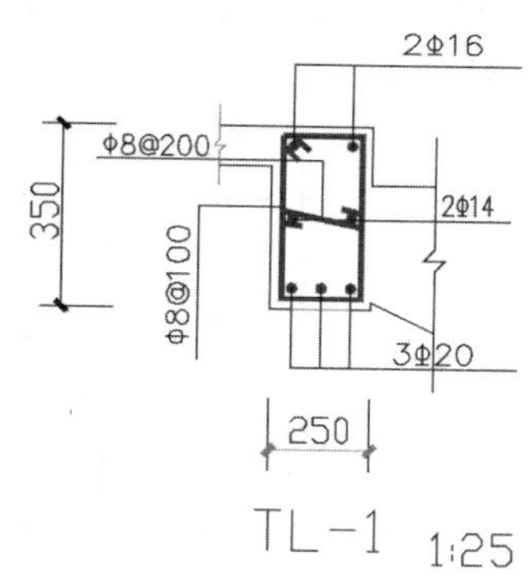

图 18-33　进行尺寸标注

18.2　绘制主入口雨棚大样图

主入口雨棚大样图包括雨棚檐口立面简图和其配筋图。

18.2.1　绘制雨棚立面简图

首先绘制雨棚立面简图，其图形较为简单，绘制过程如下。

01 绘制轮廓线。执行“常用”选项卡“绘图”面板中的“矩形”命令，具体尺寸见后标注，执行“常用”选项卡“修改”面板中的“修剪”命令对其进行修剪，绘制效果如图 18-34 所示。

02 进行文字标注。执行“注释”选项卡“文字”面板中“多行文字”下的“单行文字”A命令对配筋进行文字说明，标注效果如图 18-35 所示。

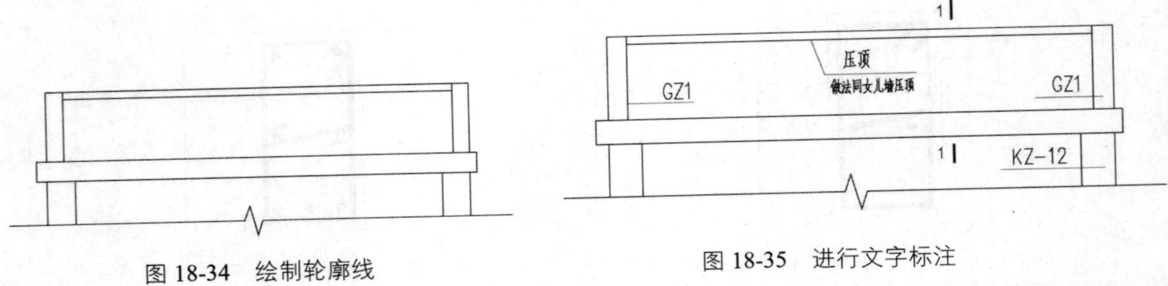

图 18-34　绘制轮廓线　　　　图 18-35　进行文字标注

18.2.2　绘制雨棚檐口配筋图

雨棚檐口配筋图的绘制过程如下。

01 绘制雨棚檐口轮廓。执行“常用”选项卡“绘图”面板中的“矩形”命令，具体尺寸见后标注，执行“常用”选项卡“修改”面板中的“修剪”命令对其进行修剪，绘制效果如图 18-36 所示。

02 图案填充。执行“常用”选项卡“绘图”面板中的“填充”命令对绘制的轮廓进行填充，填充效果如图 18-37 所示

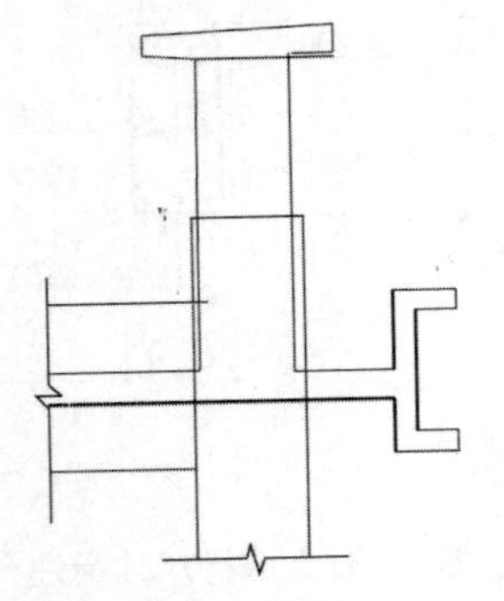

图 18-36　绘制雨棚檐口轮廓

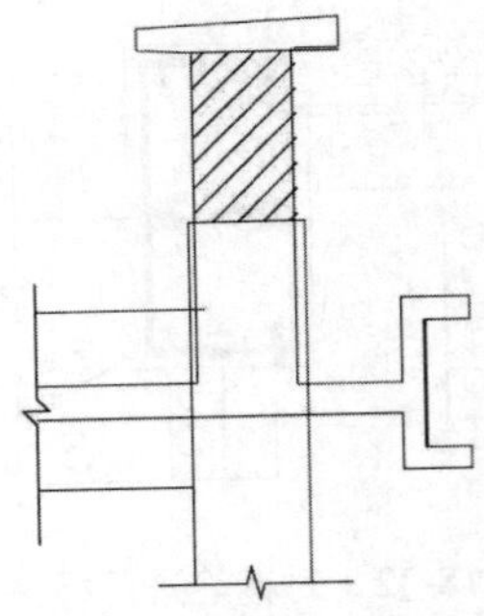

图 18-37　进行填充

03 绘制受力筋。绘制受力筋折弯。执行“常用”选项卡“绘图”面板中的“多段线”命令绘制钢筋弯钩，钢筋弯钩的绘制效果如图 18-38 所示。

04 绘制纵筋。执行“常用”选项卡“绘图”面板中的“圆”命令绘制钢筋轮廓，然后执行“常用”选项卡“绘图”面板中的“填充”命令对钢筋轮廓进行填充，绘制效果如图 18-39 所示。

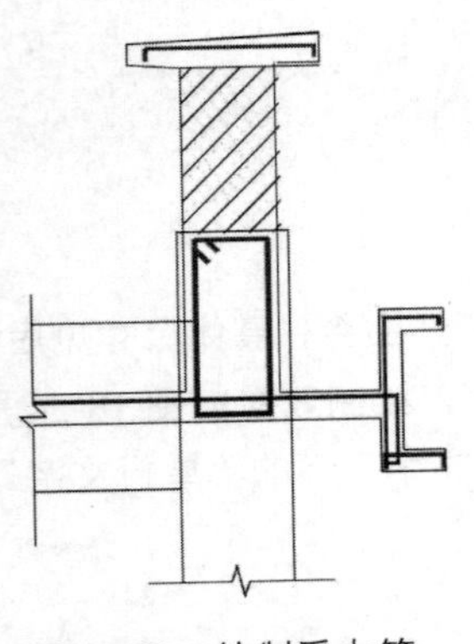

图 18-38　绘制受力筋

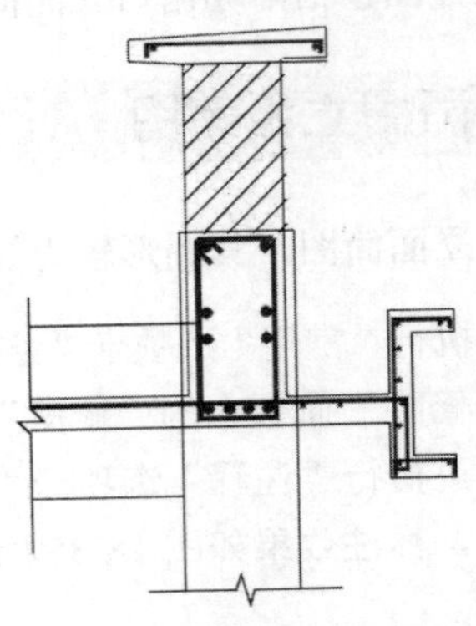

图 18-39　绘制纵筋

05 对钢筋进行标注。执行“注释”选项卡“文字”面板中“多行文字”下的“单行文字”A命令对配筋进行文字说明，标注效果如图 18-40 所示。

06 进行尺寸标注。执行“注释”选项卡“标注”面板中的“线性”命令和“连续标注”命令进行尺寸标注，绘制效果如图 18-41 所示。

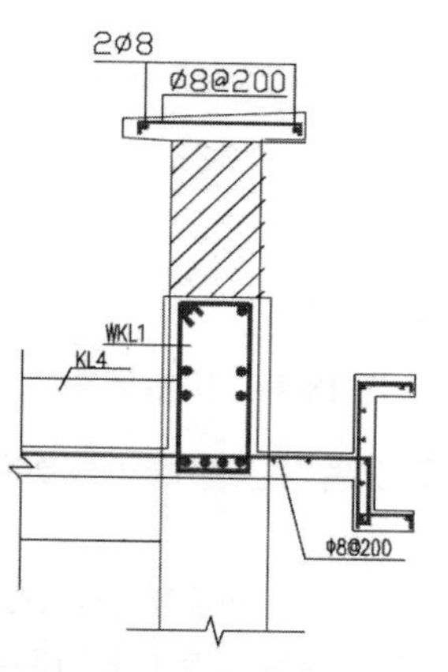

图 18-40　进行钢筋标注

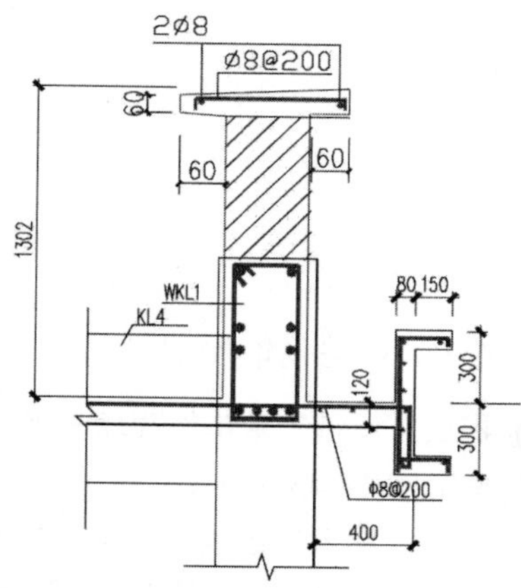

图 18-41　进行尺寸标注

07 进行文字和标高标注。执行“插入”选项卡“块”面板中的“插入”命令插入标高符号进行标高标注，然后执行“注释”选项卡“文字”面板中“多行文字”下的“单行文字”A命令进行尺寸标注，标注效果如图 18-42 所示。

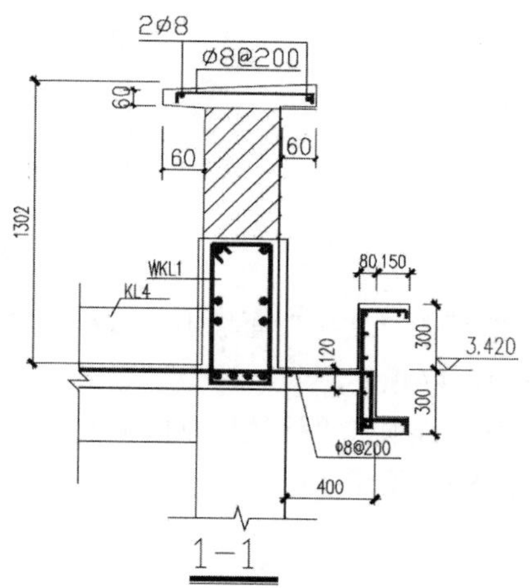

图 18-42　进行标高、文字标注

18.3 绘制次入口雨棚大样图

次入口雨棚大样图的绘制过程如下。

01 绘制雨棚檐口轮廓。执行“常用”选项卡“绘图”面板中的“矩形”命令，具体尺寸见后标注，执行“常用”选项卡“修改”面板中的“修剪”命令对其进行修剪，绘制效果如图 18-43 所示。

02 进行填充。执行“常用”选项卡“绘图”面板中的“填充”命令对绘制的轮廓进行填充，填充效果如图 18-44 所示。

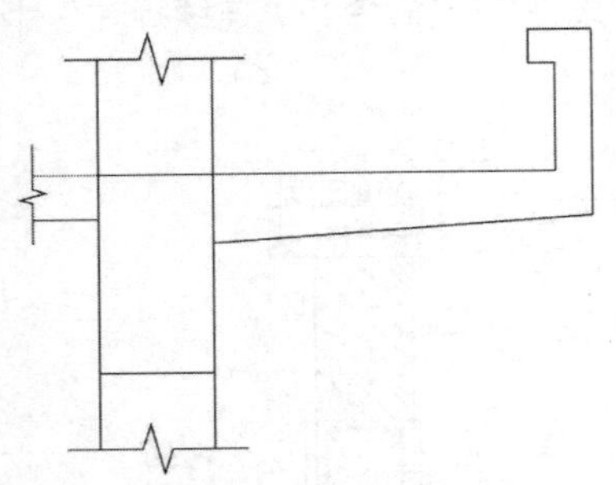

图 18-43　绘制轮廓线

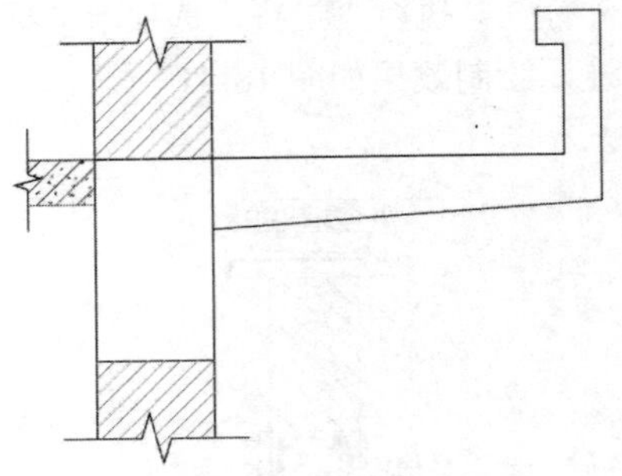

图 18-44　图案填充

03 绘制受力筋折弯。执行“常用”选项卡“绘图”面板中的“多段线”命令绘制钢筋弯钩，钢筋弯钩的绘制效果如图 18-45 所示。

04 绘制纵筋。执行“常用”选项卡“绘图”面板中的“圆”命令绘制钢筋轮廓，然后执行“常用”选项卡“绘图”面板中的“填充”命令对钢筋轮廓进行填充，绘制效果如图 18-46 所示。

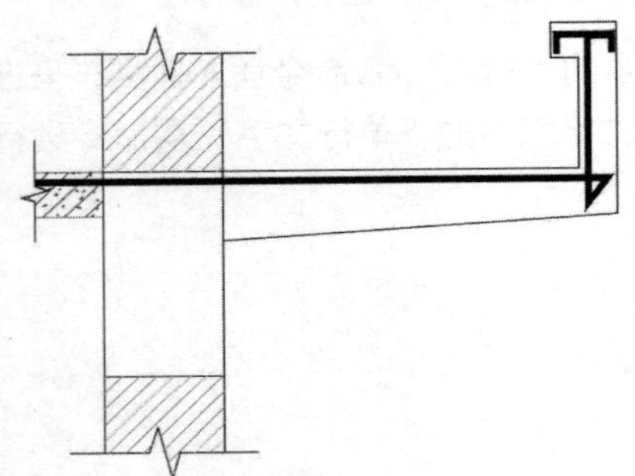

图 18-45　绘制受力筋折弯

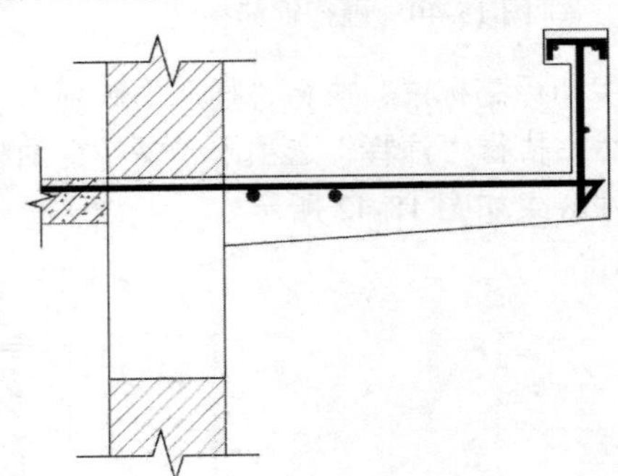

图 18-46　绘制纵筋

05 对钢筋进行标注。执行“注释”选项卡“文字”面板中“多行文字”下的“单行文字”A命令对配筋进行文字说明，标注效果如图 18-47 所示。

06 进行尺寸和标高标注。执行“注释”选项卡“标注”面板中的“线性”命令和“连续标注”命令进行尺寸标注，绘制效果如图 18-48 所示

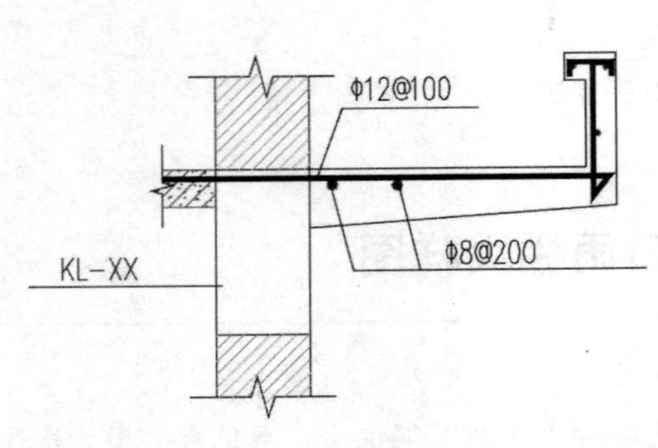

图 18-47　进行钢筋标注

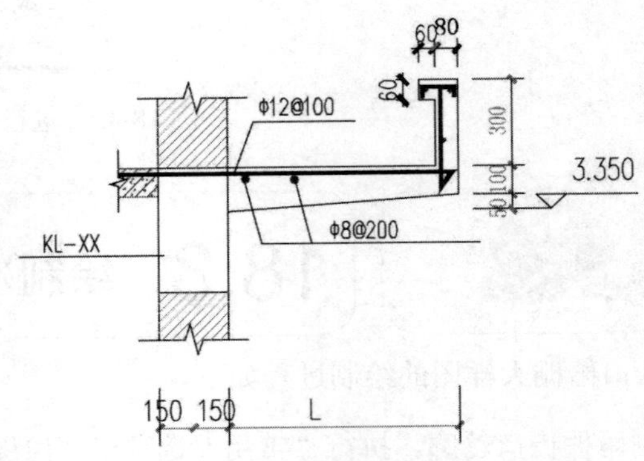

图 18-48　进行尺寸和标高标注

07 进行文字标注。执行“注释”选项卡“文字”面板中“多行文字”下的“单行文字” A命令进行尺寸标注，标注效果如图 18-49 所示。

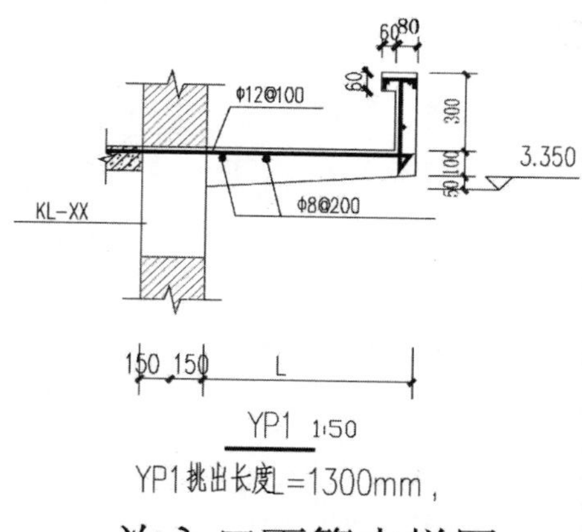

图 18-49　进行文字标注

18.4 绘制檐口大样图

檐口大样图的绘制过程与雨棚大样图相似，具体绘制步骤如下。

01 绘制檐口轮廓。执行“常用”选项卡“绘图”面板中的“矩形” 命令，具体尺寸见后标注，执行“常用”选项卡“修改”面板中的“修剪” 命令对其进行修剪，绘制效果如图 18-50 所示。

02 进行填充。执行“常用”选项卡“绘图”面板中的“填充” 命令对绘制的轮廓进行填充，填充效果如图 18-51 所示。

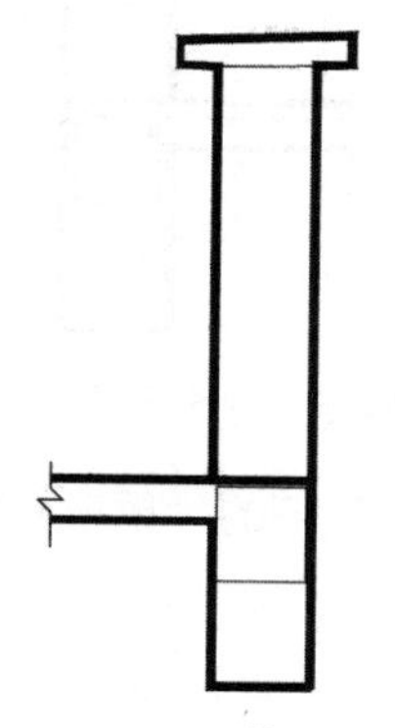

图 18-50　绘制轮廓线

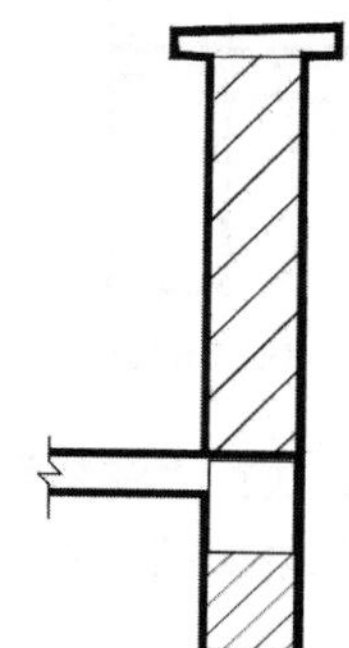

图 18-51　进行填充

03 绘制受力筋折弯。执行“常用”选项卡“绘图”面板中的“多段线” 命令绘制钢筋弯钩，钢筋弯钩的绘制效果如图 18-52 所示。

04 绘制纵筋。执行“常用”选项卡“绘图”面板中的“圆”命令绘制钢筋轮廓，然后执行“常用”选项卡“绘图”面板中的“填充”命令对钢筋轮廓进行填充，绘制效果如图 18-53 所示。

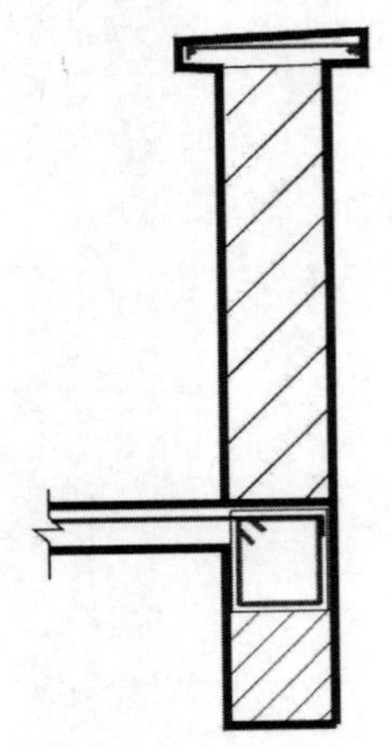
图 18-52　绘制受力筋折弯

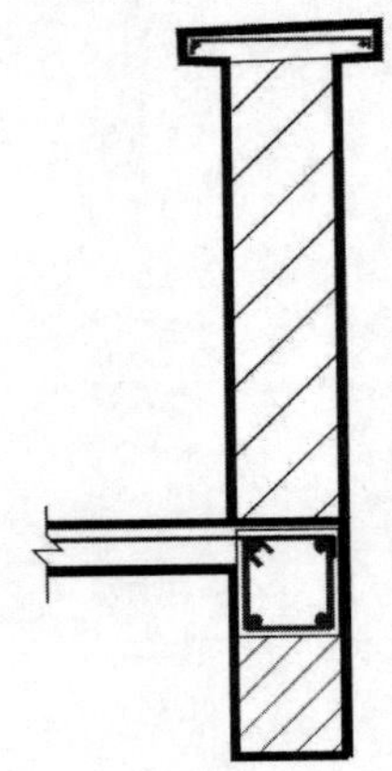
图 18-53　绘制纵筋

05 进行钢筋标注。执行“注释”选项卡“文字”面板中“多行文字”下的“单行文字”命令对配筋进行文字说明，标注效果如图 18-54 所示。

06 进行尺寸标注。执行“注释”选项卡“标注”面板中的“线性”命令和“连续标注”命令进行尺寸标注，绘制效果如图 18-55 所示。

图 18-54　进行钢筋标注

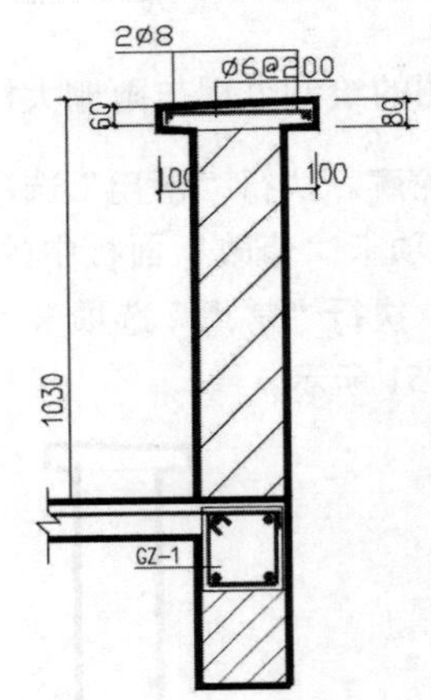

图 18-55　进行尺寸标注

07 进行文字标注。执行“注释”选项卡“文字”面板中“多行文字”下的“单行文字”命令进行尺寸标注，标注效果如图 18-56 所示。

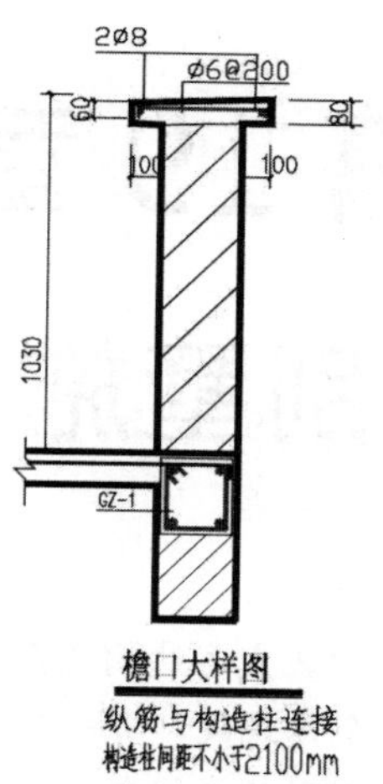

图 18-56　添加文字

18.5 本章小结

本章以楼梯详图及主要细部结构为例，介绍了详图的绘制方法。在绘制结构详图时，要明确建筑制图标准对结构的具体要求，掌握规范和制图标准对绘制结构详图是很有帮助的。

第 19 章

绘制别墅施工图

本章将介绍别墅施工图的绘制，别墅造型多变，结构复杂，所以施工图的绘制很不容易，同时别墅施工图是一个完整的体系，这也需要读者对整个建筑设计有一个全面的了解。在绘制别墅施工图时要注意对辅助轴线的利用，将有利于我们绘制图形。别墅施工图包括别墅平面图、立面图、剖面图和建筑详图等。

知识要点

- 熟悉绘制别墅平面图的过程和方法。
- 熟悉绘制别墅立面图的过程和方法。
- 熟悉绘制别墅剖面图的过程和方法。
- 熟悉绘制别墅建筑详图的过程和方法。

19.1 绘制平面图

对于别墅来说，每一层的平面变化都很大，所以没有标准层这个概念，每一层的平面图都应该绘制，包括屋顶平面图。

绘制的顺序是由低到高，先绘制底层平面图，再依次向上绘制第二层、第三层、顶层的平面图。

19.1.1 绘制一层平面图

1. 绘制轴线

别墅一般属于砌体结构，轴线可以选择主要承重墙的中线，比较短的承重墙体可以采用附加分轴线，对于隔墙可以采用辅助定位轴线来确定轴线。

01 执行“常用”选项卡“绘图”面板中的“直线” 命令绘制轴线，先绘制两条正交的直线，直线的长度要比绘制的建筑物长，绘制的正交直线如图 19-1 所示。

02 执行“常用”选项卡“修改”面板中的“偏移”命令，对轴线进行偏移，偏移效果如图 19-2 所示。

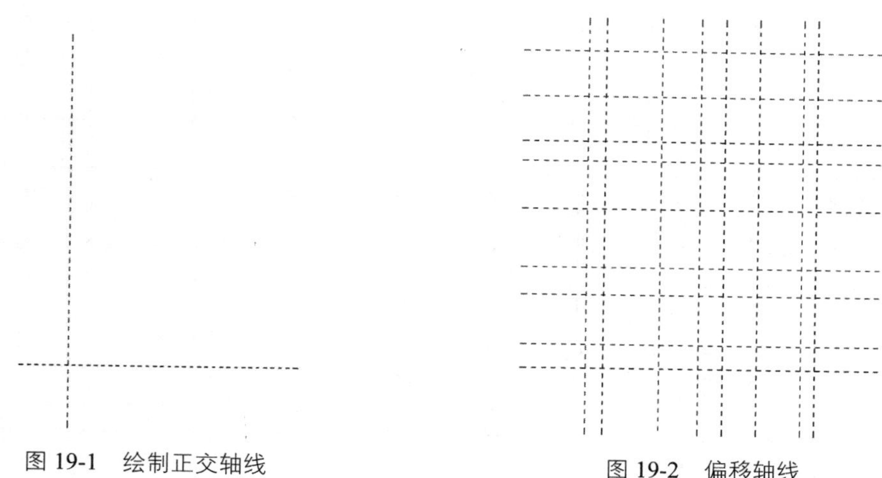

图 19-1　绘制正交轴线　　　　图 19-2　偏移轴线

03 执行“插入”选项卡“块”面板中的“插入”命令插入轴线编号，轴线绘制效果如图 19-3 所示。

2. 绘制墙体

由于别墅的平面造型比较复杂，所以完全使用“多线”命令不是一个明智的选择，因为在对多线进行编辑时比较繁琐，且容易遗漏。对于规则的墙体可以使用多线绘制，而对于比较细小的墙体可通过偏移轴线然后进行剪切的方式得到。

01 执行“常用”选项卡“绘图”面板中的“多线”命令以及“修改”面板中的“偏移”命令，绘制墙线，绘制效果如图 19-4 所示。

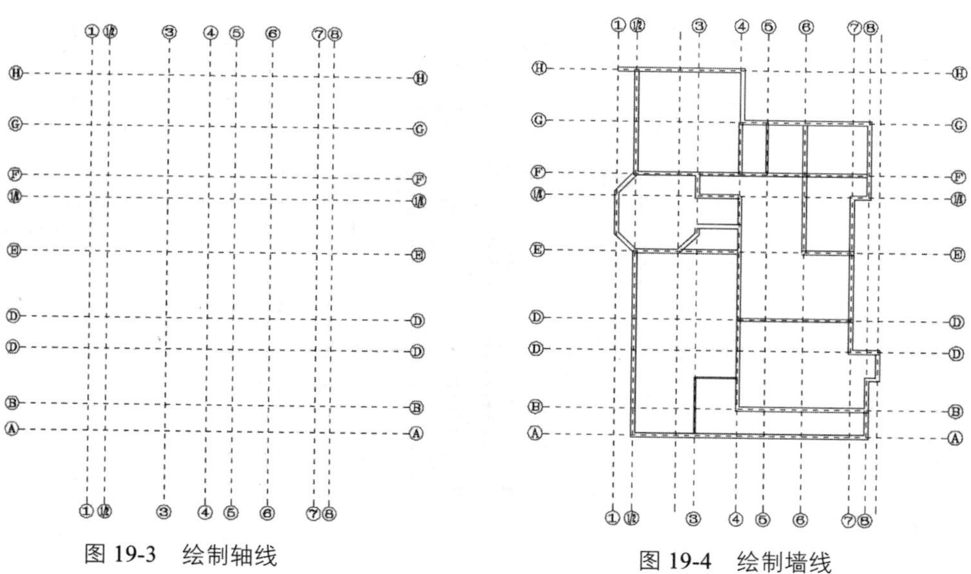

图 19-3　绘制轴线　　　　图 19-4　绘制墙线

02 执行“常用”选项卡“修改”面板中的“修剪”命令，墙线的修剪效果如图 19-5 所示。

3. 绘制门窗

01 执行“常用”选项卡“修改”面板中的“偏移”命令，通过偏移轴线确定门窗洞口的位置，然后对墙线进行剪切，效果如图 19-6 所示。

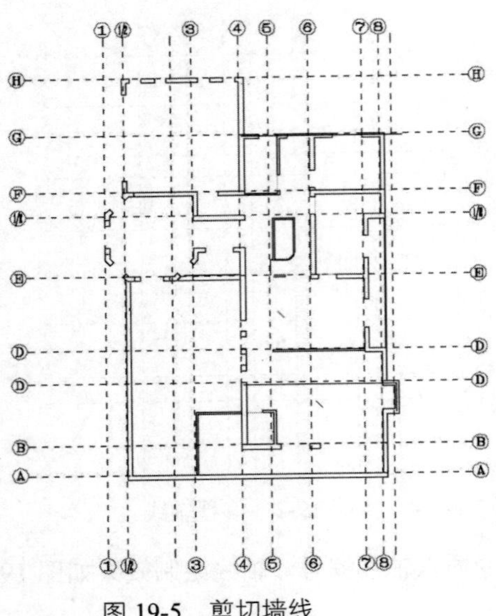

图 19-5　剪切墙线

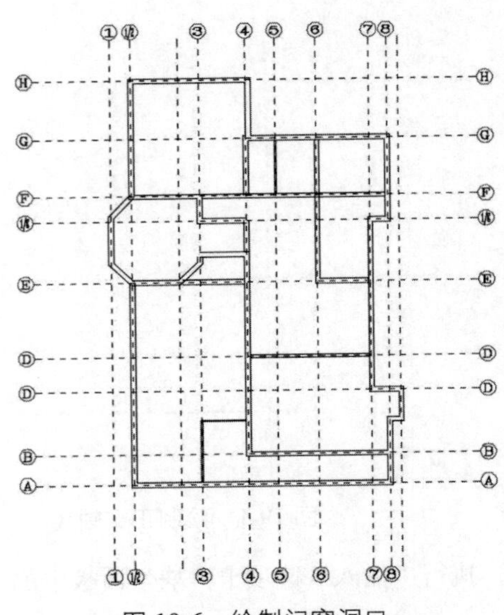

图 19-6　绘制门窗洞口

02 门的绘制比较简单，执行“常用”选项卡“绘图”面板中的“直线”和“三点弧线”命令，绘制之后，可以将其做成块，对相同尺寸的门可以执行“插入”选项卡“块”面板中的“插入”命令，将绘制的“门”的图块插入即可。

03 部分窗是折线型，先执行“常用”选项卡“绘图”面板中的“直线”命令绘制直线，然后执行“常用”选项卡“修改”面板中的“偏移”命令对绘制的直线进行偏移，绘制效果如图 19-7 所示。

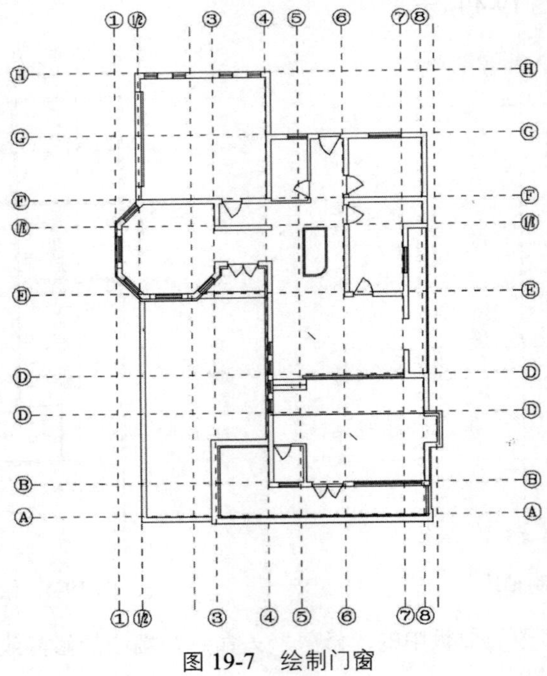

图 19-7　绘制门窗

4．绘制柱子

执行“常用”选项卡“绘图”面板中的“矩形”命令绘制矩形，然后进行填充。柱子的绘制也可以在绘制门窗或者是墙之前，可以根据需要调整绘图顺序，柱子的规格重复性比较大，可以多执行“常用”选项卡“修改”面板中的“复制”命令或者执行“插入”选项卡“块”面板中的“插入”命令进行绘制，绘制效果如图 19-8 所示。

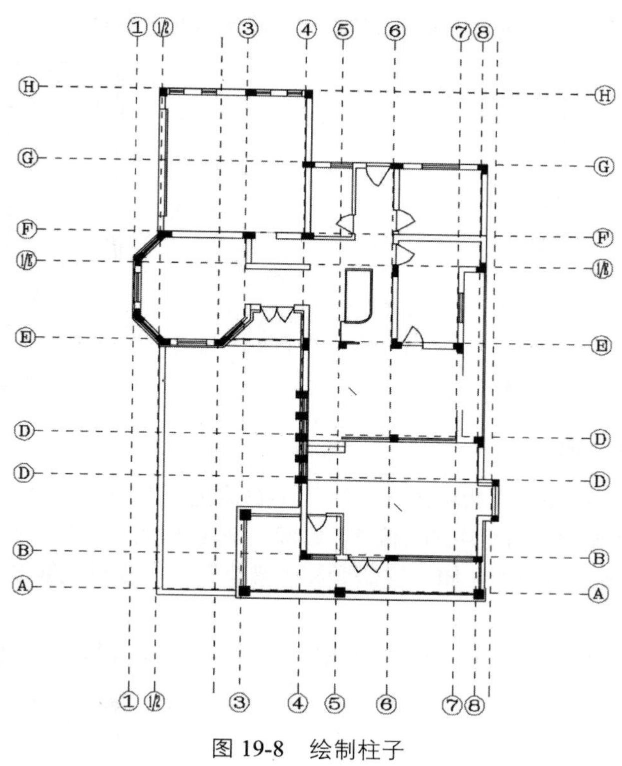

图 19-8　绘制柱子

5. 绘制楼梯

本例中有一个旋转楼梯，它的绘制是本平面图绘制的重点和难点，绘制过程相对比较复杂，但如果找到规律，绘制起来也很容易，下面大致介绍其绘制过程。

01 执行“常用”选项卡“绘图”面板中的“直线”命令绘制旋转楼梯起始的直线部分，绘制效果如图 19-9 所示。

02 执行“常用”选项卡“修改”面板中的“偏移”命令对直线进行偏移。

03 执行“常用”选项卡“绘图”面板中的“圆弧”命令绘制弧线，并执行“常用”选项卡“修改”面板中的“偏移”命令对弧线进行偏移，得到旋转楼梯的扶手和楼梯轮廓线，如图 19-10 所示。

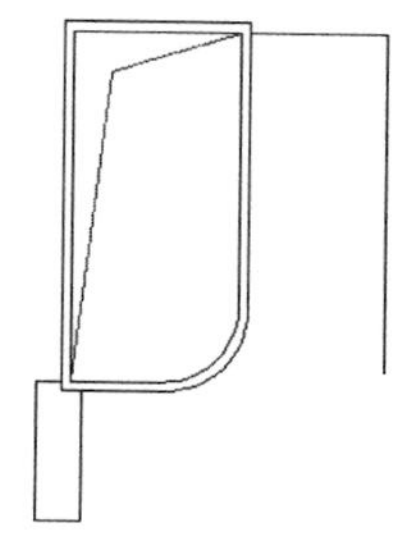

图 19-9　绘制楼梯的直线部分

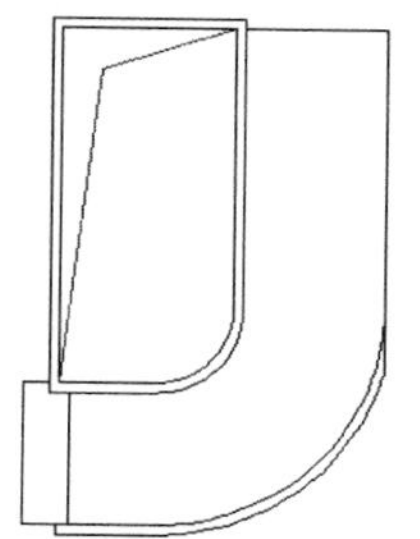

图 19-10　绘制楼梯扶手和轮廓线

04 执行“常用”选项卡“修改”面板中的“阵列”命令，绘制楼梯的踏步，绘制效果19-11所示。

05 对楼梯进行完善。执行“常用”选项卡“绘图”面板中的“直线”命令绘制折断线，执行“常用”选项卡“绘图”面板中的“多段线”命令绘制箭头。

06 执行“常用”选项卡“绘图”面板中的“直线”命令绘制方向线，绘制效果如图19-12所示。

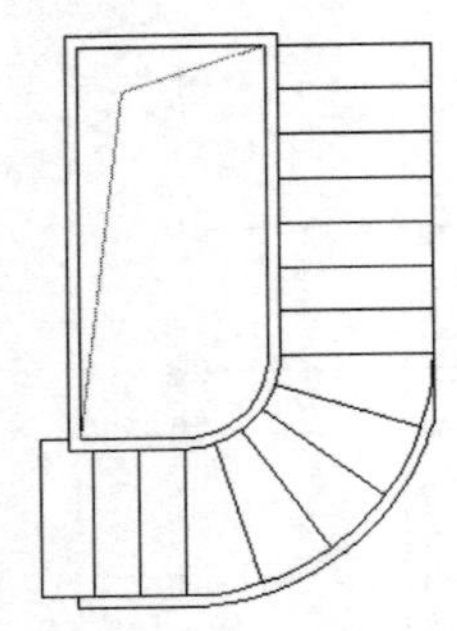

图 19-11　绘制踏步

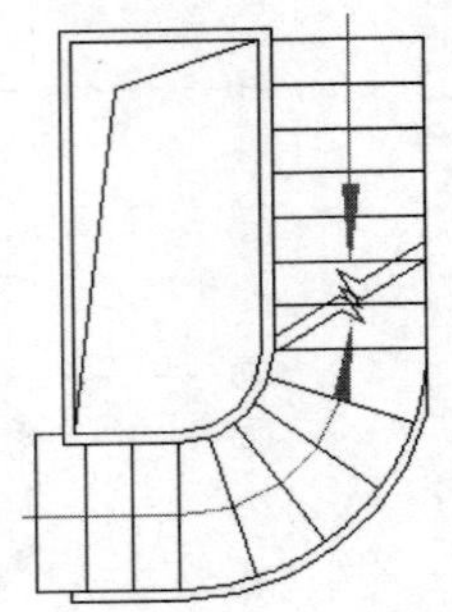

图 19-12　完善楼梯绘制

6. 绘制台阶和车库坡道

01 执行“常用”选项卡“绘图”面板中的“直线”命令先绘制一条台阶线。

02 执行“常用”选项卡“修改”面板中的“偏移”命令对绘制的台阶线进行偏移，根据需要执行“常用”选项卡“修改”面板中的“延伸”命令和“修剪”命令对直线进行延伸和剪切，绘制效果如图19-13所示。

03 执行“常用”选项卡“绘图”面板中的“直线”命令绘制车库坡道，绘制效果如图19-14所示。

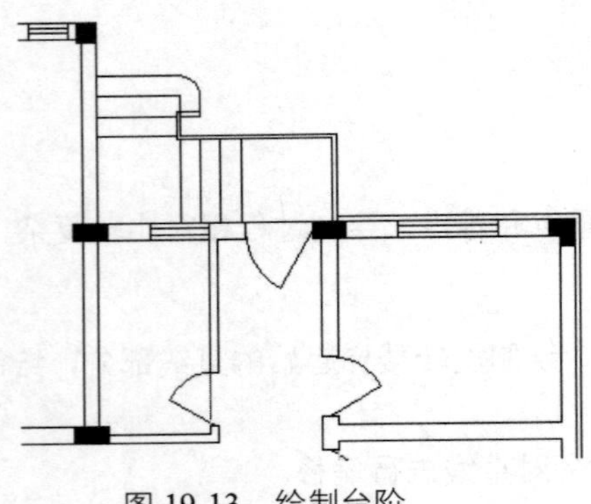

图 19-13　绘制台阶

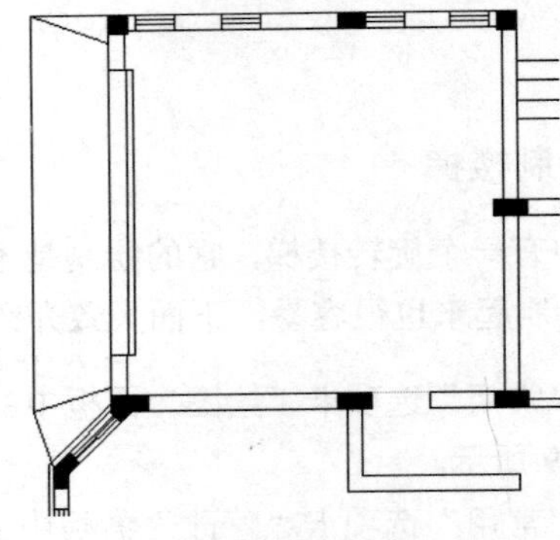

图 19-14　绘制坡道

04 绘制完成后的效果如图19-15所示。

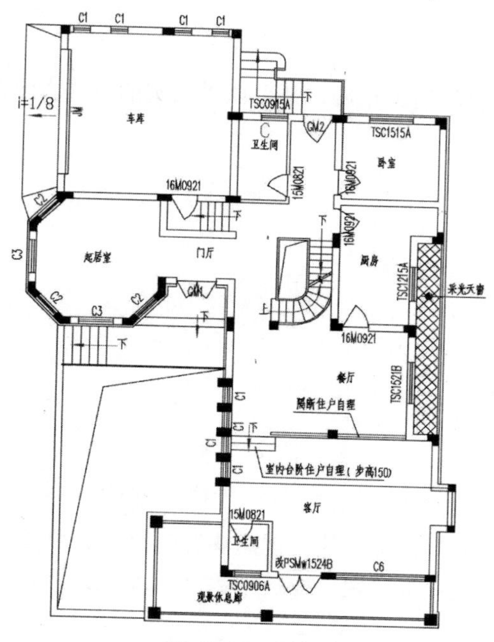

图 19-15　添加完成

7．进行文字标注

01 文字标注包括门窗型号的标注、房间功能的标注，对于需要绘制详图的房间应添加索引号，如图 19-16 所示。其他文字标注和前面章节中的类似。

02 执行“注释”选项卡“文字”面板中“多行文字”下的“单行文字”A命令标注文字说明，标注效果如图 19-17 所示。需要注意进行文字标注时，文字字号不能太大，应考虑后面的标注。

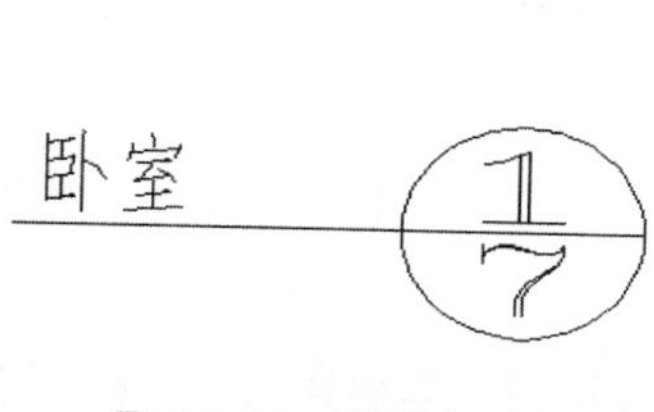

图 19-16　详图索引符号

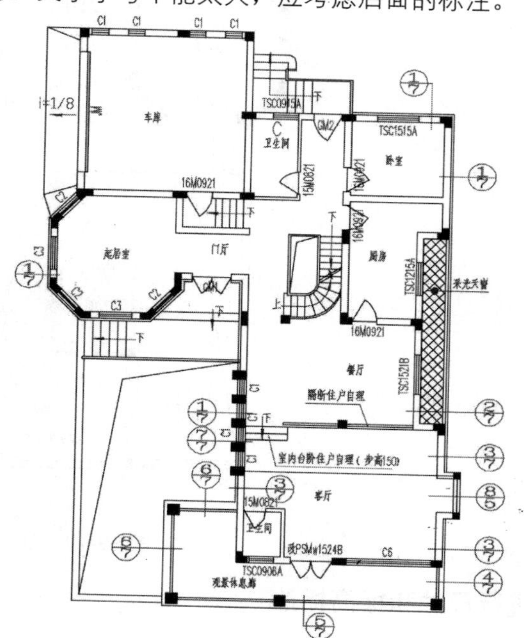

图 19-17　进行文字标注

8. 室内布置

对楼内布局进行示意，主要包括厨卫设施，都可以以图例的方式表示，主要包括洗脸池、马桶和浴缸等，如图 19-18 所示。

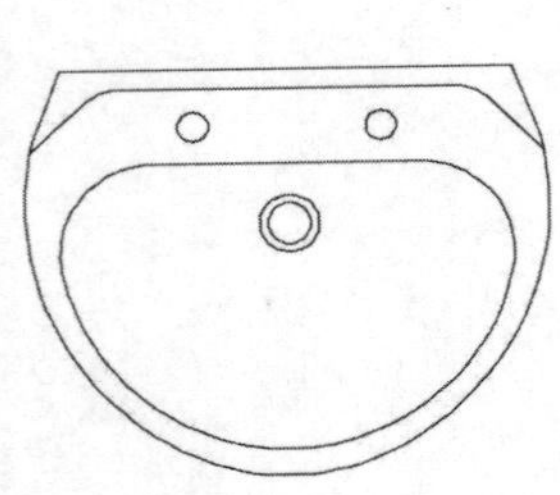

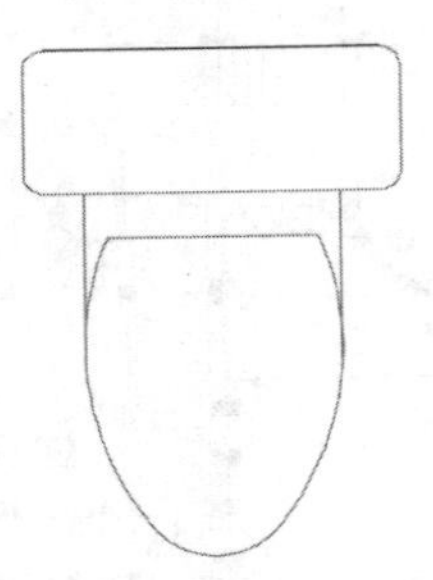

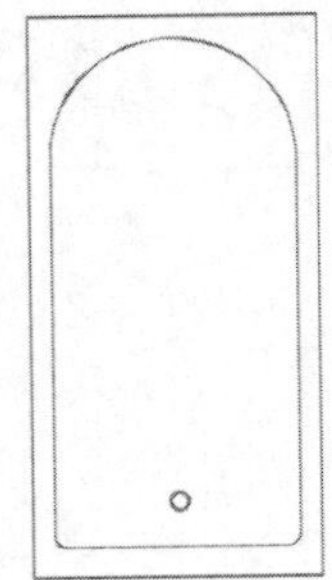

图 19-18　洗脸池、马桶和浴缸示意图

01 执行“插入”选项卡“块定义”面板中的“创建块”命令，将厨房设施设定为块。

02 绘制完成后，执行“插入”选项卡“块”面板中的“插入”命令，将示意图插入到指定的位置，绘制效果如图 19-19 所示。

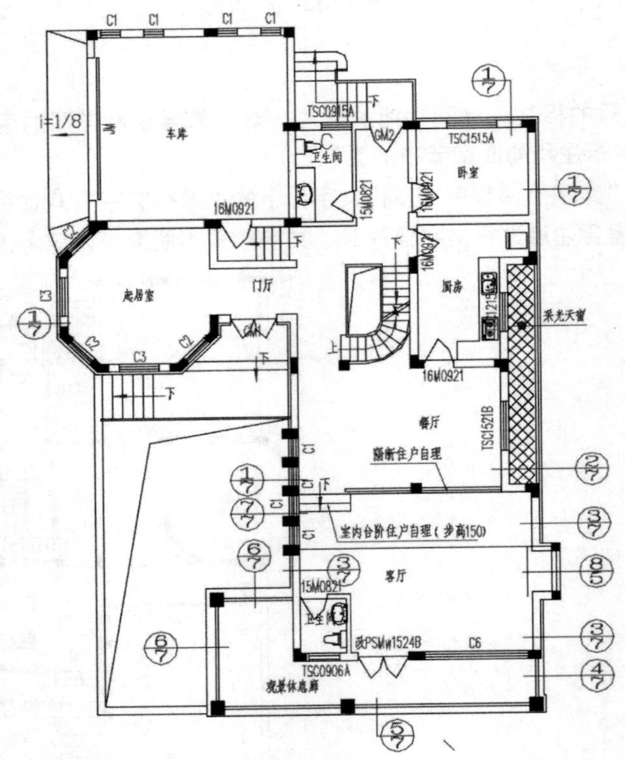

图 19-19　插入楼内布局

9. 进行尺寸和标高标注

01 执行“插入”选项卡“块”面板中的“插入”命令，插入标高符号，然后执行“注释”选项卡“文字”面板中“多行文字”下的“单行文字” A 命令添加数字，效果如图 19-20 所示。

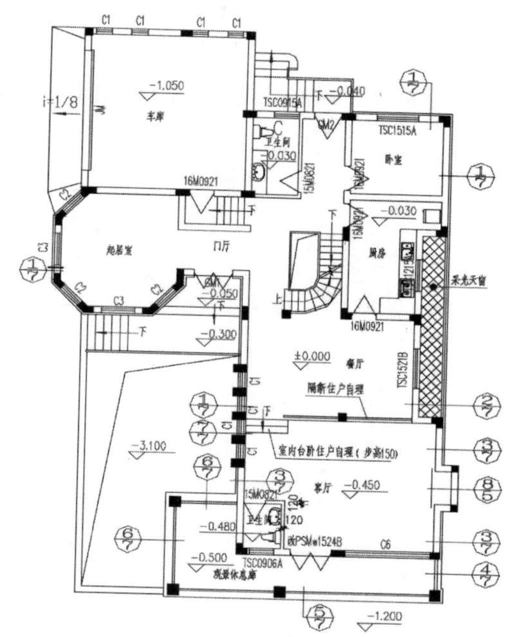

图 19-20　标注标高

02 进行尺寸标注。执行“注释”选项卡“标注”面板中的“线性”和“连续标注”命令，对轴线、门窗、墙体、柱等进行标注，标注效果如图 19-21 所示。

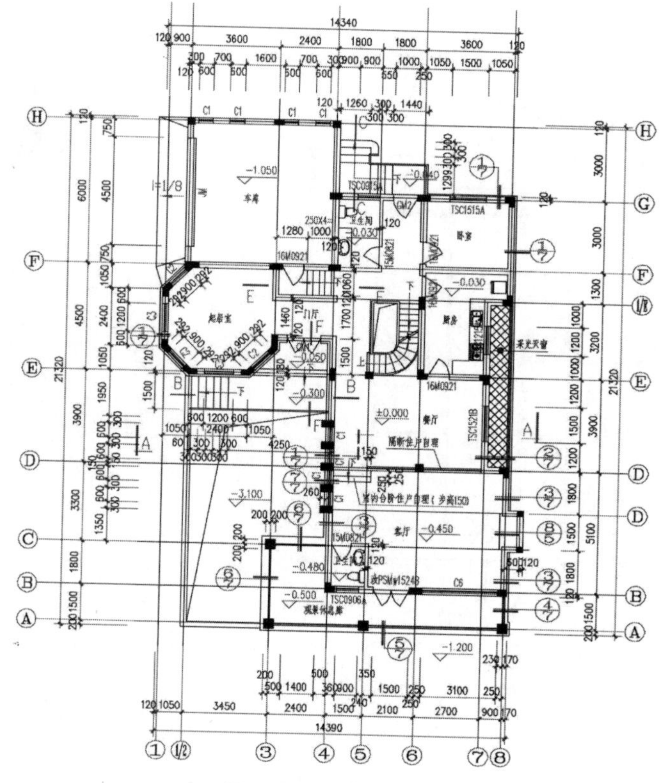

图 19-21　尺寸标注

10．绘制门窗表

门窗表要包括门窗名称、洞口尺寸、数量、备注等，绘制效果如图 19-22 所示。

门 窗 表

门窗名称	洞口尺寸	门窗数量	备 注
JM	4500x2200	1	多功能高级防盗卷帘门
GM1	1400x2400	1	多功能高级防盗门
GM2	1000x2400	1	
15M0821	800x2100	5	浙J2-93
16M0921	900x2100	12	
TSM1524C	1500x2400	1	99浙J5
PSMw0924C	900x2400	1	
PSMw0924D	900x2400	1	
仿PSMw1521B	1400x2100	1	
仿CSMw1524D	1400x2400	1	
改PSMw1524B	1500x2400	1	
说明：门窗玻璃采用中空玻璃；窗台高低于采用安全中空玻璃。			

图 19-22　绘制门窗表

11．添加标题和图框

图题命名为“一层平面图”，比例设定为 1:100，并在图框内的适当位置添加指北针，效果如图 19-23 所示。

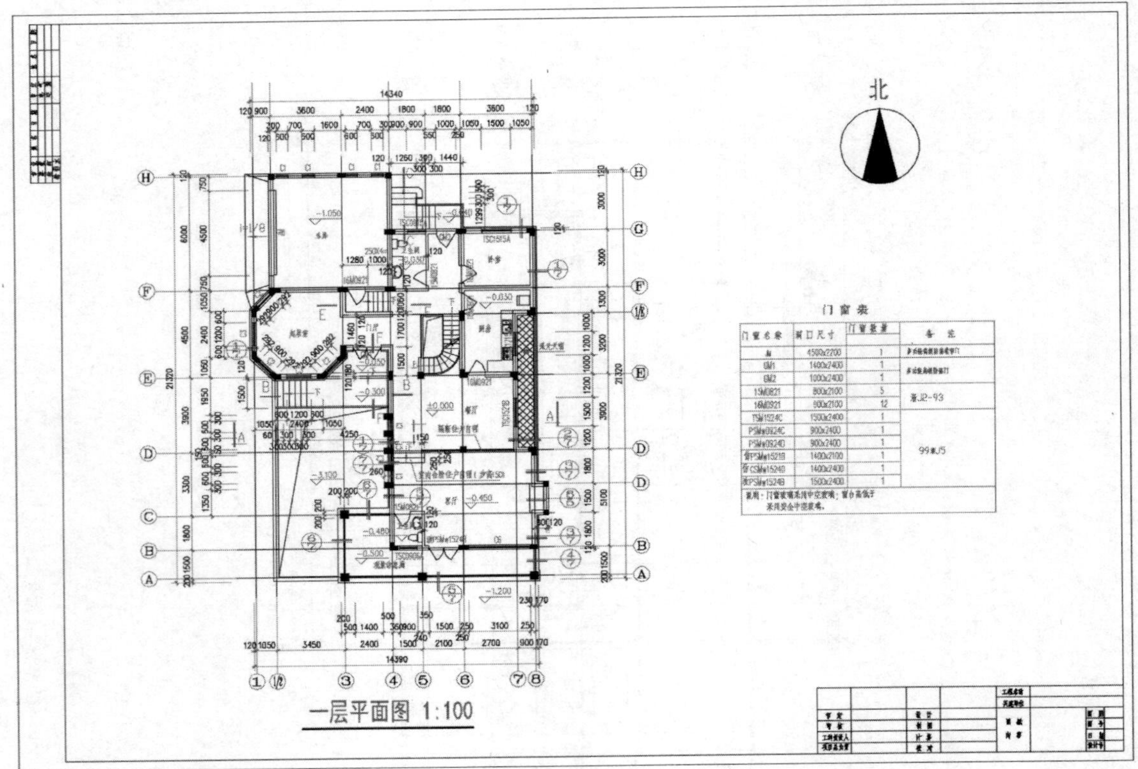

图 19-23　添加图框和标题

19.1.2　绘制其他层的平面图

地下室和二层平面图的绘制过程和第一层类似，这里不再赘述，绘制效果如图 19-24 所示。

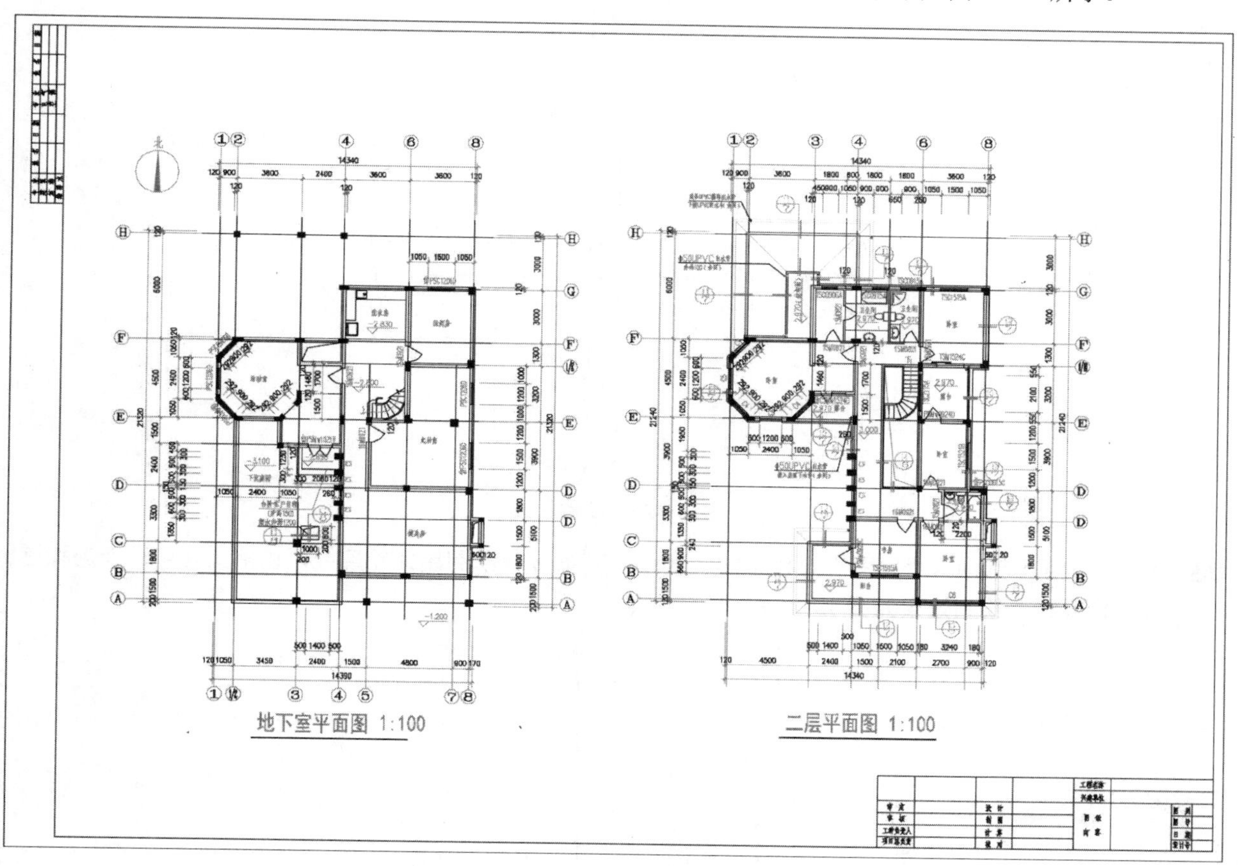

图 19-24　绘制地下室和二层平面图

19.1.3　绘制顶层平面图

顶层平面图的绘制内容和底层有很大的差别，它没有底层平面图复杂，主要是屋面的轮廓和标注排水坡度。

01 执行“常用”选项卡“绘图”面板中的“直线”命令和“修改”面板中的“偏移”命令绘制轴线。

02 执行“插入”选项卡“块”面板中的“插入”命令，插入轴线编号，绘制效果如图 19-25 所示。

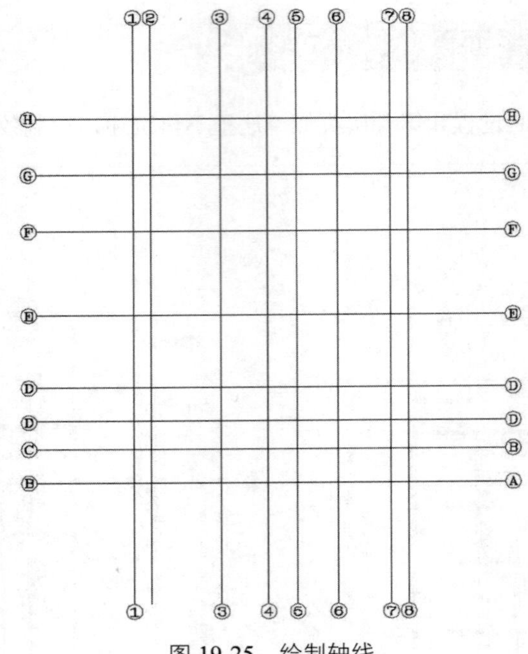

图 19-25 绘制轴线

03 执行“常用”选项卡“绘图”面板中的“直线” 命令，绘制屋顶轮廓线，包括女儿墙、天沟和屋脊等轮廓线，绘制效果如图 19-26 所示。

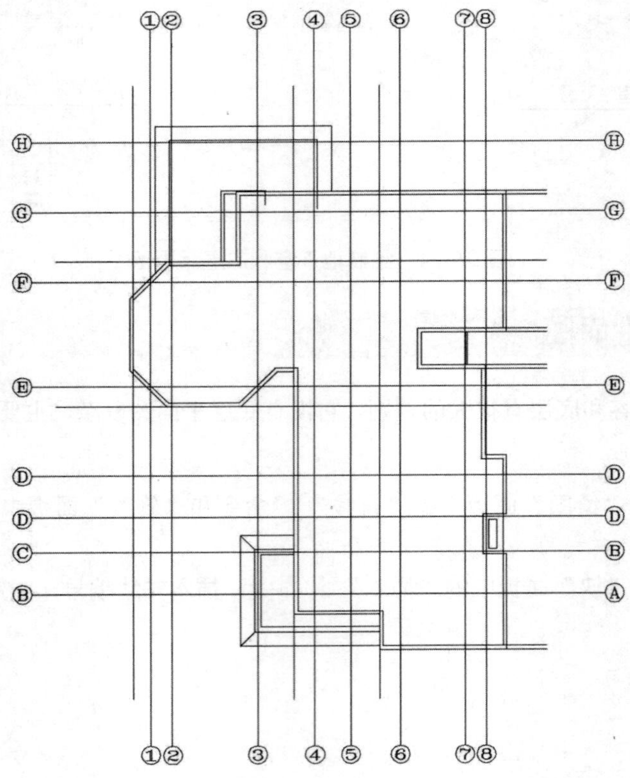

图 19-26 绘制轮廓线

04 执行“常用”选项卡“修改”面板中的“修剪”命令，对绘制的多余线段进行剪切，剪切效果如图 19-27 所示。

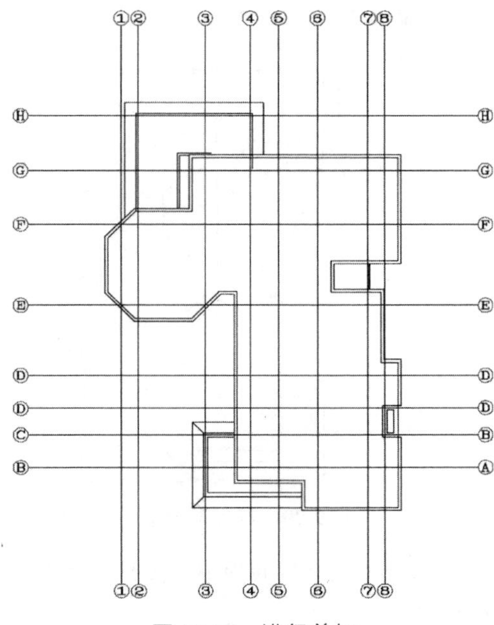

图 19-27　进行剪切

05 绘制屋顶。执行“常用”选项卡“绘图”面板中的“直线”命令，绘制屋顶的平面线，然后执行“常用”选项卡“修改”面板中的“修剪”命令对其进行修改，绘制结果如图 19-28 所示。

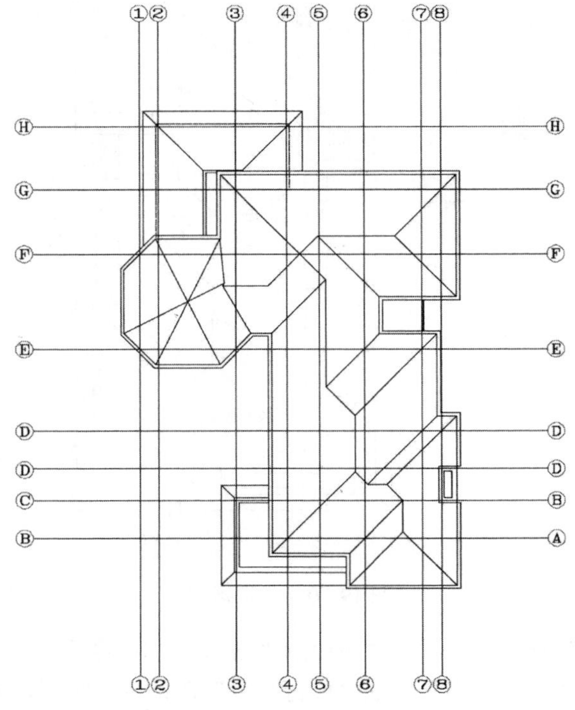

图 19-28　绘制屋顶轮廓线

06 绘制屋顶平面图时有一个不可忽略的部分，即落水管，关闭轴线图层可方便绘制，然后执行“常用”选项卡“绘图”面板中的“圆” 命令进行绘制，绘制效果如图 19-29 所示。

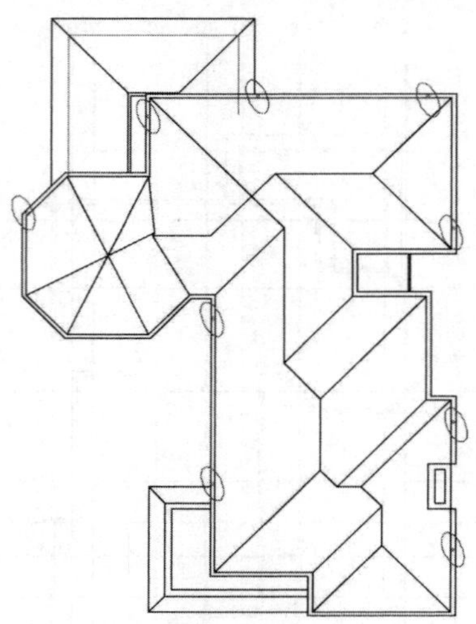

图 19-29　绘制落水管

07 进行文字标注，执行“注释”选项卡“文字”面板中“多行文字”下的“单行文字” 命令标注文字说明，标注效果如图 19-30 所示。

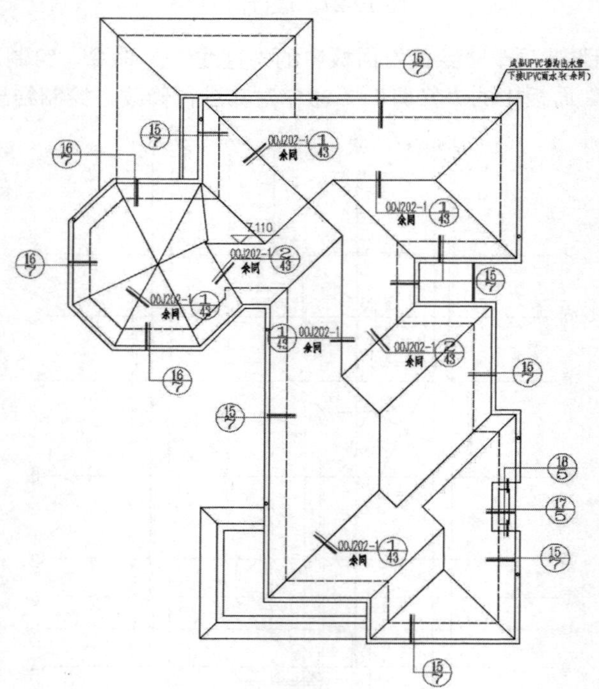

图 19-30　文字标注

08 标注标高。执行“插入”选项卡“块”面板中的“插入” 命令插入标高符号，然后执行“注释”选项卡“文字”面板中“多行文字”下的“单行文字” 命令，绘制效果如图 19-31 所示。

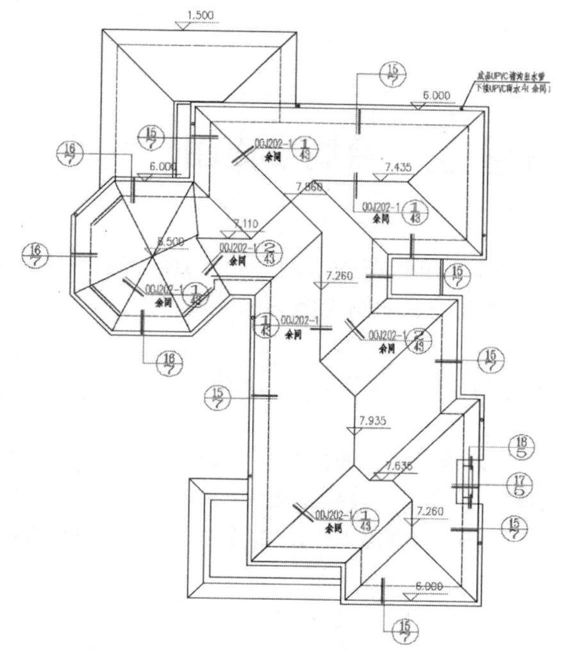

图 19-31　标注标高

09 标注尺寸。执行“注释”选项卡“标注”面板中的“线性”命令和“连续标注”命令进行尺寸标注，标注完成后隐藏定位轴线，标注效果如图 19-32 所示。

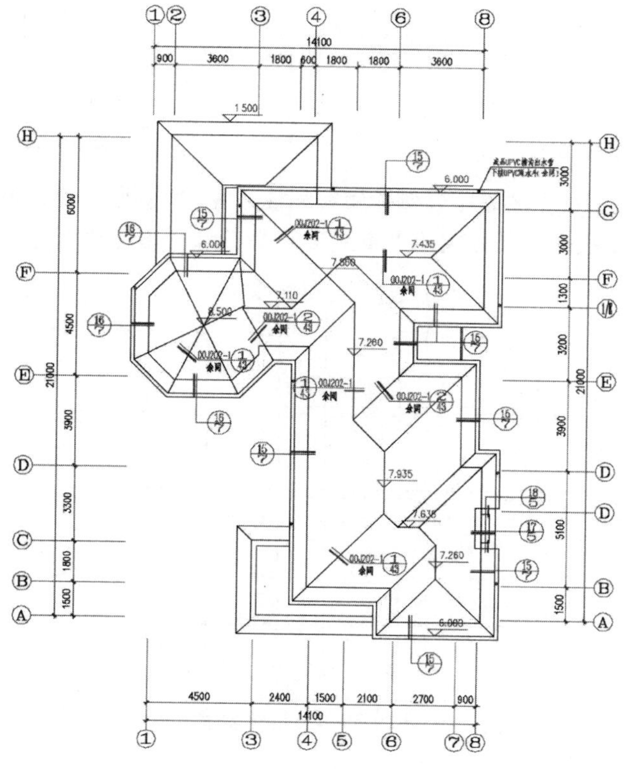

图 19-32　标注尺寸

至此，平面图部分绘制完毕。

19.2 绘制立面图

因为造型上的多样化，所以别墅中立面图的绘制不如一般的高层住宅的立面图规律性强，相对来说，其绘制也比较复杂。下面以①~⑧轴线的立面图为例进行讲解。

19.2.1 绘制轴线

01 执行“常用”选项卡“绘图”面板中的“直线”命令，绘制一条竖直线，然后执行“常用”选项卡“修改”面板中的“偏移”命令，效果如图 19-33 所示。

02 执行“插入”选项卡“块”面板中的“插入”命令插入轴线编号图块，之后双击轴线编号更改数值，效果如图 19-34 所示。

图 19-33　绘制轴线

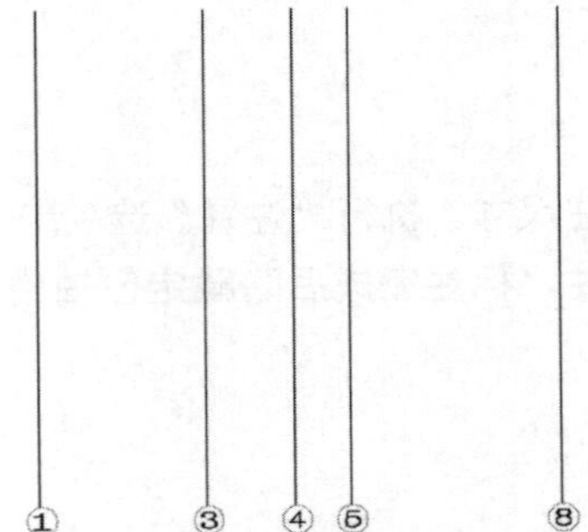

图 19-34　绘制轴线编号

03 绘制立面的分割线。轮廓线主要是指外侧轮廓线和柱线等，将立面分为几个区域，对图形进行定位。执行“常用”选项卡“绘图”面板中的“直线”命令和“多段线”命令绘制分割线，绘制效果如图 19-35 所示。

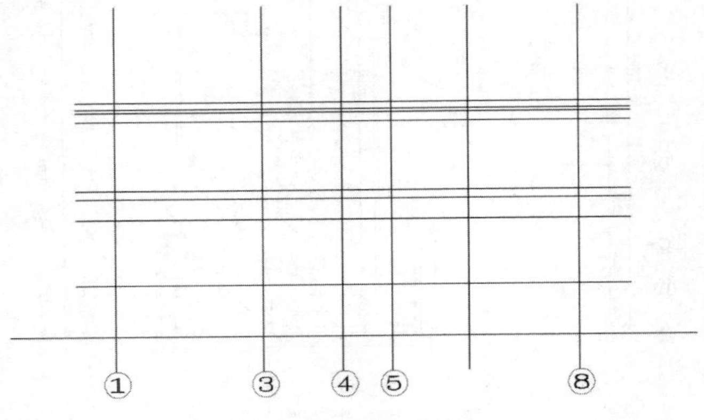

图 19-35　绘制分割线

19.2.2　绘制底层立面图

01 通过执行“常用”选项卡“修改”面板中的“偏移”命令对轴线和分割线偏移进行定位，绘制基础及一层立面轮廓线，绘制效果如图 19-36 所示。

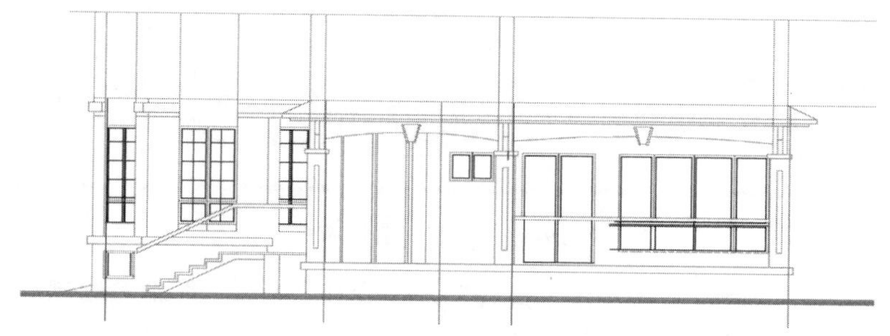

图 19-36　绘制轮廓线

02 执行“常用”选项卡“绘图”面板中的“直线”命令，绘制台阶及休息长廊扶手，绘制效果如图 19-37 所示。

图 19-37　绘制扶手

03 执行“常用”选项卡“修改”面板中的“修剪”命令修剪柱子、引条线，隐藏看不见的线条，绘制效果如图 19-38 所示。

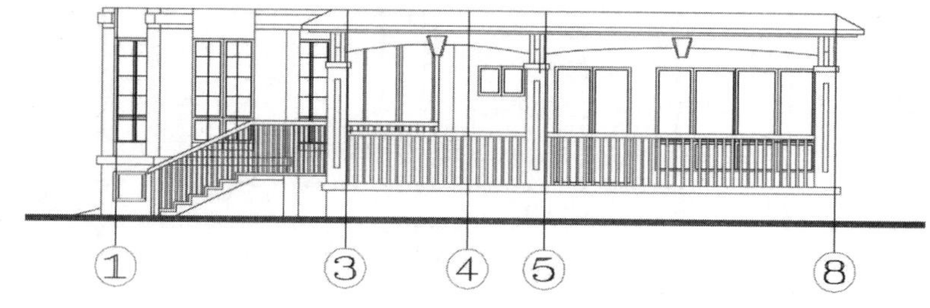

图 19-38　修剪线条

19.2.3　绘制二层立面图

绘制方法与一层立面图类似，具体步骤如下。

01 执行“常用”选项卡“绘图”面板中的“直线”命令，绘制轮廓线，效果如图 19-39 所示。

图 19-39 绘制二层轮廓线

02 执行“常用”选项卡“绘图”面板中的“直线”命令和“圆弧”命令绘制扶手，绘制完成后将其创建为块，执行“插入”选项卡“块定义”面板中的“创建块”命令，然后执行“插入”选项卡“块”面板中的“插入”命令将其插入到相应的位置，绘制效果如图 19-40 所示。

图 19-40 添加扶手

03 执行“常用”选项卡“修改”面板中的“修剪”命令，对柱子、引条线进行修剪，绘制效果如图 19-41 所示。

图 19-41 进行剪切

04 执行常用“选项卡”绘图”面板中的“直线”命令和“修改”面板中的“修剪”命令，对柱子和墙体细部进行细化，绘制效果如图 19-42 所示。

图 19-42　对细部进行细化

19.2.4　绘制屋顶和烟囱立面图

01 执行“常用”选项卡“绘图”面板中的“直线”命令和“修改”面板中的“偏移”命令，绘制屋顶和烟囱轮廓线，绘制效果如图 19-43 所示。

图 19-43　绘制屋顶及烟囱轮廓线

02 对墙体、柱子、烟囱及屋顶进行填充。执行“常用”选项卡“绘图”面板中的“填充”命令，填充效果如图 19-44 所示。

图 19-44　对墙柱进行填充

19.2.5　进行标高和尺寸标注

01 执行“插入”选项卡“块”面板中的“插入”命令，在需要的位置插入标高符号，然后执行“注释”选项卡“文字”面板中“多行文字”下的“单行文字”命令修改标高数值，效果如图 19-45 所示。

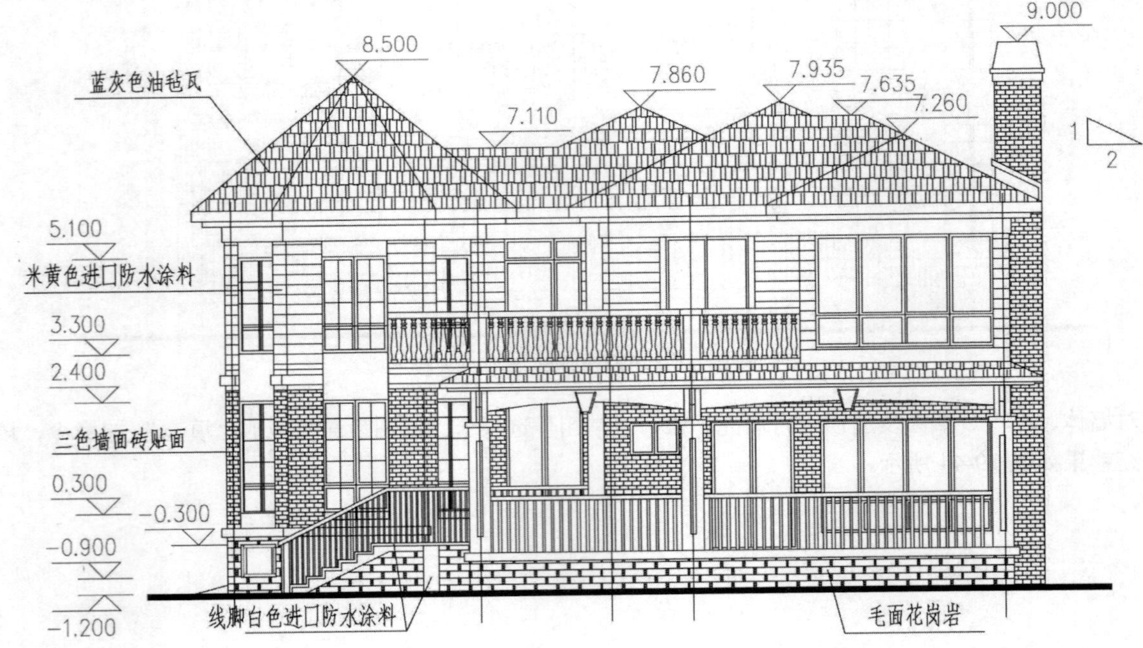

图 19-45　进行标高标注

02 标高绘制完成后，执行“注释”选项卡“标注”面板中的“线性”和“连续标注”命令进行尺寸标注，标注的效果如图 19-46 所示。

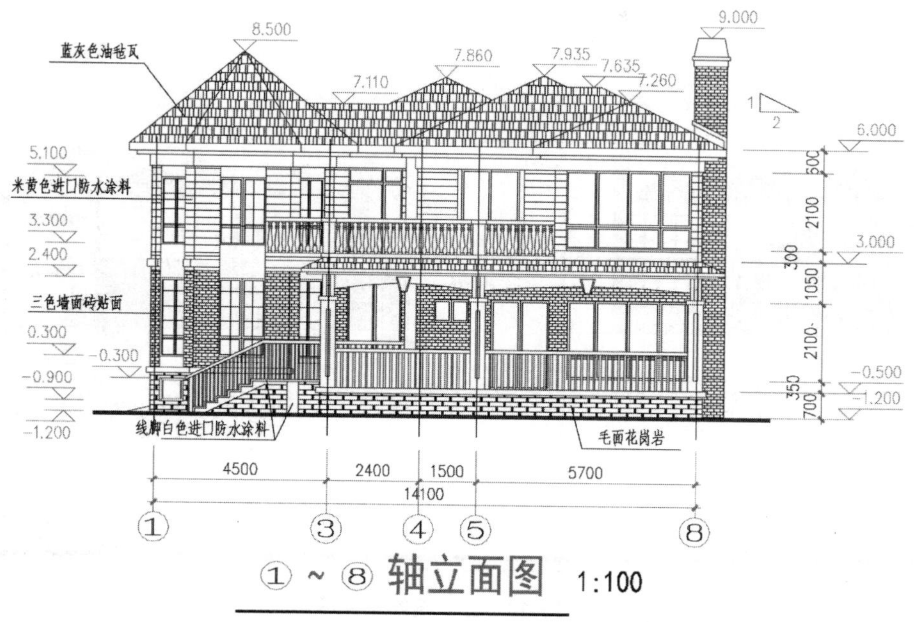

图 19-46　①~⑧轴立面图绘制完成

19.2.6　绘制 A~H 轴的立面图

01 利用同样的方法绘制 A~H 轴的立面图，绘制效果如图 19-47 所示。

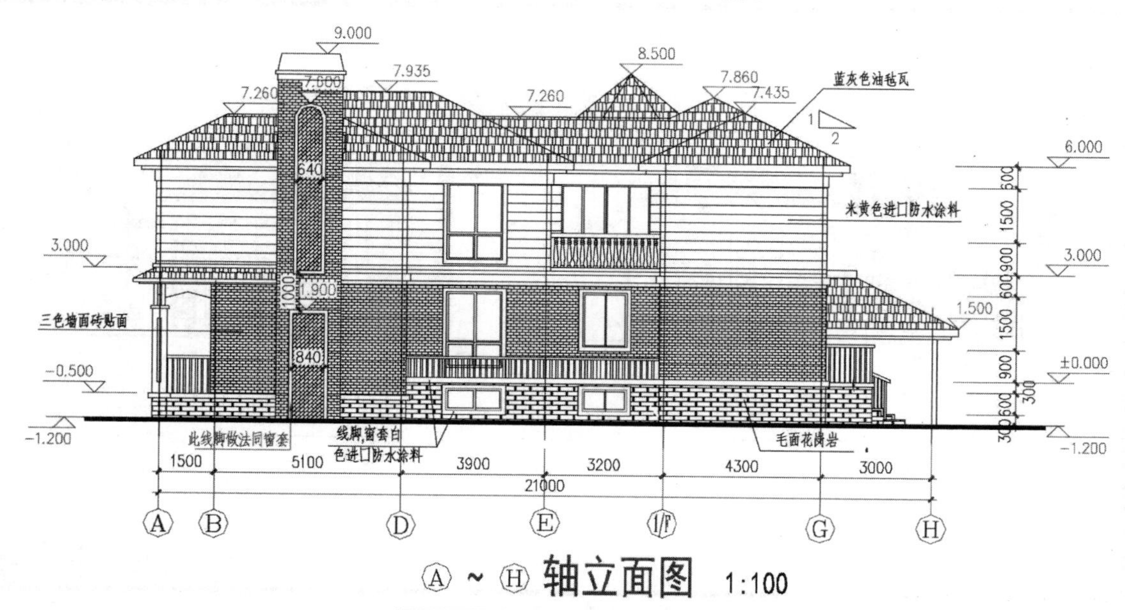

图 19-47　绘制 A~H 轴立面图

02 添加图框，效果如图 19-48 所示。

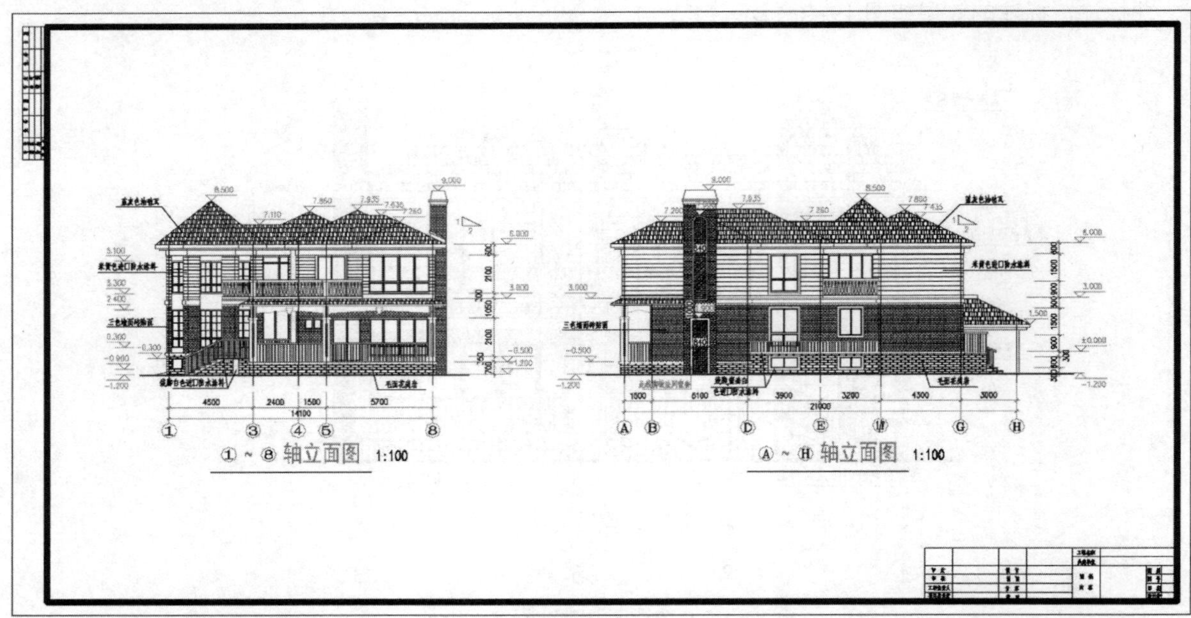

图 19-48　立面图绘制完成

19.2.7　绘制其他立面图

利用上述方法绘制⑧~①和 H~A 轴立面图，效果如图 19-49 所示。

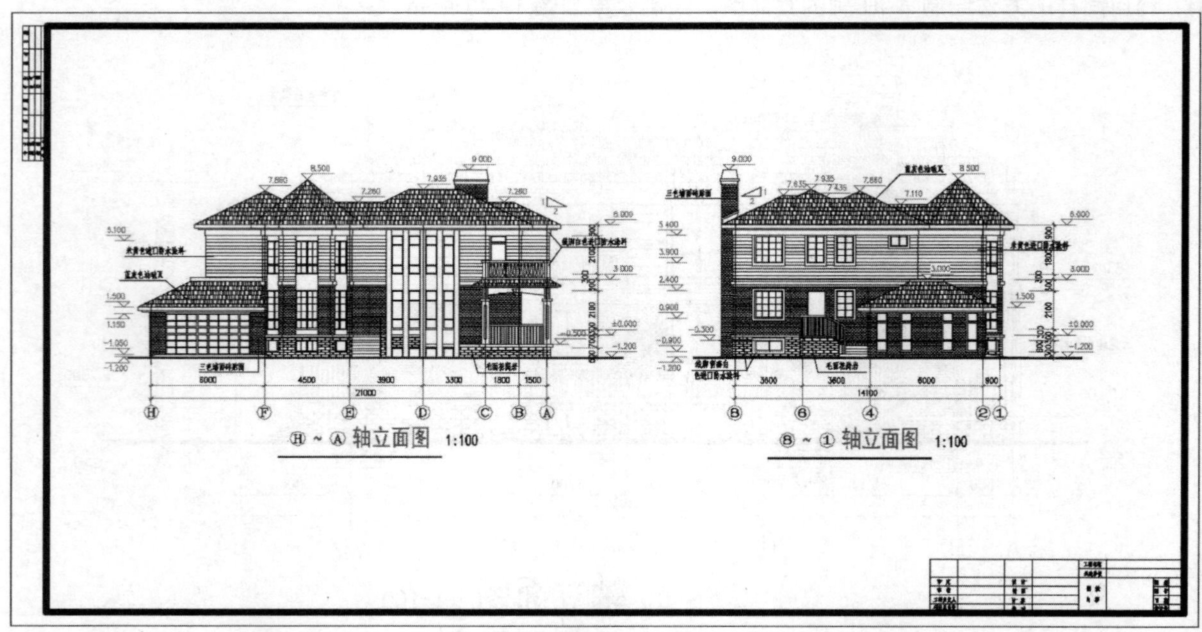

图 19-49　绘制⑧~①和 H~A 轴立面图

19.3 绘制剖面图

本例的剖面图比较规则，整体变化不大，梁柱对正，绘制比较简单，难点在于旋转楼梯的绘制，绘制步骤如下。

19.3.1 绘制 A~A 剖面图

01 绘制轴线。执行“常用”选项卡“绘图”面板中的“直线”命令绘制一条竖直线，执行“常用”选项卡“修改”面板中的“偏移”命令对直线进行偏移，绘制其他轴线。

02 执行“插入”选项卡“块”面板中的“插入”命令插入轴线编号图块，然后修改数值，效果如图 19-50 所示。

03 绘制基础和梁板。执行“常用”选项卡“绘图”面板中的“多段线”命令绘制地面，然后通过执行“常用”选项卡“修改”面板中的“偏移”命令对地面线进行偏移，以确定梁板的位置，绘制效果如图 19-51 所示。

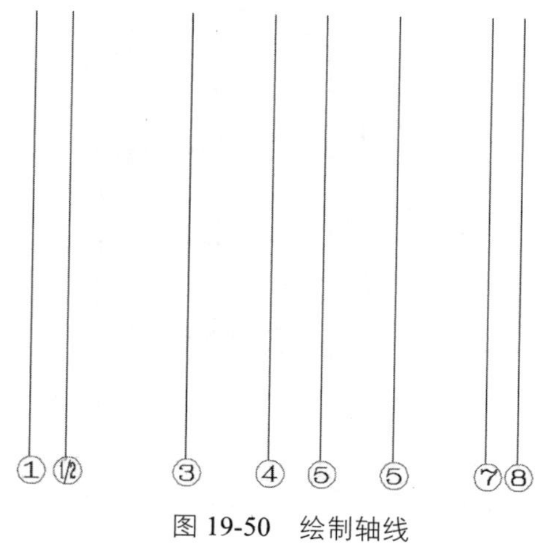

图 19-50 绘制轴线

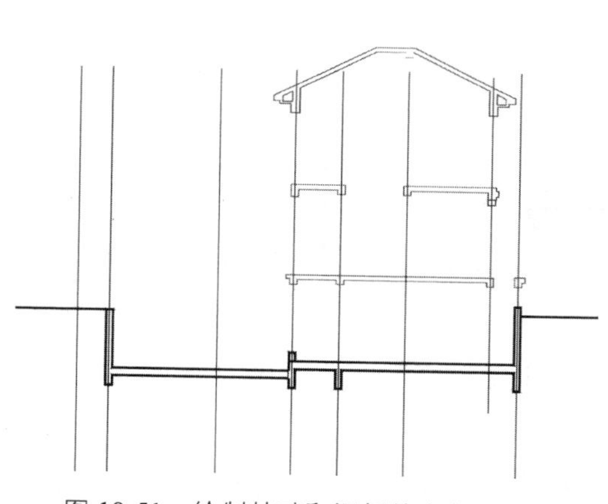

图 19-51 绘制基础和梁板轮廓线

04 执行“常用”选项卡“绘图”面板中的“填充”命令对梁板和基础进行填充，绘制完成后执行“常用”选项卡“修改”面板中的“删除”命令删除辅助线，绘制效果如图 19-52 所示。

05 执行“常用”选项卡“绘图”面板中的“直线”命令绘制墙体，绘制效果如图 19-53 所示。

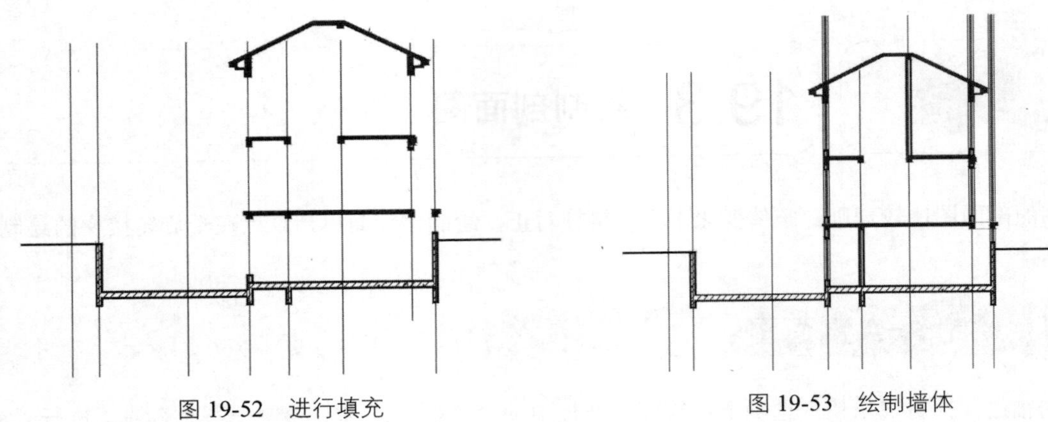

图 19-52　进行填充　　图 19-53　绘制墙体

06 执行“常用”选项卡“修改”面板中的“修剪” 命令对多余的线条进行剪切，绘制效果如图 19-54 所示。

07 执行“常用”选项卡“绘图”面板中的“直线” 命令和“修改”面板中的“偏移” 命令，绘制室内外未剖到但可以看到的立面，如室外的柱子、雨棚、室内的门等，绘制效果如图 19-55 所示。

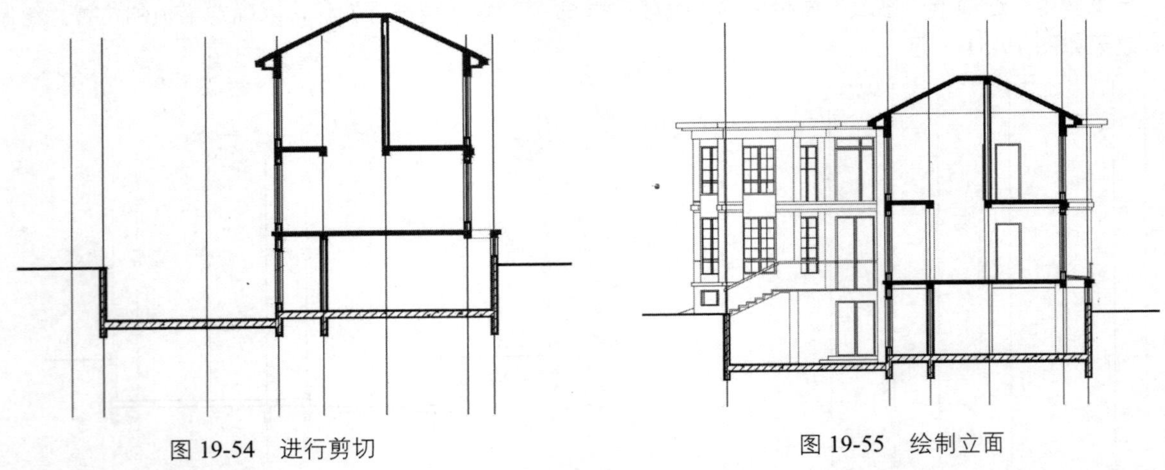

图 19-54　进行剪切　　图 19-55　绘制立面

08 添加扶手，具体过程与平面图中一致，绘制台阶及休息长廊扶手，绘制效果如图 19-56 所示。

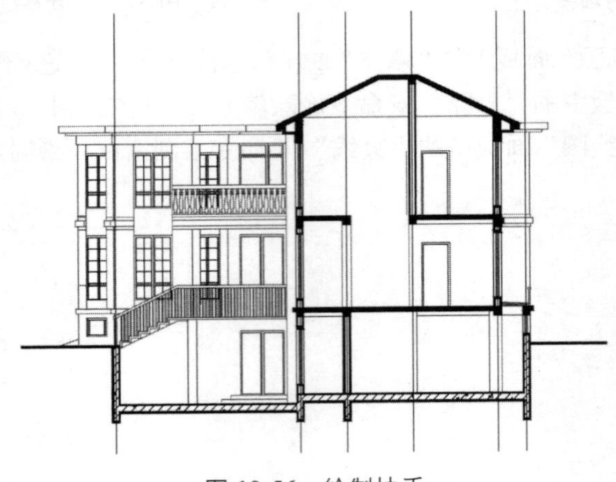

图 19-56　绘制扶手

09 执行“常用”选项卡“绘图”面板中的“直线”命令和“修改”面板中的“偏移”命令，绘制屋顶的粉刷层线和屋顶的可见立面，绘制效果如图 19-57 所示。

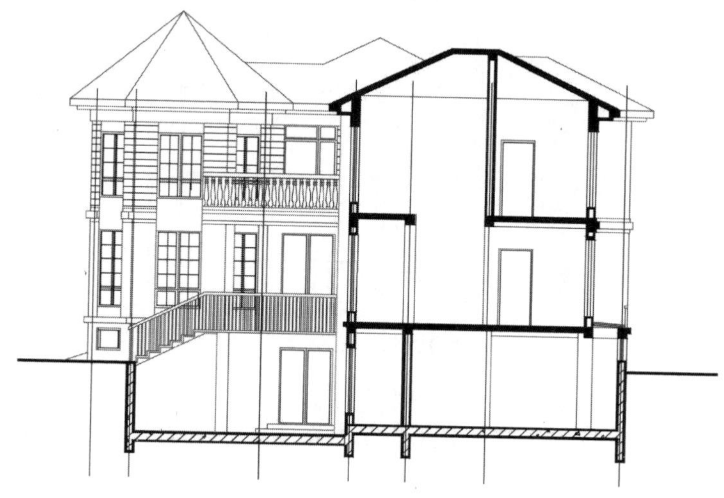

图 19-57　绘制屋顶

10 对外立面进行填充。执行“常用”选项卡“绘图”面板中的“填充”命令，填充效果如图 19-58 所示。

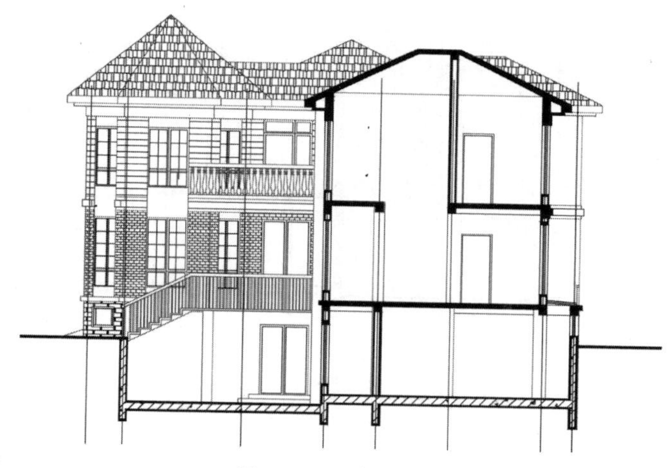

图 19-58　填充图案

11 旋转楼梯的绘制是本剖面图的难点，楼梯的踏步宽度不是相同的，而是呈等差数列分布，可以根据第一级踏步和最后一级踏步的总宽度来确定每级踏步的距离，楼梯板可以通过执行“常用”选项卡“绘图”面板中的“样条曲线”命令使用样条曲线绘制，绘制效果如图 19-59 所示。

图 19-59　绘制楼梯

12 执行“注释”选项卡“标注”面板中的“线性”命令和“连续标注”命令进行尺寸标注。

13 执行“插入”选项卡“块”面板中的“插入”命令插入标高符号，然后执行“注释”选项卡“文字”面板中“多行文字”下的“单行文字”命令添加标高数值，标注后的效果如图 19-60 所示。

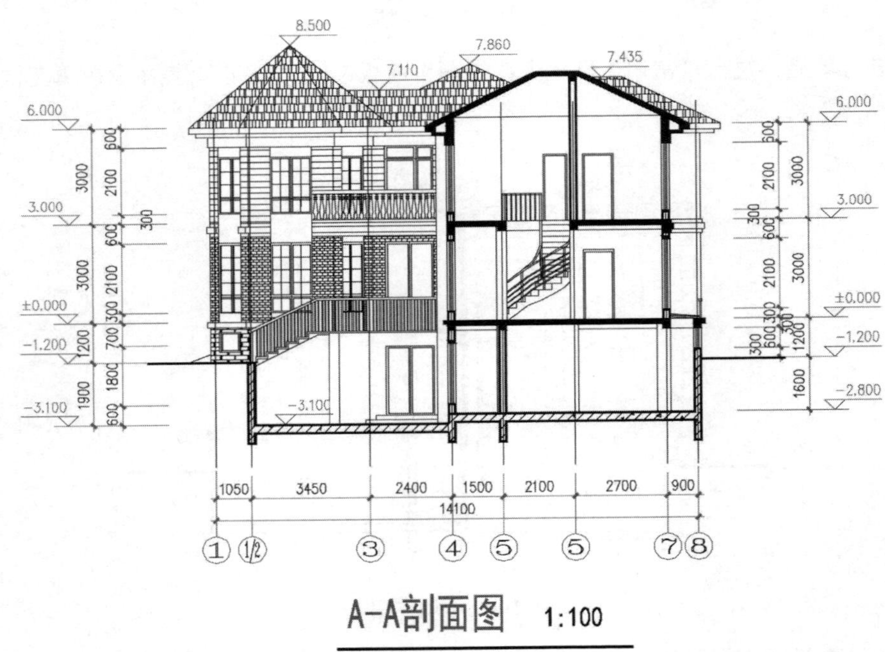

图 19-60　进行尺寸和标高标注

至此 A-A 剖面图绘制完成。

19.3.2　绘制进门楼梯台阶 B-B 剖面图

01 绘制台阶楼梯轮廓线。执行“常用”选项卡“绘图”面板中的“直线”命令绘制墙体，然后执行“常用”选项卡“修改”面板中的“修剪”命令绘制进门台阶轮廓线，绘制效果如图 19-61 所示。

02 执行“常用”选项卡“绘图”面板中的“填充”命令对图形进行填充，填充效果如图 19-62 所示。

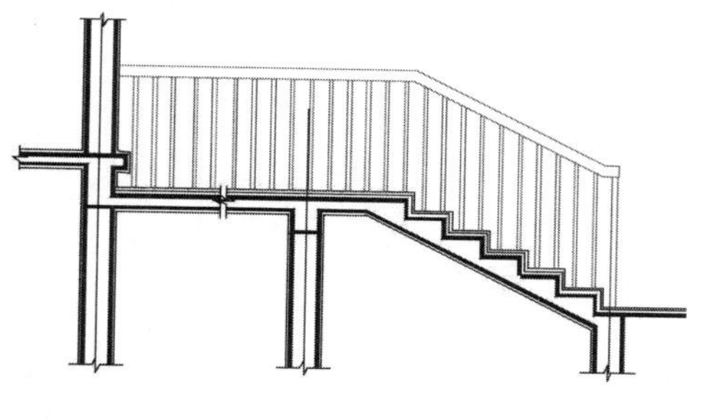

图 19-61 绘制轮廓线

图 19-62 图形填充

03 执行“注释”选项卡“标注”面板中的“线性”命令和“连续标注”命令进行尺寸标注，然后执行“注释”选项卡“文字”面板中“多行文字”下的“单行文字”命令进行文字标注，标注效果如图 19-63 所示。

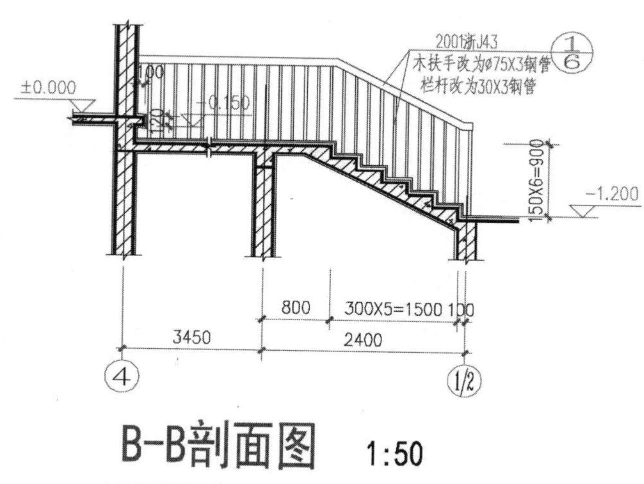

图 19-63 进行尺寸及文字标注

19.4 绘制建筑详图

建筑详图是建筑细部的施工图，主要用来表达建筑物的局部形状、尺寸、用料等。本例中的建筑详图主要包括别墅楼梯剖面详图、楼梯平面详图及一些细部等，主要是对平、立、剖面图的补充，下面以楼梯剖面详图为例进行说明。

19.4.1 绘制轴线

执行“常用”选项卡“绘图”面板中的“直线”命令，绘制一条竖直线，然后执行“常用”选项卡“修改”面板中的“偏移”命令，效果如图 19-64 所示。

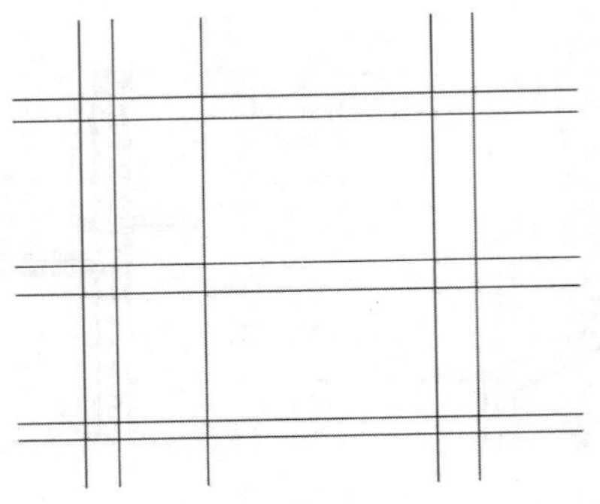

图 19-64　绘制轴线

19.4.2　绘制墙体和楼梯

01 执行“常用”选项卡“绘图”面板中的“直线”命令绘制墙体，然后执行“常用”选项卡“修改”面板中的“修剪”命令绘制进门台阶轮廓线，绘制效果如图 19-65 所示。

02 执行“常用”选项卡“绘图”面板中的“直线”命令和“修改”面板中的“偏移”命令，对楼梯进行定位，绘制效果如图 19-66 所示。

03 执行“常用”选项卡“修改”面板中的“修剪”命令对辅助线条进行修剪，绘制楼梯，绘制效果如图 19-67 所示。

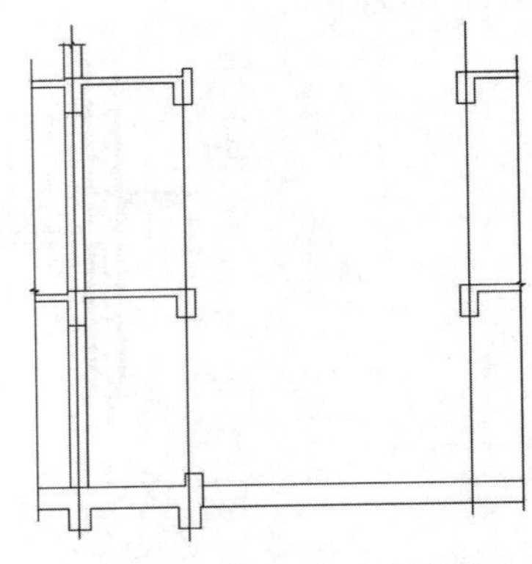

图 19-65　绘制墙体轮廓线

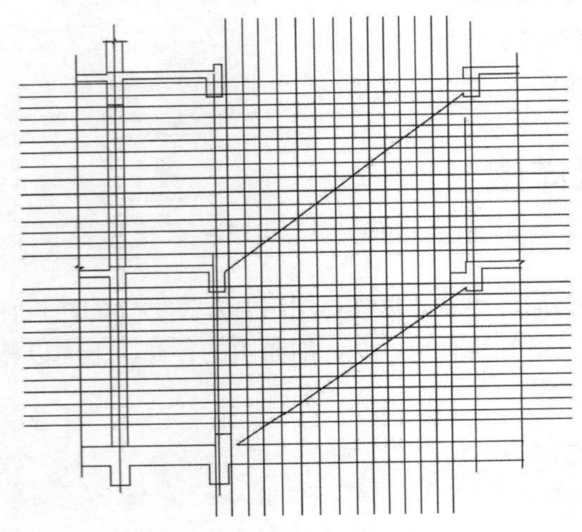

图 19-66　对楼梯进行定位

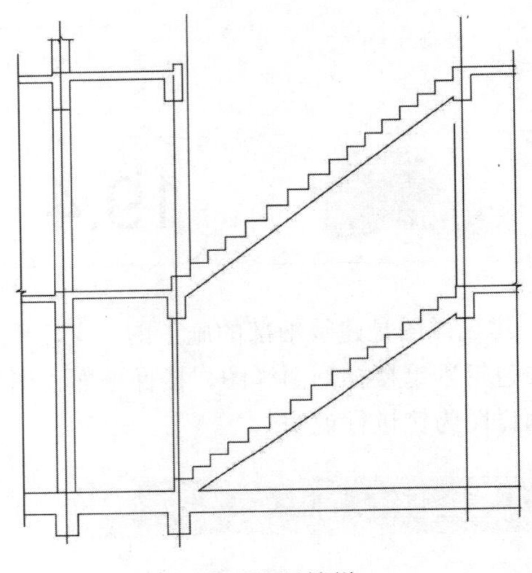

图 19-67　绘制楼梯

04 执行“常用”选项卡“绘图”面板中的“填充”命令对图形进行填充，填充效果如图 19-68 所示。

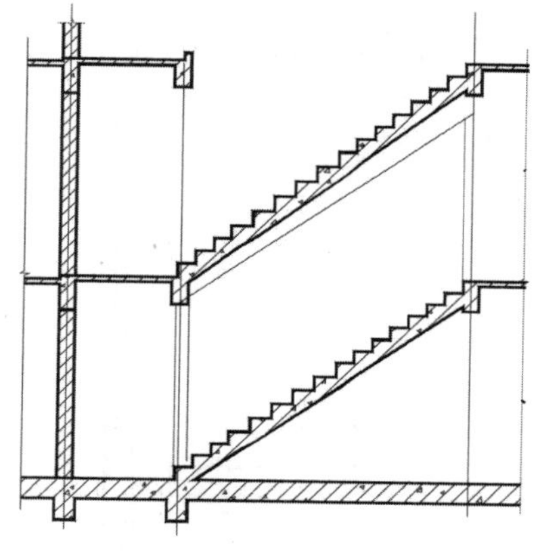

图 19-68　图形填充

19.4.3　进行尺寸和文字标注

执行“注释”选项卡“标注”面板中的“线性”命令和“连续标注”命令进行尺寸标注，然后执行“注释”选项卡“文字”面板中“多行文字”下的“单行文字”命令进行文字标注，标注效果如图 19-69 所示。

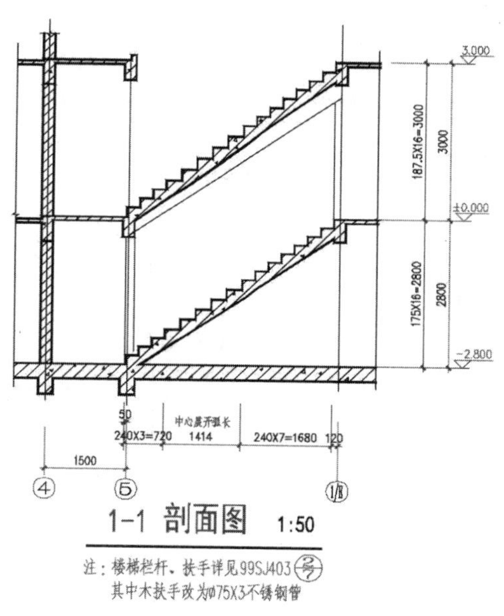

图 19-69　进行尺寸和文字标注

19.4.4　绘制栏杆详图

绘制过程较为简单，在此不再赘述，绘制效果如图 19-70 所示。

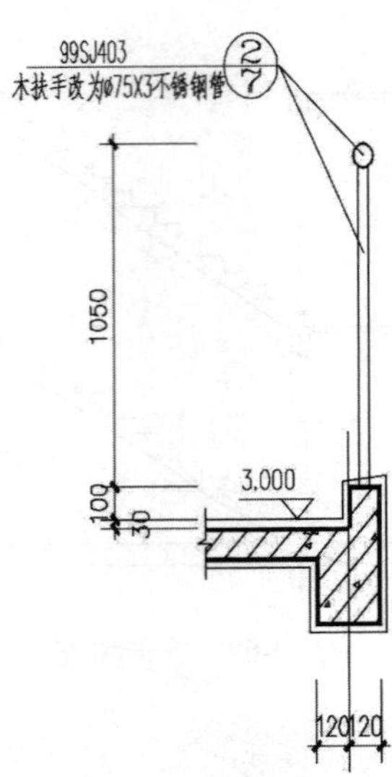

图 19-70　绘制栏杆详图

19.4.5　绘制景观休息廊柱详图

01 执行“常用”选项卡“绘图”面板中的“直线”命令、“圆弧”命令和“修改”面板中的“偏移”命令，绘制景观休息廊柱的轮廓线，绘制效果如图 19-71 所示。

02 执行“常用”选项卡“修改”面板中的“修剪”命令对多余的直线进行剪切，绘制效果如图 19-72 所示。

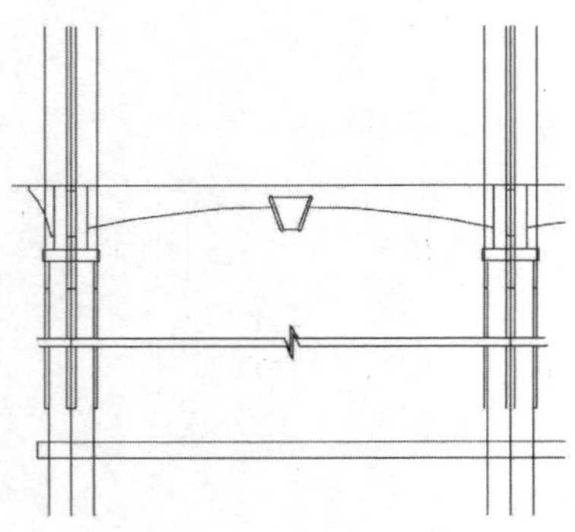

图 19-71　绘制轮廓线

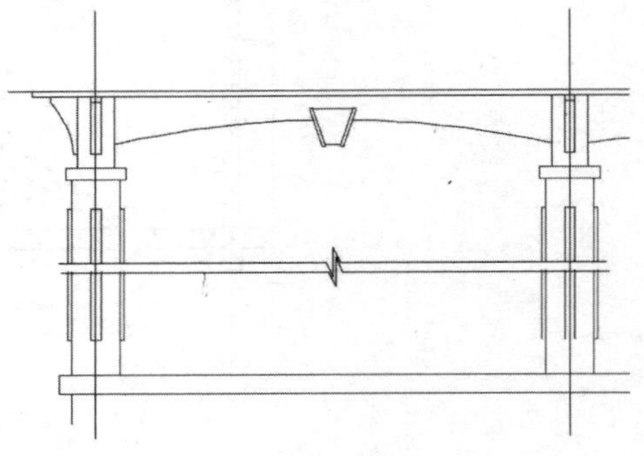

图 19-72　进行修剪

03 添加廊柱顶部。执行“常用”选项卡“绘图”面板中的“直线”命令和“修改”面板中的“偏移”命令绘制廊柱顶部，绘制效果如图 19-73 所示。

04 执行“注释”选项卡“文字”面板中“多行文字”下的“单行文字”命令，执行“注释”选项卡“标注”面板中的“线性”命令和“连续标注”命令，对其进行文字和尺寸标注，

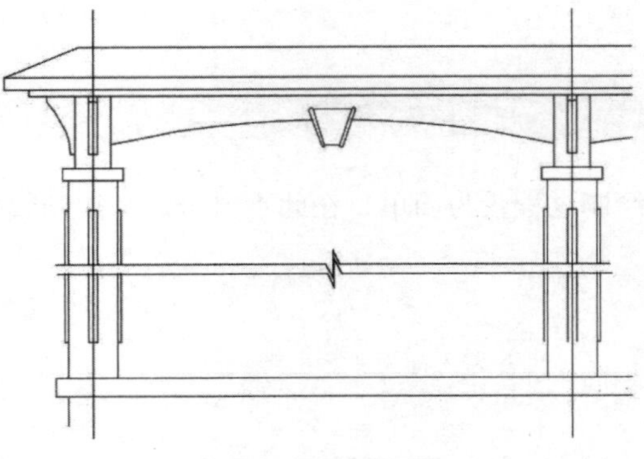

图 19-73　绘制顶部

标注效果如图 19-74 所示。

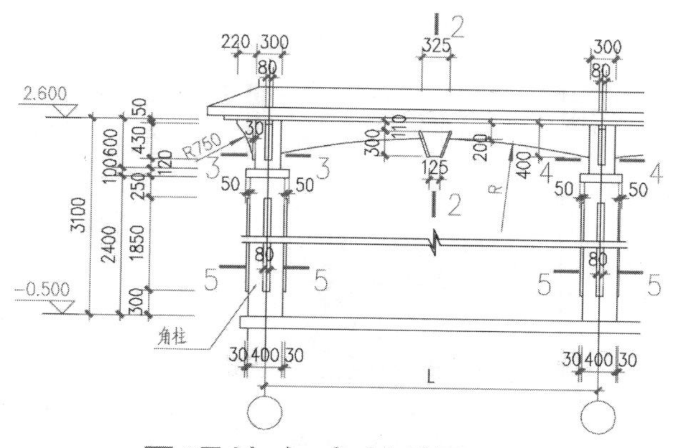

图 19-74　绘制景观休息廊柱详图

19.4.6　绘制楼梯平面详图

绘制效果如图 19-75、图 19-76、图 19-77 所示。

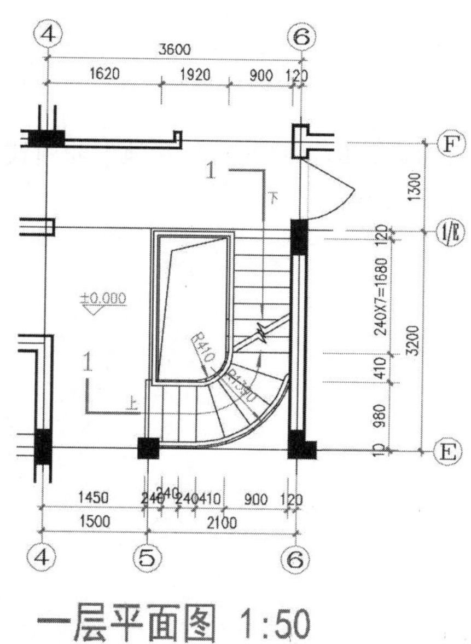

图 19-75　绘制一层楼梯平面详图

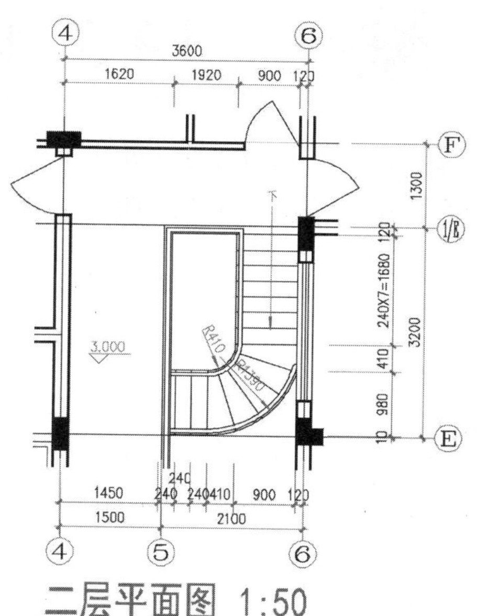

图 19-76　绘制二层楼梯平面详图

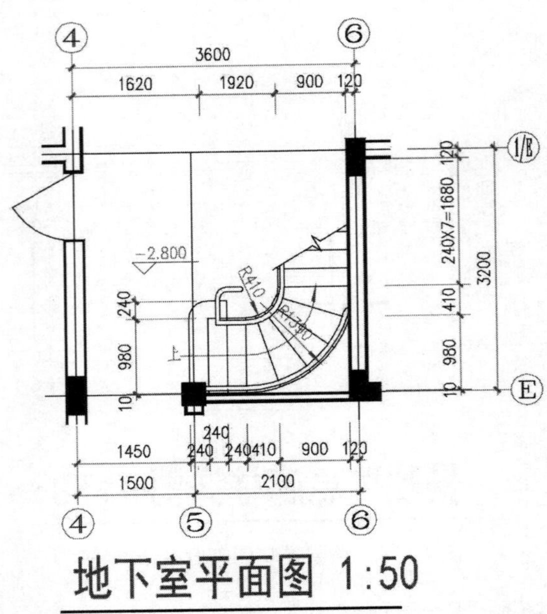

图 19-77　绘制地下室楼梯平面详图

19.5 本章小结

本章主要介绍了别墅施工图的内容和绘制过程，别墅的形式复杂，构造多变，与其他工业建筑、高层住宅建筑有很大的差别，但施工图的绘制要求是一样的，即准确、清晰。

第 20 章 绘制中学教学楼建筑图

中学教学楼的组成如下。

- 教学部分：普通教室、专用教室（实验室、音乐教室等）、图书阅览室、科技活动室等。
- 办公部分：行政办公室、教师办公室。
- 辅助部分：交通联系、厕所、储藏室等。

建筑设计要求综合考虑各个部分的大小、体形、朝向、室内设施、结构形式及房间组合等。

知识要点

- 掌握中学教学楼的设计基本规定。
- 掌握中学教学楼建筑图的绘制过程和方法。

20.1 设计中学教学楼的基础知识

20.1.1 课桌椅的布置

应符合下列规定：

- 课桌椅的排距：不宜小于 900mm；纵向走道宽度不应小于 550mm。课桌端部与墙面（或突出墙面的内壁柱及设备管道）的净距离不应小于 120mm。
- 前排边座的学生与黑板远端形成的水平视角不应小于 30°。
- 教室第一排课桌前沿与黑板的水平距离不宜小于 2000mm；教室最后一排课桌后沿与黑板的水平距离不宜大于 8500mm。教室后部应设置不小于 600mm 的横向走道。

普通教室应设置黑板、讲台、清洁柜、窗帘杆、银幕挂钩、广播喇叭箱、“学习园地”栏、挂衣钩、雨具存放处，教室的前后墙应各设置一组电源插座等。

20.1.2 实验室的设计规定

物理、化学实验室可分为边讲边试实验室、分组实验室及演示室三种类型。生物实验室可分为显微镜

实验室、演示室及生物解剖实验室三种类型。根据教学需要及学校的不同条件，这些类型的实验室可全设或兼用。

1．实验桌的尺寸

应符合下列规定：

- 双人单侧化学、物理、生物实验桌，每个学生所占的长度不宜小于 600mm；实验桌宽度不宜小于 600mm。
- 4 人双侧物理实验桌，每个学生所占的长度不宜小于 750mm；实验桌宽度不宜小于 900mm。
- 岛式化学、生物实验桌，每个学生所占的长度不宜小于 600mm；实验桌宽度不宜小于 1250mm。
- 教师演示桌长不宜小于 2400mm，宽不宜小于 600mm。

2．实验室的室内布置

应符合下列规定：

- 第一排实验桌的前沿与黑板的水平距离不应小于 2500mm，边座的学生与黑板远端形成的水平视角不应小于 30°。
- 最后一排实验桌的后沿距后墙不应小于 1200mm；与黑板的水平距离不应大于 11000mm。
- 两实验桌间的净距离：双人单侧操作时，不应小于 600mm；4 人双侧操作时，不应小于 1300mm；超过 4 人双侧操作时，不应小于 1500mm。
- 中间纵向走道的净距离：双人单侧操作时，不应小于 600mm。4 人双侧操作时，不应小于 900mm。
- 实验桌端部与墙面（或突出墙面的内壁柱及设备管道）的净距离，均不应小于 550mm。

3．实验室设施的设置

应符合下列规定：

- 实验室及其附属用房应根据功能的要求设置给排水系统、通风管道和各种电源插座。
- 实验室内应设置黑板、讲台、窗帘杆、银幕挂钩、挂镜线和“学习园地”栏。
- 化学实验室、化学准备室及生物解剖实验室的地面应设地漏。

4．演示室的设计

应符合下列规定：

- 演示室宜容纳一个班的学生，最多不应超过两个班。
- 演示室应采用阶梯式楼地面，设计视点应定在教师演示台面中心。每排座位的视线升高值宜为 120mm。
- 演示室宜采用固定桌椅，当座椅后背带有书写板时，其排距不应小于 850mm。每个座位宽度宜为 500mm。

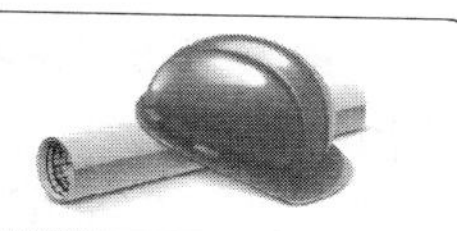

20.2 绘制教学楼平面图

教学楼的一层主要包括实验室、教室、热计量室、卫生室、体育器材室、办公室门厅等，一层平面图的绘制步骤如下。

20.2.1 绘制一层平面图

一层平面图的绘制步骤如下。

1. 绘制轮廓线

01 绘制轴线。执行“常用”选项卡“绘图”面板中的“直线”命令和 “修改”面板中的“偏移”命令绘制轴线。

02 执行“插入”选项卡“块”面板中的“插入”命令插入轴线编号，轴线绘制效果如图 20-1 所示。

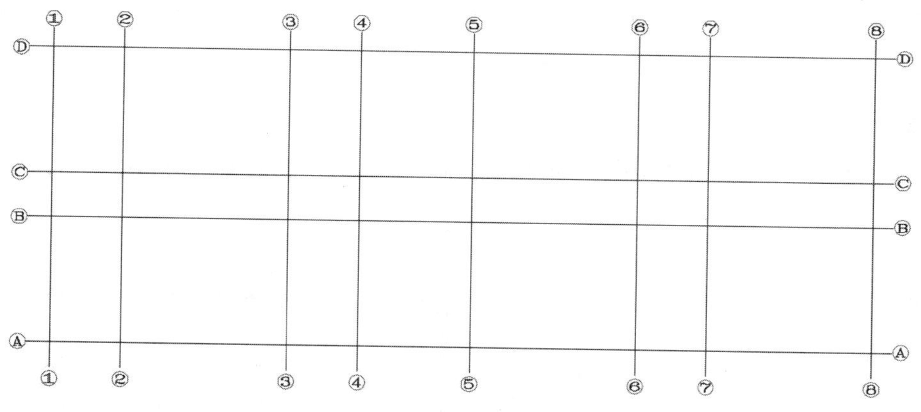

图 20-1　绘制轴线

03 执行菜单栏中“常用”选项卡“绘图”面板中的“多段线”命令，绘制教学楼的内外墙线，外墙线的线宽为 300mm，内墙线的线宽为 200mm，绘制效果如图 20-2 所示。

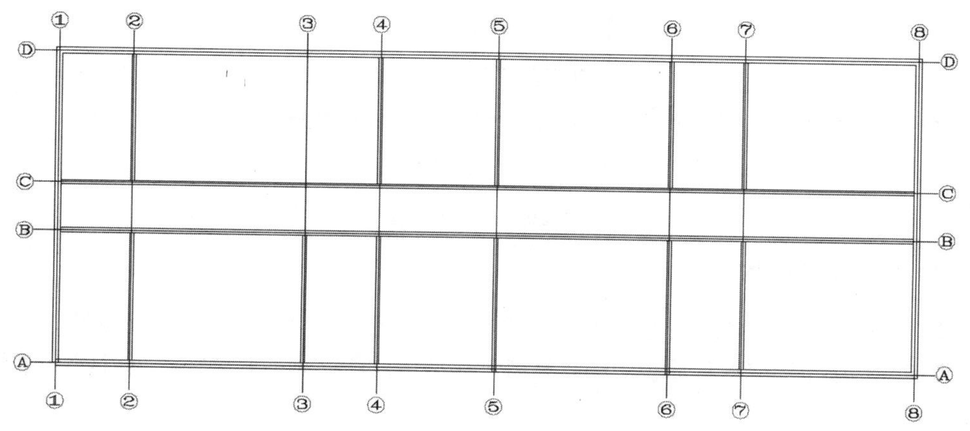

图 20-2　绘制墙线

04 添加柱子。执行“常用”选项卡“绘图”面板中的“直线”命令，绘制柱子轮廓，执行“插入”选项卡“块定义”面板中的“创建块”命令，将柱子创建为块，命名为“柱子”。

05 执行“常用”选项卡“块”面板中的“插入”命令，将柱子添加到固定的位置，执行“常用”选项卡“修改”面板中的“修剪”命令对其进行剪切，绘制效果如图 20-3 所示。

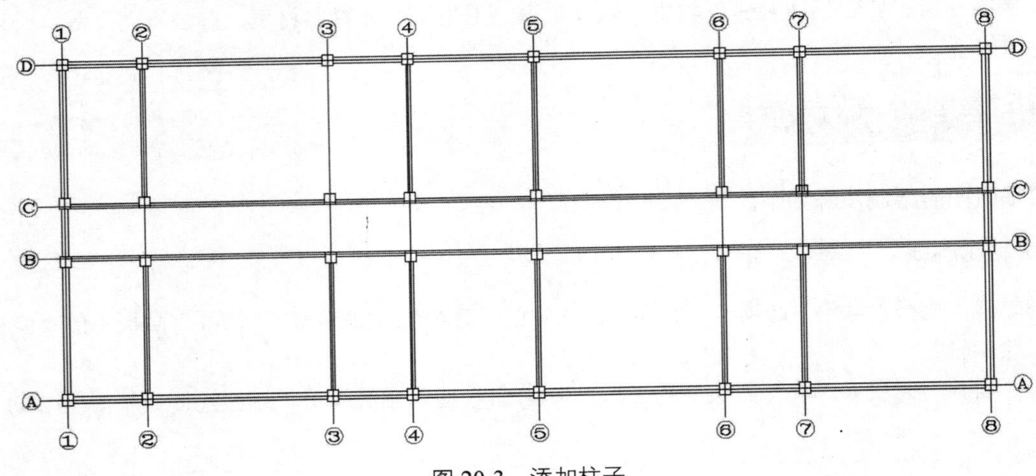

图 20-3　添加柱子

2. 添加窗户和门体

执行“插入”选项卡“块”面板中的“插入”命令，插入门体和窗户块到指定的位置，绘制效果如图 20-4 所示。

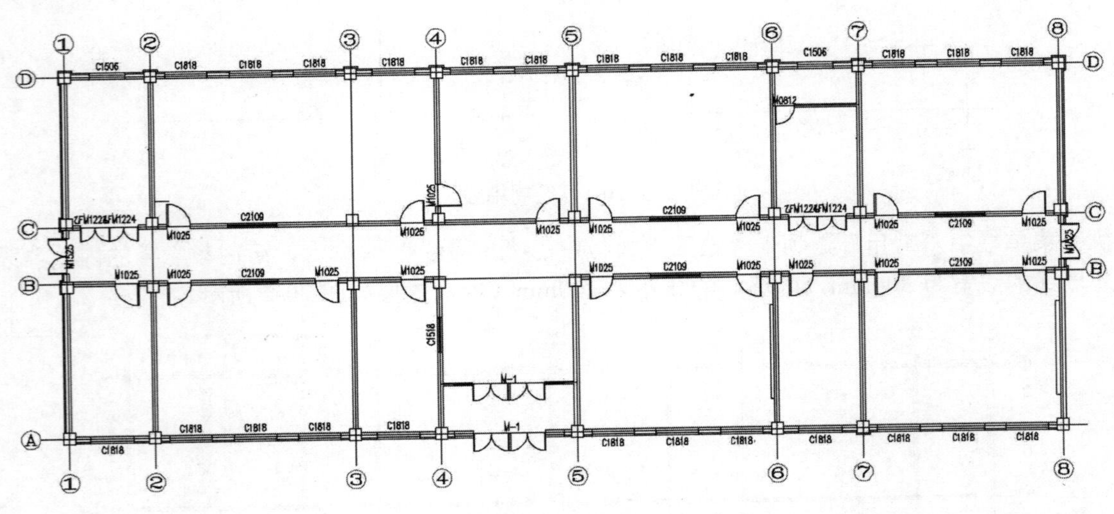

图 20-4　插入门窗

3. 绘制散水和外部结构

01 执行“常用”选项卡“绘图”面板中的“直线”命令绘制散水和外部结构轮廓线。

02 执行“常用”选项卡“修改”面板中的“修剪”命令对所绘制的轮廓线进行剪切，剪切后的效果如图 20-5 所示。

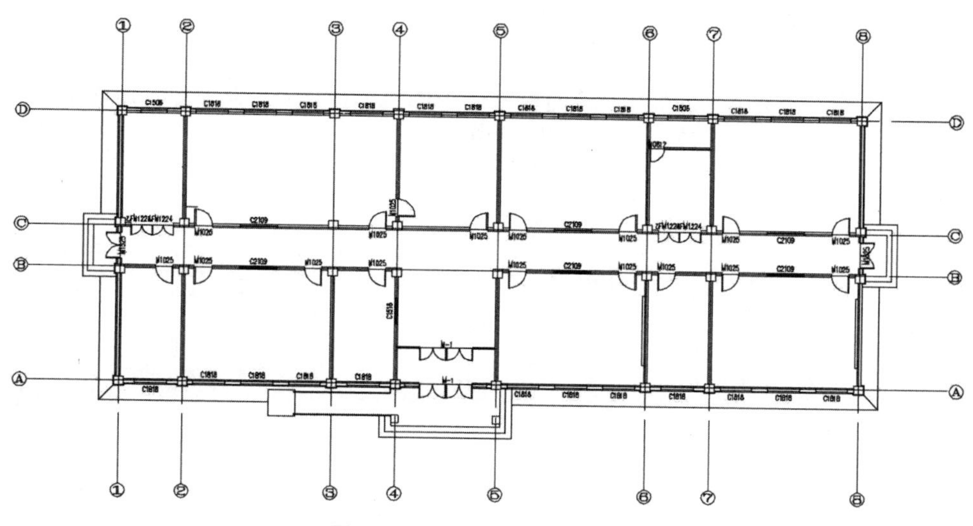

图 20-5　绘制散水和外部结构

4. 添加内部设施

01 在整个结构基本绘制完成后，开始绘制楼内设施，楼内布局主要是对室内布局进行示意，包括课桌、讲台、柜子等一些物件，如图 20-6、图 20-7、图 20-8 所示。

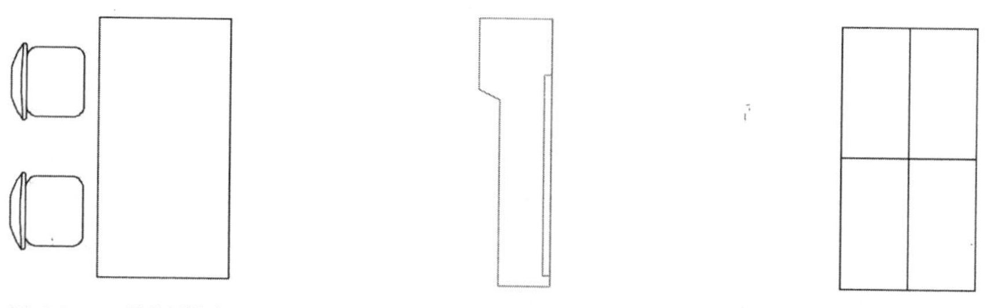

图 20-6　绘制课桌　　图 20-7　绘制讲台　　图 20-8　绘制柜子

02 绘制完成后，执行“常用”选项卡“绘图”面板中的“矩形”命令将这些物件设定为块。

03 执行“插入”选项卡“块”面板中的“插入”命令将其插入到适当的位置，效果如图 20-9 所示。

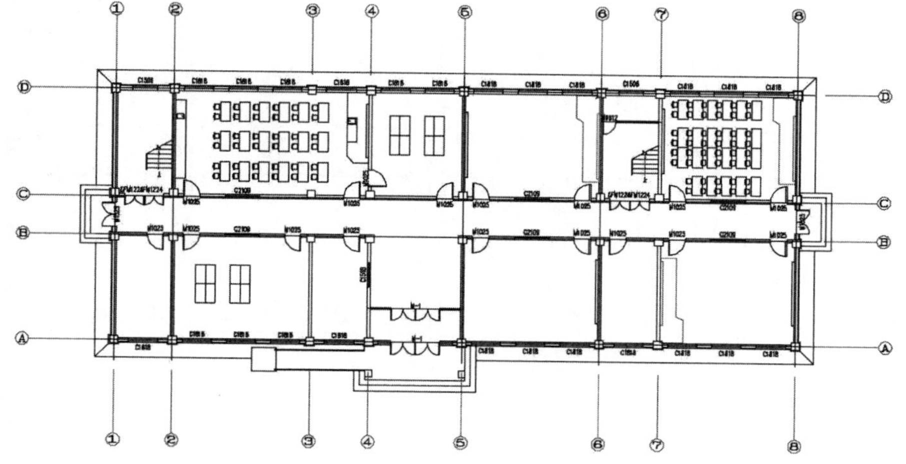

图 20-9　插入图块

5. 添加文字标注

执行“注释”选项卡“文字”面板中“多行文字”下的“单行文字” A命令，添加文字，具体绘制过程较为简单，在此不再详细叙述，绘制效果如图 20-10 所示。

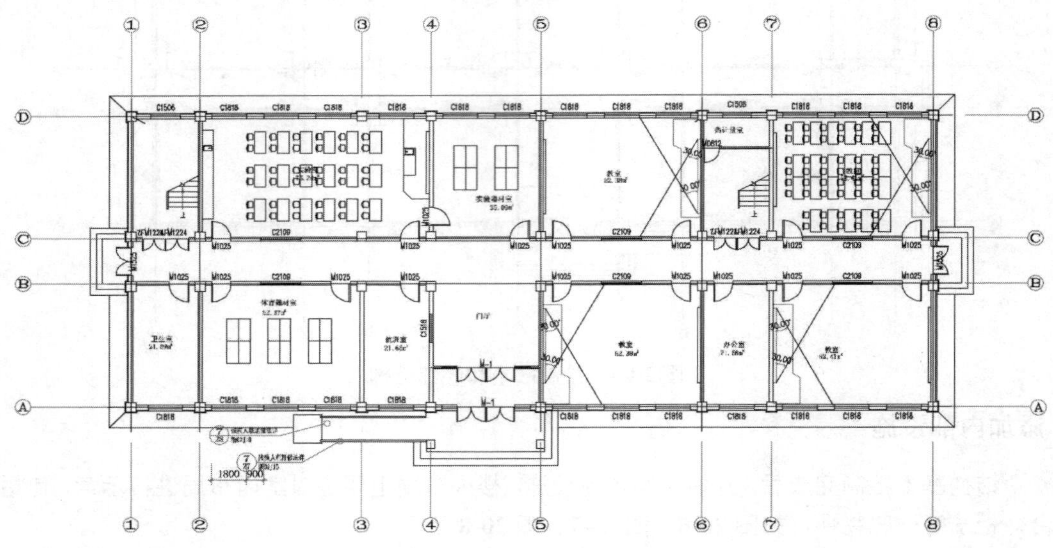

图 20-10 添加文字标注

6. 添加尺寸和标高标注

01 执行“注释”选项卡“标注”面板中的“线性”命令和“连续标注”命令，依次进行尺寸标注。

02 标高标注包括地面和各楼层的高度，顶层的标高等绘制方式和立面图中相同，标注方法是执行“插入”选项卡“块”面板中的“插入”命令插入标高符号，执行“注释”选项卡“文字”面板中“多行文字”下的“单行文字” A命令输入标高数值，标注效果如图 20-11 所示。

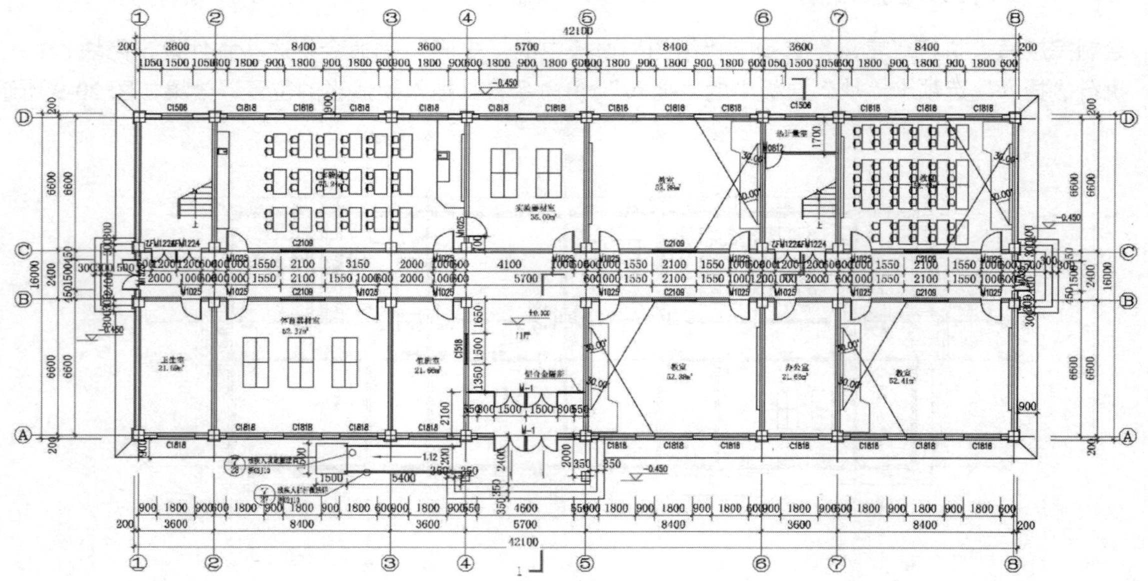

图 20-11 添加尺寸和标高标注

7. 添加图框和标题

在图形绘制完成后，添加图框和标题，效果如图 20-12 所示。

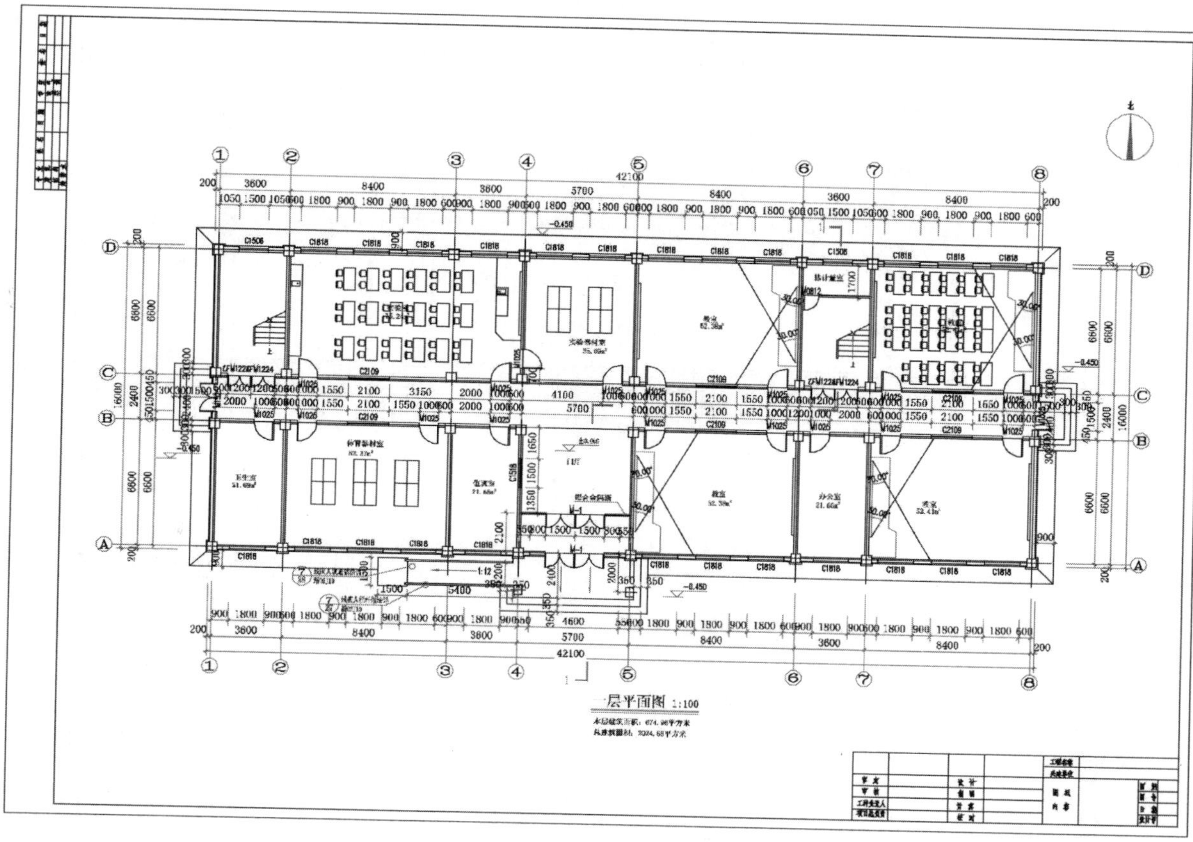

图 20-12　添加图框和标题

20.2.2　绘制二层、三层平面图

二层、三层平面图的绘制过程与一层平面图相同，绘制过程不再赘述，效果如图 20-13 和图 20-14 所示。

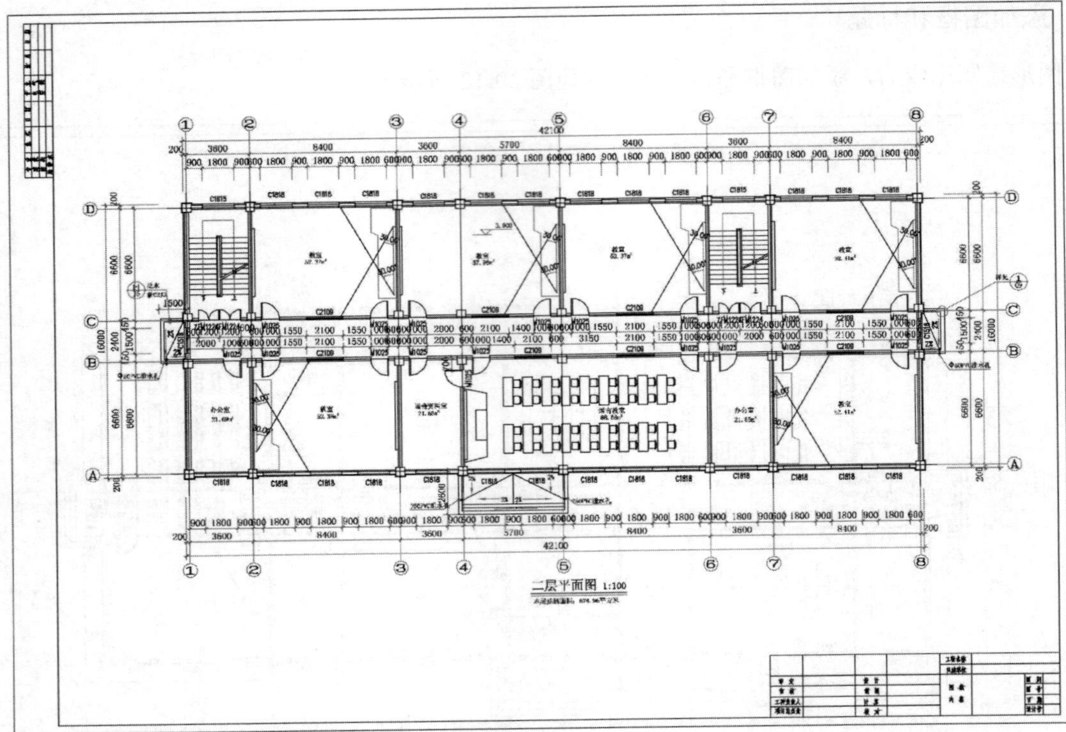

图 20-13　二层平面图

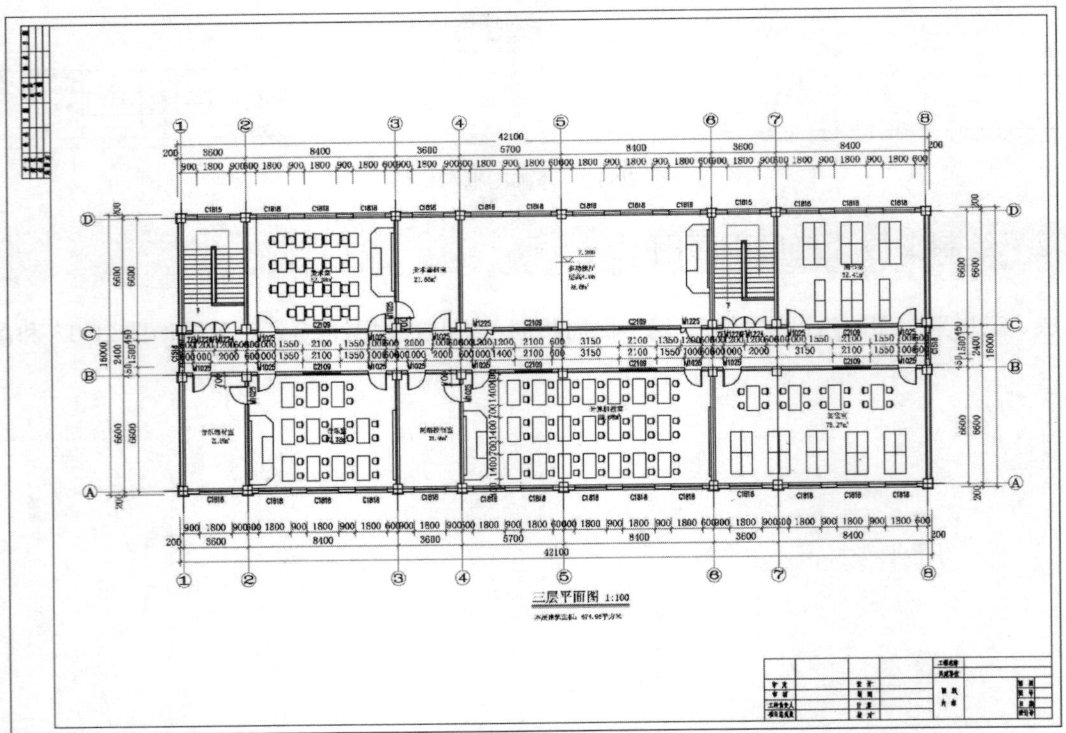

图 20-14　三层平面图

20.2.3　绘制顶层平面图

顶层平面图的绘制内容和底层有很大的差别，它没有底层平面图复杂，主要是屋面的轮廓和标注排水坡度。顶层平面图的绘制过程如下。

01 执行“常用”选项卡“绘图”面板中的“直线”命令和“修改”面板中的“偏移”命令绘制轴线，然后执行“插入”选项卡“块”面板中的“插入”命令插入轴线编号，绘制效果如图 20-15 所示。

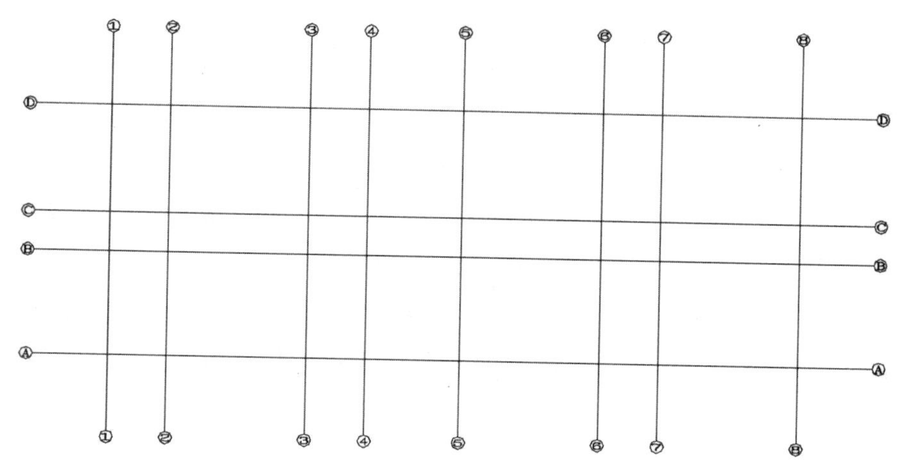

图 20-15　绘制轴线

02 执行“常用”选项卡“绘图”面板中的“直线”命令，绘制屋顶轮廓线，包括女儿墙、天沟和屋脊等轮廓线，绘制效果如图 20-16 所示。

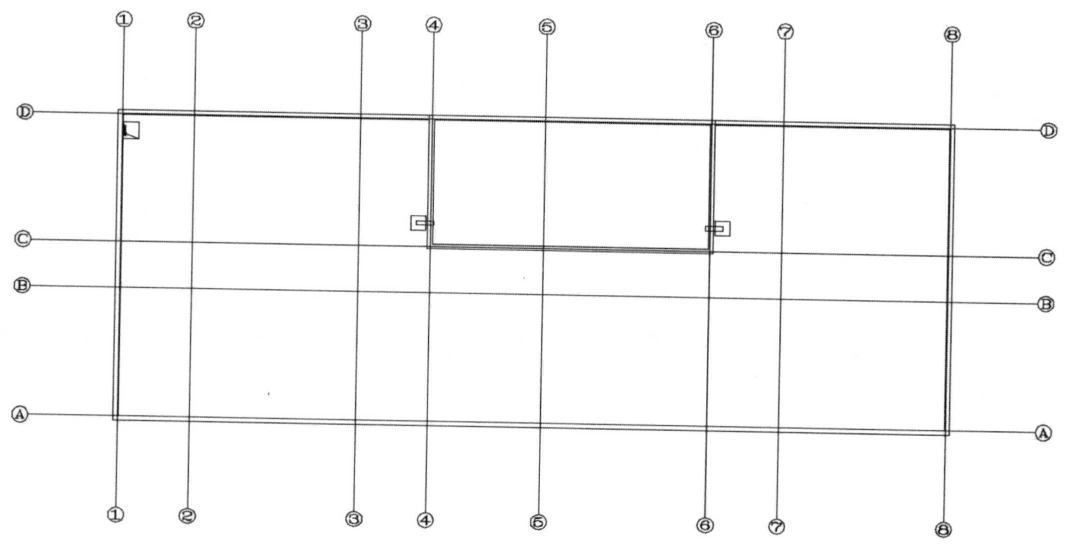

图 20-16　绘制轮廓线

03 绘制屋顶。执行“常用”选项卡“绘图”面板中的“直线”命令，绘制屋顶的平面线，然后执行

“常用”选项卡“修改”面板中的“修剪”命令对其进行修改，绘制结果如图 20-17 所示。

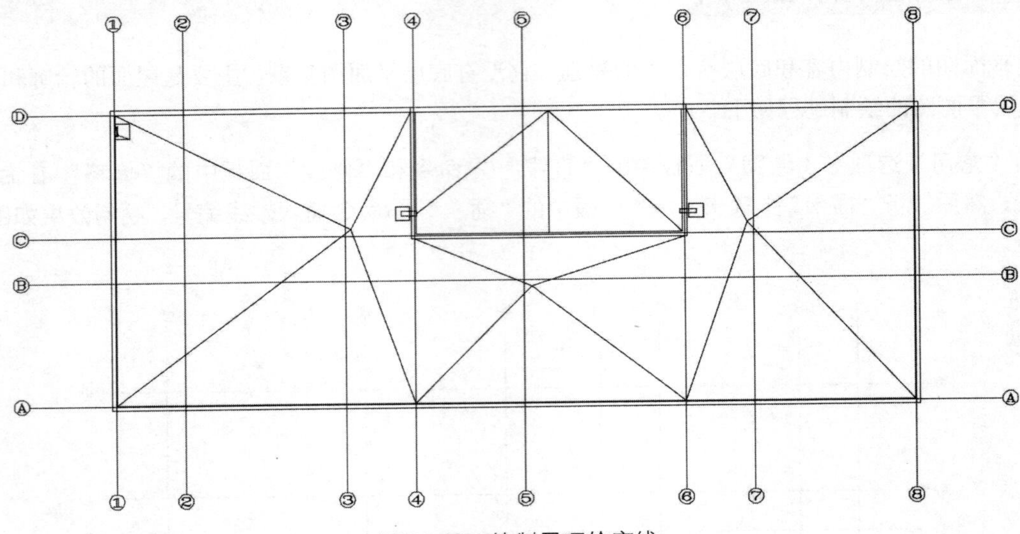

图 20-17　绘制屋顶轮廓线

04 绘制屋顶平面图时有一个不可忽略的部分，即落水管，关闭轴线图层以方便绘制，然后执行“常用”选项卡“绘图”面板中的“圆”命令绘制，绘制效果如图 20-18 所示。

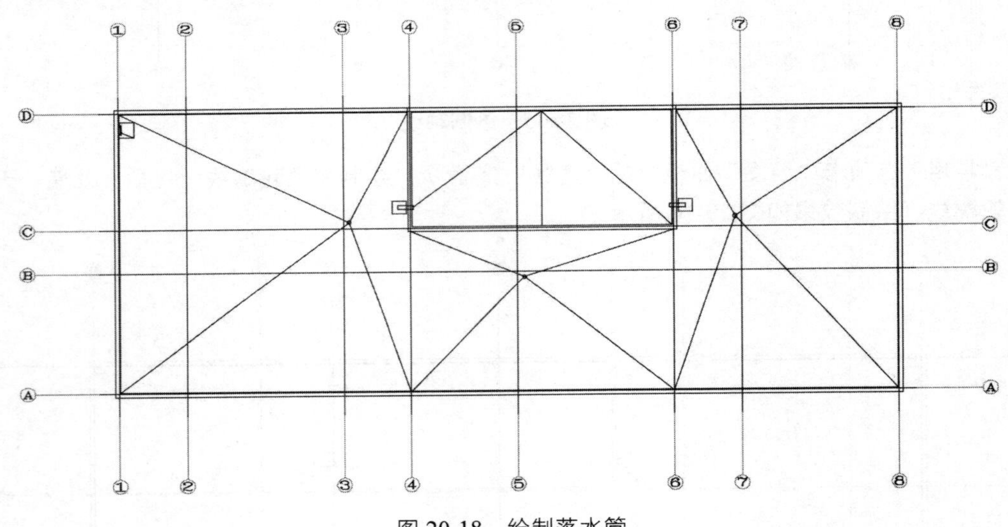

图 20-18　绘制落水管

05 屋顶坡度。执行“常用”选项卡“绘图”面板中的“直线”命令绘制箭头表示屋顶坡度，绘制效果如图 20-19 所示。

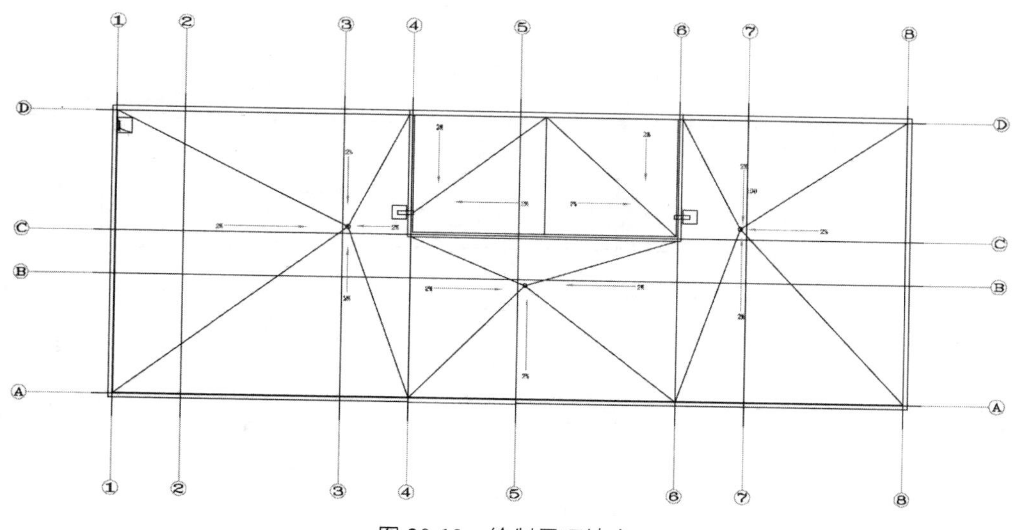

图 20-19　绘制屋顶坡度

06 进行文字标注，执行“注释”选项卡“文字”面板中“多行文字”下的“单行文字”命令标注文字说明，标注效果如图 20-20 所示。

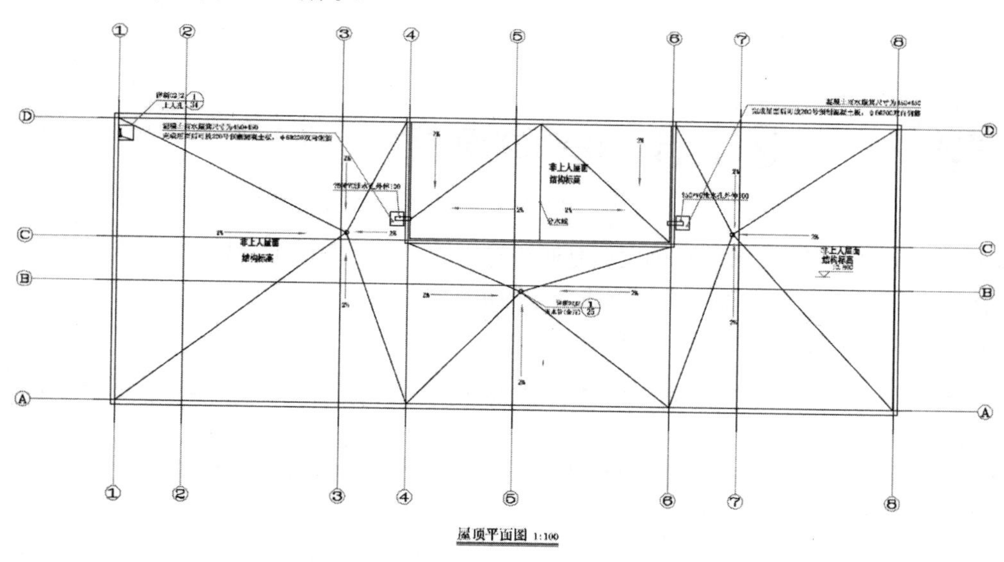

图 20-20　文字标注

07 标注尺寸和标高。执行“注释”选项卡“标注”面板中的“线性”命令和“连续标注”命令进行尺寸标注。执行“插入”选项卡“块”面板中的“插入”命令插入标高符号，然后执行“注释”选项卡“文字”面板中“多行文字”下的“单行文字”命令，绘制效果如图 20-21 所示。

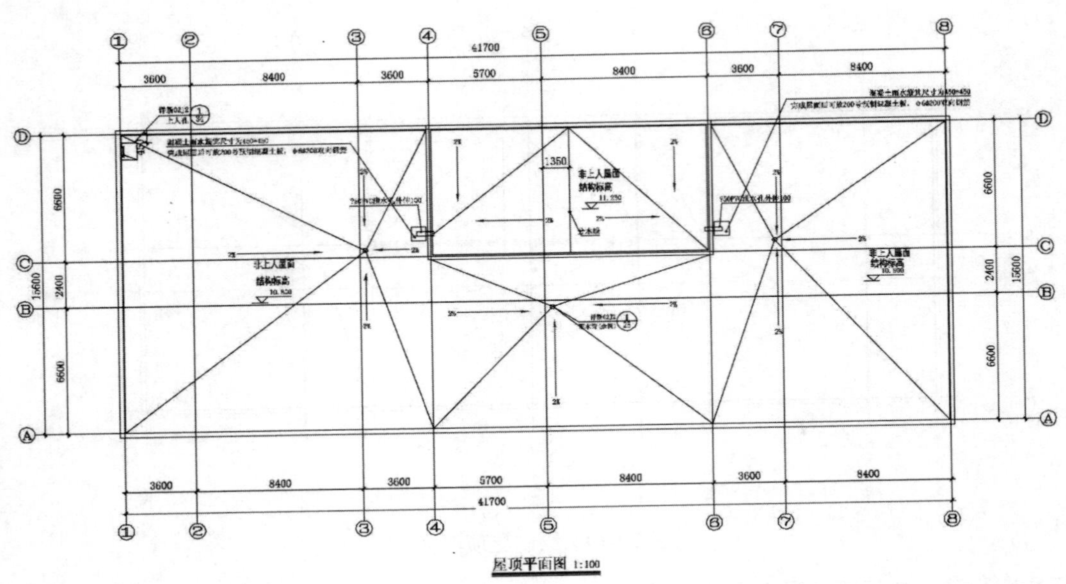

图 20-21　标注标高

至此，平面图部分绘制完毕。

20.3 绘制立面图

首先观察图形可以发现，此教学楼的立面是两边对称的，因此我们可以先绘制图形的一侧，绘制完成后执行“镜像” 命令对其镜像即可得到完成后的图形。

下面我们以 1-8 轴立面图为例进行说明。

01 绘制正交直线。执行“常用”选项卡“绘图”面板中的“直线” 命令绘制两条正交的直线，绘制效果如图 20-22 所示。

02 定位楼层位置。执行“常用”选项卡“修改”面板中的“偏移” 命令对正交直线进行偏移，确定楼层位置，绘制效果如图 20-23 所示。

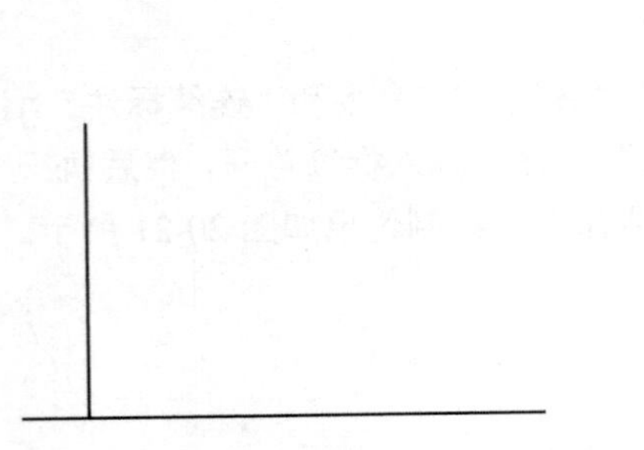

图 20-22　绘制直线

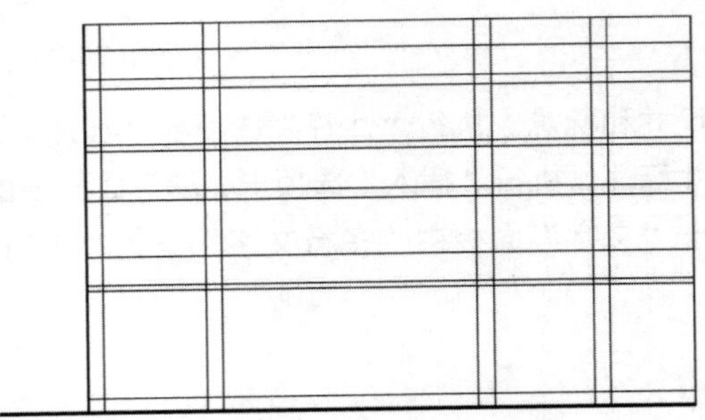

图 20-23　偏移直线

03 定位一层窗户位置。执行“常用”选项卡“绘图”面板中的“直线” 和“修改”面板中的“偏移”

命令绘制辅助线，对一层窗户进行定位，绘制效果如图 20-24 所示。

04 绘制窗户。窗户的绘制过程较为简单，在此不再赘述，绘制效果如图 20-25 所示。绘制完成后，执行“插入”选项卡“块定义”面板中的“创建块”命令将窗户创建为块。

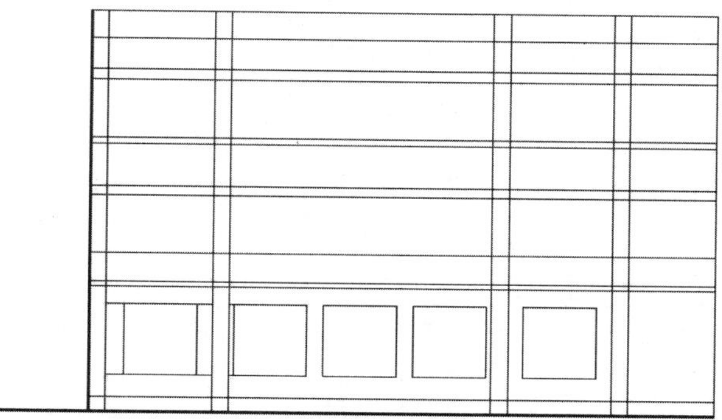

图 20-24　绘制辅助线

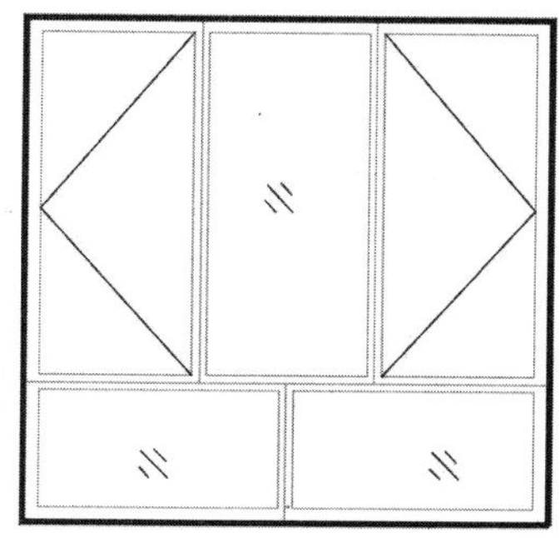

图 20-25　绘制窗户

05 执行“插入”选项卡“块”面板中的“插入”命令将窗户插入到指定的位置，绘制效果如图 20-26 所示。

06 二层、三层窗户的绘制与一层相同，绘制效果如图 20-27 所示。

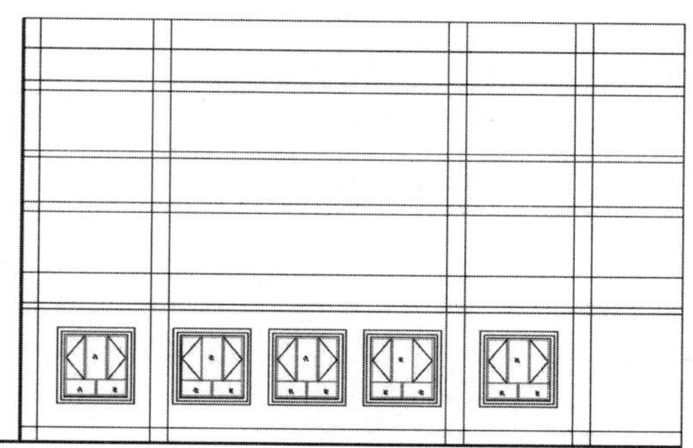

图 20-26　插入窗户

图 20-27　插入二层、三层窗户

07 门的图形差异性较大，应单独绘制，绘制效果如图 20-28 所示。

08 执行“常用”选项卡“绘图”面板中的“直线”命令，绘制进门台阶和扶手，绘制效果如图 20-29 所示。

图 20-28　绘制门

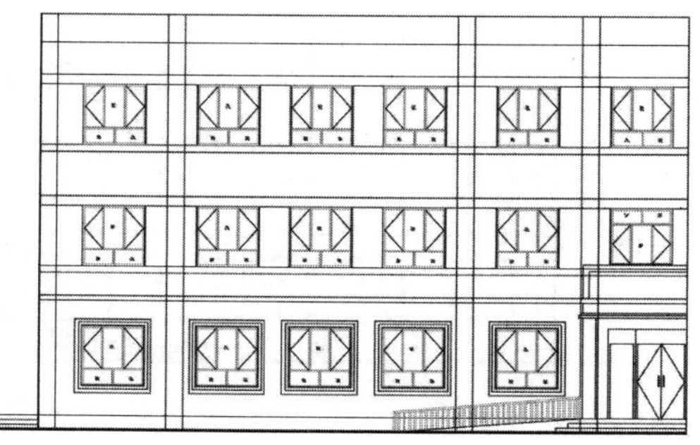

图 20-29　绘制进门台阶和扶手

09 执行“常用”选项卡“修改”面板中的“修剪”命令，对多余的线条进行剪切，绘制效果如图 20-30 所示。

图 20-30 修剪门窗

10 执行“常用”选项卡“绘图”面板中的“直线”命令，绘制修饰线，绘制效果如图 20-31 所示。

图 20-31 绘制修饰线

11 执行“常用”选项卡“修改”面板中的“镜像”命令对图形进行镜像，镜像后的效果如图 20-32 所示。

图 20-32 镜像

12 文字标注，执行“注释”选项卡“文字”面板中“多行文字”下的“单行文字”命令进行文字标注，标注效果如图 20-33 所示。

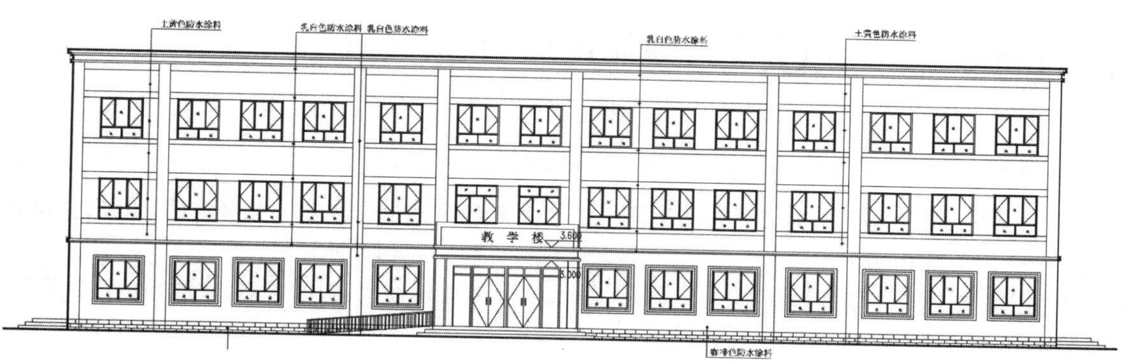

图 20-33　文字标注

13 执行“插入”选项卡“块”面板中的“插入”命令插入轴线编号，添加效果如图 20-34 所示。

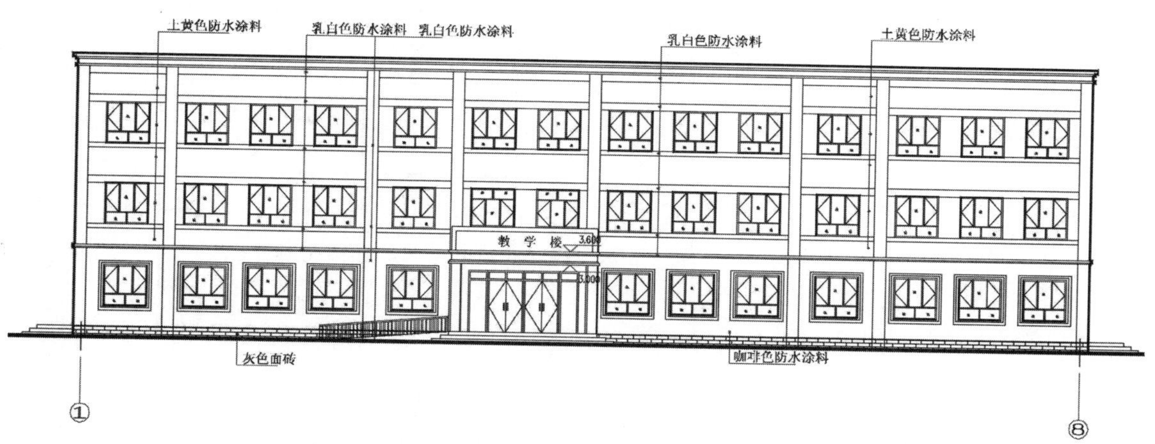

图 20-34　添加轴线编号

14 进行尺寸和标高标注，执行“注释”选项卡“标注”面板中的“线性”命令和“连续标注”命令进行尺寸标注，效果如图 20-35 所示。

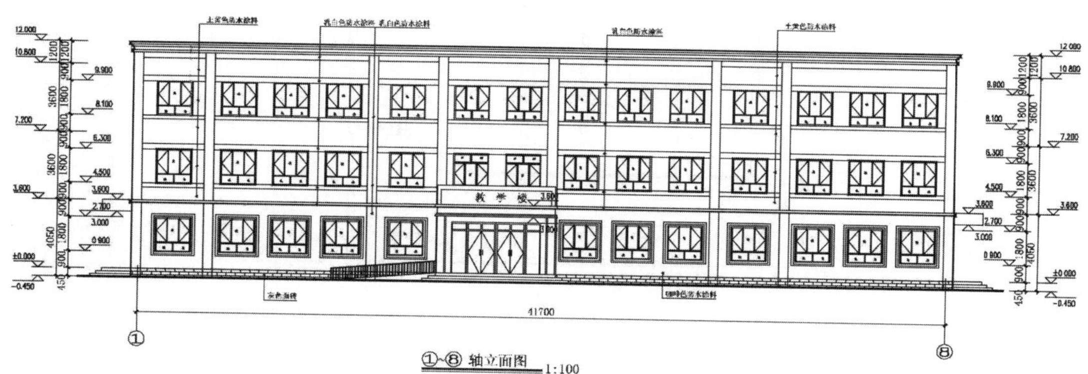

图 20-35　进行尺寸和标高标注

20.4 绘制剖面图

以 A~D 剖面图为例进行剖面图的绘制说明，绘制过程如下。

01 绘制轴线。执行“常用”选项卡“绘图”面板中的“直线”命令绘制一条竖直线，执行“常用”选项卡“修改”面板中的“偏移”命令对直线进行偏移，绘制其他轴线。

02 执行“插入”选项卡“块”面板中的“插入”命令插入轴线编号图块，然后修改数值，效果如图 20-36 所示。

03 绘制基础和梁板。执行“常用”选项卡“绘图”面板中的“多段线”命令绘制地面，然后通过执行“常用”选项卡“修改”面板中的“偏移”命令对地面线进行偏移，以确定梁板的位置，绘制效果如图 20-37 所示。

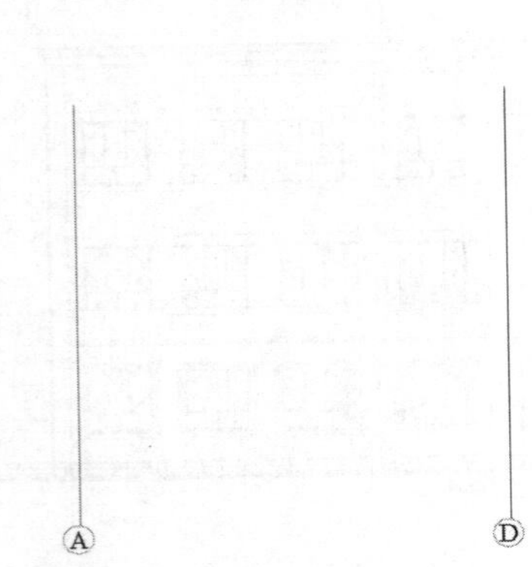

图 20-36　绘制轴线

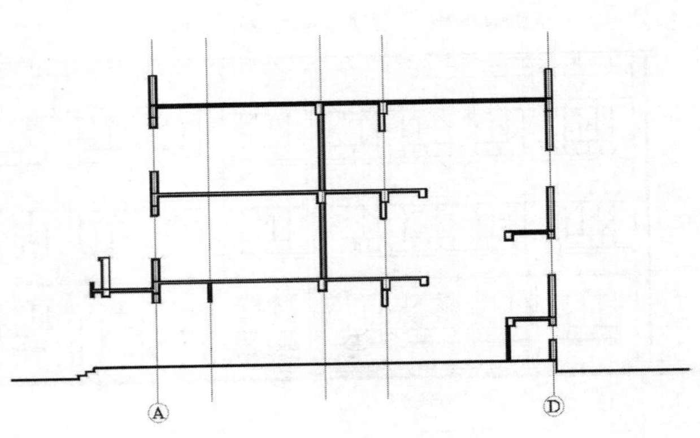

图 20-37　绘制基础和梁板轮廓线

04 执行“常用”选项卡“绘图”面板中的“直线”命令绘制楼梯台阶。绘制效果如图 20-38 所示。

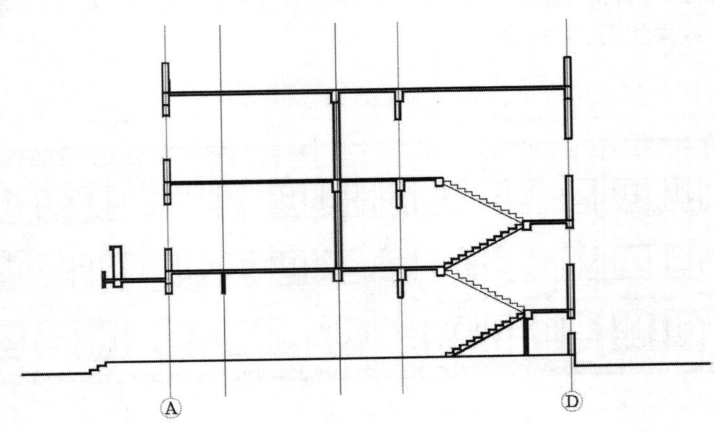

图 20-38　绘制楼梯台阶

05 执行“常用”选项卡“绘图”面板中的“直线”命令绘制扶手，绘制效果如图 20-39 所示。

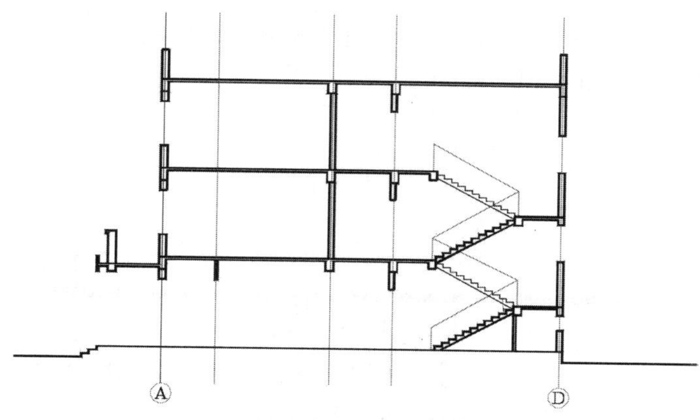

图 20-39　绘制扶手

06 执行“常用”选项卡“绘图”面板中的“多段线”命令绘制墙线和窗户线，绘制效果如图 20-40 所示。

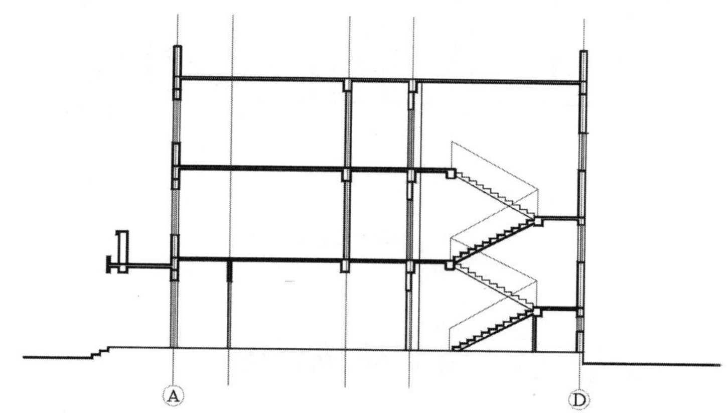

图 20-40　绘制墙线和窗户线

07 执行“常用”选项卡“绘图”面板中的“矩形”命令绘制室内门体，绘制效果如图 20-41 所示。

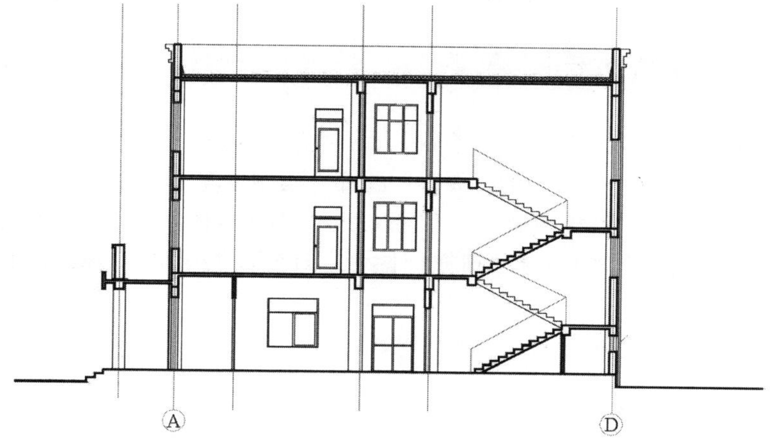

图 20-41　绘制室内门体

08 进行尺寸和标高标注，执行“注释”选项卡“标注”面板中的“线性”命令和“连续标注”命令进行尺寸标注，效果如图 20-42 所示。

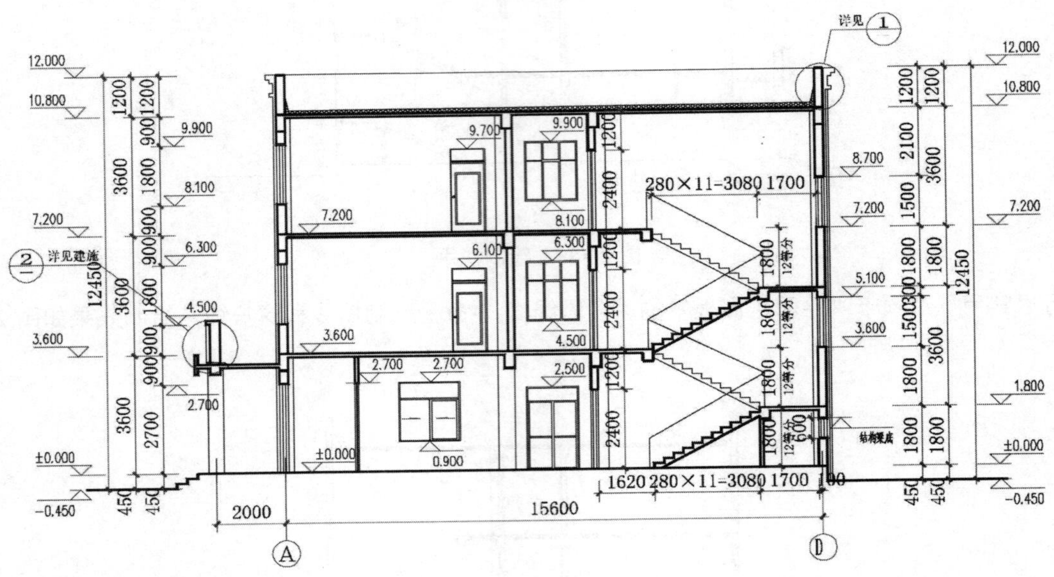

图 20-42 尺寸和标高标注

20.5 绘制建筑详图

建筑详图是建筑细部的施工图，主要用来表达建筑物的局部形状、尺寸、用料等。本例中的建筑详图主要用于绘制主入口雨棚大样图和女儿墙大样图，是对平、立、剖面图细节的补充。

20.5.1 绘制主入口雨棚大样图

01 绘制雨棚轮廓线。执行“常用”选项卡“绘图”面板中的“矩形”命令绘制雨棚轮廓线。

02 执行“常用”选项卡“修改”面板中的“偏移”命令绘制厚度。

03 执行“常用”选项卡“修改”面板中的“修剪”命令修剪多余的线段，绘制效果如图 20-43 所示。

04 执行“常用”选项卡“绘图”面板中的“填充”命令对图形进行填充，填充效果如图 20-44 所示。

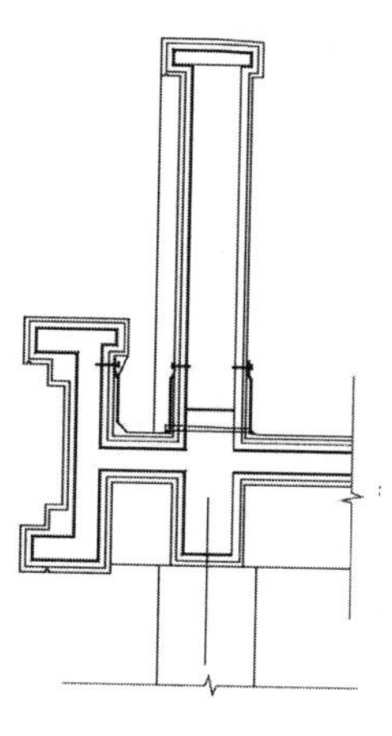

图 20-43　修剪效果

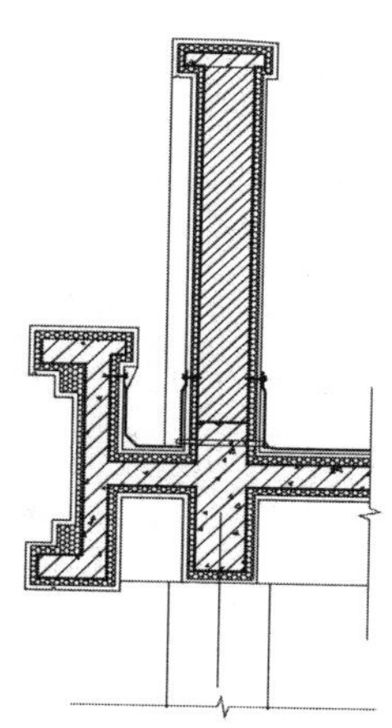

图 20-44　填充内部

05 进行尺寸和文字标注。执行“注释”选项卡“标注”面板中的“线性”命令和“连续标注”命令进行尺寸标注。

06 执行“注释”选项卡“文字”面板中“多行文字”下的“单行文字”命令进行文字标注，标注效果如图 20-45 所示。

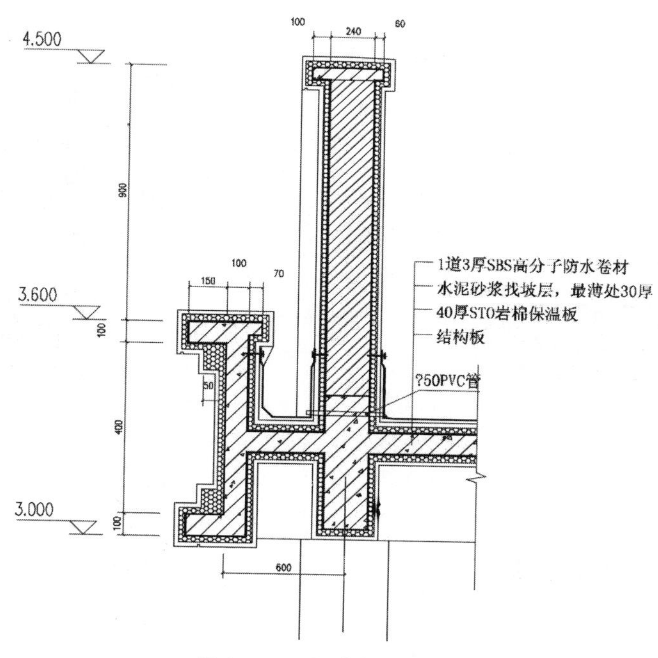

图 20-45　尺寸和文字标注

20.5.2　绘制女儿墙大样图

01 执行“常用”选项卡“绘图”面板中的“多段线”命令绘制多段线。

02 执行“常用”选项卡“修改”面板中的“偏移”命令进行直线偏移。

03 执行“常用”选项卡“修改”面板中的“修剪”命令修剪多余的线段，绘制效果如图 20-46 所示。

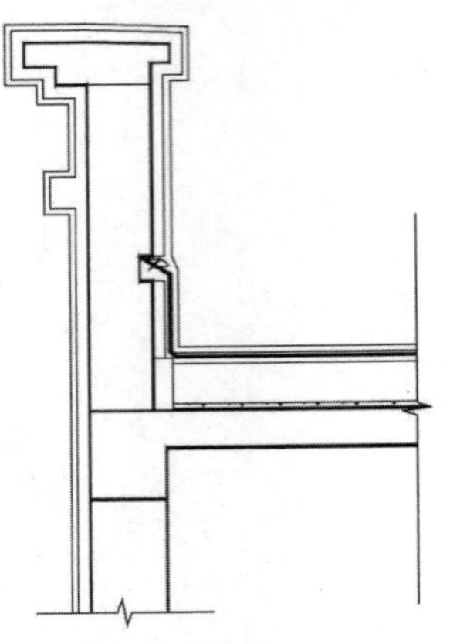

图 20-46　绘制女儿墙轮廓

04 执行“常用”选项卡“绘图”面板中的“填充”命令对图形进行填充，填充效果如图 20-47 所示。

05 执行“注释”选项卡“标注”面板中的“线性”命令和“连续标注”命令进行尺寸标注，

06 执行“注释”选项卡“文字”面板中“多行文字”下的“单行文字”A命令进行文字标注，标注效果如图 20-48 所示。

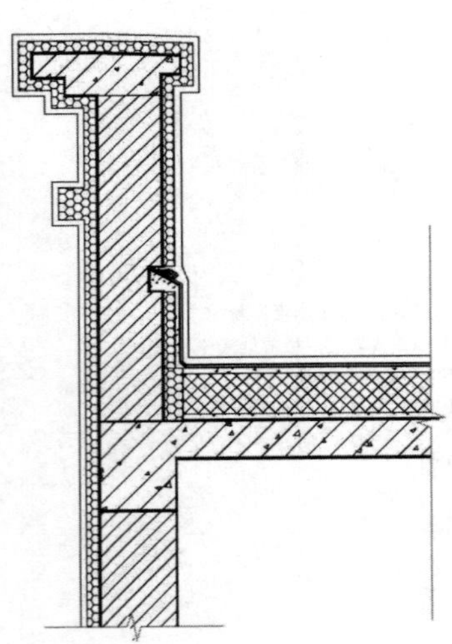

图 20-47　填充女儿墙

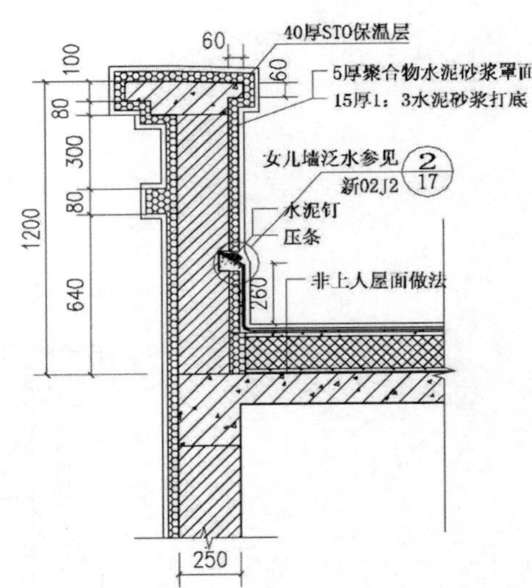

图 20-48　尺寸和文字标注

20.6 本章小结

本章主要介绍了中学教学楼的设计规范及平、立、剖面图的绘制过程。其中底层平面图的绘制过程最为复杂，也是比较关键的部分，但是绘制方法比较简单，读者只要细心，并多加练习，就不难绘制出高质量的施工图。

第 21 章 设计图纸的输出与数据交换

AutoCAD 为用户提供了两种操作空间，即模型空间和布局空间。“模型空间”是图形的设计空间，主要用于设计和修改图形，但是它在打印方面具有一定的缺陷，只能进行简单的打印操作；而“布局空间”则是 AutoCAD 的主要打印空间，打印功能比较完善。本章将学习这两种空间下的图纸打印技巧以及与其他软件间的数据转换技巧。

知识要点

- 配置打印设备
- 设置打印页面
- 预览与打印图形
- 在模型空间快速打印室内吊顶图
- 在布局空间精确打印室内布置图
- 以多种比例方式打印室内立面图
- AutoCAD&3ds Max 间的数据转换
- AutoCAD&Photoshop 间的数据转换

21.1 配置打印设备

本节主要学习绘图仪和打印样式的配置功能，具体有“绘图仪管理器”和“打印样式管理器”两个命令。

21.1.1 配置打印设备

在打印图形之前，首先需要配置打印设备，使用“绘图仪管理器”命令则可以配置绘图仪设备、定义和修改图纸尺寸等。执行“绘图仪管理器”命令主要有以下几种方法：

- 选择菜单栏“文件”→“绘图仪管理器”命令。
- 在命令行输入 Plottermanager 后按 Enter 键。
- 单击“输出”选项卡→“打印”面板→“绘图仪管理器”按钮。

下面通过配置光栅文件格式的打印机，来学习“绘图仪管理器”命令的使用方法，具体操作步骤如下：

01 单击“输出”选项卡→“打印”面板→“绘图仪管理器”按钮，打开如图 21-1 所示的文件夹。

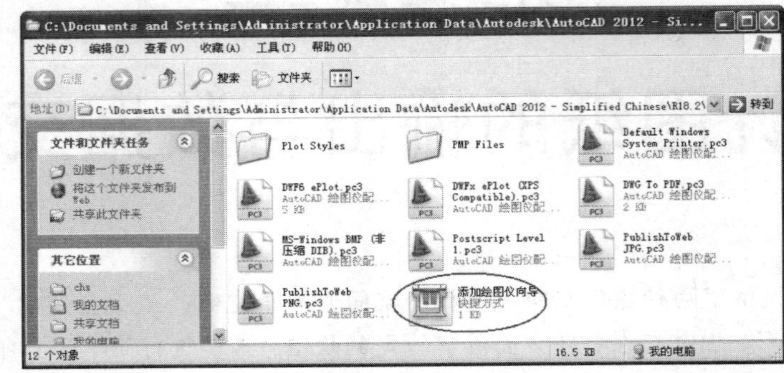

图 21-1　Plotters 文件夹

02 双击“添加绘图仪向导”图标，打开如图 21-2 所示的“添加绘图仪-简介”对话框。

03 依次单击 下一步(N) > 按钮，打开“添加绘图仪 – 绘图仪型号”对话框，设置绘图仪型号及其生产商，如图 21-3 所示。

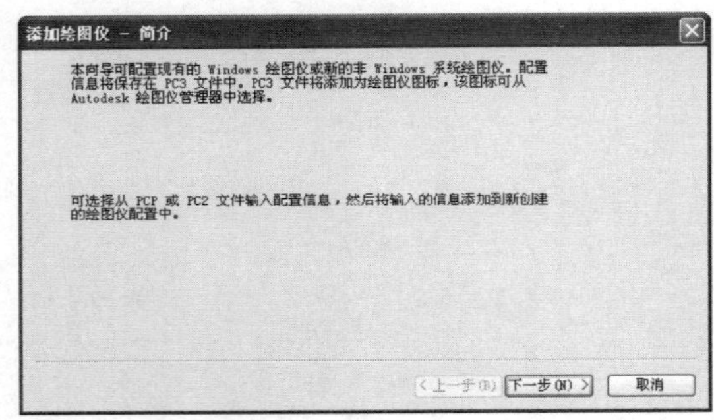

图 21-2　“添加绘图仪-简介”对话框

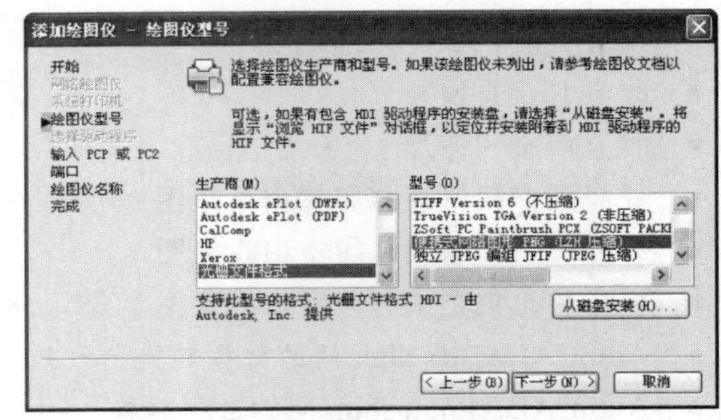

图 21-3　绘图仪型号

04 依次单击 下一步(N) > 按钮，打开如图 21-4 所示的“添加绘图仪 – 绘图仪名称”对话框，用于为添加的绘图仪命名，在此采用默认设置。

05 单击 下一步(N) > 按钮，打开如图 21-5 所示的“添加绘图仪 – 完成”对话框。

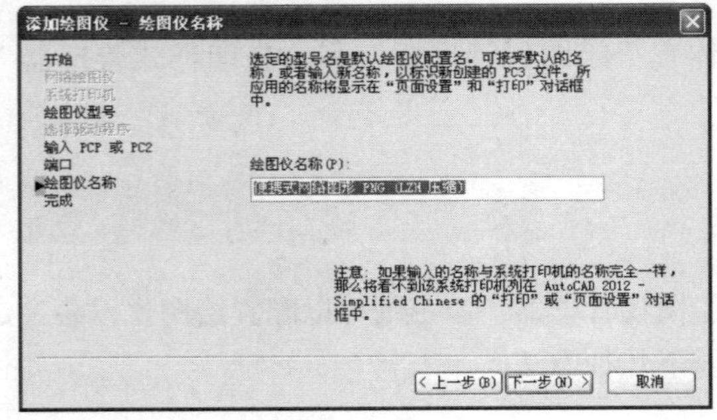

图 21-4　“添加绘图仪 – 绘图仪名称”对话框

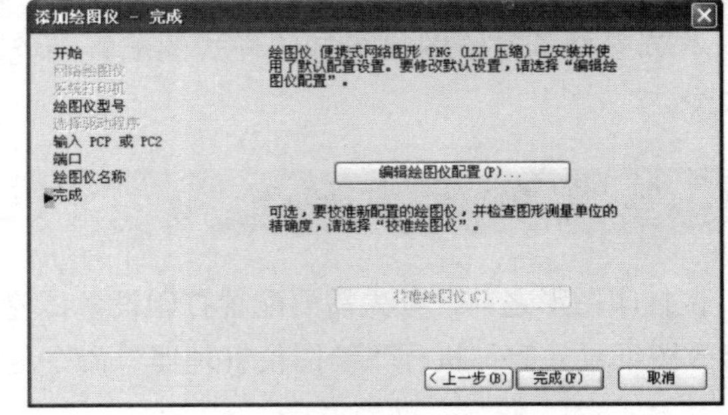

图 21-5　完成绘图仪的添加

06 单击 完成(F) 按钮，添加的绘图仪会自动出现在如图 21-6 所示的窗口内，使用此款绘图仪可以输出 PNG 格式的文件。

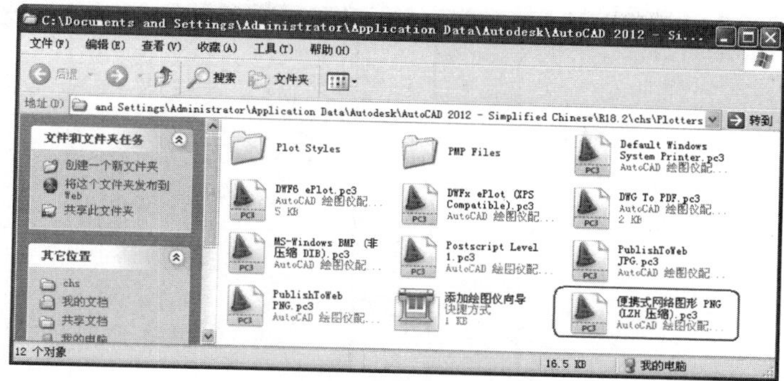

图 21-6　添加绘图仪

21.1.2　配置图纸尺寸

每一款型号的绘图仪，都配有相应规格的图纸尺寸，但有时这些图纸尺寸与打印图形很难匹配，需要用户重新定义图纸尺寸。

01 继续上节操作。

02 在如图 21-6 所示的窗口中双击刚添加的绘图仪图标，打开“绘图仪配置编辑器“对话框。

03 在“绘图仪配置编辑器”对话框中展开“设备和文档设置”选项卡，如图 21-7 所示。

04 单击“自定义图纸尺寸”选项，打开“自定义图纸尺寸”选项组，如图 21-8 所示。

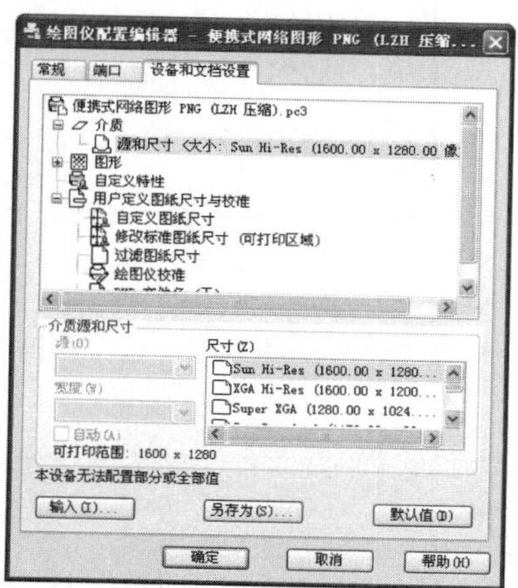

图 21-7　“设备和文档设置”选项卡

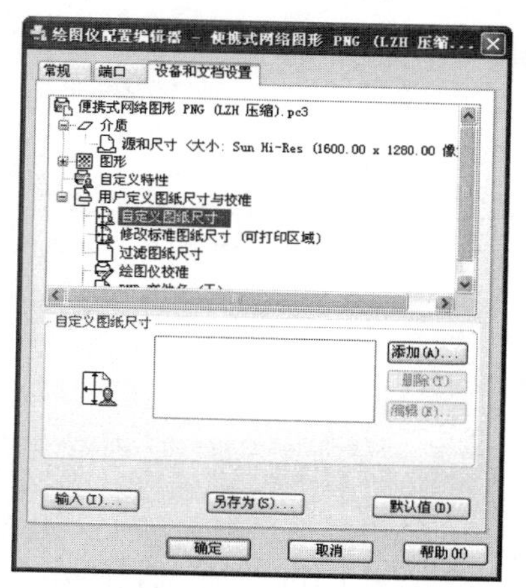

图 21-8　打开“自定义图纸尺寸”选项组

05 单击 添加(A)... 按钮，此时系统打开如图 21-9 所示的“自定义图纸尺寸 – 开始”对话框，开始自定义图纸的尺寸。

06 单击 下一步(N) > 按钮，打开“自定义图纸尺寸 – 介质边界”对话框，然后分别设置图纸的宽度、高度以及单位，如图 21-10 所示。

07 依次单击 下一步(N) > 按钮，直至打开如图 21-11 所示的“自定义图纸尺寸–完成”对话框，完成图纸尺寸的自定义过程。

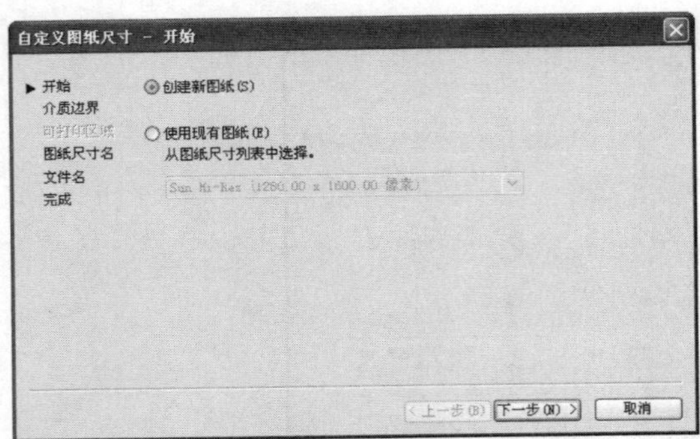
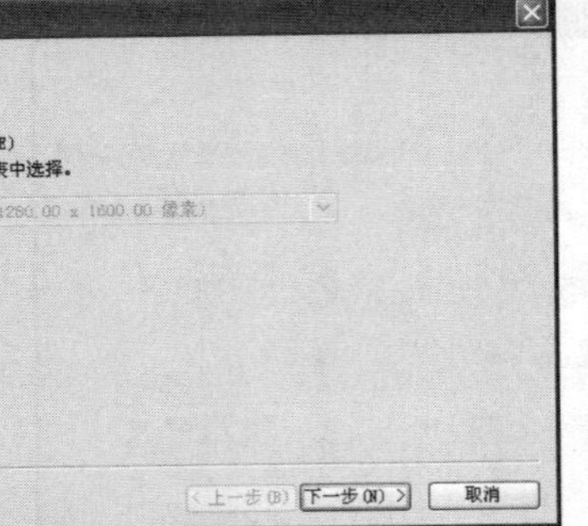

图 21-9　自定义图纸尺寸

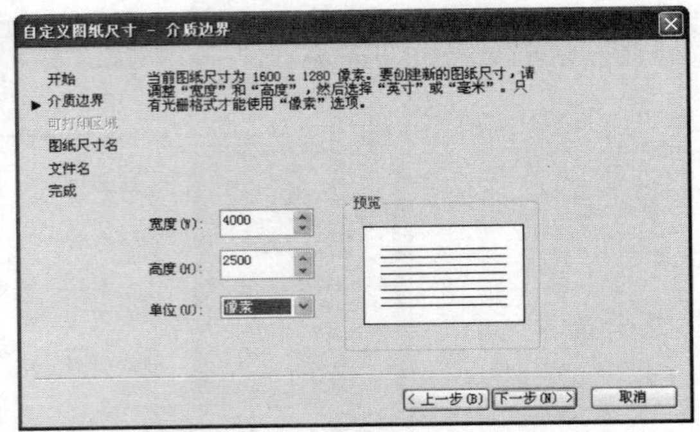

图 21-10　设置图纸尺寸

08 单击 完成(F) 按钮，新定义的图纸尺寸将自动出现在“自定义图纸尺寸”选项组中，如图 20-12 所示。

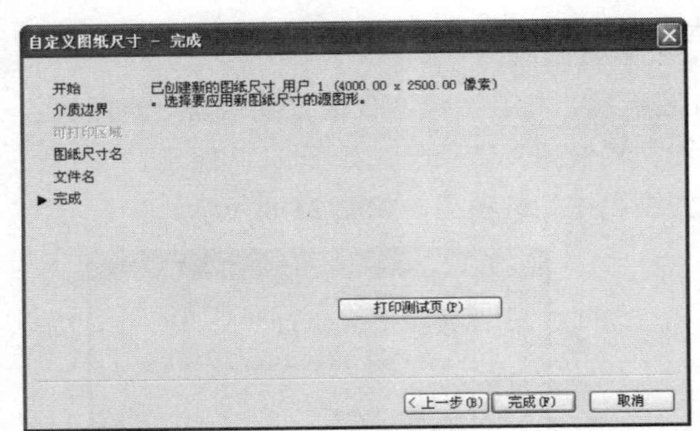

图 21-11　“自定义图纸尺寸–完成”对话框

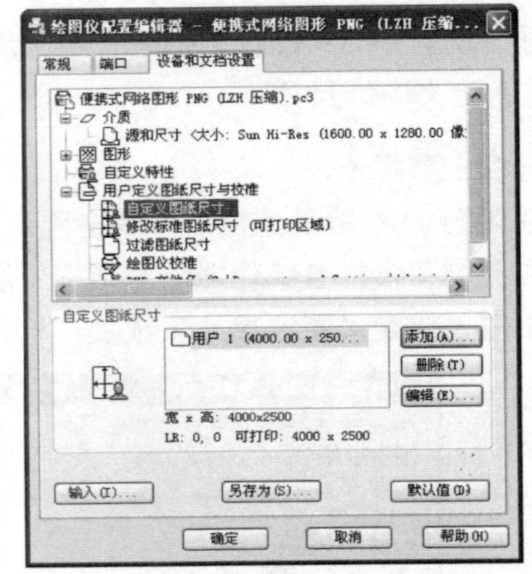

图 21-12　图纸尺寸的定义结果

09 如果用户需要将此图纸尺寸进行保存，可以单击 另存为(S)... 按钮；如果用户仅在当前使用一次，可以单击 确定 按钮即可。

21.1.3　配置打印样式

打印样式主要用于控制图形的打印效果，修改打印图形的外观。通常一种打印样式只控制输出图形某一方面的打印效果，要让打印样式控制一张图纸的打印效果，就需要有一组打印样式，这些打印样式集合在一块称为打印样式表，而“打印样式管理器”命令则是用于创建和管理打印样式表的工具。

执行“打印样式管理器”命令主要有以下几种方式：

- 选择菜单栏“文件”→“打印样式管理器”命令。
- 在命令行输入 Stylesmanager 后按 Enter 键。

下面通过添加名为“stb01”颜色的打印样式表，来学习“打印样式管理器”命令的使用方法和技巧。

01 选择菜单栏“文件”→“打印样式管理器”命令，打开如图 21-13 所示的文件夹。

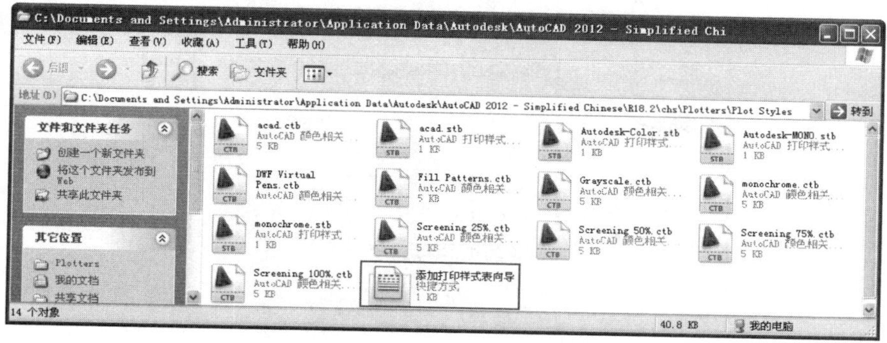

图 21-13　Plot Styles 文件夹

02 双击窗口中的“添加打印样式表向导”图标，打开如图 21-14 所示的“添加打印样式表”对话框。

03 单击下一步(N) >按钮，打开如图 21-15 所示的“添加打印样式表-开始”对话框，开始配置打印样式表的操作。

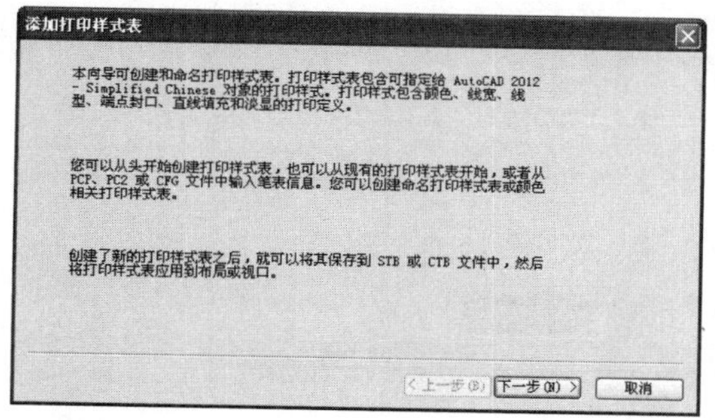

图 21-14　“添加打印样式表”对话框

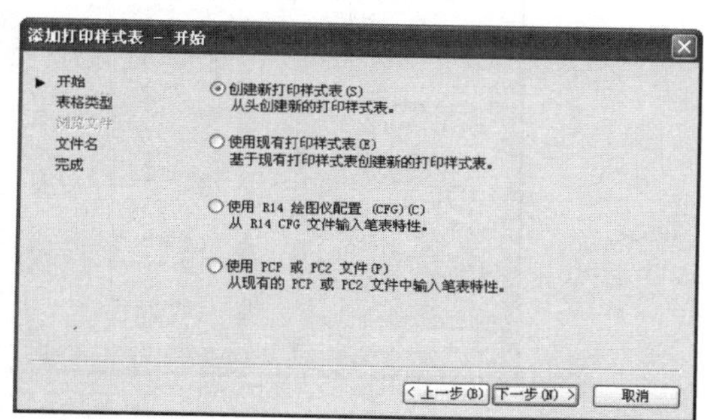

图 21-15　“添加打印样式表－开始”对话框

04 单击下一步(N) >按钮，打开“添加打印样式表－选择打印样式表”对话框，选择打印样表的类型，如图 21-16 所示。

05 单击下一步(N) >按钮，打开“添加打印样式表-文件名”对话框，为打印样式表命名，如图 21-17 所示。

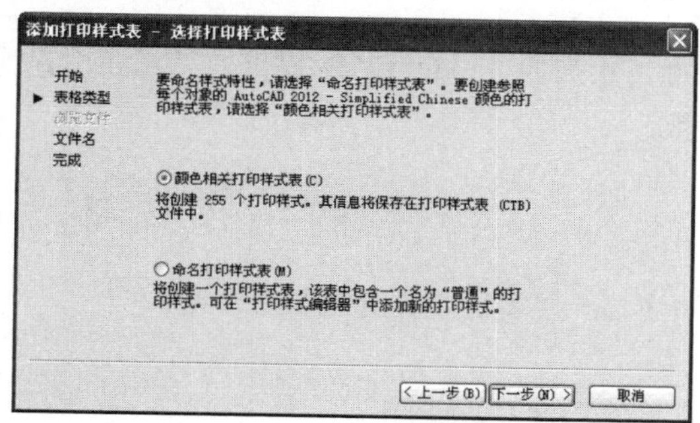

图 21-16　选择打印样式表

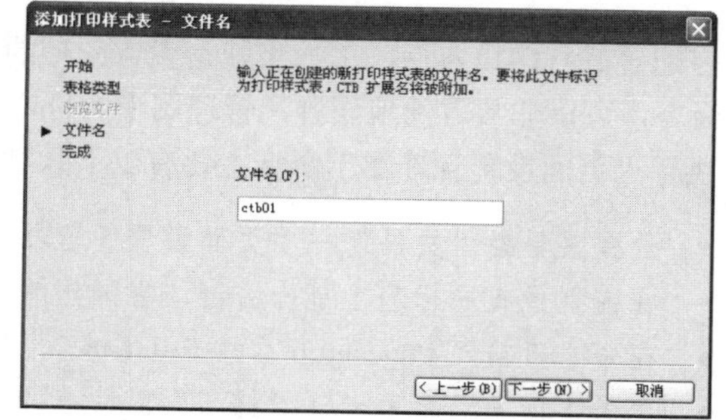

图 21-17　添加打印样式表文件名

06 单击下一步(N) >按钮，打开如图 21-18 所示的“添加打印样式表-完成”对话框，完成打印样式表中各参数的设置。

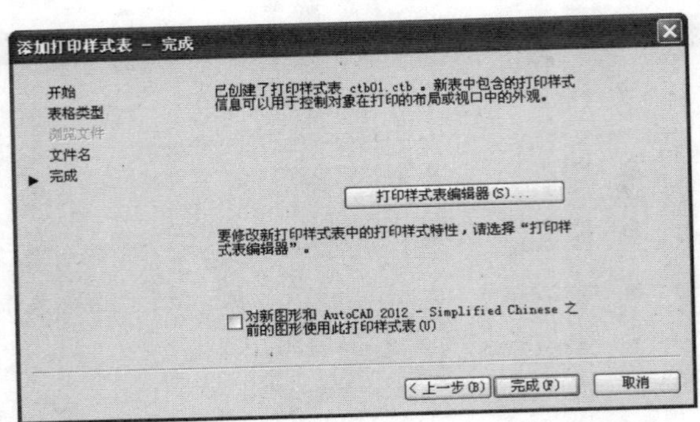

图 21-18　“添加打印样式表－完成”对话框

07 单击 完成(F) 按钮，即可添加设置的打印样式表，新建的打印样式表文件图标显示在 Plot Styles 文件夹中，如图 21-19 所示。

图 21-19　Plot Styles 文件夹

21.2 设置打印页面

在配置好打印设备后，下一步就是设置图形的打印页面。用户通过 AutoCAD 提供的“页面设置管理器”命令，可以非常方便地设置和管理图形的打印页面参数。

执行“页面设置管理器”命令主要有以下几种方式：

- 选择菜单栏“文件”→“页面设置管理器”命令。
- 在模型或布局标签上单击右键，在弹出的快捷菜单中选择“页面设置管理器”命令。
- 在命令行输入 Pagesetup 后按 Enter 键。
- 单击“输出”选项卡→“打印”面板上的“页面设置管理器”按钮。

执行“页面设置管理器”命令后，系统打开如图 21-20 所示的“页面设置管理器”对话框，此对话框主要用于设置、修改和管理当前的页面设置。

在此对话框中单击 新建(N)... 按钮，打开如图 21-21 所示的“新建页面设置”对话框，用于为新页面命名。

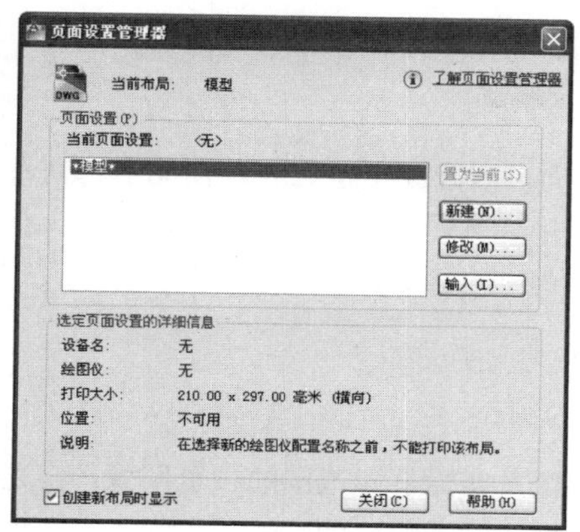

图 21-20　“页面设置管理器”对话框

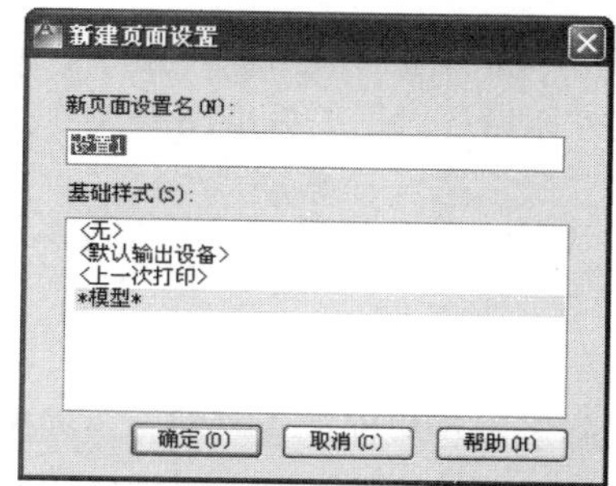

图 21-21　“新建页面设置”对话框

单击 确定(O) 按钮，打开如图 21-22 所示的“页面设置-模型”对话框，在此对话框内可以进行打印设备的配置、图纸尺寸的匹配、打印区域的选择以及打印比例的调整等操作。

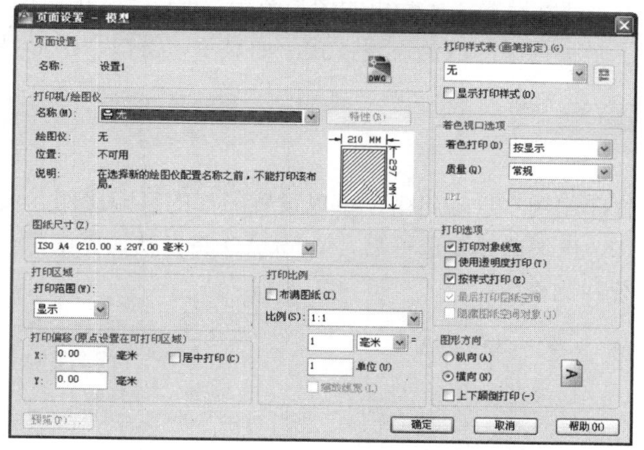

图 21-22　“页面设置-模型”对话框

21.2.1　选择打印设备

“打印机/绘图仪”选项组主要用于配置绘图仪设备，单击“名称”下拉列表，在展开的下拉列表框中选择 Windows 系统打印机或 AutoCAD 内部打印机（“.pc3”文件）作为输出设备，如图 21-23 所示。

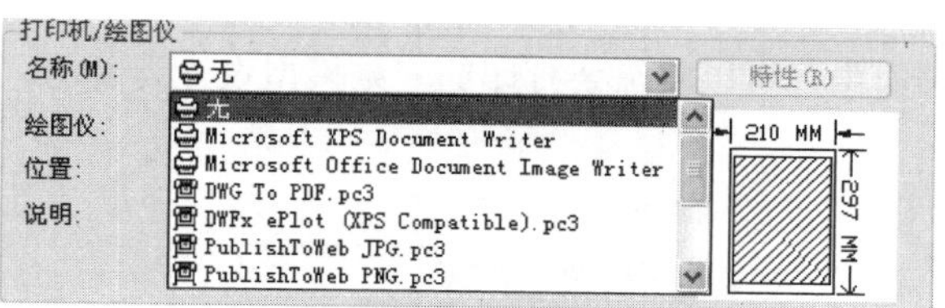

图 21-23　“打印机/绘图仪”选项组

如果用户在此选择了“.pc3”文件打印设备，AutoCAD 则会创建出电子图纸，即将图形输出并存储为 Web 上可用的“.dwf”格式的文件。AutoCAD 提供了两类用于创建“.dwf”文件的“.pc3”文件，分别是“ePlot.pc3”和“eView.pc3”。前者生成的“.dwf”文件较适合于打印，后者生成的文件则适合于观察。

21.2.2 选择图纸幅面

如图 21-24 所示的“图纸尺寸”下拉列表用于配置图纸幅面，展开此下拉列表，在此下拉列表框内包含了选定打印设备可用的标准图纸尺寸。

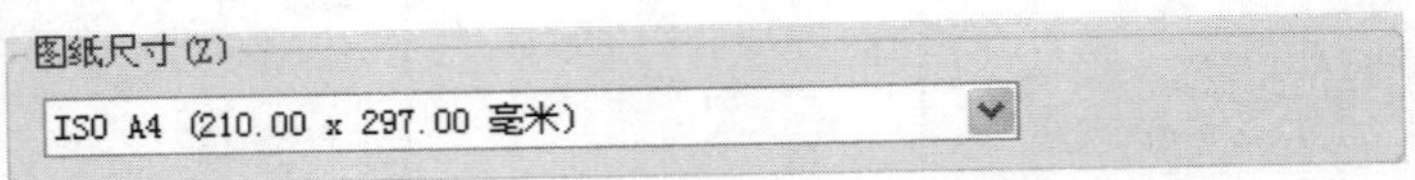

图 21-24 “图纸尺寸”下拉列表

当选择了某种幅面的图纸时，该列表右上角将出现所选图纸及实际打印范围的预览图像，将光标移到预览区中，光标位置处会显示出精确的图纸尺寸以及图纸的可打印区域的尺寸。

21.2.3 设置打印区域 

在“打开区域”选项组中，可以设置需要输出的图形范围。展开“打印范围”下拉列表框，如图 21-25 所示，在此下拉列表中包含了多种打印区域的设置方式，如显示、窗口、图形界限等。

21.2.4 设置打印比例 

在如图 21-26 所示的“打印比例”选项组中，可以设置图形的打印比例。其中，“布满图纸”复选框仅能适用于模型空间中的打印，当勾选该复选框后，AutoCAD 将自动调整图形，与打印区域和选定的图纸等相匹配，使图形取最佳位置和比例。

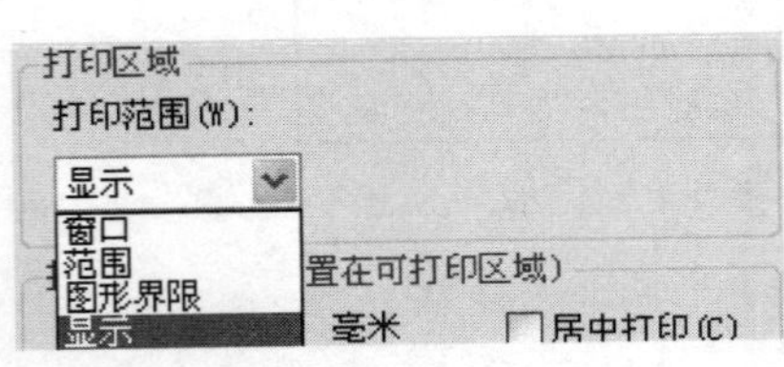

图 21-25 打印范围

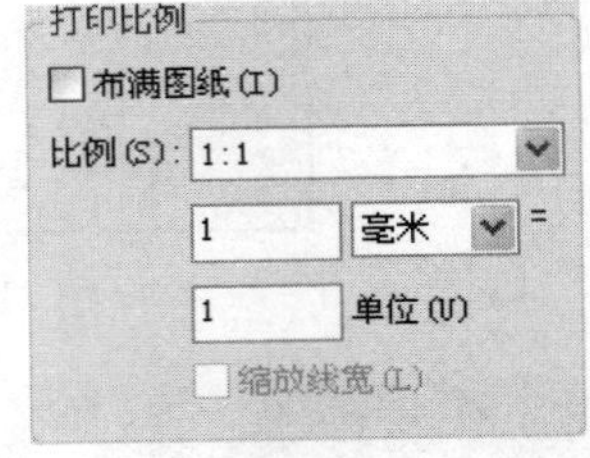

图 21-26 “打印比例”选项组

21.2.5 设置着色打印 

在“着色视口选项”选项组中，可以将需要打印的三维模型设置为着色、线框或以渲染图的方式进行输出，如图 21-27 所示。

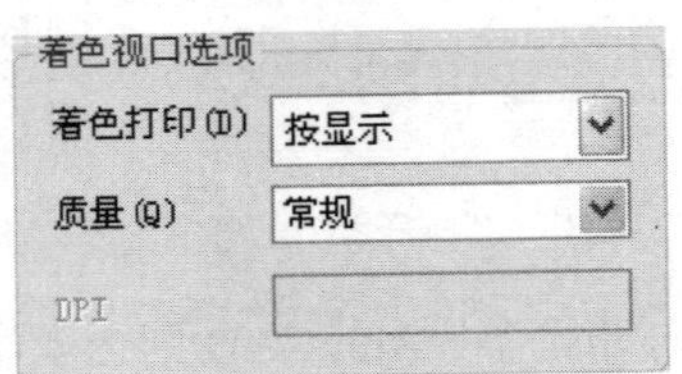

图 21-27 “着色视口选项”选项组

21.2.6　设置出图方向

在如图 21-28 所示的“图形方向”选项组中，可以调整图形在图纸上的打印方向。在右侧的图纸图标中，图标代表图纸的放置方向，图标中的字母 A 代表图形在图纸上的打印方向，共有“纵向、横向和上下颠倒打印”三种打印方向。

在如图 21-29 所示的选项组中，可以设置图形在图纸上的打印位置。默认设置下，AutoCAD 从图纸左下角打印图形。打印原点处在图纸左下角，坐标是（0,0），用户可以在此选项组中，重新设定新的打印原点，这样图形在图纸上将沿 X 轴和 Y 轴移动。

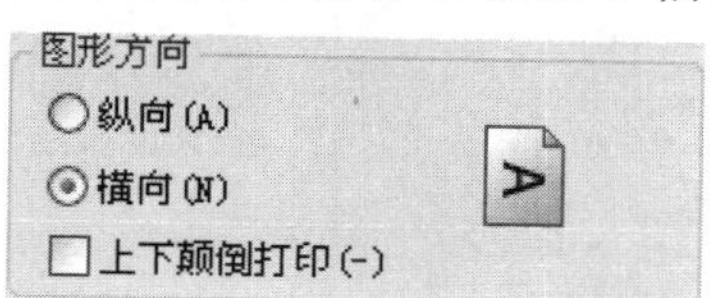

图 21-28　调整出图方向

打印偏移(原点设置在可打印区域)
X: 0.00 毫米　居中打印(C)
Y: 0.00 毫米

图 21-29　打印偏移

21.3　预览与打印图形

“打印”命令主要用于打印或预览当前已设置好的页面布局，可直接使用此命令设置图形的打印布局。执行”打印”命令主要有以下几种方式：

- 选择菜单栏“文件”→“打印”命令。
- 单击“输出”选项卡→“打印”面板→“打印”按钮
- 单击“标准”工具栏或“快速访问工具栏”→“打印”按钮。
- 在命令行输入 Plot 后按 Enter 键。
- 按组合键 Ctrl+P。
- 在“模型”选项卡或“布局”选项卡上单击右键，在弹出的快捷菜单中选择“打印”命令。

激活“打印”命令后，可打开如图 21-30 所示的“打印”对话框。在此对话框中，具备“页面设置管理器”对话框中的参数设置功能，用户不仅可以按照已设置好的打印页面进行预览和打印图形，还可以在对话框中重新设置、修改图形的打印参数。

单击对话框右侧的“扩展/收缩”按钮，可以展开或隐藏右侧的部分选项。

单击预览(P)...按钮，可以提前预览图形的打印结果，单击确定按钮，即可对当前的页面设置进行打印。

“打印预览”命令主要用于对设置好的打印页面进行预览和打印，执行此命令主要有以下几种方式：

- 选择菜单栏“文件”→“打印预览”命令。

- 单击“输出”选项卡→“打印”面板→“预览”按钮
- 单击“标准”工具栏→“打印预览”按钮。
- 在命令行输入 Preview 后按 Enter 键。

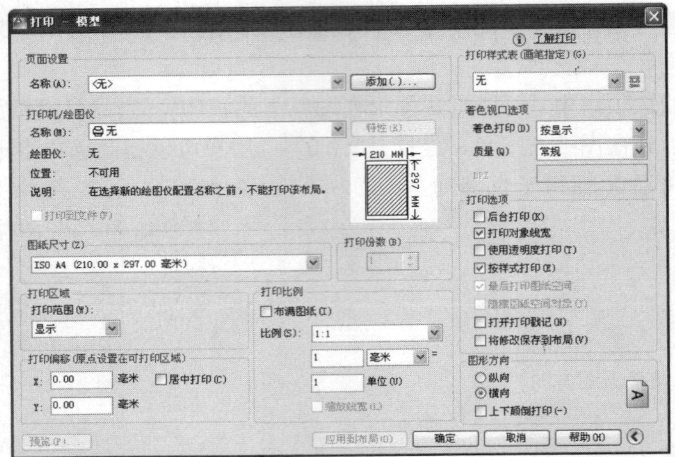

图 21-30 “打印”对话框

21.4 在模型空间快速打印室内吊顶图

本例在模型空间内，将多居室户型吊顶装修图输出到 4 号图纸上，主要学习模型操作空间内图纸的快速打印过程和相关技巧。多居室吊顶装修图的最终打印效果，如图 21-31 所示。

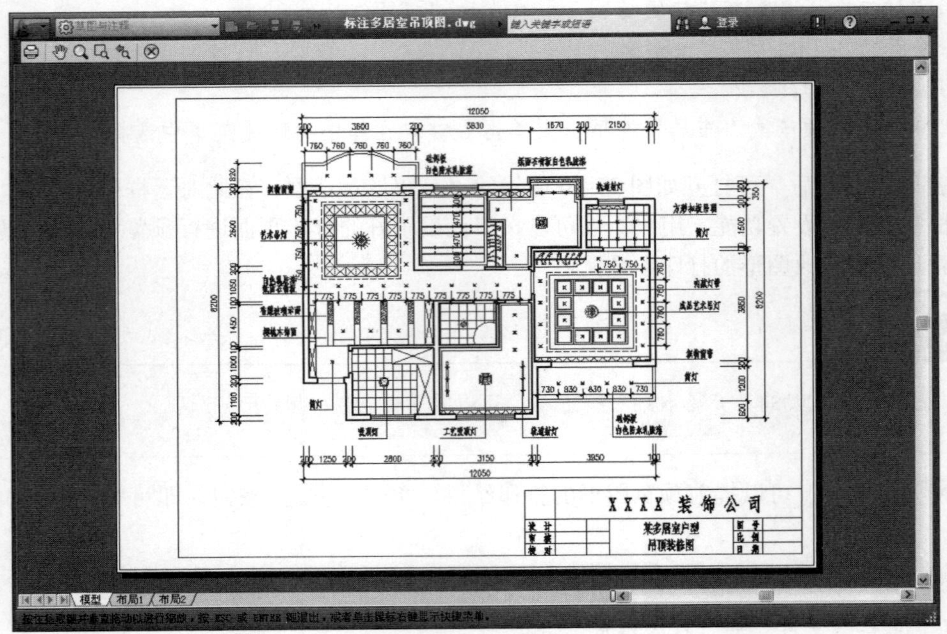

图 21-31 打印效果

操作步骤：

01 打开随书光盘“/实例效果文件/第 21 章/标注多居室吊顶图.dwg”。

02 在“常用”选项卡→“图层”面板中设置“0 图层”为当前操作层。

03 单击“常用”选项卡→“绘图”面板→“插入块”按钮，以 80 倍的等比缩放比例，插入随书光盘中的“\图块文件\A4-H.dwg”，并适当调整图框的位置，结果如图 21-32 所示。

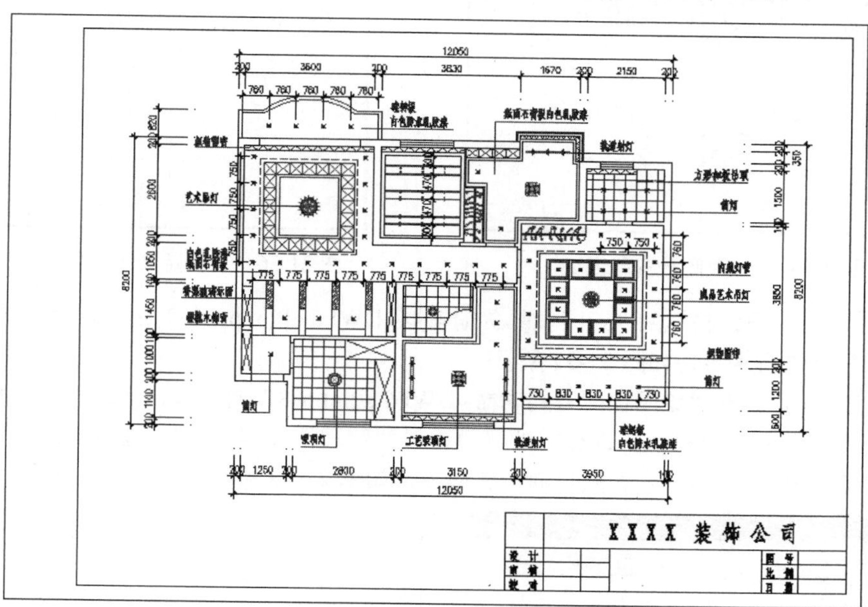

图 21-32　插入结果

04 单击“输出”选项卡→“打印”面板→“绘图仪管理器”按钮，在打开的对话框中双击“DWF6 ePlot”图标，打开“绘图仪配置编辑器- DWF6 ePlot.pc3”对话框。

05 展开“设备和文档设置”选项卡，选择“用户定义图纸尺寸与校准”目录下“修改标准图纸尺寸（可打印区域）”选项，如图 21-33 所示。

06 在“修改标准图纸尺寸”选项组内选择“ISO A4”图纸尺寸，如图 21-34 所示。

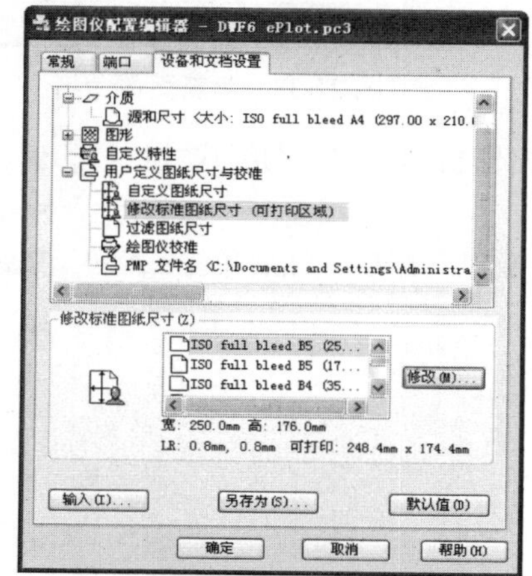

图 21-33　“设备和文档设置”选项卡

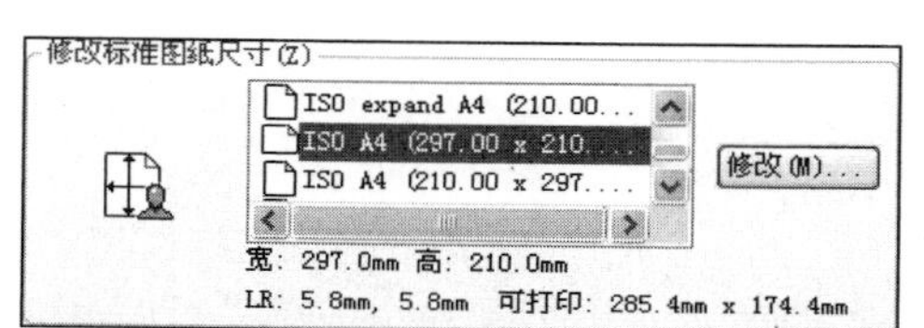

图 21-34　选择图纸尺寸

07 单击[修改(M)...]按钮，在打开的“自定义图纸尺寸—可打印区域”对话框中设置参数，如图 21-35 所示。

08 单击[下一步(N)>]按钮，在打开的“自定义图纸尺寸—完成”对话框中，列出了修改后的标准图纸的尺寸，如图 21-36 所示。

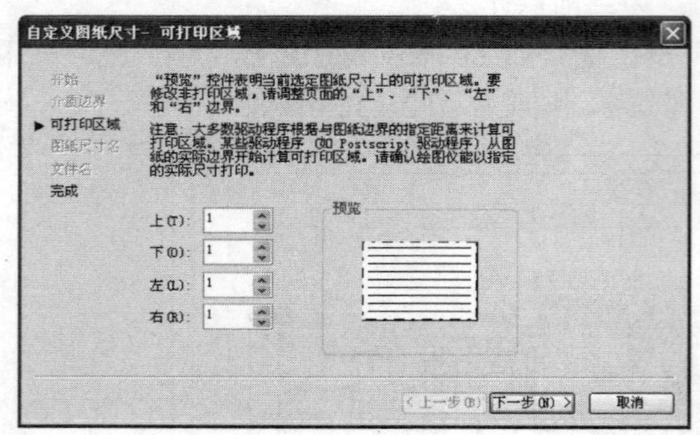

图 21-35　修改图纸打印区域

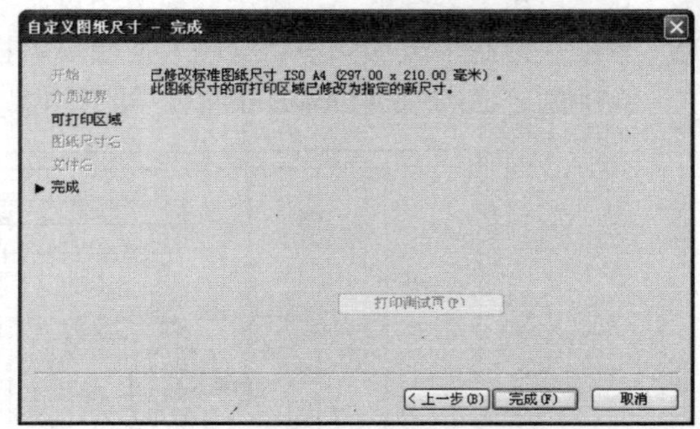

图 21-36　“自定义图纸尺寸—完成”对话框

09 单击[完成(F)]按钮，系统将返回“绘图仪配置编辑器- DWF6 ePlot.pc3”对话框，然后单击[另存为(S)...]按钮，将当前配置进行保存，如图 21-37 所示。

10 单击[保存(S)]按钮，返回“绘图仪配置编辑器- DWF6 ePlot.pc3”对话框，然后单击[确定]按钮。

11 单击“输出”选项卡→“打印”面板上的“页面设置管理器”按钮，在打开的“页面设置管理器”对话框单击[新建(N)...]按钮，为新页面设置命名，如图 21-38 所示。

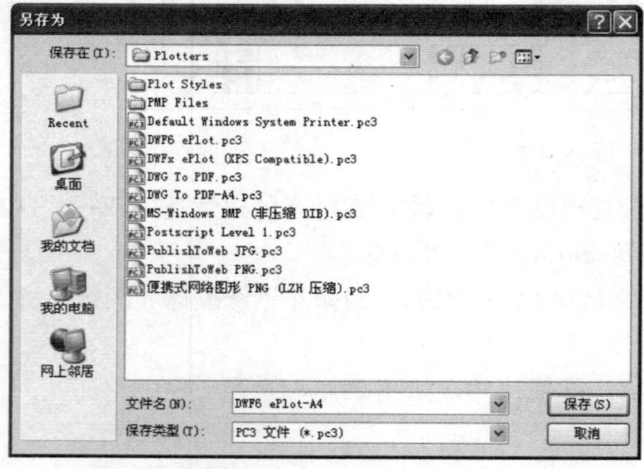

图 21-37　“另存为”对话框

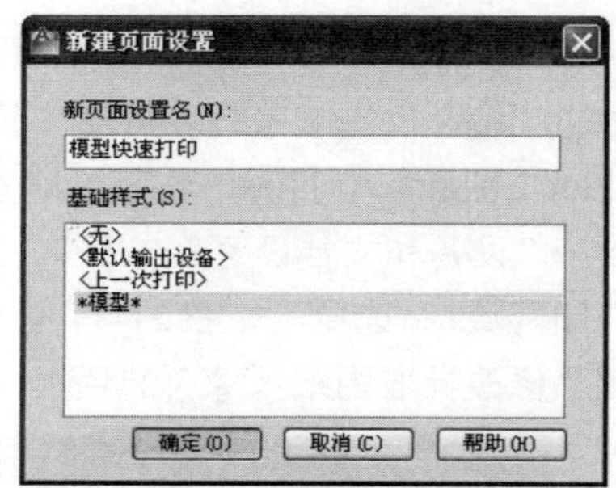

图 21-38　为新页面命名

12 单击[确定(O)]按钮，打开“页面设置-模型”对话框，设置打印机的名称、图纸尺寸、打印偏移、打印比例和图形方向等页面参数，如图 21-39 所示。

13 单击“打印范围”下拉列表，在展开的下拉列表内选择“窗口”选项，然后单击[窗口(O)<]按钮，如图 21-40 所示。

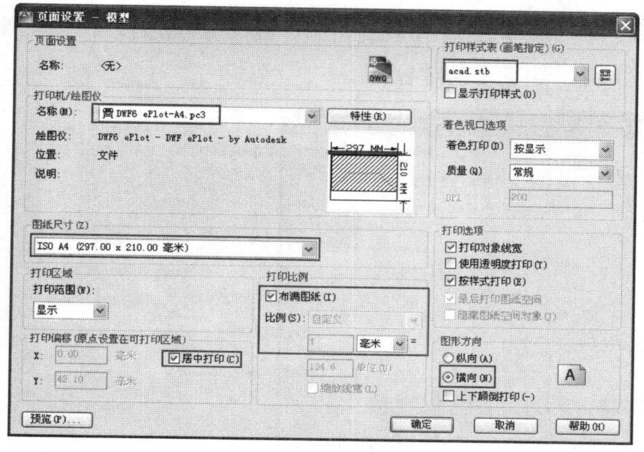

图 21-39　设置页面参数

图 21-40　窗口打印

14 系统自动返回绘图区，在命令行“指定第一个角点、对角点等”操作提示下，捕捉四号图框的内框对角点，作为打印区域。

15 当指定打印区域后，系统自动返回“页面设置-模型”对话框，单击 确定 按钮，返回“新建页面设置”对话框，将刚创建的新页面置为当前。

16 使用快捷键 ST 激活“文字样式”命令，将“宋体”设置为当前文字样式，并修改字体高度为 320。

17 使用“窗口缩放”视图调整工具，将标题栏区域进行放大显示，如图 21-41 所示。

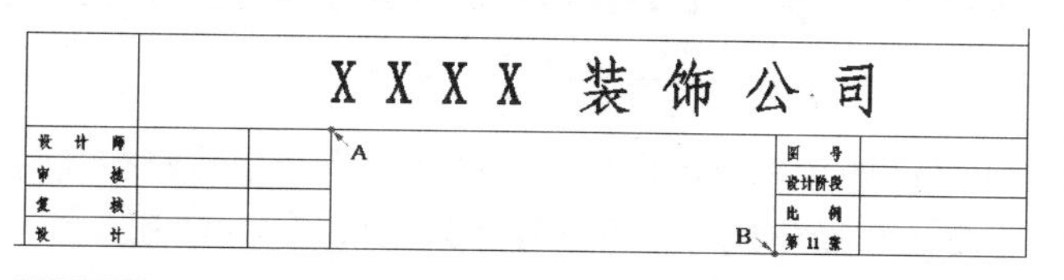

图 21-41　窗口缩放

18 执行“常用”选项卡→“注释”面板→“多行文字”命令，将对正方式设置为“正中”，然后根据命令行的提示，分别捕捉如图 21-41 所示的方格对角点 A 和 B，在打开的多行文字输入框内输入如图 21-42 所示的图名。

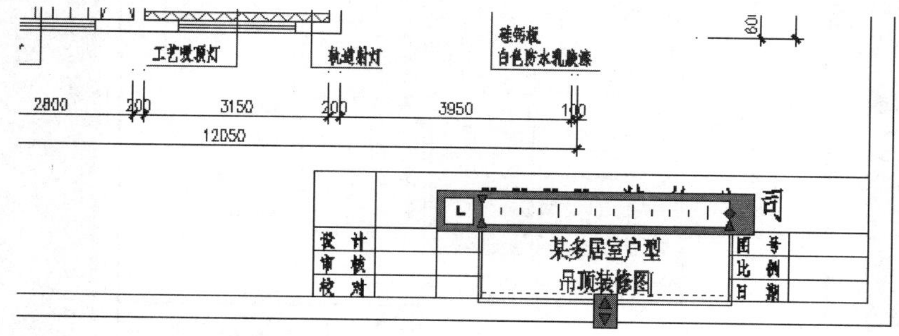

图 21-42　输入文字

19 使用快捷键 LA 激活“图层”命令，修改“墙线层”的线框为 0.6mm。

20 单击“输出”选项卡→“打印”面板→“预览”按钮，对当前图形进行打印预览，预览结果如图 21-31 所示。

21 单击鼠标右键，在弹出的快捷菜单中选择“打印”命令，此时系统打开“浏览打印文件”对话框，在此对话框内设置打印文件的保存路径及文件名，如图 21-43 所示。

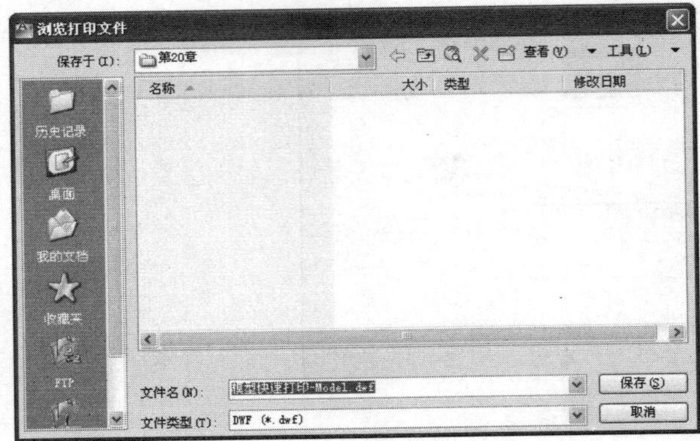

图 21-43　保存打印文件

22 单击[保存(S)]按钮，系统打开“打印作业进度”对话框，此对话框关闭后，打印过程即可结束。

23 最后执行“另存为”命令，将当前图形存储为“模型快速打印.dwg”。

21.5 在布局空间精确打印室内布置图

本例将在布局空间内按照 1:40 的精确出图比例，将某多居室户型装修布置图打印输出到 2 号图纸上，学习布局空间精确出图的操作方法和操作技巧。本例打印效果如图 21-44 所示。

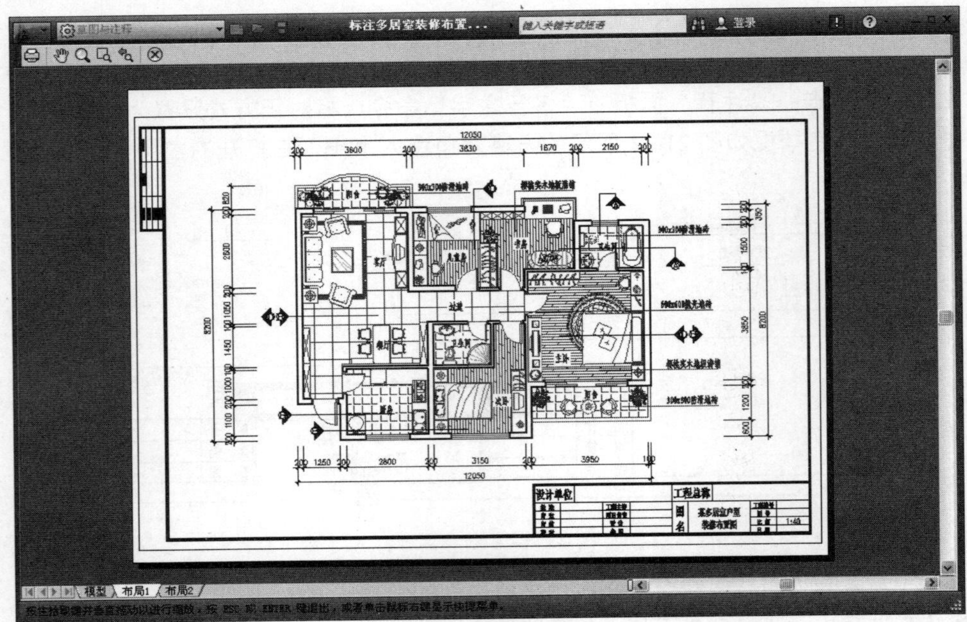

图 21-44　打印效果

操作步骤：

01 打开随书光盘"\实例效果文件\第 21 章\标注高档住宅跃一层布置图.dwg"。

02 单击绘图区底部的 布局1 标签，进入"布局 1"操作空间，如图 21-45 所示。

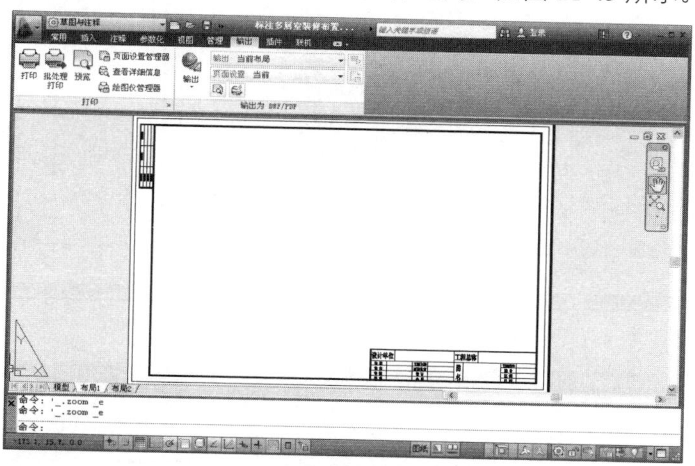

图 21-45　进入布局空间

03 在"常用"选项卡→"图层"面板中设置"0 图层"为当前操作层。

04 单击"视图"选项卡→"视口"面板→"多边形视口"按钮，分别捕捉内框各角点创建一个多边形视口，结果如图 21-46 所示。

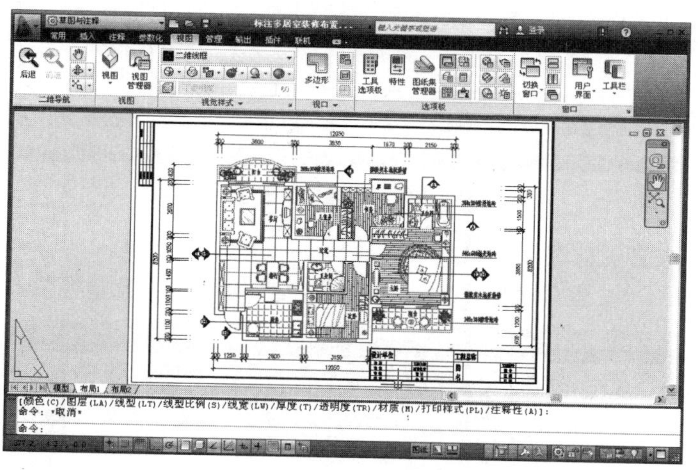

图 21-46　创建多边形视口

05 在状态栏上单击 图纸 按钮，激活刚创建的多边形视口。

06 单击"视图"选项卡→"二维导航"面板→"比例缩放"按钮，在命令行"输入比例因子 (nX 或 nXP): "提示下，输入 0.025xp 后按 Enter 键，设置出图比例，此时图形在当前视口中的缩放效果如图 21-47 所示。

07 接下来使用"实时平移"工具调整平面图在视口内的位置，结果如图 21-48 所示。

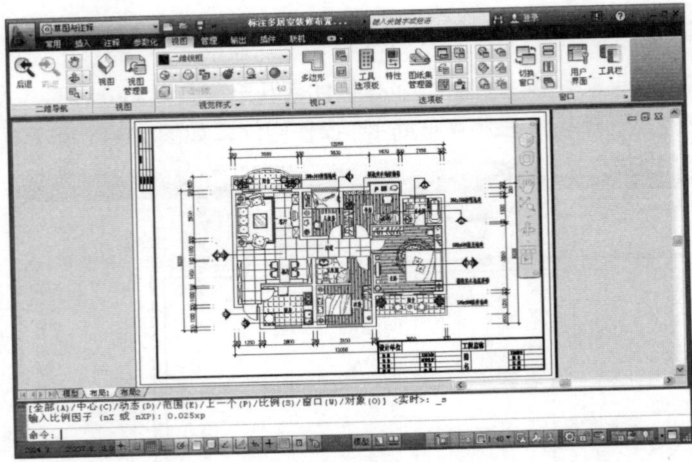

图 21-47 设置出图比例后的效果

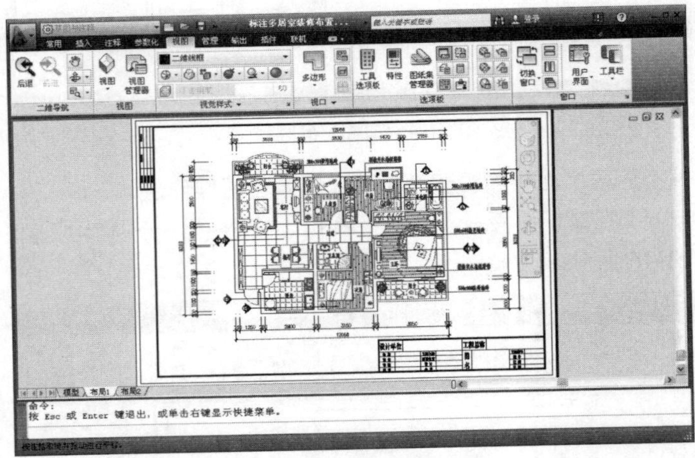

图 21-48 调整图形位置

08 单击状态栏中的模型按钮返回图纸空间。

09 单击“视图”选项卡→“二维导航”面板→“窗口缩放”按钮，调整视图，结果如图 21-49 所示。

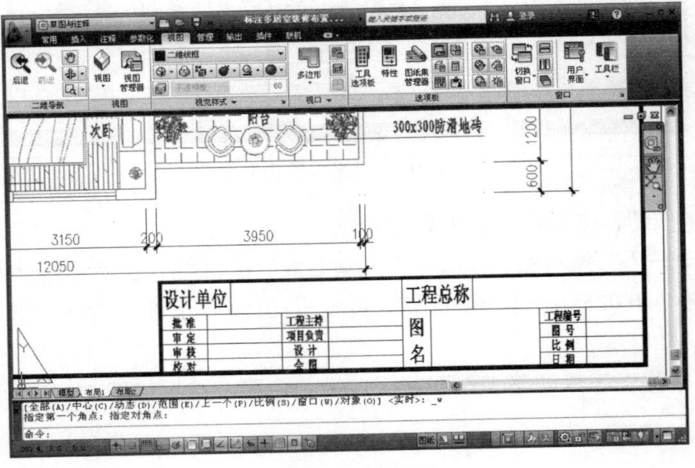

图 21-49 调整视图

10 在“常用”选项卡→“图层”面板中设置“文本层”为当前操作层。

11 在“常用”选项卡→“注释”面板中设置“宋体”为当前文字样式。

12 使用快捷键 T 激活“多行文字”命令，分别捕捉如图 21-50 所示的两个角点 A 和 B，打开“文字编辑器”选项卡。

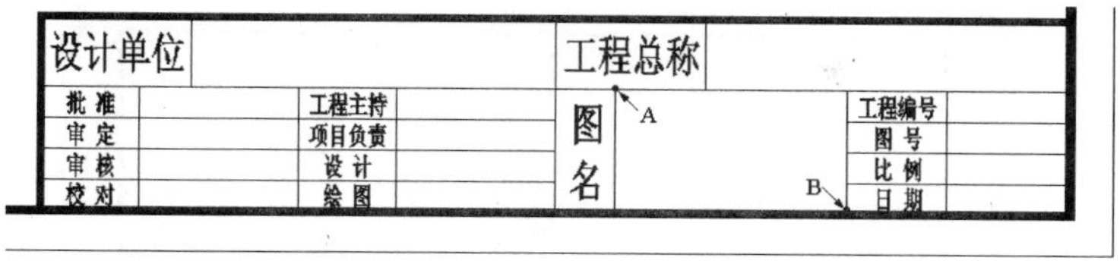

设计单位				工程总称			
批 准		工程主持		图 名	A	工程编号	
审 定		项目负责				图 号	
审 核		设 计				比 例	
校 对		绘 图			B	日 期	

图 21-50　定位角点

13 在“文字编辑器”选项卡中设置文字高度为 6、对正方式为“正中”，然后输入如图 21-51 所示的文字内容。

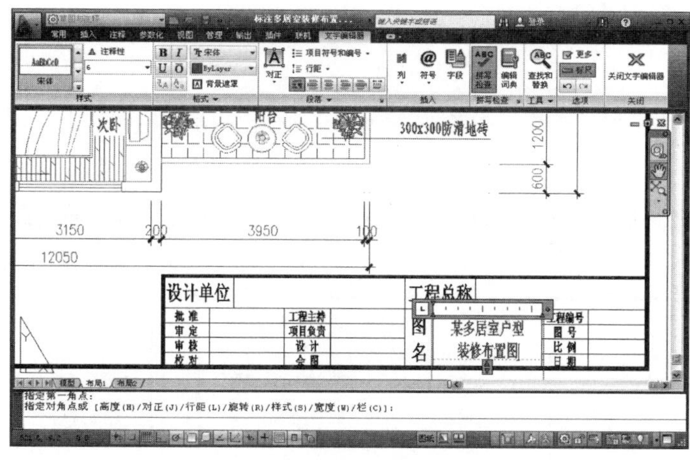

图 21-51　输入文字

14 在“关闭”面板中单击按钮 ，关闭“文字格式编辑器”选项卡，即可为标题栏填充图名，如图 21-52 所示。

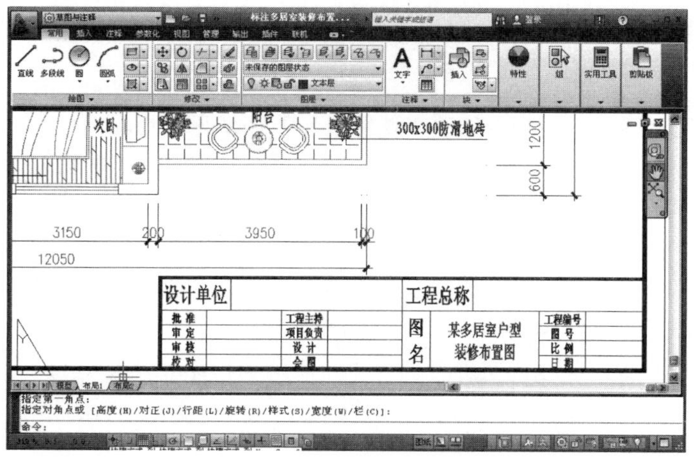

图 21-52　填充图名

15 参照上述操作步骤，执行“多行文字”命令，设置文字样式、字体、对正方式不变，为标题栏填充比例，效果如图 21-53 所示。

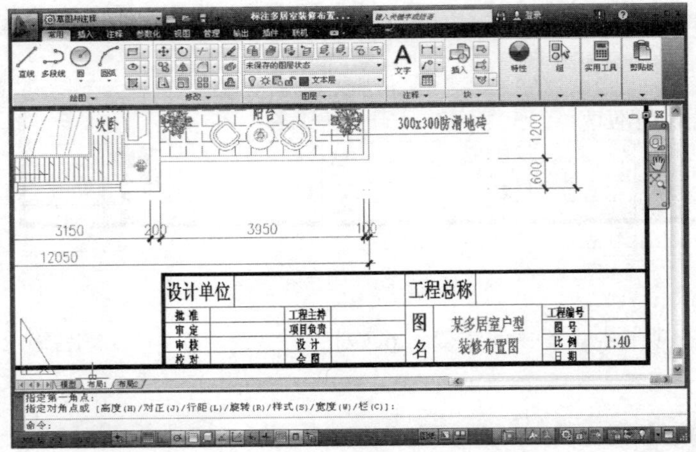

图 21-53　填充比例

16 单击“视图”选项卡→“二维导航”面板→“范围缩放”按钮，调整视图，效果如图 21-54 所示。

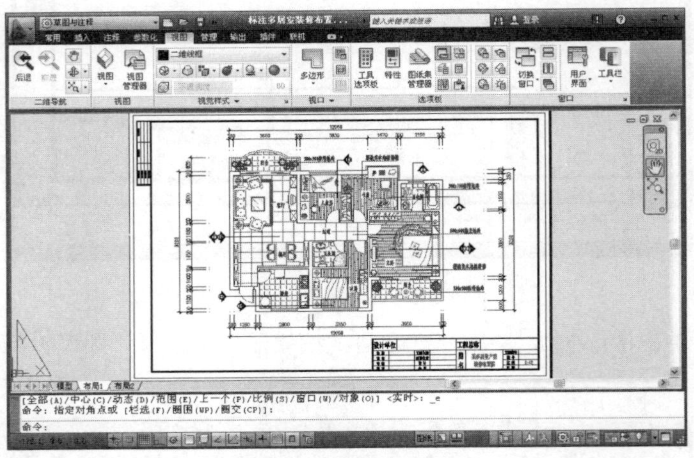

图 21-54　调整视图

17 使用快捷键 LA 激活“图层”命令，修改“墙线层”的线框为 1.2mm。

18 单击“输出”选项卡→“打印”面板→“打印”按钮，在打开的“打印-布局 1”对话框中单击 预览(P)... 按钮，对图形进行预览，效果如图 21-44 所示。

19 按 Esc 键退出预览状态，返回“打印-布局 1”对话框，单击 确定 按钮。

20 系统打开“浏览打印文件”对话框，设置文件的保存路径及文件名，如图 21-55 所示。

21 单击 保存(S) 按钮，即可进行精确打印。

22 最后执行“另存为”命令，将当前文件存储为“布局精确打印.dwg”。

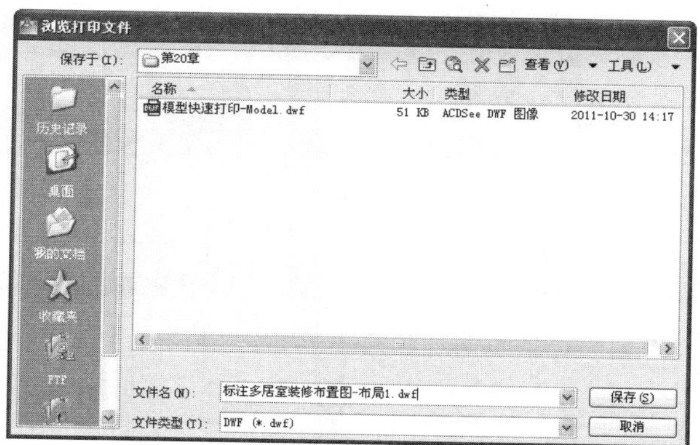

图 21-55　保存打印文件

21.6 以多种比例方式打印室内立面图

本例通过将某多居室住宅的客厅、餐厅、书房、儿童房、卧室等室内装修立面图等打印输出到同一张图纸上，来学习多种比例并列打印的布局方法和打印技巧。本例最终打印预览效果如图 21-56 所示。

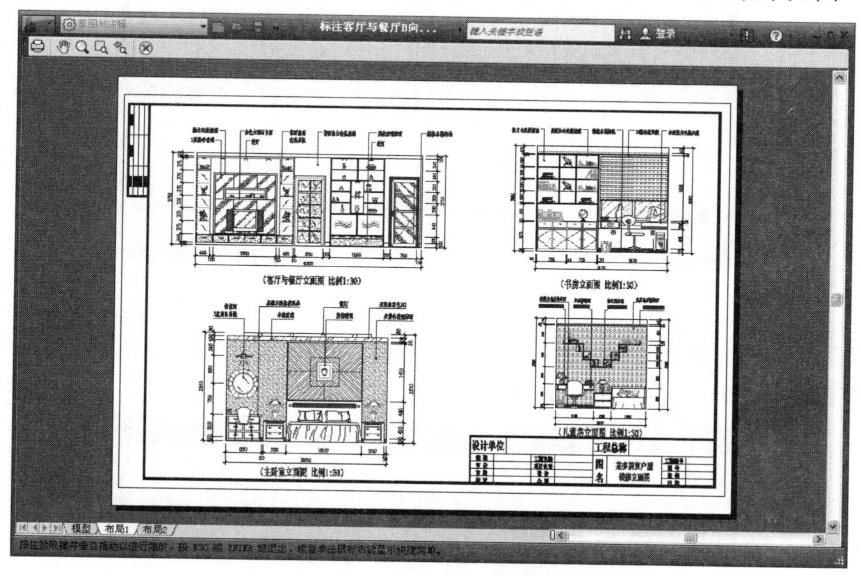

图 21-56　打印效果

操作步骤：

01 打开随书光盘“\实例效果文件\第 21 章\”目录下打开“标注客厅与餐厅 B 向立面图.dwg”、“标注主卧室 B 向立面图.dwg”、“标注书房 A 向立面图.dwg”和“标注儿童房 D 向立面图.dwg” 4 个立面图文件。

02 单击“视图”选项卡→“窗口”面板→“垂直平铺”按钮，将各立面图文件进行垂直平铺，效果如图 21-57 所示。

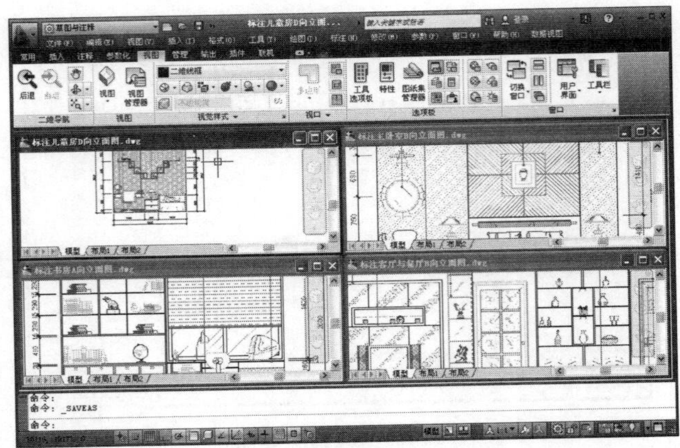

图 21-57　垂直平铺

03 使用视图的调整工具分别调整每个文件内的视图，使每个文件内的立面图能完全显示，效果如图 21-58 所示。

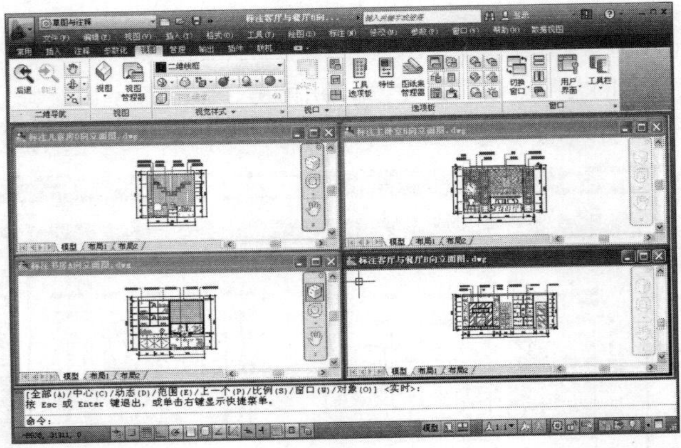

图 21-58　调整视图

04 接下来使用多文档间的数据共享功能，分别将其他三个文件中的立面图以块的方式共享到一个文件中，并将其最大化显示，效果如图 21-59 所示。

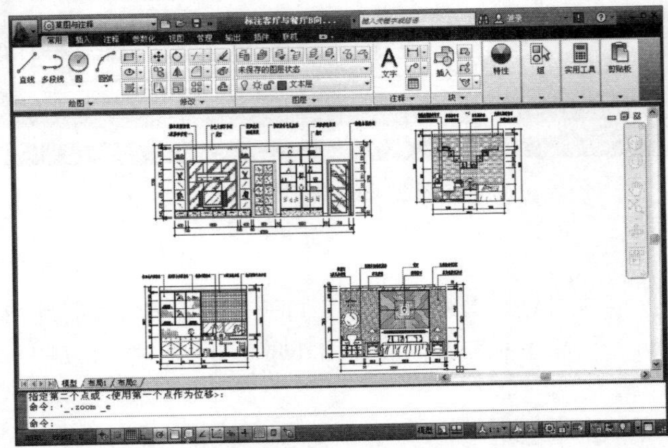

图 21-59　调整图形位置

05 单击绘图区底部的 布局1 标签，进入“布局 1”空间。

06 在“常用”选项卡→“图层”面板中设置“0 图层”为当前操作层。

07 单击“常用”选项卡→“绘图”面板→“矩形”按钮，配合“端点捕捉”和“中点捕捉”功能绘制如图 21-60 所示的 4 个矩形。

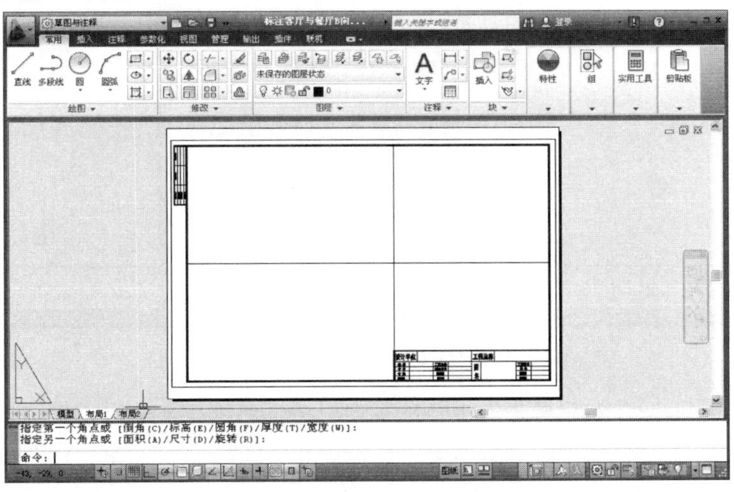

图 21-60　绘制矩形

08 单击“视图”选项卡→“视口”面板→“从对象”按钮，根据命令行的提示选择左上侧的矩形，将其转化为矩形视口，效果如图 21-61 所示。

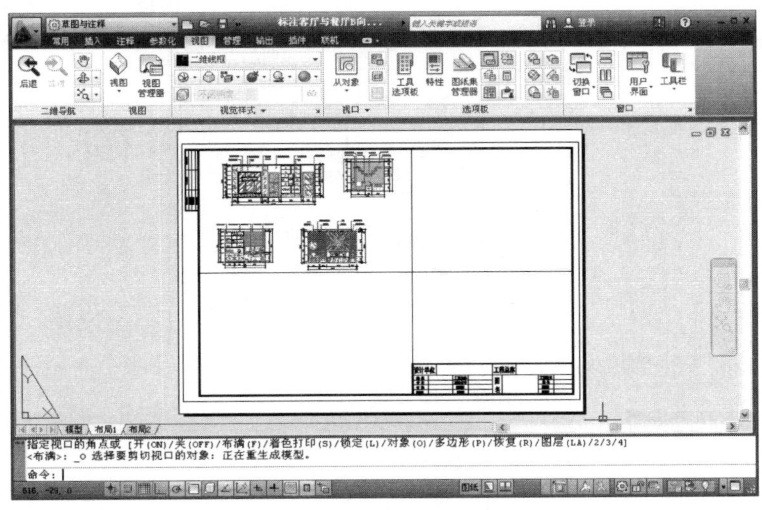

图 21-61　创建对象视口

09 重复执行“对象视口”命令，分别将另外三个矩形转化为矩形视口，效果如图 21-62 所示。

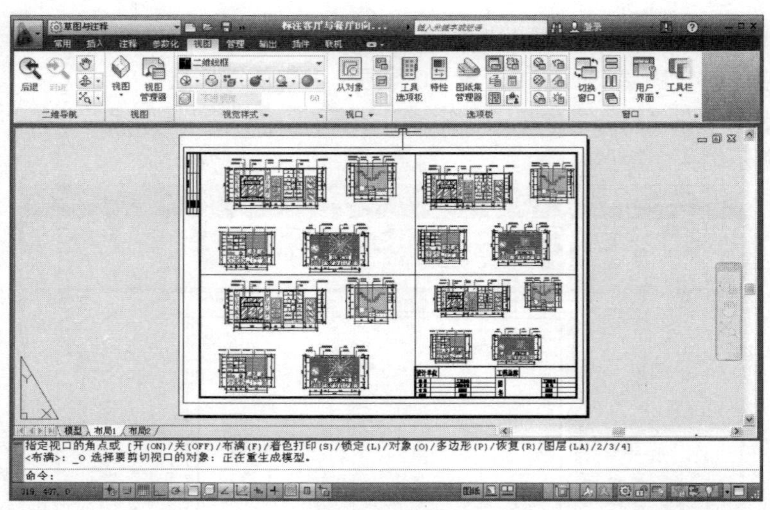

图 21-62　创建矩形视口

10 单击状态栏中的图纸按钮，然后单击左上侧的视口，激活此视口，此时视口边框粗显。

11 单击“视图”选项卡→“二维导航”面板→“比例缩放”按钮，在命令行“输入比例因子 (nX 或 nXP): ”提示下，输入 1/30xp 后按 Enter 键，设置出图比例，此时图形在当前视口中的缩放效果如图 21-63 所示。

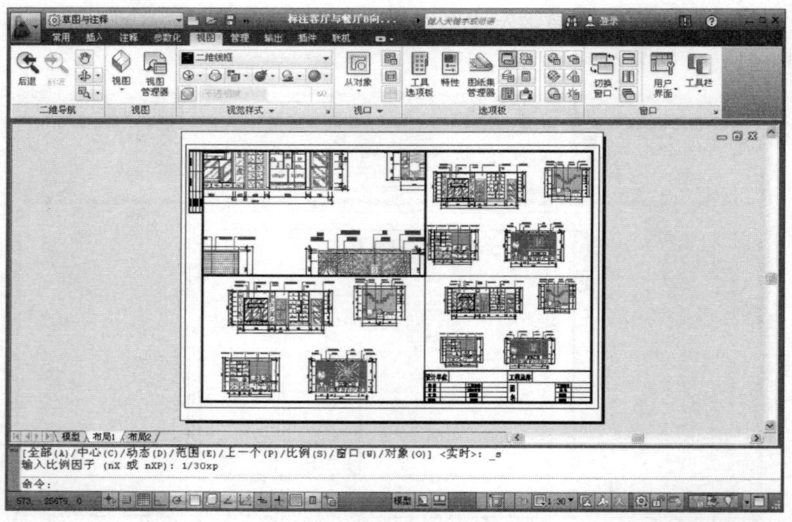

图 21-63　设置出图比例

12 接下来使用“实时平移”工具调整平面图在视口内的位置，效果如图 21-64 所示。

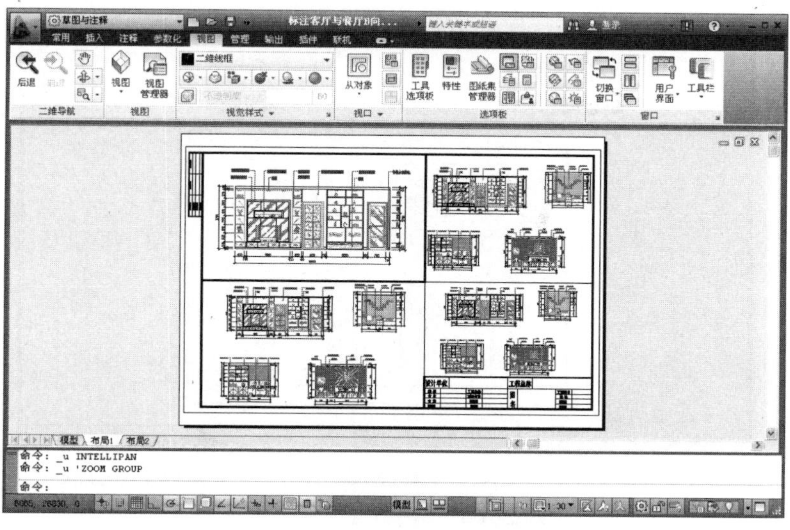

图 21-64　调整出图位置

13 接下来激活左下侧的矩形视口，然后单击“视图”选项卡→“二维导航”面板→“比例缩放”按钮，在命令行“输入比例因子 (nX 或 nXP): ”提示下，输入 1/25xp 后按 Enter 键，设置出图比例，并调整出图位置，效果如图 21-65 所示。

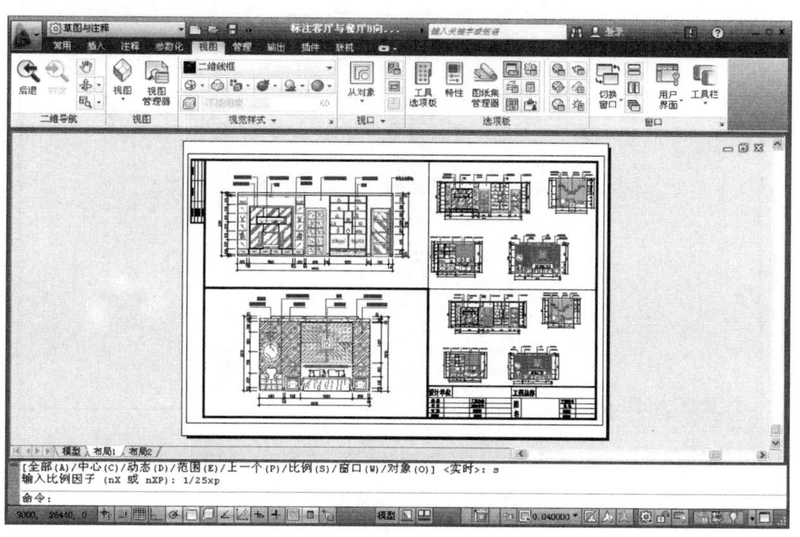

图 21-65　调整出图比例及位置

14 激活右上侧的矩形视口，然后单击“视图”选项卡→“二维导航”面板→“比例缩放”按钮，在命令行“输入比例因子 (nX 或 nXP): ”提示下，输入 1/25xp 后按 Enter 键，设置出图比例，并调整出图位置，效果如图 21-66 所示。

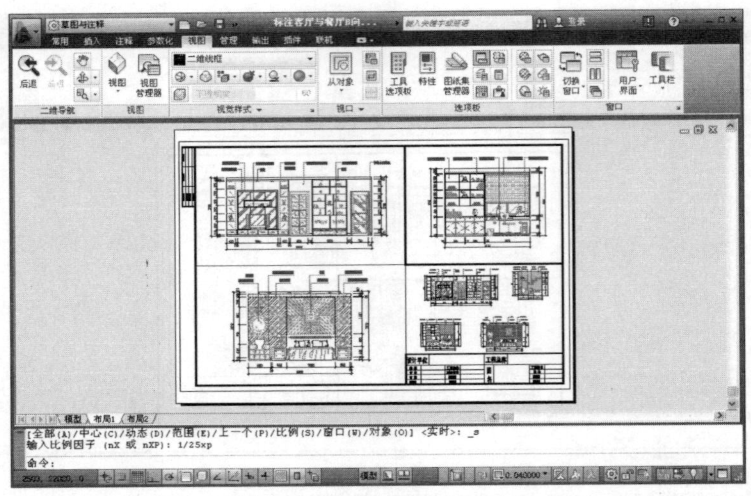

图 21-66　调整出图比例及位置

15 激活右下侧的矩形视口，然后单击“视图”选项卡→“二维导航”面板→“比例缩放”按钮，在命令行“输入比例因子 (nX 或 nXP): ”提示下，输入 1/30xp 后按 Enter 键，设置出图比例，并调整出图位置，效果如图 21-67 所示。

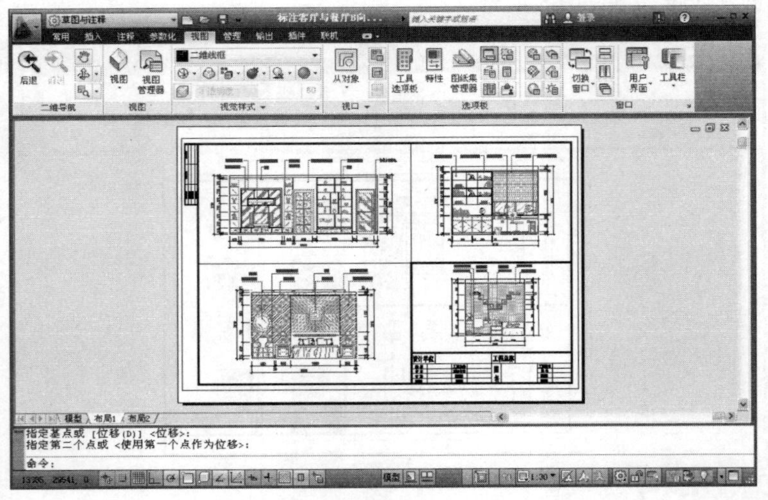

图 21-67　调整出图比例及位置

16 返回图纸空间，然后在“常用”选项卡→“图层”面板中设置“文本层”为当前操作层。

17 在“常用”选项卡→“注释”面板中设置“宋体”为当前文字样式。

18 使用快捷键 DT 激活“单行文字”命令，设置文字高度为 6，标注如图 21-68 所示的文字。

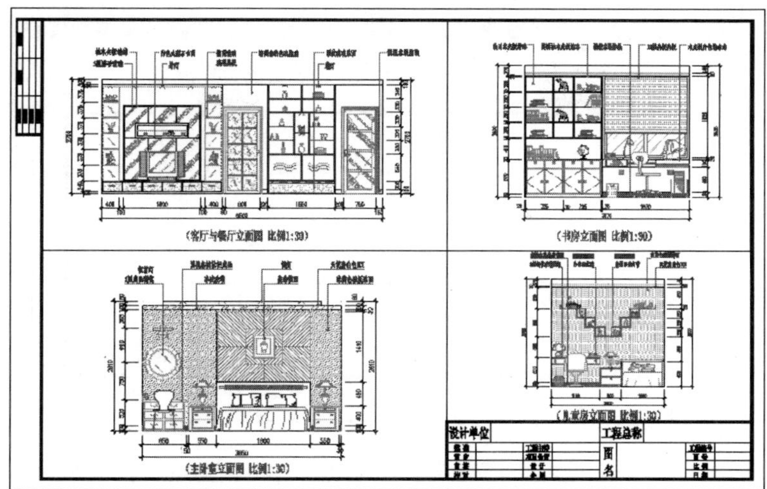

图 21-68　标注文字

19 选择 4 个矩形视口边框线，将其放置到其他的 Defpoints 图层上，并将此图层关闭，效果如图 21-69 所示。

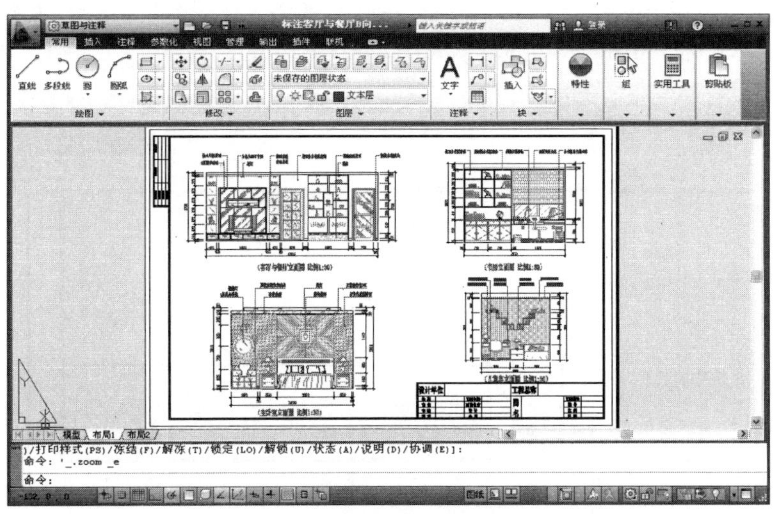

图 21-69　隐藏视口边框

20 单击“视图”选项卡→“二维导航”面板→“窗口缩放”按钮，调整视图，效果如图 21-70 所示。

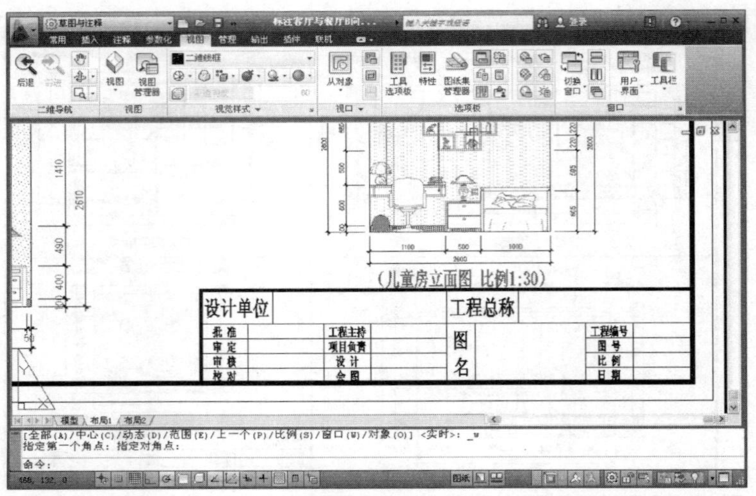

图 21-70　调整视图

21 在“常用”选项卡→“图层”面板中设置“文本层”为当前操作层。

22 在“常用”选项卡→“注释”面板中设置“宋体”为当前文字样式。

23 使用快捷键 T 激活“多行文字”命令，在打开的“文字格式编辑器”选项卡功能区面板中设置文字高度为 6、对正方式为“正中”，然后输入如图 21-71 所示的图名。

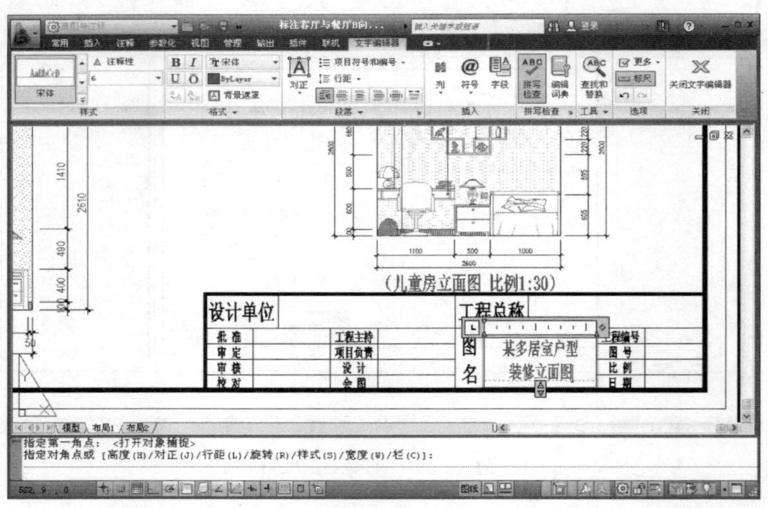

图 21-71　输入文字

24 在“关闭”面板中单击 按钮，关闭“文字格式编辑器”选项卡，即可为标题栏填充图名，如图 21-72 所示。

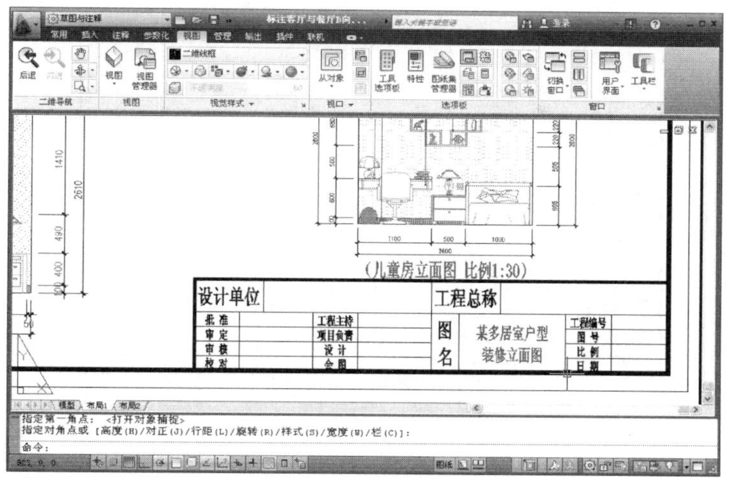

图 21-72　填充图名

25 单击“视图”选项卡→“二维导航”面板→“范围缩放”按钮，调整视图，效果如图 21-73 所示。

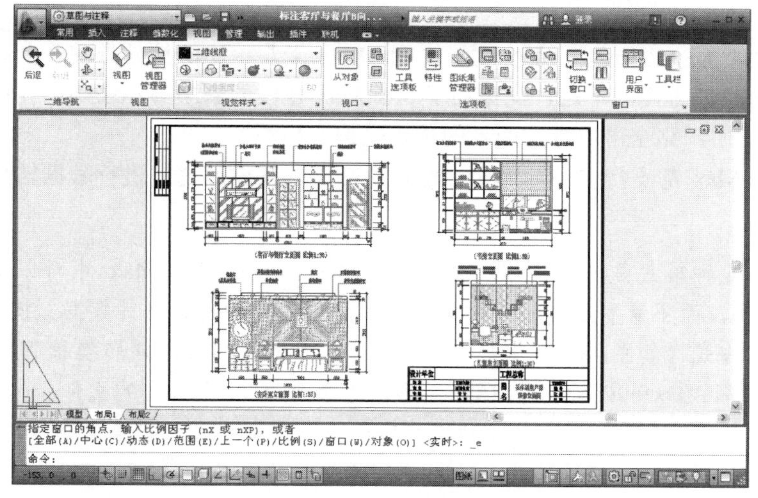

图 21-73　调整视图

26 单击“输出”选项卡→“打印”面板→“打印”按钮，在打开的“打印-布局 1”对话框中单击 预览(P)... 按钮，对图形进行预览，效果如图 21-56 所示。

27 按 Esc 键退出预览状态，返回“打印-布局 1”对话框单击 确定 按钮。

28 系统打开“浏览打印文件”对话框，设置文件的保存路径及文件名，如图 21-74 所示。

29 单击 保存(S) 按钮，即可进行精确打印。

30 最后执行“另存为”命令，将当前文件存储为“多比例并列打印.dwg”。

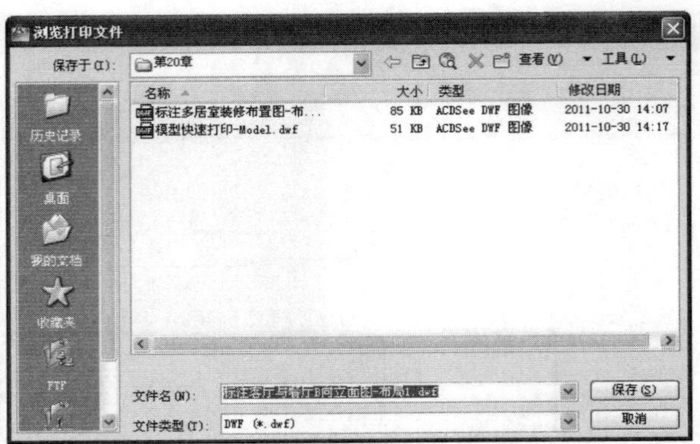

图 21-74　保存打印文件

21.7 AutoCAD&3ds Max 间的数据转换

AutoCAD 精确强大的绘图和建模功能，加上 3ds Max 无与伦比的特效处理及动画制作功能，既克服了 AutoCAD 的动画及材质方面的不足，又弥补了 3ds Max 建模的繁琐与不精确。在这两种软件之间存在一条数据互换的通道，用户完全可以综合两者的优点来构造模型。

AutoCAD 与 3ds Max 都支持多种图形文件格式，在这两种软件之间进行数据转换时，将使用到三种文件格式。

- DWG 格式。此种格式是一种常用的数据交换格式，即在 3ds Max 中可以直接读入该格式的 AutoCAD 图形，而不需要经过第三种文件格式。使用此种格式进行数据交换时，可能为用户提供图形的组织方式（如图层、图块）上的转换，但是此种格式不能转换材质和贴图信息。
- DXF 格式。使用“Dxfout”命令将 CAD 图形输保存为“Dxf”格式的文件，然后 3ds Max 中也可以读入该格式的 CAD 图形。不过此种格式属于一种文本格式，它是在众多的 CAD 建模程序之间，进行一般数据交换的标准格式。使用此种格式，可以通过 AutoCAD 模型转化为 3ds Max 中的网格对象。
- DOS 格式。这是 DOS 环境下的 3D Studio 的基本文本格式，使用这种格式可以使 3ds Max 转化为 AutoCAD 的材质和贴图信息，并且它是从 AutoCAD 向 3ds Max 输出 ARX 对象的最好办法。

另外，用户可以根据自己的实际情况，选择相应的数据交换格式，具体情况如下：

- 如果使从 AutoCAD 转换到 3ds Max 中的模型尽可能参数化，则可以选择 DWG 格式。
- 如果在 AutoCAD 和 3ds Max 之间来回交换数据，也可使用 DWG 格式。
- 如果在 3ds Max 中保留 AutoCAD 材质和贴图坐标，则可以使用 3DS 格式。
- 如果只需要将 AutoCAD 中的三维模型导入到 3ds Max，则可以使用 DXF 格式。

21.8 AutoCAD&Photoshop 间的数据转换

AutoCAD 绘制的图形，除了可以用 3ds Max 处理外，同样也可以用 Photoshop 对其进行更细腻的光影、色彩等处理。具体操作如下：

01 选择菜单栏“文件”→“输出”命令，打开“输出数据”对话框中，将“文件类型”设置为“Bitmap（*.bmp）”选项，再确定一个合适的路径和文件名，即可将当前 CAD 图形文件输出为位图文件。

02 使用“打印到文件”方式输出位图，使用此种方式时，需要事先添加一个位图格式的光栅打印机，然后再进行打印输出位图。

虽然 AutoCAD 可以输出 BMP 格式图片，但 Photoshop 却不能输出 AutoCAD 格式图片，在 AutoCAD 中可以通过“光栅图像参照”命令插入 BMP、JPG、GIF 等格式的图形文件。选择菜单栏“插入”→“光栅图像参照”命令，打开“选择参照文件”对话框，然后选择所需的图像文件，如图 21-75 所示。

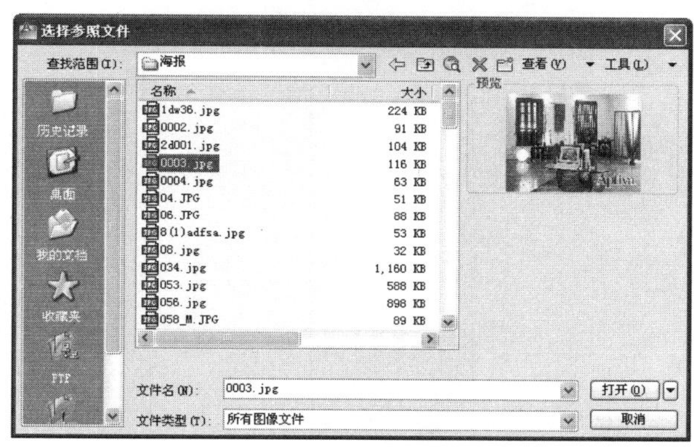

图 21-75　“选择参照文件”对话框

单击 打开(O) 按钮，打开如图 21-76 所示的“附着图像”对话框，根据需要设置图片文件的插入点、插入比例和旋转角度。单击 确定 按钮，指定图片文件的插入点等，按提示完成操作。

图 21-76　“附着图像”对话框

21.9 本章小结

打印输出是施工图设计的最后一个操作环节，只有将设计成果打印输出到图纸上，才算完成了整个绘图的流程。本章主要针对这一环节，通过模型打印、布局打印、并列视口打印等典型操作实例，学习了AutoCAD的后期打印输出功能以及与其他软件间的数据转换功能，使打印出的图纸能够完整准确地表达出设计结果，让设计与生产实践紧密结合起来。

通过本章的学习，希望读者重点掌握打印的基本参数设置、图纸的布图技巧以及出图比例的调整等技能，灵活使用相关的出图方法精确打印施工图，使其完整准确地表达出图纸的意图和效果。